U0383491

# 半群的双序集理论和范畴论方法

喻秉钧　编著

科 学 出 版 社

北　京

## 内 容 简 介

本书汇总了在半群代数结构研究中发展出来的双序集理论和系统采用的范畴论方法. 作者希望能为半群与范畴的结构、分类及相互关系的研究提供一些思路和范例, 供年轻学者进一步研究参考.

前八章是作者所著《半群的双序集理论》(科学出版社 2003 年 9 月出版)一书的修改和补充: 改正了若干错漏, 增补了一些新习题, 有利于读者更好地掌握双序集及相关理论的实质和意义.

后八章则是作者近年来对印度数学家 K. S. S. Nambooripad 教授开创的正规范畴和正则半群相互联系的结构理论——交连系理论——向平衡范畴和一般富足半群的推广, 包括对Nambooripad教授及其学生关于"一致半群"所做工作的完善和充实.

本书可作为数学专业研究生的学习用书, 也可作为对半群和范畴的代数理论及其相互联系感兴趣的教师、理论计算机科学工作者和其他应用数学工作者的参考用书.

**图书在版编目(CIP)数据**

半群的双序集理论和范畴论方法 / 喻秉钧编著. -- 北京 : 科学出版社, 2024. 12. -- ISBN 978-7-03-079282-2

I. O152.7

中国国家版本馆 CIP 数据核字第 2024F09M3 号

责任编辑: 胡庆家　李　萍 / 责任校对: 彭珍珍

责任印制: 张　伟 / 封面设计: 无极书装

科学出版社 出版

北京东黄城根北街 16 号

邮政编码: 100717

http://www.sciencep.com

北京富资园科技发展有限公司印刷

科学出版社发行　各地新华书店经销

*

2024 年 12 月第　一　版　开本: 720×1000　1/16

2024 年 12 月第一次印刷　印张: 27 1/2

字数: 552 000

**定价: 168.00 元**

(如有印装质量问题, 我社负责调换)

# 纪　　念

谨以本书纪念作者的四位导师:

陈重穆教授 (1926—1998)

郭聿琦教授 (1940—2019)

岑嘉评教授 (1941—2023)

K. S. S. Nambooripad 教授 (1935—2020)

感谢他们在本人一生的学习和科研工作中给予的巨大帮助.

喻秉钧

2023 年 7 月

# 资 助 项 目

本书的出版和所论课题的研究工作得到以下项目和基金的资助, 特此鸣谢:

1. 国家自然科学基金面上项目“半群的 S-系及幂等元代数理论 (19671063)”

2. 国家自然科学基金面上项目“半群代数理论 (10471112)”

3. 国家自然科学基金面上项目“半群和组合半群 (10871161)”

4. 国家自然科学基金面上项目“图逆半群及其在 Leavitt 路代数中的应用 (12271442)”

5. 四川省教育厅国家自然科学基金启动项目 (川教计函 1999[127])

6. 四川省教育厅重点研究项目 (川教计函 2002[48])

7. 四川省科技厅应用基础研究项目 (川科基 [01GY051-64])

8. 四川省双一流建设贡嘎计划高校共建与发展二类学科专项基金 (CBXM186200001)

# 前　言

将半群作为具有一个满足结合律运算的代数系统来研究, 其肇始可追溯到 20 世纪 20 年代[72]. 到 20 世纪 50 年代, 在广泛应用群论、环论基本研究思路和方法建立半群自身理论的基础上, 逐渐探索出符合自身特点的独特的新思路和新方法, 其中最基础的, 是 Green 等价关系的引入[26] 和正则半群的分类[9,33]. 20 世纪 70 年代开始, 印度数学家 K. S. S. Nambooripad 教授开创了建立范畴与半群之间深刻而紧密联系的新方法, 通过幂等元双序集的抽象刻画, 在一个崭新的层次上揭示了半群与范畴内在结构相互影响的错综复杂关系, 建立了"归纳群胚范畴与正则半群范畴等价"的理论[49], 解决了任意正则半群的结构问题. 在一定意义上, Nambooripad 的这个创新, 可以类比于 19 世纪代数学先驱 E. Galois 开创群论并用其解决"代数方程根式求解"的"Galois 理论". 这个思路不仅可用于解决多种特殊正则半群子类, 如局部逆半群、基础正则半群和幂等元生成正则半群等的结构问题, 也可用于刻画如一致半群这样的广义正则半群 (参看 [1]). 20 世纪八九十年代, Nambooripad 系统地利用正则半群中主左、右理想和幂等元双序 $\omega^{\ell}$, $\omega^{r}$ 之间的紧密联系, 将归纳群胚中"每个态射是同构"这个较苛刻的条件弱化为"每个态射有正规因子分解", 开创了"正规范畴"和"交连系"的研究, 在更高层次上再建了刻画任意正则半群结构的交连系范畴与正则半群范畴的等价[53,54]. Nambooripad 和他的学生用此理论刻画了某些特殊正则半群类的结构[42-44,62,66], 也用其刻画了一致半群的结构[47,70].

本书有两个宗旨. 一是系统介绍 Nambooripad 创建的双序集和正则半群的归纳群胚结构理论, 该理论在正则半群两个子类和拟正则半群上的应用, 以及 S. Armstrong 沿着这一思路所得的归纳可消范畴和一致半群结构理论. 这是科学出版社 2003 年出版的《半群的双序集理论》内容的修改和补充. 二是介绍近年来作者在郭聿琦教授引领下与岑嘉评先生合作在平衡范畴及其交连系方面的工作: 我们将 Armstrong 的归纳可消范畴中"每个态射都是平衡态射"和 Nambooripad 正规范畴中"每个态射有正规因子分解"同时弱化为"每个态射有平衡因子分解", 不仅完善充实了交连系理论在一致半群上的应用, 而且将其整个理论系统地推广到了任意富足半群, 建立了平衡范畴的交连系范畴和富足半群与好同态所成范畴的等价, 从而将 Nambooripad 的理论从正则半群完整地推广到富足半群. 部分结论甚至推广到了单侧富足而非富足的半群类.

贯穿全书的一条主线是, 我们始终采用范畴论的概念、思路和方法来研究半群及其幂等元双序集. 事实上, 半群与范畴本身有着天然的联系: 半群的核心是运算的结合性; 而一个范畴最突出的性质就是其态射的部分运算具有结合性. 特别地, 只有一个对象的范畴与幺半群就是同一个概念的不同名称. 另外, 范畴的对象与半群的幂等元也可看作从不同角度观察同一事物提取的概念. 因此利用范畴及其分类来研究 (含幂等元) 半群的结构和分类是很自然的. 反过来, 利用半群的性质和分类来研究范畴的分类和性质也可以富有成效. 正如我们在第 9 章中揭示的, 左富足而非右富足的 Bare-Levi 幺半群 $\mathbf{M}_\ell^{(p,q)}$ 对应的"幂富范畴"是真包含"平衡范畴"的范畴类, 又是"有像范畴"类的真子类. 这是我们将本书原名扩展为《半群的双序集理论和范畴论方法》的根据.

本书的写作出版得到了多方支持和帮助: 四川师范大学汪明义教授、莫智文教授就本书的主题、内容、框架及学术意义与作者进行了有益的探讨, 学校发展规划与学科建设处及数学科学学院为本书出版提供了经费; 北京师范大学李建华教授对本书的写作出版自始至终十分关注, 并给予了无私援助; 西南大学数学与统计学院陈贵云教授、王正攀教授、喻厚义教授以及云南师范大学王守峰教授在作者研究过程中从项目和经费方面给予了非常宝贵的支持. 在本书定稿过程中, 作者也曾得到浙江大学李方教授和苏州大学施武杰教授的指点. 作者在此对他们致以衷心的感谢!

喻秉钧

2023 年 12 月 25 日于狮子山 6 栋

# 《半群的双序集理论》原序

“半群代数理论”在数学外部 (诸如“计算机科学”“信息科学”) 和数学内部的巨大推动下, 经过五十余年的系统研究, 已形成为“代数学”的一个从研究对象、研究课题到研究方法都独具特色的独立的学科分支, 它与“群论”的关系类似于“环论”与“域论”的关系. 这一地位的确立不仅在于一批系统的研究成果的出现, 更在于一批独特的系统研究思路和方法的形成. 印度数学家 K. S. S. Nambooripad 在 20 世纪 70 年代初建立的“双序集理论”导致了“半群代数理论”研究思路和方法上的一个创新, 将半群的经典的幂等元方法开发到一个新的水平和高度, 构成了“半群代数理论”研究上的一个重大进展. “双序集理论”不仅以高度的技巧把经典的由特殊到一般、由局部到全局的研究方法发挥得淋漓尽致, 而且由于融会贯通了范畴论和泛代数等现代代数学的思想和手段, 获得了一批已成为半群经典的研究成果, 成为一个具有全局影响和良好发展前景的代数理论.

喻秉钧教授是我国自己培养的第一批半群代数理论博士, 曾赴印度, 在 Nambooripad 教授指导下学习并合作研究, 也曾赴澳大利亚, 在著名半群理论专家 G. B. Preston 及其学生 T. E. Hall (“Journal of Algebra”半群学科编委、“Semigroup Forum”和“Communications in Algebra”编委) 指导下工作. 本书系统介绍了双序集的基础理论和近期发展, 其中包含了作者本人的若干工作. 作为作者的博士生导师, 我很乐意为该书作序, 相信它的出版将对半群代数理论在我国的发展起到进一步的推动作用.

郭聿琦

2002 年 10 月 20 日

# 《半群的双序集理论》前言

1973 年, 印度数学家 K. S. S. Nambooripad 在研究任意正则半群结构时发现, 半群中幂等元生成的左、右理想的自然包含关系对幂等元自身形成了两个拟序, 任意半群的幂等元集合在这两个拟序下形成一种奇特的部分 2 代数, 它就像一个骨架, 承载了半群内在整体结构的主要信息. Nambooripad 从泛代数和范畴论的角度对这种部分 2 代数进行了抽象刻画, 提出了双序集的概念. 利用这个概念, Nambooripad 成功地建立了正则双序集的范畴、序范畴和归纳群胚范畴理论, 并在此基础上一举解决了当时困扰半群界的任意正则半群的结构问题. Nambooripad 的理论很快引起了国际半群界的广泛关注和极高评价. 半群代数理论的鼻祖, 美国 Tulane 大学的 A.H. Clifford 教授立即邀请他到美国各大学演讲, 帮助他在美国数学会资助下出版其专著 *Structure of Regular Semigroups I* (Mem. Amer. Math. Soc., No 224, 1979), 并亲自着手开展双序集的研究, 写出了正则半群的基础表示等数篇奠基性论文 (参看本书参考文献 [9-11]). 从 20 世纪 80 年代以来, 国际半群界几乎所有知名学者都曾不同程度地对这一理论进行过深入的研究. 例如: K. Byleen 等发现了四螺旋双序集的结构及其在双单非完全半单正则半群结构中的 "建筑模块作用"; J. Meakin 系统研究了双序集的余扩张构造及其在正则半群用矩形带余扩张构造中的骨架作用; F. Pastijn 把正则双序集理论中起核心作用的夹心集概念推广为多元夹心集, 他还系统研究了矩形双序集用半格双序集的余扩张及其对揭示逆半群的矩形带构造的作用; 年轻数学家 D. Easdown 则在他的博士论文中着重研究了一般双序集的半群表示, 刻画了多种非正则双序集的特征; 特别是, 他用字的组合方法证明了任一双序集都一定是某个半群的幂等元双序集. 这个经典结论发表在 *Journal of Algebra* 上, 揭示了双序集这个概念和半群的本质联系. 20 世纪 80 年代末以来, 我国也有包括作者在内的部分数学工作者开展双序集的研究工作. 这些工作既有对某些特殊类型正则双序集及其相关正则半群类的研究, 也有对某些非正则 (主要是拟正则) 双序集的构造的研究; 同时, 也在双序集的泛代数基础方向和双序集在语言代数应用方向上开展了某些工作. 这些, 代表了双序集理论进一步发展的方向.

本书的目的是较系统地介绍双序集的基础理论和在几个主要方向上的最新进展. 我们在第 1 章中介绍双序集的基本概念及其构成要素; 第 2, 3 两章则完整介绍 Nambooripad 的序群胚、归纳群胚的理论及其在刻画一般正则半群结构和两类最重要正则半群——基础正则半群和幂等元生成正则半群结构中的作用; 第 4 章介绍 Easdown 的双序集的半群表示和任意双序集均来自半群的理论以及 Pastijn 关于多元夹心集及其在刻画半带 (幂等元生成半群——不一定正则) 中的作用; 第 5 章我们系统介绍 Easdown, Edwards 及作者本人在对拟正则双序集和拟正则半群研究中的一些结果; 第 6 章介绍 Amstrong 关于一致半群的双序集理论. 和第 5 章的目的类似, 我们企图通过某些非正则半群结构的刻画说明双序集在非正则领域中也有其独特的作用; 第 7 章介绍 20 世纪 90 年代中期 K. Auinger 和 T. E. Hall 对于双序集作为泛代数和半群理论共同研究对象的一些基础课题的研究; 第八章从 "构造主义" 的角度专门列出迄今为止所知的一些重要双序集 (主要是正则双序集) 的详细构作方法和特征刻画. 这些成果涉及的人较多, 其中也包括作者自己. 作者认为, 本书涉及的内容多数仍遗留下许多待解决的问题, 希望读者在阅读本书后可以由此出发进行深入一步的研究. 自然, 由于篇幅所限, 许多课题本书未曾涉及, 例如 Clifford 关于 "正则经" (regular warp) 的理论及双序集在语言代数中的应用等等.

本书是作者在给研究生讲授有关课程所用讲义的基础上经过多次修改完成的. 由于主客观多方面的原因, 本书的出版一再被推迟. 作者非常感谢十多年来一直给我鼓励和关心本书出版的我的导师、朋友和亲人们. 我的导师郭聿琦教授建议书名取为《半群的双序集理论》(我原来取名为《双序集引论》) 以突出双序集和半群的本质联系, 并为本书作序. 科学出版社的领导和数理学科的吕虹主任几年来一直十分关心本书撰写的进展, 并给我相当优惠的政策. 我的夫人李丽副教授更是不断给我鼓励并亲自为我的文章绘图. 没有所有这些人的帮助, 本书的出版是不可能的.

由于作者的知识和水平的限制, 书中难免会有若干错误. 敬请读者批评指正.

喻秉钧

2002 年 10 月 7 日于狮子山桂苑

# 目　　录

# 第 1 章　双序和双序集

一个完全 0-单半群的所有非零元被其二元运算自然诱导为一个部分半群, 可视为每个态射皆可逆的小范畴, 称为 Rees *群胚* (Rees groupoid). Rees 群胚之无交并称为 *伪群胚* (pseudo-groupoid). Miller 和 Clifford[41] (亦见 [9]) 证明了: 若 $D$ 是正则半群 $S$ 的一个 $\mathscr{D}$-类, 则 $D$ 自然确定一个 Rees 群胚

$$D(*) : \forall x, y \in D,\ x * y = \begin{cases} xy, & xy \in R_x \cap L_y, \\ \text{无定义}, & \text{否则}. \end{cases}$$

这里的 $R_x$, $L_y$ 分别表示元素 $x, y$ 所在的 Green$\mathscr{R}$, $\mathscr{L}$-等价类. 而一般正则半群 $S$ 则具有下述伪群胚结构:

$$S(*) = \cup\{D(*)\ :\ D \in S/\mathscr{D}\}.$$

称之为 $S$ 的*局部结构* (the local structure of $S$). 这个局部结构可以通过 Rees 矩阵半群构作方法进行详尽描述. 因此, 任一正则半群的结构就取决于余下来的与 $S$ 的幂等元集合 $E(S)$ 密切相关的结构. Nambooripad 称其为 $S$ 的*整体结构* (the global structure of $S$). 本书的核心概念 "*双序*" (biorder) 和 "*双序集*" (biordered set) 就是为研究这个整体结构提出的.

本章介绍 Nambooripad 开创的正则双序集的系统理论. 材料来自 [2, 13, 49, 61] 等.

## 1.1　基 本 定 义

设 $E$ 为非空集, $D_E \subseteq E \times E$. 若存在从 $D_E$ 到 $E$ 的映射 $p$, 则称 $E$ 为一个*部分 2 代数* (partial 2-algebra); 称 $p$ 是 $E$ 的*基本积* (basic product). $\forall (e, f) \in D_E$, 常简记 $p(e, f)$ 为 $ef$; 若 $\forall e, f, g \in E$, $(ef)g$ 与 $e(fg)$ 存在蕴含 $(ef)g = e(fg)$, 则称 $E$ 为*部分半群* (partial semigroup).

设 $E$ 为一个部分 2 代数, 下面两个二元关系分别称为*左*、*右* (left, right quasi-order), 合称为*双序* (biorder), 它们是本书的核心概念:

$$\omega^\ell = \{(e, f) \in D_E\ :\ ef = e\}, \quad \omega^r = \{(e, f) \in D_E^{-1}\ :\ fe = e\}, \tag{1.1}$$

由拟序满足自反性, $E$ 中每个元素都是幂等元 (即 $e^2 = e$). 我们有下述几个重要关系, 其中 $\mathscr{L}, \mathscr{R}$ 恰是幂等元之间的 Green 关系:

$$\kappa = \omega^\ell \cup \omega^r, \quad \omega = \omega^\ell \cap \omega^r, \quad \mathscr{L} = \omega^\ell \cap (\omega^\ell)^{-1}, \quad \mathscr{R} = \omega^r \cap (\omega^r)^{-1}. \quad (1.2)$$

对任意 $e \in E$, 记

$$\begin{aligned} \omega^\ell(e) &= \{f \in E : f\,\omega^\ell\, e\}, \\ \omega^r(e) &= \{f \in E : f\,\omega^r\, e\}, \\ \omega(e) &= \{f \in E : f\,\omega\, e\}, \end{aligned} \quad (1.3)$$

分别称它们为 $e$ 生成的 *主左、右理想和 $\omega$-理想* (left, right, $\omega$-ideals).

若 $A$ 是用上述二元关系表述的关于 $E$ 的一个命题, 将 $A$ 中的 $\omega^\ell$, $\omega^r$ 互换并改变相应基本积的左右顺序, 所得命题 $A^*$ 称为 $A$ 的对偶.

**定义 1.1.1** 设 $E$ 为一个部分 2 代数. 称 $E$ 为 *双序集* (biordered set), 若下述六个公理及其对偶成立, 其中的 $e, f, g$ 等表示 $E$ 中的任意元素:

(B1) $\omega^\ell$ 与 $\omega^r$ 均为拟序 (满足反身性和传递性), 且 $D_E = \kappa \cup \kappa^{-1}$.

(B21) $f\,\omega^r\, e \Rightarrow f\,\mathscr{R}\, fe\,\omega\, e$.

(B22) $g\,\omega^\ell\, f$, $f, g \in \omega^r(e) \Rightarrow ge\,\omega^\ell\, fe$.

(B31) $g\,\omega^r\, f\omega^r\, e \Rightarrow gf = (ge)f$.

(B32) $g\,\omega^\ell\, f$, $f, g \in \omega^r(e) \Rightarrow (fg)e = (fe)(ge)$.

(B4) $g, f \in \omega^r(e)$, $ge\,\omega^\ell\, fe \Rightarrow$ 存在 $g_1 \in \omega^r(e)$, 满足 $g_1\,\omega^\ell\, f$ 且 $g_1 e = ge$.

下述定理说明, 双序集产生的背景是含幂等元的任意半群.

**定理 1.1.2** *设 $S$ 为半群, 其幂等元集不空, 记为 $E(S)$. 令*

$$D_{E(S)} = \{(e, f) \in E(S) \times E(S) : \{ef, fe\} \cap \{e, f\} \neq \varnothing\},$$

*则 $S$ 的运算在 $D_{E(S)}$ 上的限制使 $E(S)$ 成为一个双序集, 称为半群 $S$ 的双序集* (the biordered set of the semigroup $S$).

**证明** 由半群中乘法满足结合律容易验证定义 1.1.1 所有公理及其对偶对 $E(S)$ 均成立. 我们以 (B4) 为例给出证明, 其余公理及其对偶的验证可类似给出.

设 $g, f \in \omega^r(e)$, $ge\,\omega^\ell\, fe$. 令 $g_1 = gf$(该乘积在半群 $S$ 中是存在的). 由结合律和已知条件可得

$$\begin{aligned} g_1^2 = (gf)^2 &= g(ef)(eg)f = (ge)(fe)(gf) \\ &\xlongequal{ge\,\omega^\ell\, fe} (ge)(gf) = g(eg)f = g^2 f = gf = g_1 \end{aligned}$$

且

$$eg_1 = e(gf) = (eg)f = gf = g_1, \quad g_1 f = (gf)f = gf^2 = gf = g_1.$$

最后, $g_1 e = (gf)e = [g(ef)]e = (ge)(fe) = ge$. 这就证明了 (B4) 成立. 其对偶可类似得到. □

**注记 1.1.3** 应当注意, 公理 (B4) 的验证中, 乘积 $gf$ 不是双序集 $E(S)$ 的基本积, 因为 $(g, f)$ 不一定在部分乘法的定义域 $D_{E(S)}$ 中. 但该乘积在 $S$ 中存在, 且是幂等元, 如证明所示, 故 $g_1$ 的存在性得以保证.

设 $E$ 为双序集. 易验 $\omega$ 为偏序, $\mathscr{L}, \mathscr{R}$ 都是 $E$ 上等价关系且 $\mathscr{L} \cap \mathscr{R} = 1_E$.

对任意 $e, f \in E$, 记 $M(e, f) = \omega^\ell(e) \cap \omega^r(f)$, 称为 $(e, f)$ 的 $M$-集 ($M$-set). 在 $M(e, f)$ 上定义二元关系 $\prec$ 为

$$g \prec h \Leftrightarrow eg\,\omega^r\,eh \text{ 且 } gf\,\omega^\ell\,hf, \ \forall g, h \in M(e, f). \tag{1.4}$$

由于 $\omega^r$, $\omega^\ell$ 都是拟序 (满足自反和传递性), 易知 $\prec$ 是 $M(e, f)$ 上的拟序.

**定义 1.1.4** 设 $E$ 为双序集, $e, f \in E$. 我们把 $M(e, f)$ 中关系 $\prec$ 的所有“极大元”之集

$$S(e, f) = \{h \in M(e, f) : \forall g \in M(e, f), g \prec h\} \tag{1.5}$$

称为有序对 $(e, f)$ 的*夹心集* (sandwich set). 称 $E$ 为*正则双序集* (regular biordered set), 若下述公理成立

(R) $\forall e, f \in E$, $S(e, f) \neq \varnothing$.

夹心集对半群中元素乘积的正则性刻画具有关键作用, 如以下定理所示:

**定理 1.1.5** *设 $S$ 为半群, $E(S) \neq \varnothing$. 对任意 $e, f \in E(S)$, 令*

$$S_1(e, f) = \{h \in M(e, f) : ehf = ef\}, \quad S_2(e, f) = M(e, f) \cap V(ef), \tag{1.6}$$

*此处, $\forall x \in S$, $V(x) = \{x' \in S : xx'x = x, x'xx' = x'\}$ 为 $x$ 的逆元之集. 我们有*

*(1) $S_1(e, f) = S_2(e, f) \subseteq S(e, f)$;*

*(2) $ef$ 为正则元当且仅当 $S_1(e, f) \neq \varnothing$ 且此时有 $S_1(e, f) = S(e, f)$;*

*(3) 若 $S$ 为正则半群, 则 $E(S)$ 是正则双序集.*

**证明** 设 $h \in S_2(e, f)$, 显然 $ehf = e(fhe)f = (ef)h(ef) = ef$. 故 $S_2(e, f) \subseteq S_1(e, f)$. 反之, 若 $h \in S_1(e, f)$, 则有

$$h(ef)h = (he)(fh) = h^2 = h, \quad \text{且 } (ef)h(ef) = e(fhe)f = ehf = ef.$$

故 $S_1(e, f) = S_2(e, f)$.

取定 $h \in S_1(e, f) = S_2(e, f)$. 对任意 $g \in M(e, f)$, 我们有

$$(eh)(eg) = e(hg) = e[h(fg)] = (ehf)g = (ef)g = e(fg) = eg;$$

$$(gf)(hf) = (gh)f = [(ge)h]f = g(ehf) = g(ef) = (ge)f = gf.$$

即 $eg\,\omega^r\,eh$ 且 $gf\,\omega^\ell\,hf$, 故 $h \in S(e,f)$. 这证明了 (1).

因 $S_1(e,f) = S_2(e,f) = M(e,f) \cap V(ef)$, (2) 中第一个论断的充分性显然; 为证其必要, 设 $ef$ 正则, 则有 $v \in V(ef)$. 令 $h = fve$, 易验证 $h^2 = h$ 且 $h \in M(e,f) \cap V(ef)$. 进而有 $ehf = e(fve)f = (ef)v(ef) = ef$. 故 $h \in S_1(e,f) \subseteq S(e,f)$. 此时, 对任意 $g \in S(e,f)$, 由定义有 $eg\,\mathscr{R}\,eh, gf\,\mathscr{L} hf$. 由此可得

$$(egf)h(egf) = eghgf = e(ge)(he)gf = (eg)(eh)(eg)f = egf,$$

$$h(egf)h = (he)(ge)h = h(eg)(eh) = h(eh) = h^2 = h.$$

这说明 $egf,\ ef \in V(h)$. 由 Miller-Clifford 定理易知 $ef = ehf \in R_{eh} \cap L_{hf} = R_{eg} \cap L_{gf}$ 且 $egf \in R_{eg} \cap L_{gf}$, 即有 $ef\,\mathscr{H}\,egf$. 但每个 $\mathscr{H}$ 类中最多只含 $h$ 的一个逆元. 故必有 $egf = ef$. 这, 连同 (1), 证明了 $S_1(e,f) = S(e,f)$.

(3) 是 (2) 的直接推论. □

定理 1.1.2 和定理 1.1.5 说明, 每个带 $S$(幂等元半群) 把乘法限制在其中的 $D_{E(S)}$ 上时都是一个正则双序集. 特别地, 我们通常所称的 "半格", 即交换幂等元半群在这个限制下自然也是一个正则双序集. 我们仍然称之为 "半格" (semilattices). 我们知道, 半格有一个通用的偏序集刻画, 即 "半格是任二元皆有最大下界的偏序集" (交换幂等元半群中任二元之积就是其最大下界), 用双序集的语言, 半格有如下等价的刻画:

半格是满足 $\omega^r = \omega^\ell (= \omega)$ 的正则双序集.

事实上, 若双序集 $E$ 满足上式, 则每个 $M$-集 $M(e,f)$ 就是以 $\omega$ 为偏序的偏序集, 而 $S(e,f)$ 是该偏序集中所有极大元之集. 由偏序 $\omega$ 的反对称性, $S(e,f)$ 最多只有一个元素, 它即是 $e, f$ 的极大下界.

Nambooripad 在 [49] 中给出的下述例子, 很好地诠释了半格和一般正则双序集的关系.

**例 1.1.6**　设 $(\Gamma, \leqslant)$ 是一个半格, 其任二元 $e, f$ 的最大下界记为 $e \wedge f$. 又设 $X$ 为一非空集. 令 $E = X \times \Gamma$, 在 $E$ 上定义部分运算如下:

$$(x,e)(y,f) = \begin{cases} (x, e \wedge f), & e \leqslant f \text{ 或 } f \leqslant e, \\ \text{无定义}, & \text{否则}. \end{cases}$$

不难验证: 对每个 $(x,e) \in E$, 有

$$\omega^r(x,e) = \{(x,g) : g \leqslant e\}, \quad \omega^\ell(x,e) = \{(z,g) : g \leqslant e,\ z \in X\}.$$

显然有 $\omega=\omega^r\subseteq\omega^\ell$. 当 $|X|\geqslant 2$ 时, 这是真包含. 进而, 对任意 $(x,e)$, $(y,f)\in E$, 有

$$\begin{aligned}M((x,e),\,(y,f))&=\omega^\ell(x,e)\cap\omega^r(y,f)\\&=\{(z,g)\ :\ g\leqslant e,\,z\in X\}\cap\{(y,g)\ :\ g\leqslant f\}\\&=\{(y,g)\ :\ g\leqslant(e\wedge f)\}.\end{aligned}$$

如此可知其夹心集是一元集 $S((x,e),\ (y,f))=\{(y,e\wedge f)\}$. 故 $E$ 在此二拟序 $\omega^r,\omega^\ell$ 下是一个正则双序集.

这里揭示了夹心集为一元集的正则双序集和半格的不同: 当 $|X|\geqslant 2$ 时, 上述 $E$ 在偏序 $\omega$ 之下不是半格. 因为如果 $(E,\omega)$ 是半格, 则应有 $S((x,e),(y,f))=S((y,f),(x,e))$: 它们恰由 $(x,e)$, $(y,f)$ 的最大下界组成. 但当 $x\neq y\in X$ 时,

$$S((x,e),(y,f))=\{(y,e\wedge f)\}\neq\{(x,e\wedge f)\}=S((y,f),(x,e)).$$

如果我们给 $E$ 另外添加一个零元 0, 即令 $E^0=E\cup\{0\}$, 并扩展 $E$ 的部分乘法到该零元, 即

$$(x,e)0=0(x,e)=00=0,$$

则易知在 $E^0$ 中的双序是

$$\omega^r(x,e)=\{(x,g)\ :\ g\leqslant e\}\cup\{0\},\quad \omega^\ell(x,e)=\{(z,g)\ :\ g\leqslant e,\ z\in X\}\cup\{0\}.$$

从而

$$S^{E^0}((x,e),\,(y,f))=\begin{cases}\{(x,e\wedge f)\}, & x=y,\\ \{0\}, & x\neq y.\end{cases}$$

这样 $(E^0,\omega)$ 是半格, 事实上它是与半格 $(\Gamma^0,\leqslant)$ 的 $|X|$ 个半格的“0-直并” (0-disjoint union). 但只要 $|X|\geqslant 2$, $E^0$ 不是半格, 因为此时 $\omega^r\neq\omega^\ell$, 而作为双序集的半格必须有 $\omega^r=\omega^\ell$.

## 习题 1.1

1. 若 $E$ 是满足公理 (B1) 的部分 2 代数, 则 $(E,\omega)$ 是偏序集.

2. 证明: 半群 $S$ 的幂等元双序集 $E(S)$ 满足以下性质:

(B4′) $g,h\in\omega^r(f)\ \ [\omega^\ell(e)]\ \Rightarrow\ S(gf,hf)=S(g,h)f\ \ [S(eh,eg)=eS(h,g)]$.

3. 设半群 $S=\langle p,q:pqp=p,\,qpq=q\rangle$. 证明 $E(S)$ 满足 $\omega^\ell=\omega^r=\omega$, 但它不是 (下) 半格.

4. 设 $(E, \omega^\ell, \omega^r)$ 是满足公理 (B1) 的非空集, 记 $PT(E)$ 是集合 $E$ 上部分变换半群. 证明: $E$ 是双序集的充要条件是有两个映射: $\tau^r$, $\tau^\ell : E \longrightarrow PT(E)$, 使得对每个 $e \in E$, $\operatorname{dom}\tau^r(e) = \omega^r(e)$, $\operatorname{dom}\tau^\ell(e) = \omega^\ell(e)$; $\operatorname{im}\tau^r(e) = \omega(e) = \operatorname{im}\tau^\ell(e)$, 且以下公理成立:

(B21′) $\forall e \in E$, $\tau^r(e)$ 不变 $\mathscr{R}$-类; $\tau^\ell(e)$ 不变 $\mathscr{L}$-类.

(B22′) $\forall e \in E$, $\tau^r(e)$ 保持拟序 $\omega^\ell$; $\tau^\ell(e)$ 保持拟序 $\omega^r$.

(B31′) $\tau^r$ 保持拟序 $\omega^r$; $\tau^\ell$ 保持拟序 $\omega^\ell$.

(B32′) $\forall e \in E$, $\tau^r(e)$, $\tau^\ell(e)$ 保持基本积.

(B4″) $\forall e \in E$, $\tau^r(e)$ 弱反射拟序 $\omega^\ell$; $\tau^\ell(e)$ 弱反射拟序 $\omega^r$.

5. 称正则双序集 $E$ 为弱逆双序集, 若以下三条件成立 (参看 [78]):

(1) $E_P = \{e \in E : \forall f \in E, S(f,e) \subseteq \omega(e)\}$ 是 $E$ 的半格双序子集;

(2) $\forall L \in E/\mathscr{L}$, $L \cap E_P \neq \varnothing$;

(3) $f\,\omega^r\,e \Rightarrow \exists g \in R_e$, $f\,\omega\,g$.

对半群 $S$ 和 $x \in S$, 记 $E_P(S) = \{e \in E(S) : \forall f \in E(S), fef = fe\}, V_P(x) = \{x' \in V(x) : x'x \in E_P(S)\}$. 称 $S$ 为弱逆半群, 若下面三个条件成立:

(W1) $\forall\, x \in S$, $V_P(x) \neq \varnothing$;

(W2) $\forall\, x$, $y \in S$, $V_P(x) = V_P(y) \Rightarrow x = y$;

(W3) $\forall\, x$, $y \in S$, $V_P(xy) \subseteq V_P(y)V_P(x)(\subseteq SV_P(xy))$.

证明: (i) 逆半群是弱逆半群;

(ii) 非空集 $X$ 的所有部分变换之集 $\mathcal{PT}(X)$ 在通常合成运算下是一个弱逆半群, 称为对称弱逆半群;

(iii) 每个弱逆半群 $S$ 可嵌入对称弱逆半群 $\mathcal{PT}(S)$;

(iv) 弱逆半群 $S$ 的幂等元双序集 $E(S)$ 是弱逆双序集 (摘自 [78]).

## 1.2　双序态射和双序集范畴

**定义 1.2.1**　设 $E$ 和 $E'$ 为二双序集, $\theta$ 是从 $E$ 到 $E'$ 的映射. 称 $\theta$ 为双序态射 (biorder morphism) 或双态射 (bimorphism), 若它满足下述公理 (M):

(M) $\forall (e,f) \in D_E, (e\theta, f\theta) \in D_{E'}$ 且 $(ef)\theta = (e\theta)(f\theta)$.

称双序态射 $\theta$ 为正则的, 若它还满足下述二公理: $\forall e, f \in E$,

(RM1) $S(e,f)\theta \subseteq S(e\theta, f\theta)$;

(RM2) $S(e,f) \neq \varnothing \Leftrightarrow S(e\theta, f\theta) \neq \varnothing$.

当双序态射 $\theta$ 是双射且 $\theta^{-1}$ 也是双序态射时, 称 $\theta$ 为双序同构 (biorder isomorphism), 简称为同构 (isomorphism), 并记为 $\theta : E \cong E'$. 显然, 双序同构是正则双序态射.

若 $\theta_1 : E \longrightarrow E_1, \theta_2 : E_1 \longrightarrow E_2$ 为双序态射, 易知 $\theta_1\theta_2 : E \longrightarrow E_2$ 亦为双序态射. 特别地, 若 $\theta_1, \theta_2$ 都正则, 则 $\theta_1\theta_2$ 也正则. 不难知道双序态射的合成满足结合律, 如此, 我们有**双序集范畴** $\mathbb{B}$: 其对象为双序集, 态射为双序态射; 同时, 我们也有**正则双序集范畴** $\mathbb{RB}$: 其对象是正则双序集, 而态射为正则双序态射. 显然, $\mathbb{RB}$ 是 $\mathbb{B}$ 的子范畴.

当 $E$ 是正则双序集时, 因为其任二元的夹心集不空, 易知双序态射 $\theta : E \longrightarrow E'$ 满足公理 (RM1) 蕴含它满足公理 (RM2), 从而 $\theta$ 是正则双序态射. 此时 $E\theta$ 中任二元的夹心集一定不空, 故 $E\theta$ 是正则双序集, 与 $E'$ 是否正则无关 ($E'$ 也正则时 (RM2) 平凡地成立)! 以下二例说明, 一般情形下该二公理是相互独立的.

**例 1.2.2** 设

$$E = \{e, f\}, \qquad \omega^{\ell}_E = \omega^r_E = 1_E;$$

$$E' = \{0, e', f'\}, \quad \omega^{\ell}_{E'} = \omega^r_{E'} = 1_{E'} \cup \{(0, e'), (0, f')\}.$$

令 $\theta : E \longrightarrow E', e\theta = e', f\theta = f'$. 由 $D_E = 1_E$ 易验 $\theta$ 是双序态射. 又有 $M(e, f) = S(e, f) = \varnothing$ 和 $M(e', f') = S(e', f') = \{0\}$, 可见公理 (RM1) (平凡地) 成立, 但 $S(e\theta, f\theta) = \{0\} \neq \varnothing$ 而 $S(e, f) = \varnothing$, 公理 (RM2) 不成立.

**例 1.2.3** 表 1.1 是集合 $B$ 的乘法 Caley 表. 利用 [9] 中介绍的 "Light 检验法", 易知 $B$ 是一个带 (幂等元半群).

**表 1.1 带 $B$ 的乘法 Caley 表**

| $B$ | $e$ | $f$ | $h_{11}$ | $h_{12}$ | $h_{21}$ | $h_{22}$ | $g_{11}$ | $g_{12}$ | $g_{21}$ | $g_{22}$ |
|---|---|---|---|---|---|---|---|---|---|---|
| $e$ | $e$ | $h_{11}$ | $h_{11}$ | $h_{12}$ | $h_{11}$ | $h_{12}$ | $g_{21}$ | $g_{22}$ | $g_{21}$ | $g_{22}$ |
| $f$ | $h_{22}$ | $f$ | $h_{21}$ | $h_{22}$ | $h_{21}$ | $h_{22}$ | $g_{21}$ | $g_{22}$ | $g_{21}$ | $g_{22}$ |
| $h_{11}$ | $h_{12}$ | $h_{11}$ | $h_{11}$ | $h_{12}$ | $h_{11}$ | $h_{12}$ | $g_{21}$ | $g_{22}$ | $g_{21}$ | $g_{22}$ |
| $h_{12}$ | $h_{12}$ | $h_{11}$ | $h_{11}$ | $h_{12}$ | $h_{11}$ | $h_{12}$ | $g_{21}$ | $g_{22}$ | $g_{21}$ | $g_{22}$ |
| $h_{21}$ | $h_{22}$ | $h_{21}$ | $h_{21}$ | $h_{22}$ | $h_{21}$ | $h_{22}$ | $g_{21}$ | $g_{22}$ | $g_{21}$ | $g_{22}$ |
| $h_{22}$ | $h_{22}$ | $h_{21}$ | $h_{21}$ | $h_{22}$ | $h_{21}$ | $h_{22}$ | $g_{21}$ | $g_{22}$ | $g_{21}$ | $g_{22}$ |
| $g_{11}$ | $g_{11}$ | $g_{12}$ | $g_{12}$ | $g_{12}$ | $g_{12}$ | $g_{12}$ | $g_{11}$ | $g_{12}$ | $g_{11}$ | $g_{12}$ |
| $g_{12}$ | $g_{12}$ | $g_{12}$ | $g_{12}$ | $g_{12}$ | $g_{12}$ | $g_{12}$ | $g_{11}$ | $g_{12}$ | $g_{11}$ | $g_{12}$ |
| $g_{21}$ | $g_{21}$ | $g_{22}$ | $g_{22}$ | $g_{22}$ | $g_{22}$ | $g_{22}$ | $g_{21}$ | $g_{22}$ | $g_{21}$ | $g_{22}$ |
| $g_{22}$ | $g_{22}$ | $g_{22}$ | $g_{22}$ | $g_{22}$ | $g_{22}$ | $g_{22}$ | $g_{21}$ | $g_{22}$ | $g_{21}$ | $g_{22}$ |

不难得到带 $B$ 有如下 $\mathscr{D}$-类结构:

$$D_e = \{e\}, \qquad D_f = \{f\}.$$

$$D_{h_{11}} = \{h_{11} \mathscr{R}\, h_{12} \mathscr{L}\, h_{22} \mathscr{R}\, h_{21} \mathscr{L}\, h_{11}\},$$

$$D_{g_{11}} = \{g_{11} \mathscr{R}\, g_{12} \mathscr{L}\, g_{22} \mathscr{R}\, g_{21} \mathscr{L}\, g_{11}\}.$$

以及下述 6 个非平凡 $\omega$-理想:

$$\omega(e)=\{e,h_{12},g_{21},g_{22}\},\quad \omega(f)=\{f,h_{21},g_{22}\},\quad \omega(h_{11})=\{h_{11},g_{22}\},$$
$$\omega(h_{12})=\{h_{12},g_{22}\},\qquad \omega(h_{21})=\{h_{21},g_{22}\},\qquad h_{22}=\{h_{22},g_{22}\}.$$

由以上信息不难求出双序集 $E(B)$ 的双序 $\omega^{\ell},\omega^{r}$ 和 $M$-集. 例如有

$$M(h_{12},h_{21})=\{h_{22},g_{22}\}\quad 且\quad g_{22}\prec h_{22},$$

于是有夹心集 $S(h_{12},h_{21})=\{h_{22}\}$.

令 $E=B\backslash\{h_{22}\}$. 由于 $B$ 中乘法在 $E$ 上的限制只对积 $fe,fh_{12},h_{21}e$ 与 $h_{21}h_{12}$ 无定义, 而它们都不是双序集 $E(B)$ 中的基本积, 故 $B$ 的运算向 $E$ 的限制 (如表 1.2 所示) 与双序集 $E(B)$ 的部分运算向 $E$ 的限制是一样的, 这保证 $E$ 也满足双序集所有公理; 进而不难验证 $E(B)$ 与 $E$ 都是正则双序集.

**表 1.2　$E=B\backslash\{h_{22}\}$ 的部分乘法**

| $E$ | $e$ | $f$ | $h_{11}$ | $h_{12}$ | $h_{21}$ | $g_{11}$ | $g_{12}$ | $g_{21}$ | $g_{22}$ |
|---|---|---|---|---|---|---|---|---|---|
| $e$ | $e$ | $h_{11}$ | $h_{11}$ | $h_{12}$ | $h_{11}$ | $g_{21}$ | $g_{22}$ | $g_{21}$ | $g_{22}$ |
| $f$ | | $f$ | $h_{21}$ | | $h_{21}$ | $g_{21}$ | $g_{22}$ | $g_{21}$ | $g_{22}$ |
| $h_{11}$ | $h_{12}$ | $h_{11}$ | $h_{11}$ | $h_{12}$ | $h_{11}$ | $g_{21}$ | $g_{22}$ | $g_{21}$ | $g_{22}$ |
| $h_{12}$ | $h_{12}$ | $h_{11}$ | $h_{11}$ | $h_{12}$ | $h_{11}$ | $g_{21}$ | $g_{22}$ | $g_{21}$ | $g_{22}$ |
| $h_{21}$ | | $h_{21}$ | $h_{21}$ | | $h_{21}$ | $g_{21}$ | $g_{22}$ | $g_{21}$ | $g_{22}$ |
| $g_{11}$ | $g_{11}$ | $g_{12}$ | $g_{12}$ | $g_{12}$ | $g_{12}$ | $g_{11}$ | $g_{12}$ | $g_{11}$ | $g_{12}$ |
| $g_{12}$ | $g_{12}$ | $g_{12}$ | $g_{12}$ | $g_{12}$ | $g_{12}$ | $g_{11}$ | $g_{12}$ | $g_{11}$ | $g_{12}$ |
| $g_{21}$ | $g_{21}$ | $g_{22}$ | $g_{22}$ | $g_{22}$ | $g_{22}$ | $g_{21}$ | $g_{22}$ | $g_{21}$ | $g_{22}$ |
| $g_{22}$ | $g_{22}$ | $g_{22}$ | $g_{22}$ | $g_{22}$ | $g_{22}$ | $g_{21}$ | $g_{22}$ | $g_{21}$ | $g_{22}$ |

现在设 $\theta$ 是 $E$ 向 $E(B)$ 的嵌入, 由于 $E$ 的部分乘法恰是 $E(B)$ 的部分乘法之限制, 它显然是双序态射. 由 $E$ 与 $E(B)$ 的正则性知公理 (RM2) 平凡地成立. 但在 $E$ 中有 $M(h_{12},h_{21})=\{g_{22}\}$, 从而在 $E$ 中有 $S(h_{12},h_{21})=\{g_{22}\}$. 这说明公理 (RM1) 对 $\theta$ 不成立. 即 $\theta$ 不是正则双序态射, 说明 $\mathbb{RB}$ 不是 $\mathbb{B}$ 的全子范畴.

**定理 1.2.4**　记 $\mathbb{S}$ 是对象为含幂等元的半群, 态射为半群同态的范畴. 令函子 $E$ 在对象上作用为 $S\longrightarrow E(S)$, 而在态射 $\phi:S\longrightarrow S'$ 上作用为 $E(\phi)=\phi|E(S)$. 那么 $E$ 是从 $\mathbb{S}$ 到 $\mathbb{B}$ 的共变函子. 特别地, 若记 $\mathbb{RS}$ 为正则半群范畴 (它是 $\mathbb{S}$ 的全子范畴), 则 $E$ 在 $\mathbb{RS}$ 上的限制是从 $\mathbb{RS}$ 到 $\mathbb{RB}$ 的共变函子, 且 $\forall S,S'\in \mathrm{ob}(\mathbb{RS}),\phi:S\longrightarrow S',E(S\phi)=E(S)E(\phi)$.

**证明**　$\forall S,S'\in\mathrm{ob}(\mathbb{S})$ 及 $\phi:S\longrightarrow S'$, 由 $\phi$ 保持运算, $E(\phi)=\phi|E(S)$ 显然是从 $E(S)$ 到 $E(S')$ 的映射且保持 $D_{E(S)}$ 的部分运算. 故公理 (M) 成立. 又 $\forall S,S',S''\in\mathrm{ob}(\mathbb{S})$ 及 $\phi:S\longrightarrow S',\phi':S'\longrightarrow S''$, 因为 $E(S)\phi\subseteq E(S')$,

故 $E(\phi\phi') = \phi\phi'|E(S) = [\phi|E(S)][\phi|E(S')] = E(\phi)E(\phi')$. 特别地, $E(1_S) = 1_S|E(S) = 1_{E(S)}$. 故 $E$ 是从 $\mathbb{S}$ 到 $\mathbb{B}$ 的共变函子.

设 $S, S' \in \mathbb{RS}, \phi : S \longrightarrow S', e, f \in E(S)$, $h \in S(e,f)$, 由 $\phi$ 为同态易得 $hE(\phi) \in M(eE(\phi), fE(\phi))$ 且

$$eE(\phi)hE(\phi)fE(\phi) = e\phi h\phi f\phi = (ehf)\phi = ef\phi = eE(\phi)fE(\phi).$$

故由定理 1.1.5 得 $hE(\phi) \in S(eE(\phi), fE(\phi))$. 故公理 (RM1) 成立. 再据该定理, $E(S)$, $E(S')$ 是正则双序集. 公理 (RM2) 平凡成立. 如此, $E(\phi)$ 是正则双序态射. 故 $E$ 向 $\mathbb{RS}$ 的限制是到 $\mathbb{RB}$ 的共变函子. 定理中最后一个等式是关于正则半群幂等元提升性 (Lallement 引理) 的推论. □

### 习题 1.2

1. 详细计算例 1.2.3 中双序集 $E(B)$ 和 $E$ 中的左、右双序理想, 由此验证其结论.

2. 设 $S, S' \in \mathrm{ob}\,\mathbb{RS}$, $\phi : S \longrightarrow S'$. 证明: $E(\phi)$ 是双序同构 $(E(S) \overset{E(\phi)}{\cong} E(S\phi))$ 当且仅当 $\phi$ 具有幂等元分离性, 即 $\forall e, f \in E(S)$, $e\phi = f\phi \Rightarrow e = f$. (注意并不是 $E(S) \overset{E(\phi)}{\cong} E(S')$, 除非 $E(S') = E(S\phi)$.)

3. 举例说明等式 $E(S\phi) = E(S)E(\phi)$ 在 $\mathbb{S}$ 中不一定成立 (即, 非正则半群的同态一般不满足"幂等元提升性").

4. 证明: 偏序集是其两个拟序相等的双序集, 其双序态射恰是保持偏序的映射.

5. 证明: 半格间的同态恰是其 (作为正则双序集的) 正则双序态射. 因此, 所有半格 (及其同态) 的范畴 $\mathbb{SL}$ 是正则双序集范畴 $\mathbb{RB}$ 的一个全子范畴.

6. 正则半群范畴 $\mathbb{RS}$ 是半群范畴 $\mathbb{S}$ 的全子范畴, 但正则双序集范畴 $\mathbb{RB}$ 不是双序集范畴 $\mathbb{B}$ 的全子范畴. 试考虑其原因何在.

## 1.3 双序子集

**定义 1.3.1** 设 $E$ 为双序集. $E$ 的非空子集 $E'$ 称为 $E$ 的双序子集 (biordered subset), 若 $E$ 的部分运算在 $E'$ 上的限制使 $E'$ 也成为双序集. 进而, 称双序子集 $E'$ 在 $E$ 中相对正则 (relatively regular), 若嵌入映射是正则双序态射.

**定理 1.3.2** 设 $E$ 为双序集. $E$ 的非空子集 $E'$ 为 $E$ 的双序子集当且仅当下述二条件及其对偶成立:

(1) $\forall e, f \in E'$, $(e,f) \in D_E \Rightarrow ef \in E'$;

(2) $\forall g, h, e \in E'$, 若 $g, h \in \omega^r(e)$ 且 $ge\,\omega^\ell\, he$, 则存在 $g_1 \in E'$, 使 $g_1 e = ge$, 且 $g_1 \in M(h, e)$.

进而, $E'$ 在 $E$ 中相对正则当且仅当以下条件成立:

(3) $\forall e, f \in E', S'(e,f) = S(e,f) \cap E'$, 且 $S(e,f) \neq \varnothing$ 蕴含 $S'(e,f) \neq \varnothing$. 这里 $S'(e,f)$ 表示 $E'$ 的夹心集.

**证明** 条件 (1), (2) 的必要性显然. 为证充分性, 首先注意, 条件 (1) 保证 $D_{E'} = D_E \cap (E' \times E')$. 这样, 叙述基本积基本性质的公理 (B1) 及 (B21)—(B32) 在 $E$ 中成立保证它们在 $E'$ 中亦成立; 而条件 (2) 保证公理 (B4) 在 $E'$ 中也成立, 故 $E'$ 是双序集.

条件 (3) 显然确保 $E'$ 向 $E$ 的嵌入能使 $E'$ 中元素的夹心集满足公理 (RM1) 和 (RM2). 故 $E'$ 在 $E$ 中相对正则.

反之, 当 $E'$ 在 $E$ 中相对正则时, $1_{E'}$ 是正则双序态射, $\forall e, f \in E'$, 由 (RM1) 得 $S'(e,f) \subseteq S(e,f) \cap E'$; 若 $S'(e,f) = \varnothing$, 由 (RM2) 得 $S(e,f) = \varnothing$. 而若 $S'(e,f) \neq \varnothing$, 由 $M$-集中拟序 $\prec$ 的定义直接有 $S(e,f) \cap E' \subseteq S'(e,f)$. 故必有 $S'(e,f) = S(e,f) \cap E'$, 且 $S(e,f) \neq \varnothing \Rightarrow S'(e,f) \neq \varnothing$. 此即条件 (3). □

**命题 1.3.3** 设 $E$ 为双序集, 则公理 (B4) 中的元 $g_1$ 是唯一的.

**证明** 设 $g, f \in \omega^r(e)$ 且 $e\,\omega^\ell\, fe$. 若 $g_1, g_2 \in M(f, e)$ 满足 $g_1 e = ge = g_2 e$, 由公理 (B21), 有

$$g_2 \mathscr{R}\, g_2 e = g_1 e \,\mathscr{R}\, g_1 \quad 及 \quad fg_i \,\omega\, f \,\omega^r\, e,\ i = 1, 2.$$

进而有

$$\begin{aligned} fg_2 = (fg_2)f &\xlongequal{\text{(B31)}} [(fg_2)e]f \xlongequal{\text{(B32)}} [(fe)(g_2 e)]f \\ &= [(fe)(g_1 e)]f \xlongequal{\text{(B32)}} [(fg_1)e]f \xlongequal{\text{(B31)}} (fg_1)f = fg_1. \end{aligned}$$

但由 $(\text{B21})^*$, 我们有 $g_2 \mathscr{L}\, fg_2 = fg_1 \,\mathscr{L}\, g_1$. 故得 $g_2 = g_1$. □

**命题 1.3.4** 设 $E$ 为双序集. $\forall e \in E$, $\omega^\ell(e), \omega^r(e)$ 及 $\omega(e)$ 都是 $E$ 的相对正则的双序子集.

**证明** 我们先证 $\omega^r(e)$ 是 $E$ 的相对正则双序子集. 设 $f, g \in \omega^r(e)$ 且 $(g, f) \in D_E$. 不妨设 $g\,\omega^r\, f$. 由 (B21) 有 $gf\,\omega\, f\,\omega^r\, e$, 故 $gf \in \omega^r(e)$, 即定理 1.3.2 之条件 (1) 对 $\omega^r(e)$ 成立. 进而, 设 $f, g, h \in \omega^r(e)$, 若有 $g, h \in \omega^r(f)$ 且 $gf\,\omega^\ell\, hf$, 则由 (B4) 所得 $g_1$ 满足 $g_1 \mathscr{R}\, g_1 f = gf \,\mathscr{R}\, g\,\omega^r\, e$, 因而 $g_1 \in \omega^r(e)$; 若有 $g, h \in \omega^\ell(f)$ 且 $fg\,\omega^r\, fh$, 则由 $(\text{B4})^*$ 所得 $g_1$ 满足 $g_1\,\omega^r\, h\,\omega^r\, e$, 也有 $g_1 \in \omega^r(e)$. 故定理 1.3.2 之 (2) 也成立. 最后, 因为 $S(f,g) \subseteq M(f,g) = \omega^\ell(f) \cap \omega^r(g)$, 故当 $g \in \omega^r(e)$ 时亦有 $S(f,g) \subseteq M(f,g) \subseteq \omega^r(e)$. 从而定理 1.3.2 中的条件 (3) 也成立: $S'(f,g) = S(f,g) \cap \omega^r(e) = S(f,g)$. 这就证明了 $\omega^r(e)$ 是 $E$ 的相对正则的双序子集.

用对偶的论述可证 $\omega^\ell(e)$ 也是 $E$ 的相对正则的双序子集. 注意到对 $f,g\in\omega(e)$, 我们有 $S(f,g)\subseteq\omega^\ell(f)\cap\omega^r(g)\subseteq\omega^\ell(e)\cap\omega^r(e)=\omega(e)$, 显然定理 1.3.2 中的条件 (3) 也对 $\omega(e)$ 成立, 故 $\omega(e)=\omega^\ell(e)\cap\omega^r(e)$ 也是 $E$ 的相对正则双序子集. □

下面我们考虑双序子集的正则性和相对正则性的关系. 易知, 正则双序集的每个相对正则双序子集必为正则双序集, 但例 1.2.3 说明其逆不真. 下述定理说明在与 (生成) 子半群正则性的联系上, 二者是等价的.

**定理 1.3.5** 设 $S$ 是半群, $E(S)\neq\varnothing$, $E(S)$ 的双序子集 $E$ 是正则双序集. 则 $E$ 是 $S$ 的某正则子半群的幂等元双序集当且仅当 $E$ 是 $E(S)$ 的相对正则的双序子集且对任意 $e,f\in E$, 在 $E(S)$ 中有 $S_1(e,f)=S_2(e,f)\neq\varnothing$.

**证明** 设有 $S$ 的正则子半群 $S'$ 使 $E(S')=E$. 由定理 1.1.5, 对任意 $e,f\in E$, 有 $E$ 中元素构成的夹心集

$$S'(e,f)=S'_2(e,f)=M(e,f)\cap V(ef)\cap S'\neq\varnothing.$$

因为 $ef$ 在 $S'$ 中正则确保它在 $S$ 中也正则, 故在 $E(S)$ 中亦有

$$\varnothing\neq S(e,f)=S_2(e,f)=M(e,f)\cap V(ef)\cap S\supseteq S'(e,f).$$

这说明 $E$ 向 $E(S)$ 的嵌入满足定义 1.2.1 的公理 (RM1). 由于 $E$ 是正则双序集, 嵌入映射 $1_E:E\subseteq E(S)$ 平凡地满足公理 (RM2). 故 $E$ 在 $E(S)$ 中相对正则.

反之, 设 $E$ 在 $E(S)$ 中相对正则且 $\forall e,f\in E$, 在 $E(S)$ 中有 $S_1(e,f)\neq\varnothing$. 令 $S'$ 为 $E$ 在 $S$ 中生成的子半群. 我们先归纳地证明: 对任意 $x\in S'$, 存在 $e\in E$, 使得 $e\mathscr{L}^{S'}x$, 从而 $S'$ 正则.

$\forall e,f\in E$, 因 $S_1(e,f)\neq\varnothing$, 由定理 1.1.5 之 (2), 在 $E(S)$ 中有 $S(e,f)=S_1(e,f)\neq\varnothing$. 由于 $E$ 在 $E(S)$ 中相对正则, 据定理 1.3.2(3) 有 $S'(e,f)=S_1(e,f)\cap E'\neq\varnothing$. 显然, 这就得到 $S'_1(e,f)\neq\varnothing$, 任取 $h\in S'_1(e,f)$, 我们有 $hf=h(ef)\in E$, 且 $hf\ \mathscr{L}^{S'}\ ef$.

归纳假设 $E$ 中任意 $n$ 个元素之积都满足所述性质而 $x=f_0f_1\cdots f_n=x'f_n, f_i\in E, i=0,1,\cdots,n$. 由归纳假设, 有 $e'\in E$ 使 $e'\,\mathscr{L}^{S'}\,x'$. 令 $g\in S'_1(e',f_n)$. 那么 $gf_n\in E$ 且 $g\ \mathscr{L}^{S'}\ e'g$. 由 $\mathscr{L}^{S'}$ 为右同余, 立得 $gf_n\ \mathscr{L}^{S'}\ e'gf_n=e'f_n\ \mathscr{L}^{S'}\ x'f_n$. 这就证明了我们的第一个断言.

为证 $E(S')=E$, 只需证 $E(S')\subseteq E$. 任取 $x\in E(S')$. 由第一个断言及其对偶, 有 $e,f\in E$, 使 $e\mathscr{L}^{S'}\ x\ \mathscr{R}^{S'}\ f$. 据 Miller-Clifford 定理, 有 $f\ \mathscr{L}^{S'}\ ef\ \mathscr{R}^{S'}\ e$. 令 $h\in S'_1(e,f)\subseteq E$. 由于 $h\in V(ef)$, 有 $hf=hef\ \mathscr{L}^{S'}\ ef\ \mathscr{L}^{S'}\ f$. 但由 $h\ \omega^r\ f$ 知 $hf\ \omega\ f$, 故 $hf=f$, 从而 $h\ \mathscr{R}^{S'}\ f$. 类似可证 $h\ \mathscr{L}^{S'}\ e$. 于是得 $h\ \mathscr{H}^{S'}\ x$. 但两者均为幂等元, 故得 $x=h\in E$. 这就完成了我们的证明. □

**推论 1.3.6**　设 $S$ 为正则半群, $E'$ 是 $E(S)$ 的正则双序子集. 则 $E'$ 在 $E(S)$ 中相对正则的充要条件是 $E'$ 生成 $S$ 的正则子半群且 $E(\langle E'\rangle)=E'$.

### 习题 1.3

1. 设 $E$ 为双序集, 证明: $\forall e\in E$, $\omega^{\ell}(e)$, $\omega^{r}(e)$ 和 $\omega(e)$ 是相对正则双序子集. 若 $M(e,f)\neq\varnothing$, 则 $M(e,f)$ 也是 $E$ 的相对正则的双序子集.

2. 设 $S$ 是正则半群, $S(*)=\cup\{D(*):D\in S/\mathscr{D}\}$ 是本章引言定义的伪群胚, 它刻画了正则半群 $S$ 的局部结构 (local structure). $S$ 的整体结构 (global structure) 可通过以下命题得到:

**命题**　设 $S$ 为正则半群, $x,y\in S$, $x'\in V(x),y'\in V(y)$. 对任意 $g\in M(x'x,yy')$ 有

$$xgy=(xg)*(gy),\quad y'gx'=(y'g)*(gx'),\quad \text{且 } y'gx'\in V(xgy).$$

特别地, 对 $h\in S_1(x'x,yy')$ 有 $xhy=xy$ 且 $y'hx'\in V(xy)$.

证明该命题.

3. 设 $B_1=\{e,f_1,f_2,f_3\}=B_2$ 有以下略微不同的 Caley 乘法表:

| $B_1$ | $e$ | $f_1$ | $f_2$ | $f_3$ |
|---|---|---|---|---|
| $e$ | $e$ | $f_1$ | $f_2$ | $f_3$ |
| $f_1$ | $f_2$ | $f_1$ | $f_2$ | $f_3$ |
| $f_2$ | $f_2$ | $f_1$ | $f_2$ | $f_3$ |
| $f_3$ | $f_3$ | $f_1$ | $f_2$ | $f_3$ |

| $B_2$ | $e$ | $f_1$ | $f_2$ | $f_3$ |
|---|---|---|---|---|
| $e$ | $e$ | $f_1$ | $f_2$ | $f_3$ |
| $f_1$ | $f_3$ | $f_1$ | $f_2$ | $f_3$ |
| $f_2$ | $f_2$ | $f_1$ | $f_2$ | $f_3$ |
| $f_3$ | $f_3$ | $f_1$ | $f_2$ | $f_3$ |

验证: 双序集 $E(B_1)$ 和 $E(B_2)$ 有完全相同的双序 $\omega^r$, $\omega^{\ell}$, 且每个乘积都是基本积, 也就是说, 这两个双序集都是带. 但它们显然不同构. 试用习题 1.1 中练习 4 的双序集等价定义对此进行说明.

## 1.4　双序集是部分半群

双序集公理中不包含部分运算的结合律, 这给证明和实际计算带来很大不便. 我们在本节介绍 Premchand[61] 的结果: 证明双序集实为部分半群, 从而可在今后的证明与计算中简化某些步骤. 在此基础上, 我们给出一个与定义 1.1.1 等价的公理体系, 其中不但含有结合性公理, 而且每个公理都是自身左右对偶的. 因而其形式较定义 1.1.1 简单.

**命题 1.4.1**　设 $E$ 是满足双序集公理中 (B1)—(B32) 及其对偶的部分 2 代数. 对 $e,f,g\in E$, 若 $(ef)g$ 与 $e(fg)$ 都有定义, 则 $(ef)g=e(fg)$. 从而 $E$ 是部分半群.

**证明** 设 $e, f, g \in E$ 使得 $ef, fg$ 有定义. 由公理 (B1) 必有下述十六种情形之一出现:

(1) $e\,\omega^r\, f\,\omega^r\, g$;
(2) $e\,\omega^r\, f\,(\omega^r)^{-1}\, g$;
(3) $e\,\omega^r\, f\,\omega^\ell\, g$;
(4) $e\,\omega^r\, f\,(\omega^\ell)^{-1}\, g$;
(5) $e\,(\omega^r)^{-1}\, f\,\omega^r\, g$;
(6) $e\,(\omega^r)^{-1}\, f\,(\omega^r)^{-1}\, g$;
(7) $e\,(\omega^r)^{-1}\, f\,\omega^\ell\, g$;
(8) $e\,(\omega^r)^{-1}\, f\,(\omega^\ell)^{-1}\, g$;
(9) $e\,\omega^\ell\, f\,\omega^r\, g$;
(10) $e\,\omega^\ell\, f\,(\omega^r)^{-1}\, g$;
(11) $e\,\omega^\ell\, f\,\omega^\ell\, g$;
(12) $e\,\omega^\ell\, f\,(\omega^\ell)^{-1}\, g$;
(13) $e\,(\omega^\ell)^{-1}\, f\,\omega^r\, g$;
(14) $e\,(\omega^\ell)^{-1}\, f\,(\omega^r)^{-1}\, g$;
(15) $e\,(\omega^\ell)^{-1}\, f\,\omega^\ell\, g$;
(16) $e\,(\omega^\ell)^{-1}\, f\,(\omega^\ell)^{-1}\, g$.

以下我们列出六个引理, 命题 1.4.1是它们的推论. 这些引理的证明都是利用公理 (B1)—(B32) 进行结合律的验算. 为免过分冗长, 我们只给出有代表性的两个引理之证明, 其余证明可类似得到.

**引理 1.4.2** 若情形 (1), (3), (5), (6), (7), (8), (11), (15) 或 (16) 之任一成立, 则 $(ef)g$ 与 $e(fg)$ 有定义且 $(ef)g = e(fg)$.

**引理 1.4.3** 若情形 (10) 成立且 $(ef)g$ 与 $e(fg)$ 中一个有定义, 则两者皆有定义且相等.

**引理 1.4.4** 设情形 (9) 成立. 若 $e(fg)$ 有定义, 则 $(ef)g$ 有定义且二者相等. 对偶地, 设情形 (14) 成立. 若 $(ef)g$ 有定义, 则 $e(fg)$ 有定义且二者相等.

**证明** 设 $e\,\omega^\ell\, f\,\omega^r\, g$ 且 $e(fg)$ 有定义. 此时, 下述四关系之一必成立:

(a) $e\,\omega^r\, fg$; (b) $fg\,\omega^r\, e$; (c) $e\,\omega^\ell\, fg$; (d) $fg\,\omega^\ell\, e$.

当 (a) 成立时有 $e\,\omega^r\, fg\,\omega^r\, f\,\omega^r\, g$, 化为情形 (1). 由引理 1.4.2 得.

当 (b) 成立时有 $f\,\mathcal{R}\, fg\,\omega^r\, e\omega^\ell\, f$, 故 $e = ef = f$, 从而 $(ef)g = fg = f(fg) = e(fg)$.

当 (c) 成立时有 $e\,\omega^\ell\, fg\,\omega\, g$, 故 $(ef)g = eg$ 有定义且 $(ef)g = eg = e = e(fg)$.

当 (d) 成立时有 $fg\,\omega^\ell\, e\,\omega^\ell\, f\,\mathscr{R}\, fg$, 故 $fg = (fg)f = f$, 于是有 $e\,\omega^\ell\, f\,\omega^\ell\, g$, 化为情形 (11). 由引理 1.4.2 得 □

**引理1.4.5** 设情形 (13) 成立. 若 $(ef)g$ 和 $e(fg)$ 均有定义, 则 $(ef)g = e(fg)$.

**引理1.4.6** 设情形 (2) 或 (12) 成立. 若 $(ef)g$ 和 $e(fg)$ 均有定义, 则 $(ef)g = e(fg)$.

**证明** 设 $e\,\omega^r\, f\,(\omega^r)^{-1}\, g$. 由 $(ef)g$ 有定义, 必有下述四关系之一:

(a) $ef\,\omega^r\, g$; (b) $g\,\omega^r\, ef$; (c) $ef\,\omega^\ell\, g$; (d) $g\,\omega^\ell\, ef$.

当 (a) 成立时有 $e\,\mathscr{R}\, ef\,\omega^r\, g\,\omega^r\, f$. 据 (B31) 得 $(ef)g = eg = e(fg)$.

当 (b) 成立时有 $g\,\omega^r\,ef\,\mathscr{R}\,e$, 故 $(ef)g = g = eg = e(fg)$.

当 (c) 成立时, 由 $e(fg)$ 有定义, 还有下述四关系之一:

$$(\text{c1})\, e\,\omega^r\,fg;\qquad (\text{c2})\, fg\,\omega^r\,e;\qquad (\text{c3})\, e\,\omega^\ell\,fg;\qquad (\text{c4})\, fg\,\omega^\ell\,e.$$

设 (c1) 成立, 则有 $ef\,\mathscr{R}\,e\,\omega^r\,fg = g$, 即 $ef\,\omega^r\,g$, 化为情形 (a); 类似地, (c2) 化为 (b).

设 (c3) 成立, 则有 $f\,\omega^r\,e\,\omega^\ell\,fg = g$, 故 $ge\,\omega\,g\,\omega^r\,f$. 据公理 (B31) 得

$$(ge)f = ((ge)f)g = (ge)g = ge.$$

如此, 有 $e\,\mathscr{L}\,ge = (ge)f = g(ef)\,\mathscr{L}\,ef$. 又由 $e\,\omega^r\,f$, 有 $e\,\mathscr{R}\,ef$, 故得 $e = ef$. 如此, $e\,\omega^\ell\,f\,(\omega^r)^{-1}\,g$, 化为情形 (10). 因为 $(ef)g$ 存在, 据引理 1.4.3 得 $(ef)g = e(fg)$.

设 (c4) 成立, 则有 $ef\,\omega^\ell\,g = fg\,\omega^\ell\,e$. 但 $e\,\mathscr{R}\,ef$, 故 $ef = e$. 从而 $g\,\omega^\ell\,e\,\omega^\ell\,f$. 由 $(\text{B31})^*$ 得 $(ef)g = eg = e(fg)$.

当 (d) 成立时, 与上类似, 有 (因 $fg = g$) 下述四关系之一:

$$(\text{d1})\, e\,\omega^r\,g;\qquad (\text{d2})\, g\,\omega^r\,e;\qquad (\text{d3})\, e\,\omega^\ell\,g;\qquad (\text{d4})\, g\,\omega^\ell\,e.$$

设 (d1) 成立, 则有 $ef\,\omega^r\,g\,\omega^\ell\,ef$, 故 $g = ef$. 由此得 $(ef)g = ef = e(ef) = eg = e(fg)$.

设 (d2) 成立, 则有 $g\,\omega^r\,e\,\mathscr{R}\,ef$, 故 $(ef)g = g = eg = e(fg)$.

设 (d3) 成立, 则有 $e\,\omega^\ell\,g\,\omega^\ell\,ef\,\mathscr{R}\,e$, 故 $e = ef$, 从而 $e\,\omega^\ell\,f\,(\omega^\ell)^{-1}\,g$. 化为情形 (10). 因 $(ef)g$ 有定义, 由引理 1.4.3 得 $(ef)g = e(fg)$.

设 (d4) 成立, 由 $g\,\omega^\ell\,e$ 及 $g, e \in \omega^r(f)$, 据公理 (B32) 得 $(eg)f = (ef)(gf)$. 因为 $g\,\omega^\ell\,ef\,\omega\,f$, 上式即 $(eg)f = (ef)g$. 又因 $eg\,\omega\,e\,\omega^r\,f$, $eg\,\mathscr{L}\,g\,\omega\,f$, 故 $eg\,\omega\,f$. 从而得到 $(ef)g = (eg)f = eg = e(fg)$.

对偶地, 可证关于情形 (12) 的结论. □

**引理 1.4.7** 设情形 (4) 成立. 若 $(ef)g$ 与 $e(fg)$ 都有定义, 则 $(ef)g = e(fg)$.

作为推论, 我们得到

**定理 1.4.8** 双序集是部分半群.

为应用方便, 我们约定: 对部分 2 代数 $E$ 中元素 $x, y, z$, 说 $xyz$ 有定义, 指的是 $xy, yz, (xy)z$ 及 $x(yz)$ 均有定义且 $(xy)z = x(yz) = xyz$. 特别地, 若 $E$ 是满足双序集公理中 (B1)—(B32) 及其对偶的部分 2 代数, 则对任意 $x \in \iota(y)$, $\iota \in \{\omega^\ell, \omega^r, \omega\}$, 积 $yxy$ 有定义, 它由 $E$ 的基本积唯一确定, 我们也说它是 $E$ 的基本积.

下述命题之证与引理 1.4.6 相似. 略.

**命题 1.4.9** 设 $E$ 是一个部分 2 代数, 满足双序集公理中的 (B1)—(B32) 及其对偶. 设 $e,f,g\in E$ 且 $e,f\in\omega^r(g)$ $[\omega^\ell(g)]$, 若 $ef$ 有定义, 则 $(geg)(gfg)$ 与 $g(ef)g$ 均有定义且 $(geg)(gfg)=g(ef)g$.

**命题 1.4.10** 设 $E$ 是一个部分 2 代数, 满足双序集公理的 (B1)—(B32) 及其对偶. 则 $E$ 是双序集的充要条件是它满足下述公理

(A5) $\forall e,f,g\in E,\{e,f\}\subseteq\omega^r(g)$ 或 $\{e,f\}\subseteq\omega^\ell(g)$, 则

$$gS(e,f)g=S(geg,gfg).$$

**证明** 我们证明: 公理 (B4) 与 (A5) 中 $\{e,f\}\subseteq\omega^r(g)$ 时的断言等价.

设 $E$ 满足 (B4) 且 $\{e,f\}\subseteq\omega^r(g)$. 对 $h\in S(e,f)$, 由 (B21), (B22) 知

$$ghg=hg\in M(eg,fg)=M(geg,\ gfg).$$

任取 $k'\in M(geg,\ gfg)$, 则 $k'\,\omega\,g$, 从而 $k',e,g$ 满足 (B4) 的条件, 故存在 $k\in M(e,g)$ 满足 $gkg=kg=k'g=k'$. 由此, $k\,\mathscr{R}\,k'\,\omega^r\,fg\,\mathscr{R}\,f$, 故 $k\in M(e,f)$. 由 $h\in S(e,f)$, 有 $k\prec h$, 故由 (B32) 得

$$(geg)k'=(eg)(kg)=(ek)g\,\omega^r\,(eh)g=(eg)(hg)=(geg)(ghg).$$

又由命题 1.4.9 及 (B22) 得

$$k'(gfg)=(gkg)(gfg)=g(kf)g=(kf)g\,\omega^\ell\,(hf)g=(ghg)(gfg).$$

这表明在 $M(geg,\ gfg)$ 中有 $k'\prec ghg$, 故 $ghg\in S(geg,gfg)$, 即 $gS(e,f)g\subseteq S(geg,gfg)$.

为证反包含成立, 令 $h'\in S(geg,gfg)=S(eg,fg)$. 与前类似, 利用 (B4) 可证: 存在 $h\in M(e,f)$ 使 $ghg=hg=h'$. 任取 $k\in M(e,f)$, 由 (B21), (B22) 可知 $k'=kg=gkg\in M(geg,gfg)$, 故有

$$(eg)k'=(geg)k'\,\omega^r\,(geg)h'=(eg)h' \ \text{且}\ k'(fg)=k'(gfg)\,\omega^\ell\,h'(gfg)=h'(fg).$$

由 $ek\,\omega\,e\,\omega^r\,g$, $eh\,\omega\,e\,\omega^r\,g$, 据 (B31), (B32) 及 (B21) 有

$$\begin{aligned}ek&=(ek)e=((ek)g)e=((eg)(kg))e\\&=((eg)k')e\,\omega^r\,((eg)h')e=((eg)(hg))e\\&=((eh)g)e=(eh)e=eh.\end{aligned}$$

对偶可证: $kf\,\omega^\ell\,hf$. 故 $h\in S(e,f)$. 因而 $h'\in gS(e,f)g$. 这证明了反包含的确成立.

至此, 由对偶原理, 我们证得: 在所给条件下 (B4) 蕴含 (A5).

我们现在证明 (A5) 蕴含 (B4). 设 $e,f,g\in E$, $\{e,f\}\subseteq\omega^r(g)$, 且 $fg\,\omega^\ell\,eg$. 由于 $fg=(fg)(eg)$, 不难证明 $fg\in S(eg,fg)$, 即 $gfg\in S(geg,gfg)$. 由 (A5), 存在 $f_1\in S(e,f)$, 使 $f_1g=gf_1g=gfg=fg$. 显然有 $f_1\in M(e,f)$, 故得公理 (B4) 成立.

再由对偶原理知公理 (B4) 与 (A5) 中 $\{e,f\}\subseteq\omega^\ell(g)$ 时的断言等价. 命题最终得证. □

下述定理给出双序集的另一等价定义, 其中的公理都是左右对称的, 且突出了其部分运算的结合律:

**定理 1.4.11** 设 $E$ 为部分 2 代数. $E$ 为双序集的充要条件是下述公理成立, 其中 $e,f,g$ 等表示 $E$ 中任意元:

(A1) = (B1).

(A2) $(e,f)\in D_E\Rightarrow(e,ef)\in D_E,(ef,f)\in D_E$.

(A3) $E$ 为部分半群.

(A4) 若 $\{e,f\}\subseteq\omega^r(g)$ 或 $\{e,f\}\subseteq\omega^\ell(g)$ 且 $ef$ 存在, 则 $(geg)(gfg)$, $g(ef)g$ 均有定义且

$$(geg)(gfg)=g(ef)g.$$

(A5) 若 $\{e,f\}\subseteq\omega^r(g)$ 或 $\{e,f\}\subseteq\omega^\ell(g)$, 则 $gS(e,f)g=S(geg,gfg)$.

**证明** 必要性是定理 1.4.8、命题 1.4.9 和命题 1.4.10 的推论.

为证充分性, 设 $E$ 是满足 (A1)—(A5) 的部分 2 代数. 则 (B1) 已成立; 为证 (B21), 设 $e\,\omega^r\,f$. 由 (A1), (A2) 知 $e(ef)$, $(ef)e$, $f(ef)$ 及 $(ef)f$ 均有定义, 故由 (A3) 得

$$e(ef)=(ee)f=ef,$$

$$(ef)e=e(fe)=ee=e,$$

$$f(ef)=(fe)f=ef=(ef)f,$$

即 $e\mathscr{R}ef\,\omega\,f$. 故 (B21) 成立. 类似可证 (B31) 亦成立.

为证 (B22), 设 $e,f\in\omega^r(g)$ 且 $e\,\omega^\ell\,f$. 据 (A4) 知 $(eg)(fg)$ 有定义且

$$(eg)(fg)=(geg)(gfg)=g(ef)g=geg=eg,$$

此即 $eg\,\omega^\ell\,fg$. 故 (B22) 成立. 类似可证 (B32) 也成立.

由命题 1.4.10 得 $E$ 是双序集. □

我们把公理 (A1)—(A5) 的独立性作为习题, 请读者验证.

## 习题 1.4

1. 设 $E$ 是部分 2 代数, 满足公理 (B1)—(B32). 证明: $E$ 满足 (B4) 的充要条件是它满足下述公理及其对偶

(BS) $\forall e, f, g \in E,\ \ f, g \in \omega^r(e) \Rightarrow S(fe, ge) = S(f, g)e.$

2. 证明: 矩形带 $E = I \times M, |I| \geqslant 2, |M| \geqslant 2$ 满足公理 (A2)—(A5) 但不满足 (A1).

3. 设 $E$ 是有下表所示部分运算的 2 代数. 验证 $E$ 满足公理 (A1)—(A4) 但不满足 (A5):

| | $a$ | $b$ | $c$ | $d$ | $e$ | $f$ |
|---|---|---|---|---|---|---|
| $a$ | $a$ | $-$ | $d$ | $d$ | $-$ | $f$ |
| $b$ | $-$ | $b$ | $e$ | $-$ | $e$ | $f$ |
| $c$ | $a$ | $b$ | $c$ | $d$ | $e$ | $f$ |
| $d$ | $a$ | $-$ | $d$ | $d$ | $d$ | $f$ |
| $e$ | $-$ | $b$ | $e$ | $e$ | $e$ | $f$ |
| $f$ | $f$ | $f$ | $f$ | $f$ | $f$ | $f$ |

4. 设 $E$ 是有下表所示部分运算的 2 代数. 验证 $E$ 满足公理 (A1)—(A3) 和 (A5) 但不满足 (A4):

| | $a$ | $b$ | $c$ | $d$ | $e$ | $f$ | $g$ | $h$ | $k$ |
|---|---|---|---|---|---|---|---|---|---|
| $a$ | $a$ | $a$ | $d$ | $d$ | $-$ | $a$ | $-$ | $-$ | $a$ |
| $b$ | $f$ | $b$ | $e$ | $-$ | $e$ | $f$ | $g$ | $h$ | $k$ |
| $c$ | $a$ | $b$ | $c$ | $d$ | $e$ | $f$ | $g$ | $h$ | $k$ |
| $d$ | $a$ | $-$ | $d$ | $d$ | $d$ | $-$ | $d$ | $d$ | $-$ |
| $e$ | $-$ | $b$ | $e$ | $h$ | $e$ | $f$ | $g$ | $h$ | $k$ |
| $f$ | $f$ | $f$ | $g$ | $-$ | $g$ | $f$ | $g$ | $-$ | $f$ |
| $g$ | $-$ | $f$ | $g$ | $g$ | $g$ | $f$ | $g$ | $g$ | $-$ |
| $h$ | $-$ | $k$ | $h$ | $h$ | $h$ | $-$ | $h$ | $h$ | $k$ |
| $k$ | $k$ | $k$ | $h$ | $-$ | $h$ | $k$ | $-$ | $h$ | $k$ |

5. 设 $E = \{f, g, e_0, e_1, \cdots\}$ 有下述部分运算:

$$e_{2n}f = e_{2n+1}f = e_{2n+1}, \qquad n = 0, 1, \cdots;$$

$$e_{2n-1}g = e_{2n+2}, e_{2n}g = e_{2n}, \qquad n = 1, 2, \cdots;$$

$$ge_0, e_0g, fe_{2n}, ge_{2n-1}, \qquad \text{无定义}\ n = 1, 2, 3, \cdots;$$

$$xy = y, \qquad \text{对其他所有元}\ x, y \in E.$$

证明: $E$ 满足公理 (A1), (A2), (A4), (A5) 但不满足 (A3).

## 1.5 夹心集的结构和性质

**命题 1.5.1** 设 $E$ 为双序集. 对任意 $(e,f)\in D_E$, 有 $ef\in S(f,e)$. 进而, 若 $e \rightarrowtail\!\!\!\leftarrow e'$, $f\longleftrightarrow f'$, 则 $S(e,f)=S(e',f')$.

**证明** 由公理 (A2) 和 (A3), 易得 $(ef)f=ef^2=ef$, $e(ef)=e^2f=ef$, 即 $ef\in M(f,e)$. 进而, 对任意 $g\in M(f,e)$, 当 $e\ \omega^r\ f$ 时, 由 $g\ \omega^r\ e\longleftrightarrow ef$ 和 (B22)*, 有 $fg\ \omega^r\ f(ef)=ef$ 以及 $ge\ \omega\ e=(ef)e$. 故 $ef\in S(f,e)$. 当 $f\ \omega^\ell\ e$ 时, 由 $fg\ \omega\ f=f(ef)$ 及 (据 (B22) 和 (A2)) $ge\ \omega\ fe=f\ \mathscr{L}\ ef=(ef)e$, 也得到 $ef\in S(f,e)$. 其他二情形容易验证.

若 $e \rightarrowtail\!\!\!\leftarrow e'$, $f\longleftrightarrow f'$, 易知 $M(e,f)=M(e',f')$, 显然有 $S(e,f)=S(e',f')$. □

为描述夹心集的结构, 我们需要几个概念.

**定义 1.5.2** 设 $E$ 为双序集, $e,f\in E$. 定义 $E$ 上部分变换

$$\tau^r(e):\omega^r(e)\longrightarrow\omega(e), x\longmapsto xe;\quad \tau^\ell(e):\omega^\ell(e)\longrightarrow\omega(e), y\longmapsto ey.$$

进而, 对任意 $(e,f)\in\mathscr{L}\cup\mathscr{R}$, 定义

$$\tau(e,f)=\begin{cases}\tau^\ell(f)\,|\,\omega(e), & 若\ e\,\mathscr{L}\,f,\\ \tau^r(f)\,|\,\omega(e), & 若\ e\,\mathscr{R}\,f.\end{cases}\tag{1.7}$$

**命题 1.5.3** 设 $E$ 为双序集, $e,f,g,g'\in E$. 我们有以下结论:

(1) $\tau^\ell(e)[\tau^r(e)]$ 是从 $\omega^\ell(e)[\omega^r(e)]$ 到 $\omega(e)$ 上的正则双序态射;

(2) 对 $(e,f)\in\mathscr{L}\cup\mathscr{R}$, $\tau(e,f)$ 是从 $\omega(e)$ 到 $\omega(f)$ 的双序同构, 有

$$(\tau(e,f))^{-1}=\tau(f,e);$$

(3) 若 $e\,\mathscr{L}\,f\,\mathscr{L}\,g$ 或 $e\,\mathscr{R}\,f\,\mathscr{R}\,g$, 则 $\tau(e,f)\tau(f,g)=\tau(e,g)$;

(4) 对 $g,g'\in\omega^\ell(e)[\omega^r(e)]$, 若有 $(g,g')\in\mathscr{R}[\mathscr{L}]$, 则

$$\tau(g,g')\tau(g',eg')=\tau(g,eg)\tau(eg,eg')\quad[\tau(g,g')\tau(g',g'e)=\tau(g,ge)\tau(ge,g'e)].$$

**证明** (1) 由命题 1.3.4 知, $\omega^\ell(e)$, $\omega^r(e)$ 和 $\omega(e)$ 均是 $E$ 的 (相对正则) 双序子集. 设 $x,y\in\omega^\ell(e)$, 由 (B21) 知 $x\tau^\ell(e)=ex\in\omega(e)$ 且 $ex=exe$. 若 $(x,y)\in D_{\omega^\ell(e)}=D_E\cap(\omega^\ell(e)\times\omega^\ell(e))$, 据 (B22)* 易得 $(ex,ey)\in D_{\omega(e)}$. 由命题 1.4.9 得

$$(xy)\tau^\ell(e)=e(xy)=e(xy)e=(exe)(eye)=(x\tau^\ell(e))(y\tau^\ell(e)).$$

故 $\tau^{\ell}(e)$ 是从 $\omega^{\ell}(e)$ 到 $\omega(e)$ 的双序态射. 它显然是到上的. 进而, 由于 $S(x,y)\subseteq\omega^{\ell}(e)$, 由命题 1.4.10 有

$$S(x,y)\tau^{\ell}(e)=eS(x,y)e=S(exe,eye)=S(x\tau^{\ell}(e),y\tau^{\ell}(e)).$$

故 $\tau^{\ell}(e)$ 是正则双态射. 同理可证 $\tau^{r}(e)$ 是从 $\omega^{r}(e)$ 到 $\omega(e)$ 的正则双态射.

(2) 设 $e\mathscr{R}f$. 据 (1) 知 $\tau(e,f)$ 和 $\tau(f,e)$ 分别是从 $\omega(e)$ 到 $\omega(f)$ 和反过来的双态射. 对任意 $x\in\omega(e)$, $y\in\omega(f)$, 由 $E$ 是部分半群得 $x\tau(e,f)\tau(f,e)=(xf)e=x(fe)=xe=x$ 且 $y\tau(f,e)\tau(e,f)=(ye)f=y(ef)=yf=y$, 故得 $\tau(e,f)$ 是双序同构, 且 $(\tau(e,f))^{-1}=\tau(f,e)$.

同理可证 $e\mathscr{L}f$ 时的结论.

(3) 与 (2) 类似, 可由 $E$ 是部分半群直接验证.

(4) 设 $g\mathscr{R}g'$. 对任意 $x\in\omega(g)$, 易知 $x\,\omega^{r}\,g'$, 且 $x\,\omega\,g\,\omega^{\ell}\,e$, $xg'\,\omega\,g'\,\omega^{\ell}\,e$, 故由 $E$ 是部分半群得

$$\begin{aligned}x\tau(g,eg)\tau(eg,eg')&=((eg)x)(eg')=(ex)(eg')\\&=e(xg')=e(g'(xg'))=(eg')(xg')\\&=x\tau(g,g')\tau(g',eg'),\end{aligned}$$

故得 $\tau(g,g')\tau(g',eg')=\tau(g,eg)\tau(eg,eg')$. 对偶可证 $g\mathscr{L}g'$ 的结论. □

**定义 1.5.4** 设 $E$ 为双序集, $I,\Lambda$ 为二非空集. $E$ 的子集合 $A=\{e_{i\lambda}:i\in I,\ \lambda\in\Lambda\}$ 称为一个 $E$-阵 ($E$-array), 若 $\forall i,j\in I,\ \lambda,\mu\in\Lambda$, 有

$$e_{i\lambda}\,\mathscr{R}\,e_{i\mu},\quad e_{i\lambda}\,\mathscr{L}\,e_{j\lambda}.$$

进而, 对任意 $I'\subseteq I$, $\Lambda'\subseteq\Lambda$, 子集合 $A'=\{e_{i\lambda}|i\in I',\ \lambda\in\Lambda'\}$ 称为 $A$ 的子阵 (subarray); 当 $|I|=|\Lambda|=2$ 时, 称 $A$ 为 *E-方块* ($E$-square), 常记为$\begin{pmatrix}e&f\\g&h\end{pmatrix}$. 特别地, 有形为$\begin{pmatrix}e&e\\g&g\end{pmatrix}$, $\begin{pmatrix}e&f\\e&f\end{pmatrix}$ 或$\begin{pmatrix}e&e\\e&e\end{pmatrix}$ 的 $E$-方块称为*退化的* (degenerate); 若 $g,h\in\omega^{\ell}(e)$ 且 $g\mathscr{R}h$, 则称$\begin{pmatrix}g&h\\eg&eh\end{pmatrix}$ 为*行奇异的* (row-singular); 对偶地, 若 $g,h\in\omega^{r}(e)$ 且 $g\mathscr{L}h$, 则称$\begin{pmatrix}g&ge\\h&he\end{pmatrix}$ 为*列奇异的* (column-singular); 行、列奇异 $E$-方块合称为*奇异 E-方块* (singular $E$-square).

$E$-方块$\begin{pmatrix} e & f \\ g & h \end{pmatrix}$称为 $\tau$-交换的 ($\tau$-commutative), 若

$$\tau(e,f)\tau(f,h)=\tau(e,g)\tau(g,h);$$

$E$-阵 $A$ 称为 $\tau$-交换的, 若其中每个 $E$-方块都 $\tau$-交换.

由命题 1.5.3(4) 知, 每个退化 $E$-方块或奇异 $E$-方块都是 $\tau$-交换的. 我们来证明: 每个夹心集都是 $\tau$-交换的 $E$-阵. 为此先证明两个命题.

**命题1.5.5** 设 $g,h\in\omega^r(f)$ 且 $gf\,\omega^\ell\,hf$, 则存在唯一 $E$-方块 $A=\begin{pmatrix} g & g_1 \\ g_2 & h' \end{pmatrix}$ 满足

(1) $h'\,\omega\,h$;

(2) $gf=g_1f$;

(3) $g_2f=h'f=(hf)(gf)$.

一个 $E$-方块 $A=\begin{pmatrix} g & g_1 \\ g_2 & h' \end{pmatrix}$ 若满足上述三个条件, 则 $A$ 必为 $\tau$-交换且还满足

(4) $\forall x\in\omega(g), h(xg_1)=(g_2x)h$.

进而, $h'=h$ 的充要条件是 $gf\,\mathscr{L}\,hf$.

**证明** 因 $g,h,f$ 满足公理 (B4) 的条件, 故存在 $g_1\in M(h,f)$ 满足

$$g_1\,\mathscr{R}\,g_1f=gf\,\mathscr{R}\,g.$$

令 $h'=hg_1$, 由 (B21)*, $g_1\mathscr{L}h'\omega h$. 由于 $(hf,gf)\in D_E$, 据命题 1.5.1 和公理 (A5) 知, $(hf)(gf)\in S(gf,hf)=S(g,h)f$, 即存在 $g_2\in S(g,h)$, 使 $(hf)(gf)=g_2f$. 由命题 1.5.3, $\tau^r(f)$ 是从 $\omega^r(f)$ 到 $\omega(f)$ 的正则双序态射, 故得

$$h'f=(hg_1)f=(hg_1)\tau^r(f)=(h\tau^r(f))(g_1\tau^r(f))=(hf)(g_1f)=(hf)(gf),$$

从而有 $g_2\,\mathscr{R}\,g_2f=h'f\mathscr{R}\,h'$. 如此, 条件 (1), (2) 和 (3) 均成立. 为证 $A=\begin{pmatrix} g & g_1 \\ g_2 & h' \end{pmatrix}$ 是 $E$-方块, 只需验证 $g\,\mathscr{L}\,g_2$. 事实上, 由 $g_2\,\omega^\ell\,g$, $g_2\,\mathscr{R}\,h'\,\omega h\,\omega^r\,f$, 据公理 (B21) 及 $\tau^r(f)$ 是正则双序态射, 有 $g,g_2,gg_2\in\omega^r(f)$ 且

$$\begin{aligned}gg_2\,\mathcal{R}\,(gg_2)f&=(gg_2)\tau^r(f)=(g\tau^r(f))(g_2\tau^r(f))\\&=(gf)(g_2f)=(gf)(hf)(gf)=gf\,\mathcal{R}\,g.\end{aligned}$$

由此立得 $g=(gg_2)g=gg_2\mathscr{L}\, g_2$.

为证 $A$ 的唯一性, 设 $A'=\begin{pmatrix} g & g_1' \\ g_2' & h'' \end{pmatrix}$ 是满足所述三个条件的 $E$-方块. 易验 $g_1'\in M(h,f)$. 由 $g_1'f=gf$, 据命题 1.3.3, $g_1'=g_1$. 又, $h''\mathscr{L}\, g_1'=g_1\mathscr{L}\, h'$ 且由 (3), $h''\mathscr{R}\, h''f=(hf)(gf)=h'f\,\mathscr{R}\, h'$. 故 $h''=h'$; 进而必有 $g_2'=g_2$. 这就得到 $A=A'$.

现设 $A=\begin{pmatrix} g & g_1 \\ g_2 & h' \end{pmatrix}$ 是满足所述三个条件的 $E$-方块. 易知 $\begin{pmatrix} g & gf \\ g_2 & g_2f \end{pmatrix}$ 与 $\begin{pmatrix} g_1f & g_1 \\ h'f & h' \end{pmatrix}$ 均为列奇异的 $E$-方块, 从而 $\tau$-交换. 由 $gf=g_1f$, $g_2f=h'f$ 及命题 1.5.3(3) 可得

$$\begin{aligned}\tau(g,g_1)\tau(g_1,h')&=\tau(g,gf)\tau(gf,g_1)\tau(g_1,h')=\tau(g,g_1f)\tau(g_1f,g_1)\tau(g_1,h')\\&=\tau(g,g_1f)\tau(g_1f,h'f)\tau(h'f,h')=\tau(g,gf)\tau(gf,g_2f)\tau(g_2f,h')\\&=\tau(g,g_2)\tau(g_2,g_2f)\tau(g_2f,h')=\tau(g,g_2)\tau(g_2,h'),\end{aligned}$$

即 $A$ 是 $\tau$-交换的. 由此, $\forall x\in\omega(g)$, 由 $E$ 的部分结合性得

$$x\tau(g,g_1)\tau(g_1,h')=h'(xg_1)=(hg_1)(xg_1)=h(g_1xg_1)=h(xg_1);$$

另一方面, 注意到

$$g_2h=g_2(fh)=(g_2f)h=((hf)(gf))h=((hf)(g_1f))h=(hg_1)h=hg_1=h',$$

我们又有

$$x\tau(g,g_2)\tau(g_2,h')=(g_2x)h'=(g_2x)(g_2h)=(g_2xg_2)h=(g_2x)h.$$

故 (4) 成立.

最后, 若 $h'=h$, 则 $h\,\mathscr{L}\, g_1$, 由公理 (B22) 立得 $gf=g_1f\,\mathscr{L}\, hf$. 反之, 若 $gf\,\mathscr{L}\, hf$, 则 $h'f=(hf)(gf)=hf$. 从而 $h'\,\mathscr{R}\, h'f=hf\,\mathscr{R}\, h$. 但 $h'\,\omega\, h$, 故必 $h'=h$. □

**注记 1.5.6** 命题 1.5.5 的对偶是:

**命题 1.5.5*** 设 $g,h\in\omega^\ell(e)$ 且 $eg\,\omega^r\, eh$, 则存在唯一 $E$-方块 $A=\begin{pmatrix} g & k_1 \\ k_2 & k' \end{pmatrix}$ 满足:

(1)* $k' \,\omega\, h$;

(2)* $eg = ek_2$;

(3)* $ek_1 = ek' = (eg)(eh)$.

一个 $E$-方块 $A = \begin{pmatrix} g & k_1 \\ k_2 & k' \end{pmatrix}$ 若满足上述三个条件, 则 $A$ 必为 $\tau$-交换且还满足:

(4) $\forall x \in \omega(g), h(xk_1) = (k_2x)h$.

进而, $k' = h$ 的充要条件是 $eg \,\mathscr{R}\, eh$.

**证明梗概**　$g, h, e$ 满足 (B4)* 的条件保证存在 $k_2 \in M(e, h)$ 使得 $ek_2 = eg$ (且从而 $g \,\mathscr{L}\, eg = ek_2 \,\mathscr{L}\, k_2$); 而 $k' = k_2h \,\mathscr{R}\, k_2$; 命题 1.5.1 和公理 (A5) 保证了 $k_1 \in S(h, g)$ 存在, 使得 $ek_1 = (eg)(eh) \in eS(h, g)$. 最后, 由 $g, k_1, k_1g \in \omega^\ell(e)$ 有

$$k_1g \,\mathscr{L}\, e(k_1g) = (k_1g)\tau^\ell(e) = (k_1\tau^\ell(e))(g\tau^\ell(e))$$

$$= (ek_1)(eg) = (eg)(eh)(eg) = eg \,\mathscr{L}\, g,$$

从而 $g = g(k_1g) = k_1g \,\mathscr{R}\, k_1$. 唯一性和 $k' = h \Leftrightarrow eg \,\mathscr{R}\, eh$ 之证明类似, 略. □

**命题 1.5.7**　设 $g, h \in M(e, f)$ 且在其中有 $g \prec h$, 则存在唯一 $E$-方块 $A = \begin{pmatrix} g & g_1 \\ g_2 & h' \end{pmatrix}$ 满足下述三个条件:

(1) $h' \,\omega\, h$;

(2) $eg = eg_2 \,\mathscr{R}\, eh' = eg_1, gf = g_1f \,\mathscr{L}\, h'f = g_2f$;

(3) $\forall x \in \omega(g),\ h(xg_1) = (g_2x)h$.

**证明**　因 $g \prec h$, 它们满足命题 1.5.5 及其对偶的条件, 故存在 (唯一) $E$-方块 $A = \begin{pmatrix} g & g_1 \\ g_2 & h' \end{pmatrix}$ 和 $B = \begin{pmatrix} g & k_1 \\ k_2 & k' \end{pmatrix}$ 分别关于 $g, h, f$ 和 $g, h, e$ 具有该命题及其对偶所述四个性质. 如此只需证明 $A = B$, 则本命题得证.

我们来证 $A$ 也满足 $B$ 所满足的三个条件. 由命题 1.5.5 之 (4)(取 $x = g \in \omega(g)$), 有 $h' = hg_1 = g_2h$. 据 $eg_1 \,\mathscr{R}\, eg \,\omega^r\, eh$ 可得 $eh' = e(hg_1) = (eh)(eg_1) = eg_1$. 从而 $eg_2 \,\mathscr{R}\, eh' = eg_1 \,\mathscr{R}\, eg$. 又由 $g_2 \,\mathscr{L}\, g$, 亦有 $eg_2 \,\mathscr{L}\, eg$. 故 $eg_2 = eg$. 再由命题 1.4.9,

$$eh' = e(g_2h) = (eg_2)(eh) = (eg)(eh).$$

这表明 $E$-方块 $A$ 关于 $g, h, e$ 也满足命题 1.5.5* 中的性质 (1)*, (2)* 和 (3)*. 由唯一性得 $A = B$. □

**定理 1.5.8**　设 $E$ 为双序集, $e, f \in E$. 若夹心集 $S(e, f)$ 不空, 则它是 $\tau$-交换的 $E$-阵.

**证明** 由命题 1.5.5 及其对偶, $\forall g,h \in S(e,f)$, 有 $\tau$-交换 $E$-方块 $A = \begin{pmatrix} g & g_1 \\ g_2 & h \end{pmatrix}$ 满足命题 1.5.7 之 (2), 这保证 $g_1, g_2 \in S(e,f)$. 故 $S(e,f)$ 是 $E$-阵. 由 $E$-方块 $A$ 之唯一性知 $S(e,f)$ 中每个 $E$-方块必 $\tau$-交换, 得所需结论. □

**命题 1.5.9** 设 $g \in S(e,f)$ 而 $h\,\omega^r f$, 则 $S(g,h) \subseteq S(e,h)$, 且 $S(g,h) \neq \varnothing \Leftrightarrow S(e,h) \neq \varnothing$.

**证明** 设 $k \in S(g,h)$. 易知 $k \in M(e,h)$. 我们来证明: $\forall i \in M(e,h)$ 有 $i \prec k$ 在 $M(e,h)$ 中成立.

因为 $i,k \in M(e,h) \subseteq M(e,f)$, 故在 $M(e,f)$ 中有 $i \prec g$, $k \prec g$. 由命题 1.5.7, 存在 $E$-方块 $A = \begin{pmatrix} i & i_1 \\ i_2 & g' \end{pmatrix}$ 满足其中条件 (1)—(3). 易知 $i_1 \prec g$ 在 $M(e,f)$ 中成立. 而因

$$gi_1\,\omega^\ell\, e, \quad ei_1\,\omega^r\, eg, \quad ek\,\omega^r\, eg,$$

故得

$$e(gi_1) = (eg)(ei_1) = ei_1, \quad e(gk) = (eg)(ek) = ek.$$

另一方面, 易知 $i_1 \prec k$ 在 $M(g,h)$ 中亦成立, 故不难得知 $e(gi_1)\,\omega^r\, e(gk)$. 于是我们得到

$$ei\,\mathscr{R}\, ei_1 = e(gi_1)\,\omega^r\, e(gk) = ek, \quad ih = (if)h = (i_1 f)h = i_1 h\,\omega^\ell\, kh.$$

这就是说, 在 $M(e,h)$ 中有 $i \prec k$. 这也证明了 $S(g,h) \neq \varnothing \Rightarrow S(e,h) \neq \varnothing$.

现设 $l \in S(e,h)$. 则 $l \in M(e,f)$ 从而在 $M(e,f)$ 中有 $l \prec g$. 由命题 1.5.7, 存在 $E$-方块 $A = \begin{pmatrix} l & l_1 \\ l_2 & g' \end{pmatrix}$ 满足其中条件 (1)—(3). 因 $l\,\mathscr{R}\,l_1$, 我们有 $el\,\mathscr{R}\,el_1$, 且 $lh = (lf)h = (l_1 f)h = l_1 h$. 如此 $l_1 \in S(e,h)$.

我们来证 $l_1 \in S(g,h)$. 易知 $l_1 \in M(g,h)$. 若 $j \in M(g,h)$, 则 $j \in M(e,h)$, 从而在 $M(e,h)$ 中有 $j \prec l_1$. 如此有 $ej\,\omega^r\, el_1$, 从而 $gj = g(ej)\,\omega^r\, g(el_1) = gl_1$. 又因 $jh\,\omega^\ell\, l_1 h$, 故得 $j \prec l_1$ 在 $M(g,h)$ 中成立. 这就完成了证明. □

**命题 1.5.10** 设 $\alpha$ 是从 $\omega(f)$ 到 $\omega(f')$ 的双序同构. 若

$$h_1 \in S(e,f), \quad h_2 \in S(f',g),$$

记 $h_1' = (h_1 f)\alpha$, $h_2' = (f' h_2)\alpha^{-1}$, 则

$$S(h_1,h_2') \subseteq S(e,h_2'),\ S(h_1',h_2) \subseteq S(h_1',g) \text{ 且 } (S(h_1,h_2')f)\alpha = f' S(h_1',h_2).$$

**证明** 由命题 1.5.9 及其对偶, 易知两个包含式的确成立. 由公理 (A5),

$$S(h_1, h_2')f = S(h_1 f, h_2').$$

由于 $\alpha$ 是双序同构, $\alpha$ 和 $\alpha^{-1}$ 分别保持 $\omega(f)$ 和 $\omega(f')$ 中的基本积. 由此, 据基本积的定义易知 $\alpha$ 诱导出 $M(h_1 f, h_2')$ 到 $M((h_1 f)\alpha,\ h_2\alpha) = M(h_1', f'h_2)$ 上保持 $\omega^\ell, \omega^r$ 及 $\prec$ 关系的双射. 如此必有

$$(S(h_1, h_2')f)\alpha = S(h_1', f'h_2) = f'S(h_1', h_2). \qquad \square$$

### 习题 1.5

1. 证明命题 1.5.9 的对偶: 设 $g \in S(e,f)$ 而 $h\,\omega^\ell\, e$, 则 $S(h,g) \subseteq S(h,f)$, 且 $S(h,g) \neq \varnothing \Leftrightarrow S(h,f) \neq \varnothing$.

2. 证明命题 1.5.10 的对偶: 设 $\alpha$ 是从 $\omega(e)$ 到 $\omega(e')$ 的双序同构. 若 $h_1 \in S(e,f), h_2 \in S(g,e')$, 记 $h_1' = (eh_1)\alpha$, $h_2' = (h_2 e')\alpha^{-1}$, 则 $S(h_1, h_2') \subseteq S(e, h_2')$, $S(h_2, h_1') \subseteq S(g, h_1')$, 且 $(eS(h_1, h_2'))\alpha = S(h_2, h_1')e'$.

3. 设 $E$ 为双序集. 证明下述结论等价:

(1) $\forall e, f \in E, \exists g, h \in E, e\,\mathscr{R}\,g\,\mathscr{L}\,f\,\mathscr{R}\,h\,\mathscr{L}\,e$;

(2) $\omega = 1_E$ 且 $E$ 是正则双序集;

(3) $\omega^r = \mathscr{R}$, $\omega^\ell = \mathscr{L}$ 且 $E$ 是正则双序集.

称满足上述性质的双序集为矩形双序集 (rectangular biordered set).

4. 设 $S$ 为完全单半群. 证明 $E(S)$ 为矩形双序集.

5. 设 $E$ 为双序集. $\forall e, f \in E$, 若 $S(e,f) \neq \varnothing$, 则 $S(e,f)$ 必为 $E$ 的矩形双序子集.

6. 设 $E$ 为双序集. 若 $A \subseteq E$ 是 $E$-阵, 则 $A$ 是 $E$ 的相对正则的双序子集.

7. 令 $I, \Lambda$ 为二非空集, $E = I \times \Lambda$. 在 $E$ 上定义部分二元运算为

$$(i,\lambda)(j,\mu) = \begin{cases} (i,\mu), & \text{若}\, i = j \,\text{或}\, \lambda = \mu, \\ \text{无定义}, & \text{其他}. \end{cases}$$

证明: $E$ 是矩形双序集; 反之, 任一矩形双序集都是这样构成的.

8. 设 $E$ 是正则双序集, $(e,f) \in D_E$. 证明: $\forall g \in S(e,f)$, 有 $eg\,\mathscr{R}\,ef$, $gf\,\mathscr{L}\,ef$.

## 1.6 双序态射和双序同余

我们在本节中深入研究双序态射——特别是正则双序态射——的性质, 并对正则双序集研究它的双序同余和同态基本定理.

**定义 1.6.1** 设 $(X,\rho)$ 和 $(Y,\sigma)$ 是二拟序集. 称映射 $f: X \longrightarrow Y$ 弱反射二拟序 $\rho$ 和 $\sigma$, 若对任意 $x \in X$, $y' \in Xf$, 只要 $y'\,\sigma\, xf$, 则存在 $x' \in X$ 使得 $x'f = y'$ 且 $x'\,\rho\, x$.

**命题 1.6.2** 设 $E, E'$ 为双序集, $\theta: E \longrightarrow E'$ 为双序态射. 若 $\theta$ 是正则双序态射, 则 $E\theta$ 是 $E'$ 的双序子集, 且 $\theta$ 满足下述条件:

(RM31) $\forall e, f \in E, \theta|_{M(e,f)}$ 是从 $M(e,f)$ 到 $M_1(e\theta, f\theta) = M'(e\theta, f\theta) \cap E\theta$ 上 (保持序 $\prec$) 的映射. 特别地, $\theta$ 弱反射 $\omega^\ell$ 和 $\omega^r$.

反之, 若 $\theta$ 满足 (RM31) 及下述 (RM32), 则 $\theta$ 满足公理 (RM1).

(RM32) $E\theta$ 是 $E'$ 的相对正则的双序子集 (即, $E\theta$ 向 $E'$ 的嵌入是正则双序态射).

**证明** 设 $\theta$ 是正则双序态射, 则公理 (M), (RM1) 和 (RM2) 对 $\theta$ 成立.

公理 (M) 蕴含 $\theta$ 是从 $M(e,f)$ 到 $M_1(e\theta, f\theta)$ 内的映射且保持 $\prec$. 为证 $\theta$ 到上, 任取 $g' \in M_1(e\theta, f\theta)$ 并令 $g_1 \in E$, $g_1\theta = g'$. 由命题 1.5.1, $h' = e\theta g' \in S'(g', e\theta)$. 据 (RM1), $S(g_1, e) \neq \varnothing$. 令 $h \in S(g_1, e)$, 则 $h\theta \in S'(g', e\theta)$. 由夹心集的性质立得 $g' \mathscr{L} h' = h'e\theta \mathscr{L} h\theta e\theta = (he)\theta$. 又据命题 1.5.1, $S'((he)\theta, g') = S'(g', g') = \{g'\}$, 从而 $S(he, g_1) \neq \varnothing$. 取 $k_1 \in S(he, g_1)$, 则 $k_1 \in \omega^\ell(e)$ 且 $k_1\theta = g'$. 用对偶的方法可得: 存在 $k_2 \in \omega^r(f)$ 且 $k_2\theta = g'$. 由公理 (RM1), 我们有 $S(k_1, k_2)\theta \subseteq S'(k_1\theta, k_2\theta) = S'(g', g') = \{g'\}$, 再由公理 (RM2), 有 $S(k_1, k_2) \neq \varnothing$. 取 $g \in S(k_1, k_2)$, 则 $g \in M(k_1, k_2) \subseteq M(e,f)$ 且 $g\theta = g'$. 这就证明了 (RM31). 由此易验证 $\theta$ 弱反射 $\omega^\ell$ 和 $\omega^r$.

设 $e', f' \in E\theta$ 且 $(e', f') \in D_{E'}$. 由 $\theta$ 弱反射 $\omega^\ell$ 和 $\omega^r$ 知存在 $e, f \in E$, 使 $e\theta = e'$, $f\theta = f'$ 且 $(e,f) \in D_E$. 进而, 由公理 (M) 得 $e'f' = e\theta f\theta = (ef)\theta \in E\theta$. 这说明 $E\theta$ 满足定理 1.3.2 之 (1). 为证该定理之 (2) 亦成立, 令 $g', h', e' \in E\theta$, $g', h' \in \omega^r(e')$ 且 $g'e'\,\omega^\ell\, h'e'$. 据命题 1.5.5, 存在 $E$-方块 $G' = \begin{pmatrix} g' & g'_1 \\ g'_2 & h'_1 \end{pmatrix}$, 满足 $h'_1\,\omega\, h', h'_1 e' = (h'e')(g'e')$. 于是 $h'_1 = (h'e')(g'e')h'$. 由 $E\theta$ 满足定理 1.3.2 之 (1) 得 $h'_1 \in E\theta$. 又, $S'(h'_1, g') = \{g'_1\} \neq \varnothing$. 若 $e \in E$ 满足 $e\theta = e'$, 则由 $\theta$ 的弱反射性, 存在 $g, h_1 \in \omega^r(e)$, 使得 $g\theta = g', h_1\theta = h'_1$. 由公理 (RM1) 和 (RM2), 有 $g_1 \in S(h_1, g)$ 使 $g_1\theta = g'_1$. 如此 $g'_1 \in E\theta$ 使定理 1.3.2 之 (2) 对 $E\theta$ 成立. 类似可证其对偶也成立. 故 $E\theta$ 是 $E'$ 的双序子集.

现令 $\theta$ 是满足 (RM31) 和 (RM32) 的双序态射. 对 $e, f \in E$, 显然

$$(M_1(e\theta, f\theta), \prec)$$

是拟序集. 设 $h \in S(e,f), g' \in M_1(e\theta, f\theta)$. 由 (RM31), 存在 $g \in M(e,f)$, 使 $g\theta = g'$. 因 $g \prec h$ 在 $M(e,f)$ 中成立且 $\theta$ 保持序 $\prec$, 在 $M_1(e\theta, f\theta)$ 中也有

$g' \prec h\theta$ 成立. 故 $h\theta \in S_1(e\theta, f\theta)$, 此处 $S_1(e\theta, f\theta)$ 为 $(e\theta, f\theta)$ 在 $E\theta$ 中的夹心集. 因为 $E\theta$ 在 $E'$ 中相对正则, $S_1(e\theta, f\theta) \subseteq S'(e\theta, f\theta)$, 故得 $h\theta \in S'(e\theta, f\theta)$, 亦即 $S(e, f)\theta \subseteq S'(e\theta, f\theta)$. 这就完成了证明. □

现在, 我们考虑条件 (RM31) 和 (RM32) 使双序态射 $\theta : E \longrightarrow E'$ 为正则双序态射的两种特殊情形.

**推论 1.6.3** 设 $E, E'$ 为双序集, $\theta : E \longrightarrow E'$ 是双序态射. 若 $\theta$ 满足 (RM31) 且在 $E$ 的所有 $\omega$-理想上的限制都是单射, 则对所有 $e, f \in E$, 我们有 $S(e, f)\theta = S_1(e\theta, f\theta)$, 此处 $S_1$ 记 $E\theta$ 中的夹心集. 从而 $\theta$ 正则当且仅当它满足 (RM32).

特别地, 一个双射双序态射为双序同构当且仅当它为正则双序态射.

**证明** 设 $h \in S(e, f)$ 而 $g' \in M_1(e\theta, f\theta)$, 这里 $M_1(e\theta, f\theta)$ 是 $E\theta$ 中 $e\theta, f\theta$ 的 $M$-集. 由 (RM31), 存在 $g \in M(e, f)$ 使 $g\theta = g'$. 因 $h \in S(e, f)$ 且 $\theta$ 保持序 $\prec$, 有 $g' \prec h\theta$ 在 $M_1(e\theta, f\theta)$ 中成立. 故 $h\theta \in S_1(e\theta, f\theta)$. 另一方面, 设 $h' \in S_1(e\theta, f\theta)$ 且 $h \in M(e, f)$ 使 $h\theta = h'$. 若 $g \in M(e, f)$, 则 $g\theta \prec h' = h\theta$, 从而 $(eg)\theta \in M(g\theta, (eh)\theta)$. 由 (RM31), 存在 $k \in M(g, eh)$ 使 $k\theta = (eg)\theta$. 现在 $k, eg \in \omega(e)$, 由题设 $k = eg$, 从而 $eg\, \omega^r\, eh$. 对偶可证: $gf\, \omega^\ell\, hf$. 故 $h \in S(e, f)$. 这就得到 $S(e, f)\theta = S_1(e\theta, f\theta)$.

若 $\theta$ 正则, 上述等式将推出 $S_1(e\theta, f\theta) = \varnothing$ 当且仅当 $S'(e\theta, f\theta) = \varnothing$. 由此易知 $S_1(e\theta, f\theta) = S'(e\theta, f\theta) \cap E\theta$. 因而 $E\theta$ 在 $E'$ 中相对正则, 即 (RM32) 成立.

反过来, 若 $\theta$ 满足 (RM32), 则上述等式显然保证 $\theta$ 满足 (RM1) 和 (RM2), 故 $\theta$ 正则.

若 $\theta$ 是正则双序态射, 则 (RM31) 蕴含 $\theta$ 保持并反射 $\omega^\ell$ 和 $\omega^r$, 从而保持并反射基本积. 故 $\theta^{-1}$ 也是双序态射. □

**定义 1.6.4** 若 $\phi : S \longrightarrow S'$ 是正则半群的同态, 使 $E(\phi)$ 为单射, 则称 $\phi$ 是幂等元分离的 (idempotent-separating); 若 $E(S\phi) = E(S')$, 则称 $\phi$ 是全的 (full).

由推论 1.6.3 与定理 1.2.4 我们有

**推论 1.6.5** 设 $\phi : S \longrightarrow S'$ 为正则半群的同态. $\phi$ 是幂等元分离的当且仅当 $E(\phi)$ 是 $E(S)$ 到 $E(S\phi)$ 上的双序同构. 特别地, 若 $\phi$ 还是全的, 则 $E(\phi)$ 是 $E(S)$ 到 $E(S')$ 上的双序同构.

**证明** 显然. □

**推论 1.6.6** 设 $E$ 为正则双序集, $\theta : E \longrightarrow E'$ 是从 $E$ 到双序集 $E'$ 的双序态射. $\theta$ 为正则双序态射当且仅当它满足 (RM31) 和 (RM32).

**证明** 若 $\theta$ 满足 (RM31) 和 (RM32), 则由命题 1.6.2, $\theta$ 满足 (RM1); 由 $E$ 正则, $\theta$ 当然满足 (RM2), 故 $\theta$ 正则. 反之, 若 $\theta$ 正则, 由命题 1.6.2 知 $\theta$ 满足 (RM31). 由 $E$ 正则, 公理 (RM1) 蕴含 $S'(e\theta, f\theta) \neq \varnothing, \forall e, f \in E$. 设 $h \in S(e, f)$, 则 $h\theta \in S'(e\theta, f\theta)$, 故对所有 $g' \in M(e\theta, f\theta)$ 有 $g' \prec h\theta$. 于是 $h\theta \in S_1(e\theta, f\theta)(S_1$

表示 $E\theta$ 中的夹心集). 从而 $E\theta$ 满足公理 (R). 这蕴含 $S_1(e\theta, f\theta) \cap S'(e\theta, f\theta) \neq \varnothing$, 由此得 $S_1(e\theta, f\theta) = S'(e\theta, f\theta) \cap E\theta$, 故 $\theta$ 满足 (RM32). □

**命题 1.6.7** 设 $E, E'$ 为双序集, $\theta : E \longrightarrow E'$ 为双序态射. 对所有 $e' \in E\theta$, $e'\theta^{-1}$ 是 $E$ 的双序子集. 进而, 若 $\theta$ 正则, 则 $e'\theta^{-1}$ 是正则双序集且在 $E$ 中相对正则.

**证明** $e'\theta^{-1}$ 显然满足定理 1.3.2 的条件 (1). 为证条件 (2) 也成立, 设 $f, g, h \in e'\theta^{-1}$ 且 $g, h \in \omega^r(f), gf\,\omega^\ell\,hf$. 由公理 (B4), 存在 $g_1 \in E$ 满足 $g_1 \in M(h, f)$ 且 $g_1 f = gf$. 由此得 $g_1\theta f\theta = e'$, 从而 $g_1\theta \mathscr{R} e'$. 但由 $g_1\,\omega^\ell\,h$ 又得 $g_1\theta\,\omega^\ell\,e'$, 故 $g_1\theta = e'$, 即 $g_1 \in e'\theta^{-1}$. 这就证明了 $e'\theta$ 是 $E$ 的双序子集.

现设 $\theta$ 正则. 那么对所有 $e, f \in e'\theta^{-1}$, 有 $S(e, f)\theta \subseteq S'(e\theta, f\theta) = S'(e', e') = \{e'\}$. 于是必有 $S(e, f) \neq \varnothing$ 且 $S(e, f) \subseteq e'\theta^{-1}$, 故 $e'\theta^{-1}$ 满足公理 (R) 且在 $E$ 中相对正则. □

由命题 1.6.7、定理 1.2.4 和定理 1.3.5 立得以下推论:

**推论 1.6.8** 设 $\phi : S \longrightarrow S'$ 是半群同态. 若 $E(\phi)$ 是从 $E(S)$ 到 $E(S')$ 的正则双序态射 (特别地, 若 $S$ 为正则半群), 则对所有 $e \in E(S), E((e\phi)\phi^{-1})$ 是 $E(S)$ 的正则双序子集, 它在 $E(S)$ 中相对正则. 因而, 在 $(e\phi)\phi^{-1}$ 中含有一个最大正则子半群 $S_e$, 满足 $E(S_e) = E((e\phi)\phi^{-1})$.

**证明** 略. □

**定义 1.6.9** 设 $E, E'$ 为正则双序集. 若 $\theta : E \longrightarrow E'$ 为正则双序态射, 则 $\rho = \{(e, f) \in E \times E \mid e\theta = f\theta\}$ 称为 $E$ 的一个双序同余 (biorder congruence).

**定理 1.6.10** 设 $E$ 是正则双序集. $E$ 上等价关系 $\rho$ 是 $E$ 的双序同余的充要条件是 $\rho$ 满足下述四个条件及其对偶, 其中 $e, f$ 等记 $E$ 中任意元:

(RC1) $(e, e'), (f, f') \in \rho$, $(e, f), (e', f') \in D_E \Rightarrow (ef, e'f') \in \rho$;

(RC2) $e' \in \rho(e) \Rightarrow S(e', e) \subseteq \rho(e)$;

(RC3) $g, h \in \omega^r(e)$ 且 $\rho(ge) \cap \omega^\ell(he) \neq \varnothing$ 蕴含存在 $g_1 \in M(h, g)$, 满足 $g_1 g \in \rho(g)$ 且 $g_1 e \in \rho(ge)$;

(RC4) $g \in M(e, f), e'\,\rho\,e$ 且 $f'\,\rho\,f \Rightarrow M(e', f') \cap \rho(g) \neq \varnothing$.

**证明** 先证本定理的充分性. 设 $\rho$ 是满足条件 (RC1)—(RC4) 及其对偶的 $E$ 上等价关系. 在 $E' = E/\rho$ 上定义部分运算为: $\forall e, f \in E$

$$\rho(e)\rho(f) = \begin{cases} \rho(e'f'), & \text{若存在}\, e'\,\rho\,e,\ f'\,\rho\,f,\ (e', f') \in D_E, \\ \text{无定义}, & \text{否则}. \end{cases} \tag{1.8}$$

条件 (RC1) 确保此为 $E'$ 上部分运算. 记

$$\omega_1^\ell = \{(e'f') \in E' \times E' \mid e'f'\ \text{有定义且}\, e'f' = e'\},$$

$$\omega_1^r = \{(e'f') \in E' \times E' \mid f'e' \text{ 有定义且} f'e' = e'\}.$$

我们证明:

$$\forall e, f \in E, \rho(f)\,\omega_1^r\,\rho(e) \Leftrightarrow \exists f' \in \rho(f), f'\,\omega^r\,e. \tag{1.9}$$

(1.9) 中的充分性由定义 (1.8) 立得. 设 $\rho(f)\,\omega_1^r\,\rho(e)$, 即 $\rho(e)\rho(f) = \rho(f)$. 由 (1.8) 有 $e'\,\rho\,e, f'\,\rho\,f$, 使得 $(e', f') \in D_E$ 且 $\rho(e'f') = \rho(f)$. 我们分以下四情形验证:

$$\text{(a) } e'\,\omega^r\,f'; \quad \text{(b) } e'\,\omega^\ell\,f'; \quad \text{(c) } f'\,\omega^r\,e'; \quad \text{(d) } f'\,\omega^\ell\,e'.$$

(a) $e'\,\omega^r\,f'$: 此时 $e' \in M(e', f')$. 由 (RC4) 有 $\rho(e') \cap M(e, f) \neq \varnothing$. 令 $e'' \in \rho(e') \cap M(e, f)$, 则 $\rho(e'') = \rho(e)$ 且 $e''\,\omega^r\,f$, 故 $e''f\,\mathscr{R}\,e''$. 又由 (RC1), 有 $\rho(e''f) = \rho(e'f')$, 故 $e''f \in \rho(f)$. 因 $e''f\,\omega^r\,e''$, 用同样方法可证: 有 $f_1 \in \rho(e''f) = \rho(f)$, 使得 $f_1\,\omega^r\,e$.

(b) $e'\,\omega^\ell\,f'$: 此时 $e'f' = e'$. 故 $\rho(f) = \rho(e') = \rho(e)$, 取 $f' = e$ 即得所要结论.

(c) $f'\,\omega^r\,e'$: 此时 $f' \in M(f', e')$. 由 (RC4), $M(f, e) \cap \rho(f') \neq \varnothing$. 取 $f_1 \in M(f, e) \cap \rho(f')$ 即得 $f_1 \in \rho(f') = \rho(f)$ 且 $f_1\,\omega^r\,e$.

(d) $f'\,\omega^\ell\,e'$: 此时 $e'f'\,\omega\,e'$. 特别地, $e'f'\omega^r\,e'$, 由于 $\rho(e'f') = \rho(f)$, 可化为情形 (c) 而得所需结论.

对偶地可得 (1.9) 的对偶结论.

由 (1.9) 及其对偶及 $\omega^\ell, \omega^r$ 为拟序易知 $\omega_1^\ell, \omega_1^r$ 是 $E'$ 上的拟序. 而 (1.8) 说明 $D_{E'} = (\omega_1^\ell \cup \omega_1^r) \cup (\omega_1^\ell \cup \omega_1^r)^{-1}$. 即 $E'$ 满足公理 (B1).

用 $\rho^\natural$ 记从 $E$ 到 $E'$ 上的自然映射. (1.8), (1.9) 及其对偶说明 $\rho^\natural$ 保持并弱反射 $\omega^\ell, \omega^r$, 由此立得 $E'$ 满足公理 (B21) 和 (B31).

设 $\rho(g), \rho(f) \in \omega_1^r(\rho(e))$ 且 $\rho(g)\,\omega_1^\ell\,\rho(f)$. 由 (1.9) 可设 $g, f \in \omega^r(e)$. 据 (1.9)*, 存在 $g_1 \in \rho(g)$ 使 $g_1\,\omega^\ell\,f$. 由 (RC2), $S(g_1, g) \subseteq \rho(g)$ 且若 $g' \in S(g_1, g)$ 则 $g' \in M(g_1, g) \subseteq M(f, e)$, 故 $g'e\,\omega^\ell\,fe$. 由 (1.8) 与 (1.9)* 得 $\rho(g)\rho(e) = \rho(g'e)\,\omega_1^\ell\,\rho(fe) = \rho(f)\rho(e)$, 且进而有

$$\begin{aligned}(\rho(f)\rho(e))(\rho(g)\rho(e)) &= \rho(fe)\rho(g'e) = \rho((fe)(g'e)) = \rho((fg')e)\\ &= \rho(fg')\rho(e) = (\rho(f)\rho(g))\rho(e).\end{aligned}$$

其中第三个等式由 $E$ 满足公理 (B32) 而得. 由此得 $E'$ 满足公理 (B22), (B32).

设 $\rho(g), \rho(h) \in \omega_1^r(\rho(e))$ 且 $\rho(g)\rho(e)\,\omega_1^\ell\,\rho(h)\rho(e)$. 此处不妨设 $g, h \in \omega^r(e)$. 从 $\rho(ge)\,\omega_1^\ell\,\rho(he)$, 据 (1.9)* 有 $\rho(ge) \cap \omega^\ell(he) \neq \varnothing$. 由 (RC3), 存在 $g_1 \in M(h, g)$ 使 $g_1g \in \rho(g)$ 且 $g_1e \in \rho(ge)$. 由此得 $\rho(g_1)\rho(g) = \rho(g)$. 因 $g_1\,\omega^r\,g$, 我们有 $\rho(g_1)\,\mathscr{R}\,\rho(g)$ 且 $\rho(g_1)\rho(e) = \rho(g_1e) = \rho(ge) = \rho(g)\rho(e)$. 因 $g_1\,\omega^\ell\,h$, 得 $\rho(g_1)\,\omega_1^\ell\,\rho(h)$. 故公理 (B4) 成立.

下证 $E'$ 和 $\rho^\natural$ 正则. 由推论 1.6.6, 只需证后者. 因 $\rho^\natural$ 满, 它显然满足 (RM32). 对任意 $e, f \in E$, $\rho^\natural$ 也显然是从 $M(e,f)$ 到 $M(e\rho^\natural, f\rho^\natural) = M(\rho(e), \rho(f))$ 内的保持序 $\prec$ 的映射. 设 $\bar{g} \in M(\rho(e), \rho(f))$, 由 (1.9) 及其对偶, 存在 $g_1, g_2 \in \bar{g}$ 使 $g_1\, \omega^\ell\, e$, $g_2 \omega^r f$, 令 $g \in S(g_1, g_2)$. 据 (RC2), $g \in \bar{g}$, 即 $\rho(g) = \bar{g}$. 进而, $g \in M(g_1, g_2) \subseteq M(e,f)$, 故 $\rho^\natural$ 射 $M(e,f)$ 到 $M(\rho(e), \rho(f))$ 上, 从而 (RM31) 成立. 由推论 1.6.6, $\rho^\natural$ 正则.

现在证明本定理的必要性. 设 $\theta : E \longrightarrow E'$ 是正则双序集 $E$ 到 $E'$ 上的正则双序态射. 由公理 (M), (RM1) 与 (RM31) 知 $\rho = \{(e, f \in E \times E \mid e\theta = f\theta)\}$ 满足 (RC1), (RC2) 和 (RC4). 若 $g, h \in \omega^r(e)$ 且 $\rho(ge) \cap \omega^\ell(he) \neq \varnothing$, 则 $\rho(g) = g\theta\theta^{-1}, \rho(h) \in \omega_1^r(\rho(e))$ 且 $\rho(ge) = \rho(g)\rho(e)\ \omega^\ell\ \rho(h)\rho(e)$. 由 (B4), 存在 $g_1' \in \omega_1^\ell(\rho(h)) \cap \omega_1^r(\rho(e))$ 满足 $g_1'\rho(e) = \rho(g)\rho(e)$. 如此 $\rho(g) \mathscr{R} g_1'$. 从而 $g_1' \in M(\rho(h), \rho(g))$. 由此及公理 (RM31), 存在 $g_1 \in M(h, g)$ 满足 $\rho(g_1) = g_1\theta\theta^{-1} = g_1'$. 故 $\rho(g_1 g) = \rho(g_1)\rho(g) = g_1'\rho(g) = \rho(g)$ 且 $\rho(g_1 e) = \rho(g_1)\rho(e) = g_1'\rho(e) = \rho(ge)$. 即 $\rho$ 亦满足 (RC3). 这就完成了我们的证明. □

若 $\theta : E \longrightarrow E'$ 是正则双序集 $E$ 到 $E'$ 的正则双序态射, 令 $\rho = \{(e, f) \in E \times E : e\theta = f\theta\}$ 而 $E'' = E/\rho$. 作 $\psi : E'' \longrightarrow E', \rho(e) \mapsto e\theta, \forall e \in E$, 则 $\psi$ 是从 $E''$ 到 $E'$ 上的双射; 进而, (1.8), (1.9) 及其对偶蕴含: $\forall e, f \in E$, $\rho(e)\rho(f)$ 在 $E''$ 中有定义当且仅当存在 $e', f' \in E, e'\,\rho\, e, f'\,\rho\, f$, $e'f'$ 在 $E$ 中有定义; 当且仅当 $e\theta f\theta$ 在 $E\theta$ 中有定义. 这样, 我们得到关于正则双序集的“同态基本定理”如下:

**定理 1.6.11** 设 $E$ 为正则双序集, $\theta : E \longrightarrow E'$ 为正则双序态射, $\rho = \{(e, f) \in E \times E | e\theta = f\theta\}$. 则 $E/\rho$ 在 $E$ 的部分运算下自然诱导为一个正则双序集, 且存在唯一双序同构 $\psi : E/\rho \longrightarrow E\theta$ 使图 1.1 交换:

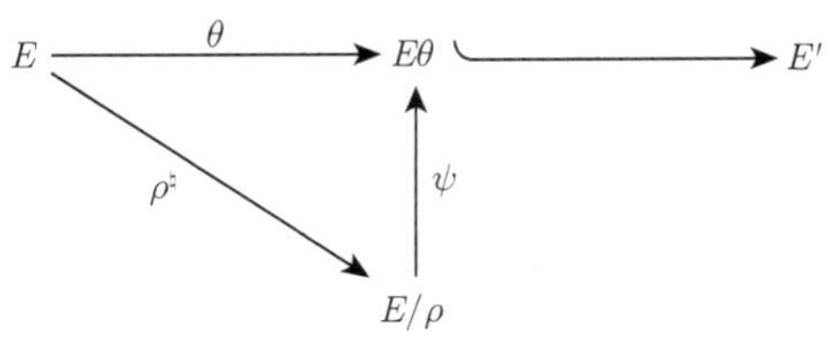


图 1.1

其中 $\rho = \{(e, f) \in E \times E | e\theta = f\theta\}$, $\rho^\natural$ 为 $\rho$ 诱导的满双序态射.

## 习题 1.6

1. 设 $E, E'$ 为双序集, $\theta : E \longrightarrow E'$ 为双序态射. 若 $\theta$ 弱反射 $\omega^r(\omega^\ell)$, 证明 $\theta$ 也弱反射 $\mathscr{R}(\mathscr{L})$.

2. 设 $E, E'$ 为双序集, $\theta: E \longrightarrow E'$ 为双序态射. 试举例说明, 态射像 $E\theta$ 不一定是 $E'$ 的双序子集.

3. 试探讨能否用部分 2 代数的“部分同态” (可自然定义) 来定义双序态射或正则双序态射.

4. 对一般双序集应当如何定义其“双序同余”?

5. 为什么关于正则双序集的同态基本定理对一般双序集不成立?

# 第 2 章　正则半群的结构

第 1 章建立的关于双序和正则双序集的理论, 为建立正则半群的“整体”结构打下了基础. 本章我们将详述这个整体结构的细节. 所用的方法是范畴论的. 我们假定读者熟悉范畴论的基本概念和性质, 如小范畴是顶点 (或对象) 类与态射类均为集合的范畴, 同构是这样的态射 $f$, 存在态射 $g$ 使得 $fg = 1_{\operatorname{dom} f}$, $gf = 1_{\operatorname{cod} f}$ 等等, 读者可参看 [37]. 我们将在第 9 章适当叙述, 此处不再详细列举.

本章讨论内容只涉及正则双序集和正则双序态射时, 我们将省去“正则”二字, 以免累赘. 当论及的概念和结论适用于一般双序集和双序态射时, 我们将说“设 $E$ 是任意双序集”.

本章材料取自 Nambooripad[49] 的文献.

## 2.1　序　群　胚

**定义 2.1.1**　态射全为同构的小范畴 $G$ 称为*群胚* (groupoid). $G$ 的对象称为*顶点* (vertex), 顶点集记为 $vG$; $G$ 的态射之集也用 $G$ 表示. 我们常把顶点 $e \in vG$ 与恒等态射 $1_e$ 视为同一, 这会带来许多方便而不致引起误解. 对态射 $x \in G$, 记 $e_x = \operatorname{dom} x$, $f_x = \operatorname{cod} x$; 对任意 $e, f \in vG$, 记 $G(e, f) = \{x \in G : \operatorname{dom} x = e, \operatorname{cod} x = f\}$, 称为 $G$ 的一个 *hom-集*.

若 $\phi : G \longrightarrow G'$ 是群胚 $G$ 到群胚 $G'$ 的函子, 则仍用 $\phi$ 表示态射映射而用 $v(\phi)$ 表示顶点映射, 当不会发生误解时也常用 $\phi$ 表示顶点映射. 称 $\phi$ 是 *$v$-单射*、*$v$-满射*或 *$v$-双射*, 若 $v(\phi)$ 有相应性质; 称 $\phi$ 是*同构* (isomorphism), 若 $\phi$ 是*完全忠实的* (fully faithful) (即 $\phi$ 在每个 hom-集 $G(e, f)$ 上的限制是到 $G'(e\phi, f\phi)$ 上的双射) 的 $v$-双射.

群胚 $G$ 在态射合成下显然是一部分半群, 其部分二元运算的定义域是 $D_G = \{(x, y) \in G \times G : f_x = e_y\}$. 本章的目的就是从一种特殊类型的群胚——序群胚——出发, 借助于正则双序集的双序和夹心集, 将与该正则双序集有关的群胚 (归纳群胚的商群胚) 上的部分运算逐步扩充, 最终得到一个正则半群. 进而, 我们还将证明每个正则半群都可如此构成. 这就 (在范畴论意义上) 解决了任意正则半群的结构问题.

**定义 2.1.2**　群胚 $G$ 称为*序群胚* (ordered groupoid), 若 $G$ 上有一偏序 $\leqslant$, 满足下述三个公理, 其中 $x, x', y, y'$ 表示 $G$ 中的任意态射, $e$ 表示任一顶点:

(OG1) $x \leqslant x'$, $y \leqslant y'$ 且 $(x,y),(x',y') \in D_G$ 蕴含 $xy \leqslant x'y'$;

(OG2) $x \leqslant x'$ 蕴含 $x^{-1} \leqslant x'^{-1}$;

(OG3) 若顶点 $e \leqslant e_x$ (即 $1_e \leqslant 1_{e_x}$), 则有唯一态射 $y \in G$, 满足 $y \leqslant x$ 且 $e_y = e$. 称该态射 $y$ 为态射 $x$ 向顶点 $e$ 的限制 (the restriction of $x$ to the vertex $e$), 借用 [46] 的记法, 记为 $e \downharpoonright x$.

**定义 2.1.3** 设 $(G,\leqslant)$, $(G',\leqslant')$ 是序群胚, 函子 $\phi: G \longrightarrow G'$ 称为是保序的 (order-preserving), 若对任意 $x,y \in G$, $x \leqslant y \Rightarrow x\phi \leqslant' y\phi$.

显然, 序群胚的保序函子的合成仍保序且满足结合律. 我们将用 $\mathbb{OG}$ 来记以所有序群胚为对象, 保序函子为态射的范畴. 易知, 序群胚 $G$ 上偏序 $\leqslant$ 自然诱导出 $vG$ 上一偏序: $e \leqslant f \Leftrightarrow 1_e \leqslant 1_f$. 如果 $\phi: G \longrightarrow G'$ 是 $\mathbb{OG}$ 的一态射 (保序函子), 则 $v(\phi): vG \longrightarrow vG'$ 是该二偏序集之间的保序映射. 因此, $v$ 是从 $\mathbb{OG}$ 到由所有偏序集与保序映射所成 "偏序集范畴" $\mathbb{POS}$ 的遗忘函子 (forgetful functor). 称态射 $\phi$ 是 $v$-同构 ($v$-isomorphism), 若 $v(\phi)$ 是偏序集同构.

**定义 2.1.4** 设 $G$ 为序群胚, $G' \subseteq G$ 是 $G$ 的子群胚 (即 $x \in G' \Rightarrow x^{-1} \in G'$ 且 $D_{G'} = D_G \cap G' \times G'$). 称 $G'$ 是 $G$ 的序子群胚 (ordered subgroupoid), 若对任意 $x' \in G', e \in v(G')$, 当 $e \leqslant e_{x'}$ 时有 $e \downharpoonright x' \in G'$.

在序群胚的公理体系中, (OG1) 和 (OG2) 显然是自对偶的, 而 (OG3) 有一个对偶如下:

(OG3)* 若顶点 $f \leqslant f_x$, 则有唯一 $y \in G$, 满足 $y \leqslant x$ 且 $f_y = f$. 称该态射 $y$ 为 $x$ 向 $f$ 的余限制 (the co-restriction of $x$ to $f$), 借用 [46] 的记法, 记为 $x \downharpoonleft f$.

下述命题说明公理 (OG3) 和 (OG3)* 等价, 因而序群胚的公理体系是自对偶的.

**命题 2.1.5** 设 $G$ 是群胚, 有一偏序 $\leqslant$, 满足公理 (OG1) 和 (OG2). 那么, $\leqslant$ 满足公理 (OG3) 的充要条件是它满足公理 (OG3)*.

**证明** 设 $\leqslant$ 满足 (OG3). 若 $f \leqslant f_x = e_{x^{-1}}$, 则存在 $x^{-1}$ 向 $f$ 的限制: $f \downharpoonright x^{-1} \leqslant x^{-1}$ 且 $e_{(f \downharpoonright x^{-1})} = f$. 定义

$$x \downharpoonleft f = (f \downharpoonright x^{-1})^{-1}. \tag{2.1}$$

由公理 (OG2) 有 $(x \downharpoonleft f) \leqslant x$ 且 $f_{(x \downharpoonleft f)} = e_{f \downharpoonright x^{-1}} = f$. 进而, 若 $z \in G$ 满足 $z \leqslant x$ 且 $f_z = f$, 那么 $z^{-1} \leqslant x^{-1}$, $e_{z^{-1}} = f \leqslant f_x = e_{x^{-1}}$, 于是由 (OG3) 中关于限制态射的唯一性知 $z^{-1} = f \downharpoonright x^{-1}$, 从而 $z = (f \downharpoonright x^{-1})^{-1}$. 这就证明了 (OG3)* 成立.

设 $\leqslant$ 满足 (OG3)*, $e \leqslant e_x$. 令 $e \downharpoonright x = (x^{-1} \downharpoonleft e)^{-1}$, 用与以上类似的方法可证 (OG3) 也成立. □

**命题 2.1.6** 设 $G$ 为任一序群胚, $x,y \in G$, $e,f \in vG$. 我们有

(1) 若 $e \leqslant e_x$, $f \leqslant f_x$, 则 $f = f_{(e \downharpoonright x)} \Leftrightarrow e = e_{(x \downharpoonleft f)} \Leftrightarrow e \downharpoonright x = x \downharpoonleft f$.

(2) 若 $(x, y) \in D_G$, $e \leqslant e_x$, 则

$$f_{(e\downharpoonleft x)} \leqslant e_y, \quad (e \downharpoonleft x,\ f_{(e\downharpoonleft x)} \downharpoonleft y) \in D_G$$

且

$$e \downharpoonleft (xy) = (e \downharpoonleft x)(f_{(e\downharpoonleft x)} \downharpoonleft y).$$

**证明** (1) 设 $f = f_{(e\downharpoonleft x)}$, 则 $e_{(e\downharpoonleft x)^{-1}} = f$ 且 $(e \downharpoonleft x)^{-1} \leqslant x^{-1}$. 由公理 (OG3) 中关于限制态射的唯一性, 有 $(e \downharpoonleft x)^{-1} = f \downharpoonleft x^{-1}$, 故由式 (2.1) 有 $e \downharpoonleft x = (f \downharpoonleft x^{-1})^{-1} = x \downharpoonright f$, 从而 $e = e_{(e\downharpoonleft x)} = e_{(x\downharpoonright f)}$. 其逆可类似地证明.

(2) 若 $(x, y) \in D_G$, 则 $f_x = e_y$. 由公理 (OG1) 得

$$f_{(e\downharpoonleft x)} = (e \downharpoonleft x)^{-1}(e \downharpoonleft x) \leqslant x^{-1}x = f_x = e_y.$$

故 $f_{(e\downharpoonleft x)} \downharpoonleft y$ 和积 $(e \downharpoonleft x)(f_{(e\downharpoonleft x)} \downharpoonleft y)$ 在 $G$ 中有定义. 又若记 $z = (e \downharpoonleft x)(f_{(e\downharpoonleft x)} \downharpoonleft y)$, 则由公理 (OG1) 有 $z \leqslant xy$ 且

$$\begin{aligned} e_z = zz^{-1} &= (e \downharpoonleft x)(f_{(x|e)} \downharpoonleft y)(f_{(x|e)} \downharpoonleft y)^{-1}(e \downharpoonleft x)^{-1} \\ &= (e \downharpoonleft x)1_{f_{(e\downharpoonleft x)}}(e \downharpoonleft x)^{-1} \\ &= (e \downharpoonleft x)(e \downharpoonleft x)^{-1} = e_{(e\downharpoonleft x)} = e. \end{aligned}$$

故由公理 (OG3) 中关于限制态射的唯一性得 $e \downharpoonleft (xy) = z = (e \downharpoonleft x)(f_{(x|e)} \downharpoonleft y)$. □

**习题 2.1**

1. 对任一非空集合 $E$, 若 $\rho$ 是 $E$ 上一等价关系, 证明 $\rho$ 可定义为以 $E$ 为顶点集的群胚. 试刻画这个群胚可定义为序群胚的条件是什么. (提示: $E$ 上必有一偏序 $\omega$, 考虑 $\omega$ 与等价关系 $\rho$ 的关系.)

2. 证明: 任一偏序集可视为一个离散序群胚; 其子序群胚恰是其偏序子集. 因而偏序集范畴可视为序群胚范畴的子范畴.

## 2.2 双序集的链序群胚

设 $E$ 为任意双序集. 我们知道: $\mathscr{R} = \omega^r \cap (\omega^r)^{-1}$ 是 $E$ 上等价关系. 按如下法则, $\mathscr{R}$ 自然成为一个群胚: 其顶点集是 $E$; 态射有形 $(e, f) \in \mathscr{R}$, 满足 $e_{(e,f)} = e$, $f_{(e,f)} = f$, $(e, f)^{-1} = (f, e)$; 态射运算为: $\forall (e, f), (g, h) \in \mathscr{R}$,

$$(e, f)(g, h) = \begin{cases} (e, h), & \text{若 } f = g, \\ \text{无定义}, & \text{否则}. \end{cases} \tag{2.2}$$

在群胚 $\mathscr{R}$ 上定义二元关系 $\leqslant$ 为

$$(e,f) \leqslant (g,h) \Leftrightarrow e\,\omega\,g \text{ 且 } f = eh[= e\tau(g,h)]. \tag{2.3}$$

易验证 $\leqslant$ 是使 $\mathscr{R}$ 成为序群胚的偏序: $\leqslant$ 在 $v\mathscr{R} = E$(视为集合 $\{1_e = (e,e) : e \in E\}$) 上的限制恰为双序集 $E$ 上的偏序 $\omega$, 且对 $e \in E, (g,h) \in \mathscr{R}, e\,\omega\,g$, 有

$$e \rfloor (g,h) = (e, e\tau(g,h)) = (e, eh). \tag{2.4}$$

对偶地, $E$ 上等价关系 $\mathscr{L}$ 也是一个序群胚, 其偏序及相应的"态射的限制"为: $\forall (e,f),(g,h) \in \mathscr{L}$,

$$(e,f) \leqslant (g,h) \Leftrightarrow e\,\omega\,g \text{ 且 } f = he[= e\tau(g,h)]; \tag{2.3$^*$}$$

$$e\,\omega\,g \Rightarrow e \rfloor (g,h) = (e, e\tau(g,h)) = (e, he). \tag{2.4$^*$}$$

记 $\mathbf{b}$ 为由图 $(E, \mathscr{R} \cup \mathscr{L})$ 生成的自由范畴 (参看 [37, 第 50 页, 定理 1]): $v\mathbf{b} = E$; 对任意 $e, f \in E$, hom-集 $\mathbf{b}(e,f)$ 由下述形式的所有"从 $e = e_0$ 到 $f = e_n$ 的通道 (paths)"组成:

$$s = s(e_0, \cdots, e_n) = (e_0, e_1)(e_1, e_2)\cdots(e_{n-1}, e_n),$$

其中, 每个 $(e_{i-1}, e_i) \in \mathscr{R} \cup \mathscr{L}$, 称为通道 $s$ 的边 (edge), $i = 1, 2, \cdots, n$. 我们称某顶点 $e_i\,(0 < i < n)$ 是**不必要的** (unnecessary), 若与其相邻的两条边 $(e_{i-1}, e_i)$ 和 $(e_i, e_{i+1})$ 同在 $\mathscr{R}$ 中或同在 $\mathscr{L}$ 中.

在 $\mathbf{b}$ 中定义 $s \leftrightarrow s'$ 为: 通道 $s'$ 可从在 $s$ 中增添或删除一个不必要顶点而得. 那么, 二元关系 $\sigma$:

$$(s, s') \in \sigma \Leftrightarrow \exists s_1, \cdots, s_r \in \mathbf{b}, s \leftrightarrow s_1 \leftrightarrow \cdots \leftrightarrow s_r \leftrightarrow s' \tag{2.5}$$

显然是 $\mathbf{b}$ 上 (按 [37] 意义下) 的同余, 它使商集 $G(E) = \mathbf{b}/\sigma$ 被自然诱导为一范畴: 其顶点集仍为 $E$; 自由范畴 $\mathbf{b}$ 到 $G(E)$ 的标准函子的顶点映射为恒等映射, 态射映射把每个 $s(e_0, \cdots, e_n) \in \mathbf{b}$ 射为 $\sigma$-类 $c(e_0, \cdots, e_n) \in G(E)$. 易知 $G(E)$ 中的合成为: $\forall c(e_0, \cdots, e_n), c(f_0, \cdots, f_m) \in G(E)$,

$$c(e_0, \cdots, e_n)c(f_0, \cdots, f_m) = \begin{cases} c(e_0, \cdots, e_n, f_1, \cdots, f_m), & \text{若 } e_n = f_0, \\ \text{无定义}, & \text{否则}. \end{cases}$$

因为 $s(e_0, \cdots, e_n)s(e_n, \cdots, e_0)\,\sigma\,s(e_0, e_0)$, 我们有

$$c(e_0, \cdots, e_n)c(e_n, \cdots, e_0) = c(e_0, e_0),$$

其中 $c(e_0,e_0)$ 显然是 $G(E)$ 中与顶点 $e_0$ 对应的恒等态射. 类似地有

$$c(e_n,\cdots,e_0)c(e_0,\cdots,e_n)=c(e_n,e_n).$$

从而 $(c(e_0,\cdots,e_n))^{-1}=c(e_n,\cdots,e_0)$. 故 $G(E)$ 是群胚.

为了使 $G(E)$ 作成一序群胚, 我们首先定义两个彼此对偶的 $^*$ 运算如下:

对 $c=c(e_0,\cdots,e_n)\in G(E)$ 和 $h\in\omega^r(e_0)$, 令

$$h^*c=c(h,h_0,\cdots,h_n),\quad h_0=e_0he_0,\quad h_i=e_ih_{i-1}e_i,\quad i=1,\cdots,n, \tag{2.6}$$

其中, 积 $e_ih_{i-1}e_i$ 是 $E$ 中的基本积, 从而 $h_0=h\tau^r(e_0)\in\omega(e_0)$, $h_i\in\omega(e_i)$, 且 $h_i=h_{i-1}\tau(e_{i-1},e_i)$. 易知, $h_i\,\omega\,e_i, i=0,1,\cdots,n$; 若 $e_i$ 在 $c$ 中不必要, 则 $h_i$ 在 $h^*c$ 中也不必要, 且此时有

$$h_{i+1}=h_i\tau(e_i,e_{i+1})=h_{i-1}\tau(e_{i-1},e_i)\tau(e_i,e_{i+1}),$$

故 $h^*c$ 不依赖于 $c$ 在其 $\sigma$ 类中的选择.

对偶地, 对 $c=c(e_0,\cdots,e_n)\in G(E)$ 和 $k\in\omega^\ell(e_n)$, 令

$$c^*k=c(k_0,\cdots,k_n,k),\quad k_n=e_nke_n,\quad k_i=e_ik_{i+1}e_i,\quad i=0,\cdots,n-1. \tag{2.6$^*$}$$

同样, $c^*k$ 也不依赖于 $c$ 在其 $\sigma$ 类中的选择.

在 $G(E)$ 上定义 $\leqslant$ 为: $\forall c,c'\in G(E)$,

$$c\leqslant c'\Leftrightarrow e_c\,\omega\,e_{c'}\text{ 且 }c=e_c^*c'. \tag{2.7}$$

易知 $\leqslant$ 是反身和反对称的. 为证 $\leqslant$ 传递, 设 $g\,\omega\,h\,\omega\,e_0, c=c(e_0,\cdots,e_n)$. 此时我们可记 $h^*c=c(h_0,\cdots,h_n)$, $g^*c=c(g_0,\cdots,g_n)$ 及 $g^*(h^*c)=c(g_0',\cdots,g_n')$. 若 $e_{i-1}\,\mathcal{R}\,e_i$, 则

$$g_i'=g_{i-1}'h_i=g_{i-1}'(h_{i-1}e_i)=(g_{i-1}'h_{i-1})e_i=g_{i-1}'e_i,\quad\text{且 }g_i=g_{i-1}e_i;$$

对偶地, 若 $e_{i-1}\,\mathscr{L}\,e_i$, 则 $g_i'=e_ig_{i-1}', g_i=e_ig_{i-1}$. 但 $g_0'=g=g_0$, 故 $g_i'=g_i$ 对一切 $i=0,\cdots,n$ 都成立. 因而 $g^*c=g^*(h^*c)$. 此即 $\leqslant$ 传递. 若 $c=c(e_0,\cdots,e_n)$ 且 $h\,\omega\,e_0$, 我们有

$$h^*c=c(h_0,\cdots,h_n)=c(h_0,h_1)c(h_1,h_2)\cdots c(h_{n-1},h_n).$$

容易验证

$$c(h_{i-1},h_i)=h_{i-1}^*c(e_{i-1},e_i),\quad\forall i=1,\cdots,n,$$

从而 $h^*c=(h_0^*c(e_0,\cdots,e_i))(h_i^*c(e_i,\cdots,e_n)),\forall i=1,\cdots,n$. 这表明 $G(E)$ 满足 (OG1). 对所有 $h\in\omega(e_c)$, 易验证 $h^*c$ 是满足 $h^*c\leqslant c$ 且 $e_{h^*c}=h$ 的唯一态射, 故 $h\rfloor c=h^*c$. 从而 $G(E)$ 满足 (OG3). 若 $h\in\omega(e_c)$, $g\in\omega(f_c)$, 比较 (2.6) 和 (2.6)*, 易知 $g=f_{h^*c}$ 当且仅当 $h=e_{c^*g}$; 而该式成立时有 $h^*c=c^*g$ 且 $(h^*c)^{-1}=g^*(c^{-1})$, 故公理 (OG2) 亦成立.

**定义 2.2.1**　设 $E$ 为任意双序集, $G(E)=\mathbf{b}/\sigma$, 其中 $\sigma$ 定义如式 (2.5). $vG(E)=E$, $G(E)$ 的态射称为 $E$-链 ($E$-chains). 序群胚 $(G(E),\leqslant)$ 称为 *$E$-链 (序) 群胚* (the ordered groupoid of $E$-chains), 这里的偏序 $\leqslant$ 定义如式 (2.7).

为应用方便, 我们可用 $\mathbb{OG}$ 中的“推出图” (push-out diagram) 来刻画 $G(E)$: 设在 $E$ 中有 $e\mathscr{R}f\mathscr{R}g$, 则

$$c(e,f)c(f,g)=c(e,g).$$

故若定义

$$j_{\mathscr{R}}:\mathscr{R}\longrightarrow G(E),(e,f)\mapsto c(e,f);\qquad vj_{\mathscr{R}}:v\mathscr{R}\longrightarrow vG(E),e\mapsto e,$$

易知 $j_{\mathscr{R}}$ 是从 $\mathscr{R}$ 到 $G(E)$ 的函子. 进而, 若 $h\,\omega\,e\mathscr{R}f$, 由于 $h^*c(e,f)=c(h,hf)=h\rfloor c(e,f)$, 故 $j_{\mathscr{R}}$ 还是保序的. 我们称 $j_{\mathscr{R}}$ 为 $\mathscr{R}$ 到 $G(E)$ 的*自然嵌入* (natural imbedding). 类似地,

$$j_{\mathscr{L}}:\mathscr{L}\longrightarrow G(E),(e,f)\mapsto c(e,f);\quad vj_{\mathscr{L}}=1_E$$

也是保序函子: 它是 $\mathscr{L}$ 到 $G(E)$ 的自然嵌入, 且有

$$j_{\mathscr{R}}(e,e)=c(e,e)=j_{\mathscr{L}}(e,e),\quad\forall e\in E.$$

因而图 2.1 交换:

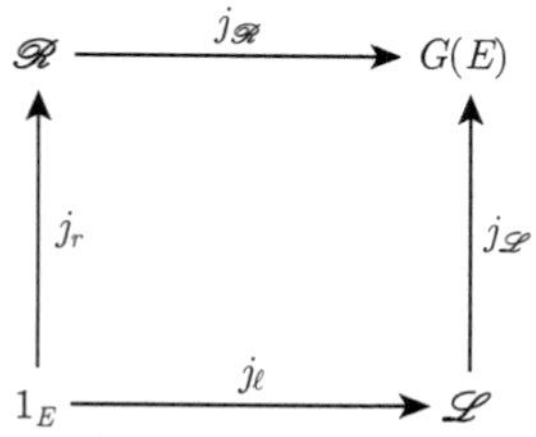


图 2.1

其中, $j_r$ 和 $j_\ell$ 分别是离散群胚 $1_E$ 到 $\mathscr{R}$ 和 $\mathscr{L}$ 中的包含 (函子).

**引理 2.2.2** 图 2.1 是 $\mathbb{OG}$ 中的“推出图”: 对任一序群胚 $(G, \leqslant)$, 若有保序函子 $F_{\mathscr{R}}:\mathscr{R}\longrightarrow G$ 和 $F_{\mathscr{L}}:\mathscr{L}\longrightarrow G$ 使图 2.2 交换 (即 $j_r\circ F_{\mathscr{R}}=j_\ell\circ F_{\mathscr{L}}$(或等价地, $v(F_{\mathscr{R}})=v(F_{\mathscr{L}})$)), 则存在唯一保序函子 $F:G(E)\longrightarrow G$ 使图 2.3 交换, 即 $F_{\mathscr{R}}=j_{\mathscr{R}}\circ F$, $F_{\mathscr{L}}=j_{\mathscr{L}}\circ F$.

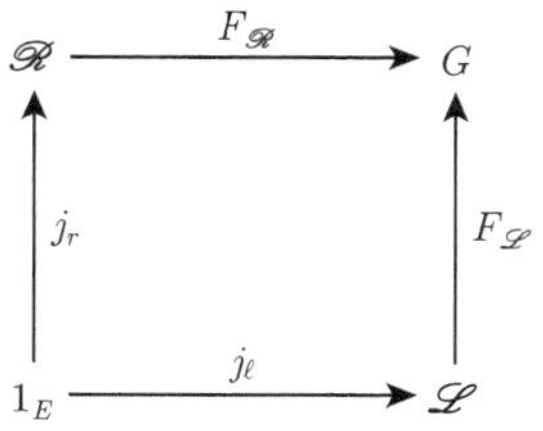


图 2.2

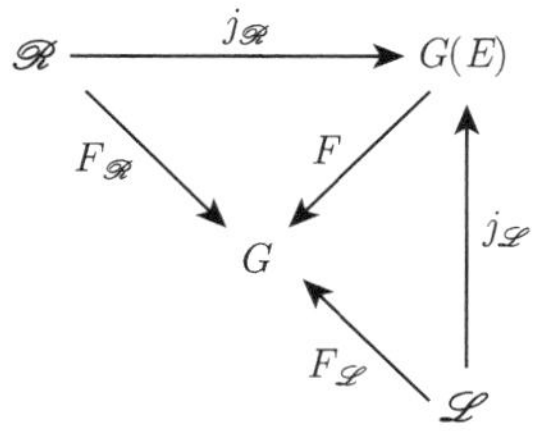


图 2.3

**证明** 定义函子 $F:G(E)\longrightarrow G$ 有顶点映射 $v(F)=v(F_{\mathscr{R}})=v(F_{\mathscr{L}})$, 而态射映射为: $\forall c=c(e_0,\cdots,e_n)\in G(E)$, $F(c)=F_1(e_0,e_1)F_2(e_1,e_2)\cdots F_n(e_{n-1},e_n)$, 其中

$$F_i(e_{i-1},e_i)=\begin{cases}F_{\mathscr{R}}(e_{i-1},e_i), & \text{若 } e_{i-1}\,\mathscr{R}\,e_i,\\ F_{\mathscr{L}}(e_{i-1},e_i), & \text{若 } e_{i-1}\,\mathscr{L}\,e_i.\end{cases}$$

因为 $v(F_{\mathscr{R}})=v(F_{\mathscr{L}})$, 该式右端的合成在 $G$ 中存在; 若 $e_i$ 是不必要顶点, 则 $F_i(e_{i-1},e_i)$ 和 $F_{i+1}(e_i,e_{i+1})$ 两者是在同一函子 ($F_{\mathscr{R}}$ 或 $F_{\mathscr{L}}$) 下的像, 因而有

$$F_i(e_{i-1},e_i)F_{i+1}(e_i,e_{i+1})=F_i(e_{i-1},e_{i+1}).$$

这说明 $F(c)$ 是有定义的. 显然 $F$ 是唯一满足 $j_{\mathscr{R}}\circ F=F_{\mathscr{R}}$ 和 $j_{\mathscr{L}}\circ F=F_{\mathscr{L}}$ 的函子. 对 $c=c(e_0,\cdots,e_n)\in G(E)$, 若 $h\in\omega(e_0)$ 而 $h^*c=c(h_0,\cdots,h_n)$, 那么我们有

$$\begin{aligned}F(h^*c)&=F_1(h_0,h_1)F_2(h_1,h_2)\cdots F_n(h_{n-1},h_n)\\&=F_1(h_0\downharpoonleft(e_0,e_1))F_2(h_1\downharpoonleft(e_1,e_2))\cdots F_n(h_{n-1}\downharpoonleft(e_{n-1},e_n)).\end{aligned}$$

因为 $F_{\mathscr{R}}$ 和 $F_{\mathscr{L}}$ 两者均为保序函子, 由命题 2.1.6, 得 $F(h\downharpoonleft c)=F(h^*c)=F(h)\downharpoonleft F(c)$. 即 $F$ 保序. $F$ 的唯一性由图 2.3 决定. 这就证明了图 2.1 确是 $\mathbb{OG}$ 中的推出图. □

引理 2.2.2 的证明过程蕴含定义了从双序集范畴到序群胚范畴的函子

$$G:\mathbb{B}\longrightarrow\mathbb{OG}$$

的顶点作用 $Gv: E \longmapsto vG(E) = E$. 我们还有 $G$ 的态射作用, 定义如下:

若 $\theta: E \longrightarrow E'$ 是双序态射, 则 $\theta$ 可诱导出两个保序函子 $\theta_{\mathscr{R}}: \mathscr{R}^E \longrightarrow \mathscr{R}^{E'}$ 和 $\theta_{\mathscr{L}}: \mathscr{L}^E \longrightarrow \mathscr{L}^{E'}$:

$$\begin{aligned} v(\theta_{\mathscr{R}}) = v(\theta_{\mathscr{L}}): &\quad E \longrightarrow E' & e &\longmapsto e\theta; \\ \theta_{\mathscr{R}}: &\quad \mathscr{R}^E \longrightarrow \mathscr{R}^{E'}, & (e,f) &\longmapsto (e\theta, f\theta); \\ \theta_{\mathscr{L}}: &\quad \mathscr{L}^E \longrightarrow \mathscr{L}^{E'}, & (e,f) &\longmapsto (e\theta, f\theta). \end{aligned}$$

易知 $v(\theta_{\mathscr{R}} \circ j_{\mathscr{R}^{E'}}) = v(\theta_{\mathscr{L}} \circ j_{\mathscr{L}^{E'}}) = \theta$. 因为图 2.1 是推出的, 存在唯一保序函子 $G(\theta): G(E) \longrightarrow G(E')$ 满足

$$j_{\mathscr{R}} \circ G(\theta) = \theta_{\mathscr{R}} \circ j_{\mathscr{R}^{E'}} \quad \text{和} \quad j_{\mathscr{L}} \circ G(\theta) = \theta_{\mathscr{L}} \circ j_{\mathscr{L}^{E'}},$$

即我们有交换图 2.4 如下, 其中 $\mathscr{R} = \mathscr{R}^E$, $\mathscr{R}' = \mathscr{R}^{E'}$, $\mathscr{L} = \mathscr{L}^E$ 而 $\mathscr{L}' = \mathscr{L}^{E'}$.

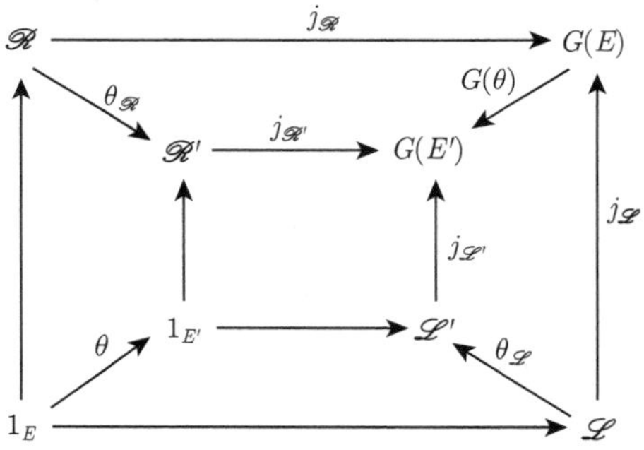


图 2.4

更准确地说, 我们有

$$G(\theta)(c) = c(e_0\theta, \cdots, e_n\theta), \quad \forall c = c(e_0, \cdots, e_n) \in G(E).$$

由 $G(\theta)$ 的唯一性知, 映射 $\theta \longmapsto G(\theta)$ 是函子 $G$ 的态射作用.

综上所述我们有下述命题:

**命题 2.2.3** 对任意双序集 $E$, 存在一序群胚 $G(E)$ 使图 2.1 是范畴 $\mathbb{OG}$ 中的推出图. 从而存在从双序集范畴 $\mathbb{B}$ 到序群胚范畴 $\mathbb{OG}$ 的函子 $G: \mathbb{B} \longrightarrow \mathbb{OG}$: 其对象映射为 $E \longmapsto G(E)$, 而态射映射是 $\theta \longmapsto G(\theta)$ 如上.

## 习题 2.2

1. 证明: 若 $E$ 是半格, 则 $G(E)$ 是平凡群胚 (只有单位态射), 因而若序群胚 $G$ 的 $vG$ 是半格, 则其赋值恰是半格同构, 从而 $G$ 是归纳的.

2. 验证任意双序集 $E$ 上的 Green 关系 $\mathscr{R}(\mathscr{L})$ 在式 (2.2)—(2.4) ((2.2)*—(2.4)*) 定义的部分运算和 "限制 (余限制)" 下是一个序群胚.

3. 证明: 式 (2.6) 和 (2.6)* 定义的两个 * 运算 $h^*c$, $c^*k$ 与 $c$ 在 $\sigma$-类中的选择无关.

4. 证明式 (2.7)(及其对偶) 定义的 $G(E)$ 上偏序 $\leqslant$ 与两个 * 运算的关系恰是

$$h^*c = h \rfloor c, \quad c^*k = c \downharpoonleft k.$$

## 2.3 归纳群胚

设 $E$ 为 (正则) 双序集, $G$ 为一序群胚, 保序函子 $\varepsilon: G(E) \longrightarrow G$ 是一个 $v$-同构 (即 $(E,\omega)$ 到 $(vG,\leqslant)$ 的偏序集同构). 我们称 $E$-方块 $\begin{pmatrix} e & f \\ g & h \end{pmatrix}$ 是 $\varepsilon$-交换的 ($\varepsilon$-commutative), 若

$$\varepsilon(e,f)\varepsilon(f,h) = \varepsilon(e,g)\varepsilon(g,h),$$

此处, 为简单起见, 我们记 $\varepsilon(x,y)((x,y)\in \mathscr{R}\cup\mathscr{L})$ 代替 $\varepsilon(c(x,y))$.

**定义 2.3.1** 设 $E$ 为双序集, $G$ 为序群胚, 保序函子 $\varepsilon_G: G(E) \longrightarrow G$ 是一个 $v$-同构. 称 $(G,E,\varepsilon_G)$ 为一个*归纳群胚* (inductive groupoid), 或者说 $G$ 关于$(E,\varepsilon_G)$ 是*归纳的* (inductive), 若下述二公理及其对偶成立:

(IG1) 设 $x\in G$, $e_i, f_i \in E$, $i=1,2$, 满足 $v(\varepsilon_G)(e_i) \leqslant e_x$, $v(\varepsilon_G)(f_i) = f_{(v(\varepsilon_G)(e_i)\rfloor x)}$. 若 $e_1\,\omega^r\,e_2$, 则 $f_1\,\omega^r\,f_2$ 且在 $G$ 中图 2.5 交换:

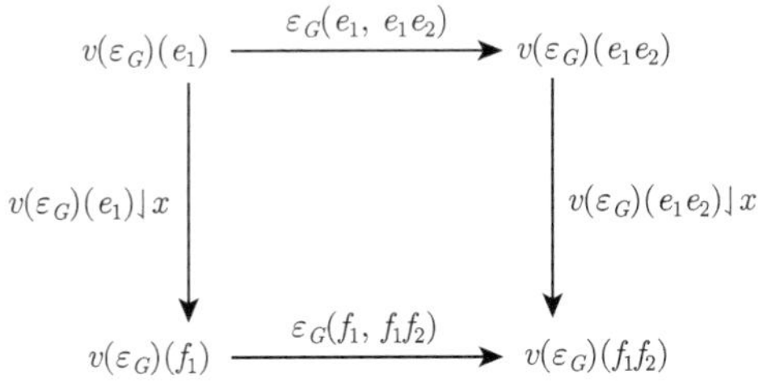


图 2.5

即有: $\varepsilon_G(e_1,e_1e_2)(v(\varepsilon_G)(e_1e_2)\rfloor x) = (v(\varepsilon_G)(e_1)\rfloor x)\varepsilon_G(f_1,f_1f_2)$.

(IG2) $E$ 中所有奇异 $E$-方块都是 $\varepsilon_G$-交换的.

称 $\varepsilon_G$ 是 $G(E)$ 向 $G$ 的*赋值* (evaluation).

设 $G$ 是关于 $(E,\varepsilon_G)$ 的归纳群胚. 因为 $\varepsilon_G$ 是 $v$-同构而 $E$ 是双序集, 它自然将 $E$ 的双序 $\omega^r,\omega^\ell$(通过 $\mathscr{R},\mathscr{L}$ 和 $G$ 中的序 $\leqslant$)"赋予"$vG$, 从而将其诱导为一

个与 $E$ 双序同构的双序集, 且 $G$ 上偏序 $\leqslant$ 在 $vG$ 上的限制恰与该双序集的偏序 $\omega$ 重合. 为了简化记号, 我们今后恒同看待 $vG$ 和 $E$, 从而有 $v(\varepsilon_G)=1_E$. 因此 (IG1) 有形式

$$\text{(IG1)}\quad e_i\,\omega\, e_x,\ f_i=f_{e_i\downharpoonleft x}(i=1,2), e_1\,\omega^r\, e_2\Rightarrow f_1\,\omega^r\, f_2$$
$$\text{且}\quad \varepsilon_G(e_1,e_1e_2)(e_1e_2\downharpoonleft x)=(e_1\downharpoonleft x)\varepsilon_G(f_1,f_1f_2).$$

设 $(G,E,\varepsilon_G)$ 和 $(G',E',\varepsilon_{G'})$ 是归纳群胚. 保序函子 $\phi:G\longrightarrow G'$ 称为*归纳函子* (inductive functor), 若 $v(\phi):E\longrightarrow E'$ 是双序态射, 使得图 2.6 交换:

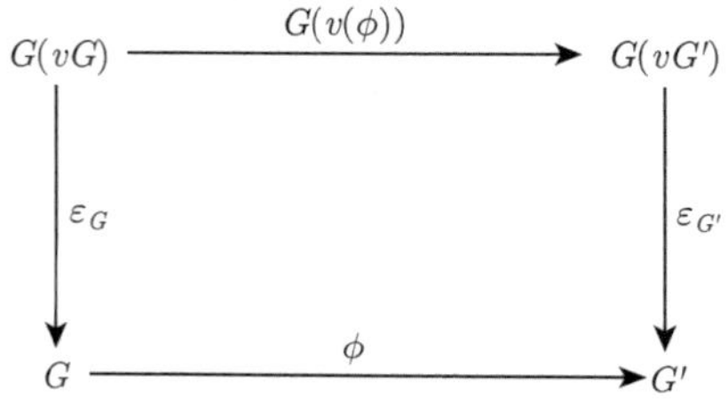


图 2.6

设 $(G,E,\varepsilon_G)$ 和 $(G',E',\varepsilon_{G'})$ 都是归纳群胚. 若 $G'$ 是 $G$ 的序子群胚且包含映射 $G'\subseteq G$ 是归纳函子, 则称 $G'$ 是 $G$ 的*归纳子群胚* (inductive subgroupoid).

以上定义的归纳群胚和归纳函子一起确定了序群胚范畴 $\mathbb{OG}$ 的一个子范畴 $\mathbb{IG}$, 称为*归纳群胚范畴* (the category of inductive groupoids). 显然, $v$ 是从该范畴到 (正则) 双序集范畴 $\mathbb{RB}$ 的共变函子: 其对象映射与态射映射分别是

$$G\longmapsto vG\quad 和\quad \phi\longmapsto v(\phi).$$

图 2.6 交换说明, $\{\varepsilon_G:G\in\mathbb{IG}\}$ 组成了从函子的合成 $vG:\mathbb{IG}\longrightarrow\mathbb{OG}$ 到包含函子 $J:\mathbb{IG}\subseteq\mathbb{OG}$ 的自然变换 $\varepsilon:vG\dot{\longrightarrow}J$ 的成分.

下述命题中关于归纳群胚的各条性质可以直接从定义得到, 我们略去其证明.

**命题 2.3.2**　*设 $(G,E,\varepsilon_G)$ 是归纳群胚. 我们有*

*(1) 若归纳群胚 $(G',E',\varepsilon_{G'})$ 的 $G'$ 是 $G$ 的序子群胚 (自然有 $E'\subseteq E$), 则 $(G',E',\varepsilon_{G'})$ 是 $(G,E,\varepsilon_G)$ 的归纳子群胚的充要条件是 $\varepsilon_{G'}=\varepsilon_G\,|\,G(E')$.*

*(2) $(\operatorname{im}\varepsilon_G,E,\varepsilon_G)$ 是 $(G,E,\varepsilon_G)$ 的一个 $v$-全归纳子群胚. $(G,E,\varepsilon_G)$ 的任一 $v$-全序子群胚 $G'$ 是归纳群胚的充要条件是 $\operatorname{im}\varepsilon_G\subseteq G'$.*

*(3) $(G,E,\varepsilon_G)$ 的所有 $v$-全归纳子群胚在包含关系下自然成功一个完备格, 以 $(\operatorname{im}\varepsilon_G,E,\varepsilon_G)$ 为其 0-元.*

设 $(G,E,\varepsilon)$ 是归纳群胚, $x\in G$, $h\,\omega^r\,e_x$. 定义

$$h^*x=\varepsilon(h,he_x)(he_x\downharpoonleft x)=\varepsilon(h,he_x)((he_x)^*x). \tag{2.8}$$

其中第二个等号来自 $he_x\,\omega\,e_x$.

对偶地, 对 $k\in\omega^\ell(f_x)$, 定义

$$x^*k=(x\downharpoonright f_xk)\varepsilon(f_xk,k)=x^*(f_xk)\varepsilon(f_xk,k). \tag{2.8$^*$}$$

同理, 第二个等号来自 $f_xk\,\omega\,f_x$.

**命题 2.3.3** 设 $(G,E,\varepsilon)$, $(G',E',\varepsilon')$ 是归纳群胚, $\phi:G\longrightarrow G'$ 是归纳函子, $v(\phi)=\theta$. 我们有

(1) 对 $x\in G,h\in\omega^r(e_x)$ 和 $k\in\omega^\ell(f_x)$, 有

$$\phi(h^*x)=(h\theta)^*\phi(x),\quad \phi(x^*k)=\phi(x)^*(k\theta).$$

(2) $\operatorname{im}\phi=G_1$ 是 $G'$ 的归纳子群胚.

(3) 若 $\phi$ 是 $v$-双射, 则它是 $v$-同构; 若 $\phi$ 还是全忠实的, 则它是同构.

**证明** (1) 因 $\phi$ 是有 $v(\phi)=\theta$ 的函子, 由式 (2.8) 有

$$\phi(h^*x)=\phi(\varepsilon(h,he_x))((he_x)\theta\downharpoonleft\phi(x)).$$

因 $\theta$ 是双序态射, $(he_x)\theta=(h\theta)(e_x\theta)$. 由图 2.5 之交换性得

$$\phi(\varepsilon(h,he_x))=\varepsilon'(G(\theta)(h,he_x))=\varepsilon'(h\theta,(h\theta)(e_x\theta)).$$

故 $\phi(h^*x)=h\theta^*\phi(x)$. 对偶可证 $\phi(x^*k)=\phi(x)^*(k\theta)$.

(2) 设 $x',y'\in G_1$ 且 $x'y'$ 在 $G'$ 中存在. 选择 $x,y\in G$, $\phi(x)=x',\phi(y)=y'$ 及 $h\in S(f_x,e_y)$. 由 $\theta=v(\phi)$ 是正则双序态射, $h\theta\in S'(f_x\theta,e_y\theta)=S'(f_{x'},e_{y'})$. 因为 $f_{x'}=e_{y'}$, 我们有 $h\theta=f_{x'}=e_{y'}$. 故由 (1) $\phi(x^*h)=x'^*f_{x'}=x'$ 且 $\phi(h^*y)=e^*_{y'}y'=y'$. 由 (2.8) 和 (2.8)$^*$ 式, 有 $f_{x^*h}=h=e_{h^*y}$, $(x^*h)(h^*y)$ 在 $G$ 中有定义, 因此 $x'y'=\phi(x^*h)\phi(h^*y)=\phi((x^*h)(h^*y))$, 即 $x'y'\in G_1$. 显然, 对任意 $x'\in G_1$, 有 $x'^{-1}\in G_1$. 故 $G_1$ 是子群胚. 若 $e'\in vG_1=E_1$ 满足 $e'\,\omega\,e_{x'}$ 而 $\phi(x)=x'$, 由命题 1.6.2, 存在 $e\in\omega(e_x)$ 使 $e\theta=e'$ 且 $\phi(e\downharpoonleft x)=e'\downharpoonleft x'$. 故 $G_1$ 是 $G'$ 的序子群胚. 为证明 $G_1$ 是归纳子群胚, 我们必须证明 $\varepsilon_1=\varepsilon'\,|\,G(E_1)$ 映 $G(E_1)$ 到 $G_1$ 内. 因为对 $c\in G(E)$, 我们有 $\varepsilon'(G(\theta)(c))=\phi(\varepsilon(c))$, 故若我们能证 $G(E_1)\subseteq G(\theta)(G(E))$ 即可. 归纳地, 设 $G(E_1)$ 中所有有 $n$ 个顶点的 $E$-链属于 $G(\theta)(G(E))$ 并令 $c'=c(e'_0,\cdots,e'_n)$ 为 $G(E_1)$ 中有 $n+1$ 个顶点的 $E$-链. 由假设, 存在 $c=c(e_1,\cdots,e_n)\in G(E)$ 使 $G(\theta)(c)=c(e'_1,\cdots,e'_n)$. 如果

$e_0' \mathscr{R} e_1'$, 由命题 1.6.2, 存在 $h \in \omega^r(e_1)$ 使得 $h\theta = e_0'$. 若 $h^*c = c(h, h_1, \cdots, h_n)$, 则 $h_1\theta = (he_1)\theta = e_1'$, 而对 $i = 2, \cdots, n$ 有

$$h_i\theta = h_{i-1}\theta\tau(e_{i-1}\theta, e_i\theta) = e_{i-1}'\tau(e_{i-1}', e_i').$$

故 $G(\theta)(h^*c) = c'$. 如果 $e_0' \mathscr{L} e_1'$, 那么我们可找到 $k \,\omega^\ell\, e_1$ 使得 $k\theta = e_0'$. 此时, $(e_1k)\theta = e_1'e_0' = e_1'$, 从而与前相似, 我们有 $G(\theta)(c(k, e_1k)(e_1k^*c)) = c'$.

(3) 若 $\phi$ 是 $v$-双射, 则 $v(\phi)$ 是双射正则双序态射. 由推论 1.6.3, $v(\phi)$ 是双序同构. 若 $\phi$ 是双射, 显然它是群胚的同构. 进而, 若 $\phi(x) \leqslant \phi(y)$, 则 $\phi(x) = e_{\phi(x)}^*\phi(y) = e_x\theta^*\phi(y) = \phi(e_x^*y)$. 由于 $\theta$ 是双序同构, 我们有 $e_x \,\omega\, e_y$, 故 $x \leqslant y$. 这样 $\phi$ 是序同构. 最后, $G(\theta)^{-1} = G(\theta^{-1})$ 蕴含 $\phi^{-1}$ 是归纳函子. 因而 $\phi$ 是同构. □

设 $E$ 是一个给定的 (正则) 双序集. 我们来构作由 $E$ 自己完全确定的归纳群胚 $T^*(E)$: $E$ 的 $\omega$-同构群胚.

设 $E$ 是一双序集. 我们知道, 所谓 "$E$ 的 $\omega$-同构" 指的是 $E$ 的 $\omega$-理想之间的双序同构. 用 $T^*(E)$ 记 $E$ 的所有 $\omega$-同构之集. 容易知道, $E$ 的所有 1-1 部分变换组成一个群胚, 而 $T^*(E)$ 是这个群胚的子群胚 ($\omega$-同构之逆和积仍是 $\omega$-同构). 由于每个 $\omega$-理想有唯一生成元 $e \in E$, 我们可视 $vT^*(E)$ 恒同于 $E$. 在 $T^*(E)$ 上定义 $\leqslant$ 为

$$\alpha \leqslant \beta \Leftrightarrow e_\alpha \,\omega\, e_\beta \text{ 且 } \alpha = \beta \,|\, \omega(e_\alpha) = e_\alpha \downharpoonleft \beta, \quad \forall\, \alpha, \beta \in T^*(E), \tag{2.9}$$

其中 $e_\alpha$ 是 $\omega$-理想 $\operatorname{dom}\alpha$ 的生成元. 按上面约定, 就以 $e_\alpha$ 为 $\alpha$ 的定义域. 易知

$$(T^*(E), \leqslant)$$

是序群胚, 其中, $\beta$ 向 $e \in \omega(e_\beta)$ 的限制就是 $\beta$ 向 $\omega(e)$ 的限制, 即如式 (2.9) 右方所示. 进而, 对 $c = c(e_0, \cdots, e_n) \in G(E)$, 定义

$$\tau_E(c) = \tau(e_0, e_1)\tau(e_1, e_2)\cdots\tau(e_{n-1}, e_n) = \prod_{i=1}^{n} \tau(e_{i-1}, e_i). \tag{2.10}$$

由命题 1.5.3, 每个 $\tau(e_{i-1}, e_i)$ 都是从 $\omega(e_{i-1})$ 到 $\omega(e_i)$ 的 $\omega$-同构, $i = 1, \cdots, n$. 故 $\tau_E(c)$ 是从 $\omega(e_c)$ 到 $\omega(f_c)$ 的 $\omega$-同构. 视 $v(\tau_E) = 1_E$, 则易知 $\tau_E$ 是从 $G(E)$ 到 $T^*(E)$ 的群胚函子. 对 $h \,\omega\, e_0$, 令

$$h^*c = c(h, h_1, \cdots, h_n), \quad h_0 = h, \quad h_i = h_{i-1}\tau(e_{i-1}, e_i), \quad i = 1, \cdots, n.$$

给定 $g \in \omega(h)$, 记 $g_i = g\tau(h, h_1)\cdots\tau(h_{i-1}, h_i), i = 1, 2, \cdots, n$. 若 $e_{i-1}\mathscr{R}e_i$, 由 $E$ 是部分半群得

$$
\begin{aligned}
g_i &= g_{i-1}\tau(h_{i-1}, h_i) = g_{i-1}\tau(h_{i-1}, h_{i-1}e_i) = g_{i-1}(h_{i-1}e_i) \\
&= (g_{i-1}h_{i-1})e_i = g_{i-1}e_i = g_{i-1}\tau(e_{i-1}, e_i).
\end{aligned}
$$

对偶地, 若 $e_{i-1}\mathscr{L}e_i$, 我们亦可得同样等式. 故对所有 $g \in \omega(h)$, $g\tau_E(h^*c) = g\tau_E(c)$. 从而有 $\tau_E(h^*c) = \tau_E(c)\,|\,\omega(h) = h \downharpoonright \tau_E(c)$. 这就得到 $\tau_E$ 保序且是 $v$-同构. 现在, 若 $\alpha \in T^*(E)$ 而 $e_1, e_2 \in \omega(e_\alpha)$, 有 $e_1\,\omega^r\,e_2$, 则 $f_1 = e_1\alpha\,\omega^r\,e_2\alpha = f_2$ 且对任意 $g \in \omega(e_1)$ 有

$$
\begin{aligned}
g\tau(e_1, e_1e_2)(e_1e_2 \downharpoonright \alpha) &= (g(e_1e_2))\alpha = (g\alpha)(f_1f_2) \\
&= g(e_1 \downharpoonright \alpha)\tau(f_1, f_1f_2),
\end{aligned}
$$

因此, $(T^*(E), \tau_E)$ 满足公理 (IG1). 由 $T^*(E)$ 的左右对偶性, 它也满足 (IG1)*. 由于 $E$ 中所有奇异 $E$-方块均 $\tau$-交换 (命题 1.5.3), 故公理 (IG2) 也成立. 这就得知 $T^*(E)$ 关于 $\tau_E$ 是归纳群胚. 这就是下述:

**命题 2.3.4** 设 $T^*(E)$ 是双序集 $E$ 的所有 $\omega$-同构之群胚, $vT^*(E) = E$. 则 $T^*(E)$ 是有偏序 (2.9) 和赋值 $\tau_E$(2.10) 的归纳群胚, 称之为双序集 $E$ 的$\omega$-同构群胚.

双序集 $E$ 的 $\omega$-同构群胚 $T^*(E)$ 具有下述重要的"泛性质":

**命题 2.3.5** (1) 设 $(G, E, \varepsilon_G)$ 是归纳群胚. 对 $x \in G$, 定义 $\alpha_G(x) : \omega(e_x) \longrightarrow \omega(f_x)$ 为

$$
e\alpha_G(x) = f_{e^*x}, \quad \forall e \in \omega(e_x). \tag{2.11}
$$

那么, $\alpha_G(x) \in T^*(E)$. 进而, 若令 $v(\alpha_G) = 1_E$, 则我们得到一个 $v$-同构 $\alpha_G : G \longrightarrow T^*(E)$ 使图 2.7 交换.

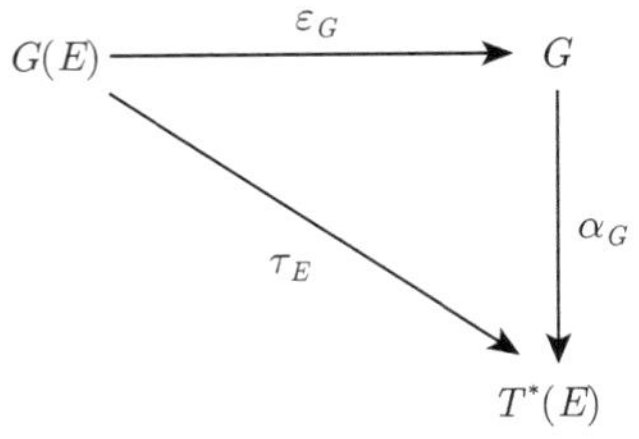


图 2.7

特别地, $\alpha_G$ 是归纳函子. 若 $G$ 是 $T^*(E)$ 的归纳全子群胚 (即 $vG = E = vT^*(E)$), 则 $\alpha_G$ 恰是 $G$ 到 $T^*(E)$ 中的包含映射, 从而 $\alpha_{T^*(E)} = 1_{T^*(E)}$.

(2) 设 $\phi: G \longrightarrow G'$ 是 $\mathbb{IG}$ 中的 $v$-满射. 若我们定义 $T(\phi): \operatorname{im}\alpha_G \longrightarrow \operatorname{im}\alpha_{G'}$ 为: $\forall x \in G$,

$$T(\phi)(\alpha_G(x)) = \alpha_{G'}(\phi(x)), \tag{2.12}$$

则 $T(\phi)$ 是从 $\operatorname{im}\alpha_G$ 到 $\operatorname{im}\alpha_{G'}$ 的归纳函子. 进而, 若 $\phi, \phi'$ 均为 $v$-满射且 $\phi\phi'$ 有定义, 则 $T(\phi\phi') = T(\phi)T(\phi')$; 又, 若 $\phi$ 是 $v$-同构, 则 $T(\phi)$ 是忠实函子.

**证明** (1) 设 $x \in G$, $e \in \omega(e_x)$. 由公理 (OG1), 有

$$e\alpha_G(x) = f_{e^*x} = (e^*x)^{-1}(e^*x) \leqslant x^{-1}x = f_x,$$

即 $\alpha_G(x)$ 射 $\omega(e_x)$ 入 $\omega(f_x)$; 因 $e_{x^{-1}} = f_x$, $f_{x^{-1}} = e_x$, $\alpha(x^{-1})$ 射 $\omega(f_x)$ 入 $\omega(e_x)$. 若 $f = e\alpha_G(x)$, 由命题 2.1.6, $e^*x = x^*f$. 故

$$e\alpha_G(x)\alpha_G(x^{-1}) = f\alpha_G(x^{-1}) = f_{f^*x^{-1}} = f_{(x^*f)^{-1}} = e_{x^*f} = e_{e^*x} = e.$$

从而 $\alpha_G(x)$ 是从 $\omega(e_x)$ 到 $\omega(f_x)$ 上的双射. 若 $e, e' \in \omega(e_x)$ 且 $e\,\omega^r\,e'$, 记 $f = e\alpha_G(x) = f_{e^*x}$, $f' = e'\alpha_G(x) = f_{e'^*x}$, 那么 $e, e', f, f'$ 满足公理 (OG1) 的条件, 由该公理得

$$\begin{aligned}(ee')\alpha_G(x) &= f_{(ee')^*x} = f_{ee'\downarrow x} = f_{\varepsilon_G(e,ee')(ee'\downarrow x)} = f_{(e\downarrow x)\varepsilon_G(f,ff')}\\ &= f_{\varepsilon_G(f,ff')} = ff' = (e\alpha_G(x))(e'\alpha_G(x)).\end{aligned}$$

由此及其对偶, $\alpha_G(x)$ 是双序态射. 类似地, $\alpha_G(x^{-1})$ 也是双序态射. 由 $\alpha_G(x^{-1}) = (\alpha_G(x))^{-1}$, $\alpha_G(x)$ 是双序同构.

假设 $x, y \in G$ 且 $xy$ 在 $G$ 中存在. 那么 $f_x = e_y$ 且 $e_{xy} = e_x$. 若 $e \in \omega(e_x)$, 则 $e\alpha_G(xy) = f_{e^*(xy)}$. 由命题 2.1.6, $e^*(xy) = (e^*x)(f^*y)$, 其中 $f = f_{e^*x} = e\alpha_G(x)$. 因为 $f_{e^*(xy)} = f_{f^*y}$, 我们有 $e\alpha_G(xy) = f_{f^*y} = f\alpha_G(y) = e\alpha_G(x)\alpha_G(y)$. 因而 $\alpha_G: G \longrightarrow T^*(E)$ 保持态射合成. 因 $\alpha_G$ 在 $G$ 的单位态射集上是 1-1 的, 故若令 $v(\alpha_G) = 1_E$, 我们可得一 $v$-双射函子. 为证 $\alpha_G$ 保序, 考虑 $e, e' \in \omega(e_x)$ 满足 $e'\,\omega\,e$, 由公理 (OG3), 我们有 $e'^*(e^*x) = e'^*x$. 从而 $e'\alpha_G(e^*x) = e'\alpha_G(x)$. 如此 $\alpha_G(e^*x) = \alpha_G(x)\,|\,\omega(e) = e \downarrow \alpha_G(x)$, 即 $\alpha_G$ 保序. 为证图 2.7 交换, 考虑 $c = c(e_0, \cdots, e_n) \in G(E)$ 和 $h \in \omega(e_0)$. 因为 $h^*c = (h_0, \cdots, h_n), h_0 = h, h_i = h_{i-1}\tau(e_{i-1}, e_i)$, 我们有

$$f_{h^*c} = h_n = h\prod_{i=1}^{n}\tau(e_{i-1}, e_i) = h\tau_E(e_0, \cdots, e_n) = h\tau_E(c).$$

由于 $G(E)$ 到 $G$ 的赋值 $\varepsilon_G$ 保序, 我们有

$$h\alpha_G(\varepsilon_G(c)) = f_{h^*\varepsilon_G(c)} = f_{\varepsilon_G(h^*c)} \xlongequal{v(\varepsilon_G)=1_E} f_{h^*c} = h\tau_E(c), \quad \forall h \in \omega(e_0) = \omega(e_c).$$

这就推出 $\alpha_G(\varepsilon_G(c)) = \tau_E(c)$, 此即图 2.7 交换. 因为 $\tau_E$ 是 $T^*(E)$ 的赋值且 $v(\alpha_G) = 1_E$, 比较图 2.6 和图 2.7 知 $\alpha_G$ 是归纳函子.

若 $G$ 是 $T^*(E)$ 的全子群胚, $\forall \alpha \in G \subseteq T^*(E)$ 和 $e \in \omega(e_\alpha)$ 有 $e^*\alpha = e \rfloor \alpha$. 于是 $\operatorname{im}(e^*\alpha) = \omega(e\alpha)$, 故 $e\alpha_G(\alpha) = f_{e^*\alpha} = e\alpha$, 这就证明了 $\alpha_G$ 是 $G$ 向 $T^*(E)$ 的包含映射.

(2) 记 $T(G) = \operatorname{im}\alpha_G$, $T(G') = \operatorname{im}\alpha_{G'}$. 由命题 2.3.3, $T(G)$ 是 $T^*(E)$ 的 $v$-全归纳子群胚, 此处 $E = vG$. 令 $\phi : G \longrightarrow G'$ 是 $\mathbb{IG}$ 中的 $v$-满射, 并令 $E = vG$, $E' = vG'$ 而 $\theta = v(\phi)$. 我们首先证明 $T(\phi)$ 的定义 (2.12) 是有意义的. 为此, 假设 $\alpha_G(x) = \alpha_G(y)$, 则 $e_x = e_y$, $f_x = f_y$ 且对所有 $e \in \omega(e_x)$ 有

$$(e\theta)\alpha_{G'}(\phi(x)) = f_{e\theta^*\phi(x)} = f_{\phi(e^*x)} = (f_{e^*x})\theta$$
$$= (e\alpha_G(x))\theta = (e\alpha_G(y))\theta = (e\theta)\alpha_{G'}(\phi(y)).$$

由于 $\theta$ 是满射, 我们有 $(\omega(e_x))\theta = \omega(e_x\theta)$, 从而 $\alpha_{G'}(\phi(x)) = \alpha_{G'}(\phi(y))$. 显然 $T(\phi) : T(G) \longrightarrow T(G')$ 是保序函子. 又, 我们有下述交换图 (图 2.8).

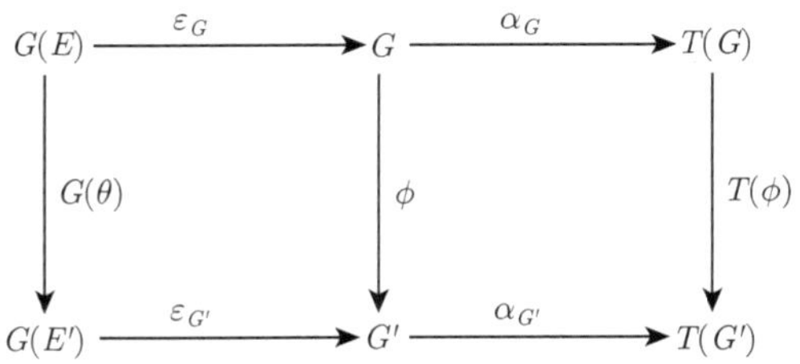


图 2.8

它说明 $\varepsilon_G\alpha_G$, $\varepsilon_{G'}\alpha_{G'}$ 分别是 $T(G)$, $T(G')$ 的赋值, 从而 $T(\phi)$ 也是归纳函子.

若 $\phi : G \longrightarrow G'$, $\phi' : G' \longrightarrow G''$ 都是 $\mathbb{IG}$ 中的 $v$-满射, 则对 $x \in G$, 我们有

$$T(\phi\phi')(\alpha_G(x)) = \alpha_{G''}(\phi\phi'(x)) = \alpha_{G''}(\phi'(\phi(x))) = T(\phi')(\alpha_{G'}(\phi(x)))$$
$$= T(\phi')(T(\phi)(\alpha_G(x))) = T(\phi)T(\phi')(\alpha_G(x)).$$

如此, $T(\phi\phi') = T(\phi)T(\phi')$.

最后, 设 $\phi$ 为 $v$-同构. 若

$$\alpha_G(x), \alpha_G(y) \in T(G) \quad \text{且} \quad T(\phi)(\alpha_G(x)) = T(\phi)(\alpha_G(y)),$$

则 $\alpha_{G'}(\phi(x)) = \alpha_{G'}(\phi(y))$. 这样, $e_{\phi(x)} = e_{\phi(y)}, f_{\phi(x)} = f_{\phi(y)}$. 若 $v(\phi) = \theta$, 则 $e_{\phi(x)} = e_x\theta$. 这样 $e_x\theta = e_y\theta$, $f_x\theta = f_y\theta$. 因 $\theta$ 单, 我们有 $e_x = e_y$ 且 $f_x = f_y$. 考

虑 $e \in \omega(e_x)$, 则

$$T(\phi)(\alpha_G(e^*x)) = \alpha_{G'}(\phi(e^*x)) = (e\theta)^*(\alpha_{G'}(\phi(x))) = (e\theta)^*(\alpha_{G'}(\phi(y)))$$
$$= \alpha_{G'}(\phi(e^*y)) = T(\phi)(\alpha_G(e^*y)).$$

故和前面证明一样, 有 $e\alpha_G(x) = f_{e^*x} = f_{e^*y} = e\alpha_G(y)$, 从而 $\alpha_G(x) = \alpha_G(y)$. 故 $T(\phi)$ 忠实. □

### 习题 2.3

1. 设 $G$ 是关于 $(E, \varepsilon_G)$ 的归纳群胚. 证明: $E$ 的双序结构可以诱导 $vG$ 为与 $E$ 同构的一个双序集.

2. 叙述公理 (IG1) 的对偶, 并证明命题 2.3.2 的三个结论.

3. 说明: 任一群胚都可适当定义一偏序使其成为一序群胚, 但存在序群胚找不到赋值使其成为一归纳群胚.

4. 设 $(E, \leqslant)$ 为半格双序集. 证明: 作为序群胚, $(G(E), \leqslant)$ 同构于 $(E, \leqslant)$. 且任一有半格偏序集为顶点集的序群胚可以恒等为赋值成为归纳群胚. $\left(\text{提示: 半格只有形为} \begin{pmatrix} e & e \\ e & e \end{pmatrix} \text{的奇异 } E\text{-方块.}\right)$

5. 证明: 例 1.1.6 给出的双序集 $(E^0, \omega^r, \omega^\ell)$ 的序群胚 $G(E^0)$ 关于单位函子 $1_{G(E^0)}$ 是归纳群胚; 另一方面, 由 $(E^0, \omega)$ 是半格, $G(E^0)$ 作为逆半群的归纳群胚的赋值与 $1_{G(E^0)}$ 不同. (参看 [49], 第 55 页.)

6. 证明: (2.12) 式定义的 $T$ 不是函子 (提示: 当 $\phi: G \longrightarrow G'$ 不是 $v$-满射时, (2.12) 式不能保证 $T(\phi)$ 有确定的值). 但若记 $\mathbb{IG}'$ 是 $\mathbb{IG}$ 中这样的子范畴: 其态射全为 $\mathbb{IG}$ 的 $v$-满射, 则 $T$ 是 $\mathbb{IG}'$ 到自身的函子. 特别地, 若记函子 $v: \mathbb{IG} \longrightarrow \mathbb{RB}$ 在某确定的双序集 $E$ 上的"逆纤维"为 $\mathbb{IG}_E$(即 $\mathbb{IG}$ 的这样的子范畴: 其对象是以 $E$ 为顶点集的归纳群胚, 态射是有顶点映射 $1_E$ 的那些态射), 则 $T_E = T \mid \mathbb{IG}_E$ 是 $\mathbb{IG}_E$ 到 $T^*(E)$ 的归纳子群胚的前序 (在包含之下) 的函子.

7. $G(E)$ 是否是归纳群胚? 若是, 其赋值是什么?

## 2.4　正则半群 $S$ 的归纳群胚 $G(S)$

我们在本节对任一正则半群 $S$ 构作一个归纳群胚 $G(S)$, 并由此得到一个从正则半群范畴 $\mathbb{RS}$ 到归纳群胚范畴 $\mathbb{IG}$ 的共变函子 $G$.

设 $S$ 为正则半群. 令

$$G(S) = \{(x, x') \mid x \in S, x' \in V(x)\}, \tag{2.13}$$

其中 $V(x)$ 是 $x$ 的所有逆元之集. 在 $G(S)$ 中定义部分运算如下: $\forall (x,x'),(y,y') \in G(S)$,

$$(x,x')(y,y') = \begin{cases} (xy, y'x'), & 若\ x'x = yy', \\ 无定义, & 否则. \end{cases} \tag{2.14}$$

易验证, 若 $x'x = yy'$, 则有 $y'x' \in V(xy)$, 故若积 $(x,x')(y,y')$ 存在, 则它在 $G(S)$ 中. 又, 若 $(u,u')$ 是 $(x,x')$ 的左单位元, 则 $ux = x, x'u' = x'$ 且 $u'u = xx'$. 由此得出 $u = uxx' = xx' = xx'u' = u'$. 故 $(xx', xx')$ 是 $(x,x')$ 的唯一左单位元. 类似可得 $(x'x, x'x)$ 是 $(x,x')$ 的唯一右单位元. 这说明, 如果我们视

$$E(S) = \{xx' : x \in S,\, x' \in V(x)\}$$

为 $G(S)$ 的顶点集, 则 $(x,x')$ 就是 hom-集 $G(S)(xx', x'x)$ 中的态射, 即

$$e_{(x,x')} = xx', \quad f_{(x,x')} = x'x \quad 且 \quad (x,x')^{-1} = (x',x).$$

在部分运算 (2.14) 之下 $G(S)$ 是一个群胚.

进而, 我们在 $G(S)$ 上定义二元关系 $\leqslant$ 为: $\forall (x,x'),(y,y') \in G(S)$,

$$(x,x') \leqslant (y,y') \Leftrightarrow xx' \,\omega\, yy' \ 且\ x = (xx')y,\ x' = y'(xx'). \tag{2.15}$$

该关系显然是自反和反对称的. 为证 $\leqslant$ 传递, 设 $(x,x') \leqslant (y,y') \leqslant (z,z')$, 则 $xx' \,\omega yy' \,\omega\, zz'$. 故 $x = (xx')y = (xx')(yy')z = (xx')z$, 且 $x' = y'(xx') = z'(yy')(xx') = z'(xx')$. 因而 $(x,x') \leqslant (z,z')$. 从而 $\leqslant$ 是 $G(S)$ 上一偏序. 若 $(x,x') \leqslant (y,y')$, 我们有

$$x'x = y'(xx')(xx')y = y'(xx')y\omega y'y,$$

$$x = (xx')y = (yy')(xx')y = y(y'(xx')y) = y(x'x),$$

对偶地有 $x' = (x'x)y'$. 故 $(x,x')^{-1} = (x',x) \leqslant (y',y) = (y,y')^{-1}$, 于是 $G(S)$ 满足公理 (OG2). 对任意 $e \in \omega(xx')$, 若我们置

$$e^*(x,x') = (ex, x'e), \quad e \in \omega(xx'), \tag{2.16}$$

则易验证 $e^*(x,x')$ 是满足 "以 $e$ 为 domain" 且小于 $(x,x')$ 的唯一态射, 即

$$e^*(x,x') = e \downharpoonleft (x,x').$$

故公理 (OG3) 也成立. 对偶地, 对 $f \in \omega(x'x)$ 有

$$(x,x') \downharpoonright f = (x,x')^* f = (xf,\, fx'). \tag{2.16$^*$}$$

若 $(u,u') \leqslant (x,x')$, $(v,v') \leqslant (y,y')$ 且乘积 $(x,x')(y,y')$ 和 $(u,u')(v,v')$ 在 $G(S)$ 中存在, 则由 $x'x=yy', u'u=vv'$ 得

$$(uv)(v'u') = uu'\omega xx' = (xy)(y'x'),$$

$$(uv)(v'u')xy = (uu')xy = uy = u(vv')y = uv.$$

类似地, $(y'x')(uv)(v'u') = v'u'$. 故 $(u,u')(v,v') = (uv, v'u') \leqslant (xy, y'x') = (x,x')(y,y')$. 从而公理 (OG1) 也成立. 如此, $G(S)$ 是序群胚.

下面我们来构作赋值 $\varepsilon_S = \varepsilon_{G(S)}$. 注意, $vG(S) = E(S)$ 是 (正则) 双序集. 令 $c = c(e_0, e_1, \cdots, e_{n-1}, e_n) \in G(E(S))$, 定义

$$\varepsilon_S(c) = (e_0e_1\cdots e_{n-1}e_n,\ e_ne_{n-1}\cdots e_1e_0). \tag{2.17}$$

因 $E$ 链 $s(e_0,e_1,\cdots,e_{n-1},e_n)$ 由具有 $\mathscr{R}\cup\mathscr{L}$-关系的相邻幂等元组成, 对每个 $i=1,\cdots,n$ 有 $e_ie_{i-1}e_i = e_i$, $e_{i-1}e_ie_{i-1} = e_{i-1}$, 易验

$$e_ne_{n-1}\cdots e_1e_0 \in V(e_0e_1\cdots e_{n-1}e_n),$$

故 $\varepsilon_S$ 是从 $G(E(S))$ 到 $G(S)$ 的映射; 由 $G(E(S))$ 中部分合成的定义, 可知 $\varepsilon_S$ 保持单位态射和态射合成, 故是从 $G(E(S))$ 到 $G(S)$ 的群胚函子. 设 $h \in \omega(e_0)$ 而 $h^*c = c(h, h_1, \cdots, h_n)$, 则 $h_{i-1}$ 在 $\omega^r(e_i)\cup\omega^\ell(e_i)$ 中, 相应地, $h_i = h_{i-1}e_i$ 或 $e_ih_{i-1}$. 在任一情形我们均有 $h_i = e_ih_{i-1}e_i$, 从而 $h_i = e_ie_{i-1}\cdots e_1e_0he_0e_1\cdots e_{i-1}e_i$, $i=1,\cdots,n$. 由此有

$$hh_1\cdots h_n = h(e_1e_0he_0e_1)\cdots(e_ne_{n-1}\cdots e_0he_0\cdots e_{n-1}e_n) = he_0e_1\cdots e_{n-1}e_n$$

且

$$h_nh_{n-1}\cdots h_1h = e_ne_{n-1}\cdots e_1e_0h.$$

故由 (2.16) 式得

$$\varepsilon_S(h^*c) = (he_0e_1\cdots e_{n-1}e_n,\ e_ne_{n-1}\cdots e_1e_0h) = h^*\varepsilon_S(c).$$

从而 $\varepsilon_S$ 是保序函子. 因为 $\varepsilon_S$ 在 $G(E(S))$ 的恒等态射集上的限制是到 $G(S)$ 的单位态射集上的双射, 故若令 $v(\varepsilon_S) = 1_{E(S)}$, 我们得到 $\varepsilon_G$ 是从 $G(E(S))$ 到 $G(S)$ 内的一个 $v$-同构.

为证 $\varepsilon_S$ 是归纳函子, 我们需证它满足公理 (IG1) 及其对偶以及公理 (IG2). 为此, 设 $(x,x')\in G(S), e_1, e_2 \in \omega(xx')$ 且 $e_1\,\omega^r\,e_2$. 我们有 $e_i^*(x,x') = (e_ix, x'e_i)$,

其值域 (codomain) 是 $f_i = x'e_ix, i = 1,2$. 易知 $f_2f_1 = x'e_2xx'e_1x = x'e_2e_1x = x'e_1x = f_1$, 即 $f_1\,\omega^r\,f_2$. 进而, 我们还有

$$\begin{aligned}\varepsilon_S(e_1,\,e_1e_2)(e_1e_2x,\,x'e_1e_2) &= (e_1e_2,\,e_1)(e_1e_2x,\,x'e_1e_2) = (e_1e_2x,\,x'e_1),\\ (e_1x,\,x'e_1)\varepsilon_S(f_1,\,f_1f_2) &= (e_1xf_1f_2, f_1x'e_1) = (e_1(xx')e_1(xx')e_2x, x'e_1xx'e_1)\\ &= (e_1e_2x, x'e_1).\end{aligned}$$

这证明了 $(G(S), E(S), \varepsilon_S)$ 满足公理 (IG1). 显然, 其对偶 (IG1)* 也可类似地证明.

以下证明公理 (IG2) 也成立. 为此, 设 $\begin{pmatrix} g_1 & g_1e \\ g_2 & g_2e \end{pmatrix}$ 是一个列奇异 $E$-方块, 我们有

$$\varepsilon_S(g_1, g_2)\varepsilon_S(g_2, g_2e) = (g_1, g_2)(g_2e, g_2) = (g_1e, g_2)$$

和

$$\varepsilon_S(g_1, g_1e)\varepsilon_S(g_1e, g_2e) = (g_1e, g_1)(g_1e, g_2e) = (g_1e, g_2).$$

这样 $\begin{pmatrix} g_1 & g_1e \\ g_2 & g_2e \end{pmatrix}$ 是 $\varepsilon_S$-交换的. 对偶可证, $E(S)$ 的每个行奇异 $E$-方块也 $\varepsilon_S$ 交换. 由于每个退化 $E$-方块显然 $\varepsilon_S$-交换, 故公理 (IG2) 成立.

至此, 我们已在对象上定义了函子 $G : \mathbb{RS} \longrightarrow \mathbb{IG}$. 若 $\phi : S \longrightarrow S'$ 是正则半群的同态, 我们定义 $G(\phi)$ 为

$$v(G(\phi)) = E(\phi), \quad G(\phi)(x, x') = (x\phi, x'\phi). \tag{2.18}$$

易按部就班地验证 $G(\phi)$ 是从 $G(S)$ 到 $G(S')$ 的保序函子. 若

$$c = c(e_0, e_1, \cdots, e_{n-1}, e_n) \in G(E(S)),$$

则

$$\begin{aligned}G(\phi)(\varepsilon_S(c)) &= ((e_0e_1\cdots e_{n-1}e_n)\phi,\,(e_ne_{n-1}\cdots e_1e_0)\phi)\\ &= (e_0\phi e_1\phi\cdots e_{n-1}\phi e_n\phi,\,e_n\phi e_{n-1}\phi\cdots e_1\phi e_0\phi).\end{aligned}$$

因为 $G(E(\phi))(c) = c(e_0\phi, e_1\phi, \cdots, e_{n-1}\phi, e_n\phi)$, 我们有

$$\varepsilon_{S'}(G(E(\phi))(c)) = (e_0\phi e_1\phi\cdots e_{n-1}\phi e_n\phi,\,e_n\phi e_{n-1}\phi\cdots e_1\phi e_0\phi).$$

这就得到

$$G(\phi)(\varepsilon_S(c)) = \varepsilon_{S'}(G(E(\phi))(c)).$$

即图 2.6 交换. 故 $G(\phi)$ 为归纳函子. 进而, 若 $\phi$ 和 $\phi'$ 是可合成的正则半群同态, 从 (2.18) 式显然可得 $G(\phi\phi') = G(\phi)G(\phi')$. 于是, 我们得到下述定理:

**定理 2.4.1**　(1) 对任一正则半群 $S$, 存在一归纳群胚 $G(S)$: 其顶点集为双序集 $E(S)$, 态射有形 $(x, x'), x \in S, x' \in V(x)$; 态射的部分运算、偏序及 $G(E(S))$ 到 $G(S)$ 的赋值 $\varepsilon_S$ 分别由式 (2.14), (2.15) 和 (2.17) 确定.

(2) 若 $\phi : S \longrightarrow S'$ 是正则半群同态, 则 (2.18) 式定义的 $G(\phi)$ 是从 $G(S)$ 到 $G(S')$ 的归纳函子, 满足: $v(G(\phi)) = E(\phi)$.

(3) (1) 和 (2) 分别在对象和态射上定义了共变函子 $G : \mathbb{RS} \longrightarrow \mathbb{IG} : S \longmapsto G(S)$, $\phi : S \longrightarrow S'$, $G(\phi) : G(S) \longrightarrow G(S')$, $(x, x') \longmapsto (x\phi, x'\phi)$.

### 习题 2.4

1. 证明: $G(S)$ 上偏序 $\leqslant$ 的定义 (2.15) 等价于其对偶:

$$(x, x') \leqslant (y, y') \Leftrightarrow x'x\,\omega\,y'y \text{ 且 } x = y(x'x),\ x' = (x'x)y'. \tag{2.15$^*$}$$

2. 设 $S$ 为群、完全 [0-] 单半群或逆半群. 求相应的归纳群胚 $G(S)$.

3. 证明函子 $G : \mathbb{RS} \longrightarrow \mathbb{IG}$ 为共变函子.

4. 说明函子 $G : \mathbb{RS} \longrightarrow \mathbb{IG}$ 和 $E : \mathbb{RS} \longrightarrow \mathbb{RB}$ 及 $v : \mathbb{IG} \longrightarrow \mathbb{RB}$ 三者之间的关系.

## 2.5　正则半群的结构

在本节中 $G$ 始终是一个给定的归纳群胚. 我们将对 $G$ 构作一个正则半群 $S(G)$, 证明该构作过程恰是前一节从正则半群 $S$ 构作归纳群胚 $G(S)$ 的伴随逆. 为简化记号, 我们始终用 $E$ 表示 $G$ 的顶点双序集; 用 $\varepsilon$ 表示从 $G(E)$ 到 $G$ 的赋值; 用 $\alpha$ 表示由式 (2.11) 定义的从 $G$ 到 $T^*(E)$ 的态射 $\alpha_G$. 在本节每个结论中, 我们不再重复这些条件.

**引理 2.5.1**　设 $x \in G, h \in \omega^r(e_x)$, $k \in \omega^\ell(f_x)$. 若 $f_{h^*x} = f_x k$, 则 $(h^*x)^*k = h^*(x^*k)$, 其中 $h^*x$ 和 $x^*k$ 定义如 (2.8) 和 (2.8)$^*$.

**证明**　由等式 (2.8) 和 (2.11) 我们有

$$f_{h^*x} = f_{(he_x)^*x} = (he_x)\alpha(x) = f_x k$$

和

$$e_{x^*k} = e_{x^*f_xk} = f_{f_xk^*x^{-1}} = (f_xk)\alpha(x^{-1}) = he_x,$$

故 $f_{h^*x}\,\mathscr{L}\,k$ 而 $e_{x^*k}\,\mathscr{R}\,h$. 因而 $(h^*x)^*k$ 和 $h^*(x^*k)$ 有定义. 进而, 由 $(2.8)^*$, 我们有

$$
\begin{aligned}
(h^*x)^*k &= ((h^*x)^*(f_{h^*x}k))\varepsilon(f_{h^*x}k,k) = (h^*x)\varepsilon(f_xk,k)\\
&= \varepsilon(h,he_x)((he_x)^*x)\varepsilon(f_xk,k);
\end{aligned}
$$

且对偶地有 $h^*(x^*k) = \varepsilon(h,he_x)(x^*(f_xk))\varepsilon(f_xk,k)$. 因为 $(he_x)^*x \leqslant x, x^*(f_xk) \leqslant x$ 而两者的定义域都是 $he_x$, 由公理 (OG3) 得 $(he_x)^*x = x^*(f_xk)$. 如此得到

$$
(h^*x)^*k = h^*(x^*k). \qquad \square
$$

当 $h$ 和 $k$ 满足引理 2.5.1 的条件时, 我们用 $h^*x^*k$ 记态射 $h^*(x^*k) = (h^*x)^*k$.

**引理 2.5.2** 设 $x \in G$, $g,h \in E$. 若 $g\,\omega^r\,h\,\omega^r\,e_x$ 且 $ge_x\,\omega\,he_x$, 则

$$
g^*(h^*x) = g^*x.
$$

**证明** 由等式 (2.8) 和命题 2.1.6 之 (2), 我们有

$$
g^*(h^*x) = \varepsilon(g,gh)((gh)^*\varepsilon(h,he_x))(k^*x),
$$

其中 $k = f_{(gh)^*\varepsilon(h,he_x)}$; 因为 $\varepsilon$ 保序, 我们有

$$
(gh)^*\varepsilon(h,he_x) = \varepsilon((gh)^*(h,he_x)) = \varepsilon(gh,(gh)(he_x)),
$$

从而 $k = (gh)(he_x) = g(he_x) = (ge_x)(he_x) = ge_x$. 因为 $g\,\mathscr{R}\,gh\,\mathscr{R}\,ge_x$, 得

$$
g^*(h^*x) = \varepsilon(g,gh)\varepsilon(gh,ge_x)((ge_x)^*x) = \varepsilon(g,ge_x)(ge_x^*x) = g^*x.
$$

这就完成了证明. $\square$

**引理 2.5.3** 设 $x,y \in G$, $h \in S(f_x,e_y)$. 定义

$$
(x\circ y)_h = (x^*h)(h^*y). \tag{2.19}
$$

若 $g \in M(f_x,h), k \in \omega^r(e_{x^*h})$ 满足 $f_{k^*x} = f_xg$, 则 $k^*(x\circ y)_h = (k^*x^*g)(g^*y)$.

**证明** 记 $h_1 = e_{x^*h}$. 因 $e_{x^*h} = e_{(x\circ y)_h}$, 由式 (2.8) 和命题 2.1.6, 有

$$
k^*(x\circ y)_h = \varepsilon(k,kh_1)(kh_1^*(x^*h))(g_1^*(h^*y)),
$$

其中, 由式 (2.11), $g_1 = f_{(kh_1)^*(x^*h)} = kh_1\alpha(x^*h)$. 由命题 2.3.3 及等式 (2.8), 有

$$
g_1 = (kh_1)\alpha(x)\tau(f_xh,h) = ((ke_x)\alpha(x))(h_1\alpha(x))\tau(f_xh,h).
$$

现在, 由式 (2.11),

$$(ke_x)\alpha(x) = f_{(ke_x)^*x} = f_{k^*x} = f_xg, \quad h_1\alpha(x) = f_{h_1^*x} = f_{x^*(f_xh)} = f_xh.$$

故 $(ke_x)\alpha(x)(h_1\alpha(x)) = (f_xg)(f_xh) = f_x(gh)$. 从而

$$g_1 = (f_x(gh))\tau(f_xh, h) = h(f_x(gh)) = gh.$$

因为 $(kh_1)^*(x^*h)$ 和 $(x^*h)^*g_1$ 有同样的右单位元, 据命题 2.1.5 有

$$(kh_1)^*(x^*h) = (x^*h)^*g_1.$$

又有

$$g_1\,\omega\,h\,\omega^\ell\,f_x, \quad g_1\,\omega\,h\,\omega^r\,e_y.$$

由引理 2.5.2 及其对偶, 得

$$(x^*h)^*g_1 = x^*g_1, \quad g_1^*(h^*y) = g_1^*y.$$

因而 $k^*(x\circ y)_h = \varepsilon(k, kh_1)(x^*g_1)(g_1^*y)$. 因为 $f_{(kh_1)^*x} = (kh_1)\alpha(x), f_{(ke_x)^*x} = f_{k^*x} = f_xg$, 我们有 $(kh_1)^*x = x^*(f_xg_1)$, $(ke_x)^*x = x^*(f_xg)$. 因 $kh_1, ke_x \in \omega(e_x)$ 且 $kh_1\,\mathscr{R}\,ke_x$, 由公理 (IG1) 我们得到

$$\begin{aligned}\varepsilon(k, kh_1)(x^*g_1) &= \varepsilon(k, ke_x)\varepsilon(ke_x, kh_1)(x^*(f_xg_1))\varepsilon(f_xg_1, g_1)\\ &= \varepsilon(k, ke_x)(x^*(f_xg))\varepsilon(f_xg, f_xg_1)\varepsilon(f_xg_1, g_1).\end{aligned}$$

因为 $E$-方块 $\begin{pmatrix} g & g_1 \\ f_xg & f_xg_1 \end{pmatrix}$ 是行奇异的, 由公理 (IG2) 有

$$\varepsilon(f_xg, f_xg_1)\varepsilon(f_xg_1, g_1) = \varepsilon(f_xg, g)\varepsilon(g, g_1);$$

由引理 2.5.2 又有 $\varepsilon(g, g_1)(g_1^*y) = g^*(g_1^*y)$. 结合这些结果得

$$\begin{aligned}k^*(x\circ y)_h &= \varepsilon(k, ke_x)(x^*(f_xg))\varepsilon(f_xg, f_xg_1)\varepsilon(f_xg_1, g_1)(g_1^*y)\\ &= \varepsilon(k, ke_x)(x^*(f_xg))\varepsilon(f_xg, g)\varepsilon(g, g_1)(g_1^*y)\\ &= \varepsilon(k, ke_x)(x^*g)(g^*y)\\ &= (k^*x^*g)(g^*y).\end{aligned}$$

这就完成了证明. □

**引理 2.5.4** 设 $x, y, z \in G$, $h_1 \in S(f_x, e_y)$, $h_2 \in S(f_y, e_z)$. 记 $h_1' = f_{h_1^* y}$, $h_2' = e_{y^* h_2}$. 则存在 $h \in S(f_x, h_2')$ 和 $h' \in S(h_1', e_z)$, 使得

$$((x \circ y)_{h_1} \circ z)_{h'} = (x \circ (y \circ z)_{h_2})_h.$$

**证明** 因 $h_1' = f_{h_1^* y} = f_{(h_1 e_y)^* y}$, 我们有 $h_1' = (h_1 e_y)\alpha(y)$. 又

$$h_2' = e_{y^* h_2} = e_{y^*(f_y h_2)} = f_{(f_y h_2)^* y^{-1}} = (f_y h_2)\alpha(y^{-1}).$$

故由命题 1.5.10, 存在 $h \in S(h_1, h_2') \subseteq S(f_x, h_2')$ 和 $h' \in S(h_1', h_2) \subseteq S(h_1', e_z)$ 使得 $(he_y)\alpha(y) = f_y h'$, 即 $f_{h^* y} = f_y h'$. 因 $h' \in M(f_y, h_2)$, 由引理 2.5.3, 有 $h^*(y \circ z)_{h_2} = (h^* y^* h')(h'^* z)$. 故

$$(x \circ (y \circ z)_{h_2})_h = (x^* h)(h^* y^* h')(h'^* z).$$

因 $h_1, h_1', h$ 及 $h'$ 满足对偶的条件, 由引理 2.5.3 之对偶可得

$$((x \circ y)_{h_1} \circ z)_{h'} = (x^* h)(h^* y^* h')(h'^* z).$$

比较以上二等式, 立得我们所需的结论. □

在 $G$ 上定义关系 $p = p(G)$ 为: $\forall x, y \in G$,

$$(x, y) \in p \Leftrightarrow e_x \mathscr{R} e_y,\ f_x \mathscr{L} f_y \text{ 且 } x\varepsilon(f_x, f_y) = \varepsilon(e_x, e_y)y. \tag{2.20}$$

注意: 在条件 $e_x \mathscr{R} e_y$, $f_x \mathscr{L} f_y$ 之下, (2.20) 中最后一式等价于

$$x^* f_y = e_x^* y. \tag{2.21}$$

关系 $p$ 显然是自反的; 由引理 2.5.2, 我们有 $x^* f_y^* f_x = x$ 和 $e_y^* e_x^* y = y$. 故知 (2.21) 式等价于 $e_y^* x = y^* f_x$, 从而 $p$ 是对称的; 若 $x\,p\,y$, $y\,p\,z$, 则再由引理 2.5.2, 有

$$x^* f_z = (x^* f_y)^* f_z = (e_x^* y)^* f_z, \quad e_x^* z = e_x^*(y^* f_z),$$

从而有 $x\,p\,z$. 故 $p$ 是 $G$ 上等价关系. 特别地, 若 $x\,p\,y$ 且 $e_x = e_y$, $f_x = f_y$, 那么 $x = y$. 故我们有下述引理, 其证略.

**引理 2.5.5** 由 (2.20) 式定义的关系 $p$ 是 $G$ 上等价关系, 满足

$$x, y \in G(e, f),\ x\,p\,y \Rightarrow x = y.$$

特别地, $G$ 中任二不同的单位元无 $p$ 关系.

**引理 2.5.6** 设 $x, y \in G$ 且 $x\,p\,y$, 则对所有 $h \in \omega^r(e_x)$ 和 $k \in \omega^\ell(f_x)$, 有

$$(h^*x)\,p\,(h^*y), \quad (x^*k)\,p\,(y^*k).$$

**证明** 由 (2.8) 式有 $h^*x = \varepsilon(h, he_x)((he_x)^*x)$. 令 $h_1 = f_{(he_x)^*x}$. 由命题 2.1.6 得

$$(he_x)^*(x\varepsilon(f_x, f_y)) = ((he_x)^*x)(h_1^*\varepsilon(f_x, f_y)) = ((he_x)^*x)\varepsilon(h_1, f_yh_1);$$

$$(he_x)^*(\varepsilon(e_x, e_y)y) = \varepsilon(he_x, he_y)(he_y^*y).$$

因 $x\varepsilon(f_x, f_y) = \varepsilon(e_x, e_y)y$, 我们有

$$\begin{aligned}&(h^*x)\varepsilon(h_1, f_yh_1)\\ =\ &\varepsilon(h, he_x)((he_x)^*x)\varepsilon(h_1, f_yh_1)\\ =\ &\varepsilon(h, he_x)\varepsilon(he_x, he_y)((he_y)^*y)\\ =\ &\varepsilon(h, he_y)((he_x)^*y) = h^*y.\end{aligned}$$

因为 $h_1 \mathscr{L} f_yh_1$, 我们有 $(h^*x)\,p\,(h^*y)$. 若 $k \in \omega^\ell(f_x)$, 由对偶原理有 $(x^*k)\,p\,(y^*k)$. □

**引理 2.5.7** 设 $x\,p\,x'$, $y\,p\,y'$, $h \in S(f_x, e_y)$, 则 $(x \circ y)_h\,p\,(x' \circ y')_h$.

**证明** 所给条件蕴含 $f_x \mathcal{L} f_{x'}$, $e_y \mathcal{R} e_{y'}$. 由命题 1.5.1, 有 $S(f_x, e_y) = S(f_{x'}, e_{y'})$. 从而 $(x' \circ y')_h$ 有定义. 由引理 2.5.6, $x^*h\,p\,x'^*h$ 且因为这些元素的值域相同, 据关系 $p$ 的定义, 有 $x'^*h = \varepsilon(h_1', h_1)(x^*h)$, 其中 $h_1', h_1$ 分别为 $x'^*h$ 和 $x^*h$ 的定义域. 对偶地, $h^*y' = (h^*y)\varepsilon(h_2, h_2')$, 其中 $h_2, h_2'$ 分别为 $h^*y$ 和 $h^*y'$ 的值域. 故

$$\begin{aligned}(x' \circ y')_h &= (x'^*h)(h^*y') = \varepsilon(h_1', h_1)(x^*h)(h^*y)\varepsilon(h_2, h_2')\\ &= \varepsilon(h_1', h_1)(x \circ y)_h\varepsilon(h_2, h_2').\end{aligned}$$

由于 $h_1' \mathscr{R} h_1$ 且 $h_2' \mathscr{L} h_2$, 这就证明了 $(x \circ y)_h\,p\,(x' \circ y')_h$. □

**引理 2.5.8** 设 $x, y \in G$ 且 $h, h' \in S(f_x, e_y)$, 则 $(x \circ y)_h\,p\,(x \circ y)_{h'}$.

**证明** 设 $(x \circ y)_h \in G(h_1, h_2)$ 而 $(x \circ y)_{h'} \in G(h_1'.h_2')$. 由式 (2.1) 和 (2.19), 我们有

$$h_1 = (f_xh)\alpha(x^{-1}), \quad h_2 = (he_y)\alpha(y) \quad 且 \quad h_1' = (f_xh')\alpha(x^{-1}), h_2' = (h'e_y)\alpha(y).$$

首先设 $h\mathcal{R}h'$, 则 $he_y = h'e_y$, 故 $h_2 = h_2'$. 进而

$$h'^*y = \varepsilon(h', h'e_y)((h'e_y)^*y) = \varepsilon(h', h)\varepsilon(h, he_y)((he_y)^*y) = \varepsilon(h', h)(h^*y).$$

由于 $f_x h \mathscr{R} f_x h'$, 我们有 $h_1 \mathscr{R} h_1'$ 且由公理 (IG1) 得

$$\varepsilon(h_1', h_1)(h_1^* x) = (h_1'^* x)\varepsilon(f_x h', f_x h).$$

现在, $h_1^* x = x^*(f_x h)$, $h_1'^* x = x^*(f_x h')$, 故

$$\begin{aligned} x^* h' &= (x^*(f_x h'))\varepsilon(f_x h', h') = (h_1'^* x)\varepsilon(f_x h', h') \\ &= \varepsilon(h_1', h_1)(h_1^* x)\varepsilon(f_x h, f_x h')\varepsilon(f_x h', h') \\ &= \varepsilon(h_1', h_1)(x^*(f_x h))\varepsilon(f_x h, f_x h')\varepsilon(f_x h', h'). \end{aligned}$$

由于 $\begin{pmatrix} h & h'e \\ f_x h & f_x h' \end{pmatrix}$ 是行奇异 $E$-方块, 由公理 (IG2) 及上述等式我们有

$$x^* h' = \varepsilon(h_1', h_1)(x^* h)\varepsilon(h, h').$$

因而

$$\begin{aligned} (x \circ y)_{h'} &= (x^* h')(h'^* y) = \varepsilon(h_1', h_1)(x^* h)\varepsilon(h, h')\varepsilon(h', h)(h^* y) \\ &= \varepsilon(h_1', h_1)(x^* h)(h^* y) = \varepsilon(h_1', h_1)(x \circ y)_h. \end{aligned}$$

这证明了 $(x \circ y)_{h'}\, p\, (x \circ y)_h$.

对偶地可证, 当 $h \mathscr{L} h'$ 时也有 $(x \circ y)_{h'}\, p\, (x \circ y)_h$.

现在, 对任意 $h, h' \in S(f_x, e_y)$, 由定理 1.5.8, 存在 $h_1 \in S(f_x, e_y)$, 使

$$h \mathscr{R} h_1 \mathscr{L} h'.$$

因而也有所需结论成立. □

**引理 2.5.9** 设 $S = S(G) = G/p$. 在 $S$ 上定义

$$\bar{x}\bar{y} = \overline{(x \circ y)_h}, \quad \forall \bar{x}, \bar{y} \in G/p, \tag{2.22}$$

其中, $\bar{x}$ 等表 $x \in G$ 所在的 $p$ 类, 而 $h \in S(f_x, e_y)$. 那么 (2.22) 式定义了 $S$ 上一个二元运算. 该运算使 $S$ 成为一个正则半群, 满足 $\chi: e \mapsto \bar{e}$ 是从 $E = vG$ 到 $E(S)$ 上的双序同构.

**证明** 若 $x, y, x', y' \in G$ 有 $x\, p\, x'$, $y\, p\, y'$, 且 $h, h' \in S(f_x, e_y) = S(f_{x'}, e_{y'})$. 由引理 2.5.7 和定理 2.5.8, 有

$$(x \circ y)_h\, p\, (x' \circ y')_h\, p\, (x' \circ y')_{h'}.$$

这证明了 (2.22) 式的确定义了 $S$ 上一个二元运算; 进而, 对 $x,y,z\in G$, 令

$$h_1\in S(f_x,e_y),\quad h_2\in S(f_y,e_z).$$

由引理 2.5.4, 存在 $h\in S(f_x,e_{(y\circ z)_{h_2}})$ 和 $h'\in S(f_{(x\circ y)_{h_1}},e_z)$, 满足

$$((x\circ y)_{h_1}\circ z)_{h'}=(x\circ(y\circ z)_{h_2})_{h'}.$$

由定义式 (2.22) 得

$$(\bar{x}\bar{y})\bar{z}=\overline{((x\circ y)_{h_1}\circ z)_{h'}}=\overline{(x\circ(y\circ z)_{h_2})_h}=\bar{x}(\bar{y}\bar{z}).$$

故 $S$ 是半群. 进而, 若积 $xy$ 在 $G$ 中有定义, 由于 $f_x=e_y$, 从而 $S(f_x,e_y)=\{f_x\}$, 易知 $(x\circ y)_{f_x}=xy$. 故此时有 $\bar{x}\bar{y}=\overline{xy}$. 特别地, 令 $y=x^{-1}$, 我们有

$$\bar{x}\overline{x^{-1}}\bar{x}=\overline{xx^{-1}x}=\bar{x},\quad \overline{x^{-1}}\bar{x}\overline{x^{-1}}=\overline{x^{-1}xx^{-1}}=\overline{x^{-1}}.$$

因而 $S$ 是正则半群.

显然, 对 $G$ 的顶点集 $E$ 中的每个元 $e$(或 $1_e\in G$), $p$-类 $\bar{e}\in E(S(G))$. 因而 $\chi$ 确是从 $E=vG$ 到 $E(S)$ 的映射. 由引理 2.5.5 知, $G$ 的任两个不同的单位元无 $p$ 关系, 故 $\chi$ 是单射; 进而, 若有 $x\in G$ 使 $\bar{x}\in E(S)$, 则 $x\,p\,(x\circ x)_h$, $h\in S(f_x,e_x)$. 于是 $e_x\mathscr{R}\,e_{(x\circ x)_h}=e_{x*h}=(f_xh)\alpha(x^{-1})$. 因而 $e_x\alpha(x)=f_x\mathscr{R}\,f_xh$; 因为 $f_xh\,\omega\,f_x$, 我们有 $f_xh=f_x$, 故 $f_x\mathscr{L}\,h$. 对偶地有 $e_x\mathscr{R}\,h$. 现在, $\bar{x}\in R_{\bar{e}_x}\cap L_{\bar{f}_x}=H_{\bar{h}}$. 由于都是 $S$ 的幂等元, 得 $\bar{x}=\bar{h}$. 这证明了 $\chi$ 是满射, 从而是双射.

为证 $\chi$ 是双序同构, 设 $h\,\omega^r\,e$. 我们有 $(h\circ e)_h=h^*e=\varepsilon(h,he)$. 按式 (2.19) 有

$$\varepsilon(h,he)\,p\,he,\quad \varepsilon(he,h)\,p\,h,$$

于是我们有

$$\bar{h}\bar{e}=\overline{\varepsilon(h,he)}=\overline{he},\quad \bar{e}\bar{h}=\overline{\varepsilon(he,h)}=\bar{h}.$$

对偶地, 对 $k\in\omega^\ell(e)$, 也有 $\bar{e}\bar{k}=\overline{ek}$, $\bar{k}\bar{e}=\bar{k}$. 进而, 对 $h\in S(e,f)$ 有

$$\bar{e}\bar{f}=\overline{(1_e^*h)(h^*1_f)}=(\bar{e}\bar{h})(\bar{h}\bar{f})=\bar{e}\bar{h}\bar{f}.$$

根据这些等式和定理 1.1.2 与定理 1.1.5 得知 $\chi$ 是正则双序态射. 再由推论 1.6.3, $\chi$ 是双序同构. 这就完成了证明. □

**引理 2.5.10** 设 $S=S(G)$ 是引理 2.5.9 中构作的正则半群. 对 $x\in G$, 定义

$$\nu_G(x)=(\bar{x},\overline{x^{-1}}),\tag{2.23}$$

则 $\nu_G$ 是 $G$ 到 $S$ 的归纳群胚 $G(S)$ 上的同构.

**证明** 式 (2.23) 定义的 $\nu_G$(为简便起见, 记为 $\nu$) 显然是有意义的. 若 $xy$ 在 $G$ 中存在, 则 $\overline{xy} = \bar{x}\bar{y}, \overline{(xy)^{-1}} = \overline{y^{-1}}\,\overline{x^{-1}}$ 且 $\overline{x^{-1}}\,\bar{x} = \overline{f_x} = \overline{e_y} = \bar{y}\,\overline{y^{-1}}$. 故由式 (2.14) 有

$$\nu(x)\nu(y) = (\bar{x}, \overline{x^{-1}})(\bar{y}, \overline{y^{-1}}) = (\overline{xy}, \overline{(xy)^{-1}}) = \nu(xy).$$

如此, $\nu$ 是群胚映射.

设 $h\,\omega^r\,e_x$. 由命题 1.5.1, $h \in S(h, e_x)$, $he_x \in S(e_x, h)$, 故由式 (2.19) 有

$$\begin{aligned}(h \circ x)_h &= h^*x,\\ (x^{-1} \circ h)_{he_x} &= (x^{-1*}(he_x))\varepsilon(he_x, h)\\ &= [\varepsilon(h, he_x)((he_x)^*x)]^{-1}\\ &= (h^*x)^{-1}.\end{aligned}$$

因此由式 (2.22) 有 $\bar{h}\bar{x} = \overline{h^*x}, \overline{x^{-1}}\bar{h} = \overline{(h^*x)^{-1}}$. 因而对所有 $h \in \omega^r(e_x)$, 我们有

$$\nu(h^*x) = (\bar{h}\bar{x}, \overline{x^{-1}}\bar{h}). \tag{2.24}$$

对偶地, 对所有 $k \in \omega^\ell(f_x)$ 有

$$\nu(x^*k) = (\bar{x}\bar{k}, \bar{k}\,\overline{x^{-1}}). \tag{2.24$^*$}$$

由于我们已有 $\chi : e \mapsto \bar{e}$ 是 $E$ 到 $E(S)$ 上的同构, 等式 (2.24) 和 (2.24)$^*$ 说明 $\nu$ 是保序的.

为证 $\nu$ 是 $\mathbb{IG}$ 中的态射, 需证图 2.6 对 $\nu$ 交换. 由于 $\nu, G(\chi)$ 保持乘积, 且 $G$ 和 $G(S)$ 的赋值 $\varepsilon, \varepsilon'$ 也保持乘积, 我们只需考虑形为 $c(e, f)$ 的链, 其中 $(e, f) \in \mathscr{R} \cup \mathscr{L}$. 设 $e\,\mathscr{R}\,f$, 由式 (2.17), (2.18) 和 (2.23) 我们有

$$\begin{aligned}\nu(\varepsilon(e, f)) &= (\overline{\varepsilon(e, f)}, \overline{\varepsilon(f, e)}) = (\bar{f}, \bar{e})\\ &= (\bar{e}\bar{f},\ \bar{f}\bar{e}) = \varepsilon'(\bar{e}, \bar{f}) = \varepsilon'(G(\chi)(e, f)).\end{aligned}$$

对偶地, 对 $e\,\mathscr{L}\,f$ 我们也有 $\nu(\varepsilon(e, f)) = \varepsilon'(G(\chi)(e, f))$.

最后, 我们证明 $\nu$ 是双射. 设 $\nu(x) = \nu(y)$, 则 $x\,p\,y$, $x^{-1}\,p\,y^{-1}$. 从而 $e_x\,\mathscr{R}\,e_y$ 且

$$e_x = f_{x^{-1}}\,\mathscr{L}\,f_{y^{-1}} = e_y,$$

故 $e_x = e_y$. 对偶地, $f_x = f_y$. 由引理 2.5.5, 得 $x = y$. 这证明了 $\nu$ 单. 为证 $\nu$ 满, 令 $(u, u') \in G(S)$ 并选择 $x \in G$ 使 $\bar{x} = u$. 则存在 $e, f \in E$ 使 $\bar{e} = uu'$, $\bar{f} = u'u$. 因

$\chi$ 为同构, $e\mathscr{R}e_x$, $f\mathscr{L}f_x$. 故 $x'=\varepsilon(e,e_x)x\varepsilon(f_x,f)\,p\,x$ 且 $\overline{x'}\,\overline{x'^{-1}}=\bar{e}$, $\overline{x'^{-1}}\,\overline{x'}=\bar{f}$. 故 $\overline{x'^{-1}}=u'$, 从而 $(u,u')=(\overline{x'},\overline{x'^{-1}})=\nu(x')$. 因而 $\nu$ 是双射. 据命题 2.3.3(3), 它是同构. □

**引理 2.5.11** 设 $S$ 是正则半群. 对任意 $x\in S$, 定义

$$x\eta_S=\overline{(x,x')},\quad x'\in V(x), \tag{2.25}$$

则 $\eta_S$ 是从 $S$ 到 $(GS)(S)=S(G(S))$ 上的同构, 其中 $G(S)$ 是正则半群 $S$ 的归纳群胚.

**证明** 对任意 $x\in S$, $x',x''\in V(x)$, 记 $e'=xx',e''=xx'',f'=x'x,f''=x''x$, 我们有 $e'\mathscr{R}e''$, $f'\mathscr{L}f''$ 且 $f''x'=x''e'$. 又由式 (2.14),(2.17), 有

$$\varepsilon(e',e'')(x,x'')=(x,x''e'),\quad (x,x')\varepsilon(f',f'')=(x,f''x'),$$

故 $(x,x')\,p\,(x,x'')$ 在 $G(S)$ 中成立. 这说明 $\eta_S$ 是一映射.

令 $(x,x')\,p\,(y,y')$, 则 $xx'\mathscr{R}yy'$, $x'x\mathscr{L}y'y$, 故 $x\mathscr{H}y$. 这蕴含存在 $y$ 的一个逆元 $y_1'\in H_{x'}$, 因而由上面已得结果有 $(x,x')\,p\,(y,y')\,p\,(y,y_1')$. 由此, 据引理 2.5.5 得 $(x,x')=(y,y_1')$, 因而 $x=y$. 这证明了 $\eta_S$ 单. $\eta_S$ 显然是满的, 故它为双射.

设 $x,y\in S$, $x'\in V(x),y'\in V(y)$. 对 $h\in S(x'x,yy')$, 我们有

$$\begin{aligned}(x\eta_S)(y\eta_S)&=\overline{(x,x')(y,y')}=\overline{(x,x')\circ(y,y')_h}\\&=\overline{((x,x')^*h)(h^*(y,y'))}=\overline{(xh,hx')(hy,y'h)}\\&=\overline{(xhy,y'hx')}=(xy)\eta_S,\end{aligned}$$

其中最后一个等式成立是由于由定理 1.1.5: 对 $h\in S(x'x,yy')$ 和 $x'\in V(x),y'\in V(y)$, 我们有 $xhy=xy,y'hx'\in V(xy)$. 这就完成了证明. □

总结以上所有结论, 我们得到关于正则半群与归纳群胚相互关系的下述定理. 它可以视为用归纳群胚对任意正则半群结构的一个刻画, 自然也可以视为用正则半群对归纳群胚结构的一个刻画. 其证明已含于上述各引理之证明中.

**定理 2.5.12** 设 $G=(G,\varepsilon)$ 为归纳群胚, $p$ 是由式 (2.20)(亦即 (2.21)) 定义的 $G$ 上等价关系. 则式 (2.22) 在 $S(G)=G/p$ 上定义了一个二元运算, 使 $S(G)$ 关于此运算为一正则半群; 进而, $G$ 同构于 $S(G)$ 的由 5 个式子 (2.13)—(2.17) 定义的归纳群胚 $G(S(G))$, 使得 $S(G)$ 的幂等元双序集 $E(S(G))$ 双序同构于 $G$ 的顶点 (正则) 双序集 $vG$.

反之, 对任一正则半群 $S$, 式 (2.13)—(2.17) 定义了一个归纳群胚 $G(S)$, 使得由它按式 (2.22) 所得正则半群 $S(G(S))$ 与 $S$ 同构: $S(G(S))\cong S$.

定理 2.5.12 定义了从归纳群胚 (和归纳函子) 范畴 $\mathbb{IG}$ 到正则半群 (和半群同态) 范畴 $\mathbb{RS}$ 的一个对象映射 $S : G \mapsto S(G)$. 我们将在下一节定义与之联系的态射映射 $\phi \mapsto S(\phi)$, 从而得到这两个范畴之间的等价.

### 习题 2.5

1. 证明: 引理 2.5.2 中的条件 $ge_x\,\omega\,he_x$ 等价于条件 $ge_x\,\omega^\ell\,he_x$.
2. 证明: 若 $h\,\omega^r\,e_x, k\,\omega^\ell\,f_x$, 则 $e_{x*k} = (f_xk)\alpha(x^{-1})$, $f_{h*x} = (he_x)\alpha(x)$.
3. 证明: 若 $e\,\mathscr{R}\,f$, 则 $\overline{\varepsilon(e,f)} = \bar{f}$; 对偶地, 若 $e\,\mathscr{L}\,f$, 则 $\overline{\varepsilon(e,f)} = \bar{e}$.
4. 设 $S$ 为正则半群, $e, f \in E(S)$, 则

$$\varepsilon_S(e,f) = \begin{cases} (f,e), & \text{若 } x\,\mathscr{R}\,f, \\ (e,f), & \text{若 } x\,\mathscr{L}\,f. \end{cases}$$

5. 设 $S$ 为正则半群, $x \in S, x' \in V(x)$. 若 $h, k \in E(S)$ 满足 $h\,\omega^r\,xx'$, $k\,\omega^\ell\,x'x$, 则在 $G(S)$ 中有 $h^*(x,x') = (hx, x'h), (x,x')^*k = (xk, kx')$. 特别地, 对任意 $e \in \omega(xx')$ 有 $e\alpha_{G(S)}(x,x') = x'ex$.
6. 设 $E$ 为正则双序集, $c \in G(E)$. 证明: 对任意 $e \in \omega(e_c)$, 有 $e\tau_E(c) = f_{e*c}$.

## 2.6　正则半群范畴与归纳群胚范畴的等价

我们将在本节证明正则半群范畴 $\mathbb{RS}$ 与归纳群胚范畴 $\mathbb{IG}$ 是等价的范畴. 我们所用到的关于范畴的等价、伴随等价及左、右伴随等概念都是标准的, 请参看 9.1 节或文献 [37].

我们首先来完成函子 $S : \mathbb{IG} \longrightarrow \mathbb{RS}$ 的构作.

**定理 2.6.1**　设 $\phi : G \longrightarrow G'$ 是范畴 $\mathbb{IG}$ 中的态射 (归纳函子). 对 $x \in G$, 定义

$$\bar{x}S(\phi) = \overline{\phi(x)}.$$

则 $S(\phi)$ 是从正则半群 $S(G)$ 到正则半群 $S(G')$ 的半群同态, 满足: $S(\phi)$ 单 (满) 当且仅当 $\phi$ 单 (满).

进而, 若 $\phi_1 : G \longrightarrow G_1$ 和 $\phi_2 : G_1 \longrightarrow G_2$ 都是归纳函子, 则有 $S(\phi_1\phi_2) = S(\phi_1)S(\phi_2)$.

**证明**　我们首先证明 $S(\phi)$ 是映射, 即, 若 $x\,p\,y$ 在 $G$ 中成立, 则 $\phi(x)\,p\,\phi(y)$ 在 $G'$ 中成立. 事实上, 由式 (2.20), 我们有 $\phi(\varepsilon(e_x, e_y))\phi(y) = \phi(x)\phi(\varepsilon(f_x, f_y))$. 因为 $\phi$ 是归纳函子, 在 $G'$ 中我们有

$$\varepsilon'(e_x\theta, e_y\theta)\phi(y) = \phi(x)\varepsilon'(f_x\theta, f_y\theta),$$

其中 $\theta = \upsilon(\phi)$. 由于

$$e_x\theta = e_{\phi(x)}, \quad e_y\theta = e_{\phi(y)}, \quad f_x\theta = f_{\phi(x)}, \quad f_y\theta = f_{\phi(y)},$$

上式表明 $\phi(x)\,p\,\phi(y)$ 确在 $G'$ 中成立.

设 $x, y \in G$ 且 $h \in S(f_x, e_y)$. 因 $\theta$ 正则, 有 $h\theta \in S(f_x\theta, e_y\theta)$ 且由命题 2.3.3 知

$$\begin{aligned}\phi((x \circ y)_h) &= \phi(x^*h)\phi(h^*y) = (\phi(x)^*h\theta)(h\theta^*\phi(y))\\ &= (\phi(x) \circ \phi(y))_{h\theta}.\end{aligned}$$

故由式 (2.22) 得

$$\begin{aligned}(\bar{x}\bar{y})S(\phi) &= \overline{\phi((x \circ y)_h)} = \overline{(\phi(x) \circ \phi(y))_{h\theta}}\\ &= \overline{\phi(x)}\ \overline{\phi(y)} = (\bar{x}S(\phi))(\bar{y}S(\phi)).\end{aligned}$$

这就证明了 $S(\phi)$ 是同态.

注意到 $S(\phi)$ 的定义直接蕴含了以图 2.9 的交换性.

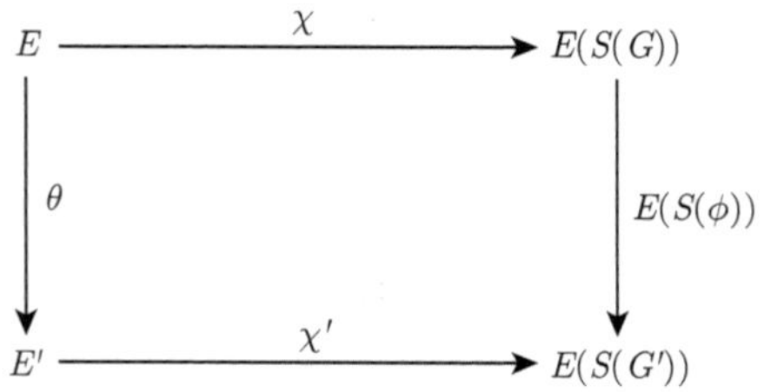


图 2.9

其中 $\chi$ 和 $\chi'$ 分别表示 $E$ 和 $E'$ 到 $S(G)$ 和 $S(G')$ 中的标准嵌入, 因为它们是同构, $\theta$ 单 (满) 当且仅当 $E(S(\phi))$ 有此性质.

假设 $\phi$ 单. 若 $\bar{x}S(\phi) = \bar{y}S(\phi)$, 则 $\phi(x)\,p\,\phi(y)$, 从而 $e_x\theta \mathscr{R} e_y\theta$, $f_x\theta \mathscr{L} f_y\theta$. 因据推论 1.6.3, $\theta$ 是单射, 它是到 $E\theta$ 上的同构. 故 $e_x \mathscr{R} e_y$, $f_x \mathscr{L} f_y$. 若

$$y' = \varepsilon(e_x, e_y)y\varepsilon(f_y, f_x),$$

则 $y'\,p\,y$, 从而 $\phi(x)\,p\,\phi(y)\,p\,\phi(y')$. 因 $e_{\phi(x)} = e_{\phi(y')}$ 且 $f_{\phi(x)} = f_{\phi(y')}$, 我们有 $\phi(x) = \phi(y')$. 由于 $\phi$ 单, 我们得到 $x = y'$. 故 $x\,p\,y$, 从而 $\bar{x} = \bar{y}$.

反过来, 假设 $S(\phi)$ 单而 $\phi(x) = \phi(y)$. 由于 $E(S(\phi))$ 是单射, 图 2.9 之交换性蕴含 $\theta$ 是单射, 故 $e_{\phi(x)} = e_x\theta = e_{\phi(y)} = e_y\theta$ 且由此得 $e_x = e_y$. 类似地, $f_x = f_y$. 再由 $\bar{x} = \bar{y}$, 据引理 2.5.5 得 $x = y$. 故 $\phi$ 单.

若 $\phi$ 满, 显然 $S(\phi)$ 亦满. 故设 $S(\phi)$ 满. 由命题 2.3.3, $\operatorname{im}\phi = G_1$ 是 $G'$ 的归纳子群胚. 因为 $E(S(\phi))$ 满, 故 $\theta$ 满. 从而 $\operatorname{im}\varepsilon' \subseteq G_1$. 若 $x' \in G'$, 由 $S(\phi)$ 满, 存在 $x \in G$ 使 $\bar{x}S(\phi) = \overline{x'}$, 故 $x' \, p \, \phi(x)$. 因而

$$x' = \varepsilon'(e_{x'},\ e_{\phi(x)})\phi(x)\varepsilon'(f_{\phi(x)}, f_{x'}).$$

由于该式右端各元都在 $G_1$ 中, 故 $x' \in G_1$.

最后, 设 $\phi_1 : G \longrightarrow G_1, \phi_2 : G_1 \longrightarrow G_2$ 均为 $\mathbb{IG}$ 中的态射 (即归纳函子). 此时, 对任意 $x \in G$ 有

$$\begin{aligned}\bar{x}S(\phi_1\phi_2) &= \overline{(\phi_1\phi_2)(x)} = \overline{\phi_2(\phi_1(x))} \\ &= \overline{\phi_1(x)}S(\phi_2) = \bar{x}S(\phi_1)S(\phi_2).\end{aligned}$$

这证明了 $S(\phi_1\phi_2) = S(\phi_1)S(\phi_2)$. □

至此, 我们已完成了函子 $S : \mathbb{IG} \longrightarrow \mathbb{RS}$ 的构作. 我们来证明: $S$ 与定理 2.4.1 描述的函子 $G : \mathbb{RS} \longrightarrow \mathbb{IG}$ 恰组成了这两个范畴的一对伴随等价, 即该二范畴是等价的范畴.

考虑 $\mathbb{IG}$ 中的态射 (归纳函子)$\phi : G_1 \longrightarrow G_2$. 对 $x \in G_1$, 由式 (2.23) 我们有

$$\begin{aligned}(SG)(\phi)(\nu_{G_1}(x)) &= G(S(\phi)(\bar{x}, \overline{x^{-1}})) = (\bar{x}S(\phi), \overline{x^{-1}}S(\phi)) \\ &= (\overline{\phi(x)}, \overline{\phi(x)^{-1}}) = \nu_{G_2}(\phi(x)).\end{aligned}$$

此即图 2.10 交换:

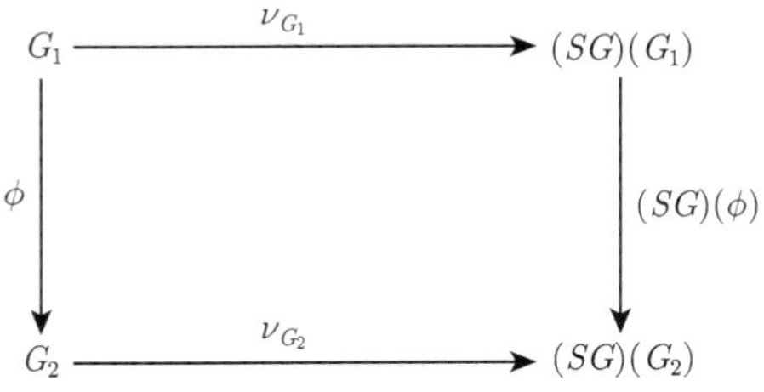


图 2.10

这蕴含 $\nu = \{\nu_G \ : \ G \in v\mathbb{IG}\}$ 是 $\mathbb{IG}$ 到自身的恒等函子到合成函子 $SG$ 的自然同构. 类似地, 若 $\sigma : S_1 \longrightarrow S_2$ 为正则半群的同态, 利用式 (2.25) 我们也可证明图 2.11 的交换性.

因为对每个 $S \in v\mathbb{RS}$, $\eta_S$ 都是半群同构 (引理 2.5.11), 我们便证明了下述重要结论:

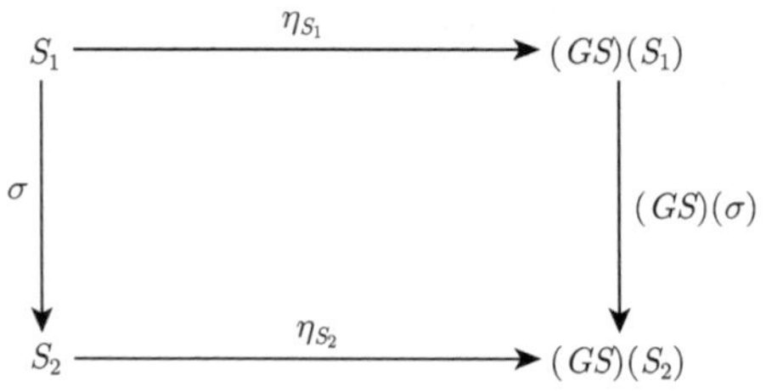


图 2.11

**定理 2.6.2** 设 $S$ 是 2.5 节中定义的从 $\mathbb{IG}$ 到 $\mathbb{RS}$ 的函子, $G$ 是 2.4 节中定义的从 $\mathbb{RS}$ 到 $\mathbb{IG}$ 的函子. 那么, 对任意 $G \in \mathbb{IG}$, 式 (2.23) 定义的同构 $\nu_G$ 恰是自然同构 $\nu : I_{\mathbb{IG}} \cong SG$ 在 $G$ 上的成分. 从而 $S$ 是 $G$ 的以 $\nu$ 为单位的左伴随; 对偶地, 对任意 $S \in \mathbb{RS}$, 式 (2.25) 定义的同构 $\eta_S$ 恰是自然同构 $\eta : I_{\mathbb{RS}} \cong GS$ 在 $S$ 上的成分. 从而 $S$ 还是 $G$ 的以 $\eta$ 为单位的右伴随, 而

$$\langle S, G; \nu, \eta^{-1}\rangle : \mathbb{IG} \longrightarrow \mathbb{RS}$$

是范畴 $\mathbb{IG}$ 和 $\mathbb{RS}$ 的伴随等价.

将定理 2.6.2 应用到正则双序集, 我们有一个重要推论:

**推论 2.6.3** 每个正则双序集都双序同构于某个正则半群的幂等元双序集.

**证明** 设 $E$ 是任一正则双序集. 由命题 2.3.4, $T^*(E)$ 是归纳群胚, 满足 $vT^*(E) = E$. 因而, 由定理 2.5.12, $S(T^*(E)) = T(E)$ 是正则半群, 且 $E(T(E)) \cong E$. □

此推论对阐述双序集理论和半群理论的相互关系具有深刻的意义: 定义双序集时, 我们从半群出发, 但针对的是满足某些条件的部分半群. 上述引理则说明: 在 (双序) 同构的意义下, "任意正则双序集都来自正则半群". 更有意义的是, 该结论已由 Easdown[13] 推广到任意双序集, 证明了 "任一双序集均来自半群", 说明双序集理论与半群理论本质上在同一框架之中. 我们将在第 4 章介绍这部分内容.

## 习题 2.6

1. 证明: 图 2.11 是 $\mathbb{RS}$ 中的交换图, 从而完成 $\eta : I_{\mathbb{RS}} \cong GS$ 是自然同构的证明.

以下习题来自 [77].

2. 设 $E$ 是正则双序集, $A = E/\mathscr{L}$, $B = E/\mathscr{R}$, $\mathscr{U} = \{(e, f) \in E \times E : \omega(e) \cong \omega(f)\}$. 对 $(e, f) \in \mathscr{U}$, 记 $W_{e,f} = \{\alpha : \omega(e) \overset{\alpha}{\cong} \omega(f)\}$, 这里的同构 "$\cong$" 指的是双序同构.

对任意 $e \in E$, 定义 $\rho_e \in \mathcal{T}(A) : \forall L_x \in A$, $L_x\rho_e = L_{he}$, $h \in S(x, e)$; 类似地, 定义 $\lambda_e \in \mathcal{T}^*(B) : \forall R_y \in B$, $\lambda_e R_y = R_{eh}$, $h \in S(e, y)$. 又, 对 $g \in E$, 记 $L_{\omega(g)} = \{L_x \in A : x \in \omega(g)\}$, $R_{\omega(g)} = \{R_x \in B : x \in \omega(g)\}$.

(i) 证明: 对 $e,f,g \in E$, 若 $g \in \omega(e), \alpha \in W_{e,f}$, 则 $\alpha|_{\omega(e)} \in W_{g,g\alpha}$.

(ii) 对 $\alpha \in W_{e,f}$, 定义 $\alpha_\ell \in \mathcal{J}(A)$, $\alpha_r \in \mathcal{J}(B)$ 为

$$\begin{array}{rccc} \alpha_\ell: & L_{\omega(e)} & \longrightarrow & L_{\omega(f)} \\ & L_x & \mapsto & L_{a\alpha}, \end{array} \qquad \begin{array}{rccc} \alpha_r: & R_{\omega(e)} & \longrightarrow & R_{\omega(f)} \\ & R_y & \mapsto & R_{y\alpha}. \end{array}$$

记 $W_E = \{(\rho_e\alpha_\ell,\ \alpha_r^{-1}\lambda_f) : \alpha \in W_{e,f}, (e,f) \in \mathscr{U}\}$, 则 $W_E$ 是 $\mathcal{T}(A) \times \mathcal{T}^*(B)$ 的子半群.

(iii) $W_E$ 是基础正则半群, 且 $E(W_E) \cong E$.

3. 设 $S$ 是正则半群, 有幂等元双序集 $E$. 对 $a \in S$ 定义 $\tau_{a',a} : e \mapsto a'ea, a' \in V(a), e \in \omega(aa')$. 证明: $\omega(aa') \overset{\tau_{a',a}}{\cong} \omega(aa')$ 且 $\tau_{a',a}^{-1} = \tau_{a,a'}$. 进而,

$$\varphi : a \mapsto (\rho_{aa'}(\tau_{a',a})_\ell,\ (\tau_{a',a})_r^{-1}\lambda_{a'a})$$

是从 $S$ 到 $W_E$ 的同态, $\operatorname{Ker}\varphi$ 是 $S$ 的最大幂等元分离同余.

4. 若 $E$ 是半格双序集, 则 $W_E \cong T_E$, $T_E$ 是半格 $E$ 的 Munn 半群[48]; 若 $E$ 是带, 则 $W_E$ 是 Hall 半群[29].

# 第 3 章　两类特殊正则半群的构造

利用第 2 章中关于任意正则半群的结构定理, 我们在本章给出两类重要的正则半群子类的具体构造: 第一类是基础正则半群, 第二类是幂等元生成正则半群. 这两类正则半群之所以重要, 首先是它们可以分别通过归纳群胚 $T^*(E)$ 和 $G(E)$ 单独由正则双序集 $E$ 构造出来. 其次通过对 $T^*(E)$ 和 $G(E)$ 结构更细致的研究, 我们可以对正则双序集之间的正则双序态射有更深入的了解. 这对于利用范畴理论对更广泛类型半群结构的研究有十分重要的提示作用.

本章内容亦来自 Nambooripad[49, 53] 的文献.

## 3.1　基础正则半群

正则半群 $S$ 称为*基础正则的* (fundamental regular), 若 $S$ 中只有恒等同余 $1_S$ 是幂等元分离的; 换言之, $S$ 中含于 Green $\mathscr{H}$-关系的同余只有 $1_S$. 该类半群可以只用正则双序集 $E$ 的 $\omega$-同构之归纳群胚 $T^*(E)$ 构造出来; 而且任意正则半群都可通过其幂等元双序集获得一个基础正则半群表示. 这两个性质恰是半格与逆半群相互关系的自然推广: 任一基础逆半群都可以只用半格构造出来 (Munn 半群及其全子半群), 且每个逆半群通过其幂等元半格和 Munn 半群得到一个基础逆半群表示 (参看 [48]).

我们先用自然同构 $\eta: I_{\mathbb{RS}} \dot{\longrightarrow} GS$ 讨论任意正则半群的幂等元分离同余. 设 $S$ 是正则半群, $\rho$ 是 $S$ 上一个幂等元分离同余. 我们用 $\rho^\natural$ 记从 $S$ 到商半群 $S/\rho$ 的自然同态. 由推论 1.6.5 知, $\rho^\natural|_{E(S)}$ 是双序集 $E(S)$ 到 $E(S/\rho)$ 的双序同构. 这就蕴含 $G(\rho^\natural): G(S) \longrightarrow G(S/\rho)$ 是 $v$-同构. 因而, 由命题 2.3.5(2) 有

$$\alpha\psi = G(\rho^\natural)\alpha', \tag{3.1}$$

其中, $\alpha: G(S) \longrightarrow T^*(E(S))$ 和 $\alpha': G(S/\rho) \longrightarrow T^*(E(S/\rho))$ 是由等式 (2.11) 定义的归纳函子, 而 $\psi = T(G(\rho^\natural))$ 是由 $G(\rho^\natural)$ 的顶点映射 (即 $\rho^\natural|_{E(S)}$) 诱导的从 $T^*(E(S))$ 到 $T^*(E(S/\rho))$ 的归纳函子 (参看命题 2.3.5 证明中的图 2.8). 注意此时恰有

$$T^*(E(S)) = \operatorname{im}\alpha, \quad T^*(E(S/\rho)) = \operatorname{im}\alpha',$$

由命题 2.3.5(2) 之证明, 知 $\psi$ 是归纳同构. 据定理 2.6.1, 我们有

$$S(\alpha)S(\psi) = S(G(\rho^\natural))S(\alpha').$$

因为 $\eta_S : S \longrightarrow S(G(S))$ 是半群同构, $S(G(\alpha_{G(S)})) : S(G(S)) \longrightarrow S(T^*(E(S)))$ 是半群同态, 我们有半群同态

$$\overline{\alpha_S} = \eta_S S(\alpha_{G(S)}) : S \longrightarrow S(T^*(E(S))). \tag{3.2}$$

(自然也有半群同态 $\overline{\alpha_{S/\rho}} = \eta_{S/\rho} S(\alpha_{G(S/\rho)}) : S/\rho \longrightarrow S(T^*(E(S/\rho)))$.) 利用式 (3.1) 和自然同构 $\eta : I_{\mathbb{RS}} \dot{\longrightarrow} GS$ 的自然性, 有 $\overline{\alpha_S} S(\psi) = \rho^\natural \overline{\alpha_{S/\rho}}$. 由于 $S(\psi)$ 是同构, 这就蕴含 $\operatorname{Ker} \overline{\alpha_S} \supseteq \operatorname{Ker} \rho^\natural = \rho$. 注意到 $v(\alpha_G) = 1_{vG}$, 可知 $\operatorname{Ker} \overline{\alpha_S}$ 也是幂等元分离同余, 于是我们得到

**命题 3.1.1** 设 $S$ 为正则半群, $\overline{\alpha_S} = \eta_S S(\alpha_{G(S)})$. 则 $S$ 上最大幂等元分离同余为 $\mu(S) = \operatorname{Ker} \overline{\alpha_S}$, 即

$$\mu(S) = \left\{ (x, y) \in S \times S \ : \ \frac{\exists\, x' \in V(x),\ y' \in V(y)}{\overline{\alpha_{G(S)}(x, x')} = \overline{\alpha_{G(S)}(y, y')}} \right\}, \tag{3.3}$$

或等价地,

$$\mu(S) = \left\{ (x, y) \in \mathscr{H} \ : \ \begin{array}{c} \exists\, x' \in V(x), y' \in V(y), \\ x' \mathscr{H} y', x'ex = y'ey, \forall e \in \omega(xx') \end{array} \right\}. \tag{3.3$'$}$$

**证明** 我们只需来验证式 (3.3) 和 (3.3)′ 成立. 由 $\overline{\alpha_S}$, $\eta_S$, $\alpha_{G(S)}$ 和 $S(\alpha_{G(S)})$ 的定义, 有

$$\begin{aligned}
&\operatorname{Ker} \overline{\alpha_S} \\
&= \{(x, y) \in S \times S \ : \ (x\eta_S,\ y\eta_S) \in \operatorname{Ker} S(\alpha_{G(S)})\} \\
&= \{(x, y) \in S \times S \ : \ \overline{(x, x')} S(\alpha_{G(S)}) = \overline{(y, y')} S(\alpha_{G(S)}), \exists x' \in V(x), y' \in V(y)\} \\
&= \{(x, y) \in S \times S \ : \ \overline{\alpha_{G(S)}(x, x')} = \overline{\alpha_{G(S)}(y, y')}, \exists x' \in V(x), y' \in V(y)\}.
\end{aligned}$$

此即式 (3.3). 再由 $G(S)$ 中等价关系 $p$ 及 $\alpha_{G(S)}(x, x')$, $\alpha_{G(S)}(y, y')$ 的定义, 即可得式 (3.3)′. □

**定理 3.1.2** 对任意正则双序集 $E$, $T(E) = S(T^*(E))$ 是基础正则半群, 且

$$E(T(E)) \cong E.$$

反之, 任一正则半群 $S$ 是基础正则半群的充要条件是 $S$ 同构于 $T(E(S))$ 的一个全正则子半群.

**证明**　从命题 2.3.4 和定理 2.5.12 知, $T(E)$ 是正则半群, 且 $E(T(E)) \cong E$. 由命题 2.3.5(1) 中第二个结论知, 归纳函子 $\alpha_{T^*(E)} : T^*(E) \longrightarrow T^*(E)$ 是恒等态射 $1_{T^*(E)}$. 由 $\eta_{T(E)}$ 是同构, 从命题 3.1.1 得

$$\mu(T(E)) = \mathrm{Ker}\,\overline{\alpha_{T(E)}} = \mathrm{Ker}\,(\eta_{T(E)}S(1_{T^*(E)})) = 1_{T(E)}.$$

这证明了 $T(E)$ 是基础正则半群.

反之, 若 $S$ 是基础正则半群, 则 $\mu(S)$ 是 $S$ 上恒等同余. 由式 (3.2), $\overline{\alpha_S}$ 是从 $S$ 到 $T(E(S))$ 的一个全正则子半群上的同构. 由于基础正则半群的任一全正则子半群仍基础, 故得定理之后一结论. □

显然, 命题 3.1.1 和定理 3.1.2 给出了以下正则半群的基础正则表示, 它是逆半群的基础逆半群表示 (Munn 定理) (参看 [31, 第 163 页, Theorem 5.4.4]) 向任意正则半群的推广.

**推论 3.1.3**　*对每个有幂等元双序集 $E(S) \cong E$ 的正则半群 $S$,*

$$\overline{\alpha_S} : S \longrightarrow T(E)$$

*是从 $S$ 到 $T(E)$ 的全正则子半群的同态, 其核恰是 $S$ 上极大幂等元分离同余.*

归纳群胚 $T^*(E)$ 的重要性还体现在它与正则双序态射有着密切的关系. 以下, 我们来研究这个关系.

**定义 3.1.4**　设 $E, E'$ 为正则双序集, $\theta : E \longrightarrow E'$ 是一满正则双序态射. 称 $\omega$-同构 $\alpha \in T^*(E)$ 和 $\theta$ 相容 (compatible with $\theta$), 若存在 $\alpha' \in T^*(E')$ 使图 3.1 交换, 即 $\forall e \in \omega(e_\alpha)$, $e\alpha\theta = e\theta\alpha'$:

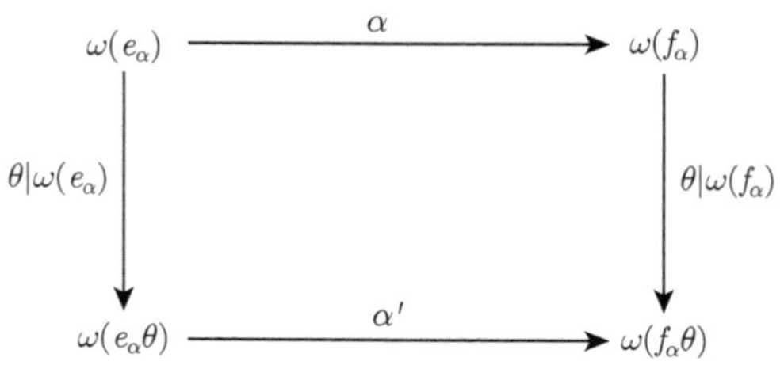


图 3.1

**命题 3.1.5**　*设 $E$, $E'$ 为正则双序集, $\theta : E \longrightarrow E'$ 是一满正则双序态射. 我们有*

*(1) 若 $\alpha \in T^*(E)$ 关于 $\theta$ 相容, 则使图 3.1 交换的 $\omega$-同构 $\alpha' \in T^*(E')$ 唯一.*

*(2) $T^*(E)$ 中与 $\theta$ 相容的所有 $\omega$-同构之集 $T_\theta$ 是 $T^*(E)$ 的一个全归纳子群胚.*

*(3) $\theta^* : T_\theta \longrightarrow T^*(E')$, $v(\theta^*) = \theta$; $\forall \alpha \in T_\theta$,*

$$\theta^*(\alpha) = \alpha' \in T^*(E'), \quad e\alpha\theta = e\theta\alpha', \quad \forall e \in \omega(e_\alpha).$$

则 $\theta^*$ 是从 $T_\theta$ 到 $T^*(E')$ 内的归纳函子.

(4) 若 $\phi: G \longrightarrow G'$ 是归纳函子, $vG = E$, $vG' = E'$ 而 $v(\phi) = \theta$, 则图 3.2 交换:

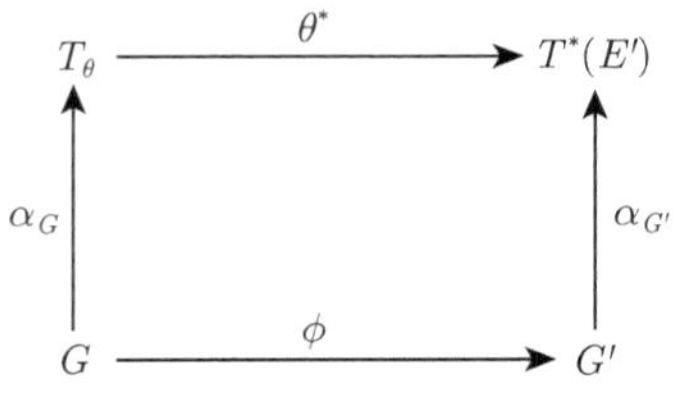


图 3.2

特别地, $T(G) = \operatorname{im}\alpha_G \subseteq T_\theta$ 且 $T(\phi) = \theta^* \,|\, T(G)$.

**证明** (1) 设 $\alpha \in T^*(E)$ 和 $\theta$ 相容且 $\alpha', \alpha'' \in T^*(E')$ 都使图 3.1 交换. 那么 $e_{\alpha'} = e_\alpha\theta = e_{\alpha''}$ 且 $f_{\alpha'} = f_\alpha\theta = f_{\alpha''}$. 又, 若 $e' \in \omega(e_\alpha\theta)$, 由 $\theta$ 满, 据命题 1.6.2, 存在 $e \in \omega(e_\alpha)$ 使 $e\theta = e'$. 故

$$e'\alpha' = (e\theta)\alpha' = (e\alpha)\theta = (e\theta)\alpha'' = e'\alpha'',$$

于是 $\alpha' = \alpha''$.

(2) 设 $\alpha, \beta \in T_\theta$ 而 $\alpha', \beta'$ 是 $T^*(E')$ 中使图 3.1 交换的 $\omega$-同构. 若 $\alpha\beta$ 在 $T^*(E)$ 中存在, 则 $f_{\alpha'} = f_\alpha\theta = e_\beta\theta = e_{\beta'}$, 从而 $\alpha'\beta'$ 在 $T^*(E')$ 中存在. 进而, 因图 3.1 关于 $\alpha, \beta$ 交换, 两个交换图结合在一起可知 $\alpha'\beta' \in T^*(E')$ 恰使 $\alpha\beta$ 和 $\theta$ 相容. 又, 若 $\alpha$ 和 $\theta$ 相容, 显然对任意 $e \in \omega(e_\alpha)$, $\alpha \,|\, \omega(e) = e \rfloor \alpha$ 也和 $\theta$ 相容. 故 $T_\theta$ 是 $T^*(E)$ 的序子群胚. 令 $c \in G(E)$ 而 $c' = G(\theta)(c)$. 则对任意 $e \in \omega(e_c)$ 有

$$e(\tau_E(c)\theta) = (e\tau_E(c))\theta = f_{e^*c}\theta = f_{e\theta^*c'} = (e\theta)\tau_{E'}(c') = e(\theta\tau_{E'}(c')).$$

即图 3.3 交换:

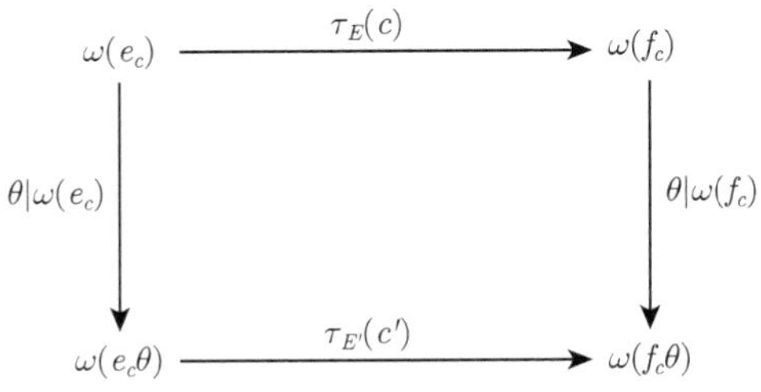


图 3.3

故 $\tau_E(c) \in T_\theta$. 这样我们得到 $\operatorname{im}\tau_E \subseteq T_\theta$. 据命题 2.3.2, $T_\theta$ 是 $T^*(E)$ 的全归纳子群胚.

(3) 由 (1), (2) 易得 (3) 中定义的 $\theta^*$ 是一个保序的群胚映射. 图 3.3 之交换性蕴含 $\theta^*(\tau_E(c)) = \tau_{E'}(G(\theta)(c))$ 对所有的 $c \in G(E)$ 成立. 这说明 $\theta^*$ 是归纳函子.

(4) 设 $x \in G$ 且 $e \in \omega(e_x)$, 则 $f_{e*x}\theta = f_{\phi(e*x)} = f_{e\theta*\phi(x)}$, 因而由等式 (2.11),

$$e\alpha_G(x)\theta = (e\theta)\alpha_{G'}(\phi(x)).$$

从而 $\alpha_G(x) \in T_\theta$ 且 $\theta^*(\alpha_G(x)) = \alpha_{G'}(\phi(x))$. 这证明了图 3.2 的交换性. 其余断言可从式 (2.12) 得. □

**命题 3.1.6** 设 $E, E'$ 是正则双序集, $\theta : E \longrightarrow E'$ 是满正则双序态射. 若 $G'$ 是满足 $vG' = E'$ 的归纳群胚, 则存在归纳群胚 $K = K(G', \theta)$ 及归纳函子 $\phi = \phi(G', \theta) : K \longrightarrow G'$ 满足 $vK = E$, 且使得图 3.4 为 $\mathbb{IG}$ 中的一个拉回图 (pull-back diagram):

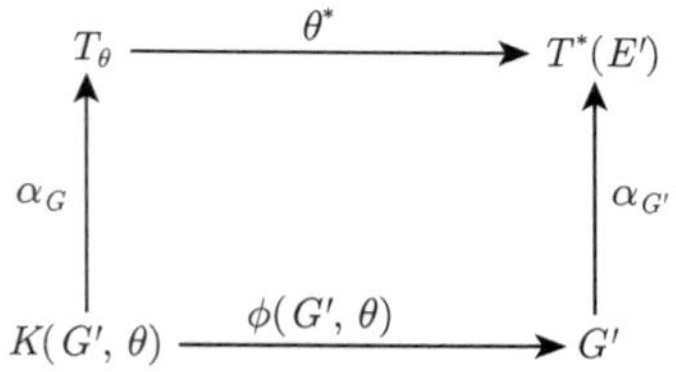


图 3.4

进而, $\phi(G', \theta)$ 满当且仅当 $\operatorname{im}\alpha_{G'} = T(G') \subseteq \operatorname{im}\theta^*$.

**证明** 令

$$K = K(G', \theta) = \{(\alpha, x) \in T_\theta \times G' \ : \ \theta^*(\alpha) = \alpha_{G'}(x)\}.$$

在 $K$ 中定义部分乘法为: $\forall (\alpha, x), (\beta, y) \in K$,

$$(\alpha, x)(\beta, y) = \begin{cases} (\alpha\beta, xy), & \text{若 } \alpha\beta \text{ 和 } xy \text{ 存在,} \\ \text{无定义,} & \text{否则.} \end{cases} \tag{3.4}$$

显然 $(e_\alpha, e_x)(\alpha, x) = (\alpha, x)$. 又 $e_x = e_{\alpha_{G'}}(x) = e_{\theta^*(\alpha)} = e_\alpha\theta$. 因而, 可视 $vK = E$ 使我们得到一个群胚 $K$: 其态射是二元对 $(\alpha, x) \in T_\theta \times G'$ 满足 $\theta^*(\alpha) = \alpha_{G'}(x)$, 态射合成定义如式 (3.4). 若我们在 $K$ 上定义偏序 $\leqslant$ 为

$$(\alpha, x) \leqslant (\beta, y) \Leftrightarrow \alpha \leqslant \beta \text{且} x \leqslant y, \tag{3.5}$$

则可逐条验证 $K$ 是序群胚, 此处略.

令 $c \in G(E)$. 由命题 2.3.5 可知, $\tau_{E'} = \varepsilon_{G'}\alpha_{G'}$. 因为 $\theta^*$ 是归纳的, 我们有

$$\theta^*(\tau_E(c)) = \tau_{E'}(G(\theta)(c)) = \alpha_{G'}(\varepsilon_{G'}(G(\theta)(c))).$$

故 $(\tau_E(c), \varepsilon_{G'}(G(\theta)(c))) \in K$. 因而若定义 $v(\varepsilon_K) = 1_E$ 且对 $c \in G(E)$ 定义

$$\varepsilon_K(c) = (\tau_E(c), \varepsilon_{G'}(G(\theta)(c))), \tag{3.6}$$

则 $\varepsilon_K$ 是 $G(E)$ 到 $K$ 中的保序函子. 我们说 $K$ 关于 $\varepsilon_K$ 是归纳的. 事实上, 考虑 $(\alpha, x) \in K$ 及 $e_1, e_2 \in \omega(e_{(\alpha,x)}) = \omega(e_\alpha)$. 若 $e_1 \,\omega^r\, e_2$, 则 $e_1\theta \,\omega^r\, e_2\theta$ 且 $e_1\theta, e_2\theta \in \omega(e_\alpha\theta)$. 故若 $f_i' = f_{e_i\theta^* x}, i = 1, 2$, 则

$$f_i' = (e_i\theta)\alpha_{G'}(x) = (e_i\theta)\theta^*(\alpha) = (e_i\alpha)\theta = f_i\theta,$$

其中 $f_i = e_i\alpha = f_{e_i^*\alpha}, i = 1, 2$. 又因为公理 (IG1) 在 $T_\theta$ 和 $G'$ 中都成立, 我们有

$$\tau_E(e_1, e_1e_2)(e_1e_2 \downharpoonleft \alpha) = (e_1 \downharpoonleft \alpha\tau_E(f_1, f_1f_2)),$$
$$\varepsilon_{G'}(e_1\theta, (e_1e_2)\theta)((e_1e_2)\theta^* x) = (e_1\theta^* x)\varepsilon_{G'}(f_1\theta, (f_1f_2)\theta).$$

故得

$$\begin{aligned}
\varepsilon_K(e_1, e_1e_2)(e_1e_2^*(\alpha, x)) &= (\tau_E(e_1, e_1e_2), \varepsilon_{G'}(e_1\theta, (e_1e_2)\theta))(e_1e_2 \downharpoonleft \alpha, (e_1e_2)\theta^* x) \\
&= (\tau_E(e_1, e_1e_2)(e_1e_2 \downharpoonleft \alpha), \varepsilon_{G'}(e_1\theta, (e_1e_2)\theta)((e_1e_2)\theta^* x)) \\
&= ((e_1 \downharpoonleft \alpha)\tau_E(f_1, f_1f_2), (e_1\theta^* x)\varepsilon_{G'}(f_1\theta, (f_1f_2)\theta)) \\
&= (e_1 \downharpoonleft \alpha, e_1\theta^* x)(\tau_E(f_1, f_1f_2), \varepsilon_{G'}(f_1\theta, (f_1f_2)\theta)) \\
&= (e_1^*(\alpha, x))\varepsilon_K(f_1, f_1f_2).
\end{aligned}$$

这证明了公理 (IG1) 在 $e_1 \,\omega^r\, e_2$ 时成立. 当 $e_1 \,\omega^\ell\, e_2$ 时可对偶地证明该结论亦成立.

若 $\begin{pmatrix} e & f \\ g & h \end{pmatrix}$ 是 $E$ 中的奇异 $E$-方块, 则 $\begin{pmatrix} e\theta & f\theta \\ g\theta & h\theta \end{pmatrix}$ 是 $E'$ 的奇异 $E$-方块. 故 $\begin{pmatrix} e & f \\ g & h \end{pmatrix}$ $\tau_E$-交换而 $\begin{pmatrix} e\theta & f\theta \\ g\theta & h\theta \end{pmatrix}$ $\varepsilon_{G'}$-交换. 由式 (3.6) 得 $\begin{pmatrix} e & f \\ g & h \end{pmatrix}$ $\varepsilon_K$-交换. 因而公理 (IG2) 也成立.

对 $(\alpha, x) \in K$, 定义

$$\phi(\alpha, x) = \phi(G', \theta)(\alpha, x) = x. \tag{3.7}$$

显然 $\phi$ 保持乘积和偏序. 故若令 $v(\phi) = \theta$, 我们得到从 $K$ 到 $G'$ 的一保序函子 $\phi = \phi(G', \theta)$. 若 $c \in G(E)$, 则

$$\phi(\varepsilon_K(c)) = \phi(\tau_E(c), \varepsilon_{G'}(G(\theta)(c))) = \varepsilon_{G'}(G(\theta)(c)).$$

故 $\phi$ 是归纳函子. 又, 对任意 $e \in \omega(e_\alpha)$,

$$e\alpha_K(\alpha, x) = f_{e^*(\alpha,x)} = f_{e^*\alpha} = e\alpha,$$

故 $\alpha_K(\alpha, x) = \alpha$.

为证图 3.4 是拉回的, 考虑 $\mathbb{IG}$ 中的交换图 (图 3.5):

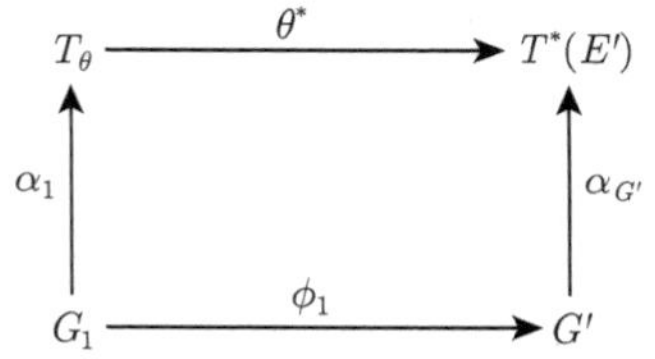


图 3.5

定义 $\overline{\phi}: G_1 \longrightarrow K$ 为

$$\begin{cases} \overline{\phi}(x) = (\alpha_1(x), \phi_1(x)), \\ v(\overline{\phi}) = v(\alpha_1) = \psi_1. \end{cases} \tag{3.8}$$

图 3.5 的交换性蕴含 $(\alpha_1(x), \phi_1(x)) \in K$. 因 $vK = E$, $v(\overline{\phi}) : vG_1 \longrightarrow vK$ 是正则双序态射, 且 $e_{\overline{\phi}(x)} = e_{\alpha_1(x)} = e_x\psi_1$. 如此, $\overline{\phi}$ 是一函子. 它显然保序. 由于 $v$ 是函子, 从图 3.5 我们有 $\psi_1\theta = \theta_1$, 其中 $\theta_1 = v(\phi_1)$. 由于 $G$ 也是函子, 我们有 $G(\psi_1)G(\theta) = G(\theta_1)$. 令 $c \in G(E_1)$, 其中 $E_1 = vG_1$, 则

$$\begin{aligned} \overline{\phi}(\varepsilon_{G_1}(c)) &= (\alpha_1(\varepsilon_{G_1}(c)), \phi_1(\varepsilon_{G_1}(c))) \\ &= (\tau_E(G(\psi_1)(c)), \varepsilon_{G'}(G(\theta_1)(c))) \\ &= (\tau_e(G(\psi_1)(c)), \varepsilon_{G'}(G(\theta)(G(\psi_1)(c)))) \\ &= \varepsilon_K(G(\psi_1)(c)). \end{aligned}$$

因而 $\overline{\phi}$ 也是归纳的. 从 $\overline{\phi}$ 的定义显然可知图 3.6 中的诸三角形都是交换的:

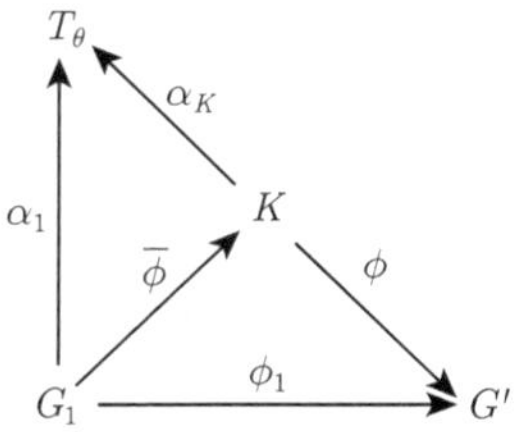


图 3.6

由于 $\overline{\phi}$ 显然是唯一的, 这就证明了图 3.4 是拉回图.

若 $T(G') \subseteq \operatorname{in}\theta^*$, 对每个 $x \in G'$, 存在至少一个 $\alpha \in T_\theta$, 使 $(\alpha, x) \in K$, 故此时 $\phi$ 是满的. 其逆是明显的. 这就完成了命题 3.1.6 的证明. □

**定义 3.1.7** 设 $G$ 是一归纳群胚, $\theta: vG = E \longrightarrow E'$ 是一满正则双序态射. 若 $\operatorname{im}\alpha_G = T(G) \subseteq T_\theta$, 则称 $\theta$ 在 $G$ 中正规 (normal in $G$). 当有某正则半群 $S$ 使 $G = G(S)$ 时, 也称 $\theta$ 在 $S$ 中正规. 称双序集 $E = vG$ (或 $E = E(S)$) 上的双序同余 $\rho$ 正规, 若标准双序态射 $\rho^\natural : E \longrightarrow E/\rho$ 正规.

对偶地, 满正则双序态射 $\theta: E_1 \longrightarrow E = vG$ 称为在 $G$ 中余正规 (conormal in $G$), 若 $T(G) \subseteq \operatorname{im}\theta^*$. 称 $\theta$ 在 $S$ 中余正规, 若 $\theta$ 在 $G(S)$ 中余正规.

**定义 3.1.8** 设 $S$ 为正则半群. 所谓 $S$ 的一个余扩张 (coextension of $S$), 指的是这样的对子 $(T, \phi)$, 其中 $T$ 是正则半群, $\phi: T \longrightarrow S$ 是满同态; 当 $\phi$ 为幂等元分离时, 称 $(T, \phi)$ 是 $S$ 的 $\mathscr{H}$-余扩张. $S$ 的余扩张 $(T, \phi)$ 也称为双序态射 $\theta = E(\phi)$ 用 $S$ 的扩张 (the extension of the bimorphism $\theta = E(\phi)$ by $S$).

**定理 3.1.9** 设 $S$ 为正则半群. 若 $(T, \phi)$ 是 $S$ 的余扩张, 则 $E(\phi)$ 在 $S$ 中余正规. 反之, 若 $\theta: E \longrightarrow E(S)$ 是在 $S$ 中余正规的一正则双序态射. 则存在 $\theta$ 用 $S$ 的扩张 $(T(S,\theta), \phi(S,\theta))$ 使得 $\theta$ 用 $S$ 的任一扩张都是 $T(S,\theta)$ 的全正则子半群的一个 $\mathscr{H}$-余扩张.

**证明** 由命题 3.1.5 和命题 3.1.6 易知, $(T, \phi)$ 是 $S$ 的余扩张时, $\theta = E(\phi)$ 在 $S$ 中余正规; 反之, 若 $\theta$ 在 $S$ 中余正规, 记 $T(S,\theta) = S(K(G(S),\theta))$, $\phi(S,\theta) = S(\phi(G(S),\theta))$, 则 $(T(S,\theta), \phi(S,\theta))$ 是 $\theta$ 用 $S$ 的扩张, 且 $\theta$ 用 $S$ 的任一扩张 $(T, \phi)$ 都是 $T(S,\theta)$ 的一全子半群的 $\mathscr{H}$-余扩张. □

上述定理把构造一个正则半群 $S$ 的所有余扩张的问题化为:

(i) 构造正则半群 $S$ 的所有 $\mathscr{H}$-余扩张;

(ii) 对正则双序集 $E = E(S)$, 构造在 $T^*(E)$ 的全归纳子群胚 $G$ 中余正规的所有正则双序态射.

**注记 3.1.10** 上述步骤 (ii) 等价于构作在一给定的归纳群胚中余正规的所有正则双序态射; 也等价于构作范畴 $\mathbb{RS}$ 中的所有余扩张. 由于 (i) 的一般方法已

知 (参看 [28] 和 [36]), 故我们若解决了 (ii), 则解决了整个问题.

设 $S$ 是正则半群, $\rho$ 是 $S$ 上一同余. 由命题 3.1.6 知 $E(\rho^\natural)$ 在 $S$ 中正规, 而 $\rho$ 诱导的双序同余 $\pi_\rho = \operatorname{Ker} E(\rho^\natural)$ 在 $S$ 中正规. 反之, 设 $\pi$ 是 $E(S)$ 上双序同余, $\theta_\pi$ 为 $E(S)$ 到 $E(S)/\pi$ 上的标准双序态射. 记 $T_\pi = T_{\theta_\pi}$(它是 $T^*(E(S))$ 的全子群胚), 易知 $T_\pi \cap T(G(S))$ 是 $T^*(E(S))$ 的全子群胚, 且它在 $\alpha_{G(S)}$ 下的逆像是 $G(S)$ 的全子群胚, 记为 $G_\pi$; $\pi$ 在其中正规. 显然 $G_\pi$ 还是 $G(S)$ 的使 $\pi$ 在其中正规的最大子群胚. 因而 $S_\pi = (S(G_\pi))\eta_S^{-1}$ 是 $S$ 的一个全正则子半群, $\pi$ 在其中正规且是有此性质的最大子半群. 特别地, 若 $\pi$ 在 $S$ 中正规, 则 $\phi(\pi) = \overline{\alpha}_S S(\theta_\pi^*)$ 是 $S$ 到 $T(E(S)/\pi)$ 中的同态, 满足 $E(\phi(\pi)) = \theta_\pi$, 且由命题 3.1.6 知

$$\mu(S,\pi) = \operatorname{Ker}(\phi(\pi)) \tag{3.9}$$

是 $S$ 上由 $\pi$ 诱导出的最大同余. 如此, 我们得到下述结论:

**定理 3.1.11** 正则半群 $S$ 的每个同余 $\rho$ 都在 $E(S)$ 上诱导出在 $S$ 中正规的双序同余 $\pi_\rho$. 反之, 对 $E(S)$ 的任一双序同余 $\pi$, 存在 $S$ 的 $\pi$ 在其中正规的最大子半群. 进而, 若 $\pi$ 在 $S$ 中正规, 则 $\pi$ 诱导出 $S$ 上至少一个同余, 而式 (3.9) 定义的 $\mu(S,\pi)$ 是 $S$ 上由 $\pi$ 诱导的最大同余.

**注记 3.1.12** Reilly 和 Scheiblich[68] 与 Meakin[39] 分别对逆半群和纯正半群证明了定理 3.1.11. 他们引入的 “正规分类” (normal partition) 概念等价于此处 “在给定正则半群中正规的双序同余” 概念.

## 习题 3.1

1. 证明: 正则半群 $S$ 上的最大幂等元分离同余 $\mu_S$ 可用式 $(3.3)'$ 刻画.

2. 对正则双序集 $E$, 详细给出基础正则半群 $T(E) = S(T^*(E))$ 的结构和任意正则半群的基础正则表示的一个初等证明.

3. 对命题 3.1.6 证明中定义的 $K = K(G',\theta)$, 验证:

(i) $\forall(\alpha,x) \in K, e_{(\alpha,x)} = e_\alpha, f_{(\alpha,x)} = f_\alpha$.

(ii) $\forall(\alpha,x) \in K$, $(\alpha,x)^{-1} = (\alpha^{-1},x^{-1})$; 若 $e \in \omega(e_\alpha)$, 则 $(\alpha,x)|e = (e \downharpoonleft \alpha, e\theta \downharpoonleft x) = (e \downharpoonleft \alpha, e\theta^* x)$.

4. 设 $G$ 为归纳群胚, $\theta : vG = E \longrightarrow E'$ 为正则满双序态射. 证明 $\theta$ 在 $G$ 中正规的充要条件是: $\forall x \in G$, 存在 $\alpha' \in T^*(E')$ 满足 $e_{\alpha'} = e_x\theta$, $f_{\alpha'} = f_x\theta$, 且 $\theta|\omega(e_x) = \alpha_G(x)(\theta|\omega(f_x))(\alpha')^{-1}$.

5. 设 $S$ 为正则半群, $\theta : E(S) \longrightarrow E'$ 为正则满双序态射. 证明 $\theta$ 在 $S$ 中正规的充要条件是: $\forall x \in S$, $x' \in V(x)$, 存在 $\alpha' \in T^*(E)$ 满足 $e_\alpha = (xx')\theta, f_{\alpha'} = (x'x)\theta$, 且 $\forall e \in \omega(xx')$ 有 $(e\theta)\alpha' = (x'ex)\theta$.

6. 分析习题 2.6 的练习 2—练习 4 与命题 3.1.1、定理 3.1.5、推论 3.1.3 给出的正则半群的两个基础表示的区别和联系.

## 3.2 幂等元生成正则半群

设 $(G, E, \varepsilon)$ 是一归纳群胚, 则赋值函子 $\varepsilon : G(E) \longrightarrow G$ 在 $G$ 中的像 $\mathrm{im}\,\varepsilon$ 是 $G$ 的最小归纳全子群胚, 从而 $S(\mathrm{im}\,\varepsilon)$ 是由幂等元 (双序集 $E$) 生成的正则半群. 另一方面, 若 $S$ 是由其幂等元生成的正则半群, 则 $G(S)$ 的赋值显然是满射 (参看定理 2.6.1). 故有满赋值函子 $\varepsilon$ 的归纳群胚完整地刻画了幂等元生成半群. 在文献 [10] 中, Clifford 已给出了由一类给定的正则双序集 $E$ 所确定的幂等元生成正则半群的构造. 我们在本节中修改他的构作法, 从而得出在同构意义下由任一给定的正则双序集所确定的所有幂等元生成正则半群.

**定义 3.2.1** 设 $E$ 为正则双序集, $e \in E$. 称一个 $E$-链 $c$ 为在 $e$ 上的 $E$-圈 ($E$-cycle at $e$), 若 $e = e_c = f_c$. 由奇异 $E$-方块 $\begin{pmatrix} e & f \\ g & h \end{pmatrix}$ 决定的 $E$-圈 $c(e, f, h, g, e)$ 称为奇异 $E$-圈 (singular $E$-cycle).

所有奇异 $E$-圈之集记为 $\Gamma_0$. 显然奇异 $E$-圈的逆也是奇异 $E$-圈. 注意到退化 $E$-方块决定的 $E$-圈恰是所有单位链 (identity chains), 而退化 $E$-方块是奇异的, 故 $\Gamma_0$ 包含所有单位链. 设 $\Gamma$ 是由某些$E$-圈所成集合. 我们在 $G(E)$ 上定义一个称为初等 $\Gamma$-迁移 (elementary $\Gamma$-transition) 的关系 $\xrightarrow{\Gamma}$ 如下:

$$c \xrightarrow{\Gamma} c' \Leftrightarrow \text{存在}\, c_1, c_2 \in G(E)\, \text{及}\, \gamma \in \Gamma, \text{使得}\, c = c_1c_2, c' = c_1\gamma c_2. \tag{3.10}$$

我们说初等 $\Gamma$-迁移 $c_1c_2 \xrightarrow{\Gamma} c_1\gamma c_2$ 是由 $\gamma \in \Gamma$ 所诱导的 (induced by $\gamma \in \Gamma$). 易知, 若 $\Gamma$ 含所有单位链, 则 $\xrightarrow{\Gamma}$ 自反; 而若 $\Gamma$ 满足条件: $\gamma \in \Gamma \Rightarrow \gamma^{-1} \in \Gamma$, 则 $\xrightarrow{\Gamma}$ 对称. 在此情形, $\xrightarrow{\Gamma}$ 的传递闭包是一等价关系. 我们用 $\overset{\Gamma}{\sim}$ 来记该等价关系, 即

$$\begin{aligned} c \overset{\Gamma}{\sim} c' \Leftrightarrow\ & \text{存在}\, c_i \in G(E), i = 1, 2, \cdots, n, \\ & c \xrightarrow{\Gamma} c_1 \xrightarrow{\Gamma} c_2 \xrightarrow{\Gamma} \cdots \xrightarrow{\Gamma} c_n \xrightarrow{\Gamma} c'. \end{aligned} \tag{3.11}$$

因而, $\overset{\Gamma_0}{\sim}$ 是等价关系.

**定义 3.2.2** 设 $G = (G, E, \varepsilon)$ 为归纳群胚. 称 $E$-圈 $\gamma$ 是 $\varepsilon$-交换的 ($\varepsilon$-commutative), 若 $\varepsilon(\gamma) = \varepsilon(e_\gamma, e_\gamma)$. 类似地, 若 $\tau_E(\gamma) = \tau_E(e_\gamma, e_\gamma)$, 则称 $\gamma$ 为 $\tau_E$-交换 的.

事实上, 因为 $\varepsilon_G\alpha_G = \tau_E$ (参看图 2.7), 任何 $\varepsilon$-交换的 $E$-圈都是 $\tau_E$-交换的. 因而, 若我们用 $\Gamma_\varepsilon$ 记 $E$ 的所有 $\varepsilon$-交换的 $E$-圈之集, 则 $\Gamma_\varepsilon \subseteq \Gamma_{\tau_E}$.

**定义 3.2.3** 正则双序集 $E$ 的一个 $E$-圈之集 $\Gamma$ 称为真集 (proper set), 若它满足:

(Pr1) $\Gamma_0 \subseteq \Gamma \subseteq \Gamma_{\tau_E}$;

(Pr2) $\gamma \in \Gamma \Rightarrow \gamma^{-1} \in \Gamma$;

(Pr3) $\gamma \in \Gamma \Rightarrow e^*\gamma \in \Gamma, \forall e \in \omega(e_\gamma)$.

若 $\gamma \in \Gamma, e \in \omega(e_\gamma)$, 记 $e^*\gamma = c(e, e_1, \cdots, e_n)$, 则由链 $e^*\gamma$ 的定义 (见式 (2.6)),

$$e_n = e\tau_E(\gamma).$$

由 (Pr1) 有 $e_n = e$. 因而 (Pr1) 蕴含 $e^*\gamma$ 也是 $E$-圈, $\forall e \in \omega(e_\gamma)$. 进而, (2.6) 与 (2.6)* 表明 $e^*\gamma = \gamma^*e$, 故公理 (Pr3) 是自对偶的.

若 $\gamma$ 是奇异 $E$-圈, 则显然 $e^*\gamma$ 也是奇异的, $\forall e \in \omega(e_\gamma)$. 故 $\Gamma_0$ 是真集. 由公理 (Pr1), 它是最小真集; 对任意归纳群胚 $(G, E, \varepsilon)$, 由 $\varepsilon$ 保序, 不难知道 $\Gamma_\varepsilon$ 亦是真集. 特别地, 由 $\tau_E$ 是归纳群胚 $T^*(E)$ 的赋值, $\Gamma_{\tau_E}$ 是最大的真集. 故我们有

**引理 3.2.4**　设 $E$ 为正则双序集. 则 $E$ 的所有奇异 $E$-圈之集 $\Gamma_0$ 是最小真集, 它包含在每个 $E$-圈真集中. 对任意归纳群胚 $(G, E, \varepsilon)$, $G(E)$ 中所有 $\varepsilon$-交换的 $E$-圈之集 $\Gamma_\varepsilon$ 是一个真集. 特别地, $\Gamma_{\tau_E}$ 为最大真集.

在以下三个引理中, $\Gamma$ 是一个真集. 由定义 3.2.3 之前的讨论知: $\overset{\Gamma}{\sim}$ 是 $G(E)$ 上的等价关系. 记 $G_\Gamma = G(E)/\overset{\Gamma}{\sim}$, 并设 $\varepsilon_\Gamma = \left(\overset{\Gamma}{\sim}\right)^\natural$ 为从 $G(E)$ 到 $G_\Gamma$ 上的标准满射. 则我们有

**引理 3.2.5**　设 $c, c'$ 等表示 $G(E)$ 中任意的链, 则

(i) $\varepsilon_\Gamma(c) = \varepsilon_\Gamma(c') \Rightarrow \tau_E(c) = \tau_E(c')$;

(ii) $\varepsilon_\Gamma(c) = \varepsilon_\Gamma(c') \Rightarrow \varepsilon_\Gamma(c^{-1}) = \varepsilon_\Gamma(c'^{-1})$;

(iii) 若 $\varepsilon_\Gamma(c_i) = \varepsilon_\Gamma(c_i'), i = 1, 2$ 且 $c_1c_2$ 存在, 则 $c_1'c_2'$ 也存在且

$$\varepsilon_\Gamma(c_1c_2) = \varepsilon_\Gamma(c_1'c_2');$$

(iv) $\varepsilon_\Gamma(c) = \varepsilon_\Gamma(c') \Rightarrow \varepsilon_\Gamma(e^*c) = \varepsilon_\Gamma(e^*c'), \forall e \in \omega(e_c)$.

**证明**　(i) 和 (ii) 之证是定义的简单验证, 略.

(iii) 设 $c_i \xrightarrow{\Gamma} c_i'$ 是由 $\gamma_i$ 诱导的, $i = 1, 2$. 那么, $f_{c_1} = f_{c_1'}$, $e_{c_2} = e_{c_2'}$. 若 $c_1c_2$ 存在, 则 $f_{c_1'} = f_{c_1} = e_{c_2} = e_{c_2'}$, 从而 $c_1'c_2'$ 也存在. 若 $c_i = c_{i1}c_{i2}$, $c_i' = c_{i1}\gamma_ic_{i2}$, 则

$$c_1c_2 = (c_{11}c_{12})(c_{21}c_{22}) \xrightarrow{\Gamma} (c_{11}\gamma c_{12})(c_{21}c_{22}) \xrightarrow{\Gamma} (c_{11}\gamma_1c_{12})(c_{21}\gamma_2c_{22}) = c_1'c_2'.$$

故 $c_1c_2 \overset{\Gamma}{\sim} c_1'c_2'$.

(iv) 设 $c \xrightarrow{\Gamma} c'$ 是由 $\gamma \in \Gamma$ 诱导的, $e \in \omega(e_c)$. 若 $c = c_1c_2$, $c' = c_1\gamma c_2$, 则由命题 2.1.6, 我们有 $e^*c = (e^*c_1)(e'^*c_2)$, $e^*c' = (e^*c_1)(e'^*\gamma)(e'^*c_2)$, 其中 $e' = f_{e^*c_1}$. 由 (Pr3), $e'^*\gamma \in \Gamma$. 故 $e^*c \xrightarrow{\Gamma} e^*c'$. □

**引理 3.2.6** 设 $c$ 为 $G(E)$ 中的一个 $E$-链. 若对 $i=1,2$, $e_i\in\omega(e_c), f_i=f_{e_i{}^*c}$, 且 $(e_1,e_2)\in\omega^r[\omega^\ell]$, 则 $(f_1,f_2)\in\omega^r[\omega^\ell]$ 且

$$(e_1^*c)c(f_1,f_1f_2)\overset{\Gamma_0}{\sim}c(e_1,e_1e_2)((e_1e_2)^*c),$$

$$[(e_1^*c)c(f_1,f_2f_1)\overset{\Gamma_0}{\sim}c(e_1,e_2e_1)((e_2e_1)^*c)].$$

**证明** 设 $c=c(g_0,\cdots,g_n)$ 而 $e_i^*c=c(e_{0i},\cdots,e_{ni}), i=1,2$. 假设 $e_1\mathscr{R}e_2$, 则 $c(e_{01},e_{02},e_{12},e_{11},e_{01})$ 或是单位圈 (当 $g_0\mathscr{R}g_1$ 时), 或是在 $e_{01}=e_1$ 上的行奇异圈. 在任何情形都有 $c(e_{01},e_{02},e_{12},e_{11},e_{01})\in\Gamma_0$. 故

$$\begin{aligned}c(e_{01},e_{02})(e_{02}^*c)&=c(e_{01},e_{02})c(e_{02},e_{12})c(e_{12},\cdots,e_{n2})\\&\xrightarrow{\Gamma_0}c(e_{01},e_{02})c(e_{02},e_{01},e_{11},e_{12},e_{02})c(e_{02},e_{12})c(e_{12},\cdots,e_{n2})\\&=c(e_{01},e_{11})c(e_{11},e_{12})c(e_{12},\cdots,e_{n2}).\end{aligned}$$

类似地, 我们有

$$c(e_{11},e_{12})c(e_{12},\cdots,e_{n2})\xrightarrow{\Gamma_0}c(e_{11},e_{21})c(e_{21},e_{22})c(e_{22},\cdots,e_{n2}),$$

等等. 如此, 我们可得

$$\begin{aligned}c(e_{01},e_{02})(e_{02}^*c)&\xrightarrow{\Gamma_0}c(e_{01},e_{11})c(e_{11},e_{12})c(e_{12},\cdots,e_{n2})\\&\xrightarrow{\Gamma_0}c(e_{01},e_{11},e_{21})c(e_{21},e_{22})c(e_{22},\cdots,e_{n2})\\&\xrightarrow{\Gamma_0}\cdots\xrightarrow{\Gamma_0}c(e_{01},\cdots,e_{n1})c(e_{n1},e_{n2})\\&=(e_1^*c)c(f_1,f_1f_2).\end{aligned}$$

若 $e_1\,\omega^r\,e_2$, 则 $e_2'=e_1e_2\mathscr{R}e_1$ 且

$$f_2'=f_{e_2'{}^*c}=f_{e_1e_2{}^*c}=(e_1e_2)\tau_E(c)=e_1\tau_E(c)e_2\tau_E(c)=f_1f_2.$$

故得 $(e_1{}^*c)c(f_1,f_1f_2)\overset{\Gamma_0}{\sim}c(e_1,e_1e_2)(e_1e_2{}^*c)$. □

设 $\Gamma$ 是一个 $E$-圈真集. 在 $G_\Gamma=G/\overset{\Gamma}{\sim}$ 中定义部分乘法为

$$\varepsilon_\Gamma(c)\varepsilon_\Gamma(c')=\begin{cases}\varepsilon_\Gamma(cc'), & 若\ cc'\ 存在,\\ 无定义, & 否则.\end{cases}\tag{3.12}$$

由引理 3.2.5(iii), 该定义有意义. 易验证: 若令 $vG_\Gamma=E$, 则 $G_\Gamma$ 成为一个群胚, 其中单位元是形为 $\varepsilon_\Gamma(e,e)=\varepsilon_\Gamma(c(e,e)),e\in E$ 的元素. 由引理 3.2.5, $\varepsilon_\Gamma(c)$ 的逆是 $\varepsilon_\Gamma(c^{-1})$. 进而, 令 $v(\varepsilon_\Gamma)=1_E$, 则 $\varepsilon_\Gamma$ 成为 $G(E)$ 到 $G_\Gamma$ 上的群胚函子.

在 $G_\Gamma$ 上定义关系 $\leqslant$ 如下:

$$\varepsilon_\Gamma(c) \leqslant \varepsilon_\Gamma(c') \Leftrightarrow e_c \in \omega(e_{c'}), \varepsilon_\Gamma(c) = \varepsilon_\Gamma(e_c^* c'). \tag{3.13}$$

该关系显然是反身和反对称的. 若 $\varepsilon_\Gamma(c'') \leqslant \varepsilon_\Gamma(c'), \varepsilon_\Gamma(c') \leqslant \varepsilon_\Gamma(c)$, 则我们有 $e_{e''} \in \omega(e_c)$, $e_{c'}^* c \overset{\Gamma}{\sim} c', e_{c''}^* c' \overset{\Gamma}{\sim} c''$. 由引理 3.2.5, $c'' \overset{\Gamma}{\sim} e_{c''}^*(e_{c'}^* c)$. 因为 $e_{c''}^*(e_{c'}^* c) = e_{c''}^* c$, 故得 $\leqslant$ 是 $G_\Gamma$ 上的偏序. 我们来验证 $(G_\Gamma, \varepsilon_\Gamma)$ 是归纳群胚.

设 $\varepsilon_\Gamma(c_i') \leqslant \varepsilon_\Gamma(c_i), i = 1, 2$ 且积 $\varepsilon_\Gamma(c_1)\varepsilon_\Gamma(c_2)$, $\varepsilon_\Gamma(c_1')\varepsilon_\Gamma(c_2')$ 存在. 那么 $\varepsilon_\Gamma(c') = \varepsilon_\Gamma(e_{c_i'}^* c_i)$ 且积 $c_1c_2$ 和 $c_1'c_2'$ 在 $G(E)$ 中存在. 故 $f_{c_1} = e_{c_2}, f_{c_1'} = e_{c_2'}$. 因为 $f_{c_1'} = f_{e_{c_1'}^* c_1}$, 故积 $(e_{c_1'}^* c_1)(e_{c_2'}^* c_2)$ 在 $G(E)$ 中存在且由命题 2.1.6, 我们有 $(e_{c_1'}^* c_1)(e_{c_2'}^* c_2) = e_{c_1'}^*(c_1c_2)$. 因而

$$\varepsilon_\Gamma(c_1')\varepsilon_\Gamma(c_2') = \varepsilon_\Gamma(e_{c_1'}^* c_1)\varepsilon_\Gamma(e_{c_2'}^* c_2) = \varepsilon_\Gamma(e_{c_1'}^*(c_1c_2)).$$

如此, 由式 (3.13) 得

$$\varepsilon_\Gamma(c_1')\varepsilon_\Gamma(c_2') = \varepsilon_\Gamma(c_1'c_2') \leqslant \varepsilon_\Gamma(c_1c_2),$$

即 $G_\Gamma$ 满足公理 (OG1).

由引理 3.2.5, 我们有

$$\varepsilon_\Gamma({c_1'}^{-1}) = \varepsilon_\Gamma((e_{c_1'}^* c_1)^{-1}) = \varepsilon_\Gamma(f_{c_1'}^* {c_1}^{-1}).$$

故 $\varepsilon_\Gamma({c_1'}^{-1}) \leqslant \varepsilon_\Gamma({c_1}^{-1})$. 因而公理 (OG2) 也成立. 若令 $e^*\varepsilon_\Gamma(c) = \varepsilon_\Gamma(e^*c)$, 则公理 (OG3) 显然亦成立. 于是 $G_\Gamma$ 是序群胚且 $\varepsilon_\Gamma$ 是 $G(E)$ 到 $G_\Gamma$ 的保序函子. 因为 $v(\varepsilon_\Gamma) = 1_E$, $\varepsilon_\Gamma$ 是 $v$-同构. $e_{\varepsilon_\Gamma(c)} = e_c, f_{\varepsilon_\Gamma(c)} = f_c$ 对所有 $\varepsilon_\Gamma(c) \in G_\Gamma$ 且 $\Gamma_0 \subseteq \Gamma$, 由引理 3.2.6 得 $(G_\Gamma, \varepsilon\Gamma)$ 满足公理 (IG1) 和 (IG2). 如此我们证明了下述结论:

**引理 3.2.7**　对任一 $E$-圈真集 $\Gamma$, $G_\Gamma = G/\overset{\Gamma}{\sim}$ 是有偏序 (3.13) 和满赋值 $\varepsilon_\Gamma = \left(\overset{\Gamma}{\sim}\right)^\natural$ 的归纳群胚.

设 $\Gamma$ 是 $E$-圈真集. 定义

$$\overline{\Gamma} = \{\gamma : \gamma\text{为 }E\text{-圈且}\varepsilon_\Gamma(\gamma) = \varepsilon_\Gamma(e_\gamma, e_\gamma)\},$$

称之为 $\Gamma$ 的闭包 (closure). 若 $\Gamma = \overline{\Gamma}$, 则称 $\Gamma$ 是闭的 (closed). 对任一真集 $\Gamma$ 有 $\Gamma \subseteq \overline{\Gamma}$. 由此 $\overline{\Gamma}$ 满足公理 (Pr1); 进而, 引理 3.2.5 之 (ii) 和 (iv) 蕴含 $\overline{\Gamma}$ 满足公理 (Pr2) 和 (Pr3). 故 $\overline{\Gamma}$ 也是真集且有 $\overset{\Gamma}{\sim} \subseteq \overset{\overline{\Gamma}}{\sim}$. 若 $c \overset{\overline{\Gamma}}{\longrightarrow} c'$, 由式 (3.10), 存在 $c_1, c_2 \in G(E)$ 及 $\gamma \in \overline{\Gamma}$ 使 $c = c_1c_2$ 且 $c' = c_1\gamma c_2$. 由 $\varepsilon_\Gamma(\gamma) = \varepsilon_\Gamma(e_\gamma, e_\gamma)$, 我们有 $\gamma \overset{\Gamma}{\sim} c(e_\gamma, e_\gamma)$. 故由引理 3.2.5(iii) 得

$$c = c_1c_2 = c_1c(e_\gamma, e_\gamma)c_2 \overset{\Gamma}{\sim} c_1\gamma c_2 = c'.$$

由于 $\overset{\overline{\Gamma}}{\sim}$ 是 $\overset{\overline{\Gamma}}{\longrightarrow}$ 的传递闭包, 故得 $\overset{\overline{\Gamma}}{\sim}=\overset{\Gamma}{\sim}$. 因而 $\varepsilon_\Gamma=\varepsilon_{\overline{\Gamma}}$. 特别地, $\overline{\overline{\Gamma}}=\overline{\Gamma}$. 总结上述, 我们有

**引理 3.2.8** 设 $\Gamma$ 是 $E$ 中 $E$-圈的真集. 则 $\Gamma$ 的闭包 $\overline{\Gamma}$ 也是真集, 满足 $\Gamma\subseteq\overline{\Gamma}$ 且 $\varepsilon_\Gamma=\varepsilon_{\overline{\Gamma}}$. 特别地, $\Gamma$ 的闭包是闭真集.

**引理 3.2.9** 设 $G$ 是有满赋值 $\varepsilon$ 的归纳群胚, $vG=E$. 则 $\Gamma_\varepsilon$ 是闭真集. 进而, 对所有满足 $\Gamma_\varepsilon\subseteq\Gamma$ 的真集 $\Gamma$, 存在 $\mathbb{IG}$ 中唯一态射 $\phi: G\longrightarrow G_\Gamma$ 使图 3.7 交换:

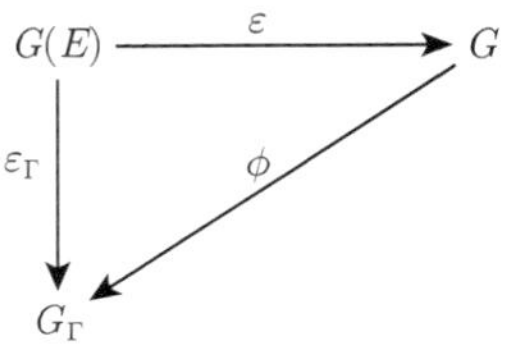


图 3.7

**证明** 由引理 3.2.4, $\Gamma_\varepsilon$ 是真集. 设 $\Gamma_\varepsilon$ 迁移 $c\overset{\Gamma_\varepsilon}{\longrightarrow}c'$ 是由 $\gamma\in\Gamma_\varepsilon$ 诱导的, 即有 $c_1,c_2\in G(E),c=c_1c_2,c'=c_1\gamma c_2$. 由此可得

$$\varepsilon(c)=\varepsilon(c_1c_2)=\varepsilon(c_1)\varepsilon(e_\gamma,e_\gamma)\varepsilon(c_2)=\varepsilon(c_1)\varepsilon(\gamma)\varepsilon(c_2)=\varepsilon(c_1\gamma c_2)=\varepsilon(c').$$

若 $\gamma\in\overline{\Gamma}_\varepsilon$, 我们有 $\gamma\overset{\Gamma_\varepsilon}{\sim}c(e_\gamma,e_\gamma)$, 故由上证得 $\varepsilon(\gamma)=\varepsilon(\gamma_1)=\cdots=\varepsilon(\gamma_n)=\varepsilon(e_\gamma,e_\gamma)$. 因此 $\gamma\,\varepsilon$-交换, 从而 $\gamma\in\Gamma_\varepsilon$. 由此 $\Gamma_\varepsilon=\overline{\Gamma}_\varepsilon$.

现设 $\Gamma$ 为真集, 有 $\Gamma_\varepsilon\subseteq\Gamma$. 定义 $\phi: G\longrightarrow G_\Gamma$ 为

$$\phi(\varepsilon(c))=\varepsilon_\Gamma(c),\quad\forall\varepsilon(c)\in G. \tag{3.14}$$

显然此定义有意义且使 $\phi$ 为函子. 若 $\varepsilon(c')\leqslant\varepsilon(c)$, 则 $\varepsilon(c')=e_{c'}{}^*\varepsilon(c)=\varepsilon(e_{c'}{}^*c)$, 从而得

$$\phi(e_{c'}{}^*\varepsilon(c))=\phi(\varepsilon(e_{c'}{}^*c))=\varepsilon_\Gamma(e_{c'}{}^*c)=e_{c'}{}^*\varepsilon_\Gamma(c)=e_{c'}{}^*\phi(\varepsilon(c)),$$

故 $\phi(\varepsilon(c'))\leqslant\phi(\varepsilon(c))$, 即 $\phi$ 保序. 注意到 $\phi$ 的定义直接蕴含图 3.7 交换, 而该图的交换性保证了 $\phi$ 的唯一性. 引理得证. □

至此, 我们得到了由一给定正则双序集所确定的所有幂等元生成正则半群的构造. 以下, 我们将讨论正则双序态射与幂等元生成正则半群的同态之间的关系.

设 $E,E'$ 是正则双序集, $\theta: E\longrightarrow E'$ 为正则双序态射. 令 $\Gamma$ 是 $E$ 的一个 $E$-圈真集, $\Gamma'$ 是 $E'$ 的一个 $E$-圈真集. 我们来确定把 $\theta$ 扩充为从 $G_\Gamma$ 到 $G_{\Gamma'}$ 的归纳函子的条件. 由于 $G_\Gamma$ 和 $G_{\Gamma'}$ 的赋值均满, 任何这样的扩充, 只要存在, 必是唯

一的. 更准确地说, 若 $\phi: G_{\Gamma} \longrightarrow G_{\Gamma'}$ 是这样的扩充, 由图 3.7 交换, 它只可以定义为

$$\phi(\varepsilon_{\Gamma}(c)) = \varepsilon_{\Gamma'}(G(\theta)(c)), \quad \forall c \in G(E).$$

我们用 $\Gamma_\theta$ 记 $E'$ 中包含 $G(\theta)(\Gamma) = \{G(\theta)(\gamma) : \gamma \in \Gamma\}$ 的所有真集之交. 易验, $\Gamma_\theta$ 是 $E'$ 中的 $E$-圈真集.

**引理 3.2.10**　设 $E, E'$ 为正则双序集, $\theta: E \longrightarrow E'$ 为正则双序态射, $\Gamma$ 是 $E$ 的 $E$-圈真集. 若记 $G_0 = G_{\Gamma_0}, G_0' = G_{\Gamma_0'}$, 那么存在归纳函子 $\theta_\Gamma: G_\Gamma \longrightarrow G_{\Gamma_\theta}$ 和归纳函子 $\theta_0: G_0 \longrightarrow G_0'$ 使图 3.8 为 $\mathbb{IG}$ 中的推出图, 其中 $\phi$ 和 $\phi'$ 是由式 (3.14) 定义的归纳函子.

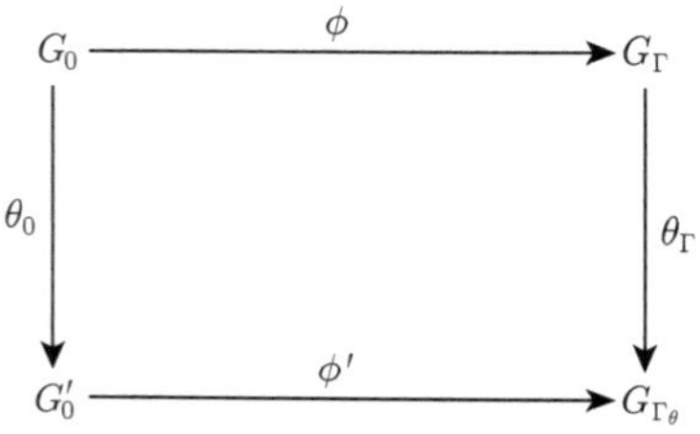


图 3.8

特别地, 对 $E'$ 的任一闭真集 $\Gamma'$, $\theta$ 可扩充为从 $G_\Gamma$ 到 $G_{\Gamma'}$ 的归纳函子的充要条件是 $\Gamma_\theta \subseteq \Gamma'$.

**证明**　定义 $\theta_\Gamma: G_\Gamma \longrightarrow G_{\Gamma_\theta}$ 为: $v(\theta_\Gamma) = \theta$, 且对任意 $c \in G(E)$ 有

$$\theta_\Gamma(\varepsilon(c)) = \varepsilon'(G(\theta)(c)), \tag{3.15}$$

其中 $\varepsilon = \varepsilon_\Gamma, \varepsilon' = \varepsilon_{\Gamma_\theta}$. 若 $\varepsilon(c) = \varepsilon(c')$ 则 $c \overset{\Gamma}{\sim} c'$. 因为 $G(\theta)$ 是序群胚函子, 且 $G(\theta)(\Gamma) \subseteq \Gamma_\theta$, 有 $G(\theta)(c) \overset{\Gamma_\theta}{\sim} G(\theta)(c')$, 故 $\varepsilon'(G(\theta)(c)) = \varepsilon'(G(\theta)(c'))$. 如此, 式 (3.15) 定义的 $\theta_\Gamma$ 是单值的. 因 $\varepsilon, \varepsilon'$ 和 $G(\theta)$ 都是保序函子, 故 $\theta_\Gamma$ 也是保序且归纳的. 取 $\Gamma = \Gamma_0$, 显然 $G(\theta)(\Gamma_0)$ 含于 $\Gamma_0'$, 因而含 $G(\theta)(\Gamma_0)$ 的最小真集是 $\Gamma_0'$. 故得 $\theta_0 = \theta_{\Gamma_0}$ 是 $G_0$ 到 $G_0'$ 的归纳函子. 又, 对 $x = \varepsilon_0(c) \in G_0$, 由式 (3.14) 有

$$\begin{aligned}
\theta_\Gamma(\phi(x)) &= \theta_\Gamma(\varepsilon(c)) = \varepsilon'(G(\theta)(c)) \\
&= \phi'(\varepsilon_0'(G(\theta)(c))) = \phi'(\theta_0(\varepsilon_0'(c))) \\
&= \phi'(\theta_0(x)),
\end{aligned}$$

其中 $\varepsilon_0 = \varepsilon_{\Gamma_0}, \varepsilon_0' = \varepsilon_{\Gamma_0'}$. 如此, 图 3.8 交换.

为证图 3.8 是 $\mathbb{IG}$ 中的推出图, 考虑 $\mathbb{IG}$ 的任一交换图 (图 3.8′):

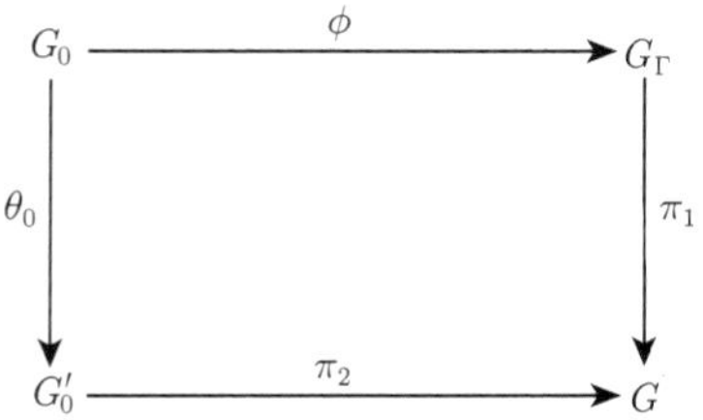


图 3.8′

因 $v$ 是函子且 $v(\phi) = 1_E$, 记 $\psi_i = v(\pi_i), i = 1, 2$. 则我们有 $\psi_1 = \theta\psi_2$. 因 $\pi_1$ 是归纳函子, 对所有 $\gamma \in \Gamma$, 有

$$\overline{\varepsilon}(G(\psi_1)(\gamma)) = \pi_1(\varepsilon(\gamma)) = \pi_1(\varepsilon(e_\gamma, e_\gamma)) = \overline{\varepsilon}(e_\gamma\psi_1, e_\gamma\psi_1),$$

其中 $\overline{\varepsilon} = \varepsilon_G$. 故 $G(\psi_1)(\Gamma) \subseteq \Gamma_{\overline{\varepsilon}}$, 从而 $G(\psi_2)(G(\theta)(\Gamma)) \subseteq \Gamma_{\overline{\varepsilon}}$. 因 $\Gamma_\theta$ 是 $E'$ 中含 $G(\theta)(\Gamma)$ 的最小真集, 故 $G(\psi_2)(\Gamma_\theta) \subseteq \Gamma_{\overline{\varepsilon}}$. 这就蕴含: 若 $c \overset{\Gamma_\theta}{\sim} c', c, c' \in G(E')$, 则 $G(\psi_2)(c) \overset{\Gamma_{\overline{\varepsilon}}}{\sim} G(\psi_2)(c')$. 因而若定义 $\overline{\phi} : G_{\Gamma_\theta} \longrightarrow G$ 为 $\overline{\phi}(\phi'(x)) = \pi_2(x), \forall x \in G_0'$, 则 $\overline{\phi}$ 是单值的. 又, 若令 $v(\overline{\phi}) = \psi_2$, 则 $\overline{\phi}$ 成为 $G_{\Gamma_\theta}$ 到 $G$ 的归纳函子. 若 $y = \phi(x) \in G_\Gamma, x = \varepsilon_0(c) \in G_0$, 则

$$\overline{\phi}(\theta_\Gamma(y)) = \overline{\phi}(\theta_\Gamma(\phi(x))) = \overline{\phi}(\phi'(\theta_0(x))) = \phi_2(\theta_0(x)) = \pi_1(y).$$

这证明了 $\theta_\Gamma\overline{\phi} = \phi_1$.

若 $\Gamma_\theta \subseteq \Gamma'$, 由引理 3.2.9, 存在归纳函子 $\overline{\phi} : G_{\Gamma_\theta} \longrightarrow G_{\Gamma'}$. 由此, $\theta_\Gamma\overline{\phi} : G_\Gamma \longrightarrow G_{\Gamma'}$ 是归纳函子, 满足

$$v(\theta_\Gamma\overline{\phi}) = v(\theta_\Gamma)v(\overline{\phi}) = \theta 1_E = \theta.$$

另一方面, 若 $\pi : G_\Gamma \longrightarrow G_{\Gamma'}$ 是满足 $v(\pi) = \theta$ 的归纳函子, 则对 $x = \varepsilon_0(c) \in G_0$, 我们有

$$\begin{aligned}\pi(\phi(x)) &= \pi(\varepsilon(c)) = \varepsilon_{\Gamma'}(G(\theta)(c)) \\ &= \phi''(\varepsilon_0'(G(\theta)(c))) = \phi''(\theta_0(\varepsilon_0(c))) = \phi''(\theta_0(x)),\end{aligned}$$

其中 $\phi'' : G_0' \longrightarrow G_{\Gamma'}$ 是由式 (3.14) 定义的归纳函子. 因为图 3.8 是推出的, 存在归纳函子 $\overline{\phi} : G_{\Gamma_\theta} \longrightarrow G_{\Gamma'}$ 满足 $\theta_\Gamma\overline{\phi} = \pi$. 从而 $v(\theta_\Gamma)v(\overline{\phi}) = v(\pi) = \theta$, 故 $v(\overline{\phi}) = 1_{E'}$. 若 $\gamma \in \Gamma_\theta$, 则

$$\varepsilon_{\Gamma'}(\gamma) = \overline{\phi}(\varepsilon'(\gamma)) = \overline{\phi}(\varepsilon'(e_\gamma, e_\gamma)) = \varepsilon_{\Gamma'}(e_\gamma, e_\gamma).$$

因为 $\Gamma'$ 闭, 得 $\gamma \in \Gamma'$. 这就完成了证明. □

下述推论是显然的:

**推论 3.2.11** (1) 若 $G$ 是有满赋值 $\varepsilon$ 的归纳群胚, 则 $G$ 同构于 $G_{\Gamma_\varepsilon}$.

(2) 对正则双序集 $E$ 的任二闭 $E$-圈集 $\Gamma,\Gamma'$, 当且仅当 $\Gamma\subseteq\Gamma'$ 时存在态射 $\phi: G_\Gamma \longrightarrow G_{\Gamma'}$ 满足 $v(\phi)=1_E$.

设 $\Gamma$ 是正则双序集 $E$ 的 $E$-圈真集. 因为 $G_\Gamma$ 是有满赋值 $\varepsilon_\Gamma$ 的归纳群胚, 故知 $B_\Gamma=S(G_\Gamma)$ 是幂等元生成正则半群. 由上述推论知, 每个幂等元生成正则半群都可按此方式构造出来. $B_\Gamma$ 的构作法可以精确地描述如下: 在 $G(E)$ 上定义二元关系 $\overset{\Gamma}{\sigma}$ 为: $\forall c,c'\in G(E)$,

$$c\overset{\Gamma}{\sigma}c' \Leftrightarrow e_c\,\mathscr{R}\,e_{c'}, f_c\,\mathscr{L}\,f_{c'}, \text{且 } c\varepsilon_\Gamma(f_c,f_{c'})\overset{\Gamma}{\sim}\varepsilon_\Gamma(e_c,e_{c'})c'. \tag{3.16}$$

不难知道 $\overset{\Gamma}{\sigma}=\varepsilon_\Gamma{}^{-1}(p(G_\Gamma))$, 这里 $p(G_\Gamma)$ 是由式 (2.20) 定义的 $G_\Gamma$ 上等价关系. 若用 $p_\Gamma{}^\natural$ 记从 $G_\Gamma$ 到 $G_\Gamma/p(G_\Gamma)=B_\Gamma$ 上的标准映射, 记

$$w_\Gamma=\varepsilon_\Gamma p_\Gamma{}^\natural: G(E)\longrightarrow B_\Gamma.$$

由于 $\varepsilon_\Gamma$ 满, 对任意 $c,c'\in G(E)$ 和 $h\in S(f_c,e_{c'})$ 有

$$(\varepsilon_\Gamma(c)\circ\varepsilon_\Gamma(c'))_h=\varepsilon_\Gamma((c^*h)(h^*c')).$$

如此, $B_\Gamma$ 中的乘法为

$$w_\Gamma(c)w_\Gamma(c')=w_\Gamma((c^*h)(h^*c')),\quad \forall c,c'\in G(E),\quad h\in S(f_c,e_{c'}).$$

设 $S$ 为正则半群, 对每个 $c=c(e_0,\cdots,e_n)\in G(E(S))$, 称 $w_S(c)=e_0e_1\cdots e_n$ 为 $S$ 的一个$c$-字 ($c$-word). 易知, $c$ 的不同表示不会导致 $w_S(c)$ 的不同值, 故符号 $w_S(c)$ 有定义. 若 $\gamma$ 是 $E(S)$ 的一个 $E$-圈, 满足 $w_S(\gamma)=e_\gamma$, 则也有 $w_S(\gamma^{-1})=e_\gamma$, 故

$$\varepsilon_{G(S)}(\gamma)=\varepsilon_{G(S)}(e_\gamma,e_\gamma),$$

即 $\gamma\,\varepsilon_{G(S)}$-交换. 反之, 若 $E(S)$ 的 $E$-圈 $\gamma\,\varepsilon_{G(S)}$-交换, 由式 (2.17) 有

$$\varepsilon_{G(S)}(\gamma)=(w_S(\gamma),w_S(\gamma^{-1})),$$

故得 $w_S(\gamma)=e_\gamma$. 总结以上论述可得

**定理 3.2.12** 设 $E$ 是正则双序集, $\Gamma$ 是 $E$ 的一个 $E$-圈真集. 在 $G(E)$ 上定义关系 $\overset{\Gamma}{\sigma}$ 如式 (3.16). 设 $B_\Gamma=G(E)/\overset{\Gamma}{\sigma}$ 并令 $w_\Gamma$ 是 $G(E)$ 到 $B_\Gamma$ 上的标准映射如式 (3.17), 在 $B_\Gamma$ 中定义乘法如 (3.18), 则 $B_\Gamma$ 是幂等元生成正则半群. 具有如下性质:

(1) $\chi_\Gamma : e \mapsto w_\Gamma(e,e)$ 是 $E$ 到 $E(B_\Gamma)$ 上的同构;

(2) $\gamma \in \Gamma \Rightarrow w_\Gamma(\gamma) = e_\gamma \chi_\Gamma$;

(3) 若 $S$ 是任一正则半群而 $\theta : E \longrightarrow E(S)$ 是正则双序态射, 满足 $w_S(G(\theta)(\gamma)) = e_\gamma(\theta), \forall \gamma \in \Gamma$, 则存在唯一半群同态 $\phi$ 使图 3.9 交换:

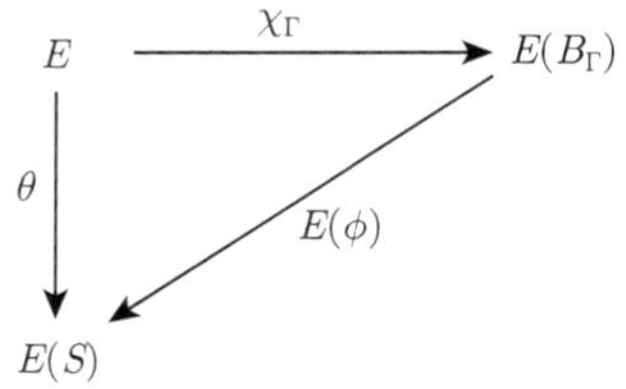


图 3.9

反之, 若 $S$ 是幂等元生成正则半群, 有 $E(S) = E$, 则

$$\Gamma = \{\gamma \in G(E) : \gamma 为\ E\ 的\ E\text{-圈},\ 且 w_S(\gamma) = e_\gamma\}$$

是闭的 $E$-圈真集且存在同构 $\psi : S \longrightarrow B_\Gamma$, 满足 $E(\psi) = \chi_\Gamma$.

当 $\Gamma = \Gamma_0$ 时, 即 $E$ 的所有奇异 $E$-圈所成真集的情形具有特殊的意义. 我们记 $B_{\Gamma_0} = B_0(E)$ 而 $\chi_{\Gamma_0} = \chi_E$. 若 $S$ 是正则半群, $\theta : E \longrightarrow E(S)$ 是正则双序态射, 当取 $\Gamma = \Gamma_0$ 时, $\theta$ 满足定理 3.2.12(3) 的条件. 故存在半群同态 $\phi : B_0(E) \longrightarrow S$ 使图 3.10 交换:

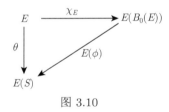

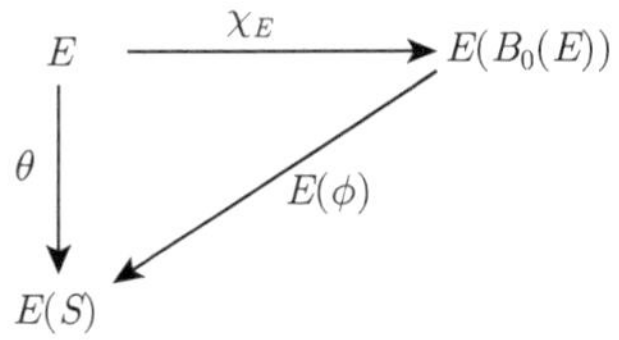


图 3.10

特别地, 若 $S = B_0(E')$ 而 $\theta : E \longrightarrow E'$ 为正则双序态射, 则存在同态 $B_0(\theta) : B_0(E) \longrightarrow B_0(E')$ 使图 3.11 交换:

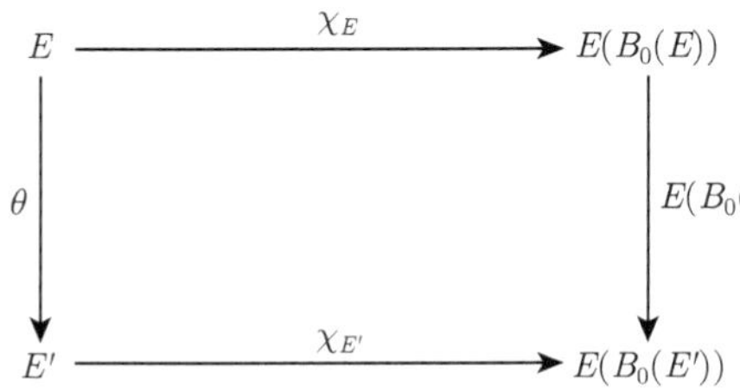


图 3.11

$B_0(\theta)$ 的唯一性蕴含对应 $E \longrightarrow B_0(E), \theta \longrightarrow B_0(\theta)$ 是一个函子 $B_0 : \mathbb{RB} \longrightarrow \mathbb{RS}$ 而 $\chi = \{\chi_E\} : 1_{\mathbb{RB}} \longrightarrow B_0E$ 是自然变换; 进而, 对子 $(B_0(E), \chi_E)$ 确定了从 $E$ 到函子 $E$ 的一个泛箭 (universal arrow) (参看 [37]). 故 $B_0$ 是 $E$ 的左伴随而 $\chi$ 是该伴随 (adjunction) 的单位.

**定理 3.2.13** 对每个正则双序集 $E$, 设 $B_0(E) = B_{\Gamma_0}, \chi_E = \chi_{\Gamma_0}$; 对每个正则双序态射 $\theta : E \longrightarrow E'$, 设 $B_0(\theta)$ 表示使图 3.10 交换的唯一同态. 则 $B_0 : \mathbb{RB} \longrightarrow \mathbb{RS}$ 是一函子. 它是函子 $E : \mathbb{RS} \longrightarrow \mathbb{RB}$ 的左伴随, 而 $\chi = \{\chi_E\} : 1_{\mathbb{RB}} \longrightarrow B_0E$ 是该伴随的单位.

该定理的一个直接推论是: 每个正则双序态射都是某半群同态的双序态射. 更准确地说, 我们有

**推论 3.2.14** 若 $\theta : E \longrightarrow E'$ 是正则双序集的正则双序态射, 则存在正则半群 $S$ 和 $S'$ 及同态 $\phi : S \longrightarrow S'$ 使得 $E(S) = E$, $E(S') = E'$ 而 $E(\phi) = \theta$.

**注记 3.2.15** 令 $\mathbb{IRS}$ 表示 $\mathbb{RS}$ 的由所有幂等元生成正则半群组成的全子范畴, 那么, 函子 $E$ 向 $\mathbb{IRS}$ 的限制 (仍记为 $E$) 是 $\mathbb{IRS}$ 到范畴 $\mathbb{RB}$ 的函子. 令 $\mathbb{IRS}_E$ 表示在正则双序集 $E$ 上的逆纤维, 即其对象为幂等元生成半群 $S$ 而 $E(S) = E$, 其态射为满足 $E(\phi) = 1_E$ 的同态 $\phi$ 的范畴. 定理 3.2.12 蕴含: $\mathbb{IRS}_E$ 中由形为 $B_\Gamma$ 的幂等元生成正则半群所决定的全子范畴是 $\mathbb{IG}_E$ 的骨架 (skeleton). 给定 $E \in \mathbb{RB}$, $B_0(E)$ 的泛性质蕴含: 对 $E$ 中每个 $E$-圈集 $\Gamma$, 存在唯一同态 $\phi_\Gamma : B_0(E) \longrightarrow B_\Gamma$ 使图 3.12 交换:

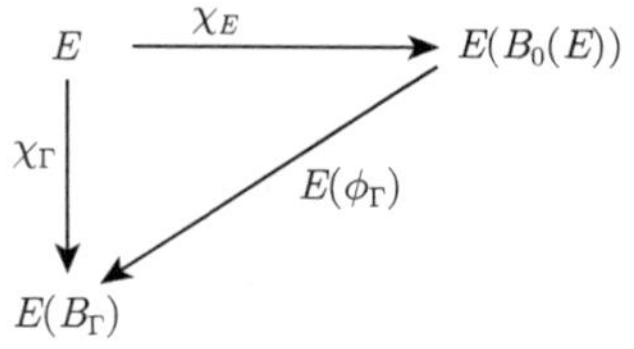


图 3.12

因而, 若视 $E(B_\Gamma)$ 和 $E(B_0(E))$ 恒同于 $E$, 则在 $B_0(E)$ 的幂等元分离同余集与形为 $B_\Gamma$ 的幂等元生成正则半群集之间存在着双射. 进而, 若我们定义

$$B_\Gamma \leqslant B_{\Gamma'} \Leftrightarrow \text{存在 } \mathbb{IRS}_E \text{ 中同态 } \phi : B_\Gamma \longrightarrow B_{\Gamma'},$$

则该双射成为一个格同构 (lattice isomorphism). 由于前一个格是模格, 故范畴 $\mathbb{IRS}_E$ 有模格作为其骨架.

**注记 3.2.16** 设 $\Gamma$ 是 $E$ 的 $E$-圈真集. 由定理 3.2.12, $B_\Gamma$ 中每个元素有形 $w_\Gamma(c), c \in G(E)$. 给定 $B_\Gamma$ 中一字 $w = \overline{e_1} \cdots \overline{e_r}$, 我们可以经有限步确定 $c \in G(E)$ 使 $w = w_\Gamma(c)$. 因为, 假设 $i$ 步之后我们已得 $c_i \in G(E)$ 使 $f_{c_i}\,\omega\, e_i$ 且

$w = w_\Gamma(c_i)w_i$, 其中, $w_i = \overline{e_{i+1}} \cdots \overline{e_r}$, 则下一步即是选择 $h \in S(f_{c_i}, e_{i+1})$ 且令

$$c_{i+1} = (c_i{}^*h)c(h, he_{i+1}).$$

此时有 $f_{c_{i+1}} = he_{i+1}\,\omega\, e_{i+1}$. 由式 (3.18) 可知, $w_\Gamma(c_{i+1}) = w_\Gamma(c_i)\overline{e_{i+1}}$, 故 $w = w_\Gamma(c_{i+1})w_{i+1}$. 如此, $w = w_\Gamma(c_r)w_r = w_\Gamma(c_r)\overline{e_r} = w_\Gamma(c_r)$. 进而, 若 $w, w' \in B_\Gamma$ 且 $w \mathscr{H} w'$, 我们可以选择 $c, c' \in G(E)$ 使得 $w = w_\Gamma(c), w' = w_\Gamma(c'), e_c = e_{c'}$ 且 $f_c = f_{c'}$, 故 $w' = w_\Gamma(c') = w_\Gamma(c'c^{-1})w_\Gamma(c) = w_\Gamma(c'c^{-1})w$. 如此, $w = w'$ 的充要条件是 $w_\Gamma(c'c^{-1}) = \overline{e_{c'}}$.

结束本节之前我们来简短地考察一下本节关于幂等元生成正则半群的构作法和 Clifford 在 [10,11] 中关于正则经 (regular warp) 的构作法之间的关系. 为免繁琐, 我们假定读者已熟悉该二文献中的概念和结果.

若 $A$ 是 $E$-方块的一个有效集 (effective set of $E$-squares). 用 $\Gamma_A$ 记由 $A$ 中方块确定的所有 $E$-圈之集. 可以证明, $\Gamma_A$ 是 $E$-圈真集. 我们用 $\overline{A}$ 记其圈属于 $\overline{\Gamma_A}$ 的所有 $E$-方块之集. $\overline{A}$ 称为 $A$ 的闭包. 由于 $\Gamma_A \subseteq \Gamma_{\overline{A}} \subseteq \overline{\Gamma_A}$, 显然 $\overline{\overline{A}} = \overline{A}$ 且从而 $A$ 的闭包是闭真集. 故从定理 3.2.12 和 [10,11] 的定理 A 和定理 B 得下述结论:

**定理 3.2.17** 设 $E$ 为正则双序集, $A$ 是 $E$ 中 $E$-方块的有效集. 令 $W_A$ 表示由 $A$ 确定的正则经, 则 $W_A$ 的泛幂等元生成正则半群同构于 $B_{\Gamma_A}$. 特别地, $W_A$ 为正则部分带 (regular partial band) 当且仅当 $A$ 为闭集.

此处, "正则部分带" 指的是一正则半群的幂等元所成部分半群 (参看 [11]).

## 习题 3.2

1. 证明正则半群 $S$ 为幂等元生成的充要条件是 $\varepsilon_{G(S)}$ 赋值为满射.

2. 证明引理 3.2.5 的 (1),(2).

3. 设 $\theta: E \longrightarrow E'$ 为正则双序集的正则双序态射, $\Gamma$ 是 $E$ 的一个 $E$-圈真集. 证明 $\Gamma_\theta$ 是 $E'$ 中的一个 $E$-圈真集.

以下习题摘自 [78]:

4. 设 $S^\circ$ 是逆半群, 有幂等元半格 $E^\circ$, $E$ 是弱逆双序集 (参看习题 1.1 中的练习 5), 有双序同构 $\theta: E_P \longrightarrow E^\circ$ 且存在映射 $\phi: E_P \longrightarrow \mathcal{PT}(E \cup S^\circ)$. 称 $(S^\circ, E, \theta, \phi)$ 为弱逆系, 若以下 6 公理成立:

(W1) $\forall f, g \in E$, $f \mathscr{R} g \Rightarrow f^\circ\theta \mathscr{D}^{S^\circ} g^\circ\theta$, 其中 $\{x^\circ\} = L_x \cap E_P, x \in E$;

(W2) $\forall e \in E_P, \operatorname{dom}\phi_e = \cup\{R_f \subseteq E : f \in L_e\}, \forall f \in L_e, g \in R_f, g\phi_e \in R^{S^\circ}_{e\theta} \cap L^{S^\circ}_{g^\circ\theta}$;

(W3) $\forall f \in E$, $f\phi_{f^\circ} = f^\circ\theta$;

(W4) $\forall g, h \in R_f, (h\phi_{f^\circ})(g^\circ\theta) = (g\phi_{f^\circ})(h^\circ\theta), (f\phi_{g^\circ})(h\phi_{f^\circ}) = h\phi_{g^\circ}$;

(W5) 对 $R \neq R' \in E/\mathscr{R}$, 若 $R \cup R'$ 是 $E$-阵, 则 $\forall e \in R, \exists f \in R, f' \in R'$ 满足 $f \mathscr{L} f'$ 且 $f\phi_{e^\circ} \neq f'\phi_{e^\circ}$;

(W6) 对任意 $f, g \in E$ 有 $E_{(f,g)} = \{h \in R_g : \rho_{f^\circ}\rho_h\rho_{f^\circ} = \rho_{f^\circ}\rho_h\} \neq \varnothing$, 这里, 集合 $\rho_f = \cup\{\rho_{(g\phi_{f^\circ})^{-1}} : g \in R_f\}$, 而 $\rho$ 是逆半群 $S^\circ$ 的 $VP$-表示, $\rho_x$ 是 $x \in S^\circ$ 的像集合, 有

$$(R_g\phi_{g^\circ})(R_f\phi_{f^\circ}) \subseteq S^\circ(E_{(f,g)}\phi_{g^\circ})(R_f\phi_{f^\circ}).$$

进而, 对任意 $k \in S(f, g)$, 以下 3 条成立:

(W6.1) 存在 $f_k \in R_f, h_k \in E_{(f,g)}$ 使得 $(h_k\phi)(f_k\phi_{f^\circ}) \in L^{S^\circ}_{(fk)^\circ\theta} \cap R^{S^\circ}_{(kg)^\circ\theta}$.

(W6.2) 存在满射 $\psi : R_f \times E_{(f,g)} \longrightarrow R_{fk}$ 满足

$$\forall (f_1, h) \in R_f \times E_{(f,g)}, \quad ((f_1, h)\psi)\phi_{(fk)^\circ} = (f_k\phi_{f^\circ})^{-1}(h_k\phi_{g^\circ})^{-1}(h\phi_{g^\circ})(f_1\phi_{f^\circ}).$$

(W6.3) 若 $f = (x^{-1}x)\theta^{-1}, x \in S^\circ$, 则存在 $e \in E$ 和满射 $\xi : E_{(f,g)} \longrightarrow R_e$ 满足

$$e^\circ = (x(h^\circ\theta)x^{-1})\theta^{-1} \text{ 且 } \forall h \in E_{(f,g)}, (h\xi)\phi_{e^\circ} = x(h_k\phi_{g^\circ})^{-1}(h\phi_{g^\circ})x^{-1}.$$

记 $E\rho = \{\rho_f : f \in E\}$ 并用 $\Sigma$ 表示由 $E\rho \cup S^\circ\rho$ 在二元关系半群 $\mathcal{B}(S^\circ)$ 中生成的子半群, 称为弱逆系$(S^\circ, E, \theta, \phi)$ 的弱逆壳 (the weakly inverse hull).

证明: 弱逆系 $(S^\circ, E, \theta, \phi)$ 的弱逆壳 $\Sigma$ 是弱逆半群, 有 $I(\Sigma) \cong S^\circ$ 且 $E(\Sigma) \cong E$.

反之, 对弱逆半群 $S$, 定义 $\phi : E_P(S) \longrightarrow \mathcal{PT}(S)$ 为

$$\forall e \in E_P(S), \quad f \in L_e, f_1 \in R_f, \quad f_1\phi_e \in V_p(f) \cap L^S_{f_1} \cap R^S_e.$$

那么, $(I(S), E(S), 1_{E_P(S)}, \phi)$ 是一个弱逆系, 它的弱逆壳同构于 $S$.

# 第 4 章　双序集来自半群

第 3 章主要定理的一个直接推论是: 任意正则双序集在同构意义下都是某正则半群的幂等元双序集. 自然会问: 是否任意双序集都是某半群的幂等元双序集? 我们在本章前两节对这个问题作出肯定的回答.

给定任一双序集 $E$, 找出其幂等元双序集与 $E$ 同构的所有半群, 这是一个相当困难的问题. 即使对正则半群也未完全解决. 在本章其余几节中, 我们对具有给定双序集的幂等元生成半群 (半带) 作一些初步探讨; 给出了具有给定双序集的自由半带 (free semiband) 和正则自由半带 (regular free semiband) 的某些具有决定意义的性质. 本章材料取自 Easdown[13-18] 和 Pastijn[56] 的文献.

## 4.1　双序集的半群表示

设 $E$ 为任一双序集. 为简化证明, 我们在本章中采用 Easdown 在 [13, 14, 18] 中定义并使用的"箭图" (arrow diagram) 来表示 $E$ 中的双序及各种双序性质. 即我们令

$$\omega^r = \longrightarrow \ (或 \longrightarrow), \qquad \omega^\ell = \succ\!\!- \ (或 \succ\!\!\!-\!\!\!-).$$

相应地有 $\longleftrightarrow \ = \ \longrightarrow \cap (\longrightarrow)^{-1}$, $\succ\!\!-\!\!\prec \ = \ \succ\!\!- \cap (\succ\!\!-)^{-1}$ 等. 因而双序集公理 (B21) 和 (B22) 可表示为下面两个箭图:

(B21) $e \longrightarrow f \Rightarrow \begin{array}{ccc} e & \longrightarrow & f \\ \updownarrow & \nearrow & \\ ef & & \end{array}$ ;

(B22) $\begin{array}{ccc} & e & \\ \nearrow & & \nwarrow \\ g & \succ\!\!- & f \end{array} \Rightarrow ge \succ\!\!- fe.$

下述引理 4.1.1 中用箭图表示的两个结论容易验证, 我们略去其证明.

**引理 4.1.1**　设 $E$ 为双序集, 对任意 $e, f, g \in E$, 我们有

(1) $e \longrightarrow f \longrightarrow g \Rightarrow (ef)g = e(fg) = (eg)(fg)$;

(2) $\begin{array}{ccc} & e & \\ \nearrow & & \nwarrow \\ f & \succ\!\!-\!\!- & g \end{array}$ 且 $fe \succ\!\!-\!\!\prec ge \Rightarrow f \succ\!\!-\!\!\prec g.$

为了给出双序集的半群表示, 我们需要引进一些特别符号.

易知, $\longleftrightarrow$ 和 $>\!\!-\!\!<$ 是 $E$ 上等价关系. 记

$$X=(E/>\!\!-\!\!<)\cup\{\infty\}=\{L_e:L_e\text{是含 } e \text{ 的 } >\!\!-\!\!< \text{ 类},\ e\in E\}\cup\{\infty\},$$

$$Y=(E/\longleftrightarrow)\cup\{\infty\}=\{R_e:R_e\text{是含 } e \text{ 的 } \longleftrightarrow \text{ 类},\ e\in E\}\cup\{\infty\},$$

其中, $\infty$ 是不在 $(E/>\!\!-\!\!<)\cup(E/\longleftrightarrow)$ 中的一个符号.

记 $X[Y]$ 上 [对偶] 全变换半群为 $\mathcal{T}(X)[\mathcal{T}^*(Y)]$, 其元素是 $X[Y]$ 上的右 [左] 变换.

**定义 4.1.2** 设 $E$ 为双序集. 定义

(1) $\rho:E\longrightarrow\mathcal{T}(X),e\mapsto\rho_e$, 其中 $\rho_e$ 的作用是

$$L\rho_e=\begin{cases}L_{xe}, & \text{若有 } x\in L,x\longrightarrow e,\\ \infty, & \text{否则},\end{cases}\qquad \forall L\in E/>\!\!-\!\!<;$$
$$\infty\rho_e=\infty.$$

(2) $\lambda:E\longrightarrow\mathcal{T}^*(Y),e\mapsto\lambda_e$, 其中 $\lambda_e$ 的作用是

$$\lambda_eR=\begin{cases}R_{ex}, & \text{若有 } x\in R,x>\!\!-\,e,\\ \infty, & \text{否则},\end{cases}\qquad \forall R\in E/\longleftrightarrow;$$
$$\lambda_e\infty=\infty.$$

(3) $\phi:E\longrightarrow\mathcal{T}(X)\times\mathcal{T}^*(Y),e\mapsto\phi_e=(\rho_e,\lambda_e)$.

从双序集公理 (B22) 与 (B22)* 易知, $\rho,\lambda$(从而 $\phi$) 都有定义. 下述引理说明它们分别是从 $E$ 到相应半群的幂等元双序集 $E(\mathcal{T}(X))$, $E(\mathcal{T}^*(Y))$ 和 $E(\mathcal{T}(X)\times\mathcal{T}^*(Y))$ 的双序态射.

**引理 4.1.3** 设 $E$ 为双序集, 对任意 $e,f\in E$, 我们有 $(e,f)\in D_E\Rightarrow\rho_{ef}=\rho_e\rho_f$, $\lambda_{ef}=\lambda_e\lambda_f$.

**证明** 由 $(e,f)\in D_E$, 我们可分两个情形, 而每个情形又分两个小情形进行证明, 如下.

(i) 设 $e\longrightarrow f$. 我们先证 $\rho_e(=\rho_{fe})=\rho_f\rho_e$. 注意, 等式右边的乘积在半群 $\mathcal{T}(X)$ 中总是存在的!

若 $L\in E/>\!\!-\!\!<$ 使 $L\rho_e\neq\infty$, 则有 $x\in L,x\longrightarrow e$, 而 $L\rho_e=L_{xe}$. 由 $\longrightarrow$ 的传递性及 (B21), 我们有如图 4.1 所示的箭图:

由此可得 $L\rho_f\rho_e=L_{(xf)e}$. 由公理 (B31) 知 $(xf)e=xe$, 故 $L\rho_e=L\rho_f\rho_e$. 另一方面, 若 $L\rho_f\rho_e\neq\infty$, 则有 $x\in L,x\longrightarrow f$ 及 $y\in L_{xf},y\longrightarrow e$. 由公理 (B21) 及 $\longrightarrow,>\!\!-$ 的传递性, 我们有箭图如图 4.2 所示. 特别地, 有 $y>\!\!\longrightarrow f\longleftarrow x$ 及

$y = yf >\!\!-\!\!< xf$. 从而据公理 (B4) 和 (B21), 存在 $y' \in E$, 使箭图 (图 4.3) 成立. 由于 $y'f >\!\!-\!\!< xf$, 由引理 4.1.1 我们有 $y' >\!\!-\!\!< x$. 但 $y' \longleftrightarrow y'f = y \longrightarrow e$, 故 $y' \longrightarrow e$. 这说明 $L\rho_e = L_{y'e} \neq \infty$. 因而若 $L\rho_e = \infty$, 则必有 $L\rho_f\rho_e = \infty$, 从而 $\rho_e = \rho_f\rho_e$.

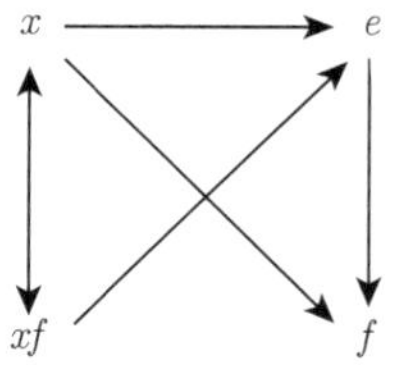


图 4.1

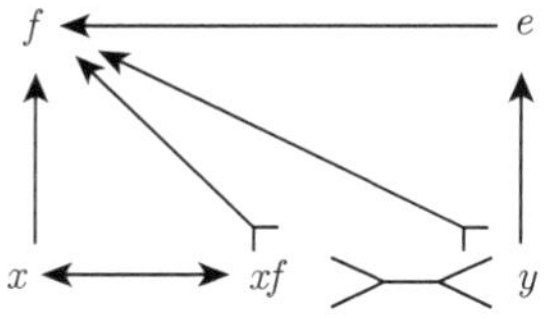


图 4.2

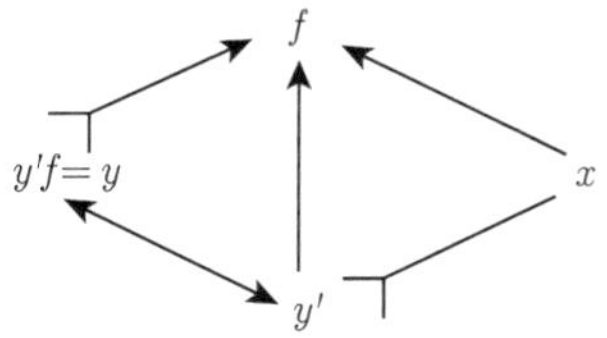


图 4.3

现在我们来证明 $\rho_{ef} = \rho_e\rho_f$. 若 $L \in E/>\!\!-\!\!<$ 使 $L\rho_{ef} \neq \infty$, 则有

$$x \in L, \quad x \longrightarrow ef,$$

此时我们有箭图如图 4.4 所示. 因而 $L\rho_e\rho_f = L_{xe}\rho_f = L_{(xe)f} = L_{x(ef)} = L\rho_{ef}$, 其中第三个等号是由引理 4.1.1 得到的. 另一方面, 若 $L\rho_e\rho_f \neq \infty$, 则有 $x \in L, x \longrightarrow e$, 从而有箭图如图 4.5 所示. 由此可得 $L\rho_{ef} = L_{x(ef)} \neq \infty$. 故 $\rho_{ef} = \rho_e\rho_f$.

(ii) 设 $e >\!\!- f$. 我们先证 $\rho_e(= \rho_{ef}) = \rho_e\rho_f$. 设 $L \in E/>\!\!-\!\!<$ 使 $L\rho_e \neq \infty$, 则有 $x \in L, x \longrightarrow e$. 故有箭图如图 4.6 所示. 因而 $L\rho_e\rho_f = L_{xe}\rho_f = L_{f(xe)} = L_{xe} = L\rho_e$. 另一方面, 若 $L\rho_e\rho_f \neq \infty$, 则必有 $L\rho_e \neq \infty$. 故 $\rho_e = \rho_e\rho_f$.

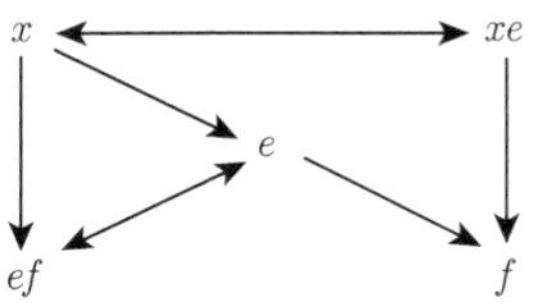


图 4.4

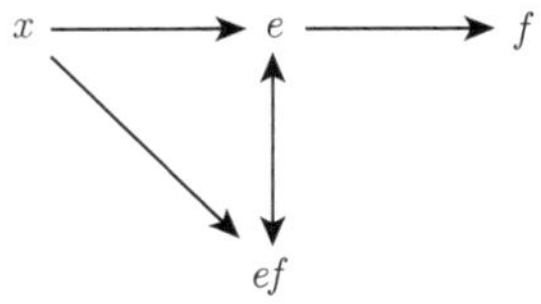


图 4.5

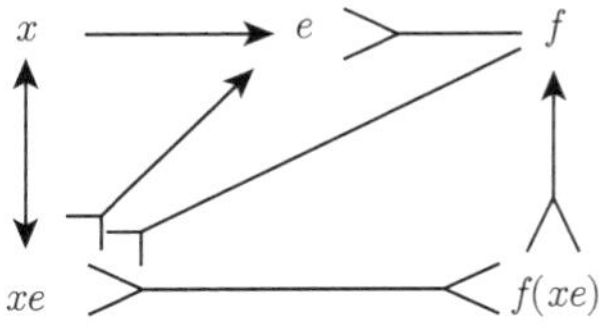


图 4.6

现在我们证明 $\rho_{fe} = \rho_f\rho_e$. 设 $L \in E/>\!\!-\!\!<$ 使 $L\rho_{fe} \neq \infty$, 则有 $x \in L, x \longrightarrow fe$. 此时我们有箭图如图 4.7 所示. 特别地, 我们有

$$xf >\!\!\!\longrightarrow f -\!\!< e \quad 且 \quad xf = f(xf) \longrightarrow fe.$$

由公理 $(B4)^*$ 和 $(B21)^*$, 存在 $x' \in E$ 使箭图 (图 4.8) 成立. 由此可得箭图如图 4.9 所示. 但由 $(B32)^*$ 和 (B31) 我们有 $f(x'e) = (fx')(fe) = (xf)(fe) = x(fe)$, 故 $L\rho_f\rho_e = L_{xf}\rho_e = L_{x(fe)} = L\rho_{fe}$.

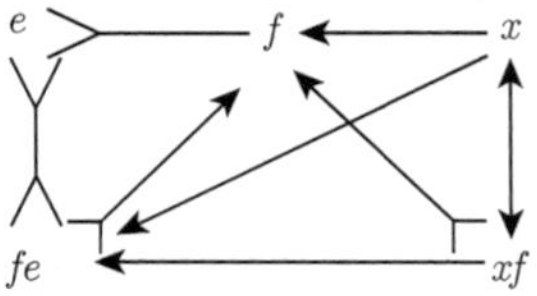


图 4.7

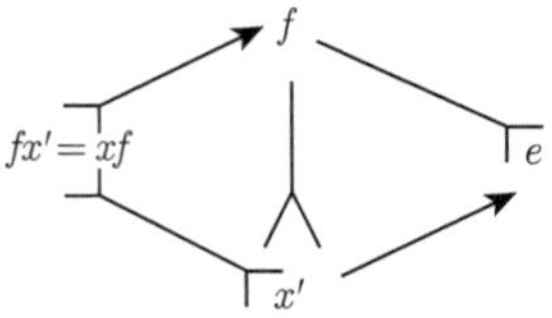


图 4.8

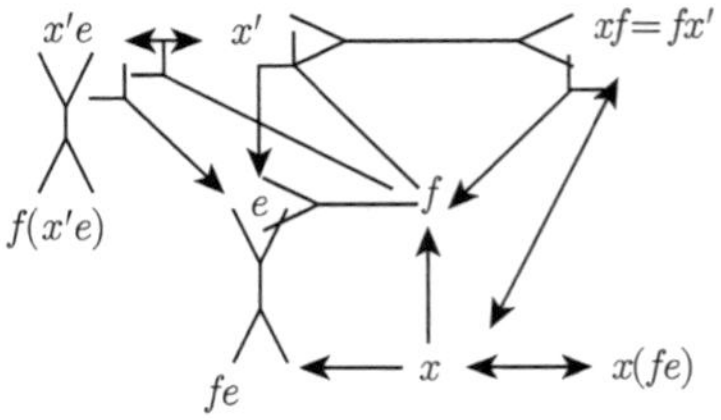


图 4.9

另一方面, 若 $L\rho_f\rho_e \neq \infty$, 则有 $x \in L, x \longrightarrow f$ 及 $y \in L_{xf}, y \longrightarrow e$. 因而有箭图如图 4.10 所示. 特别地, 可得 $(fy)f = fy, xf \in \omega(f)$ 且 $fy \succ\!\!-\!\!\prec xf$. 因而, 据公理 (B4), (B21) 及引理 4.1.1, 存在 $y' \in E$, 使箭图 (图 4.11) 成立. 据公理 (B22)* 有 $fy \longrightarrow fe$, 于是又可得箭图如图 4.12 所示. 由该图知, 存在 $y' \in L_x = L$, 使 $y' \longrightarrow fe$, 故 $L\rho_{fe} \neq \infty$. 这就证明了 $\rho_{fe} = \rho_f\rho_e$.

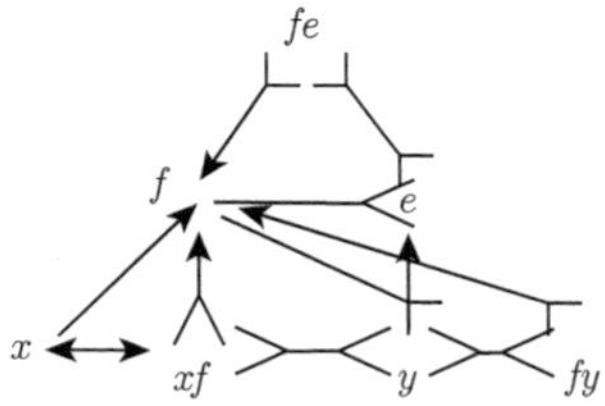


图 4.10

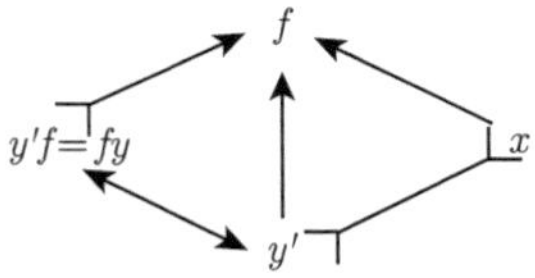


图 4.11

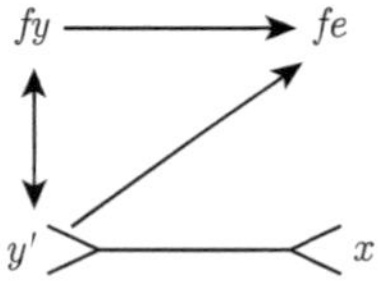


图 4.12

至此, 我们证明了 “$(e,f) \in D_E \Rightarrow \rho_{ef} = \rho_e\rho_f$”. 用对偶的箭图可证 “$(e,f) \in D_E \Rightarrow \lambda_{ef} = \lambda_e\lambda_f$”. □

**引理 4.1.4**　设 $E$ 为双序集, $e, f \in E$. 定义 4.1.2 之 $\phi$ 具有如下性质:

$$\phi_e\phi_f = \phi_e \Rightarrow e \succ\!\!- f; \quad \phi_f\phi_e = \phi_e \Rightarrow e \longrightarrow f.$$

**证明**　设 $\phi_e\phi_f = \phi_e$, 则 $\rho_e\rho_f = \rho_e$. 由此 $L_e = L_e\rho_e = L_e\rho_e\rho_f = L_e\rho_f$. 故存在 $x \in L_e$ 使 $L_{xf} = L_e$ 且 $x \longrightarrow f$. 由此得箭图如图 4.13 所示. 由 $\succ\!\!-$ 的传递性即得 $e \succ\!\!- f$.

若 $\phi_f\phi_e = \phi_e$, 则 $\lambda_f\lambda_e = \lambda_e$. 用对偶的论证可得 $e \longrightarrow f$. □

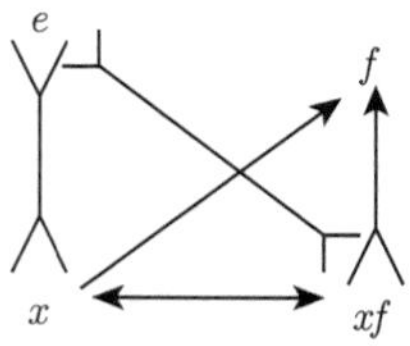


图 4.13

**定理 4.1.5** 对任一双序集 $E$, 定义 4.1.2(3) 的映射 $\phi$ 是 $E$ 到 $E(\mathcal{T}(X)\times\mathcal{T}^*(Y))$ 的单射双序态射. $E\phi$ 是 $E(\mathcal{T}(X)\times\mathcal{T}^*(Y))$ 的双序子集, 而 $E$ 双序同构于 $E\phi$.

**证明** 由引理 4.1.3, $\phi$ 是从 $E$ 到 $E(\mathcal{T}(X)\times\mathcal{T}^*(Y))$ 的双序态射. 若有 $e,f\in E$ 使 $\phi_e=\phi_f$, 则由引理 4.1.4 可得 $e\succ\!\!\!-\!\!\!\prec f$ 且 $e\longleftrightarrow f$, 从而 $e=f$. 故 $\phi$ 为单射.

对任意 $\phi_e,\phi_f\in E\phi$, 若 $\phi_e\succ\!\!-\,\phi_f$, 由引理 4.1.4 有 $e\succ\!\!-\,f$; 再由引理 4.1.3 得

$$\phi_f\phi_e=\phi_{fe}\in E\phi.$$

类似地, 若 $\phi_e\longrightarrow\phi_f$, 则 $\phi_e\phi_f=\phi_{ef}\in E\phi$. 如此, $E\phi$ 是 $E(\mathcal{T}(X)\times\mathcal{T}^*(Y))$ 的部分子代数. 由 $\phi$ 单, 引理 4.1.3 和引理 4.1.4 保证 $\phi^{-1}$ 是从 $E\phi$ 到 $E$ 上的部分 2 代数的态射. 因而 $\phi$ 为部分 2 代数同构. 由此即得 $E\phi$ 为双序集且是 $E(\mathcal{T}(X)\times\mathcal{T}^*(Y))$ 的双序子集. □

如此立得下述结论:

**推论 4.1.6** 任一双序集都是某半群的幂等元双序集的双序子集.

我们今后将称表示 $\phi$ 为双序集 $E$ 的 Hall-Easdown 表示.

注意: 在一般情况下我们只有 $E\phi\subseteq E(\langle E\phi\rangle)$($\langle E\phi\rangle$ 是半群 $\mathcal{T}(X)\times\mathcal{T}^*(Y)$ 中由 $E\phi$ 生成的子半群), 但等号未必成立 (见习题 4.1 中的练习 3). 以下我们给出等号成立的充要条件. 为此, 我们需要引进两个概念.

**定义 4.1.7** 设 $S$ 为任一含幂等元的半群, $E(S)$ 为其幂等元双序集, $\operatorname{Reg}S$ 为其所有正则元的集合. 记

$$X^\circ=(\operatorname{Reg}S/\mathscr{L})\cup\{\infty\}=\{L_x^\circ:L_x^\circ\ 是含\ x\in\operatorname{Reg}S\ 的\ \mathscr{L}\text{-类}\}\cup\{\infty\},$$

$$Y^\circ=(\operatorname{Reg}S/\mathscr{R})\cup\{\infty\}=\{R_x^\circ:R_x^\circ\ 是含\ x\in\operatorname{Reg}S\ 的\ \mathscr{R}\text{-类}\}\cup\{\infty\},$$

其中 $\mathscr{L},\mathscr{R}$ 是半群 $S$ 上的 Green 关系, $\infty$ 是不在 $(\operatorname{Reg}S/\mathscr{L})\cup(\operatorname{Reg}S/\mathscr{R})$ 中的一个符号.

定义: (1) $\rho^\circ:S\longrightarrow\mathcal{T}(X^\circ),s\mapsto\rho_s^\circ$, 此处 $\rho_s^\circ$ 的作用是

$$L_x^\circ\rho_s^\circ=\begin{cases}L_{xs}^\circ, & 若\ x\,\mathscr{R}\,xs,\\ \infty, & 否则,\end{cases}\qquad \forall L_x^\circ\in(\operatorname{Reg}S/\mathscr{L});$$

$$\infty\rho_s^\circ=\infty.$$

(2) $\lambda^\circ:S\longrightarrow\mathcal{T}^*(Y^\circ),s\mapsto\lambda_s^\circ$, 此处 $\lambda_s^\circ$ 的作用是

$$\lambda_s^\circ R_x^\circ=\begin{cases}R_{sx}^\circ, & 若\ x\,\mathscr{L}\,sx,\\ \infty, & 否则,\end{cases}\qquad \forall R_x^\circ\in(\operatorname{Reg}S/\mathscr{R});$$

$$\lambda_s^\circ \infty = \infty.$$

(3) $\phi^\circ : S \longrightarrow \mathcal{T}(X^\circ) \times \mathcal{T}^*(Y^\circ), s \mapsto \phi_s^\circ = (\rho_s^\circ, \lambda_s^\circ)$.

**定理 4.1.8**　对任意含幂等元的半群 $S$, 定义 4.1.7(3) 给出的 $\phi^\circ$ 是半群 $S$ 的一个表示, 且 $\mathrm{Ker}\,\phi^\circ = \phi^\circ \circ (\phi^\circ)^{-1}$ 是 $S$ 上幂等元分离同余.

**证明**　由 Green 引理知 $\rho_s^\circ$ 有定义. 任取 $s, t \in S$, 我们证明 $\rho_{st}^\circ = \rho_s^\circ \rho_t^\circ$.

对任意 $L_x^\circ \in X^\circ, x \in \mathrm{Reg}\,S$, 若 $L_x^\circ \rho_s^\circ \rho_t^\circ \neq \infty$, 由定义当有 $x \mathscr{R} xs \mathscr{R} (xs)t = x(st)$, 从而

$$L_x^\circ \rho_{st}^\circ = L_{x(st)}^\circ = L_{(xs)t}^\circ = L_{xs}^\circ \rho_t^\circ = L_x^\circ \rho_s^\circ \rho_t^\circ.$$

若 $L_x^\circ \rho_{st}^\circ \neq \infty$, 则 $x \mathscr{R} xst$. 由此必有 $x \mathscr{R} xs$, 从而

$$L_x^\circ \rho_s^\circ \rho_t^\circ = L_{xs}^\circ \rho_t^\circ = L_{(xs)t}^\circ = L_{x(st)}^\circ = L_x^\circ \rho_{st}^\circ.$$

故当 $L_x^\circ \rho_s^\circ \rho_t^\circ = \infty$ 时必有 $L_x^\circ \rho_{st}^\circ = \infty$. 如此 $\rho^\circ$ 是 $S$ 的表示.

对偶地, $\lambda^\circ$ 也是 $S$ 的表示. 从而 $\phi^\circ$ 亦是.

令 $e, f \in E(S)$ 满足 $\phi_e^\circ = \phi_f^\circ$. 则 $\rho_e^\circ = \rho_f^\circ$. 故可得 $L_e^\circ \rho_f^\circ = L_e^\circ \rho_e^\circ = L_e^\circ \neq \infty$, 也即 $e \mathscr{R} ef$ 且 $L_{ef}^\circ = L_e^\circ$, 故 $e \mathscr{H} ef$. 对偶地, 从 $\lambda_e^\circ = \lambda_f^\circ$ 可得 $f \mathscr{H} ef$. 这样 $e \mathscr{H} f$, 故 $e = f$. 这证得 $\mathrm{Ker}\,\phi^\circ$ 幂等元分离. □

**引理 4.1.9**　设 $S$ 为半群, $x \in \mathrm{Reg}\,S, e \in E(S)$. 若 $x \mathscr{R} xe$, 则存在 $g \in E(S), g \longrightarrow e$ 且 $x \mathscr{L} g \mathscr{R} ge$.

**证明**　因 $x \in \mathrm{Reg}\,S$, 有 $f \in E(S), x \mathscr{L} f$. 由 Green 引理及 $x \mathscr{R} xe$ 立得在半群 $S$ 中有 $f \mathscr{R} fe$. 于是有 $t \in S^1$, $f = fet$. 令 $g = etf$, 易验证 $g \in E(S)$, 在双序集 $E(S)$ 中有 $g \longrightarrow e$ 且在半群 $S$ 中有 $x \mathscr{L} g \mathscr{R} ge$. □

下述命题及其对偶说明 $\phi^\circ$ 恰是 $\phi$ 从双序集到半群的复原.

**命题 4.1.10**　对任意半群 $S$ 及其幂等元双序集 $E = E(S)$, 定义 $X^\circ$ 和 $X$ 等如前. 若定义映射 $^\circ : X \longrightarrow X^\circ$ 为 $L \mapsto L^\circ, \infty \mapsto \infty$, 则 $^\circ$ 是双射且对任意 $e \in E$, 图 4.14 交换:

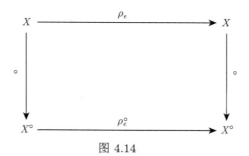

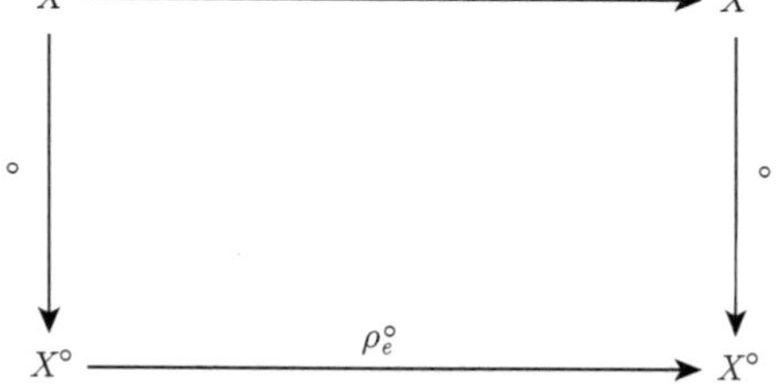


图 4.14

**证明** 易知, 对任意 $x, y \in E$, $x >\!\!\!-\!\!\!< y$ 当且仅当在半群 $S$ 中有 $x \mathscr{L} y$. 因而映射 $^\circ$ 是双射. 又, 对任意 $x, e \in E$, 由于 $x \longrightarrow e$ 蕴含 $x \longleftrightarrow xe$ 而 $x \longleftrightarrow xe$ 当且仅当在 $S$ 中 $x \mathscr{R} xe$, 由引理 4.1.9 即知图 4.14 交换. □

由定理 4.1.8 和命题 4.1.10 立得下述结论:

**定理 4.1.11** 若 $E$ 是半群 $S$ 的幂等元双序集, 则 $\langle E\phi \rangle$(它是 $\mathcal{T}(X) \times \mathcal{T}^*(Y)$ 的子半群) 同构于 $\langle E \rangle \phi^\circ = \langle E\phi^\circ \rangle$(它是 $\mathcal{T}(X^\circ) \times \mathcal{T}^*(Y^\circ)$ 的子半群). 更准确地, 映射

$$\Phi : \langle E\phi \rangle \longrightarrow \langle E \rangle \phi^\circ, \quad \phi_{e_1}\phi_{e_2}\cdots\phi_{e_n} \longmapsto \phi^\circ_{e_1 e_2 \cdots e_n}, \quad e_1, e_2, \cdots, e_n \in E$$

是该两子半群间的一个同构.

进而有下述推论:

**推论 4.1.12** 设 $S$ 为任一幂等元生成半群, $E$ 为其幂等元双序集. 则 $\phi \cdot \Phi^{-1}$ 是由双序同构 $\phi : E \longrightarrow E\phi$ 诱导出的从 $S$ 到 $\mathcal{T}(X) \times \mathcal{T}^*(Y)$ 的子半群 $\langle E\phi \rangle$ 上的幂等元分离同态.

**定义 4.1.13** 设 $S$ 为半群, $\sigma$ 为其同余. 称 $S$ 关于 $\sigma$ 为幂等元提升的 (idempotent lifting), 若对任意 $e' \in E(S/\sigma)$, 存在 $e \in E(S)$ 使 $e' = e\sigma$. 称 $S$ 是幂等元提升半群, 若 $S$ 关于它的任一同余都是幂等元提升的.

由 Lallement 引理知, 任一正则半群是幂等元提升半群. Edwards 在 [20] 中证明了: 任一拟正则半群也是幂等元提升半群 (参看 5.1 节).

**定理 4.1.14** 对任意双序集 $E$, $E\phi = E(\langle E\phi \rangle)$ 的充要条件是存在半群 $S$ 使 $E \cong E(S)$ 且 $S$ 关于其上同余 $\operatorname{Ker}\phi^\circ$ 为幂等元提升.

**证明** **充分性** 设半群 $S$ 关于其上同余 $\operatorname{Ker}\phi^\circ$ 为幂等元提升. 不妨令 $E = E(S)$, 由幂等元提升性显然有 $E(S\phi^\circ) = E\phi^\circ$, 因而当然有 $E(\langle E\phi^\circ \rangle) = E\phi^\circ$. 由定理 4.1.11 中的 $\Phi$ 为同构, 易得

$$E\phi = (E\phi^\circ)\Phi^{-1} = (E(\langle E\phi \rangle))\Phi^{-1} = E(\langle E\phi^\circ \rangle \Phi^{-1}) = E(\langle E\phi \rangle).$$

**必要性** 设 $E\phi = E(\langle E\phi \rangle)$. 令 $S = \langle E\phi \rangle$, 则 $E(S) = E\phi$. 由定理 4.1.5, $E\phi$ 双序同构于 $E$. 不失一般性, 设 $E(S) = E$, 则 $S = \langle E \rangle$. 由定理 4.1.11 有

$$E\phi^\circ = (E\phi)\Phi = (E(\langle E\phi \rangle))\Phi = E(\langle E\phi \rangle \Phi) = E(\langle E \rangle \phi^\circ) = E(S\phi^\circ).$$

此即 $S$ 关于 $\operatorname{Ker}\phi^\circ$ 为幂等元提升. □

作为本节的结束, 我们来给出 $E(\langle E\phi \rangle)$ 中某元 $\alpha$ 在 $E\phi$ 中的一个充分条件.

**引理 4.1.15** 设 $E$ 为任意双序集. 若对 $\alpha \in E(\langle E\phi \rangle)$, 有 $e, f \in E$ 使在半群 $\langle E\phi \rangle$ 中有 $\phi_e \mathscr{L} \alpha \mathscr{R} \phi_f$, 则 $\alpha \in E\phi$.

**证明**　因在半群 $\langle E\phi\rangle$ 中有 $\alpha^2=\alpha$ 及 $\phi_e\,\mathscr{L}\,\alpha\,\mathscr{R}\,\phi_f$, $e,f\in E$. 由 Miller-Clifford 定理, 我们有 “蛋盒图” 如图 4.15 所示.

现在, $L_e\rho_e=L_e\neq\infty$, 而由在 $\mathcal{T}(X)$ 中有 $\rho_e\,\mathscr{R}\,\rho_e\rho_f$, 当有 $\gamma\in\mathcal{T}(X)^1$ 使 $\rho_e=(\rho_e\rho_f)\gamma$ 时, 必有 $L_e\rho_f=L_e\rho_e\rho_f\neq\infty$. 如此, 当有 $x\in L_e$ 时, $x\longrightarrow f$. 从而我们有箭图如图 4.16 所示. 进而, 由 Green 引理及 $\phi$ 为双序态射, 易得 “蛋盒图” (图 4.17) 及其中的箭图. 由此即得 $\phi_{xf}\succ\!\!\!\rightarrow\phi_f$ 且 $\phi_f\succ\!\!\prec\phi_{xf}$. 于是 $\phi_f=\phi_{xf}$, 从而 $\phi_x\,\mathscr{H}\,\alpha$. 这就得到 $\alpha=\phi_x$, 因为二者皆为 $\langle E\phi\rangle$ 的幂等元. □

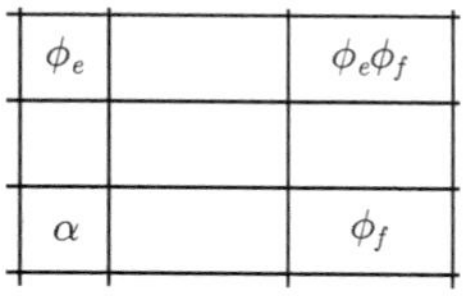


图 4.15

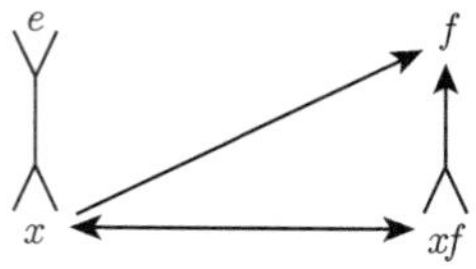


图 4.16

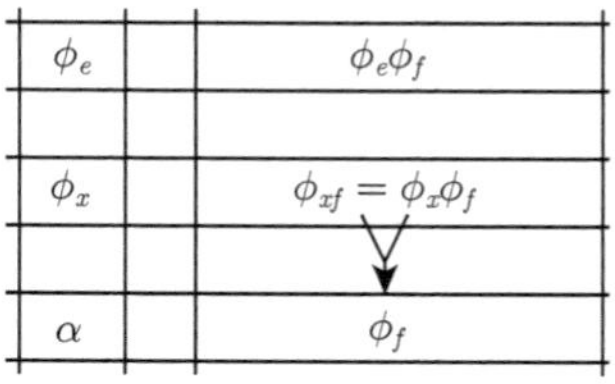


图 4.17

**习题 4.1**

1. 用箭图表示出双序集的所有公理.

2. 证明引理 4.1.1 的两个结论.

3. 设 $F$ 为字母表 $A$ 上自由半群, 而 $S$ 是给 $F$ 添加两个元素 $e$ 和 1 得到的半群, 满足 $e^2=e=e1=1e$, $1^2=1$ 及 $ew=we=1w=w1=w, \forall w\in F$. 证明: 对 $S$ 有 $E\phi\subseteq E(\langle E\phi\rangle)$ 为真包含.

## 4.2　任意双序集来自半群

设 $E$ 为任一双序集, 在本节中我们始终用 “·” 表示 $E$ 中的部分运算. 设 $F[F^1]$ 表示集合 $E$(即集合范畴中双序集 $E$ 在遗忘函子的对象映射下的像) 上的自由 [幺] 半群. 我们把 $E$ 中的元素称为*字母* (letter), 用 $e,f,g,x,y,z$ 等或带有上或下标的这些符号表示; 把 $F[F^1]$ 中的元素称为 ($E$ 上的) 一个*词* (word), 记为 $u,v,w$ 等; 词 $u$ 中出现的字母的个数称为 $u$ 的*长* (length), 记为 $l(u)$; 显然长为 1 的词即字母. 特别地, 1 称为*空词* (empty word), 有 $l(1)=0$. $F^1$ 中的乘法用词的*连接* (juxtaposition) 表示. 因而, 若 $(f,g)\in D_E$, 则表达式 $fg$ 是长为 2 的词而 $f\cdot g$ 是字母.

称词 $v$ 是词 $w$ 的*子词* (subword), 若有 $u,u'\in F^1$, 使 $w=uvu'$. 称*词列* (sequence of words)$w_1,\cdots,w_n$ *覆盖* (cover) *词*$w$, 若存在 $w_1',\cdots,w_n'\in F^1$, 分别是 $w_1,\cdots,w_n$ 的子词, 使得 $w=w_1'\cdots w_n'$.

在 $F$ 上定义关系 $\sigma$ 为

$$\sigma = \{(fg, f \cdot g) : (f, g) \in D_E\},$$

并令 $\sigma^{\#}$ 表示 $F$ 上由 $\sigma$ 生成的同余. 我们用 $T$ 或带上某些足标的该符号来代表初等 $\sigma$-迁移: 若 $T$ 将 $w$ 变为 $w'$, 则记为 $T : w \mapsto w'$. 显然初等 $\sigma$-迁移始终有如下二型之一:

$$T : ufgv \mapsto uf \cdot gv \qquad \text{或} \qquad T : uf \cdot gv \mapsto ufgv, \tag{4.1}$$

其中 $u, v \in F^1$, $(f, g) \in D_E$. 称 $T$ 是第一型的 (of 1 type), 若 $f \longrightarrow g$ 或 $f >\!\!\!-\, g$, 此时有 $f \longleftrightarrow f \cdot g$; 称 $T$ 是第二型的 (of 2 type), 若 $f \longleftarrow g$ 或 $f \,-\!\!\!< g$, 此时有 $g >\!\!\!-\!\!\!< f \cdot g$. 显然, 每个初等 $\sigma$-迁移都是该二型之一.

我们本节的目的就是证明 $E$ 双序同构于 $E(F/\sigma^{\#})$.

**引理 4.2.1** 若 $f_1, \cdots, f_n$, $g_1, \cdots, g_m$ 为字母, 满足

$$\sigma^{\#}(f_1 \cdots f_n) = \sigma^{\#}(g_1 \cdots g_m),$$

则在半群 $\langle E\phi \rangle$ 中有 $\phi_{f_1} \cdots \phi_{f_n} = \phi_{g_1} \cdots \phi_{g_m}$.

**证明** 由 $\sigma^{\#}(f_1 \cdots f_n) = \sigma^{\#}(g_1 \cdots g_m)$, 必有 $w_1, \cdots, w_{k+1} \in F$ 及初等 $\sigma$-迁移 $T_i : w_i \mapsto w_{i+1}, i = 1, \cdots, k$, 满足 $w_1 = f_1 \cdots f_n$, $w_{k+1} = g_1 \cdots g_m$. 现对 $k$ 归纳证明如下:

当 $k = 1$ 时, 必有 $|n - m| = 1$, 不妨设 $n - m = 1$. 此时必有某 $i, 1 \leqslant i \leqslant n - 1$, 使 $(f_i, f_{i+1}) \in D_E$, $g_i = f_i \cdot f_{i+1}$ 而 $f_j = \begin{cases} g_j, & j < i, \\ g_{j-1}, & j > i + 1. \end{cases}$ 由于 $\phi$ 是双序态射, 我们有 $\phi_{f_i}\phi_{f_{i+1}} = \phi_{f_i \cdot f_{i+1}} = \phi_{g_i}$, 由 $f_j = \begin{cases} g_j, & j < i, \\ g_{j-1}, & j > i + 1 \end{cases}$ 立得 $\phi_{f_1} \cdots \phi_{f_i}\phi_{f_{i+1}} \cdots \phi_{f_n} = \phi_{g_1} \cdots \phi_{g_i} \cdots \phi_{g_m}$. 当 $m - n = 1$ 时, 将上述证明中的诸 $f$ 与相应的 $g$ 对换, 可得同样结论.

设结论对 $k - 1$ 成立. 令 $w_k = h_1 \cdots h_p$. 则有 $\phi_{f_1} \cdots \phi_{f_n} = \phi_{h_1} \cdots \phi_{h_p}$ 且 $|p - m| = 1$. 由归纳假设及上证立得 $\phi_{f_1} \cdots \phi_{f_n} = \phi_{h_1} \cdots \phi_{h_p} = \phi_{g_1} \cdots \phi_{g_m}$. □

**引理 4.2.2** 设 $\sigma^{\#}(w) \in E(F/\sigma^{\#})$. 若有字母 $e$ 使 $\sigma^{\#}(w) \mathscr{D} \sigma^{\#}(e)$, 则 $\sigma^{\#}(w)$ 作为一个 $\sigma^{\#}$-类必含字母.

**证明** 令 $w = e_1 \cdots e_N$. 由 $\sigma^{\#}(w)$ 为幂等元及 $\sigma^{\#}(w) \mathscr{D} \sigma^{\#}(e)$, 可找到字母 $f_1, \cdots, f_n, g_1, \cdots, g_m$, 使得 $\sigma^{\#}(f_1 \cdots f_n)$ 与 $\sigma^{\#}(g_1 \cdots g_m)$ 互为逆元且

$$\sigma^{\#}(w) = \sigma^{\#}(f_1 \cdots f_n g_1 \cdots g_m), \quad \sigma^{\#}(e) = \sigma^{\#}(g_1 \cdots g_m f_1 \cdots f_n).$$

由引理 4.2.1 得 $\phi_{e_1}\cdots\phi_{e_N}$ 是幂等元且 $\phi_e=\phi_{g_1}\cdots\phi_{g_m}\phi_{f_1}\cdots\phi_{f_n}$. 由于 $L_e\rho_e\neq\infty$, 有 $L_e\rho_{g_1}\cdots\rho_{g_m}\neq\infty$. 于是对于 $i=1,2,\cdots,m$, 存在字母 $x_i$, 满足 $x_i\longrightarrow g_i$, $x_1\in L_e$ 而 $x_j\in L_{x_{j-1}\cdot g_{j-1}}=L_e\rho_{g_1}\cdots\rho_{g_{j-1}}, j=2,\cdots,m$. 特别地, 有

$$x_m\longrightarrow g_m,\quad L_e\rho_{g_1}\cdots\rho_{g_m}=L_{x_m\cdot g_m}.$$

记 $S=F/\sigma^{\#}$, 反复利用引理 4.2.1 和 Green 引理可得

$$\sigma^{\#}(x_m\cdot g_m)\,\mathscr{L}^S\,\sigma^{\#}(eg_1\cdots g_m)=\sigma^{\#}(g_1\cdots g_m)\,\mathscr{L}^S\,\sigma^{\#}(w).$$

记 $x=x_m\cdot g_m$, 它是一个字母, 由引理 4.2.1 得 $\phi_x\,\mathscr{L}^{\langle E\phi\rangle}\,\phi_{e_1}\cdots\phi_{e_N}$.

对偶地, 存在字母 $y$ 满足 $\sigma^{\#}(y)\,\mathscr{R}^S\,\sigma^{\#}(w)$ 且 $\phi_y\,\mathscr{R}^{\langle E\phi\rangle}\,\phi_{e_1}\cdots\phi_{e_N}$. 于是由引理 4.1.15, 存在 $z\in E$, 使 $\phi_z=\phi_{e_1}\cdots\phi_{e_N}$. 因而 $\phi_x\succ\!\!\!-\!\!\!\prec\phi_z\longleftrightarrow\phi_y$. 由引理 4.1.4 知 $\phi^{-1}$ 是双序态射, 得 $x\succ\!\!\!-\!\!\!\prec z\longleftrightarrow y$. 从而

$$\sigma^{\#}(x)\,\mathscr{L}^S\,\sigma^{\#}(z)\,\mathscr{R}^S\sigma^{\#}(y).$$

由此得 $\sigma^{\#}(z)\,\mathscr{H}^S\,\sigma^{\#}(w)$, 亦即 $\sigma^{\#}(z)=\sigma^{\#}(w)$, 因为二者皆为 $S$ 的幂等元. □

**定理 4.2.3** 任一双序集同构于某半群的幂等元双序集. 更准确地说, 设 $E$ 为任一双序集, $F$ 为集合 $E$ 上的自由半群, $\sigma^{\#}$ 为 $F$ 上二元关系

$$\sigma=\{(fg,f\cdot g)\;:\;(f,g)\in D_E\}$$

生成的 $F$ 的同余. 那么, $E$ 与 $E(F/\sigma^{\#})$ 双序同构.

**证明** 令 $\eta:E\longrightarrow E(F/\sigma^{\#}), e\eta=\sigma^{\#}(e),\forall e\in E$. 由定理 4.1.5(注意 $\phi$ 是双序同构) 和引理 4.2.1, 易知 $E\eta$ 是 $E(F/\sigma^{\#})$ 的双序子集且 $\eta$ 是从 $E$ 到 $E\eta$ 上的双序同构. 因此我们只需证明 $E\eta=E(F/\sigma^{\#})$, 即对任意 $w=e_1\cdots e_n\in F$, 若 $\sigma^{\#}(w)\in E(F/\sigma^{\#})$, 则必有 $e\in E$ 使 $\sigma^{\#}(e)=\sigma^{\#}(w)$. 由引理 4.2.2, 这只需证明: 存在 $e\in E$ 使得在 $S=F/\sigma^{\#}$ 中有

$$\sigma^{\#}(w)\,\mathscr{D}\,\sigma^{\#}(e).\tag{4.2}$$

由 $\sigma^{\#}(e_1\cdots e_n)$ 是幂等元, 有 $e_1\cdots e_n\,\sigma^{\#}\,(e_1\cdots e_n)^n$. 因而存在词列 $w_1,\cdots,w_N$ 和初等 $\sigma$-迁移链 $T_k:w_k\mapsto w_{k+1},k=1,\cdots,N-1$, 使

$$w_1=e_1\cdots e_n,\quad w_N=(e_1\cdots e_n)^n.$$

以下证明的主要思路是: 对每个 $k=1,\cdots,N$, 找出 $w_k$ 的 $n$ 个子词 $w_k^{(1)},\cdots,w_k^{(n)}$, 它们覆盖词 $w_k$, 而每个 $\sigma^{\#}(w_k^{(i)}),i=1,\cdots,n$, 都在 $E\eta$ 某元所在的 $\mathscr{D}$-类中.

为此, 对每个 $i=1,\cdots,n$, 我们对足标 $k=1,\cdots,N$ 归纳定义用于选择覆盖 $w_k$ 的第 $i$ 个子词 $w_k^{(i)}$ 的三个数 $\beta_k^{(i)},\alpha_k^{(i)},\gamma_k^{(i)}$ 如下: $\beta_k^{(i)}$ 是 $w_k^{(i)}$ 中必出现的关键字母 $e_k^{(i)}$ 在 $w_k$ 中 (从左至右) 的位置; $\alpha_k^{(i)}$ 是 $w_k^{(i)}$ 的首字母在 $w_k$ 中的位置; 而 $\gamma_k^{(i)}$ 是 $w_k^{(i)}$ 的尾字母在 $w_k$ 中的位置. 归纳定义的过程是: $\alpha_1^{(i)}=\beta_1^{(i)}=\gamma_1^{(i)}=i$(显然, 此即 $w_1^{(i)}=e_i$); 当 $\beta_k^{(i)},\alpha_k^{(i)},\gamma_k^{(i)}$ 有定义 (因而 $\alpha_k^{(i)}\leqslant\beta_k^{(i)}\leqslant\gamma_k^{(i)}$, $\beta_k^{(1)}\leqslant\beta_k^{(2)}\leqslant\cdots\leqslant\beta_k^{(n)}$) 时, $\beta_{k+1}^{(i)},\alpha_{k+1}^{(i)},\gamma_{k+1}^{(i)}$ 的定义是

$$\beta_{k+1}^{(i)}=\begin{cases}\beta_k^{(i)}, & \text{若}\quad T_k: ufgv\mapsto uf\cdot gv,\quad \text{其中 } l(u)\geqslant\beta_k^{(i)}-1,\\ & \text{或}\quad T_k: uf\cdot gv\mapsto ufgv,\quad \text{其中 } l(u)\geqslant\beta_k^{(i)} \text{ 或 } l(u)=\beta_k^{(i)}-1\\ & \qquad\qquad\qquad\qquad\qquad\qquad \text{且 } T_k \text{ 为第一型},\\ \beta_k^{(i)}-1, & \text{若}\quad T_k: ufgv\mapsto uf\cdot gv,\quad \text{其中 } l(u)\leqslant\beta_k^{(i)}-2,\\ \beta_k^{(i)}+1, & \text{若}\quad T_k: uf\cdot gv\mapsto ufgv,\quad \text{其中 } l(u)\leqslant\beta_k^{(i)}-2 \text{ 或 } l(u)=\beta_k^{(i)}-1\\ & \qquad\qquad\qquad\qquad\qquad\qquad \text{且 } T_k \text{ 为第二型}.\end{cases}$$

$$\alpha_{k+1}^{(i)}=\begin{cases}\alpha_k^{(i)}, & \text{若}\quad T_k: ufgv\mapsto uf\cdot gv,\quad \text{其中 } l(u)\geqslant\alpha_k^{(i)}-1 \text{ 或}\\ & \qquad\qquad l(u)=\alpha_k^{(i)}-2, \alpha_k^{(i)}<\beta_k^{(i)} \text{ 且 } T_k \text{ 第一型},\\ & \text{或}\quad T_k: uf\cdot gv\mapsto ufgv,\quad \text{其中 } l(u)\geqslant\alpha_k^{(i)}-1,\\ \alpha_k^{(i)}-1, & \text{若}\quad T_k: ufgv\mapsto uf\cdot gv,\quad \text{其中 } l(u)\leqslant\alpha_k^{(i)}-3 \text{ 或 } l(u)=\alpha_k^{(i)}-2,\\ & \qquad\qquad \text{且要么 } \alpha_k^{(i)}=\beta_k^{(i)}, \text{要么 } T_k \text{ 为第二型},\\ \alpha_k^{(i)}+1, & \text{若}\quad T_k: uf\cdot gv\mapsto ufgv,\quad \text{其中 } l(u)\leqslant\alpha_k^{(i)}-2.\end{cases}$$

$$\gamma_{k+1}^{(i)}=\begin{cases}\gamma_k^{(i)}, & \text{若}\quad T_k: ufgv\mapsto uf\cdot gv,\quad \text{其中 } l(u)\geqslant\gamma_k^{(i)} \text{ 或 } l(u)=\gamma_k^{(i)}-1,\\ & \qquad\qquad \text{且要么} \gamma_k^{(i)}=\beta_k^{(i)}, \text{ 要么 } T_k \text{ 为第一型},\\ & \text{或}\quad T_k: uf\cdot gv\mapsto ufgv,\quad \text{其中 } l(u)\geqslant\gamma_k^{(i)},\\ \gamma_k^{(i)}-1, & \text{若}\quad T_k: ufgv\mapsto uf\cdot gv,\quad \text{其中 } l(u)\leqslant\gamma_k^{(i)}-2 \text{ 或 } l(u)=\gamma_k^{(i)}-1,\\ & \qquad\qquad \gamma_k^{(i)}>\beta_k^{(i)}, \text{ 且 } T_k \text{ 为第二型},\\ \gamma_k^{(i)}+1, & \text{若}\quad T_k: uf\cdot gv\mapsto ufgv,\quad \text{其中 } l(u)\leqslant\gamma_k^{(i)}-1.\end{cases}$$

这个定义过程相当复杂, 但仔细分析其所蕴含的词列组成规律, 注意到

$$|l(w_{k+1})-l(w_k)|=1,$$

可以归纳地验证它们满足以下三性质:

1° $\beta_k^{(1)}\leqslant\beta_k^{(2)}\leqslant\cdots\leqslant\beta_k^{(n)}, \forall k=1,\cdots,N(\geqslant n^2)$;

2° $\alpha_k^{(i)}\leqslant\beta_k^{(i)}\leqslant\gamma_k^{(i)}, \forall k=1,\cdots,N, i=1,\cdots,n$;

3° 对任二正整数 $p,q$, $p\leqslant q$, 用 $[p,q]$ 表示从 $p$ 到 $q$ 的所有正整数之集, 则有

$$[1,l(w_k)]=\bigcup_{i=1}^{n}[\alpha_k^{(i)},\gamma_k^{(i)}],\quad \forall k=1,\cdots,N.$$

例如, 可对 $k=1,\cdots,N$ 归纳验证 $\alpha_k^{(1)}=1$, $\gamma_k^{(n)}=l(w_k)$.

上述性质 1°—3° 证明了一个**重要结论**: $w_k^{(1)},\cdots,w_k^{(n)}$ **覆盖** $w_k$, $k=1,\cdots,N$. 特别地, $w_N$ 被 $w_N^{(1)},\cdots,w_N^{(n)}$ 覆盖. 我们还可断言

**断言**　存在正整数 $i_0, 1\leqslant i_0\leqslant n$ 使 $e_1\cdots e_n$ 为 $w_N^{(i_0)}$ 的子词.

事实上, 如果该断言不成立, 则 $w_N^1$ 不覆盖 $e_1\cdots e_n$. 归纳假设 $w_N^{(1)},\cdots,w_N^{(i)}$ 不覆盖 $(e_1\cdots e_n)^i$, 则由于 $w_N^{(i+1)}$ 不覆盖 $e_1\cdots e_n$, 必有 $w_N^{(1)},\cdots,w_N^{(i)},w_N^{(i+1)}$ 不覆盖 $(e_1\cdots e_n)^{i+1}$. 如此当有 $w_N^{(1)},\cdots,w_N^{(n)}$ 不覆盖 $w_N=(e_1\cdots e_n)^n$. 这与已得结论矛盾.

回到定理之证. 因 $w_k$ 的第 $\beta_k^{(i)}$ 个字母是 $e_k^{(i)}$, 每个词 $w_k^{(i)}$ 有形 $w_k^{(i)}=u_k^{(i)}e_k^{(i)}v_k^{(i)}$, 其中 $u_k^{(i)},v_k^{(i)}\in F^1$, $k=1,\cdots,N$, $i=1,\cdots,n$. 我们来证明: 对每个 $k$ 和 $i$, 有

$$\sigma^{\#}(e_k^{(i)})\,\mathscr{R}\,\sigma^{\#}(e_k^{(i)}v_k^{(i)})\quad 且\quad \sigma^{\#}(e_k^{(i)})\,\mathscr{L}\,\sigma^{\#}(u_k^{(i)}e_k^{(i)}). \tag{4.3}$$

我们对 $k$ 用归纳法证明 (4.3) 中第一式, 第二式的证明是类似的.

对 $k=1$, 由 $w_1^{(i)}=e_i, i=1,\cdots,n$, $u_1^{(i)}=1=v_1^{(i)}$, 该式平凡地成立. 设其对 $k$ 成立, 对 $k+1$ 证明如下:

注意到数组 $\alpha_k^{(i)},\beta_k^{(i)},\gamma_k^{(i)}$ 定义中与 $T_k$ 的关系, 我们只需考察 $T_k$ 的下述六种情形:

$$
\begin{array}{lllll}
(a) & u'\underbrace{ufe_k^{(i)}v}_{w_k^{(i)}}v' & \longmapsto & u'\underbrace{uf\cdot e_k^{(i)}v}_{w_{k+1}^{(i)}}v'; & \\
(b) & u'f\underbrace{e_k^{(i)}v}_{w_k^{(i)}}v' & \longmapsto & u'\underbrace{f\cdot e_k^{(i)}v}_{w_{k+1}^{(i)}}v'; & \\
(c) & u'\underbrace{ue_k^{(i)}fv}_{w_k^{(i)}}v' & \longmapsto & u'\underbrace{ue_k^{(i)}\cdot fv}_{w_{k+1}^{(i)}}v'; & \\
(d) & u'\underbrace{ue_k^{(i)}f}_{w_k^{(i)}}v & \longmapsto & u'\underbrace{ue_k^{(i)}\cdot f}_{w_{k+1}^{(i)}}v; & \\
(e) & u'\underbrace{ue_k^{(i)}vf}_{w_k^{(i)}}gv' & \longmapsto & u'\underbrace{ue_k^{(i)}vf\cdot g}_{w_{k+1}^{(i)}}v', & T_k\text{为第一型, 或} \\
 & u'\underbrace{ue_k^{(i)}vf}_{w_k^{(i)}}gv' & \longmapsto & u'\underbrace{ue_k^{(i)}v}_{w_{k+1}^{(i)}}f\cdot gv', & T_k\text{为第二型;} \\
(f) & u'\underbrace{ue_k^{(i)}v}_{w_k^{(i)}}v' & \longmapsto & u'\underbrace{ufgv}_{w_{k+1}^{(i)}}v', & \text{其中}\quad e_k^{(i)}=f\cdot g.
\end{array}
$$

**情形 (a) 和 (b)** 此时有 $e_{k+1}^{(i)}=f\cdot e_k^{(i)}$ 且 $v_{k+1}^{(i)}=v=v_k^{(i)}$. 由 $\sigma^{\#}(e_k^{(i)})\mathscr{R}\sigma^{\#}(e_k^{(i)}v)$ 及 $\mathscr{R}$ 是左同余得

$$\sigma^{\#}(e_{k+1}^{(i)})=\sigma^{\#}(f)\sigma^{\#}(e_k^{(i)})\,\mathscr{R}\,\sigma^{\#}(f)\sigma^{\#}(e_k^{(i)}v)=\sigma^{\#}(f\cdot e_k^{(i)}v)=\sigma^{\#}(e_{k+1}^{(i)}v_{k+1}^{(i)}).$$

**情形 (c)** 此时 $e_{k+1}^{(i)}=e_k^{(i)}\cdot f$ 且 $v_{k+1}^{(i)}=v, v_k^{(i)}=fv$. 由 $\sigma^{\#}(e_k^{(i)}fv)\,\mathscr{R}\,\sigma^{\#}(e_k^{(i)})$, 可得

$$\begin{aligned}\sigma^{\#}(e_{k+1}^{(i)})&=\sigma^{\#}(e_k^{(i)}\cdot f)\\&=\sigma^{\#}(e_k^{(i)}f)\,\mathscr{R}\,\sigma^{\#}(e_k^{(i)})\,\mathscr{R}\,\sigma^{\#}(e_k^{(i)}fv)\\&=\sigma^{\#}(e_k^{(i)}\cdot fv)=\sigma^{\#}(e_{k+1}^{(i)}v_{k+1}^{(i)}).\end{aligned}$$

**情形 (d)** 因为 $v_{k+1}^{(i)}$ 是空词, (4.3) 第一式对 $e_{k+1}^{(i)}$ 平凡地成立.

**情形 (e)** 若 $T_k$ 不是第一型的, 此时有

$$v_k^{(i)}=vf,\quad v_{k+1}^{(i)}=v,\quad e_{k+1}^{(i)}=e_k^{(i)}\quad \text{及}\quad \sigma^{\#}(e_k^{(i)})\,\mathscr{R}\,\sigma^{\#}(e_k^{(i)}vf),$$

因而

$$\sigma^{\#}(e_{k+1}^{(i)}v_{k+1}^{(i)})=\sigma^{\#}(e_k^{(i)}v)\,\mathscr{R}\,\sigma^{\#}(e_k^{(i)})=\sigma^{\#}(e_{k+1}^{(i)}).$$

若 $T_k$ 是第一型的, 则 $e_{k+1}^{(i)}=e_k^{(i)}$, $v_k^{(i)}=vf$, $v_{k+1}^{(i)}=vf\cdot g$ 且有 $f\longleftrightarrow f\cdot g$. 如此可得

$$\sigma^{\#}(e_{k+1}^{(i)}v_{k+1}^{(i)})=\sigma^{\#}(e_k^{(i)}vf\cdot g)\,\mathscr{R}\,\sigma^{\#}(e_k^{(i)}vf)=\sigma^{\#}(e_k^{(i)}v_k^{(i)})\,\mathscr{R}\,\sigma^{\#}(e_k^{(i)})=\sigma^{\#}(e_{k+1}^{(i)}).$$

**情形 (f)** 若 $T_k$ 为第一型, 则 $e_{k+1}^{(i)}=f$, $v_{k+1}^{(i)}=gv=gv_k^{(i)}$ 而 $e_{k+1}^{(i)}\longleftrightarrow e_k^{(i)}=f\cdot g$, 故

$$\sigma^{\#}(e_{k+1}^{(i)}v_{k+1}^{(i)})=\sigma^{\#}(fgv)=\sigma^{\#}(f\cdot gv)=\sigma^{\#}(e_k^{(i)}v_k^{(i)})\,\mathscr{R}\,\sigma^{\#}(e_k^{(i)})\,\mathscr{R}\,\sigma^{\#}(e_{k+1}^{(i)}).$$

若 $T_k$ 为第二型, 则 $e_{k+1}^{(i)}=g$, $v_{k+1}^{(i)}=v=v_k^{(i)}$ 且 $e_{k+1}^{(i)}\succ\!\!\!-\!\!\!\prec e_k^{(i)}$, 从而由 $\mathscr{R}$ 是左同余得

$$\begin{aligned}\sigma^{\#}(e_{k+1}^{(i)}v_{k+1}^{(i)})&=\sigma^{\#}(gv)=\sigma^{\#}(g\cdot e_k^{(i)}v)=\sigma^{\#}(ge_k^{(i)}v_k^{(i)})\,\mathscr{R}\,\sigma^{\#}(ge_k^{(i)})\\&=\sigma^{\#}(g)=\sigma^{\#}(e_{k+1}^{(i)}).\end{aligned}$$

如此, (4.3) 第一式成立.

现在我们证明: $\sigma^{\#}(w)=\sigma^{\#}(e_1\cdots e_n)\ \mathscr{D}\ \sigma^{\#}(e_N^{(i_0)})$, 其中 $i_0$ 即断言中所指明者.

由**断言**, 存在非负整数 $j, k, \alpha$ 和 $\beta$ 使得子词 $w_N^{(i_0)}$ 有形

$$w_N^{(i_0)} = e_j \cdots e_n (e_1 \cdots e_n)^{\alpha} e_1 \cdots e_n (e_1 \cdots e_n)^{\beta} e_1 \cdots e_k,$$

其中, 当 $j, k, \alpha$ 或 $\beta$ 为 0 时, 相应的字母或词是空词.

由 $\sigma^{\#}(e_1 \cdots e_n)$ 为幂等元知

$$\begin{aligned}\sigma^{\#}(w_N^{(i_0)}) &= \sigma^{\#}(e_j \cdots e_n e_1 \cdots e_n e_1 \cdots e_k) \mathscr{R} \sigma^{\#}(e_j \cdots e_n e_1 \cdots e_n) \mathscr{L} \sigma^{\#}(e_1 \cdots e_n) \\ &= \sigma^{\#}(w),\end{aligned}$$

故有

$$\sigma^{\#}(w_N^{(i_0)}) \mathscr{D} \sigma^{\#}(w). \tag{4.4}$$

由 (4.3) 式我们有

$$\sigma^{\#}(u_N^{(i_0)} e_N^{(i_0)}) \mathscr{L} \sigma^{\#}(e_N^{(i_0)}) \mathscr{R} \sigma^{\#}(e_N^{(i_0)} v_N^{(i_0)}).$$

从而由 Miller-Clifford 定理, 得

$$\sigma^{\#}(u_N^{(i_0)} e_N^{(i_0)}) \mathscr{R} \sigma^{\#}(u_N^{(i_0)} e_N^{(i_0)} v_N^{(i_0)}) = \sigma^{\#}(w_N^{(i_0)}).$$

如此, 知

$$\sigma^{\#}(w_N^{(i_0)}) \mathscr{D} \sigma^{\#}(e_N^{(i_0)}).$$

由式 (4.4) 即得 $\sigma^{\#}(w) \mathscr{D} \sigma^{\#}(e_N^{(i_0)})$. 记 $e = e_N^{(i_0)}$, 给出了 (4.2) 的结论. □

**定理 4.2.4** 设 $E$ 为任一双序集, $T$ 为幂等元生成半群, 则 $E \cong E(T)$ 的充要条件是 $T$ 为 $F/\sigma^{\#}$ 的幂等元分离同态像.

**证明** 充分性是显然的. 为证必要性, 设 $T$ 为幂等元生成半群, 满足 $E = E(T)$. 则 $T = F/\tau$, 其中同余 $\tau$ 满足 $\sigma \subseteq \tau$, 从而 $\sigma^{\#} \subseteq \tau$. 故 $T$ 必为 $F/\sigma^{\#}$ 的同态像. □

## 习题 4.2

1. 验证定理 4.2.3 证明中覆盖词 $w_2$ 的词组 $w_2^{(1)}, \cdots, w_2^{(n)}$ 可确定如下:

若 $T_2 : e_1 \cdots e_{i_0} e_{i_0+1} \cdots e_n \longmapsto e_1 \cdots e_{i_0-1} f e_{i_0+2} \cdots e_n$, $f = e_{i_0} \cdot e_{i_0+1}$, 则

$$w_2^{(i)} = \begin{cases} e_i, & i \notin [i_0, i_0+1], \\ f, & i \in [i_0, i_0+1]. \end{cases}$$

若 $T_2 : e_1 \cdots e_{i_0} \cdots e_n \longmapsto e_1 \cdots e_{i_0-1} f g e_{i_0+1} \cdots e_n$, $e_{i_0} = f \cdot g$, 则

$$w_2^{(i)} = \begin{cases} e_i, & i \neq i_0, \\ fg, & i = i_0, \end{cases}$$

且当 $i \neq i_0$ 时 $e_2^{(i)} = e_i$, 但

$$e_2^{(i_0)} = \begin{cases} f, & 若\ T_2\ 为第一型, \\ g, & 若\ T_2\ 为第二型. \end{cases}$$

2. 证明: $\alpha_k^{(i)}, \beta_k^{(i)}, \gamma_k^{(i)}$ 满足本节所述三条性质.

3. 设 $E$ 为双序集, $T$ 为幂等元生成半群. 若 $\phi : E \longrightarrow E(T)$ 为双序同构, 则 $\phi$ 可以唯一的方式扩充为 $F/\sigma^{\#}$ 到 $T$ 上的半群同构.

4. 设 $S$ 为幂等元生成半群, $E$ 为其幂等元双序集. 设 $E^*$ 为一集合, $* : e \mapsto e^*$ 为从 $E$ 到 $E^*$ 上的双射. 记 $E^{*+}$ 为集合 $E^*$ 上的自由半群. 证明

(1) 在 $E^{*+}$ 上存在同余 $\rho$, 满足: 对任意 $e_1, \cdots, e_n, f_1 \cdots, f_m \in E$, $e_1^* \cdots e_n^* \rho f_1^* \cdots f_m^*$ 的充要条件是: 对任意幂等元生成半群 $T$, 只要 $\phi : E \longrightarrow E(T)$ 是双序同构, 则在 $T$ 中必有 $(e_1\phi)\cdots(e_n\phi) = (f_1\phi)\cdots(f_m\phi)$. 且 $E^* = E(F(E^*)/\rho)$ 双序同构于 $E$.

(2) $S$ 是 $E^{*+}/\rho$ 的同态像.

(3) $\rho = \sigma^{\#}$.

## 4.3 半带中的多元夹心集

给定一双序集 $E$. 任何以 $E$ 为幂等元双序集的半群 $S$ 都自然含有一个幂等元生成子半群 $\langle E(S) \rangle$, 它的幂等元双序集亦为 $E$. 因而, 讨论具有给定幂等元双序集结构的所有幂等元生成半群的性质和相互关系具有普遍意义. 按照 Pastijn 在 [56] 中采用的术语 (亦见 [5]), 幂等元生成半群又叫半带 (semiband). 我们从本节起即用此术语. 上一节我们已证明: 对任意双序集 $E$, 存在以 $E$ 为幂等元双序集的自由半带 $F/\sigma^{\#}$, 它是由所有半带及其同态组成的范畴 $\mathbb{SB}$ 中 “在双序集 $E$ 上的逆纤维 $\mathbb{SB}_E$” 这个子范畴中的泛对象. 我们在本章的最后三节将从另一角度对正则双序集讨论这些泛对象. 作为准备, 我们在本节先建立半带中幂等元双序集的 “多元夹心集” (multi-sandwich set) 的概念并讨论它在确定半带结构中的作用.

**定义 4.3.1** 设 $E$ 为双序集. 对任意 $n \geqslant 2$ 个元素 $e_1, \cdots, e_n \in E$, 定义集合

$$M(e_1, \cdots, e_n) = \left\{ (g_1, \cdots, g_{n-1}) : \begin{array}{ll} g_i \in M(e_i, e_{i+1}), & i = 1, \cdots, n-1, \\ g_j e_{j+1} = e_{j+1} g_{j+1}, & j = 1, \cdots, n-2 \end{array} \right\}, \tag{4.5}$$

称为有序组 $(e_1, \cdots, e_n)$ 的 $M$-集 ($M$-set). 又, 定义

$$S(e_1,\cdots,e_n)$$
$$=\left\{(h_1,\cdots,h_{n-1})\in M(e_1,\cdots,e_n):\ \begin{array}{l} e_1g_1\,\omega^r\,e_1h_1 \text{ 且 } g_{n-1}e_n\,\omega^\ell\,h_{n-1}e_n, \\ \forall(g_1,\cdots,g_{n-1})\in M(e_1,\cdots,e_n)\end{array}\right\}, \tag{4.6}$$

称为有序组 $(e_1,\cdots,e_n)$ 的夹心集 (sandwich set). 此外, 对任意 $i=1,\cdots,n-1$, 记夹心集 $S(e_1,\cdots,e_n)$ 第 $i$ 个分量的全体元素所成集合为 $S^{(i)}(e_1,\cdots,e_n)$. 显然,

$$S^{(1)}(e_1,e_2)=S(e_1,e_2).$$

下述引理叙述的 $M$-集和夹心集的性质容易从定义直接验证. 我们略去证明.

**引理 4.3.2**　设 $E$ 为任一双序集, $e_1,\cdots,e_n\in E$, $n\geqslant 2$. 我们有

(1) 若 $(g_1,\cdots,g_{n-1})\in M(e_1,\cdots,e_n)$, 则

$$e_1g_1\in\omega(e_1),\ g_ie_{i+1}\in\omega(e_{i+1}),\ i=1,\cdots,n-1\quad \text{且}$$

$$e_1g_1\,\mathscr{L}\,g_1\,\mathscr{R}\,g_1e_2=e_2g_2\,\mathscr{L}\,g_2\,\mathscr{R}\,\cdots,\,\mathscr{L}\,g_{n-1}\,\mathscr{R}\,g_{n-1}e_n.$$

(2) 若 $\phi:E\longrightarrow E'$ 为双序同构, 则

$$M(e_1,\cdots,e_n)\phi=M(e_1\phi,\cdots,e_n\phi),\quad S(e_1,\cdots,e_n)\phi=S(e_1\phi,\cdots,e_n\phi).$$

本节后面的讨论均在有幂等元双序集 $E=E(S)$ 的半带 $S$ 中进行.

**命题 4.3.3**　设 $(g_1,\cdots,g_{n-1})\in M(e_1,\cdots,e_n)$. 我们有

(1)　$g_i=g_ig_{i-1}\cdots g_1e_1\cdots e_i=e_{i+1}\cdots e_ng_{n-1}\cdots g_i$
$=e_{i+1}\cdots e_ng_{n-1}\cdots g_1e_1\cdots e_i.$

(2) 若记 $a=e_1\cdots e_n\in S$, $a'=g_{n-1}\cdots g_1$, 则 $aa'=e_1g_1$, $a'a=g_{n-1}e_n$, $a'aa'=a'$, 且有

$$e_1g_1\,\mathscr{R}\,aa'a=e_1g_1e_2g_2\cdots e_{n-1}g_{n-1}e_n\,\mathscr{L}\,g_{n-1}e_n.$$

**证明**　(1) 当 $i=1$ 时有 $g_1\,\omega^\ell e_1$, 故 $g_1=g_1e_1$. 设 $2\leqslant i\leqslant n-1$, 且 $g_{i-1}=g_{i-1}\cdots g_1e_1\cdots e_{i-1}$, 则由 $g_{i-1}e_i=e_ig_i\,\mathscr{L}\,g_i$, 故

$$g_i=g_ig_{i-1}e_i=g_ig_{i-1}\cdots g_1e_1\cdots e_{i-1}e_i.$$

当 $i=n-1$ 时有 $g_{n-1}\,\omega^r e_n$, 故 $g_{n-1}=e_ng_{n-1}$. 设 $1\leqslant i\leqslant n-2$, 且 $g_{i+1}=e_{i+1}\cdots e_ng_{n-1}\cdots g_{i+1}$, 则由 $g_i\,\mathscr{R}\,g_ie_{i+1}=e_{i+1}g_{i+1}$, 故

$$g_i=e_{i+1}g_{i+1}g_i=e_{i+1}\cdots e_ng_{n-1}\cdots g_{i+1}g_i.$$

由以上结论得

$$g_i = g_i^2 = (e_{i+1}\cdots e_n g_{n-1}\cdots g_i)(g_i\cdots g_1 e_1\cdots e_i)$$
$$= e_{i+1}\cdots e_n g_{n-1}\cdots g_1 e_1\cdots e_i.$$

(2) 由 (1) 得

$$e_1g_1 = e_1(e_2\cdots e_n g_{n-1}\cdots g_1) = (e_1\cdots e_n)(g_{n-1}\cdots g_1) = aa',$$
$$g_{n-1}e_n = (g_{n-1}\cdots g_1 e_1\cdots e_{n-1})e_n = (g_{n-1}\cdots g_1)(e_1\cdots e_n) = a'a.$$

由 $M$-集的定义, 有

$$\begin{aligned}
a'aa' &= (g_{n-1}\cdots g_1)(e_1\cdots e_n)(g_{n-1}\cdots g_1)\\
&= (g_{n-1}\cdots g_2 g_1 e_1\cdots e_n)(g_{n-1}\cdots g_1)\\
&= (g_{n-1}\cdots g_2 g_1 e_2\cdots e_n)(g_{n-1}\cdots g_1)\\
&= (g_{n-1}\cdots g_2 e_2 g_2 e_3\cdots e_n)(g_{n-1}\cdots g_1)\\
&= (g_{n-1}\cdots g_2 e_3\cdots e_n)(g_{n-1}\cdots g_1) = \cdots\\
&= g_{n-1}e_n g_{n-1}g_{n-2}\cdots g_1\\
&= g_{n-1}\cdots g_1 = a'.
\end{aligned}$$

由此立得 $aa'a = (e_1g_1)a$, $e_1g_1 = aa' = a(a'aa') = (aa'a)a'$, 即 $e_1g_1 \mathscr{R}\ aa'a$; 类似可证 $g_{n-1}e_n \mathscr{L}\ aa'a$.

于是有

$$\begin{aligned}
aa'a &= (e_1g_1)(e_1\cdots e_n) = e_1g_1e_1e_2\cdots e_n\\
&= e_1g_1^2e_2\cdots e_n = e_1g_1e_2g_2e_3\cdots e_n = \cdots\\
&= e_1g_1e_2g_2\cdots g_{i-1}^2 e_i\cdots e_n\\
&= e_1g_1e_2g_2\cdots e_ig_i\cdots g_{n-2}^2 e_{n-1}e_n\\
&= e_1g_1e_2g_2\cdots e_ig_i\cdots g_{n-2}e_{n-1}g_{n-1}e_n.
\end{aligned}$$

这就完成了证明. □

**命题 4.3.4** 对任意 $a = e_1\cdots e_n \in S$, $n \geqslant 2$, $e_1,\cdots,e_n \in E$, 有

$$M(e_1,\cdots,e_n) = \{(g_1,\cdots,g_{n-1}):\ g_i = e_{i+1}\cdots e_n a' e_1\cdots e_i,\ a'aa' = a' \in S\}.$$

**证明** 记命题中等式右边的集合为 $U_1$. 由命题 4.3.3, 对所有 $(g_1,\cdots,g_{n-1}) \in M(e_1,\cdots,e_n)$, 若令 $a' = g_{n-1}\cdots g_1$, 则 $g_i = e_{i+1}\cdots e_n a' e_1\cdots e_i$ 且 $a'aa' = a'$. 故 $M(e_1,\cdots,e_n) \subseteq U_1$.

反之, 任取 $(g_1, \cdots, g_{n-1}) \in U_1$, 易验证 $g_i^2 = g_i, g_i \in M(e_i, e_{i+1}), i = 1, \cdots, n-1$, 且有

$$g_j e_{j+1} = e_{j+1} e_{j+2} \cdots e_n a' e_1 \cdots e_j e_{j+1} = e_{j+1} g_{j+1}, \quad j = 1, \cdots, n-2.$$

故 $U_1 \subseteq M(e_1, \cdots, e_n)$. □

**命题 4.3.5** 若 $S(e_1, \cdots, e_n) \neq \varnothing$, 则

(1) $e_1 S^{(1)}(e_1, \cdots, e_n)$ 是 $S$ 的含于 $\omega(e_1)$ 的右零子半群; $S^{(n-1)}(e_1, \cdots, e_n)e_n$ 是含于 $\omega(e_n)$ 的左零子半群.

(2) 若 $(h_1, \cdots, h_{n-1}), (h'_1, \cdots, h'_{n-1}) \in S(e_1, \cdots, e_n)$, 记

$$a = e_1 \cdots e_n, \quad a' = h_{n-1} \cdots h_1, \quad a'' = h'_{n-1} \cdots h'_1,$$

则 $aa'a \mathscr{H} aa''a$.

(3) 对任意 $i = 1, \cdots, n-1$, $S^{(i)}(e_1, \cdots, e_n)$ 和

$$S^{(i)}(e_1, \cdots, e_n)e_{i+1} = e_i S^{(i)}(e_1, \cdots, e_n)$$

都是矩形带.

**证明** (1) 由双序集的性质和夹心集的定义易知, $e_1 S^{(1)}(e_1, \cdots, e_n)$ 中的元素是半带 $S$ 中同一个 $\mathscr{R}$-类中的幂等元, 且都在 $\omega(e_1)$ 中; $S^{(n-1)}(e_1, \cdots, e_n)e_n$ 是同一个 $\mathscr{L}$-类中的幂等元, 且都在 $\omega(e_n)$ 中.

(2) 由 (1) 和命题 4.3.3, 我们有

$$aa'a \mathscr{R} e_1 h_1 \mathscr{R} e_1 h'_1 \mathscr{R} aa''a \quad 和 \quad aa'a \mathscr{L} h_{n-1} e_n \mathscr{L} h'_{n-1} e_n \mathscr{L} aa''a.$$

故得 $aa'a \mathscr{H} aa''a$.

(3) 任取 $h_i, h'_i \in S^{(i)}(e_1, \cdots, e_n)$, 则有

$$h_1, \cdots, h_{i-1}, h_{i+1}, \cdots, h_{n-1} \quad 和 \quad h'_1, \cdots, h'_{i-1}, h'_{i+1}, \cdots, h'_{n-1} \in E$$

使 $(h_1, \cdots, h_{n-1}), (h'_1, \cdots, h'_{n-1}) \in S(e_1, \cdots, e_n)$. 记 $a' = h_{n-1} \cdots h_1, a'' = h'_{n-1} \cdots h'_1$, 易验证

$$a'aa' = a', \quad a''aa'' = a'', \quad h_i = e_{i+1} \cdots e_n a' e_1 \cdots e_i,$$
$$h'_i = e_{i+1} \cdots e_n a'' e_1 \cdots e_i, \quad i = 1, \cdots, n-1,$$

且 $aa' \mathscr{R} aa''$, $a'a \mathscr{L} a''a$.

令 $a^{(3)} = a'aa''$. 我们有 $a^{(3)}aa^{(3)} = a'aa''aa'aa'' = a'aa'aa'' = a'aa'' = a^{(3)}$. 因此, 若对 $i = 1, \cdots, n-1$, 记 $h_i'' = e_{i+1} \cdots e_n a^{(3)} e_1 \cdots e_i$, 则 $(h_1'', \cdots, h_{n-1}'') \in M(e_1, \cdots, e_n)$. 进而, 对任意 $(g_1, \cdots, g_{n-1}) \in M(e_1, \cdots, e_n)$, 我们有

$$e_1 g_1 \,\omega^r\, e_1 h_1' = aa'' = aa'aa'' = aa^{(3)} = e_1 h_1'',$$

$$g_{n-1} e_n \,\omega^\ell\, h_{n-1} e_n = a'a = a'aa''a = a^{(3)}a = h_{n-1}'' e_n,$$

故得 $(h_1'', \cdots, h_{n-1}'') \in S(e_1, \cdots, e_n)$. 由此得, $\forall i = 1, \cdots, n-1$,

$$\begin{aligned} h_i h_i' &= e_{i+1} \cdots e_n a' e_1 \cdots e_i e_{i+1} \cdots e_n a'' e_1 \cdots e_i = e_{i+1} \cdots e_n a'aa'' e_1 \cdots e_i \\ &= e_{i+1} \cdots e_n a^{(3)} e_1 \cdots e_i = h_i'' \in S^{(i)}(e_1, \cdots, e_n), \end{aligned}$$

即 $S^{(i)}(e_1, \cdots, e_n)$ 为 $S$ 的子半群. 进而, $\forall i = 1, \cdots, n-1$, 我们有

$$\begin{aligned} h_i h_i' h_i &= e_{i+1} \cdots e_n a' e_1 \cdots e_i e_{i+1} \cdots e_n a'' e_1 \cdots e_i e_{i+1} \cdots e_n a' e_1 \cdots e_i \\ &= e_{i+1} \cdots e_n a'aa''aa' e_1 \cdots e_i \\ &= e_{i+1} \cdots e_n a' e_1 \cdots e_i \\ &= h_i, \end{aligned}$$

故 $S^{(i)}(e_1, \cdots, e_n)$ 是矩形带. 由此立得, $\forall i = 1, \cdots, n-1$,

$$h_i e_{i+1} h_i' e_{i+1} = h_i h_i' e_{i+1} = h_i'' e_{i+1} \in S^{(i)}(e_1, \cdots, e_n) e_{i+1}$$

且

$$h_i e_{i+1} h_i' e_{i+1} h_i e_{i+1} = h_i h_i' h_i e_{i+1} = h_i e_{i+1} \in S^{(i)}(e_1, \cdots, e_n) e_{i+1},$$

故 $S^{(i)}(e_1, \cdots, e_n) e_{i+1} = e_i S^{(i)}(e_1, \cdots, e_n)$ 也是矩形带. □

应注意的是, 命题 4.3.5(3) 的结论在双序集 $E$ 中一般不成立, 因为 (例如) 夹心集 $S(e, f)$ 中的两个元素不一定在部分乘法的定义域中. 但该结论说明: 夹心集是矩形带的双序集, 我们将称之为*矩形双序集* (rectangular biordered set)!

为了刻画夹心集的结构, 我们引进几个记号: 设 $e_1, \cdots, e_n \in E$, $n \geqslant 2$. 记

$$RU(e_1, \cdots, e_n) = \{e_1 g_1 e_2 \cdots g_{n-1} e_n : (g_1, \cdots, g_{n-1}) \in M(e_1, \cdots, e_n)\},$$

$$RS(e_1, \cdots, e_n) = \{e_1 h_1 e_2 \cdots h_{n-1} e_n : (h_1, \cdots, h_{n-1}) \in S(e_1, \cdots, e_n)\}.$$

又, 对任意 $x \in S$, 记 $RW(x) = S^1 x \cap x S^1 \cap \operatorname{Reg} S$. 我们有

**命题 4.3.6** 对任意 $a = e_1 \cdots e_n \in S, n \geqslant 2$, 有

(1) $RU(e_1, \cdots, e_n) \subseteq RW(a)$; $RS(e_1, \cdots, e_n)$ 含于 $RW(a)$ 的一个 $\mathscr{H}$-类, 记为 $H(e_1, \cdots, e_n)$.

(2) 对任意 $b \in RS(e_1,\cdots,e_n)$, 有 $RW(b) = RW(a)$.

(3) $S(e_1,\cdots,e_n) = \{(h_1,\cdots,h_{n-1}) \in M(e_1,\cdots,e_n) : e_1h_1e_2\cdots h_{n-1}e_n \in H(e_1,\cdots,e_n)\}$.

**证明** (1) 是命题 4.3.3 和命题 4.3.5 的直接推论.

(2) 令 $b = e_1h_1e_2\cdots h_{n-1}e_n$, $(h_1,\cdots,h_{n-1}) \in S(e_1,\cdots,e_n)$. 由 (1), 已有 $b \in RW(a)$, 因而必有 $RW(b) \subseteq RW(a)$. 反之, 若 $c \in RW(a)$, 由 $c \in S^1a$, 有 $f_1,\cdots,f_s \in E$ 使 $c = f_1\cdots f_se_1\cdots e_n$. 因 $c \in \operatorname{Reg} S$, 任取 $c' \in v(c)$ 并令

$$\begin{aligned}
&g_1 = f_2\cdots f_se_1\cdots e_nc'f_1, && g_2 = f_3\cdots f_se_1\cdots e_nc'f_1f_2,\cdots,\\
&g_s = e_1\cdots e_nc'f_1\cdots f_s, && h'_1 = e_2\cdots e_nc'f_1\cdots f_se_1,\\
&h'_2 = e_3\cdots e_nc'f_1\cdots f_se_1e_2,\cdots, && h'_{n-1} = e_nc'f_1\cdots f_se_1\cdots e_{n-1}.
\end{aligned}$$

易验证 $(g_1,\cdots,g_s,h'_1,\cdots,h_{n-1}) \in M(f_1,\cdots,f_s,e_1,\cdots,e_n)$ 且

$$f_1g_1f_2g_2\cdots f_{s-1}g_{s-1}f_se_1h'_1e_2h'_2\cdots e_{n-1}h'_{n-1}e_n = cc'cc'c\cdots c'c = cc'c = c.$$

由此知 $c \in S^1e_1h'_1e_2h'_2\cdots e_{n-1}h'_{n-1}e_n$ 且 $(h'{}_1,\cdots,h'{}_{n-1}) \in M(e_1,\cdots,e_n)$. 由命题 4.3.3, 有

$$e_1h'_1e_2h'_2\cdots e_{n-1}h'_{n-1}e_n \mathscr{L}\, h'_{n-1}e_n,$$

故 $c \in S^1h'_{n-1}e_n$. 但 $h'_{n-1}e_n\,\omega^\ell\, h_{n-1}e_n$, 故 $c \in S^1h_{n-1}e_n$. 同样由命题 4.3.3 可得 $b\mathscr{L}h_{n-1}e_n$, 故 $c \in S^1b$. 对偶可证 $c \in bS^1$. 故 $c \in RW(b)$. 这就得到 $RW(a) \subseteq RW(b)$.

(3) 记本结论中等式右边之集为 $\bar{S}$. 由 (1) 已有 $S(e_1,\cdots,e_n) \subseteq \bar{S}$.

设 $(h'_1,\cdots,h'_{n-1}) \in M(e_1,\cdots,e_n)$ 且

$$e_1h'_1e_2h'_2\cdots e_{n-1}h'_{n-1}e_n = c \in H(e_1,\cdots,e_n).$$

即存在 $(h_1,\cdots,h_{n-1}) \in S(e_1,\cdots,e_n)$, 使 $b = e_1h_1e_2h_2\cdots e_{n-1}h_{n-1}e_n \mathscr{H} c$. 由命题 4.3.3 有 $e_1h'_1 \mathscr{R}\, c \mathscr{H}\, b \mathscr{R}\, e_1h_1$, 故对任意 $(g_1,\cdots,g_{n-1}) \in M(e_1,\cdots,e_n)$, 有

$$e_1g_1\,\omega^r\, e_1h'_1.$$

同理, 有 $g_{n-1}e_n\,\omega^\ell\, h'_{n-1}e_n$. 因而 $(h'_1,\cdots,h'_{n-1}) \in S(e_1,\cdots,e_n)$, 即 $\bar{S} \subseteq S(e_1,\cdots,e_n)$. □

图 4.18 刻画了夹心集 $S(e_1,\cdots,e_n)$ 的各分量 $S^{(i)}(e_1,\cdots,e_n)$ 和

$$S^{(i)}(e_1,\cdots,e_n)e_{i+1} = e_iS^{(i)}(e_1,\cdots,e_n)$$

等在半群 $S$ 中的位置及相互关系: 它们全位于 $S$ 的同一个 $\mathscr{D}$-类中. 图中, 水平线表示 Green $\mathscr{R}$-关系, 铅垂线表示 Green $\mathscr{L}$-关系; 正方形为矩形带而横、竖长方形分别为右、左零半群.

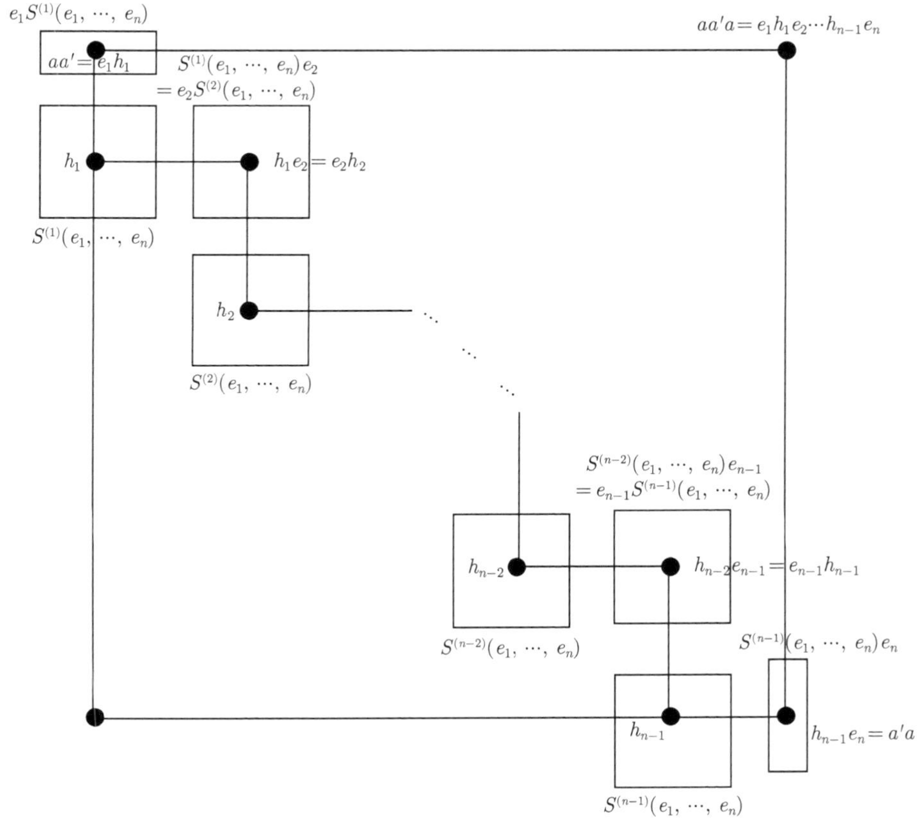


图 4.18

**定理 4.3.7** 设 $a = e_1 \cdots e_n \in S$, $n \geqslant 2$. 令

$$S_1(e_1, \cdots, e_n) = \{(h_1, \cdots, h_{n-1}) \in M(e_1, \cdots, e_n) \ : \ e_1h_1e_2h_2 \cdots e_{n-1}h_{n-1}e_n = a\}.$$

则我们有

(1) $S_1(e_1, \cdots, e_n) \subseteq S(e_1, \cdots, e_n)$, 且若 $S_1(e_1, \cdots, e_n) \neq \varnothing$, 则等号成立.

(2) $a \in \operatorname{Reg} S$ 的充要条件是 $S_1(e_1, \cdots, e_n) \neq \varnothing$, 且此时对其中任意 $n-1$ 个元素 $(h_1^{(j)}, h_2^{(j)}, \cdots, h_{n-1}^{(j)})$, $j = 1, \cdots, n-1$, 有 $a = e_1h_1^{(1)}e_2h_2^{(2)} \cdots e_{n-1}h_{n-1}^{(n-1)}e_n$, 而

$$S_1(e_1, \cdots, e_n) = \{ (h_1, \cdots, h_{n-1}) : h_i = e_{i+1} \cdots e_n a' e_1 \cdots e_i,$$

$$i=1,\cdots,n-1,\ a'\in V(a)\}.$$

**证明**　(1) 设 $(h_1,\cdots,h_{n-1})\in S_1(e_1,\cdots,e_n)$. 对任意

$$(g_1,\cdots,g_{n-1})\in M(e_1,\cdots,e_n),$$

由命 4.3.3 可得 $g_1\in e_2\cdots e_nS^1$, 故有

$$e_1g_1\in e_1e_2\cdots e_nS^1=e_1h_1e_2h_2\cdots e_{n-1}h_{n-1}e_nS^1\subseteq e_1h_1S^1,$$

从而 $e_1g_1\,\omega^r\,e_1h_1$. 类似可证 $g_{n-1}e_n\,\omega^\ell\,h_{n-1}g_n$. 故 $(h_1,\cdots,h_{n-1})\in S(e_1,\cdots,e_n)$.

设已有 $(h_1,\cdots,h_{n-1})\in S_1(e_1,\cdots,e_n)$. 任取 $(h_1',\cdots,h_{n-1}')\in S(e_1,\cdots,e_n)$, 令 $a'=h_{n-1}\cdots h_1$, $a''=h_{n-1}'\cdots h_1'$ 则由命题 4.3.3 和命题 4.3.5 有

$$aa'\,\mathscr{R}\,aa'',\ a'a\,\mathscr{L}\,a''a,\ a=aa'a\in V(a')\text{ 且 }aa''a=e_1h_1'e_2h_2'\cdots e_{n-1}h_{n-1}'e_n\,\mathscr{H}\,a.$$

但此时我们有 $(aa''a)a'(aa''a)=aa''a$, $a'(aa''a)a'=a'$, 即 $aa''a$ 与 $a$ 是 $a'$ 的在同一 $\mathscr{H}$-类中的逆元, 故 $aa''a=a$. 因而 $(h_1',\cdots,h_{n-1}')\in S_1(e_1,\cdots,e_n)$.

(2) 当 $S_1(e_1,\cdots,e_n)\neq\varnothing$ 时, 有 $(h_1,\cdots,h_{n-1})\in S_1(e_1,\cdots,e_n)$ 使

$$e_1h_1e_2h_2\cdots e_{n-1}h_{n-1}e_n=a.$$

此即 $aa'a=a$, 其中 $a'=h_{n-1}\cdots h_1$.

设 $a\in\operatorname{Reg}S$. 取 $a'\in V(a)$ 并作 $h_i=e_{i+1}\cdots e_na'e_1\cdots e_i, i=1,\cdots,n-1$. 显然, $(h_1,\cdots,h_{n-1})\in M(e_1,\cdots,e_n)$ 且

$$e_1h_1e_2h_2\cdots e_{n-1}h_{n-1}e_n=aa'aa'\cdots aa'a=a.$$

故 $(h_1,\cdots,h_{n-1})\in S_1(e_1,\cdots,e_n)$. 此时任取 $(h_1',\cdots,h_{n-1}')\in S_1(e_1,\cdots,e_n)$, 令 $a''=h_{n-1}'\cdots h_1'$, 因 $aa''a=a$, 有 $a''\in V(a)$ 而 $h_i'=e_{i+1}\cdots e_na''e_1\cdots e_i, i=1,\cdots,n-1$, 故

$$S_1(e_1,\cdots,e_n)=\{(h_1,\cdots,h_{n-1}):\ h_i=e_{i+1}\cdots e_na'e_1\cdots e_i,$$
$$i=1,\cdots,n-1,a'\in V(a)\}.$$

现在, 任取 $n-1$ 个 $S_1(e_1,\cdots,e_n)$ 中元素 $(h_1^{(j)},\cdots,h_{n-1}^{(j)})$, $j=1,\cdots,n-1$, 则有 $a$ 的 $n-1$ 个逆元 $a^{(j)}$ 使 $h_i^{(j)}=e_{i+1}\cdots e_na^{(j)}e_1\cdots e_i, i=1,\cdots,n-1$. 故得

$$e_1h_1^{(1)}e_2h_2^{(2)}\cdots e_{n-1}h_{n-1}^{(n-1)}e_n=aa^{(1)}aa^{(2)}a\cdots aa^{(n-1)}a=a.$$

□

**注记 4.3.8**　$S(e_1,\cdots,e_n)\neq\varnothing$ 而 $S_1(e_1,\cdots,e_n)=\varnothing$ 的情形是可能出现的. 例如, 设 $S=\langle e_i: e_i^2=e_i, i=1,\cdots,n\rangle\cup\{0\}$. 易验证 $S(e_1,\cdots,e_n)=\{(0,\cdots,0)\}$, 但因 $e_1\cdots e_n$ 非正则, 有 $S_1(e_1,\cdots,e_n)=\varnothing$.

**定理 4.3.9**　对任意双序集 $E$, 下述三条件等价:

(1) $E$ 为正则双序集;

(2) 对任意 $n\geqslant 2$ 和 $e_1,\cdots,e_n\in E$, $S(e_1,\cdots,e_n)\neq\varnothing$;

(3) 对任意 $e,f\in E$, $S(e,f)\neq\varnothing$.

**证明**　显然只需证 (1) $\Rightarrow$ (2). 设 $E$ 为正则双序集. 由第 3 章我们知道存在正则半群 $T(E)$ 使幂等元双序集 $E(T(E))$ 与 $E$ 双序同构. 令 $\phi: E\longrightarrow E(T(E))$ 为此同构. 因 $T(E)$ 为正则半群, $\langle E(T(E))\rangle$ 也是正则半群. 由定理 4.2.4, 对任意 $e_1,\cdots,e_n\in E$, $n\geqslant 2$, 由于元素 $e_1\phi\cdots e_n\phi$ 是正则元, 有 $S(e_1\phi,\cdots,e_n\phi)\neq\varnothing$, 故由引理 4.3.2 得 $S(e_1,\cdots,e_n)=S(e_1\phi,\cdots,e_n\phi)\phi^{-1}\neq\varnothing$. □

## 习题 4.3

1. 设 $S$ 为含幂等元的任一半群, $E$ 为其幂等元双序集. 对任意 $a_1,\cdots,a_n\in S$, $n\geqslant 2$, 定义

$$M(a_1,\cdots,a_n)$$
$$=\left\{(g_1,\cdots,g_{n-1}):\begin{array}{c} g_i\in E\cap S^1a_i\cap a_{i+1}S^1, i=1,\cdots,n-1,\\ g_ja_{j+1}=a_{j+1}g_{j+1}, j=1,\cdots,n-2\end{array}\right\},$$

$$S(a_1,\cdots,a_n)$$
$$=\left\{(h_1,\cdots,h_{n-1})\in M(a_1,\cdots,a_n):\begin{array}{c}\forall(g_1,\cdots,g_{n-1})\in M(a_1,\cdots,a_n),\\ a_1g_1\in a_1h_1S^1,\ g_{n-1}a_n\in S^1h_{n-1}a_n\end{array}\right\},$$

$$S^{(i)}(a_1,\cdots,a_n)$$
$$=\left\{h_i\in E:\begin{array}{c}\exists h_1,\cdots,h_{i-1},h_{i+1},\cdots,h_{n-1}\in E\\ (h_1,\cdots,h_{n-1})\in S(a_1,\cdots,a_n)\end{array}\right\},\quad i=1,\cdots,n-1,$$

$$S_1(a_1,\cdots,a_n)$$
$$=\{(h_1,\cdots,h_{n-1})\in M(a_1,\cdots,a_n): a_1h_1a_2h_2\cdots a_{n-1}h_{n-1}a_n=a_1a_2\cdots a_{n-1}a_n\}.$$

证明: 引理 4.3.2(1)、命题 4.3.4、命题 4.3.5(2) 和 (3)、命题 4.3.6 及定理 4.2.4 对以上集合均成立.

2. 证明: 若 $S$ 为正则半群, 则 $\langle E(S)\rangle$ 也是正则半群.

## 4.4　有给定幂等元双序集的自由半带

设 $S$ 为任一半带, $E$ 为其幂等元双序集. 令 $\underline{E}$ 为一集, 满足 $e \mapsto \underline{e}$ 是从 $E$ 到 $\underline{E}$ 的双射. 记 $\rho$ 是集合 $\underline{E}$ 上自由半群 $\underline{E}^+$ 中由关系 $\mathbf{R}\cup\mathbf{L}\cup\mathbf{P}$ 生成的同余, 而 $F(\underline{E}) = \underline{E}^+/\rho$, 其中,

$$\mathbf{R} = \{(\underline{e}\underline{f}, \underline{f}) : e, f \in E, e\mathscr{R}^S f\}, \qquad \mathbf{L} = \{(\underline{e}\underline{f}, \underline{e}) : e, f \in E, e\mathscr{L}^S f\},$$

$$\mathbf{P} = \{(\underline{e_1}\cdots\underline{e_n},\ (\underline{e_1h_1})\cdots(\underline{e_{n-1}h_{n-1}})(\underline{h_{n-1}e_n}))\ :\ (h_1,\cdots,h_{n-1})$$

$$\in S_1(e_1,\cdots,e_n),\ n \geqslant 2\}.$$

半群 $F(\underline{E})$ 的性质总结在以下四个命题中.

**命题 4.4.1**　*对任意半带 $T$, 若存在双序同构 $\phi : E \longrightarrow E(T)$, 且对任意 $e_1,\cdots,e_n \in E, n \geqslant 2$ 有*

$$e_1\cdots e_n \in \operatorname{Reg} S \Rightarrow e_1\phi\cdots e_n\phi \in \operatorname{Reg} T,$$

*则 $\theta : \underline{e} \longrightarrow e\phi$ 可唯一地扩充为从 $F(\underline{E})$ 到 $T$ 上的同态. 特别地, $\underline{e} \mapsto e$ 可唯一地扩充为从 $F(\underline{E})$ 到 $S$ 上的同态.*

**证明**　因 $\theta$ 为 $F(\underline{E})$ 的生成集到 $T$ 的生成集上的双射, 故只需证 $T$ 满足 $F(\underline{E})$ 的生成关系.

设 $e\mathscr{R} f$ 在 $S$ 中成立, 则在 $E$ 中有 $ef = f$. 因 $\phi$ 为双序态射, 在 $T$ 中有

$$\underline{e}\theta\underline{f}\theta = e\phi f\phi = (ef)\phi = f\phi = \underline{f}\theta.$$

同理, $e\mathscr{L}^S f$ 蕴含 $\underline{e}\theta\underline{f}\theta = \underline{e}\theta$.

设 $(h_1,\cdots,h_{n-1}) \in S_1(e_1,\cdots,e_n)$. 由定理 4.3.7 知 $e_1\cdots e_n \in \operatorname{Reg} S$ 且 $S_1(e_1,\cdots,e_n) = S(e_1,\cdots,e_n)$. 由题设条件及引理 4.3.2, 有 $e_1\phi\cdots e_n\phi \in \operatorname{Reg} T$ 及

$$(h_1\phi,\cdots,h_{n-1}\phi) \in S(e_1\phi,\cdots,e_n\phi) = S_1(e_1\phi,\cdots,e_n\phi).$$

注意到 $\phi$ 是双序态射而 $h_i \in M(e_i, e_{i+1})$, 有

$$e_i\phi h_i\phi = (e_ih_i)\phi = \underline{e_ih_i}\theta, \quad i = 1,\cdots,n-1$$

及

$$h_{n-1}\phi e_n\phi = (h_{n-1}e_n)\phi = \underline{h_{n-1}e_n}\theta.$$

从而在 $T$ 中有

$$(\underline{e_1}\theta)\cdots(\underline{e_n}\theta) = (e_1\phi)\cdots(e_n\phi)$$

$$= (e_1\phi)(h_1\phi)(e_2\phi)(h_2\phi)\cdots(e_{n-1}\phi)(h_{n-1}\phi)(e_n\phi)$$

$$= (e_1\phi h_1\phi)(e_2\phi h_2\phi)\cdots(e_{n-1}\phi h_{n-1}\phi)(h_{n-1}\phi e_n\phi)$$

$$= (\underline{e_1 h_1}\theta)(\underline{e_2 h_2}\theta)\cdots(\underline{e_{n-1}h_{n-1}}\theta)(\underline{h_{n-1}e_n}\theta),$$

这就证明了 $T$ 的确满足 $F(\underline{E})$ 的生成关系. □

**命题 4.4.2** 设 $S$, $E$ 及 $\underline{E}$, $F(\underline{E})$ 等如上. 则 $F(\underline{E})$ 为半带, 有 $E(F(\underline{E})) = \underline{E}$ 且 $\underline{e} \mapsto e$ 是从 $\underline{E}$ 到 $E$ 的双序同构.

**证明** 易验证 $\underline{E} \subseteq E(F(\underline{E}))$, 而 $\underline{E}$ 是 $F(\underline{E})$ 的生成集, 故 $F(\underline{E})$ 是半带. 设 $\underline{e_1}\cdots\underline{e_n} \in E(F(\underline{E}))$. 由命题 4.4.1 知 $e = e_1\cdots e_n \in E$. 令

$$h_i = e_{i+1}\cdots e_n e e_1 \cdots e_i, \quad i = 1, \cdots, n-1.$$

由定理 4.3.7 有 $(h_1, \cdots, h_{n-1}) \in S_1(e_1, \cdots, e_n)$ 且

$$e = e_1\cdots e_n = e_1 h_1 e_2 h_2 \cdots e_{n-1} h_{n-1} e_n.$$

由图 4.18, $e \in R_{e_1 h_1} \cap L_{h_{n-1}e_n}$. 由 $F(\underline{E})$ 的定义关系知在 $F(\underline{E})$ 中有 $\underline{e} \in R_{\underline{e_1 h_1}} \cap L_{\underline{h_{n-1}e_n}}$, 同时在 $F(\underline{E})$ 中还有

$$\underline{e_1}\cdots\underline{e_n} = (\underline{e_1 h_1})(\underline{e_2 h_2})\cdots(\underline{e_{n-1}h_{n-1}})(\underline{h_{n-1}e_n}).$$

另一方面, 因为在 $S$ 中还有

$$e_1 h_1 \mathscr{L}\, h_1 \mathscr{R}\, h_1 e_2 = e_2 h_2 \mathscr{L} \cdots \mathscr{L}\, h_{n-1}\, h_{n-1} e_n,$$

故在 $F(\underline{E})$ 中亦有

$$\underline{e_1 h_1} \mathscr{L}\, \underline{h_1} \mathscr{R}\, \underline{h_1 e_2} = \underline{e_2 h_2} \mathscr{L} \cdots \mathscr{L}\, \underline{h_{n-1}}\, \underline{h_{n-1} e_n}.$$

由此, 据 Miller-Clifford 定理得

$$\underline{e_1}\cdots\underline{e_n} = (\underline{e_1 h_1})(\underline{e_2 h_2})\cdots(\underline{e_{n-1}h_{n-1}})(\underline{h_{n-1}e_n}) \in R_{\underline{e_1 h_1}} \cap L_{\underline{h_{n-1}e_n}}.$$

于是在 $F(\underline{E})$ 中有 $\underline{e_1}\cdots\underline{e_n} \mathscr{H}\, \underline{e}$. 因二者都是幂等元, 故相等. 这就得到

$$E(F(\underline{E})) = \underline{E}.$$

设 $e\,\omega^\ell f$ 在 $E$ 中成立, 则 $fe = g \in E$ 且 $e \mathscr{L} g$, $gf = g$ 在 $S$ 中成立. 易验证 $e \in S_1(f, e)$, $g \in S_1(e, f)$, 故在 $F(\underline{E})$ 中 (亦即在 $\underline{E}$ 中) 有

$$\underline{ef} = (\underline{eg})(\underline{gf}) = \underline{eg} = \underline{e}, \qquad \underline{fe} = (\underline{fe})(\underline{ee}) = \underline{ge} = \underline{g} = \underline{fe}.$$

对偶地, 若 $e\,\omega^r f$ 在 $E$ 中成立, 则在 $\underline{E}$ 中有 $\underline{f}\underline{e}=\underline{e}$ 和 $\underline{e}\underline{f}=\underline{ef}$. 这证明了 $e\mapsto \underline{e}$ 是双序态射. 由命题 4.4.1 可得: 它的逆: $\underline{e}\mapsto e$ 可 (唯一地) 扩充为从 $F(\underline{E})$ 到 $S$ 上的同态, 因而也是双序态射, 从而是双序同构. □

**命题 4.4.3**　设 $S$, $E$ 及 $\underline{E}$, $F(\underline{E})$ 等如上. 对任意 $e_1,\cdots,e_n\in E, n\geqslant 2$ 有

$$\underline{e_1}\cdots\underline{e_n}\in \operatorname{Reg}F(\underline{E})\Leftrightarrow e_1\cdots e_n\in \operatorname{Reg}S.$$

故 $F(\underline{E})$ 正则当且仅当 $S$ 正则.

**证明**　设 $\underline{e_1}\cdots\underline{e_n}\in \operatorname{Reg}F(\underline{E})$. 由于 $\underline{e}\mapsto e$ 可扩充为 $F(\underline{E})$ 到 $S$ 上的同态, 而 $e_1\cdots e_n$ 恰为 $\underline{e_1}\cdots\underline{e_n}$ 的像, 故 $e_1\cdots e_n\in \operatorname{Reg}S$.

反之, 设 $e_1\cdots e_n\in \operatorname{Reg}S$, 则 $S_1(e_1,\cdots,e_n)\neq\varnothing$ 且对任意 $(h_1,\cdots,h_{n-1})\in S_1(e_1,\cdots,e_n)$, 在 $F(\underline{E})$ 中有

$$\underline{e_1}\cdots\underline{e_n}=(\underline{e_1h_1})(\underline{e_2h_2})\cdots(\underline{e_{n-1}h_{n-1}})(\underline{h_{n-1}e_n}).$$

因为在 $F(\underline{E})$ 中有

$$\underline{e_1h_1}\,\mathscr{L}\,\underline{h_1}\,\mathscr{R}\,\underline{h_1e_2}=\underline{e_2h_2}\,\mathscr{L}\cdots\mathscr{L}\,\underline{h_{n-1}}\,\underline{h_{n-1}e_n}.$$

由 Miller-Clifford 定理易得 $\underline{e_1}\cdots\underline{e_n}\,\mathscr{R}\,\underline{e_1h_1}\in E(F(\underline{E}))$, 故 $\underline{e_1}\cdots\underline{e_n}\in \operatorname{Reg}F(\underline{E})$.
□

**命题 4.4.4**　设 $T$ 为半带. 若存在满同态 $\psi:T\longrightarrow S$ 满足

(1) $\psi|_{E(T)}$ 是从 $E(T)$ 到 $E(S)$ 上的双射;

(2) $\forall e_1,\cdots,e_n\in E(S), n\geqslant 2$, $e_1\cdots e_n\in \operatorname{Reg}S\Leftrightarrow (e_1\psi^{-1})\cdots(e_n\psi^{-1})\in \operatorname{Reg}T$, 那么双射 $\theta:\underline{e}\longmapsto e\psi^{-1}$ 可唯一地扩充为从 $F(\underline{E})$ 到 $T$ 上的同态.

**证明**　与命题 4.4.1类似, 只需证 $T$ 满足 $F(\underline{E})$ 的生成关系.

设 $e,f\in E$, $e\,\mathscr{R}^S f$. 由 $(e\psi^{-1}f\psi^{-1})\psi=ef=f\in \operatorname{Reg}S$, 有 $e\psi^{-1}f\psi^{-1}\in \operatorname{Reg}T$. 令 $T$ 中元 $a'\in V(e\psi^{-1}f\psi^{-1})$. 显然 $a'\psi\in V(ef)=V(f)$. 由定理 4.3.7 得

$$(f\psi^{-1})a'(e\psi^{-1})\in S_1'(e\psi^{-1},f\psi^{-1}),$$

这里, $S_1'(\times,\times)$ 表示 $T$ 中相应的夹心集; 再由引理 4.3.2, 得

$$h=((f\psi^{-1})a'(e\psi^{-1}))\psi=f(a'\psi)e\in S_1'(e\psi^{-1},f\psi^{-1})\psi\subseteq S_1(e,f).$$

因为 $\psi|_{E(T)}$ 是双射, 故 $h\psi^{-1}=(f\psi^{-1})a'(e\psi^{-1})\in S_1'(e\psi^{-1},f\psi^{-1})$. 于是

$$(e\psi^{-1})(h\psi^{-1})\,\mathscr{L}^T\,h\psi^{-1}\,\mathscr{R}^T\,(h\psi^{-1})(f\psi^{-1}).$$

但

$$((e\psi^{-1})(h\psi^{-1}))\psi = ((e\psi^{-1})(f\psi^{-1})a'(e\psi^{-1}))\psi = ef(a'\psi)e = f(a'\psi)fe = e,$$

$$((h\psi^{-1})(f\psi^{-1}))\psi = ((f\psi^{-1})a'(e\psi^{-1})(f\psi^{-1}))\psi = f(a'\psi)ef = f(a'\psi)f = f.$$

故由 $\psi|_{E(T)}$ 为双射得

$$(e\psi^{-1})(h\psi^{-1}) = e\psi^{-1}, \quad (h\psi^{-1})(f\psi^{-1}) = f\psi^{-1}.$$

由此得 $e\psi^{-1}\,\mathscr{L}^T\,h\psi^{-1}\,\mathscr{R}^T\,f\psi^{-1}$. 由 $\psi$ 为同态立得 $e\,\mathscr{L}^S\,h\,\mathscr{R}^S\,f$. 但 $e\,\mathscr{R}^S\,f$, 故 $e = h$. 从而得 $e\psi^{-1}\,\mathscr{R}^T\,f\psi^{-1}$. 由此即得在 $T$ 中有 $(\underline{e}\theta)(\underline{f}\theta) = (e\psi^{-1})(f\psi^{-1}) = f\psi^{-1} = \underline{f}\theta$.

对偶可证: $e\,\mathscr{L}^S\,f \Rightarrow (\underline{e}\theta)(\underline{f}\theta) = \underline{e}\theta$.

设在 $S$ 中有$(h_1, \cdots, h_{n-1}) \in S_1(e_1, \cdots, e_n)$. 由定理 4.3.7, 有 $v \in V(e_1 \cdots e_n)$ 使

$$h_i = e_{i+1} \cdots e_n v e_1 \cdots e_i, \quad i = 1, \cdots, n-1.$$

记 $e_1 \cdots e_n v = e$, $ve_1 \cdots e_n = f \in E$. 由已知条件 (2), $(e_1\psi^{-1}) \cdots (e_n\psi^{-1}) \in \operatorname{Reg} T$, 有 $T$ 中元 $c \in V((e_1\psi^{-1}) \cdots (e_n\psi^{-1}))$. 显然 $c\psi \in V(e_1 \cdots e_n)$, 因而 $e_1 \cdots e_n(c\psi)\,\mathscr{R}^S\,e$, $(c\psi)e_1 \cdots e_n\,\mathscr{L}^S\,f$. 至此, 由 $\psi|_{E(T)}$ 为双射, 有

$$\begin{aligned} &e\psi^{-1}\,\mathscr{R}^T\,(e_1\psi^{-1}) \cdots (e_n\psi^{-1})c\,\mathscr{R}^T\,(e_1\psi^{-1}) \cdots (e_n\psi^{-1}) \\ &\mathscr{L}^T\,c(e_1\psi^{-1}) \cdots (e_n\psi^{-1})\,\mathscr{L}^T\,f\psi^{-1}. \end{aligned}$$

由此, 在 $T$ 中存在 $d \in V((e_1\psi^{-1}) \cdots (e_n\psi^{-1})) \cap L_{e\psi^{-1}} \cap R_{f\psi^{-1}}$. 由 $\psi$ 为同态得 $d\psi \in V(e_1 \cdots e_n) \cap L_e \cap R_f$, 故必有 $d\psi = v$. 与前类似, 对任意 $i = 1, \cdots, n-1$, 有

$$((e_{i+1}\psi^{-1}) \cdots (e_n\psi^{-1})d(e_1\psi^{-1}) \cdots (e_i\psi^{-1})) \in E(T), \quad h_i\psi^{-1} \in E(T)$$

且

$$((e_{i+1}\psi^{-1}) \cdots (e_n\psi^{-1})d(e_1\psi^{-1}) \cdots (e_i\psi^{-1}))\psi = e_{i+1} \cdots e_n v e_1 \cdots e_i = h_i,$$

故

$$(e_{i+1}\psi^{-1}) \cdots (e_n\psi^{-1})d(e_1\psi^{-1}) \cdots (e_i\psi^{-1}) = h_i\psi^{-1}.$$

由此得 $(h_1\psi^{-1}, \cdots, h_{n-1}\psi^{-1}) \in S_1(e_1\psi^{-1}, \cdots, e_n\psi^{-1})$, 从而

$$\begin{aligned} &(e_1\psi^{-1}) \cdots (e_n\psi^{-1}) \\ =\ &(e_1\psi^{-1}h_1\psi^{-1})(e_2\psi^{-1}h_2\psi^{-1}) \cdots (e_{n-1}\psi^{-1}h_{n-1}\psi^{-1})(h_{n-1}\psi^{-1}e_n\psi^{-1}). \end{aligned}$$

但对任意 $i=1,\cdots,n-1$, 我们有

$$(e_i\psi^{-1}h_i\psi^{-1})\psi=e_ih_i\in E \quad 及 \quad (h_{n-1}\psi^{-1}e_n\psi^{-1})\psi=h_{n-1}e_n\in E.$$

注意到 $e_i\psi^{-1}h_i\psi^{-1},h_{n-1}\psi^{-1}e_n\psi^{-1}\in E(T)$ 及 $\psi|_{E(T)}$ 为双射, 有

$$e_i\psi^{-1}h_i\psi^{-1}=(e_ih_i)\psi^{-1},\quad i=1,\cdots,n-1$$

及

$$h_{n-1}\psi^{-1}e_n\psi^{-1}=(h_{n-1}e_n)\psi^{-1}.$$

从而得到

$$\begin{aligned}(\underline{e_1}\theta)\cdots(\underline{e_n}\theta)&=(e_1\psi^{-1})\cdots(e_n\psi^{-1})\\&=((e_1h_1)\psi^{-1})((e_2h_2)\psi^{-1})\cdots((e_{n-1}h_{n-1})\psi^{-1})((h_{n-1}e_n)\psi^{-1})\\&=(\underline{e_1h_1}\theta)(\underline{e_2h_2}\theta)\cdots(\underline{e_{n-1}h_{n-1}}\theta)(\underline{h_{n-1}e_n}\theta).\end{aligned}$$

这就完成了我们的证明. □

**定义 4.4.5**　本节定义的半群 $F(\underline{E})=\underline{E}^+/\rho$ 称为有给定幂等元双序集 $E$ 的自由半带.

现在, 我们设 $E$ 是任一正则双序集. 由命题 4.4.3, 它是满足 $S(e_1,\cdots,e_n)\neq\varnothing,\forall e_1,\cdots,e_n$, $n\geqslant 2$ 的双序集. 同样地, 记 $\underline{E}$ 为一集合, $e\mapsto\underline{e}$ 是从 $E$ 到 $\underline{E}$ 上的双射. 记 $\rho^R$ 是集合 $\underline{E}$ 上自由半群 $\underline{E}^+$ 中由关系 $\mathbf{R}\cup\mathbf{L}\cup\mathbf{P}^{\mathbf{R}}$ 生成的同余, 而 $F(\underline{E})=\underline{E}^+/\rho^R$, 其中,

$$\mathbf{R}=\{(\underline{ef},\underline{f}):e,f\in E,e\mathscr{R}^S f\},\qquad \mathbf{L}=\{(\underline{ef},\underline{e}):e,f\in E,e\mathscr{L}^S f\},$$

$$\begin{aligned}\mathbf{P}^{\mathbf{R}}=\{(&\underline{e_1}\cdots\underline{e_n},(\underline{e_1h_1})\cdots(\underline{e_{n-1}h_{n-1}})(\underline{h_{n-1}e_n}))\ :\ (h_1,\cdots,h_{n-1})\\&\in S(e_1,\cdots,e_n),\,n\geqslant 2\}.\end{aligned}$$

利用命题 4.4.1—命题 4.4.4 的结果, 我们有

**定理 4.4.6**　$F(\underline{E})$ 是正则半带, $E(F(\underline{E}))=\underline{E}$, $\underline{e}\mapsto e$ 是双序同构. 对任一正则半带 $T$ 若有双序同构 $\phi:E\longrightarrow E(T)$, 则 $\theta:\underline{e}\mapsto e\phi$ 是双序同构, 可唯一扩充为从 $F(\underline{E})$ 到 $T$ 上的同态.

**推论 4.4.7**　设 $T$ 为正则半带, $E$ 为正则双序集, $\phi:E\longrightarrow E(T)$ 是双序同构. 记 $\sigma$ 是由扩充双序同构 $\underline{e}\mapsto e\phi$ 所得满同态, 则 $\operatorname{Ker}\sigma\subseteq\mathscr{H}^{F(\underline{E})}$. 当 $T$ 是基础正则半带时, $\operatorname{Ker}\sigma$ 是 $F(\underline{E})$ 上的最大幂等元分离同余. 特别地, 当 $T$ 为 $\mathscr{H}$-平凡时, $\operatorname{Ker}\sigma=\mathscr{H}^{F(\underline{E})}$; 当 $T$ 为带时, $F(\underline{E})$ 是幂等元生成的群的带.

**证明** 因为 $\sigma$ 在 $E(F(\underline{E}))=\underline{E}$ 上的限制是双射, 故 $\mathrm{Ker}\,\sigma$ 是 $F(\underline{E})$ 的幂等元分离同余. 由于 $F(\underline{E})$ 正则, 故 $\mathrm{Ker}\,\sigma \subseteq \mathscr{H}^{F(\underline{E})}$. 当 $T$ 基础时, 若 $F(\underline{E})$ 的幂等元分离同余 $\mu \supseteq \mathrm{Ker}\,\sigma$, 则有满同态 $\xi : T \longrightarrow F(\underline{E})/\mu$ 使得图 4.19 交换.

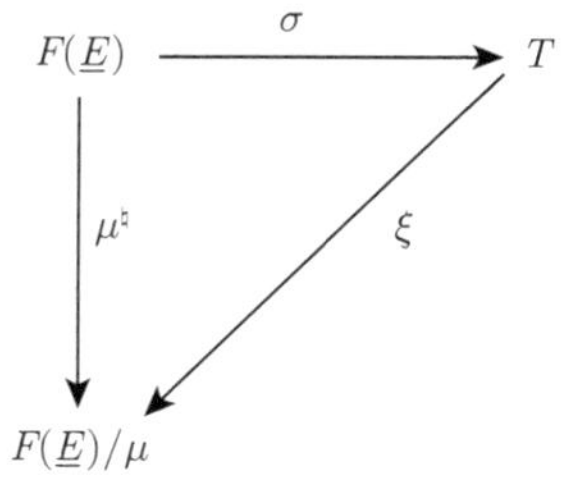


图 4.19

由 $\sigma, \mu^\natural$ 幂等元分离, $\xi$ 亦幂等元分离. 由 $T$ 基础, $\xi$ 单, 故必 $\mu = \mathrm{Ker}\,\sigma$; 即 $\mathrm{Ker}\,\sigma$ 是最大幂等元分离同余. 当 $T$ $\mathscr{H}$-平凡时, $\sigma$ 将 $F(\underline{E})$ 的每一个 $\mathscr{H}$-类之元射为 $T$ 的同一个元素, 故 $\mathrm{Ker}\,\sigma = \mathscr{H}^{F(\underline{E})}$. 当 $T$ 为带时, Green-关系 $\mathscr{H}^{F(\underline{E})}(=\mathrm{Ker}\,\sigma)$ 是同余, 且每个同余类 (即 $\mathscr{H}^{F(\underline{E})}$-类) 是子群, 故 $F(\underline{E})$ 是群的带. □

**推论 4.4.8** 设 $S$ 和 $T$ 为正则半带, 则 $F(\underline{E(S)}) \cong F(\underline{E(T)})$ 的充要条件是 $E(S)$ 和 $E(T)$ 双序同构. 特别地, 若 $\tau$ 是 $S$ 上幂等元分离同余, 则

$$F(\underline{E(S)}) \cong F(\underline{E(S/\tau)}).$$

**定理 4.4.9** 设 $E$ 为正则双序集, $\underline{E}$, $F(\underline{E})$ 如前. 则 $F(\underline{E})$ 是由 $\underline{E}$ 生成的满足以下定义关系的半群

$$\underline{e}\underline{f}=\underline{f}, \qquad \text{若在 } E \text{ 中有 } e\mathscr{R}f;$$

$$\underline{e}\underline{f}=\underline{e}, \qquad \text{若在 } E \text{ 中有 } e\mathscr{L}f;$$

$$\underline{e}\underline{f}=\underline{eh}\,\underline{hf}, \quad h\in S(e,f).$$

**证明** 记本定理所述半群为 $F_1$. 因它的定义关系含于 $F(\underline{E})$ 的定义关系中, 易知 $1_{\underline{E}}$ 可自然扩充为 $F_1$ 到 $F(\underline{E})$ 上的同态. 为证 $F_1=F(\underline{E})$, 只需证明 $F_1$ 是正则半带且 $\underline{E}$ 是它的幂等元双序集. 因为由此, 据定理 4.2.4, $1_{\underline{E}}$ 按同样方式也自然扩充为 $F(\underline{E})$ 到 $F_1$ 上的同态. 故二者实际相等.

由 $F_1$ 的定义关系易知 $\underline{E}\subseteq E(F_1)$, 故 $F_1$ 是半带. 因为 $E$ 是正则双序集, 由定理 3.1.2 知存在正则半群 $T(E)$, 使 $E\cong E(T(E))=E(\langle E(T(E))\rangle)$. 不妨设 $E=E(\langle E(T(E))\rangle)$. 因为我们有 $F(\underline{E})=F(\underline{E(\langle E(T(E))\rangle)})$, 由命题 4.4.1 及 $F(\underline{E})$ 是 $F_1$ 的同态像知 $\underline{e}\mapsto e$ 可唯一扩充为 $F_1$ 到 $\langle E(T(E))\rangle$ 上的同态.

我们对 $\underline{E}^+$ 中词的长度归纳地证明 $F_1$ 正则且其每个元素的 $\mathscr{L}$-类中有 $\underline{E}$ 中元为其幂等元. 该结论对长为 1 的词是显然成立的. 设对 $n$ 有 $\underline{e_1}\cdots\underline{e_n}$ 正则且有 $e\in E$ 使 $\underline{e_1}\cdots\underline{e_n}\,\mathscr{L}\,\underline{e}$. 任取 $e_{n+1}\in E$, 则 $\underline{e_1}\cdots\underline{e_n}\underline{e_{n+1}}\,\mathscr{L}\,\underline{e}\underline{e_{n+1}}$. 由 $E$ 正则, 有 $h\in S(e,e_{n+1})$. 因为 $eh\,\mathscr{L}\,h\,\mathscr{R}\,he_{n+1}$, 据 $F_1$ 的定义关系知, 在 $F_1$ 中有 $\underline{eh}\,\mathscr{L}\,\underline{h}\,\mathscr{R}\,\underline{he_{n+1}}$ 且 $\underline{e}\underline{e_{n+1}}=\underline{eh}\underline{he_{n+1}}$. 由 Miller-Clifford 定理得

$$\underline{e_1}\cdots\underline{e_n}\underline{e_{n+1}}\,\mathscr{L}\,\underline{e}\underline{e_{n+1}}\,\mathscr{L}\,\underline{he_{n+1}}.$$

故结论对 $\underline{e_1}\cdots\underline{e_n}\underline{e_{n+1}}$ 也成立. .

对偶地可证: 对任意 $\underline{e_1}\cdots\underline{e_n}\in F_1$, 有 $f\in E$ 使 $\underline{e_1}\cdots\underline{e_n}\,\mathscr{R}\,\underline{f}$.

现在设 $\underline{e_1}\cdots\underline{e_n}\in E(F_1)$. 因 $\underline{e}\mapsto e$ 可唯一地扩充为 $F_1$ 到 $\langle E(T(E))\rangle$ 上的同态, 故 $g=e_1\cdots e_n\in E$. 由上证, 有 $e,f\in E$ 使 $\underline{e_1}\cdots\underline{e_n}\in L_{\underline{e}}\cap R_{\underline{f}}$. 再由上述同态得 $g\in L_e\cap R_f$. 由定义关系得 $\underline{g}\in L_{\underline{e}}\cap R_{\underline{f}}$. 于是, $\underline{e_1}\cdots\underline{e_n}\,\mathscr{H}\,\underline{g}$, 因为二者皆为幂等元, 得 $\underline{e_1}\cdots\underline{e_n}=\underline{g}\in\underline{E}$. 这就完成了证明. □

**推论 4.4.10** 设 $S,T$ 为正则半带, $\phi:S\longrightarrow T$ 为满同态. 则映射

$$\xi:E(F(\underline{E(S)}))\longrightarrow E(F(\underline{E(T)})),\quad \underline{e}\mapsto\underline{e}\xi=\underline{e\phi}$$

可唯一地扩充为 $F(\underline{E(S)})$ 到 $F(\underline{E(T)})$ 上的同态 $\underline{\phi}$ 使图 4.20 交换.

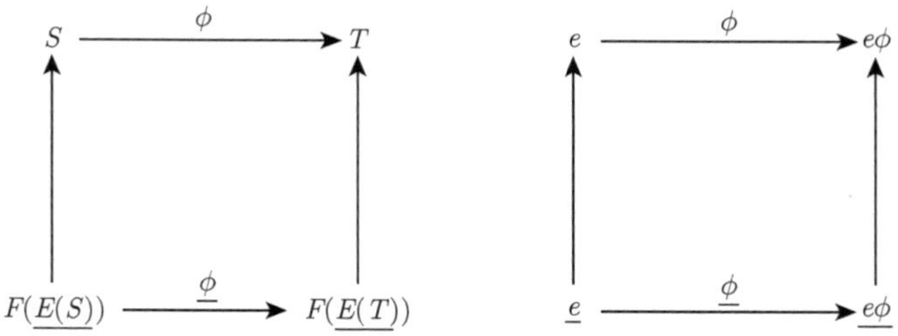


图 4.20

**证明** 若在 $S$ 中有 $e\,\mathscr{L}\,f$, 则在 $T$ 中有 $e\phi\,\mathscr{L}\,f\phi$, 故在 $F(\underline{E(T)})$ 中有 $(\underline{e\phi})(\underline{f\phi})=\underline{e\phi}$; 同样地, 若在 $S$ 中有 $e\,\mathscr{R}\,f$, 则在 $F(\underline{E(T)})$ 中有 $(\underline{e\phi})(\underline{f\phi})=\underline{f\phi}$.

设 $e,f\in E(S)$, $h\in S_1(e,f)$. 由定理 4.3.7, 有 $a'\in V(a),a=ef$, 使 $h=fa'e$. 但 $a'\phi\in V(e\phi f\phi)$, 故必有 $h\phi=f\phi a'\phi e\phi\in S_1(e\phi,f\phi)=S(e\phi,f\phi)$, 从而在 $F(\underline{E(T)})$ 中有

$$(\underline{e\phi})(\underline{f\phi})=(\underline{e\phi h\phi})(\underline{h\phi f\phi}).$$

由定理 4.4.9 得 $\xi:E(F(\underline{E(S)}))\longrightarrow E(F(\underline{E(T)}))$, $\underline{e}\mapsto\underline{e\phi}$ 可唯一地扩充为 $F(\underline{E(S)})$ 到 $F(\underline{E(T)})$ 上的同态 $\underline{\phi}$, 使图 4.20 交换. □

**习题 4.4**

设 $E=\{e,f,0\}$ 为三元半格. 证明: $F(\underline{E})\cong E$. 说明 $F(\underline{E})$ 与 $F(E^*)$ (见习题 4.4 中的练习 4) 有何联系与区别.

## 4.5 有给定幂等元正则双序集的半带

设 $S$ 为半带, 有正则双序集 $E$. 易知 $S$ 本身不一定为正则半群. 我们将利用基础正则半群 $T(E)$ (见 2.6 节) 证明: 双序同构 $E\longrightarrow E(T(E)), e\mapsto\overline{\varepsilon_e}$(参看定理 2.5.12 和定理 3.1.2) 仍可唯一地扩充为从 $S$ 到 $\langle E(T(E))\rangle$ 上的 (半群) 同态. 这将推广 3.1 节和 3.2 节中关于正则半群的某些结果.

设 $a=e_1\cdots e_n, n\geqslant 2$ 为 $S$ 的任一元. 因 $E$ 正则, 由命题 4.3.4 知, 存在 $a'\in S$ 满足 $a'aa'=a'$, 使 $(h_1,\cdots,h_{n-1})\in S(e_1,\cdots,e_n)$, 其中 $h_i=e_{i+1}\cdots e_na'e_1\cdots e_i$, $i=1,\cdots,n-1$. 不难验证: 映射

$$\theta_{a',aa'a}:\quad \omega(aa')\longrightarrow\omega(a'a),\quad f\longmapsto a'fa, \tag{4.7}$$

$$\theta_{aa'a,a'}:\quad \omega(a'a)\longrightarrow\omega(aa'),\quad g\longmapsto aga' \tag{4.8}$$

是 $E$ 上互逆的 $\omega$-同构. 我们简记 $\theta_{a',a}=\theta_{a',aa'a}, \theta_{a,a'}=\theta_{aa'a,a'}$. 注意, 无论 $a\in S$ 是否正则, 均有 $\theta_{a',a},\theta_{a,a'}\in T^*(E)$.

为了区分起见, 我们在这一节中将用 $\star$ 表示半群 $\langle E(T(E))\rangle$ 中的运算. 下述命题说明 $\theta_{a',a}$ 与 $a'$ 的选择无关.

**命题 4.5.1** 对任意 $a=e_1\cdots e_n\in S$, $n\geqslant 2$ 和任意 $a'\in S$, $a'aa'=a'$, 只要$(h_1,\cdots,h_{n-1})\in S(e_1,\cdots,e_n)$, $h_i=e_{i+1}\cdots e_na'e_1\cdots e_i$, $i=1,\cdots,n-1$, 均有 $\overline{\theta_{a',a}}=\overline{\varepsilon_{e_1}}\star\cdots\star\overline{\varepsilon_{e_n}}$.

**证明** 记 $\alpha=\theta_{a',a}\in T^*(E)$. 我们有 $e_\alpha=aa'$, $f_\alpha=a'a$. 由定理 2.5.12 和定理 3.1.2, $e\mapsto\overline{\varepsilon_e}$ 是从 $E$ 到 $E(T(E))$ 的双序同构. 因为

$$(h_1,\cdots,h_{n-1})\in S(e_1,\cdots,e_n),$$

由引理 4.3.2 有 $(\overline{\varepsilon_{h_1}},\cdots,\overline{\varepsilon_{h_{n-1}}})\in S(\overline{\varepsilon_{e_1}},\cdots,\overline{\varepsilon_{e_n}})$. 由于半带 $\langle E(T(E))\rangle$ 正则, 由定理 4.3.7 有

$$\overline{\varepsilon_{e_1}}\star\cdots\star\overline{\varepsilon_{e_n}}=(\overline{\varepsilon_{e_1}}\star\overline{\varepsilon_{h_1}})\star(\overline{\varepsilon_{e_2}}\star\overline{\varepsilon_{h_2}})\star\cdots\star(\overline{\varepsilon_{e_{n-1}}}\star\overline{\varepsilon_{h_{n-1}}})\star(\overline{\varepsilon_{h_{n-1}}}\star\overline{\varepsilon_{e_n}}).$$

对每个 $i=1,\cdots,n-1$, 由于 $h_i\in S(e_i,h_i)$, 我们有

$$\overline{\varepsilon_{e_i}}\star\overline{\varepsilon_{h_i}}=\overline{(\varepsilon_{e_i}\circ\varepsilon_{h_i})_{h_i}}=\overline{\tau^{\ell}(e_ih_i,h_i)}$$

(参看式 (2.19)). 由 $h_i\in S(h_i,e_{i+1})$, 我们也有

$$\overline{\varepsilon_{h_i}} \star \overline{\varepsilon_{e_{i+1}}} = \overline{(\varepsilon_{h_i} \circ \varepsilon_{e_{i+1}})_{h_i}} = \overline{\tau^r(h_i, h_i e_{i+1})}.$$

因而有

$$\overline{\varepsilon_{e_1}} \star \cdots \star \overline{\varepsilon_{e_n}} = \overline{\tau^\ell(e_1h_1, h_1)} \star \overline{\tau^r(h_1, h_1e_2)} \star \cdots \star \overline{\tau^\ell(e_{n-1}h_{n-1}, h_{n-1})} \star \overline{\tau^r(h_{n-1}, h_{n-1}e_n)}.$$

令 $\beta = \tau^\ell(e_1h_1, h_1) \circ \tau^r(h_1, h_1e_2) \circ \cdots \circ \tau^\ell(e_{n-1}h_{n-1}, h_{n-1}) \circ \tau^r(h_{n-1}, h_{n-1}e_n)$. 则 $\overline{\varepsilon_{e_1}} \star \cdots \star \overline{\varepsilon_{e_n}} = \overline{\beta}$(参看定理 2.5.12). 显然, $e_\beta = e_1h_1$, $f_\beta = h_{n-1}e_n$. 由命题 4.3.5, $e_\alpha \mathscr{R}\, e_\beta$, $f_\alpha \mathscr{L}\, f_\beta$. 进而, 对任意 $g \in \omega(e_\alpha) = \omega(aa')$, 有

$$\begin{aligned} g\alpha\tau^\ell(f_\alpha, f_\beta) &= (a'ga)\tau^\ell(a'a, h_{n-1}e_n) = h_{n-1}e_na'ga \\ &= (e_na'e_1\cdots e_{n-1})e_na'ga = e_na'ga. \end{aligned}$$

而

$$\begin{aligned} g\tau^r(e_\alpha, e_\beta)\beta &= g\tau^r(aa', e_1h_1)\beta = (ge_1h_1)\beta \\ &= (h_{n-1}\cdots h_1)(ge_1h_1)(h_1e_2)\cdots(h_{n-1}e_n) \\ &= (e_na'e_1)g(aa'a) = e_na'e_1aa'ga \\ &= e_na'aa'ga = e_na'ga, \end{aligned}$$

故得 $\theta_{a',a} = \alpha\, p\, \beta$, 即 $\overline{\theta_{a',a}} = \overline{\beta} = \overline{\varepsilon_{e_1}} \star \cdots \star \overline{\varepsilon_{e_n}}$. □

**定理 4.5.2**　设 $S$ 为半带, $E = E(S)$ 为正则双序集. 对任意 $a = e_1\cdots e_n \in S$, $n \geqslant 2$, 存在

$$\begin{aligned} &a' \in S, \quad a'aa' = a', \quad (h_1, \cdots, h_{n-1}) \in S(e_1, \cdots, e_n), \\ &\qquad\qquad h_i = e_{i+1}\cdots e_na'e_1\cdots e_i, \quad i = 1, \cdots, n-1, \end{aligned}$$

使得映射 $a \mapsto \overline{\theta_{a',a}}$ 是从 $S$ 到正则半带 $\langle E(T(E))\rangle$ 上的同态. 它是扩充双序同构 $e \mapsto \overline{\varepsilon_e}$ 的唯一同态.

**证明**　由命题 4.5.1, 只需证明 $\overline{\theta_{a',a}}$ 与 $a$ 写为 $E$ 中幂等元乘积的方式无关.

设 $a = e_1\cdots e_n = f_1\cdots f_m$, $n, m \geqslant 2$. 任取 $a' \in S$, 使之对于诸 $e_i$ 满足命题 4.5.1 的条件, 现在令 $g_j = f_{j+1}\cdots f_ma'f_1\cdots f_m$, $m = 1, \cdots, m-1$, 那么, 由命题 4.3.6 和定理 4.3.7 可得 $(g_1, \cdots, g_{m-1}) \in S(f_1, \cdots, f_m)$. 用与命题 4.5.1 相同的方法可证: $\overline{\theta_{a',a}} = \overline{\varepsilon_{f_1}} \star \cdots \star \overline{\varepsilon_{f_m}}$, 但 $\overline{\theta_{a',a}}$ 的定义 (见 (4.6) 式) 与诸 $f_j$ 无关, 故有 $\overline{\theta}_{a',a} = \overline{\varepsilon_{e_1}} \star \cdots \star \overline{\varepsilon_{e_n}} = \overline{\varepsilon_{f_1}} \star \cdots \star \overline{\varepsilon_{f_m}}$. □

**定理 4.5.3**　设 $S$ 为半带, $E = E(S)$ 为正则双序集. 则存在正则半带 $S'$ 满足

(1) 存在从 $E$ 到 $E(S')$ 上的双序同构 $e \mapsto e'$, 可唯一地扩充为 $S$ 到 $S'$ 上的同态.

(2) 对任一正则半带 $T$, 只要有满同态 $\phi: S \longrightarrow T$ 使 $\phi|_E$ 为双序同构, 则从 $E(S')$ 到 $E(T)$ 的双序同构 $e' \mapsto e\phi$ 可唯一地扩充为 $S'$ 到 $T$ 上的同态.

**证明** 考虑正则自由半带 $F(\underline{E(T(E))})$. 由定理 4.4.9, 它由集 $\{\underline{\overline{\varepsilon_e}} : e \in E\}$ 生成, 满足以下生成关系:

$$(\underline{\overline{\varepsilon_e}})(\underline{\overline{\varepsilon_f}}) = \underline{\overline{\varepsilon_f}}, \qquad \text{若在 } S \text{ 中 } e\mathscr{R}f,$$

$$(\underline{\overline{\varepsilon_e}})(\underline{\overline{\varepsilon_f}}) = \underline{\overline{\varepsilon_e}}, \qquad \text{若在 } S \text{ 中 } e\mathscr{L}f,$$

$$(\underline{\overline{\varepsilon_e}})(\underline{\overline{\varepsilon_f}}) = (\underline{\overline{\varepsilon_e} \star \overline{\varepsilon_h}})(\underline{\overline{\varepsilon_h} \star \overline{\varepsilon_f}}), \quad \text{若 } h \in S(e,f).$$

记 $F(\underline{E(T(E))})$ 的由下述二元关系生成的同余为 $\sigma$:

$$\{(\underline{\overline{\varepsilon_{e_1}}} \cdots \underline{\overline{\varepsilon_{e_n}}} \quad \underline{\overline{\varepsilon_{f_1}}} \cdots \underline{\overline{\varepsilon_{f_m}}}) : \text{在 } S \text{ 中有 } e_1 \cdots e_n = f_1 \cdots f_m\}.$$

令 $S' = F(\underline{E(T(E))})/\sigma$, 并定义 $': S \longrightarrow S'$ 为 $e' = \underline{\overline{\varepsilon_e}}\sigma^\natural$. 由定理 4.4.6 知, 映射

$$\psi : F(\underline{E(T(E))}) \longrightarrow \langle E(T(E)) \rangle, \quad \underline{\overline{\varepsilon_{e_1}}} \cdots \underline{\overline{\varepsilon_{e_n}}} \mapsto \overline{\varepsilon_{e_1}} \star \cdots \star \overline{\varepsilon_{e_n}}$$

是同态, $\operatorname{Ker}\psi$ 是幂等元分离同余. 由定理 4.5.2 知 $\sigma \subseteq \operatorname{Ker}\psi$, 故 $S'$ 正则且 $E(S') = \{e' : e \in E\}$. 易由定理 3.1.2, 得 $e \mapsto e'$ 是从 $E$ 到 $E(S')$ 的双序同构. 进而, 若 $e_1, \cdots e_n = f_1 \cdots f_m$ 在 $S$ 中成立, 则由 $\sigma$ 的定义, 有 $e_1' \cdots e_n' = f_1' \cdots f_n'$ 在 $S'$ 中成立. 因为 $S'$ 也是半带, 知 $e \mapsto e'$ 可这样唯一地扩充为从 $S$ 到 $S'$ 上的同态.

若 $T$ 是正则半带, 有满同态 $\phi: S \longrightarrow T$, 使得 $\phi|_E$ 为双序同构. 由定理 3.1.2, 映射 $\overline{\varepsilon_e} \mapsto e\phi$ 是从 $E(T(E))$ 到 $E(T)$ 的双序同构. 由定理 4.4.6, 存在唯一的同态 $\xi: F(\underline{E(T(E))}) \longrightarrow T$ 扩张双序同构 $\underline{\overline{\varepsilon_e}} \mapsto e\phi$. 若 $e_1 \cdots e_n = f_1 \cdots f_m$ 在 $S$ 中成立, 显然有 $(e_1\phi)\cdots(e_n\phi) = (f_1\phi)\cdots(f_m\phi)$ 在 $T$ 中成立, 因而 $\sigma \subseteq \operatorname{Ker}\xi$. 这证明了双序同构 $e' \mapsto e\phi$ 可唯一地扩充为从 $S'$ 到 $T$ 上的满同态. □

以下两个推论可从定理 4.5.2 和定理 4.5.3 直接得到. 其证明略.

**推论 4.5.4** 设 $S$ 为半带, $E = E(S)$ 为正则双序集. 记 $S$ 上二元关系

$$\{(ef, ehf) : h \in S(e,f),\ e, f \in E\}$$

生成的同余为 $\rho$, 则 $S/\rho \cong S'$.

**推论 4.5.5** 设 $S$ 为半带, $E = E(S)$ 为正则双序集. 记 $F(E^*)$ (见习题 4.2 中的练习 4) 的由二元关系

$$\{(e^*f^*, e^*h^*f^*) : h^* \in S(e^*, f^*),\ e^*, f^* \in E^*\}$$

生成的同余为 $\tau$, 则 $F(E^*)/\tau \cong F(\underline{E}) \cong (F(E^*))'$.

设 $E$ 为任一正则双序集. 我们在本节后半部分来考察两个自由对象 $F(E^*)$, $F(\underline{E})$ 在逆纤维 $\mathbb{IS}_E$ 和 $\mathbb{IRS}_E$ 中的作用. 由定理 3.1.2, 我们已知存在基础正则半群 $T(E)$, 使 $E \cong E(T(E))$. 不妨视二者相等. 于是有 $\langle E \rangle$ 是基础正则半群, 且有唯一满同态 $\phi : F(E^*) \longrightarrow F(\underline{E})$ 和 $\psi : F(\underline{E}) \longrightarrow \langle E \rangle$ 分别扩充双序同构 $e^* \mapsto \underline{e}$ 和 $\underline{e} \mapsto e$.

**定理 4.5.6** 设 $\phi, \psi$ 如上. 若非正则半带 $V_1$ 有 $E \cong E(V_1)$, 则在 $F(E^*)$ 上存在同余 $\alpha$, 满足 $1_{E^*} \subseteq \alpha \subseteq \mathrm{Ker}\,(\phi\psi), \mathrm{Ker}\,\phi \not\subseteq \alpha$ 且 $V_1 \cong F(E^*)/\alpha$. 进而, $V_1' \cong F(E^*)/(\alpha \vee \mathrm{Ker}\,\phi)$.

对任意半带 $V_2, E(V_2) \cong E$, 则 $V_2$ 正则的充要条件是: 存在 $F(E^*)$ 上同余 $\beta$, 满足 $\mathrm{Ker}\,\phi \subseteq \beta \subseteq \mathrm{Ker}\,(\phi\psi)$ 使得 $F(E^*)/\beta \cong V_2$.

**证明** 设 $V$ 为半带, 有 $E(V) \cong E$. 由习题 4.2 中的练习 4, 存在唯一同态 $\theta : F(E^*) \longrightarrow V$ 扩充由上述双序同构导出的从 $E^* = E(F(E^*))$ 到 $E(V)$ 的双序同构. 若 $V$ 正则, 由定理 4.4.6, 存在从 $F(\underline{E})$ 到 $V$ 上的唯一同态 $\eta$, 它扩充从 $\underline{E} = E(F(\underline{E}))$ 到 $E(V)$ 的双序同构. 此时有 $\theta = \phi\eta$ 而 $V \cong F(\underline{E})/\mathrm{Ker}\,\eta \cong F(E^*)/\mathrm{Ker}\,\theta$, 当然有 $\mathrm{Ker}\,\phi \subseteq \mathrm{Ker}\,\theta$. 由于 $\mathrm{Ker}\,\eta$ 是 $F(\underline{E})$ 上幂等元分离同余, 而 $\mathrm{Ker}\,\psi$ 是 $F(\underline{E})$ 上最大幂等元分离同余, 故有 $\mathrm{Ker}\,\eta \subseteq \mathrm{Ker}\,\psi$, 从而 $\mathrm{Ker}\,\eta \subseteq \mathrm{Ker}\,\psi$. 由此 $\mathrm{Ker}\,\theta \subseteq \mathrm{Ker}\,(\phi\psi)$. 令 $\beta = \mathrm{Ker}\,\theta$ 即得本定理第二部分的必要性.

反之, 设 $\beta$ 是 $F(E^*)$ 上同余, 满足 $\mathrm{Ker}\,\phi \subseteq \beta \subseteq \mathrm{Ker}\,(\phi\psi)$. 此时, 在 $F(\underline{E})$ 上存在同余 $\gamma$ 使 $F(E^*)/\beta \cong F(\underline{E})/\gamma$. 令 $V = F(E^*)/\beta$, 则 $V$ 为正则半带, 且 $E(V) \cong E$.

如果 $V$ 非正则, 由定理 4.5.3, 存在正则半带 $V'$, 使 $E(V') \cong E \cong E(V)$ 且有从 $V$ 到 $V'$ 的唯一满同态扩充此同构. 由该定理的证明知, $V' \cong F(\underline{E})/\sigma$, 其中 $\sigma$ 由下述二元关系生成

$$\{(\underline{\overline{\varepsilon_{e_1}}} \cdots \underline{\overline{\varepsilon_{e_n}}}, \quad \underline{\overline{\varepsilon_{f_1}}} \cdots \underline{\overline{\varepsilon_{f_m}}}) \ : \ \text{在 } S \text{ 中有 } e_1 \cdots e_n = f_1 \cdots f_m\}.$$

它是幂等元分离的, 因而含于 $\mathrm{Ker}\,\psi$. 由推论 4.5.5 知 $V'$ 可恒同于 $F(E^*)/\tau$, 其中 $\tau$ 是 $F(E^*)$ 上由下述二元关系生成的同余:

$$\{(e^*f^*, e^*h^*f^*) \ : \ h \in S(e,f),\, e,f \in E(V)\}$$
$$\cup \{(e_1^* \cdots e_n^*, f_1^* \cdots f_m^*) \ : \ e_1 \cdots e_n = f_1 \cdots f_m \text{ 在 } V \text{ 中}\}.$$

显然, $\tau = \mathrm{Ker}\,\theta \vee \mathrm{Ker}\,\phi$. 由 $\sigma \subseteq \mathrm{Ker}\,\psi$ 即得 $1_{E^*} \subseteq \mathrm{Ker}\,\theta \subseteq \tau = \mathrm{Ker}\,(\phi\psi)$. □

定理 4.5.6 可归结为下述交换图 (图 4.21).

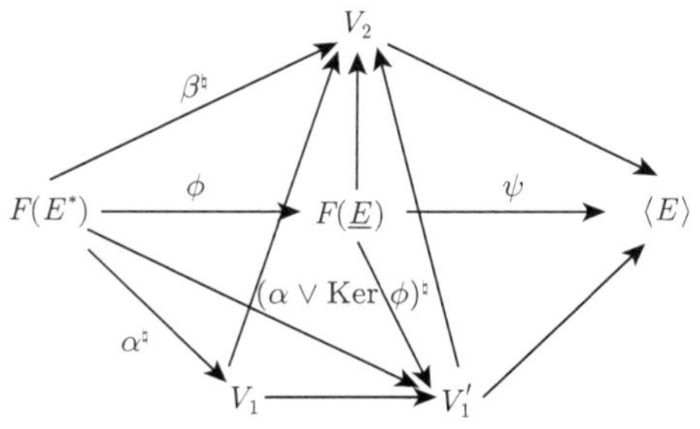


图 4.21

为更准确理解本节主要定理, 我们给出两点注释, 并以此结束本节内容.

**注记 4.5.7** 并非 $F(E^*)$ 上任何满足 $1_{E^*}\subseteq\alpha\subseteq\mathrm{Ker}\,(\phi\psi)$ 且 $\mathrm{Ker}\,\phi\not\subseteq\alpha$ 的同余 $\alpha$ 都能使 $E(F(E^*)/\alpha)\cong E$. 例如: 设 $E=\{e,f,0\}$ 为三元半格, 我们有

$$F(\underline{E(T(E))})=\underline{E},$$

即同构于 $E$ 本身, 但 $F(E^*)$ 是外加零元 $0^*$ 的二型自由半带 (参看 [4]), 即由 $e^*, f^*$ 和 $0^*$ 生成的半群, 满足下述定义关系:

$$e^{*2}=e^*\quad f^{*2}=f^*,\quad x^*0^*=0^*x^*=0^*,\quad \forall x\in E.$$

易知, 对 $F(E^*)$ 上任一非平凡同余 $\alpha$(即作为同余类有 $0^*\alpha=\{0^*\}$), $F(E^*)/\alpha$ 的幂等元双序集不可能是三元半格.

**注记 4.5.8** 存在使 $F(E^*)\cong F(\underline{E})\cong\langle E(T(E))\rangle$ 的非平凡正则双序集. 例如, 设

$$S=\left\langle a,b,c,d\ \middle|\ \begin{array}{ll} a=a^2=ba, & b=b^2=ab=bc,\\ c=c^2=cb=dc, & d=d^2=cd=da \end{array}\right\rangle.$$

$S$ 称为*四螺旋半群* (the four-spiral semigroup). 它是 $\mathscr{H}$-平凡的双单正则半带. 因为 $S$ 的定义关系恰是 $E=E(S)$ 上的双序关系, 故有 $F(E^*)\cong F(\underline{E})\cong\langle E(T(E))\rangle$.

## 4.6 自由半带之例

我们在本节考察两类具体的正则双序集的自由半带和正则自由半带: 一类是完全 0-单半带的幂等元双序集, 另一类是正规带的幂等元双序集.

设 $S$ 是完全 0-单半带. 我们分别用 $\{L_\lambda:\lambda\in\Lambda\}$ 和 $\{R_i:i\in I\}$ 记 $S$ 的唯一非 0 $\mathscr{D}$-类中的 $\mathscr{L}$-类和 $\mathscr{R}$-类之集. 易知, 存在 $A\subseteq I\times\Lambda$ 满足 $\forall i\in I(\lambda\in$

$\Lambda$), $\exists \lambda \in \Lambda$ ($i \in I$) 使得 $(i,\lambda) \in A$, 且

$$E = E(S) = \{e_{i\lambda} \in R_i \cap L_\lambda \ : \ (i,\lambda) \in A\} \cup \{0\}.$$

如此, 有

$$E^* = \{e^*_{i\lambda} \ : \ (i,\lambda) \in A\} \cup \{0^*\}.$$

设 $E^{*+}$ 上二元关系 $\alpha_0 = \mathbf{R} \cup \mathbf{L} \cup \mathbf{Q}$ 生成的同余为 $\alpha$, 其中

$$\mathbf{R} = \{(e^*_{i\lambda}e^*_{i\mu}, e^*_{i\mu}) \ : \ (i,\lambda),(i,\mu) \in A\},$$

$$\mathbf{L} = \{(e^*_{i\lambda}e^*_{j\lambda}, e^*_{i\lambda}) \ : \ (i,\lambda),(j,\lambda) \in A\},$$

$$\mathbf{Q} = \{(0^*e^*_{i\lambda}, 0^*),\ (e^*_{i\lambda}0^*, 0^*),\ (0^*0^*, 0^*) \ : \ (i,\lambda) \in A\}.$$

称 $w \in E^{*+}$ 是关于 $\alpha$ 的既约词 (reduced word), 若 $w$ 是其所在 $\alpha$-类的最短词.

**引理 4.6.1** 每个 $\alpha$-类含唯一既约词.

**证明** 显然, 每个 $\alpha$-类都含既约词. 只需证明两个 $\alpha$-相关的既约词必恒同.

长为 1 的每个词 (即 $E^*$ 中的每个字母) 显然既约. 由 $\alpha_0$ 的组成易知, $0^*$ 的 $\alpha$-类由所有以 $0^*$ 为其因子的词组成, 因而 $0^*$ 是该类的唯一既约词; 而 $e^*_{i\lambda}$ 的 $\alpha$-类中任一词都由 $e^*_{i\lambda}$ 运用有限次初等 $\mathbf{R} \cup \mathbf{L}$-迁移而得, 因而在该过程中出现的任一词必含 $e^*_{i\lambda}$ 为其因子 (当词长大于 1 时, $e^*_{i\lambda}$ 之左的每个字母有形 $e^*_{i\mu}$; 而 $e^*_{i\lambda}$ 之右的字母有形 $e^*_{j\lambda}$). 故知 $e^*_{i\lambda}$ 是其唯一既约词.

设长为 $n > 1$ 的既约词 $w_1$, $w_2$ $\alpha$-相关. 显然, 它们都不含因子 $0^*$. 于是必有偶数次初等 $\mathbf{R} \cup \mathbf{L}$-迁移将 $w_1$ 变为 $w_2$, 且一半是每次长度增加 1. 另一半是每次长度减少 1. 由 $\mathbf{R} \cup \mathbf{L}$ 的组成易知, 每个长度增加 1 的迁移或是将 $w_1$ 之某因子 $e^*_{i\lambda}$ 的左方添加一个形为 $e^*_{i\mu}$ 的因子, 且在 $e^*_{i\mu}$ 与 $e^*_{i\lambda}$ 之间的因子全有形 $e^*_{i\tau}$; 或是将 $w_1$ 之某因子 $e^*_{i\lambda}$ 的右方添加一个形为 $e^*_{j\lambda}$ 的因子, 且在 $e^*_{j\lambda}$ 与 $e^*_{i\lambda}$ 之间的因子全有形 $e^*_{k\lambda}$. 如此可知, 每个长度减少 1 的迁移恰是将增添的因子删除一个, 而 $w_1$ 中原有的因子及其相互位置关系均不变. 因而必有 $w_1 = w_2$. □

**定理 4.6.2** 设 $S$ 为完全 0-单半带, $E = E(S)$, $\alpha$ 如引理 4.6.1, 则 $F(E^*) \cong E^{*+}/\alpha$.

**证明** 因为 $S$ 完全 0-单, $\alpha_0$ 恰由 $E$ 上双序得出, 故只需证明 $E(E^{*+}/\alpha) = E^*$ (参看习题 4.2 中的练习 4). $E^* \subseteq E(E^{*+}/\alpha)$ 显然. 现设 $e^*_{i_1\lambda_1}\cdots e^*_{i_k\lambda_k} \in E(E^{*+}/\alpha)$. 由引理 4.6.1, 不妨设 $e^*_{i_1\lambda_1}\cdots e^*_{i_k\lambda_k}$ 为既约词. 我们来证明: 必有 $k = 1$. 事实上, 由

$$(e^*_{i_1\lambda_1}\cdots e^*_{i_k\lambda_k})^2\alpha = (e^*_{i_1\lambda_1}\cdots e^*_{i_k\lambda_k})\alpha$$

知词 $e^*_{i_1\lambda_1}\cdots e^*_{i_k\lambda_k}e^*_{i_1\lambda_1}\cdots e^*_{i_k\lambda_k}$ 可经有限次初等 $\alpha_0$-迁移变为 $e^*_{i_1\lambda_1}\cdots e^*_{i_k\lambda_k}$. 由于后者既约, 必有 $i_k=i_1$ 或 $\lambda_k=\lambda_1$. 不妨设 $i_k=i_1$. 如果 $k>1$, 则

$$e^*_{i_1\lambda_1}\cdots e^*_{i_k\lambda_k}e^*_{i_1\lambda_1}\cdots e^*_{i_k\lambda_k}$$

可由一次初等 $\alpha_0$-迁移变为 $e^*_{i_1\lambda_1}\cdots e^*_{i_{k-1}\lambda_{k-1}}e^*_{i_1\lambda_1}\cdots e^*_{i_k\lambda_k}$, 其词长为 $2k-1>k>1$, 此字显然不是既约的. 因而必有 $i_{k-1}=i_1$ 或 $\lambda_{k-1}=\lambda_1$. 但此时 $i_{k-1}=i_1$ 不可能. 因若不然, 则 $i_{k-1}=i_k$, 与 $e^*_{i_1\lambda_1}\cdots e^*_{i_k\lambda_k}$ 既约矛盾. 故必为 $\lambda_{k-1}=\lambda_1$. 如此继续, 可得: $\forall\, l, 0\leqslant l\leqslant k-l-1$, 有 $i_{k-l}=i_{l+1}$ 且 $\forall\, l, 0\leqslant l\leqslant k-l-2$, 有 $\lambda_{k-l-1}=\lambda_{l+1}$. 这样, 对 $k=2r+1$, 有 $\lambda_{r+1}=\lambda_r$; 而对 $k=2r$, 有 $i_{r+1}=i_r$. 无论如何, 都与 $e^*_{i_1\lambda_1}\cdots e^*_{i_k\lambda_k}$ 的既约性矛盾. 这就证明了必有 $k=1$. □

**定理 4.6.3** 设 $S$, $E$ 等如定理 4.6.2. 记

$$M=\{e^*_{i_1\lambda_1}\cdots e^*_{i_k\lambda_k}\in F(E^*)\ :\ 在\ S\ 中有\ e_{i_1\lambda_1}\cdots e_{i_k\lambda_k}=0\ 成立\}\cup\{0^*\}.$$

那么 $M$ 是 $F(E^*)$ 的双边理想. 它所诱导的 Rees 同余恰为二元关系

$$\{(e^*_{i\lambda}e^*_{j\mu},0^*)\ :\ 在\ S\ 中有\ e_{i\lambda}e_{j\mu}=0\ 成立\}$$

生成的同余. 进而, $F(\underline{E})=F(E^*)/M$, 它是完全 0-单半群.

**证明** 可由推论 4.5.5 和定理 4.5.6 直接得. 我们略去细节. □

特别地, 对完全单半带, 显然有下述结论. 其证明也略去.

**定理 4.6.4** 设 $S$ 是完全单半带. 分别用 $\{L_\lambda : \lambda\in\Lambda\}$ 和 $\{R_i : i\in I\}$ 记 $S$ 的 $\mathscr{L}$-类和 $\mathscr{R}$-类之集. 记

$$E=E(S)=\{e_{i\lambda}\in R_i\cap L_\lambda\ :\ i\in I,\ \lambda\in\Lambda\},$$

而

$$E^*=\{e^*_{i\lambda}\ :\ i\in I,\ \lambda\in\Lambda\}.$$

设 $E^{*+}$ 上二元关系 $\alpha_0=\mathbf{R}\cup\mathbf{L}$ 生成的同余为 $\alpha$, 其中

$$\mathbf{R}=\{(e^*_{i\lambda}e^*_{i\mu},\ e^*_{i\mu})\ :\ i\in I,\ \lambda,\ \mu\in\Lambda\},$$

$$\mathbf{L}=\{(e^*_{i\lambda}e^*_{j\lambda},\ e^*_{i\lambda})\ :\ i,j,\in I,\ \lambda\in\Lambda\}.$$

那么我们有 $F(E^*)=F(\underline{E})=E^{*+}/\alpha$, 它是完全单半带.

$F(E^*)$ 的 Rees 矩阵半群表示可刻画如下.

**定理 4.6.5** 设 $S$, $I$, $\Lambda$ 如定理 4.6.4. 设 $I\cap\Lambda=\{0\}$, 而

$$Y=\{q_{i\lambda}\ :\ i\in I\backslash\{0\},\ \lambda\in\Lambda\backslash\{0\}\}$$

满足 $q_{i\lambda}\longmapsto(i,\lambda)$ 是从 $Y$ 到 $(I\backslash\{0\})\times(\Lambda\backslash\{0\})$ 上的双射. 记 $G$ 是由 $Y$ 生成的自由群, 1 为其单位元. 又令 $P=(p_{\lambda i})$ 为 $G$ 上 $\Lambda\times I$ 矩阵, 其中,

$$p_{\lambda i} = \begin{cases} q_{i\lambda}, & \text{若 } (i,\lambda) \in (I\backslash\{0\}) \times (\Lambda\backslash\{0\}), \\ 1, & \text{否则}, \end{cases}$$

则我们有: $F(E^*) \cong \mathcal{M}[G;\ I,\ \Lambda;\ P]$.

**证明** 简记 $\mathcal{M} = \mathcal{M}[G; I, \Lambda; P]$. 因为 $G$ 中元的一般表达式为

$$a = p_{\lambda_1 i_1} p^{-1}_{\lambda_2 i_2} p_{\lambda_3 i_3} \cdots p^{-1}_{\lambda_k i_k},$$

而 $\mathcal{M}$ 中元的一般表达式为 $(a)_{i\lambda}, i \in I,\ \lambda \in \Lambda$. 定义 $\phi : \mathcal{M} \longrightarrow F(E^*)$ 为

$$(a)_{i\lambda}\phi = e^*_{i0}(e^*_{0\lambda_1} e^*_{i_1 0})(e^*_{00} e^*_{i_2\lambda_2} e^*_{00})(e^*_{0\lambda_3} e^*_{i_3 0}) \cdots (e^*_{00} e^*_{i_k\lambda_k} e^*_{00}) e^*_{0\lambda}.$$

对 $\mathcal{M}$ 中任一元 $(b)_{j\mu}, j \in I, \mu \in \Lambda$, $b = p_{\mu_1 j_1} p^{-1}_{\mu_2 j_2} p_{\mu_3 j_3} \cdots p^{-1}_{\mu_r j_r} \in G$, 我们有

$$\begin{aligned}
((a)_{i\lambda}(b)_{j\mu})\phi &= ((a p_{\lambda j} b)_{i\mu})\phi \\
&= e^*_{i0}(e^*_{0\lambda_1} e^*_{i_1 0})(e^*_{00} e^*_{i_2\lambda_2} e^*_{00})(e^*_{0\lambda_3} e^*_{i_3 0}) \cdots (e^*_{00} e^*_{i_k\lambda_k} e^*_{00})(e^*_{0\lambda} e^*_{j0}) \\
&\quad \times (e^*_{0\mu_1} e^*_{j_1 0})(e^*_{00} e^*_{j_2\mu_2} e^*_{00})(e^*_{0\mu_3} e^*_{j_3 0}) \cdots (e^*_{00} e^*_{j_r\mu_r} e^*_{00}) e^*_{0\mu} \\
&= [e^*_{i0}(e^*_{0\lambda_1} e^*_{i_1 0})(e^*_{00} e^*_{i_2\lambda_2} e^*_{00})(e^*_{0\lambda_3} e^*_{i_3 0}) \cdots (e^*_{00} e^*_{i_k\lambda_k} e^*_{00}) e^*_{0\lambda}] \\
&\quad \times [e^*_{j0}(e^*_{0\mu_1} e^*_{j_1 0})(e^*_{00} e^*_{j_2\mu_2} e^*_{00})(e^*_{0\mu_3} e^*_{j_3 0}) \cdots (e^*_{00} e^*_{j_r\mu_r} e^*_{00}) e^*_{0\mu}] \\
&= [(a)_{i\lambda}\phi][(b)_{j\mu}\phi].
\end{aligned}$$

特别地, 我们有

$$(p_{\lambda i})_{i\lambda}\phi = e^*_{i0}(e^*_{00} e^*_{i\lambda} e_{00}) e_{0\lambda} = e^*_{i\lambda}, \quad \forall i \in I, \quad \lambda \in \Lambda.$$

故 $\phi$ 是从 $\mathcal{M}$ 到 $F(E^*)$ 上的满同态.

另一方面, 由习题 4.2 中的练习 4 知: 映射 $e^*_{i\lambda} \longrightarrow (p^{-1}_{\lambda i})_{i\lambda}$ 可以唯一地扩充为从 $F(E^*)$ 到 $\langle E(\mathcal{M})\rangle$ 上的同态, 从而有 $F(E^*) \cong \langle E(\mathcal{M})\rangle$. 进而, 对任意 $(a)_{i\lambda} \in \mathcal{M}$, 我们可令

$$\begin{aligned}
(a)_{i\lambda} = &(p^{-1}_{0\lambda})_{i0}((p^{-1}_{\lambda_1 0})_{0\lambda_1}(p^{-1}_{0 i_1})_{i_1 0})((p^{-1}_{00})_{00}(p^{-1}_{\lambda_2 i_2})_{i_2\lambda_2}(p^{-1}_{00})_{00}) \\
&\times \cdots \times ((p^{-1}_{00})_{00}(p^{-1}_{\lambda_k i_k})_{i_k\lambda_k}(p^{-1}_{00})_{00})(p^{-1}_{\lambda 0})_{0\lambda}.
\end{aligned}$$

故 $\mathcal{M}$ 是半带. 因而 $F(E^*) \cong \mathcal{M}$. □

以下我们讨论有正规带 $S$ 的双序集的正规自由半带 $\underline{S}$. 由文献 [58], $S$ 的结构可描述如下:

$S$ 有半格分解 $S=\bigcup_{\gamma\in\Gamma}S_\gamma$, $\Gamma$ 是 ($S$ 的 $\mathscr{J}$-类) 半格, $S_\gamma=\{e_{i_\gamma\lambda_\gamma}:(i_\gamma,\lambda_\gamma)\in I_\gamma\times\Lambda_\gamma\}$ 是矩形带. 对任意 $\kappa,\nu\in\Gamma$, $\kappa\geqslant\nu$, 有同态 $\theta_{\kappa,\nu}:S_\kappa\longrightarrow S_\nu$ (称为 $S$ 的结构同态 (structure homomorphism)), 满足以下三个条件:

(1) $\theta_{\gamma,\gamma}=1_{S_\gamma},\forall\gamma\in\Gamma$;

(2) $\theta_{\kappa,\gamma}\theta_{\gamma,\nu}=\theta_{\kappa,\nu},\forall\kappa,\gamma,\nu\in\Gamma$, $\kappa\geqslant\gamma\geqslant\nu$;

(3) $e_{i_\gamma\lambda_\gamma}e_{i_\kappa\lambda_\kappa}=(e_{i_\gamma\lambda_\gamma}\theta_{\gamma,\gamma\wedge\kappa})(e_{i_\kappa\lambda_\kappa}\theta_{\kappa,\gamma\wedge\kappa}),\kappa,\gamma\in\Gamma$, $(i_\gamma,\lambda_\gamma)\in I_\gamma\times\Lambda_\gamma,(i_\kappa,\lambda_\kappa)\in I_\kappa\times\Lambda_\kappa$.

**定理 4.6.6** 设 $S$ 为正规带, $E(=E(S)=S)$ 是其幂等元双序集. 设 $S=\bigcup_{\gamma\in\Gamma}S_\gamma$ 为其半格分解, $\{\theta_{\kappa,\nu}\}$ 是它的结构同态. 记 $\underline{S_\gamma}=F(\underline{E(S_\gamma)})$, $\gamma\in\Gamma$. 我们有

$$E(\underline{S_\gamma})=\{\underline{e_{i_\gamma\lambda_\gamma}}:(i_\gamma,\lambda_\gamma)\in I_\gamma\times\Lambda_\gamma\},\quad\gamma\in\Gamma.$$

不妨设 $\underline{S_\gamma}\cap\underline{S_\kappa}=\varnothing$, $\gamma\neq\kappa$. 对任意 $\kappa,\nu\in\Gamma$, $\kappa\geqslant\nu$, 映射 $\underline{e_{i_\kappa\lambda_\kappa}}\longmapsto\underline{e_{i_\kappa\lambda_\kappa}\theta_{\kappa,\nu}}$ 可以唯一地扩充为从 $\underline{S_\kappa}$ 到 $\underline{S_\nu}$ 的同态 $\underline{\theta_{\kappa,\nu}}$.

记 $\underline{S}=\bigcup_{\gamma\in\Gamma}\underline{S_\gamma}$, 在 $\underline{S}$ 上定义乘法为: $\forall a\in\underline{S_\kappa}$, $b\in\underline{S_\gamma}$, $\kappa,\gamma\in\Gamma$,

$$ab=(a\underline{\theta_{\kappa,\kappa\wedge\gamma}})(b\underline{\theta_{\gamma,\kappa\wedge\gamma}}),\tag{4.9}$$

其中等式右边为 $\underline{S_{\kappa\wedge\gamma}}$ 中的乘法. 那么 $\underline{S}=F(\underline{E})$. 进而, $\underline{S}$ 是幂等元生成的群的正规带, $\underline{S}=\bigcup_{\gamma\in\Gamma}\underline{S_\gamma}$ 恰是 $\underline{S}$ 的半格分解.

**证明** 对任一 $\kappa\in\Gamma$, 因为 $S_\kappa$ 是矩形带, 易知 $\underline{S_\kappa}$ 可视为由 $\{\underline{e_{i_\kappa\lambda_\kappa}}\}$ 生成的半带, 服从定义关系

$$(\underline{e_{i_\kappa\lambda_\kappa}})(\underline{e_{i_\kappa\mu_\kappa}})=\underline{e_{i_\kappa\mu_\kappa}},\quad(\underline{e_{i_\kappa\lambda_\kappa}})(\underline{e_{j_\kappa\lambda_\kappa}})=\underline{e_{i_\kappa\lambda_\kappa}},\quad\forall i_\kappa,j_\kappa\in I_\kappa,\quad\lambda_\kappa,\mu_\kappa\in\Lambda_\kappa.$$

对任意 $\kappa,\nu\in\Gamma$, $\kappa\geqslant\nu$, 由 $\theta_{\kappa,\nu}$ 是同态, 易知 $\underline{S_\nu}$ 满足定义关系

$$(\underline{e_{i_\kappa\lambda_\kappa}\theta_{\kappa,\nu}})(\underline{e_{i_\kappa\mu_\kappa}\theta_{\kappa,\nu}})=\underline{e_{i_\kappa\mu_\kappa}\theta_{\kappa,\nu}},\quad(\underline{e_{i_\kappa\lambda_\kappa}\theta_{\kappa,\nu}})(\underline{e_{j_\kappa\lambda_\kappa}\theta_{\kappa,\nu}})=\underline{e_{i_\kappa\lambda_\kappa}\theta_{\kappa,\nu}},$$
$$\forall i_\kappa,j_\kappa\in I_\kappa,\quad\lambda_\kappa,\mu_\kappa\in\Lambda_\kappa.$$

因而映射 $\underline{e_{i_\kappa\lambda_\kappa}}\mapsto\underline{e_{i_\kappa\lambda_\kappa}\theta_{\kappa,\nu}}$ 可唯一地扩充为从 $\underline{S_\kappa}$ 到 $\underline{S_\nu}$ 的同态, 记为 $\underline{\theta_{\kappa,\nu}}$. 特别地, 由于 $\theta_{\gamma,\gamma}=1_{S_\gamma}$, 易得 $\underline{\theta_{\gamma,\gamma}}=1_{\underline{S_\gamma}}$, $\forall\gamma\in\Gamma$; 由于 $\theta_{\kappa,\gamma}\theta_{\gamma,\nu}=\theta_{\kappa,\nu}$, $\kappa\geqslant\gamma\geqslant\nu$, 也可得 $(\underline{\theta_{\kappa,\gamma}})(\underline{\theta_{\gamma,\nu}})=\underline{\theta_{\kappa,\nu}}$, $\kappa\geqslant\gamma\geqslant\nu$. 注意到每个 $S_\gamma$ 是矩形带, 可知每个 $\underline{S_\gamma}=F(\underline{E(S_\gamma)})$ 是群的矩形带. 因之由 $\underline{S}$ 上的乘法定义 (4.9) 立得 $\underline{S}$ 是群的正规带, 且 $\underline{S}=\bigcup_{\gamma\in\Gamma}\underline{S_\gamma}$ 是它的半格分解. 由于 $\underline{S}/\mathscr{H}\cong S$, 易得 $\underline{e_{i_\gamma\lambda_\gamma}}\longmapsto e_{i_\gamma\lambda_\gamma}$ 是从 $E(\underline{S})$ 到 $E$ 上的双序同构.

设 $V$ 为任一正则半带, 有从 $E(V)$ 到 $E$ 上的双序同构 $f_{i_\gamma\lambda_\gamma}\mapsto e_{i_\gamma\lambda_\gamma}$. 由推论 4.4.7, $V$ 必是幂等元生成的群的正规带; $\Gamma$ 是 $V$ 的 $\mathscr{J}$-类半格. 进而, 若记 $V=$

$\bigcup_{\gamma\in\Gamma} V_\gamma$ 是 $V$ 的半格分解, 则对每个 $\gamma\in\Gamma$, $V_\gamma$ 是由 $\{f_{i_\gamma\lambda_\gamma}:(i_\gamma,\lambda_\gamma)\in I_\gamma\times\Lambda_\gamma\}$ 生成的完全单半带. 由 [59, §6], $V$ 是 $\{V_\gamma:\gamma\in\Gamma\}$ 的强半格. 记其结构同态为 $\{\tau_{\kappa,\nu}:\kappa\geqslant\nu\in\Gamma\}$, 易得 $f_{i_\kappa\lambda_\kappa}\tau_{\kappa,\nu}\leqslant f_{i_\kappa\lambda_\kappa}$. 记 $f_{i_\kappa\lambda_\kappa}\tau_{\kappa,\nu}=f_{j_\nu\mu_\nu}$, 则由 $E(V)$ 与 $E$ 的双序同构知 $e_{j_\nu\mu_\nu}\leqslant e_{i_\kappa\lambda_\kappa}$ 从而 $e_{j_\nu\mu_\nu}=e_{i_\kappa\lambda_\kappa}\theta_{\kappa,\nu}$. 故我们有 $f_{i_\kappa\lambda_\kappa}\tau_{\kappa,\nu}=f_{j_\nu\mu_\nu}\Leftrightarrow e_{i_\kappa\lambda_\kappa}\theta_{\kappa,\nu}=e_{j_\nu\mu_\nu}$. 由前证, $\underline{S}$ 可视为由 $\{\underline{e_{i_\gamma\lambda_\gamma}}:(i_\gamma,\lambda_\gamma)\in I_\gamma\times\Lambda_\gamma\}$ 生成的半带, 服从定义关系

$$(\underline{e_{i_\kappa\lambda_\kappa}})(\underline{e_{i_\kappa\mu_\kappa}})=\underline{e_{i_\kappa\mu_\kappa}},\quad (\underline{e_{i_\kappa\lambda_\kappa}})(\underline{e_{j_\kappa\lambda_\kappa}})=\underline{e_{i_\kappa\lambda_\kappa}},\quad \forall\, i_\kappa,j_\kappa\in I_\kappa,\quad \lambda_\kappa,\mu_\kappa\in\Lambda_\kappa,$$

$$(\underline{e_{i_\gamma\lambda_\gamma}})(\underline{e_{j_\kappa\mu_\kappa}})=(\underline{e_{i_\gamma\lambda_\gamma}})(\underline{\theta_{\gamma,\gamma\wedge\kappa}})(\underline{e_{j_\kappa\mu_\kappa}})(\underline{\theta_{\kappa,\gamma\wedge\kappa}}),$$

$$\forall\,\kappa,\gamma\in\Gamma,\quad (i_\gamma,\lambda_\gamma)\in I_\gamma\times\Lambda_\gamma,\quad (j_\kappa,\mu_\kappa)\in I_\kappa\times\Lambda_\kappa.$$

由 $E(V)$ 到 $E$ 的双序同构及上述证明知, $V$ 满足下列相应的等式:

$$f_{i_\gamma\lambda_\gamma}f_{i_\gamma\mu_\gamma}=f_{i_\gamma\mu_\gamma},\quad f_{i_\gamma\lambda_\gamma}f_{j_\gamma\mu_\gamma}=f_{i_\gamma\lambda_\gamma},\quad \forall\, i_\gamma,j_\gamma\in I_\gamma,\quad \lambda_\gamma,\mu_\gamma\in\Lambda_\gamma,$$

$$f_{i_\gamma\lambda_\gamma}f_{j_\kappa\mu_\kappa}=(f_{i_\gamma\lambda_\gamma}\tau_{\gamma,\gamma\wedge\kappa})(f_{j_\kappa\mu_\kappa}\tau_{\kappa,\gamma\wedge\kappa}),$$

$$\forall\,\kappa,\gamma\in\Gamma,\quad (i_\gamma,\lambda_\gamma)\in I_\gamma\times\Lambda_\gamma,\quad (j_\kappa,\mu_\kappa)\in I_\kappa\times\Lambda_\kappa.$$

这就表明, 映射 $\underline{e_{i_\gamma\lambda_\gamma}}\longmapsto f_{i_\gamma\lambda_\gamma}$ 可唯一地扩充为从 $\underline{S}$ 到 $V$ 上的同态. 这证明了 $\underline{S}$ 是 $E$ 上的正则自由半带. □

作为推论, 我们可以得到下述定理:

**定理 4.6.7**　设 $S=\{e_i:i\in I\}$ 为正规带, $V$ 是幂等元生成的群的正规带, $f_i\mapsto e_i$ 是从 $E(V)$ 到 $E(S)=S$ 的双序同构. 设 $B$ 是集 $I$ 上的自由正规带, 则存在满同态 $\pi,\pi',\phi,\underline{\phi},\eta,\zeta$ 使图 4.22 交换:

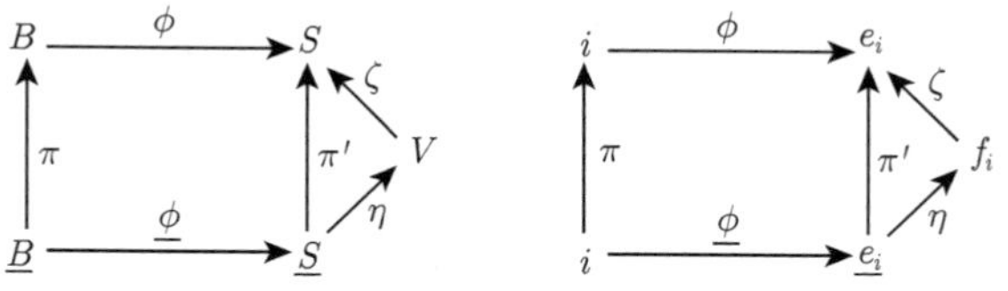

图 4.22

**注记 4.6.8**　上述定理中, 半群 $B$ 和 $\underline{B}$ 的 $\mathscr{J}$-类半格是集合 $I$ 的有限子集的 $\cup$-半格, 记为 $\mathcal{B}$. 此时, $\underline{B}$ 有半格分解 $\underline{B}=\bigcup_{\beta\in\mathcal{B}}\underline{B_\beta}$. 若对 $\beta\in\mathcal{B}$, $n$ 是 $\beta$ 的 "反原子" (anti-atoms) (即满足 $\delta\geqslant\beta$ 的 $\delta$) 的个数, 则 $\underline{B_\beta}$ 含有 $n$ 个 $\mathscr{L}$-类和 $n$ 个 $\mathscr{R}$-类. 由定理 4.6.5 和定理 4.6.6, $\underline{B}$ 在 $\underline{B_\beta}$ 中的极大子群是秩为 $(n-1)^2$ 的自由群.

# 第 5 章　拟正则半群

由 Edwards 于 1983 年引入的拟正则或终究正则半群是既包含正则半群, 又包含具有重要实用价值的有限半群和周期半群等非正则半群的一个半群类. 我们在本章讨论拟正则半群与正则半群相似的性质, 并刻画它们的双序集的特性. 本章材料取自 Edwards[20], Easdown[14] 和 Yu[76] 的文献.

## 5.1　拟正则半群的定义和性质

**定义 5.1.1**　称半群 $S$ 拟正则 (quasi-regular) 或终究正则 (evetually regular), 若对任一 $a \in S$, 存在正整数 $n$(与 $a$ 有关), 使 $a^n \in \operatorname{Reg} S$. 具有此性质的最小正整数称为 $a$ 的正则指数 (regular index).

显然, 有限半群、周期半群都是拟正则半群. 若 $S$ 的每个元素 $a$ 都有某方幂在 $S$ 的某子群中, 则 $S$ 也拟正则, 称之为完全拟正则 (completely quasi-regular) 或群界 (group-bound).

为了简化某些证明, 我们将双序 $\omega^\ell, \omega^r$ 的定义推广到任意元素上: $\forall a, b \in S$, $a\,\omega^\ell\, b \Leftrightarrow a \in S^1 b$, $a\,\omega^r\, b \Leftrightarrow a \in bS^1$. 由定义易得下述引理. 其证明略.

**引理 5.1.2**　$\omega^\ell, \omega^r$ 是半群 $S$ 上的拟序 (即满足反身和传递性), 且具有以下性质:

(1) $\omega^\ell \cap {\omega^\ell}^{-1} = \mathscr{L}, \omega^r \cap {\omega^r}^{-1} = \mathscr{R}$.

(2) $(a, b) \in \omega^\ell \Rightarrow (ac, bc) \in \omega^\ell$,  $(a, b) \in \omega^r \Rightarrow (ca, cb) \in \omega^r$, $\forall a, b, c \in S$.

(3) 若记 $\omega = \omega^\ell \cap \omega^r$, 则 $\omega \cap \omega^{-1} = \mathscr{H}$.

(4) 若 $e \in E(S)$, 则 $(a, e) \in \omega^\ell$ $(\omega^r)$ $\Leftrightarrow$ $a = ae$ $(a = ea)$. 特别地, 对 $f \in E(S)$, $f\,\omega\, e \Leftrightarrow f \leqslant e$.

(5) $e \in E(S)$, $(e, a) \in \omega^\ell$ $(\omega^r)$ $\Rightarrow$ $(e, ae) \in \mathscr{L}$ $((e, ea) \in \mathscr{R})$, 且 $(ae, a) \in \omega$ $((ea, a) \in \omega)$.

利用上述拟序 $\omega^\ell, \omega^r$, 4.3 节定义的多元 $M$-集和多元夹心集可适用于半群 $S$ 的任意元素. 参看习题 4.3 中的练习 1, 此处不再赘述.

**命题 5.1.3**　设 $S$ 为拟正则半群, $\rho$ 为 $S$ 的同余. 对任意 $x, y \in S$, 若在 $S/\rho$ 中有 $y\rho \in V(x\rho)$, 则必存在 $a \in \operatorname{Reg} S$, $b \in V(a)$ 且 $a\,\omega\, x$, $b\,\omega\, y$, 使得 $(a, x) \in \rho$ 且 $(b, y) \in \rho$.

**证明** 由 $S$ 拟正则, 有 $(xy)^{2m} = ((xy)^2)^m \in \operatorname{Reg} S$, 对某 $m \geqslant 1$. 取 $z \in V((xy)^{2m})$, 并令

$$a = xyz(xy)^{2m-1}x, \quad b = yz(xy)^{2m-1},$$

由 $y\rho \in V(x\rho)$ 易验证 $a, b$ 即为所求. □

**推论 5.1.4** 设 $S$, $\rho$ 如上. 对 $x \in S$, 若 $x\rho \in E(S/\rho)$, 则有 $e \in E(S)$, $e\,\omega\,x$, 使得 $(e, x) \in \rho$.

**证明** 令命题 5.1.3 中的 $y = x$, 而 $e = ab$ 即得. □

上述结论说明: 拟正则半群是"互逆元提升" (inverse lifting) 且从而是"幂等元提升" (idempotent lifting) 的. 事实上, 半群的幂等元提升性可归结为某种弱的拟正则性, 即以下命题成立:

**命题 5.1.5** 设 $S$ 为任一含幂等元的半群, $\rho$ 为其同余. $\rho$ 为幂等元提升的充要条件是: 对任意 $x\rho \in E(S/\rho)$, 存在 $a, b \in S$, $a\,\rho\,x\,\rho\,b$ 且 $ab$ 为拟正则元.

**证明** 只需证充分性. 设 $a, b \in S$ 满足所说条件且 $(ab)^n \in \operatorname{Reg} S$. 取 $c \in V((ab)^n)$, 令 $e = b(ab)^{n-1}ca$, 易验证 $e \in E(S)$ 且 $e\,\rho\,x$. □

以下我们讨论拟正则半群的幂等元分离同余.

**引理 5.1.6** 设 $S$ 为拟正则半群, $\rho$ 为其幂等元分离同余. 对任意 $e \in E(S)$, 若 $a \in S$ 满足 $e\,\rho\,a$, 则必有 $e\,\omega\,a$.

**证明** 由推论 5.1.4, 有 $f \in E(S)$, $f\,\omega\,a$ 使 $f\,\rho\,a\,\rho\,e$. 因 $\rho$ 幂等元分离, 有 $e = f$. 故得 $e\,\omega\,a$. □

**命题 5.1.7** 设 $S$ 为任一含幂等元的半群, $\phi^\circ = (\rho^\circ, \lambda^\circ)$ 是定义 4.1.7 给出的 $S$ 的表示. 记 $\mu = \phi^\circ \circ (\phi^\circ)^{-1}$. 则对 $S$ 的任一同余 $\rho$, 下述 (1)—(3) 两两等价:

(1) $\rho \subseteq \mu$;

(2) $\forall e \in E(S)$, $a \in S$, 若 $e\,\rho\,a$, 则 $e\,\omega\,a$;

(3) $\forall b \in \operatorname{Reg} S$, $a \in S$, 若 $b\,\rho\,a$, 则 $b\,\omega\,a$.

特别地, 当 $S$ 为拟正则半群时, 上述三条等价于

(4) $\rho$ 是 $S$ 的幂等元分离同余.

**证明** (1)⇒(2) 此时有 $(e, a) \in \rho \subseteq \mu$, 故 $\phi^\circ_e = \phi^\circ_a$. 由于 $L_e\rho^\circ_e = L_e \neq \infty$, 有 $L_e\rho^\circ_a = L_{ea} = L_e$. 由此得 $e\,\omega^\ell\,a$. 对偶可证 $e\,\omega^r\,a$.

(2)⇒(3) 取 $b' \in V(b)$. 由 $bb', b'b \in E(S)$ 及 $bb'\,\rho\,ab'$, $b'b\,\rho\,b'a$ 得

$$b\,\omega^r\,bb'\,\omega\,ab'\,\omega^r\,a \text{ 及 } b\,\omega^\ell\,b'b\,\omega\,b'a\,\omega^\ell\,a,$$

故 $b\,\omega\,a$.

(3)⇒(1) 设 (3) 成立. 任取 $a, b \in S$, $a\,\rho\,b$. 对任意 $L \in \operatorname{Reg} S/\mathscr{L}$, 若 $L\rho^\circ_a \neq \infty$, 则有 $x \in L$, 满足 $x\,\mathscr{R}\,xa$, 且 $L\rho^\circ_a = L_{xa}$. 由于此时也有 $xa\,\rho\,xb$ 且 $xa \in$

$\operatorname{Reg} S$, 据 (3) 有 $xa\,\omega\,xb$, 因而 $x\,\omega^r\,xa\,\omega\,xb\,\omega^r\,x$, 即 $x\,\mathscr{R}\,xb$. 故 $L\rho_b^\circ = L_{xb} \neq \infty$. 再由 $xb \in \operatorname{Reg} S$, 且 $xb\,\rho\,xa$, 又可得 $xb\,\omega\,xa$. 它们都在 $R_x$ 中, 必有 $xb\,\mathscr{H}\,xa$(参看下面引理 5.1.13), 从而 $L\rho_a^\circ = L_{xa} = L_{xb} = L\rho_b^\circ$. 由对称性知, $L\rho_a^\circ = \infty$ 时亦必有 $L\rho_b^\circ = \infty$. 从而 $\rho_a^\circ = \rho_b^\circ$. 对偶可证 $\lambda_a^\circ = \lambda_b^\circ$, 故 $\phi_a^\circ = \phi_b^\circ$, 即 $a\,\mu\,b$. 于是得 $\rho \subseteq \mu$.

(1)⇔(4) 对任意含幂等元半群 $S$, (1)⇒(4) 是显然的. 当 $S$ 拟正则时, 若 $S$ 满足 (4), 由引理 5.1.6, $\rho$ 亦满足 (2). 这就完成了证明. □

**定理 5.1.8** 设 $S$ 为含幂等元的任意半群. $\forall a, b \in S$, $(a,b) \in \mu$ 的充要条件是

$$\forall x \in \operatorname{Reg} S, \quad \begin{cases} x\,\mathscr{R}\,xa \text{ 或 } x\,\mathscr{R}\,xb \Rightarrow xa\,\mathscr{H}\,xb \text{ 且} \\ x\,\mathscr{L}\,ax \text{ 或 } x\,\mathscr{L}\,bx \Rightarrow ax\,\mathscr{H}\,bx. \end{cases}$$

特别地, $\mu$ 是拟正则半群上的最大幂等元分离同余.

**证明** 此为命题 5.1.7 和 $\phi^\circ$ 定义的直接推论. □

**注记 5.1.9** 我们知道, 对正则半群有 $\mu = \mathscr{H}^\flat$, 即含于 $\mathscr{H}$ 的最大同余. 但对拟正则半群, 我们一般只有 $\mathscr{H}^\flat \subseteq \mu$, 等号不一定成立. 例如: 设 $S = \langle a : a^3 = a^5 \rangle$, 易知 $\mu = S \times S$, 而 $\mathscr{H}^\flat = \mathscr{H} \neq S \times S$. 一般情形下, $\mathscr{H}^\flat$ 与 $\mu = \phi^\circ \circ (\phi^\circ)^{-1}$ 的关系如以下命题所述.

**命题 5.1.10** 设 $S$ 为任一含幂等元半群, 我们有

(1) $\mathscr{H}^\flat \subseteq \mu = \phi^\circ \circ (\phi^\circ)^{-1}$;

(2) $\mathscr{H}^\flat \cap (\operatorname{Reg} S \times \operatorname{Reg} S) \subseteq \mu \cap (\operatorname{Reg} S \times \operatorname{Reg} S) \subseteq \mathscr{H} \cap (\operatorname{Reg} S \times \operatorname{Reg} S)$.

**证明** 只需证 (1), 因 (2) 是命题 5.1.7 和 (1) 的推论. 为此, 设 $a\,\mathscr{H}^\flat\,b$. 由同余的性质知 $xa\,\mathscr{H}^\flat\,xb$ 且 $ax\,\mathscr{H}^\flat\,bx$, 对任意 $x \in S$ 成立. 由定理 5.1.8 得 $a\,\mu\,b$. □

**注记 5.1.11** 易知, 对任意含幂等元半群 $S$, $\mu = \phi^\circ \circ (\phi^\circ)^{-1}$ 是 $S$ 的幂等元分离同余. 但当 $S$ 非拟正则时, $\mu$ 完全可能不是最大幂等元分离同余. 例如, 令 $X$ 为任一非空集, $S = X^+ \cup \{e\} \cup \{1\}$ 按如下方式将 $X^+$ 上的运算扩充到 $S$ 上:

$$we = ew = 1w = w1 = w, \quad \forall w \in X^+, \quad e1 = 1e = e, \quad e^2 = e, \quad 1^2 = 1.$$

易验证, $S$ 上的 $\mu$-同余类是 $X^+$, $\{e\}$ 和 $\{1\}$. 又, $S$ 上以 $X^+ \cup \{e\}$, $\{1\}$ 为等价类的等价关系也是 $S$ 的幂等元分离同余, 它真包含 $\mu$.

正则半群和完全拟正则半群都是拟正则半群类的真子类, 二者互不包含. 1973 年, Hall[29] 给出了正则半群为完全拟正则的一个充分条件. 我们在此将其推广到任意拟正则半群. 为此, 先叙述三个引理, 它们的证明略.

**引理 5.1.12** 任意半群 $S$ 的表示 $\rho^\circ$ 满足

$$(\rho^\circ \circ (\rho^\circ)^{-1}) \cap (\operatorname{Reg} S \times \operatorname{Reg} S) \subseteq \mathscr{L}.$$

**引理 5.1.13** 若半群 $S$ 不含严格递降的无限幂等元链, 则对任意 $x \in \operatorname{Reg} S$, 主因子 $J(x)/I(x)$ 完全单或完全 0-单. 进而, $\forall a, b \in \operatorname{Reg} S$, $a \mathscr{D} b$, 若 $(a, b) \in \omega^{\ell} \cup \omega^{r}$, 则必有 $(a, b) \in \mathscr{L}$(或 $\mathscr{R}$).

**引理 5.1.14** 设 $T$ 是半群 $S$ 的子半群. $T$ 中任意两个正则元在 $T$ 的同一个 $\mathscr{L}(\mathscr{R})$-类中的充要条件是它们在 $S$ 的同一个 $\mathscr{L}$ $(\mathscr{R})$-类中. 因而, 它们在 $T$ 的同一个 $\mathscr{H}$-类中的充要条件是它们在 $S$ 的同一个 $\mathscr{H}$-类中.

**命题 5.1.15** 设 $S$ 为拟正则半群, 满足: $S$ 的每个正则 $\mathscr{D}$-类不含严格递降的无限幂等元链. 若同态 $\xi : S \longrightarrow S'$, $a \mapsto \xi_a$ 满足 $\operatorname{Ker}\xi \cap (\operatorname{Reg} S \times \operatorname{Reg} S) \subseteq \mathscr{L}^S$, 则 $S$ 的正则元 $a$ 在 $S$ 的子群中当且仅当 $\xi_a$ 在 $\xi(S) = \{\xi_x : x \in S\}$ 的子群中.

**证明** 只需证充分性. 设 $a \in \operatorname{Reg} S$ 使 $\xi_a$ 在 $\xi(S)$ 的子群中, 则有 $\eta \in \xi(S) \cap V(\xi_a)$, 使 $\xi_a \eta = \eta \xi_a$. 因 $S$ 拟正则, 由命题 5.1.3, 存在 $b, b' \in S$, $b' \in V(b)$, $b \,\omega\, a$, $\xi_b = \xi_a$, $\xi_{b'} = \eta$. 由 $\xi$ 是同态, 有

$$\xi_{bb'} = \xi_b \xi_{b'} = \xi_a \eta = \eta \xi_a = \xi_{b'} \xi_b = \xi_{b'b}.$$

据 $\xi$ 的性质得 $b \mathscr{L} b'b \mathscr{L} bb'$, 从而 $b \mathscr{H} bb'$, 故知 $H_b$ 是群. 再由 $(a, b) \in \operatorname{Ker}\xi \cap (\operatorname{Reg} S \times \operatorname{Reg} S) \subseteq \mathscr{L}^S$ 知 $a \mathscr{D} b$. 由 $b \,\omega\, a$, 据引理 5.1.12 得 $a \mathscr{H} b$, 即 $a$ 在子群 $H_b$ 中. □

**定理 5.1.16** 设 $S$ 为拟正则半群. 若 $S$ 的每个正则 $\mathscr{D}$-类最多只有 $m$(一固定正整数) 个 $\mathscr{L}$-类, 则 $S$ 完全拟正则, 且对任意 $a \in S$, $a^{mn}$ 在 $S$ 的子群中, 此处, $n$ 为 $a^m$ 的正则指数.

**证明** 记 $k = mn$, $n$ 为 $a^m \in S$ 的正则指数. 由于 $S$ 的每个正则 $\mathscr{D}$-类只含有限多个 $\mathscr{L}$-类, 据引理 5.1.12、引理 5.1.13 和命题 5.1.15, 只需证明: 对 $S$ 的表示 $\rho^\circ$, $\rho^\circ_{a^k}$ 在 $\rho(S)$ 的子群中.

由于 $a^k \in \operatorname{Reg} S$, 有 $D \in \operatorname{Reg} S/\mathscr{D}$, 使 $D/\mathscr{L} \cap \operatorname{im} \rho^\circ_{a^k} \neq \varnothing$ (事实上, $D_{a^k}$ 即是). 任取这样一个 $\mathscr{D}$-类 $D$, 任取 $L^\circ \in D/\mathscr{L} \cap \operatorname{im} \rho^\circ_{a^k}$ 及 $(a^k)' \in V(a^k)$. 由 $\rho^\circ$ 的定义, 有 $x \in \operatorname{Reg} S$, $x \mathscr{R} xa^k$, 使得

$$L^\circ = L^\circ_x \, \rho^\circ_{a^k} = L^\circ_{xa^k(a^k)'a^k} = L^\circ_b \, \rho^\circ_{a^k},$$

其中 $b = xa^k(a^k)'$. 此处最后一个等号之所以成立, 是因为有 $b \mathscr{R} ba^k = xa^k \mathscr{R} x$. 由此还知 $x \in D$ 且

$$b \mathscr{R} ba \mathscr{R} ba^2 \mathscr{R} \cdots \mathscr{R} ba^k \mathscr{R} x.$$

这就说明, $L^\circ_b, L^\circ_{ba}, L^\circ_{ba^2}, \cdots, L^\circ_{ba^k}$ 是 $D$ 中 $k+1 > m$ 个 $\mathscr{L}$-类. 由于 $D$ 中最多只有 $m$ 个 $\mathscr{L}$-类, 必有 $0 \leqslant i < j \leqslant k$ 使 $L^\circ_{ba^i} = L^\circ_{ba^j}$(定义 $L^\circ_{ba^0} = L^\circ_b$). 由此及 $\mathscr{L}$

为右同余知, 对任意正整数 $\ell$ 均有 $L_b^{\circ}(\rho_a^{\circ})^{\ell} = L_b^{\circ}\,\rho_{a^{\ell}}^{\circ} \in \operatorname{Reg} S/\mathscr{L}$ 且

$$L_b^{\circ}(\rho_a^{\circ})^{\ell} = L_b^{\circ}\,\rho_{a^{\ell}}^{\circ} \in \{L_{ba}^{\circ}, \cdots, L_{ba^k}^{\circ}\} \subseteq D/\mathscr{L} \cap \operatorname{im}\rho_a^{\circ}.$$

如此, 有任意大的正整数 $t$, 使 $L_{ba^t}^{\circ} = L_{ba^k}^{\circ}$. 不妨取 $t = 2k+p$, $p > 0$, 则

$$L^{\circ} = L_{ba^k}^{\circ} = L_{ba^t}^{\circ} = L_{ba^{2k+p}}^{\circ} = (L_{ba^p}^{\circ}\,\rho_{a^k}^{\circ})\,\rho_{a^k}^{\circ}.$$

由 $L^{\circ}$ 在 $D/\mathscr{L} \cap \operatorname{im}\rho_{a^k}^{\circ}$ 中的任取性, 上式表明: $\rho_{a^k}^{\circ}$ 在集合 $D/\mathscr{L} \cap \operatorname{im}\rho_{a^k}^{\circ}$ 上的限制是到其上的满射. 由于该集有限, 故实为双射. 由此易知, $\rho_{a^k}^{\circ}$ 在其像集上的限制是个双射. 据 [9, Theorem 2.10] 立得 $\rho_{a^k}^{\circ}$ 在全变换半群 $\mathcal{T}(X^{\circ})$ 的子群中. 由此亦知, $L_{a^{2k}}^{\circ} = (L_{a^k}^{\circ})^2$ 与 $L_{a^k}^{\circ}$ 在 $\mathcal{T}(X^{\circ})$ 的同一个 $\mathscr{H}$-类中.

记 $e = a^k(a^k)'$. 显然 $e\,\mathscr{R}\,ea^k$. 由此有

$$e\,\mathscr{R}\,ea\,\mathscr{R}\,ea^2\,\mathscr{R}\,\cdots\,\mathscr{R}\,ea^k.$$

这表明 $L_e^{\circ}, L_{ea}^{\circ}, \cdots, L_{ea^k}^{\circ}$ 是 $D_e$ 中 $k+1 > m$ 个 $\mathscr{L}$-类. 由于 $D_e$ 最多只有 $m$ 个 $\mathscr{L}$-类, 用与前述相同的证明可知: 关于任意正整数 $\ell$, $L_{ea^{\ell}}^{\circ} \in D_e/\mathscr{L}$. 这证明了 $a^{2k}$ 与 $a^k$ 都是 $S$ 的正则元. 由于 $\rho^{\circ}$ 是从 $S$ 到 $\rho^{\circ}(s)$ 上的满同态, 故 $\rho_{a^k}^{\circ}$ 与 $\rho_{a^{2k}}^{\circ}$ 也是 $\rho^{\circ}(S)$ 的正则元. 由于 $\rho_{a^k}^{\circ}$ 与 $\rho_{a^{2k}}^{\circ}$ 在 $\mathcal{T}(X^{\circ})$ 的同一 $\mathscr{H}$-类中, 据引理 5.1.14 知, 它们亦在 $\rho^{\circ}(S)$ 的同一个 $\mathscr{H}$-类中. 因而 $\rho_{a^k}^{\circ}$ 必在 $\rho^{\circ}(S)$ 的子群中. 这就完成了证明. □

**注记 5.1.17** 定理 5.1.16 中关于正则 $\mathscr{D}$-类中 $\mathscr{L}$-类个数的限制条件不可少. 例如, 设 $A = \langle a : a^2 = 0\rangle$ 为二元幂零半群, $B = \langle p, q | pq = 1\rangle$ 为双循环半群. 记 $S = A \times B$. 不难验证: $S$ 有唯一正则 $\mathscr{D}$-类 $D = \{(0, q^m p^n) : m, n \geqslant 0\}$, 它有无限多个 $\mathscr{L}$-类. 注意: $S$ 拟正则, 但既非正则亦非完全拟正则.

### 习题 5.1

1. 验证引理 5.1.2、引理 5.1.12、引理 5.1.13 和引理 5.1.14.

2. 设拟正则半群 $S$ 满足: 对任意 $x \in \operatorname{Reg} S$, 主因子 $J(x)/I(x)$ 完全单或完全 0-单. 若有正整数 $m$, 对于 $S$ 的任一正则 $\mathscr{D}$-类 $D$ 和任意 $a \in S$, 均有 $|\operatorname{im}\rho_a^{\circ} \cap D/\mathscr{L}| \leqslant m-1$, 则 $S$ 完全拟正则.

## 5.2 拟正则半群的双序集

从本节开始我们刻画一般拟正则半群及其重要子类的幂等元双序集. 为此需建立一些预备结果. 首先, 从定理 4.1.14 的证明易得下述结论:

**命题 5.2.1** 设 $\mathcal{C}$ 是一半群类, 其中半群均有幂等元提升性且在取同态像和取幂等元生成子半群下封闭. 那么, 对任意双序集 $E$, 存在 $S \in \mathcal{C}$ 使 $E \cong E(S)$ 的充要条件是

$$E\phi = E(\langle E\phi \rangle), \quad 且 \langle E\phi \rangle \in \mathcal{C},$$

其中, $\phi$ 是定义 4.1.2(3) 给出的 $E$ 的半群表示.

显然, 有限半群和周期半群都是满足该命题的半群类. 根据文献 [22] 的结果有:

**命题 5.2.2** 设 $S$ 为任意半群, $e_1, \cdots, e_n \in E(S)$. 若 $e_1 \cdots e_n \in \operatorname{Reg} S$, 则 $V(e_1 \cdots e_n) \subseteq \langle E(S) \rangle$.

由此及命题 5.1.7, 正则半群类和拟正则半群类也满足命题 5.2.2, 下述推论说明, 完全拟正则半群类也满足该命题.

**推论 5.2.3** 若半群 $S$ 完全拟正则, 则 $\langle E(S) \rangle$ 也完全拟正则.

**证明** 设 $x \in \langle E(S) \rangle$, 由 $S$ 完全拟正则, 有正整数 $i$ 使得 $x^i \mathscr{H}^S e, e \in E(S)$. 由命题 5.2.2, $x^i$ 在 $H_e$ 中的逆元也在 $\langle E(S) \rangle$ 中, 从而 $x^i \mathscr{H}^{\langle E(S) \rangle} e$, 即 $x^i$ 在 $\langle E(S) \rangle$ 的子群中. □

为了叙述的方便, 我们还需要几个概念:

**定义 5.2.4** 设 $E$ 为双序集, $e, f, g, e_i \in E$, $i = 1, \cdots, n \geqslant 2$.

(1) 称有序对 $(f, g)$ 在 $e$ 上完备 (complete at $e$), 若 $f \longrightarrow e \longrightarrow\!\!\!\!< g$ 且 $fe = eg$;

(2) 称 $M(e_1, \cdots, e_n)$ 的子集 $X$ 为硬子集 (solid subset), 若存在 $y \in E$, 对 $X$ 中每个元素 $(g_1, \cdots, g_{n-1})$, 都有 $(e_1 g_1, g_{n-1} e_n)$ 在 $y$ 上完备.

**命题 5.2.5** 夹心集 $S(e_1, \cdots, e_n)$ 为硬子集的充要条件是: 存在 $e \in E$ 和

$$(h_1, \cdots, h_{n-1}) \in S(e_1, \cdots, e_n),$$

使得 $e_1 h_1 \longleftrightarrow e \succ\!\!\prec h_{n-1} e_n$.

**证明** 若 $S(e_1, \cdots, e_n)$ 是 $M(e_1, \cdots, e_n)$ 的硬子集, 即有 $y \in E$, 对任意

$$(h_1, \cdots, h_{n-1}) \in S(e_1, \cdots, e_n),$$

$(e_1 h_1, h_{n-1} e_n)$ 在 $y$ 上完备. 令 $e = (e_1 h_1) y = y (h_{n-1} e_n)$, 则 $e$ 满足所求. 反之, 若 $e$ 满足命题条件, 由夹心集的性质易验证: 对每个 $(g_1, \cdots, g_{n-1}) \in S(e_1, \cdots, e_n)$, 均有 $(e_1 g_1, g_{n-1} e_n)$ 在 $e$ 上完备. □

**定理 5.2.6** 设 $E$ 为任一双序集, $e_1, \cdots, e_n \in E$, $n \geqslant 2$. 若 $(h_1, \cdots, h_{n-1}) \in S(e_1, \cdots, e_n)$, 令 $h_i'$ 为 $e_i, e_{i+1}$ 或 $h_i$ 之任一, $i = 1, \cdots, n-1$, 则有

$$\phi_{e_1} \phi_{h_1'} \phi_{e_2} \phi_{h_2'} \cdots \phi_{e_{n-1}} \phi_{h_{n-1}'} \phi_{e_n} = \phi_{e_1} \phi_{e_2} \cdots \phi_{e_{n-1}} \phi_{e_n},$$

其中, $\phi$ 是由定义 4.1.2(3) 给出的 $E$ 的半群表示.

**证明** 本定理之证需要图 5.1—图 5.4 作辅助. 这里, 我们只证

$$\rho_{e_1}\rho_{h'_1}\rho_{e_2}\rho_{h'_2}\cdots\rho_{e_{n-1}}\rho_{h'_{n-1}}\rho_{e_n}=\rho_{e_1}\rho_{e_2}\cdots\rho_{e_{n-1}}\rho_{e_n}.$$

因为用对偶的方法可证

$$\lambda_{e_1}\lambda_{h'_1}\lambda_{e_2}\lambda_{h'_2}\cdots\lambda_{e_{n-1}}\lambda_{h'_{n-1}}\lambda_{e_n}=\lambda_{e_1}\lambda_{e_2}\cdots\lambda_{e_{n-1}}\lambda_{e_n},$$

从而得到所需的结果.

设 $L\rho_{e_1}\cdots\rho_{e_n}\neq\infty$, 则存在 $y_0\in L$, $y_0\longrightarrow e_1$ 且对 $i=1,\cdots,n-1$, 存在 $y_i\in L_{y_{i-1}e_i}, y_i\longrightarrow e_{i+1}$, 而 $L\rho_{e_1}\cdots\rho_{e_n}=L_{y_{n-1}e_n}$. 由此可得图 5.1 之左侧二列, 即 $y_i\in M(e_i,e_{i+1})$.

为利用条件 $(h_1,\cdots,h_{n-1})\in S(e_1,\cdots,e_n)$, 我们用归纳法找出一个有序组

$$(y'_1,\cdots,y'_{n-1})\in M(e_1,\cdots,e_n),$$

使得可用 $y'_i$ 代替 $y_i\,(i=1,\cdots,n-1)$, 从而发挥夹心集元素的作用.

令 $y'_{n-1}=y_{n-1}$, 显然有 $y'_{n-1}\in M(e_{n-1},e_n)$ 且

$$y_{n-2}e_{n-1}\succ\!\!\!-\!\!\!\prec y'_{n-1}\succ\!\!\!-\!\!\!\prec e_{n-1}y'_{n-1}=(e_{n-1}y'_{n-1})e_{n-1}.$$

归纳假设已求得 $y'_i$, $i=2,\cdots,n-1$, 满足 $y'_i\in M(e_i,e_{i+1})$ 且

$$y_{i-1}e_i\succ\!\!\!-\!\!\!\prec y'_i\succ\!\!\!-\!\!\!\prec e_iy'_i=(e_iy'_i)e_i.$$

因为 $y_{i-1}$, $e_iy'_i\in\omega^r(e_i)$, 由引理 4.1.1(2), 记 $y'_{i-1}=e_iy'_i$, 则 $y'_{i-1}\succ\!\!\!-\!\!\!\prec y_{i-1}$ 且 $y'_{i-1}e_i=(e_iy'_i)e_i=e_iy'_i$, 如图 5.2 所示. 我们有

$$y_{i-2}e_{i-1}\succ\!\!\!-\!\!\!\prec y_{i-1}\succ\!\!\!-\!\!\!\prec y'_{i-1}\succ\!\!\!-\!\!\!\prec e_{i-1}y'_{i-1}=(e_{i-1}y'_{i-1})e_{i-1},$$

如此, 对所有 $i=1,\cdots,n-1$, 存在 $y'_i\in M(e_i,e_{i+1})$, $y'_i\succ\!\!\!-\!\!\!\prec y_i$ 满足 $y'_{i-1}e_i=e_iy'_i$, 即 $(y'_1,\cdots,y'_{n-1})\in M(e_1,\cdots,e_n)$. 由于 $(h_1,\cdots,h_{n-1})\in S(e_1,\cdots,e_n)$, 有

$$e_1y'_1\longrightarrow e_1h_1\quad 且\quad y'_{n-1}e_n\succ\!\!\!- h_{n-1}e_n.$$

这样我们得到图 5.1 之左侧第三列.

现在我们来构作 $(y''_1,\cdots,y''_{n-1})\in M(e_1,\cdots,e_n)$, 使得 $y'_i\succ\!\!\!-\!\!\!\prec y''_i\longrightarrow h_i$. 因

$$e_1y'_1\longrightarrow e_1h_1,\quad y'_1,h_1\in\omega^\ell(e_1),$$

由公理 (B4)* 知, 存在 $y''_1\in M(e_1,h_1)$, $y'_1\succ\!\!\!-\!\!\!\prec e_1y'_1=e_1y''_1\succ\!\!\!-\!\!\!\prec y''_1$ (图 5.3). 归纳假设已求得 $y''_i\in M(e_i,h_i)$ 满足 $y'_i\succ\!\!\!-\!\!\!\prec e_iy'_i=e_iy''_i\succ\!\!\!-\!\!\!\prec y''_i$. 由 $y''_i\longrightarrow h_i\longrightarrow e_{i+1}$, 有 $y''_ie_{i+1}\longleftrightarrow y''_i\longrightarrow h_i\longleftrightarrow h_ie_{i+1}$, 即

$$e_{i+1}(y''_ie_{i+1})=y''_ie_{i+1}\longrightarrow h_ie_{i+1}=e_{i+1}h_{i+1},$$

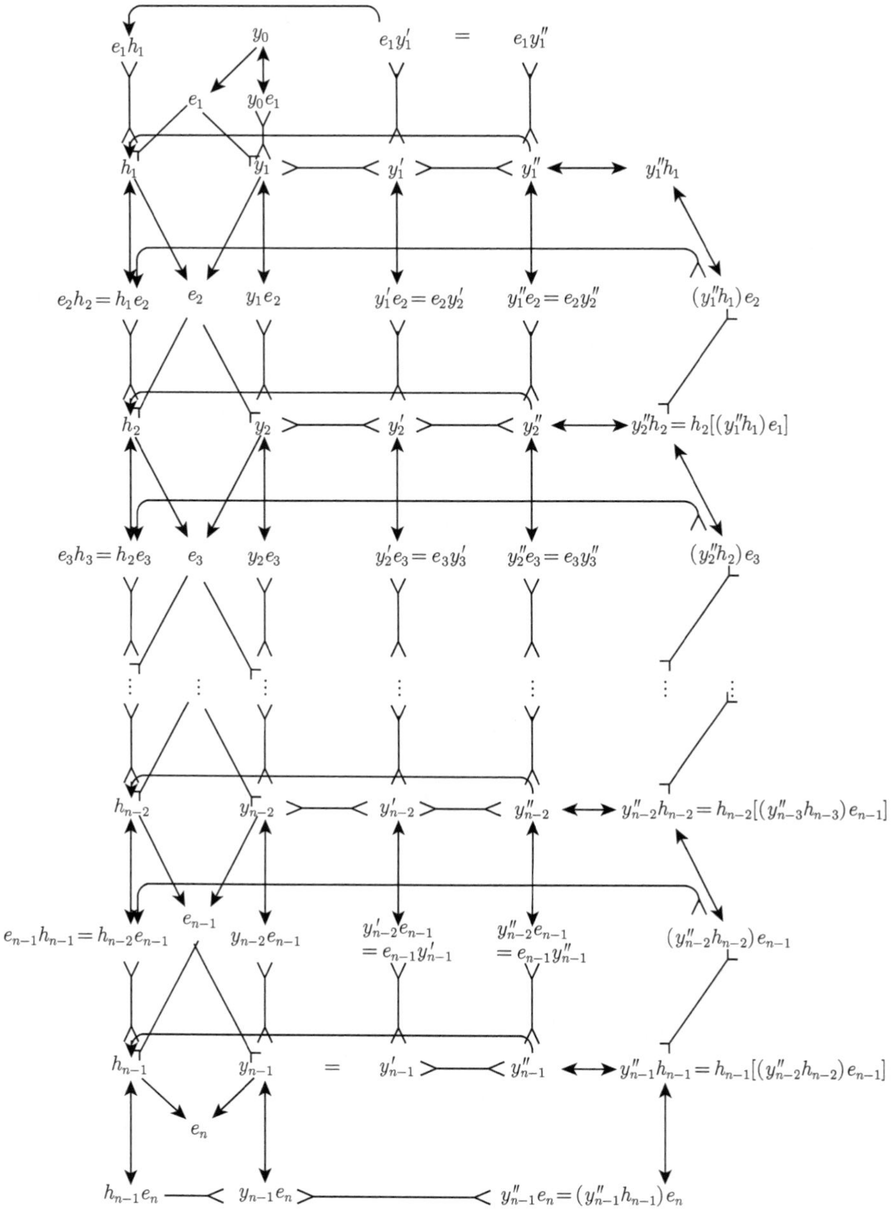


图 5.1

而且 $h_{i+1}$, $y_i''e_{i+1} \in \omega^\ell(e_{i+1})$, 再由公理 (B4)* 知, 存在 $y_{i+1}'' \in M(e_{i+1}, h_{i+1}) \subseteq M(e_{i+1}, e_{i+2})$ 使得

$$y_{i+1}' \succ\!\!\!-\!\!\!\prec e_{i+1}y_{i+1}' = y_i'e_{i+1} \succ\!\!\!-\!\!\!\prec y_i''e_{i+1} = e_{i+1}y_{i+1}'' \succ\!\!\!-\!\!\!\prec y_{i+1}'',$$

即图 5.4 成立. 由归纳原理, 对所有 $i=1,\cdots,n-1$ 得到所要 $y_i''$, 从而得到图 5.1 之左侧第四列.

特别地, 我们有 $y_{n-1}'' >\!\!-\!\!< y_{n-1}' = y_{n-1}$, 从而由公理 (B22) 得到 $y_{n-1}''e_n >\!\!- h_{n-1}e_n$. 如此, 有

$$(y_{n-1}''h_{n-1})e_n = (y_{n-1}''e_n)(h_{n-1}e_n) = y_{n-1}''e_n >\!\!-\!\!< y_{n-1}e_n.$$

故得

$$L_{(y_{n-1}''h_{n-1})e_n} = L_{y_{n-1}e_n}. \tag{5.1}$$

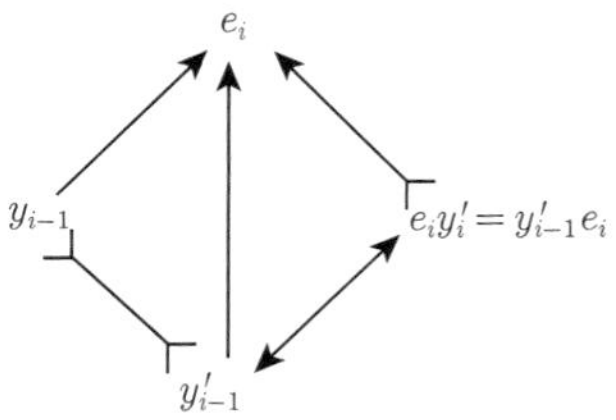

图 5.2

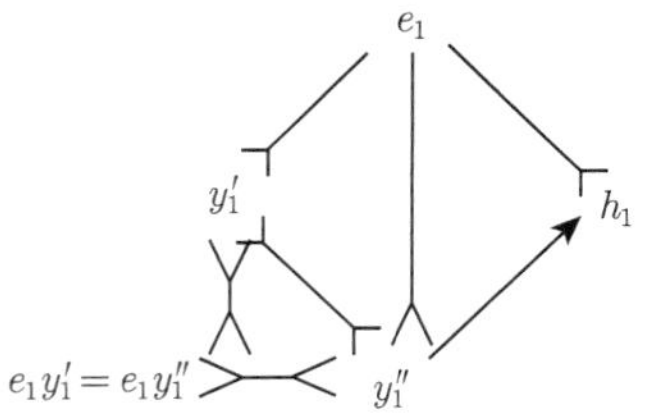

图 5.3

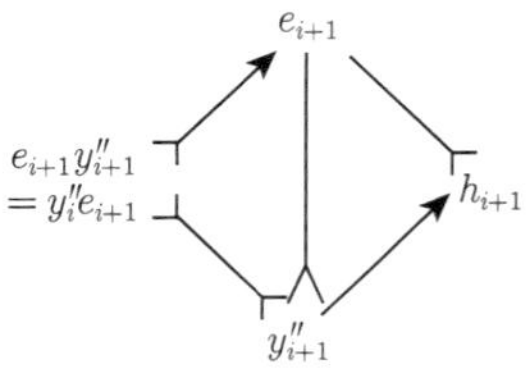

图 5.4

现在我们证明

$$h_i[(y_{i-1}''h_{i-1})e_i] = y_i''h_i, \quad i=1,\cdots,n-1. \tag{5.2}$$

事实上, 由引理 4.1.1、公理 (B32)* 及 (B31)*, 我们有

$$\begin{aligned} h_i[(y_{i-1}''h_{i-1})e_i] &= h_i[(y_{i-1}''e_i)(h_{i-1}e_i)] = h_i[(e_iy_i'')(e_ih_i)] \\ &= h_i[e_i(y_i''h_i)] = h_i(y_i''h_i) = y_i''h_i. \end{aligned}$$

(5.2) 式保证了图 5.1 中所有的箭图都成立.

现在我们对 $i=0,\cdots,n-1$ 证明

$$L\rho_{e_1}\rho_{h_1'}\cdots\rho_{e_i}\rho_{h_i'}\rho_{e_{i+1}} = \begin{cases} L_{y_ie_{i+1}} \text{ 或} \\ L_{(y_i''h_i)e_{i+1}}. \end{cases} \tag{5.3}$$

由 $L\rho_{e_1} = L_{y_0e_1}$, 式 (5.3) 对 $i=0$ 成立. 设该式对 $i$ 成立, 则有

$$L\rho_{e_1}\rho_{h_1'}\cdots\rho_{e_{i+1}}\rho_{h_{i+1}'}\rho_{e_{i+2}} = \begin{cases} L_{y_ie_{i+1}}\rho_{h_{i+1}'}\rho_{e_{i+2}} \text{ 或} \\ L_{(y_i''h_i)e_{i+1}}\rho_{h_{i+1}'}\rho_{e_{i+2}}. \end{cases}$$

如此, 由图 5.1 得 $y_ie_{i+1} \succ\!\!\rightarrow e_{i+1}$ 且 $y_ie_{i+1} \succ\!\!\prec y_{i+1} \rightarrow e_{i+2}$, 故

$$L_{y_ie_{i+1}}\rho_{e_{i+1}}\rho_{e_{i+2}} = L_{y_ie_{i+1}}\rho_{e_{i+2}} = L_{y_{i+1}e_{i+2}};$$

同样, 因为 $y_ie_{i+1} \succ\!\!\prec y''_{i+1} \rightarrow h_{i+1}$ 及 $y''_{i+1}h_{i+1} \rightarrow y''_{i+1} \rightarrow h_{i+1} \rightarrow e_{i+2}$, 有

$$L_{y_ie_{i+1}}\rho_{h_{i+1}}\rho_{e_{i+2}} = L_{y''_{i+1}h_{i+1}}\rho_{e_{i+2}} = L_{(y''_{i+1}h_{i+1})e_{i+2}};$$

又, 从图 5.1 及式 (5.2) 可得

$$\begin{aligned} L_{(y''_ih_i)e_{i+1}}\rho_{e_{i+1}}\rho_{e_{i+2}} &= L_{(y''_ih_i)e_{i+1}}\rho_{e_{i+2}}\rho_{e_{i+2}} = L_{(y''_ih_i)e_{i+1}}\rho_{h_{i+1}}\rho_{e_{i+2}} \\ &= L_{h_{i+1}[(y''_ih_i)e_{i+1}]}\rho_{e_{i+2}} = L_{y''_{i+1}h_{i+1}}\rho_{e_{i+2}} \\ &= L_{(y''_{i+1}h_{i+1})e_{i+2}}. \end{aligned}$$

这就证明了式 (5.3). 特别地, 由式 (5.1) 和 (5.2), 有

$$\begin{aligned} L\rho_{e_1}\rho_{h'_1}\rho_{e_2}\rho_{h'_2}\cdots\rho_{e_{n-1}}\rho_{h'_{n-1}}\rho_{e_n} &= \begin{cases} L_{y_{n-1}e_n} \text{ 或} \\ L_{(y''_{n-1}h_{n-1})e_n} \end{cases} \\ &= L_{y_{n-1}e_n} = L\rho_{e_1}\cdots\rho_{e_n}. \end{aligned}$$

现在假设 $L\rho_{e_1}\rho_{h'_1}\cdots\rho_{e_i}\rho_{h'_i}\rho_{e_{i+1}} \neq \infty$. 设 $m$ 是满足 $h'_m = h_m$ 的最小正整数, 那么,

$$\infty \neq L\rho_{e_1}\rho_{h'_1}\cdots\rho_{e_m}\rho_{h'_m} = L\rho_{e_1}\cdots\rho_{e_m}\rho_{h_m}.$$

故知, 存在 $y_0 \in L$, $y_0 \rightarrow e_1$, 且对 $k = 1, \cdots, m$, 存在 $y_k \in L_{y_{k-1}e_k}$, $y_j \rightarrow e_j, j = 1, \cdots, m-1$, 而 $y_m \rightarrow h_m$. 我们来构作有序组 $(y_m, \cdots, y_{n-1}) \in M(e_m, \cdots, e_n)$ 使 $y_i \rightarrow h_i$, $i = m, \cdots, n-1$. 我们已有 $y_m \rightarrow h_m$. 设有 $y_i \rightarrow h_i$, $i \geqslant m$, 则 $y_ie_{i+1} \rightarrow h_{i+1}e_{i+1} = e_{i+1}h_{i+2}$. 因而由公理 (B4)*, 存在 $y_{i+1} \in E$, 使图 5.5 成立. 由归纳即得

$$(y_m, \cdots, y_{n-1}) \in M(e_m, \cdots, e_n).$$

根据双序的性质, 我们可演绎得到图 5.6 成立. 由该图可得

$$L\rho_{e_1}\cdots\rho_{e_n} = L(\rho_{e_1}\cdots\rho_{e_m})\rho_{e_{m+1}}\rho_{e_n} = L_{y_m}\rho_{e_{m+1}\cdots\rho_{e_n}} = L_{y_{n-1}}e_n \neq \infty.$$

于是知, 当 $L\rho_{e_1}\rho_{e_2}\cdots\rho_{e_n} = \infty$ 时必有

$$L\rho_{e_1}\rho_{h'_1}\rho_{e_2}\rho_{h'_2}\cdots\rho_{e_{n-1}}\rho_{h'_{n-1}}\rho_{e_n} = \infty.$$

至此完成了我们的证明. □

以下推论可由定理 5.2.6 直接得到

**推论 5.2.7** 设 $E$ 为任一双序集, $e_1,\cdots,e_n\in E$, $n\geqslant 2$. 对任意 $(h_1,\cdots,h_{n-1})\in S(e_1,\cdots,e_n)$, 有

$$\phi_{e_1}\phi_{h_1}\phi_{e_2}\phi_{h_2}\cdots\phi_{e_{n-1}}\phi_{h_{n-1}}\phi_{e_n}=\phi_{e_1}\phi_{e_2}\cdots\phi_{e_{n-1}}\phi_{e_n}.$$

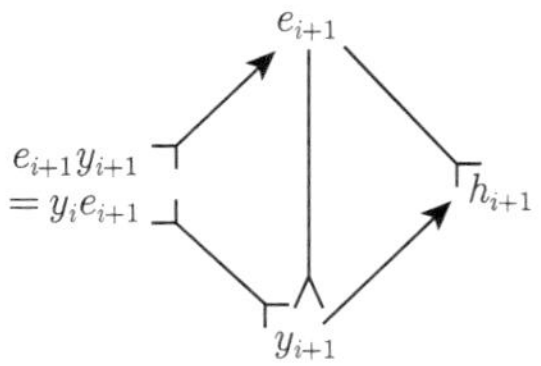


图 5.5

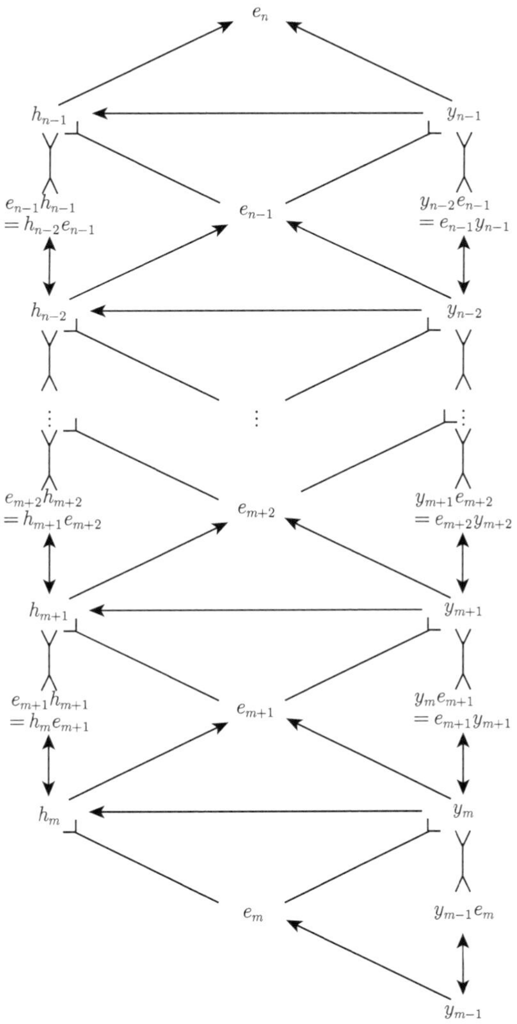


图 5.6

**引理 5.2.8** 设 $E$ 为任一双序集, $e_1,\cdots,e_n\in E$, $n\geqslant 2$. 则定义 4.1.2 给出的 $E$ 的半群表示 $\phi$ 满足以下性质:

(1)　$(h_1, \cdots, h_{n-1}) \in M(e_1, \cdots, e_n)$

$\Rightarrow \phi_{e_1} \cdots \phi_{e_n} \phi_{h_{n-1}} \cdots \phi_{h_1} = \phi_{e_1 h_1}, \phi_{h_{n-1}} \cdots \phi_{h_1} \phi_{e_1} \cdots \phi_{e_n} = \phi_{h_{n-1} e_n}$;

(2)　$(h_1, \cdots, h_{n-1}) \in S(e_1, \cdots, e_n)$

$\Rightarrow \phi_{e_1} \cdots \phi_{e_n} \in \mathrm{Reg}\,\langle E\phi \rangle$ 且 $\phi_{h_{n-1}} \cdots \phi_{h_1} \in V(\phi_{e_1} \cdots \phi_{e_n})$.

**证明**　(1) 我们对 $i = 1, \cdots, n-1$ 归纳证明

$$\phi_{e_1} \cdots \phi_{e_i} \phi_{h_i} \cdots \phi_{h_1} = \phi_{e_1 h_1}. \tag{5.4}$$

因 $\phi$ 是双序态射, (5.4) 式对 $i = 1$ 显然成立. 设 $i \geqslant 2$ 且该式对 $i-1$ 成立, 由 $M$-集的性质和 $\phi$ 是双序态射, 我们有

$$\begin{aligned}
&\phi_{e_1} \cdots \phi_{e_i} \phi_{h_i} \cdots \phi_{h_1} \\
&= \phi_{e_1} \cdots \phi_{e_{i-1}} \phi_{h_{i-1}} \phi_{e_i} \phi_{h_{i-1}} \cdots \phi_{h_1} \quad && (e_i h_i = h_{i-1} e_i) \\
&= \phi_{e_1} \cdots \phi_{e_{i-1}} \phi_{h_{i-1}} \cdots \phi_{h_1} && (h_{i-1} \longrightarrow e_i) \\
&= \phi_{e_1 h_1} && (\text{归纳假设}).
\end{aligned}$$

这就证得 (5.4) 式对所有 $i = 1, \cdots, n-1$ 都成立. 特别地, 由 $h_{n-1} \longrightarrow e_n$ 得

$$\begin{aligned}
\phi_{e_1} \cdots \phi_{e_n} \phi_{h_{n-1}} \cdots \phi_{h_1} &= \phi_{e_1} \cdots \phi_{e_{n-1}} \phi_{h_{n-1}} \cdots \phi_{h_1} \\
&= \phi_{e_1 h_1}.
\end{aligned}$$

对偶可证: $\phi_{h_{n-1}} \cdots \phi_{h_1} \phi_{e_1} \cdots \phi_{e_n} = \phi_{h_{n-1} e_n}$.

(2) 若 $(h_1, \cdots, h_{n-1}) \in S(e_1, \cdots, e_n)$, 则由 (1) 和 $h_1 \succ\!\!- \ e_1$, 有

$$\begin{aligned}
(\phi_{h_{n-1}} \cdots \phi_{h_1})(\phi_{e_1} \cdots \phi_{e_n})(\phi_{h_{n-1}} \cdots \phi_{h_1}) &= \phi_{h_{n-1}} \cdots \phi_{h_1} \phi_{e_1 h_1} \\
&= \phi_{h_{n-1}} \cdots \phi_{h_1};
\end{aligned}$$

同时, 我们也有

$$\begin{aligned}
(\phi_{e_1} \cdots \phi_{e_n})(\phi_{h_{n-1}} \dots \phi_{h_1})(\phi_{e_1} \cdots \phi_{e_n}) &= \phi_{e_1 h_1} \phi_{e_1} \cdots \phi_{e_n} \quad && (\text{由 } (1)) \\
&= \phi_{e_1} \phi_{h_1} \phi_{e_1} \cdots \phi_{e_n} && (h_1 \succ\!\!- \ e_1) \\
&= \phi_{e_1} \cdots \phi_{e_n} && (\text{推论 } 5.2.7).
\end{aligned}$$

这就完成了我们的证明.　□

以下是本节的主要定理, 其中 $(e_1, \cdots, e_n)^i$ 表示由 $i$ 个序列 $(e_1, \cdots, e_n)$ 组成的 $ni$ 序列.

**定理 5.2.9** 双序集 $E$ 是某拟正则半群的幂等元双序集的充要条件是: 对任意 $e_1, \cdots, e_n \in E$, $n \geqslant 2$, 存在正整数 $i$, 使得 $S(e_1, \cdots, e_n)^i \neq \varnothing$.

**证明** 设 $E = E(S)$, $S$ 为拟正则半群. 对任意 $e_1, \cdots, e_n \in E$, $n \geqslant 2$, 因为有正整数 $i$, 使得 $(e_1 \cdots e_n)^i \in \operatorname{Reg} S$, 由定理 4.3.7 得

$$S(e_1, \cdots, e_n)^i = S_1(e_1, \cdots, e_n)^i \neq \varnothing.$$

反之, 设 $E$ 满足定理所述条件. 取 $S = \langle E\phi \rangle$, 对任意 $\alpha = \phi_{e_1} \cdots \phi_{e_n} \in S$, 若 $n = 1$, 则 $\alpha \in E\phi = E(S)$, 显然正则; 若 $n \geqslant 2$, 由题设, 有正整数 $i$ 使 $S(e_1, \cdots, e_n)^i \neq \varnothing$. 对任意 $(h_1, \cdots, h_{ni-1}) \in S(e_1, \cdots, e_n)^i$, 由引理 5.2.8, 有 $\phi_{h_{ni-1}} \cdots \phi_{h_1} \in V(\alpha^i)$, 即 $\alpha^i \in \operatorname{Reg} S$. 这证明了 $S$ 拟正则. 进而, 再由引理 5.2.8 之 (1), 有

$$\phi_{e_1 h_1} = \alpha^i \phi_{h_{ni-1}} \cdots \phi_{h_1} \mathscr{R} \alpha^i \mathscr{L} \phi_{h_{ni-1}} \cdots \phi_{h_1} \alpha^i = \phi_{h_{ni-1} e_n}.$$

故若 $\alpha$ 为幂等元, 由引理 4.1.15 得 $\alpha \in E\phi$. 这证明了 $E(S) = E\phi \cong E$. □

满足定理 5.2.9 的双序集将称为拟正则双序集.

## 5.3 完全拟正则半群和周期半群的双序集

我们在本节利用 5.2 节中定义的"硬子集"来刻画完全拟正则半群和周期半群的双序集. 回顾一下, 双序集 $E$ 的有序对 $(f, g)$ 称为在 $e$ 上完备, 若 $f \longrightarrow e \longrightarrow\!\!< g$ 且 $fe = eg$; 而 M-集 $M(e_1, \cdots, e_n)$ 的子集 $X$ 称为硬子集, 若存在 $y \in E$, 对 $X$ 中每个元素 $(g_1, \cdots, g_{n-1})$, 都有 $(e_1 g_1, g_{n-1} e_n)$ 在 $y$ 上完备. 我们首先有

**定理 5.3.1** 双序集 $E$ 是某完全拟正则半群的双序集的充要条件是: 对任意 $e_1, \cdots, e_n \in E$, $n \geqslant 2$, 存在正整数 $i$ 使得夹心集 $S(e_1, \cdots, e_n)^i \neq \varnothing$ 且为硬子集.

**证明** 设 $E = E(S)$, $S$ 是完全拟正则半群. 对任意 $e_1, \cdots, e_n \in E$, $n \geqslant 2$, 有正整数 $i$ 及某 $y \in E$, 使得 $(e_1 \cdots e_n)^i \mathscr{H} y$. 由于 $(e_1 \cdots e_n)^i \in \operatorname{Reg} S$, 有 $S(e_1, \cdots, e_n)^i \neq \varnothing$. 任取 $(h_1, \cdots, h_{ni-1}) \in S(e_1, \cdots, e_n)^i$, 不难验证 $h_{ni-1} \cdots h_1 \in V((e_1 \cdots e_n)^i)$, 且有 $(e_1 \cdots e_n)^i (h_{ni-1} \cdots h_1) = e_1 h_1, (h_{ni-1} \cdots h_1)(e_1 \cdots e_n)^i = h_{ni-1} e_n$. 于是在 $S$ 中有"蛋盒图" (图 5.7). 由此图立得: 在 $E$ 中有 $e_1 h_1 \longleftrightarrow y >\!\!-\!\!< h_{ni-1} e_n$, 从而 $S(e_1, \cdots, e_n)^i$ 为硬子集.

反之, 设定理中的条件成立. 那么, 特别地, 定理 5.2.9 的条件也成立, 因而 $\langle E\phi \rangle$ 为有双序集 $E\phi \cong E$ 的拟正则半群. 为证 $\langle E\phi \rangle$ 完全拟正则, 任取

$$\phi_{e_1}, \cdots, \phi_{e_n} \in E\phi, \quad (h_1, \cdots, h_{ni-1}) \in S(e_1, \cdots, e_n)^i.$$

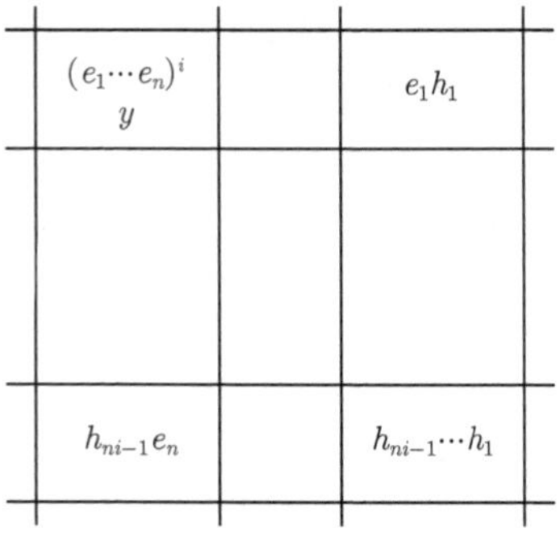


图 5.7

由于 $S(e_1,\cdots,e_n)^i$ 为硬子集, 存在 $y\in E$, 使

$$e_1h_1 \longleftrightarrow y \;>\!\!-\!\!<\; h_{ni-1}e_n.$$

从而由 $\phi$ 是双序态射得

$$\phi_{e_1h_1} \longleftrightarrow \phi_y \;>\!\!-\!\!<\; \phi_{h_{ni-1}e_n}.$$

由引理 5.2.8 得 $\phi_{h_{ni-1}}\cdots\phi_{h_1}\in V((\phi_{e_1}\cdots\phi_{e_n})^i)$, 且

$$(\phi_{e_1}\cdots\phi_{e_n})^i(\phi_{h_{ni-1}}\cdots\phi_{h_1})=\phi_{e_1h_1},\quad (\phi_{h_{ni-1}}\cdots\phi_{h_1})(\phi_{e_1}\cdots\phi_{e_n})^i=\phi_{h_{ni-1}e_n}.$$

因而 $\phi_{e_1h_1}\longleftrightarrow(\phi_{e_1}\cdots\phi_{e_n})^i \;>\!\!-\!\!<\; \phi_{h_{ni-1}e_n}$. 故得 $(\phi_{e_1}\cdots\phi_{e_n})^i\,\mathscr{H}\,\phi_y$. 这就完成了证明. □

对于完全正则半群的双序集, 我们立即有

**推论 5.3.2**　设 $E$ 为双序集. 下述四性质两两等价:

(1) $E$ 是某完全正则半群的双序集;

(2) $\forall e,f\in E$, $S(e,f)$ 不空且为硬子集;

(3) $\forall e,f,g\in E$, 若 $e>\!\!-\!\!<g\longleftrightarrow f$, 则存在 $h\in E$, 使 $e\longleftrightarrow h>\!\!-\!\!<f$;

(4) $\forall e_1,\cdots,e_n\in E$, $n\geqslant 2$, $S(e_1,\cdots,e_n)$ 不空且为硬子集.

习题 5.3 中的练习 1 给出了一例, 说明完全拟正则半群的双序集组成拟正则半群双序集的真子类.

**定理 5.3.3**　双序集 $E$ 是周期半群的双序集的充要条件是: 对任意 $e_1,\cdots,e_n\in E$, $n\geqslant 2$, 存在正整数 $i$, 使得 $S(e_1,\cdots,e_n)^i\neq\varnothing$ 且 $M(e_1,\cdots,e_n)^i$ 为硬子集.

**证明**　**必要性**　设 $E=E(S)$, $S$ 为周期半群. 对任意 $e_1,\cdots,e_n\in E$, 有正整数 $i$ 使 $(e_1\cdots e_n)^i\in E\subseteq \operatorname{Reg}S$. 显然 $S(e_1,\cdots,e_n)^i\neq\varnothing$. 记 $y=(e_1\cdots e_n)^i\in E$, 任取 $(h_1,\cdots,h_{ni-1})\in M(e_1,\cdots,e_n)^i$, 我们有

$$y(e_1h_1)=(e_1\cdots e_n)^i(e_1\cdots e_n)^i(h_{ni-1}\cdots h_1)$$

$$= (e_1 \cdots e_n)^i (h_{ni-1} \cdots h_1)$$
$$= e_1 h_1.$$

对偶地, $(h_{ni-1}e_n)y = h_{ni-1}e_n$. 又有

$$(e_1h_1)y = (e_1 \cdots e_n)^i (h_{ni-1} \cdots h_1)(e_1 \cdots e_n)^i = y(h_{ni-1}e_n).$$

这表明 $(e_1h_1, h_{ni-1}e_n)$ 在 $y$ 上完备, 故 $M(e_1, \cdots, e_n)^i$ 为硬子集.

**充分性** 设 $E$ 是满足定理中条件的双序集. 如定理 5.2.9 所证, $E \cong E\phi \cong E(\langle E\phi \rangle)$. 我们只需证 $\langle E\phi \rangle$ 为周期半群.

任取 $e_1, \cdots, e_n \in E$, $n \geqslant 2$, 有 $S(e_1, \cdots, e_n)^i \neq \varnothing$ 且 $M(e_1, \cdots, e_n)^i$ 为硬子集, 对某正整数 $i$. 为了记号的方便, 不失一般性, 设 $i = 1$. 于是存在 $y \in E$, 对任意 $(g_1, \cdots, g_{n-1}) \in M(e_1, \cdots, e_n)$, 有序对 $(e_1g_1, g_{n-1}e_n)$ 在 $y$ 上完备. 任取 $(h_1, \cdots, h_{n-1}) \in S(e_1, \cdots, e_n)$, 并令 $x = (e_1h_1)y = y(h_{n-1}e_n)$. 我们首先证明: 对所有 $(y_1, \cdots, y_{n-1}) \in M(e_1, \cdots, e_n)$, 有 $(e_1y_1, y_{n-1}e_n)$ 在 $x$ 上完备. 事实上, 我们有图 5.8 如下.

因此, $(e_1y_1)x = [(e_1y_1)y]x \xlongequal{\text{公理 (B31)}} (e_1y_1)y = x[y(y_{n-1}e_n)] = x(y_{n-1}e_n)$. 这就证明了我们的断言. 现在, 我们来作 $(x, x_1, \cdots, x_{n-1}) \in M(e_n, e_1, \cdots, e_n)$ 如下: 令 $x_0 = x$, 有 $x_0 \longleftrightarrow e_1h_1$. 假设已有 $x_i$ 满足 $x_i \longleftrightarrow e_{i+1}h_{i+1}$, 从而 $x_ie_{i+1} \longleftrightarrow e_{i+1}h_{i+1}$, 那么由公理 (B4)*, 存在 $x_{i+1} \in E$ 使得图 5.9 成立, 显然

$$x_{i+1} \longleftrightarrow h_{i+1} \longleftrightarrow h_{i+1}e_{i+2} = e_{i+2}h_{i+2}.$$

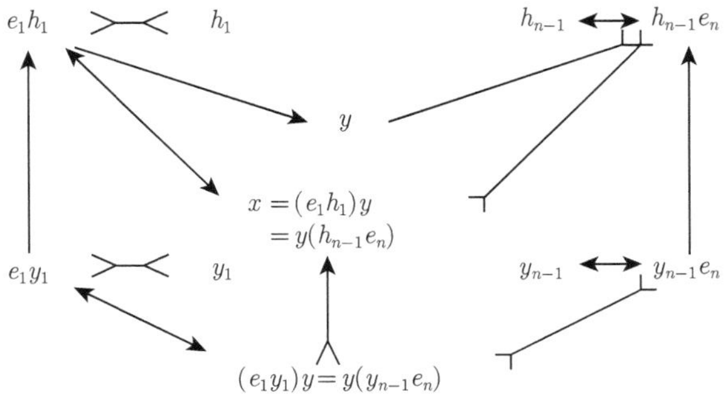


图 5.8

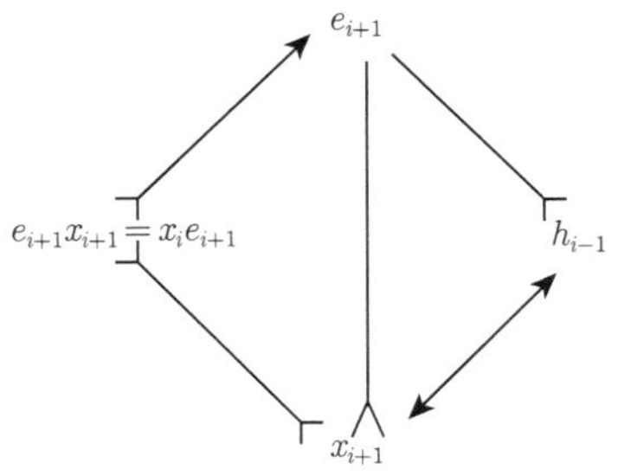


图 5.9

由归纳假设即可得所求的有序组, 即 $x_{n-1}e_n = h_{n-1}e_n$. 故

$$(x_1, \cdots, x_{n-1}) \in S(e_1, \cdots, e_n), \quad (x, x_1, \cdots, x_{n-1}) \in M(e_n, e_1, \cdots, e_n).$$

进而, 我们还有 $e_1x_1 = x_0e_1 \longleftrightarrow x_0 \longleftrightarrow e_1h_1$ 且 $x_{n-1}e_n \succ\!\!\!-\!\!\!\prec h_{n-1}e_n$, 从定理 5.3.1 的证明, 我们已有 $\phi_{e_1}\cdots\phi_{e_n}\,\mathscr{H}\,\phi_x$. 现在证明 $\phi_{e_1}\cdots\phi_{e_n}$ 是幂等元, 从而必有 $\phi_{e_1}\cdots\phi_{e_n} = \phi_x$. 为此, 我们只需证明 $\rho_{e_1}\cdots\rho_{e_n}$ 是其值域上的单位元. 因为由对称性, $\lambda_{e_1}\cdots\lambda_{e_n}$ 此时也是其值域上的单位元, 从而得 $\phi_{e_1}\cdots\phi_{e_n}$ 是幂等元.

由于 $\infty$ 始终不变, 我们只需考虑 $L\rho_{e_1}\cdots\rho_{e_n} \neq \infty$ 的情形. 此时我们有

$$\begin{array}{lll}
\text{存在} & y_0 \in L, & y_0 \longrightarrow e_1,\\
\text{存在} & y_1 \in L_{y_0e_1}, & y_1 \longrightarrow e_2,\\
 & \vdots & \quad\vdots\\
\text{存在} & y_{n-1} \in L_{y_{n-2}e_{n-1}}, & y_{n-1} \longrightarrow e_n,
\end{array}$$

$$\text{使得}\qquad L\rho_{e_1}\cdots\rho_{e_n} = L_{y_{n-1}e_n}.$$

用与定理 5.2.6 完全相同的证明, 我们可以作出有序组

$$(y_1', \cdots, y_{n-1}') \text{ 和 } (y_1'', \cdots, y_{n-1}'') \in M(e_1, \cdots, e_n)$$

使图 5.1 成立. 由于 $(e_1y_1'', y_{n-1}''e_n)$ 在 $x$ 上完备, 我们还有图 5.10.

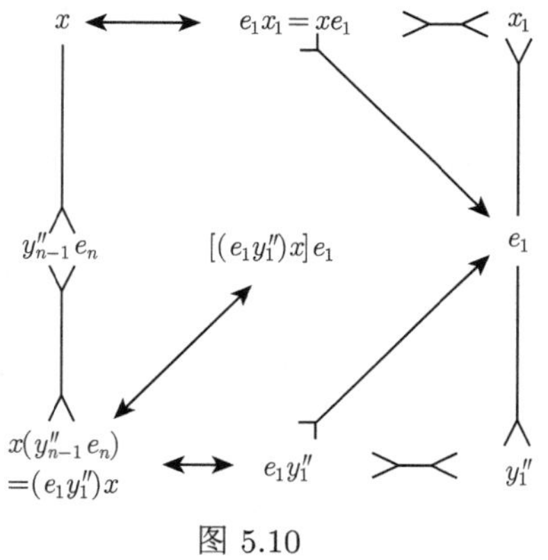


图 5.10

但是

$$\begin{aligned}
[(e_1y_1'')x]e_1 &= (e_1y_1'')(xe_1) \quad (\text{引理 } 4.1.1(1))\\
&= (e_1y_1'')(e_1x_1)\\
&= e_1(y_1''x_1) \qquad (\text{公理 (B32)}^*)\\
&\succ\!\!\!-\!\!\!\prec\ y_1''x_1,
\end{aligned}$$

从而

$$\begin{aligned}&(L\rho_{e_1}\cdots\rho_{e_n})\rho_{e_1}\cdots\rho_{e_n}=L_{y_{n-1}e_n}\rho_{e_1}\cdots\rho_{e_n}\\&=L_{y''_{n-1}e_n}\rho_{e_1}\cdots\rho_{e_n}=L_{[(e_1y''_1)x]e_1}\rho_{e_2}\cdots\rho_{e_n}\\&=L_{y''_1x_1}\rho_{e_2}\cdots\rho_{e_n}=L_{y''_{n-1}e_n}\qquad(\text{图 }5.1)\\&=L_{y_{n-1}e_n}=L\rho_{e_1}\cdots\rho_{e_n}.\end{aligned}$$

这就完成了我们的证明. □

下面举出一例, 说明周期半群的双序集是完全拟正则半群双序集类的真子类.

**例 5.3.4** 设 $E$ 是由图 5.11 表示的双序集. 其中, ∘ 和 0 代表 $E$ 的元素; 0 的上方头尾齐全的箭表示 0 是 $E$ 中最小元; 所有水平线表示关系 $\longleftrightarrow$, 而所有铅垂线表示关系 $>\!\!-\!\!<$; $E$ 的上半部主体由一个处在内部的小四方形和环绕该四方形的一个双向螺旋线组成: 顺时针方向和逆时针方向绕四方形无限多次回转. 该双序集实际由六个元素生成: 0、小四方形的四个顶点和螺旋线上与小四方形左上角顶点最靠近的点, 它也是螺旋线顺时针和反时针旋转的交界点; 该点与小四方形左上角顶点有 $>\!\!\rightarrow$ 关系 (见图 5.11). 由此关系和关系 $\longleftrightarrow$ 及 $>\!\!-\!\!<$, 反复利用公理 (B21) 及其对偶不难得出 $E$ 中所有元素之间的双序关系和任一乘积.

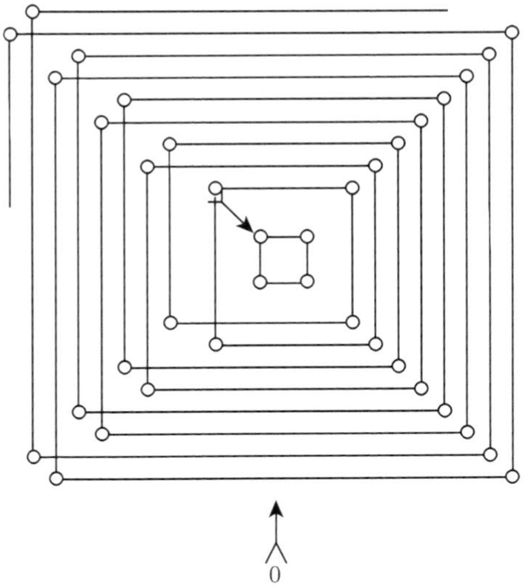


图 5.11

由于有 0 存在, $E$ 显然是正则双序集. 可以验证: 对任意 $e_1,\cdots,e_n\in E, n\geqslant 2$, $S(e_1,\cdots,e_n)^2$ 非空且硬. 不过, 若用 $e$, $f$ 表示内部小四方形任一对角线上两

点, 则对任意正整数 $i$, $M(e,f)^i$ 都不可能硬, 因为环绕它的双向螺旋线上任何位置都不可能形成圈 (参看推论 5.3.2(3), (4)). 因此, $\langle E\phi\rangle$ 必为正则的完全拟正则半群, 它的幂等元双序集同构于 $E$, 但它不是周期半群.

### 习题 5.3

设 $E$ 是如图 5.12 所示的双序集, 称为四螺旋双序集 (the four-spiral biordered set). 证明:

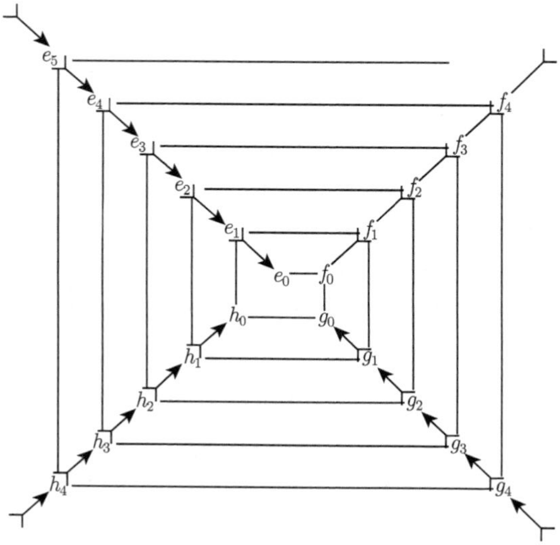


图 5.12

(1) $E$ 由四个元素 $e_0, f_0, g_0, h_0$ 生成;

(2) $E$ 正则, 因而 $\langle E\phi\rangle$ 是以 $E$ 为幂等元双序集的 (拟) 正则半群;

(3) $S(g_0,e_0)^i = \{(f_{i-1}, h_{i-2}, f_{i-2}, \cdots, h_0, f_0)\}$, $\forall i \geqslant 1$. 因而 $S(g_0,e_0)^i$ 不是硬子集.

## 5.4 有限半群的双序集

因为有限集的变换半群是有限半群, 而有限半群是拟正则半群. 故由定理 5.2.9 容易得出关于有限半群的幂等元双序集的下述结论:

**推论 5.4.1** 双序集 $E$ 是有限半群的幂等元双序集的充要条件是: $E$ 有限, 且对任意 $e_1, \cdots, e_n \in E, n \geqslant 2$, 存在正整数 $i$, 使得夹心集 $S(e_1, \cdots, e_n)^i$ 不空.

该推论并不令人十分满意, 因为它实际仍牵涉到要作无限多次验证: 对任意 $n \geqslant 2$, 任意确定的 $e_1, \cdots, e_n \in E$, 找 $i = i(n)$, 使得 $S(e_1, \cdots, e_n)^i \neq \varnothing$. 我们在

这一节给出一个只需用有限多次验证即可完成的判别准则 (算法).

**命题 5.4.2** 设 $X, Y$ 为有限集, $|X| = p$, $|Y| = q$, $S$ 是变换半群 $\mathcal{T}(X) \times \mathcal{T}(Y)$ 的子半群. 记 $n = \max\{p, q\}$. 对任意 $\alpha \in S$, 必有 $\alpha^{n-1} \in \operatorname{Reg}\langle\alpha\rangle \subseteq \operatorname{Reg} S$.

**证明** 设 $\alpha = (\beta, \gamma) \in S$, $X = \{x_1, \cdots, x_p\}$. 对每个 $i = 1, \cdots, p$, 考虑有限序列: $x_i = x_i\beta^0$, $x_i\beta, \cdots, x_i\beta^n$. 由"鸽笼原理"知存在 $n(i) < n$, 使 $x_i\beta^n = x_i\beta^{n(i)}$. 记 $m = \prod_{i=1}^{p}(n - n(i))$, 则有 $nm \geqslant n$. 我们对 $\lambda = 0, 1, \cdots$ 用归纳法证明: 必有

$$x_i\beta^{n-1+\lambda(n-n(i))} = x_i\beta^{n-1}. \tag{5.5}$$

该式对 $\lambda = 0$ 显然是成立的; 设其对 $\lambda$ 成立, 则

$$\begin{aligned} x_i\beta^{n-1+(\lambda+1)(n-n(i))} &= x_i\beta^{n-1+n-n(i)} \\ &= x_i\beta^{n(i)-1+n-n(i)} \\ &= x_i\beta^{n-1}. \end{aligned}$$

故 (5.5) 式对所有 $\lambda$ 均成立. 这样, 由于 $nm$ 是 $n - n(i)$ 的倍数, 必有

$$x_i\beta^{n-1+nm} = x_i\beta^{n-1}, \qquad \forall i = 1, \cdots, p.$$

由 $nm \geqslant n$, 即 $nm - n + 1 \geqslant 1$, 得

$$\beta^{n-1} = \beta^{n-1+nm} = \beta^{n-1}\beta^{nm-n+1}\beta^{n-1}.$$

类似地, $\gamma^{n-1} = \gamma^{n-1}\gamma^{nm-n+1}\gamma^{n-1}$, 从而有 $\alpha^{n-1} = \alpha^{n-1}\alpha^{nm-n+1}\alpha^{n-1}$. 这就证明了 $\alpha^{n-1} \in \operatorname{Reg}\langle\alpha\rangle$. □

**推论 5.4.3** 设 $E$ 是某有限半群的幂等元双序集. 若 $E$ 有 $l$ 个 $\mathscr{L}$-类, $r$ 个 $\mathscr{R}$-类, 则对任意 $e_1, \cdots, e_n \in E$, $n \geqslant 2$, 夹心集 $S(e_1, \cdots, e_n)^m$ 不空, 其中 $m = \max\{l, r\}$.

**证明** 由命题 5.2.1, $E\phi = E\langle E\phi\rangle$. 据命题 5.4.2, $(\phi_{e_1} \cdots \phi_{e_n})^m$ 正则, 从而由定理 4.3.7, $S(\phi_{e_1}, \cdots, \phi_{e_n})^m$ 不空. 但 $\phi$ 是从 $E$ 到 $E\phi$ 上的双序同构, 故必有 $S(e_1, \cdots, e_n)^m$ 不空. □

**定理 5.4.4** 设 $S$ 为有限半群, $n$ 是 $S$ 中非幂等元个数. 令 $m = (n+1)^n$, 则对任意 $x_1, \cdots, x_m \in S$, 存在正整数 $j, k$, $1 \leqslant j \leqslant k \leqslant m$, 使 $x_jx_{j+1}\cdots x_k$ 为幂等元.

**证明** 称积 $x_jx_{j+1}\cdots x_k$, $1 \leqslant j \leqslant k \leqslant m$ 为连贯积; 对每个 $i = 0, \cdots, n$, 令 $m_i = (n+1)^{n-i}$, 有 $m_0 = m$. 我们用反证法来推出矛盾. 假设对某组取定的 $x_1, \cdots, x_m$, 其每个连贯积都不是幂等元.

记 $T_0$ 为有序组 $(x_1,\cdots,x_{m_0})$, 又记 $T_0'$ 为有序组 $(x_1,x_1x_2,\cdots,x_1\cdots x_{m_0})$. 由假设, $T_0'$ 中全为非幂等元. 因为 $S$ 只有 $n$ 个非幂等元, 而 $T_0'$ 的元素个数为 $m_0=m=(n+1)^n$, 必有某非幂等元 $a_1$ 在 $T_0'$ 中至少出现 $m_1+1=(n+1)^{n-1}+1$ 次. 不妨设

$$a_1=x_1\cdots x_{\beta(1)}=\cdots=x_1\cdots x_{\beta(m_1+1)},$$

其中 $\beta(1)<\cdots<\beta(m_1+1)$. 令 $T_1=(y_1,\cdots,y_{m_1})$, 其中 $y_i=x_{\beta(i)+1}\cdots x_{\beta(i+1)}$, $i=1,\cdots,m_1$. 易知, 每个 $y_i$ 都是 $a_1$ 的右单位元, 且只要 $1\leqslant j\leqslant k\leqslant m_1$, 乘积 $y_j\cdots y_k$ 都是连贯积.

现在, 假设我们已得有序组 $T_i=(z_1,\cdots,z_{m_i}), i\geqslant 1$ 和非幂等元 $a_i$, 使得每个 $z_t, t=1,\cdots,m_i$ 都是 $a_i$ 的右单位元, 且对任意 $1\leqslant j\leqslant k\leqslant m_i$, 积 $z_j\cdots z_k$ 都是连贯积. 令 $T_i'=(z_1,z_1z_2,\cdots,z_1\cdots z_{m_i})$. 用对 $T_0'$ 的同样论证知, 存在非幂等元 $a_{i+1}$ 在 $T_i'$ 中至少出现 $m_{i+1}+1$ 次. 记

$$a_{i+1}=z_1\cdots z_{\gamma(1)}=\cdots=z_1\cdots z_{\gamma(m_{i+1}+1)},$$

其中 $\gamma(1)<\cdots<\gamma(m_{i+1}+1)$. 对每个 $t=1,\cdots,m_{i+1}$, 令 $w_t=z_{\gamma(t)+1}\cdots z_{\gamma(t+1)}$ 并记 $T_{i+1}=(w_1,\cdots,w_{m_i+1})$, 则每个 $w_t$ 都是 $a_{i+1}$ 的右单位元, 且对任意 $1\leqslant j\leqslant k\leqslant m_{i+1}$, 积 $w_j\cdots w_k$ 是连贯积. 不但如此, 由于 $a_{i+1}$ 是 $T_i$ 中元素的积, 它也是 $a_i$ 的右单位元.

由归纳, 我们得到一个连贯积序列 $a_1,\cdots,a_n$, 满足: 每个 $a_i$ 都是 $a_{i-1}$ 的右单位元, $i=2,\cdots,n$, 且 $T_n$ 是由 $m_n=(n+1)^{n-n}=1$ 个元素组成的序列: $T_n=(v)$, $v$ 为连贯积且为 $a_n$ 的右单位元. 记 $a_{n+1}=v$. 因为所有 $a_i$ 全为非幂等元, $i=1,\cdots,n+1$, 而 $S$ 只有 $n$ 个非幂等元, 故必有某 $1\leqslant j<k\leqslant n+1$, 使 $a_j=a_k$. 由此得

$$a_j=a_j\cdots a_k=(a_j\cdots a_{k-1})a_k=a_ja_k=a_j^2.$$

此为矛盾. 定理得证. □

**定理 5.4.5** 设 $E$ 为有限双序集, 有 $l$ 个 $\mathscr{L}$-类和 $r$ 个 $\mathscr{R}$-类. 令 $m=\max\{l, r\}, M=(q+1)^q$, 其中 $q$ 是半群 $\mathcal{T}(E/\mathscr{L}\cup\{\infty\})\times\mathcal{T}^*(E/\mathscr{R}\cup\{\infty\})$ 的非幂等元的个数, 也即

$$q=(l+1)^{l+1}(r+1)^{r+1}-\left(\sum_{i=1}^{l+1}\begin{pmatrix} i \\ l+1\end{pmatrix}i^{l+1-i}\sum_{j=1}^{r+1}\begin{pmatrix} j \\ r+1\end{pmatrix}j^{r+1-j}\right).$$

那么, $E$ 是有限半群的双序集的充要条件是: 对所有 $n=1,\cdots,2M$ 和任意 $e_1,\cdots,e_n\in E$, $S(e_1,\cdots,e_n)^m\neq\varnothing$.

**证明** 由推论 5.4.3, 只需证充分性. 设定理中条件成立. 由 $E$ 有限, $\langle E\phi\rangle$ 亦有限. 据定理 4.1.5, $E\cong E\phi$, 因而只需证 $E\phi\cong E(\langle E\phi\rangle)$.

设 $\phi_{e_1}\cdots\phi_{e_n}\in E(\langle E\phi\rangle)$. 若 $n\leqslant 2M$, 由定理的条件, $S(e_1,\cdots,e_n)^m$ 不空. 据定理 5.2.9 之证, 有

$$\phi_{e_1}\cdots\phi_{e_n}=(\phi_{e_1}\cdots\phi_{e_n})^m\in E\phi.$$

现设 $n>2M$. 令 $\psi_i=\phi_{e_{2i-1}}\phi_{e_{2i}}$, $i=1,\cdots,M$. 据定理 5.4.4, 对某 $1\leqslant j\leqslant k\leqslant M$, $\psi_j\cdots\psi_k\in E(\langle E\phi\rangle)$, 但 $\psi_j\cdots\psi_k=\phi_{e_{2j-1}}\cdots\phi_{e_{2k}}$ 最多包含 $M$ 个因子, 因而由刚证明的结论, $\psi_j\cdots\psi_k\in E\phi$. 如此应有某 $e\in E$, 使

$$\phi_{e_1}\cdots\phi_{e_n}=\phi_{e_1}\cdots\phi_{e_{2j-2}}\phi_e\phi_{e_{2k+1}}\cdots\phi_{e_n}.$$

因右边乘积包含的因子数严格小于左边的, 由归纳知整个乘积在 $E\phi$ 中. □

最后, 我们给出有限半群的幂等元双序集的一个有趣例子:

**例 5.4.6** 设 $E$ 为图 5.13 所示的双序集 (即习题 8.4 中的练习 4 的 $E_3$). 证明: $E\cong E(\langle E\phi\rangle)$ 而 $\langle E\phi\rangle$ 是 6 元半群, 其中 $\phi_e\phi_f$ 非正则, 故 $E$ 是来自有限 (从而拟正则) 半群的非正则双序集.

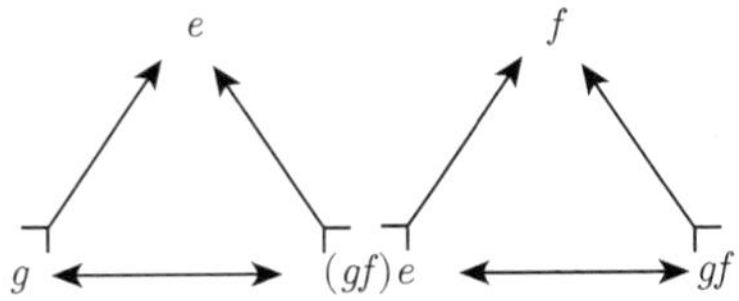


图 5.13

**证明** 首先来计算半群 $\langle E\phi\rangle$, 它是有限变换半群

$$\mathcal{T}(E/\mathrel{>\!\!-\!\!<}\cup\{\infty\})\times\mathcal{T}^*(E/\longleftrightarrow\cup\{\infty\})$$

的子半群. 为记号方便, 记 $gf=h$, $(gf)e=he=j$. 注意, 因为 $\infty$ 永远变为 $\infty$, 且 $\mathrel{>\!\!-\!\!<}\;=1_E$, $E/\longleftrightarrow\;=\{e,f,R=\{j,g,h\}\}$, 我们可用变换对

$$((e\rho_x,f\rho_x,j\rho_x,g\rho_x,h\rho_x),(\lambda_xe,\lambda_xf,\lambda_xR))$$

表示 $\phi_x$. 由 $\phi=(\rho,\lambda)$ 的定义, 我们有

$$\rho_e=(e,\infty,j,g,j),\quad \lambda_e=(e,\infty,R);$$

$$\rho_f=(\infty,f,j,h,h),\quad \lambda_f=(\infty,f,R);$$

$$\rho_j=(\infty,\infty,j,j,j),\quad \lambda_j=(\infty,\infty,R);$$

$$\rho_g = (\infty, \infty, g, g, g), \quad \lambda_g = (\infty, \infty, R);$$

$$\rho_h = (\infty, \infty, h, h, h), \quad \lambda_h = (\infty, \infty, R).$$

于是可得以下结果:

$$\rho_e\rho_f = (\infty, \infty, j, h, j), \quad \lambda_e\lambda_f = (\infty, \infty, R);$$

$$\rho_f\rho_e = (\infty, \infty, j, j, j), \quad \lambda_f\lambda_e = (\infty, \infty, R).$$

因为 $\phi : E \longrightarrow E\phi$ 是双序同构, 我们可以用 $x \in E$ 表示 $\phi_x$, 又记 $a = \phi_e\phi_f$, 则可得到 $\langle E\phi\rangle$ 的乘法表如下:

**$\langle E\phi\rangle$ 的乘法表**

| $\langle E\phi\rangle$ | $e$ | $f$ | $j$ | $g$ | $h$ | $a$ |
|---|---|---|---|---|---|---|
| $e$ | $e$ | $a$ | $j$ | $g$ | $h$ | $a$ |
| $f$ | $j$ | $f$ | $j$ | $g$ | $h$ | $j$ |
| $j$ | $j$ | $j$ | $j$ | $g$ | $h$ | $j$ |
| $g$ | $g$ | $h$ | $j$ | $g$ | $h$ | $h$ |
| $h$ | $j$ | $h$ | $j$ | $g$ | $h$ | $j$ |
| $a$ | $j$ | $a$ | $j$ | $g$ | $h$ | $j$ |

利用 Light 检验法易验证该表满足结合律, 故是 $\langle E\phi\rangle$ 的乘法表. 这证明了 $E \cong E\phi = E(\langle E\phi\rangle)$, 即 $E$ 来自有限半群.

由此表易知 $M(e, f) = \{g, j\}$, 但

$$egf = eh = h \neq a = ef, \quad ejf = j \neq a = ef.$$

故夹心集 $S(e, f) = \varnothing$, 即 $E$ 是非正则双序集. □

## 习题 5.4

1. 证明定理 5.4.5 中关于变换半群 $\mathcal{T}(E/{>\!\!-\!\!<} \cup \{\infty\}) \times \mathcal{T}^*(E/\longleftrightarrow \cup \{\infty\})$ 的非幂等元个数 $q$ 的公式.

2. 给出元素个数不超过 5 的所有有限双序集. 证明: 除图 5.13 表示的 5 元双序集外, 其余元素个数不超过 5 的双序集要么正则, 要么不可能来自有限半群.

# 第 6 章　一致半群

作为正则半群的另一种自然推广, 由 Fountain 在 20 世纪 80 年代初提出的富足半群及其各种子类, 近年来一直是半群代数理论又一个研究热点. 其中, 最能反映 Nambooripad 的双序集理论对此类广义正则半群结构影响的, 是 Armstrong 于 1988 年将正则半群的归纳群胚推广为归纳可消范畴, 从而刻画了一致半群结构的理论. 本章将系统介绍这一理论. 内容取自 Armstrong[1] 和 Fountain[23] 的文献.

## 6.1　$*$-Green 关系和富足半群

对任一半群 $S$, 定义 $*$-Green 关系 $\mathscr{L}^*$ ($\mathscr{R}^*$) 为: $\forall a,b \in S$, $(a,\, b) \in \mathscr{L}^*$ ($\mathscr{R}^*$) 当且仅当在某个包含 $S$ 的半群 $T$ 中有 $(a,b) \in \mathscr{L}^T$ ($\mathscr{R}^T$), 这里上标 $T$ 表示相应 Green 关系是对半群 $T$ 而言的. 今后这种记法也适用于各类 Green 和 $*$-Green-关系. 易知, $\mathscr{L}^*$ 和 $\mathscr{R}^*$ 分别为 $S$ 的右和左同余. 下述引理给出了该二关系的等价刻画. 其证明可从定义直接导出, 故略.

**引理 6.1.1**　设 $S$ 为半群, $a,b \in S$. 下述三条件等价:

(1) $(a,\, b) \in \mathscr{L}^*(\mathscr{R}^*)$;

(2) $\forall x,y \in S^1, ax = ay \Leftrightarrow bx = by$ $(xa = ya \Leftrightarrow xb = yb)$;

(3) 存在双射 $\phi : aS^1 \longrightarrow bS^1$ $(\psi : S^1a \longrightarrow S^1b)$, 使得

$$(as)\phi = bs,\ ((sa)\psi = sb), \quad \forall s \in S^1;$$

(4) 存在右 (左)$S^1$-系同构 $\phi : aS^1 \longrightarrow bS^1$ $(\psi : S^1a \longrightarrow S^1b)$, 使得

$$a\phi = b \quad (a\psi = b).$$

对于幂等元所在的 $\mathscr{L}^*$ ($\mathscr{R}^*$)-类, 易得下述推论.

**推论 6.1.2**　若 $e \in E(S)$, $\forall a \in S$, 以下条件等价:

(1) $(a,\, e) \in \mathscr{L}^*$ ($\mathscr{R}^*$);

(2) $ae = a(ea = a)$ 且 $\forall x,y \in S^1, ax = ay(xa = ya)$ 蕴含 $ex = ey(xe = ye)$.

显然, 对任意半群 $S$ 有 $\mathscr{L} \subseteq \mathscr{L}^*$ ($\mathscr{R} \subseteq \mathscr{R}^*$). 如果 $a,b \in \operatorname{Reg} S$, 则 $(a,\, b) \in \mathscr{L}^*$ ($\mathscr{R}^*$) 当且仅当 $(a,\, b) \in \mathscr{L}$ ($\mathscr{R}$). 因此, 对正则半群 $S$, 有 $\mathscr{L}^* = \mathscr{L}$ ($\mathscr{R}^* = \mathscr{R}$).

在半群的等价关系格中, 我们记

$$\mathscr{H}^* = \mathscr{L}^* \wedge \mathscr{R}^* (= \mathscr{L}^* \cap \mathscr{R}^*); \quad \mathscr{D}^* = \mathscr{L}^* \vee \mathscr{R}^*.$$

我们用 $L_a^*$(或 $L_a^{*S}$) 记 $S$ 的含 $a$ 之 $\mathscr{L}^*$-类. 对 $\mathscr{R}^*$-, $\mathscr{H}^*$-类和 $\mathscr{D}^*$-类, 也有类似的记法.

**定义 6.1.3**　称半群 $S$ 为*左 (右) 富足半群* (left (right) abundant semigroup), 如果 $S$ 的每个 $\mathscr{L}^*$ ($\mathscr{R}^*$)-类都含有幂等元. 既左且右富足的半群称为*富足半群*.

富足半群具有许多与正则半群类似的性质, 表现在幂等元对其内在结构有十分重要的影响. 下述命题 6.1.4 即是其一.

**命题 6.1.4**　*设 $S$ 为富足半群, $e \in E(S)$. 我们有*

*(1) $\mathscr{H}^*$-类 $H_e^*$ 是 $S$ 的可消子半群, 且以 $e$ 为单位元.*

*(2) 记 $Z_e$ 是 $S$ 的这样的 $\mathscr{H}^*$-类 $H^*$ 之并集合: $H^*$ 所在 $\mathscr{R}^*$-类和 $\mathscr{L}^*$-类都有幂等元与 $e$ $\mathscr{D}$-相关, 有*

*(i) 对任意 $a, b \in Z_e$, 有 $(a, b) \in \mathscr{R}^* \circ \mathscr{L}^*$ 且 $(a, b) \in \mathscr{L}^* \circ \mathscr{R}^*$;*

*(ii) 对任意 $a \in Z_e$ 和 $f \in E(L_a^*)$, $g \in E(R_a^*)$, 存在正则元 $c \in H_a^*$, 使得 $t \mapsto tc$ 和 $s \mapsto cs$ 分别是从 $H_g^*$, $H_f^*$ 到 $H_a^*$ 的双射;*

*(iii) 对任意 $a, b \in Z_e$, 有 $|H_a^*| = |H_b^*|$;*

*(iv) $Z_e$ 中任二含幂等元的 $\mathscr{H}^*$-类是同构的可消幺半群.*

**证明**　(1) $e$ 是 $H_e^*$ 的单位元是显然的. 对任意 $a, b \in H_e^*$, 由 $\mathscr{R}^*$ 是左同余和 $\mathscr{L}^*$ 是右同余得 $ab \mathrel{\mathscr{R}^*} ae = a \mathrel{\mathscr{R}^*} e$ 且 $ab \mathrel{\mathscr{L}^*} eb = b \mathrel{\mathscr{L}^*} e$, 故 $ab \in H_e^*$. 即 $H_e^*$ 是 $S$ 的子半群且以 $e$ 为单位元.

(2) 之 (i): 由 $Z_e$ 的定义, 有幂等元 $f \in E(L_a^*)$, $g \in E(R_b^*)$ 满足 $f \mathrel{\mathscr{D}} e \mathrel{\mathscr{D}} g$. 如此有 $f \mathrel{\mathscr{D}} g$, 从而有 $c \in S$ 使得 $f \mathrel{\mathscr{L}} c \mathrel{\mathscr{R}} g$, 于是 $a \mathrel{\mathscr{L}^*} c \mathrel{\mathscr{R}^*} b$. 这证明了 $(a, b) \in \mathscr{L}^* \circ \mathscr{R}^*$. 类似可证 $(a, b) \in \mathscr{R}^* \circ \mathscr{L}^*$.

(2) 之 (ii): 由 $a \in Z_e$, 易知任何幂等元 $f \in L_a^*$, $g \in R_a^*$ 均与 $e$ $\mathscr{D}$-相关且 $H_a^* = L_f^* \cap R_g^*$. 上面 (i) 已证有 $c \in L_f \cap R_g \subseteq L_f^* \cap R_g^* = H_a^*$, 它显然是正则元, 且有 $c' \in R_f \cap L_g$ 是 $c$ 的逆元, 而 $cc' = g$, $c'c = f$.

我们证明: 右平移 $\rho_c$ 是从 $H_g^*$ 到 $H_a^*$ 的双射. 对任意 $t \in H_g^*$, 由 $t \mathrel{\mathscr{L}^*} g$ 有 $tc \mathrel{\mathscr{L}^*} gc \xlongequal{g \in E(R_c)} c$, 这给出 $tc \in L_c^* = L_f^*$; 又因 $c \mathrel{\mathscr{R}^*} g$, 有 $tc \mathrel{\mathscr{R}^*} tg = t$, 故 $tc \in R_t^* = R_g^*$. 于是 $tc \in L_f^* \cap R_g^* = H_a^*$. 若 $t_1, t_2 \in H_g^*$ 使得 $t_1 c = t_2 c$, 则由 $c \mathrel{\mathscr{R}^*} g$ 得 $t_1 = t_1 g = t_2 g = t_2$, 即 $\rho_c$ 单; 对任意 $d \in H_a^* = L_f^* \cap R_g^*$, 有 $dc' \mathrel{\mathscr{L}^*} fc' = c' \mathrel{\mathscr{L}} g$ 且由 $c' \mathrel{\mathscr{R}^*} f$ 有 $dc' \mathrel{\mathscr{R}^*} df = d \mathrel{\mathscr{R}^*} g$ 得 $dc' \in H_g^*$. 如此 $d = df = d(c'c) = (dc')\rho_c$, 故 $\rho_c$ 满, 从而是双射.

同理可证: 左平移 $\lambda_c$ 是从 $H_f^*$ 到 $H_a^*$ 的双射.

(2) 之 (iii): 对任意 $a, b \in Z_e$, 由 (1) 有 $c \in S$ 使得 $a \mathscr{L}^* c \mathscr{R}^* b$, 由此 $c \in Z_e$, 从而有 $f, g \in E(Z_e)$ 使得 $c \in L_f^* \cap R_g^*$. 再由 (2) 之 (ii), 有 $|H_a^*| = |H_f^*| = |H_c^*| = |H_g^*| = |H_b^*|$.

(2) 之 (iv): 设 $H_f^*$, $H_g^*$ 是 $Z_e$ 中任二含幂等元 $f, g$ 的 $\mathscr{H}^*$-类. 由 (2) 之 (i), 存在 $a \in Z_e$ 使得 $f \mathscr{L}^* a \mathscr{R}^* g$. 由 (2) 之 (ii) 存在正则元 $c \in H_a^*$ 使得 $\rho_c$, $\lambda_c$ 分别是从 $H_g^*$, $H_f^*$ 到 $H_a^*$ 的双射, 其逆分别是 $\rho_{c'}$ 和 $\lambda_{c'}$, $c'$ 是 $c$ 的在 $R_f \cap L_g$ 中的逆元. 令 $\varphi = \rho_c \lambda_{c'} : t \mapsto c'tc$, 则 $\varphi$ 是从 $H_g^*$ 到 $H_f^*$ 的双射, 满足 $g\varphi = c'gc = f$ 且对任意 $t_1$, $t_2 \in H_g^*$, 有

$$(t_1 t_2)\varphi = c' t_1 t_2 c = c' t_1 g t_2 c = (c' t_1 c)(c' t_2 c) = (t_1 \varphi)(t_2 \varphi).$$

这就完成了证明. □

下述定理说明, $M$-集和夹心集在富足半群中所起的作用和在正则半群中的相同.

**定理6.1.5** 设 $S$ 为富足半群, $x, y \in S$ 满足: $\exists e, f \in E(S)$, 使 $e \mathscr{L}^* x$, $f \mathscr{R}^* y$, 那么, $\forall g \in M(e, f)$, 有 $xgy = (xg) * (gy)$. 特别地, $\forall h \in S_1(e, f)$, 我们有

$$(xh) * (hy) = xy.$$

**证明** 因为 $g \omega^\ell e$, 我们有 $g \mathscr{L} eg$; 因 $e \mathscr{L}^* x$ 而 $\mathscr{L}^*$ 是右同余, 故 $eg \mathscr{L}^* xg$, 从而 $g \mathscr{L}^* xg$. 类似地, $g \mathscr{R}^* gy$, 故 $g \in L_{xg}^* \cap R_{gy}^* \cap E(S)$, 而积 $(xg) * (gy)$ 在 $\mathrm{tr}^*(S)$ 中存在, 恰为 $xggy = xgy$.

若 $h \in S_1(e, f)$, 即 $h \in M(e, f)$ 且 $ehf = ef$, 那么

$$(xh) * (hy) = xhy = xehfy = xefy = xy. \qquad \square$$

注意, 当 $S$ 是富足半群且其幂等元之积为正则元时, 对任意 $e, f \in E(S)$, 我们总有 $S_1(e, f) = S(e, f) \neq \varnothing$. 因而, 我们可在此时将 $S$ 中任二元之积 $xy$ 写为形 $(xh) * (hy)$, $h \in S(e, f)$, 其中 $e \in E(L_x^*)$, $f \in E(R_y^*)$.

本章我们仅从范畴论角度讨论一类特殊的富足半群——一致半群, 把第 2 章一般正则半群的结构理论推广到此类半群. 后面我们将更系统地讨论一般富足半群, 并且把部分结论推广到左 (右) 富足半群. 为此, 我们引入本章另一个重要概念: 幂等元连通性 (idempotent-connectedness). 它是正则半群的每个元素 $a$ 对其 $\mathscr{R}$, $\mathscr{L}$-类中幂等元生成 $\omega$-理想的 "共轭" 变换向富足情形的自然推广.

设 $S$ 为富足半群. 为简化记号, 记 $E = E(S)$, 记 $B$ 为 $E$ 生成的 $S$ 的子半带. $\forall e \in E$, 我们记 $\langle e \rangle$ 为幂等 元集 $\omega(e)$ 在 $S$ 中生成的子半群. 易知 $\langle e \rangle$ 恰是 $S$ 的子半群 $eBe$ 中所有幂等元生成的 $eBe$ 的子半带.

**定义 6.1.6**　称半群 $S$ 是幂等元连通 (idempotent-connected, IC) 的, 若 $\forall a \in S$, 存在 $a^\dagger \in E(R_a^*)$, $a^* \in E(L_a^*)$ 和双射 $\alpha : \langle a^\dagger\rangle \longrightarrow \langle a^*\rangle$, 满足 $xa = a(x\alpha)$, $\forall x \in \langle a^\dagger\rangle$.

不难明白, 定义 6.1.6 中的双射 $\alpha$ 如果存在, 必是从子半带 $\langle a^\dagger\rangle$ 到子半带 $\langle a^*\rangle$ 的半群同构. 我们称之为 $S$ 的连通同构 (connecting isomorphism). 特别地, $\alpha\,|\,\omega(a^\dagger)$ 是双序集 $E = E(S)$ 的 $\omega$-同构.

**引理 6.1.7**　富足半群 $S$ 为 IC 的, 当且仅当 $\forall a \in S$, 存在 $a^\dagger \in E(R_a^*)$, $a^* \in E(L_a^*)$ 满足以下两个条件:

(1) $f \in \omega(a^\dagger) \Rightarrow \exists c \in S,\ fa = ac$;

(2) $e \in \omega(a^*) \Rightarrow \exists b \in S,\ ae = ba$.

**证明**　若 $S$ 为 IC 的, 取 $c = f\alpha$, $b = e\alpha^{-1}, \alpha : \langle a^\dagger\rangle \longrightarrow \langle a^*\rangle$ 为连通同构. 由定义得 $ba = (e\alpha^{-1})a = a(e\alpha^{-1}\alpha) = ae$, $ac = a(f\alpha) = fa$.

现在设条件 (1) 和 (2) 成立. 我们来构造连通同构 $\alpha : \langle a^\dagger\rangle \cong \langle a^*\rangle$. 由条件 (1), 对任意 $f \in \omega(a^\dagger)$, 存在 $c \in S$ 使 $fa = ac$. 由此有 $ac = fa = ffa = f(ac) = (fa)c = acc$; 由于 $a\,\mathscr{L}^*\,a^*$, 有 $a^*c = a^*c^2$. 又, $ac = fa = faa^* = aca^*$. 故 $a^*c = a^*ca^*$. 由此, $(a^*c)^2 = a^*ca^*c = a^*c^2 = a^*c \in E$, 从而 $a^*ca^* \in E$. 显然 $a^*ca^* \in \omega(a^*) \subseteq \langle a^*\rangle$. 现在 $fa = ac = aca^* = (aa^*)ca^* = a(a^*ca^*)$. 故令 $\alpha$ 为 $f\alpha = a^*ca^*$, 则 $\alpha$ 是从 $\omega(a^\dagger)$ 到 $\omega(a^*)$ 的映射, 它满足 $fa = a(f\alpha)$. 对任意 $x \in \langle a^\dagger\rangle$, 有 $x = f_k\cdots f_1$, $f_j \in \omega(a^\dagger)$, $j = 1,\cdots,k$, 故得 $xa = f_k\cdots f_1a = f_k\cdots f_2a(f_1\alpha) = \cdots = a(f_k\alpha)\cdots(f_1\alpha) = ay$, 这里 $y = (f_k\alpha)\cdots(f_1\alpha) \in \langle a^*\rangle$, 显然 $x \mapsto y$ 恰是 $\alpha$ 向 $\langle a^\dagger\rangle$ 的自然扩充. 我们需证 $\alpha$ 是双射.

如果有 $y_1, y_2 \in \langle a^*\rangle$ 使 $xa = ay_1 = ay_2$, 由 $a\,\mathscr{L}^*\,a^*$ 得 $y_1 = a^*y_1 = a^*y_2 = y_2$, 这说明 $\alpha$ 是映射. 而若 $x_1, x_2 \in \langle a^\dagger\rangle$ 使 $x_1a = x_2a$, 则由 $a\,\mathscr{R}^*\,a^\dagger$ 得 $x_1 = x_1a^\dagger = x_2a^\dagger = x_2$, 这说明 $\alpha$ 是单射.

由 $a^*$, $a^\dagger$ 左右对偶和条件 (1), (2) 也左右对偶, 我们也可将 $e\beta = a^\dagger ba^\dagger$ 扩充为单射 $\beta : \langle a^*\rangle \longrightarrow \langle a^\dagger\rangle$ 满足 $ay = (y\beta)a, \forall y \in \langle a^*\rangle$. 现在 $\forall y \in \langle a^*\rangle$, $ay = (y\beta)a = a((y\beta)\alpha)$, 由此得 $y = a^*y = a^*(y\beta\alpha) = y\beta\alpha$. 同理 $\forall x \in \langle a^\dagger\rangle$, $x\alpha\beta = x$. 因而 $\alpha$ 为双射而 $S$ 为 IC 的. □

**推论 6.1.8**　若 $\forall a \in S$, 有某 $a^\dagger \in E(R_a^*), a^* \in E(L_a^*)$ 使得存在双射 $\beta : \omega(a^\dagger) \longrightarrow \omega(a^*)$ 满足 $ya = a(y\beta), \forall y \in \omega(a^\dagger)$, 那么 $S$ 是 IC 的. 进而, 这样的 $\beta$ 是唯一的.

**证明**　对任意 $e \in \omega(a^*)$, $f \in \omega(a^\dagger)$, 取 $b = e\beta^{-1}$, $c = f\beta$, 易验引理 6.1.7 的两个条件成立. 故 $S$ 是 IC 的. 如果还有双射 $\gamma : \omega(a^\dagger) \longrightarrow \omega(a^*)$ 满足 $ya = a(y\gamma)$, 那么 $ya = a(y\gamma) = a(y\beta)$. 由 $a^*\,\mathscr{L}^*\,a$, 得 $y\gamma = a^*(y\gamma) = a^*(y\beta) = y\beta$, $\forall y \in \omega(a^\dagger)$, 故 $\gamma = \beta$. □

推论 6.1.8 说明, $\langle a^{\dagger}\rangle$ 到 $\langle a^{*}\rangle$ 的连通同构 $\alpha$ 仅由 $\omega$-理想 $\omega(a^{\dagger})$ 和 $\omega^{\ell}(a^{*})$ 之间的 “连通双射 $\beta$” 唯一确定. 它恰是 $\beta=\alpha\,|\,\omega(a^{\dagger})$, 我们也将该 $\beta$ 称为**连通同构**.

富足半群之同态像不一定富足 (见习题 6.1 中的练习 7). 为克服此困难, 我们引进好同态如下.

**定义 6.1.9** 设 $S,T$ 为半群, 同态 $\phi:S\longrightarrow T$ 称为好同态 (good homomorphism), 如果下述两个条件成立:

(1) $\forall a,b\in S,\ a\,\mathscr{L}^{*\,S}\,b\Rightarrow a\phi\,\mathscr{L}^{*\,T}\,b\phi$;

(2) $\forall a,b\in S,\ a\,\mathscr{R}^{*\,S}\,b\Rightarrow a\phi\,\mathscr{R}^{*\,T}\,b\phi$.

因为幂等元的同态像也是幂等元, 故富足半群的好同态像必富足; 而且好同态之合成亦为好同态. 如此, 以富足半群为对象, 以好同态为态射, 我们得到一个范畴 $\mathbb{AS}$, 称为*富足半群范畴* (the category of abundant semigroups). 由于正则半群之间的任意同态都是好同态, 该范畴以正则半群范畴 $\mathbb{RS}$ 为其一个全子范畴.

本章的中心概念是如下.

**定义 6.1.10** 称富足半群 $S$ 为*一致半群* (concordant semigroup), 若 $S$ 是幂等元连通 (IC) 的且 $\operatorname{Reg}S$ 为 $S$ 的子半群.

**注记 6.1.11** 因为 $\operatorname{Reg}S$ 为 $S$ 的子半群的充要条件是 $E=E(S)$ 生成 $S$ 的正则子半群, 故富足半群 $S$ 是一致半群当且仅当 $S$ 是 IC 的且任二幂等元乘积正则. 这是我们更常使用的条件.

**引理 6.1.12** *设 $S$ 为富足半群, $\operatorname{Reg}S$ 为其子半群. 设 $\phi:S\longrightarrow S'$ 为好同态而 $a\phi\in E(S')$, $a\in S$, 那么必存在 $h\in E(S)$ 使 $h\phi=a\phi$.*

**证明** 由 $S$ 富足, 存在 $e,f\in E(S)$ 使 $e\,\mathscr{L}^{*}\,a\,\mathscr{R}^{*}\,f$. 由 $\phi$ 为好同态知 $e\phi\,\mathscr{L}^{*}\,a\phi\,\mathscr{R}^{*}\,f\phi$. 由于都是幂等元, 得 $e\phi\,\mathscr{L}\,a\phi\,\mathscr{R}\,f\phi$. 因为 $ef\in Reg\,S$, 存在 $h\in S_1(e,f)$, 由此可得

$$
\begin{aligned}
a\phi&=(a\phi)(a\phi)=(a\phi)(e\phi)(f\phi)(a\phi)=(a\phi)((ef)\phi)(a\phi)\\
&=(a\phi)((ehf)\phi)(a\phi)=(a\phi)(e\phi)(h\phi)(f\phi)(a\phi)=(a\phi)(h\phi)(a\phi)\\
&=(a\phi)(f\phi)(h\phi)(e\phi)(a\phi)=(f\phi)(h\phi)(e\phi)=h\phi.
\end{aligned}
$$

这就完成了证明. □

此引理显然是关于正则半群 “幂等元提升性” 的著名 Lallement 引理向正则元成子半群的富足半群的推广. 特别地, 一致半群对于其好同态具有幂等元提升性. 我们还有:

**定理 6.1.13** *一致半群的好同态像也是一致半群.*

**证明** 设 $S$ 为一致半群, $\phi:S\longrightarrow T$ 为满好同态. 显然 $T$ 富足且由引理 6.1.12, $E(S)\phi=E(T)$. 从而 $\langle E(S)\rangle\phi=\langle E(T)\rangle$. 因正则元的同态像仍正则, 故

Reg$T$ 是 $T$ 的子半群.

以下只需证 $T$ 是 IC 的. 为此, 设 $t \in T$, $t^* \in E(L_t^*)$ 并令 $h \leqslant t^*$. 由引理 6.1.7, 我们只需找到 $u \in T$, 使 $th = ut$, 从而得 $T$ 满足其条件 (1). 由同态 $\phi$ 的左右对偶性知其条件 (2) 同样成立, 从而得 $T$ 的幂等元连通性.

由 $\phi$ 满, 存在 $s \in S, s\phi = t$. 据引理 6.1.12, 存在 $k \in E(S)$ 使 $k\phi = t^*$. 如此 $(sk)\phi = (s\phi)(k\phi) = tt^* = t$. 现在 $(sk)k = (sk)1$, 故 $\forall f \in E(L_{sk}^*)$, 有 $fk = f$. 由此 $kf \in E(S)$ 且显然 $kf \mathscr{L} f \mathscr{L}^* sk$. 又, $(kf)\phi = (k\phi)(f\phi) = t^*(f\phi) = t^*$. 由 $\phi$ 是好同态, 有 $f\phi \mathscr{L}^* (sk)\phi = t \mathscr{L}^* t^*$, 即 $f\phi \mathscr{L} t^*$. 如此, 我们找到 $a(= sk) \in S$ 和 $e(= kf) \in E(S)$ 使 $e \mathscr{L}^* a$ 且 $a\phi = t$, $e\phi = t^*$.

现在考虑 $h \leqslant t^*$. 由引理 6.1.12, 存在 $i \in E(S)$ 使 $i\phi = h$. 此时也有 $(eie)\phi = (e\phi)(i\phi)(e\phi) = t^*ht^* = h$.

由 $S$ 为 IC 富足半群, 可证 $eSe$ 也是 IC 富足半群 (参看习题 6.1 中的练习 8 和练习 9). 在此, 我们证明 $eSe$ 也是一致的. 事实上, 设 $j_1, j_2 \in E(eSe)$, 由 $S$ 一致, $j_1j_2$ 在 $S$ 中有逆 $x$. 易由此得 $exe$ 必为 $j_1j_2$ 在 $eSe$ 中的逆. 进而, $\forall a, b \in eSe$, 若在 $eSe$ 中有 $a \mathscr{L}^{*\,eSe} b$, 则可得 $a \mathscr{L}^* b$ 在 $S$ 中成立 (参看习题 6.1 中的练习 8). 如此, 若记 $\bar{\phi} = \phi \,|\, eSe$, 则

$$a\bar{\phi} = a\phi \mathscr{L}^{*\,T} b\phi = b\bar{\phi}.$$

类似可得 $a \mathscr{R}^{*\,eSe} b$ 蕴含 $a\bar{\phi} \mathscr{R}^{*\,T} b\bar{\phi}$. 故 $\bar{\phi}$ 是从 $eSe$ 到 $T$ 的好同态. 这样再由引理 6.1.12, 我们有 $g \in E(eSe)$ 使 $g\phi = g\bar{\phi} = (eie)\bar{\phi} = h$. 由于 $g \leqslant e$. 据 $S$ 为 IC 的, 存在 $b \in S$ 使 $ag = ba$. 于是令 $u = b\phi \in T$, 得

$$th = (a\phi)(g\phi) = (ag)\phi = (ba)\phi = (b\phi)(a\phi) = ut.$$

这证明了 $T$ 是 IC 的, 从而 $T$ 是一致半群. □

这样, 以一致半群为对象, 以好同态为态射, 我们得到一个范畴 $\mathbb{CS}$. 它是 $\mathbb{AS}$ 的全子范畴, 我们称之为**一致半群范畴**.

## 习题 6.1

1. 设 $M$ 为幺半群. 称 $M$ 上的 (左) 变换 $\lambda$ 为左平移 (left translation), 若 $\forall a, s \in M, \lambda(as) = (\lambda a)s$. 记 $M$ 上所有左平移之集为 $\Lambda(M)$. 证明:

(1) 在通常映射合成下, $\Lambda(M)$ 为幺半群. 对任意 $\lambda, \lambda' \in \Lambda(M)$, $\lambda \mathscr{L} \lambda'$ 当且仅当 $\mathrm{Ker}\lambda = \mathrm{Ker}\lambda'$, 其中, $\mathrm{Ker}\lambda = \{(x, y) \in M \times M \ : \ \lambda x = \lambda y\}$.

(2) 对任意半群 $S$, 证明 $\lambda : S \longrightarrow \Lambda(S^1)$, $a \mapsto \lambda_a$, $\lambda_a x = ax$, $x \in S^1$ 是从 $S$ 到 $\Lambda(S^1)$ 内的单同态.

(3) 设 $S$ 为半群, $a,b\in S$. 证明, 若 $\forall x,y\in S^1$, $ax=ay\Leftrightarrow bx=by$, 则在 $\Lambda(S^1)$ 中有 $\lambda_a\mathscr{L}\lambda_b$.

2. 设 $S$ 为半群, 证明:

(1) $\mathscr{L}\subseteq\mathscr{L}^*$;

(2) $\mathscr{L}^*\cap(\operatorname{Reg}S\times\operatorname{Reg}S)\subseteq\mathscr{L}$.

3. 设 $D^*$ 为半群 $S$ 的一个 $\mathscr{D}^*$-类, $*$ 为 $S$ 的 $*$-迹之部分乘法. 证明: $\forall a,b\in D^*$, 若 $a*b$ 有定义, 则 $a*b\in D^*$.

4. 设 $A=\langle a\rangle$ 为无限循环半群, $B=\langle b\rangle^e$ 为无限循环幺半群, 以 $e$ 为其单位元. 令 $S=A\cup B\cup\{1\}$, 以 1 为 $S$ 的单位元并按如下方式扩充 $A,B$ 的运算为 $S$ 上乘法:

$$a^mb^n=b^{m+n},\quad b^na^m=a^{n+m},\quad b^0=e,\quad m>0,\quad n\geqslant 0.$$

证明:

(1) $S$ 为幺半群, $E(S)=\{e,1\}$;

(2) $S$ 的 $\mathscr{R}^*$-类恰为 $\{1\}$ 和 $A\cup B$, $\mathscr{L}^*$-类恰为 $A\cup\{1\}$ 和 $B$, 故 $S$ 富足;

(3) $S$ 的 $\mathscr{D}^*$ 为泛关系;

(4) $1\,\mathscr{L}^*\,a\,\mathscr{R}^*\,b$, 但 $R_1^*\cap L_b^*=\varnothing$, 故 $\mathscr{D}^*\neq\mathscr{L}^*\circ\mathscr{R}^*$;

(5) $S$ 中存在二 $\mathscr{H}^*$-类不等势.

5. 设 $S$ 为正则半群, $a\in S$. 对任意 $a^\dagger\in E(R_a)$, $a^*\in E(L_a)$, 取 $a'\in V(a)\cap R_{a^*}\cap L_{a^\dagger}$, 定义 $\alpha$ 为 $\forall x\in\langle a^\dagger\rangle$, $x\alpha=a'xa$. 证明: $\alpha$ 是从 $\langle a^\dagger\rangle$ 到 $\langle a^*\rangle$ 的连通同构.

6. 设 $S$ 为 IC 半群, $a\in S$. 证明: 对任意 $a^\dagger\in E(R_a^*)$ 和 $a^*\in E(L_a^*)$ 均存在连通同构 $\alpha:\langle a^\dagger\rangle\longrightarrow\langle a^*\rangle$.

7. 证明: 任一可消幺半群皆富足. 特别地, 任一自由半群富足. 又, 幺半群 $S=\langle a\ :\ a^2=a^3\rangle^1$ 不是富足半群. 因此, 富足半群的同态像未必富足.

8. 设 $S$ 为富足半群, 则 $eSe$ 是富足子半群, $\forall e\in E(S)$. 进而, 若 $U$ 是 $S$ 的富足子半群, 满足 $E(U)$ 是 $E(S)$ 的序理想, 则 $\mathscr{L}^{*U}=\mathscr{L}^{*S}\cap(U\times U)$.

9. 若 $S$ 是 IC 富足半群, $T$ 是 $S$ 的富足子半群, 满足 $E(T)$ 是 $E(S)$ 的序理想. 那么, $T$ 也是 IC 富足半群.

10. 证明: 半带 $B=\langle a,b\ :\ a^2=a,\ b^2=b\rangle$ 是富足半群, 但半带 $S=\langle a,b\ :\ a^2=a,\ b^2=b,\ (ab)^2=(ba)^2\rangle$ 不是富足半群.

## 6.2 序可消范畴

我们在本节列出本章需用的范畴论的某些概念和记号. 设 $\mathcal{C}$ 为小范畴, 其对象也称为顶点. 我们用 $\mathcal{C}$ 本身表示 $\mathcal{C}$ 的态射集, $\mathcal{C}$ 的顶点集记为 $v\mathcal{C}$. 对 $e\in v\mathcal{C}$,

我们用 $e$ 或 $1_e$(若可能产生混淆) 来记对应于顶点 $e$ 的恒等态射. 对 $x \in \mathcal{C}$, 记 $e_x = \operatorname{dom} x$, $f_x = \operatorname{codom} x$. 对 $e, f \in v\mathcal{C}$, 记

$$\mathcal{C}(e,f) = \{x \in \mathcal{C} \,:\, e_x = e,\, f_x = f\}.$$

若 $\phi : \mathcal{C} \longrightarrow \mathcal{C}'$ 是范畴函子, 我们仍用 $\phi$ 表示其态射映射, 而用 $v(\phi)$ 表示其顶点映射. 我们称 $\phi$ 是 $v$-单、$v$-满或 $v$-双 的, 若 $v(\phi)$ 有相应的性质.

**定义 6.2.1** 小范畴 $\mathcal{C}$ 称为左 (右) 可消的 (left (right) cancellative), 若

$$ax = ay\,(xa = ya) \Rightarrow x = y,\ \forall a, x, y \in \mathcal{C}.$$

既左且右可消的范畴称为可消范畴 (cancellative category).

**定义 6.2.2** 设 $\mathcal{C}$ 为可消范畴, 其态射的部分运算之定义域记为 $D_{\mathcal{C}}$. 称 $\mathcal{C}$ 为序可消范畴 (ordered cancellative category), 若 $\mathcal{C}$ 上有偏序 $\leqslant$ 满足下述公理, 其中 $x, y$ 等为 $\mathcal{C}$ 之任意元, 而 $e, f$ 等为 $v\mathcal{C}$ 的元素:

(OC1) 若 $x' \leqslant x, y' \leqslant y, (x', y'), (x, y) \in D_{\mathcal{C}}$, 则 $x'y' \leqslant xy$.

(OC2) 若 $x \leqslant y$, 则 $e_x \leqslant e_y$, $f_x \leqslant f_y$(即 $1_{e_x} \leqslant 1_{e_y}$, $1_{f_x} \leqslant 1_{f_y}$).

(OC3) (i) 若 $e \leqslant e_x$, 则存在唯一态射 $e \rfloor x \in \mathcal{C}$, 称为 $x$ 向 $e$ 的限制, 满足

$$e \rfloor x \leqslant x \quad 且 \quad e_{e \rfloor x} = e;$$

(ii) 若 $f \leqslant f_x$, 则存在唯一态射 $x \lfloor f \in \mathcal{C}$, 称为 $x$ 向 $f$ 的余限制, 满足 $x \lfloor f \leqslant x$ 且 $f_{x \lfloor f} = f$.

显然, 群胚 (即态射为同构的小范畴) 是可消范畴, 而序群胚 (参看定义 2.1.2) 是序可消范畴.

我们将用 $\mathbb{OC}$ 记以序可消范畴为对象、以保序函子为态射的范畴. 该范畴中的态射 (保序函子)$\phi$ 称为 $v$-同构, 若 $v(\phi)$ 是序同构. 序可消范畴 $\mathcal{C}$ 的子范畴 $\mathcal{C}'$ 称为序子范畴, 若 $\forall x' \in \mathcal{C}', e \in v\mathcal{C}', e \leqslant e_{x'}$, 有 $e \rfloor x' \in \mathcal{C}'$ 且 $\forall f \in v\mathcal{C}', f \leqslant f_{x'}$, 有 $x' \lfloor f \in \mathcal{C}'$. 注意: $\mathcal{C}'$ 是 $\mathcal{C}$ 在 $\mathbb{OC}$ 中的子对象.

下述命题恰同于关于序群胚的命题 2.1.5.

**命题 6.2.3** 设 $\mathcal{C}$ 为序可消范畴. 我们有

(1) 对 $x \in \mathcal{C}$, $e \leqslant e_x$, $f \leqslant f_x$, $f = f_{e\rfloor x}$ 当且仅当 $e = e_{x\lfloor f}$, 且此时有

$$e \rfloor x = x \lfloor f.$$

(2) 对 $x, y \in \mathcal{C}$, 若 $(x, y) \in D_{\mathcal{C}}$ 且 $e \leqslant e_x$, 则 $f_{e\rfloor x} \leqslant e_y$ 且

$$e \rfloor xy = (e \rfloor x)(f_{e\rfloor x} \rfloor y).$$

**证明** (1) 设 $f = f_{e\rfloor x}$, 因为 $e \rfloor x \leqslant x$, 由 (OC3)(ii) 中的唯一性, 有 $e \rfloor x = x \downharpoonleft f$, 且 $e = e_{e\rfloor x} = e_{x\downharpoonleft f}$. 类似可证其逆.

(2) $(x,y) \in D_{\mathcal{C}}$ 当且仅当 $f_x = e_y$. 由 $e \rfloor x \leqslant x$ 我们有 $f_{e\rfloor x} \leqslant f_x = e_y$, 故存在 $f_{e\rfloor x} \rfloor y \in \mathcal{C}$. 又, $e_{(f_{e\rfloor x}\rfloor y)} = f_{e\rfloor x}$, 故 $(e \rfloor x,\ f_{e\rfloor x} \rfloor y) \in D_{\mathcal{C}}$. 令 $z = (e \rfloor x)(f_{e\rfloor x} \rfloor y)$. 由 (OC1), $z \leqslant xy$, 又 $e_{e\rfloor x} z = z = e_z z$. 由可消性, $e_{e\rfloor x} = e_z$, 也即 $e_z = e$. 如此, 由 (OC3)(i) 中的唯一性得 $z = e \rfloor xy$. □

我们在本节后面部分来构作对应于一致半群 $S$ 的序可消范畴 $\mathcal{C}(S)$.

**定义 6.2.4** 设 $S$ 为一致半群, 有幂等元正则双序集 $E = E(S)$. 令

$$\mathcal{C}(S) = \{(e,x,f) \ : \ e \in E(R_x^*),\ f \in E(L_x^*)\}.$$

在 $\mathcal{C}(S)$ 上定义部分二元运算为: 积 $(e,x,f)(g,y,h)$ 有定义当且仅当 $f = g$ 且此时有 $(e,x,f)(g,y,h) = (e,xy,h)$.

我们首先需要验证该定义确有意义且使 $\mathcal{C}(S)$ 成为一个可消范畴.

**引理 6.2.5** *定义 6.2.4 给出了 $\mathcal{C}(S)$ 上的一个部分二元运算, 使 $\mathcal{C}(S)$ 成为一个可消范畴: 其顶点集是 $E$; 其态射是形为 $(e,x,f)$ 的三元组, 其中 $e \in E(R_x^*), f \in E(L_x^*)$, 满足 $e_{(e,x,f)} = e$ 而 $f_{(e,x,f)} = f$.*

**证明** 设 $(e,x,f),(g,y,h) \in \mathcal{C}(S)$ 满足 $f = g$. 我们需证积 $(e,xy,h) \in \mathcal{C}(S)$. 事实上, 由 $y \mathscr{R}^* g = f$ 而 $\mathscr{R}^*$ 是左同余, 有 $xy \mathscr{R}^* xf$; 再由 $x \mathscr{L}^* f$, 得 $xf = x$. 故 $xy \mathscr{R}^* x \mathscr{R}^* e$. 即 $e \in E(R_{xy}^*)$. 类似地, 由 $x \mathscr{L}^* f = g$ 而 $\mathscr{L}^*$ 是右同余及 $f = g \mathscr{R}^* y \mathscr{L}^* h$ 可得 $h \in E(L_{xy}^*)$, 故 $(e,xy,h) \in \mathcal{C}(S)$. 若我们取 $E$ 为顶点集, 对任二顶点 $e,f \in E$, 令态射集

$$\mathcal{C}(S)(e,f) = \{(e,x,f) | e \in E(R_x^*),\ f \in E(L_x^*)\},$$

容易验证 $\mathcal{C}(S)$ 中部分运算满足结合律且对每个顶点 $e \in E$, $(e,e,e)$ 即是在 $e$ 上的恒等态射, 故 $\mathcal{C}(S)$ 是一个范畴.

为证 $\mathcal{C}(S)$ 可消, 设 $(e,x,f)(f,y,g) = (h,z,f)(f,y,g)$, 即

$$(e,xy,g) = (h,zy,g).$$

那么 $e = h$ 且 $xy = zy$. 因为 $y \mathscr{R}^* f$, 由 $xy = zy$ 推出 $xf = zf$. 但 $z \mathscr{L}^* f \mathscr{L}^* x$, 故 $x = xf = zf = z$. 这证明了 $\mathcal{C}(S)$ 右可消. 同理可证 $\mathcal{C}(S)$ 左可消. □

我们来看 $S$ 的幂等元连通性所起的作用. 因为 $S$ 为 IC 的, 对任一态射 $(e,x,f)$, 存在连通同构 $\alpha : \omega(e) \longrightarrow \omega(f)$, 使得 $ax = x(a\alpha), \forall a \in \omega(e)$. 我们称该连通同构 $\alpha$ 为态射 $(e,x,f)$ 的连通同构. 易知 $e\alpha = f$; 又, 该 $\alpha$ 必唯一, 因为若还有双射 $\alpha' : \omega(e) \longrightarrow \omega(f)$ 也满足 $ax = x(a\alpha), \forall a \in \omega(e)$, 那么

$x(a\alpha) = ax = x(a\alpha'), \forall a \in \omega(e)$. 由 $x \mathscr{L}^* f$, 这蕴含 $f(a\alpha) = f(a\alpha'), \forall a \in \omega(e)$. 但由于 $a\alpha, a\alpha' \in \omega(f)$, 此式即 $a\alpha = a\alpha', \forall a \in \omega(e)$, 从而 $\alpha = \alpha'$.

**引理 6.2.6**　设 $S, E, \mathcal{C}(S)$ 如上. 我们有

(1) 若 $(e,x,f), (f,y,h) \in \mathcal{C}(S)$ 分别有连通同构 $\alpha$, $\gamma$, 则 $(e, xy, h)$ 的连通同构是 $\alpha\gamma$.

(2) 若 $(e,x,f), (g,y,h) \in \mathcal{C}(S)$ 分别有连通同构 $\alpha$, $\beta$, 且 $e\,\omega\, g$. 如果 $f = e\beta, x = ey$, 那么 $f\omega h$ 且 $\alpha = \beta\,|\,\omega(e)$.

**证明**　(1) 显然 $\alpha\gamma$ 确为从 $\omega(e)$ 到 $\omega(h)$ 的双射, 因为 $\alpha, \gamma$ 都是双射. 对 $a \in \omega(e)$,

$$a(xy) = (ax)y = x(a\alpha)y = xy((a\alpha)\gamma) = xy(a\alpha\gamma).$$

故 $\alpha\gamma$ 满足 $(e, xy, h)$ 的连通同构的条件. 由连通同构的唯一性, 得所需结论.

(2) 设 $(e,x,f), (g,y,h)$ 满足 $e\,\omega\, g$, $f = e\beta$ 且 $x = ey$. 显然 $(\omega(e))\beta \subseteq \omega(f)$. 因为, 若 $a\,\omega\, e$, 则 $a\beta\,\omega\, e\beta = f$; 而我们有 $f\,\omega\, h$, 因 $f = e\beta \in \mathrm{im}\beta = \omega(h)$.

设 $\delta = \beta\,|\,\omega(e)$. 显然 $\delta : \omega(e) \longrightarrow \omega(f)$ 且 $\delta$ 单. 令 $b \in \omega(f)$. 由 $f\,\omega\, h$, 有 $b \in \omega(h)$. 从而 $b = c\beta$, 对某 $c \in \omega(g)$. 但此时 $c = b\beta^{-1}\,\omega\, f\beta^{-1} = e$, 故 $c \in \omega(e)$ 且 $c\delta = b$. 这样 $\delta$ 也满. 设 $a \in \omega(e)$. 则 $ax = aey = ay$, 故 $ax = ay = y(a\beta) = y(a\delta)$. 由 $ea = a$, 得 $ax = e(ax) = ey(a\delta) = x(a\delta)$. 故 $\delta$ 满足 $(e,x,f)$ 的连通同构应当满足的所有条件. 故 $\alpha = \beta\,|\,\omega(e)$. □

**引理 6.2.7**　设 $(e,x,f), (g,y,h) \in \mathcal{C}(S)$ 分别有连通同构 $\alpha, \beta$. 定义

$$(e,x,f) \leqslant (g,y,h) \Leftrightarrow e\,\omega\, g,\ x = ey,\ f = e\beta. \tag{6.1}$$

则 $\leqslant$ 是 $\mathcal{C}(S)$ 上的偏序.

**证明**　易验 $\leqslant$ 是自反的. 设 $(e,x,f) \leqslant (g,y,h)$ 且 $(g,y,h) \leqslant (e,x,f)$. 那么 $e\omega g\omega e$ 且 $f\,\omega\, h\,\omega\, f$, 从而 $e = g$ 而 $f = h$. 又 $x = ey = gy = y$, 故 $\leqslant$ 反对称. 现在设 $(e,x,f) \leqslant (g,y,h) \leqslant (k,z,l)$, 令 $\gamma$ 是 $(k,z,l)$ 的连通同构. 因为 $e\,\omega\, g\,\omega\, k$, 有 $e\,\omega\, k$ 且 $x = ey = e(gz) = (eg)z = ez$. 由引理 6.2.6(2),

$$\beta\,|\,\omega(e) = (\gamma\,|\,\omega(g))\,|\,\omega(e),$$

故 $f = e\beta = e\gamma$. 从而 $\leqslant$ 传递, 因而是偏序. □

**引理 6.2.8**　$(\mathcal{C}(S), \leqslant)$ 满足 (OC1).

**证明**　设 $(e,x,f), (e',x',f'), (g,y,h), (g',y',h') \in \mathcal{C}(S)$ 分别有连通同构 $\alpha, \alpha', \beta$ 和 $\beta'$. 设 $(e,x,f) \leqslant (g,y,h), (e',x',f') \leqslant (g',y',h')$ 且乘积

$$(e,x,f)(e',x',f'),\quad (g,y,h)(g',y',h')$$

在 $\mathcal{C}(S)$ 中存在. 那么 $e'=f$, $g'=h$, 而此二积是 $(e,xx',f')$ 和 $(g,yy',h')$. 我们已有 $e\,\omega\,g$. 因为 $x=ey$ 且 $x'=e'y'=fy'$, $xx'=eyfy'$. 但 $yf=y(e\beta)=ey$, 故 $xx'=e(yy')$. 由引理 6.2.6(1), $(e,xx',f')$ 和 $(g,yy',h')$ 的连通同构分别为 $\alpha\alpha'$ 和 $\beta\beta'$. 现在 $f'=e'\beta'=e\beta\beta'$, 故 $(e,xx',f')\leqslant(g,yy',h')$, 而 (OC1) 成立. □

**引理 6.2.9** $(\mathcal{C}(S),\leqslant)$ 满足 (OC2).

**证明** 设 $(e,x,f)\leqslant(g,y,h)$. 我们需证

$$(e,e,e)\leqslant(g,g,g),\quad (f,f,f)\leqslant(h,h,h).$$

这显然是成立的, 因为 $e\,\omega\,g$, $f\,\omega\,h$, 且易知形为 $(e,e,e)$ 的三元组的连通同构是恒等映射. □

**引理 6.2.10** $(\mathcal{C}(S),\leqslant)$ 满足 (OC3).

**证明** 我们分别验证条件 (i) 和 (ii) 成立如下.

(i) 用 $a$ 记三元组 $(g,y,h)$, 其连通同构记为 $\beta$. 显然 $1_e\leqslant 1_{e_a}$ 当且仅当 $e\,\omega\,g$. 记 $e\downharpoonleft a=(i,p,j)$. 我们需要它满足 $e\downharpoonleft a\leqslant a$ 且 $e_{(e\downharpoonleft a)}=e$. 此二条件之第二个告诉我们 $i=e$, 而第一个则给出 $p=ey$ 及 $j=e\beta$. 如此有

$$e\downharpoonleft a=(e,ey,e\beta). \tag{6.2}$$

它显然是唯一的.

现在我们必须验证 $e\downharpoonleft a\in\mathcal{C}(S)$, 即 $e\,\mathscr{R}^*\,ey\,\mathscr{L}^*\,e\beta$. 当然有 $e(ey)=ey$. 设 $rey=sey$, 那么因为 $g\,\mathscr{R}^*\,y$, 有 $reg=seg$, 即 $re=se$. 故 $e(ey)=ey$ 和 $rey=sey$ 蕴含 $re=se$, 这证明了 $e\,\mathscr{R}^*\,ey$.

因为 $e\in\omega(g)$, 我们有 $ey=y(e\beta)$. 故 $ey(e\beta)=ey$. 若 $eyr=eys$, 即 $y(e\beta)r=y(e\beta)s$. 由于 $h\,\mathscr{L}^*\,y$, 这推出 $h(e\beta)r=h(e\beta)s$, 即 $(e\beta)r=(e\beta)s$, 因 $e\beta\in\operatorname{im}\beta=\omega(h)$, 从而 $ey\,\mathscr{L}^*\,e\beta$.

(ii) 设 $a$ 如前. 则 $1_f\leqslant 1_{f_a}$ 当且仅当 $f\,\omega\,h$. 用与 (i) 中同样的方法可得

$$a\downharpoonright f=(f\beta^{-1},(f\beta^{-1})y,f)=(f\beta^{-1},yf,f), \tag{6.3}$$

且它是唯一的.

我们来验证 $f\beta^{-1}\,\mathscr{R}^*\,(f\beta^{-1})y\,\mathscr{L}^*\,f$, 从而 $a\downharpoonright f\in\mathcal{C}(S)$. 首先,

$$(f\beta^{-1})(f\beta^{-1})y=(f\beta^{-1})y.$$

设 $r(f\beta^{-1})y=s(f\beta^{-1})y$. 由 $g\,\mathscr{R}^*\,y$, 我们有 $r(f\beta^{-1})g=s(f\beta^{-1})g$, 即 $r(f\beta^{-1})=s(f\beta^{-1})$, 因为 $f\beta^{-1}\in\omega(g)$, 故 $f\beta^{-1}\,\mathscr{R}^*(f\beta^{-1})y$. 另一方面, 我们有 $(yf)f=yf$, 设 $yfr=yfs$, 因 $y\,\mathscr{L}^*\,h$, 这给出 $hfr=hfs$, 即 $fr=fs$. 故得 $(f\beta^{-1})y=yf\,\mathscr{L}^*\,f$. □

这样, 对任意给定的一致半群 $S$. 我们构作出了一个相应的序可消范畴 $\mathcal{C}(S)$.

### 习题 6.2

1. 证明: 任一序群胚 (见 2.1 节) 是序可消范畴.

2. 设 $S$ 为一致半群. 试叙述序可消范畴 $\mathcal{C}(S)$ 的态射集的部分运算和 $S$ 的 $*$-迹 $\mathrm{tr}^*(S)$ 的部分运算的关系.

3. 设 $S$ 是任一富足半群. 问能否用定义 6.2.4 和引理 6.2.7 之 (6.1) 式给出 $\mathcal{C}(S)$ 上的态射运算和偏序, 使其成为一个序可消范畴?

## 6.3 归纳可消范畴

为了能够从可消范畴构作一致半群, 我们还需要引入“归纳可消范畴”的概念. 容易明白, 它恰是关于正则半群的对应范畴——归纳群胚——的自然推广.

为应用方便, 我们在此重述双序集的 $E$-方块的定义 (见 1.5 节). 设 $E$ 为双序集, 称阵列 $\begin{pmatrix} e & f \\ g & h \end{pmatrix}$ 为一个 $E$-方块 ($E$-square), 若 $e \longleftrightarrow f >\!\!\!-\!\!\!< h \longleftrightarrow g >\!\!\!-\!\!\!< e$. 具有下列二形之任一的 $E$-方块称为是奇异的 (singular):

(i) 行奇异 E-方块 $\begin{pmatrix} g & h \\ eg & eh \end{pmatrix}$, 其中 $g, h \in \omega^{\ell}(e)$;

(ii) 列奇异-方块 $\begin{pmatrix} g & ge \\ h & he \end{pmatrix}$, 其中 $g, h \in \omega^{r}(e)$.

**定义 6.3.1** 设 $(\mathcal{C}, \leqslant)$ 为序可消范畴, 其顶点集 $v\mathcal{C} = E$ 为正则双序集, 且 $E$ 上关系 $\omega$ 恰与 $\mathcal{C}$ 中偏序 $\leqslant$(在单位态射集上的限制) 重合. 又, 对任意 $e, f \in E$, 只要 $(e, f) \in \longleftrightarrow \cup >\!\!\!-\!\!\!<$, 则存在从 $e$ 到 $f$ 的边 (side)$[e, f] \in \mathcal{C}$(当可能发生混淆时记为 $[e, f]_{\mathcal{C}}$), 满足 $[e, e] = 1_e$ 且若 $e \longleftrightarrow f \longleftrightarrow g$ 或 $e >\!\!\!-\!\!\!< f >\!\!\!-\!\!\!< g$, 则 $[e, f][f, g] = [e, g]$. 进而, 若 $[g, h]$ 存在而 $e\,\omega\, g$, $f = heh$, 则 $[e, f]$ 存在且 $[e, f] \leqslant [g, h]$.

称 $(\mathcal{C}, \leqslant)$ 为归纳可消范畴 (inductive cancellative category), 若下述条件及其对偶成立:

(IC1) 设 $x \in \mathcal{C}$, 对 $i = 1, 2$ 有 $e_i, f_i \in E$ 满足 $e_i\,\omega\, e_x$ 且 $f_i = f_{(e_i \downharpoonleft x)}$. 若 $e_1\,\omega^r\, e_2$, 则 $f_1\,\omega^r\, f_2$ 且

$$[e_1, e_1e_2](e_1e_2 \downharpoonleft x) = (e_1 \downharpoonleft x)[f_1, f_1f_2];$$

(IC2) 若 $\begin{pmatrix} e & f \\ g & h \end{pmatrix}$ 是奇异 $E$-方块, 则 $[e, f][f, h] = [e, g][g, h]$.

进而, 设 $\mathcal{C}$ 和 $\mathcal{C}'$ 是归纳可消范畴, 分别有顶点正则双序集 $E$ 和 $E'$, 而 $\phi: \mathcal{C} \longrightarrow \mathcal{C}'$ 是保序函子. 称 $\phi$ 为归纳函子, 若 $v(\phi) = \theta: E \longrightarrow E'$ 是正则双序态射, 且

$$\phi[e,f]_{\mathcal{C}} = [\theta(e),\, \theta(f)]_{\mathcal{C}'}, \quad \forall\, e,f \in E, \quad (e,f) \in \longleftrightarrow \cup \rightarrowtail\!\!\!\!\prec.$$

称归纳可消范畴 $\mathcal{C}'$ 是归纳可消范畴 $\mathcal{C}$ 的归纳子范畴 (inductive subcategory), 若 $\mathcal{C}'$ 是 $\mathcal{C}$ 的序子范畴, 满足: 包含函子 $\mathcal{C}' \subseteq \mathcal{C}$ 是归纳保序函子.

易知, 归纳可消范畴和归纳函子一起, 形成了序可消范畴及保序函子组成的范畴 $\mathbb{OC}$ 的一个子范畴 $\mathbb{ICC}$. 映射 $\mathcal{C} \longrightarrow v\mathcal{C}$, $\phi \longrightarrow v(\phi)$ 定义了从 $\mathbb{ICC}$ 到 $\mathbb{RB}$ 的函子, 记之为 $v$.

**定理 6.3.2** 序群胚 $(G, \leqslant)$ 满足定义 6.3.1 中条件 (IC1), (IC2) 当且仅当它满足定义 2.3.1 中的条件 (IG1) 和 (IG2).

**证明** 设 $(G, \leqslant)$ 是序群胚, 满足定义 6.3.1 中的条件 (IC1) 和 (IC2). 由 $vG = E$ 为正则双序集, 有 $E$ 的 $E$-链群胚 $\mathcal{G}(E)$. 定义 $\epsilon_G: \mathcal{G}(E) \longrightarrow G$ 为

$$v(\epsilon_G) = 1_E;\ \epsilon_G(c(e_0, e_1, \cdots, e_n)) = [e_0, e_1][e_1, e_2]\cdots[e_{n-1}, e_n].$$

由 $\mathcal{G}(E)$ 的构作法和 $[e,f]$ 满足的性质, 易知 $\epsilon_G$ 确有定义, 且若在 $\mathcal{G}(E)$ 中有 $(e,f) \leqslant (g,h)$, 则在 $G$ 中有 $[e,f] \leqslant [g,h]$. 故由 (OC1) 可得 $\epsilon_G$ 保序且显然是一个 $v$-同构. 此外, 对于这样定义的 $\epsilon_G$, 条件 (IC1) 和 (IC2) 恰与定义 2.3.1 中的条件 (IG1) 和 (IG2) 重合, 故 $G$ 是按定义 2.3.1 是归纳群胚.

反之, 若 $(G, \epsilon_G)$ 为满足定义 2.3.1 的归纳群胚, 令 $[e,f] = \epsilon_G(e,f)$, 并恒同看待 $vG$ 与 $E$, 不难直接验证 $G$ 作为可消范畴也是归纳的. □

下述结论易由以上定义得到.

**命题 6.3.3** 设 $\mathcal{C}$ 为归纳可消范畴, 其顶点集为正则双序集 $E$.

(1) 若归纳可消范畴 $\mathcal{C}'$ 是 $\mathcal{C}$ 的序子范畴, 那么, $\mathcal{C}'$ 是 $\mathcal{C}$ 的归纳序子范畴当且仅当对 $\mathcal{C}'$ 的任意顶点 $e,f$, 只要 $(e,f) \in \longleftrightarrow \cup \rightarrowtail\!\!\!\!\prec$, 则 $[e,f]_{\mathcal{C}'} = [e,f]_{\mathcal{C}}$.

(2) $\mathcal{C}$ 的序子范畴 $\mathcal{C}'$ 是 $\mathcal{C}$ 的归纳序子范畴当且仅当对 $\mathcal{C}'$ 的任意顶点 $e,f$, 只要 $(e,f) \in \longleftrightarrow \cup \rightarrowtail\!\!\!\!\prec$, 则 $[e,f]_{\mathcal{C}} \in \mathcal{C}'$.

**证明** (1) $\mathcal{C}'$ 是 $\mathcal{C}$ 的归纳序子范畴当且仅当包含 $i: \mathcal{C}' \subseteq \mathcal{C}$ 是归纳函子. 这等价于 $i[e,f]_{\mathcal{C}'} = [i(e),\, i(f)]_{\mathcal{C}}$, 即 $[e,f]_{\mathcal{C}'} = [e,f]_{\mathcal{C}}$, $\forall e,f \in E'(e,f \in \longleftrightarrow \cup \rightarrowtail\!\!\!\!\prec)$.

(2) 若 $\mathcal{C}'$ 是 $\mathcal{C}$ 的归纳序子范畴, 则对 $\mathcal{C}'$ 的任意顶点 $e,f$, 只要 $(e,f) \in \longleftrightarrow \cup \rightarrowtail\!\!\!\!\prec$, 由 (1) 有 $[e,f]_{\mathcal{C}'} = [e,f]_{\mathcal{C}}$, 故 $[e,f]_{\mathcal{C}} \in \mathcal{C}'$. 反之, 设对 $\mathcal{C}'$ 的任意顶点 $e,f$, 只要 $(e,f) \in \longleftrightarrow \cup \rightarrowtail\!\!\!\!\prec$, 就有 $[e,f]_{\mathcal{C}} \in \mathcal{C}'$. 那么我们可令 $[e,f]_{\mathcal{C}'} = [e,f]_{\mathcal{C}}$, 直接验证, 可知 $\mathcal{C}'$ 是归纳可消范畴. 因而由 (1) 得 $\mathcal{C}'$ 是 $\mathcal{C}$ 的归纳序子范畴. □

**命题 6.3.4** 对任意一致半群 $S$, 定义 6.2.4 给出的序可消范畴 $\mathcal{C}(S)$ 是归纳可消范畴.

**证明** 我们已有 $v\mathcal{C}(S)=E(S)$ 为正则双序集且 $\omega$ 与 $\mathcal{C}(S)$ 中的序 $\leqslant$ 在 $E(S)$ 上重合.

设 $e,f\in E(S)$, $(e,f)\in\ \longleftrightarrow\ \cup >\!\!-\!\!<$. 定义

$$[e,f]_{\mathcal{C}(S)}=(e,ef,f)=\begin{cases}(e,e,f), & 若\, e >\!\!-\!\!< f,\\ (e,f,f), & 若\, e\longleftrightarrow f.\end{cases}\tag{6.4}$$

显然 $[e,f]\in\mathcal{C}(S)$. 若 $e\longleftrightarrow f\longleftrightarrow g$, 则 $[e,f][f,g]=(e,f,f)(f,g,g)=(e,fg,g)=(e,g,g)=[e,g]$. 显然, 其对偶也成立. 此外, $[e,e]=(e,e,e)=1_e$.

设 $g\longleftrightarrow h$, 则有 $[g,h]=(g,h,h)\in\mathcal{C}(S)$. 对任意 $e\,\omega\, g$, 有 $e\longleftrightarrow f=eh$, 故存在 $[e,f]=(e,eh,eh)$. 若 $\beta$ 是 $(g,h,h)$ 的连通同构, 则因 $\forall a\in\omega(g), ah=h(a\beta)$, 特别地, 有 $f=eh=h(e\beta)=e\beta$. 于是 $[e,f]=(e,eh,eh)\leqslant(g,h,h)=[g,h]$. 对偶地, 若 $g>\!\!-\!\!<h$ 且 $e\,\omega\,g$, $f=he$, 则也有 $[e,f]=(e,he,he)$ 存在且 $[e,f]\leqslant[g,h]$.

以下验证条件 (IC1) 和 (IC2) 成立.

(IC1) 设 $(e,x,f)\in\mathcal{C}(S)$, 其连通同构为 $\beta$. 又设 $e_i\in\omega(e)$, $f_i=f_{e_i\downharpoonleft(e,x,f)}$, $i=1,2$. 注意: 我们有

$$e_i\downharpoonleft(e,x,f)=(e_i,e_ix,e_i\beta).$$

这样 $f_i=e_i\beta$, $i=1,2$. 连通同构 (半群同构) 显然是 $\omega$-同构, 故 $e_1\,\omega^r\,e_2$ 蕴含 $f_1=e_1\beta\,\omega^r\,e_2\beta=f_2$, 且

$$(e_1,e_1e_2,e_1e_2)(e_1e_2,e_1e_2x,(e_1e_2)\beta)=(e_1,e_1e_2x,(e_1e_2)\beta),$$

$$(e_1,e_1x,e_1\beta)(e_1\beta,(e_1e_2)\beta,(e_1e_2)\beta)=(e_1,e_1x((e_1e_2)\beta),(e_1e_2)\beta).$$

因为 $e_1e_2\in\omega(e)$, 我们有 $x((e_1e_2)\beta)=e_1e_2x$. 故得 $e_1x((e_1e_2)\beta)=e_1(e_1e_2)x=e_1e_2x$. 这证明了 (IC1) 成立. 对偶可证 (IC1)* 也成立.

(IC2) 对行奇异 $E$-方块 $\begin{pmatrix} g & h\\ eg & eh\end{pmatrix}$, 其中 $g\longleftrightarrow h$; $g,h\in\omega^\ell(e)$, 我们有 $[g,h][h,eh]=(g,h,h)(h,h,eh)=(g,h,eh)$, 而

$$[g,eg][eg,eh]=(g,g,eg)(eg,eh,eh)=(g,geh,eh)=(g,h,eh),$$

因为 $g\,\omega^\ell\, e$ 而 $g\longleftrightarrow h$. 故 $[g,h][h,eh]=[g,eg][eg,eh]$. 对列奇异 $E$-方块的相应结论可类似地证明. □

至此, 我们定义了从一致半群范畴到归纳可消范畴的对象映射 $\mathcal{C}:\mathbb{CS}\longrightarrow\mathbb{ICC}$, $S\longmapsto\mathcal{C}(S)$. 现在定义 $\mathcal{C}$ 的态射映射如下. 注意, $\mathcal{C}(\phi)$ 是从 (归纳可消) 范畴到 (归纳可消) 范畴的函子, 因此既有顶点映射 $v(\mathcal{C}(\phi))$, 也有态射映射 $\mathcal{C}(\phi)$.

设 $S,T$ 为一致半群, $\phi:S\longrightarrow T$ 为好同态. 定义 $\mathcal{C}(\phi):\mathcal{C}(S)\longrightarrow\mathcal{C}(T)$ 为

$$v(\mathcal{C}(\phi))=E(\phi),\quad \mathcal{C}(\phi)(e,x,f)=(e\phi,x\phi,f\phi),\quad \forall(e,x,f)\in\mathcal{C}(S), \tag{6.5}$$

其中, $E(\phi)$ 定义为 $\phi\,|\,E(S)$.

**定理 6.3.5** (1) 对任意一致半群 $S$, 存在归纳可消范畴 $\mathcal{C}(S)$, 满足 $v\mathcal{C}(S)=E(S)$, 其态射是三元组 $(e,x,f),x\in S,e,f\in E(S),e\,\mathscr{R}^*\,x\,\mathscr{L}^*\,f$, 态射合成和偏序由定义 6.2.4 和引理 6.2.7 中的 (6.1) 式定义. 进而态射 $[e,f]$ 由 (6.4) 式定义.

(2) 若 $\phi:S\longrightarrow T$ 是一致半群的好同态, 则由 (6.5) 式定义的 $\mathcal{C}(\phi)$ 是从 $\mathcal{C}(S)$ 到 $\mathcal{C}(T)$ 的归纳函子, 满足 $v(\mathcal{C}(\phi))=E(\phi)$.

(3) 对象定义如 (1), 态射定义如 (2) 之 $\mathcal{C}$ 是从一致半群范畴 $\mathbb{CS}$ 到归纳可消范畴之范畴 $\mathbb{ICC}$ 的 (共变) 函子.

**证明** 只需证明 (2). 设 $\phi:S\longrightarrow T$ 是一致半群之间的好同态. 由在 $\mathcal{C}(S)$ 中 $(e,x,f)\leqslant(g,y,h)$, 我们有 $e\,\omega\,g$, $x=ey$ 且 $f=e\beta$, 其中 $\beta$ 为 $(g,y,h)$ 的连通同构. 由于 $\phi$ 是半群同态, 有 $e\phi\,\omega\,g\phi,x\phi=(e\phi)(y\phi)$. 设 $\gamma$ 是 $(g\phi,y\phi,h\phi)$ 的连通同构, 那么, 由 $e\phi\in\omega(g\phi)$, 有 $x\phi=(e\phi)(y\phi)=(y\phi)((e\phi)\gamma)$. 另一方面, 由 $e\in\omega(g)$ 又有 $x=ey=y(e\beta)=yf$, 从而 $x\phi=(yf)\phi=(y\phi)(f\phi)$. 故得 $(y\phi)((e\phi)\gamma)=(y\phi)(f\phi)$. 因为在 $T$ 中我们有 $y\phi\,\mathscr{L}^*\,h\phi$, 这就得到 $(h\phi)((e\phi)\gamma)=(h\phi)(f\phi)$, 即 $(e\phi)\gamma=f\phi$. 显然 $(e\phi)\gamma,f\phi\in\omega(h\phi)$, 故得

$$(e\phi,x\phi,f\phi)\leqslant(g\phi,y\phi,h\phi).$$

这样, 我们得到了 $\mathcal{C}(\phi)$ 的保序性. 由 $\phi$ 为好同态, 有 $e\phi\,\mathscr{R}^*\,x\phi\,\mathscr{L}^*\,f\phi$ 在 $T$ 中成立, 从而 $(e\phi,x\phi,f\phi)\in\mathcal{C}(T)$. 特别地, 有

$$\begin{aligned}\mathcal{C}(\phi)([e,f]_{\mathcal{C}(S)})&=\mathcal{C}(\phi)(e,ef,f)=(e\phi,(e\phi)(f\phi),f\phi)\\&=[e\phi,\ f\phi]_{\mathcal{C}(T)}=[\mathcal{C}(\phi)(e),\ \mathcal{C}(\phi)(f)]_{\mathcal{C}(T)}.\end{aligned}$$

这证明了 $\mathcal{C}(\phi)$ 的归纳性.

最后, 若 $\phi,\phi'$ 是 $\mathbb{CS}$ 中的态射 (即一致半群之间的好同态), 那么显然有 $\mathcal{C}(\phi\phi')=\mathcal{C}(\phi)\mathcal{C}(\phi')$. 这就完成了定理的证明. □

我们现在一般地讨论下正则双序集 $E=v\mathcal{C}$ 的双序对归纳可消范畴 $\mathcal{C}$ 的影响. 设 $x\in\mathcal{C}$, $h\in\omega^r(e_x)$, 定义

$$h\bullet x=[h,he_x](he_x\downharpoonright x). \tag{6.6}$$

易知, 若 $h \in \omega(e_x)$, 则 $h \bullet x = h \downharpoonleft x$. 对偶地, 若 $k \in \omega^\ell(f_x)$, 则可定义

$$x \bullet k = (x \downharpoonright f_x k)[f_x k,\, k]. \tag{6.6$^*$}$$

不难知道, (6.6) 和 (6.6)* 式恰是归纳群胚 $(G, \leqslant, \varepsilon)$ 中 $h^*x$ 和 $x^*k$ 向归纳可消范畴的推广. 这里使用符号 $\bullet$ 显然是为了避免与 $*$-Green-关系的记法发生混淆.

**命题 6.3.6**　设 $\mathcal{C}, \mathcal{C}'$ 是归纳可消范畴, 分别有顶点正则双序集 $E$, $E'$; 又设 $\phi : \mathcal{C} \longrightarrow \mathcal{C}'$ 是归纳函子, $v(\phi) = \theta$. 则我们有

(1) 对 $x \in \mathcal{C}, h \in \omega^r(e_x), k \in \omega^\ell(f_x)$, 有

$$\phi(h \bullet x) = h\theta \bullet \phi(x); \quad \phi(x \bullet k) = \phi(x) \bullet k\theta.$$

(2) $\operatorname{im}\phi = \mathcal{C}_1$ 是 $\mathcal{C}'$ 的归纳可消子范畴.

(3) 若 $\phi$ 是 $v$-双射, 则它是 $v$-同构; 若 $\phi$ 是双射, 则它是同构.

**证明**　(1) 由 (6.6) 式, $\phi(h \bullet x) = \phi[h, he_x]_{\mathcal{C}} \phi(he_x \downharpoonleft x)$. 由于 $he_x \downharpoonleft x \leqslant x$ 而 $\phi$ 保序, 有 $\phi(he_x \downharpoonleft x) \leqslant \phi(x)$. 又 $e_{\phi(he_x \downharpoonleft x)} = (e_{(he_x \downharpoonleft x)})\theta = (he_x)\theta$. 故 $\phi(he_x \downharpoonleft x) = (he_x)\theta \downharpoonleft \phi(x) = (h\theta)(e_x\theta) \downharpoonleft \phi(x)$. 因为 $\phi$ 是归纳函子, 有

$$\phi[h, he_x]_{\mathcal{C}} = [h\theta,\, (h\theta)(e_x\theta)]_{\mathcal{C}'}.$$

故 $\phi(h \bullet x) = [h\theta, (h\theta)(e_x\theta)]_{\mathcal{C}'}((h\theta)(e_x\theta) \downharpoonleft \phi(x)) = h\theta \bullet \phi(x)$.

类似可证 $\phi(x \bullet k) = \phi(x) \bullet k\theta$.

(2) 设 $x, y \in \mathcal{C}_1$ 且积 $xy$ 在 $\mathcal{C}'$ 中有定义. 选择 $u, v \in \mathcal{C}$ 使 $\phi(u) = x$, $\phi(v) = y$, 并令 $h \in S(f_u, e_v)$. 由于 $\theta$ 正则, $h\theta \in S'(f_u\theta, e_v\theta) = S'(f_x, e_y)$. 因 $xy$ 在 $\mathcal{C}'$ 中有定义, $f_x = e_y$, 故 $h\theta = f_x = e_y$. 由 (1),

$$\phi(u \bullet h) = \phi(u) \bullet h\theta = x \bullet f_x = x;$$

类似地, $\phi(h \bullet v) = y$. 如此, $xy = \phi(u \bullet h)\phi(h \bullet v) = \phi((u \bullet h)(h \bullet v)) \in \operatorname{im}\phi = \mathcal{C}_1$, 从而 $\mathcal{C}_1$ 是 $\mathcal{C}'$ 的子范畴.

设 $e \in v\mathcal{C}_1 = E_1 = E\theta$, $x = \phi(u) \in \mathcal{C}_1$, 且 $e \leqslant e_x$. 由命题 1.6.2, 对所有 $f \in E$, $\theta$ 是 $\omega(f)$ 到 $\omega(f\theta) \cap E$ 上的保序映射. 由于 $e \in E\theta \cap \omega(e_x) = E\theta \cap \omega(e_u\theta)$, 存在 $e_0 \in \omega(e_u)$ 满足 $e_0\theta = e$, 从而 $e \downharpoonleft x = \phi(e_0 \downharpoonleft u) \in \mathcal{C}_1$. 故 $\mathcal{C}_1$ 是 $\mathcal{C}'$ 的序子范畴.

为证 $\mathcal{C}_1$ 是归纳子范畴, 我们需证: 对 $e, f \in E_1$, 若 $(e, f) \in \longleftrightarrow \cup \succ\!\!-\!\!\prec$, 则有 $[e, f]_{\mathcal{C}'} \in \mathcal{C}_1$. 事实上, 由于 $\theta$ 弱反射 $\longleftrightarrow, \succ\!\!-\!\!\prec$ (参看习题 1.6 中的练习 1), 存在 $g, k \in E$ 满足 $g\theta = e$, $k\theta = f$ 且 $(g, k) \in \longleftrightarrow \cup \succ\!\!-\!\!\prec$. 故 $[e, f]_{\mathcal{C}'} = [g\theta, k\theta]_{\mathcal{C}'} = \phi[g, k]_{\mathcal{C}}$, 因 $\phi$ 归纳, 且 $[e, f]_{\mathcal{C}'} \in \mathcal{C}_1$. 故 $\mathcal{C}_1$ 是 $\mathcal{C}$ 的归纳子范畴.

(3) 若 $\phi$ 是 $v$-双射, 则由推论 1.6.3, $\theta = v(\phi)$ 是 $E$ 到 $E'$ 的双序同构, 即 $\phi$ 是 $v$-同构.

若 $\phi$ 是双射, 显然它是可消范畴的同构. 此外, 由公理 (OC3)(i) 中的唯一性, $\phi(x) \leqslant \phi(y)$ 蕴含 $e_x \, \omega \, e_y$ 使得 $e_x \downharpoonleft y$ 有定义, 而且

$$\phi(x) = e_{\phi(x)} \downharpoonleft \phi(y) = e_x\theta \bullet \phi(y) \overset{(1)}{=} \phi(e_x \bullet y) = \phi(e_x \downharpoonleft y).$$

由 $\phi$ 为双射, 得 $x = e_x \downharpoonleft y \leqslant y$. 这证明了 $\phi^{-1}$ 保序. 而 $\phi$ 保序, 故 $\phi$ 是序同构.

因为 $\phi$ 归纳, $\phi[e,f]_{\mathcal{C}} = [e\theta, f\theta]_{\mathcal{C}'}$. 设 $g, h \in E'$, 满足 $(e,f) \in \longleftrightarrow \cup >\!\!-\!\!<$. 因为 $\theta$ 满, 由习题 1.6 中的练习 1, 存在 $e, f \in E$ 使 $e\theta = g$, $f\theta = h$ 且 $(e,f) \in \longleftrightarrow \cup >\!\!-\!\!<$, 故

$$\phi^{-1}[g,h]_{\mathcal{C}'} = \phi^{-1}([e\theta, f\theta]_{\mathcal{C}'}) = [e,f]_{\mathcal{C}} = [g\theta^{-1}, h\theta^{-1}]_{\mathcal{C}}.$$

这证明了 $\phi^{-1}$ 的归纳性, 从而 $\phi$ 是归纳可消范畴的同构. □

对任意正则双序集 $E$, 由其所有 $\omega$-同构组成的链序群胚 $T^*(E)$ 是归纳群胚 (见 2.3 节), 而每个归纳群胚都是归纳可消范畴. 显然我们有

**推论 6.3.7** 正则双序集 $E$ 的归纳链序群胚 $T^*(E)$ 是归纳可消范畴. □

下述命题是关于归纳群胚主要性质的命题 2.3.5 向归纳可消范畴的推广, 它凸显了 $T^*(E)$ 在 $\mathbb{ICC}$ 中的特殊作用.

**命题 6.3.8** (1) 设 $\mathcal{C}$ 为归纳可消范畴, 有顶点正则双序集 $v\mathcal{C} = E$. 对 $x \in \mathcal{C}$ 定义

$$\alpha_{\mathcal{C}}(x) : \omega(e_x) \longrightarrow \omega(f_x), \quad e \mapsto f_{e\bullet x}, \quad \forall e \in \omega(e_x), \tag{6.7}$$

那么 $\alpha_{\mathcal{C}}(x) \in T^*(E)$. 进而, 令 $v(\alpha_{\mathcal{C}}) = 1_E$, 我们得到一个 $v$-同构

$$\alpha_{\mathcal{C}} : \mathcal{C} \longrightarrow T^*(E),$$

满足 $\alpha_{\mathcal{C}}([e,f]_{\mathcal{C}}) = \tau(e,f) = [e,f]_{T^*(E)}$. 如此, $\alpha_{\mathcal{C}}$ 是归纳函子. 若 $\mathcal{C}$ 是 $T^*(E)$ 的全归纳子范畴, 则 $\alpha_{\mathcal{C}}$ 恰是 $\mathcal{C}$ 向 $T^*(E)$ 的包含映射, 从而 $\alpha_{T^*(E)} = 1_{T^*(E)}$.

(2) 设 $\phi : \mathcal{C} \longrightarrow \mathcal{C}'$ 为 $\mathbb{ICC}$ 中的 $v$-满射, 记 $T(\mathcal{C}) = \operatorname{im} \alpha_{\mathcal{C}}$, $T(\mathcal{C}') = \operatorname{im} \alpha_{\mathcal{C}'}$. 那么 $T(\phi)(\alpha_{\mathcal{C}}(x)) = \alpha_{\mathcal{C}'}(\phi(x))$ 定义了一个态射 $T(\phi) : T(\mathcal{C}) \longrightarrow T(\mathcal{C}')$. 若 $\phi$, $\phi'$ 为 $v$-满射, $\phi\phi'$ 有定义, 则 $T(\phi\phi') = T(\phi)T(\phi')$. 进而, 若 $\phi$ 是 $v$-同构, 则 $T(\phi)$ 是单射.

**证明** (1) 设 $e \in \omega(e_x)$, 我们事实上有 $e \bullet x = e \downharpoonleft x$. 由公理 (OC3) 和 (OC1), 有 $f_{e\bullet x} = f_{e\downharpoonleft x} \leqslant f_x$, 故 $\alpha_{\mathcal{C}}$ 确是从 $\omega(e_x)$ 到 $\omega(f_x)$ 的映射. 定义 $\beta_{\mathcal{C}}(x)$ 为

$$f \mapsto e_{x\bullet f}, \quad \forall f \in \omega(f_x).$$

同理可知 $\beta_{\mathcal{C}}$ 是从 $\omega(f_x)$ 到 $\omega(e_x)$ 的映射. 由命题 6.1.4(1) 易知 $\beta_{\mathcal{C}}(x) = (\alpha_{\mathcal{C}}(x))^{-1}$, 即 $\alpha_{\mathcal{C}}(x)$ 是双射.

为证 $\alpha_{\mathcal{C}}(x) \in T^*(E)$, 我们还需证它是双序态射. 设 $e_1$, $e_2 \in \omega(e_x)$, 使 $e_1e_2$ 有定义. 不妨设 $e_1\,\omega^r\,e_2$. 记 $f_i = e_i\alpha_{\mathcal{C}}(x) = f_{e_i\bullet x} = f_{e_i\downharpoonright x}, i = 1, 2$. 由公理 (OC1) 得 $f_1\,\omega^r\,f_2$, 故 $\alpha_{\mathcal{C}}(x)$ 保持 $\omega^r$. 进而还有 $[e_1, e_1e_2](e_1e_2 \downharpoonright x) = (e_1 \downharpoonright x)[f_1,\, f_1f_2]$, 从而

$$(e_1e_2)\alpha_{\mathcal{C}}(x) = f_{e_1e_2\bullet x} = f_{e_1e_2\downharpoonright x} = f_1f_2 = (e_1\alpha_{\mathcal{C}}(x))(e_2\alpha_{\mathcal{C}}(x)).$$

当 $e_1\,\omega^\ell\,e_2$ 时, 可对偶地证明同一结论成立. 故 $\alpha_{\mathcal{C}}(x)$ 是双序态射.

类似的证明用于 $\beta_{\mathcal{C}}(x) = (\alpha_{\mathcal{C}}(x))^{-1}$, 可得它也是双序态射. 故 $\alpha_{\mathcal{C}}(x)$ 是双序同构, 从而 $\alpha_{\mathcal{C}}(x) \in T^*(E)$.

令 $v(\alpha_{\mathcal{C}}) = 1_E$, 我们有 $\alpha_{\mathcal{C}} : \mathcal{C} \longrightarrow T^*(E)$. 设 $x, y \in \mathcal{C}$ 使 $xy$ 有定义, 即 $f_x = e_y$ 且 $e_{xy} = e_x$. 若 $e \in \omega(e_x)$, 则 $e\alpha_{\mathcal{C}}(xy) = f_{e\bullet xy} = f_{e\downharpoonright xy}$. 由命题 6.1.4, $e \downharpoonright xy = (e \downharpoonright x)(e\alpha_{\mathcal{C}}(x) \downharpoonright y)$, 即 $e \bullet xy = (e \bullet x)(e\alpha_{\mathcal{C}}(x) \bullet y)$. 故 $f_{e\bullet xy} = f_{e\alpha_{\mathcal{C}}(x)\bullet y}$; 换言之, $e\alpha_{\mathcal{C}}(xy) = (e\alpha_{\mathcal{C}}(x))\alpha_{\mathcal{C}}(y) = e(\alpha_{\mathcal{C}}(x)\alpha_{\mathcal{C}}(y))$. 这得到 $\alpha_{\mathcal{C}} : \mathcal{C} \longrightarrow T^*(E)$ 保持态射合成.

若 $x$ 是恒等态射, 则 $e_x = f_x$. 那么 $e\alpha_{\mathcal{C}}(x) = f_{e\bullet x} = f_{(e\downharpoonright x)} = e_{(e\downharpoonright x)} = e$. 从而 $\alpha_{\mathcal{C}}(x)$ 是 $\omega(e_x)$ 上的恒等映射, 故 $\alpha_{\mathcal{C}}$ 保持恒等态射. 事实上它在这些恒等态射上是一一对应的, 因而 $\alpha_{\mathcal{C}}$ 是 $v$-双射函子.

设 $e$, $e' \in \omega(e_x)$ 且 $e\,\omega\,e'$. 由 (OC3), $e' \downharpoonright (e \downharpoonright x) = e' \downharpoonright x$, 故 $e'\bullet(e\bullet x) = e'\bullet x$. 于是 $e'(\alpha_{\mathcal{C}}(e \bullet x)) = e'\alpha_{\mathcal{C}}(x)$. 从而 $\alpha_{\mathcal{C}}(e \bullet x) = \alpha_{\mathcal{C}}(x) \,|\, \omega(e)$. 这得到 $\alpha_{\mathcal{C}}$ 保序, 是 $v$-同构.

现在, 对 $\mathcal{C}$ 中态射 $[e, f]$, 有 $\alpha_{\mathcal{C}}([e, f]) : \omega(e) \longrightarrow \omega(f)$. 令 $g \in \omega(e)$, 则

$$g\alpha_{\mathcal{C}}[e, f] = f_{g\bullet[e,f]} = f_{g\downharpoonright[e,f]}.$$

由于 $[g, fgf] \leqslant [e, f]$ 而 $[g, fgf]$ 的定义域是 $g$, 由 (OC3) 得 $g \downharpoonright [e, f] = [g, fgf]$. 故有

$$\alpha_{\mathcal{C}}([e, f]) = f_{[g,fgf]} = fgf = \left\{ \begin{array}{ll} gf, & \text{若}\, e \longleftrightarrow f \\ fg, & \text{若}\, e \succ\!\!\!-\!\!\!\prec f \end{array} \right\} = g\tau(e, f),$$

因而 $\alpha_{\mathcal{C}}([e, f]) = \tau(e, f) = [e, f]_{T^*(E)}$. 这就证明了 $\alpha_{\mathcal{C}}$ 是归纳函子.

如果 $\mathcal{C}$ 是 $T^*(E)$ 的全子范畴, 则 $\forall \alpha \in \mathcal{C}$, $e \in \omega(e_\alpha)$, $e\bullet\alpha = e \downharpoonright \alpha = \alpha \,|\, \omega(e)$, 而 $f_{e\bullet\alpha} = \omega(e\alpha) = e\alpha$(记住 $vT^*(E)$ 恒同于 $E$). 故得 $e\alpha_{\mathcal{C}}(\alpha) = f_{e\bullet\alpha} = e\alpha$, 即 $\alpha_{\mathcal{C}}$ 是 $\mathcal{C}$ 到 $T^*(E)$ 中的包含映射.

为证 (2), 首先由命题 6.3.4 之 (2) 知, $T(\mathcal{C}) = \operatorname{im}\alpha$ 是 $T^*(E)$ 的归纳子范畴. 对 $\mathbb{ICC}$ 中的 $v$-满射 $\phi : \mathcal{C} \longrightarrow \mathcal{C}'$, 记 $E = v\mathcal{C}$, $E' = v\mathcal{C}'$ 而 $\theta = v(\phi)$. 若对 $x, y \in \mathcal{C}$, 有 $\alpha_{\mathcal{C}}(x) = \alpha_{\mathcal{C}}(y)$, 那么显然 $e_x = e_y$, $f_x = f_y$ 且 $\forall e \in \omega(e_x)$ 有 $e\alpha_{\mathcal{C}}(x) = e\alpha_{\mathcal{C}}(y)$. 现在 $\alpha_{\mathcal{C}'}(\phi(x)) : \omega(e_{\phi(x)}) \longrightarrow \omega(f_{\phi(x)})$, 且 $e_{\phi(x)} = e_x\theta$, $f_{\phi(x)} = f_x\theta$. 因 $\theta$ 满, $\omega(e_x\theta) = (\omega(e_x))\theta$. 这样若 $e\theta \in \omega(e_x\theta)$, 则 $e \in \omega(e_x)$. 由命题 6.3.4, 有 $(e\theta)\alpha_{\mathcal{C}'}(\phi(x)) = f_{e\theta\bullet\phi(x)} = f_{\phi(e\bullet x)}$. 故

$$
\begin{aligned}
(e\theta)\alpha_{\mathcal{C}'}(\phi(x)) &= f_{\phi(e\bullet x)} = (f_{e\bullet x})\theta = (e\alpha_{\mathcal{C}}(x))\theta \\
&= (e\alpha_{\mathcal{C}}(y))\theta = (f_{e\bullet y})\theta = f_{\phi(e\bullet y)} = f_{e\theta\bullet\phi(y)} \\
&= (e\theta)\alpha_{\mathcal{C}'}(\phi(y)).
\end{aligned}
$$

这证明了 $T(\phi)$ 有定义. 易知 $T(\phi)$ 是保序函子, 且由于 $\phi$ 归纳, $v(T(\phi)) = v(\phi) = \theta$, 它是正则双序态射. 现在我们得到

$$
\begin{aligned}
T(\phi)[e, f]_{T(\mathcal{C})} &= T(\phi)(\alpha_{\mathcal{C}}[e, f]_{\mathcal{C}}) = \alpha_{\mathcal{C}'}(\phi([e, f]_{\mathcal{C}})) \\
&= \alpha_{\mathcal{C}'}[e\theta, f\theta]_{\mathcal{C}'} = [T(\phi)(e), T(\phi)(f)]_{T(\mathcal{C}')},
\end{aligned}
$$

故 $T(\phi)$ 是归纳函子.

设 $\phi : \mathcal{C} \longrightarrow \mathcal{C}'$, $\phi' : \mathcal{C}' \longrightarrow \mathcal{C}''$ 是 $\mathbb{ICC}$ 中的 $v$-满射, 使 $\phi\phi'$ 存在. 对 $x \in \mathcal{C}$, 有

$$
\begin{aligned}
T(\phi\phi')(\alpha_{\mathcal{C}}(x)) &= \alpha_{\mathcal{C}''}(\phi\phi'(x)) = \alpha_{\mathcal{C}''}(\phi'(\phi(x))) \\
&= \alpha_{\mathcal{C}''}(\alpha_{\mathcal{C}'}(\phi(x))) = T(\phi')(T(\phi)\alpha_{\mathcal{C}}(x)),
\end{aligned}
$$

故 $T(\phi\phi') = T(\phi)T(\phi')$.

最后, 设 $\phi$ 为 $v$-同构. 若 $\alpha_{\mathcal{C}}(x), \alpha_{\mathcal{C}}(y) \in T(\mathcal{C})$ 满足

$$
T(\phi)(\alpha_{\mathcal{C}}(x)) = T(\phi)(\alpha_{\mathcal{C}}(y)),
$$

即 $\alpha_{\mathcal{C}'}(\phi(y))$, 则 $e_x\theta = e_y\theta$, $f_x\theta = f_y\theta$. 因为 $\theta$ 单, 故 $e_x = e_y$, $f_x = f_y$. 设 $e \in \omega(e_x)$, 则 $T(\phi)(\alpha_{\mathcal{C}}(e \bullet x)) = \alpha_{\mathcal{C}'}(\phi(e \bullet x)) = (e\theta) \bullet \alpha_{\mathcal{C}'}(\phi(x))$(命题 6.3.4). 故 $(e\theta)\bullet\alpha_{\mathcal{C}'}(\phi(x)) = \alpha_{\mathcal{C}'}(\phi(e\bullet y)) = T(\phi)(\alpha_{\mathcal{C}}(e\bullet y))$. 与前证一样, 这推出 $f_{e\bullet x} = f_{e\bullet y}$, 故有 $e\alpha_{\mathcal{C}}(x) = f_{e\bullet x} = f_{e\bullet y} = e\alpha_{\mathcal{C}}(y)$, 因而 $\alpha_{\mathcal{C}}(x) = \alpha_{\mathcal{C}}(y)$. 这证明了 $T(\phi)$ 单. □

## 习题 6.3

1. 用归纳函子的定义具体叙述 $\mathcal{C}'$ 是 $\mathcal{C}$ 的归纳子可消范畴的条件 (见定义 6.3.1).

2. 证明 $\mathbb{ICC}$ 是 $\mathbb{OC}$ 的子范畴; $v : \mathcal{C} \longrightarrow v\mathcal{C}$, $\phi \longrightarrow v(\phi)$ 是从 $\mathbb{ICC}$ 到 $\mathbb{RB}$ 的函子.

3. 设 $(G, \epsilon_G)$ 为满足定义 2.3.1 的归纳群胚, 验证其满足本节所述归纳可消范畴的定义.

## 6.4 结构定理

贯穿本节, 我们取定一个归纳可消范畴 $\mathcal{C}$, 其顶点正则双序集为 $E$, 而 $\alpha_{\mathcal{C}}$ 是由式 (6.7) 定义的从 $\mathcal{C}$ 到 $T^*(E)$ 的 $\mathbb{ICC}$ 中的态射, 即归纳函子. 我们在本节中利用 $\mathcal{C}$ 和 $E$ 中的部分运算构作一个一致半群 $S(\mathcal{C})$, 满足 $E(S(\mathcal{C})) \cong E$ 且 $\mathcal{C}(S(\mathcal{C})) \cong \mathcal{C}$. 进而, 我们证明: 每个一致半群都可如此构成. 从而给出一致半群的一个结构定理.

首先应说明的是, 对任意 $x \in \mathcal{C}$, 若有 $h \in E$, $h\,\omega^\ell f_x$, 则必有 $e_{x\bullet h}\,\omega\, e_x$. 因为由 (OC2) 和 (OC3), 我们有 $x \downharpoonleft f_x h \leqslant x$, 从而 $e_{x\bullet h} = e_{(x\downharpoonleft f_x h)}\,\omega\, e_x$. 我们以后在使用这个结果及其对偶时, 不再加以特别说明.

**引理 6.4.1**　设 $x \in \mathcal{C}$, $h, k \in E$. 若 $h\,\omega^r e_x$, $k\omega^\ell f_x$ 且 $f_{h\bullet x} = f_x k$, 则 $(h \bullet x) \bullet k = h \bullet (x \bullet k)$.

**证明**　由 $h \bullet x = [h, he_x](he_x \downharpoonright x) = [h, he_x](he_x \bullet x)$ 及 $\alpha_{\mathcal{C}}(x)$ 的定义, 有

$$(he_x)\alpha_{\mathcal{C}}(x) = f_{he_x\bullet x} = f_{h\bullet x} = f_x k.$$

由此 $he_x = (f_x k)(\alpha_{\mathcal{C}}(x))^{-1} = e_{x\bullet f_x k} = e_{x\bullet k}$. 故得 $k \succ\!\!\!-\!\!\!\prec f_{h\bullet x}$ 而 $h \longleftrightarrow e_{x\bullet k}$. 这保证 $h \bullet (x \bullet k)$ 和 $(h \bullet x) \bullet k$ 有定义.

现在我们有

$$\begin{aligned}(h \bullet x) \bullet k &= (h \bullet x \downharpoonleft f_{h\bullet x} k)[f_{h\bullet x} k, k] = ((h \bullet x) \downharpoonleft f_x k)[f_x k, k] \\ &= (h \bullet x)[f_x k, k] = [h, he_x](he_x \downharpoonright x)[f_x k, k],\end{aligned}$$

其中第三个等式来自于 $f_{h\bullet x} = f_x k$. 类似地,

$$\begin{aligned}h \bullet (x \bullet k) &= [h, he_{x\bullet k}](he_{x\bullet k} \downharpoonright x \bullet k) = [h, he_x](he_x \downharpoonright (x \bullet k)) \\ &= [h, he_x](x \bullet k) = [h, he_x](x \downharpoonleft f_x k)[f_x k, k].\end{aligned}$$

由于 $(x \downharpoonleft f_x k) \leqslant x$, $(he_x \downharpoonright x) \leqslant x$ 且 $e_{x\downharpoonleft f_x k} = e_{x\bullet f_x k} = e_{x\bullet k} = he_x$, 故由 (OC3) 得 $x \downharpoonleft f_x k = he_x \downharpoonright x$. 从而 $(h \bullet x) \bullet k = h \bullet (x \bullet k)$. □

由此引理, 符号 $(h \bullet x \bullet k)$ 对满足条件 $h\,\omega^r e_x$, $k\omega^\ell f_x$ 且 $f_{h\bullet x} = f_x k$ 的 $h, k \in E$ 有意义.

**引理 6.4.2** 设 $x \in \mathcal{C}, g, h \in E$. 若 $g\,\omega^r\,h\,\omega^r\,e_x$ 且 $ge_x\,\omega^\ell\,he_x$, 那么

$$g \bullet (h \bullet x) = g \bullet x.$$

**证明** 因为 $g\,\omega^r\,h = e_{h\bullet x}$, 故 $g \bullet (h \bullet x)$ 有定义. 由命题 6.1.4, 我们有

$$gh \downharpoonleft (h \bullet x) = gh \downharpoonleft [h, he_x](he_x \downharpoonleft x) = (gh \downharpoonleft [h, he_x])(f_{gh\downharpoonleft[h,he_x]} \downharpoonleft (he_x \downharpoonleft x)).$$

因为 $gh\,\omega\,h \longleftrightarrow he_x$, 可得 $[gh, (gh)(he_x)] \leqslant [h, he_x]$, 故

$$gh \downharpoonleft [h, he_x] = [gh, (gh)(he_x)].$$

因而

$$f_{gh\downharpoonleft[h,he_x]} = (gh)(he_x) = g(h(he_x)) = g(he_x) = (ge_x)(he_x) = ge_x,$$

其中 $g(he_x) = (ge_x)(he_x)$ 由公理 (B31) 得. 如此, 我们有

$$\begin{aligned} g \bullet (h \bullet x) &= [g, gh](gh \downharpoonleft (h \bullet x)) = [g, gh][gh, (gh)(he_x)](ge_x \downharpoonleft (he_x \downharpoonleft x)) \\ &= [g, gh][gh, ge_x](ge_x \downharpoonleft x) = [g, ge_x](ge_x \downharpoonleft x) = g \bullet x, \end{aligned}$$

其中倒数第二个等号成立是因为由 $g \longleftrightarrow gh \longleftrightarrow ge_x$, 我们有 $[g, gh][gh, ge_x] = [g, ge_x]$. □

**定义 6.4.3** 设 $x, y \in \mathcal{C}, h \in S(f_x, e_y)$. 定义 $(x \circ y)_h = (x \bullet h)(h \bullet y)$.

定义 6.4.3 中, 等式右方是在范畴 $\mathcal{C}$ 中的部分运算, 由于 $f_{x\bullet h} = h = e_{h\bullet y}$, 该合成有定义.

**引理 6.4.4** 设对 $x, y \in \mathcal{C}$, $h \in S(f_x, e_y)$, 有 $g \in M(f_x, h)$, $k\,\omega^r\,e_{x\bullet h}$ 使 $f_{k\bullet x} = f_x g$, 则

$$k \bullet (x \circ y)_h = (k \bullet x \bullet g)(g \bullet y).$$

**证明** 记 $h_1 = e_{x\bullet h} = e_{(x\circ y)_h}$. 由命题 6.1.4, 有

$$\begin{aligned} k \bullet (x \circ y)_h &= [k, kh_1](kh_1 \downharpoonleft (x \circ y)_h) \\ &= [k, kh_1](kh_1 \downharpoonleft (x \bullet h))(f_{kh_1\downharpoonleft(x\bullet h)} \downharpoonleft (h \bullet y)). \end{aligned} \tag{6.8}$$

因为我们有 $k\,\omega^r\,h_1$, 故 $kh_1\,\omega\,h_1 = e_{(x\circ y)_h}$. 于是 $kh_1 \downharpoonleft (x \bullet h) = kh_1 \bullet (x \bullet h)$. 记 $g_1 = f_{kh_1\downharpoonleft(x\bullet h)} = f_{kh_1\bullet(x\bullet h)}$, 则有 $g_1\,\omega\,f_{x\bullet h}$(见引理 6.4.1 之前的一段讨论). 此即 $g_1\,\omega\,h$, 故 $k \bullet (x \circ y)_h = [k, kh_1](kh_1 \bullet (x \bullet h))(g_1 \bullet (h \bullet y))$.

现在 $g_1 = f_{kh_1\bullet(x\bullet h)} = (kh_1)\alpha_{\mathcal{C}}(x \bullet h)$. 由命题 6.3.8, $\alpha_{\mathcal{C}}$ 是从 $\mathcal{C}$ 到 $T^*(E)$ 的归纳函子, 其顶点映射为恒等. 故由命题 6.3.4,

$$\alpha_{\mathcal{C}}(x \bullet h) = \alpha_{\mathcal{C}}(x) \bullet h = (\alpha_{\mathcal{C}}(x) \downharpoonleft f_x h)[f_x h, h]_{T^*(E)} = (\alpha_{\mathcal{C}}(x) \downharpoonleft f_x h)\tau(f_x h, h).$$

如此得 $g_1=(kh_1)\alpha_{\mathcal{C}}(x)\tau(f_xh,h)$. 但由公理 (B31), $kh_1=(ke_x)h_1$, 故

$$g_1=((ke_x)\alpha_{\mathcal{C}}(x))\tau(f_xh,h).$$

由已知, 有 $(ke_x)\alpha_{\mathcal{C}}(x)=f_{ke_x\bullet x}=f_{k\bullet x}=f_xg$, 而 $h_1\alpha_{\mathcal{C}}(x)=f_{h_1\bullet x}=f_{x\bullet f_xh}=f_xh$, 其中后一式之第二个等号来自下述计算:

$$h_1\bullet x=e_{x\bullet h}\bullet x=x|e_{x\bullet h}\rfloor x=e_{x\lfloor f_xh}\rfloor x=x\lfloor f_xh=x\bullet f_xh.$$

故由公理 (B32)* 得 $(ke_x)\alpha_{\mathcal{C}}(x)=(f_xg)(f_xh)=f_x(gh)$, 从而 $g_1=(f_x(gh))\tau(f_xh,h)=h(f_x(gh))=h(gh)=gh$. 于是 $g_1=f_{(kh_1\bullet(x\bullet h))}=gh$.

现在 $f_{(x\bullet h)\bullet g_1}=g_1$, 又有 $g_1=kh_1\alpha_{\mathcal{C}}(x\bullet h)\,\omega\,f_{x\bullet h}$, 故 $(x\bullet h)\bullet g_1=(x\bullet h)\lfloor g_1\leqslant x\bullet h$. 但 $kh_1\bullet(x\bullet h)=kh_1\rfloor(x\bullet h)\leqslant x\bullet h$ 也成立. 由 (OC3) 得 $(x\bullet h)\bullet g_1=kh_1\bullet(x\bullet h)$.

我们来证 $g_1,h,y$ 满足引理 6.4.4 的条件. 我们已有 $g_1\,\omega\,h\,\omega^r\,e_y$ 和 $g_1\,\omega\,h\,\omega^\ell\,f_x$. 由 $E$ 满足部分结合律得 $g_1e_y=(gh)e_y=g(he_y)$. 再由 $g\,\omega^r\,h\longleftrightarrow he_y$ 和公理 (B21) 得 $g_1e_y\,\omega\,he_y$. 又由公理 (B32)*, (B21) 和 (B22)* 得

$$f_xg_1=f_x(gh)=(f_xg)(f_xh)\,\omega\,f_xh.$$

这样引理 6.4.4 的条件成立, 故得 $g_1\bullet(h\bullet y)=g_1\bullet y$. 对偶可得 $(x\bullet h)\bullet g_1=x\bullet g_1$.

将以上各结果代入 (6.8) 式得 $k\bullet(x\circ y)_h=[k,kh_1](x\bullet g_1)(g_1\bullet y)$.

现在我们有 $f_{kh_1\bullet x}=kh_1\alpha_{\mathcal{C}}(x)=f_xg_1, f_{ke_x\bullet x}=f_{k\bullet x}=f_xg$, 而

$$kh_1\bullet x=kh_1\rfloor x\leqslant x,\quad ke_x\bullet x=ke_x\rfloor x\leqslant x,$$

故由 (OC3) 有 $kh_1\rfloor x=x\lfloor f_xg_1$, $ke_x\rfloor x=x\lfloor f_xg$. 进而, 因为有

$$k\,\omega^r\,h_1\,\omega^r\,e_x,\quad kh_1,ke_x\in\omega(e_x)\quad 且\quad kh_1\longleftrightarrow k\longleftrightarrow ke_x.$$

故由 (IC1) 得

$$\begin{aligned}[k,kh_1](x\bullet g_1)&=[k,ke_x][ke_x,kh_1](f_xg_1|x)[f_xg_1,g_1]\\&=[k,ke_x][ke_x,kh_1](x|kh_1)[f_xg_1,g_1]\\&=[k,ke_x](x|ke_x)[f_xg,f_xg_1][f_xg_1,g_1].\end{aligned}$$

由于 $g_1=gh\longleftrightarrow g$, $g\,\omega^\ell\,f_x$, $g_1\,\omega\,h\,\omega^\ell\,f_x$ 知, $E$-方块 $\begin{pmatrix} g & g_1\\ f_xg & f_xg_1\end{pmatrix}$ 是行奇异的, 由 (IC2) 有 $[g,g_1][g_1,f_xg_1]=[g,f_xg][f_xg,f_xg_1]$. 从而

$$[f_xg,g][g,g_1]=[f_xg,f_xg_1][f_xg_1,g_1].$$

这样有

$$
\begin{aligned}
[k,kh_1](x\bullet g_1)&=[k,ke_x](x|ke_x)[f_xg,g][g,g_1]\\
&=[k,ke_x](f_xg|x)[f_xg,g][g,g_1]\\
&=[k,ke_x](x\bullet g)[g,g_1].
\end{aligned}
$$

由于 $g\in M(f_x,h)$, $h\in S(f_x,e_y)$, 有 $g\,\omega^r\,h\,\omega^r\,e_y$ 且 $ge_y\,\omega^\ell\,he_y$, 故由引理 6.4.1, $g\bullet(h\bullet y)=g\bullet y$.

另一方面, 我们又有 $[g,g_1](g_1\bullet y)=[g,g_1](g_1\bullet(h\bullet y))=[g,gh](gh\downharpoonleft h\bullet y)=g\bullet(h\bullet y)=g\bullet y$, 故得 (见 (6.6) 式)

$$
\begin{aligned}
k\bullet(x\circ y)_h&=[k,kh_1](x\bullet g_1)(g_1\bullet y)\\
&=[k,ke_x](x\bullet g)[g,g_1](g_1\bullet y)\\
&=(k\bullet x\bullet g)(g\bullet y).
\end{aligned}
$$

这就完成了引理 6.4.4 之证. □

**引理 6.4.5** 设 $x,y,z\in\mathcal{C}$, $h_1\in S(f_x,e_y)$, $h_2\in S(f_y,e_z)$. 记

$$h_1'=f_{h_1\bullet y},\quad h_2'=e_{y\bullet h_2}.$$

那么存在 $h\in S(f_x,h_2')$ 和 $h'\in S(h_1',e_z)$ 使得 $((x\circ y)_{h_1}\circ z)_{h'}=(x\circ(y\circ z)_{h_2})_h$.

**证明** 我们有 $h_1'=f_{h_1\bullet y}=f_{h_1e_y\bullet y}=(h_1e_y)\alpha_{\mathcal{C}}(y)$. 类似地, $h_2'=e_{y\bullet h_2}=e_{y\bullet f_yh_2}=(f_yh_2)(\alpha_{\mathcal{C}}(y))^{-1}$. 由命题 1.5.10, 存在 $h\in S(h_1,h_2')\subseteq S(f_x,h_2')$ 和 $h'\in S(h_1',h_2)\subseteq S(h_1',e_z)$, 满足 $(he_y)\alpha_{\mathcal{C}}(y)=f_yh'$, 此即 $f_{h\bullet y}=f_yh'$.

由于 $h'\,\omega^\ell\,h_1'=(he_y)\alpha_{\mathcal{C}}(y)\in\omega(f_y), h'\in M(f_y,h_2)$ 且 $h\,\omega^r\,e_{y\bullet h_2}=h_2'$, $f_{h\bullet y}=f_yh', h_2\in S(f_y,e_z)$, 由引理 6.4.4 得 $h\bullet(y\circ z)_{h_2}=(h\bullet y\bullet h')(h'\bullet z)$. 如此

$$(x\circ(y\circ z)_{h_2})_h=(x\bullet h)(h\bullet(y\circ z)_{h_2})=(x\bullet h)(h\bullet y\bullet h')(h'\bullet z).$$

对偶地可得 $((x\circ y)_{h_1}\circ z)_{h'}=(x\bullet h)(h\bullet y\bullet h')(h'\bullet z)$. 引理得证. □

**定义 6.4.6** 在归纳可消范畴 $\mathcal{C}$ 上定义二元关系 $\rho=\rho(\mathcal{C})$ 为

$$x\,\rho\,y\ \Leftrightarrow\ e_x\longleftrightarrow e_y, f_x{>\!\!-\!\!<}f_y \text{ 且 } x[f_x,f_y]=[e_x,e_y]y\ (\text{即 } x\bullet f_y=e_x\bullet y).$$

由定义易验下述性质, 证略.

**引理 6.4.7** $\rho$ 是 $\mathcal{C}$ 上等价关系; 对任意 $x,y\in\mathcal{C}$ 若 $e_x=e_y$, $f_x=f_y$ 且 $x\,\rho\,y$, 则 $x=y$. 特别地, $\rho|\,E=1_E$.

**引理 6.4.8** 设 $x, y \in \mathcal{C}$, $x \,\rho\, y$. 对任意 $h \in \omega^r(e_x)$, $k \in \omega^\ell(f_x)$, 有 $h \bullet x \,\rho\, h \bullet y$ 且 $x \bullet k \,\rho\, y \bullet k$.

**证明** 由定义, $h \bullet x = [h, he_x](he_x \downharpoonleft x)$. 令 $h_1 = f_{he_x \downharpoonleft x} = f_{h \bullet x}$. 因为 $he_x \,\omega\, e_x$, 有

$$he_x \bullet (x[f_x, f_y]) = he_x \downharpoonleft x[f_x, f_y] = (he_x \downharpoonleft x)(f_{(he_x \downharpoonleft x)} \downharpoonleft [f_x, f_y]).$$

由 $h_1 \,\omega\, f_x \succ\!\!\!-\!\!\!\prec f_y$, 据公理 (OC3) 可得

$$he_x \bullet (x[f_x, f_y]) = (he_x \downharpoonleft x)(h_1 \downharpoonleft [f_x, f_y]) = (he_x \downharpoonleft x)[h_1, f_y h_1].$$

类似地,

$$he_x \bullet ([e_x, e_y]y) = (he_x \downharpoonleft [e_x, e_y])(f_{he_x \downharpoonleft [e_x, e_y]} \downharpoonleft y) = [he_x, he_y](he_y \downharpoonleft y).$$

如此, 由 $x[f_x, f_y] = [e_x, e_y]y$ 得

$$\begin{aligned}(h \bullet x)[h_1, f_y h_1] &= [h, he_x](he_x \downharpoonleft x)[h_1, f_y h_1] \\ &= [h, he_x][he_x, he_y](he_y \downharpoonleft y) \\ &= [h, he_y](he_y \downharpoonleft y) = h \bullet y,\end{aligned}$$

其中倒数第二个等号来自 $h \,\omega^r\, e_x \longleftrightarrow e_y \Rightarrow he_x \longleftrightarrow h \longleftrightarrow he_y$. 该式蕴含 $f_{h \bullet y} = f_y h_1$, 故

$$(h \bullet x)[h_1, f_y h_1] = (h \bullet x)[f_{h \bullet x}, f_{h \bullet y}].$$

此外, 因 $e_{h \bullet x} = h = e_{h \bullet y}$, 故 $(h \bullet x)[f_{h \bullet x}, f_{h \bullet y}] = h \bullet y = [e_{h \bullet x}, e_{h \bullet y}](h \bullet y)$. 从而 $h \bullet x \,\rho\, h \bullet y$.

对偶可证 $x \bullet k \,\rho\, y \bullet k$. □

**引理 6.4.9** 设 $x, y, x', y' \in \mathcal{C}$ 满足 $x \,\rho\, x'$, $y \,\rho\, y'$. 那么, 对任意 $h \in S(f_x, e_y) = S(f_{x'}, e_{y'})$, 有 $(x \circ y)_h \,\rho\, (x' \circ y')_h$.

**证明** 由引理 6.4.8, $x \bullet h \,\rho\, x' \bullet h$, 故 $(x' \bullet h)[f_{x' \bullet h}, f_{x \bullet h}] = [e_{x' \bullet h}, e_{x \bullet h}](x \bullet h)$, 此即 $x' \bullet h = [h_1', h_1](x \bullet h)$, 其中, $h_1 = e_{x \bullet h} = e_{(x \circ y)_h}$, 而 $h_1' = e_{x' \bullet h} = e_{(x' \circ y')_{h'}}$.

对偶地, 若记 $h_2 = f_{h \bullet y}$, $h_2' = f_{h \bullet y'}$, 则有 $h \bullet y' = (h \bullet y)[h_2, h_2']$. 由引理 6.4.8, 有 $h_1' \longleftrightarrow h_1$, $h_2' \succ\!\!\!-\!\!\!\prec h_2$. 进而还有

$$(x' \circ y')_h = (x' \bullet h)(h \bullet y') = [h_1', h_1](x \bullet h)(h \bullet y)[h_2, h_2'].$$

这就得到 $(x \circ y)_h \,\rho\, (x' \circ y')_h$. □

**引理 6.4.10** 设 $x, y \in \mathcal{C}$. 对任意 $h, h' \in S(f_x, e_y)$, 我们有 $(x \circ y)_h \,\rho\, (x \circ y)_{h'}$.

**证明** 记 $h_1 = e_{xh}, h_1' = e_{x\bullet h'}, h_2 = f_{h\bullet y}, h_2' = f_{h'\bullet y}$. 则 $h_1 = e_{x\bullet f_xh} = (f_xh)(\alpha_{\mathcal{C}}(x))^{-1}$. 类似地, $h_1' = (f_xh')(\alpha_{\mathcal{C}}(x))^{-1}$, 而

$$h_2 = (he_y)\alpha_{\mathcal{C}}(y), h_2' = (h'e_y)\alpha_{\mathcal{C}}(y).$$

假设 $h \longleftrightarrow h'$, 则 $he_y \longleftrightarrow h \longleftrightarrow h' \longleftrightarrow h'e_y$. 但 $h, h' \in S(f_x, e_y)$ 蕴含 $he_y >\!\!\!-\!\!\!< h'e_y$. 故得 $he_y = h'e_y$, 从而 $h_2 = h_2'$.

又, $h' \bullet y = [h', h'e_y](h'e_y \bullet y) = [h', h][h, he_y](he_y \bullet y) = [h', h](h \bullet y)$. 由公理 (B22)*, $f_xh \longleftrightarrow f_xh'$, 我们有 $h_1 \longleftrightarrow h_1'$, 且还有 $h_1$, $h_1' \in \mathrm{im}\,(\alpha_{\mathcal{C}}(x))^{-1} = \omega(e_x)$. 现在 $f_{(h_1\downharpoonleft x)} = f_{h_1\bullet x} = h_1\alpha_{\mathcal{C}}(x) = f_xh$; 类似地还有 $f_{(h_1'\downharpoonleft x)} = f_xh'$. 故由公理 (IC1) 得 $[h_1', h_1](h_1 \bullet x) = (h_1' \bullet x)[f_xh', f_xh]$.

由公理 (OC3) 有 $h_1 \bullet x = x \downharpoonleft f_xh$, $h_1' \bullet x = x \downharpoonleft f_xh'$, 故

$$x \bullet h' = (x \downharpoonleft f_xh')[f_xh', h'] = [h_1', h_1](x \downharpoonleft f_xh)[f_xh, f_xh'][f_xh', h'].$$

因为 $\begin{pmatrix} h & h' \\ f_xh & f_xh' \end{pmatrix}$ 是行奇异 $E$-方块, 由条件 (IC2) 有

$$[f_xh, f_xh'][f_xh', h'] = [f_xh, h][h, h'].$$

如此得

$$x \bullet h' = [h_1', h_1](x \downharpoonleft f_xh)[f_xh, h][h, h'] = [h_1', h_1](x \bullet h)[h, h'].$$

故得

$$\begin{aligned}(x \circ y)_{h'} &= (x \bullet h')(h' \bullet y) \\ &= [h_1', h_1](x \bullet h)[h, h'][h', h](h \bullet y) \\ &= [h_1', h_1](x \bullet h)(h \bullet y) = [h_1', h_1](x \circ y)_h.\end{aligned}$$

注意到 $h_1 \longleftrightarrow h_1'$ 且 $h_2 = h_2'$, 这证得当 $h \longleftrightarrow h'$ 时有 $(x \circ y)_h\, \rho\, (x \circ y)_{h'}$.

对偶可证: 当 $h >\!\!\!-\!\!\!< h'$ 时亦有 $(x \circ y)_h\, \rho\, (x \circ y)_{h'}$. 由于夹心集 $S(f_x, e_y)$ 是矩形双序集, 对任意 $h, h' \in S(f_x, e_y)$, 存在 $h_1 \in S(f_x, e_y)$ 使 $h \longleftrightarrow h_1 >\!\!\!-\!\!\!< h'$. 故亦有 $(x \circ y)_h\, \rho\, (x \circ y)_{h_1}\, \rho\, (x \circ y)_{h'}$. 引理得证. □

**定义 6.4.11** 对任一归纳可消范畴 $\mathcal{C}$, 记 $S = S(\mathcal{C}) = \mathcal{C}/\rho$. 对任意 $x, y \in \mathcal{C}$, 定义 $\bar{x}\bar{y} = \overline{(x \circ y)_h}$, 其中 $h \in S(f_x, e_y)$, 而 $\bar{x}$ 等表示 $x$ 等在 $\mathcal{C}$ 中的 $\rho$-等价类.

我们将证明, 这定义了 $S = S(\mathcal{C})$ 上一个运算, 且在这个运算下, $S$ 是一个一致半群.

**引理 6.4.12**　定义 6.4.11 给出了 $S=S(\mathcal{C})$ 上一个结合的二元运算.

**证明**　易知, 引理 6.4.9 和引理 6.4.10 保证了定义 6.4.11 所给的 $\bar{x}\bar{y}$ 与 $x,y$ 在其 $\rho$-等价类中及 $h$ 在夹心集 $S(f_x,e_y)$ 中的选择无关. 故它是 $S$ 上的二元运算.

设 $x,y,z\in\mathcal{C}$, $h_1\in S(f_x,e_y)$, $h_2\in S(f_y,e_z)$. 由引理 6.4.5, 有

$$h\in S(f_x,e_{(y\circ z)_{h_2}}),\quad h'\in S(f_{(x\circ y)_{h_1}},e_z)$$

使得 $((x\circ y)_{h_1}\circ z)_{h'}=(x\circ(y\circ z)_{h_2})_{h'}$. 故

$$(\bar{x}\bar{y})\bar{z}=\overline{((x\circ y)_{h_1}\circ z)_{h'}}=\overline{(x\circ(y\circ z)_{h_2})_h}=\bar{x}(\bar{y}\bar{z}).\qquad\square$$

以下推论易由定义 6.4.11 直接得到. 证略.

**推论 6.4.13**　若 $xy$ 在 $\mathcal{C}$ 中存在, 则 $\bar{x}\bar{y}=\overline{xy}$. 特别地, 对任意 $e\in E$, 有 $\bar{e}\in E(S)$.

**引理 6.4.14**　半群 $S=S(\mathcal{C})$ 是富足的.

**证明**　对任意 $x\in\mathcal{C}$, 我们来证 $\bar{x}\,\mathscr{L}^*\,\bar{f}_x$. 由推论 6.4.13 知 $\bar{f}_x$ 是幂等元.

首先, 由 $\mathcal{C}$ 中有 $xf_x=x$ 立得 $\bar{x}\bar{f}_x=\bar{x}$. 现在我们只需证明: 对任意 $\bar{a},\bar{b}\in S^1$, 若 $\bar{x}\bar{a}=\bar{x}\bar{b}$, 则必有 $\bar{f}_x\bar{a}=\bar{f}_x\bar{b}$.

先设 $\bar{a}$, $\bar{b}$ 非 1 而 $\bar{x}\bar{a}=\bar{x}\bar{b}$, 即 $\overline{(x\circ a)_h}=\overline{(x\circ b)_{h'}}$, $h\in S(f_x,e_a)$, $h'\in S(f_x,e_b)$. 由于 $f_{f_x}=f_x$, 我们可用 $h,h'$ 得到积 $\bar{f}_x\bar{a}$, $\bar{f}_x\bar{b}$. 我们只需证 $(f_x\circ a)_h\,\rho\,(f_x\circ b)_{h'}$.

由 $(x\circ a)_h\,\rho\,(x\circ b)_{h'}$, 有 $e_{x\bullet h}\longleftrightarrow e_{x\bullet h'}$, $f_{h\bullet a}\succ\!\!\!\prec f_{h'\bullet b}$, 且

$$(x\bullet h)(h\bullet a)[f_{h\bullet a},f_{h'\bullet b}]=[e_{x\bullet h},e_{x\bullet h'}](x\bullet h')(h'\bullet b);\tag{6.9}$$

因为我们已有 $e_{f_x\bullet h}\longleftrightarrow e_{f_x\bullet h'}$, $f_{h\bullet a}\succ\!\!\!\prec f_{h'\bullet b}$, 只需证

$$(f_x\bullet h)(h\bullet a)[f_{h\bullet a},f_{h'\bullet b}]=[e_{f_x\bullet h},e_{f_x\bullet h'}](f_x\bullet h')(h'\bullet b).\tag{6.10}$$

事实上, 由于 $\alpha_{\mathcal{C}}(f_x)$ 是 $\omega(f_x)$ 上的恒等映射, 我们有

$$e_{f_x\bullet h}=e_{f_x\bullet f_xh}=(f_xh)(\alpha_{\mathcal{C}}(f_x))^{-1}=f_xh;$$

同理, $e_{f_x\bullet h'}=f_xh'$. 由于 $e_{x\bullet h}\longleftrightarrow e_{x\bullet h'}$ 而 $e_{x\bullet h}=e_{x\bullet f_xh}=(f_xh)(\alpha_{\mathcal{C}}(x))^{-1}$, 故 $f_xh\longleftrightarrow f_xh'$, 即 $e_{f_x\bullet h}\longleftrightarrow e_{f_x\bullet h'}$.

由命题 6.1.4 之对偶, 我们有

$$x\downharpoonleft f_xh=xf_x\downharpoonleft f_xh=(x\downharpoonleft e_{f_x\downharpoonleft f_xh})(f_x\downharpoonleft f_xh)=(x\downharpoonleft f_xh)(f_x\downharpoonleft f_xh).$$

故得 $x\bullet h=(x\downharpoonleft f_xh)(f_x\downharpoonleft f_xh)[f_xh,h]=(x\downharpoonleft f_xh)(f_x\bullet h)$; 同理, $x\bullet h'=(x\downharpoonleft f_xh')(f_x\bullet h')$.

现在, 方程 (6.9) 的左边有形 $(x \downharpoonleft f_xh)(f_x \bullet h)(h \bullet a)[f_{h\bullet z},\ f_{h'\bullet b}]$, 它恰是用 $x \downharpoonleft f_xh$ 左乘方程 (6.10) 左边所得之积. 另一方面, 用 $x \downharpoonleft f_xh$ 左乘方程 (6.10) 右边可化为形

$$(h \downharpoonleft f_xh)[f_xh, f_xh'](f_x \downharpoonleft f_xh')[f_xh', h'](h' \bullet b).$$

由于 $e_{x\bullet h} = e_{(x\downharpoonleft f_xh)}$, 由命题 6.1.4 得 $f_xh = f_{(e_{x\bullet h}\downharpoonright x)}$ 且 $e_{x\bullet h} \downharpoonright x = x \downharpoonleft f_xh$. 类似地, $f_xh' = f_{e_{x\bullet h'}\downharpoonright x}$ 而 $e_{x\bullet h'} \downharpoonright x = x \downharpoonleft f_xh'$.

现在 $e_{x\bullet h},\ e_{x\bullet h'} \in \omega(e_x)$ 且 $e_{x\bullet h} \longleftrightarrow e_{x\bullet h'}$, 由 (IC1) 得

$$[e_{x\bullet h},\ e_{x\bullet h'}](e_{x\bullet h'} \downharpoonright x) = (e_{x\bullet h} \downharpoonright x)[f_xh, f_xh'],$$

此即 $[e_{x\bullet h},\ e_{x\bullet h'}](x \downharpoonleft f_xh') = (x \downharpoonleft f_xh)[f_xh,\ f_xh']$. 因而, 用 $x \downharpoonleft f_xh$ 左乘方程 (6.10) 右边之积为

$$\begin{aligned}&[e_{x\bullet h},\ e_{x\bullet h'}](x \downharpoonleft f_xh')(f_x \downharpoonleft f_xh')[f_xh',\ h'](h' \bullet b)\\ =&[e_{x\bullet h},\ e_{x\bullet h'}](x \downharpoonleft f_xh')(f_x \bullet h')(h' \bullet b)\\ =&[e_{x\bullet h},\ e_{x\bullet h'}](x \bullet h')(h' \bullet b).\end{aligned}$$

注意到该积恰为方程 (6.9) 之右边, 故由 (6.9) 为真知, 用 $x \downharpoonleft f_xh$ 左乘方程 (6.9) 两边之积相等. 由 $\mathcal{C}$ 是可消范畴, 得 (6.10) 成立, 即 $\bar{f}_x\bar{a} = \bar{f}_x\bar{b}$.

现在假设 $\bar{b} = 1$, 因而有 $\bar{x}\bar{a} = \bar{x}$, 即 $(x \bullet h)(h \bullet a)\,\rho\, x,\ h \in S(f_x, e_a)$. 于是我们有 $e_{x\bullet h} \longleftrightarrow e_x$, 从而 $e_{f_x\bullet h} = f_xh = e_{x\bullet h}\alpha_{\mathcal{C}}(x) \longleftrightarrow e_x\alpha_{\mathcal{C}}(x) = f_x$. 由于 $h\,\omega^\ell\, f_x$, 我们有 $f_xh\,\omega\, f_x$, 故得 $f_xh = f_x$, 从而 $h \succ\!\!\!-\!\!\!\prec f_x$.

此时 $x \bullet h = x[f_x, h]$, $f_x \bullet h = [f_x, h]$, 于是方程 (6.10) 简化为 $[f_x, h](h \bullet a)[f_{h\bullet a}, f_x] = f_x$. 而方程 (6.9) 简化为 $x[f_x, h](h \bullet a)[f_{h\bullet a}, f_x] = x = xf_x$. 由 $\mathcal{C}$ 的可消性及 (6.9) 式为真, 立得 (6.10) 式成立. 这就证明了 $\bar{f}_x\ \mathscr{L}^*\ \bar{x}$.

对偶可证 $\bar{e}_x\ \mathscr{R}^*\ \bar{x}$. 从而 $S = S(\mathcal{C})$ 为富足半群. □

**引理 6.4.15** 映射 $\chi : E \longrightarrow E(S), e \longrightarrow \bar{e}$ 是双序同构.

**证明** 设 $(e, f) \in D_E = (\omega^r \cup \omega^\ell) \cup (\omega^r \cup \omega^\ell)^{-1}$. 不妨设 $f\,\omega^r\, e$. 由命题 1.5.1, $ef = f \in S(f, e)$, 从而 $(f \circ e)_f = (f \bullet f)(f \bullet e) = f \bullet e = [f, fe]\,\rho\, fe$. 故 $\bar{f}\bar{e} = \overline{fe}$. 再由该命题, $fe \in S(e, f)$, 故得

$$\begin{aligned}(e \circ f)_{fe} &= (e \bullet fe)(fe \bullet f) = (e \downharpoonright fe)[fe, (fe)f]((fe)f \downharpoonleft f)\\ &= [fe, f]f = [fe, f]\,\rho\, f.\end{aligned}$$

于是 $\bar{e}\bar{f} = \bar{f} = \overline{ef}$. 对 $(e, f) \in D_E$ 的其他情形, 均可证明 $\chi$ 保持双序集的部分运算, 故 $\chi$ 为双序态射.

设 $h \in S(e,f)$, 则 $\bar{e}\bar{f} = \overline{(e\circ f)_h} = \overline{(e\bullet h)(h\bullet f)}$. 与上相同, 由 $h\,\omega^r f$, 有 $h\bullet f\,\rho\, hf$ 而由 $h\,\omega^\ell\, e$ 有 $e\bullet h\,\rho\, eh$. 故

$$\bar{e}\bar{f} = \overline{ehhf} = (\overline{eh})(\overline{hf}) = \bar{e}\bar{h}\bar{f}.$$

如此, 据定理 1.1.5(1), 得 $\bar{h} \in S_1(\bar{e},\bar{f}) \subseteq S(\bar{e},\bar{f})$. 因而 $\chi$ 是正则双序态射.

由引理 6.4.7, $\mathcal{C}$ 中任两个不同的恒等态射都无 $\rho$-等价关系, 故 $\chi$ 是单射.

假设对某 $x \in \mathcal{C}$, 有 $\bar{x} \in E(S)$. 令 $h \in S(f_x, e_x)$, 则有 $\bar{x}\bar{x} = \overline{(x\bullet x)_h} = \bar{x}$, 即 $(x\bullet x)_h\,\rho\, x$. 故

$$e_x \longleftrightarrow e_{(x\circ x)_h} = e_{x\bullet h} = f_x h(\alpha_{\mathcal{C}}(x))^{-1}.$$

于是 $e_x\alpha_{\mathcal{C}}(x) = f_x \longleftrightarrow f_x h$. 又由于 $f_x h\,\omega\, f_x$, 我们有 $f_x h = f_x$, 故 $f_x \succ\!\!\!-\!\!\!\prec h$. 对偶地, $e_x \longleftrightarrow h$.

现在, 由于 $\bar{x}$ 是幂等元, 有 $\overline{e_x}\,\mathscr{R}\,\bar{x}\,\mathscr{L}\,\bar{f}_x$, 即 $\bar{x}\,\mathscr{H}\,\bar{h}$. 因二者均为幂等元, 必有 $\bar{x} = \bar{h}$. 如此, $\chi$ 是满射. 从而是双序同构. □

**推论 6.4.16**　$E(S)$ 生成 $S$ 的正则子半群.

**证明**　因为对任意 $\bar{e},\bar{f} \in E(S)$ 和 $h \in S(e,f)$, 由引理 6.4.15 之证, 有 $\bar{h} \in S_1(\bar{e},\bar{f})$, 据定理 1.1.5(2), 有 $\bar{e}\bar{f} \in Reg\,S$, 故 $E(S)$ 生成 $S$ 的正则子半群. □

**引理 6.4.17**　$S$ 是 IC 的, 从而是一致半群.

**证明**　设 $\bar{x} \in S$. 由推论 6.1.8, 我们需证: 对某 $\bar{x}^\dagger \in E(R^*_{\bar{x}})$ 和某 $\bar{x}^* \in E(L^*_{\bar{x}})$, 存在双射 $\alpha: \omega(\bar{x}^\dagger) \longrightarrow \omega(\bar{x}^*)$, 满足 $y\bar{x} = \bar{x}(y\alpha)$, $\forall y \in \omega(\bar{x}^\dagger)$.

由引理 6.4.14 之证, 我们可取 $\bar{x}^\dagger = \overline{e_x}$, $\bar{x}^* = \overline{f_x}$. 我们在 $E$ 中已有从 $\omega(e_x)$ 到 $\omega(f_x)$ 的双射 $\alpha_{\mathcal{C}}(x)$(见 (6.7) 式). 由于 $\chi: E \longrightarrow E(S)$, $e \mapsto \bar{e}$ 是双序同构, $\chi|\omega(e_x)$ 当然是从 $\omega(e_x)$ 到 $\omega(\overline{e_x})$ 上的双射. 如此有

$$\overline{\alpha} = (\chi|\omega(e_x))^{-1}\alpha_{\mathcal{C}}(x)\chi|\omega(f_x): \omega(\overline{e_x}) \longrightarrow \omega(\overline{f_x}), \bar{e} \mapsto \overline{f_{e\bullet x}}$$

是双射. 我们只需验证: $\forall \bar{e} \in \omega(\overline{e_x})$, 即 $e \in \omega(e_x)$, 有 $\bar{x}(\bar{e}\overline{\alpha}) = \bar{x}\overline{f_{e\bullet x}} = \bar{e}\bar{x}$. 这就是说, 我们需要 $(x\circ f_{e\bullet x})_h\,\rho\,(e\circ x)_{h'}$, 对某 $h \in S(f_x, f_{e\bullet x})$ 和 $h' \in S(e, e_x)$. 由于 $e\,\omega\, e_x$, 据命题 1.5.1, 我们有 $e_x e = e \in S(e, e_x)$. 同理, 由 $f_{e\bullet x}\,\omega\, f_x$, 有 $f_{e\bullet x} \in S(f_x, f_{e\bullet x})$. 由此有 $(x\circ f_{e\bullet x})_{f_{e\bullet x}} = x\bullet f_{e\bullet x}$, 而 $(e\circ x)_e = e\bullet x = e\rfloor x$. 但由命题 6.1.4, 有 $x\bullet f_{e\bullet x} = x\lfloor f_{e\bullet x} = x\lfloor f_{(e\rfloor x)} = e\rfloor x$. 故得 $(x\circ f_{e\bullet x})_{f_{e\bullet x}} = (e\circ x)_e$, 从而 $\bar{x}\overline{f_{e\bullet x}} = \bar{e}\bar{x}$. 正如所求.

这样我们得到了 $S$ 的幂等元连通性, 再由推论 6.4.16 和引理 6.4.14 得 $S$ 是一致半群. □

**引理 6.4.18** 设 $\mathcal{C}$ 为归纳可消范畴, $S=S(\mathcal{C})$. 对 $x\in\mathcal{C}$, 定义

$$\nu_{\mathcal{C}}(x)=(\overline{e_x},\bar{x},\overline{f_x}). \tag{6.11}$$

则 $\nu_{\mathcal{C}}$ 是从 $\mathcal{C}$ 到 $S$ 的可消范畴 $\mathcal{C}(S)$ 上的 (范畴) 同构.

**证明** 因为 $\overline{e_x}\,\mathscr{R}^*\,\bar{x}\,\mathscr{L}^*\,\overline{f_x}$, 显然 $\nu=\nu_{\mathcal{C}}$ 将 $\mathcal{C}$ 射入 $\mathcal{C}(S)$. 若 $xy$ 在 $\mathcal{C}$ 中有定义, 则 $f_x=e_y$, 且 $\bar{x}\bar{y}=\overline{xy}$. 故

$$\nu(x)\nu(y)=(\overline{e_x},\bar{x},\overline{f_x})(\overline{f_x},\bar{y},\overline{f_y})=(\overline{e_x},\overline{xy},\overline{f_y})=\nu(xy).$$

又, $\nu(e)=(\bar{e},\bar{e},\bar{e})$, 如此, $\nu$ 保持乘积和单位元, 从而是范畴的态射映射.

由于 $E(S)=v\mathcal{C}(S)$, 映射 $\chi:E\longrightarrow E(S)$, $e\mapsto\bar{e}$(我们已证它为双序同构) 是 $\nu$ 的顶点映射.

我们来证 $\nu$ 保序. 设在 $\mathcal{C}$ 中有 $x\leqslant y$. 我们需证 $\overline{e_x}\,\omega\,\overline{e_y}$, $\bar{x}=\overline{e_x}\bar{y}$ 且 $\overline{f_x}=\overline{e_x}\beta$, 此处 $\beta$ 是 $(\overline{e_y},\bar{y},\overline{f_y})$ 的连通同构. 因 $x\leqslant y$ 且 $\chi$ 是双序同构, 由 (OC2) 有 $e_x\,\omega\,e_y$, 从而 $\overline{e_x}\,\omega\,\overline{e_y}$. 由命题 1.5.1, 我们有 $e_x\in S(e_x,e_y)$. 据 (OC3), $\overline{e_x}\bar{y}=\overline{(e_x\circ y)_{e_x}}=\overline{e_x\bullet y}=\overline{e_x\downharpoonright y}=\bar{x}$. 现在, 从引理 6.4.17 之证, 有 $(\overline{e_y},\bar{y},\overline{f_y})$ 的连通同构是 $\alpha$, 满足 $\overline{e_x}\alpha=\overline{f_{e_x\bullet y}}=\overline{f_x}$. 如此, $\nu$ 是保序的.

现在, 设 $e,f\in E(S)$, $e\,\mathscr{R}\,f$. 那么, $\nu[e,\ f]=(\bar{e},\overline{[e,f]},\bar{f})=(\bar{e},\bar{f},\bar{f})$. (易验证, $[e,f]\,\rho\,f$.) 对偶地, 若 $e\,\mathscr{L}\,f$, 则 $\nu[e,\ f]=(\bar{e},\bar{e},\bar{f})$. 因而, 无论在何种情形, 由 (6.4) 式, 我们总有 $\nu[e,f]=(\bar{e},\bar{e}\bar{f},\bar{f})=[\bar{e},\bar{f}]_{\mathcal{C}(S)}$. 又因为 $v(\nu)=\chi$ 是正则双序态射, 这证明了 $\nu$ 是归纳的.

假设 $\nu(x)=\nu(y)$, 即 $(\overline{e_x},\bar{x},\overline{f_x})=(\overline{e_y},\bar{y},\overline{f_y})$. 我们有 $x\,\rho\,y$ 且 $e_x=e_y$, $f_x=f_y$. 由引理 6.4.7, 得 $x=y$. 故 $\nu$ 是单的.

最后, 任取 $(e,z,f)\in\mathcal{C}(S)$, 且选择 $x\in\mathcal{C}$, 使得 $\bar{x}=z$. 那么 $e\,\mathscr{R}^*\,z\,\mathscr{L}^*\,f$. 这样有

$$\overline{e_x}\,\mathscr{R}^*\,\bar{x}\,\mathscr{R}^*\,e \quad 且 \quad \overline{f_x}\,\mathscr{L}^*\,\bar{x}\,\mathscr{L}^*\,f.$$

此即 $\overline{e_x}\,\mathscr{R}\,e$ 且 $\overline{f_x}\,\mathscr{L}\,f$. 令 $x'=[e,e_x]x[f_x,f]$. 易验证 $x'\,\rho\,x$, 从而 $\overline{x'}=\bar{x}$, 而 $\nu(x')=(e,z,f)$. 如此, $\nu$ 是满的, 从而是双射. 这样, 由命题 6.3.4(3) 得 $\nu$ 是范畴同构. □

**引理 6.4.19** 设 $S$ 为一致半群, 有幂等元双序集 $E$. 那么

$$\eta:S\longrightarrow S(\mathcal{C}(S)),\ x\longmapsto\overline{(e,x,f)} \tag{6.12}$$

是半群同构, 其中, $e\in E(R_x^*)$ $f\in E(L_x^*)$.

**证明** 设 $x\in S$, $e,g\in E(R_x^*)$, $f,h\in E(L_x^*)$. 则 $e\,\mathscr{R}\,g$, $f\,\mathscr{L}\,h$, 且

$$(e,x,f)[f,h]_{\mathcal{C}(S)}=(e,x,f)(f,f,h)=(e,x,h),$$

$$[e,g]_{\mathcal{C}(S)}(g,x,h)=(e,e,g)(g,x,h)=(e,x,h).$$

故 $(e,x,f)\,\rho\,(g,x,h)$, 从而 $\eta=\eta_S$ 有定义.

设 $(e,x,f)\,\rho\,(j,y,k)$, 即 $e\,\mathscr{R}\,j$, $f\,\mathscr{L}\,k$ 且 $(e,x,f)[f,k]_{\mathcal{C}(S)}=[e,j]_{\mathcal{C}(S)}(j,y,k)$. 由此得 $(e,x,k)=(e,y,k)$. 故 $x=y$, 从而 $\eta$ 单. 由于 $\eta$ 显然满, 故它为双射.

设 $x,y\in S$, $e,f,j,k\in E, e\,\mathscr{R}^*\,x\,\mathscr{L}^*\,f$, $j\,\mathscr{R}^*\,y\,\mathscr{L}^*\,k$, 而 $h\in S(f,j)$. 那么

$$\begin{aligned}(x\eta)(y\eta)&=\overline{(e,x,f)(j,y,k)}=\overline{((e,x,f)\circ(j,y,k))_h}\\&=\overline{((e,x,f)\bullet h)(h\bullet(j,y,k))},\\(e,x,f)\bullet h&=((e,x,f)\downharpoonleft fh)[fh,h]\\&=((fh)\alpha^{-1},x(fh),fh)(fh,fh,h)\\&=((fh)\alpha^{-1},xh,h),\end{aligned}$$

其中 $\alpha$ 是 $(e,x,f)$ 的连通同构. 对偶地, $h\bullet(j,y,k)=(h,hy,(hj)\beta)$, 其中 $\beta$ 是 $(j,y,k)$ 的连通同构.

这样,

$$(x\eta)(y\eta)=\overline{((fh)\alpha^{-1},xh,h)(h,hy,(hj\beta))}=\overline{((fh)\alpha^{-1},xhy,(hj)\beta)}.$$

现在, 由定理 1.1.5(2), 因 $fj$ 正则, $S(f,j)=S_1(f,j)$, 从而 $fhj=fj$. 这样有 $xhy=xfhjy=xy$, 从而 $(x\eta)(y\eta)=(xy)\eta$, 即 $\eta$ 是 (半群) 同构. □

至此, 我们得到如下定理:

**定理 6.4.20**　*设 $\mathcal{C}$ 为任一归纳可消范畴, $\rho$ 是由定义 6.4.6 给出的 $\mathcal{C}$ 上等价关系. 那么定义 6.4.11 在 $S(\mathcal{C})=\mathcal{C}/\rho$ 上给出了一个二元运算, 在这个运算下, $S(\mathcal{C})$ 成为一个一致半群, 使得 $\mathcal{C}$ 同构于 $S(\mathcal{C})$ 的归纳可消范畴 $\mathcal{C}(S(\mathcal{C}))$. 特别地, $v\mathcal{C}\cong E(S(\mathcal{C}))$.*

*反之, 若 $S$ 是一致半群, 则 $S\cong S(\mathcal{C}(S))$.*

该定理用归纳可消范畴确定了一致半群的结构. 更重要的, 它提供了从归纳可消范畴的范畴 $\mathbb{ICC}$ 到一致半群范畴 $\mathbb{CS}$ 的函子 $S$ 的对象映射. 我们现在来构作这个函子的态射映射.

**定理 6.4.21**　*设 $\phi:\mathcal{C}\longrightarrow\mathcal{C}'$ 为 $\mathbb{ICC}$ 中的态射. 对于 $x\in\mathcal{C}$, 定义*

$$\bar{x}S(\phi)=\overline{\phi(x)}. \tag{6.13}$$

*则 $S(\phi):S(\mathcal{C})\longrightarrow S(\mathcal{C}')$ 是一致半群的好同态, 即为 $\mathbb{CS}$ 中的态射. 进而, $\phi$ 单 (满) 当且仅当 $S(\phi)$ 单 (满).*

若 $\phi_1:\mathcal{C}\longrightarrow\mathcal{C}_1$, $\phi_2:\mathcal{C}_1\longrightarrow\mathcal{C}_2$ 都是 $\mathbb{ICC}$ 中的态射, 那么

$$S(\phi_1\phi_2)=S(\phi_1)S(\phi_2).$$

**证明** 设 $\bar{x}=\bar{y}$, 即在 $\mathcal{C}$ 中有 $x\,\rho\,y$, 那么 $e_x\longleftrightarrow e_y$, $f_x>\!\!-\!\!<f_y$ 且 $[e_x,e_y]_{\mathcal{C}}y=x[f_x,f_y]_{\mathcal{C}}$. 记 $\theta$ 为 $\phi$ 的顶点映射, 它是一个正则双序态射. 那么, 由 $\phi$ 是归纳函子, 有 $e_x\theta\longleftrightarrow e_y\theta$, $f_x\theta>\!\!-\!\!<f_y\theta$, 且 $\phi[e_x,e_y]_{\mathcal{C}}\phi(y)=\phi(x)\phi[f_x,f_y]_{\mathcal{C}}$. 即 $[e_x\theta,e_y\theta]_{\mathcal{C}'}\phi(y)=\phi(x)[f_x\theta,f_y\theta]_{\mathcal{C}'}$. 故 $\phi(x)\,\rho\,\phi(y)$ 在 $\mathcal{C}'$ 中成立. 从而 $\overline{\phi(x)}=\overline{\phi(y)}$. 这证明了 $S(\phi)$ 有定义.

设 $x,y\in\mathcal{C}$, $h\in S(f_x,e_y)$. 因为 $\theta$ 是正则双序态射, $h\theta\in S(f_x\theta,e_y\theta)$. 由命题 6.3.4,

$$\phi((x\circ y)_h)=\phi(x\bullet h)\phi(h\bullet y)=(\phi(x)\bullet h\theta)(h\theta\bullet\phi(y))=(\phi(x)\circ\phi(y))_{h\theta}.$$

这样, 由定义 6.4.11 有

$$(\bar{x}\bar{y})S(\phi)=\overline{\phi((x\circ y)_h)}=\overline{(\phi(x)\circ\phi(y))_{h\theta}}=\overline{\phi(x)\phi(y)}=\bar{x}S(\phi)\bar{y}S(\phi).$$

故 $S(\phi)$ 是半群同态.

现在证明 $S(\phi)$ 是好同态. 由定义 6.1.10 和引理 6.1.12, 对 $\bar{x}\in S(\mathcal{C})$, 我们需证存在幂等元 $\bar{e}\in L^*_{\bar{x}}$, $\bar{f}\in R^*_{\bar{x}}$, 使得在 $S(\mathcal{C}')$ 中有 $\bar{e}S(\phi)\ \mathscr{L}^*\ \bar{x}S(\phi)\ \mathscr{R}^*\ \bar{f}S(\phi)$. 即 $\overline{\phi(e)}\ \mathscr{L}^*\ \overline{\phi(x)}\ \mathscr{R}^*\ \overline{\phi(f)}$. 我们选择 $\bar{e}=\overline{f_x}$, $\bar{f}=\overline{e_x}$. 因为由引理 6.4.14 之证, 我们有 $\overline{f_x}\ \mathscr{L}^*\ \bar{x}\ \mathscr{R}^*\ \overline{e_x}$. 但这在 $S(\mathcal{C}')$ 也同样的成立, 即 $\overline{f_x\theta}\ \mathscr{L}^*\ \overline{\phi(x)}\ \mathscr{R}^*\ \overline{e_x\theta}$. 由于 $\overline{e_x}S(\phi)=\overline{\phi(e_x)}=\overline{e_x\theta}$, 这就是我们所需要的.

由 $S(\phi)$ 的定义, 图 6.1 交换:

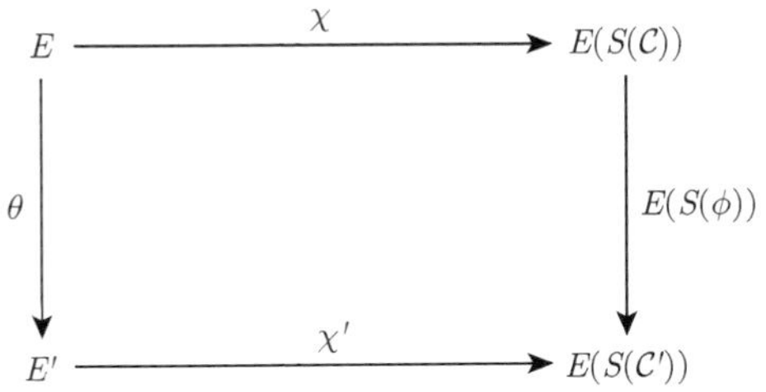


图 6.1

其中, $\chi$ 和 $\chi'$ 分别是从 $E=v\mathcal{C}$, $E'=v\mathcal{C}'$ 到 $E(S(\mathcal{C}))$, $E(S(\mathcal{C}'))$ 中的标准嵌入. 因为 $\chi$ 和 $\chi'$ 是同构, $\theta$ 单 (满) 当且仅当 $E(S(\phi))$ 单 (满).

假设 $\phi$ 单, 若 $\bar{x}S(\phi)=\bar{y}S(\phi)$, 则 $\phi(x)\,\rho\,\phi(y)$, 故 $e_x\theta\longleftrightarrow e_y\theta$, $f_x\,\theta>\!\!-\!\!<f_y\theta$. 因为 $\theta$ 单, 它是到 $E\theta$ 上的同构, 从而 $e_x\longleftrightarrow e_y$, $f_x>\!\!-\!\!<f_y$. 令 $y'=[e_x,e_y]y[f_y,f_x]$.

那么 $y'\,\rho\, y$, 故 $\phi(x)\,\rho\,\phi(y)\,\rho\,\phi(y')$. 因为 $e_x\theta = e_{y'}\theta$, $f_x\theta = f_{y'}\theta$, 由引理 6.4.7, 我们有 $\phi(x) = \phi(y')$. 再由 $\phi$ 单, 这就推出 $x = y'$. 故 $x\,\rho\, y$, 即 $\bar{x} = \bar{y}$, 得到 $S(\phi)$ 单.

反之, 假设 $S(\phi)$ 单, 而 $\phi(x) = \phi(y)$. 因 $E(S(\phi))$ 单, 图 6.1 的交换性蕴含 $\theta$ 单. 因而, 由于 $e_x\theta = e_y\theta$, 我们有 $e_x = e_y$. 同样地, $f_x = f_y$. 由 $\phi(x) = \phi(y)$, 我们有 $\bar{x}S(\phi) = \bar{y}S(\phi)$, 而由于 $S(\phi)$ 单, 得到 $\bar{x} = \bar{y}$. 再由引理 6.4.7 得 $x = y$. 这证明了 $\phi$ 单.

显然 $\phi$ 满蕴含 $S(\phi)$ 满. 假设 $S(\phi)$ 满. 由命题 6.3.4, $\operatorname{im}\phi = \mathcal{C}_1$ 是 $\mathcal{C}'$ 的归纳子范畴. 如果 $x' \in \mathcal{C}'$, 因为 $S(\phi)$ 满, 存在 $x \in \mathcal{C}$ 使得 $\bar{x}S(\phi) = \bar{x'}$, 故 $x'\,\rho\,\phi(x)$. 此即,

$$x' = [e_{x'}, e_x\theta]_{\mathcal{C}'}\phi(x)[f_x\theta, f_{x'}]_{\mathcal{C}'}.$$

但 $\mathcal{C}_1$ 是 $\mathcal{C}$ 的归纳子范畴, 由命题 6.2.3 之 (1), 这也就是

$$x' = [e_{x'}, e_x\theta]_{\mathcal{C}_1}\phi(x)[f_x\theta, f_{x'}]_{\mathcal{C}_1} \in \mathcal{C}_1 = \operatorname{im}\phi.$$

故 $\phi$ 满.

最后, 假设 $\phi_1 : \mathcal{C} \longrightarrow \mathcal{C}_1$ 和 $\phi_2 : \mathcal{C}_1 \longrightarrow \mathcal{C}_2$ 是 $\mathbb{ICC}$ 中的态射. 那么, 对任意 $x \in \mathcal{C}$, 我们有

$$\bar{x}S(\phi_1\phi_2) = \overline{\phi_1\phi_2(x)} = \overline{\phi_2(\phi_1(x))} = \overline{\phi_1(x)}S(\phi_2) = \bar{x}S(\phi_1)S(\phi_2).$$

故 $S(\phi_1\phi_2) = S(\phi_1)S(\phi_2)$. 这就完成了定理 6.4.21 之证. □

至此, 我们完成了函子 $S : \mathbb{ICC} \longrightarrow \mathbb{CS}$ 的构作. 在定理 6.3.5 中我们已构作了函子 $\mathcal{C} : \mathbb{CS} \longrightarrow \mathbb{ICC}$. 我们现在证明: 它们定义了这两个范畴的等价.

**定理 6.4.22**　设 $S : \mathbb{ICC} \longrightarrow \mathbb{CS}$ 和 $\mathcal{C} : \mathbb{CS} \longrightarrow \mathbb{ICC}$ 分别是在定理 6.4.20、定理 6.4.21 和定理 6.3.5 中构作的函子. 那么, 对于 $\mathbb{ICC}$ 中的任一归纳可消范畴 $\mathcal{C}$, (6.11) 式定义的同构 $\nu_{\mathcal{C}}$ 组成了自然同构 $\nu : 1_{\mathbb{ICC}} \cong S\mathcal{C}$ 的成分. 类似地, (6.12) 式定义的 $\eta_S$ 组成了自然同构 $\eta : 1_{\mathbb{CS}} \cong \mathcal{C}S$ 的成分, 而

$$\langle S,\ \mathcal{C};\ \nu, \eta\rangle : \mathbb{ICC} \longrightarrow \mathbb{CS}$$

是范畴 $\mathbb{ICC}$ 和 $\mathbb{CS}$ 的伴随等价.

**证明**　设 $\phi : \mathcal{C}_1 \longrightarrow \mathcal{C}_2$ 是 $\mathbb{ICC}$ 中的态射. 对 $x \in \mathcal{C}_1$, 由 (6.11) 式我们有

$$\begin{aligned} S\mathcal{C}(\phi)(\nu_{\mathcal{C}_1}(x)) &= S\mathcal{C}(\phi)(\overline{e_x}, \bar{x}, \overline{f_x}) = \mathcal{C}(S(\phi))(\overline{e_x}, \bar{x}, \overline{f_x}) \\ &= (\overline{e_x}S(\phi), \bar{x}S(\phi), \overline{f_x}S(\phi)) = (\overline{e_x\theta}, \overline{\phi(x)}, \overline{f_x\theta}) \\ &= \nu_{\mathcal{C}_2}(\phi(x)). \end{aligned}$$

故图 6.2 交换:

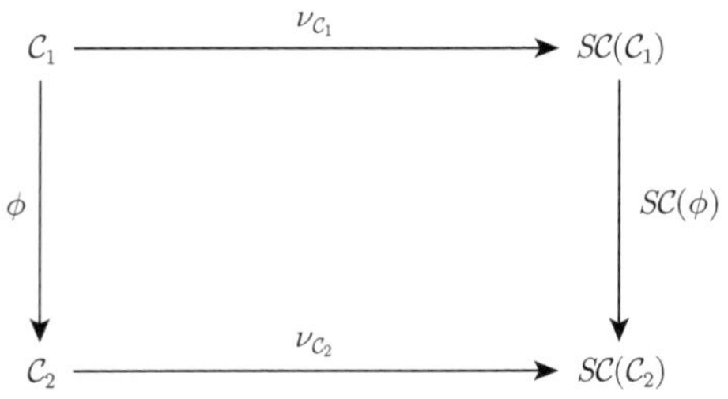


图 6.2

这推出 $\nu = \{\nu_{\mathcal{C}} :\ \mathcal{C} \in \mathbb{ICC}\}$ 是恒等函子 $1_{\mathbb{ICC}}$ 到函子 $S\mathcal{C}$ 的自然同构.

设 $\sigma : S_1 \longrightarrow S_2$ 是 $\mathbb{CS}$ 中的态射. 对 $y \in S_1$, 令

$$y^\dagger \in R_y^* \cap E(S_1), \quad y^* \in L_y^* \cap E(S_1),$$

因 $\sigma$ 是好同态, 有 $\sigma(y^\dagger)\,\mathscr{R}^*\,\sigma(y)\,\mathscr{L}^*\,\sigma(y^*)$. 由 (6.12) 式, 我们有

$$\begin{aligned}\mathcal{C}S(\sigma)(\eta_{S_1}(y)) &= S(\mathcal{C}(\sigma))\overline{(y^\dagger, y, y^*)} = \overline{\mathcal{C}(\sigma)(y^\dagger, y, y^*)} \\ &= \overline{(\sigma(y^\dagger), \sigma(y), \sigma(y^*))} = \overline{((\sigma(y))^\dagger, \sigma(y), (\sigma(y))^*)} \\ &= \eta_{S_2}(\sigma(y)).\end{aligned}$$

故图 6.3 交换:

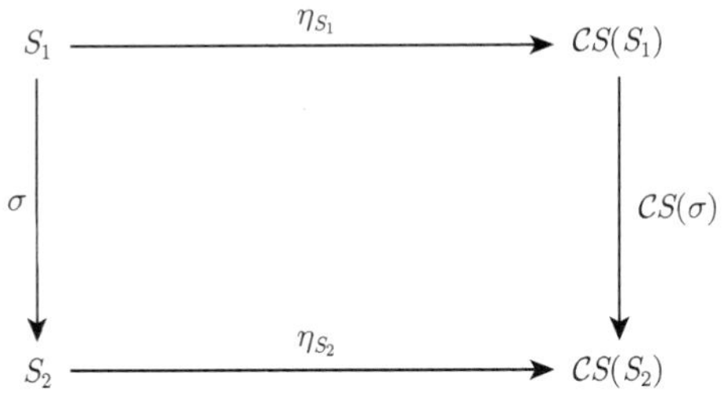


图 6.3

从而 $\eta = \{\eta_S :\ S \in v\mathbb{CS}\}$ 是恒等函子 $1_{\mathbb{CS}}$ 到函子 $\mathcal{C}S$ 的自然同构. 这就完成了证明. □

## 习题 6.4

验证推论 6.4.13.

## 6.5 Brandt 群胚和 Brandt 半群

在本章最后四节, 我们从“结构映射”角度, 用“$*$-迹”更细致地描述一致半群的内在结构. 为此, 我们先介绍 Brandt 群胚 (半群) 和分块 Rees 矩阵半群的概念. 这里我们假定读者已知 [9, 第三章] 介绍的关于 Rees 矩阵半群的概念. 需要说明的是, 本章后面几节所用的术语“*群胚*”指的是任何有一个部分二元运算的非空集, 而不是 Nambooripad 所用的范畴论意义的群胚或部分群胚.

**定义 6.5.1** 设 $B$ 是一有部分二元运算 (称作*部分乘法*, 用字母连接表示) 的非空集合, 称 $B$ 为 Brandt *群胚* (Brandt groupoid), 若它的部分乘法满足以下四公理 (Br1)—(Br4), 其中 $a, b, c$ 等表示 $B$ 中元素.

(Br1) 若 $ab = c$, 则该三个元之每一个都由其他两个唯一确定.

(Br2) (i) 若 $ab$ 和 $bc$ 有定义, 则 $(ab)c$ 和 $a(bc)$ 有定义且 $(ab)c = a(bc)$;

(ii) 若 $ab$ 和 $(ab)c$ 有定义, 则 $bc$ 和 $a(bc)$ 有定义且 $(ab)c = a(bc)$;

(iii) 若 $bc$ 和 $a(bc)$ 有定义, 则 $ab$ 和 $(ab)c$ 有定义且 $(ab)c = a(bc)$.

(Br3) $\forall a \in B$ 唯一存在 $e, f, a' \in B$ 满足 $ea = af = a$ 且 $a'a = f$, 分别称为 $a$ *的左、右单位元和逆元*.

(Br4) 若 $e^2 = e$, $f^2 = f$, 则存在 $a \in B$ 使得 $ea = af = a$.

下述引理 6.5.2 易直接验证, 不赘.

**引理 6.5.2** *设 $B$ 是任一群胚. 令 $B^0 = B \cup \{0\}$, 其中 0 是不在 $B$ 中的元素. 在 $B^0$ 上定义二元运算“$\cdot$”为*

$$a \cdot b = \begin{cases} ab, & \text{若 } ab \text{ 在 } B \text{ 中有定义}, \\ 0, & \text{否则}, \end{cases}$$

$$a \cdot 0 = 0 \cdot a = 0 \cdot 0 = 0, \tag{6.14}$$

*那么, $(B^0, \cdot)$ 是半群的充要条件是 $B$ 满足 Brandt 公理 (Br2) 之 (ii) 和 (iii).*

**定义 6.5.3** Brandt 部分群胚 $B$ 按引理 6.5.2 得到的半群 $B^0$ 称为 Brandt *半群*.

仍用字母连接表示 Brandt 半群中的运算, 我们有以下刻画, 其证明参考 [9, 定理 3.9], 此处略.

**命题 6.5.4** *(1) 有零元 0 的半群 $S$ 为 Brandt 半群的充要条件是 $S$ 满足以下公理:*

*(A1) 若 $a, b, c \in S$ 使得 $ac = bc$ 或 $ca = cb$, 则 $a = b$;*

*(A2) 若 $a, b, c \in S$ 使得 $ab \neq 0$ 且 $bc \neq 0$, 则 $abc \neq 0$;*

(A3) 对每个非零元 $a \in S$, 唯一地存在着 $e, f, a' \in S$, 满足 $ea = a = af$, $a'a = f$;

(A4) 若 $e, f$ 是 $S$ 的非零幂等元, 则 $eSf \neq 0$.

(2) 半群 $S$ 为 Brandt 半群的充要条件是 $S$ 为完全 0-单逆半群, 即 $S$ 同构于某个群 $G$ 上的正则 Rees 矩阵半群 $\mathcal{M}^0(G; I, I; \Delta)$, 其中 $\Delta$ 是 $G^0$ 上 $I \times I$ 单位矩阵.

注意, 公理 (A1)—(A4) 并不独立. 例如: (A1) 和 (A2) 是 (A3) 的推论.

又, 命题 6.5.4(2) 告诉我们, Brandt 群胚的元素可以唯一地表示为形 $(a)_{ij}$, $i, j \in I, a \in G$, 两个元素 $(a)_{ij}$, $(b)_{kl}$ 之乘积存在当且仅当 $j = k$ 且 $(a)_{ij}(b)_{jl} = (ab)_{il}$.

### 习题 6.5

试给出引理 6.5.2 和命题 6.5.4 的详细证明.

## 6.6 分块 Rees 矩阵半群

我们需要把 6.5 节的记号进行扩充: 对任一满足 Brandt 公理 (Br2) 之 (ii) 与 (iii) 的部分群胚 $G$, 符号 $G^0$ 表示给 $G$ 添加零元 0 并按 (6.14) 式定义乘法得到的半群. 我们还在 $G$ 上定义 $*$-Green-关系 $\mathscr{R}^{*G}$ ($\mathscr{L}^{*G}$) 为: $\forall a, b \in G$,

$$(a, b) \in \mathscr{R}^{*G}\ (\mathscr{L}^{*G}) \Leftrightarrow (a, b) \in \mathscr{R}^{*G^0}\ (\mathscr{L}^{*G^0}). \tag{6.15}$$

因为 0 的 $*$-Green 类只有 0 自己, 显然 $\mathscr{R}^{*G}$, $\mathscr{L}^{*G}$ 分别是 $G$ 上关于部分乘法左右相容的等价关系.

分块 Rees 矩阵半群是 Fountain 在 [23] 中引入的. 分块 Rees 矩阵半群是把 Rees 矩阵半群中一个幺半群和它的双系推广为一组幺半群及它们的双系而得. 因为最一般的情形意义不大, Fountain 增加了三个条件, 得到的半群称为 "PA 分块 Rees 矩阵半群". 它们是富足的, 且所有非零幂等元均本原.

为定义 PA 分块 Rees 矩阵半群, 我们先做一点准备.

**定义 6.6.1** 设 $S$ 为半群, $M$ 为非空集. 称 $M$ 为一个*左 $S$-系*, 若存在映射 $S \times M \longrightarrow M, (s, x) \mapsto sx$, 满足 $(st)x = s(tx), \forall s, t \in S, x \in M$. 当 $S$ 是有单位元 1 的幺半群, 且 $1x = x, \forall x \in M$ 时, 称左 $S$-系 $M$ 是*单式的* (unitary). 左 $S$-系 $M$ 称为*强无扭的* (strongly torsion-free), 若对 $s, s_1, s_2 \in S$, $m, m_1.m_2 \in M$ 有蕴含式 $sm_1 = sm_2 \Rightarrow m_1 = m_2$ 和 $s_1m = s_2m \Rightarrow s_1 = s_2$.

对偶地可定义*右 $S$-系*、*单式右 $S$-系* 和*强无扭右 $S$-系*概念.

设 $S, T$ 是 (幺) 半群. 若 $M$ 既是左 $S$-系, 又是右 $T$-系, 且满足 $(sx)t = s(xt), \forall s \in S, t \in T$ 和 $x \in M$, 则称 $M$ 为 *$(S, T)$-双系*; 称该双系是单式 (强无扭) 的, 若作为左或右系, 它都是单式 (强无扭) 的.

设 $M, N$ 为右 $S$-系, 映射 $\varphi: M \longrightarrow N$ 称为$S$-同态 ($S$-homomorphism), 若对任意 $s \in S$ 和 $x \in M$ 有 $\varphi(sx) = s\varphi(x)$. 类似可定义左 $S$-系同态及 $(S, T)$-同态.

为构作由一组幺半群的双系组成的 PA 分块 Rees 矩阵半群, 我们需要关于双系的张量积 (tensor product) 概念及其简单性质.

**定义 6.6.2**　设 $M$ 是右 $S$-系而 $N$ 为左 $S$-系, $\tau$ 是笛卡儿积 $M \times N$ 上由关系

$$\{((xs,\, y), (x,\, sy)) \;:\; x \in M, s \in S, y \in N\}$$

生成的等价关系. 记

$$M \otimes_S N = (M \times N)/\tau = \{x \otimes y \;:\; (x, y) \in M \times N\},$$

称为该二 $S$-系在 $S$ 上的张量积 (the tensor product over $S$).

如此定义的张量积 $M \otimes_S N$ 只是一个集合. 但若 $M$ 是 $(T, S)$-双系而 $N$ 是 $(S, U)$-双系, 则易验证在如下定义的作用下, 它是一个 $(T, U)$-双系:

$$t(x \otimes y) = tx \otimes y, \quad (x \otimes y)u = x \otimes yu, \;\; x \in M, \quad y \in N, \quad t \in T, \quad u \in U.$$

张量积有如下重要性质, 可由定义直接验证, 此处略.

**命题 6.6.3**　设 $M, N$ 是 $(T, S)$-双系, $P, Q$ 是 $(S, U)$-双系, 我们有

(1) 若 $\theta: M \longrightarrow N$ 是 $(T, S)$-同态, $\psi: P \longrightarrow Q$ 是 $(S, U)$-同态, 则

$$\theta \otimes \psi : M \otimes_S P \longrightarrow N \otimes_S Q, \quad x \otimes y \longmapsto x\theta \otimes y\psi$$

是 $(T, U)$-同态.

(2) $t \otimes x \mapsto tx$ $(y \otimes u \mapsto yu)$ 是 $T \otimes_T M$ $(N \otimes_U U)$ 到 $M$ $(N)$ 上的 $(T, S)$ $((S, U))$-同构 (称为标准同构).

(3) 对任意 $(U, V)$-双系 $R$, $x \otimes (y \otimes z) \mapsto (x \otimes y) \otimes z$ 是从 $M \otimes_S (P \otimes_U R)$ 到 $(M \otimes_S P) \otimes_U R$ 上的 $(T, V)$-同构.

当不会产生混淆时, 我们常略去张量积符号 $\otimes$ 所附半群下标. 特别在同构意义下, 我们可视 $M \otimes_S (P \otimes_U R)$ 和 $(M \otimes_S P) \otimes_U R$ 相同, 并将其简记为 $M \otimes P \otimes R$.

现在描述 PA 分块 Rees 矩阵半群 的构造. 这个过程较长, 我们将其叙述为一个定义.

**定义 6.6.4**　设 $I, \Lambda$ 为非空集, 它们被同一个非空足标集 $\Gamma$ 分别分类为无交子集 $I = \bigcup_{\alpha \in \Gamma} I_\alpha$, $\Lambda = \bigcup_{\alpha \in \Gamma} \Lambda_\alpha$. 我们将用 $i, j$ 等表示 $I$ 的元素, $\lambda, \mu$ 等表示 $\Lambda$ 的元素, 而 $\Gamma$ 中的元素则用 $\alpha, \beta, \gamma$ 等表示.

设对每一组 $(\alpha, \beta) \in \Gamma \times \Gamma$, 存在集合 $M_{\alpha\beta}$ 满足

(1) 对每个 $\alpha \in \Gamma$, $M_{\alpha\alpha} = T_\alpha$ 是一个幺半群.

(2) 若 $\alpha \neq \beta$, 则 $M_{\alpha\beta}$ 或者空, 或者是一个 $(T_\alpha, T_\beta)$-单式双系.

(3) 在集合 $\bigcup_{\alpha,\beta\in\Gamma} M_{\alpha\beta}$ 上有一个部分二元运算, 满足

(i) $ab$ 有定义的充要条件是存在 $\alpha, \beta, \gamma \in \Gamma$, 使得 $a \in M_{\alpha\beta}$, $b \in M_{\beta\gamma}$, 且此时乘积 $ab \in M_{\alpha\gamma}$.

(ii) 对任意 $a \in M_{\alpha\beta}$, $b \in T_\beta$, 乘积 $ab$ 与 $T_\beta$ 在 $M_{\alpha\beta}$ 上的右作用重合. 对偶的结论也成立.

(iii) 对任意 $a, b, c \in \bigcup_{\alpha,\beta\in\Gamma} M_{\alpha\beta}$, 只要两个乘积 $a(bc)$, $(ab)c$ 有定义, 则它们相等.

(4) 对任意 $\alpha, \beta, \gamma \in \Gamma$, $M_{\alpha\beta}$ 和 $M_{\beta\gamma}$ 不空 (从而 $M_{\alpha\gamma}$ 也不空), 存在 $(T_\alpha, T_\gamma)$-同态 $\varphi_{\alpha\beta\gamma} : M_{\alpha\beta} \otimes M_{\beta\gamma} \longrightarrow M_{\alpha\gamma}$, 满足: 若 $\alpha = \beta$ 或 $\beta = \gamma$, 则 $\varphi_{\alpha\beta\gamma}$ 是命题 6.6.3(2) 所述标准同构并使图 6.4 交换:

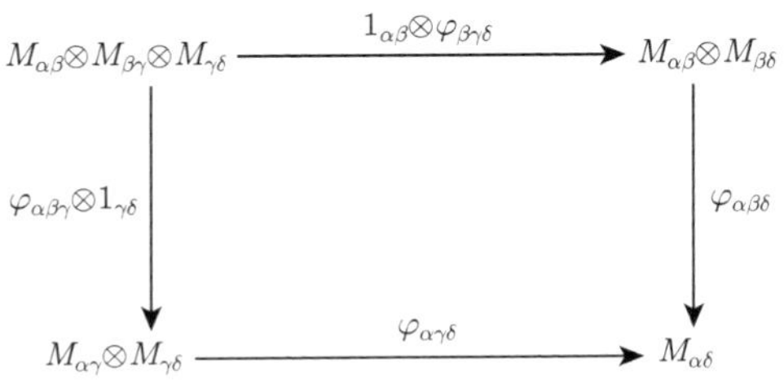


图 6.4

称映射 $(\cdot) : I \times \Lambda \longrightarrow \bigcup_{\alpha,\beta\in\Gamma} M_{\alpha\beta} \cup \{0\}$ 为一个$I \times \Lambda$ 矩阵; $(\cdot)$ 的$(\alpha, \beta)$-块, 指的是该矩阵中所有 $(i, \lambda), i \in I_\alpha, \lambda \in \Lambda_\beta$ 位置上的元素所组成的小块矩阵, 这些元素都在 $M_{\alpha\beta}$ 中; 每个 $(\alpha, \alpha)$-块称为该矩阵的对角块 (diagonal block). 一个 $\Lambda \times I$ 矩阵 $P = (p_{\lambda i})$ 称为夹心阵 (sandwich matrix), 它的每个 $(\alpha, \beta)$-块上的非零元也在 $M_{\alpha\beta}$ 中. 我们用 $\mathcal{M}^0(M_{\alpha\beta}; I, \Lambda, \Gamma; P)$ 来记由零矩阵和所有只有一个位置元素不为 0 的 $I \times \Lambda$-矩阵组成的集合, 其元素记为 0(零矩阵) 和 $(a)_{i\lambda}$ 或 $(i, a, \lambda), i \in I_\alpha, \lambda \in \Lambda_\beta, a \in M_{\alpha\beta}$. 在 $\mathcal{M}^0(M_{\alpha\beta}; I, \Lambda, \Gamma; P)$ 上定义乘法如下:

$$(a)_{i\lambda}(b)_{j\mu} = \begin{cases} (ap_{\lambda j}b)_{i\mu}, & \text{若 } p_{\lambda j} \neq 0, \\ 0, & \text{若 } p_{\lambda j} = 0, \end{cases}$$

$$0x = x0 = 0, \quad \forall x \in \mathcal{M}^0(M_{\alpha\beta}; I, \Lambda, \Gamma; P). \tag{6.16}$$

易知此乘法是矩阵乘法 $(a)_{i\lambda}(b)_{j\mu} = (i, a, \lambda)P(j, b, \mu)$, 故 $\mathcal{M}(M_{\alpha\beta}, I, \Lambda, \Gamma; P)$ 是半群. 称 $\mathcal{M}^0(M_{\alpha\beta}; I, \Lambda, \Gamma; P)$ 为 PA 分块 Rees 矩阵半群, 若还有以下三公理 (C), (U) 和 (R) 成立:

(C) 若 $a, a_1, a_2 \in M_{\alpha\beta}$, $b, b_1, b_2 \in M_{\beta\gamma}$, 则 $ab_1 = ab_2$ 蕴含 $b_1 = b_2$; $a_1 b = a_2 b$ 蕴含 $a_1 = a_2$.

(U) 对任意 $\alpha \in \Gamma$, $\lambda \in \Lambda_\alpha[i \in I_\alpha]$, 存在 $i \in I_\alpha[\lambda \in \Lambda_\alpha]$ 使得 $p_{\lambda i}$ 是 $T_\alpha$ 的单位 (unit).

(R) 若 $M_{\alpha\beta}$, $M_{\beta\alpha}$, $\alpha \neq \beta$ 两者都不空, 则对任意 $a \in M_{\alpha\beta}$, $b \in M_{\beta\alpha}$, 必有 $aba \neq a$.

众所周知, 在偏序 $\omega(\leqslant)$ 下最小的非零幂等元称为是本原的 (primitive), 半群 $S$ 称为本原半群 (primitive semigroup), 若其每个非零幂等元都本原. 下述命题说明: PA 分块 Rees 矩阵半群是本原富足半群.

**命题 6.6.5**　设 $S = \mathcal{M}^0(M_{\alpha\beta}; I, \Lambda, \Gamma; P)$ 为 PA 分块 Rees 矩阵半群. 我们有:

(1) $(i, a, \lambda) \in E(S)\backslash\{0\} \Leftrightarrow \exists \alpha \in \Gamma$, 使得 $(i, \lambda) \in I_\alpha \times \Lambda_\alpha$ 且 $p_{\lambda i}$ 为 $T_\alpha$ 的单位而 $a = p_{\lambda i}^{-1}$;

(2) $S$ 的非零幂等元都本原;

(3) $S$ 的非零元 $(i, a, \lambda), (j, b, \mu)$ $\mathscr{R}^*$-相关的充要条件是 $i = j$;

(4) $S$ 的非零元 $(i, a, \lambda), (j, b, \mu)$ $\mathscr{L}^*$-相关的充要条件是 $\lambda = \mu$;

(5) $S$ 是富足半群;

(6) 对任意 $\alpha, \beta \in \Gamma$ 和 $(i, \lambda) \in I_\alpha \times \Lambda_\alpha$, $(j, \mu) \in I_\beta \times \Lambda_\beta$, 幂等元

$$(i, p_{\lambda i}^{-1}, \lambda)\, \mathscr{D}\, (j, p_{\mu j}^{-1}, \mu) \Leftrightarrow \alpha = \beta;$$

(7) $S$ 的非零元 $(i, a, \lambda)$ 为正则元的充要条件是存在 $\alpha \in \Gamma$, $(i, \lambda) \in I_\alpha \times \Lambda_\alpha$ 且 $a$ 为 $T_\alpha$ 的单位.

**证明**　(1) 设 $(i, a, \lambda) \in E(S)\backslash\{0\}$, $a \in M_{\alpha\beta}$. 那么 $ap_{\lambda i}a = a$ 且 $p_{\lambda i} \in M_{\beta\alpha}$. 由公理 (R), $\alpha = \beta$, 因而 $a$, $p_{\lambda i} \in T_\alpha$. 由于公理 (C) 保证 $T_\alpha$ 是可消幺半群, 立得 $ap_{\lambda i} = e_\alpha = p_{\lambda i}a$ 是 $T_\alpha$ 的单位元.

反之, 若 $p_{\lambda i}$ 是 $T_\alpha$ 的单位且 $a = p_{\lambda i}^{-1}$, 那么易验证 $(i, a, \lambda)$ 是幂等元.

(2) 设 $(i, p_{\lambda i}^{-1}, \lambda) \leqslant (j, p_{\mu j}^{-1}, \mu)$. 由乘法定义易得 $i = j, \lambda = \mu$ 且 $p_{\mu j} = p_{\lambda i}$. 故 $S$ 的每个非零幂等元都本原.

(3) 设 $i \in I_\alpha$, $e_\alpha$ 为 $T_\alpha$ 的单位元. 对 $S$ 的任一非零元 $(i, a, \lambda)$, 因为有 $a \in M_{\alpha\beta}$, 对某 $\beta \in \Gamma$, 我们有 $e_\alpha a = a$. 现在, 假设有 $(i, a, \lambda)\, \mathscr{R}^*\, (j, b, \mu)$. 由公理 (U), 存在 $\nu \in \Lambda_\alpha$ 使得 $p_{\nu i}$ 是 $T_\alpha$ 的单位. 此时, 我们有 $(i, p_{\nu i}^{-1}, \nu) \in S$ 使

$$(i, p_{\nu i}^{-1}, \nu)(i, a, \lambda) = (i, p_{\nu i}^{-1} p_{\nu i} a, \lambda) = (i, e_\alpha a, \lambda) = (i, a, \lambda).$$

由 $\mathscr{R}^*$ 的定义, 有 $(i, p_{\nu i}^{-1}, \nu)(j, b, \mu) = (j, b, \mu)$. 由此立得 $i = j$.

若对 $S$ 的非零元 $(i, a, \lambda)$, $(i, b, \mu)$ 有 $(h, c, \sigma)(i, a, \lambda) = 1(i, a, \lambda)$, 那么显然 $h = i$ 且 $(cp_{\sigma i})a = a = e_\alpha a$. 由于 $h = i$, 我们有 $cp_{\sigma i} \in T_\alpha$, 故由公理 (C) 有 $cp_{\sigma i} =$

$e_\alpha$. 由此得 $(i,c,\sigma)(i,b,\mu)=(i,cp_{\sigma i}b,\mu)=1(i,b,\mu)$. 进而, 若 $(h,c,\sigma)(i,a,\lambda)=(j,d,\nu)(i,a,\lambda)$, 即 $(h,cp_{\sigma i}a,\lambda)=(j,dp_{\nu i}a,\lambda)$, 那么, 或者 $cp_{\sigma i}=0=dp_{\nu i}$, 或者 $h=j$, 从而由公理 (C), $cp_{\sigma i}=dp_{\nu i}$. 由此容易得到

$$(h,c,\sigma)(i,b,\mu)=(j,d,\nu)(i,b,\mu).$$

故 $(i,a,\lambda)\,\mathscr{R}^*\,(i,b,\mu)$.

(4) 可用与 (3) 类似的证明得.

(5) 此为条件 (3),(4),(1) 和公理 (U) 的推论.

(6) 设非零幂等元 $e=(i,a,\lambda)$, $f=(j,b,\mu)$ 是 $S$ 的 $\mathscr{D}$-相关的幂等元. 则存在 $x\in S$ 和 $x'\in V(x)$ 使 $xx'=e$, $x'x=f$. 显然我们必有 $x=(i,c,\mu)$, $x'=(j,d,\lambda)$ 对某 $c\in M_{\alpha\beta}$, $d\in M_{\beta\alpha}$. 现在 $(i,cp_{\mu j}dp_{\lambda i}c,\mu)=xx'x=x=(i,c,\mu)$ 且因 $p_{\mu j}\in T_\beta$ 而 $p_{\lambda i}\in T_\alpha$, 有 $p_{\mu j}dp_{\lambda i}\in M_{\beta\alpha}$. 由公理 (R) 得 $\alpha=\beta$.

设 $e=(i,p_{\lambda i}^{-1},\lambda)$, $f=(j,p_{\mu j}^{-1},\mu)$ 满足 $(i,\lambda),(j,\mu)\in I_\alpha\times\Lambda_\alpha$ 对某 $\alpha\in\Gamma$. 由 $p_{\lambda i}^{-1}$, $p_{\mu j}^{-1}$ 是 $T_\alpha$ 的单位, 令 $x=(i,p_{\lambda i}^{-1},\mu)$, $x'=(j,p_{\mu j}^{-1},\lambda)$, 它们当然是 $S$ 的非零元, 且易验证 $x'$ 是 $x$ 的逆元, 使得 $e=xx'$, $f=x'x$, 因而 $e\,\mathscr{D}\,f$.

(7) 设 $(i,a,\lambda)$ 是 $S$ 的非零正则元并设 $(i,\lambda)\in I_\alpha\times\Lambda_\beta$. 记 $(j,b,\mu)$ 是 $(i,a,\lambda)$ 的一个逆元, 有 $(j,\mu)\in I_\gamma\times\Lambda_\delta$. 由于 $(i,a,\lambda)(j,b,\mu)$ 和 $(j,b,\mu)(i,a,\lambda)$ 是 $S$ 的 $\mathscr{D}$-相关的非零幂等元, 由 (1), $\alpha=\delta,\beta=\gamma$. 由 (6) 得 $\alpha=\beta$. 如此 $p_{\lambda j}$, $p_{\mu i},a,b\in T_\alpha$. 现在由 $(i,a,\lambda)(j,b,\mu)(i,a,\lambda)=(i,a,\lambda)$ 得 $ap_{\lambda j}bp_{\mu i}a=a$, 再由 $T_\alpha$ 是可消幺半群立得 $a$ 是 $T_\alpha$ 的单位.

反之, 设 $a$ 是 $T_\alpha$ 的单位且 $(i,\lambda)\in I_\alpha\times\Lambda_\alpha$. 由公理 (U), 存在 $j\in I_\alpha$, $\mu\in\Lambda_\alpha$ 使得 $p_{\lambda j}$, $p_{\mu i}$ 是 $T_\alpha$ 的单位. 容易验证, 若取 $b=p_{\lambda j}^{-1}a^{-1}p_{\mu i}^{-1}$, 则 $(j,b,\mu)$ 是 $(i,a,\lambda)$ 的一个逆元, 故 $(i,a,\lambda)$ 正则. □

Fountain 在 [23] 中证明了: PA 分块 Rees 矩阵半群恰是本原富足半群结构的详尽刻画. 我们花点篇幅介绍下这个结论.

**引理 6.6.6** 设 $S$ 是有零元 0 的本原富足半群, $(E,\omega^\ell,\omega^r)$ 是其幂等元双序集. 我们有

(1) $\omega^\ell\cap(E\backslash\{0\})=\mathscr{L}\mid(E\backslash\{0\}\times E\backslash\{0\})$,

$\omega^r\cap(E\backslash\{0\})=\mathscr{R}\mid(E\backslash\{0\}\times E\backslash\{0\})$;

(2) $\forall e\in E\backslash\{0\}$ 和 $a\in S\backslash\{0\}$, $(a,e)\in\mathscr{L}^*\ (\mathscr{R}^*)\Leftrightarrow ae=a\ (ea=a)$;

(3) $\forall x,y\in S\backslash\{0\}$, $xy\neq 0\Leftrightarrow xy\in R_x^*\cap L_y^*$;

(4) $\forall x,y\in S\backslash\{0\}$, $e\in E(R_x^*)$, $f\in E(L_y^*)$, $yx=0\Leftrightarrow fe=0$;

(5) $\mathscr{H}^*$ 是 $S$ 上同余且对每个 $\mathscr{H}^*$-类 $H^*$, 或者 $H^*H^*=\{0\}$ 或者 $H^*$ 是 $S$ 的可消子半群.

**证明** (1) 设 $(e,f)\in\omega^\ell\cap(E\backslash\{0\})$, 则 $e=ef$, 从而 $e\,\mathscr{L}\,fe\,\omega\,f$. 由 $f$ 本原, 若 $fe=0$, 则有 $e=efe=0$, 不可. 如此, 必为 $fe=f$, 即 $(e,f)\in\mathscr{L}$. 对偶可证关于 $\omega^r$ 的结论.

(2) 因为 $L_0^*=\{0\}=R_0^*$, 必要性显然. 为证充分性, 设 $ae=a\neq 0$. 由 $S$ 富足, 有 $a^*\in E(L_a^*)$, $a^*\neq 0$. 如此由 $ae=a\cdot 1$ 得 $a^*e=a^*$, 即 $a^*\,\omega^\ell\,e$. 由 (1) 有 $a\,\mathscr{L}^*\,a^*\,\mathscr{L}\,e$. 故 $a\,\mathscr{L}^*\,e$. 对偶可证关于 $\mathscr{R}^*$ 的结论.

(3) 只需证必要性. 设 $xy\neq 0$. 由 $S$ 富足, 有非零幂等元 $e$, $f$ 使得 $e\,\mathscr{R}^*\,x$, $f\,\mathscr{L}^*\,y$. 于是 $exy=xy\neq 0$, $xyf=xy\neq 0$. 由 (2), $xy\in R_e^*\cap L_f^*=R_x^*\cap L_y^*$.

(4) 由条件有 $yx=yfex$, 故 $fe=0$ 必蕴含 $yx=0$. 反之, 设 $yx=0$. 由 $yx=0=y0$ 和 $f\in E(L_y^*)$, 有 $fx=f0=0=0x$. 再由 $e\in E(R_x^*)$ 得 $fe=0e=0$.

(5) 设 $x,y,a,b\in S$ 满足 $x\,\mathscr{H}^*\,y$, $a\,\mathscr{H}^*\,b$. $S$ 富足保证存在幂等元 $e,f$ 使得 $x,y\in L_f^*$, $a,b\in R_e^*$. 由 (4) 知, $xa=0$, $fe=0$ 和 $yb=0$ 这三个等式是等价的. 而如果 $fe\neq 0$, 则由 (3) 和 (4), 有 $xa\in R_x^*\cap L_a^*$, $yb\in R_y^*\cap L_b^*$. 但 $R_x^*=R_y^*$, $L_a^*=L_b^*$, 立得 $xa\,\mathscr{H}^*\,yb$. 故 $\mathscr{H}^*$ 是同余.

对任一 $\mathscr{H}^*$-类 $H^*$, 有 $e$, $f\in E$ 使得 $H^*=R_e^*\cap L_f^*$. 如果 $fe=0$, 由 (4), 对任意 $x$, $y\in H^*$ 有 $xy=0$, 即 $H^*H^*=\{0\}$. 如果 $fe\neq 0$, 则由 (3) 得 $xy\in R_x^*\cap L_y^*=H^*$, $\forall x,y\in H^*$. 故 $H^*$ 是 $S$ 的子半群. 进而, 因 $fee=fe\neq 0$, 由 (2) 有 $fe\,\mathscr{L}^*e$. 对任意 $x,y,z\in H^*$, 若 $xy=xz$, 由 $x\,\mathscr{L}^*\,f$ 和 $y,z\in R_e^*$, 有 $fey=fy=fz=fez$, 由此立得 $y=ey=ez=z$. 故 $H^*$ 左可消. 同理可证 $H^*$ 右可消. □

**命题 6.6.7** *设 $S$ 是有零元 0 的本原富足半群, $e,f\in E(S)\backslash\{0\}$. 如果 $e$, $f$ 不 $\mathscr{D}$-相关且 $ef$, $fe$ 均非零, 则有以下结论:*

*(1) $H_{ef}$ 和 $H_{fe}$ 都是 $S$ 的无单位元的可消子半群;*

*(2) $|H_e^*|=|H_{ef}^*|=|H_{fe}^*|=|H_f^*|$;*

*(3) $H_{ef}^*$ 作为半群或右 $H_f^*$-系同构于 $H_f^*$ 的一个右理想且作为半群或左 $H_e^*$-系同构于 $H_e^*$ 的一个左理想.*

**证明** (1) 因为 $ef\in eS\cap Sf$ 且 $ef\neq 0$, 由引理 6.6.6(2) 得 $H_{ef}^*=R_e^*\cap L_f^*$. 因为 $fe\neq 0$, 该引理之 (4) 给出 $(H_{ef}^*)^2\neq\{0\}$, 再由该引理之 (5) 知 $H_{ef}^*$ 是 $S$ 的可消子半群. 如果 $H_{ef}^*$ 含有幂等元 $g$, 则由 $H_{ef}^*=R_e^*\cap L_f^*$, 得 $e\,\mathscr{R}\,g\,\mathscr{L}\,f$, 即 $e\,\mathscr{D}\,f$, 与已知矛盾, 故 $H_{ef}^*$ 是无单位元的可消半群. 类似结论对 $H_{fe}^*$ 也成立.

(2) 左平移 $\lambda_e: H_f^*\longrightarrow H_{ef}^*$ 和 $\lambda_f: H_{ef}^*\longrightarrow H_f^*$ 均为单射, 得 $|H_f^*|=|H_{ef}^*|$. 同理可证 $|H_{ef}^*|=|H_e^*|=|H_{fe}^*|$.

(3) 如 (2), 映射 $\varphi: H_{ef}^*\longrightarrow H_f^*$, $x\mapsto x\varphi=fx$ 是单射, 其像为 $\mathrm{im}\,\varphi=\{fx: x\in H_{ef}^*\}$. 对任意 $x\in H_{ef}^*$ 和 $t\in H_f^*$, 因为 $xt\in H_{ef}^*$, 有 $(fx)t=f(xt)\in\mathrm{im}\,\varphi$, 故

$\operatorname{im}\varphi$ 是 $H_f^*$ 的右理想. 从另一角度看, 此式亦为 $(xt)\varphi = f(xt) = (fx)t = (x\varphi)t$, 说明 $\varphi$ 是从右 $H_f^*$-系 $H_{ef}^*$ 到 $\operatorname{im}\varphi$ 的 $H_f^*$-系同构. 此外, 对任意 $x, y \in H_{ef}^*$, 有 $(xy)\varphi = f(xy) \xlongequal{x\in L_f^*} (fxf)y = (fx)(fy) = (x\varphi)(y\varphi)$, 即 $\varphi$ 还是子半群 $H_{ef}^*$ 到 $\operatorname{im}\varphi$ 的半群同构. □

我们现在着手将一个有零元 0 的本原富足半群 $S$ 表示为 PA 分块 Rees 矩阵半群. 首先, 我们分别用 $I$, $\Lambda$ 来记 $S$ 的非零 $\mathscr{R}^*$-类和非零 $\mathscr{L}^*$-类的足标集, 即

$$S/\mathscr{R}^*\backslash\{0\} = \{R_i^* : i \in I\}, \quad S/\mathscr{L}^*\backslash\{0\} = \{L_\lambda^* : \lambda \in \Lambda\}.$$

从而其非零 $\mathscr{H}^*$-类可表示为

$$S/\mathscr{H}^*\backslash\{0\} = \{H_{i\lambda}^* = R_i^* \cap L_\lambda^* \neq \varnothing : i \in I, \lambda \in \Lambda\}.$$

现在我们把 $S$ 的含幂等元的非零 $\mathscr{D}$-类集合用足标集 $\Gamma$ 表示, 从而可将这样的 $\mathscr{D}$-类记为 $D_\alpha$, $\alpha \in \Gamma$. 对每个 $\alpha \in \Gamma$ 我们定义

$$I_\alpha = \{i \in I : D_\alpha \cap R_i^* \neq \varnothing\}, \quad \Lambda_\alpha = \{\lambda \in \Lambda : D_\alpha \cap L_\lambda^* \neq \varnothing\}.$$

因为 $S$ 的每个 $\mathscr{R}^*$-类都包含幂等元, 显然 $I$ 的每个元素都是某个 $I_\alpha$ 的成员. 因为一个给定 $\mathscr{R}^*$-类的所有正则元都 $\mathscr{R}$-相关, 每个 $\mathscr{R}^*$-类恰与一个正则 $\mathscr{D}$-类有非空交. 故若 $\alpha$, $\beta \in \Gamma$ 而 $\alpha \neq \beta$, 则 $I_\alpha \cap I_\beta = \varnothing$, 因此 $\{I_\alpha : \alpha \in \Gamma\}$ 是 $I$ 的一个划分. 类似地, $\{\Lambda_\alpha : \alpha \in \Gamma\}$ 是 $\Lambda$ 的一个划分.

易知, 对含有幂等元的每个 $\mathscr{H}^*$-类 $H^*$, 有一个 $\alpha \in \Gamma$ 和一对 $(i, \lambda) \in I_\alpha \times \Lambda_\alpha$, 使得 $H^* = R_i^* \cap L_\lambda^*$. 另一方面, 每个 $\mathscr{R}^*$-类都包含幂等元, 故对每个 $\alpha \in \Gamma$, 可以选定对子 $(i(\alpha),\ \lambda(\alpha))$ 使得 $H_{i(\alpha)\lambda(\alpha)}^* = R_{i(\alpha)}^* \cap L_{\lambda(\alpha)}^*$ 是含幂等元的 $\mathscr{H}^*$-类. 我们用 $M_{\alpha\alpha} = T_\alpha$ 来记这个 $\mathscr{H}^*$-类. 由引理 6.6.6(5), $T_\alpha$ 是可消幺半群, 由命题 6.1.4(2) 之 (iv), 它的幺半群结构只与 $\alpha \in \Gamma$ 有关而与在 $D_\alpha$ 中含幂等元 $\mathscr{H}^*$-类的选择无关. 我们用 $e_\alpha$ 来记这个 $T_\alpha$ 的单位元.

对每个 $\alpha \in \Gamma$ 和 $(i, \lambda) \in I_\alpha \times \Lambda_\alpha$, 由命题 6.1.4(2) 之 (i) 知 $H_{i\lambda}^* \neq \varnothing$. 进而有正则元 $r_i^\alpha \in H_{i,\lambda(\alpha)}^*$, $q_\lambda^\alpha \in H_{i(\alpha),\lambda}^*$ 使得 $x \mapsto r_i^\alpha x$ 是从 $H_{i(\alpha),\lambda(\alpha)}^*$ 到 $H_{i,\lambda(\alpha)}^*$ 的双射且 $y \mapsto y q_\lambda^\alpha$ 是从 $H_{i,\lambda(\alpha)}^*$ 到 $H_{i\lambda}^*$ 的双射. 如此, 选定 $\{r_i^\alpha : i \in I_\alpha, \alpha \in \Gamma\}$ 和 $\{q_\lambda^\alpha : \lambda \in \Lambda_\alpha, \alpha \in \Gamma\}$, 则 $H_{i\lambda}^*$ 中每个元素有唯一表示 $r_i^\alpha a q_\lambda^\alpha$, 其中 $a \in T_\alpha$.

对 $\alpha, \beta \in \Gamma$, $\alpha \neq \beta$, 记 $M_{\alpha\beta} = H_{i(\alpha)\lambda(\beta)}^* = R_{e_\alpha}^* \cap L_{e_\beta}^*$. 因 $e_\alpha$ 和 $e_\beta$ 不能 $\mathscr{D}$-相关, 它可能空, 但它不空时, 其中元素全都非正则, 且是一个强无扭的 $(T_\alpha, T_\beta)$-双系. 不难证明 (参看习题 6.6 中的练习 1 和练习 2), 对任一 $(i, \lambda) \in I_\alpha \times \Lambda_\beta$, $H_{i\lambda}^* \neq \varnothing$ 当且仅当 $M_{\alpha\beta} \neq \varnothing$ 且此时 $x \mapsto x q_\lambda^\beta$ 是从 $H_{i(\alpha)\lambda(\beta)}^*$ 到 $H_{i(\alpha),\lambda}^*$ 的双射, $y \mapsto r_i^\alpha y$ 是从 $H_{i(\alpha),\lambda}^*$ 到 $H_{i\lambda}^*$ 的双射, 此处 $r_i^\alpha$, $q_\lambda^\beta$ 是前段叙述中取定的 $H_{i,\lambda(\alpha)}^*$

和 $H^*_{i(\beta),\lambda}$ 中的正则元. 于是, 这样的 $H^*_{i\lambda}\,(i\in I_\alpha,\ \lambda\in\Lambda_\beta)$ 中的每个元素可唯一地写为形 $r_i^\alpha m q_\lambda^\beta$, 其中 $m\in M_{\alpha\beta}$. 进而, $H^*_{i\lambda}$ 在定义 $t_\alpha\cdot(r_i^\alpha m q_\lambda^\beta)=r_i^\alpha t_\alpha m q_\lambda^\beta$ 和 $(r_i^\alpha m q_\lambda^\beta)\cdot t_\beta=r_i^\alpha m t_\beta q_\lambda^\beta$ 下是与 $M_{\alpha\beta}$ $(T_\alpha,\ T_\beta)$-双系同构的强无扭 $(T_\alpha,\ T_\beta)$-双系, $M_{\alpha\beta}$ 和 $M^*_{i\lambda}$ 的双系结构与 $T_\alpha, T_\beta$ 可能的选择无关.

设 $\alpha,\beta,\gamma\in\Gamma$ 且有非空的 $M_{\alpha\beta}$ 和 $M_{\beta\gamma}$. 若 $a\in M_{\alpha\beta}$, $b\in M_{\beta\gamma}$, 则 $a\ \mathscr{L}^*\ e_\beta\ \mathscr{R}^*\ b$ 且由此 $ab\neq 0$. 由于 $ab\in aS\cap Sb\subseteq e_\alpha S\cap Se_\gamma$, 有 $e_\alpha\ \mathscr{R}^*\ ab\ \mathscr{L}^*\ e_\gamma$, 故得 $ab\in R^*_{i(\alpha)}\cap L^*_{\lambda(\gamma)}=M_{\alpha\gamma}$, 从而 $M_{\alpha\gamma}\neq\varnothing$. 我们定义 $\varphi_{\alpha\beta\gamma}: M_{\alpha\beta}\otimes M_{\beta\gamma}\longrightarrow M_{\alpha\gamma}$ 为 $a\otimes b\mapsto ab$. 易知这是有定义的 $(T_\alpha,T_\gamma)$-同态且从而定义 6.6.4 的条件 (1)—(4) 成立.

现在定义 $P=(p_{\lambda j})$ 是这样的 $\Lambda\times I$-矩阵: 对 $(\lambda,j)\in I_\alpha\times\Lambda_\beta$, $p_{\lambda j}=q_\lambda^\alpha r_j^\beta$. 因 $q_\lambda^\alpha\in H^*_{i(\alpha),\lambda}\subseteq R^*_{i(\alpha)}$, $r_j^\beta\in H^*_{j,\lambda(\beta)}\subseteq L^*_{\lambda(\beta)}$, 由引理 6.6.6(3) 知, 要么 $p_{\lambda j}=q_\lambda^\alpha r_j^\beta=0$, 要么 $p_{\lambda j}=q_\lambda^\alpha r_j^\beta\in R^*_{i(\alpha)}\cap L^*_{\lambda(\beta)}=H^*_{i(\alpha)\lambda(\beta)}=M^*_{\alpha\beta}$, 这样 $P$ 的 $(\alpha,\beta)$-块中的非零元都在 $M_{\alpha\beta}$ 中.

如此我们已有构作分块 Rees 矩阵半群 $\mathcal{M}^0=\mathcal{M}^0(M_{\alpha\beta};I,\Lambda,\Gamma;P)$ 的所有构件. 下面证明 $\mathcal{M}^0$ 满足条件 (C), (U) 和 (R).

设 $a,a_1,a_2\in M_{\alpha\beta}$, $z,z_1,z_2\in M_{\beta\gamma}$. 若 $az_1=az_2$, 则由 $a\in L^*_{\lambda(\beta)}$, 有 $e_\beta z_1=e_\beta z_2$. 因为 $z_1,z_2\in R^*_{\lambda(\beta)}$, 立得 $z_1=z_2$. 类似地, $a_1z=a_2z$ 蕴含 $a_1=a_2$. 故条件 (C) 成立.

设 $\alpha\in\Gamma$, $\lambda\in\Lambda_\alpha$, $L^*_\lambda$ 含有幂等元 $e$, 若 $e\in R^*_i\cap L^*_\lambda$, 当然有 $i\in I_\alpha$ 且我们有 $e=r_i^\alpha a q_\lambda^\alpha$, 其中 $a\in T_\alpha=H^*_{i(\alpha)\lambda(\alpha)}$. 由于 $r_i^\alpha\in H^*_{i,\lambda(\alpha)}\subseteq L^*_{e_\alpha}$, $q_\lambda^\alpha\in H^*_{i(\alpha),\lambda}\subseteq R^*_{e_\alpha}$, 立得

$$r_i^\alpha a q_\lambda^\alpha r_i^\alpha a q_\lambda^\alpha=e^2=e=r_i^\alpha a q_\lambda^\alpha.$$

这给出 $e_\alpha a p_{\lambda i} a e_\alpha=e_\alpha a e_\alpha$. 因为 $a,p_{\lambda i}\in T_\alpha$ 而 $T_\alpha$ 是以 $e_\alpha$ 为单位元的可消幺半群, 故 $p_{\lambda i}$ 是 $T_\alpha$ 中的单位. 类似的论述证明, 对每个 $i\in I_\alpha$, 存在 $\lambda\in\Lambda_\alpha$ 使得 $p_{\lambda i}$ 是 $T_\alpha$ 中的单位. 如此, 条件 (U) 成立.

现在若 $M_{\alpha\beta}$ 和 $M_{\beta\gamma}$ 不空, 对某 $\alpha,\beta\in\Gamma$, 且 $a\in M_{\alpha\beta}, b\in M_{\beta\alpha}$ 满足 $aba=a$, 则 $a$ 是正则元且 $e_\alpha\ \mathscr{R}^*\ a\ \mathscr{L}^*\ e_\beta$, 如此 $e_\alpha\ \mathscr{D}\ e_\beta$, 从而 $\alpha=\beta$. 故条件 (R) 成立.

最后, 我们已经看到 $S\backslash\{0\}=\cup\{H^*_{i\lambda}\ :\ (i,\lambda)\in I\times\Lambda\}$, 故映射

$$\varphi:\mathcal{M}^0\longrightarrow S,\ \ 0\longmapsto 0,\ (i,a,\lambda)\longmapsto r_i^\alpha a q_\lambda^\beta,\quad (i,\lambda)\in I_\alpha\times\Lambda_\beta,\ \ a\in M_{\alpha\beta}$$

是从 $\mathcal{M}^0(M_{\alpha\beta};I,\Lambda,\Gamma;P)$ 到 $S$ 上的双射. 直接验证可知 $\varphi$ 还是同态, 故我们终于证明了下述定理 6.6.8.

**定理 6.6.8** *$S$ 是有零元 0 的本原富足半群的充要条件是 $S$ 同构于一个 PA 分块 Rees 矩阵半群.*

**定理 6.6.9** 设 $S=\mathcal{M}^0(M_{\alpha\beta};I,\Lambda,\Gamma;P)$ 是分块 Rees 矩阵半群. $S$ 的幂等元生成正则子半群的充要条件是 $P$ 中所有非零元都在对角块中, 且 $P$ 中每个来自 $T_\alpha\,(\alpha\in\Gamma)$ 的非零元都是 $T_\alpha$ 的单位.

**证明** 设 $S$ 的幂等元生成正则子半群, $(\alpha,\beta)\in\Gamma\times\Gamma$ 而 $(i,\lambda)\in I_\alpha\times\Lambda_\beta$. 此时存在 $\mu\in\Lambda_\alpha$, $j\in I_\beta$, 使得 $p_{\mu i},p_{\lambda j}$ 分别是 $T_\alpha,T_\beta$ 的单位. 由于 $(j,p_{\lambda j}^{-1},\lambda)$, $(i,p_{\mu i}^{-1},\mu)$ 是幂等元, 我们有 $(j,p_{\lambda j}^{-1}p_{\lambda i}p_{\mu i}^{-1},\mu)$ 正则. 如此, 由命题 6.6.5 (7), 若 $\alpha\neq\beta$, 则 $p_{\lambda i}=0$; 而若 $\alpha=\beta$, 则 $p_{\lambda j}^{-1}p_{\lambda i}p_{\mu i}^{-1}$ 是 $T_\alpha$ 的单位, 从而 $p_{\lambda i}$ 也是.

反之, 设 $(i,a,\lambda),(j,b,\mu)$ 是 $S$ 的正则元. 由定理 6.6.5(7), 存在 $\alpha,\beta\in\Gamma$, 使得 $(i,\lambda)\in I_\alpha\times\Lambda_\alpha$, $(j,\mu)\in I_\beta\times\Lambda_\beta$, 且 $a$, $b$ 分别为 $T_\alpha,T_\beta$ 的单位. 由题设, 当 $\alpha\neq\beta$ 或虽然 $\alpha=\beta$ 但 $p_{\lambda j}$ 不是 $T_\alpha$ 的单位时, 均有积 $(i,a,\lambda)(j,b,\mu)=0$; 而当 $\alpha=\beta$ 且 $p_{\lambda j}$ 是 $T_\alpha$ 的单位时, 由于 $a$, $b$ 是 $T_\alpha$ 的单位, $ap_{\lambda j}b$ 也是 $T_\alpha$ 的单位, 故积 $(i,a,\lambda)(j,b,\mu)=(i,ap_{\lambda j}b,\mu)$ 是 $S$ 的正则元. 因而 $S$ 的正则元集形成 $S$ 的子半群. 特别地, $S$ 的幂等元集生成 $S$ 的正则子半群. □

**命题 6.6.10** 设 $S=\mathcal{M}^0(M_{\alpha\beta};I,\Lambda,\Gamma;P)$ 是分块 Rees 矩阵半群. 对任意 $x,y\in S\backslash\{0\}$, 我们有: $xy\neq 0$ 的充分必要条件是 $L_x^*\cap R_y^*\cap E(S)\neq\varnothing$.

**证明** 设 $x=(i,a,\lambda)$, $y=(j,b,\mu)$, $a\in M_{\alpha\beta}$, $b\in M_{\beta\gamma}$ 满足 $L_x^*\cap R_y^*\cap E(S)\neq\varnothing$. 由命题 6.6.5 之 (1), (3) 和 (4), $L_x^*\cap R_y^*$ 中的幂等元有形 $(j,p_{\lambda j}^{-1},\lambda)$, 其中, $p_{\lambda j}$ 是 $T_\beta$ 的单位. 显然, 此时 $xy=(i,ap_{\lambda j}b,\mu)\neq 0$.

反之, 若 $xy=(i,ap_{\lambda j}b,\mu)\neq 0$, 则 $p_{\lambda j}\neq 0$. 由已知, $p_{\lambda j}$ 属于 $P$ 的一个对角子块且为某 $T_\beta$ 的单位. 故由命题 6.6.5(1) 知 $(j,p_{\lambda j}^{-1},\lambda)$ 是幂等元, 属于 $L_x^*\cap R_y^*$. □

### 习题 6.6

1. 设 $e,f$ 是半群 $S$ 的幂等元. 若 $H^*=R_e^*\cap L_f^*\neq\varnothing$, 则 $S$ 的乘法自然使得 $H^*$ 成为一个强无扭 $(H_e^*,\ H_f^*)$-双系.

2. 设 $e,f$ 是半群 $S$ 中 $\mathscr{D}$-相关的幂等元而 $c\in L_e\cap R_f$, $c'\in R_e\cap L_f\cap V(c)$, 则 $\varphi:H_e^*\longrightarrow H_f^*$, $t\longmapsto ctc'$ 是该二幺半群的同构. 进而, 对任意 $x\in L_e^*\ (R_e^*)$, 有 $L_f^*\cap R_x^*\neq\varnothing\ (R_f^*\cap L_x^*\neq\varnothing)$ 且存在双射 $\theta:H_x^*\longrightarrow L_f^*\cap R_x^*\ (\theta:H_x^*\longrightarrow R_f^*\cap L_x^*)$ 使得 $(at)\theta=(a\theta)(t\varphi)\ ((ta)\theta=(t\varphi)(a\theta))$. 此外, 若有某幂等元 $g$, 使得 $x\in R_g^*\ (L_g^*)$, 则 $(ra)\theta=r(a\theta)\ ((ar)\theta=(a\theta)r)$, $\forall a\in H_a^*$, $r\in H_g^*$.

## 6.7 一致半群的 $*$-迹结构

设 $S$ 为富足半群, 有幂等元双序集 $E$. 我们熟知的 $*$-迹 $\mathrm{tr}^*(S)$ 此时可定义为有下述部分二元运算的集合 $(S,*)$:

$$a * b = \begin{cases} ab, & \text{若 } L_a^* \cap R_b^* \cap E \neq \varnothing, \\ \text{无定义}, & \text{否则}. \end{cases}$$

当 $a * b = ab$ 时, 因为有 $e \in E(L_a^* \cap R_b^*)$, 易知 $a * b = ab \in R_a^* \cap L_b^*$. 这说明富足半群的每个 $\mathscr{D}^*$-类在 "$*$" 下是一个部分群胚, 而 $\mathrm{tr}^*(S)$ 恰是 $S$ 的所有 $\mathscr{D}^*$-类这样形成的子群胚之无交并. 下面, 我们仍用字母连接表示 $*$-乘积.

**命题 6.7.1** 富足半群 $S$ 的 $*$-迹 $\mathrm{tr}^*(S)$ 满足 Brandt 公理 (Br2).

**证明** 我们先验证 $\mathrm{tr}^*(S)$ 满足 (Br2) 之 (i). 设 $ab$ 和 $bc$ 有定义, 即有 $e \in L_a^* \cap R_b^* \cap E(S)$, $f \in L_b^* \cap R_c^* \cap E(S)$. 因为 $\mathscr{L}^*$ 是右同余, 我们有 $ab \mathscr{L}^* eb = b$. 故 $L_b^* = L_{ab}^*$, 从而 $f \in L_{ab}^* \cap R_c^* \cap E(S)$, 如此 $(ab)c$ 有定义. 对偶地, $c \mathscr{R}^* f$ 蕴含 $bc \mathscr{R}^* bf = b$. 从而 $R_b^* = R_{bc}^*$, 且 $e \in L_a^* \cap R_{bc}^* \cap E$, 故 $a(bc)$ 有定义. 因为 $(ab)c$ 和 $a(bc)$ 都属于半群 $S$, 它们必相等.

为证 (ii), 设 $ab$ 和 $(ab)c$ 有定义. 我们有 $e \in L_a^* \cap R_b^* \cap E(S)$, $g \in L_{ab}^* \cap R_c^* \cap E$. 与上相同, 可得 $L_b^* = L_{ab}^*$, 故 $g \in L_b^* \cap R_c^* \cap E$, 因而 $bc$ 有定义. 其余可从 (i) 得.

现证 (iii). 设 $bc$ 和 $a(bc)$ 有定义, 我们有 $f \in L_b^* \cap R_c^* \cap E$, $h \in L_a^* \cap R_{bc}^* \cap E$. 同样地, 我们有 $R_b^* = R_{bc}^*$ 和 $h \in L_a^* \cap R_b^* \cap E$, 从而 $ab$ 有定义. 同样地, 其余结论也可由 (i) 得. □

作为命题 6.7.1 和引理 6.5.2 的推论, 我们有

**推论 6.7.2** 如果我们扩充 $\mathrm{tr}^*(S)$ 的部分乘法 $\cdot$, 添加不在 $S$ 中的 0 作为零元并定义 $\mathrm{tr}^*(S)$ 中每个无定义的积都为 0, 则 $\mathrm{tr}^*(S)^0 = \mathrm{tr}^*(S) \cup \{0\}$ 在这个乘积下是半群.

不仅如此, 我们还有

**命题 6.7.3** 对富足半群 $S$, $\mathrm{tr}^*(S)^0$ 也是富足半群.

**证明** 我们只需证明: $S$ 上的 $\mathscr{R}^*$, $\mathscr{L}^*$ 关系恰与半群 $\mathrm{tr}^*(S)^0$ 上相应关系在其非零元集上的限制重合即可.

设 $a, b \in S$ 且在 $S$ 中有 $a \mathscr{R}^* b$, 即 $\forall x, y \in S^1$, $xa = ya \Leftrightarrow xb = yb$. 假设在 $\mathrm{tr}^*(S)^0$ 中有 $pa = qa$, $p, q \in (S^0)^1$. 若 $p, q \in S^1$, 由在 $S$ 中 $a \mathscr{R}^* b$, 自然有 $pb = qb$; 且此时 $L_p^* \cap R_a^* \cap E = \varnothing = L_q^* \cap R_a^* \cap E$ 而 $R_a^* = R_b^*$, 亦有 $pb = qb = 0$. 若 $p = 0$ 而 $q \neq 0$, 则由 $qa = 0$ 也有 $L_q^* \cap R_b^* \cap E^0 = L_q^* \cap R_a^* \cap E^0 = \varnothing$, 故也有 $qb = 0b = 0 = pb$; $p \neq 0, q = 0$ 时类似可证. 如果在 $\mathrm{tr}^*(S)^0$ 中有 $pa = qa \neq 0$, 那么必有 $p, q \in S^1$, 由 $S$ 中有 $a \mathscr{R}^* b$ 得 $pb = qb$. 因此, 在 $\mathrm{tr}^*(S)^0$ 中也有 $a \mathscr{R}^* b$.

现在设 $a, b \in S$ 满足: 在 $\mathrm{tr}^*(S)^0$ 中有 $a \mathscr{R}^* b$. 因为 $S$ 富足, 存在 $e, f \in E \subseteq E^0$, 在 $S$ 中 $e \mathscr{R}^* a$, $f \mathscr{R}^* b$. 上面的证明说明在 $\mathrm{tr}^*(S)^0$ 中也有 $e \mathscr{R}^* a$, $f \mathscr{R}^* b$, 于是有 $e \mathscr{R} f$ 在 $\mathrm{tr}^*(S)^0$ 中成立, 即 $e = fe$, $f = ef$, 这保证在 $S$ 中有 $e \mathscr{R} f$. 因而, 在 $S$ 中我们有 $a \mathscr{R}^* e \mathscr{R} f \mathscr{R}^* b$. 故得在 $S$ 中 $a \mathscr{R}^* b$.

这样, 我们证明了 $S$ 上的 $\mathscr{R}^*$-关系恰与 $\mathrm{tr}^*(S)^0$ 的非零元集合上的 $\mathscr{R}^*$ 关系重合. 对偶地可证同样结论对 $\mathscr{L}^*$-关系亦成立. 于是由 $S$ 富足得 $\mathrm{tr}^*(S)^0$ 富足. □

容易知道, 给 $S$ 的每个 $\mathscr{D}^*$-类添加一个零元, 我们可以得到一个半群, 满足 Brandt 半群的公理 (A2). 特别地, 我们还有下述关于公理 (A1), (A3) 和 (A4) 的较弱的形式:

**命题 6.7.4** 设 $D$ 是富足半群 $S$ 的一个 $\mathscr{D}^*$-类. 在 $(D,*)$ 上添加零元 0, 则 $D^0$ 是一个半群, 满足以下公理:

(A1)$'$ 对于 $a,b,c\in D$, 若 $ac=bc\neq 0$, 则 $a\mathscr{R}b$. 对偶地, 若 $ca=cb\neq 0$, 则 $a\mathscr{L}b$.

(A2) 对于 $a,b,c\in D$, 若 $ab\neq 0$, $bc\neq 0$, 则 $abc\neq 0$.

(A3)$'$ 对每个 $a\in D$, 存在 $e,f\in D$, 使得 $ea=a=af$.

(A4)$'$ 对 $e,f\in E(D)$, 存在 $e_1,\cdots,e_n\in E(D)$, $e=e_1$, $f=e_n$, 满足: 对任意 $i=1,\cdots,n-1$, 子半群 $e_iD^0e_{i+1}$ 和 $e_{i+1}D^0e_i$ 两者中至少一个不是 $\{0\}$.

**证明** (A1)$'$ 设 $ac=bc\neq 0$. 则存在 $e\in L_a^*\cap R_c^*\cap E(S)$, $f\in L_b^*\cap R_c^*\cap E(S)$. 因为 $ac=bc$, $e,f\in R_c^*$, 我们有 $ae=be$, $af=bf$. 因为 $a\mathscr{L}^*e$ 且 $b\mathscr{L}^*f$, 这蕴含 $a=be$, $af=b$, 故 $a\mathscr{R}b$. 另一个结论可对偶地证明.

(A2) 是命题 6.7.1 的结论.

(A3)$'$ 因为 $S$ 富足, 对每个 $a\in D$, 存在 $f\in E(L_a^*)$, $e\in E(R_a^*)$. 由 $f\in L_a^*\cap R_f^*$ 知 $af$ 在 $D$ 中有定义, 且 $af=a$. 对偶地, $ea$ 在 $D$ 中有定义且 $ea=a$.

(A4)$'$ 因为 $(e,f)\in\mathscr{D}^*=\mathscr{R}^*\vee\mathscr{L}^*$, 存在 $a_2,\cdots,a_n\in D$, 满足

$$e\,\mathscr{L}^*\,a_2\,\mathscr{R}^*\,a_3\,\mathscr{L}^*\,a_4\cdots\mathscr{L}^*\,a_n\,\mathscr{R}^*\,f.$$

因为 $S$ 富足, 我们可以选择幂等元 $e_2\in R_{a_2}^*=R_{a_3}^*$, $e_3\in L_{a_3}^*=L_{a_4}^*$, $\cdots$, $e_{n-1}\in L_{a_{n-1}}^*=L_{a_n}^*$. 显然 $e=e_1\in L_e^*=L_{a_2}^*$ 而 $f=e_n\in R_f^*=R_{a_n}^*$. 对每个 $i$ 有: 或者 $e_i\,\mathscr{R}^*\,a_{i+1}\,\mathscr{L}^*\,e_{i+1}$, 或者 $e_i\,\mathscr{L}^*\,a_{i+1}\,\mathscr{R}^*\,e_{i+1}$. 在前一情形我们有 $a_{i+1}=e_ia_{i+1}e_{i+1}\in e_iD^0e_{i+1}$; 在后一情形我们有 $a_{i+1}=e_{i+1}a_{i+1}e_i\in e_{i+1}D^0e_i$. □

**推论 6.7.5** 设 $S$ 为富足半群. 我们有

(1) $\mathrm{tr}^*(S)^0$ 满足 (A1)$'$, (A2) 和 (A3)$'$;

(2) $\mathrm{tr}^*(S)^0$ 的幂等元生成正则子半群, 且所有非零幂等元都本原.

**证明** (1) 命题 6.7.4 的证明中, 只有对 (A4)$'$ 之证用到条件 "$D$ 是一个 $\mathscr{D}^*$-类", 其余的都适用于 $\mathrm{tr}^*(S)^0$.

(2) 设对幂等元 $e,f\in\mathrm{tr}^*(S)^0$ 有 $ef\neq 0$. 那么 $ef=(ef)f$, 故由 (A1)$'$, $ef\,\mathscr{R}\,e$. 因而 $ef$ 正则. 这证明了 $\mathrm{tr}^*(S)^0$ 的幂等元生成正则子半群. 现在设 $e$, $f$ 是 $\mathrm{tr}^*(S)^0$ 的非零幂等元, 满足 $f\leqslant e$. 由 $ef=f=ff$ 和 (A1)$'$, 我们有 $e\,\mathscr{R}\,f$;

再由 $fe = f = ff$ 和 $(\mathrm{A1})'$, 我们又有 $e \mathscr{L} f$. 故得 $e = f$. 这证明了每个非零幂等元都本原. □

**定理 6.7.6** 设 $S$ 为富足半群. 则 $\mathrm{tr}^*(S)^0$ 同构于 PA 分块 Rees 矩阵半群 $\mathcal{M}^0(M_{\alpha\beta}; I, \Lambda, \Gamma; P)$, 其中 $P$ 的所有非 0 值都在对角块上, 且每个来自 $T_\alpha$ 的非 0 值都是 $T_\alpha$ 的单位.

**证明** 因为 $\mathrm{tr}^*(S)^0$ 是本原富足半群, 由定理 6.6.8, 它同构于 PA 分块 Rees 矩阵半群. 又因为 $\mathrm{tr}^*(S)^0$ 的幂等元生成正则子半群, 由定理 6.6.9 得后半部分结论. □

**定义 6.7.7** 称部分群胚 $(G, \cdot)$ 为一致部分群胚 (concordant partial groupoid), 若下述公理成立:

(G1) 对 $G$ 的部分二元运算 "$\cdot$" 的某个限制 "$\diamond$", $(G, \diamond)^0$ 同构于定理 6.7.6 所描述的 PA 分块 Rees 矩阵半群;

(G2) $(E(G), \cdot)$ 是一个正则双序集;

(G3) 对 $x, y \in G$, 积 $x \cdot y$ 有定义当且仅当它在 $(G, \diamond)$ 中有定义或在 $(E(G), \cdot)$ 中有定义;

(G4) 对 $e, f \in E(G)$, 我们有

$$(e, f) \in \longleftrightarrow [\succ\!\!-\!\!\prec] 在\ (E(G), \cdot)\ 中成立 \Leftrightarrow (e, f) \in \mathscr{R}\,[\mathscr{L}] 在\ (G, \diamond)\ 中成立.$$

我们知道, 对任一满足 Grandt 公理 (Br2) (ii) 和 (Br2) (iii) 的部分群胚 $G$, 式 (6.15) 借助半群 $G^0$ 定义的二元关系 $\mathscr{L}^{*G}$, $\mathscr{R}^{*G}$ 恰是半群 $G^0$ 中相应 $*$-Green 关系在非零元集上的限制, 且自然分别是 $G$ 上右、左同余. 对于一致部分群胚 $(G, \cdot)$, 我们证明: 由此方式定义的两种相应关系是等价的. 即我们有如下结论:

**命题 6.7.8** 设 $(G, \cdot)$ 是一致部分群胚. 对任意 $a, b \in G$, 有

$$(a, b) \in \mathscr{L}^{*(G, \cdot)} \Leftrightarrow (a, b) \in \mathscr{L}^{*(G, \diamond)};$$

$$(a, b) \in \mathscr{R}^{*(G, \cdot)} \Leftrightarrow (a, b) \in \mathscr{R}^{*(G, \diamond)}.$$

**证明** 对 $G$ 的二非幂等元 $a, b \notin E(G)$, 由公理 (G3), $ax = ay$ 在 $(G, \diamond)^0$ 中成立当且仅当 $ax = ay$ 在 $(G, \cdot)^0$ 中成立且 $bx = by$ 在 $(G, \diamond)^0$ 中成立当且仅当 $bx = by$ 在 $(G, \cdot)^0$ 中成立, 故 $(a, b) \in \mathscr{L}^{*(G, \diamond)} \Leftrightarrow (a, b) \in \mathscr{L}^{*(G, \cdot)}$. 对偶地, 对 $\mathscr{R}^*$ 也有同样结论.

设 $(a, e) \in \mathscr{L}^{*(G, \cdot)}$, $e \in E(G)$. 如果 $a \in E(G)$, 则 $(a, e) \in \mathscr{L}(G, \cdot)$, 从而 $(a, e) \in \succ\!\!-\!\!\prec$ 在双序集 $(E(G), \cdot)$ 中成立, 由公理 (G4), 有 $(a, e) \in \mathscr{L}(G, \diamond) \subseteq \mathscr{L}^{*(G, \diamond)}$ 成立. 如果 $a \notin E(G)$, 则因 $ae = a$ 在 $(G, \cdot)$ 中成立, 由公理 (G3), 该等式在 $(G, \diamond)$ 中成立, 但公理 (G1) 保证 $(G, \diamond)^0$ 是本原富足半群, $ae = a \neq 0$ 确保 $(a, e) \in \mathscr{L}^{*(G, \diamond)}$. 如此 $(a, e) \in \mathscr{L}^{*(G, \cdot)} \Rightarrow (a, e) \in \mathscr{L}^{*(G, \diamond)}$. 同样推理对 $\mathscr{R}^*$ 也成立.

现在设 $(a,e)\in\mathscr{L}^{*(G,\diamond)}$, $e\in E(G)$. 如果 $a\in E(G)$, 则 $(a,e)\in\mathscr{L}(G,\diamond)$, 由公理 (G4) 有 $(a,e)\in\ \succ\!\!-\!\!\prec$ 在双序集 $(E(G),\cdot)$ 中成立. 这也就是 $(a,e)\in\mathscr{L}(G,\cdot)\subseteq\mathscr{L}^{*(G,\cdot)}$. 假设 $a\notin E(G)$. 我们有 $ae=a$ 在 $(G,\diamond)$ 中成立, 由 (G3), 该式在 $(G,\cdot)$ 中成立. 进而 $ax=ay$ 在 $(G,\cdot)$ 中成立当且仅当它在 $(G,\diamond)^0$ 中成立, 由 $(a,e)\in\mathscr{L}^{*(G,\diamond)}$, 这也就蕴含 $ex=ey$ 在 $(G,\diamond)^0$ 中成立. 如果 $ex=ey\neq 0$, 则由 (G3) 有 $ex=ey$ 在 $(G,\cdot)$ 中成立. 假如 $ex=ey=0$ 在 $(G,\diamond)^0$ 中成立却不在 $(G,\cdot)^0$ 中成立——比如说 $ex\neq 0$ 在 $(G,\cdot)$ 中, 那么由 $ex\neq 0$ 在 $(G,\diamond)$ 中不成立, 据公理 (G3), $ex$ 必在双序集 $(E(G),\cdot)$ 中有定义. 但双序集的定义域是 $D_{E(G)}=\omega^\ell\cup\omega^r\cup(\omega^\ell\cup\omega^r)^{-1}$, $(e,x)\in D_{E(G)}$ 蕴含在双序集 $(E(G),\cdot)$ 中有 $(e,ex)\in\ \succ\!\!-\!\!\prec\cup\longleftrightarrow$, 由公理 (G4), 在 $(G,\diamond)^0$ 中有 $(e,0)=(e,ex)\in\mathscr{L}^*\cup\mathscr{R}^*$, 但在任何含零元 0 的半群中恒有 $R_0^*=\{0\}=L_0^*$, 而 $e\in E(G)$ 说明 $e\neq 0$. 因此, $ex\neq 0$ 在 $(G,\cdot)^0$ 中是不可能的. 同样, $ey\neq 0$ 在 $(G,\cdot)^0$ 中也不可能. 故必为 $ex=ey=0$(在 $(G,\cdot)$ 中). 这样我们证明了: $(a,e)\in\mathscr{L}^{*(G,\diamond)}\Rightarrow(a,e)\in\mathscr{L}^{*(G,\cdot)}$. 与上类似, 同样推理对 $\mathscr{R}^*$ 也成立.

这就完成了命题的证明. □

如此, 对一致部分群胚 $(G,\cdot)$, 我们可以定义其上 $*$-Green 关系 $\mathscr{L}^*$, $\mathscr{R}^*$ 如下: $\forall a,b\in G$,

$$(a,b)\in\mathscr{L}^{*(G,\cdot)}\ \Leftrightarrow (a,b)\in\mathscr{L}^{*(S,\diamond)};$$

$$(a,b)\in\mathscr{R}^{*(G,\cdot)}\ \Leftrightarrow (a,b)\in\mathscr{R}^{*(S,\diamond)}.$$

注意, 若 $S$ 是一致半群, 因 $E(S)$ 生成正则子半群, 因而限制其运算在 $D_{E(S)}=\omega^\ell\cup\omega^r\cup(\omega^\ell\cup\omega^r)^{-1}$ 上, 则 $E(S)$ 是正则双序集, 将该部分乘法与迹 $\mathrm{tr}^*(S)$ 上已有的部分乘法结合, 我们得到一个一致部分群胚的结构, 而且上述定义的 $*$-Green 关系 $\mathscr{L}^*$, $\mathscr{R}^*$ 与原半群 $S$ 上的相应关系完全重合.

### 习题 6.7

1. 验证推论 6.7.2.

2. 试说明一致半群的部分群胚 $D^*(*)$, $S(*)$ 与 Rees 群胚 $D(*)$ 及伪群胚 $S(*)$ 的异同.

## 6.8 一致半群的结构映射

Nambooripad[49] 和 Meakin[38] 曾经用正则半群的迹和结构映射分析了正则半群的结构. 我们在本节首先介绍富足半群的结构映射, 然后用 $*$-迹和结构映射来分析一致半群的结构.

设 $S$ 是富足半群, 有幂等元双序集 $E$. 对 $e, f \in E$, 若 $(f, e) \in \omega^\ell \cup \omega^r = \kappa$, 则总有 $ef \mathscr{L} f$, $fe \mathscr{R} f$. 设 $x \in R_e^*$, 对任意 $p, q \in S^1$, 若 $pfx = qfx$, 则 $pfe = qfe$. 而因为 $fe \mathscr{R} f$, 立得 $pf = qf$. 进而, $f(fx) = fx$ 给出 $fx \mathscr{R}^* f$. 对偶地, 若 $x \in L_e^*$, 则 $xf \mathscr{L}^* f$.

如此, 只要 $f \kappa e$, 就可以定义两个映射 $\phi_{e,f} : R_e^* \longrightarrow R_f^*$ 和 $\psi_{e,f} : L_e^* \longrightarrow L_f^*$:

$$x\phi_{e,f} = fx, \quad y\psi_{e,f} = yf, \quad \forall x \in R_e^*, \quad y \in L_e^*. \tag{6.17}$$

式 (6.17) 定义的两个映射称为富足半群 $S$ 的结构映射 (structure mappings).

若 $S$ 的幂等元生成正则子半群, 从而 $E$ 为正则双序集, 那么, 因为有 $a\psi_{e,h} \in L_h^*$, $b\phi_{f,h} \in R_h^*$, 我们可把 $S$ 中任二元之积化为 $\mathrm{tr}^*(S)$ 的积, 即 $\forall a, b \in S$, $ab = (a\psi_{e,h}) * (b\phi_{f,h})$, 其中 $e \in E(L_a^*)$, $f \in E(R_b^*)$, $h \in S(e, f)$. 由夹心集 $S(e, f)$ 被 $L_e$, $R_f$ 唯一确定, 且对任意 $h, h' \in S(e, f)$, 有 $eh \mathscr{R} eh'$, $hf \mathscr{L} h'f$, 该积与 $e, f$ 和 $h$ 的选择无关.

特别地, 若 $S$ 是一致半群, 则我们可在结构映射的框架下分析 $S$ 的结构. 首先有

**引理 6.8.1** 设 $S$ 为一致半群, 有幂等元正则双序集 $E$. 记

$$\Phi = \{\phi_{e,f} : R_e^* \longrightarrow R_f^* \ : \ f \kappa e, \ e, f \in E\},$$

$$\Psi = \{\psi_{e,f} : L_e^* \longrightarrow L_f^* \ : \ f \kappa e, \ e, f \in E\}$$

为 $S$ 的结构映射. 那么 $\Phi \cup \Psi$ 满足下述条件及其对偶:

(K1) 若 $g \kappa f \kappa e$ 且 $gfe$ 在 $E$ 中有定义, 则 $\phi_{e,f}\phi_{f,g} = \phi_{e,gfe}$.

(K2) 若 $f \kappa e$, 则 $e\phi_{e,f} = fe$.

(K3) 若 $e \longleftrightarrow f$, 则 $\phi_{e,f}$ 是 $R_e^*$ 到自身的恒等映射.

(K4) 设 $e \mathscr{L}^* a \mathscr{R}^* f$, 则

(i) 存在唯一 $\omega$-同构 $\theta_{e,a,f} : \omega(e) \longrightarrow \omega(f)$, 使得 $\forall g \in \omega(e)$, $a\psi_{e,g} = a\phi_{f,(g\theta_{e,a,f})}$ 且有 $(\theta_{e,a,f})^{-1} = \theta_{f,a,e} : \omega(f) \longrightarrow \omega(e)$, 使得 $\forall h \in \omega(f)$, $a\phi_{f,h} = a\psi_{e,(h\theta_{f,a,e})}$;

(ii) 进而, $\theta_{e,a,f}$ 及其逆可扩充为映射 $\overline{\theta_{e,a,f}} : \kappa(e) \longrightarrow \omega(f)$ 和 $\overline{\theta_{f,a,e}} : \kappa(f) \longrightarrow \omega(e)$ 如下

$$\forall j \in \kappa(e), \ j\overline{\theta_{e,a,f}} = (eje)\theta_{e,a,f}, \quad \forall k \in \kappa(f), \ k\overline{\theta_{f,a,e}} = (fkf)\theta_{f,a,e}.$$

那么, 两组结构映射满足

$$j \, \omega^\ell \, e \Rightarrow a\psi_{e,j} = a\phi_{f,j\overline{\theta_{e,a,f}}}, \quad k \, \omega^r \, f \Rightarrow a\phi_{f,k} = a\psi_{e,k\overline{\theta_{f,a,e}}};$$

(iii) 若 $b \mathscr{R}^* e$, 则 $(ab)\phi_{f,j\overline{\theta_{e,a,f}}} = (a\psi_{e,j})(b\phi_{e,j})$, $\forall j \in \kappa(e)$;

(iv) 若 $e \succ\!\!\!-\!\!\!\prec h$, 则 $g\theta_{e,a,f} = hg\theta_{h,a,f}$, $\forall g \in \omega(e)$;

(v) 若 $g \mathscr{L}^* c \mathscr{R}^* m$ 且 $e\,\omega\,g$, $f = e\theta_{g,c,m}$, $a = c\psi_{g,e}$, 则

$$\theta_{e,a,f} = e \downharpoonleft \theta_{g,c,m} = \theta_{g,c,m} \,|\, \omega(e).$$

**证明** (K1)—(K3) 易由定义证明, 不赘.

(K4) (i) 因为 $S$ 是 IC 的, 存在唯一连通同构 $\alpha : \omega(f) \longrightarrow \omega(e)$ 满足 $ha = a(h\alpha)$, $\forall h \in \omega(f)$. 此即 $a\phi_{f,h} = a\psi_{e,h\alpha}$. 令 $\theta_{f,a,e} = \alpha$. 对偶地, 可令 $\theta_{e,a,f} = \beta$ 为从 $\omega(e)$ 到 $\omega(f)$ 的连通同构. 此外, 我们有 $\beta\alpha : \omega(e) \longrightarrow \omega(e)$, $\forall g \in \omega(e)$ 满足 $a(g\beta\alpha) = (g\beta)a = ag$, 由 $e \mathscr{L}^* a$, 有 $e(g\beta\alpha) = eg$, 此即 $g\beta\alpha = g$. 故 $\theta_{f,a,e} = \theta_{e,a,f}^{-1}$.

(ii) 若 $j\,\omega^{\ell}\,e$, 则 $j\overline{\theta_{e,a,f}} = (ej)\theta_{e,a,f}$, 且

$$a\phi_{f,j\overline{\theta_{e,a,f}}} = ((ej)\theta_{e,a,f})a \overset{\text{(i)}}{=} a(ej) \xlongequal{a \mathscr{L}^* e} aj = a\psi_{e,j}.$$

对偶可证 $k\,\omega^r\,f \Rightarrow a\psi_{e,k\overline{\theta_{f,a,e}}} = a\phi_{f,k}$.

(iii) 设 $b \mathscr{R}^* e$ 而 $j\,\kappa\,e$, 则

$$\begin{aligned}(ab)\phi_{f,j\overline{\theta_{e,a,f}}} &= (j\overline{\theta_{e,a,f}})(ab) = (eje)\theta_{e,a,f}(ab) \overset{\text{(i)}}{=} a(eje)b \\ &\xlongequal{a \mathscr{L}^* e \mathscr{R}^* b} ajb = (aj)(jb) = (a\psi_{e,j})(b\phi_{e,j}).\end{aligned}$$

(iv) 假设 $e \succ\!\!\!-\!\!\!\prec h$, 易证 $\phi : \langle e\rangle \longrightarrow \langle h\rangle$, $g \mapsto hg$ 是同构. 此时 $(\phi \,|\, \omega(e))\theta_{h,a,f} : \omega(e) \longrightarrow \omega(f)$, 且对 $g \in \omega(e)$ 有

$$(g(\phi|\omega(e))\theta_{h,a,f})a = (hg\theta_{h,a,f})a \overset{\text{(i)}}{=} a(hg) \xlongequal{h \mathscr{L} e \mathscr{L}^* a} ag.$$

故 $(\phi \,|\, \omega(e))\theta_{h,a,f} = \theta_{e,a,f}$, 且 $g\theta_{e,a,f} = (hg)\theta_{h,a,f}$.

(v) 设 $g \mathscr{L}^* c \mathscr{R}^* m$, 其中 $e\,\omega\,g$, $f = e\theta_{g,c,m}$ 且 $a = ce$. 若 $x \in \omega(e)$, 则

$$x\theta_{g,c,m}\,\omega\,e\theta_{g,c,m} = f.$$

故 $\theta_{g,c,m} \,|\, \omega(e) : \omega(e) \longrightarrow \omega(f)$. 令 $k \in \omega(f)$, 则 $k \in \omega(m)$, 因为 $f\,\omega\,m$, 故 $k = j\theta_{g,c,m}$, 对某 $j \in \omega(g)$. 现在 $j\theta_{g,c,m} = k \in \omega(f) = \operatorname{im}\theta_{e,a,f}$, 从而 $j\theta_{g,c,m} = n\theta_{e,a,f}$, 对某 $n \in \omega(e)$. 此时 $j = (n\theta_{e,a,f})\theta_{m,c,g}$, 且因为 $n\theta_{e,a,f} \in \omega(f)$, 我们有 $j\,\omega\,f\theta_{m,c,g} = e$, 即 $j \in \omega(e)$. 故 $\theta_{g,c,m}|\omega(e)$ 是到 $\omega(f)$ 上的满射, 从而也是同构. 又

$$(x\theta_{g,c,m})a = (x\theta_{g,c,m})ce \overset{\text{(i)}}{=} cxe \xlongequal{x\in\omega(e)} cex = ax.$$

故得到 $e \downharpoonleft \theta_{g,c,m} = \theta_{g,c,m} \,|\, \omega(e) = \theta_{e,a,f}$. □

**注记 6.8.2** 对任一半群 $S$ 的元素 $a,b$, 我们有

$$L_a^* \cap R_b^* \cap E(S) \neq \varnothing \Rightarrow a\,\mathscr{R}^*\,ab\,\mathscr{L}^*\,b.$$

因而这个结论对任一一致部分群胚 $(G,\cdot)$ 也成立.

以下是本节主要定理.

**定理 6.8.3** 设 $(G,\cdot)$ 是一致部分群胚, 有正则幂等元双序集 $E$, $(G,\cdot)^0 = \mathcal{M}^*(M_{\alpha\beta}; I,\Lambda,\Gamma;P)$ 和满足公理 (K1)—(K4) 及其对偶的映射集

$$\Phi = \{\phi_{e,f} : R_e^* \longrightarrow R_f^* \ :\ f \in \kappa(e)\ e,f\in E\},$$

$$\Psi = \{\psi_{e,f} : L_e^* \longrightarrow L_f^* \ :\ f \in \kappa(e)\ e,f\in E\}.$$

在 $G$ 上定义二元运算 $\circ$ 为

$$a\circ b = (a\psi_{e,h})(b\phi_{f,h}),\quad e\in L_a^*\cap E,\quad f\in R_b^*\cap E,\quad h\in S(e,f),$$

记所得群胚为 $(G,\Phi,\Psi)$. 则 $(G,\Phi,\Psi)$ 是一致半群, 有 $*$-迹 $(G,\cdot)$, 幂等元正则双序集 $E(G)$ 和结构映射 $\Phi\cup\Psi$(注意, $(G,\cdot)$ 上的关系 $\mathscr{L}^*$ 和 $\mathscr{R}^*$ 定义如 (6.15) 式).

反之, 若 $S$ 为一致半群, 有结构映射 $\Phi\cup\Psi$ 如 (6.17) 式, 那么 $\Phi\cup\Psi$ 满足公理 (K1)—(K4) 及其对偶. 进而, 令 $G=\mathrm{tr}^*(S)$, $E(G)=E(S)$, 则 $S=(G,\Phi,\Psi)$.

本定理的“反之”部分是引理 6.8.1 和定理 6.7.6 的直接推论. 我们以下用十个引理和两个推论证明本定理的正面部分, 在我们的叙述中均假定有本定理的所有条件成立, 不再一一赘述.

**引理 6.8.4** 若 $h\,\omega^r\,f$, 则 $\phi_{f,hf}=\phi_{f,h}$. 对偶地, 若 $k\,\omega^\ell\,f$, 则 $\psi_{f,fk}=\psi_{f,k}$.

**证明** 由 $h\,\omega^r\,f$ 得 $h\,\mathscr{R}\,hf$. 据 (K3) 有 $\phi_{f,hf}$ 是 $R_h^*$ 上的恒等映射. 因而, 若 $x\in R_f^*$, 则

$$x\phi_{f,h} = x\phi_{f,h}\phi_{h,hf} \xlongequal{\text{(K1)}} x\phi_{f,(hf)hf} = x\phi_{f,hf}.$$

第二个结论可对偶地证明. □

**引理 6.8.5** 设 $e\in E$, $h,h'\in\omega^\ell(e)$, 我们有

$$eh\,\mathscr{R}\,eh' \Rightarrow x\psi_{e,h'}eh = x\psi_{e,h},\quad \forall x\in L_e^*;$$

$$h\,\mathscr{R}\,h' \Rightarrow (x\psi_{e,h'})h = x\psi_{e,h},\quad \forall x\in L_e^*.$$

**证明** 设 $k\in R_x^*\cap E$, 令 $h_1'=(eh')\theta_{e,x,k}=h'\overline{\theta_{e,x,k}}$. 由引理 6.8.4, 有 $x\psi_{e,h'}=x\psi_{e,eh'}$ 从而 $x\psi_{e,h'}\,\mathscr{L}^*\,eh'$. 因为 $h'\,\omega^\ell\,e$, 由 (K4)(iii) 我们也有 $x\psi_{e,h'}=x\phi_{k,h_1'}\,\mathscr{R}^*\,h_1'$. 这样 $eh\,\mathscr{R}\,eh'\,\mathscr{L}^*\,x\psi_{e,h'}\,\mathscr{R}^*\,h_1'$. 现在我们来用 (K4)(iii), 即: 对 $b\,\mathscr{R}^*\,e$ 和 $j\in\kappa(e)$,

$$(ab)\phi_{f,j\overline{\theta_{e,a,f}}} = (a\psi_{e,j})(b\phi_{e,j}). \tag{6.18}$$

分别用 $eh, eh', x\psi_{e,h'}$ 和 $h_1'$ 代替 $b, e, a$ 和 $f$, 把 $j$ 也用 $eh$ 代替. 则方程 (6.18) 左边的下标 $j\overline{\theta_{e,a,f}}$ 变为

$$\begin{aligned}&(eh)\overline{\theta_{eh',x\psi_{e,h'},h_1'}}\\&=(eh')(eh)(eh')\theta_{eh',x\psi_{e,h'},h_1'}\quad(\text{由定义})\\&=(eh')\theta_{eh',x\psi_{e,h'},h_1'}\\&=h_1'\quad(\text{因 }\theta_{eh',x\psi_{e,h'},h_1'}:\omega(eh')\longrightarrow\omega(h_1')\text{ 是同构}).\end{aligned}$$

这样, 方程 (6.18) 的左边成为 $((x\psi_{e,h'})eh)\phi_{h_1'.h_1'}=(x\psi_{e,h'})eh$, 而右边是

$$\begin{aligned}((x\psi_{e,h'})\psi_{eh',eh})((eh)\phi_{eh',eh})&=(x\psi_{e,eh'})\psi_{eh',eh}(eh)\quad(\text{引理 6.8.4 和 (K3)})\\&=x\psi_{e,eh}(eh)=x\psi_{e,eh}\\&=x\psi_{e,h},\end{aligned}$$

其中第二个等号可由 $eh\,\mathscr{R}\,eh'\,\omega\,e$ (从而 $e(eh')(eh)=(eh')(eh)$ 有定义), 据 (K1) 的对偶而得. 这样我们就证明了 $(x\psi_{e,h'})eh=x\psi_{e,h}$.

第二个蕴含式之证, 只需在上述证明中将 $eh$, $eh'$ 分别用 $h$ 和 $h'$ 来代替即可得. □

**引理 6.8.6**　*定理 6.8.3 给出的 $\circ$ 确是 $G$ 上的二元运算.*

**证明**　首先注意, $G^0$ 是 PA 分块 Rees 矩阵半群, 由命题 6.6.3, $G^0$ 是富足半群. 于是对任意 $a, b\in G$, 在 $G^0$(从而在 $G$) 中存在元素 $e\in L_a^*\cap E$, $f\in R_b^*\cap E$ 而 $E(G)$ 是正则双序集, $S(e,f)\neq\varnothing$, 故 $a\circ b$ 有定义.

我们来证明: $a\circ b=(a\psi_{e,h})(b\phi_{f,h})$ 与 $e, f, h$ 的选择无关.

假设 $e, g\in L_a^*\cap E$, $f, k\in R_b^*\cap E$ 和 $h\in S(e,f)$. 那么 $h\in S(g,k)$. 我们有 $f\,\mathscr{R}\,k$. 由 (K3), $\phi_{f,k}$ 是 $R_k^*$ 上的恒等映射. 又 $h\,\omega^r f$, $h\,\omega^r k$, 故 $h\,\kappa\,f\,\kappa\,k$ 且 $hfk=hk$ 有定义, 如此由 (K1), $\phi_{f,h}=\phi_{k,f}\phi_{f,h}=\phi_{k,hk}$. 再由引理 6.8.4, $\phi_{f,h}=\phi_{k,h}$. 对偶地, $\psi_{e,h}=\psi_{g,h}$. 故 $a\circ b$ 与 $e, f$ 的选择无关.

现在假设 $h, h'\in S(e,f)$. 我们先不妨设 $h\,\mathscr{R}\,h'$, 来证

$$(a\psi_{e,h})(b\phi_{f,h})=(a\psi_{e,h'})(b\phi_{f,h'}).$$

令 $k\in L_b^*\cap E$, 从而 $k\,\mathscr{L}^*\,b\,\mathscr{R}^*\,f$. 由于 $h, h'\in\omega^r(f)$, 我们有 $h\overline{\theta_{f,b,k}}=(hf)\theta_{f,b,k}$ 且 $h'\overline{\theta_{f,b,k}}=(h'f)\theta_{f,b,k}$. 令 $h_2=(hf)\theta_{f,b,k}$, $h_2'=(h'f)\theta_{f,b,k}$. 我们有

$$hf\,\mathscr{R}\,h\,\mathscr{R}\,h'\,\mathscr{R}\,h'f.$$

但由 $h, h'\in S(e,f)$, 我们也有 $hf\,\mathscr{L}\,h'f$, 故得 $hf=h'f$. 从而 $h_2=h_2'$. 现在, 由于 $h, h'\in\omega^r(f)$, 条件 (K4)(ii) 给出 $b\phi_{f,h}=b\psi_{k,h_2}=b\psi_{k.h_2'}=b\psi_{f,h'}$. 由引理

6.8.5(ii), $(a\psi_{e,h'})h = a\psi_{e,h}$. 这样得到

$$a \circ b = (a\psi_{e,h})(b\phi_{f,h}) = (a\psi_{e,h'})h(b\phi_{f,h})$$
$$\xlongequal{b\phi_{f,h}\,\mathscr{R}^*\,h} (a\psi_{e,h'})(b\phi_{f,h}) = (a\psi_{e,h'})(b\phi_{f,h'}).$$

对偶地, 若 $h\,\mathscr{L}\,h'$, 同样结论也成立. 但我们知道, 非空夹心集 $S(e,f)$ 是矩形双序集, 对任意 $h,h' \in S(e,f)$, 存在 $h'' \in S(e,f)$ 使得 $h\,\mathscr{R}\,h''\,\mathscr{L}\,h'$, 因而在所有情形均有 $(a\psi_{e,h})(b\phi_{f,h}) = (a\psi_{e,h'})(b\phi_{f.h'})$. 这样, $a \circ b$ 也与 $h$ 的选择无关. 这就完成了证明. □

**引理 6.8.7** 对任意 $a,b \in G$, 若按 $G$ 或双序集 $E$ 中的部分运算 $ab$ 有定义, 则也有 $ab = a \circ b$.

**证明** 若 $ab$ 在双序集 $E$ 中有定义, 即 $a,b \in E$ 且 $(a,b) \in D_{E(G)}$. 设 $a\,\omega^r\,b$, 我们有 $ba = a \in S(a,b)$, 从而

$$a \circ b = (a\psi_{a,a})(b\phi_{b,a}) \xlongequal{(\mathrm{K2})} a(ab) \xlongequal{a\,\mathcal{R}\,ab} ab.$$

由对偶的论述可证 $b\,\omega^\ell\,a$ 的情形.

若 $a\,\omega^\ell\,b$, 则 $ab = a$ 且 $a\,\mathscr{L}\,ba\,\omega\,b$. 我们也有 $ba \in S(a,b)$, 故得

$$a \circ b = (a\psi_{a,ba})(b\phi_{b,ba}) \xlongequal{(\mathrm{K2})} a(ba)(ba) = a = ab.$$

对偶地, 若 $b\,\omega^r\,a$ 我们也有 $a \circ b = ab$.

若 $ab$ 在 $G$ 中有定义, 或等价地, 在 $G^0$ 中有 $ab \neq 0$, 则由命题 6.6.3, 存在 $e \in L_a^* \cap R_b^* \cap E$, 取 $h = e = f$ 立得 $a \circ b = (a\psi_{e,h})(b\phi_{f,h}) = (a\psi_{h,h})(b\phi_{h,h}) = ab$. □

**引理 6.8.8** 运算 $\circ$ 是结合的.

**证明** 我们有 $a \circ (b \circ c) = (a\psi_{e,n})((b\psi_{g,m})(c\phi_{j,m}))\phi_{d,n}$, 其中 $e \in E(L_a^*)$, $g \in E(L_b^*)$, $j \in E(R_c^*)$, $d \in E(R_{b\circ c}^*)$, $m \in S(g,j)$. 又

$$(a \circ b) \circ c = ((a\psi_{e,h})(b\phi_{f,h}))\psi_{i,k}(c\phi_{j,k}),$$

其中 $f \in E(R_b^*)$, $i \in E(L_{a\circ b}^*)$, $h \in S(e,f)$, $k \in S(i,j)$.

对任意指定的这样的 $e,g,j,m,f$ 和 $h$, 来选择对证明有用的特别的 $d,n,i$ 和 $k$ 如下.

因为 $b\psi_{g,m}\,\mathscr{L}^*\,m\,\mathscr{R}^*\,c\phi_{j,m}$, 由注记 6.8.2, 我们有

$$(b\psi_{g,m})(c\phi_{j,m})\,\mathscr{R}^*\,b\psi_{g,m}, \quad 即\ b \circ c\,\mathscr{R}^*\,b\psi_{g,m}.$$

现在, $m\,\omega^{\ell}\,g$, 由 (K4)(ii) 有 $b\psi_{g,m} = b\phi_{f,m\overline{\theta_{g,b,f}}}\,\mathscr{R}^*\, m\overline{\theta_{g,b,f}}$. 可取 $d = m\overline{\theta_{g,b,f}} = (gm)\theta_{g,b,f}$; 对偶地, 有 $a \circ b\,\mathscr{L}^*\, b\phi_{f,h}\,\mathscr{L}^* h\overline{\theta_{f,b,g}}$, 我们可取 $i = h\overline{\theta_{f,b,g}} = (hf)\theta_{f,b,g}$. 注意, 由 (K4)(i) 有 $\theta_{f,b,g} = \theta_{g,b,f}^{-1}$.

我们要用第 1 章中关于夹心集性质的命题 1.5.10: 令其中的 $e = e, g = j, h_2 = m, h_1 = h, f = f, f' = g, h_1' = i$ 和 $h_2' = d$; 令其中的 $\omega$-同构 $\alpha = \theta_{f,b,g} : \omega(f) :\longrightarrow \omega(g)$. 由该命题, 存在 $n \in S(n,d) \subseteq S(e,d)$ 和 $k \in S(i,m) \subseteq S(i,j)$ 使得 $(nf)\theta_{f,b,g} = gk$(因而也有 $nf = (gk)\theta_{g,b,f}$). 由引理 6.8.4, 有 $\phi_{d,n} = \phi_{d,nd}$; 由于 $n\,\omega^r\,d\,\omega\,f$, 由公理 (B31) 有 $\phi_{d,n} = \phi_{d,nd} = \phi_{d,(nf)d}$. 但

$$(nf)d = (gk)\theta_{g,b,f}(gm)\theta_{g,b,f} = (gk)(gm)\theta_{g,b,f},$$

由 $k\,\omega^r\,m$, $k,m \in \omega^{\ell}(g)$, 据公理 (B32)*, 有 $(gk)(gm) = g(km)$. 再由公理 (B22)* 有 $gk\,\omega^r\,gm$, 从而 $g(km) = (gk)(gm) \in \omega(gm)$; 又因 $gm\,\omega\,g$ 和 $d = (gm)\theta_{g,b,f}$, 由 (K4)(iv) 得

$$(nf)d = (g(km))\theta_{g,b,f} = (g(km))\theta_{gm,b\psi_{g,gm},d}.$$

现在, 由于 $km\,\omega\,m\,\omega^{\ell}\,g$, 我们可得 $(gm)(km) = g(m(km)) = g(km)$, 从而 $(nf)d = (gm)(km)\theta_{gm,b\psi_{g,gm},d}$. 但 $gm\,\mathscr{L}\,m$, 故由 (K4)(iv) 有

$$(gm)(km)\theta_{gm,b\psi_{g,gm},d} = (km)\theta_{m,b\psi_{g,gm},d}.$$

如此,

$$\begin{aligned}(b\psi_{g,m})(c\phi_{j,m})\phi_{d,n} &= (b\psi_{g,m})(c\phi_{j,m})\phi_{d,(km)\theta_{m,b\psi_{g,gm},d}}\\ &= (b\psi_{g,m})\psi_{m,k}(c\phi_{j,m})\phi_{m,k},\end{aligned}$$

其中第二个等号由 $(km)\theta_{m,b\psi_{g,gm},d} = k\overline{\theta_{m,b\psi_{g,gm},d}}$ 且 $k\,\kappa\,m$, $c\phi_{j,m}\,\mathscr{R}^*\,m$ 和 (K4)(iii) 得.

我们现在证明 $kj\,\omega\,mj$ : $k \in S(i,m) \subseteq S(i,j)$ 且 $i = (hf)\theta_{f,b,g}\,\omega\,g$. 故 $k\,\omega^{\ell}\,i\,\omega g$. 而 $k \in M(g,j)$. 因为 $m \in S(g,j)$, 我们有 $k \prec m$, 特别地, $kj\,\omega^{\ell}\,mj$. 又因为 $k\,\omega^r\,j$, $m\,\omega^r\,j$, 我们有 $kj\,\mathscr{R}\,k\,\omega^r\,m\,\mathscr{R}\,mj$. 故得 $kj\,\omega\,mj$.

这样, 由于 $k \in S(i,m)$, $m \in S(g,j)$, 我们有 $k\,\omega^r\,m\,\omega^r\,j$. 如此可得 $kmj$ 有定义且等于 $(kj)(mj) = kj$. 由 (K1) 和引理 6.8.4, $\phi_{j,m}\phi_{m,k} = \phi_{j,kmj} = \phi_{j,kj} = \phi_{j,k}$. 我们也有 $k\,\omega^r\,m\,\omega^{\ell}\,g$, 从而 $g(mk) = gk$. 再由 (K1) 的对偶和引理 6.8.4 得 $\psi_{g,m}\psi_{m,k} = \psi_{g,gmk} = \psi_{g,gk} = \psi_{g,k}$. 故有

$$(b\psi_{g,m})(c\phi_{j,m})\phi_{d,n} = (b\psi_{g,m})\psi_{m,k}(c\phi_{j,m})\phi_{m,k} = (b\psi_{g,k})(c\phi_{j,k}).$$

如此, $a \circ (b \circ c) = (a\psi_{e,n})(b\psi_{g,k})(c\phi_{j,k})$.

对偶地,$(a \circ b) \circ c = (a\psi_{e,n})(b\phi_{f,n})(c\phi_{j,k})$.

但是

$$b\psi_{g,k} \xlongequal{k\,\omega^\ell\, g,\,(\mathrm{K4})(\mathrm{ii})} b\phi_{f,k\bar{\theta}_{g,b,f}} \xlongequal{\text{引理 } 6.8.4} b\phi_{f,nf} = b\phi_{f,n}.$$

故得 $(a \circ b) \circ c = a \circ (b \circ c)$. 这就完成了证明. □

**引理 6.8.9** 这样得到的半群 $S = (G, \Phi, \Psi)$ 是富足的.

**证明** 设 $x \in S$, 则 $x \in G^0$. 由 $G^0$ 富足, 存在 $e \in E$ 使得在 $G^0$ 中有 $e \mathscr{L}^* x$. 由引理 6.8.7, $E \subseteq E(S)$. 现在, 由同一结论, $x \circ e = xe = x$. 假设 $x \circ p = x \circ q$, 即

$$(x\psi_{e,h})(p\phi_{f,h}) = (x\psi_{e,h'})(q\phi_{g,h'}), \tag{6.19}$$

其中 $f \mathscr{R}^* p$, $g \mathscr{R}^* q$ 且 $h \in S(e, f)$, $h' \in S(e, g)$. 我们需证

$$e \circ p = e \circ q, \quad \text{即 } (e\psi_{e,h})(p\phi_{f,h}) = (e\psi_{e,h'})(q\phi_{g,h'}).$$

由 $(\mathrm{K2})^*$, 这化为证明

$$(eh)(p\phi_{f,h}) = (eh')(q\phi_{g,h'}). \tag{6.20}$$

由注 6.8.2, 等式 (6.19) 的左边与 $x\psi_{e,h}$, $\mathscr{R}^*$-相关, 而其右边与 $x\psi_{e,h'}$, $\mathscr{R}^*$-相关. 这样, 我们有 $x\psi_{e,h} \mathscr{R}^* x\psi_{e,h'}$. 令 $j \in R_x^* \cap E$, 记 $h_1 = (eh)\theta_{e,x,f}$, $h_1' = (eh')\theta_{e,x,f}$. 因 $h\,\omega^\ell\, e$, 由公理 (K4) 之 (ii) 得

$$h_1 \mathscr{R}^* x\phi_{j,h_1} = x\psi_{e,h} \mathscr{R}^* x\psi_{e,h'} = x\phi_{j,h_1'} \mathscr{R}^* h_1'.$$

故 $h_1 \mathscr{R}^* h_1'$, 从而 $eh \mathscr{R}\, eh'$, 因为 $\theta_{e,x,f}$ 是双序同构. 这样, 由引理 6.8.5, $(x\psi_{e,h'})eh = x\psi_{e,h}$. 于是

$$\begin{aligned}
(x\psi_{e,h'})(eh)(p\phi_{f,h}) &= (x\psi_{e,h})(p\phi_{f,h}) \\
&= (x\psi_{e,h'})(q\phi_{g,h'}) \qquad (\text{由式 } (6.19)) \\
&= (x\psi_{e,h'})(eh')(q\phi_{g,h'}) \quad (\text{因为 } x\psi_{e,h'} = x\psi_{e,eh'}\, \mathcal{L}^*\, eh').
\end{aligned}$$

这样,

$$(x\psi_{e,h'})(\text{等式 } (6.20) \text{ 的左边}) = (x\psi_{e,h'})(\text{等式 } (6.20) \text{ 的右边}).$$

因为 $x\psi_{e,h'}\mathscr{L}^*eh'$, 这蕴含 $(eh')$(等式 (6.20) 的左边) $=(eh')$(等式 (6.20) 的右边), 即

$$(eh')(eh)(p\phi_{f,h})=(eh')(eh'(q\phi_{g,h'}))$$

或

$$(eh)(p\phi_{f,h})=(eh')(q\phi_{g,h}) \qquad (\text{因为 } eh\,\mathcal{R}\,eh').$$

但这就是等式 (6.20).

故在 $S$ 中有 $x\mathscr{L}^*e$ 成立. 对偶地, 存在 $f\in E(S)$ 使得在 $S$ 中有 $f\mathscr{R}^*x$ 成立. 这就证明了 $S$ 是富足半群. □

**引理 6.8.10** 作为正则双序集有 $E(S)=E$.

**证明** 我们已有 $E\subseteq E(S)$. 设 $a\in E(S)$, 那么 $a\circ a=(a\psi_{e,h})(a\phi_{f,h})=a$, 其中 $e\in L_a^*\cap E$, $f\in R_a^*\cap E$ 而 $h\in S(e,f)$. 由注 6.8.2, $a\phi_{f,h}\mathscr{L}^*a$, $a\mathscr{R}^*a\psi_{e,h}$. 从而 $a\phi_{f,h}\mathscr{L}^*a\mathscr{L}^*e$ 且 $a\psi_{e,h}\mathscr{R}^*a\mathscr{R}^*f$. 于是由于 $h\,\omega^\ell e$, 据公理 (K4) 之 (ii) 有

$$f\mathscr{R}^*a\psi_{e,h}=a\phi_{f,h\overline{\theta_{e,a,f}}}\mathscr{R}^*h\overline{\theta_{e,a,f}}\,\omega f.$$

故 $f=h\overline{\theta_{e,a,f}}$. 对偶地, $e=h\overline{\theta_{f,a,e}}$. 这样

$$\begin{aligned}a\circ a=(a\psi_{e,h})(a\phi_{f,h})&=(a\phi_{f,h\bar\theta_{e,a,f}})(a\psi_{e,h\bar\theta_{f,a,e}})\\&=(a\phi_{f,f})(a\psi_{e,e})=aa,\end{aligned}$$

因为 $a\circ a=a$, 我们得到 $aa=a$, 即 $a\in E$. 故作为集合, $E=E(S)$.

因为 $E$ 是正则双序集, 在其中 $ef$ 有定义蕴含 $e\circ f=ef\in E=E(S)$, 从 $E$ 到 $E(S)$ 的恒等映射显然是双射正则双序态射, 故由推论 1.6.5 该恒等映射是双序同构. 因而 $E(S)$ 是正则双序集. □

**推论 6.8.11** $S$ 的幂等元生成正则子半群.

**证明** 设 $e,f\in E(S)$. 因 $E(S)$ 是正则双序集, $S(e,f)\neq\varnothing$. 设 $h\in S(e,f)$, 考虑 $e\circ h\circ f$. 因为 $h\,\omega^\ell e$, 我们有 $h=he\in S(e,h)$, 故由 $e\psi_{e,h}\mathscr{L}^*h$ 得

$$e\circ h=(e\psi_{e,h})(h\phi_{h,h})=e\psi_{e,h}h=e\psi_{e,h}.$$

又因为 $h\,\omega^r f$, 我们有 $h=fh\in S(h,f)$, 故

$$e\circ h\circ f=(e\psi_{e,h})\psi_{h,h}(f\phi_{f,h})=(e\psi_{e,h})(f\phi_{f,h})=e\circ f.$$

如此 $h\in S_1(e,f)$. 由定理 1.1.5(2) 知 $M(e,f)\cap V(ef)=S_2(e,f)=S_1(e,f)\neq\varnothing$, 故 $ef$ 正则. □

**引理 6.8.12** $\mathscr{L}^{*S}=\mathscr{L}^{*G}$ 且 $\mathscr{R}^{*S}=\mathscr{R}^{*G}$.

**证明** 在引理 6.8.9 的证明中, 我们已证明了对 $x \in S$, 存在 $e \in E$ 使 $e \mathscr{L}^{*G} x$, 还证明了这蕴含 $e \mathscr{L}^{*S} x$. 现在, 若 $x, y \in S$ 且 $x \mathscr{L}^{*G} y$, 那么我们有 $y \mathscr{L}^{*G} e$ 且从而 $y \mathscr{L}^{*S} e$. 这样 $y \mathscr{L}^{*S} e \mathscr{L}^{*S} x$, 故 $\mathscr{L}^{*G} \subseteq \mathscr{L}^{*S}$.

现在假设 $x \mathscr{L}^{*S} y$. 由引理 6.8.9, $S$ 富足, 故存在 $f \in E(S) = E$, 使得 $x, y \in L^*_f$. 我们取 $e$ 如前, 从而 $e \mathscr{L}^{*S} x$. 由此得 $e \mathscr{L} f$, 也就是 $e \circ f = e$, $f \circ e = f$. 由引理 6.8.10, $ef = e$, $fe = f$. 故 $e \mathscr{L}^{*G} f$. 这样, $x \mathscr{L}^{*G} e \mathscr{L}(G) f$. 类似地我们可以证明: $y \mathscr{L}^{*G} f$. 于是 $x \mathscr{L}^{*G} y$. 故得 $\mathscr{L}^{*G} = \mathscr{L}^{*S}$.

对偶可证 $\mathscr{R}^{*G} = \mathscr{R}^{*S}$. □

**推论 6.8.13** $\mathrm{tr}^*(S) = G$.

**证明** 由命题 6.6.3, 积 $ab$ 在 $G$ 中有定义当且仅当 $L^*(G)_a \cap R^*_b(G) \cap E \neq \varnothing$. 但 $ab$ 在 $\mathrm{tr}^*(S)$ 中有定义当且仅当 $L^*_a(S) \cap R^*_b(S) \cap E(S) \neq \varnothing$. 故由引理 6.8.10 和引理 6.8.12 得所需结论. □

**引理 6.8.14** $S = (G, \Phi, \Psi)$ 中的 $\Phi$ 和 $\Psi$ 是 $S$ 上的结构映射.

**证明** 由推论 6.8.13 我们知道, $S$ 中的 $\mathscr{L}^*$-和 $\mathscr{R}^*$-类是和 $G$ 中的相应等价类完全重合的. 设 $f \kappa e$, $\phi_{e,f} : R^*_e \longrightarrow R^*_f$ 而 $\psi_{e,f} : L^*_e \longrightarrow L^*_f$. 我们来证明: 对 $x \in R^*_e$, $y \in L^*_e$, 有 $x\phi_{e,f} = f \circ x$ 和 $y\psi_{e,f} = y \circ f$.

因为 $f \kappa e$, $fe$ 有定义且易验证 $fe \in S(e, f)$. 故

$$
\begin{aligned}
f \circ x &= (f\psi_{f,fe})(x\phi_{e,fe}) \\
&= (f(fe))(x\phi_{e,fe}) && \text{(由 (K2) 的对偶)} \\
&= (fe)(x\phi_{e,fe}) && \text{(因为 } fe\,\omega^r f) \\
&= x\phi_{e,fe} && \text{(因为 } x\phi_{e,fe}\,\mathcal{R}^*\, fe) \\
&= x\phi_{e,f} && \text{(由引理 6.8.4).}
\end{aligned}
$$

对偶地, $y\psi_{e,f} = y \circ f$. □

**引理 6.8.15** $S$ 是幂等元连通 (IC) 的.

**证明** 设 $a \in S$, $a^\dagger \in R^*_a \cap E(S)$, $a^* \in L^*_a \cap E(S)$. 由公理 (K4) 之 (1), 存在同构 $\theta_{a^\dagger,a,a^*} : \omega(a^\dagger) \longrightarrow \omega(a^*)$. 如果 $g \in \omega(a^\dagger)$, 由引理 6.8.14, 我们有

$$
g \circ a = a\phi_{a^\dagger,g} \xlongequal{\text{(K4)(i)}} a\psi_{a^*,g\theta_{a^\dagger,a,a^*}} = a \circ (g\theta_{a^\dagger,a,a^*}).
$$

故 $\theta_{a^\dagger,a,a^*}$ 满足推论 6.1.8 的条件, 由该推论知 $S$ 是幂等元连通 (IC) 的. □

综合引理 6.8.4 到引理 6.8.15 及其间的两个推论即完成了我们定理 6.8.3 正面部分的证明.

## 习题 6.8

1. 给出定理 6.8.3 反面部分的详细论证.

2. 对正则半群 $S$ 叙述其迹 (trace) $\mathrm{tr}^*(S)$ 的结构及相应的结构映射公理. 用它们给出与一致群胚对应的“正则群胚”概念, 并描述一般正则半群的结构.

# 第 7 章　双序集的同余、态射像及子结构

本章系统研究一般双序集代数的基础理论: 对双序集的同余、态射像及子结构 (双序子集) 进行抽象刻画. 在拟正则双序集范围内, 这些刻画更准确地说明了双序集是半群中幂等元所成部分代数的抽象, 同时也提出了若干需要进一步探讨的问题. 本章材料取自 Auinger 和 Hall[2] 的文献.

## 7.1　双序集的同余

我们知道, 一个双序集本质上是一个半群 $S$ 的幂等元集合 $E(S)$ 配备以 $S$ 上运算向 $E(S)$ 的一种特殊限制所得到的部分 2 代数. 因此, 双序集的同余、态射像及子结构应当是相应的半群同余、同态像及子半群在幂等元集合上的相应限制. Nambooripad 已经对正则双序集完成了这一工作. 他证明了: 正则双序集的同余、态射像和相对正则的正则双序子集恰是以该正则双序集为幂等元集的某正则半群的同余、同态像和正则子半群在幂等元集合上的限制 (参看 1.6 节). 但是由于一般双序集中夹心集可能为空, Nambooripad 的定义和证明方法不能应用到更一般的情形.

从泛代数的观点来看, 作为部分 2 代数的双序集 $E$ 已经有了相应的这些概念. 例如所谓 $E$ 的同余应当定义为 $E$ 上这样的等价关系 $\rho$, 它关于 $E$ 的部分二元运算相容; 此时, 商集合 $E/\rho$ 可由 $E$ 上的部分运算自然诱导为一个部分 2 代数 (参看文献 [25]). 但是, 商部分代数 $E/\rho$ 此时却不一定能构成双序集 (见以例 7.1.5). 即使 $E/\rho$ 能构成双序集, $\rho$ 也可能根本不是任何以 $E$ 为其幂等元双序集的半群的同余在 $E$ 上的限制 (见例 7.1.6). 这些事实说明关于一般双序集的代数基础还有待进一步补充完善.

我们在本章中介绍 Auinger 和 Hall 的一个工作: 他们仅用双序集的两个拟序 $>\!\!-$ 和 $\longrightarrow$ 给出了任意双序集上的同余的定义. 这个定义不但自然, 而且比 Nambooripad 对于正则双序集所作的双序同余的定义简单. 更有意义的是, 对于至少包括拟正则双序集的双序集类, 这个定义的确反映了双序集与半群的本质联系. 就是说, 对于拟正则双序集, 这样定义的同余恰好是每一个包含该双序集所生成的拟正则半群的半群同余向该双序集的限制; 进而, 对于正则双序集, 该定义与 Nambooripad 的定义恰好吻合.

在本章中我们约定: 对双序集 $E$ 的任一等价关系 $\gamma$, 我们用 $e\gamma$ 表示双序集 $E$ 的含 $e \in E$ 的 $\gamma$-等价类.

**定义 7.1.1** 设 $E$ 为双序集. $E$ 上一等价关系 $\gamma$ 称为 $E$ 的同余 (congruence), 若以下四公理成立:

(C1) $\forall e, f, x, y \in E$, $(e, f), (x, y) \in \gamma$ 且 $ex, fy$ 在 $E$ 中存在蕴含 $(ex, fy) \in \gamma$;

(C2) $\forall e, f \in E$, 若 $f >\!\!-\, e$, 则对于任意 $x \in e\gamma$, 存在 $y \in f\gamma$ 使得 $y >\!\!-\, x$;

(C2)* $\forall e, f \in E$, 若 $f \longrightarrow e$, 则对于任意 $x \in e\gamma$, 存在 $y \in f\gamma$ 使得 $y \longrightarrow x$;

(C3) $\forall (e, f) \in \gamma$, 存在 $g \in e\gamma$ 满足 $e \longleftarrow g >\!\!-\, f$.

**定理 7.1.2** *对任一双序集 $E$ 上的任一同余 $\gamma$, 商部分 2 代数 $E/\gamma$ 是双序集.*

**证明** 由文献 [25], $E/\gamma$ 上的部分二元运算定义为: $(e\gamma)(f\gamma)$ 在 $E/\gamma$ 中有定义当且仅当对某 $x \in e\gamma$, $y \in f\gamma$, $xy$ 在 $E$ 中有定义且此时有 $(e\gamma)(f\gamma) = (xy)\gamma$. 由公理 (C1), 该部分运算在 $E/\gamma$ 上确有定义.

我们证明 $E/\gamma$ 满足双序集公理 (B1): $E/\gamma$ 上的关系 $\longrightarrow$ 定义为: $f\gamma \longrightarrow e\gamma$ 当且仅当 $(e\gamma, f\gamma) \in D_{E/\gamma}$ 且 $(e\gamma)(f\gamma) = f\gamma$. 如此, 对某 $x \in e\gamma$, $y \in f\gamma$, 我们有 $(x, y) \in D_E$ 且 $(xy)\gamma = (x\gamma)(y\gamma) = (e\gamma)(f\gamma) = f\gamma$. 由公理 (B21) 或其对偶知, 在 $E$ 中有 $xy \longrightarrow x$, 这样, 由公理 (C2) 和 (C2)* 我们证明了下述引理

**引理 7.1.3** *对任意 $e, f \in E$, $f\gamma \longrightarrow e\gamma$ 在 $E/\gamma$ 中成立当且仅当对任一 $u \in e\gamma$ 存在 $v \in f\gamma$ 满足 $v \longrightarrow u$.*

*对偶的结论对于 $>\!\!-$ 也成立.*

由此我们即可程式性地验证 $\longrightarrow$, $>\!\!-$ 是 $E/\gamma$ 上的拟序且

$$D_{E/\gamma} = \,>\!\!-\, \cup \longrightarrow \cup\, (>\!\!-\, \cup \longrightarrow)^{-1}.$$

为证公理 (B21), 任取 $e, f \in E$ 使 $f\gamma \longrightarrow e\gamma$ 在 $E/\gamma$ 中成立. 由引理 7.1.3, 存在 $f_1 \in f\gamma$, $f_1 \longrightarrow e$. 于是由对双序集 $E$ 成立的公理 (B21) 得 $f_1 \longleftrightarrow f_1 e >\!\!\longrightarrow e$. 因而有 $f_1\gamma \longleftrightarrow (f_1\gamma)(e\gamma) >\!\!\longrightarrow e\gamma$ 在 $E/\gamma$ 中成立, 此即 $f\gamma \longleftrightarrow (f\gamma)(e\gamma) >\!\!\longrightarrow e\gamma$ 如所求.

为证公理 (B22) 和 (B32), 设 $e, f, g \in E$ 使得在 $E/\gamma$ 中有 $f\gamma >\!\!-\, g\gamma \longrightarrow e\gamma \longleftarrow f\gamma$. 由引理 7.1.3, 存在 $g_1 \in g\gamma$, $f_1 \in f\gamma$ 使得 $g_1 \longrightarrow e \longleftarrow f_1$ 且存在 $f_2 \in f\gamma$ 使得 $f_2 >\!\!-\, g_1$. 因为 $f_1, f_2 \in f\gamma$, 由公理 (C3), 存在 $f_3 \in f\gamma$ 满足 $f_1 \longleftarrow f_3 >\!\!-\, f_2$. 此时在 $E$ 中有 $f_3 >\!\!-\, g_1 \longrightarrow e \longleftarrow f_3$. 由对 $E$ 成立的公理 (B22), 我们有 $f_3 e >\!\!-\, g_1 e$, 因而 $(f_3\gamma)(e\gamma) >\!\!-\, (g_1\gamma)(e\gamma)$, 即 $(f\gamma)(e\gamma) >\!\!-\, (g\gamma)(e\gamma)$. 这证明了 (B22) 对 $E/\gamma$ 成立.

由公理 (B32) 对 $E$ 成立, 我们有 $(g_1 f_3)e = (g_1 e)(f_3 e)$, 故 $((g_1\gamma)(f_3\gamma))e\gamma = ((g_1\gamma)(e\gamma))((f_3\gamma)(e\gamma))$, 即 $((g\gamma)(f\gamma))e\gamma = ((g\gamma)(e\gamma))((f\gamma)(e\gamma))$. 这证明了公理 (B32) 对 $E/\gamma$ 成立.

为证公理 (B31), 任取 $e, f, g \in E$ 满足 $g\gamma \longrightarrow f\gamma \longrightarrow e\gamma$. 这样有某 $f_1 \in f\gamma$ 使 $f_1 \longrightarrow e$ 且进而还有某 $g_1 \in g\gamma$ 使得 $g_1 \longrightarrow f_1$. 由 (B31) 对 $E$ 成立, 我们有 $(g_1e)f_1 = g_1f_1$, 故有 $((g_1\gamma)(e\gamma))(f_1\gamma) = (g_1\gamma)(f_1\gamma)$, 此即 $((g\gamma)(e\gamma))f\gamma = (g\gamma)(f\gamma)$. 这证明了公理 (B31) 对 $E/\gamma$ 成立.

以下引理可帮助我们证明 $E/\gamma$ 满足公理 (B4):

**引理 7.1.4** 设 $\gamma$ 为双序集 $E$ 上的任一同余, $e, f, g \in E$. 若 $e\gamma \longleftarrow g\gamma \rightarrowtail f\gamma$, 那么对任意 $x \in e\gamma$, $y \in f\gamma$, 存在 $z \in g\gamma$ 使得 $x \longleftarrow z \rightarrowtail y$.

对任意 $x \in e\gamma$, $y \in f\gamma$, 由引理 7.1.3, 存在 $g_1, g_2 \in g\gamma$ 满足 $g_1 \longrightarrow x$, $g_2 \rightarrowtail y$; 由 (C3) 存在 $z \in g\gamma$ 使 $g_1 \longleftarrow z \rightarrowtail g_2$, 故 $x \longleftarrow z \rightarrowtail y$ 如所求. 引理 7.1.4 得证.

现在我们证明公理 (B4) 对 $E/\gamma$ 成立. 任取 $e, f, g \in E$ 满足 $f\gamma \longrightarrow e\gamma \longleftarrow g\gamma$ 且 $(f\gamma)(e\gamma) \rightarrowtail (g\gamma)(e\gamma)$. 此时, 存在 $g_1 \in g\gamma$ 使 $e \longleftarrow g_1$. 故 $(g\gamma)(e\gamma) = (g_1e)\gamma$. 由 $e\gamma \longleftarrow (f\gamma)(e\gamma) \rightarrowtail (g_1e)\gamma$ 和引理 7.1.4, 我们有 $e \longleftarrow h \rightarrowtail g_1e \rightarrowtail e$ 对某 $h \in (f\gamma)(e\gamma)$. 此即 $e \longleftarrow\!\!< h \rightarrowtail g_1e$. 由 $h \longrightarrow e \longleftarrow g_1$ 和 $he = h \rightarrowtail g_1e$ 及对 $E$ 成立的公理 (B4), 存在 $f' \in E$, 满足 $e \longleftarrow f' \rightarrowtail g_1$ 且 $f'e = he (= h)$. 如此得 $e\gamma \longleftarrow f'\gamma \rightarrowtail g_1\gamma = g\gamma$ 且 $(f'\gamma)(e\gamma) = h\gamma = (f\gamma)(e\gamma)$. 这就证明了公理 (B4) 对 $E/\gamma$ 成立.

由左右对偶性得对偶的公理也成立. 故 $E/\gamma$ 是双序集. 这就完成了定理 7.1.2 的证明.

我们给出两个例子.

**例 7.1.5** 设 $E = \{e, f, g, h\}$ 是矩形带双序集, 其中

$$e \longleftrightarrow f \rightarrowtail\!\!< h \longleftrightarrow g \rightarrowtail\!\!< e.$$

令 $\gamma$ 有等价类 $\{e, f\}, \{g\}, \{h\}$. 那么 $\gamma$ 满足公理 (C1),(C2) 和 (C3) 但不满足 (C2)*. 进而, 部分代数 $E/\gamma$ 不是双序集, 因为我们有 $g\gamma \rightarrowtail e\gamma = f\gamma \rightarrowtail h\gamma$ 但没有 $g\gamma \rightarrowtail h\gamma$, 因而 $\rightarrowtail$ 不是拟序. 这也说明 $\gamma$ 不能扩充为包含该部分 2 代数 $E$ 的任何半群的同余.

**例 7.1.6** 设 $E = \{e, f, g\}$ 是半格双序集, 其中 $e \longleftarrow\!\!< g \rightarrowtail\!\!\!\rightarrow f$. 令 $\gamma$ 有等价类 $\{e, f\}$, $\{g\}$. 那么 $\gamma$ 满足公理 (C1),(C2) 和 (C2)*, 但不满足 (C3). 易知部分 2 代数 $E/\gamma$ 是双序集 (2 元半格双序集), $\gamma$ 可以扩充为由部分 2 代数 $E$ 自由生成的半群的同余 (见以下定理 7.1.7), 但它不能扩充为任何有与 $E$ 同构的幂等元双序集 $E(S)$ 的拟正则半群 $S$ 上的同余.

关于双序集的部分代数同余扩充为半群同余问题, 我们有下述定理.

**定理 7.1.7** 设 $E$ 为双序集, $\gamma$ 是 $E$ 上部分代数同余. 若商部分 2 代数 $E/\gamma$ 也是双序集, 那么映射 $\gamma^{\natural} : E \longrightarrow E/\gamma$ 可唯一地扩充为由部分 2 代数 $(E, \cdot)$ 自由生成的半群 $F(E)$ 到由部分 2 代数 $(E/\gamma, \cdot)$ 自由生成的半群 $F(E/\gamma)$ 的态射 (半

群同态).

**证明** 我们用 $F(E)$ 记 4.2 节中由部分 2 代数 $(E,\cdot)$ 生成的半群 $F/\sigma^{\#}$, 此处 $F=F_E$ 是集合 $E$ 上的自由半群 (相应的有 $F_{E/\gamma}$), $\sigma=\{(ef,e\cdot f)\in F\times E:(e,f)\in D_E\}$ 而 $\sigma^{\#}$ 是 $F$ 上由 $\sigma$ 生成的同余. 由定理 4.2.3 知, 半群 $F(E)$ 有幂等元双序集 (同构于)$(E,\cdot)$.

为避免出现混淆, 我们在此用 $\sigma(E)$ 和 $\sigma(E/\gamma)$ 分别记上述关于 $E$ 和 $E/\gamma$ 的关系 $\sigma$. 类似地, 有同余 $\sigma^{\#}(E)$ 和 $\sigma^{\#}(E/\gamma)$. 现在定义映射 $\psi:F(E)\longrightarrow F(E/\gamma)$ 为: 对任意 $e_1,e_2,\cdots,e_m\in E$, 令

$$(e_1e_2\cdots e_m)\sigma^{\#}(E)\psi=((e_1\gamma)(e_2\gamma)\cdots(e_m\gamma))\sigma^{\#}(E/\gamma).$$

我们只需证 $\psi$ 确有定义. 若 $(e_1e_2\cdots e_m,\ f_1f_2\cdots f_n)\in\sigma^{\#}(E)$, 那么存在一 “替代” 序列把 $e_1e_2\cdots e_m$ 变为 $f_1f_2\cdots f_n$, 每一个替代有形 $uefv\mapsto u(e\cdot f)v$ 或其逆: $u(e\cdot f)v\mapsto uefv$, 其中 $e,f\in E$ 而 $u,v\in F_E^1$. 因为 $e\cdot f$ 在 $E$ 中有定义蕴含 $(e\gamma)\cdot(f\gamma)$ 在 $E/\gamma$ 中有定义且此时 $(e\gamma)\cdot(f\gamma)=(e\cdot f)\gamma$, 上述替代成立蕴含由 $\sigma(E/\gamma)$ 生成 $\sigma^{\#}(E/\gamma)$ 的类似替代也成立, 即 $U(e\gamma)(f\gamma)V\mapsto U((e\gamma)\cdot(f\gamma))V$ 或其逆: $U((e\gamma)\cdot(f\gamma))V\mapsto U(e\gamma)(f\gamma)V$, 其中, $U,V\in F_{E/\gamma}^1$. 这样, 存在一替代序列把 $(e_1\gamma)(e_2\gamma)\cdots(e_m\gamma)$ 变为 $(f_1\gamma)(f_2\gamma)\cdots(f_n\gamma)$, 每个替代都来自 $\sigma(E/\gamma)$. 如此,

$$((e_1\gamma)(e_2\gamma)\cdots(e_m\gamma),\ (f_1\gamma)(f_2\gamma)\cdots(f_n\gamma))\in\sigma^{\#}(E/\gamma),$$

故 $\psi$ 有定义. 显然, $\psi$ 是态射, 且是扩充 $\gamma^{\natural}$ 的唯一态射. 因而, 同余 $\psi\circ\psi^{-1}$ 扩充 $\gamma^{\natural}\circ(\gamma^{\natural})^{-1}=\gamma$ 如所求. □

在下一节中我们将看到, 双序集 $E$ 上的每个同余 $\gamma$ 都可扩充为由双序集 $E$ 生成的每个半群 $S$ 上的同余 (无论 $E(S)=E$ 成立与否)(特别地, 若 $E$ 正则, 则 $E/\gamma$ 也正则), 但我们先来研究对拟正则半群的逆结论.

**定理 7.1.8** 设 $S$ 为拟正则半群, $\delta$ 为 $S$ 的同余. 记 $\gamma=\delta\cap(E(S)\times E(S))$, 那么 $\delta$ 是双序集 $E=E(S)$ 上的同余.

**证明** 公理 (C1) 成立是显然的.

为证 (C2), 令 $e,f\in E$ 有 $f\longrightarrow e$ 并设 $x\in e\gamma$. 因为 $(xf)^n$ 正则, 对某 $n>1$, 令 $a$ 是 $(xf)^n$ 的任一逆元并取 $y=(xf)^{n-1}a(xf)$. 那么 $y\in E$, $y\longrightarrow x$ 且由 $e\,\delta\,x$ 和 $ef=f$ 可得

$$\begin{aligned} y\ \ \delta\ \ (ef)^{n-1}a(ef)&=faf=f^naf^n\\ &=(ef)^na(ef)^n\ \ \delta\ \ (xf)^na(xf)^n\\ &=(xf)^n\ \ \delta\ \ (ef)^n=f. \end{aligned}$$

故得 $y\in f\gamma$ 且 $y\longrightarrow x$ 如所求.

用对偶的方法可证公理 (C2)* 对 $\gamma$ 也成立.

为证 (C3), 设 $e, f \in E$ 有 $e\gamma f$. 同样, 对某 $n > 1$ 有 $(ef)^n$ 在 $S$ 中正则. 设 $a$ 是 $(ef)^n$ 在 $S$ 中的任一逆, 并令 $g = (ef)^{n-1}a(ef)$. 那么 $g \in E$ 且 $e \longleftarrow g >\!\!- f$. 用与上相同的证明可得 $g \in f\gamma$(因为 $ef \ \delta \ ff = f$). 这就完成了证明. □

## 7.2　扩充为半群同余

我们说半群 $S$ 是由双序集 $E$ 生成的, 若视 $E$ 为部分 2 代数, $S$ 以 $E$ 为其子部分代数, 且 $S = \langle E \rangle$. 这种半群当然可以不止一个. 我们将证明: $E$ 上每个同余 $\gamma$ 都可以扩充为每个由 $E$ 生成的半群上的同余, 不论是否有 $E(S) = E$.

在不发生混淆的情况下, 我们也常用记号 $\mathscr{L}$ 和 $\mathscr{R}$ 分别表示双序集上的等价关系 $>\!\!-\!\!<$ 和 $\longleftrightarrow$. 为清楚起见, 我们有时用 $\mathscr{L}(E)$ 和 $\mathscr{L}(E/\gamma)$ 分别表示双序集 $E$ 和 $E/\gamma$ 上的关系 $\mathscr{L}$. 对关系 $\mathscr{R}$ 也有类似记号.

**引理 7.2.1**　设 $\gamma$ 是双序集 $E$ 上的任一同余. 我们有

(1) $\forall\, e, f \in E$, $(e\gamma)\ \mathscr{L}\ (f\gamma)$ 当且仅当存在 $e_1 \in e\gamma$, $f_1 \in f\gamma$ 满足

$$e \leftarrow\!\!< e_1\ \mathscr{L}\ f_1 \longrightarrow f.$$

(2) 作为 $E$ 上等价关系的联, 有 $\gamma \vee \mathscr{L} = \gamma \circ \mathscr{L} \circ \gamma$.

**证明**　(1) 充分性是显然的. 为证必要性, 设 $(e\gamma)\ \mathscr{L}\ (f\gamma)$. 由 $e\gamma \ -\!\!< f\gamma$, 存在 $f' \in f\gamma$ 使得 $e \ -\!\!< f'$. 由此有 $e \leftarrow\!\!< ef' >\!\!-\!\!< f'$. 由 $f'\,\gamma\, f$ 和 (C3), 存在 $f_1 \in f\gamma$ 使得 $f' -\!\!< f_1 \longrightarrow f$. 由此有 $f_1 >\!\!- ef'$, 故得 $f_1 >\!\!-\!\!< (ef')f_1 >\!\!\rightarrow ef' >\!\!\rightarrow e$. 令 $e_1 = (ef')f_1$, 得

$$\begin{aligned}((ef')f_1)\gamma &= ((ef')\gamma)(f\gamma) = ((e\gamma)(f'\gamma))(f_1\gamma)\\ &= ((e\gamma)(f\gamma))(f\gamma) = e\gamma,\end{aligned}$$

故 $e_1 \in e\gamma$, 且 $f_1 \in f\gamma$, 满足 $e \leftarrow\!\!< e_1 >\!\!-\!\!< f_1 \longrightarrow f$.

(2) 等价关系 $\gamma \vee \mathscr{L}$ 是关系 $\gamma \cup \mathscr{L}$ 的传递闭包, 即为 $\bigcup_{n=1}^{\infty}(\gamma \cup \mathscr{L})^n$. 对任意 $e, f \in E$, $e\,\mathscr{L}\,f$ 蕴含 $(e\gamma)\,\mathscr{L}\,(f\gamma)$, 故 $e\,(\gamma \vee \mathcal{L})\,f$ 也蕴含 $(e\gamma)\,\mathscr{L}\,f\gamma$. 由 (1), 对任意 $e, f \in E$, $e\,(\gamma \vee \mathscr{L})\,f$ 蕴含 $e\,\gamma\,e_1\,\mathscr{L}\,f_1\,\gamma\,f$, 对某 $e_1, f_1 \in E$. 故 $e\,(\gamma \circ \mathscr{L} \circ \gamma)\,f$. 如此, $\gamma \vee \mathscr{L} \subseteq \gamma \circ \mathcal{L} \circ \gamma$. 由此立得 $\gamma \vee \mathscr{L} = \gamma \circ \mathscr{L} \circ \gamma$. □

**注记 7.2.2**　上述引理 7.2.1(1) 的结论不能加强为"存在 $e_1 \in e\gamma$, $f_1 \in f\gamma$ 满足 $e \leftarrow\!\!< e_1\ \mathscr{L}\ f_1 >\!\!\rightarrow f$". 例如: 令 $E = \{e, g, f, h\}$, $e \longleftrightarrow g >\!\!-\!\!< f \longleftrightarrow h >\!\!-\!\!< e$. 取 $\gamma = \mathscr{R} = \longleftrightarrow$, 我们有 $e\gamma\ \mathscr{L}\ f\gamma$, 但不存在满足上述加强结论的 $e_1$, $f_1$.

为了刻画商双序集 $E/\gamma$ 上的 $\mathscr{L}$ 和 $\mathscr{R}$ 关系, 我们回顾一下集合 $X$ 上的"商关系 $\rho/\sigma$"的概念: 设 $\rho$, $\sigma$ 为集合 $X$ 上的等价关系, 满足 $\sigma\subseteq\rho$, 那么

$$\rho/\sigma=\{(x\sigma,y\sigma)\in X/\sigma\times X/\sigma\ :\ (x,y)\in\rho\}$$

是商集合 $X/\sigma$ 上的等价关系, 使得 $\nu:(x\sigma)(\rho/\sigma)\ \mapsto\ x\rho$ 为从 $(X/\sigma)/(\rho/\sigma)$ 到 $X/\rho$ 上的双射, 其逆为 $(x\rho)\nu^{-1}=\{y\sigma\,|y\in x\rho\}=(x\rho)/(\sigma|x\rho)$.

**引理 7.2.3** 设 $\gamma$ 是双序集 $E$ 上的同余, 分别用 $\mathscr{L}^\dagger$ 和 $\mathscr{R}^\dagger$ 记 $E$ 上等价关系 $\gamma\vee\mathscr{L}$ 和 $\gamma\vee\mathscr{R}$. 我们有

(1) $\mathscr{L}(E/\gamma)=\mathscr{L}^\dagger/\gamma$, $\mathscr{R}(E/\gamma)=\mathscr{R}^\dagger/\gamma$.

(2) 映射 $\nu:(E/\gamma)/\mathscr{L}(E/\gamma)\longrightarrow E/\mathscr{L}^\dagger$, $((e\gamma)(\mathscr{L}^\dagger/\gamma))\nu=e\mathscr{L}^\dagger$, $e\in E$ 是双射, 其逆为

$$(e\mathscr{L}^\dagger)\nu^{-1}=\{f\gamma\ :\ f\in e\mathscr{L}^\dagger\}=e\mathscr{L}^\dagger/(\gamma\,|\,e\mathcal{L}^\dagger).$$

(3) 映射 $\mu:(E/\gamma)/\mathscr{R}(E/\gamma)\longrightarrow E/\mathscr{R}^\dagger$, $((e\gamma)(\mathscr{R}^\dagger/\gamma))\mu=e\mathscr{R}^\dagger$, $e\in E$ 是双射, 其逆为

$$(e\mathscr{R}^\dagger)\mu^{-1}=\{f\gamma\ :\ f\in e\mathscr{R}^\dagger\}=e\mathscr{R}^\dagger/(\gamma\,|\,e\mathscr{R}^\dagger).$$

**证明** (1) 由引理 7.2.1, 对任意 $e,f\in E$, 我们有 $(e\gamma)\,\mathscr{L}^{E/\gamma}\,(f\gamma)$ 当且仅当 $e,f\in\gamma\vee\mathscr{L}(E)=\mathscr{L}^\dagger$. 由定义, $\mathscr{L}^\dagger/\gamma=\{(e\gamma,\ f\gamma)\ :\ (e,f)\in\mathscr{L}^\dagger\}$ 如所求. 对偶地, $\mathscr{R}(E/\gamma)=\mathscr{R}^\dagger/\gamma$.

(2) 这是引理 7.2.3 之前关于一般等价关系 $\rho$ 和 $\sigma$ 结果的特殊情形, 即取 $\rho=\mathscr{L}^\dagger$ 和 $\sigma=\gamma$ 可得. □

现在我们考虑由 $E$ 和 $E/\gamma$ 生成的基础半群 (见 4.1 节), 分别将它们记为 $\langle E\phi\rangle$ 和 $\langle E/\gamma\rangle\Phi$, 其中 $\phi=(\rho,\lambda)$ 是定义 4.1.2(3) 所给双序集的半群表示, 而 $\Phi=(P,\Lambda)$ 记对于 $E/\gamma$ 的同样表示. 证明 $\gamma$ 可扩充为每个由 $E$ 生成的半群上的同余的关键步骤是下述定理:

**定理 7.2.4** 对双序集 $E$ 上的任一同余 $\gamma$, 自然映射 $\gamma^\natural:E\longrightarrow E/\gamma$, $e\mapsto e\gamma$ 可扩充为由 $E$ 和 $E/\gamma$ 生成的基础半群之间的同态 $\Gamma:\langle E\phi\rangle\ \longrightarrow\ \langle(E/\gamma)\Phi\rangle$.

**证明** 按 4.1 节的记号, 我们有 $X=E/\mathscr{L}\cup\{\infty\}$, 而对每个 $e\in E$, $\rho_e\in\mathcal{T}(X)$. 我们记 $X^\dagger=E/\mathscr{L}^\dagger\cup\{\infty\}$ 并用 $L^\dagger$ 记 $E$ 中任一 $\mathscr{L}^\dagger$-类. 对任意 $e_1,e_2,\cdots,e_n\in E$, 定义仅依赖于 $\gamma$ 和 $\rho_{e_1}\rho_{e_2}\cdots\rho_{e_n}$ 的关系 $(\rho_{e_1}\rho_{e_2}\cdots\rho_{e_n})^\dagger\subseteq X^\dagger\times X^\dagger$ 如下 (其中箭头 $A\mapsto B$ 的准确意义是 $(A,B)\in(\rho_{e_1}\rho_{e_2}\cdots\rho_{e_n})^\dagger$):

$$\begin{aligned}&L^\dagger\mapsto L_y^\dagger,\quad \text{若 } L_x\rho_{e_1}\rho_{e_2}\cdots\rho_{e_n}=L_z \text{ 对某 } x\in L^\dagger,\ z\in L_y^\dagger,\\&L^\dagger\mapsto\infty,\quad \text{否则},\\&\infty\mapsto\infty.\end{aligned}$$

我们要用以下三个引理完成定理 7.2.4 的证明, 其中前两个引理本质上证明了:

(1) $\rho_{e_i}^\dagger$ 是引理 7.2.3 中的双射 $\nu$ 所确定的对 $P_{e_i\gamma}$ 的重命名, 且

(2) $(\rho_{e_1}\rho_{e_2}\cdots\rho_{e_n})^\dagger = \rho_{e_1}^\dagger\rho_{e_2}^\dagger\ldots\rho_{e_n}^\dagger$(因而,$^\dagger$ 是半群态射).

由这些引理和它们的对偶, 定理 7.2.4 即可得证. 注意: 记号 $e\mathscr{L}^\dagger = L_e^\dagger$ 使我们可将引理 7.2.3之 (2) 重写为: 映射 $\nu : (E/\gamma)/\mathscr{L}(E/\gamma) \longrightarrow E/\mathscr{L}^\dagger, L(E/\gamma)_{e\gamma}\nu = L_e^\dagger$ 是双射. 通过定义 $\infty\nu = \infty$ 我们可把 $\nu$ 扩充为从 $X(E/\gamma) = (E/\gamma)/\mathscr{L}(E/\gamma)\cup \{\infty\}$ 到 $X^\dagger = E/\mathscr{L}^\dagger \cup \{\infty\}$ 上的双射 (在此, 我们当然视 $\infty$ 为不在集合 $E$, $E/\gamma$, $E/\mathscr{L}$, $E/\mathscr{L}^\dagger$ 及 $(E/\gamma)/\mathscr{L}(E/\gamma)$ 之任一中的符号).

**引理 7.2.5** 对任一 $e \in E$, 有 $\rho_e^\dagger = \nu^{-1}P_{e\gamma}\nu$. 特别地, 关系 $\rho_e^\dagger$ 是函数.

**证明** 任取 $(L_a^\dagger, L_b^\dagger) \in \rho_e^\dagger$. 对某 $x \in L_a^\dagger$, 有 $L_x\rho_e = L_y$, $y \in L_b^\dagger$. 这样我们有 $x \mathscr{L} x_1 \longrightarrow e$ 且 $x_1 e \mathscr{L} y$, 对某 $x_1 \in E$. 于是在 $E/\gamma$ 中我们有

$$(x\gamma) \mathscr{L} (x_1\gamma) \quad 且 \quad (x_1\gamma)(e\gamma) \mathscr{L} (y\gamma),$$

因而 $L_{x\gamma}P_{e\gamma} = L_{y\gamma}$, 此即 $L_a^\dagger\nu^{-1}P_{e\gamma} = L_y^\dagger\nu^{-1} = L_b^\dagger\nu^{-1}$, 或等价地, $(L_a^\dagger, L_b^\dagger) \in \nu^{-1}P_{e\gamma}\nu$.

取任一 $L^\dagger \in E/\mathscr{L}^\dagger$ 使得 $(L^\dagger, \infty) \in \rho_e^\dagger$. 那么, 对每个 $x \in L^\dagger$ 有 $L_x\rho_e = \infty$. 此时, 假如对某 $x \in L^\dagger$ 有 $y \in E$ 使 $L(E/\gamma)_{x\gamma}P_{e\gamma} = L(E/\gamma)_{y\gamma}$. 由 $x\gamma \longrightarrow e\gamma$ 有 $x_1 \longrightarrow e$ 对某 $x_1 \in x\gamma \subseteq L_x^\dagger = L^\dagger$, 因而 $L_{x_1}\rho_e = L_{x_1 e}$, 这与已知的 $L_x\rho_e = \infty$, $\forall x \in L^\dagger$ 矛盾. 于是, $L(E/\gamma)_{x\gamma}P_{e\gamma} = \infty$, 即 $L^\dagger\nu^{-1}P_{e\gamma} = \infty = \infty\nu^{-1}$, 或等价地, $(L^\dagger, \infty) \in \nu^{-1}P_{e\gamma}\nu$. 我们当然有 $(\infty, \infty) \in \nu^{-1}P_{e\gamma}\nu$. 于是得到 $\rho_e^\dagger \subseteq \nu^{-1}P_{e\gamma}\nu$, 后者是函数, 故得 $\rho_e^\dagger$ 也是函数. 由于 $\rho_e^\dagger$ 的定义域是 $X^\dagger$, 而 $\nu^{-1}P_{e\gamma}\nu$ 的定义域也是 $X^\dagger$, 故得 $\rho_e^\dagger = \nu^{-1}P_{e\gamma}\nu$ 如所求. □

**引理 7.2.6** 对任意 $e_1, e_2, \cdots, e_n \in E$, 有 $(\rho_{e_1}\rho_{e_2}\cdots\rho_{e_n})^\dagger = \rho_{e_1}^\dagger\rho_{e_2}^\dagger\cdots\rho_{e_n}^\dagger$.

**证明** (a) 本证明的非平凡部分在于证明: 对所有 $L^\dagger \in E/\mathscr{L}^\dagger$, 若

$$L^\dagger\rho_{e_1}^\dagger\rho_{e_2}^\dagger\cdots\rho_{e_n}^\dagger \neq \infty,$$

则 $(L^\dagger, \infty) \notin (\rho_{e_1}\rho_{e_2}\cdots\rho_{e_n})^\dagger$, 即 $L_x\rho_{e_1}\rho_{e_2}\cdots\rho_{e_n} \neq \infty$, 对某 $x \in L^\dagger$. 这是我们首先要证明的.

设 $L^\dagger\rho_{e_1}^\dagger\rho_{e_2}^\dagger\cdots\rho_{e_n}^\dagger \neq \infty$. 我们用有限归纳法. 因为 $L^\dagger\rho_{e_1}^\dagger \neq \infty$, 我们有 $L_x\rho_{e_1} = L_{xe_1}$ 对某 $x \in L^\dagger$, 这给出了我们归纳证明的基础. 取任一 $k$, $1 \leqslant k < n$ 和 $x \in L^\dagger$ 使 $L_x\rho_{e_1}\rho_{e_2}\cdots\rho_{e_k} \neq \infty$. 那么, 存在 $y_1, y_2, \cdots, y_k$ 使得 $x \mathscr{L} y_1$, $e_i \longleftarrow y_i \longleftrightarrow y_i e_i \mathscr{L} y_{i+1}$, 对 $i = 1, 2, \cdots, k-1$ 成立, 且 $y_k \longrightarrow e_k$. 如此有

$$L_{y_i}\rho_{e_i} = L_{y_i e_i} = L_{y_{i+1}}, \qquad i = 1, 2, \cdots, k-1, \tag{7.1}$$

且 $L_x\rho_{e_1}\rho_{e_2}\cdots\rho_{e_k}=L_{y_ke_k}$. 由该式及 $\rho_{e_i}^\dagger$ 的定义 (据引理 7.2.5, 它为函数), 我们有

$$L_{y_i}^\dagger\rho_{e_i}^\dagger=L_{y_ie_i}^\dagger=L_{y_{i+1}}^\dagger,\qquad i=1,2,\cdots,k-1,\tag{7.2}$$

且有 $L^\dagger\rho_{e_1}^\dagger\rho_{e_2}^\dagger\cdots\rho_{e_k}^\dagger=L_{y_ke_k}^\dagger$ (因为 $L^\dagger=L_x^\dagger$). 故 $L_{y_ke_k}^\dagger\rho_{e_{k+1}}^\dagger\neq\infty$, 且从而对某 $a\in L_{y_ke_k}^\dagger$ 有 $L_a\rho_{e_{k+1}}\neq\infty$, 即有 $y_{k+1}\in L_a$, $y_{k+1}\longrightarrow e_{k+1}$, 而且 $L_{y_{k+1}}\rho_{e_{k+1}}=L_{y_{k+1}e_{k+1}}$. 现在, $L_{y_{k+1}}=L_a\subseteq L_{y_ke_k}^\dagger$, 故 $y_{k+1}\ \mathscr{L}^\dagger\ y_ke_k$; 或由引理 7.2.3(1), $(y_ke_k)\gamma\ \mathscr{L}\ y_{k+1}\gamma$. 图 7.1 解说了至今为止的情况. 其中 $y_1\in L^\dagger$, $y_ke_k\ \mathscr{L}^\dagger\ y_{k+1}$:

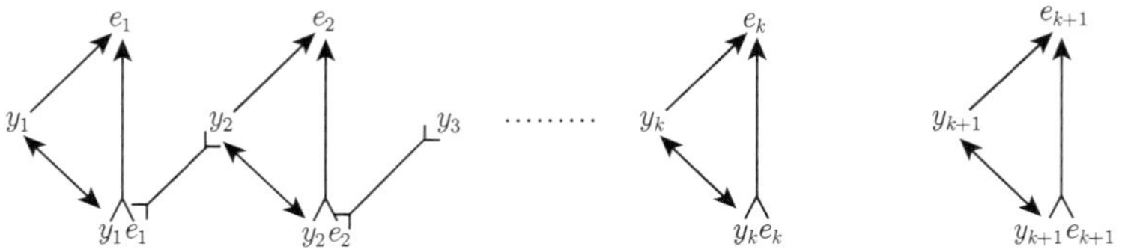


图 7.1

注意, 在图 7.1 中的 $y_ke_k$ 与 $y_{k+1}$ 之间只有关系 $\mathscr{L}^\dagger$ 而不是 $\mathscr{L}$. 要达到我们的目的, 我们须找出另一组元素 $x_{k+1},x_k,\cdots,x_1$ 分别代替 $y_{k+1},y_k,\cdots,y_1$, 从它们得到的类似箭图不再出现上述不协调而适于我们的应用. 事实上, 由引理 7.2.1(1), 存在 $b_k\in(y_ke_k)\gamma$, $x_{k+1}\in y_{k+1}\gamma$ 使得 $y_ke_k\longleftarrow\!\!<b_k\ \mathscr{L}\ x_{k+1}\longrightarrow y_{k+1}$. 由 $x_{k+1}\longrightarrow y_{k+1}\longrightarrow e_{k+1}$, 我们有 $L_{x_{k+1}}\rho_{e_{k+1}}=L_{x_{k+1}e_{k+1}}\neq\infty$. 这就是我们要找的元素. 记 $x_k=b_ky_k$, $b_{k-1}=(y_{k-1}e_{k-1})x_k$, 将其添加到图 7.2(a) 可得图 (7.2)(b), 其中元素 $x_k$ 和 $b_{k-1}$ 之间及它们与其他元素间的箭关系由双序集公理 (B21) 及其对偶而得. 我们来证明新标出的两个 $\gamma$ 关系和 $x_ke_k=b_k$. 由 $b_k\,\gamma\,y_ke_k$, 我们有 $b_ky_k\,\gamma\,(y_ke_k)y_k=y_k$. 由 $x_k\,\gamma\,y_k$, 我们有 $(y_{k-1}e_{k-1})x_k\,\gamma\,(y_{k-1}e_{k-1})y_k=y_{k-1}e_{k-1}$. 由于在任意双序集中, $g\longrightarrow f\longrightarrow e$ 蕴含 $(gf)e=g(fe)$, 故由 $b_k\longrightarrow y_k\longrightarrow e_k$ 我们有 $(b_ky_k)e_k=b_k(y_ke_k)$; 即 $x_ke_k=b_k$. 这个步骤可以重复进行 (定义 $b_{k-1}=(y_{k-1}e_{k-1})x_k$ 和 $x_{k-1}=b_{k-1}y_{k-1}$, $\cdots$) 直至我们得到 $x_{k+1},b_k,x_k,b_{k-1},x_{k-1},\cdots,b_1,x_1$, 它们满足 $x_i\,\gamma\,y_i$ 和 $x_ie_i=b_i\ \mathscr{L}\ x_{i+1}$, $i=1,2,\cdots,k$. 如此,

$$L_{x_1}\rho_{e_1}\rho_{e_2}\cdots\rho_{e_{k+1}}=L_{x_{k+1}e_{k+1}}\neq\infty,$$

而因为 $x_1\in L^\dagger$, 我们有 $(L^\dagger,\infty)\notin(\rho_{e_1}\rho_{e_2}\cdots\rho_{e_{k+1}})^\dagger$, 故由有限归纳有 $(L^\dagger,\infty)\notin(\rho_{e_1}\rho_{e_2}\cdots\rho_{e_n})^\dagger$.

(b) 我们证明 $(\rho_{e_1}\rho_{e_2}\cdots\rho_{e_n})^\dagger\subseteq\rho_{e_1}^\dagger\rho_{e_2}^\dagger\cdots\rho_{e_n}^\dagger$. 任取 $(L_x^\dagger,L_y^\dagger)\in(\rho_{e_1}\rho_{e_2}\cdots\rho_{e_n})^\dagger$, 那么 $L_{x_1}\rho_{e_1}\rho_{e_2}\cdots\rho_{e_n}=L_{x_{n+1}}$, 对某 $x_1\in L_x^\dagger$, $x_{n+1}\in L_y^\dagger$. 记 $L_{x_1}\rho_{e_1}\rho_{e_2}\cdots\rho_{e_i}=L_{x_{i+1}}$, $i=1,2,\cdots,n-1$, 则 $L_{x_i}\rho_{e_i}=L_{x_{i+1}}$, $i=1,2,\cdots,n$, 故 $(L_{x_i}^\dagger,L_{x_{i+1}}^\dagger)\in\rho_{e_i}^\dagger$, 且从而 $(L_{x_1}^\dagger,L_{x_{n+1}}^\dagger)\in\rho_{e_1}^\dagger\rho_{e_2}^\dagger\cdots\rho_{e_n}^\dagger$; 即 $(L_x^\dagger,L_y^\dagger)\in\rho_{e_1}^\dagger\rho_{e_2}^\dagger\cdots\rho_{e_n}^\dagger$. 任取

$(L^\dagger, \infty) \in (\rho_{e_1}\rho_{e_2}\cdots\rho_{e_n})^\dagger$. 由 (a) 的证明, $L^\dagger\rho^\dagger_{e_1}\rho^\dagger_{e_2}\cdots\rho^\dagger_{e_n} = \infty$, 即 $(L^\dagger, \infty) \in \rho^\dagger_{e_1}\rho^\dagger_{e_2}\cdots\rho^\dagger_{e_n}$. 这就给出了 $(\rho_{e_1}\rho_{e_2}\cdots\rho_{e_n})^\dagger \subseteq \rho^\dagger_{e_1}\rho^\dagger_{e_2}\cdots\rho^\dagger_{e_n}$.

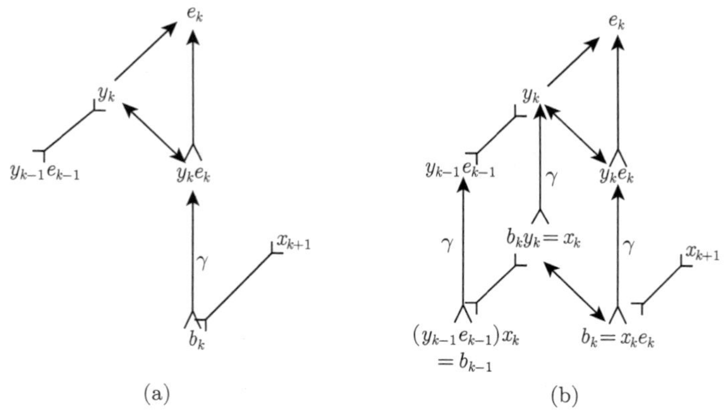


图 7.2

(c) 因为每个 $\rho_{e_i}$ 都是函数 (引理 7.2.5), 它们的合成 $\rho_{e_1}\rho_{e_2}\cdots\rho_{e_n}$ 也是函数. 由 (b), $(\rho_{e_1}\rho_{e_2}\cdots\rho_{e_n})^\dagger$ 也是函数. 因为 $X^\dagger$ 同时是后面这两者的定义域, 再由 (b) 得

$$(\rho_{e_1}\rho_{e_2}\cdots\rho_{e_n})^\dagger = \rho^\dagger_{e_1}\rho^\dagger_{e_2}\cdots\rho^\dagger_{e_n}.$$

如所求. □

**引理 7.2.7**　记 $E\rho = \{\rho_e : e \in E\}$ 和 $(E/\gamma)P = \{P_{e\gamma} : e \in E\}$. 定义映射 $\alpha : \langle E\rho\rangle \longrightarrow \langle(E/\gamma)P\rangle$(作为半群 $\mathcal{T}(X)$ 和 $\mathcal{T}(X(E/\gamma))$ 的子半群) 为: 对任意 $e_1, e_2, \cdots, e_n \in E$,

$$(\rho_{e_1}\rho_{e_2}\cdots\rho_{e_n})\alpha = \nu(\rho_{e_1}\rho_{e_2}\cdots\rho_{e_n})^\dagger\nu^{-1},$$

那么 $\alpha$ 是态射.

**证明**　任取 $t_1 = \rho_{e_1}\rho_{e_2}\cdots\rho_{e_n}$, $t_2 = \rho_{e_{n+1}}\rho_{e_{n+2}}\cdots\rho_{e_m} \in \langle E\rho\rangle$, 我们有

$$\begin{aligned}(t_1t_2)\alpha &= \nu(t_1t_2)^\dagger\nu^{-1} = \nu\rho^\dagger_{e_1}\rho^\dagger_{e_2}\cdots\rho^\dagger_{e_m}\nu^{-1} \quad &(\text{由引理 7.2.6})\\ &= \nu t_1^\dagger t_2^\dagger\nu^{-1} &(\text{由引理 7.2.6})\\ &= \nu t_1^\dagger\nu^{-1}\nu t_2^\dagger\nu^{-1} = (t_1\alpha)(t_2\alpha).\end{aligned}$$

这就完成了引理 7.2.7 之证. □

现在回到定理 7.2.4 之证. 我们重述一下对双序集 $E/\gamma$ 的半群表示 (参见 4.1 节). 我们已有 $\mathscr{R}^\dagger = \mathscr{R}\vee\gamma$, $Y = E/\mathscr{R}\cup\{\infty\}$ 和相应的 $Y(E/\gamma) = (E/\gamma)/\mathscr{R}(E/\gamma)$ 及 $Y^\dagger = E/\mathscr{R}^\dagger\cup\{\infty\}$. 我们可以分别定义 $\rho$, $\rho^\dagger$, $P$, $\nu$ 及上述 $\alpha$ 的对偶 $\lambda$, $\lambda^\dagger$, $\Lambda$, $\mu$

以及 $\beta$. 例如, 其中与 $\nu$ 对偶的 $\mu$ 是从 $(E/\gamma)/\mathscr{R}(E/\gamma)$ 到 $E/\mathscr{R}^{\dagger}$ 的双射 (见引理 7.2.3(3)), 而 $\beta$ 是从 $\langle E\lambda\rangle$ 到 $\langle (E/\gamma)\Lambda\rangle$ 的半群态射. 对每个 $e\in E$, 定义 $\phi_e=(\rho_e,\lambda_e)\in\mathcal{T}(X)\times\mathcal{T}^*(Y)$ 和 $\Phi_{e\gamma}=(P_{e\gamma},\Lambda_{e\gamma})\in\mathcal{T}(X(E/\gamma))\times\mathcal{T}^*(Y(E/\gamma))$. 定义 $E\phi=\{\phi_e\mid e\in E\}$, $(E/\gamma)\Phi=\{\Phi_{e\gamma}\ :\ e\in E\}$ 并记 $\langle E\phi\rangle$ 和 $\langle (E/\gamma)\Phi\rangle$ 为如 4.1 节中定义的 $\mathcal{T}(X)\times\mathcal{T}^*(Y)$ 和 $\mathcal{T}(X(E/\gamma))\times\mathcal{T}^*(Y(E/\gamma))$ 的子半群. 进而对任意 $e_1,e_2,\cdots,e_n\in E$, 定义

$$(\alpha,\beta):\langle E\phi\rangle\longrightarrow\langle (E/\gamma)\Phi\rangle$$

为

$$(\phi_{e_1}\phi_{e_2}\cdots\phi_{e_n})(\alpha,\beta)=\Phi_{e_1\gamma}\Phi_{e_2\gamma}\cdots\Phi_{e_n\gamma}.$$

由引理 7.2.7 及其对偶可知, $(\alpha,\beta)$ 有定义且为态射. 显然, $(\alpha,\beta)$ 将 $\langle E\phi\rangle$ 射到 $\langle (E/\gamma)\Phi\rangle$ 上.

如果我们将 $\phi_e,\Phi_{e\gamma}$ 分别恒同于 $e,e\gamma$, $e\in E$, 从而将 $E,E/\gamma$ 分别恒同于 $E\phi,(E/\gamma)\Phi$, 那么得到: 映射 $\Gamma=(\alpha,\beta)$ 将自然映射 $\gamma^{\natural}:E\longrightarrow E/\gamma$ 扩充为半群映射. 这就完成了定理 7.2.4 的证明. □

**定理 7.2.8** 设 $S$ 为任一幂等元生成半群, 有幂等元双序集 $E$, 则 $E$ 上任一同余 $\gamma$ 可扩充为 $S$ 上的同余.

**证明** 考虑推论 4.1.12 定义的从 $S$ 到 $\langle E\phi\rangle$ 上的幂等元分离态射, 记为 $\Psi$, 以及上述满态射 $\Gamma:\langle E\phi\rangle\longrightarrow\langle (E/\gamma)\Phi\rangle$. 因为在恒同看待 $\phi_e$ 和 $e\in E$ 时我们有 $(\Gamma\circ\Gamma^{-1})\,|\,E=\gamma$. 记 $\delta=(\Psi\Gamma)\circ(\Psi\Gamma)^{-1}$. 由于 $\Psi$ 在 $E$ 上是 1-1 的, 我们有 $\delta\,|\,E=\gamma$. 如所求. □

**注记 7.2.9** (1) $\Psi\Gamma$ 也扩充映射 $\gamma^{\natural}:E\longrightarrow E/\gamma$.

(2) 定理 7.2.4 中并无 $E(\langle E\phi\rangle)=E\phi$ 的假设. 不过, 我们可以证明: $E\phi$ 是 $\langle E\phi\rangle$ 的某些 $\mathscr{D}$-类中所有幂等元的集合. 这使我们可以在定理 7.2.11 中对定理 7.2.8 作进一步推广.

设 $E$ 为任一双序集, 记 $E$ 上等价关系格中 $\mathscr{L}$ 和 $\mathscr{R}$ 的最小上界为 $\mathscr{D}=\mathscr{L}\vee\mathscr{R}$. 当然, $\mathscr{D}=\bigcup_{n=1}^{\infty}(\mathscr{L}\cup\mathscr{R})^n$, 即 $\mathscr{L}\cup\mathscr{R}$ 的传递闭包. 对每个子集 $Z\subseteq E$, $E$ 中 $\mathscr{D}$-类的集合并 $F=\cup\{D_z\ :\ z\in Z\}$ 是 $E$ 的一个部分子代数 (因为, 对任意 $e,f\in E$, 若基本积 $ef$ 存在, 则有 $ef\,\mathscr{D}\,e$ 或 $ef\,\mathscr{D}\,f$), 而且不难验证: $F$ 还是 $E$ 的双序子集 (例如, 关于公理 (B4), 由 $E$ 中有 $f'\,\mathscr{R}\,f'e=fe$ 即可证).

**引理 7.2.10** 对任意双序集 $F$ 和子集 $Z\subseteq F$, 双序集 $E=\cup\{D_z\ :\ z\in Z\}$ 满足: 半群 $\langle E\phi^E\rangle$ 是 $\langle F\phi^F\rangle$ 的子半群 $\langle E\phi^F\rangle$ 的态射像.

**证明** 对任意 $x,f\in F$, 我们有 $L_x\rho_f^F\subseteq D_x$ 或 $L_x\rho_f^F=\infty$; 对 $\lambda_f^F(R_x)$ 也有类似结果. 这些定义的细节告诉我们有 $\rho_e^E\subseteq\rho_e^F$ 和 $\lambda_e^E\subseteq\lambda_e^F$, $\forall e\in E$.

因为这些是全函数, 故知映射 $\langle E\phi^F\rangle \longrightarrow \langle E\phi^E\rangle$, $(r,s)\mapsto(r\,|\,X(E), s\,|\,Y(E))$ 是到 $\langle E\phi^E\rangle$ 上的态射, 其中

$$\begin{aligned}X(E) &= \{L_e \in E/\mathcal{L} \mid e \in E\} \cup \{\infty\}\\ &= E/\mathcal{L} \cup \{\infty\},\end{aligned}$$

而

$$\begin{aligned}Y(E) &= \{R_e \in E/\mathcal{R} \mid e \in E\} \cup \{\infty\}\\ &= E/\mathcal{R} \cup \{\infty\}.\end{aligned}$$

这就得到了我们的结论. □

**定理 7.2.11**　设 $S$ 为任一半群, $Z \subseteq S$. 令 $E = E(\bigcup_{z\in Z} D_z)$, 即 $S$ 的 $\mathscr{D}$-类之集 $\{D_z \in S/\mathscr{D} : z \in Z\}$ 中所有幂等元的集合. 若 $S$ 是由 $E$ 生成的, $S = \langle E\rangle$, 那么, 双序集 $E$ 上的每个同余 $\gamma$ 都可扩充为 $S$ 上的一个同余.

**证明**　由于 $E$ 是双序集 $E(S)$ 的 $\mathscr{D}$-类之并, 故 $E$ 也是双序集. 我们只需考察以下三个满态射的合成

$$S \longrightarrow \langle E\phi^{E(S)}\rangle \longrightarrow \langle E\phi^E\rangle \longrightarrow \langle (E/\gamma)\Phi\rangle,$$

其中, 第二个态射是由引理 7.2.10 中令 $F = E(S)$ 而得. 前两个态射是单的, 故如果用 $\delta$ 来记该三个态射之合成所对应的 $S$ 上的同余, 则我们有 $\delta \cap (E\times E) = \gamma$. 如所求. □

对于拟正则双序集 $E$ 上的等价关系 $\gamma$ 扩充为半群同余的问题, 我们有以下定理:

**定理 7.2.12**　设 $E$ 为任一拟正则半群的幂等元双序集, $\gamma$ 为 $E$ 上任一关系. 以下五条两两等价:

(1) $\gamma$ 是 $\langle E\phi\rangle$ 上的一个同余向 $E$ 的限制;

(2) $\gamma$ 是每个有幂等元双序集 $E$ 的幂等元生成半群上的同余向 $E$ 的限制;

(3) $\gamma$ 是每个有幂等元双序集 $E$ 的幂等元生成拟正则半群的同余向 $E$ 的限制;

(4) $\gamma$ 是某个有幂等元双序集 $E$ 的幂等元生成拟正则半群的同余向 $E$ 的限制;

(5) $\gamma$ 是 $E$ 上的一个同余.

**证明**　由定理 5.4.5 易知, $\langle E\phi\rangle$ 为拟正则半群. 于是本定理可由定理 7.1.8 和定理 7.2.8 得到. □

下述推论是显然的.

**推论 7.2.13**　将定理 7.2.12 中的 "拟正则" 用 "有限" 或 "正则" 来代替, 相应的结论仍然成立.

**定理 7.2.14** 若 $E$ 是有限 (正则、拟正则、周期或群界) 半群的幂等元双序集, 则对 $E$ 上任一同余 $\gamma$, 商双序集 $E/\gamma$ 也是有限 (正则、拟正则、周期或群界) 半群的幂等元双序集.

**证明** 定理 7.1.2 已断言 $E/\gamma$ 是双序集. 5.2 节和 5.4 节中证明了对每种列出类型的双序集 $E$, $\langle E\phi\rangle$ 都是相应类型的半群. 由定理 7.2.4, 半群 $\langle(E/\gamma)\Phi\rangle$ 是 $\langle E\phi\rangle$ 的态射像, 故也是所列的相应类型半群. 最后, 由命题 5.1.3 和定理 5.1.16, 对所有拟正则半群的幂等元双序集 $E$, $\langle E\phi\rangle$ 的幂等元双序集是 $E$, 故 $\langle(E/\gamma)\Phi\rangle$ 的幂等元双序集是 $E/\gamma$. □

## 7.3 态射的扩充

我们来确定, 两个拟正则双序集之间什么样的满映射 $E \longrightarrow\!\!\!\!\!\rightarrow F$ 可以扩充为半群 $\langle E\phi^E\rangle$ 和 $\langle F\phi^F\rangle$ 之间的态射. 我们所确定的条件就将作为 (任意) 双序集态射的定义. 所得的结论实际上就是定理 7.2.4 的另一种叙述, 因为, 对于 (全) 代数而言, 态射和同余本质上是等价的概念.

首先, 我们注意下述结论:

**定理 7.3.1** 设 $E_1$ 和 $E_2$ 是任意双序集, $\theta: E_1 \longrightarrow\!\!\!\!\!\rightarrow E_2$ 是从 $E_1$ 到 $E_2$ 上的任一满部分代数态射, 即对任意 $e_1, f_1 \in E_1$, 若 $e_1f_1$ 在 $E_1$ 中有定义, 则 $(e_1\theta)(f_1\theta)$ 在 $E_2$ 中有定义且 $(e_1\theta)(f_1\theta) = (e_1f_1)\theta$. 那么, $\theta$ 可唯一地扩充为由部分代数 $(E_1,\cdot)$ 和 $(E_2,\cdot)$ 自由生成的半群 $F(E_1)$ 和 $F(E_2)$ 之间的满态射 $\psi: F(E_1) \longrightarrow\!\!\!\!\!\rightarrow F(E_2)$.

**证明** 定义 $\psi: F_{E_1}/\sigma^{\#}(E_1) \longrightarrow F_{E_2}/\sigma^{\#}(E_2)$ 为: 对任意 $x_1, x_2, \cdots, x_n \in E_1$,

$$(x_1x_2\cdots x_n)\sigma^{\#}(E_1)\psi = ((x_1\theta)(x_2\theta)\cdots(x_n\theta))\sigma^{\#}(E_2).$$

用定理 7.1.7 证明中所用的标准方法在此可同样证明 $\psi$ 是有定义的. 显然 $\psi$ 是态射. 由定理 4.2.3, 我们有 $F(E_i)$ 的幂等元双序集是 $E_i$, $i = 1, 2$, 而显然 $\psi\,|\,E_1 = \theta$ 如所求. □

**例 7.3.2** 设 $E$ 为任一非空集, 定义 $D_E = \{(e,e): e \in E\}$ 并令 $e^2 = e$, 对所有 $e \in E$. 不难验证 $(E,\cdot)$ 满足双序集的所有公理. 我们称之为集合 $E$ 上的最小双序集 (the least biordered set on $E$). 取任一双序集 $F$, 满足 $|F| \leqslant |E|$ 并令 $\theta: E \longrightarrow\!\!\!\!\!\rightarrow F$ 为从 $E$ 到 $F$ 上的任一满射, 显然 $\theta$ 是部分代数态射. 特别地, 若双序集 $F$ 满足 $|F| = |E|$ 且 $\theta$ 是从 $E$ 到 $F$ 上的双射时, 由于 $\theta\circ\theta^{-1} = 1_E$, 我们有 $E/1_E \cong E$. 但作为双序集, $E/1_E$ 与 $E\theta = F$ 有很大的不同: $F$ 可以有很多种不同构的选择, 例如 $F$ 可以是链, 也可以是矩形带双序集等.

例 7.3.2 说明: 在部分代数同余和双序集的态射之间一般不存在紧密的联系. 我们要给出的双序集 (满) 态射的定义 (配合以前面所给双序集同余的定义) 则要建立起它们之间的很强的关系. 事实上, 我们要证明对它们同样有同态基本定理成立. 特别地, 对于拟正则双序集, 这些定义是很自然的.

**定义 7.3.3** 设 $E$, $F$ 为任意双序集, 存在从 $E$ 到 $F$ 上的满射 $\theta : E \twoheadrightarrow F$. 称该满射 $\theta$ 为双序 (集) 态射 (bimorphism), 若下述四条件成立:

(M1) $D_F \supseteq D_E\theta = \{(e\theta, f\theta) \in F \times F : (e, f) \in D_E\}$, 且对任意 $(e, f) \in D_E$, 有 $(e\theta)(f\theta) = (ef)\theta$;

(M2) 对任意 $e, f \in E$, 若 $f\theta \longrightarrow e\theta$, 则对任意 $e_1 \in e(\theta \circ \theta^{-1})$, 存在 $f_1 \in f(\theta \circ \theta^{-1})$ 使得 $f_1 \longrightarrow e_1$;

(M2)* 对任意 $e, f \in E$, 若 $f\theta \succ\!\!- e\theta$, 则对任意 $e_1 \in e(\theta \circ \theta^{-1})$, 存在 $f_1 \in f(\theta \circ \theta^{-1})$ 使得 $f_1 \succ\!\!- e_1$;

(M3) 对任意 $e, f \in E$, 若 $e\theta = f\theta$, 则存在 $g \in E$, 满足 $e \longleftarrow g \succ\!\!- f$ 且 $g\theta = e\theta (= f\theta)$.

**注记 7.3.4** 公理 (M2) 和 (M2)* 蕴含 $D_F \subseteq D_E\theta$, 故连同 (M1) 一起给出 $D_F = D_E\theta$.

**定理 7.3.5** (双序集的同态基本定理) 设 $E$, $F$ 为任意双序集. 我们有

(1) 对 $E$ 上任一同余 $\gamma$, 自然映射 $\gamma^\natural : E \twoheadrightarrow E/\gamma$, $e \mapsto e\gamma$ 是双序态射;

(2) 若 $\theta : E \twoheadrightarrow F$ 是从 $E$ 到 $F$ 上的双序集态射, 则关系 $\gamma = \theta \circ \theta^{-1}$ 是 $E$ 上同余, 且自然映射 $\nu : E/\gamma \longrightarrow F$, $e\gamma \mapsto e\theta$ 是双序集同构, 使图 7.3 交换, 即有 $\gamma^\natural \nu = \theta$.

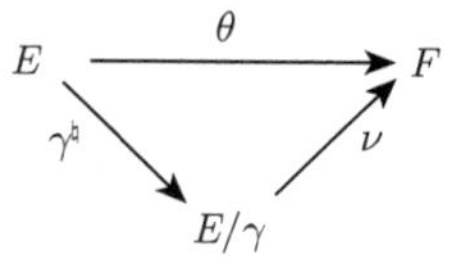


图 7.3

**证明** 我们这里所说的同构指的是双序集的双射态射 (由公理 (M1), (M2) 和 (M2)* 我们有 $D_F = D_E\theta$, 故同构的逆也是同构). 由我们定义中公理的选择, 本定理的证明是程序性的, 故略. □

**注记 7.3.6** 注意, 对部分代数也存在 "同态基本定理", 将部分代数的全态射与部分代数同余联系起来. 这只需将上述定理中的 "双序集" 全部用 "部分代数" 来代替即可. 由于我们不需要它, 故不在此列出此定理.

**定理 7.3.7** 对任意双序集 $E$, $F$ 和从 $E$ 到 $F$ 的任一态射 $\theta \twoheadrightarrow F$, 存在 (半群) 态射 $\Theta : \langle E\phi^E \rangle \twoheadrightarrow \langle F\phi^F \rangle$, 使得 $\Theta | E = \theta$.

**证明** 因为 $F \cong E/\gamma$, 此处 $\gamma = \theta \circ \theta^{-1}$, 本定理是定理 7.2.4 的重述. □

**定理 7.3.8** 设 $S$ 和 $T$ 为拟正则半群, $\Theta : S \twoheadrightarrow T$ 是从 $S$ 到 $T$ 上的满同态.

(1) $\Theta$ 在 $E(S)$ 上的限制 $\theta = \Theta|E(S)$ 射 $E(S)$ 到 $E(T)$ 上, 且是 (双序集) 态射;

(2) 自然映射 $E(S)/(\theta \circ \theta^{-1}) \longrightarrow E(T)$, $e(\theta \circ \theta^{-1}) \mapsto e\theta$ 是 (双序集) 同构.

**证明** (1) $\Theta$ 射 $E(S)$ 到 $E(T)$ 上由推论 5.1.4 得.

条件 (M1) 显然对 $\Theta|E(S)$ 成立.

设 $(x, y) \in D_{E(T)}$ 满足 $y \longrightarrow x$. 取任意 $e, f \in E(S)$ 使得 $e\theta = x$, $f\theta = y$. 因为 $S$ 拟正则, 存在 $n > 1$ 使得 $(ef)^n \in \operatorname{Reg} S$. 记 $a \in V((ef)^n)$, 令 $g = (ef)a(ef)^{n-1}$. 易验证 $g \in E(S)$, $g\theta = f\theta = y$ 且 $g \longrightarrow e$.

我们已证了 (M2) 成立, 由对偶性, (M2)* 也成立. 条件 (M3) 是关于 $\theta \circ \theta^{-1}$(而不是 $\theta$) 的, 由定理 7.1.8, $\theta \circ \theta^{-1} = (\Theta \circ \Theta^{-1}) \cap (E(S) \times E(S))$ 是 $E(S)$ 上的同余, 它满足条件 (C3), 故映射 $\theta$ 满足条件 (M3).

(2) 由定理 7.3.5 和本定理 (1) 得. □

**推论 7.3.9** 设 $\delta$ 为拟正则半群 $S$ 的任一同余. 记 $\gamma = \delta \cap (E(S) \times E(S))$. 那么 $E(S)/\gamma \longrightarrow E(S/\delta)$, $e\gamma \mapsto e\delta$ 是双序集的同构.

**证明** 记 $\Theta = \delta^\natural$, 本推论即由定理 7.3.8 得. □

定理 7.3.7和定理 7.3.8之 (1) 实际上蕴含了下述定理 7.3.10, 它说明我们的定义 7.3.3 至少对于以下五类双序集而言是其态射的自然定义: 正则双序集、拟正则双序集、有限半群的双序集、周期半群的双序集和群界半群的双序集.

**定理 7.3.10** 设 $E, F$ 是正则 (拟正则、有限、周期、群界) 半群的双序集, $\theta : E \twoheadrightarrow F$ 为任一满射. 那么 $\theta$ 可以扩充为有幂等元双序集 $E(S) = E$, $E(T) = F$ 的某正则 (拟正则、有限、周期、群界) 半群 $S, T$ 之间的 (半群) 满态射 $\Theta : S \twoheadrightarrow T$ 的充要条件是 $\theta$ 为满足定义 7.3.3 中条件 (M1)—(M3) 的 (双序集) 态射.

**证明** 对任意双序集 $E$, 若 $E$ 是某正则 (拟正则、有限、周期或群界) 半群的幂等元双序集, 则 $\langle E\phi^E \rangle$ 也是这样的半群. 故由定理 7.3.7 和定理 7.3.8 之 (1) 得本定理. □

## 7.4 拟正则双序集态射的特征刻画

值得注意的是, Nambooripad 对正则双序集定义的态射概念 (正则双序态射, 参看定义 1.2.1), 初看之下与我们的定义 7.3.3 很不相同, 但从定理 7.3.7、定理 7.3.8 和定理 7.3.10 来看, 两者是等价的, 因为这两个定义都是正则半群之间的

(半群) 态射向其幂等元双序集的限制. Nambooripad 的定义用我们的方式应叙述如下:

**定义 7.4.1** 设 $E, F$ 为正则双序集, 满射 $\theta : E \twoheadrightarrow F$ 称为正则双序态射, 若 $\theta$ 满足下述二条件:

(M1) $D_F \supseteq D_E\theta = \{(e\theta, f\theta) \in F \times F \mid (e, f) \in D_E\}$, 且对任意 $(e, f) \in D_E$, 有 $(e\theta)(f\theta) = (ef)\theta$;

(RM1) $S_E(e, f) \subseteq S_F(e\theta, f\theta)$, $\forall e, f \in E$.

我们将对拟正则双序集之间的态射给出一个与上类似的自然刻画. 为此, 我们先将条件 (RM1) 推广到广义夹心集而得如下之条件:

(M4) 对任意 $e_1, \cdots, e_n \in E$, $n \geqslant 2$, 有 $S_E(e_1, \cdots, e_n) \subseteq S_F(e_1\theta, \cdots, e_n\theta)$, 其中, 下标 $E, F$ 自然指夹心集所在双序集.

我们先证明两个引理.

**引理 7.4.2** 设 $E$ 为任意双序集, $e, f \in E$ 满足 $f \longrightarrow e$.

(1) 对任意正整数 $i$, 夹心集 $S(f, e)^i$ 包含 $2i-1$ 元组 $(f, fe, f, fe, \cdots, f, fe, f)$.

(2) 若对某 $i \geqslant 2$, 有 $(g_1, g_2, \cdots, g_{2i-1}) \in S(f, e)^i$, 则必有 $g_1 = f$.

**证明** (1) 易由定义证明, 略.

(2) 因 $(f, fe, \cdots, f)$ 和 $(g_1, g_2, \cdots, g_{2i-1})$ 两者都是夹心集 $S(f, e)^i$ 中的元素, 由定义得 $fg_1 \longrightarrow ff$, $ff \longrightarrow fg_1$, 即 $f \longleftrightarrow fg_1$. 又有 $f \prec g_1 \longrightarrow e \prec g_2 \longrightarrow f$ 且 $g_1e = eg_2$. 由 $f \prec g_1$ 和 (B21)*, 我们有 $g_1 \succ\!\!\prec fg_1 \succ\!\!\to f \longleftrightarrow fg_1$, 故得 $f = fg_1 \succ\!\!\prec g_1$. 由 $g_1 \longrightarrow e$ 和 (B21) 得 $g_1 \longleftrightarrow g_1e = eg_2$. 但 $eg_2 = g_2$, 因 $g_2 \longrightarrow f \longrightarrow e$, 故得 $g_1 \longleftrightarrow g_2$. 由 $g_1 \succ\!\!\prec f \longleftarrow g_2 \longleftrightarrow g_1$ 得 $g_1 \succ\!\!\prec f \longleftarrow g_1$, 这就给出 $g_1 = f$. 如所求. □

**引理 7.4.3** 设 $E$ 为拟正则双序集, $F$ 为任一双序集, $\theta : E \twoheadrightarrow F$ 是满射. 若 $\theta$ 满足条件 (M1) 和 (M4), 则 $\theta$ 也满足条件 (M2), (M2)* 和 (M3).

**证明** 为验 (M2), 设 $e, f \in E$ 满足 $f\theta \longrightarrow e\theta$. 任取 $e_1 \in e(\theta \circ \theta^{-1})$. 因为 $E$ 拟正则, 存在 $i \geqslant 2$ 使 $S_E(f, e_1)^i \neq \varnothing$. 任取 $(f_1, \cdots, f_{2i-1}) \in S_E(f, e_1)^i$, 那么 $f_1 \longrightarrow e_1$. 由 (M4) 我们有

$$(f_1\theta, f_2\theta, \cdots, f_{2i-1}\theta) \in S_F(f\theta, e_1\theta)^i = S_F(f\theta, e\theta)^i.$$

这样, 由引理 7.4.2(2) 得 $f_1\theta = f\theta$. 因 $f_1 \longrightarrow e_1$, 这给出了 (M2). 对偶地, 条件 (M2)* 也满足.

为验 (M3), 设 $e, f \in E$ 有 $e\theta = f\theta$. 由 $E$ 拟正则, 存在 $i \geqslant 2$ 使 $S_E(f, e)^i \neq \varnothing$. 任取 $(g_1, \cdots, g_{2i-1}) \in S_E(f, e)^i$, 则 $f \prec g_1 \longrightarrow e$. 因为 $(g_1\theta, g_2\theta, \cdots, g_{2i-1}\theta) \in S_F(f\theta, e\theta)^i$, 由引理 7.4.2(2) 得 $g_1\theta = f\theta = e\theta$. 这就给出了 (M3). □

以下是本节的主要结论.

**定理 7.4.4** 设 $E, F$ 是拟正则双序集, $\theta : E \longrightarrow\!\!\!\!\rightarrow F$ 为满射. $\theta$ 是 (双序集) 态射的充分必要条件是 $\theta$ 满足条件 (M1) 和 (M4).

**证明** 引理 7.4.3 证明了: 对拟正则双序集而言, 公理 (M1) 和 (M4) 蕴含 (M1)—(M3).

根据定理 7.3.10, 我们只需证明: 条件 (M4) 对于 $\theta$ 扩充为 (半群) 态射 $\bar{\theta} : \langle E\phi^E\rangle \longrightarrow\!\!\!\!\rightarrow \langle F\phi^F\rangle$ 是必要的. 为记号方便, 我们分别将 $E$, $F$ 和 $e \in E$ 恒同于 $E\phi^E, F\phi^F$ 和 $\phi_e^E$. 设映射 $\theta : E \longrightarrow\!\!\!\!\rightarrow F$ 可以 (唯一地) 扩充为半群态射 $\bar{\theta} : \langle E\rangle \longrightarrow\!\!\!\!\rightarrow \langle F\rangle$. 令 $e_1, \cdots, e_n \in E$ 使得 $S_E(e_1, \cdots, e_n) \neq \varnothing$ 并任取 $(g_1, \cdots, g_{n-1}) \in S_E(e_1, \cdots, e_n)$. 由引理 5.2.8(2), 积 $e_1 \cdots e_n \in \operatorname{Reg}\langle E\rangle = \operatorname{Reg}\langle E\phi^E\rangle$. 由定理 4.3.7, 存在 $v \in V(e_1 \cdots e_n)$ 使得 $g_i = e_{i+1} \cdots e_n v e_1 \ldots e_i$, $i = 1, \cdots, n-1$. 由于 $\theta$ 是半群态射 $\bar{\theta}$ 向 $E$ 的限制, 我们有

$$
\begin{aligned}
(g_1\theta, \cdots, g_{n-1}\theta) &= ((e_2 \cdots e_n v e_1)\bar{\theta}, \cdots, (e_n v e_1 \cdots e_1 \cdots e_{n-1})\bar{\theta}) \\
&= ((e_2\theta) \cdots (e_n\theta)(v\bar{\theta})(e_1\theta), \cdots, (e_n\theta)(v\bar{\theta})(e_1\theta) \cdots (e_{n-1}\theta)).
\end{aligned}
$$

由于 $e_1 \cdots e_n$ 正则, $(e_1 \cdots e_n)\bar{\theta} = (e_1\theta) \cdots (e_n\theta)$ 也正则. 此外, 我们也有 $v\bar{\theta} \in V((e_1 \cdots e_n)\bar{\theta})$. 故再由引理 5.2.8(2) 得 $(g_1\theta, \cdots, g_{n-1}\theta) \in S_F(e_1\theta, \cdots, e_n\theta)$, 这给出了条件 (M4), 从而完成了证明. □

## 7.5 双序集的子结构

和双序集的态射像类似, 初看起来, 我们不知道一个双序集的子结构应当是什么. 由于双序集概念的重要性来自于它恰是某半群 $S$ 的幂等元部分代数 $E(S)$, 我们有理由指望将要定义的 "双序子集" 应当具有这样的性质: 若 $S$ 是任一有双序集 $E(S) = E$ 的半群, $F \subseteq E$ 是将 $E$ 的双序结构限制在其上后本身也成为一个双序集的子集合, 那么 $F$ 可以视为 $E$ 的子结构当且仅当 $F$ 是 $S$ 的某子半群的幂等元双序集, 也即 $S$ 中由 $F$ 生成的子半群 $\langle F\rangle$ 恰以 $F$ 为其幂等元集. 从以下两个例子可以看到这里情况的复杂性:

**例 7.5.1** 设 $S = C_2 = \{e, f, g, a, 0\}$ 为 5-元非 $E$-硬完全 0-单半群, 其幂等元双序集为 $E = \{e, f, g, 0\}$ 满足 $e >\!\!\!-\!\!\!< f \longleftrightarrow g$ 和 $0 \;>\!\!\!\rightarrow e, f, g$(注意, 我们还有 $e \mathscr{R} a = eg \mathscr{L} g$ 等). 令 $F = \{e, f, g\}$, 保持与 $E$ 中相同的双序结构. 不难验证: $F$ 是一个双序集. 进而我们还有 $\langle F\rangle = S$ 且 $S$ 不含任何子半群以 $F$ 为其幂等元双序集. 另外, 我们还知道 $F$ 不可为任何有限半群的幂等元双序集, 因为对任意正整数 $i$, 有 $S_F(g, e)^i = \varnothing$.

即使我们限制于只讨论有限半群, 结论似乎也不那么顺利.

**例 7.5.2** 设 $S=E=\{e,f,g,h,0\}$ 是附加零元 0 的 $2\times 2$ 矩形带, 其双序结构为 $e >\!\!-\!\!< f \longleftrightarrow g >\!\!-\!\!< h \longleftrightarrow e$ 和 $0 \rightarrowtail e,f,g,h$. 设 $F=\{e,g,0\}$, 那么 $F$ 是有限半群 (例如, 由 $e,g$ 自由生成的 3-元半格) 的幂等元双序集, 但是 $F$ 不是以 $E$ 为幂等元双序集的任意半群的任一子半群的幂等元双序集.

让我们回到例 7.5.1, 对它进行一些修改.

**例 7.5.3** 设 $S$ 是由例 7.5.1 的双序集 $F=\{e,f,g\}$ 自由生成的半群. 即 $S$ 为由集合 $\{e,f,g\}$ 生成的半群, 服从生成关系

$$e^2=e,\quad f^2=f,\quad g^2=g,\quad ef=e,\quad fe=f,\quad fg=g,\quad gf=f.$$

由定理 4.2.3, $S$ 的幂等元双序集是 $F$. 让我们添加零元 0 于 $S$, 则 $S^0$ 有与 $C_2$ 相同的幂等元双序集. 这一次, $S^0$ 中存在子半群, 即 $S$, 以 $F$ 为其幂等元双序集.

例 7.5.1 和例 7.5.3 说明, 对双序集的子结构可以有几种不等价的方式来定义. 比如:

(1) $F\subseteq E$ 是 (在某个半群类 $\mathcal{V}$ 中) 以 $E$ 为其幂等元双序集的每个半群 $S$ 中由 $F$ 生成的子半群的幂等元双序集;

(2) $F\subseteq E$ 是 (在某个半群类 $\mathcal{V}$ 中) 以 $E$ 为其幂等元双序集的某个半群 $S$ 中由 $F$ 生成的子半群的幂等元双序集.

假如我们选择了上述 (1) 或 (2) 之某个作为要求双序子集须满足的性质, 那么接下来的问题就出现了: 这个选定的性质如何用双序集 $E$, $F$ 本身, 而不是借助于以 $E$ 为双序集的半群 $S$, 来描述?

我们将给出双序子集的一个定义, 使得上面提到的两个性质对于某些半群类 $\mathcal{V}$ 都能满足, 这些类至少包括所有的群界半群、所有正则半群和所有基础拟正则半群.

回顾一下 (参看定理 5.2.9), 称双序集 $E$ 为**拟正则的** (quasi-regular), 若对任意 $e_1,\cdots,e_n\in E$, $n\geqslant 2$, 存在正整数 $i$ 使得 $S(e_1,\cdots,e_n)^i\neq\varnothing$. 在以下, 我们用 $F^{in-1}$ 表示 $in-1$ 个 $F$ 的笛卡儿积.

**定义 7.5.4** 设 $E$ 为拟正则双序集. 非空子集 $F\subseteq E$ 称为 $E$ 的**双序子集** (biordered subset), 若以下二条件成立:

(1) $E$ 的双序结构在 $F$ 上的限制使 $F$ 成为一个双序集;

(2) 对任意 $f_1,\cdots,f_n\in F$, $n\geqslant 2$, 存在正整数 $i$ 使得

$$S_E(f_1,\cdots,f_n)^i\cap F^{in-1}\neq\varnothing.$$

**注记 7.5.5** $E$ 的双序结构向子集 $F$ 的限制, 若在部分运算下封闭, 可自动保证 $F$ 满足除 (B4) 和 (B4)* 外的所有双序集公理. 为完整起见, 我们给出一个不满足 (B4) 和 (B4)* 的例子加以说明.

**例 7.5.6** 设 $E=\{e,f,g,h,i\}$ 有以下双序:

$$f \longleftrightarrow g >\!\!-\!\!< i \longleftrightarrow h >\!\!-\!\!< f, \quad f >\!\!\rightarrow e \leftarrow\!\!< g, \quad h >\!\!- e -\!\!< i.$$

$E$ 上的部分二元运算由上述双序唯一确定且易知 $E$ 是正则带 (即 $>\!\!-\!\!<$ 和 $\longleftrightarrow$ 为同余的带) 的双序集. 子集 $F=\{e,f,g,h\}$ 在 $E$ 的部分运算下封闭 (例如 $eh=f$), 满足公理 (B4) 但不满足 (B4)$^*$($g >\!\!- e -\!\!< h$ 且 $eg=g \longrightarrow eh=f$, 但不存在 $g'\in F$ 使 $g >\!\!- e\, g' \longrightarrow h$ 且 $eg'=eg=g$). 进而, 若将 $E$ 中的拟序 $>\!\!-$ 和 $\longrightarrow$ 对换, 而将所得双序集记为 $E^*$(称为 $E$ 的对偶), 那么 0-直并 $\{0\}\cup E\cup E^*$ 也给出一个双序集, 它有对部分运算封闭的子集 $\{0\}\cup F\cup F^*$. 该子集既不满足 (B4), 也不满足 (B4)$^*$.

以下引理说明当考虑的半群类是拟正则半群时, 定义 7.5.4 中的条件 (2) 是必要的.

**引理 7.5.7** 设 $S$ 为拟正则半群, $E=E(S)$, $F\subseteq E$. 若 $F$ 生成 $S$ 的一个拟正则子半群 $\langle F\rangle$, 使得 $E(\langle F\rangle)=F$, 那么对任意 $f_1,\cdots,f_n\in F$, 存在正整数 $i$ 使得 $S_E(f_1,\cdots,f_n)\cap F^{ni-1}\neq\varnothing$.

**证明** 任取 $f_1,\cdots,f_n\in F$. 由于 $\langle F\rangle$ 拟正则, 存在正整数 $i$ 使 $(f_1\cdots f_n)^i$ 是 $\langle F\rangle$ 的正则元. 设 $v$ 是 $(f_1\cdots f_n)^i$ 的一个逆元, 则 $ni-1$ 个幂等元

$$g_1=f_2\cdots f_n(f_1\cdots f_n)^{i-1}vf_1,\cdots,g_{ni-1}=f_nv(f_1\cdots f_n)^{i-1}f_1\cdots f_{n-1}$$

全在 $\langle F\rangle$ 中, 且 $(g_1,\cdots,g_{ni-1})$ 在 $S_E(f_1,\cdots,f_n)^i$ 中. □

上述引理中的条件 "$\langle F\rangle$ 拟正则" 不可少, 如下例所示:

**例 7.5.8** 设 $G=\langle a,a^{-1}\rangle$ 为无限循环群, $S=\mathcal{M}(G;\{1,2\},\{1,2\};P)$ 为完全正则半群, 其中$P=\begin{pmatrix} e & e \\ e & a \end{pmatrix}$, $e$ 是群 $G$ 的单位元. 设 $F=\{(1,e,2),(2,e,1)\}$. 那么 $\langle F\rangle$ 不是拟正则的, 但满足 $E(\langle F\rangle)=F$, 双序集 $F$ 不满足定义 7.5.4 的条件 (2).

**引理 7.5.9** 设 $E$ 为任一双序集, $F\subseteq E$ 为任一非空子集, 满足: 对任意 $f_1,\cdots,f_n\in F$, 存在正整数 $i$ 使 $S_E(f_1,\cdots,f_n)\cap F^{ni-1}\neq\varnothing$. 若我们有 $E$ 中的圈:

$$g \longleftrightarrow x_1 >\!\!-\!\!< e_1 \longleftrightarrow x_2 >\!\!-\!\!< \cdots \longleftrightarrow x_{n-1} >\!\!-\!\!< e_{n-1} \longleftrightarrow x_n >\!\!-\!\!< g$$

满足 $x_1,\cdots,x_n\in F$, 则我们也有 $g\in F$.

**证明** 存在正整数 $i$ 使 $S_E(x_n,x_1,\cdots,x_{n-1})^i\cap F^{ni-1}\neq\varnothing$. 由所给出的圈

我们有

$$(x_n = x_n g \mathrel{>\!\!-\!\!<} g \longleftrightarrow g x_1 = x_1 = x_1 e_1 \mathrel{>\!\!-\!\!<} e_1 \longleftrightarrow e_1 x_2 = x_2 = x_2 e_2 \mathrel{>\!\!-\!\!<} e_2 \longleftrightarrow \cdots \mathrel{>\!\!-\!\!<} e_{n-1} \longleftrightarrow e_{n-2} x_{n-1} = x_{n-1} = x_{n-1} e_{n-1} \mathrel{>\!\!-\!\!<} e_{n-1} \longleftrightarrow e_{n-1} x_n =)^{i-1}$$
$$x_n = x_n g \mathrel{>\!\!-\!\!<} g \longleftrightarrow \cdots \mathrel{>\!\!-\!\!<} e_{n-2} \longleftrightarrow e_{n-2} x_{n-1} = x_{n-1}.$$

此处符号 $(\cdot)^{i-1}$ 表示的是闭合序列出现 $i-1$ 次. 这之后, 该闭合序列再次开始而终结于 $x_{n-1}$. 因而, $in-1$ 元序列

$$(g, e_1, \cdots, e_{n-1})^{i-1}(g, e_1, \cdots, e_{n-2}) \in M(x_n, x_1, \cdots, x_{n-1})^i.$$

我们证明它属于 $S_E(x_n, x_1, \cdots, x_{n-1})^i$.

设 $(c_1, \cdots, c_{ni-1}) \in M(x_n, x_1, \cdots, x_{n-1})^i$. 由定义有 $x_n \mathrel{-\!\!<} c_1 \mathrel{>\!\!-\!\!<} x_n c_1$ 且

$$x_{n-1} \longleftarrow c_{ni-1} \longleftrightarrow c_{ni-1} x_{n-1},$$

从而 $x_n c_1 \rightarrowtail x_n$ 且 $c_{ni-1} x_{n-1} \rightarrowtail x_{n-1}$, 特别地, $x_n c_1 \longrightarrow x_n = x_n g$ 且

$$c_{ni-1} x_{n-1} \mathrel{>\!\!-} x_{n-1} = e_{n-2} x_{n-1}.$$

由夹心集的定义即得我们的结论.

现在任取 $(d_1, \cdots, d_{ni-1}) \in S_E(x_n, x_1, \cdots, x_{n-1})^i$. 我们有 $d_1 \mathrel{>\!\!-} x_n = x_n g$, 因而 $d_1 \mathrel{>\!\!-\!\!<} x_n d_1 \rightarrowtail x_n = x_n g$. 由于 $(g, e_1, \cdots) \in M(x_n, x_1, \cdots, x_{n-1})^i$, 我们有 $x_n = x_n g \longrightarrow x_n d_1$. 但 $x_n d_1 \rightarrowtail x_n$ 和 $x_n \longrightarrow x_n d_1$ 蕴含 $x_n d_1 = x_n$. 由此得 $d_1 \mathrel{>\!\!-\!\!<} x_n d_1 = x_n = x_n g \mathrel{>\!\!-\!\!<} g$. 另一方面, 我们还有 $d_1 \longrightarrow x_1 \longleftrightarrow g$, 于是立得 $d_1 = g$. 我们证明了: 对夹心集 $S_E(x_n, x_1, \cdots, x_{n-1})^i$ 中任意元素, 其第一个分量都是 $g$, 而 $S_E(x_n, x_1, \cdots, x_{n-1}) \cap F^{ni-1} \neq \varnothing$, 故得到 $g \in F$. □

**定义 7.5.10** 称半群 $S$ 为强拟正则 (strongly quasi-regular) 半群, 若对每个 $s \in S$ 存在正整数 $n$, 使得元素 $s^n$ 的所有方幂 (即所有形为 $s^{nk}$, $k \in \mathbf{N}$ 的元素) 都正则.

据文献 [30], 并非每个拟正则半群都强拟正则.

我们现在可以给出本节的主要结果, 它说明对于强拟正则半群类和基础拟正则半群类, 我们关于双序子集的定义是合理的. 不过, 至今尚不知道该结论是否对每个拟正则半群都成立.

**定理 7.5.11** *设半群 $S$ 强拟正则或基础拟正则. 记 $E = E(S)$ 并设 $F$ 是 $E$ 的子集. 下述三条件彼此等价:*

(1) *$F$ 是 $S$ 的某拟正则子半群的幂等元双序集;*

(2) *$\langle F \rangle$ 是 $S$ 的拟正则子半群且 $\langle F \rangle \cap E = F$;*

(3) *$F$ 是 $E$ 的双序子集.*

**证明** (1)⇔(2) 条件 (2) 显然蕴含 (1); (1) 蕴含 (2) 是命题 5.2.1 的推论.

(2)⇒(3) 这是引理 7.5.7 的特别情形.

(3)⇒(2) 首先我们证 $\langle F\rangle \cap E = F$. 任取 $f_1, \cdots, f_n \in F$ 使得乘积 $f_1 \cdots f_n \in E$. 由定义, 存在正整数 $i$ 使得 $S_E(f_1, \cdots, f_n)^i \cap F^{ni-1} \neq \varnothing$. 任取 $(g_1, \cdots, g_{ni-1}) \in S_E(f_1, \cdots, f_n)^i \cap F^{ni-1}$. 为方便我们记 $(h_1, \cdots, h_{ni}) = (f_1, \cdots, f_n)^i$. 由夹心集的定义我们有 $g_{k-1} \longrightarrow h_k \longrightarrow\!\!\!< g_k$ 从而 $(h_k, g_k), (g_{k-1}, h_k) \in D_F$ 对所有 $k$ 成立. 因而 $h_1 g_1, h_2 g_2, \cdots, h_{ni-1} g_{ni-1}, g_{ni-1} h_{ni} \in F$. 我们知道

$$h_1 g_1 >\!\!\!-\!\!\!< g_1 \longleftrightarrow g_1 h_2 = h_2 g_2 >\!\!\!-\!\!\!< \cdots >\!\!\!-\!\!\!< g_{ni-1} \longleftrightarrow g_{ni-1} h_{ni}.$$

由定理 4.3.7 我们知道

$$f_1 \cdots f_n = (f_1 \cdots f_n)^i = h_1 \cdots h_{ni} = h_1 g_1 h_2 g_2 \cdots g_{ni-1} h_{ni},$$

且有 $h_1 g_1 \longleftrightarrow f_1 \cdots f_n >\!\!\!-\!\!\!< g_{ni-1} h_{ni}$. 事实上, 我们有 $E$ 中的圈

$$f_1 \cdots f_n \longleftrightarrow h_1 g_1 >\!\!\!-\!\!\!< g_1 \longleftrightarrow \cdots >\!\!\!-\!\!\!< g_{ni-1} \longleftrightarrow g_{ni-1} h_{ni} >\!\!\!-\!\!\!< f_1 \cdots f_n$$

且元素 $g_1, g_2, \cdots, g_{ni-1}$ 全都属于 $F$. 由引理 7.5.9 我们推出 $f_1 \cdots f_n \in F$. 这证明了 $\langle F\rangle \cap E = F$.

现在我们证明 $\langle F\rangle$ 拟正则.

情形 (1): 由 $S$ 强拟正则, 对任意 $f_1, \cdots, f_n \in F$, 有正整数 $j$ 使得 $(f_1, \cdots f_n)^j$ 的所有方幂都是 $S$ 的正则元. 由于 $F$ 是 $E$ 的双序子集, 存在正整数 $i$ 使

$$S_E(f_1, \cdots, f_n)^{ji} \cap F^{nji-1} \neq \varnothing.$$

在该夹心集中任取一元 $(g_1, \cdots, g_{nji-1})$. 因为 $(f_1 \cdots f_n)^{ji} \in \operatorname{Reg} S$, 由定理 4.3.7 可知 $g_{nji-1} \cdots g_1$ 是 $(f_1 \cdots f_n)^{ji}$ 在 $S$ 中的逆元, 当然也是在 $\langle F\rangle$ 中的逆元. 故 $\langle F\rangle$ 拟正则.

情形 (2): 当 $S$ 基础拟正则时, $\langle E(S)\rangle$ 也基础拟正则. 故 $\langle E(S)\rangle \cong \langle E\phi\rangle$. 由此, 同样据定理 4.7 知 $g_{ni-1} \cdots g_1$ 是 $(f_1, \cdots f_n)^i$ 在 $\langle F\rangle$ 中的逆元, 故 $\langle F\rangle$ 拟正则. □

## 7.6 对有限半群伪簇的应用

称由有限半群组成的一个类 $\mathcal{V}$ 为一个伪簇 (pseudovariety), 若它在取子半群、取同态像和作有限 (个 $\mathcal{V}$ 中半群的) 直积之下封闭. 本节的目的是研究从所有有限半群伪簇组成的类 $\mathcal{SG}$ 到所有由有限双序集组成的类 $\mathcal{BS}$ 的映射 $\mathbf{E}: \mathcal{V} \longmapsto$

$\{E(S) : S \in \mathcal{V}\}$. 即对每个有限半群的伪簇 $\mathcal{V}$, 给出一个由 $\mathcal{V}$ 中成员的幂等元双序集组成的类 $\mathbf{E}(\mathcal{V})$. 我们将用闭包性质来抽象刻画由双序集组成的这个类 $\mathbf{E}(\mathcal{V})$, 从而得到有限双序集伪簇 (a pseudovariety of finite biordered sets) 的概念. 所有这些伪簇的类在包含关系下形成一个完备格, 我们将记之为 $\mathcal{L}(\mathcal{BS})$. 我们将证明: 映射 $\mathbf{E} : \mathcal{L}(\mathcal{SG}) \longrightarrow \mathcal{L}(\mathcal{BS})$ 是一个满的完备格态射. 为此, 我们先给出双序集的直积 (direct product of biordered sets) 概念. 注意, 在本节中所有说到的半群都是有限半群, 而所有双序集都是有限半群的幂等元双序集.

**定义 7.6.1** 设 $E_1, \cdots, E_n$ 是双序集. 记 $E = \prod_{i=1}^n E_i$ 为集合 $E_i, i = 1, \cdots, n$ 的笛卡儿积. 对

$$\alpha \in \{\longrightarrow, >\!\!-, \longleftarrow, -\!\!<\},$$

设 $\alpha_i$ 表示 $E_i$ 上对应的关系. 对 $e = (e_1, \cdots, e_n)$, $f = (f_1, \cdots, f_n) \in E$, 定义 $e\,\alpha\, f$ 表示 $e_i\, \alpha_i\, f_i, \forall i = 1, \cdots, n$. 令

$$D_{\prod E_i} = \longrightarrow \cup >\!\!- \cup \longleftarrow \cup -\!\!<.$$

在 $E$ 上定义以 $D_{\prod E_i}$ 为定义域的 "按分量相乘" 的部分乘法. 这样所得的部分代数称为双序集 $E_1, \cdots, E_n$ 的直积.

下述定理 7.6.2 是 [6] 的 "Results 3.3, 3.4", 其证略.

**定理 7.6.2** 在上述部分运算定义下的双序集的直积 $E = \prod_{i=1}^n$ 也是双序集. 若对每个 $i = 1, \cdots, n$, 有半群 $S_i$ 使得 $E_i = E(S_i)$, 那么, $\prod_{i=1}^n E_i$ 是半群直积 $\prod_{i=1}^n S_i$ 的幂等元双序集, 即有 $\prod_{i=1}^n E(S_i) = E(\prod_{i=1}^n S_i)$.

**定义 7.6.3** 用 $\mathcal{BS}$ 记所有有限半群的幂等元双序集的类. 对任一类 $\mathcal{C} \subseteq \mathcal{BS}$ 定义:

$\mathbf{P}(\mathcal{C}) = \mathcal{C}$ 中成员的所有有限直积所成的类;

$\mathbf{S}(\mathcal{C}) = \mathcal{C}$ 中成员的所有双序子集所成的类;

$\mathbf{H}(\mathcal{C}) = \mathcal{C}$ 中成员的所有态射像所成的类.

一个类 $\mathcal{C} \subseteq \mathcal{BS}$ 称为一个双序集伪簇 (pseudo-variety of biordered sets), 若 $\mathcal{C}$ 在运算 $\mathbf{P}$, $\mathbf{S}$, $\mathbf{H}$ 下封闭, 即 $\mathcal{C} = \mathbf{P}(\mathcal{C}) = \mathbf{S}(\mathcal{C}) = \mathbf{H}(\mathcal{C})$.

对任一由有限半群组成的类 $\mathcal{K}$, 我们完全类似地定义类 $\mathbf{P}(\mathcal{K})$, $\mathbf{S}(\mathcal{K})$, $\mathbf{H}(\mathcal{K})$. 例如: $\mathbf{S}(\mathcal{K})$ 是由 $\mathcal{K}$ 中成员的所有子半群组成的类等. 我们在用到这些运算符号的时候, 其前后文总会清楚表明这些运算是作用在双序集上还是作用在半群上. 注意, 因为我们把同构的结构总是视为恒同的, 最多只有可数无限多个不同的双序集, 因而也就最多只有 $2^{|\mathbf{N}|}$ 个不同的伪簇. 由此得知, 所有伪簇的类事实上是个集合. 于是显然可得: 任意多个双序集伪簇的交仍然是一个伪簇. 因此, 所有双序

集伪簇的集在包含之下形成一个完备格. 记此完备格为 $\mathcal{L}(\mathcal{BS})$ 而记所有半群伪簇的格为 $\mathcal{L}(\mathcal{SG})$.

对每个有限半群类 $\mathcal{K}$, 定义 $\mathbf{E}(\mathcal{K})=\{E(S)\ :\ S\in\mathcal{K}\}$. 这是一个双序集类.

**引理 7.6.4** 对任一有限半群类 $\mathcal{K}$, 我们有

(1) $\mathbf{E}(\mathbf{P}(\mathcal{K}))=\mathbf{P}(\mathbf{E}(\mathcal{K}))$, 即 $\mathbf{EP}=\mathbf{PE}$;

(2) $\mathbf{E}(\mathbf{H}(\mathcal{K}))\subseteq\mathbf{H}(\mathbf{E}(\mathcal{K}))\subseteq\mathbf{E}(\mathbf{H}(\mathbf{S}(\mathcal{K})))$, 即 $\mathbf{EH}\subseteq\mathbf{HE}\subseteq\mathbf{EHS}$;

(3) $\mathbf{E}(\mathbf{S}(\mathcal{K}))=\mathbf{S}(\mathbf{E}(\mathcal{K}))$, 即 $\mathbf{ES}=\mathbf{SE}$.

**证明** (1) 由定理 7.6.2, $\prod E(S_i)=E(\prod S_i)$. 这给出 $\mathbf{E}(\mathbf{P}(\mathcal{K}))=\mathbf{P}(\mathbf{E}(\mathcal{K}))$.

(2) 对有限半群的任一态射 $\phi:S\longrightarrow T$, 有 $E(\phi(S))=\phi(E(S))$ 且 $\phi\,|\,E(S)$ 是双序集态射. 故 $\mathbf{E}(\mathbf{H}(\mathcal{K}))\subseteq\mathbf{H}(\mathbf{E}(\mathcal{K}))$.

进而, 设半群 $S\in\mathcal{K}$ 有满双序集态射 $\psi:E=E(S)\twoheadrightarrow F$, 即 $F\in\mathbf{H}(\mathbf{E}(\mathcal{K}))$. 由定理 7.3.7 知, $\psi$ 可扩充为半群态射 $\psi:\langle E(S)\phi^E\rangle\longrightarrow\langle F\phi^F\rangle$ 且由 [18, 定理 4], 有满态射 $\psi^\circ:\langle E(S)\rangle\longrightarrow\langle E(S)\phi^E\rangle$, 即有 $\langle E(S)\rangle\in\mathbf{S}(\mathcal{K})$ 且

$$\langle F\phi^F\rangle=\psi\psi^\circ(\langle E(S)\rangle)\in\mathbf{H}(\mathbf{S}(\mathcal{K})),\quad F=E(\langle F\phi^F\rangle)\in\mathbf{E}(\mathbf{H}(\mathbf{S}(\mathcal{K}))).$$

这就给出了 $\mathbf{H}(\mathbf{E}(\mathcal{K}))\subseteq\mathbf{E}(\mathbf{H}(\mathbf{S}(\mathcal{K})))$.

(3) 对 $S\in\mathcal{K}$ 的任一子半群 $T$, 因为 $E(T)$ 是 $E(S)$ 的双序子集, 故 $\mathbf{E}(\mathbf{S}(\mathcal{K}))\subseteq\mathbf{S}(\mathbf{E}(\mathcal{K}))$. 由定理 7.5.11, $E(S)$ 的每个双序子集 $F$ 都满足 $E(\langle F\rangle)=F$, 故

$$\mathbf{S}(\mathbf{E}(\mathcal{K}))\subseteq\mathbf{E}(\mathbf{S}(\mathcal{K})).$$

这就给出 (3) 的等式. □

由此引理立得下述推论.

**推论 7.6.5** $\mathbf{EHS}=\mathbf{HES}$, $\mathbf{EHSP}=\mathbf{HSPE}$.

进而还有

**推论 7.6.6** 对任意有限半群伪簇 $\mathcal{V}$, $\mathbf{E}(\mathcal{V})$ 是双序集伪簇.

**证明** 我们有

$$\mathbf{PE}(\mathcal{V})=\mathbf{EP}(\mathcal{V})=\mathbf{E}(\mathcal{V}),\ \mathbf{SE}(\mathcal{V})=\mathbf{ES}(\mathcal{V})=\mathbf{E}(\mathcal{V})$$

而且

$$\mathbf{HE}(\mathcal{V})=\mathbf{HE}(\mathbf{S}(\mathcal{V}))=\mathbf{HES}(\mathcal{V})=\mathbf{EHS}(\mathcal{V})=\mathbf{E}(\mathbf{HS}(\mathcal{V}))=\mathbf{E}(\mathcal{V}).$$

故 $\mathbf{E}(\mathcal{V})$ 是伪簇. □

此外, 我们还可以得到

**推论 7.6.7** 对每个类 $\mathcal{C}\subseteq\mathcal{BS}$, $\mathbf{HSP}(\mathcal{C})$ 是由 $\mathcal{C}$ 所生成的双序集伪簇.

**证明** 令 $\mathcal{K}$ 为任一使得 $\mathbf{E}(\mathcal{K})=\mathcal{C}$ 的有限半群伪簇 (例如, $\mathcal{K}=\{\langle E\phi\rangle:\ E\in\mathcal{C}\}$). 那么由推论 7.6.5 有 $\mathbf{HSP}(\mathcal{C})=\mathbf{HSPE}(\mathcal{K})=\mathbf{E}(\mathbf{HSP}(\mathcal{K}))$. 因为 $\mathbf{HSP}(\mathcal{K})$ 是

半群伪簇, 由推论 7.6.6 有 $\mathbf{HSP}(\mathcal{C}) = \mathbf{E}(\mathbf{HSP}(\mathcal{K}))$ 是双序集伪簇, 并且显然是含 $\mathcal{C}$ 的最小伪簇. □

现在, 我们给出本节的主要定理.

**定理 7.6.8** 映射 $\mathbf{E}: \mathcal{L}(\mathcal{SG}) \longrightarrow \mathcal{L}(\mathcal{BS})$, $\mathcal{V} \longmapsto \{E(S) : S \in \mathcal{V}\}$(即, 令每个半群伪簇 $\mathcal{V}$ 对应于 $\mathcal{V}$ 中成员的所有幂等元双序集所成之类) 是一个完备的满的格态射.

**证明** (1) 为证 $\mathbf{E}$ 满, 令 $\mathcal{C} \in \mathcal{L}(\mathcal{BS})$ 是任一双序集伪簇. 记 $\mathcal{V}^{\mathcal{C}} = \{S \in \mathcal{SG} : E(S) \in \mathcal{C}\}$. 显然, $\mathbf{E}\mathcal{V}^{\mathcal{C}} = \mathcal{C}$. 又, 由推论 7.6.5 有 $\mathbf{E}(\mathbf{HSP}(\mathcal{V}^{\mathcal{C}})) = \mathbf{HSP}(\mathbf{E}(\mathcal{V}^{\mathcal{C}})) = \mathbf{HSP}(\mathcal{C}) = \mathcal{C}$, 故 $\mathbf{HSP}(\mathcal{V}^{\mathcal{C}}) \subseteq \mathcal{V}^{\mathcal{C}}$; 即 $\mathcal{V}^{\mathcal{C}}$ 是一个半群伪簇. 因此 $\mathbf{E}$ 满.

(2) 取任意一组有限半群伪簇 $\{\mathcal{V}_i \,|\, i \in I\}$. 因为 $\mathbf{E}$ 保序, 我们有 $\mathbf{E}(\bigcap_{i\in I} \mathcal{V}_i) \subseteq \mathbf{E}(\mathcal{V})_i$, $\forall i \in I$, 故 $\mathbf{E}(\bigcap_{i\in I} \mathcal{V}_i) \subseteq \bigcap_{i\in I} \mathbf{E}(\mathcal{V}_i)$.

取任一 $E \in \bigcap_{i\in I} \mathbf{E}(\mathcal{V}_i)$. 那么对每个 $i \in I$, 存在 $S_i \in \mathcal{V}_i$ 满足 $E(S_i) \cong E$. 此时也有 $\langle E(S_i)\rangle \in \mathcal{V}_i$ 和 $\langle E(S_i)\rangle/\mu \in \mathcal{V}_i$ ($\mu$ 是最大幂等元分离同余). 但 $\langle E(S_i)\rangle/\mu \cong \langle E\phi\rangle$, 从而与 $i$ 无关. 由此知 $\langle E\phi\rangle \in \bigcap_{i\in I} \mathcal{V}_i$. 因为 $E(\langle E\phi\rangle) \cong E$, 我们有 $E \in \mathbf{E}(\bigcap_{i\in I} \mathcal{V}_i)$. 故 $\mathbf{E}(\bigcap_{i\in I} \mathcal{V}_i) = \bigcap_{i\in I} \mathbf{E}(\mathcal{V}_i)$. 由推论 7.6.5 和推论 7.6.7, 我们还有

$$
\begin{aligned}
\mathbf{E}\left(\bigvee_{i\in I} \mathcal{V}_i\right) &= \mathbf{E}\left(\mathbf{HSP}\left(\bigcup_{i\in I} \mathcal{V}_i\right)\right) = \mathbf{HSPE}\left(\bigcup_{i\in I} \mathcal{V}_i\right) \\
&= \mathbf{HSP}\left(\bigcup_{i\in I} \mathcal{V}_i\right) = \mathbf{HSP}\left(\bigcup_{i\in I} \mathbf{E}(\mathcal{V}_i)\right) \\
&= \bigvee_{i\in I} \mathbf{E}(\mathcal{V}_i).
\end{aligned}
$$

故 $\mathbf{E}$ 是完备格态射. □

# 第 8 章　双序集的构造

在本章中, 我们从“构造主义”的角度来审视双序集的结构. 双序集的抽象性和复杂性不仅体现在它与半群的联系上, 还体现在它的构造上. 迄今为止, 人们真正从构作方法上掌握的双序集非常有限. 由于双序集在半群结构理论中占有基础的地位, 有必要将目前已知的一些双序集 (特别是正则双序集) 较系统的构作方法或它们的特征刻画作一个较全面的介绍. 本章材料取自 Byleen 等[7,8], Easdown[15,16], Nambooripad[50-52] 以及喻秉钧[79-81] 的文献.

## 8.1　矩形双序集和半格双序集

我们先来考虑一种较系统的从“较简单”双序集按照某种规则构作“较复杂”双序集的方法. 容易想到, “最简单”的双序集应该是半格双序集和矩形双序集. 这可从它们的定义和性质看出.

我们先看半格双序集.

**定义 8.1.1**　称双序集 $E$ 为半格双序集 (semillatice biordered set), 若 $E$ 是某交换幂等元半群 (亦称“半格”) 的幂等元双序集.

**命题 8.1.2**　关于双序集 $E$ 的下述各条等价:

(1) $E$ 为半格双序集;

(2) $E$ 正则且 $\succ\!\!\!-\!\!\!- \;=\; \longrightarrow$;

(3) $\succ\!\!\!-\!\!\!- \;=\; \longrightarrow$ 且对任意 $e, f \in E$, 存在 $h \in E$ 使得 $\omega(e) \cap \omega(f) = \omega(h)$;

(4) $E$ 正则且 $\longleftrightarrow \;=\; \succ\!\!\!-\!\!\!\prec \;=\; 1_E$.

**证明**　(1) $\Rightarrow$ (2) $\Rightarrow$ (3) $\Rightarrow$ (4) 易由定义验证, 我们只证 (4) $\Rightarrow$ (1).

设正则双序集 $E$ 满足 $\longleftrightarrow \;=\; \succ\!\!\!-\!\!\!\prec$. 对任意 $e, f \in E$, 若 $e \succ\!\!\!-\!\!\!- f$, 由公理 (B2) 得 $(e, fe) \in \succ\!\!\!-\!\!\!\prec \;=\; 1_E$, 即有 $e = fe \succ\!\!\!\longrightarrow f$. 这样我们有 $\succ\!\!\!-\!\!\!- \;=\; \succ\!\!\!\longrightarrow$. 同理可证 $\longrightarrow \;=\; \succ\!\!\!\longrightarrow$, 从而 $\longrightarrow \;=\; \succ\!\!\!-\!\!\!-$. 对任意 $e, f \in E$, 若 $g, h \in S(e, f)$, 则 $g = eg \longleftrightarrow eh = h$, 即 $g = h$, 故 $|S(e, f)| = 1$ 对任意 $e, f \in E$ 成立. 因为 $\succ\!\!\!-\!\!\!- \;=\; \longrightarrow \;=\; \succ\!\!\!\longrightarrow$, 我们有 $M(e, f) = M(f, e)$ 且其中拟序 $\preceq$ 即通常幂等元的偏序 $\leqslant$. 由此易验证 $S(e, f) = S(f, e)$ 且 $S(e, f) = \{e \wedge f\}$, 其中 $e \wedge f$ 是在偏序 $\leqslant$ 下 $e, f$ 的最大下界. 这样 $E$ 上有二元运算 $\wedge$, 使得 $(E, \wedge)$ 为交换幂等元半群 ((下) 半格), 其幂等元双序集恰为 $E$. □

从命题 8.1.2(3) 可以看出: 作为偏序集, 半格和半格双序集几乎没有什么区别: 二者都可以刻画为 "任二主理想之交仍为主理想的偏序集". 它们的区别在于运算: 半格中任二元都有乘积——它们的最大下界; 半格双序集中两个元素有乘积当且仅当它们有序关系, 且这个乘积正好是两者中较小者. 利用命题 8.1.2(3) 不难对半格双序集的双序态射作如下刻画, 其证略.

**命题 8.1.3** 设 $E, E'$ 为二半格双序集. 满射 $\theta : E \longrightarrow E'$ 为双序态射 (按定义 7.3.3 意义) 的充要条件是对任意 $e \in E$ 有 $\omega(e)\theta = \omega(e\theta)$.

半格双序集的夹心集也易于刻画如下, 其证亦略.

**命题 8.1.4** 设 $E$ 为半格双序集, $e, f \in E$. 夹心集 $S(e, f)$ 为一元集: $S(e, f) = \{h\}$, 其中 $\omega(h) = M(e, f) = \omega(e) \cap \omega(f)$.

现在来看矩形双序集.

**定义 8.1.5** 称双序集 $E$ 为矩形双序集 (rectangular biordered set), 若 $E$ 是某矩形带的幂等元双序集.

**命题 8.1.6** 关于双序集 $E$ 的下述各条等价:

(1) $E$ 是矩形双序集;

(2) $E$ 是某完全单半群的幂等元双序集;

(3) $E$ 正则且 $\rightarrowtail\!\!\!\!\rightarrow\, = 1_E$;

(4) 存在非空集 $I, \Lambda$, $E \cong I \times \Lambda$, 其基本积为

$$\exists(i, \lambda)(j, \mu) \Leftrightarrow i = j \text{ 或 } \lambda = \mu \text{ 且此时 } (i, \lambda)(j, \mu) = (i, \mu);$$

(5) 对任意 $e, f \in E$, 存在 $g \in E$ 使得 $e \rightarrowtail\!\!\!\!\leftarrow g \longleftrightarrow f$;

(6) 对任意 $e, f \in E$, 存在 $g, h \in E$ 使得 $e \rightarrowtail\!\!\!\!\leftarrow g \longleftrightarrow f \rightarrowtail\!\!\!\!\leftarrow h \longleftrightarrow e$.

**证明** 因 (1) $\Rightarrow$ (2) $\Rightarrow$ (3) 和 (4) $\Rightarrow$ (5) $\Rightarrow$ (1) 都容易证明, 我们只证 (3) $\Rightarrow$ (4).

对任意 $e, f \in E$, 由 $E$ 正则, 存在 $h \in S(e, f)$, 由 $\rightarrowtail\!\!\!\!\rightarrow\, = 1_E$ 易验证

$$e = eh \rightarrowtail\!\!\!\!\leftarrow h \longleftrightarrow hf = f.$$

由 $S(f, e) \neq \varnothing$, 同理, 存在 $g \in E$, $e \longleftrightarrow g \rightarrowtail\!\!\!\!\leftarrow f$. 如此, 记 $I = E/\!\longleftrightarrow$, $\Lambda = E/\!\rightarrowtail\!\!\!\!\leftarrow$, 不难验证 $e \mapsto (R_e, L_e)$ 是从 $E$ 到 $I \times \Lambda$ 上的双射, 其中 $R_e$, $L_e$ 分别是 $e$ 所在的 $\longleftrightarrow$-类和 $\rightarrowtail\!\!\!\!\leftarrow$-类. 由 $\rightarrowtail\!\!\!\!\rightarrow\, = 1_E$ 我们还有 $\rightarrowtail\!\!\!\!- \,= \rightarrowtail\!\!\!\!\leftarrow$, $\longrightarrow\, = \longleftrightarrow$, 从而 $D_E = \rightarrowtail\!\!\!\!\leftarrow \cup \longleftrightarrow$. 故若在 $I \times \Lambda$ 上定义基本积为 $\exists(i, \lambda)(j, \mu) \Leftrightarrow i = j$ 或 $\lambda = \mu$, $\forall(i, \lambda), (j, \mu) \in I \times \Lambda$, 则易知 $I \times \Lambda$ 在上述双射下是与 $E$ 同构的正则双序集. □

我们知道, 矩形带的 (全) 乘法是 $ef = R_e \cap L_f$, 而矩形双序集是部分 2 代数, 其部分乘法定义域是 $\rightarrowtail\!\!\!\!\leftarrow \cup \longleftrightarrow$. 利用命题 8.1.6(4), 容易给出矩形双序集的双

序态射和夹心集的刻画如下, 其证略.

**命题 8.1.7** (1) 设 $E = I \times \Lambda$, $F = J \times \Gamma$ 为任二矩形双序集. 存在从 $E$ 到 $F$ 的 (满) 双序态射 $\theta$(按定义 7.3.3) 的充要条件是 $|I| \geqslant |J|$, $|\Lambda| \geqslant |\Gamma|$ 且 $\theta = (\rho, \psi)$, 其中 $\phi : I \longrightarrow J$, $\psi : \Lambda \longrightarrow \Gamma$ 是满射.

(2) 对任意 $e = (i, \lambda)$, $f = (j, \mu) \in I \times \Lambda$, 夹心集 $S(e, f) = \{(j, \lambda)\}$.

既然半格双序集和矩形双序集的结构已很清楚, 自然可以问: 什么样的双序集可以从半格双序集和矩形双序集构作出来? 有哪些用于完成这类构作的程序目前已经知道? 我们在后面两节将系统介绍两种与态射自然相关的方法和程序. 在此, 我们先引进半格双序集和矩形双序集的一种共同推广——伪半格双序集.

**定义 8.1.8** 双序集 $E$ 称为伪半格双序集 (pseudo-semilattice biordered set), 若对任意 $e, f \in E$, 存在唯一 $h \in E$ 使得 $M(e, f) = \omega(h)$.

不难知道, 例 1.1.6 是非矩形双序集, 亦非半格双序集的伪半格双序集.

下述定理描述了伪半格双序集的特征性质, 它们自然是半格双序集和矩形双序集共同具有的.

**定理 8.1.9** 对双序集 $E$, 以下各条彼此等价:

(1) $E$ 是伪半格双序集.

(2) $\forall e, f \in E$, $|S(e, f)| = 1$.

(3) $E$ 正则且 $\forall e, f, g \in E$, $f, g \in \omega^r(e)$ $[\omega^\ell(e)]$, $f \succ\!\!-\!\!- g$ $[f \longrightarrow g]$ $\Rightarrow$ $f \longrightarrow g$ $[f \succ\!\!-\!\!- g]$. 特别地, $(f, g) \in\ \succ\!\!-\!\!\prec \cup \longleftrightarrow\ \Rightarrow f = g$.

(4) $E$ 正则且对任意 $e \in E$, $\omega(e)$ 是 $E$ 的半格双序子集.

**证明** (1) $\Rightarrow$ (2) 由定义, 对 $e, f \in E$, 有唯一 $h \in E$, 使得 $M(e, f) = \omega(h)$. 由公理 (B22) 及其对偶知 $h \in S(e, f)$. 由命题 4.3.5(3), 夹心集 $S(e, f)$ 是矩形双序集. 任取 $g \in S(e, f)$, 存在 $k \in S(e, f)$ 使得 $g \succ\!\!-\!\!\prec k \longleftrightarrow h$. 由于 $g, k \in M(e, f) = \omega(h)$, 有 $k = kh = h$ 且 $g = hg = kg = k = h$, 故 $|S(e, f)| = 1$.

(2) $\Rightarrow$ (3) 设 $f, g \in \omega^r(e)$ 且 $f \succ\!\!-\!\!- g$. 由双序集公理 (B21) 和夹心集性质 (命题 1.5.1) 有 $f = S(f, e) = S(gf, e) = gf$, 故 $f \longrightarrow g$.

(3) $\Rightarrow$ (4) (3) 显然蕴含在 $\omega(e)$ 中有 $\succ\!\!-\!\!- \;=\; \longrightarrow$. 注意到 $E$ 中的 $\succ\!\!-\!\!-$, $\longrightarrow$ 关系与 $\omega(e)$ 中的重合, 据命题 8.1.2 得 $\omega(e)$ 是 $E$ 的半格双序子集.

(4) $\Rightarrow$ (1) 由 $E$ 正则, 对任意 $e, f \in E$, 存在 $h \in S(e, f)$. 任取 $g \in M(e, f)$, 有 $eg, eh \in \omega(e)$ 且 $eg \longrightarrow eh$. 据 (B21) 和 $\omega(e)$ 是半格双序集,

$$g \succ\!\!-\!\!\prec eg \succ\!\!\longrightarrow eh \succ\!\!-\!\!\prec h.$$

故 $g \succ\!\!-\!\!- h$. 对偶地, 由 $\omega(f)$ 是半格双序集得 $g \longrightarrow h$. 即 $g \succ\!\!\longrightarrow h$. 故 $M(e, f) = \omega(h)$. $h$ 的唯一性由 $\omega$ 是偏序立得. □

由定理 8.1.9 知, 半格双序集和矩形双序集都是伪半格双序集. 实际上, 伪半格双序集组成了一个很大的类. 许多彼此十分不同的重要正则半群类的幂等元双序集都是这个类中的成员. 如: 完全 [0-] 单半群、逆半群、局部逆半群 (又称伪逆半群 (pseudo-inverse semigroups))、正则局部可测半群等, 读者可参看文献 [7, 8, 50-52]. 我们在下一节将介绍的 "矩形双序集用半格双序集的余扩张" 给出了这类双序集结构的统一刻画. 这里, 我们给出一般定义如下:

**定义 8.1.10**　设 $E$, $F$ 是双序集. 称 $E$ 是双序集 $F$ 用半格 (矩形) 双序集的余扩张 (coextension of $F$ by semillatice (rectangular) biordered sets), 若存在从 $E$ 到 $F$ 上的满态射 $\theta$, 使得对每个 $\alpha \in F$, $\alpha\theta^{-1}$ 是 $E$ 的一个半格 (矩形) 双序子集. 此时, 我们也称 $F$ 是 $E$ 的模 (modulo) 半格 (矩形) 双序集的像.

特别地, 当 $F$ 是矩形双序集或半格双序集时我们有 "矩形双序集用半格的余扩张" 或 "半格双序集用矩形双序集的余扩张".

### 习题 8.1

1. 证明: 例 1.1.6 是非矩形双序集, 亦非半格双序集的伪半格双序集.
2. 证明命题 8.1.2 中的 (1) $\Rightarrow$ (2) $\Rightarrow$ (3) $\Rightarrow$ (4).
3. 证明命题 8.1.3 和命题 8.1.4.
4. 证明命题 8.1.6 中的 (1) $\Rightarrow$ (2) $\Rightarrow$ (3) 和 (4) $\Rightarrow$ (5) $\Rightarrow$ (1).
5. 证明命题 8.1.7.

## 8.2　矩形双序集用半格双序集的余扩张

我们在这一节中描述所有可能的 "矩形双序集用半格双序集的余扩张". 所述的构作法最初出现于 Byleen 等[8] 的文献, 后由 Pastijn 在 [57] 中作了详尽的探讨和发展.

我们首先需要将 "伪半格双序集" 进一步推广为 "(正则) 伪半格". 这是与伪半格双序集有关的一种 2 代数, 由俄罗斯数学家 Schein 于 1972 年引入 (见 [71]).

**定义 8.2.1**　设 $E$ 为非空集, 其上有两个拟序 $\omega^\ell, \omega^r$, 记 $\omega = \omega^\ell \cap \omega^r$. 若对任意 $e, f \in E$, 存在唯一 $h \in E$ 使得 $M(e,f) = \omega^\ell(e) \cap \omega^r(f) = \omega(h)$, 则称三元组 $(E, \omega^\ell, \omega^r)$ 为伪半格 (pseudo-semilattice).

若伪半格 $(E, \omega^\ell, \omega^r)$ 还满足 $\omega^r \cap (\omega^\ell)^{-1} = 1_E$, 则称 $E$ 为正则伪半格 (regular pseudo-semilattice).

显然, 在伪半格 $E$ 上可以定义一个二元运算 $\wedge: \forall e, f \in E$, $M(e,f) = \omega(f \wedge e)$. 这个二元运算不一定满足结合律, Schein[71] 证明了: $(E, \wedge)$ 是满足结合律的

伪半格的充要条件是 $(E, \wedge)$ 为正规带 (normal band), 即满足 $xuvy = xvuy$ 的带 (也即每个主理想 $\omega(e)$ 都是半格的带).

易知, 定义 8.1.8 给出的伪半格双序集 $E$ 都是正则伪半格. 以下例子说明, 正则伪半格不一定是伪半格双序集.

**例 8.2.2** 设 $E = \{a, b, c, d\}$. 定义 $\omega^r$ 和 $\omega^\ell$ 为

$$\omega^r = 1_E \cup \{(a, b), (a, c), (a, d), (b, c), (b, d)\},$$

$$\omega^\ell = 1_E \cup \{(a, b), (a, c), (a, d), (b, c)\}.$$

易验证 $\omega^r \cap (\omega^\ell)^{-1} = 1_E$; 又不难计算得

$$\omega^r(a) = \omega^\ell(a) = \{a\}, \quad \omega^r(b) = \omega^\ell(b) = \{a, b\}, \quad \omega^r(c) = \omega^\ell(c) = \{a, b, c\},$$

$$\omega^r(d) = \{a, b, d\} \quad 且 \quad \omega^\ell(d) = \{a, d\}.$$

由此可算出二元运算 $\wedge$ 的所有函数值并得到 $(b \wedge d) \wedge b = a \neq b = b \wedge (d \wedge b)$. 这里涉及的乘积都是由 $\omega^r$ 和 $\omega^\ell$ 确定的基本积, 故 $(E, \omega^r, \omega^\ell)$ 不是双序集, 因为双序集是部分半群, 它的基本积应满足结合律.

尽管一般 (正则) 伪半格不是双序集, 但正则伪半格 $E$ 上的二拟序和二元运算 $\wedge$ 有和双序集相同的性质, 如以下引理所述, 其证略.

**引理 8.2.3** 设 $(E, \omega^\ell, \omega^r)$ 是正则伪半格. 对任意 $e, f \in E$, $e \,\omega^r\, f$ 当且仅当 $f \wedge e = e$, $e \,\omega^\ell\, f$ 当且仅当 $e \wedge f = e$. 特别地, $e \wedge e = e$.

有了以上性质, 我们可以判断一个正则伪半格在什么条件下是一个伪半格双序集. 为此, 我们给出以下定义:

**定义 8.2.4** 若正则伪半格 $(E, \omega^\ell, \omega^r)$ 上二元运算 $\wedge$ 限制于

$$D_E = (\omega^r \cup \omega^\ell) \cup (\omega^r \cup \omega^\ell)^{-1}$$

所得到的部分 2 代数 $(E, \wedge)$ 满足双序集公理, 则我们说 "$(E, \omega^\ell, \omega^r)$ 是一个双序集".

由定义 8.1.8, 当正则伪半格 $(E, \omega^\ell, \omega^r)$ 是双序集时, 此双序集自然是伪半格双序集. 我们还有以下判别定理:

**定理 8.2.5** 设 $(E, \omega^\ell, \omega^r)$ 是正则伪半格, 其上二元运算为 $\wedge$. $E$ 是伪半格双序集的充要条件是 $E$ 满足以下条件及其对偶: $\forall f, g \in \omega^r(e)$ $(e, f, g \in E)$,

(PA1) $(g \wedge e) \wedge f = g \wedge f$;

(PA2) $(f \wedge e) \wedge (g \wedge e) = f \wedge (g \wedge e) = (f \wedge g) \wedge e$.

**注记 8.2.6** 定理中对偶条件是: $\forall f, g \in \omega^\ell(e)$ $(e, f, g \in E)$,

(PA1)* $f \wedge (e \wedge g) = f \wedge g$;

(PA2)* $(e \wedge g) \wedge (e \wedge f) = (e \wedge g) \wedge f = e \wedge (g \wedge f)$.

**证明**　首先假设正则伪半格 $(E,\omega^\ell,\omega^r)$ 是双序集, 易知 $E$ 为每个夹心集都是一元集的正则双序集. 故由推论 2.6.3 知有正则半群 $S$ 使得 $E(S)=E$. 特别地, 子半群 $eS$ 是以 $\omega^r(e)$ 为幂等元双序集的正则半群. 由定理 8.1.9(3), $eS$ 中每个 $\mathscr{L}$-类仅含一个幂等元, 由此可证 $\wedge$ 恰与 $eS$ 中乘法重合, 由 $eS$ 满足结合律即得 (PA1) 和 (PA2) 成立.

事实上, 对任意 $f,g\in\omega^r(e)=E(eS)$, 由定理 8.1.9(2), 有 $h=S(f,g)$, $h\,\omega^r g\in\omega^r(e)$. 于是由 $h\mathscr{L}fh$ 得 $h=fh$, 从而在 $eS$ 中有 $fg=fhg=hg\in\omega^r(e)$ 是幂等元. 如此 $fg\in S(g,f)$. 但另一方面, $M$-集 $M(g,f)=\omega^\ell(g)\cap\omega^r(f)=\omega(f\wedge g)$, 由引理 8.2.3, $E$ 中有 $\omega=\leqslant$, 故得 $S(g,f)=f\wedge g$, 再由 $|S(g,f)|=1$ 得 $fg=f\wedge g$. 这就得到所需结论.

反之, 设正则伪半格 $E$ 满足 (PA1) 和 (PA2). 将 $E$ 上二元运算 $\wedge$ 限制在 $D_E=(\omega^r\cup\omega^\ell)\cup(\omega^r\cup\omega^\ell)^{-1}$ 上, 显然这使得公理 (B1) 成立. 若 $g\in\omega^r(e)$, 则由 (PA1) 和 (PA2), 有 $(g\wedge e)\wedge g=g\wedge g=g$ 且 $g\wedge(g\wedge e)=(g\wedge g)\wedge e=g\wedge e$. 由引理 8.2.3 得 $g\mathscr{R}g\wedge e$. 又 $g\wedge e\in\omega^r(g)\cap\omega^\ell(e)\subseteq\omega^r(e)\cap\omega^\ell(e)=\omega(e)$, 即 $g\wedge e\ \omega\ e$. 于是公理 (B21) 成立. 类似地, 不难由 (PA1) 和 (PA2) 验证公理 (B22), (B31) 和 (B32) 也成立. 为验证 (B4), 由命题 1.4.10, 我们只需验证 $f,g\in\omega^r(e)\Rightarrow S(f\wedge e,g\wedge e)=S(f,g)\wedge e$ 即足.

为此, 我们先证对任意 $x,y\in E$, 夹心集 $S(x,y)$ 不空且为一元集 $\{y\wedge x\}$. 事实上, 因 $M(x,y)=\omega^\ell(x)\cap\omega^r(y)=\omega(y\wedge x)$, 对任意 $z\in M(x,y)$, 据 (PA2) 及其对偶我们有

$$(x\wedge(y\wedge x))\wedge(x\wedge z)\xlongequal{z,\,y\wedge x\,\in\,\omega^\ell(x),\ (\mathrm{PA2})^*}x\wedge((y\wedge x)\wedge z)\xlongequal{z\in\omega(y\wedge x)}x\wedge z$$

和

$$(z\wedge y)\wedge((y\wedge x)\wedge y)\xlongequal{z,\,y\wedge x\,\in\,\omega^r(y),\ (\mathrm{PA2})}(z\wedge(y\wedge x))\wedge y\xlongequal{z\in\omega(y\wedge x)}z\wedge y.$$

这样, $y\wedge x\in S(x,y)$. 进而, 若 $z$ 是 $S(x,y)$ 中任一元, 那么 $z\in\omega(y\wedge x)$, 这样就有

$$\begin{aligned}
z&=((y\wedge x)\wedge z)\wedge(y\wedge x)\\
&=(((y\wedge x)\wedge z)\wedge y)\wedge(y\wedge x) &&(\text{由 (PA1)})\\
&=(((y\wedge x)\wedge y)\wedge(z\wedge y))\wedge(y\wedge x) &&(\text{由 (PA2)})\\
&=((y\wedge x)\wedge y)\wedge(y\wedge x) &&(\text{由 } S(x,y) \text{ 的定义})\\
&=y\wedge x &&(\text{由 (PA1)}).
\end{aligned}$$

如此我们证明了 $S(x,y)=y\wedge x$. 特别地, 对 $f,g\in\omega^r(e)$, 我们得到

$$S(f\wedge e,g\wedge e)=(g\wedge e)\wedge(f\wedge e)=(g\wedge f)\wedge e=S(f,g)\wedge e,$$

其中倒数第二个等号来自 (PA2). 这就完成了注记 8.2.6 的证明. □

**注记 8.2.7** (PA2), (PA2)* 中第一个等号实际上分别是 (PA1), (PA1)* 的推论.

以下定理 8.2.8 给出了“矩形双序集用半格的余扩张”的构作法.

**定理 8.2.8** 设 $I$ 和 $\Lambda$ 为非空集, 以它们为足标集, 有两族半格双序集 $\{L_\lambda : \lambda \in \Lambda\}$ 和 $\{R_i : i \in I\}$. 又存在着以笛卡儿积 $I \times \Lambda$ 为足标集的一族两两不交的半格双序集 $\{E_{i\lambda} : (i,\lambda) \in I \times \Lambda\}$ 满足: 对每个 $(i,\lambda) \in I \times \Lambda$, 存在两个单双序态射 $\varphi_{i\lambda} : E_{i\lambda} \longrightarrow L_\lambda$ 和 $\psi_{i\lambda} : E_{i\lambda} \longrightarrow R_i$ 使得以下三个公理 (V1)—(V3) 成立:

(V1) 态射像 $E_{i\lambda}\varphi_{i\lambda}, E_{i\lambda}\psi_{i\lambda}$ 分别是 $L_\lambda$ 和 $R_i$ 的理想, $\forall (i,\lambda) \in I \times \Lambda$.

(V2) $L_\lambda = \bigcup_{i\in I} E_{i\lambda}\varphi_{i\lambda}$, $R_i = \bigcup_{\lambda\in\Lambda} E_{i\lambda}\psi_{i\lambda}$, $\forall (i,\lambda) \in I \times \Lambda$.

(V3) $\forall (i,\lambda),(j,\mu) \in I \times \Lambda$, $x_{i\lambda} \in E_{i\lambda}$, $y_{j\mu} \in E_{j\mu}$, 有唯一 $z_{i\mu} \in E_{i\mu}$ 使以下等式成立:

$$\omega(x_{i\lambda})\psi_{i\lambda}\psi_{i\mu}^{-1} \cap \omega(y_{j\mu})\varphi_{j\mu}\varphi_{i\mu}^{-1} = \omega(z_{i\mu}).$$

记 $E = \bigcup_{(i,\lambda)\in I\times\Lambda} E_{i\lambda}$, 在 $E$ 上定义二元关系 $>\!\!\!-\!\!\!-$ 和 $\longrightarrow$ 为

$$\begin{cases} >\!\!\!\longrightarrow \; = \{(e_{i\lambda}, f_{j\mu}) : \lambda = \mu \text{ 且在 } L_\lambda \text{ 中有 } e_{i\lambda}\varphi_{i\lambda} \leqslant f_{j\mu}\varphi_{j\mu}\}, \\ \longrightarrow \; = \{(e_{i\lambda}, f_{j\mu}) : i = j \text{ 且在 } R_i \text{ 中有 } e_{i\lambda}\psi_{i\lambda} \leqslant f_{j\mu}\psi_{j\mu}\}; \end{cases} \tag{8.1}$$

在 $E$ 上定义基本积如下:

$$\text{若}\quad e_{i\lambda} >\!\!\!-\!\!\!- f_{j\mu}, \text{则定义}\quad e_{i\lambda}f_{j\mu} = e_{i\lambda} \quad \text{而} \quad f_{j\mu}e_{i\lambda} = e_{i\lambda}\varphi_{i\lambda}\varphi_{j\mu}^{-1};$$

$$\text{若}\quad e_{i\lambda} \longrightarrow f_{j\mu}, \text{则定义}\quad f_{j\mu}e_{i\lambda} = e_{i\lambda} \quad \text{而} \quad e_{i\lambda}f_{j\mu} = e_{i\lambda}\psi_{i\lambda}\psi_{j\mu}^{-1}.$$

记这样得到的部分 2 代数为 $E = (L_\lambda, R_i; E_{i\lambda}; \varphi_{i\lambda}, \psi_{i\lambda}; I, \Lambda)$. 则 $E$ 是正则双序集, 且为矩形双序集 $I \times \Lambda$ 用半格双序集 $\{E_{i\lambda} : (i,\lambda) \in I \times \Lambda\}$ 的余扩张.

反之, 每个矩形双序集用半格双序集的余扩张的正则双序集都可如此构成.

**证明** 我们先证定理的反面部分. 设正则双序集 $E$ 是矩形双序集 $I \times \Lambda$ 用半格双序集 $\{E_{i\lambda} : (i,\lambda) \in I \times \Lambda\}$ 的余扩张. 显然 $E = \bigcup_{(i,\lambda)\in I\times\Lambda} E_{i\lambda}$ 而 $x_{i\lambda} \mapsto (i,\lambda), \forall x_{i\lambda} \in E_{i\lambda}$ 是满双序态射.

对任一 $i \in I$, 易知, 子集 $\bigcup_{\lambda\in\Lambda} E_{i\lambda}$ 关于 $E$ 的 $\longleftrightarrow$ 关系为饱和. 设 $R_i$ 是 $E$ 的含于该子集的所有 $\longleftrightarrow$-类组成的集合, 由公理 (B2) 它被 $\longrightarrow$ 偏序化. 对任意 $(i,\lambda) \in I \times \Lambda$ 和 $x_{i\lambda} \in E_{i\lambda}$, 记含 $x_{i\lambda}$ 的 $\longleftrightarrow$-类为 $x_i$, 注意到 $E_{i\lambda}$ 是半格 (有 $\longleftrightarrow \; = \; >\!\!\!-\!\!\!< \; = 1_{E_{i\lambda}}$), 易知 $\psi_{i\lambda} : x_{i\lambda} \mapsto x_i$ 是从 $E_{i\lambda}$ 到 $R_i$ 的保序单射. 若有 $y_i \in R_i, y_i \leqslant x_i$, 则有某 $y_{i\mu} \in E_{i\mu}$, $E$ 中含 $y_{i\mu}$ 的 $\longleftrightarrow$-类为 $y_i$. 由此必有 $y_{i\mu} \longrightarrow x_{i\lambda}$, 从而

$$y_{i\mu} \longleftrightarrow y_{i\mu}x_{i\lambda} = y'_{i\lambda} \in E_{i\lambda},$$

于是 $y_i \in R_i$ 是 $y'_{i\lambda} \in E_{i\lambda}$ 在 $\psi_{i\lambda}$ 下的像. 这说明 $\psi_{i\lambda}$ 是到 $R_i$ 的序理想上的同构. 设 $x_i = x_{i\lambda}\psi_{i\lambda}$, $y_i = y_{i\mu}\psi_{i\mu}$ 为 $R_i$ 中任意二元. 因为在矩形双序集 $I \times \Lambda$ 中有夹心集

$$S((i,\lambda),(i,\mu)) = \{(i,\lambda)\},$$

故由双序态射的性质, 有 $S(x_{i\lambda}, y_{i\mu}) \subseteq E_{i\lambda}$, 因而 $S(x_{i\lambda}, y_{i\mu}) = \{z_{i\lambda}\}$ 为一元集. 由此, 据 $\psi_{i\lambda}$ 为从 $E_{i\lambda}$ 到 $R_i$ 序理想上的序同构立得 $z_i = z_{i\lambda}\psi_{i\lambda}$ 为 $x_i$, $y_i$ 的最大下界, 从而 $R_i$ 是半格, 而 $\psi_{i\lambda}$ 是单双序态射.

类似地, 对任一 $\lambda \in \Lambda$, 记 $L_\lambda$ 为 $E$ 的关于 $>\!\!\!-\!\!\!<$ 饱和的子集 $\bigcup_{i\in I} E_{i\lambda}$ 的所有 $>\!\!\!-\!\!\!<$- 类之集, 对 $(i,\lambda) \in I\times\Lambda$, 记 $x_\lambda$ 为 $E$ 中含 $x_{i\lambda}$ 的 $>\!\!\!-\!\!\!<$-类, 则 $\varphi_{i\lambda} : x_{i\lambda} \mapsto x_\lambda$ 是从 $E_{i\lambda}$ 到半格 $L_\lambda$ 的理想上的单双序态射.

对任意 $x_{i\lambda} \in E_{i\lambda}, y_{j\mu} \in E_{j\mu}$, 由于在矩形双序集 $I \times \Lambda$ 中 $M$-集 $M((i,\lambda),(j,\mu)) = \{(j,\lambda)\}$ 为一元集, 有夹心集 $S(x_{i\lambda}, y_{j\mu}) = \{z_{j\lambda}\} \subseteq E_{j\lambda}$ 为一元集且 $M(x_{i\lambda}, y_{j\mu}) \subseteq E_{j\lambda}$ 恰是 $E_{j\lambda}$ 中由 $z_{j\lambda}$ 生成的主理想. 由此立得

$$\omega(x_{i\lambda})\varphi_{i\lambda}\varphi_{j\lambda}^{-1} \cap \omega(y_{j\mu})\psi_{j\mu}\psi_{j\lambda}^{-1} = \omega(z_{j\lambda}).$$

如此, 正则双序集 $E$ 具有定理 8.2.8 所描述的结构.

现在进行定理 8.2.8 正面部分的证明. 设 $E = (L_\lambda, R_i; E_{i\lambda}; \varphi_{i\lambda}, \psi_{i\lambda}; I, \Lambda)$ 是本定理所述构作法所得部分 2 代数. 二元关系 $>\!\!\!\longrightarrow, \longrightarrow$ 定义如 (8.1) 式. 由公理 (V3) 我们可以在 $E$ 上定义一个 (全) 二元运算 $\wedge$: 对任意 $x \in E_{i\lambda}, y \in E_{j\mu}$,

$$\omega(x \wedge y) = \omega(x)\psi_{i\lambda}\psi_{i\mu}^{-1} \cap \omega(y)\varphi_{j\mu}\varphi_{i\mu}^{-1}.$$

显然我们有 $x \wedge y \in E_{i\mu}$.

我们先证明 $(E, \longrightarrow, >\!\!\!\longrightarrow)$ 是一个伪半格. 由于 (8.1) 式右方的 $\leqslant$ 是半格 $L_\lambda, R_i$ 中的偏序, 易知 $>\!\!\!\longrightarrow, \longrightarrow$ 都是 $E$ 上拟序. 若 $(e_{i\lambda}, f_{j\mu}) \in \longrightarrow \cap >\!\!\!\longrightarrow^{-1}$, 由 (8.1) 式立得 $i = j, \lambda = \mu$ 且 $e_{i\lambda}\psi_{i\lambda} \leqslant f_{i\lambda}\psi_{i\lambda}, f_{i\lambda}\varphi_{i\lambda} \leqslant e_{i\lambda}\varphi_{i\lambda}$. 由于 $\psi_{i\lambda}, \varphi_{i\lambda}$ 分别是从半格 $E_{i\lambda}$ 到半格 $R_i, L_\lambda$ 的理想上的同构, 故得 $e_{i\lambda} \leqslant f_{i\lambda}, f_{i\lambda} \leqslant e_{i\lambda}$ 在 $E_{i\lambda}$ 中成立. 于是 $e_{i\lambda} = f_{i\lambda} = f_{j\mu}$. 这证明了 $E$ 满足定义 8.2.1 之条件 (1).

对任意 $x, y \in E$ 我们来验证 $\longrightarrow(x) \cap >\!\!\!\longrightarrow(y) = \omega(x \wedge y)$ 成立, 其中 $\omega = >\!\!\!\longrightarrow \cap \longrightarrow$. 注意, 由 (8.1) 式不难验证 $\longrightarrow \cap >\!\!\!\longrightarrow$ 在每个半格 $E_{i\lambda}$ 上恰与该半格的偏序 $\leqslant = \omega$ 重合. 设 $x \in E_{i\lambda}, y \in E_{j\mu}$. 任取 $z \in \longrightarrow(x) \cap >\!\!\!\longrightarrow(y)$, 由 (8.1) 式有 $z \in E_{i\mu}$ 且在 $R_i$ 中有 $z\psi_{i\mu} \leqslant x\psi_{i\lambda}$, 而在 $L_\lambda$ 中有 $z\varphi_{i\mu} \leqslant y\varphi_{j\mu}$. 由此据公理 (V3) 得

$$z \in \omega(x\psi_{i\lambda})\psi_{i\mu}^{-1} \cap \omega(y\varphi_{j\mu})\varphi_{i\mu}^{-1} = \omega(x)\psi_{i\lambda}\psi_{i\mu}^{-1} \cap \omega(y)\varphi_{j\mu}\varphi_{i\mu}^{-1} = \omega(x \wedge y).$$

另一方面, 若 $z \in \omega(x \wedge y)$, 则 $z \leqslant x \wedge y$ 在 $E_{i\mu}$ 中成立, 从而在 $R_i$ 中有 $z\psi_{i\mu} \in \omega(x\psi_{i\lambda})$; 而在 $L_\lambda$ 中有 $z\varphi_{i\mu} \in \omega(y\varphi_{j\mu})$. 如此, $z \in \longrightarrow(x) \cap \succ\!\!\!-\!\!\!-(y)$. 这样, 我们证得了 $\longrightarrow(x) \cap \succ\!\!\!-\!\!\!-(y) = \omega(x \wedge y)$. 从而 $E$ 也满足定义 8.2.1 之条件 (2). 故 $(E, \longrightarrow, \succ\!\!\!-\!\!\!-)$ 是伪半格.

由定理 8.2.5, 我们只需验证 $(E, \longrightarrow, \succ\!\!\!-\!\!\!-)$ 满足条件 (PA1) 和 (PA2) 即可知 $E$ 是一个正则双序集 (伪半格双序集). 由 $\wedge$ 的定义易知, 作为双序集, 它恰是矩形双序集 $I \times \Lambda$ 用半格双序集 $\{E_{i\lambda} : (i, \lambda) \in I \times \Lambda\}$ 的余扩张.

设 $e, f, g \in E$, 且不妨令 $e \in E_{i\lambda}, f \in E_{j\mu}$ 而 $z \in E_{k\nu}$. 若 $f, g \in \longrightarrow(z)$, 那么 $i = j = k$ 且在 $R_i$ 中有 $f\psi_{j\mu} \leqslant e\psi_{i\lambda}, g\psi_{k\nu} \leqslant e\psi_{i\lambda}$. 由 $\wedge$ 的定义, 我们可得

$$
\begin{aligned}
(1)\ \ \omega(f \wedge e)\psi_{i\lambda} &= (\omega(f\psi_{j\mu})\psi_{i\lambda}^{-1} \cap \omega(e\varphi_{i\lambda})\varphi_{j\lambda}^{-1})\psi_{i\lambda} \\
&= (\omega(f\psi_{j\mu})\psi_{i\lambda}^{-1} \cap \omega(e)\varphi_{i\lambda}\varphi_{i\lambda}^{-1})\psi_{i\lambda} \qquad (\text{因为 } i = j) \\
&= \omega(f\psi_{j\mu})\psi_{i\lambda}^{-1}\psi_{i\lambda} \cap \omega(e)\psi_{i\lambda} \\
&= \omega(f\psi_{j\mu}) \cap \omega(e\psi_{i\lambda}) \\
&= \omega(f\psi_{j\mu}).
\end{aligned}
$$

用类似计算还可得以下两个等式:

(2) $\omega(g \wedge e)\psi_{i\lambda} = \omega(g\psi_{k\nu})$.

(3) $\omega(g \wedge f)\psi_{j\mu} = \omega(g\psi_{k\nu}) \cap \omega(f\psi_{j\mu})$.

由 (2) 式我们有

$$
\begin{aligned}
\omega((g \wedge e) \wedge f) &= \omega((g \wedge e)\psi_{i\lambda})\psi_{k\mu}^{-1} \cap \omega(f\varphi_{j\mu})\varphi_{j\mu}^{-1} \\
&= \omega(g\psi_{i\lambda})\psi_{k\mu}^{-1} \cap \omega(f\varphi_{j\mu})\varphi_{j\mu}^{-1} = \omega(g \wedge f).
\end{aligned}
$$

故 $(g \wedge e) \wedge f = g \wedge f$. 此即 (PA1).

由 (1),(2) 和 (3) 式我们有

$$
\begin{aligned}
&\omega(g \wedge (f \wedge e)) \\
&= \omega(g\psi_{k\nu})\psi_{i\lambda}^{-1} \cap \omega((f \wedge e)\varphi_{j\lambda})\varphi_{i\lambda}^{-1} \\
&= \omega(g\psi_{k\nu})\psi_{i\lambda}^{-1} \cap \omega((f \wedge e)) && (\text{因为 } i = j) \\
&= \omega(g\psi_{k\nu})\psi_{i\lambda}^{-1} \cap \omega(f\psi_{j\mu})\psi_{i\lambda}^{-1} && (\text{由 (1) 式}) \\
&= \omega(g\psi_{k\nu}\psi_{i\lambda}^{-1}) \cap \omega(f\psi_{j\mu}\psi_{i\lambda}^{-1}) \cap \omega(e) && (\text{因为 } g\psi_{k\nu}\psi_{i\lambda}^{-1} \leqslant e, f\psi_{j\mu}\psi_{i\lambda}^{-1} \leqslant e) \\
&= (\omega(g\psi_{k\nu}) \cap \omega(f\psi_{j\mu}))\psi_{i\lambda}^{-1} \cap \omega(e\varphi_{i\lambda})\varphi_{i\lambda}^{-1} && (\text{半格双序集同构的性质})
\end{aligned}
$$

$$= \omega((g \wedge f)\psi_{j\mu})\psi_{i\lambda}^{-1} \cap \omega(e\varphi_{i\lambda})\varphi_{i\lambda}^{-1} \qquad \text{(由 (3) 式)}$$

$$= \omega((g \wedge f) \wedge e) \qquad \text{(由 } \wedge \text{ 的定义).}$$

故得 $g \wedge (f \wedge e) = (g \wedge f) \wedge e$. 这证明了 (PA2).

因对偶的结论显然可用对偶的方式证明, 这就完成了定理 8.2.8 的证明. □

作为定理 8.2.8 的应用, 我们来看两个例子.

**例 8.2.9** 设 $I = \Lambda = \{1, 2\}$. 令 $R_i = L_\lambda = \mathbf{Z}^-$ 是在通常序关系下由所有负整数组成的半格, $i \in I, \lambda \in \Lambda$. 对任意 $(i, \lambda) \in I \times \Lambda$, 记 $E_{i\lambda} = \{n_{i\lambda} : n \in \mathbf{Z}^-\}$, 并规定 $n_{i\lambda} \geqslant m_{i\lambda} \Leftrightarrow n \geqslant m$, 进而定义 $\forall n \in \mathbf{Z}^-$,

$$\varphi_{i\lambda}: \quad n_{i\lambda} \longmapsto \begin{cases} n, & (i,\lambda) \neq (2,1), \\ n-1, & (i,\lambda) = (2,1); \end{cases}$$
$$\psi_{i\lambda}: \quad n_{i\lambda} \longmapsto n.$$

令 $E = \bigcup_{(i,\lambda \in I \times \Lambda)} E_{i\lambda} = (L_\lambda, R_i; E_{i\lambda}; \varphi_{i\lambda}, \psi_{i\lambda}; I, \Lambda)$. 可以验证, 定理 8.2.8 中构作法的所有条件和公理 (V1)—(V3) 都成立. 故我们可得矩形双序集 $I \times \Lambda$ 用四个同构的半格 $E_{i\lambda} \cong \mathbf{Z}^-$ 的余扩张 $E = (L_\lambda, R_i; E_{i\lambda}; \varphi_{i\lambda}, \psi_{i\lambda}; I, \Lambda)$. 该双序集同构于文献 [7] 所描述的*基础四螺旋半群* (the fundamental four-spiral semigroup) 的幂等元双序集, 称为*四螺旋双序集* (the four-spiral biordered set). 其拟序图为图 5.12. 5.3 节习题列出了它的一些基本性质; 它是第一个为人所知的连通而非矩形的正则双序集, 而且在一定意义下是 "最小" 的这类双序集. 详情请参看 [7].

**例 8.2.10** 设 $I = \{1, 2\}$, $\Lambda = \{1, 2, 3\}$. 对任意 $i \in I$, $\lambda \in \Lambda$, 令 $R_i = L_\lambda = (\mathbf{Z} \times \mathbf{Z}, \leqslant)$, 其中 $\mathbf{Z}$ 是整数集, 而 $\mathbf{Z} \times \mathbf{Z}$ 上的偏序 $\leqslant$ 定义为: $(a, b) \leqslant (c, d) \Leftrightarrow a \geqslant c, b \geqslant d$. 对任意 $(i, \lambda) \in I \times \Lambda$, 记 $E_{i\lambda} = \{(a, b)_{i\lambda} : (a, b) \in \mathbf{Z} \times \mathbf{Z}\}$, 并规定 $(a, b)_{i\lambda} \leqslant (c, d)_{i\lambda} \Leftrightarrow a \geqslant c,\ b \geqslant d$, 进而定义

$$\begin{aligned}
\varphi_{i\lambda}: &\quad (m,n)_{i\lambda} \longmapsto (m,n), && \forall (i,\lambda) \in I \times \Lambda, \\
\psi_{22}: &\quad (m,n)_{22} \longmapsto (m+1, n-1), && \\
\psi_{23}: &\quad (m,n)_{23} \longmapsto (m-1, n-2), && \\
\psi_{i,\lambda}: &\quad (m,n)_{i\lambda} \longmapsto (m,n), && \forall (i,\lambda) \notin \{(2,2),(2,3)\}.
\end{aligned}$$

可以验证, 定理 8.2.8 中构作法的所有条件和公理都成立. 故我们可得矩形双序集 $I \times \Lambda$ 用六个同构的半格 $E_{i\lambda} \cong \mathbf{Z} \times \mathbf{Z}$ 的余扩张 $E = (L_\lambda, R_i; E_{i\lambda}; \varphi_{i\lambda}, \psi_{i\lambda}; I, \Lambda)$. 其拟序图如图 8.1 所示. 文献 [8] 证明了, 它是非矩形的连通正则双序集且不含与四螺旋双序集同构的双序子集.

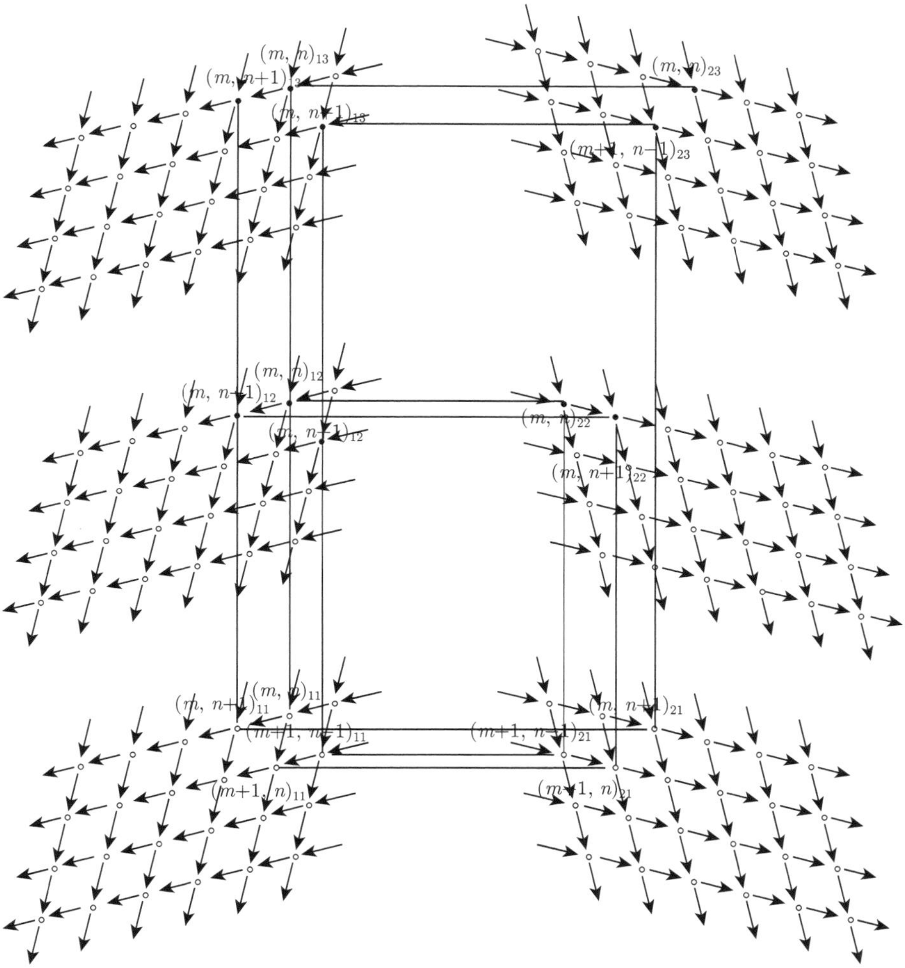


图 8.1

## 习题 8.2

1. 给出例 8.2.2 中二元运算 $\wedge$ 的 Cayley 表并验证 $E$ 是正则伪半格但不是伪半格双序集.

2. 证明引理 8.2.3.

3. 证明: 满足 (PA1) 和 (PA2) 的正则伪半格满足双序集公理 (B22), (B31) 和 (B32).

4. 验证例 8.2.9 和例 8.2.10 给出的 $E=(L_\lambda, R_i; E_{i\lambda}; \varphi_{i\lambda}, \psi_{i\lambda}; I, \Lambda)$ 满足定理 8.2.8 的所有条件和公理.

5. 试考虑按 Schein 的原始定义, 伪半格中有无 $\omega^r \cap \omega^\ell = 1_E$? 又 $\omega$ 是否一定是偏序?

## 8.3 拟正则双序集用矩形双序集的余扩张

由定义 8.1.10, 所谓双序集 $E$ 是双序集 $F$ 用矩形双序集的余扩张, 指的是存在从 $E$ 到 $F$ 的满 (双序集) 态射 $\theta$, 使得对每个 $\alpha \in F$, 完全逆像 $E_\alpha = \alpha\theta^{-1} = I_\alpha \times \Lambda_\alpha$ 是一个矩形双序集. 这里的 "态射" 指的是满足定义 7.3.3 的满映射. 我们用 "拟正则双序集 $E$ 是拟正则双序集 $F$ 用矩形双序集 $\alpha\theta^{-1} = \{E_\alpha = I_\alpha \times \Lambda_\alpha : \alpha \in F\}$ 的余扩张" 来表达以上意思.

**引理 8.3.1** 设拟正则双序集 $E$ 是拟正则双序集 $F$ 用矩形双序集 $\alpha\theta^{-1} = \{E_\alpha = I_\alpha \times \Lambda_\alpha : \alpha \in F\}$ 的余扩张. 对任意 $\alpha, \beta \in F$, 我们有

(1) 若 $\alpha \longleftrightarrow \beta$, 则 $|I_\alpha| = |I_\beta|$, 且 $E_\alpha \cup E_\beta$ 是 $E$ 的矩形双序子集.

(2) 若 $\alpha \succ\!\!\!-\!\!\!\prec \beta$, 则 $|\Lambda_\alpha| = |\Lambda_\beta|$, 且 $E_\alpha \cup E_\beta$ 是 $E$ 的矩形双序子集.

(3) $(\alpha, \beta) \in \longleftrightarrow [\succ\!\!\!-\!\!\!\prec]$ 蕴含: 对任意 $e \in E_\alpha$, 存在 $f \in E_\beta$, 使得 $(e, f) \in \longleftrightarrow [\succ\!\!\!-\!\!\!\prec]$.

**证明** 我们仅证 (1), 因为 (2) 和 (3) 是 (1) 的对偶和推论.

设 $\alpha \longleftrightarrow \beta$, $e \in E_\alpha$. 任取 $f \in E_\beta$, 由 $E$ 拟正则, 有 $i \geqslant 1$ 使 $S(e, f)^i \neq \varnothing$. 设 $h$ 为 $S(e, f)^i$ 中某元的第一分量, 由定理 7.4.4, $h\theta$ 是 $S(e\theta, f\theta)^i = S(\alpha, \beta)^i$ 中某元的第一分量. 由 $\alpha \longleftrightarrow \beta$, 易验证 $h\theta \leqslant e\theta = \alpha$. 因 $S(\alpha, \beta)^i$ 的第一分量成矩形双序集, 有 $\alpha = h\theta$, 即 $h \in E_\alpha$. 因为 $h \succ\!\!\!-\!\!\!- e$, 由 $E_\alpha$ 是矩形双序集得 $h \succ\!\!\!-\!\!\!\prec e$. 再由 $h \longrightarrow f$, 积 $hf$ 存在且有 $(hf)\theta = (h\theta)(f\theta) = \alpha\beta = \beta$, 即 $hf \in E_\beta$. 但 $hf \succ\!\!\!\longrightarrow f$, 由 $E_\beta$ 的矩形性得 $hf = f$. 这样我们有 $h \longleftrightarrow f$. 这就是说, 对任意 $e \in E_\alpha$, $f \in E_\beta$, 存在 $h \in E_\alpha$ 使 $e \succ\!\!\!-\!\!\!\prec h \longleftrightarrow f$, 因而有 $|I_\alpha| \geqslant |I_\beta|$. 由 $\longleftrightarrow$ 对称, 得等号成立. 同时这也蕴含 $E_\alpha \cup E_\beta$ 为 $E$ 的矩形双序子集. □

据此引理, 我们可以约定 $(\alpha, \beta) \in \longleftrightarrow [\succ\!\!\!-\!\!\!\prec]$ 时恒有 $I_\alpha = I_\beta$ $[\Lambda_\alpha = \Lambda_\beta]$.

**命题 8.3.2** 设拟正则双序集 $E$ 是拟正则双序集 $F$ 用矩形双序集 $\alpha\theta^{-1} = \{E_\alpha = I_\alpha \times \Lambda_\alpha : \alpha \in F\}$ 的余扩张. 对任意 $e_1, \cdots, e_n \in E, n \geqslant 2$, 记 $\alpha_i = e_i\theta, i = 1, \cdots, n$, 若 $S(e_1, \cdots, e_n) \neq \varnothing$, 则 $\theta$ 诱导出从 $S(e_1, \cdots, e_n)$ 到 $S(\alpha_1, \cdots, \alpha_n)$ 上的满射. 进而, 对任意 $(\gamma_1, \cdots, \gamma_{n-1}) \in S(\alpha_1, \cdots, \alpha_n)$, 有 $M(e_1 \cdots, e_n) \cap E_{\gamma_1} \times \cdots \times E_{\gamma_{n-1}} \neq \varnothing$ 且该交集含于 $S(e_1, \cdots, e_n)$ 中.

**证明** 由定理 7.3.7 和定理 7.3.10, 存在拟正则半群 $S$, $T$ 和 (半群) 满同态 $\psi : S \longrightarrow T$ 满足: $E = E(S), F = E(T)$ 且 $\theta = \psi\,|\,E$. 进而, $\forall e_1, \cdots, e_n \in E$, 积 $e_1 \cdots e_n \in \operatorname{Reg} S$ 当且仅当 $S(e_1, \cdots, e_n) \neq \varnothing$(参看定理 4.3.7).

设 $e_1, \cdots, e_n \in E, n \geqslant 2$ 有 $S(e_1, \cdots, e_n) \neq \varnothing$, 因而 $a = e_1 \cdots e_n$ 正则.

记 $e_i\theta = \alpha_i, i = 1,\cdots,n$, 由定理 7.4.4, $(h_1,\cdots,h_{n-1}) \mapsto (h_1\theta,\cdots,h_n\theta)$ 是从 $S(e_1,\cdots,e_n)$ 到 $S(\alpha_1,\cdots,\alpha_n)$ 的映射. 记 $\alpha = \alpha_1\cdots\alpha_n \in T$, 显然 $\alpha = a\psi \in \operatorname{Reg} T$. 由定理 4.3.7, 对任意 $(\beta_1,\cdots,\beta_{n-1}) \in S(\alpha_1,\cdots,\alpha_n)$, 存在 $\beta \in V(\alpha)$ 使 $\beta_i = \alpha_{i+1}\cdots\alpha_n\beta\alpha_1\cdots\alpha_i, i = 1,\cdots,n-1$. 由拟正则半群的 "互逆元提升性"(命题 5.1.5), 存在 $b \in V(a)$, 使 $b\psi = \beta$. 令 $h_i = e_{i+1}\cdots e_n b e_1\cdots e_i, i = 1,\cdots,n-1$, 易验证

$$(h_1,\cdots,h_{n-1}) \in S(e_1,\cdots,e_n) \quad 且 \quad h_i\theta = \beta_i, i = 1,\cdots,n-1.$$

故 $\theta$ 诱导出从 $S(e_1,\cdots,e_n)$ 到 $S(\alpha_1,\cdots,\alpha_n)$ 上的满射. 由此, 对任意 $(\gamma_1,\cdots,\gamma_{n-1}) \in S(\alpha_1,\cdots,\alpha_n)$, 显然有

$$M(e_1,\cdots,e_n) \cap E_{\gamma_1} \times \cdots \times E_{\gamma_{n-1}} \neq \varnothing.$$

现在, 取定一个 $(h_1,\cdots,h_{n-1}) \in S(e_1,\cdots,e_n)$, 并记

$$(h_1\theta,\cdots,h_{n-1}\theta) = (\beta_1,\cdots,\beta_{n-1}) \in S(\alpha_1,\cdots,\alpha_n).$$

任取 $(g_1,\cdots,g_{n-1}) \in M(e_1,\cdots,e_n) \cap E_{\gamma_1}\times\cdots\times E_{\gamma_{n-1}} \neq \varnothing$, 由于 $(h_1,\cdots,h_{n-1}) \in S(e_1,\cdots,e_n)$, 有 $e_1g_1 \longrightarrow e_1h_1$. 但由 $(\gamma_1,\cdots,\gamma_{n-1}) \in S(\alpha_1,\cdots,\alpha_n)$, 我们有 $\alpha_1\gamma_1 \longleftrightarrow \alpha_1\beta_1$, 故由 $e_1g_1, e_1h_1 \in E_{\alpha_1\gamma_1} \cup E_{\alpha_1\beta_1}$ 为矩形双序集得 $e_1g_1 \longleftrightarrow e_1h_1$. 类似地, $g_{n-1}e_n >\!\!\!-\!\!\!< h_{n-1}e_n$. 这证明了 $(g_1,\cdots,g_{n-1}) \in S(e_1,\cdots,e_n)$. □

为进一步描述拟正则双序集用矩形双序集的余扩张, 我们需要引进一些记号. 设 $F$ 为任一双序集, 对 $\alpha \in F$, 分别记 $\alpha$ 所在的 $\longleftrightarrow$, $>\!\!\!-\!\!\!<$-类为 $r(\alpha)$, $\ell(\alpha)$. 对任意 $\alpha_1,\cdots,\alpha_n \in F, n \geqslant 2$ 和 $(\gamma_1,\cdots,\gamma_{n-1}) \in S(\alpha_1,\cdots,\alpha_n)$, 若 $(\delta_1,\cdots,\delta_{n-1}) \in M(\alpha_1,\cdots,\alpha_n)$, 由夹心集和 $F$ 中部分乘法的定义, 我们可以归纳地定义 $\mu_i, \nu_i, i = 1,\cdots,n-1$ 如下:

$$\begin{cases} \mu_{n-1} = (\gamma_{n-1}\alpha_n)(\delta_{n-1}\alpha_n), \\ \nu_1 = (\alpha_1\delta_1)(\alpha_1\gamma_1); \\ \mu_{n-j} = (\gamma_{n-j}\alpha_{n-j+1})(\mu_{n-j+1}\gamma_{n-j+1}), \\ \nu_j = (\gamma_{j-1}\nu_{j-1})(\alpha_j\gamma_j), \\ \quad 1 < j < n. \end{cases} \tag{8.2}$$

其中, 对 $1 < j < n$, $\mu_{n-j}$ 由 $\mu_{n-j+1}$ 归纳定义, 而 $\nu_j$ 由 $\nu_{j-1}$ 归纳定义, 易验证它们具有下述 (8.3) 式所列性质:

$$\mu_i \longrightarrow \gamma_i, \quad \nu_i >\!\!\!\longrightarrow \gamma_i, \quad i = 1,\cdots,n-1. \tag{8.3}$$

**引理 8.3.3**　设拟正则双序集 $E$ 是拟正则双序集 $F$ 用矩形双序集 $\alpha\theta^{-1} = \{E_\alpha = I_\alpha \times \Lambda_\alpha : \alpha \in F\}$ 的余扩张. 对任意 $\alpha, \beta \in F$, 若 $\beta\kappa\alpha$, 则对任意 $e \in E_\alpha, \beta' \in \ell(\beta)$ $[r(\beta)]$ 和 $g = (i, \lambda) \in E_{\beta'}$, 夹心集 $S(g, e)$ $[S(e, g)]$ 不空.

**证明**　仅需对 (例如)$\beta' \in r(\beta)$ 证明. 分两种情形如下:

(1) $\beta >\!\!\!\longrightarrow \alpha$. 此时, 由 $\theta$ 为双序集态射, 对 $e \in E_\alpha$, 存在 $f = (j, \mu) \in E_\beta$ 使 $f >\!\!\!\longrightarrow e$(定义 7.3.3). 对任意 $\beta' \in r(\beta)$ 和 $g = (i, \lambda) \in E_{\beta'}$, 由于 $I_{\beta'} = I_\beta$, 有 $g_1 = (i, \mu) \in I_{\beta'} \times \Lambda_\beta = E_\beta$. 因而我们有 $g_1 >\!\!-\!\!< f$, 从而 $g_1 >\!\!\!\longrightarrow e$; 由此易验证 $g_1 \in S(e, g_1)$, 故 $S(e, g_1) \neq \varnothing$. 现在有 $g_1 = (i, \mu) \longleftrightarrow (i, \lambda) = g$, 由夹心集的性质知 $S(e, g) = S(e, g_1) \neq \varnothing$.

(2) $\beta \longrightarrow \alpha$. 此时与 (1) 类似, 有 $f = (j, \mu) \in E_\beta$ 满足 $f \longrightarrow e$. 故 $f \longleftrightarrow fe >\!\!\!\longrightarrow e$. 在 $F$ 中有 $\beta\alpha \longleftrightarrow \beta$, 故存在 $\nu \in \Lambda_{\beta\alpha}$ 使 $fe = (j, \nu) \in E_{\beta\alpha}$. 对任意 $\beta' \in r(\beta)$ 和 $g = (i, \lambda) \in E_{\beta'}$, 有 $g_1 = (i, \nu) \in I_{\beta'} \times \Lambda_{\beta\alpha} = E_{\beta\alpha}$, 因为 $I_{\beta'} = I_\beta = I_{\beta\alpha}$. 现在我们有 $g_1 >\!\!-\!\!< fe$, 从而 $g_1 >\!\!\!\longrightarrow e$, 故 $g_1 \in S(e, g_1)$. 由于 $g = (i, \nu) \longleftrightarrow (i, \lambda) = g$, 故 $S(e, g) = S(e, g_1) \neq \varnothing$. □

**定义 8.3.4**　设拟正则双序集 $E$ 是拟正则双序集 $F$ 用矩形双序集 $\alpha\theta^{-1} = \{E_\alpha = I_\alpha \times \Lambda_\alpha : \alpha \in F\}$ 的余扩张. 记

$$\Phi = \{\varphi^e_{r(\beta)} : I_\beta \longrightarrow I_{\alpha\beta} \,|\, \alpha, \beta \in F,\, \beta\,\kappa\,\alpha,\ e \in E_\alpha\},$$

$$\Psi = \{\psi^e_{\ell(\beta)} : \Lambda_\beta \longrightarrow \Lambda_{\beta\alpha} \,|\, \alpha, \beta \in F,\, \beta\,\kappa\,\alpha,\ e \in E_\alpha\},$$

其中, 映射 $\varphi^e_{r(\beta)}$ 和 $\psi^e_{\ell(\beta)}$ 分别定义为

$$\forall i \in I_\beta, \varphi^e_{r(\beta)}(i) = j \Leftrightarrow \exists g = (i, \lambda) \in E_\beta,\ h \in S(e, g) \cap E_{\beta\alpha},\ eh = (j, \mu);$$

$$\forall \lambda \in \Lambda_\beta, \lambda\psi^e_{\ell(\beta)} = \mu \Leftrightarrow \exists g = (i, \lambda) \in E_\beta,\ h \in S(g, e) \cap E_{\alpha\beta},\ he = (j, \mu).$$

由引理 8.3.1 和引理 8.3.3 易验证 $\varphi^e_{r(\beta)}, \psi^e_{\ell(\beta)}$ 确为映射.

**命题 8.3.5**　定义 8.3.4 中的映射族 $\Phi, \Psi$ 具有以下三条性质:

(Pr1) 若 $(\alpha, \beta) \in \longleftrightarrow \cup >\!\!-\!\!<$, 则对任意 $e = (i, \lambda) \in E_\alpha$, $\varphi^e_{r(\beta)}$ $[\psi^e_{\ell(\beta)}]$ 是常映射, 其唯一函数值为 $i$ $[\lambda]$.

(Pr2) 若 $e \in E_\alpha, f \in E_\beta$ 满足 $f \longrightarrow e$ $[f >\!\!\!\longrightarrow e]$ 而 $\gamma \in F$ 满足 $\gamma \longrightarrow \beta$ $[\gamma >\!\!\!\longrightarrow \beta]$, 则有

$$\varphi^e_{r(\gamma)}\varphi^f_{r(\gamma)} = \varphi^f_{r(\gamma)} \text{ 且 } \psi^e_{\ell(\gamma)}\psi^f_{\ell(\gamma\alpha)} = \psi^f_{\ell(\gamma)},$$

$$[\varphi^f_{r(\alpha\gamma)}\varphi^e_{r(\gamma)} = \varphi^f_{r(\gamma)} \text{ 且 } \psi^f_{\ell(\gamma)}\psi^e_{\ell(\gamma)} = \psi^e_{\ell(\gamma)}].$$

(Pr3) 设 $\alpha_1,\cdots,\alpha_n\in F, e_i\in E_{\alpha_i}, i=1,\cdots,n, n\geqslant 2$; $k\geqslant 1$ 使 $S(\alpha_1,\cdots,\alpha_n)^k\neq\varnothing$. 任取 $(\gamma_1,\cdots,\gamma_{kn-1})\in S(\alpha_1,\cdots,\alpha_n)^k$ 和 $(h_1,\cdots,h_{kn-1})\in M(e_1,\cdots,e_n)^k\cap E_{\gamma_1}\times\cdots\times E_{\gamma_{kn-1}}$, 那么, 对任意 $(\delta_1,\cdots,\delta_{kn-1})\in M(\alpha_1,\cdots,\alpha_n)^k$, 有

$$\varphi^{e_1}_{r(\delta_1)}\cdots\varphi^{e_{kn-1}}_{r(\delta_{kn-1})}\varphi^{e_{kn}}_{r(\delta_{kn-1})}=\varphi^{e_1h_1}_{r(\mu_1)}\cdots\varphi^{e_{kn-1}h_{kn-1}}_{r(\mu_{kn-1})}\varphi^{h_{kn-1}e_{kn}}_{r(\delta_{kn-1})},\tag{8.4}$$

$$\psi^{e_1}_{\ell(\delta_1)}\psi^{e_2}_{\ell(\delta_1)}\cdots\psi^{e_{kn}}_{\ell(\delta_{kn-1})}=\psi^{e_1h_1}_{\ell(\delta_1)}\psi^{h_1e_2}_{\ell(\nu_1)}\cdots\psi^{h_{kn-1}e_{kn}}_{\ell(\nu_{kn-1})},\tag{8.5}$$

其中, $e_{jn+i}=e_i, \forall j=0,\cdots,k-1, i=1,\cdots,n$; 诸 $\mu$ 与 $\nu$ 是 $(\gamma_1,\cdots,\gamma_{kn-1})$ 和 $(\delta_1,\cdots,\delta_{kn-1})$ 按式 (8.2) 所得 $F$ 中的元.

**证明** (Pr1) 设 $e=(i,\lambda)\in E_\alpha, g=(j,\mu)\in E_\beta, (\alpha,\beta)\in\longleftrightarrow[>\!\!-\!\!<]$. 由引理 8.3.3, $S(e,g)\neq\varnothing$, 且若 $h\in S(e,g)$, 则 $h\in E_\alpha\,[E_\beta]$. 此时, 由 $h>\!\!\!-\!\!\!- e$ 及 $E_\alpha\,[E_\alpha\cup E_\beta]$ 是矩形双序集, 有 $h>\!\!-\!\!< e$. 故得 $eh=e=(i,\lambda)$. 这证明了 $\varphi^e_{r(\beta)}$ 是以 $i$ 为函数值的常映射. 对偶可证 $\psi^e_{\ell(\beta)}$ 是以 $\lambda$ 为函数值的常映射.

(Pr2) 设 $f\longrightarrow e, e\in E_\alpha, f\in E_\beta$ 而 $\gamma\longrightarrow\beta$. 我们有 $\gamma\longrightarrow\beta\longrightarrow\alpha$. 由引理 8.3.3 和命题 8.3.2, 对任意 $g=(i,\lambda)\in E_\gamma$ 有 $S(f,g)\cap E_{\gamma\beta}\neq\varnothing$. 进而, 对任意 $h\in S(f,g)\cap E_{\gamma\beta}$ 有 $S(e,fh)\neq\varnothing$, 因为 $fh\in E_{\beta(\gamma\beta)}=E_{\gamma\beta}$ 且 $\gamma\beta\longrightarrow\alpha$. 设 $h'\in S(e,fh)\in E_{(\gamma\beta)\alpha}$, 又设 $S$ 是有 $E(S)=E$ 的拟正则半群. 在 $S$ 中我们有 $fh\longleftrightarrow fg, eh'\longleftrightarrow e(fh)=fh$. 故若 $fh=(j,\mu)\in E_{\gamma\beta}$, 则 $eh'=(j,\nu)$ 对某 $\nu\in\Lambda_{(\gamma\beta)\alpha}$. 这证明了 $\varphi^f_{r(\gamma)}(i)=j\in I_{\gamma\beta}=I_\gamma$ 且 $\varphi^e_{r(\gamma)}(j)=j$. 故得 $\varphi^e_{r(\gamma)}\varphi^f_{r(\gamma)}(i)=\varphi^f_{r(\gamma)}(i), \forall i\in I_\gamma$. 这证明了 (Pr2) 的第一部分. (Pr2) 的第二部分证明类似, 只需考虑到半群 $S$ 的结合性, 有 $(ge)f=g(ef)=gf$, 再用 $\psi$ 映射来反映该结合性即得.

(Pr3) 首先不难由式 (8.3) 和 $\Phi$, $\Psi$ 映射之定义验证 (Pr3) 中两个式子的映射合成确有定义. 由 $E$ 拟正则, 对任意 $e_i\in E_{\alpha_i}, i=1,\cdots,n, n\geqslant 2$, 存在 $k\geqslant 1$ 使 $S(e_1,\cdots,e_n)^k\neq\varnothing$. 由命题 8.3.2, $S(\alpha_1,\cdots,\alpha_n)^k\neq\varnothing$. 为了记号上的方便, 不失一般性可设 $k=1$. 我们仅对关于 $\Psi$ 映射的断语证明. 对 $\Phi$ 映射的证明是类似的.

设 $(\gamma_1,\cdots,\gamma_{n-1})\in S(\alpha_1,\cdots,\alpha_n)$, $(h_1,\cdots,h_{n-1})\in M(e_1,\cdots,e_n)\cap E_{\gamma_1}\times\cdots\times E_{\gamma_{n-1}}$. 由命题 8.3.2, $(h_1,\cdots,h_{n-1})\in S(e_1,\cdots,e_n)$. 设拟正则半群 $S$ 满足 $E(S)=E$, 由定理 4.3.7 有

$$e_1h_1e_2\cdots h_{n-1}e_n=e_1e_2\cdots e_n.\tag{8.6}$$

设 $(\delta_1,\cdots,\delta_{n-1})\in M(\alpha_1,\cdots,\alpha_n)$. 任取 $\lambda_0\in\Lambda_{\delta_1}$, 我们先计算式 (8.5) 右端之合成映射作用在 $\lambda_0$ 上的结果. 由于 $\delta_1>\!\!-\!\!<\alpha_1\delta_1$, $E_{\alpha_1\delta_1}\cup E_{\delta_1}$ 是矩形双序集, 因而存在 $g_0=(i_0,\lambda_0)\in E_{\alpha_1\delta_1}\cup E_{\delta_1}=I_{\alpha_1\delta_1}\times\Lambda_{\delta_1}$. 由于 $\alpha_1\delta_1\longrightarrow\alpha_1\gamma_1$, 据引理 8.3.3 和命题 8.3.2, 存在 $t_1\in S(g_0,e_1h_1)\cap E_{\alpha_1\delta_1}$. 记 $t_1(e_1h_1)=(i_1,\lambda_1)\in$

$E_{(\alpha_1\delta_1)(\alpha_1\gamma_1)} = E_{\nu_1}$. 由定义有 $\lambda_0\psi^{e_1h_1}_{\ell(\delta_1)} = \lambda_1 \in \Lambda_{\nu_1}$. 进而, 由 $\nu_1 \succ\!\!-\!\!- \gamma_1$, 有 $\nu_1 \succ\!\!-\!\!\prec \gamma_1\nu_1 \succ\!\!-\!\!> \gamma_1 <\!\!-\!\!> \gamma_1\alpha_2$, 存在 $g_1 \in E_{\gamma_1\nu_1} \cap L_{t_1(e_1h_1)}$ 及 $t_2 \in S(g_1, h_1e_2) \cap E_{\gamma_1\nu_1}$. 记 $t_2(h_1e_2) = (i_2, \lambda_2)$, 有 $\lambda_2 \in \Lambda_{(\gamma_1\nu_1)(\gamma_1\alpha_2)} = \Lambda_{\nu_2}$ 且 $\lambda_1\psi^{h_1e_2}_{\ell(\nu_1)} = \lambda_2$. 同样, 由于 $\nu_2 \succ\!\!-\!\!\prec \gamma_2 nu_2$, 存在 $g_2 \in E_{\gamma_2\nu_2} \cap L_{t_2(h_1e_2)}$.

归纳地, 假设对某 $j, 1 < j < n-1$, 已有 $g_0, \cdots, g_j$ 和 $t_1, \cdots, t_j$ 满足: 对 $s = 2, \cdots, j$, 有

$$t_s \in S(g_{s-1}, h_{s-1}e_s) \cap E_{\gamma_{s-1}\nu_{s-1}}, \quad g_s \in E_{\gamma_s\nu_s} \cap L_{t_s(h_{s-1}e_s)}; \tag{8.7}$$

$$t_s(h_{s-1}e_s) = (i_s, \lambda_s) \in E_{\nu_s}, \quad \text{因而 } \lambda_{s-1}\psi^{h_{s-1}e_s}_{\ell(\nu_{s-1})} = \lambda_s \in \Lambda_{\nu_s}, \tag{8.8}$$

那么, 由 $\nu_j \succ\!\!-\!\!- \gamma_j$, 有 $\nu_j \succ\!\!-\!\!\prec \gamma_j\nu_j \succ\!\!-\!\!> \gamma_j <\!\!-\!\!> \gamma_j\alpha_{j+1}$; 又由引理 8.3.3 和命题 8.3.2, 存在 $t_{j+1} \in S(g_j, h_je_{j+1}) \cap E_{\gamma_j\nu_j}$. 若记 $t_{j+1}(h_je_{j+1}) = (i_{j+1}, \lambda_{j+1})$, 则有 $\lambda_j\psi^{h_je_{j+1}}_{\ell(\nu_j)} = \lambda_{j+1} \in \Lambda_{(\gamma_j\nu_j)(\gamma_j\alpha_{j+1})} = \Lambda_{\nu_{j+1}}$. 进而, 因为 $\nu_{j+1} \succ\!\!-\!\!\prec \gamma_{j+1}\nu_{j+1}$, $E_{\nu_{j+1}} \cup E_{\gamma_{j+1}\nu_{j+1}}$ 是矩形双序集, 故存在 $g_{j+1} \in E_{\gamma_{j+1}\nu_{j+1}} \cap L_{t_{j+1}(h_je_{j+1})}$. 如此, 我们归纳地证明了: 存在 $g_0, g_1, \cdots, g_n, t_1, \cdots, t_n \in E$, 使式 (8.7) 和 (8.8) 对所有的 $s = 2, \cdots, n$ 都成立. 由此有

$$\lambda_0\psi^{e_1h_1}_{\ell(\delta_1)}\psi^{h_1e_2}_{\ell(\nu_1)}\cdots\psi^{h_{n-1}e_n}_{ell(\nu_{n-1})} = \lambda_1\psi^{h_1e_2}_{\ell(\nu_1)}\cdots\psi^{h_{n-1}e_n}_{ell(\nu_{n-1})} = \cdots = \lambda_{n-1}\psi^{h_{n-1}e_n}_{\ell(\nu_{n-1})} = \lambda_n.$$

与此同时, 在拟正则半群 $S$, $E(S) = E$ 中, 由于 $\succ\!\!-\!\!\prec$ 是右同余, 我们有

$$\begin{aligned}(i_n, \lambda_n) = t_n(h_{n-1}e_n) &\succ\!\!-\!\!\prec g_{n-1}(h_{n-1}e_n) \succ\!\!-\!\!\prec (t_{n-1}(h_{n-2}e_{n-1}))(h_{n-1}e_n)\\ &\succ\!\!-\!\!\prec \cdots \succ\!\!-\!\!\prec (t_2(h_1e_2))(h_2e_3\cdots h_{n-1}e_n)\\ &\succ\!\!-\!\!\prec (g_1(h_1e_2))(h_2e_3\cdots h_{n-1}e_n)\\ &\succ\!\!-\!\!\prec (t_1(e_1h_1)(h_1e_2))(h_2e_3\cdots h_{n-1}e_n)\\ &\succ\!\!-\!\!\prec (g_0(e_1h_1)(h_1e_2))(h_2e_3\cdots h_{n-1}e_n)\\ &\succ\!\!-\!\!\prec g_0(e_1h_1e_2\cdots h_{n-1}e_n).\end{aligned}$$

为计算式 (8.5) 左端之合成映射作用在 $\lambda_0 \in \Lambda_{\delta_1}$ 上的结果, 注意到 $g_0 \in E_{\alpha_1\delta_1} \cup E_{\delta_1}$ 为矩形双序集, 我们可取 $g_0' = (i_0', \lambda_0) \in E_{\delta_1} \cap L_{g_0}$. 由 $\delta_1 \succ\!\!-\!\!- \alpha_1$, 据引理 8.3.3 和命题 8.3.2, 存在 $t_1' \in S(g_0', e_1) \cap E_{\alpha_1\delta_1}$, 而 $\lambda_0\psi^{e_1}_{\ell(\delta_1)} = \lambda_1' \in \Lambda_{\delta_1} = \Lambda_{\alpha_1\delta_1}$, 满足 $t_1'e_1 = (i_1', \lambda_1')$, 对某 $i_1' \in I_{\delta_1}$. 进而, 用与上完全类似的归纳证明可得: 存在 $g_1', \cdots, g_n', t_1', \cdots, t_n' \in E$, $\forall s = 2, \cdots, n$, 以下二性质成立

$$t_s' \in S(g_{s-1}', e_s) \cap E_{\delta_{s-1}}, \quad g_s' \in E_{\delta_s} \cap L_{t_s'e_s} \quad (\text{第二式对 } s = 1 \text{ 亦成立});$$

$$t'_s e_s = (i'_s, \lambda'_s) \in E_{\delta_{s-1}\alpha_s}, \text{ 因而 } \lambda'_{s-1}\psi^{e_s}_{\ell(\delta_{s-1})} = \lambda'_s \in \Lambda_{\delta_s},$$

由此有

$$\lambda_0 \psi^{e_1}_{\ell(\delta_1)} \psi^{e_2}_{\ell(\delta_1)} \cdots \psi^{e_n}_{ell(\delta_{n-1})} = \lambda'_1 \psi^{e_2}_{\ell(\delta_1)} \cdots \psi^{e_n}_{ell(\delta_{n-1})} = \cdots = \lambda'_{n-1}\psi^{e_n}_{\ell(\delta_{n-1})} = \lambda'_n.$$

同样地, 在拟正则半群 $S$ 中我们有

$$\begin{aligned} (i'_n, \lambda'_n) &= t'_n e_n >\!\!-\!\!< g'_{n-1} e_n \\ >\!\!-\!\!< (t'_{n-1}e_{n-1})e_n &>\!\!-\!\!< \cdots >\!\!-\!\!< (t'_2 e_2)(e_3 \cdots e_n) \\ >\!\!-\!\!< (g'_1 e_2)(e_3\cdots e_n) &>\!\!-\!\!< ((t'_1 e_1)e_2)(e_3\cdots e_n) \\ >\!\!-\!\!< (g'_0 e_1)(e_2 e_3 \cdots e_n) &>\!\!-\!\!< g_0(e_1 e_2 \cdots e_n). \end{aligned}$$

由 (8.6) 式, 我们得到 $(i_n, \lambda_n) >\!\!-\!\!< (i'_n, \lambda'_n)$. 注意到 $E$ 中的 $>\!\!-\!\!<$ 关系恰为 $S$ 的 $>\!\!-\!\!<$ 关系在 $E$ 上的限制, 我们最终得到 $\lambda'_n = \lambda_n$, 即式 (8.5) 得证. □

本节前面的定义、引理和命题给出了以下关于拟正则双序集用矩形双序集余扩张结构定理的"反之"部分的证明.

**定理 8.3.6** 设 $F$ 为一拟正则双序集, 对每个 $\alpha \in F$, 存在一个矩形双序集 $E_\alpha = I_\alpha \times \Lambda_\alpha$, 满足: 若 $\alpha \longleftrightarrow \beta$, 则 $I_\alpha = I_\beta$, 若 $\alpha >\!\!-\!\!< \beta$, 则 $\Lambda_\alpha = \Lambda_\beta$, 否则两两不交. 又, 存在两族映射

$$\Phi = \{\varphi^e_{r(\beta)} : I_\beta = I_\gamma \longrightarrow I_{\alpha\gamma} \ : \ \alpha, \beta, \gamma \in F, \gamma \in r(\beta), \gamma \,\kappa\, \alpha;\ e \in E_\alpha\},$$

$$\Psi = \{\psi^e_{\ell(\beta)} : \Lambda_\beta = \Lambda_\gamma \longrightarrow \Lambda_{\gamma\alpha} \ : \ \alpha, \beta, \gamma \in F, \gamma \in \ell(\beta), \gamma \,\kappa\, \alpha;\ e \in E_\alpha\},$$

满足以下三条公理 (MP1)—(MP3):

(MP1) 若 $(\alpha, \beta) \in \longleftrightarrow \cup >\!\!-\!\!<$, 则对任意 $e = (i, \lambda) \in E_\alpha$, $\varphi^e_{r(\beta)}$ $[\psi^e_{\ell(\beta)}]$ 是常映射, 其唯一函数值为 $i$ $[\lambda]$.

(MP2) 若 $e \in E_\alpha, f \in E_\beta$ 满足 $f \longrightarrow e$ $[f >\!\!\longrightarrow e]$ 而 $\gamma \in F$ 满足 $\gamma \longrightarrow \beta$ $[\gamma >\!\!\longrightarrow \beta]$, 则有

$$\varphi^e_{r(\gamma)}\varphi^f_{r(\gamma)} = \varphi^f_{r(\gamma)} \text{ 且 } \psi^e_{\ell(\gamma)}\psi^f_{\ell(\gamma\alpha)} = \psi^f_{\ell(\gamma)},$$

$$[\varphi^f_{r(\alpha\gamma)}\varphi^e_{r(\gamma)} = \varphi^f_{r(\gamma)} \text{ 且 } \psi^f_{\ell(\gamma)}\psi^e_{\ell(\gamma)} = \psi^e_{\ell(\gamma)}].$$

(MP3) 设 $\alpha_1, \cdots, \alpha_n \in F, n \geqslant 2$; $k \geqslant 1$ 使 $S(\alpha_1, \cdots, \alpha_n)^k \neq \varnothing$ 且 $(\gamma_1, \cdots, \gamma_{kn-1}) \in S(\alpha_1, \cdots, \alpha_n)^k$. 对任意 $e_i \in E_{\alpha_i}, i = 1, \cdots, n$ 和 $(h_1, \cdots, h_{kn-1}) \in$

$M(e_1,\cdots,e_n)^k\cap E_{\gamma_1}\times\cdots\times E_{\gamma_{kn-1}}$, 以及任意 $(\delta_1,\cdots,\delta_{kn-1})\in M(\alpha_1,\cdots,\alpha_n)^k$, 有

$$\varphi^{e_1}_{r(\delta_1)}\cdots\varphi^{e_{kn-1}}_{r(\delta_{kn-1})}\varphi^{e_{kn}}_{r(\delta_{kn-1})}=\varphi^{e_1h_1}_{r(\mu_1)}\cdots\varphi^{e_{kin-1}h_{kn-1}}_{r(\mu_{kn-1})}\varphi^{h_{kn-1}e_{kn}}_{r(\delta_{kn-1})},$$

$$\psi^{e_1}_{\ell(\delta_1)}\psi^{e_2}_{\ell(\delta_1)}\cdots\psi^{e_{kn}}_{\ell(\delta_{kn-1})}=\psi^{e_1h_1}_{\ell(\delta_1)}\psi^{h_1e_2}_{\ell(\nu_1)}\cdots\psi^{h_{kn-1}e_{kn}}_{\ell(\nu_{kn-1})},$$

其中, $e_{jn+i}=e_i,\forall j=0,\cdots,k-1,i=1,\cdots,n$; 诸 $\mu$ 与 $\nu$ 是 $(\gamma_1,\cdots,\gamma_{kn-1})$ 和 $(\delta_1,\cdots,\delta_{kn-1})$ 按式 (8.2) 所得 $F$ 中的元.

令 $E=\bigcup_{\alpha\in F}E_\alpha$. 在 $E$ 中定义二元关系 $\succ\!\!\!\longrightarrow$ 和 $\longrightarrow$ 为

$$\succ\!\!\!\longrightarrow=\left\{(e,f)\in E\times E:\ \begin{array}{c}e=(i,\lambda)\in E_\alpha,\ f=(j,\mu)\in E_\beta,\\ \alpha,\beta\in F,\ \exists\psi^e_{\ell(\beta)}\text{ 使得 }\mu\psi^e_{\ell(\beta)}=\mu\end{array}\right\},$$

$$\longrightarrow=\left\{(e,f)\in E\times E:\ \begin{array}{c}e=(i,\lambda)\in E_\alpha,\ f=(j,\mu)\in E_\beta,\\ \alpha,\beta\in F,\ \exists\varphi^e_{r(\beta)}\text{ 使得 }\varphi^e_{\ell(\beta)}(j)=j\end{array}\right\}.$$

记 $\kappa=\succ\!\!\!\longrightarrow\cup\longrightarrow$. 在 $E$ 上定义部分乘法为: $\forall e=(i,\lambda)\in E_\alpha,f=(j,\mu)\in E_\beta ef$ 有定义当且仅当 $(e,f)\in\kappa\cup\kappa^{-1}$, 且若 $f\succ\!\!\!\longrightarrow e$, 则 $fe=f$ 而 $ef=(\varphi^e_{r(\beta)}(j),\mu)$; 若 $f\longrightarrow e$, 则 $ef=f$ 而 $fe=(j,\mu\psi^e_{\ell(\beta)})$.

记这样得到的部分群胚为 $E=(F,\{E_\alpha\},\Phi,\Psi)$, 则 $E$ 是拟正则双序集, 满足: $\theta:e\longmapsto\alpha$, $\forall\alpha\in F$, $e\in E_\alpha$ 是满双序态射且 $E_\alpha=E\theta^{-1}$ 是 $E$ 的矩形双序子集, 即 $E$ 是拟正则双序集 $F$ 用矩形双序集 $\{E_\alpha:\alpha\in F\}$ 的余扩张.

反之, 每个拟正则双序集 $F$ 用矩形双序集的余扩张 $E$ 都是这样构成的.

我们将在本节用 4 个引理 (引理 8.3.7—引理 8.3.10) 和 2 个命题 (命题 8.3.11、命题 8.3.12) 给出定理 8.3.6 正面部分的证明.

下述引理 8.3.7 容易直接验证, 其证略.

**引理 8.3.7** 对任意 $e=(i,\lambda)\in E_\alpha,f=(j,\mu)\in E_\beta,\alpha,\beta\in F$, 我们有

(1) $(f,e)\in\longrightarrow[\succ\!\!\!\longrightarrow]$ 蕴含 $(\beta,\alpha)\in\longrightarrow[\succ\!\!\!\longrightarrow]$;

(2) $(e,f)\in\longleftrightarrow[\succ\!\!\!-\!\!\!\prec]$ 当且仅当 $(\alpha,\beta)\in\longleftrightarrow[\succ\!\!\!-\!\!\!\prec]$ 且 $i=j$ $[\lambda=\mu]$;

(3) $E$ 满足双序集公理 (B1),(B21),(B22),(B31) 和 (B32) 及它们的对偶.

**引理 8.3.8** 设 $\alpha_1,\cdots,\alpha_n\in F,(\beta_1,\cdots,\beta_{n-1})\in M(\alpha_1,\cdots,\alpha_n),n\geqslant 2$. 对任意 $e_i\in E_{\alpha_i},i=1,\cdots,n$, 存在 $g_t\in E_{\beta_t},t=1,\cdots,n-1$, 使 $(g_1,\cdots,g_{n-1})\in M(e_1,\cdots,e_n)$.

**证明** 任取 $\mu\in\Lambda_{\beta_1}$ 并记 $\mu_1=\mu\psi^{e_1}_{\ell(\beta_1)}\in\Lambda_{\beta_1\alpha_1}=\Lambda_{\beta_1}$. 由公理 (MP2) 可验证 $\mu_1\psi^{e_1}_{\ell(\beta_1)}=\mu_1$. 令 $\mu_2=\mu_1\psi^{e_2}_{\ell(\beta1)}$, 则 $\mu_2\in\Lambda_{\beta_1\alpha_2}=\Lambda_{\alpha_2\beta_2}=\Lambda_{\beta_2}$ 且

$$\mu_2\psi^{e_2}_{\ell(\beta_2)}=\mu_1\psi^{e_2}_{\ell(\beta_1)}\psi^{e_2}_{\ell(\beta_1\alpha_2)}=\psi^{e_2}_{\ell(\beta_1)}=\mu_2.$$

如此, 归纳假设存在 $\mu_t \in \Lambda_{\beta_t}$ 使 $\mu_t\psi^{e_t}_{\ell(\beta_t)} = \mu_t, 1 < t < n-1$. 令 $\mu_{t+1} = \mu_t\psi^{e_{t+1}}_{\ell(\beta_t)}$, 我们有 $\mu_{t+1} \in \Lambda_{\beta_t\alpha_{t+1}} = \Lambda_{\alpha_{t+1}\beta_{t+1}} = \Lambda_{\beta_{t+1}}$ 且

$$\mu_{t+1}\psi^{e_{t+1}}_{\ell(\beta_{t+1})} = \mu_t\psi^{e_{t+1}}_{\ell(\beta_t)}\psi^{e_{t+1}}_{\ell(\beta_t\alpha_{t+1})} = \mu_t\psi^{e_{t+1}}_{\ell(\beta_t)} = \mu_{t+1}.$$

因而 $\forall t = 1, \cdots, n-1$, 有 $\mu_t \in \Lambda_{\beta_t}, \mu_t\psi^{e_t}_{\ell(\beta_t)} = \mu_t$ 且 $\mu_{s+1} = \mu_s\psi^{e_{s+1}}_{\ell(\beta_s)}, s = 1, \cdots, n-2$. 对偶地, $\forall t = 1, \cdots, n-1$, 有 $j_t \in I_{\beta_t}, \varphi^{e_{t+1}}_{r(\beta_t)}(j_t) = j_t$ 及 $j_s = \varphi^{e_{s+1}}_{r(\beta_{s+1})}(j_{s+1}), s = 1, \cdots, n-2$.

令 $g_t = (j_t, \mu_t), t = 1, \cdots, n-1$, 显然 $g_t \in E_{\beta_t}$ 且由 $E$ 中二元关系 $\longrightarrow, \succ\!\!-\!\!-$ 及部分乘法的定义易验证: $g_te_t = g_t = e_{t+1}g_t, t = 1, \cdots, n-1$; 进而, $\forall t = 1, \cdots, n-2$, 有

$$g_te_{t+1} = (j_t, \mu_t\psi^{e_{t+1}}_{\ell(\beta_t)}) = (j_t, \mu_{t+1}) = (\varphi^{e_{t+1}}_{r(\beta_{t+1})}, \mu_{t+1}) = e_{t+1}g_{t+1}.$$

这证明了 $(g_1, \cdots, g_{n-1}) \in M(e_1, \cdots, e_n)$. □

**引理 8.3.9** 设 $\alpha_1, \cdots, \alpha_n \in F, n \geqslant 2$. 若 $(\gamma_1, \cdots, \gamma_{n-1}) \in S(\alpha_1, \cdots, \alpha_n)$, 则 $\forall e_i \in E_{\alpha_i}, i = 1, \cdots, n$, 有 $\varnothing \neq M(e_1, \cdots, e_n) \cap E_{\gamma_1} \times \cdots \times E_{\gamma_{n-1}} \subseteq S(e_1, \cdots, e_n)$.

**证明** 引理 8.3.8 已证明了 $M(e_1, \cdots, e_n) \cap E_{\gamma_1} \times \cdots \times E_{\gamma_{n-1}} \neq \varnothing$. 任取 $(h_1, \cdots, h_{n-1})$ 在此交集中, 令 $(g_1, \cdots, g_{n-1}) \in M(e_1, \cdots, e_n)$. 记 $g_t = (j_t, \mu_t) \in E_{\delta_t}, \delta_t \in F, t = 1, \cdots, n-1$. 由引理 8.3.8 和部分乘法定义易验证 $(\delta_1, \cdots, \delta_{n-1}) \in M(\alpha_1, \cdots, \alpha_n)$. 再由 $g_te_{t+1} = e_{t+1}g_{t+1}$, 有 $j_t = \varphi^{e_{t+1}}_{r(\delta_{t+1})}(j_{t+1}), \mu_{t+1} = \mu_t\psi^{e_{t+1}}_{\ell(\delta_t)}, t = 1, \cdots, n-2$. 由此及 $g_1 \in M(e_1, e_2), g_{n-1} \in M(e_{n-1}, e_n)$ 可得

$$j_1 = \varphi^{e_2}_{r(\delta_2)} \cdots \varphi^{e_{n-1}}_{r(\delta_{n-1})}\varphi^{e_n}_{r(\delta_{n-1})}(j_{n-1}),$$

$$\mu_{n-1} = \mu_1\psi^{e_1}_{\ell(\delta_1)}\psi^{e_2}_{\ell(\delta_1)} \cdots \psi^{e_{n-1}}_{\ell(\delta_{n-2})}.$$

为了证明 $e_1g_1 \longrightarrow e_1h_1$, 我们只需证 $\varphi^{e_1h_1}_{r(\alpha_1\delta_1)}\varphi^{e_1}_{r(\delta_1)}(j_1) = \varphi^{e_1}_{r(\delta_1)}(j_1)$, 因为按 $E$ 中部分乘法的定义有 $e_1g_1 = (\varphi^{e_1}_{r(\delta_1)}(j_1), \mu_1)$.

由以上 $j_1$ 的表达式和公理 (MP3), 我们有

$$\begin{aligned}\varphi^{e_1h_1}_{r(\alpha_1\delta_1)}\varphi^{e_1}_{r(\delta_1)}(j_1) &= \varphi^{e_1h_1}_{r(\alpha_1\delta_1)}\varphi^{e_1}_{r(\delta_1)}\varphi^{e_2}_{r(\delta_2)} \cdots \varphi^{e_{n-1}}_{r(\delta_{n-1})}\varphi^{e_n}_{r(\delta_{n-1})}(j_{n-1}) \\ &= \varphi^{e_1h_1}_{r(\alpha_1\delta_1)}\varphi^{e_1h_1}_{r(\mu_1)}\varphi^{h_1e_2}_{r(\mu_2)} \cdots \varphi^{h_{n-2}e_{n-1}}_{r(\mu_{n-1})}\varphi^{h_{n-1}e_n}_{r(\delta_{n-1})}(j_{n-1}),\end{aligned}$$

其中诸 $\mu$ 的定义如式 (8.2). 现在设 $T$ 是满足 $E(T) = F$ 的拟正则半群, 在 $T$ 中有

$$\mu_1 = (\gamma_1\alpha_2)(\gamma_2\alpha_3) \cdots (\gamma_{n-1}\alpha_n)(\delta_{n-1}\alpha_n)(\gamma_{n-1} \cdots \gamma_2) = \gamma_1\alpha_1\delta_1\gamma_1\alpha_2.$$

于是由 $\mu_1 \longrightarrow \gamma_1$ 和 $\gamma_1 \in M(\alpha_1, \alpha_2)$ 得

$$\mu_1 \longleftrightarrow \mu_1\gamma_1 = \gamma_1\alpha_1\delta_1\gamma_1\alpha_2\gamma_1 = \gamma_1(\alpha_1\delta_1)(\alpha_1\gamma_1).$$

由此得 $\mu_1\gamma_1 \succ\!\!\!- (\alpha_1\delta_1)(\alpha_1\gamma_1)$. 记 $\gamma = \mu_1\gamma_1$, $\alpha = (\alpha_1\delta_1)(\alpha_1\gamma_1)$, 有

$$\begin{aligned}
\varphi^{e_1h_1}_{r(\alpha_1\delta_1)}\varphi^{e_1h_1}_{r(\mu_1)} &= \varphi^{e_1h_1}_{r(\alpha)}\varphi^{e_1h_1}_{r(\gamma)} &&(\text{因 } \alpha_1\delta_1 \longleftrightarrow (\alpha_1\delta_1)(\alpha_1\gamma_1) = \alpha)\\
&= \varphi^{e_1h_1}_{r(\alpha\gamma)}\varphi^{e_1h_1}_{r(\gamma)} &&(\text{因 } \alpha\gamma = \alpha\gamma_1\alpha = \alpha^2 = \alpha)\\
&= \varphi^{e_1h_1}_{r(\gamma)} &&(\text{因 } \gamma \succ\!\!\!- \alpha, \text{由 (MP2) 得})\\
&= \varphi^{e_1h_1}_{r(\mu_1)} &&(\text{因 } \mu_1 \longleftrightarrow \gamma).
\end{aligned}$$

故最终由公理 (MP3) 和 $j_1$ 的表达式得

$$\begin{aligned}
\varphi^{e_1h_1}_{r(\alpha_1\delta_1)}\varphi^{e_1}_{r(\delta_1)}(j_1) &= \varphi^{e_1h_1}_{r(\alpha_1\delta_1)}\varphi^{e_1h_1}_{r(\mu_1)}\varphi^{h_1e_2}_{r(\mu_2)}\cdots\varphi^{h_{n-2}e_{n-1}}_{r(\mu_{n-1})}\varphi^{h_{n-1}e_n}_{r(\delta_{n-1})}(j_{n-1})\\
&= \varphi^{e_1h_1}_{r(\mu_1)}\varphi^{h_1e_2}_{r(\mu_2)}\cdots\varphi^{h_{n-2}e_{n-1}}_{r(\mu_{n-1})}\varphi^{h_{n-1}e_n}_{r(\delta_{n-1})}(j_{n-1})\\
&= \varphi^{e_1}_{r(\delta_1)}\varphi^{e_2}_{r(\delta_2)}\cdots\varphi^{e_{n-1}}_{r(\delta_{n-1})}\varphi^{e_n}_{r(\delta_{n-1})}(j_{n-1})\\
&= \varphi^{e_1}_{r(\delta_1)}(j_1).
\end{aligned}$$

这证明了 $e_1g_1 \longrightarrow e_1h_1$.

利用 $\mu_{n-1}$ 的表达式和公理 (MP1)—(MP3), 可对偶地证明 $g_{n-1}e_n \succ\!\!\!- h_{n-1}e_n$. 这就完成了我们的证明. □

**引理 8.3.10**　*$E$ 满足双序集公理 (B4) 及其对偶.*

**证明**　只需证满足 (B4). 设 $e \in E_\alpha, f \in E_\beta, g \in E_\gamma$, $\alpha,\beta,\gamma \in F$, 有 $f \longrightarrow e, g\longrightarrow e$ 且 $fe \succ\!\!\!- ge$. 我们来找 $f_1 \in E$ 满足 $f_1 \longrightarrow e, f_1 \succ\!\!\!- g$ 且 $f_1e = fe$.

由 $fe \succ\!\!\!- ge$, 有 $fe \in S(ge, fe)$. 据引理 8.3.7(1), 有 $\beta\alpha \succ\!\!\!- \gamma\alpha$, 从而 $\beta\alpha \in S(\gamma\alpha, \beta\alpha)$. 因 $F$ 为双序集, 据公理 (B4), $S(\gamma\alpha, \beta\alpha) = S(\gamma, \beta)\alpha$, 故有 $\delta \in S(\gamma, \beta)$ 使 $fe = (i, \lambda) \in E_{\delta\alpha}$. 由 $fe \succ\!\!\!- ge$, 有 $\lambda\psi^{ge}_{\ell(\delta\alpha)} = \lambda$. 现在, 我们有

$$\delta\alpha \succ\!\!\!-\!\!\!\prec (\gamma\alpha)(\delta\alpha) = (\gamma\delta)\alpha \succ\!\!\!\longrightarrow \gamma\alpha \longleftrightarrow \gamma.$$

记 $f_1 = (i, \lambda\psi^g_{\ell(\delta\alpha)})$. 我们证明此 $f_1$ 即为所求. 事实上, 我们显然有 $f_1 \longleftrightarrow fe$, 由此立得 $f_1 \longrightarrow f \longrightarrow e$; 又由 $(\gamma\delta)\alpha \longrightarrow \gamma$ 及公理 (MP2) 有

$$\psi^g_{\ell(\delta\alpha)}\psi^g_{\ell(\delta)} = \psi^g_{\ell((\gamma\delta)\alpha)}\psi^g_{\ell(((\gamma\delta)\alpha)\gamma)} = \psi^g_{\ell((\gamma\delta)\alpha)} = \psi^g_{\ell(\delta\alpha)},$$

故得 $\lambda\psi^g_{\ell(\delta\alpha)}\psi^g_{\ell(\delta)} = \lambda\psi^g_{\ell(\delta\alpha)}$, 由 $E$ 中 $\succ\!\!\!-$ 的定义得 $f_1 \succ\!\!\!- g$. 进而, 我们还有

$$\begin{aligned}
\psi^g_{\ell(\delta\alpha)}\psi^e_{\ell(\delta)} &= \psi^g_{\ell(\delta\alpha)}\psi^g_{\ell(\delta)}\psi^e_{\ell(\delta)}\\
&= \psi^g_{\ell(\delta\alpha)}\psi^g_{\ell(\delta)}\psi^e_{\ell((\gamma\delta)\gamma)} &&(\text{由 (MP3), 因 } g \longrightarrow e \Rightarrow g \in S(g,e))\\
&= \psi^g_{\ell(\delta\alpha)}\psi^{ge}_{\ell((\gamma\delta)\gamma)}\\
&= \psi^g_{\ell((\gamma\delta)\alpha)}\psi^{ge}_{\ell(((\gamma\delta)\alpha)\gamma)} &&(\text{由}\delta\alpha \succ\!\!\!-\!\!\!\prec (\gamma\delta)\alpha, ((\gamma\delta)\alpha)\gamma \succ\!\!\!-\!\!\!\prec (\gamma\delta)\gamma)\\
&= \psi^{ge}_{\ell((\gamma\delta)\alpha)} = \psi^{ge}_{\ell(\delta\alpha)} &&(\text{由 (MP2) 有}ge \longleftrightarrow g, \delta\alpha \succ\!\!\!-\!\!\!\prec (\gamma\delta)\alpha).
\end{aligned}$$

因为由 $fe >\!\!\!-\!\!\!-\; ge$, 在 $E$ 中有 $\lambda\psi^{ge}_{\ell(\delta\alpha)} = \lambda$, 由此得

$$f_1e = (i, \lambda\psi^{g}_{\ell(\delta\alpha)}\psi^{e}_{\ell(\delta)}) = (i, \lambda\psi^{ge}_{\ell(\delta\alpha)}) = (i, \lambda) = fe. \qquad \square$$

**命题 8.3.11** $E$ 是拟正则双序集. 对每个 $\alpha \in F$, $E_\alpha$ 是矩形双序子集. 特别地, 若 $F$ 正则, 那么 $E$ 也是正则双序集.

**证明** 引理 8.3.7 和引理 8.3.10 已保证 $E$ 满足双序集的所有公理. 为证 $E$ 拟正则, 设 $e_1, \cdots, e_n \in E, n \geqslant 2$, 而 $e_1 \in E_{\alpha_i}, i = 1, \cdots, n$. 由 (MP3) 和引理 8.3.8 和引理 8.3.9, 存在 $k \geqslant 1$ 使得 $S(\alpha_1, \cdots, \alpha_n)^k \neq \varnothing$ 时亦有 $S(e_1, \cdots, e_n) \neq \varnothing$. 故 $E$ 拟正则. 特别地, 当 $F$ 正则时, 恒可取 $k = 1$. 由定理 4.3.9 知 $E$ 为正则双序集.

对任意 $\alpha \in F$ 和 $e = (i, \lambda), f = (j, \mu) \in E_\alpha$. 由公理 (MP1),

$$\varphi^{e}_{r(\alpha)}, \psi^{e}_{\ell(\alpha)}, \varphi^{f}_{r(\alpha)}, \psi^{f}_{\ell(\alpha)}$$

分别是以 $i, \lambda, j$ 和 $\mu$ 为其唯一函数值的常映射. 由此不难验证 $(e, f) \in D_E$ 当且仅当 $(e, f) \in D_{E_\alpha}$ 且作为 $E$ 和 $E_\alpha$ 中的基本积, 两个 $ef$ 事实上相等, 故 $E_\alpha$ 是 $E$ 的矩形双序子集. $\square$

**命题 8.3.12** 映射 $\theta : E \longrightarrow F$, $e\theta = \alpha, \forall e \in E_\alpha$ 是从 $E$ 到 $F$ 上的双序集态射.

**证明** $\theta$ 显然是满射. 由定理 7.4.4, 只需验证 $\theta$ 满足公理 (M1) 和 (M4).

设 $e \in E_\alpha, f \in E_\beta, ef$ 存在当且仅当 $(e, f) \in \kappa \cup \kappa^{-1}$. 由引理 8.3.7, 这保证 $(\alpha, \beta) \in D_F$. 进而, 不难按 $\kappa = >\!\!\!-\!\!\!-\; \cup >\!\!\!-\!\!\!-^{-1}$ 分四种情形逐一验证 $(ef)\theta = (e\theta)(f\theta)$ 确实成立, 不赘. 因而 (M1) 成立.

设 $(h_1, \cdots, h_{n-1}) \in S(e_1, \cdots, e_n), h_t \in E_{\gamma_t}, t = 1, \cdots, n-1$, 又设 $e_i \in E_{\alpha_i}, \alpha_i \in F, i = 1, \cdots, n, n \geqslant 2$. 我们证明 $(\gamma_1, \cdots, \gamma_{n-1}) \in S(\alpha_1, \cdots, \alpha_n)$. 事实上, 由引理 8.3.7(1) 知 $(\gamma_1, \cdots, \gamma_{n-1}) \in M(\alpha_1, \cdots, \alpha_n)$. 现在, $\forall(\beta_1, \cdots, \beta_{n-1}) \in M(\alpha_1, \cdots, \alpha_n)$, 由引理 8.3.8, 存在 $g_j \in E_{\beta_j}, j = 1, \cdots, n-1$, 使 $(g_1, \cdots, g_{n-1}) \in M(e_1, \cdots, e_n)$. 于是我们有 $e_1g_1 \longrightarrow e_1h_1, g_{n-1}e_n >\!\!\!-\!\!\!-\; h_{n-1}e_n$. 由此及引理 8.3.7(1) 得

$$\alpha_1\beta_1 \longrightarrow \alpha_1\gamma_1, \quad \beta_{n-1}\alpha_n >\!\!\!-\!\!\!-\; \gamma_{n-1}\alpha_n,$$

故 $(\gamma_1, \cdots, \gamma_{n-1}) \in S(\alpha_1, \cdots, \alpha_n)$. 因为 $h_t\theta = \gamma_t, t = 1, \cdots, n-1$, 这证明了 $\theta$ 满足公理 (M4). $\square$

至此, 我们完成了定理 8.3.6 (拟正则双序集用矩形双序集余扩张的结构定理) 的证明. 在本节的最后, 我们给出该定理的两个应用.

称拟正则半群 $S$ 为拟完全正则的 (quasi completely regular), 若 $S$ 的每个正则元都在 $S$ 的某子群中. 易知拟完全正则半群是完全拟正则的. 半群 $S =$

$\langle a, b \mid aba = a, bab = b, a^2 = b^2 = 0\rangle$ 是完全拟正则但非拟完全正则, 因 $a \in \mathrm{Reg}S$ 但 $H_a = \{a\}$. Galbiati 和 Veronesi 在 [24] 中证明了: 拟完全正则半群是完全单半群的幂零理想扩张的半格, 故其幂等元双序集恰是半格的用矩形双序集的余扩张. 由于半格是正则双序集, 由定理 8.3.6 立得

**推论 8.3.13** 拟正则双序集 $E$ 若为某拟完全正则半群的幂等元双序集, 则 $E$ 必为正则双序集.

我们还可对拟完全正则半群的幂等元双序集的特征作进一步的刻画:

**定义 8.3.14** 称双序集 $E$ 是硬的 (solid), 若 $>\!\!-\!\!< \circ \longleftrightarrow = \longleftrightarrow \circ >\!\!-\!\!<$.

注意, 硬双序集不一定正则, 如半群 $\langle e, f \mid e^2 = e, f^2 = f\rangle$ 的幂等元双序集. 我们有

**命题 8.3.15** 设 $E$ 为硬双序集, 则下述各条等价:

(1) $E$ 是拟正则双序集;

(2) $E$ 是某拟完全正则半群的幂等元双序集;

(3) $E$ 是正则双序集;

(4) $E$ 是某完全正则半群的幂等元双序集.

**证明** 我们只证 (1) $\Rightarrow$ (2). 因 (2) $\Rightarrow$ (3) 即推论 8.3.13; (3) $\Rightarrow$ (4) 是推论 5.3.2 的一部分, 而 (4) $\Rightarrow$ (1) 是平凡的.

设硬双序集 $E$ 拟正则, 由定理 5.2.9, 有拟正则半群 $S$ 使 $E(S) = E$. 不失一般性可令 $S = \langle E\rangle$, 因此时 $\langle E\rangle$ 是 $S$ 的拟正则子半群且 $E(\langle E\rangle) = E$. 设 $a = e_1 \cdots e_n$ 为 $S$ 的正则元, $e_i \in E, i = 1, \cdots, n$. 我们需证 $a$ 在 $S$ 的子群中. 当 $n = 1$ 时结论平凡成立. 设 $n \geqslant 2$. 由 $a$ 正则, 据命题 4.3.3(1) 和定理 4.3.7(2) 有 (对任意)$(h_1, \cdots, h_{n-1}) \in S(e_1, \cdots, e_n)$ 满足 (参看图 (5.1))

$$\begin{aligned} a = e_1 \cdots e_n \mathscr{R}\, e_1h_1 >\!\!-\!\!< h_1 \longleftrightarrow e_2h_2 >\!\!-\!\!< h_2 \longleftrightarrow \cdots \\ \longleftrightarrow e_{n-1}h_{n-1} >\!\!-\!\!< h_{n-1} \longleftrightarrow h_{n-1}e_n \mathscr{L}\, a. \end{aligned}$$

据此, 由 $E$ 硬, 不难归纳地证明: 存在 $g_j \in E, e_1h_1 \longleftrightarrow g_j >\!\!-\!\!< h_{j+1}, j = 1, \cdots, n-2$. 因而有 $g_{n-2} >\!\!-\!\!< h_{n-1} \longleftrightarrow h_{n-1}e_n$. 再由 $E$ 硬得: 存在 $g \in E$ 使得 $g_{n-2} \longleftrightarrow g >\!\!-\!\!< h_{n-1}e_n$. 由于 $E$ 中 $>\!\!-\!\!<, \longleftrightarrow$ 关系恰为 $S$ 中 Green 关系 $\mathscr{L}, \mathscr{R}$ 向 $E$ 的限制, 故知 $a \mathscr{H} g$, 即 $a$ 在 $S$ 的子群 $H_g$ 中, 故 $S = \langle E\rangle$ 拟完全正则且 $E(S) = E$. □

我们的第二个应用是给出一种特殊的 "正则双序集用 (方) 矩形双序集的余扩张" 的构作法. 并用它来给出伪半格双序集的一个特性.

**命题 8.3.16** 设 $E$ 是正则双序集. 令

$$\overline{E} = \{(e, g, f) \in E \times E \times E \ :\ g \in M(f, e)\}.$$

在 $\overline{E}$ 上定义 $\longrightarrow$ 和 $>\!\!\!-\!\!\!-$ 为

$$\longrightarrow\ =\{((e_1,g_1,f_1),(e_2,g_2,f_2))\ :\ e_1=e_2,g_1\longrightarrow g_2\},$$
$$>\!\!-\!\!-\ =\{((e_1,g_1,f_1),(e_2,g_2,f_2))\ :\ f_1=f_2,g_1>\!\!-\!\!-\ g_2\}.$$

进而, 记 $\kappa=\longrightarrow\cup>\!\!-\!\!-$. 对任意 $((e_1,g_1,f_1),(e_2,g_2,f_2))\in D_{\overline{E}}=\kappa\cup\kappa^{-1}$, 定义

$$(e_1,g_1,f_1)(e_2,g_2,f_2)=(e_1,g_1g_2,f_2).$$

那么, 在该部分运算下, $\overline{E}$ 是一个正则双序集, 满足: 映射 $\theta:\overline{E}\longrightarrow E\times E,(e,g,f)\theta=(e,f)$ 是从 $\overline{E}$ 到矩形双序集 $E\times E$ 上的双序态射, 即 $\overline{E}$ 是 $E$ 用矩形双序集的余扩张: 对每个 $(e,f)\in E\times E$, $(e,f)\theta^{-1}$ 是与 $M(f,e)$ 双序同构的 $\overline{E}$ 的双序子集. 进而, $E$ 是 $\overline{E}$ 的态射像.

**证明** 本命题的结论可由定理 8.3.6 直接验证. 这里, 我们给出一个用半群方法的证明. 设 $S$ 为正则半群, $E(S)=E$. 令 $\overline{S}=\{(e,x,f)\in E\times S\times E\ :\ x\in eSf\}$. 在 $\overline{S}$ 上定义乘法为 $(e,x,f)(g,y,h)=(e,xy,h)$. 不难程序性地验证 $\overline{S}$ 是一个正则半群, 有 $E(\overline{S})=\overline{E}$. 于是得知 $\overline{E}$ 是一个正则双序集. 由双序态射的定义可直接验证命题中的 $\theta$ 确是从 $\overline{E}$ 到矩形双序集 $E\times E$ 上的满双序态射并使得每个逆像 $(e,f)\theta^{-1}$ 是 $\overline{E}$ 中与 $M(f,e)$ 双序同构的双序子集. 如果我们用 $\pi$ 来记从 $\overline{E}$ 到 $E$ 上的投影, $\pi:(e,g,f)\longmapsto g$, 显然, $\pi$ 是从 $\overline{E}$ 到 $E$ 上的满双序态射, 而且对每个 $g\in E$, 有 $g\pi^{-1}=\{(e,g,f)\ :\ g\in M(f,e)\}$, 容易验证, 在 $g\pi^{-1}$ 上的 $>\!\!\!\longrightarrow$ 关系是恒等关系, 故它是一个矩形双序集. □

联系到定理 8.2.8 给出的矩形双序集用半格双序集的余扩张构作法, 我们有以下定理:

**定理 8.3.17** 伪半格双序集的态射像仍是伪半格双序集; 每个伪半格双序集都是某个伪半格双序集模矩形双序集的态射像.

**证明** 由定理 8.1.9 知, 伪半格双序集是每个夹心集为一元集的正则双序集, 也即每个 $\omega$-理想是半格的正则双序集. 由推论 2.6.3, 它 (在同构意义下) 是一类正则半群 $S$ 的幂等元双序集, 即 $\forall e\in E(S)$, $eSe$ 为 $S$ 的逆子半群. 该类半群称为*伪逆半群* (pseudo inverse semigroup) 或*局部逆半群* (locally inverse semigroup). 由此特征不难证明: 伪逆半群的同态像也是伪逆半群, 因而伪半格在态射下封闭, 从而伪半格双序集的态射像也是伪半格双序集.

设 $E$ 是伪半格双序集. 令 $\overline{E}=\{(e,g,f)\in E\times E\times E\ :\ g\in M(f,e)\}$ 是对 $E$ 用命题 8.3.16 所得双序集. 那么 $\overline{E}$ 是矩形双序集 $E\times E$ 用 $M(e,f),e,f\in E$ 的余扩张. 现在, 由于对任意 $e,f\in E$ 我们有 $M(e,f)=\omega(f\wedge e)$ 是半格双序集, 故知 $\overline{E}$ 也是伪半格双序集, $E$ 是 $\overline{E}$ 模矩形双系 $E\times E$ 的态射像 (命题 8.3.16 中的 $\pi$). □

**习题 8.3**

1. 证明: 正则双序集 $E$ 是完全正则半群 (群并) 的充要条件是 $E$ 为硬双序集.
2. 证明式 (8.2) 中的乘积均为基本积并验证式 (8.3) 成立.
3. 验证定义 8.3.4 中的 $\varphi^e_{r(\beta)}$ 和 $\psi^e_{\ell(\beta)}$ 确为映射.
4. 验证引理 8.3.8 中的三个结论.

## 8.4 几类正则双序集的特征刻画

除了矩形双序集和半格双序集以外, 人们目前还掌握了其他几类较简单的正则双序集, 它们的结构可以从其特征刻画得到充分的了解. 我们在本节做一较详细的介绍. 需要说明的是, 在给双序集命名时最常采用的方式有两种: 一种是根据其双序特点, 另一种是根据它们与 (正则) 半群的联系. 后一种方式有时比较混淆, 往往由讨论的方便而确定. 一般我们采用以下方式: 设 $\mathcal{C}$ 是一个半群类, 双序集 $E$ 称为 *$\mathcal{C}$-半群双序集*, 若对于 Hall-Easdown 表示 $\phi$ (参看定理 4.1.5), 半群 $\langle E\phi\rangle \in \mathcal{C}$; 或者存在某个以 $E$ 为顶点集的归纳群胚 $G$ 使 $S(G) \in \mathcal{C}$. 当然, 多数情形它们是一致的. 例如: 拟正则双序集的名称既来自其夹心集的刻画 (见定理 5.2.9), 也来自产生它的半群 $\langle E\phi\rangle$(是拟正则半群).

### 8.4.1 连通双序集

**定义 8.4.1** 设 $E$ 为双序集. $E$ 中元素序列 $(e_0, e_1, \cdots, e_n)$ 称为一个 $E$-列 ($E$-sequence), 若对任意 $i = 0, \cdots, n-1$, 有 $(e_i, e_{i+1}) \in \longleftrightarrow \cup \rangle\!\!-\!\!\langle$; 一个 $E$-列称为 $E$-链 ($E$-chain), 若 $\forall i = 0, \cdots, n-1$, 有 $e_i \neq e_{i+1}$ 且 $(e_i, e_{i+1}) \in \rangle\!\!-\!\!\langle$ $[\longleftrightarrow]$ 蕴含 $(e_{i+1}, e_{i+2}) \in \longleftrightarrow$ $[\rangle\!\!-\!\!\langle]$, $\forall i = 0, \cdots, n-2$. 形为 $(e_0, e_1, \cdots, e_n)$ 的 $E$-链我们说有长度 $n$(the length $n$). 称双序集 $E$ 是*连通的* (connected), 若对任意 $e, f \in E$, 存在 $E$-链 $(e_0, e_1, \cdots, e_n)$ 满足 $e = e_0$, $f = e_n$. 使得 $e, f \in E$ 连通的最短 $E$-链的长度称为 $e, f$ 之间的*连通距离* (connecting distance), 记为 $d(e, f)$. 若这样的 $E$-链不存在, 则说 $d(e, f) = \infty$.

连通双序集与双单幂等元生成半群 (必然正则) 有密切联系.

**定理 8.4.2** *双序集 $E$ 连通当且仅当 $E$ 双序同构于某双单幂等元生成半群.*

**证明** 设双单幂等元生成半群 $S$ 有幂等元双序集 $E$. 我们证明 $E$ 连通: 对任意 $e, f \in E$, 由 $S$ 双单, 有 $a \in R_e \cap L_f$. 因 $S$ 幂等元生成, 有 $e_1, \cdots, e_n \in E$ 使 $a = e_1 \cdots e_n, (n \geqslant 2)$. 于是可取 $(h_1, \cdots, h_{n-1}) \in S(e_1, \cdots, e_n)$. 记 $h_0 = e_1 h_1, h'_i = e_i h_i, i = 2, \cdots, n-1$ 和 $h_n = h_{n-1} e_n$. 我们有 $h_i, h'_j \in E, i = 0, 1, \cdots, n, j = 2, \cdots, n-1$, 且 (参看图 4.18)

$$e \longleftrightarrow h_0 \rangle\!\!-\!\!\langle h_1 \longleftrightarrow h'_2 \rangle\!\!-\!\!\langle h_2 \longleftrightarrow \cdots$$

$$\longleftrightarrow h'_{n-1} \succ\!\!-\!\!\prec h_{n-1} \longleftrightarrow h_n \succ\!\!-\!\!\prec f.$$

故 $E$ 连通.

反之, 设 $E$ 为连通双序集. 由推论 2.6.3, 在同构意义下存在正则半群 $S$ 使得 $E(S) = E$. 记 $T = \langle E(S) \rangle$. 由 $E$ 连通易知 $T$ 是双单幂等元生成半群, 以 $E$ 为其幂等元双序集. □

例 8.2.9(见图 5.12) 描述的 4-螺旋双序集$E_4$ 是连通双序集. Byleen 等在 [8] 中对每个大于 2 的偶数 $n$, 刻画了所谓 "$n$-螺旋双序集 $E_n^{\infty}$", 它们是有非平凡偏序 $\succ\!\!\longrightarrow$ 的连通双序集中一类重要组成成分.

**定理 8.4.3**　设 $E$ 是连通双序集. 若存在 $e \neq f \in E$ 满足 $f \succ\!\!\longrightarrow e$. 那么必有 $d(e,f) > 3$. 进而, 如果 $d(e,f) = 4$ 那么 $E$ 中必有一含 $e$ 的双序子集和四螺旋双序集双序同构.

**证明**　我们先来证 $d(e,f) > 3$. 由 $e \neq f$ 且 $f \succ\!\!\longrightarrow e$ 显然有 $(e,f) \notin \longleftrightarrow \cup \succ\!\!-\!\!\prec$, 故 $d(e,f) > 1$. 如果有 $g \in E$ 使 $e \longleftrightarrow g \succ\!\!-\!\!\prec f$, 那么由 $e \succ\!\!\longrightarrow e$ 有 $g \succ\!\!-\!\!- e$, 但由 $g \longleftrightarrow e$ 立得 $g = ge = e$. 这矛盾于 $d(e,f) > 1$. 类似可证: 不存在 $g \in E$ 使 $e \succ\!\!-\!\!\prec g \longleftrightarrow f$. 故有 $d(e,f) > 2$. 现在, 如果有 $g, h \in E$ 使 $e \succ\!\!-\!\!\prec g \longleftrightarrow h \succ\!\!-\!\!\prec f$, 那么由 $f \succ\!\!\longrightarrow e \succ\!\!-\!\!\prec g$ 有 $f \succ\!\!-\!\!- g$. 据公理 (B21)* 有 $f \succ\!\!-\!\!\prec gf \succ\!\!\longrightarrow g \longleftrightarrow h$, 但 $f \succ\!\!-\!\!\prec h$. 这样 $h \succ\!\!-\!\!\prec gf \succ\!\!\longrightarrow e$, 但 $h \longleftrightarrow g$, 由此立得 $h = hg = g$. 与 $d(e,f) > 2$ 矛盾. 同理可证不存在 $g, h \in E$ 使 $e \longleftrightarrow g \succ\!\!-\!\!\prec h \longleftrightarrow f$. 故 $d(e,f) > 3$.

设 $d(e,f) = 4$, 即有长度为 4 的 $E$-链:

$$e = e_0 \longleftrightarrow f_0 \succ\!\!-\!\!\prec g_0 \longleftrightarrow h_0 \succ\!\!-\!\!\prec f$$

或

$$e = e_0 \succ\!\!-\!\!\prec f_0 \longleftrightarrow g_0 \succ\!\!-\!\!\prec h_0 \longleftrightarrow f.$$

不失一般性设为前者. 对任意 $i = 0, 1, \cdots$, 定义

$$e_{i+1} = e_i h_i, \quad f_{i+1} = e_{i+1} f_i, \quad g_{i+1} = g_i f_{i+1}, \quad h_{i+1} = g_{i+1} h_i.$$

容易用归纳法证明以上乘积都是基本积, 满足

$$e_i > e_{i+1}, \quad f_i > f_{i+1}, \quad g_i > g_{i+1}, \quad h_i > h_{i+1}$$

和

$$e_i \longleftrightarrow f_i \succ\!\!-\!\!\prec g_i \longleftrightarrow h_i \succ\!\!-\!\!\prec e_{i+1}, \quad \forall i \geqslant 0.$$

用与上一段证明 $d(e,f)>3$ 相同的方法可得 $e_i\neq f_i, f_i\neq g_i, g_i\neq h_i$ 且 $h_i\neq e_{i+1}$. 即所有这些元素都是两两不同的. 记 $E_4=\{e_i,f_i,g_i,h_i\ :\ i\geqslant 0\}$. 不难得到 $E_4$ 上有如下双序结构

$$\begin{aligned}&\omega^r(e_i)=\omega^r(f_i)=\{e_j\,:\,j\geqslant i\}\cup\{f_j\,:\,j\geqslant i\},\\&\omega^r(g_i)=\omega^r(h_i)=\{g_j\,:\,j\geqslant i\}\cup\{h_j\,:\,j\geqslant i\},\\&\omega^\ell(f_i)=\omega^\ell(g_i)=\{f_j\,:\,j\geqslant i\}\cup\{g_j\,:\,j\geqslant i\},\\&\omega^\ell(h_i)=\omega^\ell(e_{i-1})=\{h_j\,:\,j\geqslant i\}\cup\{e_j\,:\,j\geqslant i+1\},\quad \text{以及}\\&\omega^\ell(e_0)=\{e_0\}\cup\omega^\ell(e_1).\end{aligned}$$

由以上所有信息得出 $E_4$ 具有和图 5.12 完全相同的双序结构, 即 $E_4$ 含 $e=e_0$ 且双序同构于四螺旋双序集. □

### 8.4.2 带双序集

与某带的幂等元双序集双序同构的双序集称为**带双序集** (band biordered set). 为了刻画带双序集, 我们先讨论所谓**完全半单双序集** (completely semisimple biordered set). 称正则半群 $S$ **完全半单**, 若它的任二 $\mathscr{D}$-相关的幂等元不可比较. 即 $S$ 满足 $\leqslant\cap\mathscr{D}\cap(E(S)\times E(S))=1_{E(S)}$. 称一个正则双序集 $E$ 是**完全半单的** (completely semisimple), 若它双序同构于某个幂等元生成的完全半单半群的幂等元双序集. 记 $E$ 上关系 $\longleftrightarrow\cup\succ\!\!\!-\!\!\!\prec$ 在 $E$ 上的传递闭包为 $\delta$. 我们有

**命题 8.4.4** *正则双序集 $E$ 完全半单的充要条件是 $\succ\!\!\!\longrightarrow\cap\,\delta=1_E$.*

**证明** 设 $E$ 完全半单, 即有完全半单半群 $S$ 使 $E(S)=E$. 若 $(e,f)\in\ \succ\!\!\!\longrightarrow\cap\,\delta$, 则有正整数 $n$ 和 $e_0,e_1,\cdots,e_n\in E$ 使 $e=e_0$, $f=e_n$, $(e_i,e_{i+1})\in\ \succ\!\!\!-\!\!\!\prec\cup\longleftrightarrow$ 且 $e\succ\!\!\!\longrightarrow f$. 由此不难对 $n\geqslant 1$ 归纳证明必有 $e=f$. 反之, 设正则双序集 $E$ 满足 $\succ\!\!\!\longrightarrow\cap\,\delta=1_E$, 我们证明: 以 $E$ 为幂等元双序集的幂等元生成半群 $S$(例如 $\langle E\phi\rangle$) 必为完全半单. 事实上, 对任意幂等元 $e,f\in E$, 若 $(e,f)\in\ \succ\!\!\!\longrightarrow\cap\ \mathscr{D}$, 那么有 $a\in R_e\cap L_f$. 由 $S$ 幂等元生成, 有 $a=e_1\cdots e_n$, 对某 $n\geqslant 2$ 和 $e_1,\cdots,e_n\in E$. 于是有 $(h_1,\cdots,h_{n-1})\in S(e_1,\cdots,e_n)$. 和定理 8.4.2 充分性的证明类似, 令 $h_0=e_1h_1, h_i'=e_ih_i, i=2,\cdots,n-1$ 和 $h_n=h_{n-1}e_n$, 我们有 $h_i,h_j'\in E, i=0,1,\cdots,n, j=2,\cdots,n-1$, 且

$$\begin{aligned}e\longleftrightarrow h_0\succ\!\!\!-\!\!\!\prec h_1\longleftrightarrow h_2'\succ\!\!\!-\!\!\!\prec h_2\longleftrightarrow\cdots\\ \longleftrightarrow h_{n-1}'\succ\!\!\!-\!\!\!\prec h_{n-1}\longleftrightarrow h_n\succ\!\!\!-\!\!\!\prec f.\end{aligned}$$

由此可得 $(e,f)\in\ \succ\!\!\!\longrightarrow\cap\,\delta$, 故 $e=f$. 这证明了 $S$ 完全半单. □

我们已在命题 8.3.15 中证明过硬双序集的正则性与拟正则性等价. 利用关系 $\delta$ 我们还可得正则硬双序集的下述刻画.

**定理 8.4.5**　对正则双序集 $E$, 述条件两两等价:

(1) $E$ 的每个 $\delta$-类是一个矩形双序集;

(2) $E$ 是硬双序集;

(3) $E$ 是完全半单双序集且 $\delta$ 是 $E$ 上的双序同余.

**证明**　(1) $\Rightarrow$ (2) 假设 (1) 成立, 为证 $\longleftrightarrow \circ \mathrel{>\!\!-\!\!<} = \mathrel{>\!\!-\!\!<} \circ \longleftrightarrow$, 我们只需证 $\delta \subseteq \mathrel{>\!\!-\!\!<} \circ \longleftrightarrow$, 因为由此立得 $\longleftrightarrow \circ \mathrel{>\!\!-\!\!<} \subseteq \delta \subseteq \mathrel{>\!\!-\!\!<} \circ \longleftrightarrow$, 并且由对偶原理, 当然也就有 $\mathrel{>\!\!-\!\!<} \circ \longleftrightarrow \subseteq \longleftrightarrow \circ \mathrel{>\!\!-\!\!<}$. 实际上, 由于每个 $\delta$-类是矩形双序集, 据命题 8.1.6(6), 对任意 $(e,f) \in \delta$ 当有 $g,h \in \delta(e)$ 使得 $e \mathrel{>\!\!-\!\!<} g \longleftrightarrow f \mathrel{>\!\!-\!\!<} h \longleftrightarrow e$. 由此已有 $(e,f) \in \mathrel{>\!\!-\!\!<} \circ \longleftrightarrow$.

(2) $\Rightarrow$ (3) 假设 (2) 成立. 由命题 8.3.15 的 (3) $\Rightarrow$ (4), $E$ 是某完全正则半群 $S$ 的幂等元双序集. 由 Fitz-Gerald[22] 的结论, 不妨假定 $S = \langle E \rangle$. 由于完全正则半群是完全半单的, 故 $E$ 为完全半单双序集. 进而, $E$ 硬还意味着

$$\delta = \longleftrightarrow \circ \mathrel{>\!\!-\!\!<} = \mathrel{>\!\!-\!\!<} \circ \longleftrightarrow = \mathscr{D}^S \cap E \times E.$$

因为完全正则半群的 Green- $\mathscr{D}$ 关系是 (半格) 同余, 故 $\delta$ 是 $E$ 上的双序同余.

(3) $\Rightarrow$ (1) 假设 (3) 成立. 为证 (1), 令 $(e,f) \in \delta$. 若 $h \in S(e,f)$, 由定理 1.6.10 之条件 (RC2), 有 $h \in \delta(e) = \delta(f)$, 从而 $eh \in \delta(e)$ 且 $eh \mathrel{>\!\!\!\longrightarrow} e$. 由 (3) 的第一个条件立得 $eh = e$, 故 $e \mathrel{>\!\!-\!\!<} h$. 对偶可证 $h \longleftrightarrow f$. 类似地, 若 $g \in S(f,e)$, 则 $f \mathrel{>\!\!-\!\!<} g \longleftrightarrow e$. 因而 $\delta(e)$ 是 $E$ 的一个矩形双序子集. □

回顾一下, 一个 $E$-链 $\gamma = (e_0, e_1, \cdots, e_n)$ 称为 $E$-圈 ($E$-cycle), 若 $e_0 = e_n$; $E$-圈 $\gamma$ 称为 $\tau_E$-交换的 ($\tau$-commutative), 若

$$\tau_E(\gamma) = \tau_E(e_\gamma, e_\gamma) = \tau(e_\gamma, e_\gamma) = 1_{\omega(e_\gamma)}$$

(见定义 3.2.2 和式 (2.10)). 利用这个概念, 我们来描述所谓组合双序集 (combinatorial biordered set): 双序集 $E$ 称为是组合的, 若存在一 $\mathscr{H}$-平凡正则半群 $S$ 使 $E(S) = E$. 我们有以下结论:

**定理 8.4.6**　双序集 $E$ 是组合的当且仅当每个 $E$-圈都是 $\tau_E$-交换的.

**证明**　因每个组合正则半群都基础, 双序集 $E$ 组合的充要条件是 $B_1 = B_{\Gamma_{\tau_E}}(E)$ 组合 (参看引理 3.2.4 和定理 3.2.12). 这等价于 $E$-链群胚 $T^*(E)$ 的全归纳子群胚 $\operatorname{im}\tau_E$ 的所有子群为平凡子群. 对任意 $e \in E$, 易知以 $\tau_E(e,e)$ 为单位元的子群

$$H_{\tau_E(e,e)} = \{\tau_E(\gamma) : \gamma\text{是在 } e \text{ 上的 } E\text{-圈}\}.$$

因而 $T^\star(E)$ 的所有子群都平凡的充要条件是: 对 $G(E)$ 中所有 $E$-圈, 有

$$\tau_E(\gamma) = \tau_E(e_\gamma, e_\gamma).$$

□

由此立即得到带双序集的下述刻画:

**定理 8.4.7** 正则双序集 $E$ 是带双序集的充要条件是 $E$ 为组合硬双序集.

**证明** 必要性是显然的, 因为带是组合正则完全半单半群. 反之, 若 $E$ 是组合硬双序集, 则 $B_1$ 是幂等元生成的组合正则完全半单半群, 由此立得 $B_1$ 是以 $E$ 为幂等元双序集的带. □

作为定理 8.4.7 的补充, 我们给出一例, 说明存在非组合的正则硬双序集. 这样我们立知, 该定理中刻画带双序集的两个条件是彼此独立的. 因为容易知道存在非硬的组合双序集.

**例 8.4.8** 设 $B$ 是一个有单位元 1 的带, $A=\begin{pmatrix} \alpha & \beta \\ \gamma & \delta \end{pmatrix}$ 是一个 $2\times 2$ 矩形带. 令

$$\pi_{\alpha\beta}, \pi_{\beta\delta}, \pi_{\alpha\gamma} \text{ 和 } \pi_{\gamma\delta}$$

是 $B$ 的四个自同构, 满足条件: 对任意 $x, y\in A$, 只要 $(x,y)\in \mathscr{R}\cup\mathscr{L}$ 就有

$$e\,\mathscr{D}\,e\pi_{xy}, \quad \forall e\in B.$$

我们记 $\pi_{yx}=\pi_{xy}^{-1}$ 和 $\pi_{xx}=1_B$. 令 $E=A\times B$. 在 $E$ 上定义二元关系 $\longrightarrow, \succ\!\!\longrightarrow$ 为

$$\begin{aligned}(x,e)\longrightarrow(y,f) &\iff x\,\mathscr{R}\,y, e\pi_{xy}\longrightarrow f,\\ (x,e)\succ\!\!\longrightarrow(y,f) &\iff x\,\mathscr{L}\,y, e\pi_{xy}\succ\!\!\longrightarrow f.\end{aligned}$$

记 $D_E=(\longrightarrow\cup\succ\!\!\longrightarrow)\cup(\longrightarrow\cup\succ\!\!\longrightarrow)^{-1}$. 在 $E$ 上定义部分二元运算为

$$(x,e)(y,f)=(xy, e\pi_{xu}f\pi_{yu}), \quad u=xy, \quad \forall((x,e),(y,f))\in D_E.$$

易验证 $(E,\longrightarrow,\succ\!\!\longrightarrow)$ 是正则双序集. 我们来证明 $E$ 是硬的. 因为若

$((x,e),(y,f))\in\ \succ\!\!-\!\!\prec\circ\longleftrightarrow$, 即存在 $(u,g)\in E$ 使 $(x,e)\succ\!\!-\!\!\prec(u,g)\longleftrightarrow(y,f)$,

那么有 $u=yx$ 且 $e\pi_{xu}\,\mathscr{L}\,g\,\mathscr{R}\,f\pi_{yu}$. 故若令 $v=xy$, 我们有

$$(x,e)\longleftrightarrow(v,e\pi_{xv})\succ\!\!-\!\!\prec(v,g\pi_{ux}\pi_{xv}), \quad (y,f)\succ\!\!-\!\!\prec(v,f\pi_{yv})\longleftrightarrow(v,g\pi_{uy}\pi_{yv}).$$

由已知条件, 我们有 $g\,\mathscr{D}\,g\pi_{ux}\pi_{xv}$ 和 $g\,\mathscr{D}\,g\pi_{uy}\pi_{yv}$. 由于 $\omega((v,1))$ 是与 $A$ 同构的带, 由此可得: 在 $\omega((v,1))$ 中有 $(v,e\pi_{xv})\,\mathscr{D}\,(v,f\pi_{yv})$, 且从而存在 $(v,h)\in\omega((v,1))$ 使

$$(x,e)\longleftrightarrow(v,e\pi_{xv})\,\mathscr{R}\,(v,h)\,\mathscr{L}\,(v,f\pi_{yv})\succ\!\!-\!\!\prec(y,f).$$

由此即得 $>\!\!-\!\!<\circ\longleftrightarrow\ \subseteq\ \longleftrightarrow\circ>\!\!-\!\!<$. 由对称性也有 $>\!\!-\!\!<\circ\longleftrightarrow\ \supseteq\ \longleftrightarrow\circ>\!\!-\!\!<$. 故 $>\!\!-\!\!<\circ\longleftrightarrow\ =\ \longleftrightarrow\circ>\!\!-\!\!<$. 这证得了 $E$ 硬.

为证 $E$ 非组合, 设 $x,y\in A$. 若 $x\,\mathscr{R}\,y$, 那么对每个 $(x,e)\in\omega((x,1))$ 有

$$(x,e)\tau_E((x,1),(y,1))=(x,e)(y,1)=(y,e\pi_{xy}).$$

类似地, 若 $x\,\mathscr{L}\,y$, 则对每个 $(x,e)\in\omega((x,1))$ 有 $(x,e)\tau_E((x,1),(y,1))=(x,e\pi_{xy})$. 故 $E$-方块$\begin{pmatrix}(\alpha,1)&(\beta,1)\\(\gamma,1)&(\delta,1)\end{pmatrix}$在 $E$ 中 $\tau_E$-交换当且仅当 $\pi_{\alpha\beta}\pi_{\beta\delta}=\pi_{\alpha\gamma}\pi_{\gamma\delta}$. 由于我们总可以选择一个非平凡带的自同构不满足此等式, 因而必存在正则硬双序集非组合.

由于双序集的组合性一般很难验证, 我们再对带双序集给出一个较为直观的刻画 (见 Easdown[16] 的文献). 为此我们先给出一个引理.

**引理 8.4.9** 对任意双序集 $E$ 和 $e,f,g\in E$, 若 $f,g\in\omega^r(e)$, $f>\!\!\!-\!\!\!-g$ 且 $fe>\!\!-\!\!<ge$, 则 $f>\!\!-\!\!<g$.

**证明** 由 $f>\!\!\!-\!\!\!-g$ 和公理 (B21)*, 有 $gf>\!\!-\!\!<f>\!\!\!-\!\!\!-g$, 故我们有

$$\begin{aligned}gf&=(gf)g=[(gf)e]g &&(\text{由 } gf\longrightarrow g\longrightarrow e \text{ 和公理 (B31)})\\&=[(ge)(fe)]g &&(\text{由公理 (B32)})\\&=(ge)g &&(\text{由 } ge>\!\!\!-\!\!\!-fe)\\&=g &&(\text{由 (B21) 有 } ge\longleftrightarrow g).\end{aligned}$$

故得 $f>\!\!-\!\!<g$. □

**定理 8.4.10** 正则双序集 $E$ 是带双序集的充要条件是: 对任意 $e,f\in E$, 存在 $h\in M(f,e)$ 满足: $\forall x\in M(e,f)$ 有 $ex\longrightarrow h, xf>\!\!\!-\!\!\!-h$ 且 $(ex)h=h(xf)$.

**证明** 设有带 $B$ 使 $E(B)=E$. 对任意 $e,f\in E$, 令 $h=ef$, 那么 $h\in M(f,e)$. 对任意 $x\in M(e,f)$, 有 $h(ex)=efefx=efx=ex$, 故 $ex\longrightarrow h$; 对偶可证 $xf>\!\!\!-\!\!\!-h$. 进而, $(ex)h=exef=exf=efxf=h(xf)$. 故定理的条件成立.

反之, 设正则双序集 $E$ 满足定理的条件. 我们只需证明 $\langle E\phi\rangle=E\phi$ 即足. 此处 $\phi$ 是 Hall-Easdown 表示.

为此, 对任意 $e,f\in E$, 我们来证 $\rho_e\rho_f=\rho_h$, 其中的 $h$ 即定理条件所给出者. 假设 $L\rho_e\rho_f\neq\infty$. 那么有 $x\in L$, $x\longrightarrow e$ 和 $y\in L_{xe}$, $y\longrightarrow f$ 且 $L\rho_e\rho_f=L_{yf}$. 由此易得 $y\in M(e,f)$, 由定理条件可得图 8.2:

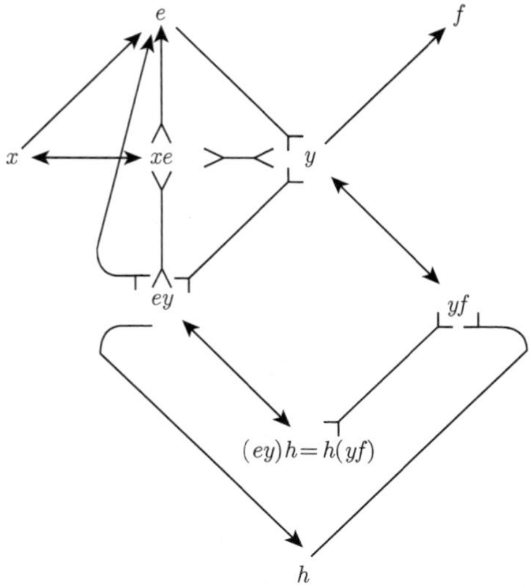


图 8.2

由此有 $ey \succ\!\!\longrightarrow e, x \longrightarrow e$ 且 $(ey)e = ey \succ\!\!-\!\!\prec xe$, 故由 (B4) 和引理 8.4.9, 存在 $x' \in E$ 使 $x' \succ\!\!-\!\!\prec x, x' \longrightarrow e$ 且 $x'e = ey$. 由于 $x' \longleftrightarrow x'e = ey \longrightarrow h$, 我们有 $x' \in L_x = L$ 且 $x' \longrightarrow h$, 于是

$$\begin{aligned} L\rho_h &= L_{x'h} = L_{(x'e)h} && (\text{由 } x' \longrightarrow h \longrightarrow e \text{ 和公理 (B31)}) \\ &= L_{(ey)h} = L_{h(yf)} = L_{yf} && (\text{因 } h(yf) \succ\!\!-\!\!\prec (yf)) \\ &= L\rho_e\rho_f. \end{aligned}$$

另一方面, 若 $L\rho_h \neq \infty$, 则有 $x \in L$, $x \longrightarrow h$. 由定理的条件, 存在 $h' \in M(e,f)$ 使图 8.3 成立. 从而 $(eh', he) \in \longrightarrow \cap \longrightarrow\!\!\!\prec\; = 1_E$, 即 $eh' = he$. 由此可得图 8.4. 因而, $xe \succ\!\!\longrightarrow e, h' \succ\!\!\!-\!\!- e$ 且 $e(xe) = xe \longrightarrow eh'$. 如此由公理 (B4)*, 存在

$$x' \succ\!\!\!-\!\!- e, \quad ex' = xe.$$

由此知 $x' \longrightarrow h' \longrightarrow f$, 故 $x' \longrightarrow f$, 从而我们可得 $L\rho_e\rho_f = L_{xe}\rho_f = L_{x'f} \neq \infty$. 这就是说, 若 $L\rho_e\rho_f = \infty$, 则必有 $L\rho_h = \infty$.

这样, 我们证明了 $\rho_e\rho_f = \rho_h$. 对偶可得 $\lambda_f\lambda_e = \lambda_h$, 从而 $\phi_e\phi_f = \phi_h$. 这就完成了定理之证. □

### 8.4.3 $\mathcal{P}$-正则双序集

**定义 8.4.11** 称正则双序集 $E$ 是 $\mathcal{P}$-正则的 ($\mathcal{P}$-regular), 若存在子集 $P \subseteq E$ 满足以下二公理:

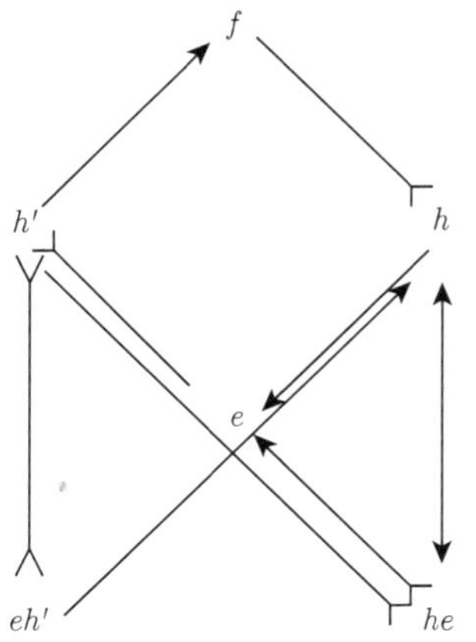


图 8.3

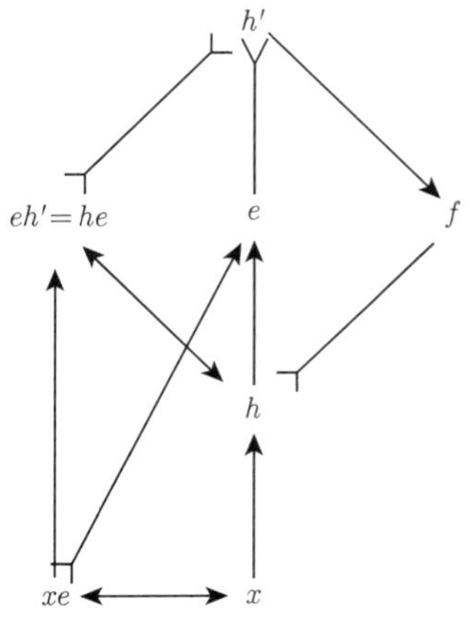


图 8.4

($\mathcal{P}1$) 对任意 $L \in E/\rangle\!\!-\!\!\!-\!\!\langle$ 和 $R \in E/\longleftrightarrow$, 有 $P \cap L \neq \varnothing$ 且 $P \cap R \neq \varnothing$.

($\mathcal{P}2$) 存在映射 $h : P \times P \longrightarrow E$, 满足以下三性质:

(i) 对任意 $p, q \in P, h(p,q) \in M(q,p)$;

(ii) 对任意 $p, q \in P$ 及任意 $x \in M(p,q)$, 有

$$px \longrightarrow h(p,q),\ xq \rangle\!\!-\!\!\!-\!\!\!- h(p,q) \text{ 且 } (px)h(p,q) = h(p,q)(xq);$$

(iii) 对任意 $p, q \in P$ 及任意 $g \in S(h(p,q), h(q,p))$ 有 $\phi_{(h(p,q)g)}\phi_{gh(p,q)} \in P\phi$, 此处 $\phi$ 是定理 4.1.5 定义的 Hall-Easdown 表示 (双序同构).

**定义 8.4.12** 称正则半群 $S$ 是 $\mathcal{P}$-正则半群 ($\mathcal{P}$-regular semigroup), 若其幂等元集 $E(S)$ 含有非空子集 $P$ 满足下述三条件:

(1) $P^2 \subseteq E(S)$.

(2) 对任意 $q \in P$, $qPq \subseteq P$.

(3) 对任意 $a \in S$, 存在 $a^* \in V(a)$, 使 $aP^1a^* \cup a^*P^1a \subseteq P$. 此处 $P^1 = P \cup \{1\}$, $a^*$ 称为 $a$ 的 $\mathcal{P}$-逆 ($\mathcal{P}$-inverse of $a$). $a$ 的所有 $\mathcal{P}$-逆之集记为 $V_P(a)$.

子集 $P$ 称为 $S$ 的特征集 (the characteristic set of $S$).

**定义 8.4.13** 称正则半群 $S$ 弱$\mathcal{P}$-正则 (weakly $\mathcal{P}$-regular), 若有 $E(S)$ 的子集 $P$ 满足上述条件 (1), (2) 和

(3$'$) 对 $S$ 的任一 $\mathscr{L}$-类 $L^\circ$ 和 $\mathscr{R}$-类 $R^\circ$, 有 $P \cap L^\circ \neq \varnothing$ 且 $P \cap R^\circ \neq \varnothing$.

子集 $P$ 也称为 $S$ 的特征集.

下述引理可由定义程序性地进行验证, 不赘.

**引理 8.4.14** 设半群 $S$ 弱 $\mathcal{P}$-正则, $P$ 为其特征集. 记

$$Q_P(S) = \{a \in S : V_P(a) \neq \varnothing\}.$$

则 $E(S) \subseteq Q_P(S)$ 且 $Q_P(S)$ 是含于 $S$ 的最大 $\mathcal{P}$-正则子半群.

**定理 8.4.15**　双序集 $E$ 为 $\mathcal{P}$-正则半群的双序集的充要条件是 $E$ 为 $\mathcal{P}$-正则双序集.

**证明　必要性**　设 $E$ 为 $\mathcal{P}$-正则半群的双序集, 即有 $\mathcal{P}$-正则半群 $S$ 使 $E(S) = E$. 我们证明: $S$ 的特征集 $P$ 恰为双序集 $E$ 的特征集. 事实上, $P \subseteq E$ 且对任意 $e \in E$, 有 $e^* \in V_P(e)$ 使 $eP^1e^* \cup e^*P^1e \subseteq P$; 特别地, $ee^*, e^*e \in P$. 因 $e^*e \in L_e$, $ee^* \in R_e$, 有 $P \cap L_e \neq \varnothing$, $P \cap R_e \neq \varnothing$. 这证明了公理 $(\mathcal{P}1)$ 成立. 为证公理 $(\mathcal{P}2)$ 也成立, 定义映射 $h : P \times P \longrightarrow E$ 为: $h(p,q) = pq\ \forall p,q \in P$. 由于 $P^2 \subseteq E$, 该 $h$ 确有定义. 现在验证公理 $(\mathcal{P}2)$ 中的 (i)—(iii) 对 $h$ 成立:

(i) $h(p,q)q = (pq)q = pq = h(p,q)$, 故 $h(p,q) \succ\!\!\!\longrightarrow q$; $ph(p,q) = p(pq) = pq = h(p,q)$, 故 $h(p,q) \longrightarrow p$. 此即 $h(p,q) \in M(q,p)$.

(ii) 任取 $x \in M(p,q)$, 我们有 $xp = x = qx$, 故 $h(p,q)px = pqpx = pqp(qx) = (pq)^2x = pqx = px$, 即 $px \longrightarrow h(p,q)$. 类似地有 $xq \succ\!\!\!\longrightarrow h(p,q)$. 进而,

$$(px)h(p,q) = pxpq = pxq = pqxq = h(p,q)(xq).$$

(iii) 由 $S$ 是 $\mathcal{P}$-正则半群, 不难检验其幂等元生成子半群 $\langle E\rangle$ 也是 $\mathcal{P}$-正则半群, $P$ 为其特征集且 $E(\langle E\rangle) = E$. 故不失一般性可认为 $S = \langle E\rangle$.

现在, 由定理 4.1.8, $\phi^\circ : S \longrightarrow \mathcal{T}(X^\circ) \times \mathcal{T}^*(Y^\circ)$ 是半群同态. 易知 $S\phi^\circ$ 是 $\mathcal{P}$-正则半群, 以 $P\phi^\circ$ 为其特征集 (参看 [75]). 再由推论 4.1.12, $\Phi : \langle E\phi\rangle \longrightarrow S\phi^\circ$ 是半群同构, 使 $\phi^\circ\Phi^{-1}|_E = \phi$. 故知 $\langle E\phi\rangle$ 也是 $\mathcal{P}$-正则半群, 以 $P\phi = P\phi^\circ\Phi^{-1}$ 为其特征集.

于是对任意 $p,q \in P$ 及任意 $g \in S(h(p,q),\ h(q,p)) = S(pq,qp)$, 由于 $pqgqp = pqqp = pqp \in pPp \subseteq P$, 故我们有

$$\begin{aligned}
\phi_{h(p,q)g}\phi_{gh(q,p)} &= ((pq)g)\phi^\circ\Phi^{-1} \cdot (g(qp))\phi^\circ\Phi^{-1} \\
&= (pqgqp)(\phi_\circ\Phi^{-1}) \qquad\qquad (\text{因 } \phi^\circ\Phi^{-1} \text{ 是半群同态}) \\
&= (pqgqp)\phi \in P\phi.
\end{aligned}$$

**充分性**　设 $E$ 是 $\mathcal{P}$-正则双序集, $P$ 为其特征集. 由于 $S = \langle E\phi\rangle$ 是以 $E$ 为幂等元双序集的正则半群, 若我们能证明 $S$ 是以 $P$ 为特征集的弱 $\mathcal{P}$-正则半群, 则可得需要的结论. 因为此时 $Q_P(S)$ 为 $S$ 的 $\mathcal{P}$-正则子半群, 含 $E(S) = E$, 从而 $S = Q_P(S)$ 为 $\mathcal{P}$-正则半群.

首先, 据命题 4.1.10 知对 $S$ 的每个 $\mathscr{L}$-类 $L^\circ$, 恰有 $E$ 的一个 $\succ\!\!-\!\!\prec$-类 $L \subseteq L^\circ$. 由 $E$ 满足条件 $(\mathcal{P}1)$ 立得 $P \cap L^\circ \supseteq P \cap L \neq \varnothing$; 类似地, 对 $S$ 每个 $\mathscr{R}$-类 $R^\circ$ 也有 $P \cap R^\circ \neq \varnothing$. 故 $S$ 满足定义 8.4.13之条件 $(3')$.

其次, 对任意 $p, q \in P$, 记 $h = h(p, q)$, 我们证明: $\rho_p\rho_q = \rho_h$, 其中 $\rho$ 是定义 4.1 之 (1).

事实上, 对任意 $L \in E/>\!\!-\!\!<$, 若 $L\rho_p\rho_q \neq \infty$, 则有 $x \in L$, $x \longrightarrow p$ 使 $L\rho_p = L_{xp}$ 且有 $y \in L_{xp}$, $y \longrightarrow q$ 使 $L\rho_p\rho_q = L_{xp}\rho_q = L_{yq}$. 易知 $y \in M(p, q)$, 故由 $(\mathcal{P}2)$ 之 (ii) 及双序集公理 (B21) 有

$$y >\!\!-\!\!< py >\!\!\longrightarrow p, \qquad x \longleftrightarrow xp >\!\!\longrightarrow p \qquad y >\!\!-\!\!< xp.$$

如此据双序集公理 (B4′) 和引理 8.4.9, 存在 $x' \in E$ 使 $x' >\!\!-\!\!< x, x' \longrightarrow p$ 且 $x'p = py$. 由此有 $x' \in L_x = L, x' \longleftrightarrow x'p = py$. 据 $(\mathcal{P}2)$ 之 (ii) 得 $py \longrightarrow h$, 故 $x' \in L$, $x' \longrightarrow h$. 由此有

$$\begin{aligned}
L\rho_h &= L_{x'h} = L_{(x'p)h} && (\text{由 } x' \longrightarrow h \longrightarrow p \text{ 和公理 (B31) 有 } x'h = (x'p)h)\\
&= L_{(py)h} = L_{h(yq)} && (\text{由 (ii) 有 } (py)h = h(yq))\\
&= L_{yq} && (\text{由 (ii)} yq >\!\!-\!\!- h, \text{ 故 } h(yq) >\!\!-\!\!< yq)\\
&= L\rho_p\rho_q.
\end{aligned}$$

另一方面, 若 $L\rho_h \neq \infty$, 则有 $x \in L$, $x \longrightarrow h \longrightarrow p$ 且 $L\rho_h = L_{xh}$. 由 $(\mathcal{P}2)$ 之 (i) 和 (ii), 存在 $h' \in M(p, q)$ 使对任意 $e \in M(q, p)$, 有 $ep >\!\!-\!\!- h'$. 特别地, 取 $h = e$, 有 $hp >\!\!-\!\!- h'$. 但 $h' \in M(p, q)$, 有 $ph' >\!\!-\!\!< h'$. 故 $hp >\!\!-\!\!- ph'$. 与此同时, 由 $h$ 的性质, 我们又有 $ph' \longrightarrow h \longleftrightarrow hp$, 从而 $hp = ph'$. 这样我们得到 $xp, h' \in \omega^{\ell}(p)$ 且 $p(xp) = xp \longleftrightarrow x \longrightarrow h \longleftrightarrow hp = ph'$, 即 $p(xp) \longrightarrow ph'$. 由双序集公理 $(\mathrm{B4}')^*$, 存在 $x' \in E$ 满足 $x' >\!\!-\!\!- p, x' \longrightarrow h'$ 且 $px' = p(xp) = xp$. 显然 $x' \longrightarrow h' \longrightarrow q$, 故 $x' \longrightarrow q$ 且 $x' >\!\!-\!\!< px' = xp$. 由此立得 $L\rho_p\rho_q = L_{xp}\rho_q L_{x'q} \neq \infty$. 于是当 $L\rho_p\rho_q = \infty$ 时亦有 $L\rho_h = \infty$.

这样我们证明了 $\rho_p\rho_q = \rho_h$, $\forall p, q \in P$. 对偶可证 $\lambda_q\lambda_p = \lambda_h$. 从而由我们约定的 $E = E(S) = E\phi$ 可得

$$\begin{aligned}
pq &= \phi_p\phi_q = (\rho_p, \lambda_p)(\rho_q, \lambda_q)\\
&= (\rho_p\rho_q, \lambda_q\lambda_p) = (\rho_h, \lambda_h) = \phi_h\\
&= h.
\end{aligned}$$

这就证明了 $P^2 \subseteq E$.

最后, 对任意 $p, q \in P$, 记 $h = h(p, q)$, $h' = h(q, p)$, 由 $(\mathcal{P}2)$ 之 (iii) 和定理 1.1.5 得: $\forall q \in P^1, g \in S(h, h')$ 有

$$pqq = (pq)(qp) = hh' = hgh' = (hg)(gh') = \phi_{hg}\phi_{gh'} \in P\phi = P.$$

这就完成了定理之证. □

以下, 我们给出定理 8.4.15 对带双序集、正则 $*$-双序集等特殊情形的应用.

**推论 8.4.16** 双序集 $E$ 是带双序集的充要条件是 $E$ $\mathcal{P}$-正则, 其特征集 $P = E$.

**证明** 当 $E$ 是某带 (或纯正半群)$S$ 的幂等元双序集时, 因 $S$ $\mathcal{P}$-正则, 以 $E$ 为特征集, 故由定理 8.4.15 的必要性得知 $E$ 是以 $E$ 自身为特征集的 $\mathcal{P}$-正则双序集.

若 $E$ 是以自身为特征集的 $\mathcal{P}$-正则双序集. 由定理 8.4.15 充分性之证, 有 $(E\phi)^2 \subseteq E\phi$, 故 $S = \langle E\phi \rangle = E\phi$, 即 $S$ 是以 $E\phi$ 为幂等元双序集的带 (纯正半群). □

**注记 8.4.17** 定理 8.4.15 可视为定理 8.4.10 (Easdown 关于带的双序集的刻画) 向 $\mathcal{P}$-正则半群的推广. 事实上, 定理 8.4.10 中的条件等价于定理 8.4.15 中 ($\mathcal{P}2$) 的 (i), (ii) 两项. 定理 8.4.15中条件 ($\mathcal{P}1$) 和 ($\mathcal{P}2$) 之 (iii) 对带的双序集是平凡地成立的.

**定义 8.4.18** 称半群 $S$ 为正则$*$-半群 (regular $*$-semigroup), 若 $S$ 上有一个一元运算 $* : S \longrightarrow S, x \longmapsto x^*$, 满足 $(x^*)^* = x$, $(xy)^* = y^*x^*$ 和 $xx^*x = x, \forall x, y \in S$.

我们知道, 正则 $*$-半群是逆半群的真推广. 下述命题说明正则 $*$-半群是特殊的 $\mathcal{P}$-正则半群, 其证略. 不难举例说明它们是 $\mathcal{P}$-正则半群类的真子类.

**命题 8.4.19** 正则半群 $S$ 为正则 $*$-半群的充要条件是 $S$ 为 $\mathcal{P}$-正则半群, 且其特征集 $P$ 与 $S$ 的每个 $\mathscr{L}$-类、每个 $\mathscr{R}$-类的交 (分别) 恰含一个元素.

由此易得正则 $*$-双序集的下述刻画, 其证略.

**推论 8.4.20** 正则双序集 $E$ 为某正则 $*$-半群的幂等元双序集的充要条件是 $E\,\mathcal{P}$-正则, 且其特征集 $P$ 与 $E$ 的每个 $\succ\!\!\!-\!\!\!\prec$-类、每个 $\longleftrightarrow$-类的交 (分别) 恰含一个元素.

下述关于左 (右) 逆半群的双序集的刻画也容易由定理 8.4.15 得到, 故也略去其证明.

**推论 8.4.21** 对双序集 $E$ 我们有

(1) $E$ 为左 (右) 逆半群双序集的充要条件是 $E$ $\mathcal{P}$-正则, 且其每个 $\succ\!\!\!-\!\!\!\prec$-($\longleftrightarrow$)-类恰含一个元素;

(2) $E$ 为逆半群双序集 (带双序集) 的充要条件是 $E\,\mathcal{P}$-正则, 且其每个 $\succ\!\!\!-\!\!\!\prec$-类和每个 $\longleftrightarrow$-类都恰含一个元素.

正则半群的 $\mathcal{P}$-正则性可按下述定义推广到含幂等元的任意半群上:

**定义 8.4.22** 设 $S$ 为任意半群, 其幂等元集 $E(S) \neq \varnothing$. 称 $S$ 有 $\mathcal{P}$-正则性, 若有子集 $P \subseteq E(S)$ 满足以下三条件:

(1) $P^2 \subseteq E(S)$;

(2) $\forall q \in P,\ qPq \subseteq P$;

(3) $\forall L \in \operatorname{Reg} S/\mathscr{L},\ R \in \operatorname{Reg}/\mathscr{R},\ P \cap L \neq \varnothing,\ P \cap R \neq \varnothing$.

上述 $P$ 称为 $S$ 的特征集 (characteristic set).

我们有下述结论.

**定理 8.4.23** 设 $S$ 为有 $\mathcal{P}$-正则性的半群, $P$ 为其特征集. 令

$$Q_P(S) = \{a \in \operatorname{Reg} S \mid \exists a^* \in V(a), aP^1a^* \cup a^*P^1a \subseteq P\}.$$

我们有 $E(S) \subseteq Q_P(S)$ 且 $Q_P(S)$ 是以 $P$ 为特征集的 $\mathcal{P}$-正则半群.

**证明** 任取 $e \in E(S)$, 由 $\mathcal{P}$-正则性之条件 (3), 存在 $p, q \in P$, 使 $p \mathscr{L} e \mathscr{R} q$. 如此有 $p \mathscr{R} pq \mathscr{L} q$. 由条件 (1) 又有 $qp \in E(S)$, 故必 $e = qp$ 且 $pq \in V(e)$. 令 $e^* = pq$. 由 $pP^1p \cup qP^1q \subseteq P$ 易验证 $eP^1e^* \cup e^*P^1e \subseteq P$, 如此即得 $e \in Q_P(S)$, 故 $E(S) \subseteq Q_P(S)$.

任取 $a, b \in Q_P(S)$, 令 $(ab)^* = b^*a^*$. 由 $a^*abb^*$, $bb^*a^*a \in P^2 \subseteq E(S)$ 易验证 $(ab)^* \in V(ab)$ 且有 $(ab)P^1(ab)^* = a(bP^1b^*)a \subseteq aPa^* \subseteq P$; 同理有 $(ab)^*P^1(ab) \subseteq P$. 这证明了 $ab \in Q_P(S)$. 从而 $Q_P(S)$ 是 $S$ 的子半群. 因为 $Q_P(S)$ 定义中关于 $a$, $a^*$ 的条件是对称的, 可令 $(a^*)^* = a$ 从而由 $a \in Q_P(S)$ 可得 $a^* \in Q_P(S)$. 这证明了 $Q_P(S)$ 是正则半群. 最后, 不难按定义验证 $P$ 恰可作为一个特征集使 $Q_P(S)$ 成为 $\mathcal{P}$-正则半群. 这就完成了证明. □

## 习题 8.4

1. 设半群 $S$ 弱 $\mathcal{P}$-正则, $P$ 为其特征集. 记 $Q_P(S) = \{a \in S : V_P(a) \neq \varnothing\}$. 则 $E(S) \subseteq Q_P(S)$ 且 $Q_P(S)$ 是含于 $S$ 的最大 $\mathcal{P}$-正则子半群.

2. 正则半群 $S$ 为正则 $*$-半群的充要条件是 $S$ $\mathcal{P}$-正则, 且其特征集 $P$ 与 $S$ 的每个 $\mathscr{L}$-类, 每个 $\mathscr{R}$-类的交 (分别) 恰含一个元素.

3. 证明: 正则双序集 $E$ 为某正则 $*$-半群的幂等元双序集的充要条件是 $E$ $\mathcal{P}$-正则, 且其特征集 $P$ 与 $E$ 的每个 $\succ\!\!-\!\!\prec$-类, 每个 $\longleftrightarrow$-类的交 (分别) 恰含一个元素.

4. 考虑 5 元素 $e, f, g, h, k$ 组成的如图 8.5 所示部分 2 代数.

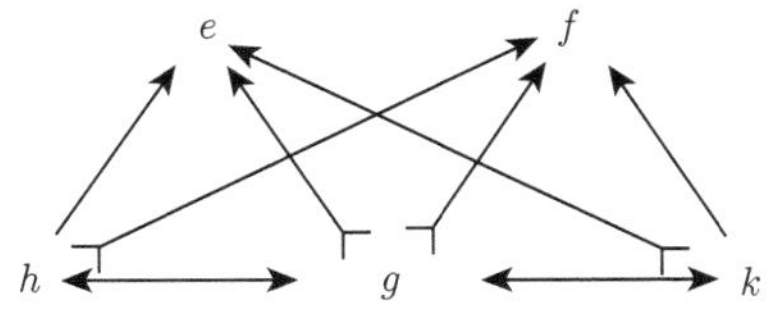


图 8.5

证明: (i) 按以下 3 种方式补充 $E$ 的"基本积", 可得到 3 个 (不同构的) 双序集:

$$E_1 : he = kf = g;\quad E_2 : he = k,\ kf = h;\quad E_3 : he = g,\ kf = h.$$

(ii) $E_1$ 是带双序集; (提示: 令 $ef = fe = g$ 可使 $E_1$ 成为右零半群 $\{g, h, k\}$ 用半格 $\{e, f, 0 = g\}$ 的理想扩张.)

(iii) $E_2$ 不可能来自有限半群; (提示: 反证法: $\exists i,\ (ef)^i = g$ 或 $h$, 导致 $g = h$.)

(iv) $E_2$ 不可能来自拟正则半群; (提示: 与 (iii) 类似.)

(v) $E_3$ 可来自有限半群 (从而是拟正则双序集) 但不是正则双序集.

# 第 9 章　范畴与半群

在本书的后半部分, 从第 9 章到第 16 章, 我们将系统地介绍利用范畴刻画任意富足半群结构的*交连系理论* (the theory of cross-connections). 材料来自 Nambooripad[54]、喻秉钧等[83] 以及喻秉钧[82,85,86] 的文献.

回顾第 2 章 Nambooripad 关于正则半群结构的 "归纳群胚" 理论, 那里的序群胚、归纳群胚以及 $E$-链群胚等, 其对象集 (或顶点集) 本质上就是正则半群的幂等元双序集. 这个理论对整个半群代数产生了巨大影响, 从 20 世纪 70 年代末至今, 一直受到国际半群界的广泛关注, 并以各种不同的方式被推广到许多类型的广义正则半群, 如我们在第 6 章介绍的*一致半群* (concordant semigroups)[1] 和 [74] 中的*弱 $B$-纯正半群* (weakly B-orthodox semigroups) 及*弱 $U$-正则半群* (weakly U-regular semigroups) 等. 截至目前所知正式发表的相关理论, 其共同点是对象集均为正则双序集 (即所有夹心集非空的双序集), 从而所构作的广义正则半群中, 所有正则元组成一个正则子半群.

与此形成鲜明对照, 我们用于刻画富足半群结构的平衡范畴, 其对象集不再是 (半群的) 双序集, 而是幂等元生成的主左理想集或主右理想集. 这个思路最早由 Grillet 在 [27] 中提出. 他深入研究了基础正则半群主左理想集和主右理想集之间交错复杂的相互关系, 提出了*交连系* (cross-connection) 的概念并用来刻画了基础正则半群的结构. Nambooripad 将其上升为*正规范畴* (normal categories) 及与其密切相关的*交连系范畴* (cross-connection categories) 理论, 解决了任意正则半群的结构问题 (见 [54]). 我们的工作则是将 Nambooripad 的理论进一步推广为*平衡范畴* (balanced categories) 及其*交连系范畴*, 并用这个理论刻画任意富足半群的结构. 我们的工作不需要夹心集非空这一条件. 一部分技巧甚至可用于刻画单侧富足而非富足的半群. 更有意义的是, 我们证明了 "夹心集非空" 恰好是平衡范畴的一类自然变换——*幂等锥* (idempotent cones) 在 "所有顶点" 上的作用得到有正规分解的态射, 这揭示出半群中 "正则元集形成子半群" 实质上仍归结为一个范畴论意义的性质.

作为准备, 我们在这一章系统地介绍需用到的范畴论的基本概念及其与半群的 $*$-Green 关系的相互联系, 在范畴和半群的广义正则性的分类之间建立起一个一一对应关系. 为后面的研究打下牢固的基础.

# 9.1　范畴论简介

我们在本节介绍将用到的范畴论基本概念.

### 9.1.1　范畴与函子

我们所用的范畴皆是小范畴, 其对象类和态射类都是集合. 对象也常称为顶点; 对范畴 $\mathcal{C}$ 的态射 $f \in \mathcal{C}(c,c')$, 常记 $c = \operatorname{dom} f$, $c' = \operatorname{cod} f$. 给定两个范畴 $\mathcal{C}$ 和 $\mathcal{D}$, 所谓 "从 $\mathcal{C}$ 到 $\mathcal{D}$ 的函子"$F : \mathcal{C} \longrightarrow \mathcal{D}$ 由两个映射组成: 对象映射 $vF$, 它将 $\mathcal{C}$ 的每个对象 $c$ 射为 $\mathcal{D}$ 的一个确定的对象 $F(c) = vF(c) \in v\mathcal{D}$; 态射映射, 就记为 $F$, 它把每个态射 $f \in \mathcal{C}(c,c')$ 射为态射 $F(f) \in \mathcal{D}(F(c), F(c'))$ 或者 $F(f) \in \mathcal{D}(F(c'), F(c))$. 态射映射保持单位态射, 即 $F(1_c) = 1_{F(c)}, \forall c \in v\mathcal{C}$; 态射映射也保持或反向保持态射的合成, 即 $F(fg) = F(f)F(g)$ 或 $F(fg) = F(g)F(f)$, 只要 $fg$ 在 $\mathcal{C}$ 中有定义. 前一种 $F$ 称为*共变函子* (covariant functor), 后一种 $F$ 称为*反变函子* (antivariant functor). 注意, 本文中函子和映射都是写在作用对象左侧的, 但因为其合成是从左至右的, 故乘积函子和合成映射的施行是先左后右进行的. 也就是说, 对函子 $F : \mathcal{C} \longrightarrow \mathcal{D}$ 和 $G : \mathcal{D} \longrightarrow \mathcal{E}$, 合成函子 $FG : \mathcal{C} \longrightarrow \mathcal{E}$ 的作用是 $FG(c) = G(F(c))$ 和 $FG(f) = G(F(f))$, $c \in v\mathcal{C}$, $f \in \mathcal{C}$. 合成映射也如此.

共 (反) 变函子 $F : \mathcal{C} \longrightarrow \mathcal{D}$ 称为是 $v$-满、$v$-单或 $v$-双的, 若映射 $vF$ 有对应性质; 称 $F$ 是*全* [*忠实*、*全忠实*](full [faithful, full-faithful]) 的, 若 $F$ 在每个态射集 $\mathcal{C}(c,c')$ 上的限制是到 $\mathcal{D}(F(c), F(d))[\mathcal{D}(F(d), F(c))]$ 上的满 (单、双) 射; 称 $F$ 是*嵌入* (embedding), 若它全忠实且 $v$-单; 称 $F$ 是*同构* [*反同构*](isomorphism [anti-isomorphism]), 若它全忠实且 $v$-双.

称范畴 $\mathcal{D}$ 是范畴 $\mathcal{C}$ 的*子范畴* (subcategory), 若

$$v\mathcal{D} \subseteq v\mathcal{C}, \quad \mathcal{D}(a,b) \subseteq \mathcal{C}(a,b), \quad \forall a, b \in v\mathcal{D}$$

且有相同的单位态射及合成. 此时有一个自然存在的 "包含函子"$j : \mathcal{D} \longrightarrow \mathcal{C}$ 如下:

$$vj(d) = d, \ \forall d \in v\mathcal{D} \quad 且 \quad j(g) = g, \ \forall g \in \mathcal{D}. \tag{9.1}$$

当 $\mathcal{D}(a,b) = \mathcal{C}(a,b), \forall a, b \in v\mathcal{D}$ 时, 称 $\mathcal{D}$ 是 $\mathcal{C}$ 的*全子范畴* (full subcategory), 此时 $j$ 是一个 "全" 函子; 特别地, $\mathcal{C}$ 到自身的包含记为 $I_{\mathcal{C}}$, 其对象映射和态射映射均为恒等映射.

若 $F, G$ 都是从范畴 $\mathcal{C}$ 到范畴 $\mathcal{D}$ 的函子, 所谓从 $F$ 到 $G$ 的 "*自然变换* (natural transformation)$\sigma : F \longrightarrow G$" 是从 $v\mathcal{C}$ 到 $\mathcal{D}$ 的一个映射, 记为 $\sigma : v\mathcal{C} \stackrel{\cdot}{\longrightarrow} \mathcal{D}$:

对每个对象 $c \in v\mathcal{C}$, 有唯一确定的态射 $\sigma(c) \in \mathcal{D}(F(c), G(c))$, 称为 $\sigma$ 在 $c$ 上的成分 (component), 使得图 9.1 对每个 $g \in \mathcal{C}(c, c')$ 交换: $F(g)\sigma(c') = \sigma(c)G(g)$.

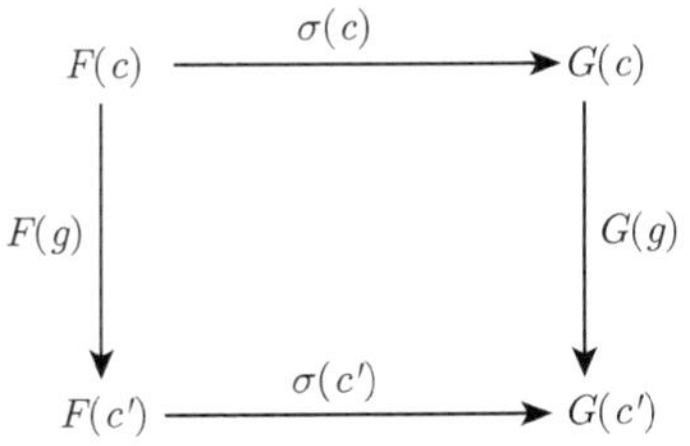


图 9.1

如果每个成分 $\sigma(c)$ 都是 $\mathcal{D}$ 中的同构, 则我们称 $\sigma$ 是一个自然同构 (natural isomorphism), 此时说该二函子 $F$ 和 $G$ 是自然等价的 (naturally equivalent), 记为 $F \overset{\sigma}{\cong} G$.

称两个范畴 $\mathcal{C}$ 和 $\mathcal{D}$ 是等价的 (equivalent), 若存在函子 $F : \mathcal{C} \longrightarrow \mathcal{D}$ 和函子 $G : \mathcal{D} \longrightarrow \mathcal{C}$, 使得 $FD$ 自然等价于 $I_{\mathcal{C}}$ 且 $GF$ 自然等价于 $I_{\mathcal{D}}$, 记为

$$I_{\mathcal{C}} \overset{\eta}{\cong} FG \quad \text{且} \quad GF \overset{\tau}{\cong} I_{\mathcal{D}},$$

其中, $\eta, \tau$ 是对应的自然同构. 此时, 我们说 $\langle F, G; \eta, \tau \rangle : \mathcal{C} \longrightarrow \mathcal{D}$ 是从范畴 $\mathcal{C}$ 到范畴 $\mathcal{D}$ 的伴随等价 (adjoint equivalence), $G$ 称为 $F$ 的伴随逆 (adjoint inverse). 本书第 10~15 章的目的就是证明: 在富足半群与好同态构成的范畴 $\mathbb{AS}$ 和平衡范畴的交连系 (cross-connections) 与适当定义的态射构成的交连系范畴 $\mathbb{CRB}$ 之间存在函子 $\mathbf{\Gamma} : \mathbb{AS} \longrightarrow \mathbb{CRB}$ 和 $\widetilde{\mathbf{S}} : \mathbb{CRB} \longrightarrow \mathbb{AS}$ 是互逆的伴随函子 (从而它们等价), 并将其应用于一致半群.

称两个范畴 $\mathcal{C}$ 和 $\mathcal{D}$ 同构 (isomorphic), 若存在函子 $F : \mathcal{C} \longrightarrow \mathcal{D}$ 和 $G : \mathcal{D} \longrightarrow \mathcal{C}$ 使得 $FG = I_{\mathcal{C}}$ 且 $GF = I_{\mathcal{D}}$. 此时称 $F$ 是从 $\mathcal{C}$ 到 $\mathcal{D}$ 上的同构, 而称 $G$ 为 $F$ 的逆. 显然, 同构的范畴是等价的. 此结论之逆一般不成立. 例如, 设 $v\mathcal{C} = \{c\}$, $\mathcal{C} = \{1_c\}$ 而 $v\mathcal{D} = \{a, b\}$, $\mathcal{D} = \{1_a, 1_b, \alpha, \beta\}$ 满足 $\alpha\beta = 1_a$, $\beta\alpha = 1_b$, 不难验证: $F : \mathcal{C} \longrightarrow \mathcal{D}$, $vF(c) = a$, $F(1_c) = 1_a$ 和 $G : \mathcal{D} \longrightarrow \mathcal{C}$, $vG(x) = c$, $G(f) = 1_c$, $\forall x \in v\mathcal{D}$, $\forall f \in \mathcal{D}$ 是两个函子使得 $FG = I_{\mathcal{C}}$ 且 $GF$ 与 $I_{\mathcal{D}}$ 自然等价. 因为 $GF \neq I_{\mathcal{D}}$, 范畴 $\mathcal{C}$ 与 $\mathcal{D}$ 等价而不同构 (参见 [74]).

### 9.1.2 函子范畴的一个同构定理

给定两个范畴 $\mathcal{C}$, $\mathcal{D}$, 我们有*函子范畴* (the functor category)$[\mathcal{C}, \mathcal{D}]$: 其对象是从 $\mathcal{C}$ 到 $\mathcal{D}$ 的所有函子, 其态射是函子之间的自然变换. 注意, 这个范畴中态射的

合成是按自然变换在对象上的成分施行的: 若 $\eta : F\stackrel{\cdot}{\longrightarrow}G$ 而 $\zeta : G\stackrel{\cdot}{\longrightarrow}S$ 是两个自然变换, 则合成自然变换 $\eta\zeta : F\stackrel{\cdot}{\longrightarrow}S$ 定义为 (见 [37])

$$\forall c \in v\mathcal{C}, \quad \eta\zeta(c) = \eta(c)\zeta(c).$$

范畴 $[\mathcal{C}, \mathcal{D}]$ 的任何子范畴都称为从 $\mathcal{C}$ 到 $\mathcal{D}$ 的函子范畴.

小范畴 $\mathcal{C}$, $\mathcal{D}$ 的*乘积范畴* (the product category)$\mathcal{C} \times \mathcal{D}$ 有对象 (顶点) 集 $v\mathcal{C} \times v\mathcal{D}$ 和态射集 $\mathcal{C} \times \mathcal{D}$, 态射的合成是按 “分量” 方式施行的: 若 $(f, g) : (c, d) \longrightarrow (c', d')$ 而 $(f', g') : (c', d') \longrightarrow (c'', d'')$, 则它们的合成定义为

$$(f, g)(f', g') = (ff', gg').$$

乘积范畴 $\mathcal{C} \times \mathcal{D}$ 到范畴 $\mathcal{E}$ 的 (共变) 函子 $B : \mathcal{C} \times \mathcal{D} \longrightarrow \mathcal{E}$ 称为*双函子* (bifunctor). 双函子 $B : \mathcal{C}^{op} \times \mathcal{D} \longrightarrow \mathcal{E}$ 称为在第一个变量上是反变的而在第二个上是共变的. 下述*双函子准则* (bifunctor criterion)(参见 [37, 第 37 页]), 对于验证给定的函子和自然变换是否能构成双函子十分有用:

**双函子准则**. 设 $\mathcal{C}$, $\mathcal{D}$ 和 $\mathcal{E}$ 是范畴. 则存在双函子 $B : \mathcal{C} \times \mathcal{D} \longrightarrow \mathcal{E}$ 的充要条件是: 存在以 $v\mathcal{C}$ 和 $v\mathcal{D}$ 为足标的两类函子

$$F(-, d) : \mathcal{C} \longrightarrow \mathcal{E} \quad 和 \quad G(c, -) : \mathcal{D} \longrightarrow \mathcal{E}$$

满足 $F(c, d) = G(c, d)$, $\forall c \in v\mathcal{C}, d \in v\mathcal{D}$ 且对任意态射对 $f \in \mathcal{C}(c, c')$ 与 $g \in \mathcal{D}(d, d')$, $c, c' \in v\mathcal{C}$, $d, d' \in v\mathcal{D}$, 有

$$F(f, d)G(c', g) = G(c, g)F(f, d'),$$

即有以下交换图 (图 9.2):

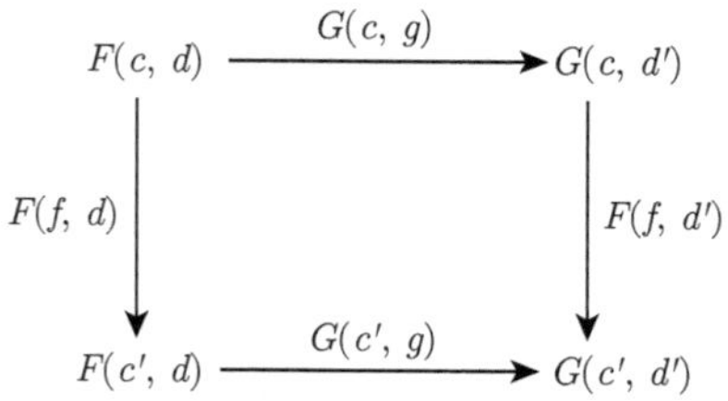


图 9.2

当这两个条件满足时, 它们唯一确定一个双函子 $B$, 定义为

$$B(c, d) = F(c, d) = G(c, d), \quad \forall (c, d) \in v\mathcal{C} \times v\mathcal{D}$$

和

$$B(f,g)=F(f,d)G(c',g)=G(c,g)F(f,d'),\quad \forall(f,g):(c,d)\longrightarrow(c',d')\in\mathcal{C}\times\mathcal{D}.$$

该双函子与两类函子 $F(-,d)$, $G(c,-)$ 的关系是

$$B(c,-)=G(c,-),\quad B(-,d)=F(-,d),\quad \forall(c,d)\in v\mathcal{C}\times v\mathcal{D}.$$

我们把所有集合与集合间映射所成范畴记为 **Set**, 熟知它不是小范畴, 但对任一小范畴 $\mathcal{C}$, 我们有一个唯一确定的双函子 $\mathcal{C}(-,-):\mathcal{C}^{op}\times\mathcal{C}\longrightarrow\mathbf{Set}$, 其定义可描述如下:

对任何 $c\in v\mathcal{C}$, 有

$$\begin{aligned}\mathcal{C}(-,c):\mathcal{C}^{op}\longrightarrow\mathbf{Set},\quad &\forall c'\in v\mathcal{C}, c'\mapsto\mathcal{C}(c',c);\\ &\forall f\in\mathcal{C}(c'',c'),\mathcal{C}(f,c):\mathcal{C}(c',c)\longrightarrow\mathcal{C}(c'',c), h\mapsto fh.\\ \mathcal{C}(c,-):\mathcal{C}\longrightarrow\mathbf{Set},\quad &\forall c'\in v\mathcal{C}, c'\mapsto\mathcal{C}(c,c');\\ &\forall g\in\mathcal{C}(c',c''),\mathcal{C}(c,g):\mathcal{C}(c,c')\longrightarrow\mathcal{C}(c,c''), k\mapsto kg.\end{aligned}\tag{9.2}$$

容易验证, $\mathcal{C}(-,c)$ 是反变函子, 而 $\mathcal{C}(c,-)$ 是共变函子, 它们满足上述双函子准则的两个条件, 因此唯一确定了一个双函子 $\mathcal{C}(-,-):\mathcal{C}^{op}\times\mathcal{C}\longrightarrow\mathbf{Set}$: 双函子 $\mathcal{C}(-,-)$ 把每个顶点对 $(c,d)\in v\mathcal{C}\times v\mathcal{C}$ 射为态射集 $\mathcal{C}(c,d)$, 把每个态射对 $(f,g)\in\mathcal{C}(c',c)\times\mathcal{C}(d,d')$ 射为如下定义的映射 $\mathcal{C}(f,g)$:

$$\begin{aligned}\mathcal{C}(f,g):\quad \mathcal{C}(c,d)&\longrightarrow\mathcal{C}(c',d')\\ h&\longmapsto fhg.\end{aligned}\tag{9.3}$$

显然, 双函子 $\mathcal{C}(-,-)$ 在第一个变量上是反变的而在第二个上是共变的.

设 $\mathcal{C},\mathcal{D}$ 是小范畴, $\mathcal{E}$ 是任一范畴. 我们有下述范畴的同构 (参见 [37]):

$$[\mathcal{C},[\mathcal{D},\mathcal{E}]]\cong[\mathcal{C}\times\mathcal{D},\mathcal{E}]\cong[\mathcal{D},[\mathcal{C},\mathcal{E}]].\tag{9.4}$$

我们对第一个同构中对象映射的构作过程解释如下. 任取 $F\in v[\mathcal{C},[\mathcal{D},\mathcal{E}]]$, 对任意 $c\in v\mathcal{C}$, $F(c)$ 是从 $\mathcal{D}$ 到 $\mathcal{E}$ 的函子, 自然可记为 $F(c,-)$: 它把每个 $d\in v\mathcal{D}$ 射为 $F(c,d)\in v\mathcal{E}$, 而把每个 $g\in\mathcal{D}(d,d')$ 射为 $\mathcal{E}$ 中态射 $F(c,g):F(c,d)\longrightarrow F(c,d')$. 这是 $F$ 的对象作用. $F$ 的态射作用是: 对每个 $f\in\mathcal{C}(c,c')$, $F(f)$ 是从函子 $F(c,-)$ 到函子 $F(c',-)$ 的自然变换, 因此可记为 $F(f,-)$. 它把每个 $d\in v\mathcal{D}$ 射为 $\mathcal{E}$ 中的态射 $F(f,d):F(c,d)\longrightarrow F(c',d)$, 其最重要的性质是: 对任意 $g\in\mathcal{D}(d,d')$, 有以下交换图 (图 9.3):

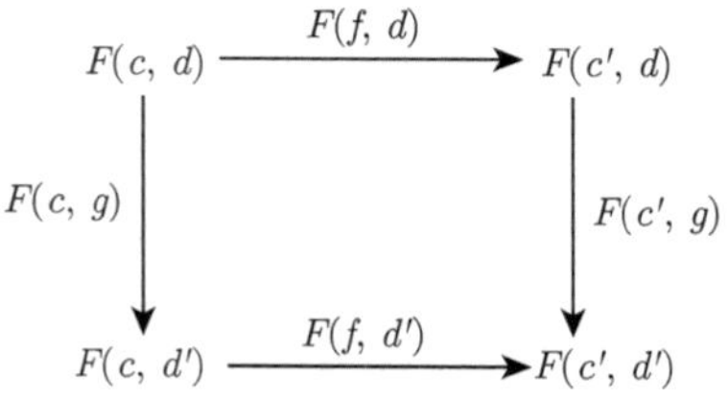


图 9.3

由此, 我们自然得到两类函子 $F(c,-)$, $c\in v\mathcal{C}$ 和 $F(-,d)$, $d\in v\mathcal{D}$. 由上图交换和双函子准则, 即得存在唯一双函子 $F(-,-)\in[\mathcal{C}\times\mathcal{D},\mathcal{E}]$ 与 $F\in[\mathcal{C},[\mathcal{D},\mathcal{E}]]$ 对应, 其对象映射和态射映射分别是

$$F(c,d)=F(c)(d),\quad \forall(c,d)\in v\mathcal{C}\times v\mathcal{D} \tag{9.5}$$

和 $\forall(f,g)\in\mathcal{C}\times\mathcal{D}$,

$$F(f,g)=F(c,g)F(f,d')=F(f,d)F(c',g). \tag{9.6}$$

类似地, 若 $\eta$ 是 $[\mathcal{C},[\mathcal{D},\mathcal{E}]](F,G)$ 中的一个态射 (自然变换), 则对任意 $c\in v\mathcal{C}$, $\eta_c$ 是从函子 $F(c,-)$ 到函子 $G(c,-)$ 的自然变换, 因此, 对任意 $f\in\mathcal{C}(c,c')$ 和 $g\in\mathcal{D}(d,d')$ 有以下二交换图 (图 9.4):

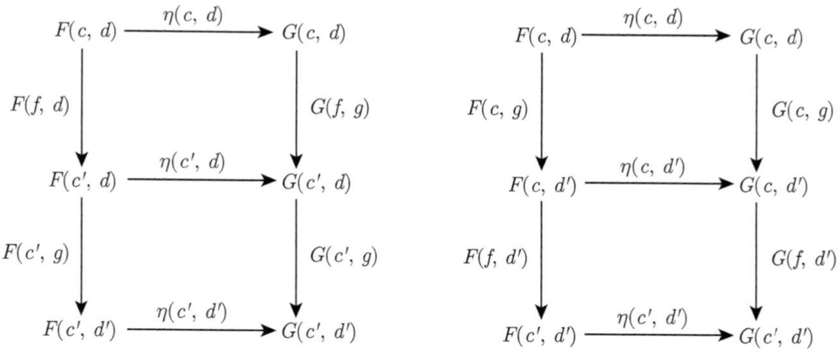


图 9.4

由此立得

$$F(f,g)\eta(c',d')=\eta(c,d)G(f,g). \tag{9.7}$$

这就得到 $\eta(-,-):F(-,-)\longrightarrow G(-,-)$ 是双函子的自然变换.

反之, 若 $F(-,-)\in v[\mathcal{C}\times\mathcal{D},\mathcal{E}]$ 而 $\eta_{-,-}\in[\mathcal{C}\times\mathcal{D},\mathcal{E}]$, 对每个 $c\in v\mathcal{C}$, $F(c,-):\mathcal{D}\longrightarrow\mathcal{E}$ 是一个函子且对每个 $f\in\mathcal{C}(c,c')$, 由双函子准则, $F(f,-):F(c,-)\longrightarrow$

$F(c', -)$ 是一个自然变换. 定义 $\widetilde{F}$ 和 $\widetilde{\eta}$ 如下:

$$\widetilde{F}(c) = F(c, -); \qquad \widetilde{F}(f) = F(f, -); \qquad \widetilde{\eta}_c = \eta_{c,-}. \tag{9.8}$$

可以证明, $\widetilde{F} : \mathcal{C} \longrightarrow [\mathcal{D}, \mathcal{E}]$ 是唯一使得上述被 $\widetilde{F}$ 用方程 (9.5), (9.6) 确定的唯一双函子 $\widetilde{F}(-,-)$ 与 $F(-,-)$ 重合. 而且也不难明白 $\widetilde{\eta} : \widetilde{F} \longrightarrow \widetilde{G}$ 是由 $\widetilde{\eta}$ (按等式 (9.7)) 确定的唯一自然变换, 它与 $\eta_{-,-}$ 完全相同. 这说明等式 (9.5) 产生一个范畴同构.

类似地, 我们有同构 $[\mathcal{D}, [\mathcal{C}, \mathcal{E}]] \cong [\mathcal{D} \times \mathcal{C}, \mathcal{E}]$, 且由于范畴 $\mathcal{C} \times \mathcal{D}$ 与范畴 $\mathcal{D} \times \mathcal{C}$ 显然是同构的, 等式 (9.4) 的同构可以明显的方式得到.

### 9.1.3 Yoneda 引理

Yoneda 引理是范畴理论中表述初等但意义深刻且占有中心地位的一个结论. 它为两个集值函子之间的自然变换提供了一个很好的描述方法、思路和工具. 为简便, 我们用 $\mathcal{C}^*$ 记集值函子范畴 $[\mathcal{C}, \mathbf{Set}]$. 这样上段函子范畴同构定理的式子 (9.4) 对 $\mathcal{E} = \mathbf{Set}$ 成为

$$[\mathcal{C}, \mathcal{D}^*] \cong (\mathcal{C} \times \mathcal{D})^* \cong [\mathcal{D}, \mathcal{C}^*]. \tag{9.9}$$

特别地, 因为 $\mathcal{C}(-,-) \in (\mathcal{C}^{op} \times \mathcal{C})^*$, 由上述两个同构, 存在唯一的 $H_{\mathcal{C}} \in [\mathcal{C}^{op}, \mathcal{C}^*]$ 和 $H^{\mathcal{C}} \in [\mathcal{C}, (\mathcal{C}^{op})^*]$ 是 $\mathcal{C}(-,-)$ 在这两个同构下的像, 它们由等式 (9.2) 和 (9.3) 定义. 以下是该引理的具体内容

**Yoneda 引理** *取定任一集值函子 $F \in \mathcal{C}^*$, 对每个 $c \in v\mathcal{C}$ 存在从集合 $F(c)$ 到自然变换集合 $\mathbf{Nat}(H^{\mathcal{C}}(c), F)$(即从共变函子 $H^{\mathcal{C}}(c) = \mathcal{C}(c, -)$ 到 $F$ 的所有自然变换之集) 上的双射*

$$\begin{array}{lcclcclccc}
Y_{c,F}: & F(c) & \longrightarrow & \mathbf{Nat}(\mathcal{C}(c,-), F) & & & & & & \\
 & u & \mapsto & \zeta^u & v\mathcal{C} & \longrightarrow & \mathbf{Set} & & & \\
 & & & & c' & \mapsto & \zeta^u_{c'} & \mathcal{C}(c, c') & \longrightarrow & F(c') \\
 & & & & & & & f & \mapsto & F(f)(u).
\end{array}$$

*双射 $Y_{c,F}$ 对于 $c, F$ 是自然的.*

事实上, 对任意 $f \in \mathcal{C}(c, c')$ 和 $g \in \mathcal{C}(c', c'')$, 我们有

$$[F(f)F(g)](u) = F(g)[F(f)(u)],$$

由此可验 $\zeta^u$ 是自然变换. 故 $Y_{c,F} : u \mapsto \zeta^u$ 是从 $F(c)$ 到 $\mathbf{Nat}(H^{\mathcal{C}}(c), F)$ 的映射. 该映射的逆是将每个自然变换 $\zeta \in \mathbf{Nat}(H^{\mathcal{C}}(c), F)$ 射为元素 $u = \zeta(1_c) \in F(c)$, 因

而 $\mathbf{Nat}(H^{\mathcal{C}}(c), F)$ 中每个自然变换都有形 $\zeta = \zeta^{\zeta(1_c)}$. 当 $F = H^{\mathcal{C}}(c') = \mathcal{C}(c', -)$, 我们得到 $\mathbf{Nat}(H^{\mathcal{C}}(c), H^{\mathcal{C}}(c')) = \mathcal{C}^*(\mathcal{C}(c, -), \mathcal{C}(c', -))$ 和 $\mathcal{C}(c', c)$ 之间有一个双射 (注意 $H^{\mathcal{C}}$ 的上域 (codomain) 是 $(\mathcal{C}^{op})^*$.)

引理中最后一句 "双射 $Y_{c,F}$ 对于 $c, F$ 是自然的" 可以解释如下: 若我们对乘积范畴 $\mathcal{C} \times \mathcal{C}^*$ 的对象和态射定义下述 $\mathbf{E}_{\mathcal{C}}$, $\forall f \in \mathcal{C}(c, c')$, $\eta \in \mathbf{Nat}(F, G)$:

$$\mathbf{E}_{\mathcal{C}}(c, F) = F(c), \quad \mathbf{E}_{\mathcal{C}}(f, \eta) = F(f)\eta_{c'} = \eta_c G(f), \tag{9.10}$$

那么 $\mathbf{E}_{\mathcal{C}} \in (\mathcal{C} \times \mathcal{C}^*)^*$, 称为 $\mathcal{C}$ 的*赋值函子* (evaluation functor).

类似地, 定义 $\mathbf{N}_{\mathcal{C}}$ 为 $\forall f \in \mathcal{C}(c, c')$, $\eta \in \mathbf{Nat}(F, G)$:

$$\mathbf{N}_{\mathcal{C}}(c, F) = \mathbf{Nat}(H_{\mathcal{C}}(c), F), \quad \mathbf{N}_{\mathcal{C}}(f, \eta) = \mathcal{C}^*(H_{\mathcal{C}}(f), \eta), \tag{9.11}$$

则 $\mathbf{N}_{\mathcal{C}} \in (\mathcal{C} \times \mathcal{C}^*)^*$, 这里, $\mathcal{C}^*(H_{\mathcal{C}}(f), \eta)$ 是由等式 (9.3) 确定的映射. 作为与 Yoneda 引理等价的推论, 我们有: $Y : (c, F) \mapsto Y_{c,F}$ 是从 $\mathbf{E}_{\mathcal{C}}$ 到 $\mathbf{N}_{\mathcal{C}}$ 的自然同构.

我们常将 Yoneda 引理中的双射简称为 "Yoneda *双射*".

### 9.1.4 泛箭和泛元素

**定义 9.1.1** 设 $F : \mathcal{C} \longrightarrow \mathcal{D}$ 为一个函子, $d \in v\mathcal{D}$. 所谓从 $d$ *到* $F$ *的泛箭* (the universal arrow) 是这样的对子

$$(c, g) \in v\mathcal{C} \times \mathcal{D}(d, F(c)),$$

对任意给定的对子 $(c', g') \in v\mathcal{C} \times \mathcal{D}(d, F(c'))$, 存在唯一 $f \in \mathcal{C}(c, c')$ 使得 $g' = g \cdot F(f)$. 此时, 也说态射 $g \in \mathcal{D}(d, F(c))$ 是从 $d$ *到* $F$ *的泛箭*. 换言之, $g \cdot F(-) : f \mapsto g \cdot F(f)$ 对每个 $c' \in v\mathcal{C}$ 都是从 $\mathcal{C}(c, c')$ 到 $\mathcal{D}(d, F(c'))$ 的双射; 或者说, $g \cdot F(-)$ 是函子 $\mathcal{C}(c, -)$ 到函子 $\mathcal{D}(d, F(-))$ 的自然同构.

如果 $F \in \mathcal{C}^*$ 而 $(c, g)$ 是从单点集 $*$ 到 $F$ 的泛箭, 那么映射 $g : * \longrightarrow F(c)$ 就由像元素 $x = g(*) \in F(c)$ 唯一确定. 此时我们把 $(c, x)$, 或更经常地, 把 $x$ 本身称为 $F$ 的*泛元素* (the universal element).

以下图 9.5 中两个交换图是对此二概念的图示. 从中可见, 对 $F \in \mathcal{C}^*$, 一个元素 $x \in F(c)$ 是 $F$ 的泛元素当且仅当对任意 $c' \in v\mathcal{C}$ 和任意 $y \in F(c')$, 存在唯一 $f \in \mathcal{C}(c, c')$ 使得 $F(f)(x) = y$. 由泛性质不难证明, 若 $x \in F(c)$ 是 $F$ 的一个泛元素, 则 $y \in F(c')$ 也是 $F$ 的泛元素的充要条件是存在同构 $f \in \mathcal{C}(c, c')$ 使得 $y = F(f)(x)$.

一个集值函子 $F \in \mathcal{C}^*$ 称为是*可表示的* (representable), 若 $F$ 与某个 $\mathcal{C}(c, -)$ 自然同构; 此时, 对象 $c \in v\mathcal{C}$ 称为 $F$ 的*表示对象* (representing object). 显然, $c$

是 $F$ 的表示对象当且仅当 $F(c)$ 包含 $F$ 的一个泛元素. 就是说, 集值函子 $F$ 可表示当且仅当 $F$ 有泛元素.

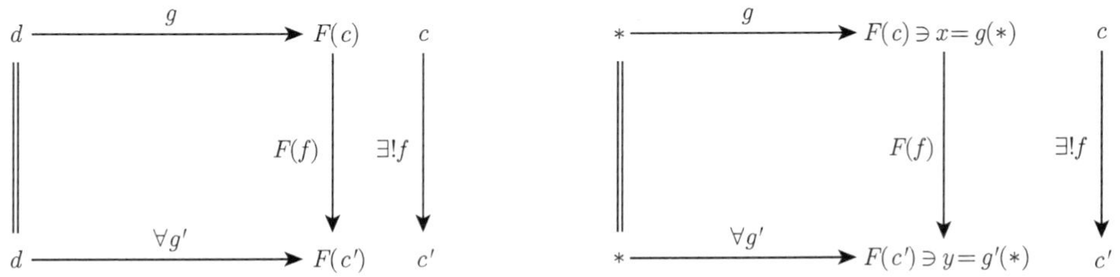


图 9.5

## 9.2 有子对象的范畴和有幂等元的半群

我们在本节介绍范畴中态射分类及其与半群中元素性质的密切关系.

称范畴 $\mathcal{C}$ 的态射 $f$ 是*单态射* (monomorphism), 若它*右可消* (right cancellable), 即, $gf = hf$ 蕴含 $g = h$; $f$ 称为是*右可裂的* (right split), 若存在 $g \in \mathcal{C}$ 使得 $fg = 1_{\mathrm{dom}\, f}$. 显然右可裂态射是单态射, 但其逆不真. 如字母表 $A$ 上自由幺半群 $A^*$ 可视为只有一个对象的范畴, 其每个非空字右可消, 从而是单态射, 但不右可裂. 对偶地, 左可消的态射称为是*满态射* (epimorphism). 自然也可定义*左可裂的*态射, 左可裂态射是特殊的满态射. 既单又满 (亦即既左又右可消) 的态射称为*平衡* (balanced) *态射*, 这是本章的核心概念之一. 我们将看到, 这是与一般富足性对应的概念. 最后, 一个既左又右可裂的态射称为一个*同构* (isomorphism). 这是与正则性对应的态射, 是 Nambooripad 在 [49, 53, 54] 中应用的核心概念.

下述命题容易从定义直接推出, 其证略.

**命题 9.2.1** *在任一范畴 $\mathcal{C}$ 中, 任二单射 (满射、平衡态射、左 (右) 可裂态射、同构) 之积, 只要存在, 则也是单射 (满射、平衡态射、左 (右) 可裂态射、同构).*

称范畴 $\mathcal{P}$ 是一个*前序* (preorder), 若对其任二对象 $c, d$, 态射集 $\mathcal{P}(c, d)$ 最多只包含一个元素; 不含非平凡同构 (即只有 $1_c (c \in v\mathcal{P})$ 是同构) 的前序称为*严格前序* (strict preorder). 我们之所以需要这两个概念, 因为半群 $S$ 的幂等元双序集中的两个拟序 $\omega^\ell, \omega^r$ 是我们要用范畴论手段来研究的重点, 而它们与 $S$ 中其余元素的关系, 特别是对于左、右富足半群、富足半群以及正则半群, 全蕴涵在幂等元生成的主左理想与主右理想及其在包含关系下自然形成的偏序集中. 为说明这种关系, 我们需要 "范畴的子对象关系" 这个概念 (参看 [37, 54]).

**定义 9.2.2** 称范畴 $\mathcal{C}$ *有子对象* (with subobjects), 若 $\mathcal{C}$ 有一个子范畴 $\mathcal{P}$, 满足

(1) $\mathcal{P}$ 是严格前序, 且 $v\mathcal{P} = v\mathcal{C}$;

(2) $\mathcal{P}$ 中每个态射都是单态射;

(3) 若态射 $f, g \in \mathcal{P}$, 有 $h \in \mathcal{C}$ 使得 $f = hg$, 则必有 $h \in \mathcal{P}$.

我们用 $c \subseteq d$ 表示 $\mathcal{P}(c,d) \neq \varnothing$, 其中唯一态射记为 $j_c^d$, 称为 $c$ 到 $d$ 的包含 (inclusion). 显然, $\subseteq$ 是 $v\mathcal{P} = v\mathcal{C}$ 上的一个偏序, 称为 $\mathcal{C}$ 的子对象关系 (the subobject relation of $\mathcal{C}$).

若包含 $j_c^d$ 右可裂, 即有 $\varrho \in \mathcal{C}(d,c)$, 使得 $j_c^d\varrho = 1_c$, 称 $\varrho$ 为一个收缩 (a retraction), 收缩自然左可裂, 从而是满态射.

由定义易知, 每个范畴 $\mathcal{C}$ 都可以选择 $1_{v\mathcal{C}}$ 为其平凡子对象关系成为有子对象的范畴. 很多范畴都有自然的非平凡子对象选择, 如集合范畴 **Set** 选择子集合; 群范畴 **Grp** 选择子群; 环范畴 **Ring** 选择子环等等. 我们需要的是有幂等元的半群与有子对象范畴的联系. 对此有下述引理、命题和定理:

**引理 9.2.3**　设 $S$ 为半群, 其幂等元集 $E(S) \neq \varnothing$. 定义范畴 $\mathbb{L}(S)$ 如下:

$$v\mathbb{L}(S) = \{Se : e \in E(S)\},$$
$$\mathbb{L}(S)(Se, Sf) = \{\rho : Se \longrightarrow Sf \,:\, (\forall s, t \in Se)(st)\rho = s(t\rho)\}, \quad \forall e, f \in E(S).$$

那么我们有

(1) $\forall e, f \in E(S), \mathbb{L}(S)(Se, Sf) \neq \varnothing$, 且 $\forall u \in eSf$,

$$u \longmapsto \rho(e,u,f) : Se \longrightarrow Sf \quad (\forall x \in Se), \quad x\rho(e,u,f) = xu$$

是从 $eSf$ 到 $\mathbb{L}(S)(Se, Sf)$ 上的双射;

(2) $\forall e, e', f, f' \in E(S), u \in eSf, u' \in e'Sf'$,

$$\rho(e,u,f) = \rho(e',u',f') \Leftrightarrow e \mathscr{L} e',\ f \mathscr{L} f',\ 且\ u' = e'u;$$

(3) $\rho(e,u,f), \rho(g,v,h)$ 可合成的充要条件是 $f \mathscr{L} g$, 且此时有

$$\rho(e,u,f)\rho(g,v,h) = \rho(e,uv,h).$$

**证明**　(1) $\forall e, f \in E(S), \rho \in \mathbb{L}(S)(Se, Sf)$, 记 $e\rho = u$, 不难验证 $u \in eSf$ 且 $\rho = \rho(e,u,f), x \mapsto xu, x \in Se$. 同时易知, 对任意 $u \in eSf, \rho(e,u,f) : x \mapsto xu$ 确是 $\mathbb{L}(S)(Se, Sf)$ 中的一个态射. 这说明 $u \longmapsto \rho(e,u,f)$ 是从 $eSf$ 到 $\mathbb{L}(S)(Se, Sf)$ 的满射. 如果 $\rho(e,u,f) = \rho(e,v,f), u, v \in eSf$, 那么 $u = eu = e\rho(e,u,f) = e\rho(e,v,f) = ev = v$. 故这是双射.

(2) 若 $\rho(e,u,f) = \rho(e',u',f')$, 则 $Se = Se', Sf = Sf'$, 故 $e \mathscr{L} e', f \mathscr{L} f'$; 进而

$$u' = e'u' = e'\rho(e',u',f') = e'\rho(e,u,f) = e'u.$$

其逆易直接验证.

(3) 由范畴中部分合成的定义, $\rho(e,u,f),\rho(g,v,h)$ 可合成的充要条件是 $Sf=Sg$, 即 $f\ \mathscr{L}\ g$, 且此时 $\forall x\in Se$ 有

$$x\rho(e,u,f)\rho(g,v,h)=xuv=x\rho(e,uv,h),$$

故 $\rho(e,u,f)\rho(g,v,h)=\rho(e,uv,h)$. □

**注记 9.2.4** 由引理 9.2.3 可知, $\forall e\in E(S)$, $\mathbb{L}(S)(Se,Se)$ 中的恒等态射有形

$$1_{Se}=\rho(e,e,e)=\rho(e,e,f)=\rho(f,f,e)=\rho(f,f,f),\quad \forall f\in E(L_e).$$

应当指出, 尽管右平移 $e_r$ 和 $f_r$ 在 $Se=Sf$ 上的限制也都是其上的恒等映射, 但在态射集

$$\mathbb{L}(S)(Se,Se)=\mathbb{L}(S)(Se,Sf)=\mathbb{L}(S)(Sf,Se)=\mathbb{L}(S)(Sf,Sf)$$

中没有形为 $\rho(e,f,e)=\rho(e,f,f)$ 和 $\rho(f,e,e)=\rho(f,e,f)$ 的态射, 因为当 $e\ \mathscr{L}\ f$ 但 $e\neq f$ 时, 我们有 $e\notin fS$ 且 $f\notin eS$. 这说明, 不是任何右平移 (在主左 $*$-理想的限制) 都是 $\mathbb{L}(S)$ 中的态射!

$\mathbb{L}(S)$ 称为 $S$ 的主左 $*$-理想范畴 (the category of principal left $*$-ideals of $S$). 该范畴中的态射与 $S$ 的 Green 关系及 $*$-Green 关系有以下命题所述紧密联系. 特别地, 幂等元双序中之拟序 $\omega^\ell$ 确定了 $\mathbb{L}(S)$ 有一个自然的子对象关系, 即幂等元生成主左理想之包含关系 $\subseteq$.

**命题 9.2.5** 设 $S,\mathbb{L}(S)$ 定义如引理 9.2.3, $e,f\in E(S),u\in eSf,\rho=\rho(e,u,f)$. 我们有

(1) $e\ \mathscr{R}^*\ u\Rightarrow\rho$ 是单态射; $e\ \mathscr{R}\ u\Rightarrow\rho$ 右可裂.

(2) $u\ \mathscr{L}^*\ f\Rightarrow\rho$ 是满态射; $u\ \mathscr{L}\ f\Rightarrow\rho$ 左可裂.

(3) $e\ \mathscr{R}^*\ u\ \mathscr{L}^*\ f\Rightarrow\rho$ 是平衡态射; $e\ \mathscr{R}\ u\ \mathscr{L}\ f\Rightarrow\rho$ 是同构.

(4) 定义 $\mathbb{L}(S)$ 的子范畴 $\mathbb{P}_\ell(S)$ 为: $v\mathbb{P}_\ell(S)=v\mathbb{L}(S)$ 且 $\forall e,f\in E(S)$,

$$\mathbb{P}_\ell(S)(Se,Sf)=\begin{cases}\{\rho(e,e,f)\}, & e\,\omega^\ell\,f,\\ \varnothing, & \text{否则},\end{cases}$$

那么 $\mathbb{P}_\ell(S)$ 是 $\mathbb{L}(S)$ 的一个子对象选择, 其子对象关系为

$$\forall e,f\in E(S),\quad Se\subseteq Sf\Leftrightarrow e\,\omega^\ell\,f.$$

(5) $\mathbb{L}(S)$ 中每个包含 $\rho(e,e,f)(e\,\omega^\ell\,f)$ 都右可裂; 每个收缩恰有形

$$\rho(f,g,e),\ g\in E(L_e)\cap\omega(f).$$

**证明**　(1) 设 $e\,\mathcal{R}^*\,u$, 我们证明 $\rho$ 是单射, 从而是单态射. 事实上, $\forall x,y\in Se$, 若 $x\rho(e,u,f)=y\rho(e,u,f)$, 即 $xu=yu$, 那么由 $e\mathcal{R}^*u$ 和 $x,y\in Se$ 立得 $x=xe=ye=y$.

若 $e\,\mathscr{R}\,u$, 则 $u$ 正则, 故有 $g'\in E(L_u)$. 由 $uf=u$ 得 $g'f=g'$, 如此

$$g=fg'\in E(L_{g'})\cap\omega(f)=E(L_u)\cap\omega(f).$$

这样, 存在 $u'\in V(u)\cap L_e\cap R_g$, 有 $fu'e=fgu'e=gu'e=u'$, 故 $\rho(f,u',e)\in\mathbb{L}(S)$, 使得

$$\rho(e,u,f)\rho(f,u',e)=\rho(e,uu',e)=\rho(e,e,e)=1_{Se}.$$

这证明了 $\rho(e,u,f)$ 右可裂.

(2) 设 $u\,\mathscr{L}^*\,f$, 为证 $\rho$ 是满态射, 设

$$\rho(e,u,f)\rho(f,x,g)=\rho(e,u,f)\rho(f,y,g),\quad x,y\in fSg,$$

即 $\rho(e,ux,g)=\rho(e,uy,g)$. 因为 $ux,uy\in eSg$, 由引理 9.2.3(1), 得 $ux=uy$, 于是 $x=fx=fy=y$. 故 $\rho(f,x,g)=\rho(f,y,g)$, 即 $\rho$ 是满态射.

若 $u\,\mathscr{L}\,f$, 则 $u$ 正则, 故有 $g'\in E(R_u)$. 由 $eu=u$ 得 $eg'=g'$. 如此

$$g=g'e\in E(R_{g'})\cap\omega(e)=E(R_u)\cap\omega(e).$$

这样, 存在 $u'\in V(u)\cap R_f\cap L_g$, 有 $fu'e=fu'ge=fu'g=u'$, 故 $\rho(f,u',e)\in\mathbb{L}(S)$, 使得

$$\rho(f,u',e)\rho(e,u,f)=\rho(f,u'u,f)=\rho(f,f,f)=1_{Sf}.$$

这证明了 $\rho(e,u,f)$ 左可裂.

(3) 是 (1) 与 (2) 的推论.

(4) 由 $\mathbb{P}_\ell(S)$ 的定义易知它是以 $S$ 的幂等元生成主左-理想之间的自然包含关系为偏序的偏序集, 且每个包含 $j_{Se}^{Sf}=\rho(e,e,f)(e\,\omega^\ell\,f)$ 是 $Se$ 向 $Sf\supseteq Se$ 的单射, 从而是单态射. 为证 $\mathbb{P}_\ell(S)$ 满足定义 9.2.2 之条件 (3), 设 $e\,\omega^\ell\,f$, $g\,\omega^\ell\,f$ 且有 $\rho(e,u,g)\in\mathbb{L}(S)$ 使得 $\rho(e,e,f)=\rho(e,u,g)\rho(g,g,f)$. 由引理 2.2.2(1), 易得 $e=ug$, 于是 $eg=ug^2=ug=e$, 即 $e\,\omega^\ell\,g$, 且因为 $u\in eSg$, 有 $e=ug=u$. 故得 $\rho(e,u,g)=\rho(e,e,g)=j_{Se}^{Sg}\in\mathbb{P}_\ell(S)$.

(5) 设 $e\,\omega^\ell\,f$. 我们知道 $fe\in E(L_e)\cap\omega(f)$. 对任意 $g\in E(L_e)\cap\omega(f)$, 有 $\rho(f,g,e)\in\mathbb{L}(S)$ 且

$$j_{Se}^{Sf}\rho(f,g,e)=\rho(e,e,f)\rho(f,g,e)=\rho(e,eg,e)=\rho(e,e,e)=1_{Se}.$$

这证明了 $\rho(f,g,e)$ 是从 $Sf$ 到 $Se$ 上的收缩.

反之, 若 $\rho=\rho(f,u,e)\in\mathbb{L}(S)(Sf,Se), u\in fSe$ 是从 $Sf$ 到 $Se$ 上的收缩, 即 $e\,\omega^{\ell}f$, 且

$$\rho(e,e,f)\rho(f,u,e)=1_{Se},$$

易知 $u=f\rho\in Se$, 且有

$$uf=uef=ue=u,$$

$$u^2=u(f\rho)=(uf)\rho=u\rho=uj_{Se}^{Sf}\rho=u1_{Se}=u,$$

$$eu=e(f\rho)=(ef)\rho=e\rho=ej_{Se}^{Sf}\rho=e1_{Se}=e.$$

这证明了 $u\in E(L_e)\cap\omega(f)$. 这样我们不但证明了 $j_{Se}^{Sf}=\rho(e,e,f)$ 右可裂, 且证明了从 $Sf$ 到 $Se$ 的收缩恰有形 $\rho(f,g,e)$, $g\in E(L_e)\cap\omega(f)$. □

**注记 9.2.6** 当 $e\,\omega^{\ell}\,f$ 时, 从 $Sf$ 到 $Se$ 的收缩之集与 $\{g\in E(L_e)\cap\omega(f)\}$ 有双射. 故收缩一般不唯一.

**定理 9.2.7** 设 $S,\mathbb{L}(S)$ 定义如引理 9.2.3, $\rho=\rho(e,u,f)\in\mathbb{L}(S)(Se,Sf)$. 我们有

(1) 若 $S$ 右富足, 则 $\rho$ 是单态射 $\Leftrightarrow e\,\mathscr{R}^*\,u$; $\rho$ 右可裂 $\Leftrightarrow e\,\mathscr{R}\,u$.

(2) 若 $S$ 左富足, 则 $\rho$ 是满态射 $\Leftrightarrow u\,\mathscr{L}^*\,f$; $\rho$ 左可裂 $\Leftrightarrow u\,\mathscr{L}\,f$.

(3) 若 $S$ 富足, 则 $\rho$ 是平衡态射 $\Leftrightarrow e\,\mathscr{R}^*\,u\,\mathscr{L}^*\,f$; $\rho$ 是同构 $\Leftrightarrow e\,\mathscr{R}\,u\,\mathscr{L}\,f$.

**证明** 因 (3) 是 (1)(2) 的推论且命题 9.2.5 已证 (1)(2) 中论述的充分性, 我们只需证它们的必要性.

(1) 设 $\rho=\rho(e,u,f)$ 是单态射. 由 $S$ 右富足, 存在 $g'\in E(R_u^*)$. 因 $eu=u$, 我们有 $eg'=g'$. 故 $g=g'e\in E(R_{g'})\cap\omega(e)=E(R_u^*)\cap\omega(e)$, 从而

$$\rho(e,g,g)\in\mathbb{L}(S)(Se,Sg),\quad \rho(g,u,f)\in\mathbb{L}(S)(Sg,Sf)$$

满足

$$\forall x\in Se,\ x\rho(e,g,g)\rho(g,u,f)=xgu=xu=x\rho(e,u,f),$$

即 $\rho(e,g,g)\rho(g,u,f)=\rho(e,u,f)$. 因为 $\rho(e,u,f)$ 是单态射, 其左因子 $\rho(e,g,g)$ 也是单态射; 另一方面, 不难验证

$$\rho(e,g,e)\rho(e,g,g)=\rho(e,e,e)\rho(e,g,g),$$

故由 $\rho(e,g,g)$ 是单态射得 $\rho(e,g,e)=\rho(e,e,e)$. 再由引理 9.2.3(1) 立得 $e=g$. 因而 $e\,\mathscr{R}^*\,u$.

设 $\rho=\rho(e,u,f)$ 右可裂, 即有 $v\in fSe$, 使得

$$\rho(e,u,f)\rho(f,v,e)=1_{Se}=\rho(e,e,e).$$

那么有 $uv = e$, 但我们已有 $u = eu$, 故得 $e \mathscr{R} u$.

(2) 设 $\rho(e,u,f)$ 是满态射. 由 $S$ 左富足, 存在 $h' \in E(L_u^*)$. 因 $uf = u$, 我们有 $h'f = h'$, 故 $h = fh' \in E(L_u^*) \cap \omega(f)$. 于是 $\rho(e,u,h), \rho(h,h,f) \in \mathbb{L}(S)$ 使得

$$\rho(e,u,f) = \rho(e,u,h)\rho(h,h,f).$$

如此, 作为满态射 $\rho(e,u,f)$ 的右因子, $\rho(h,h,f)$ 也是满态射. 另一方面, 不难验证

$$\rho(h,h,f)\rho(f,h,f) = \rho(h,h,f)\rho(f,f,f),$$

故得 $\rho(f,h,f) = \rho(f,f,f)$, 即 $h = f$, 从而 $f \mathscr{L}^* u$.

设 $\rho = \rho(e,u,f)$ 左可裂, 即有 $v \in fSe$ 使得

$$\rho(f,v,e)\rho(e,u,f) = 1_{Sf} = \rho(f,f,f).$$

那么有 $vu = f$, 但我们已有 $u = uf$, 故得 $u \mathscr{L} f$. □

对偶地, 我们有主右 $*$-理想范畴$\mathbb{R}(S) = \mathbb{L}(S^{op})$, 其中, $S^{op} = (S,\cdot)$, $a \cdot b = ba$. 其定义和性质如以下引理、命题和定理所示, 其证略.

**引理 9.2.8** 设 $S$ 为半群, 其幂等元集 $E(S) \neq \varnothing$. 定义范畴 $\mathbb{R}(S)$ 如下:

$$v\mathbb{R}(S) = \{eS \mid e \in E(S)\},$$

$$\mathbb{R}(S)(eS, fS) = \{\lambda : eS \longrightarrow fS \mid (\forall s,t \in eS)\lambda(st) = \lambda(s)t\}, \quad \forall e,f \in E(S).$$

那么我们有

(1) $\forall e,f \in E(S), \mathbb{R}(S)(eS,fS) \neq \varnothing$, 且 $\forall u \in fSe$,

$$u \longmapsto \lambda(e,u,f) : eS \longrightarrow fS \quad (\forall x \in eS), \quad \lambda(e,u,f)(x) = ux$$

是从 $fSe$ 到 $\mathbb{R}(S)(eS,fS)$ 上的双射;

(2) $\forall e,e',f,f' \in E(S), u \in fSe, u' \in f'Se', \lambda(e,u,f) = \lambda(e',u',f') \Leftrightarrow e \mathscr{R} e'$, $f \mathscr{R} f'$ 且 $u' = ue'$;

(3) $\lambda(e,u,f), \lambda(g,v,h)$ 可合成的充要条件是 $f \mathscr{R} g$, 且此时有

$$\lambda(e,u,f)\lambda(g,v,h) = \rho(e,vu,h),$$

即 $\forall x \in eS$ 有

$$\begin{aligned}(\lambda(e,u,f)\lambda(g,v,h))(x) &= \lambda(g,v,h)[\lambda(e,u,f)(x)]\\ &= \lambda(g,v,h)(ux) = v(ux) = (vu)x\\ &= \lambda(e,vu,h)(x).\end{aligned}$$

**命题 9.2.9** 设 $S, \mathbb{R}(S)$ 定义如引理 9.2.8, $e, f \in E(S), u \in fSe, \lambda = \lambda(e, u, f)$. 我们有

(1) $e \mathscr{L}^* u \Rightarrow \lambda$ 是单态射; $e \mathscr{L} u \Rightarrow \lambda$ 右可裂.

(2) $u \mathscr{R}^* f \Rightarrow \lambda$ 是满态射; $u \mathscr{R} f \Rightarrow \lambda$ 左可裂.

(3) $e \mathscr{L}^* u \mathscr{R}^* f \Rightarrow \lambda$ 是平衡态射; $e \mathscr{L} u \mathscr{R} f \Rightarrow \lambda$ 是同构.

(4) 定义 $\mathbb{R}(S)$ 的子范畴 $\mathbb{P}_r(S)$ 为: $v\mathbb{P}_r(S) = v\mathbb{R}(S)$ 且 $\forall e, f \in E(S)$,

$$\mathbb{P}_r(S)(eS, fS) = \begin{cases} \{\lambda(e, e, f)\}, & e\,\omega^r\, f, \\ \varnothing, & \text{否则}, \end{cases}$$

那么 $\mathbb{P}_r(S)$ 是 $\mathbb{R}(S)$ 的一个子对象选择, 其子对象关系为

$$\forall e, f \in E(S), \quad eS \subseteq fS \Leftrightarrow e\,\omega^r\, f.$$

(5) $\mathbb{R}(S)$ 中每个包含 $\lambda(e, e, f)(e\,\omega^r\, f)$ 都右可裂; 每个收缩恰有形

$$\lambda(f, g, e),\ g \in E(R_e) \cap \omega(f).$$

**定理 9.2.10** 设 $S, \mathbb{R}(S)$ 定义如引理 9.2.8, $\lambda = \lambda(e, u, f) \in \mathbb{R}(S)(eS, fS)$. 我们有

(1) 若 $S$ 左富足, 则 $\lambda$ 是单态射 $\Leftrightarrow e \mathscr{L}^* u$; $\lambda$ 左可裂 $\Leftrightarrow e \mathscr{L} u$.

(2) 若 $S$ 右富足, 则 $\lambda$ 是满态射 $\Leftrightarrow u \mathscr{R}^* f$; $\lambda$ 右可裂 $\Leftrightarrow u \mathscr{R} f$.

(3) 若 $S$ 富足, 则 $\lambda$ 是平衡态射 $\Leftrightarrow e \mathscr{L}^* u \mathscr{R}^* f$; $\lambda$ 是同构 $\Leftrightarrow e \mathscr{L} u \mathscr{R} f$.

## 9.3 态射的因子分解

为了用范畴准确描述半群的左、右富足性, 我们需要讨论有子对象范畴 $\mathcal{C}$ 中态射的因子分解 (factorization).

**定义 9.3.1** 设 $\mathcal{C}$ 是有子对象的范畴. 称态射 $f \in \mathcal{C}$ 有满-包含因子分解 (epi-inclusion factorizations of $f$), 若有满态射 $p$ 和包含 $j$, 使得 $f = pj$. 如果这样的因子分解是唯一的, 我们就称该唯一的 $p$ 为 $f$ 的满成分 (the epi component of $f$), 记为 $f^\circ$; 称该唯一的 $j$ 为 $f$ 的包含成分 (the inclusion component of $f$), 记为 $j_f$. 此时, 称 $\operatorname{cod} p = \operatorname{dom} j$ 为 $f$ 的像 (the image of $f$), 记为 $\operatorname{im} f$.

若态射 $f \in \mathcal{C}$ 有因子分解 $f = euj$, 其中 $e$ 是收缩, $j$ 是包含, 而 $u$ 是平衡态射, 那么称 $f = euj$ 为 $f$ 的平衡 (balanced) 因子分解; 特别地, 若 $u$ 是同构, 则称 $f = euj$ 为 $f$ 的正规 (normal) 因子分解. 两种情形下, 均称 $\operatorname{dom} u = \operatorname{cod} e$ 为 $f$ 的一个余像 (coimage), 余像之集记为 $\operatorname{coim} f$.

熟知, 在集合范畴 **Set** 中, 每个态射 (即集合间的通常映射) 都有正规因子分解, 有像 (即映射的像集), 一般有多个余像 (选择公理). Nambooripad 证明了, 任一正则半群 $S$ 的主左右理想范畴 $\mathbb{L}(S)$, $\mathbb{R}(S)$ 也是每个态射都有正规因子分解 (从而有像) 的范畴. 我们将举例说明, 存在左富足半群, 其主左 $*$-理想范畴有唯一因子分解 (从而有像), 但有态射无平衡因子分解; 也存在富足半群, 其主左理想范畴有唯一因子分解, 每个态射有平衡因子分解, 但有态射无正规因子分解. 这说明, 范畴中态射的因子分解可以区分半群中元素的左、右富足性, 富足性和正则性.

**命题 9.3.2** 设范畴 $\mathcal{C}$ 有子对象 $\mathcal{P}$, 每个态射有满-包含因子分解且每个包含都右可裂, 则

(1) $\mathcal{C}$ 中每个态射 $f$ 都有唯一满-包含因子分解, 因而 $f$ 有像.

(2) 若 $p \in \mathcal{C}$ 为满态射, 则 $j_p = 1_{\operatorname{cod} p}$, 从而 $p^\circ = p$, $\operatorname{im} p = \operatorname{cod} p$; 若 $p$ 有平衡因子分解, 则其平衡因子分解有形 $p = eu$, 其中 $e$ 是收缩, $u$ 是平衡态射.

(3) 每个单态射 $f \in \mathcal{C}$ 都有平衡因子分解, 形为 $f = uj_f$, $u$ 平衡. 即 $u = f^\circ$, 因而单态射 $f$ 以 $\operatorname{dom} f$ 为其唯一余像.

**证明** (1) 设 $f = xj = yj'$ 是 $f \in \mathcal{C}$ 的任二满-包含因子分解, $x, y$ 为满态射, $j, j'$ 为包含. 由 $j, j'$ 右可裂, 有 $v, v' \in \mathcal{C}$ 使得 $jv = 1_{\operatorname{dom} j}$, $j'v' = 1_{\operatorname{dom} j'}$. 由此可得

$$xjv'j' = yj'v'j' = yj' = xj, \quad yj'vj = xjvj = xj = yj'.$$

由 $x, y$ 为满态射得 $j = jv'j'$, $j' = j'vj$. 记 $i' = jv'$, $i = j'v$. 由子对象 $\mathcal{P}$ 的定义, 有 $i', i \in \mathcal{P}$, 且

$$\begin{aligned} xi'i = xjv'j'v = yj'v'j'v = yj'v = xjv = x \overset{x\text{满}}{\Rightarrow} i'i = 1_{\operatorname{dom} j}, \\ yii' = yj'vjv' = xjvjv' = xjv' = yj'v' = y \overset{y\text{满}}{\Rightarrow} ii' = 1_{\operatorname{dom} j'}. \end{aligned}$$

因为 $\mathcal{P}$ 是严格前序, 无非平凡同构, 得 $\operatorname{dom} j = \operatorname{dom} j'$, $i = i' = 1_{\operatorname{dom} j}$, 从而 $j = j'$, 且由 $j = j'$ 单得 $x = y$.

(2) 因为偏序 $\subseteq$ 有自反性, 按定义, 对任意 $c \in v\mathcal{C}$, 应有 $1_c$ 是 (平凡) 包含. $p \in \mathcal{C}$ 既是满态射, 而 $p = p1_{\operatorname{cod} p}$ 自然是其一个满-包含因子分解. 这种因子分解既然唯一, 当然有 $p^\circ = p$, $\operatorname{im} p = \operatorname{cod} p$ 且 $j_p = 1_{\operatorname{cod} p}$. 如此 $p$ 的平衡因子分解若存在, 则必有形 $p = eu$, $e$ 为收缩, $u$ 为平衡态射.

(3) 若 $f \in \mathcal{C}$ 为单态射, 由 (1) 有 $f = f^\circ j_f$ 为其唯一因子分解. 但作为单态射的左因子, 满态射 $f^\circ$ 也必是单的, 因而是平衡态射. 由此知, $f$ 只有唯一平衡因子分解, 其中的收缩左因子是 $1_{\operatorname{dom} f}$, 因而它只有唯一余像, 即 $\operatorname{dom} f$. □

**推论 9.3.3** 设范畴 $\mathcal{C}$ 有子对象 $\mathcal{P}$, 每个态射有满-包含因子分解且每个包含

都右可裂, 则对任意 $f, g \in \mathcal{C}$, 若 $fg$ 存在, 则

$$(fg)^\circ = f^\circ(j_f g)^\circ, \quad j_{fg} = j_{j_f g}.$$

**证明** 由命题 9.3.2, $\mathcal{C}$ 中每个态射有唯一满-包含因子分解, 若 $fg$ 有定义, 则

$$(fg)^\circ j_{fg} = fg = (f^\circ j_f)g = f^\circ(j_f g) = f^\circ(j_f g)^\circ j_{j_f g}.$$

因满态射之积仍满且每个态射满-包含因子分解唯一, 得 $(fg)^\circ = f^\circ(j_f g)^\circ$, $j_{fg} = j_{j_f g}$. □

半群 $S$ 中元素的左、右富足性与 $\mathbb{L}(S)$ 中态射的因子分解有自然联系, 如以下定理所述.

**定理 9.3.4** 设 $e, f \in E(S)$, $\rho = \rho(e, u, f) \in \mathbb{L}(S)$, $u \in eSf$. 我们有

(1) 若 $u$ 左富足, 则 $\rho$ 有唯一满-包含因子分解:

$$\rho = \rho(e, u, f) = \rho(e, u, u^*)\rho(u^*, u^*, f), \quad u^* \in E(L_u^*) \cap \omega(f).$$

从而 $\rho$ 有 (唯一) 像 $Su^*$, $u^* \in E(L_u^*) \cap \omega(f)$, 因而

$$\rho^\circ = \rho(e, u, u^*), \quad j_\rho = \rho(u^*, u^*, f), \quad u^* \in E(L_u^*) \cap \omega(f)$$

分别是 $\rho$ 的满成分和包含成分.

(2) 若 $u$ 右富足, 且 $\rho$ 是满态射, 则 $\rho$ 有平衡因子分解, 其所有平衡因子分解之集为

$$\{\rho(e, u, f) = \rho(e, u^+, u^+)\rho(u^+, u, u^*) \ : \ u^+ \in E(R_u^*) \cap \omega(e)\},$$

该集合与集合 $E(R_u^*) \cap \omega(e)$ 成双射, 其每个收缩因子 $\rho(e, u^+, u^+)$, $u^+ \in E(R_u^*) \cap \omega(e)$ 有左逆 (包含)$j_{Su^+}^{Se} = \rho(u^+, u^+, e)$.

(3) 若 $S$ 富足, 则 $\mathbb{L}(S)$ 中每个态射都有唯一因子分解, 从而有像. 进而, 每个态射都有平衡因子分解, 形为

$$\rho(e, u, f) = \rho(e, u^+, u^+)\rho(u^+, u, u^*)\rho(u^*, u^*, f),$$
$$u^+ \in E(R_u^*) \cap \omega(e), \quad u^* \in E(L_u^*) \cap \omega(f).$$

特别地, 当 $u \in eSf \cap \operatorname{Reg} S$ 时, $\rho(e, u, f)$ 的上述平衡分解实为正规分解.

**证明** (1) 由 $u$ 左富足, 存在 $h' \in E(L_u^*)$. 因为 $uf = u$, 得 $h'f = h'$, 故 $u^* = fh' \in E(L_u^*) \cap \omega(f)$. 由命题 9.2.5(2), $\rho(e, u, u^*) \in \mathbb{L}(S)$ 是满态射且 $\rho(u^*, u^*, f) = j_{Su^*}^{Sf}$ 是包含, 而 $\rho = \rho(e, u, f) = \rho(e, u, u^*)\rho(u^*, u^*, f)$. 注意到命题

9.2.5(5) 已证: $\mathbb{L}(S)$ 中每个包含都右可裂, 故由命题 9.3.2(1) 知 $\rho$ 有唯一因子分解. 于是

$$\rho^{\circ}=\rho(e,u,u^*),\quad j_\rho=\rho(u^*,u^*,f),\quad u^*\in E(L_u^*)\cap\omega(f)$$

分别是 $\rho$ 的满成分和包含成分.

(2) 设 $u$ 右富足, 且 $\rho=\rho(e,u,f)$ 是满态射. 因为满态射都有自然因子分解, 故同理 $\rho$ 也有唯一因子分解. 不但如此, 由 $u$ 右富足, 有 $g'\in E(R_u^*)$. 由 $eu=u$ 可得 $eg'=g'$, 于是 $u^+=g'e\in E(R_u^*)\cap\omega(e)$. 对任意 $u^+\in E(R_u^*)\cap\omega(e)$, 有 $\rho(e,u^+,u^+),\rho(u^+,u,f)\in\mathbb{L}(S)$ 且

$$\rho(e,u,f)=\rho(e,u^+,u^+)\rho(u^+,u,f),$$

$$j_{Su^+}^{Se}\rho(e,u^+,u^+)=\rho(u^+,u^+,e)\rho(e,u^+,u^+)=\rho(u^+,u^+,u^+)=1_{Su^+}.$$

因 $\rho(e,u,f)$ 是满态射, 由定理 9.2.7(2), $u\,\mathscr{L}^*\,f$, 故 $\rho(u^+,u,f)=\rho(u^+,u,u^*)$ 是平衡态射. 故 $\rho$ 有平衡因子分解. 又, $E(R_u^*)$ 中任二不同元素不可能 $\mathscr{L}$-相关, 因此以上平衡因子分解式之集恰与 $E(R_u^*)\cap\omega(e)$ 之间有双射.

(3) 第一个结论是 (1) 和 (2) 的推论. 当 $u\in eSf\cap Reg\,S$ 时, 我们有 $R_u^*=R_u$, $L_u^*=L_u$, 故由命题 9.2.5(3), 上述平衡因子分解中之 $\rho(u^+,u,u^*)$ 为同构, 故为正规因子分解. □

由于 $\mathbb{R}(S)$ 与 $\mathbb{L}(S)$ 具有左右对偶性, 我们有以下对偶结论. 其证略.

**定理 9.3.5**　设 $e,f\in E(S)$, $\lambda=\lambda(e,u,f)\in\mathbb{R}(S)$, $u\in fSe$. 我们有

(1) 若 $u$ 右富足, 则 $\lambda$ 有唯一因子分解:

$$\lambda=\lambda(e,u,f)=\lambda(e,u,u^+)\lambda(u^+,u^+,f),\quad u^+\in E(R_u^*)\cap\omega(f).$$

从而 $\lambda$ 有像 $u^+S$, $u^+\in E(R_u^*)\cap\omega(f)$, 因而

$$\lambda^{\circ}=\lambda(e,u,u^+),\quad j_\lambda=\lambda(u^+,u^+,f)=j_{u^+S}^{fS},\quad u^+\in E(R_u^*)\cap\omega(f)$$

分别是 $\lambda$ 的满成分和包含成分.

(2) 若 $u$ 左富足, 且 $\lambda$ 是满态射, 则 $\lambda$ 有平衡因子分解, 其所有平衡因子分解之集为

$$\{\lambda(e,u,f)=\lambda(e,u^*,u^*)\lambda(u^*,u,f)\,|\,u^*\in E(L_u^*)\cap\omega(e)\},$$

该集合与集合 $E(L_u^*)\cap\omega(e)$ 成双射, 其每个收缩因子 $\lambda(e,u^*,u^*)$, $u^*\in E(L_u^*)\cap\omega(e)$ 有左逆 (包含)$j_{u^*S}^{eS}=\lambda(u^*,u^*,e)$.

(3) 若 $S$ 富足, 则 $\mathbb{R}(S)$ 中每个态射都有唯一因子分解, 从而有像. 进而, 每个态射都有平衡因子分解, 形为

$$\lambda(e,u,f) = \lambda(e,u^*,u^*)\lambda(u^*,u,u^+)\lambda(u^+,u^+,f),$$

$$u^+ \in E(R_u^*) \cap \omega(f), \quad u^* \in E(L_u^*) \cap \omega(e).$$

特别地, 当 $u \in fSe \cap \operatorname{Reg} S$ 时, $\lambda(e,u,f)$ 的上述平衡分解实为正规分解.

我们用几个具体例子对以上概念和结论给出一些形象解释.

**例 9.3.6** 设 $\mathbb{X}$ 是有基数 $p = |\mathbb{X}|$ 的无限集, $q$ 是无限基数满足 $p \geqslant q$. 记

$$\mathbf{M}_r^{(p,q)} = \{\xi \in \mathscr{T}_r(\mathbb{X}) : \xi \text{ 是单映射, 使得 } |\mathbb{X} \setminus \mathbb{X}\xi| = q\} \cup \{e = 1_{\mathbb{X}}\},$$

此处, $\mathscr{T}_r(\mathbb{X})$ 是集 $\mathbb{X}$ 上的右全变换半群, 即变换 $\xi$ 作用在 $x \in \mathbb{X}$ 的右边.

由 [9] 的引理 8.2.3 和定理 8.2.5, 我们知道 $S = \mathbf{M}_r^{(p,q)} \setminus \{e\}$ 是一个右单右可消的无幂等元半群——所谓$(p,q)$ 型 Baer-Levi 半群. 为完整起见, 我们给出以下命题加以验证.

**命题 9.3.7** 令 $\mathbf{M}_r^{(p,q)}$ 定义如例 9.3.6. 则 $\mathbf{M}_r^{(p,q)}$ 是一个右富足但非左富足的幺半群. 视 $\mathbf{M}_r^{(p,q)}$ 为有唯一对象的范畴, 则其每个非单位态射都是单态射但非满态射. 因此每个非单位态射无任何平衡因子分解.

**证明** 因 $S$ 是右变换幺半群 $\mathscr{T}_r(\mathbb{X})$ 的子集, 只需证 $\forall \xi, \eta \in S$, $\xi\eta \in S$ 即知其为半群. 事实上, 因单射之积仍单, 故 $\xi\eta$ 是单映射. 进而有 $\mathbb{X} \setminus \mathbb{X}\xi\eta = (\mathbb{X} \setminus \mathbb{X}\xi) \dot\cup (\mathbb{X}\xi \setminus \mathbb{X}\xi\eta)$ 为无交并. 由 $\eta$ 单, $\eta$ 向 $\mathbb{X} \setminus \mathbb{X}\xi$ 的限制是到 $\mathbb{X}\eta \setminus \mathbb{X}\xi\eta$ 上的双射. 故可知 $|\mathbb{X} \setminus \mathbb{X}\xi\eta| = 2q = q$, 因为 $q$ 是无限基数. 这证明了 $S$ 是半群.

同样证明可知, 对任意 $\xi \in S$, 集 $\mathbb{X}\xi \setminus \mathbb{X}\xi^2$ 不空, 从而 $\xi^2 \neq \xi$, 即 $S$ 无幂等元.

我们证明 $S$ 右单右消. 假设 $\xi, \eta, \zeta \in S$ 满足 $\xi\zeta = \eta\zeta$, 即 $\forall x \in \mathbb{X}$ 有 $(x\xi)\zeta = (x\eta)\zeta$, 则 $\zeta$ 的单性即可推出 $x\xi = x\eta$, $\forall x \in \mathbb{X}$. 这证明了 $\xi = \eta$, 故 $S$ 右消.

对任意 $\xi, \eta \in S$, 由无限基数的特征性质, 存在一个划分 $\mathbb{X}\setminus\mathbb{X}\xi = \mathbb{X}_1 \dot\cup \mathbb{X}_2$ 满足 $|\mathbb{X}_1| = |\mathbb{X}_2| = |\mathbb{X}\setminus\mathbb{X}\xi| = q$ 且 $\mathbb{X}_1 \cap \mathbb{X}_2 = \varnothing$. 由 $\xi, \eta$ 是单映射, 易知 $y\xi \mapsto y\eta$ $(y \in \mathbb{X})$ 是从 $\mathbb{X}\xi$ 到 $\mathbb{X}\eta$ 上的双射. 由 $|\mathbb{X}_1| = |\mathbb{X} \setminus \mathbb{X}\xi| = q$, 存在无限多个从 $\mathbb{X} \setminus \mathbb{X}\xi$ 到 $\mathbb{X}_1$ 上的双射. 取定一个这样的双射 $\zeta$, 定义 $\lambda$ 如下:

$$\forall x \in \mathbb{X}, \quad x\lambda = \begin{cases} y\eta, & x = y\xi \in \mathbb{X}\xi, \\ x\zeta, & x \in \mathbb{X} \setminus \mathbb{X}\xi. \end{cases}$$

易知, $\lambda \in \mathscr{T}_r(\mathbb{X})$ 且 $|\mathbb{X} \setminus \mathbb{X}\lambda| = |\mathbb{X}_2| = q$. 由于 $\xi$ 单而 $\zeta$ 为双射, $\lambda$ 也是一个单映射, 即 $\lambda \in S$. 对所有 $x \in \mathbb{X}$, 由 $x(\xi\lambda) = (x\xi)\lambda = x\eta$, 我们有 $\eta = \xi\lambda$. 这证明了 $S$ 右单. 显然, $S$ 的右可消性蕴含 $\mathbf{M}_r^{(p,q)}$ 右可消. 如此, $\mathbf{M}_r^{(p,q)}$ 中每个变换都与单位元 $e$ 是 $\mathscr{R}^*$-相关的. 这就得到 $\mathbf{M}_r^{(p,q)}$ 确是右富足幺半群.

因为适用于构作 $\lambda$ 的双射 $\zeta$ 有无穷多, 存在不同的 $\lambda_1, \lambda_2 \in S$ 使得 $\xi\lambda_1 = \eta = \xi\lambda_2$. 这说明 $S$ 没有左可消性. 因 $\mathbf{M}_r^{(p,q)}$ 恰有一个幂等元 $e$, 它是 $\mathbf{M}_r^{(p,q)}$ 的单

位元, $S$ 中任何变换都不可能与之 $\mathscr{L}^*$-相关. 运用定理 9.3.5(2), 易知 $\mathbf{M}_r^{(p,q)}$ 非左富足. 显然, $\mathbf{M}_r^{(p,q)}$ 可视为只有一个对象的范畴, 其每个非单位态射是单态射而非满态射. □

利用左右对偶性, 我们可以构作幺半群 $\mathbf{M}_\ell^{(p,q)}$ 如下:

$$\mathbf{M}_\ell^{(p,q)} = \{\xi \in \mathscr{T}_\ell(\mathbb{X}) : \xi \text{ 是单映射, 满足 } |\mathbb{X} \setminus \xi\mathbb{X}| = q\} \cup \{e = 1_\mathbb{X}\},$$

这里, $\mathscr{T}_\ell(\mathbb{X})$ 表示集合 $\mathbb{X}$ 上的左变换幺半群, 即对任意 $\xi \in \mathscr{T}_\ell(\mathbb{X})$, 其变换作用定义为: $x \mapsto \xi(x)$, $\forall x \in \mathbb{X}$. 用与命题 9.3.7 对偶的证明 (略) 可得

**命题 9.3.8** *幺半群 $\mathbf{M}_\ell^{(p,q)}$ 是左富足但非右富足的幺半群. 视 $\mathbf{M}_\ell^{(p,q)}$ 为只有一个对象的范畴, 则 $\mathbf{M}_\ell^{(p,q)}$ 中每个非单位元的态射都是满态射而非单态射. 因而每个非单位元态射都没有平衡因子分解.*

我们给上述两个范畴 (幺半群) 一个命名.

**定义 9.3.9** 上述两个幺半群 $\mathbf{M}_r^{(p,q)}$ 和 $\mathbf{M}_\ell^{(p,q)}$ 称为型 $(p, q)$ 的 Baer-Levi *幺半群*或 Baer-Levi *范畴*, 其中 $p$, $q$ 是无限基数, 满足 $p \geqslant q$.

**例 9.3.10** 设 $E = I \times \Lambda$ 是矩形带, $M$ 是可消幺半群; $S = E \times M$. 易知, $S$ 是富足半群, 有 $E(S) = (I \times \Lambda) \times \{1\}$, 这里 1 是 $M$ 的单位元 (也是唯一幂等元); 对每个 $e = (i, \lambda; 1) \in E(S)$,

$$L_e^* = I \times \{\lambda\} \times M, \quad R_e^* = \{i\} \times \Lambda \times M.$$

若 $f = (i', \lambda'; 1) \in E(S)$, 则

$$eSf = \{i\} \times \{\lambda'\} \times M.$$

又, $S$ 的每个主左 $*$-理想都是极小的, 故 $\mathbb{L}(S)$ 的子对象关系是平凡关系 $1_{v\mathbb{L}(S)} \cong 1_\Lambda$. 由此可知, $\mathbb{L}(S)$ 中只有平凡包含 $\rho(e, e, e)$, 它也是仅有的收缩; 进而, 有

$$\mathbb{L}(Se, Sf) = \{\rho(e, a, f) \mid a = (i, \lambda'; m), m \in M\}.$$

因为对每个 $a \in eSf$ 都有 $e \mathscr{R}^* a \mathscr{L}^* f$, 故 $\mathbb{L}(S)$ 中每个态射 $\rho(e, a, f)$ 都是平衡态射, 它是同构当且仅当 $a$ 是幺半群 $M$ 的单位; 只要 $M$ 不是群, 则 $\mathbb{L}(S)$ 中存在非同构的平衡态射. 特别地, 每个 $\mathbb{L}(S)(Se, Se)$ 是与 $M$ 同构的可消幺半群.

对 $\mathbb{R}(S)$, 关于 $\mathbb{L}(S)$ 所有结论的对偶都成立.

**例 9.3.11** 设 $E$ 是半格, $M$ 是可消幺半群. $S = E \times M$. 易验证 $S$ 也是富足半群. 注意到直积 $E \times M$ 中的幂等元有形 $(x, 1)$, $x \in E$, 知 $E(S)$ 位于 $S$ 的中心. 故对任二 $e, f \in E(S)$, 记 $g = ef = fe$, 则 $eSf = gS = Sg$. 如此有 $v\mathbb{L}(S) = v\mathbb{R}(S)$. 我们对 $\mathbb{L}(S)$ 描述如下:

$$v\mathbb{L}(S) = \{Se = eS \mid e \in E(S)\},$$
$$\mathbb{L}(S)(Se, Sf) = \{\rho(e,u,f) \mid u \in Sg = gS, g = ef = fe\}.$$

它的子对象关系与半格 $E$ 的自然偏序 $x \leqslant y \Leftrightarrow x = xy = yx$ 同构. 不难验证, 对任意 $u \in eSf$, 有 $u \in H_g^*, g = ef = fe$. 从而 $\mathbb{L}(S)$ 中态射 $\rho(e,u,f)$ 有如下形式的 (唯一) 因子分解

$$\rho(e,u,f) = \rho(e,g,g)\rho(g,u,g)\rho(g,g,f), \quad g = ef = fe,$$

其中 $\rho(g,g,f)$ 是包含, $\rho(e,g,g)$ 是收缩, 而 $\rho(g,u,g)$ 是平衡态射; 当且仅当 $u = (x,m)$ 中第二分量 $m$ 是幺半群 $M$ 的单位时, $\rho(g,u,g)$ 是同构. 特别地, 当且仅当 $M$ 是群时, $S$ 为 Clifford 半群, 上述分解是 (Nambooripad 在 [54] 中定义的) 正规因子分解 (normal factorization).

### 习题 9.3

1. 记 $\mathrm{Mono}\,\mathcal{C}$, $\mathrm{Epi}\,\mathcal{C}$ 分别是范畴 $\mathcal{C}$ 中所有单、满态射之集, 证明: $\preceq_M = \{(f,g) : \exists h \in \mathcal{C},\ f = hg\}$, $\preceq_E = \{(f,g) : \exists h \in \mathcal{C},\ f = gh\}$ 分别是 $\mathrm{Mono}\,\mathcal{C}$, $\mathrm{Epi}\,\mathcal{C}$ 上的拟序. 记 $\sim_M = \preceq \cap \preceq^{-1}$, $\sim_E = \preceq_E \cap \preceq_E^{-1}$, 则 $\sim_M$, $\sim_E$ 分别是 $\mathrm{Mono}\,\mathcal{C}$, $\mathrm{Epi}\,\mathcal{C}$ 上的等价关系

2. 设 $\mathcal{C}$ 是有子对象 $\mathcal{P}$ 的范畴, 其每个态射有满-包含因子分解且每个包含右可裂. 证明:

(1) 单态射 $u \in \mathcal{C}$ 右可裂当且仅当 $u \sim_M j_u$;

(2) 满态射 $u$ 左可裂当且仅当存在 $c \subseteq \mathrm{dom}\,u$ 和收缩 $e \in \mathcal{C}(\mathrm{dom}\,u, c)$ 使得 $u \sim_E e$;

(3) $\mathcal{P}$ 是其态射所在 $\sim_M$-等价类的代表元集, 即, 不同的包含彼此无 $\sim_E$ 等价关系;

(4) 若 $u \in \mathcal{C}$ 有正规因子分解 $u = \varrho_u v_u j_u$, 则存在 $u$ 的正规因子分解集与 $\varrho_u$ 所在 $\sim_E$ 等价类之间的双射;

(5) 有正规因子分解的平衡态射必是同构.

3. 证明: 仅有单位态射 $1_c$ 既是同构又是包含且还是收缩.

## 9.4 有像范畴、范畴的锥和锥半群

本节我们引入范畴的锥 (a cone) 和锥半群 (the cone semigroup of a category) 概念, 它们是联系范畴和半群的关键. 首先我们定义有像范畴如下:

**定义 9.4.1** 称范畴 $\mathcal{C}$ 是一个有像范畴 (categories with images), 若以下 4 性质 (或公理)(P1)—(P4) 成立:

(P1) $\mathcal{C}$ 连通, 即 $\forall c, c' \in v\mathcal{C}$, $\mathcal{C}(c, c') \neq \varnothing$;

(P2) $\mathcal{C}$ 有子对象 $\mathcal{P}$ 和子对象关系 $\subseteq$;

(P3) $\mathcal{C}$ 中每个包含皆右可裂;

(P4) $\mathcal{C}$ 中每个态射有 "满-包含" 因子分解.

从命题 9.3.2 可知, 有像范畴 $\mathcal{C}$ 中每个态射 $f$ 有唯一满-包含因子分解 $f = f^\circ j_f$, 从而有唯一的像 $\operatorname{im} f = \operatorname{cod} f^\circ = \operatorname{dom} j_f$.

**定义 9.4.2**　设 $\mathcal{C}$ 是有像范畴. 所谓 $\mathcal{C}$ 的锥 $\gamma$ 是从 $v\mathcal{C}$ 到 $\mathcal{C}$ 的映射 $\gamma : v\mathcal{C} \longrightarrow \mathcal{C}$, 满足以下两条件:

(1) 存在唯一 $c_\gamma \in v\mathcal{C}$, 称为 $\gamma$ 的锥尖, 满足: $\forall c \in v\mathcal{C}$, $\gamma(c) \in \mathcal{C}(c, c_\gamma)$;

(2) 对任意 $c_1, c_2 \in v\mathcal{C}$, 只要 $c_1 \subseteq c_2$, 则有 $\gamma(c_1) = j_{c_1}^{c_2}\gamma(c_2)$.

锥 $\gamma$ 称为是平衡的 (balanced), 若 $M\gamma = \{c \in v\mathcal{C} : \gamma(c)$ 是平衡态射$\} \neq \varnothing$;

锥 $\gamma$ 称为是正规的 (nomal), 若 $M_n\gamma = \{c \in v\mathcal{C} : \gamma(c)$ 是同构$\} \neq \varnothing$.

**注记 9.4.3**　用范畴论术语, 一个锥 $\gamma$ 实际上是从嵌入函子 $j : \mathcal{P} \longrightarrow \mathcal{C}$ 到常函子 (constant functor)$\Delta c_\gamma : \mathcal{P} \longrightarrow \mathcal{C}$ 的一个自然变换, 它将 $c_\gamma$ 赋给每个对象 $c \in v\mathcal{P} = v\mathcal{C}$ 并把 $1_{c_\gamma}$ 赋予每个 $j_c^d \in \mathcal{P}(c, d)$ (参看习题 9.4 中的练习 1).

我们需要定义锥的运算, 使得某些重要的锥能构成需要的半群. 以下三个引理是我们讨论的基础.

**引理 9.4.4**　设 $\gamma$ 是有像范畴 $\mathcal{C}$ 的一个锥, $f \in \mathcal{C}(c_\gamma, c')$. 定义映射 $\gamma \star f^\circ : v\mathcal{C} \longrightarrow \mathcal{C}$ 如下:

$$(\gamma \star f^\circ)(c) = \gamma(c) f^\circ, \quad \forall c \in v\mathcal{C}.$$

那么 $\gamma \star f^\circ$ 也是 $\mathcal{C}$ 的一个锥, 有锥尖 $c_{\gamma\star f^\circ} = \operatorname{im} f \subseteq c'$. 进而, 对任意 $f \in \mathcal{C}(c_\gamma, c'), g \in \mathcal{C}(c', c'')$, 有

$$\gamma \star (fg)^\circ = (\gamma \star f^\circ) \star (j_{im\, f}^{c'}\, g)^\circ. \tag{9.12}$$

特别地, 当 $f, g$ 都是满态射时有 $\gamma \star fg = (\gamma \star f) \star g$.

**证明**　显然, $\gamma \star f^\circ : c \mapsto \gamma(c) f^\circ$ 是从 $v\mathcal{C}$ 到 $\mathcal{C}$ 的映射, 有锥尖 $c_{\gamma\star f^\circ} = \operatorname{im} f \subseteq c'$. 对任意 $c_1, c_2 \in v\mathcal{C}$, 若 $c_1 \subseteq c_2$, 则因 $\gamma$ 是锥立得

$$(\gamma \star f^\circ)(c_1) = \gamma(c_1) f^\circ = (j_{c_1}^{c_2}\gamma(c_2)) f^\circ = j_{c_1}^{c_2}(\gamma(c_2) f^\circ) = j_{c_1}^{c_2}((\gamma \star f^\circ)(c_2)).$$

这证明了 $\gamma \star f^\circ$ 也是 $\mathcal{C}$ 中的锥. 如此由推论 9.3.3, 对任意 $c \in v\mathcal{C}$, 有

$$(\gamma \star (fg)^\circ)(c) = \gamma(c)(fg)^\circ = \gamma(c)(f^\circ(j_{im\, f}^{c'} g)^\circ) = ((\gamma \star f^\circ) \star (j_{\operatorname{im} f}^{c'} g)^\circ)(c).$$

这样我们证明了 $\gamma \star (fg)^\circ = (\gamma \star f^\circ) \star (j_{\operatorname{im} f}^{c'} g)^\circ$. 当 $f$, $g$ 两者都是满态射时, 我们也有 $\gamma \star fg = (\gamma \star f) \star g$, 因为 $f$, $g$ 和 $fg$ 都是满态射. □

**引理 9.4.5** 设 $\gamma$ 是有像范畴 $\mathcal{C}$ 的一个锥. 对 $c,d\in v\mathcal{C}$, 若 $c\subseteq d$, 则 $\operatorname{im}\gamma(c)\subseteq\operatorname{im}\gamma(d)$.

**证明** 由 $c\subseteq d$, 我们有 $\gamma(c)=j_c^d\gamma(d)$. 由 $\gamma(c),\gamma(d)$ 有唯一因子分解

$$\gamma(c)=pj^{c_\gamma}_{\operatorname{im}\gamma(c)},\quad \gamma(d)=p'j^{c_\gamma}_{\operatorname{im}\gamma(d)},$$

其中 $p,p'$ 分别是 $\gamma(c),\gamma(d)$ 的满成分. 因 $j^{c_\gamma}_{\operatorname{im}\gamma(d)}$ 右可裂, 存在一个收缩 $q\in\mathcal{C}(c_\gamma,\operatorname{im}\gamma(d))$ 使得 $j^{c_\gamma}_{\operatorname{im}\gamma(d)}q=1_{\operatorname{im}\gamma(d)}$, 从而

$$pj^{c_\gamma}_{\operatorname{im}\gamma(c)}=\gamma(c)=j_c^d\gamma(d)=j_c^dp'j^{c_\gamma}_{\operatorname{im}\gamma(d)}qj^{c_\gamma}_{\operatorname{im}\gamma(d)}=pj^{c_\gamma}_{\operatorname{im}\gamma(c)}qj^{c_\gamma}_{\operatorname{im}\gamma(d)}.$$

既然 $p$ 是满态射, 左可消, 我们有 $j^{c_\gamma}_{\operatorname{im}\gamma(c)}=j^{c_\gamma}_{\operatorname{im}\gamma(c)}qj^{c_\gamma}_{\operatorname{im}\gamma(d)}$. 由定义 9.2.2(3), $j^{c_\gamma}_{\operatorname{im}\gamma(c)}q$ 是包含, 即 $j^{c_\gamma}_{\operatorname{im}\gamma(c)}q=j^{\operatorname{im}\gamma(d)}_{\operatorname{im}\gamma(c)}$, 这就蕴含 $\operatorname{im}\gamma(c)\subseteq\operatorname{im}\gamma(d)$. □

**引理 9.4.6** 设 $\mathcal{C}$ 是有像范畴. 对任二锥 $\gamma,\delta$, 定义二元运算 "$\cdot$" 为 $\gamma\cdot\delta=\gamma\star(\delta(c_\gamma))^\circ$, 则 "$\cdot$" 满足结合律且有 $c_{\gamma\cdot\delta}\subseteq c_\delta$.

**证明** 由引理 9.4.4, $\gamma\cdot\delta$ 是锥且 $c_{\gamma\cdot\delta}=\operatorname{im}\delta(c_\gamma)\subseteq c_\delta$. 设 $\gamma_1,\gamma_2,\gamma_3\in\mathcal{TC}$, 记

$$c_i=c_{\gamma_i},i=1,2,3,\quad c_{12}=\operatorname{im}\gamma_2(c_1)=c_{\gamma_1\cdot\gamma_2},\quad c_{23}=\operatorname{im}\gamma_3(c_2)=c_{\gamma_2\cdot\gamma_3},$$

以及 $c_{123}=\operatorname{im}\gamma_3(c_{12})=c_{(\gamma_1\cdot\gamma_2)\cdot\gamma_3}$. 由上我们有 $c_{12}\subseteq c_2$ 且由引理 9.4.5 有

$$c_{123}=\operatorname{im}\gamma_3(c_{12})\subseteq\operatorname{im}\gamma_3(c_2)=c_{23}\subseteq c_3.$$

对任意 $c\in v\mathcal{C}$, 我们有

$$((\gamma_1\cdot\gamma_2)\cdot\gamma_3)(c)=((\gamma_1\cdot\gamma_2)(c))(\gamma_3(c_{\gamma_1\cdot\gamma_2}))^\circ=\gamma_1(c)(\gamma_2(c_1))^\circ(\gamma_3(c_{12}))^\circ$$

和

$$\begin{aligned}(\gamma_1\cdot(\gamma_2\cdot\gamma_3))(c)&=\gamma_1(c)((\gamma_2\cdot\gamma_3)(c_1))^\circ=\gamma_1(c)(\gamma_2(c_1)(\gamma_3(c_2))^\circ)^\circ\\&=\gamma_1(c)(\gamma_2(c_1))^\circ(j^{c_2}_{c_{12}}(\gamma_3(c_2))^\circ)^\circ.\end{aligned}$$

由 $\gamma_3(c_2)=(\gamma_3(c_2))^\circ j^{c_3}_{c_{23}}$ 且 $j^{c_3}_{c_{23}}$ 右可裂, 有 $p\in\mathcal{C}(c_3,c_{23}),j^{c_3}_{c_{23}}p=1_{c_{23}}$ 且 $(\gamma_3(c_2))^\circ=\gamma_3(c_2)p$, 故

$$\begin{aligned}&(j^{c_2}_{c_{12}}(\gamma_3(c_2))^\circ)^\circ\\&=(j^{c_2}_{c_{12}}\gamma_3(c_2)p)^\circ=(\gamma_3(c_{12})p)^\circ &&(\text{因 } j^{c_2}_{c_{12}}\gamma_3(c_2)=\gamma_3(c_{12}))\\&=((\gamma_3(c_{12}))^\circ j^{c_3}_{c_{123}}p)^\circ=((\gamma_3(c_{12}))^\circ j^{c_{23}}_{c_{123}}j^{c_3}_{c_{23}}p)^\circ &&(\text{因 } j^{c_3}_{c_{123}}=j^{c_{23}}_{c_{123}}j^{c_3}_{c_{23}})\\&=((\gamma_3(c_{12}))^\circ j^{c_{23}}_{c_{123}}1_{c_{23}})^\circ=((\gamma_3(c_{12}))^\circ j^{c_{23}}_{c_{123}})^\circ &&(\text{因 } j^{c_3}_{c_{23}}p=1_{c_{23}})\\&=(\gamma_3(c_{12}))^\circ.\end{aligned}$$

这证明了 $(\gamma_1\cdot\gamma_2)\cdot\gamma_3=\gamma_1\cdot(\gamma_2\cdot\gamma_3)$, 即 "$\cdot$" 满足结合律. □

### 习题 9.4

1. 设 $\mathcal{C}$ 是有子对象 $\mathcal{P}$ 的范畴, $c \in v\mathcal{C}$. 定义 $\Delta_c : \mathcal{P} \longrightarrow \mathcal{C}$ 为

$$\Delta_c(a) = c,\ \forall a \in v\mathcal{P}, \quad \Delta_c(j_a^b) = 1_c, \quad \forall j_a^b \in \mathcal{P}(a, b).$$

(1) 证明: $\Delta_c$ 是从 $\mathcal{P}$ 到 $\mathcal{C}$ 的函子, 称为 $c$ 的常函子.

(2) 证明: 有像范畴 $\mathcal{C}$ 的锥 $\gamma$ 是从嵌入函子 $j : \mathcal{P} \longrightarrow \mathcal{C}$ 到常函子 $\Delta_{c_\gamma}$ 的自然变换.

2. 设 $X$ 是一非空集, 定义范畴 $\mathcal{X}$ 满足 $v\mathcal{X} = X$ 且对任意 $x, y \in X$ 定义 hom-集

$$\mathcal{X}(x,\, y) = \begin{cases} 1_x, & x = y, \\ \varnothing, & x \neq y. \end{cases}$$

证明: $\mathcal{X}$(平凡地) 满足公理 (P2)—(P4) 且当 $|X| > 1$ 时不满足 (P1); 当 $|X| = 1$ 时, $\mathcal{X}$ 是有像范畴, 其锥半群 $\mathcal{T}\mathcal{X}$ 是一元平凡半群.

## 9.5 幂富范畴和左富足半群

本节我们定义一类特殊的有像范畴——幂富范畴, 并在该类范畴和左富足半群之间建立一个对应关系.

**定义 9.5.1** 称有像范畴 $\mathcal{C}$ 是幂富的 (idempotent abundant), 简称 $\mathscr{I}\mathscr{A}$-范畴, 若满足下述公理 (性质)(P5):

(P5) 对每个 $c \in v\mathcal{C}$, 存在锥 $\epsilon$ 满足 $c_\epsilon = c$ 且 $\epsilon(c) = 1_c$.

**命题 9.5.2** 左富足半群 $S$ 的主左 $*$-理想范畴 $\mathbb{L}(S)$ 是幂富范畴.

**证明** 9.2 节和 9.3 节中几个引理、命题和定理的结论保证 $\mathbb{L}(S)$ 满足性质 (P1)—(P4)(连通、有子对象、每包含可裂和每态射有像). 为证 (P5) 也成立. 对每个 $Se \in v\mathbb{L}(S)$, 定义

$$\rho^e : v\mathbb{L}(S) \longrightarrow \mathbb{L}(S) \text{ 为 } \forall Sf \in v\mathbb{L}(S),\ \rho^e(Sf) = \rho(f, fe, e).$$

我们证明 $\rho^e$ 是 $\mathbb{L}(S)$ 的锥. 对任意 $Sg \subseteq Sf \in v\mathbb{L}(S)$, 因为 $g\ \omega^\ell\ f$, $\rho(g, g, f) = j_{Sg}^{Sf}$, 而

$$\rho^e(Sg) = \rho(g, ge, e) = \rho(g, gfe, e) = \rho(g, g, f)\rho(f, fe, e) = j_{Sg}^{Sf}\rho^e(Sf),$$

显然, $\forall e \in E(S)$, $c_{\rho^e} = Se$, 而 $\rho^e(Se) = \rho(e, e, e) = 1_{Se}$, 即性质 (P5) 也成立. 故 $\mathbb{L}(S)$ 是幂富范畴. □

由左、右富足性是相互对偶的而性质 (P5) 是左右对称的, 显然有

**命题 9.5.3** 右富足半群 $S$ 的主右 $*$-理想范畴 $\mathbb{R}(S)$ 是幂富范畴.

**命题 9.5.4** 设 $\mathcal{C}$ 是幂富范畴, 定义

$$\mathcal{TC}=\{\gamma=\epsilon\star f:\epsilon\text{是锥, 满足}\epsilon(c_\epsilon)=1_{c_\epsilon},\ f\in\mathcal{C}(c_\epsilon,\ c)\text{ 是满态射}\}.$$

则 $\mathcal{TC}$ 是一个半群, 满足

(1) 对每个 $\gamma\in\mathcal{TC}$, 对象集 $M_0\gamma=\{c\in v\mathcal{C}:\gamma(c)\text{ 是满态射}\}$ 不空;

(2) $E(\mathcal{TC})=\{\epsilon:\epsilon(c_\epsilon)=1_{c_\epsilon}\}$.

**证明** 首先, 由性质 (P5), 对每个 $c\in v\mathcal{C}$, 存在 $\epsilon=\epsilon\star 1_{c_\epsilon}\in\mathcal{TC}$. 故 $\mathcal{TC}\neq\varnothing$. 进而, 对 $\gamma_1,\gamma_2\in\mathcal{TC}$, 有 $\gamma_1=\epsilon_1\star f_1$, 其中 $f_1\in\mathcal{C}(c_{\epsilon_1},c_{\gamma_1})$ 是满态射, 故

$$\gamma_1\cdot\gamma_2=(\epsilon_1\star f_1)\star(\gamma_2(c_{\gamma_1}))^\circ=\epsilon_1\star f_1(\gamma_2(c_{\gamma_1}))^\circ,$$

由 $f_1$ 和 $(\gamma_2(c_{\gamma_1}))^\circ\in\mathcal{C}(c_{\gamma_1},c_{\gamma_1\cdot\gamma_2})$ 是满态射, 其积是 $\mathcal{C}(c_{\epsilon_1},c_{\gamma_1\cdot\gamma_2})$ 中的满态射, 故 $\gamma_1\cdot\gamma_2\in\mathcal{TC}$. 由引理 9.4.6 立得 $\mathcal{TC}$ 是一个半群.

(1) 对每个 $\gamma=\epsilon\star f\in\mathcal{TC}$, 显然 $\gamma(c_\epsilon)=f$ 是满态射, 即 $c_\epsilon\in M_0\gamma$;

(2) 若 $\gamma\cdot\gamma=\gamma\in\mathcal{TC}$, 由 (1), 有 $c\in M_0\gamma$. 于是 $\gamma(c)(\gamma(c_\gamma))^\circ=(\gamma\cdot\gamma)(c)=\gamma(c)$. 因为 $\gamma(c)$ 满, 左可消, 得 $(\gamma(c_\gamma))^\circ=1_{c_\gamma}$. 这蕴含 $\gamma(c_\gamma)=1_{c_\gamma}j_{c_\gamma}^{c_\gamma}=1_{c_\gamma}$. 满足 $\gamma(c_\gamma)=1_{c_\gamma}$ 的锥显然是幂等的, 故有 $E(\mathcal{TC})=\{\gamma\in\mathcal{TC}:\gamma(c_\gamma)=1_{c_\gamma}\}$. □

**定义 9.5.5** 对幂富范畴 $\mathcal{C}$, 称半群 $\mathcal{TC}$ 为 $\mathcal{C}$ 的锥半群 (the cone semigroup of $\mathcal{C}$).

我们有

**定理 9.5.6** 幂富范畴 $\mathcal{C}$ 的锥半群 $\mathcal{TC}$ 是左富足半群, 有偏序集同构

$$(\mathcal{TC}/\mathscr{L}^*,\ \subseteq)\cong(E(\mathcal{TC})/\mathscr{L},\ \subseteq)\cong(\mathcal{C},\ \subseteq),\tag{9.13}$$

其中左边两个 $\subseteq$ 是主左 $*$-理想和幂等元生成主左理想在通常集合包含意义下的偏序, 第三个 $\subseteq$ 是 $\mathcal{C}$ 的子对象关系.

**证明** 任取 $\gamma\in\mathcal{TC}$, 由 (P5), 存在幂等锥 $\epsilon\in E(\mathcal{TC})$ 使得 $c_\epsilon=c_\gamma$. 我们证明: $\gamma\ \mathscr{L}^*\ \epsilon$.

首先, 我们有

$$\gamma\cdot\epsilon=\gamma\star(\epsilon(c_\gamma))^\circ=\gamma\star(\epsilon(c_\epsilon))^\circ=\gamma\star 1_{c_\epsilon}=\gamma\star 1_{c_\gamma}=\gamma.$$

其次, 对任意 $\gamma_1,\gamma_2\in\mathcal{TC}^1$, 我们分两种情形证明:

$$\gamma\cdot\gamma_1=\gamma\cdot\gamma_2\Rightarrow\epsilon\cdot\gamma_1=\epsilon\cdot\gamma_2.\tag{$*$}$$

若 $\gamma_1,\gamma_2\in\mathcal{TC}$, 则我们有 $\gamma\star(\gamma_1(c_\gamma))^\circ=\gamma\star(\gamma_2(c_\gamma))^\circ$. 取 $c\in M_0\gamma$, 得

$$\gamma(c)(\gamma_1(c_\gamma))^\circ=\gamma(c)(\gamma_2(c_\gamma))^\circ,$$

由 $\gamma(c)$ 是满态射, 左可消, 得 $(\gamma_1(c_\epsilon))^\circ = (\gamma_1(c_\gamma))^\circ = (\gamma_2(c_\gamma))^\circ = (\gamma_2(c_\epsilon))^\circ$. 由此立得

$$\epsilon \cdot \gamma_1 = \epsilon \star (\gamma_1(c_\epsilon))^\circ = \epsilon \star (\gamma_2(c_\epsilon))^\circ = \epsilon \cdot \gamma_2.$$

若 $\gamma \cdot \gamma_1 = \gamma$, 则有 $c_\epsilon = c_\gamma = \operatorname{im}\gamma_1(c_\epsilon) \subseteq c_{\gamma_1}$. 利用 $M_0\gamma \neq \varnothing$ 易得 $\gamma_1(c_\epsilon) = j_{c_\epsilon}^{c_{\gamma_1}}$, 故有

$$\epsilon \cdot \gamma_1 = \epsilon \star (\gamma_1(c_\epsilon))^\circ = \epsilon \star (j_{c_\epsilon}^{c_{\gamma_1}})^\circ = \epsilon \star 1_\epsilon = \epsilon.$$

因为 $\gamma_1 = \gamma_2 = 1 \notin \mathcal{TC}$ 时, 我们需要的蕴含式 $(*)$ 是平凡的, 故得到 $\gamma \mathscr{L}^* \epsilon$, 即 $\gamma$ 左富足. 从而 $\mathcal{TC}$ 是左富足半群.

上述证明蕴含: 两个幂等锥 $\mathscr{L}$-相关的充要条件是它们有相同的锥尖, 而性质 (P5) 保证 $\epsilon \mapsto c_\epsilon$ 是从 $E(\mathcal{TC})/\mathscr{L}$ 到 $v\mathcal{C}$ 的双射. 不难验证这个双射保持双方的包含偏序: $\epsilon_1 \cdot \epsilon_2 = \epsilon_1 \Leftrightarrow c_{\epsilon_1} \subseteq c_{\epsilon_2}$. 这得到第二个偏序同构; 第一个偏序同构是左富足性保证的, 因为每个锥既然左富足, 它生成的主左 $*$-理想就是它所在 $\mathscr{L}^*$-类中任一幂等锥生成的主左理想. 这就完成了证明. □

结合命题 9.5.2 和定理 9.5.6, 给定幂富范畴 $\mathcal{C}$, 有幂富范畴 $\mathbb{L}(\mathcal{TC})$, 我们证明: 此二幂富范畴是同构的有像范畴. 即存在函子 $F : \mathcal{C} \longrightarrow \mathbb{L}(\mathcal{TC})$, 其对象映射是 $(v\mathcal{C}, \subseteq)$ 到 $(v\mathbb{L}(\mathcal{TC}), \subseteq)$ 的保序双射, 其态射映射不仅保持态射的部分运算、保持包含和单位态射, 而且在每个 hom-集 $\mathcal{C}(c, d)$ 上的限制是到 $\mathbb{L}(\mathcal{TC})(F(c), F(d))$ 上的双射. 因此可以说, 幂富范畴来自左富足半群.

**定理 9.5.7** *设 $\mathcal{C}$ 是幂富范畴, 定义 $F : \mathcal{C} \longrightarrow \mathbb{L}(\mathcal{TC})$ 的对象映射和态射映射为*

$$\begin{aligned} &\forall c \in v\mathcal{C}, && F(c) = \mathcal{TC}\epsilon, && \epsilon \in E(\mathcal{TC}), \quad c_\epsilon = c; \\ &\forall f \in \mathcal{C}(c, d), && F(f) = \rho(\epsilon, \epsilon \star f^\circ, \delta), && \epsilon, \delta \in E(\mathcal{TC}), \quad c_\epsilon = c, \ \ c_\delta = d. \end{aligned}$$

*那么, $F$ 是有像范畴的同构.*

**证明** 由定理 9.5.6, $vF$ 就是偏序集同构 $(E(\mathcal{TC})/\mathscr{L}, \subseteq) \cong (v\mathcal{C}, \subseteq)$, 即 $vF$ 是该二范畴对象集间的双射, 且保持偏序 $\subseteq$. 只需证态射映射 $F$ 是双射函子.

我们首先证明, 对 $f \in \mathcal{C}(c, d)$, $F(f) \in \mathbb{L}(\mathcal{TC})(F(c), F(d))$, 即 $\epsilon \star f^\circ \in \epsilon\mathcal{TC}\delta$. 由锥的乘法定义, $\epsilon \cdot (\epsilon \star f^\circ) = \epsilon \star f^\circ$ 是显然的; 而由 $f \in \mathcal{C}(c, d)$ 有 $c_{\epsilon\star f^\circ} = \operatorname{im} f \subseteq d = c_\delta$, 可知

$$\begin{aligned} (\epsilon \star f^\circ) \cdot \delta &= (\epsilon \star f^\circ) \star (\delta(\operatorname{im} f))^\circ = (\epsilon \star f^\circ) \star (j_{\operatorname{im} f}^d \delta(d))^\circ \\ &= (\epsilon \star f^\circ) \star (j_{\operatorname{im} f}^d 1_d)^\circ = \epsilon \star f^\circ. \end{aligned}$$

这证明了 $F(f) \in \mathbb{L}(\mathcal{TC})(\mathcal{TC}\epsilon, \mathcal{TC}\delta) = \mathbb{L}(\mathcal{TC})(F(c), F(d))$.

其次证明: $F(f)$ 与 $\epsilon,\delta(c_\epsilon=c,c_\delta=d)$ 的选择无关. 若 $\epsilon',\delta'\in E(\mathcal{TC})$ 也有 $c_{\epsilon'}=c$, $c_{\delta'}=d$, 由锥的乘法定义易知 $\epsilon'\mathscr{L}\epsilon$, $\delta'\mathscr{L}\delta$, 且

$$\epsilon'\cdot(\epsilon\star f^\circ)=\epsilon'\star(\epsilon(c_{\epsilon'})f^\circ)^\circ=\epsilon'\star(\epsilon(c_\epsilon)f^\circ)^\circ=\epsilon'\star(1_cf^\circ)^\circ=\epsilon'\star f^\circ.$$

由引理 9.2.3(2) 得 $\rho(\epsilon,\epsilon\star f^\circ,\delta)=\rho(\epsilon',\epsilon'\star f^\circ,\delta')$.

进而, 若 $f,g\in\mathcal{C}$ 使得 $fg$ 有定义, 记 $F(f)=\rho(\epsilon,\epsilon\star f^\circ,\delta)$, $F(g)=\rho(\epsilon_1,\epsilon_1\star g^\circ,\delta_1)$, 则因 $\operatorname{cod}f=d=\operatorname{dom}g$, 有 $\delta\mathscr{L}\epsilon_1$, 由上证有 $F(g)=\rho(\delta,\delta\star g^\circ,\delta_1)$, 由引理 9.2.3(3) 得

$$F(f)F(g)=\rho(\epsilon,(\epsilon\star f^\circ)\cdot(\delta\star g^\circ),\delta_1).$$

记 $c_1=\operatorname{im}f=c_{\epsilon\star f^\circ}\subseteq d=\operatorname{dom}g=c_\delta$, 上式右端第二个分量为

$$\begin{aligned}(\epsilon\star f^\circ)\cdot(\delta\star g^\circ)&=(\epsilon\star f^\circ)\star((\delta\star g^\circ)(c_1))^\circ\\&=(\epsilon\star f^\circ)\star(j_{c_1}^d\delta(d)g^\circ)^\circ\\&=\epsilon\star(f^\circ(j_{c_1}^dg^\circ))^\circ\\&=\epsilon\star(fg)^\circ,\end{aligned}$$

其中最后一个等号来自推论 9.3.3. 由此得到 $F(f)F(g)=F(fg)$.

我们需要证明 $F$ 保持包含态射, 即 $c\subseteq d$ 蕴含 $F(j_c^d)=j_{F(c)}^{F(d)}$. 设 $\epsilon,\delta\in E(\mathcal{TC})$ 使得 $c=c_\epsilon\subseteq d=c_\delta$, 易知 $\epsilon\cdot\delta=\epsilon\star\delta(c)^\circ=\epsilon\star(j_c^d)^\circ=\epsilon\star1_c=\epsilon$, 即 $\epsilon\,\omega^\ell\,\delta$, 故得

$$F(j_c^d)=\rho(\epsilon,\epsilon\star(j_c^d)^\circ,\delta)=\rho(\epsilon,\epsilon,\delta)=j_{\mathcal{TC}\epsilon}^{\mathcal{TC}\delta}=j_{F(c)}^{F(d)}.$$

作为推论, $F$ 保持单位态射.

最后证明 $F$ 全忠实, 即对任意 $c,d\in v\mathcal{C}$, 态射映射 $F$ 是从 $\mathcal{C}(c,d)$ 到

$$\mathbb{L}(\mathcal{TC})(F(c),F(d))$$

的双射. 首先, 由态射的满-包含因子分解的唯一性, $f\mapsto f^\circ$ 是 $\mathcal{C}(c,d)$ 到其中满态射子集的双射; 其次, $f^\circ\mapsto\epsilon\star f^\circ$ 是这个满射子集到 $\epsilon\mathcal{TC}\delta(c=c_\epsilon,d=c_\delta)$ 的双射; 最后, $\epsilon\star f^\circ\mapsto\rho(\epsilon,\epsilon\star f^\circ,\delta)$ 是 $\epsilon\mathcal{TC}\delta(c=c_\epsilon,d=c_\delta)$ 到 $\mathbb{L}(\mathcal{TC})(F(c),F(d))$ 的双射. $F$ 恰是这三个双射的合成, 故也是双射. 这就完成了证明. □

从另一个角度来看, 给定一个左 (右) 富足半群 $S$, 我们得到一个幂富范畴 $\mathbb{L}(S)$ ($\mathbb{R}(S)$), 它的锥半群 $\mathcal{T}\mathbb{L}(S)$ ($\mathcal{T}\mathbb{R}(S)$) 也是一个左富足半群, 那么 $S$ 与这个锥半群是什么关系呢? 为了探讨这个问题, 我们要引进 "规范左 (右) 富足半群" 概念.

**定义 9.5.8** 若左 (右) 富足半群 $S$ 的每个元素都有幂等元为其左 (右) 单位元, 则称 $S$ 是规范左 (右) 富足的.

显然富足半群和正则半群都是规范左、右富足的. 任一左富足幺半群都是规范左富足的. 特别地, 例 9.3.6 中的幺半群 $\mathbf{M}_\ell^{(p,q)}$ ($\mathbf{M}_r^{(p,q)}$) 是规范左 (右) 富足的非富足半群. 幂富范畴 $\mathcal{C}$ 的锥半群 $\mathcal{TC}$ 也是规范左富足的, 因为其中每个锥有形 $\epsilon\star f^\circ$, 显然 $\epsilon\cdot(\epsilon\star f^\circ)=\epsilon\star f^\circ$. 我们尚不知是否存在不规范的左富足半群.

**定理 9.5.9** *设 $S$ 为规范左富足半群, 定义 $\rho: S\longrightarrow \mathcal{T}\mathbb{L}(S)$, $a\mapsto \rho^a$, 其中*

$$\rho^a: v\mathbb{L}(S)\longrightarrow \mathbb{L}(S), \forall Sf\in v\mathbb{L}(S),\ \rho^a(Sf)=\rho(f,fa,a^*),\ a^*\in E(L_a^*),$$

*则 $\rho$ 是从 $S$ 到 $\mathcal{T}\mathbb{L}(S)$ 的同态, 满足 $\operatorname{Ker}\rho\subseteq\mathscr{L}$.*

**证明** 我们首先证明, 对每个 $a\in S$, $\rho^a$ 是一个锥 (称为主锥), 事实上, $\rho^a$ 显然是从 $v\mathbb{L}(S)$ 到 $\mathbb{L}(S)$ 的映射. 设 $g\ \omega^\ell\ f$, 我们有

$$\rho^a(Sg)=\rho(g,ga,a^*)=\rho(g,gfa,a^*)=\rho(g,g,f)\rho(f,fa,a^*)=j_{Sg}^{Sf}\rho^a(Sf).$$

故 $\rho^a$ 是锥.

对任意 $a,b\in S$, 由 $\mathscr{L}^*$ 是右同余, 我们有 $a^*b\ \mathscr{L}^*\ ab\ \mathscr{L}^*\ (ab)^*$; 且因为 $abb^*=ab$, 有 $(ab)^*b^*=(ab)^*$, 即 $(ab)^*\ \omega^\ell\ b^*$. 由此得

$$\rho^b(Sa^*)=\rho(a^*,a^*b,b^*)=\rho(a^*,a^*(a^*b),(ab)^*)\rho((ab)^*,(ab)^*,b^*)=\rho^{a^*b}(Sa^*)j_{S(ab)^*}^{Sb^*},$$

即我们有 $(\rho^b(Sa^*))^\circ=\rho^{a^*b}(Sa^*)$. 由此立得, $\forall Sf\in v\mathbb{L}(S)$,

$$\begin{aligned}\rho^{ab}(Sf)&=\rho(f,fab,(ab)^*)\\&=\rho(f,faa^*b,(ab)^*)\\&=\rho(f,fa,a^*)\rho(a^*,a^*b,(ab)^*)\\&=\rho(f,fa,a^*)\rho(a^*,a^*(a^*b),(ab)^*)\\&=\rho^a(Sf)\rho^{a^*b}(Sa^*)\\&=\rho^a(Sf)(\rho^b(Sa^*))^\circ\\&=(\rho^a\star(\rho^b(Sa^*))^\circ)(Sf)\\&=(\rho^a\cdot\rho^b)(Sf).\end{aligned}$$

这证明了 $\rho^{ab}=\rho^a\cdot\rho^b$, 即 $\rho$ 是同态. 再由有 $e\in E(S)$, $ea=a$ 得

$$\rho^a=\rho^{ea}=\rho^e\cdot\rho^a=\rho^e\star(\rho^a(Se))^\circ\in\mathcal{T}\mathbb{L}(S).$$

故 $\rho$ 是从 $S$ 到 $\mathcal{T}\mathbb{L}(S)$ 的同态.

若 $\rho^a=\rho^b$, 则首先有 $Sa^*=c_{\rho^a}=c_{\rho^b}=Sb^*$, 再由存在 $e\in E(S)$, $ea=a$, 我们有

$$\rho(e,a,a^*)=\rho^a(Se)=\rho^b(Se)=\rho(e,eb,b^*).$$

由引理 9.2.3(1) 得 $a=eb$; 同理, 有 $e'b=b$ 和 $b=e'a$. 因此必有 $a\mathscr{L}b$. 这证明了 $\operatorname{Ker}\rho\subseteq\mathscr{L}$. □

**推论 9.5.10** 对左富足幺半群 $S$, 我们有 $S\cong\mathcal{T}(\mathbb{L}(S))$.

**证明** 首先, 因为幺半群 $S=S1$ 本身是其最大主左理想, 对任意 $\gamma\in\mathcal{T}\mathbb{L}(S)$ 和任意 $Sf\in v\mathbb{L}(S)$, 有

$$\gamma(Sf)=\rho(f,f,1)\gamma(S1)=\rho(f,f,1)\rho(1,a_\gamma,a_\gamma^*)=\rho(f,fa_\gamma,a_\gamma^*)=\rho^{a_\gamma}(Sf),$$

故 $\gamma=\rho^{a_\gamma}$, 其中 $a_\gamma\in S$ 是由 $\gamma\in\mathcal{T}\mathbb{L}(S)$ 确定的唯一元素, $Sa_\gamma^*=c_\gamma$. 这说明 $\rho$ 是满同态. 其次, $\rho^a=\rho^b$ 显然蕴含

$$\rho(1,a,a^*)=\rho^a(S1)=\rho^b(S1)=\rho(1,b,b^*).$$

由此立得 $a=b$. 故 $\rho$ 是同构: $S\overset{\rho}{\cong}\mathcal{T}(\mathbb{L}(S))$. □

注意到 $\mathbb{R}(S)=\mathbb{L}(S^{op})$, 这里 $S^{op}=(S,\cdot)$, $a\cdot b=ba$, 则有以下对偶结论.

**定理 9.5.11** 设 $S$ 为规范右富足半群, 定义 $\lambda:S\longrightarrow\mathcal{T}\mathbb{R}(S)$, $a\mapsto\lambda(a)=\lambda^a$, 其中

$$\lambda^a:v\mathbb{R}(S)\longrightarrow\mathbb{R}(S),\forall fS\in v\mathbb{R}(S),\quad \lambda^a(fS)=\lambda(f,af,a^+),\ a^+\in E(R_a^*),$$

则 $\lambda$ 是从 $S$ 到 $\mathcal{T}\mathbb{R}(S)$ 的反同态, 有 $\operatorname{Ker}\lambda\subseteq\mathscr{R}$.

**推论 9.5.12** 对右富足幺半群 $S$, 上述 $\lambda$ 是从 $S$ 到 $\mathcal{T}(\mathbb{R}(S))$ 的反同构.

### 习题 9.5

1. 证明定理 9.5.11和推论 9.5.12.

2. 若视右富足幺半群 $\mathbf{M}_r^{(p,q)}$ 为范畴, 证明该范畴满足公理 (P1),(P2) 和 (P3), 但不满足 (P4).

3. 试考虑是否存在非规范的左或右富足半群?

## 9.6 平衡范畴与富足半群

在本节中, 我们引入平衡范畴的概念, 证明它与富足半群的关系恰是幂富范畴与左富足半群关系的自然延伸. 这为以后建立富足半群范畴与“交连系范畴”的等价打下牢固的基础.

**定义 9.6.1** 范畴 $\mathcal{C}$ 称为是平衡的, 若它是幂富范畴且满足下述公理 (P6) 和 (P7):

(P6) $\mathcal{C}$ 中每个态射有平衡因子分解: 对每个态射 $f \in \mathcal{C}$, 存在收缩 $e$、平衡态射 $u$ 和包含 $j$ 使得 $f = euj$;

(P7) $\mathcal{TC}$ 中的锥 $\gamma$ 若有形: $\gamma = \delta \star u$, $\delta \in E(\mathcal{TC}), u \in \mathcal{C}$ 为平衡态射 (称为 $\gamma$ 的平衡表示), 则下列蕴含式成立;

$$\forall \gamma_1, \gamma_2 \in \mathcal{TC}^1,\ \gamma_1 \cdot \gamma = \gamma_2 \cdot \gamma \Rightarrow \operatorname{im} \delta(c_{\gamma_1}) = \operatorname{im} \delta(c_{\gamma_2}), \tag{9.14}$$

这里约定, 当 $\gamma_i = 1 \notin \mathcal{TC}$ 时, 有 $\operatorname{im} \delta(c_{\gamma_i}) = c_\delta$.

**定理 9.6.2** 富足半群 $S$ 的主左、主右 $*$-理想范畴 $\mathbb{L}(S), \mathbb{R}(S)$ 是平衡范畴.

**证明** 富足半群有对称的左右富足性, 且 $\mathbb{R}(S) = \mathbb{L}(S^{op})$, 我们只需证 $\mathbb{L}(S)$ 是平衡范畴.

富足半群 $S$ 是左富足的, 故 $\mathbb{L}(S)$ 是幂富范畴. 定理 9.3.4(3) 保证它满足性质 (P6), 即对任意 $\gamma = \epsilon \star f \in \mathcal{T}\mathbb{L}(S)$, 由 $f \in \mathbb{L}(S)(Se_\epsilon,\ Se_\gamma)$ 是满态射, 据定理 9.3.4(2) 有

$$f = \rho(e_\epsilon, u^+, u^+)\rho(u^+, u, u^*), \quad \begin{array}{ll} c_\epsilon = Se_\epsilon, & u \in e_\epsilon S u^*, \\ u^+ \in E(R_u^*) \cap \omega(e_\epsilon), & u^* \in E(L_{e_\gamma}^*). \end{array}$$

记 $\delta = \epsilon \star \rho(e_\epsilon, u^+, u^+)$, 因为 $c_\delta = Su^+ \subseteq Se_\epsilon$, 易知有 $\delta\ \omega\ \epsilon$ 和 $\gamma = \delta \star \rho(u^+, u, u^*)$, 因为 $\rho(u^+, u, u^*)$ 是平衡态射, 且 $\mathbb{L}(S)$ 中任何平衡态射都有此形, 我们称其为 $\gamma$ 的平衡表示.

我们来证明, 对这个平衡表示 $\gamma = \delta \star \rho(u^+, u, u^*)$, 蕴含式 (9.14) 成立.

设 $\gamma_i \in \mathcal{T}\mathbb{L}(S)^1 (i = 1, 2)$ 使得 $\gamma_1 \cdot \gamma = \gamma_2 \cdot \gamma$.

若 $\gamma_1, \gamma_2 \in \mathcal{T}\mathbb{L}(S)$, 记它们的平衡表示是 $\gamma_i = \delta_i \star \rho(u_i^+, u_i, u_i^*)$, 其中 $c_{\delta_i} = Su_i^+$, $c_{\gamma_i} = Su_i^* (i = 1, 2)$, 则有

$$\delta_1 \star \rho(u_1^+, u_1, u_1^*)(\delta(Su_1^*)\rho(u^+, u, u^*))^\circ = \delta_2 \star \rho(u_2^+, u_2, u_2^*)(\delta(Su_2^*)\rho(u^+, u, u^*))^\circ.$$

由 $\mathbb{L}(S)$ 中态射的结构, 存在 $v_i \in u_i^* S u^+$, $v_i^* \in E(L_{v_i}^*) \cap \omega(u^+) (i = 1, 2)$, 使得

$$\delta(c_{\gamma_i}) = \delta(Su_i^*) = \rho(u_i^*, v_i, v_i^*)\rho(v_i^*, v_i^*, u^+).$$

于是 $\operatorname{im} \delta(c_{\gamma_i}) = Sv_i^* \subseteq Su^+ (i = 1, 2)$, 由此有

$$\begin{aligned} &\delta_1 \star \rho(u_1^+, u_1, u_1^*)(\rho(u_1^*, v_1 u, u^*))^\circ \\ = &\ \delta_1 \star \rho(u_1^+, u_1, u_1^*)(\rho(u_1^*, v_1, v_1^*)\rho(v_1^*, v_1^*, u^+)\rho(u^+, u, u^*))^\circ \end{aligned}$$

$$= \delta_2 \star \rho(u_2^+, u_2, u_2^*)(\rho(u_2^*, v_2, v_2^*)\rho(v_2^*, v_2^*, u^+)\rho(u^+, u, u^*))^\circ$$

$$= \delta_2 \star \rho(u_2^+, u_2, u_2^*)(\rho(u_2^*, v_2 u, u^*))^\circ.$$

注意到 $v_i u \in v_i^+ S u^* \subseteq S u^*$, 有 $(v_i u)^* \,\omega\, u^*$ 使得 $(\rho(u_i^*, v_i u, u^*))^\circ = \rho(u_i^*, v_i u, (v_i u)^*)$, 上式成为

$$\delta_1 \star \rho(u_1^+, u_1 v_1 u, (v_1 u)^*) = \delta_2 \star \rho(u_2^+, u_2 v_2 u, (v_2 u)^*).$$

如此有 $(v_1 u)^* \mathscr{L} (v_2 u)^*$. 将上式两端的锥分别作用在 $c_{\delta_i} = S u_i^+ \ (i = 1, 2)$ 上, 与上类似, 有

$$w_1 \in u_2^+ S u_1^+, \quad w_2 \in u_1^+ S u_2^+$$

使得

$$\delta_1(c_{\delta_2}) = \rho(u_2^+, w_1, u_1^+), \quad \delta_2(c_{\delta_1}) = \rho(u_1^+, w_2, u_2^+).$$

由 $\delta_i(c_{\delta_i}) = 1_{c_{\delta_i}} (i = 1, 2)$ 可得

$$\rho(u_1^+, u_1 v_1 u, (v_1 u)^*) = \delta_2(c_{\delta_1})\rho(u_2^+, u_2 v_2 u, (v_2 u)^*) = \rho(u_1^+, w_2 u_2 v_2 u, (v_2 u)^*)$$

和

$$\rho(u_2^+, u_2 v_2 u, (v_2 u)^*) = \delta_1(c_{\delta_2})\rho(u_1^+, u_1 v_1 u, (v_1 u)^*) = \rho(u_2^+, w_1 u_1 v_1 u, (v_1 u)^*).$$

由 $(v_1 u)^* \mathscr{L} (v_2 u)^*$, 据引理 9.2.3(1) 得

$$u_1 v_1 u = w_2 u_2 v_2 u, \quad u_2 v_2 u = w_1 u_1 v_1 u.$$

于是再由 $v_1, v_2 \in S u^+$ 和 $u \,\mathscr{R}^*\, u^+$ 得

$$u_1 v_1 = u_1 v_1 u^+ = w_2 u_2 v_2 u^+ = w_2 u_2 v_2,$$

$$u_2 v_2 = u_2 v_2 u^+ = w_1 u_1 v_1 u^+ = w_1 u_1 v_1,$$

即 $u_1 v_1 \mathscr{L} u_2 v_2$. 由于 $v_i \in u_i^* S$ 和 $\mathscr{L}^*$ 是右同余, 我们有

$$v_1 = u_1^* v_1 \ \mathscr{L}^* \ u_1 v_1 \ \mathscr{L} \ u_2 v_2 \ \mathscr{L}^* u_2^* v_2 = v_2,$$

即 $v_1 \mathscr{L}^* v_2$, 或 $v_1^* \mathscr{L} v_2^*$. 这就证明了 $\operatorname{im}\delta(c_{\gamma_1}) = S v_1^* = S v_2^* = \operatorname{im}\delta(c_{\gamma_2})$.

若 $\gamma_1 \cdot \gamma = \gamma$. 设 $\gamma = \delta \star \rho(u^+, u, u^*)$, $\gamma_1 = \delta_1 \star \rho(u_1^+, u_1, u_1^*)$ 是它们的平衡表示, 其中 $u, u_1 \in S$, 满足

$$S u^+ = c_\delta, \quad S u^* = c_\gamma, \quad S u_1^+ = c_{\delta_1}, \quad S u_1^* = c_{\gamma_1},$$

则有 $v_1 \in u_1^* S u^+$ 满足

$$v_1^* \in E(L_{v_1}^*) \cap \omega(u^+), \quad \delta(c_{\gamma_1}) = \rho(u_1^*, v_1, v_1^*)\rho(v_1^*, v_1^*, u^+), \quad Sv_1^* = \operatorname{im}\delta(c_{\gamma_1}),$$

使得

$$\delta_1 \star \rho(u_1^*, u_1 v_1 u, (v_1 u)^*) = \delta \star \rho(u^+, u, u^*).$$

用上式两端的锥分别作用在 $c_{\delta_1} = Su_1^+$ 和 $c_\delta = Su^+$ 上, 有 $w_1 \in u^+ S u_1^+$, $w_2 \in u_1^+ S u^+$ 使得

$$\rho(u_1^+, u_1 v_1 u, (v_1 u)^*) = \rho(u_1^+, w_2, u^+)\rho(u^+, u, u^*) = \rho(u_1^+, w_2 u, u^*),$$
$$\rho(u^+, u, u^*) = \rho(u^+, w_1, u_1^+)\rho(u_1^+, u_1 v_1 u, (v_1 u)^*) = \rho(u^+, w_1 u_1 v_1 u, (v_1 u)^*).$$

这蕴含 $(v_1 u)^* \mathscr{L}\, u^*$, 且

$$u_1 v_1 u = w_2 u, \quad u = w_1 u_1 v_1 u.$$

于是由 $v_1 \in u_1^* S u^+$, $u \mathscr{R}^* u^+$ 得

$$u_1 v_1 = u_1 v_1 u^+ = w_2 u^+, \quad u^+ = w_1 u_1 v_1 u^+ = w_1 u_1 v_1.$$

这说明 $u_1 v_1 \mathscr{L}\, u^+$, 从而再由 $\mathscr{L}^*$ 是右同余推出

$$v_1 = u_1^* v_1 \mathscr{L}^* u_1 v_1 \mathscr{L}\, u^+, \quad \text{或} \quad v_1^* \mathscr{L}\, u^+,$$

这证明了 $\operatorname{im}\delta(c_{\gamma_1}) = Sv_1^* = Su^+ = c_\delta$. 这就完成了蕴含式 (9.14) 的证明, 因为在其他情形, (9.14) 是平凡成立的. 故 $\mathbb{L}(S)$ 是平衡范畴. □

**定理 9.6.3**　幂富范畴 $\mathcal{C}$ 的锥半群 $\mathcal{TC}$ 是富足半群的充要条件是 $\mathcal{C}$ 为平衡范畴.

**证明**　先证必要性. 如果 $\mathcal{TC}$ 是富足半群, 则由定理 9.6.2, $\mathbb{L}(\mathcal{TC})$ 是平衡范畴, 再由定理 9.5.7, 有 $\mathcal{C} \overset{F}{\cong} \mathbb{L}(\mathcal{TC})$, 故 $\mathcal{C}$ 也是平衡范畴.

再证充分性. 设 $\mathcal{C}$ 是平衡范畴, 即是满足性质 (P6) 和 (P7) 的幂富范畴. 因定理 9.5.6 已证明幂富范畴的锥半群 $\mathcal{TC}$ 是左富足的, 我们只需验证其每个锥 $\gamma$ 右富足.

由 (P6), 定理 9.6.2 证明的第一段说明, 每个锥 $\gamma$ 有平衡表示:

$$\gamma = \delta \star u, \quad \delta \in E(\mathcal{TC}), \quad u \in \mathcal{C}(c_\delta, c_\gamma) \text{ 为平衡态射}.$$

我们证明 $\gamma \mathscr{R}^* \delta$, 从而 $\gamma$ 右富足.

$\delta\cdot\gamma=\gamma$ 是显然的. 如果 $\gamma_1,\gamma_2\in\mathcal{TC}^1$ 使得 $\gamma_1\cdot\gamma=\gamma_2\cdot\gamma$, 由公理 (P7), $\operatorname{im}\delta(c_{\gamma_1})=\operatorname{im}\delta(c_{\gamma_2})\subseteq c_\delta$. 可记 $f=j^{c_\delta}_{\operatorname{im}\delta(c_{\gamma_1})}u=j^{c_\delta}_{\operatorname{im}\delta(c_{\gamma_2})}u$, 即得

$$\begin{aligned}\gamma_1\star\delta(c_{\gamma_1})^\circ f^\circ&=\gamma_1\star\delta(c_{\gamma_1})^\circ(j^{c_\delta}_{im\,\delta(c_{\gamma_1})}u)^\circ\\&=\gamma_1\star(\delta(c_{\gamma_1})u)^\circ\\&=\gamma_1\cdot\gamma\\&=\gamma_2\cdot\gamma\\&=\gamma_2\star(\delta(c_{\gamma_2})u)^\circ\\&=\gamma_2\star\delta(c_{\gamma_2})^\circ(j^{c_\delta}_{im\,\delta(c_{\gamma_2})}u)^\circ\\&=\gamma_2\star\delta(c_{\gamma_2})^\circ f^\circ.\end{aligned}$$

由 $u$ 平衡知, $f$ 是两个单态射之积, 故它和它的左因子 $f^\circ$ 都是单态射, 即右可消. 由此得

$$\gamma_1\cdot\delta=\gamma_1\star\delta(c_{\gamma_1})^\circ=\gamma_2\star\delta(c_{\gamma_2})^\circ=\gamma_2\cdot\delta.$$

这证明了 $\gamma\,\mathscr{R}^*\,\delta$. □

**注记9.6.4** 例 9.3.6 的 Baer-Levi 幺半群 $\mathbf{M}_\ell^{(p,q)}$ 的主左 $*$-理想范畴 $\mathbb{L}(\mathbf{M}_\ell^{(p,q)})$ 是幂富但非平衡的, 因为其中不存在非 $\rho(e,e,e)$ 的平衡态射, 每个非 $\rho(e,e,e)$ 的态射都没有平衡因子分解, 故 (P6) 不成立. Baer-Levi 幺半群 $\mathbf{M}_\ell^{(p,q)}$ 左富足而非右富足进一步说明, 范畴的性质 (P6), (P7) 和 (P1)—(P5) 是相互独立的.

**注记 9.6.5** 公理 (P7) 实质说的是: 若平衡锥 $\gamma$ 生成主左理想 $\mathcal{TC}^1\gamma$ 中的一个元素是由两个不同的锥左乘 $\gamma$ 而得, 则 $\gamma$ 右富足的充要条件是: $\gamma$ 的平衡表示中每个幂等元右乘该二锥得到的元素都有相同的主左 $*$-理想. 由此易知, 公理 (P7) 对每个正规锥, 即锥半群 $\mathcal{TC}$ 中的正则元 $\gamma$ 显然也是成立的, 因为此时 $\gamma$ 的主右 $*$-理想即 $\gamma$ 的主右理想, 其中每个幂等元有形 $\delta=\gamma\cdot\gamma'$, 这里 $\gamma'$ 是 $\gamma$ 的一个逆元, 于是显然有 $\gamma_1\cdot\gamma=\gamma_2\cdot\gamma\Rightarrow\gamma_1\cdot\delta=\gamma_1\cdot\gamma\cdot\gamma'=\gamma_2\cdot\gamma\cdot\gamma'=\gamma_2\cdot\delta$.

**推论 9.6.6** 富足半群 $S$ 的主左 $*$-理想范畴 $\mathbb{L}(S)$ 的锥半群 $\mathcal{T}\mathbb{L}(S)$ 是富足半群, 且对每个 $\gamma\in\mathcal{T}\mathbb{L}(S)$, 有

$$\begin{aligned}&E(L^*_\gamma)=\{\epsilon\in E(\mathcal{T}\mathbb{L}(S)):c_\epsilon=c_\gamma\},\\&E(R^*_\gamma)=\{\delta\in E(\mathcal{T}\mathbb{L}(S)):\gamma=\delta\star\rho(u^+,u,u^*),u^+\in E(R^*_u),u^*\in E(L^*_u)\}.\end{aligned}$$

对偶地, $S$ 的主右 $*$-理想范畴 $\mathbb{R}(S)$ 的锥半群 $\mathcal{T}\mathbb{R}(S)$ 是富足半群, 且对每个 $\gamma\in\mathcal{T}\mathbb{R}(S)$, 有

$$E(R^*_\gamma) = \{\epsilon \in E(\mathcal{T}\mathbb{R}(S)) : c_\epsilon = c_\gamma\},$$

$$E(L^*_\gamma) = \{\delta \in E(\mathcal{T}\mathbb{L}(S)) : \gamma = \delta \star \rho(u^*, u, u^+), u^+ \in E(R^*_u), u^* \in E(L^*_u)\}.$$

**证明**　只需对 $\mathcal{T}\mathbb{L}(S)$ 证明, 因为 $\mathcal{T}\mathbb{R}(S) = \mathcal{T}\mathbb{L}(S^{op})$.

命题 9.5.2 和定理 9.5.6 已经证明了 $\mathcal{T}\mathbb{L}(S)$ 是左富足的, 且对每个 $\gamma \in \mathcal{T}\mathbb{L}(S)$, 有

$$E(L^*_\gamma) = \{\epsilon \in E(\mathcal{T}\mathbb{L}(S)) \ : \ c_\epsilon = c_\gamma\}.$$

定理 9.6.2 证明了 $\mathcal{T}\mathbb{L}(S)$ 有蕴含式 (9.14) 成立, 定理 9.6.3 证明了每个锥 $\gamma$ 都右富足, 且其 $\mathscr{R}^*$-类中的幂等元恰来自 $\gamma$ 的平衡表示 $\gamma = \delta \star \rho(u^+, u, u^*), u^+ \in E(R^*_u), u^* \in E(L^*_u)$. □

由定理 9.6.2、推论 9.6.6 以及 [54] 中命题 3.7 和定理 3.11, 对平衡范畴 $\mathcal{C}$ 及其任一幂等锥 $\delta \in E(\mathcal{TC})$, 可刻画 $\mathcal{TC}$ 中含 $\delta$ 的 $\mathscr{R}^*$-类如下:

**推论 9.6.7**　*设 $\mathcal{C}$ 为平衡范畴, $\delta \in E(\mathcal{TC})$. 则 $\mathcal{TC}$ 中含 $\delta$ 的 $\mathscr{R}^*$-类中的元素分类如下:*

$$R^*_\delta = \{\delta \star u : u \text{ 为 } \mathcal{C} \text{ 中平衡态射}\};$$

$$\operatorname{Reg} R^*_\delta = \{\delta \star u : u \text{ 为 } \mathcal{C} \text{ 中同构}\};$$

$$E(R^*_\delta) = \{\delta \star u : u \text{ 为 } \mathcal{C} \text{ 中同构且 } \delta(\operatorname{cod} u) = u^{-1}\}.$$

*这里每个集合均非空且有 $\mathcal{TC} = \bigcup_{\delta \in E(\mathcal{TC})} R^*_\delta$.*

由定理 9.6.2 和定理 9.6.3 易知, 对富足半群 $S$, 直积 $\mathcal{T}\mathbb{L}(S) \times \mathcal{T}\mathbb{R}(S)$ 也是富足半群, 其中的乘法定义为

$$\forall \gamma_i \in \mathcal{T}\mathbb{L}(S), \quad \delta_i \in \mathcal{T}\mathbb{R}(S)(i = 1, 2), \quad (\gamma_1, \delta_1)(\gamma_2, \delta_2) = (\gamma_1 \cdot \gamma_2, \delta_2 \cdot \delta_1).$$

**定理 9.6.8**　*设 $S$ 为富足半群. 记*

$$\overline{S} = \{(\rho^a, \lambda^a) \in \mathcal{T}\mathbb{L}(S) \times \mathcal{T}\mathbb{R}(S) : a \in S\},$$

*其中 $\rho$, $\lambda$ 如定理 9.5.9 和定理 9.5.11 分别定义, 则有 $S \cong \overline{S}$, 从而 $\overline{S}$ 也是富足半群.*

**证明**　令 $\phi : S \longrightarrow \mathcal{T}\mathbb{L}(S) \times \mathcal{T}\mathbb{R}(S) : \forall a \in S, \phi(a) = (\rho^a, \lambda^a)$, 其中 $\rho$, $\lambda$ 如定理 9.5.9 和定理 9.5.11 分别定义者. 该两定理确保 $\phi = (\rho, \lambda)$ 是从 $S$ 到 $\overline{S}$ 的满同态, 为证其为同构, 只需证明其单.

设 $\phi(a) = \phi(b)$, $a, b \in S$, 即 $\rho^a = \rho^b$ 且 $\lambda^a = \lambda^b$. 由定理 9.5.9 和定理 9.5.11, 有 $(a, b) \in \mathscr{L} \cap \mathscr{R} = \mathscr{H}$, 故 $a^+ \mathrel{\mathscr{R}} b^+$, $a^* \mathrel{\mathscr{L}} b^*$. 于是对任意 $a^+ \in E(R^*_a) = E(R^*_b)$ 有 $a^+ b = b$, 且由 $a \in a^+ S a^*$, $b \in b^+ S b^* = a^+ S b^* = a^+ S a^*$, 有

$$\rho(a^+, a, a^*) = \rho(a^+, a^+ a, a^*) = \rho^a(S a^+) = \rho^b(S a^+)$$

$$= \rho(a^+, a^+b, b^*) = \rho(a^+, b, b^*),$$

如此, 据引理 9.2.3(1) 立得 $a = b$. 这就完成了证明. □

## 习题 9.6

以下各题摘自文献 [54], 其中, $\mathcal{C}$ 是有子对象 $\mathcal{P}$ 且每态射有满-包含因子分解 (即满足公理 (P2), (P4)) 的范畴.

1. 称 $f \in \mathcal{C}(c, c')$ 是正则态射, 若存在 $f' \in \mathcal{C}(c', c)$ 使得 $f = ff'f$. 证明:

(1) $f \in \mathcal{C}$ 正则当且仅当 $f$ 有正规因子分解 $f = \varrho uj$, 且 $\operatorname{cod} u$ 是 $\operatorname{cod} f$ 的缩回;

(2) 单态射正则当且仅当它右可裂, 满态射正则当且仅当它左可裂;

(3) 每个正则态射都有唯一满-包含因子分解.

2. 称 $\mathcal{C}$ 是正则范畴 (regular category), 若其每个态射都正则. 证明:

(1) 正则范畴满足公理 (P2),(P3) 和 (P4), Baer-Levi 范畴 $\mathbf{M}_\ell^{(p,q)}$, $\mathbf{M}_r^{(p,q)}$ 也满足该三公理, 但不正则;

(2) 习题 9.4 中练习 2 的平凡范畴 $\mathcal{X}$, $|X| > 1$ 是正则范畴, 满足 (P5) 但不满足 (P1).

3. 称连通正则范畴 $\mathcal{C}$ 正规, 若对每个对象 $c \in v\mathcal{C}$, 存在锥 $\gamma$ 使得 $\gamma(c)$ 是单态射. 证明:

(1) 正规范畴满足公理 (P1)—(P5);

(2) 正规范畴的每个态射有正规因子分解, 因而满足公理 (P6);

(3) 正规范畴的每个锥 $\gamma$ 是正规锥, 故满足公理 (P7), 即正规范畴是平衡范畴;

(4) 平衡范畴 $\mathcal{C}$ 是正规范畴的充要条件是满足公理 (RP): 每个平衡态射都是同构.

4. 证明: 正规范畴 $\mathcal{C}$ 的锥半群 $\mathcal{TC}$ 是正则半群; 反之任一正则半群 $S$ 的主左、右 $*$-理想范畴 $\mathbb{L}(S)$, $\mathbb{R}(S)$ 是正规范畴.

5. 设 $\mathcal{C}$ 是正规范畴, 证明: $\mathcal{C}$ 和 $\mathbb{L}(\mathcal{TC})$ 作为有子对象的范畴同构.

# 第 10 章　平衡范畴的对偶

从本章开始, 本书以下各章节所论范畴 $\mathcal{C}$ 都是平衡范畴, $\mathcal{TC}$ 是其平衡锥半群. 我们在本章证明: $\mathcal{TC}$ 的 $\mathscr{R}^*$-类偏序集与 $\mathcal{C}^*$ 中一类由锥确定的称为 "$H$-函子" 的集值函子构成的偏序集序同构. $\mathcal{TC}$ 的每个 $\mathscr{R}^*$-类的正规锥是同一个 $H$-函子的泛元素, 而其中的非正规锥的 $H$-函子被正规锥的 $H$-函子真包含. 我们构作平衡范畴 $\mathcal{C}$ 的 "平衡对偶"$\mathcal{B}^*\mathcal{C}$, 并证明: 存在范畴同构 $\mathbf{G}:\mathbb{R}(\mathcal{TC})\cong\mathcal{B}^*\mathcal{C}$, 从而 $\mathcal{B}^*\mathcal{C}$ 也是平衡范畴.

## 10.1　由锥 $\gamma\in\mathcal{TC}$ 确定的集值函子 $H(\gamma;-)$

**引理 10.1.1**　对任一 $\gamma\in\mathcal{TC}$, 定义$H(\gamma;-)$ 如下: $\forall c\in v\mathcal{C}$, $\forall g\in\mathcal{C}(c,c')$,

$$\begin{aligned} H(\gamma;c) &= \{\gamma\star f^\circ \mid f\in\mathcal{C}(c_\gamma,c)\},\\ H(\gamma;g):\ & H(\gamma;c)\longrightarrow H(\gamma;c') \\ & \gamma\star f^\circ \ \mapsto\ \gamma\star(fg)^\circ. \end{aligned}\tag{10.1}$$

那么 $H(\gamma;-)$ 是 $\mathcal{C}^*$ 的一个对象 (函子), 使得 $\gamma\in H(\gamma;c_\gamma)$ 是 (从单点集 $\{c_\gamma\}$ 到)$H(\gamma;-)$ 的一个泛元素. 进而,

$$\begin{aligned} \eta_\gamma: v\mathcal{C} &\longrightarrow \ \ \mathbf{Set} \\ c\ &\mapsto\ \eta_\gamma(c):\ H(\gamma;c)\ \longrightarrow\ \mathcal{C}(c_\gamma,c) \\ &\qquad\qquad\quad \gamma\star f^\circ\ \ \mapsto\ \ f \end{aligned}\tag{10.2}$$

是从 $H(\gamma;-)$ 到 $\mathcal{C}(c_\gamma,-)$ 的自然同构, 使得 $\eta_\gamma(c_\gamma)(\gamma)=1_{c_\gamma}$.

**证明**　显然, 对每个 $c\in v\mathcal{C}$, $H(\gamma;c)$ 是 $\mathcal{TC}$ 的一个子集合; 对每个 $g\in\mathcal{C}(c,c')$, $H(\gamma;g)$ 是从 $H(\gamma;c)$ 到 $H(\gamma;c')$ 的映射. 为证 $H(\gamma;-)$ 是函子, 考虑 $h\in\mathcal{C}(c',c'')$, 由映射 $H(\gamma;g)$ 的定义, 有

$$\begin{aligned}[][H(\gamma;g)H(\gamma;h)](\gamma\star f^\circ) &= H(\gamma;h)[H(\gamma;g)(\gamma\star f^\circ)]\\ &= H(\gamma;h)(\gamma\star(fg)^\circ)\\ &= \gamma\star((fg)h)^\circ = \gamma\star(f(gh))^\circ\end{aligned}$$

$$= H(\gamma; gh)(\gamma \star f^\circ),$$

$$H(\gamma; 1_c): \begin{array}{l} H(\gamma; c) \longrightarrow H(\gamma; c) \\ \gamma \star f^\circ \mapsto \gamma \star (f 1_c)^\circ = \gamma \star f^\circ \end{array} \Rightarrow H(\gamma; 1_c) = 1_{H(\gamma;c)}.$$

这证明了 $H(\gamma;-) \in v\mathcal{C}^*$. 对任意 $c \in v\mathcal{C}$ 和任一 $\tau \in H(\gamma; c)$, 由定义, 有 $f \in \mathcal{C}(c_\gamma, c)$ 使得 $\tau = \gamma \star f^\circ$. 这样

$$H(\gamma; f)(\gamma) = H(\gamma; f)(\gamma \star 1_{c_\gamma}) = \gamma \star (1_{c_\gamma} f)^\circ = \gamma \star f^\circ = \tau.$$

这个 $f \in \mathcal{C}(c_\gamma, c)$ 是唯一的: 若还有 $k \in \mathcal{C}(c_\gamma, c)$ 使得 $\tau = H(\gamma; k)(\gamma) = \gamma \star k$, 由 $M\gamma \neq \varnothing$, 任取 $c \in M\gamma$, 我们有 $\gamma(c) f^\circ = \tau(c) = \gamma(c) k^\circ$, 这就推出 $f = k$, 因为按定义, $\gamma(c)$ 是平衡态射, 可消, 且态射的满成分唯一. 这证明了 $\gamma$ 是 $H(\gamma;-)$(在 $H(\gamma; c_\gamma)$ 中) 的一个泛元素.

我们验证引理中定义的 $\eta_\gamma$ 为自然同构如下:

首先 $\forall c \in v\mathcal{C}$, 由态射的满成分唯一易验证 $\eta_\gamma(c) : \gamma \star f^\circ \mapsto f$ 是从集合 $H(\gamma; c)$ 到态射集 $\mathcal{C}(c_\gamma, c)$ 上的双射. 为证 $\eta_\gamma$ 是自然变换, 任取 $g \in \mathcal{C}(c, c')$, 则 $\forall \gamma \star f^\circ \in H(\gamma; c)$ 有

$$\begin{aligned}
[H(\gamma; g)\eta_\gamma(c')](\gamma \star f^\circ) &= \eta_\gamma(c')[H(\gamma; g)(\gamma \star f^\circ)] \\
&= \eta_\gamma(c')(\gamma \star (fg)^\circ) \\
&= fg \\
&= \mathcal{C}(c_\gamma, g)(f) \\
&= \mathcal{C}(c_\gamma, g)[\eta_\gamma(c)(\gamma \star f^\circ)] \\
&= [\eta_\gamma(c)\mathcal{C}(c_\gamma, g)](\gamma \star f^\circ).
\end{aligned}$$

这证明了图 10.1 是交换的:

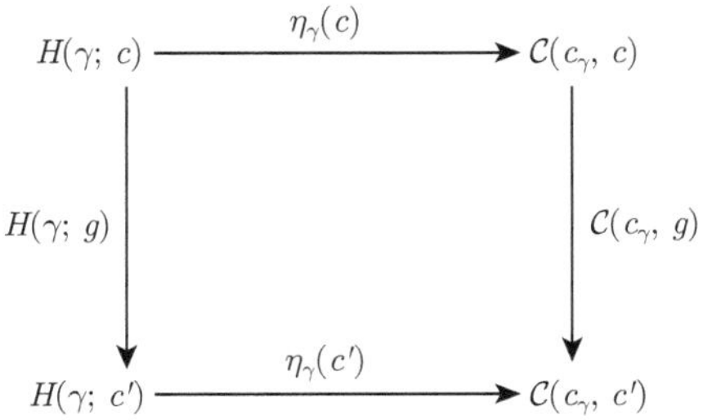


图 10.1

于是 $\eta_\gamma$ 是从 $H(\gamma;-)$ 到 $\mathcal{C}(c_\gamma,-)$ 的自然同构. 等式 $\eta_\gamma(c_\gamma)(\gamma)=1_{c_\gamma}$ 显然成立, 因为 $\gamma=\gamma\star 1_{c_\gamma}\in H(\gamma;c_\gamma)$. □

称函子 $H(\gamma;-)$ 为由锥 $\gamma\in\mathcal{TC}$ 确定的$H$-函子 ($H$-functor). 下面我们证明: 所有 $H$-函子组成一个偏序集.

**命题 10.1.2**　设 $\mathcal{C}$ 为平衡范畴. 对任二锥 $\gamma,\gamma'\in\mathcal{TC}$, 定义

$$H(\gamma;-)\subseteq H(\gamma';-)\Leftrightarrow \forall c\in v\mathcal{C},\ H(\gamma;c)\subseteq H(\gamma';c),$$

右端是锥半群 $\mathcal{TC}$ 中子集合的包含, 则有

(1) $H(\gamma;-)\subseteq H(\gamma';-)$ 当且仅当存在满态射 $h\in\mathcal{C}(c_{\gamma'},c_\gamma)$ 使得 $\gamma=\gamma'\star h$. 等号成立时 $h$ 是同构.

(2) 设 $h$ 为满态射使 $\gamma=\gamma'\star h$. 对任一 $c\in v\mathcal{C}$, 记 $j^{H(\gamma';c)}_{H(\gamma;c)}$ 是集合的包含映射, 则映射

$$j^{H(\gamma';-)}_{H(\gamma;-)}:v\mathcal{C}\longrightarrow \mathbf{Set},\quad c\mapsto j^{H(\gamma';c)}_{H(\gamma;c)}$$

是从函子 $H(\gamma;-)$ 到函子 $H(\gamma';-)$ 的自然变换. 当 $h$ 是同构时, 有函子相等 $H(\gamma;-)=H(\gamma';-)$, 从而 $\subseteq$ 是所有 $H$-函子集合上的偏序.

(3) 若 $R_\gamma\leqslant R_{\gamma'}$, 则 $H(\gamma;-)\subseteq H(\gamma';-)$; 若 $\gamma'\in\operatorname{Reg}\mathcal{TC}$, 则其逆成立. 特别地, 当 $\gamma,\gamma'\in E(\mathcal{TC})$ 时有 $H(\gamma;-)\subseteq H(\gamma';-)\Leftrightarrow \gamma\,\omega^r\,\gamma'$.

**证明**　(1) 设 $\gamma=\gamma'\star h$, 对某满态射 $h\in\mathcal{C}(c_{\gamma'},c_\gamma)$. 对任意 $c\in v\mathcal{C}$ 和 $\gamma\star f^\circ\in H(\gamma;c)$, 因 $f\in\mathcal{C}(c_\gamma,c)$, $h$ 为满态射, 有

$$\gamma\star f^\circ=\gamma'\star hf^\circ=\gamma'\star(hf)^\circ,\quad hf\in\mathcal{C}(c_{\gamma'},c),$$

即 $\gamma\star f^\circ\in H(\gamma';c)$.

反之, 假设 $H(\gamma;-)\subseteq H(\gamma';-)$, 则 $\gamma\in H(\gamma;c_\gamma)\subseteq H(\gamma';c_\gamma)$, 有 $h\in\mathcal{C}(c_{\gamma'},c_\gamma)$ 使得 $\gamma=\gamma'\star h^\circ$. 由此有 $c_\gamma=\operatorname{im}h\subseteq\operatorname{cod}h=c_\gamma$, 即 $\operatorname{im}h=c_\gamma=\operatorname{cod}h$, 从而 $h$ 是满态射使得 $\gamma=\gamma'\star h$. 这个表示还是唯一的, 因为若 $\gamma'\star h=\gamma'\star k$, 取 $c\in M\gamma'$, 有 $\gamma'(c)h=\gamma'(c)k$. 由 $\gamma'(c)$ 是平衡态射得 $h=k$.

如果 $H(\gamma;-)=H(\gamma';-)$, 由上有满态射 $h,k$ 使得 $\gamma=\gamma'\star h$, $\gamma'=\gamma\star k$, 于是 $\gamma=\gamma\star kh$. 由 $M\gamma\neq\varnothing$ 立得 $kh=1_{c_\gamma}$; 类似可得 $hk=1_{c_{\gamma'}}$, 即 $h$ 是同构.

(2) 设有满态射 $h$ 使得 $\gamma=\gamma'\star h$. 任取 $g\in\mathcal{C}(c,c')$, 对任意 $\gamma\star f^\circ\in H(\gamma;c)\subseteq H(\gamma';c)$, 我们有

$$\begin{aligned}H(\gamma';g)(\gamma\star f^\circ)&=H(\gamma';g)(\gamma'\star(hf)^\circ)\\&=\gamma'\star(hfg)^\circ=\gamma\star(fg)^\circ\\&=H(\gamma;g)(\gamma\star f^\circ).\end{aligned}$$

即图 10.2 对任意 $c \in v\mathcal{C}$ 交换:

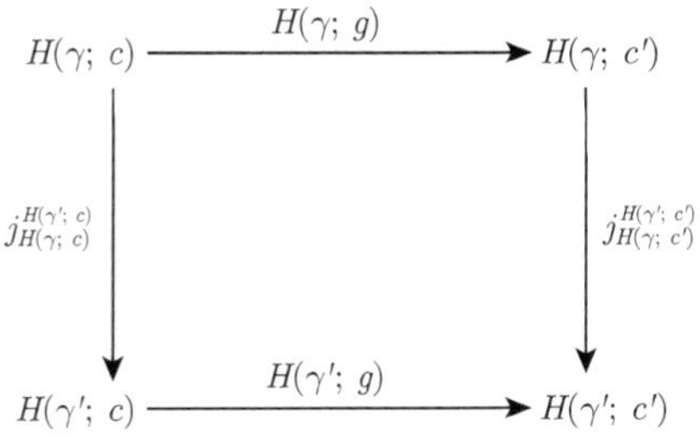


图 10.2

故 $j_{H(\gamma;-)}^{H(\gamma';-)}$ 是自然变换.

若 $h$ 是同构, 则有 $\gamma' = \gamma \star h^{-1}$, 由上证明 $H(\gamma;-) \subseteq H(\gamma';-)$ 与 $H(\gamma';-) \subseteq H(\gamma;-)$ 同时成立, 即对所有 $c \in v\mathcal{C}$, 必有 $H(\gamma;c) = H(\gamma';c)$, 从而 $j_{H(\gamma;c)}^{H(\gamma';c)}$ 是集合的恒等, 由此和上述交换图立得 $H(\gamma;g) = H(\gamma';g)$ 对所有态射 $g \in \mathcal{C}$ 成立. 因此必有函子的相等 $H(\gamma;-) = H(\gamma';-)$. 这证明了 $\subseteq$ 是所有 $H$-函子集合上的偏序.

(3) 若 $R_\gamma \leqslant R_{\gamma'}$, 则 $\gamma = \gamma' \cdot \tau$, 对某 $\tau \in \mathcal{TC}$. 这样有 $\gamma = \gamma' \star (\tau(c_{\gamma'}))^\circ$. $(\tau(c_{\gamma'}))^\circ$ 是满态射, 由 (1) 有 $H(\gamma;-) \subseteq H(\gamma';-)$. 反过来, 若 $H(\gamma;-) \subseteq H(\gamma';-)$, 再由 (1) 有 $\gamma = \gamma' \star h$, 对某满态射 $h$. 当 $\gamma'$ 正则时, 有幂等锥 $\epsilon \in R_{\gamma'}$ 和 $\gamma' = \epsilon \star (\gamma'(c_\epsilon))^\circ$. 从而 $\gamma = \epsilon \star (\gamma'(c_\epsilon))^\circ h$, 这就蕴含 $\epsilon \cdot \gamma = \gamma$, 于是 $R_\gamma \leqslant R_\epsilon = R_{\gamma'}$. 特别地, 当 $\gamma, \gamma' \in E(\mathcal{TC})$ 时, 此即 $\gamma\, \omega^r\, \gamma'$. □

**推论 10.1.3** (1) 若 $H(\gamma;-) = H(\gamma';-)$, 则 $M\gamma = M\gamma'$ 且 $\gamma \mathscr{R}^* \gamma'$. 若 $\gamma' \in \mathrm{Reg}\, \mathcal{TC}$, 则 $M_n\gamma = M_n\gamma'$ 且 $\gamma \mathscr{R} \gamma'$.

(2) 对任意 $\gamma \in \mathcal{TC}$ 和 $\gamma^+ \in E(R_\gamma^*)$, 有 $H(\gamma;-) \subseteq H(\gamma^+;-)$. 若 $\gamma$ 正规, 则等号成立, 否则, 是真包含.

**证明** (1) 因为 $H(\gamma;-) = H(\gamma';-)$ 蕴含 $\gamma = \gamma' \star u$, 对某同构 $u \in \mathcal{C}(c_{\gamma'}, c_\gamma)$. 对任意 $c \in M\gamma'$, 由 $\gamma'(c)$ 是平衡态射, $\gamma(c) = \gamma'(c)u$ 也是平衡态射, 这说明 $M\gamma' \subseteq M\gamma$. 类似地, 我们有 $M\gamma \subseteq M\gamma'$, 从而 $M\gamma = M\gamma'$.

由推论 9.6.6, $E(R_\gamma^*) = \{\epsilon \in E(\mathcal{TC}) : \gamma = \epsilon \star f,\ f\text{是平衡态射}\}$. 对任意 $\epsilon \in E(R_{\gamma'}^*)$, 有平衡态射 $f \in \mathcal{C}(c_\epsilon, c_{\gamma'})$ 使得 $\gamma' = \epsilon \star f$, 这蕴含 $\gamma = \epsilon \star fu$. 因 $fu \in \mathcal{C}(c_\epsilon, c_\gamma)$ 也是平衡态射, 我们推知 $\gamma \mathscr{R}^* \epsilon \mathscr{R}^* \gamma'$. 当 $\gamma' \in \mathrm{Reg}\, \mathcal{TC}$ 时同样可证 $M_n\gamma = M_n\gamma'$, 由命题 10.1.2(3) 得 $\gamma \mathscr{R} \gamma'$.

(2) 因为 $\gamma = \gamma^+ \cdot \gamma = \gamma^+ \star (\gamma(c_{\gamma^+}))^\circ$, 由命题 10.1.2(1) 得 $H(\gamma;-) \subseteq H(\gamma^+;-)$, 因为 $\gamma^+$ 是正则 (幂等) 元, 由 (1), 等号成立当且仅当 $\gamma \mathscr{R} \gamma^+$, 故若 $\gamma \notin \mathrm{Reg}\, \mathcal{TC}$, 则这个包含是真包含. □

**习题 10.1**

证明: 若 $\gamma$ 是平衡范畴 $\mathcal{C}$ 的正规锥, 则它是 $H$-函子 $H(\gamma;-)$ 的泛元素.

## 10.2　平衡范畴的对偶范畴

**定义 10.2.1**　设 $\mathcal{C}$ 为平衡范畴. 称函子范畴 $\mathcal{C}^* = [\mathcal{C}, \mathbf{Set}]$ 中以所有 $H$-函子之集 $\{H(\epsilon;-) : \epsilon \in E(\mathcal{TC})\}$ 为对象集的全子范畴为 $\mathcal{C}$ 的对偶范畴 (the dual category of $\mathcal{C}$), 记为 $\mathcal{B}^*\mathcal{C}$.

命题 10.1.2 和推论 10.1.3 说明, $\mathcal{B}^*\mathcal{C}$ 是以 $H$-函子集上的偏序 $\subseteq$ 为子对象关系的有子对象范畴. 由 Yoneda 引理, 我们可以用 $\mathcal{C}$ 中的态射来描述这个范畴的态射, 它们是集值 $H$-函子之间的自然变换.

**引理 10.2.2**　对 $\mathcal{B}^*\mathcal{C}$ 的每个态射 $\sigma \in \mathcal{B}^*\mathcal{C}(H(\epsilon;-),\ H(\epsilon';-))$, 存在 $\mathcal{C}$ 中唯一态射 $\hat{\sigma} \in \mathcal{C}(c_{\epsilon'}, c_\epsilon)$ 使得图 10.3 交换:

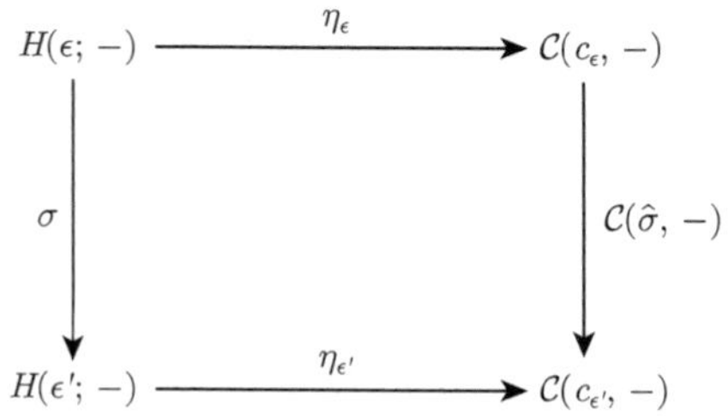


图 10.3

这里, $\eta_\epsilon$ 是引理 10.1.1中定义的自然同构. 自然变换 $\sigma$ 在 $c \in v\mathcal{C}$ 上的成分是如下定义的映射:

$$\sigma(c) : H(\epsilon;c) \longrightarrow H(\epsilon';c),\ \ \epsilon \star f^\circ \mapsto \epsilon' \star (\hat{\sigma} f)^\circ. \tag{10.3}$$

特别地, $\sigma$ 是包含 $H(\epsilon;-) \subseteq H(\epsilon';-)$ 当且仅当 $\epsilon = \epsilon' \star \hat{\sigma}$ 且此时 $\hat{\sigma} = \epsilon(c_{\epsilon'})$. 进而, $\sigma \mapsto \hat{\sigma}$ 是从 $\mathcal{B}^*\mathcal{C}(H(\epsilon;-), H(\epsilon';-))$ 到 $\mathcal{C}(c_{\epsilon'}, c_\epsilon)$ 上的双射.

**证明**　因为 $\eta_\epsilon^{-1}\sigma\eta_{\epsilon'}$ 显然是从 $\mathcal{C}(c_\epsilon,-)$ 到 $\mathcal{C}(c_{\epsilon'},-)$ 的一个自然变换, 而共变 Yoneda 嵌入 $H^{\mathcal{C}}$ 是全忠实的, 故存在唯一态射 $\hat{\sigma} \in \mathcal{C}(c_{\epsilon'}, c_\epsilon)$ 使得上图交换. $\sigma$ 的每个成分的表达式可通过追踪 $\sigma$ 的这个交换图得到. 准确言之, 因 $\forall c \in v\mathcal{C}$ 有

$$\mathcal{C}(\hat{\sigma}, c) : \mathcal{C}(c_\epsilon, c) \longrightarrow \mathcal{C}(c_{\epsilon'}, c) : f \mapsto \hat{\sigma} f,$$

故得定义式 (10.3) 成立.

若 $\epsilon = \epsilon' \star \hat{\sigma}$, 则易验证定义式 (10.3) 定义的映射 $\sigma(c)$ 对每个 $c \in v\mathcal{C}$ 都是集合的包含映射. 反之, 若 $\sigma$ 是 $H$-函子的包含, 则 $\epsilon \in H(\epsilon'; c_\epsilon)$, 从而 $\epsilon = \epsilon' \star h$, 对某满态射 $h \in \mathcal{C}(c_{\epsilon'}, c_\epsilon)$. 故由上图的交换性及 $\eta_\epsilon$, $\eta_{\epsilon'}$ 和 $\sigma$ 的定义, 有

$$\begin{aligned}\hat{\sigma} &= \mathcal{C}(\hat{\sigma}, c_\epsilon)(1_{c_\epsilon}) = \mathcal{C}(\hat{\sigma}, c_\epsilon)[(\eta_\epsilon(c_\epsilon))(\epsilon)] && (\text{由 } \eta_\epsilon \text{ 的定义})\\ &= [(\eta_\epsilon \mathcal{C}(\hat{\sigma}, -))(c_\epsilon)](\epsilon) = [(\sigma\eta_{\epsilon'})(c_\epsilon)](\epsilon) && (\text{由上图交换})\\ &= \eta_{\epsilon'}(c_\epsilon)[\sigma(c_\epsilon)(\epsilon' \star h)] = \eta_{\epsilon'}(c_\epsilon)(\epsilon' \star h) && (\text{因 } \sigma \text{ 是包含})\\ &= h,\end{aligned}$$

且容易验证 $\hat{\sigma} = h = \epsilon(c_{\epsilon'})$. 最后一个结论也是由共变 Yoneda 嵌入 $H^{\mathcal{C}}$ 是全忠实函子得到的直接推论. □

本节以下证明 $\mathcal{B}^*\mathcal{C}$ 与 $\mathbb{R}(\mathcal{TC})$ 同构. 为此我们需要先证明几个引理.

**引理 10.2.3** 设 $\epsilon, \epsilon' \in E(\mathcal{TC})$. 对任意 $\gamma \in \epsilon'(\mathcal{TC})\epsilon$, 定义 $\widetilde{\gamma} = \gamma(c_{\epsilon'})j_{c_\gamma}^{c_\epsilon} \in \mathcal{C}(c_{\epsilon'},\ c_\epsilon)$. 则映射

$$\lambda(\epsilon, \gamma, \epsilon') \mapsto \widetilde{\gamma} = \gamma(c_{\epsilon'})j_{c_\gamma}^{c_\epsilon} \tag{10.4}$$

是从 $\mathbb{R}(\mathcal{TC})(\epsilon(\mathcal{TC}), \epsilon'(\mathcal{TC}))$ 到 $\mathcal{C}(c_{\epsilon'}, c_\epsilon)$ 上的双射.

**证明** 由引理 9.2.8(1), 在 $\mathbb{R}(\mathcal{TC})(\epsilon\mathcal{TC}, \epsilon'\mathcal{TC})$ 和 $\epsilon'\mathcal{TC}\epsilon$ 之间存在双射, 故只需证明映射 $\gamma \mapsto \widetilde{\gamma}$ 是从 $\epsilon'\mathcal{TC}\epsilon$ 到 $\mathcal{C}(c_{\epsilon'}, c_\epsilon)$ 上的双射即可. 首先注意, $\gamma \in \epsilon'\mathcal{TC}\epsilon, \gamma \cdot \epsilon = \gamma$, 由引理 9.4.6 有 $c_\gamma \subseteq c_\epsilon$, 故 $\widetilde{\gamma} = \gamma(c_{\epsilon'})j_{c_\gamma}^{c_\epsilon} \in \mathcal{C}(c_{\epsilon'}, c_\epsilon)$ 有定义. 又因 $\epsilon' \cdot \gamma = \gamma$, 有 $\gamma(c_{\epsilon'}) = (\epsilon' \cdot \gamma)(c_{\epsilon'}) = \gamma(c_{\epsilon'})^\circ$. 记 $h = \gamma(c_{\epsilon'}) \in \mathcal{C}(c_{\epsilon'},\ c_\gamma)$, 则 $h$ 是满态射使得 $\gamma = \epsilon' \star h$. 由 $\mathcal{C}$ 中态射有因子分解唯一性, 映射 $\gamma \mapsto \widetilde{\gamma}$ 必单. 该映射还是满的, 因为对任一 $f \in \mathcal{C}(c_{\epsilon'}, c_\epsilon)$, 有 $\gamma = \epsilon' \star f^\circ \in \epsilon'(\mathcal{TC})\epsilon$ 和 $\widetilde{\gamma} = \gamma(c_{\epsilon'})j_{c_\gamma}^{c_\epsilon} = f^\circ j_{c_\gamma}^{c_\epsilon} = f$. □

上面定义双射 $\lambda(\epsilon, \gamma, \epsilon') \mapsto \widetilde{\gamma}$ 的式子 (10.4) 不仅与 $\gamma$ 有关, 还与幂等元 $\epsilon$, $\epsilon'$ 有关. 以下引理说明, 只要 $\epsilon, \epsilon'$ 在各自的 $\mathscr{R}$-类中选择, 则相应的双射就只相差一对同构 (彼此共轭!):

**引理 10.2.4** 对 $\epsilon \mathscr{R} \epsilon_1$ 和 $\epsilon' \mathscr{R} \epsilon'_1$, 若 $\widetilde{\gamma} \in \mathcal{C}(c_{\epsilon'}, c_\epsilon)$ 和 $\widetilde{\gamma}_1 \in \mathcal{C}(c_{\epsilon'_1}, c_{\epsilon_1})$ 是式 (10.4) 对 $\mathbb{R}(\mathcal{TC})$ 中同一个态射

$$\lambda = \lambda(\epsilon, \gamma, \epsilon') = \lambda(\epsilon_1, \gamma_1, \epsilon'_1) \in \mathbb{R}(\mathcal{TC})(\epsilon(\mathcal{TC}), \epsilon'(\mathcal{TC}))$$

定义的, 则我们有以下交换图 (图 10.4):

**证明** 因为 $\epsilon \mathscr{R} \epsilon_1$, $\epsilon' \mathscr{R} \epsilon'_1$, $\gamma \in \epsilon'(\mathcal{TC})\epsilon$, $\gamma_1 \in \epsilon'_1(\mathcal{TC})\epsilon_1$ 且 $\lambda(\epsilon, \gamma, \epsilon') = \lambda(\epsilon_1, \gamma_1, \epsilon'_1)$, 我们有 $\gamma_1 = \gamma \cdot \epsilon_1$, 从而 $\epsilon' \star \gamma_1(c_{\epsilon'}) = \gamma_1 = \epsilon'_1 \star \gamma_1(c_{\epsilon'_1})$. 于是

$$\begin{aligned}\widetilde{\gamma}_1 &= \gamma_1(c_{\epsilon'_1})j_{c_{\gamma_1}}^{c_{\epsilon_1}} && (\text{由 (10.4)})\\ &= \epsilon'(c_{\epsilon'_1})\gamma_1(c_{\epsilon'})j_{c_{\gamma_1}}^{c_{\epsilon_1}} && (\text{因 } \gamma_1 = \epsilon' \star \gamma_1(c_{\epsilon'}))\\ &= \epsilon'(c_{\epsilon'_1})\gamma(c_{\epsilon'})(\epsilon_1(c_\gamma))^\circ j_{c_{\gamma_1}}^{c_{\epsilon_1}} && (\text{因 } \gamma_1 = \gamma \cdot \epsilon_1)\\ &= \epsilon'(c_{\epsilon'_1})\gamma(c_{\epsilon'})\epsilon_1(c_\gamma) && (\text{因 } \operatorname{im} \epsilon_1(c_\gamma) = c_{\gamma_1})\end{aligned}$$

$$
\begin{aligned}
&= \epsilon'(c_{\epsilon_1'})\gamma(c_{\epsilon'})j_{c_\gamma}^{c_\epsilon}\epsilon_1(c_\epsilon) && (\text{因 } c_\gamma \subseteq c_\epsilon)\\
&= \epsilon'(c_{\epsilon_1'})\widetilde{\gamma}\epsilon_1(c_\epsilon) && (\text{由 } (10.4)).
\end{aligned}
$$

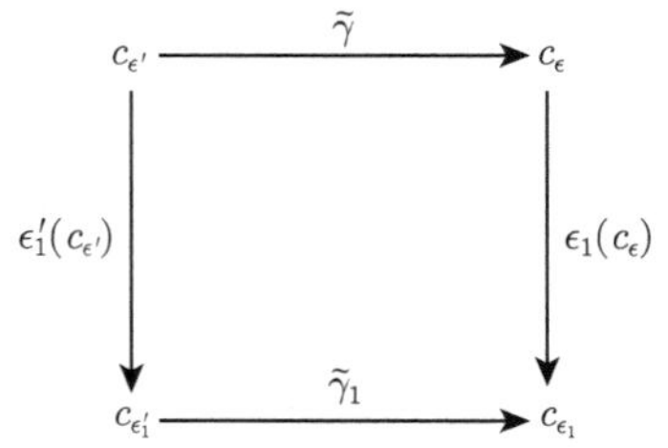


图 10.4

因为 $\epsilon \mathscr{R} \epsilon_1$, $\epsilon' \mathscr{R} \epsilon_1'$, 有 $\epsilon_1'(c_{\epsilon'})$ 和 $\epsilon_1(c_\epsilon)$ 是同构, 且 $\epsilon'(c_{\epsilon_1'}) = (\epsilon_1'(c_{\epsilon'}))^{-1}$, 上式即 $\epsilon_1'(c_{\epsilon'})\widetilde{\gamma}_1 = \widetilde{\gamma}\epsilon_1(c_\epsilon)$, 这就证明了引理中的图是交换的. □

**引理 10.2.5**　设 $\gamma \in \epsilon'(\mathcal{TC})\epsilon$, $\gamma' \in \epsilon''(\mathcal{TC})\epsilon'$. 则 $\widetilde{\gamma' \cdot \gamma} = \widetilde{\gamma}'\widetilde{\gamma}$.

**证明**　显然 $c_{\gamma'\cdot\gamma} \subseteq c_\gamma \subseteq c_\epsilon$. 又

$$
\begin{aligned}
\widetilde{\gamma' \cdot \gamma} &= (\gamma' \cdot \gamma)(c_{\epsilon''})j_{c_{\gamma'\cdot\gamma}}^{c_\epsilon} && (\text{由 } (10.4))\\
&= \gamma'(c_{\epsilon''})(\gamma(c_{\gamma'}))^\circ j_{c_{\gamma'\cdot\gamma}}^{c_\gamma} j_{c_\gamma}^{c_\epsilon} && (\text{因 } \gamma' \cdot \gamma = \gamma' \star (\gamma(c_{\gamma'}))^\circ)\\
&= \gamma'(c_{\epsilon''})\gamma(c_{\gamma'})j_{c_\gamma}^{c_\epsilon} && (\text{因 } \gamma(c_{\gamma'}) = (\gamma(c_{\gamma'}))^\circ j_{c_{\gamma'\cdot\gamma}}^{c_\gamma})\\
&= \gamma'(c_{\epsilon''})j_{c_{\gamma'}}^{c_{\epsilon'}}\gamma(c_{\epsilon'})j_{c_\gamma}^{c_\epsilon} && (\text{因 } c_{\gamma'} \subseteq c_{\epsilon'})\\
&= \widetilde{\gamma}'\widetilde{\gamma}.
\end{aligned}
$$

这就完成了证明. □

现在可以证明本节的主要定理.

**定理 10.2.6**　设 $\mathcal{C}$ 是一个平衡范畴. 对 $\mathcal{TC}$ 的主右 $*$-理想范畴 $\mathbb{R}(\mathcal{TC})$ 的对象和态射分别定义映射 $\mathbf{G}$ 如下:

$$v\mathbf{G}(\epsilon\mathcal{TC}) = H(\epsilon; -),$$

对态射 $\lambda = \lambda(\epsilon, \gamma, \epsilon') : \epsilon\mathcal{TC} \longrightarrow \epsilon'\mathcal{TC}$ 定义 $\mathbf{G}(\lambda)$ 是使图 10.5 交换的集值函子之间的自然变换 $\mathbf{G}(\lambda) = \eta_\epsilon \mathcal{C}(\widetilde{\gamma}, -)\eta_{\epsilon'}^{-1}$:

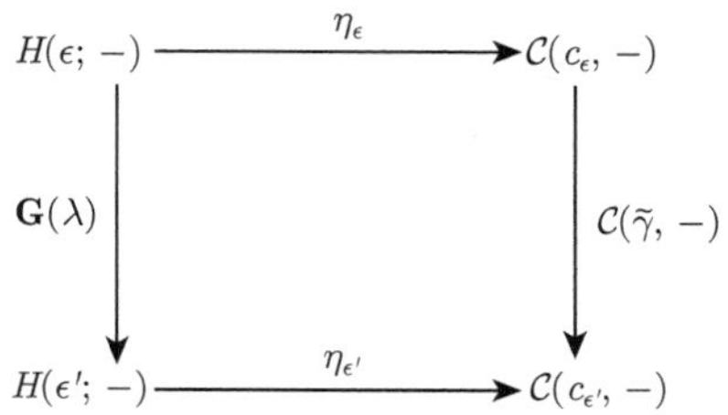


图 10.5

则 $\mathbf{G}:\mathbb{R}(\mathcal{TC})\longrightarrow\mathcal{B}^*\mathcal{C}$ 是平衡范畴的同构. 因此, 平衡范畴 $\mathcal{C}$ 的对偶范畴 $\mathcal{B}^*\mathcal{C}$ 也是平衡范畴.

**证明** 因为 $\widetilde{\gamma}$ 不仅与 $\gamma\in\epsilon'(\mathcal{TC})\epsilon$ 有关, 且与 $\epsilon$ 和 $\epsilon'$ 在其 $\mathscr{R}$-类中的选择也有关, 故首先我们需要验证 $\mathbf{G}(\lambda)$ 与 $\lambda$ 表达式的不同选择无关. 为此, 设 $\lambda=\lambda(\epsilon,\gamma,\epsilon')=\lambda(\epsilon_1,\gamma_1,\epsilon_1')$. 由引理 10.2.4 我们有

$$\begin{aligned}\eta_{\epsilon_1}\mathcal{C}(\widetilde{\gamma_1},-)\eta_{\epsilon_1'}^{-1}&=\eta_{\epsilon_1}\mathcal{C}(\epsilon'(c_{\epsilon_1'})\widetilde{\gamma}\epsilon_1(c_\epsilon),-)\eta_{\epsilon_1'}^{-1}\\&=\eta_{\epsilon_1}\mathcal{C}(\epsilon_1(c_\epsilon),-)\mathcal{C}(\widetilde{\gamma},-)\mathcal{C}(\epsilon'(c_{\epsilon_1'}),-)\eta_{\epsilon_1'}^{-1}\\&=\eta_\epsilon\mathcal{C}(\widetilde{\gamma},-)\eta_{\epsilon'}^{-1}.\end{aligned}$$

最后一个等号之所以成立是因为由 $\epsilon_1\ \mathscr{R}\ \epsilon$ 我们不但有 $H(\epsilon_1;-)=H(\epsilon;-)$, 而且对任意 $c\in v\mathcal{C}$ 和 $\epsilon_1\star f^\circ\in H(\epsilon_1;c)=H(\epsilon;c)$, 由 $\epsilon_1=\epsilon\star\epsilon_1(c_\epsilon)$ 还有

$$\begin{aligned}&(\eta_{\epsilon_1}\mathcal{C}(\epsilon_1(c_\epsilon),-)\eta_\epsilon^{-1})_c(\epsilon_1\star f^\circ)\\=\ &\eta_\epsilon^{-1}(c)\mathcal{C}(\epsilon_1(c_\epsilon),c)(\eta_{\epsilon_1}(c)(\epsilon_1\star f^\circ))\\=\ &\eta_\epsilon^{-1}(c)\mathcal{C}(\epsilon_1(c_\epsilon),c)(f)\\=\ &\eta_\epsilon^{-1}(c)(\epsilon_1(c_\epsilon)f)\\=\ &\epsilon\star(\epsilon_1(c_\epsilon)f)^\circ\\=\ &(\epsilon\star\epsilon_1(c_\epsilon))\star f^\circ\\=\ &\epsilon_1\star f^\circ\\=\ &1_{H(\epsilon;c)}(\epsilon_1\star f^\circ).\end{aligned}$$

由此得到 $\eta_{\epsilon_1}\mathcal{C}(\epsilon_1(c_\epsilon),-)\eta_\epsilon^{-1}=1_{H(\epsilon;-)}$, 即 $\eta_{\epsilon_1}\mathcal{C}(\epsilon_1(c_\epsilon),-)=\eta_\epsilon$; 类似地由 $\epsilon_1'\ \mathscr{R}\ \epsilon'$ 有 $\eta_{\epsilon_1'}\mathcal{C}(\epsilon_1'(c_{\epsilon'}),-)=\eta_{\epsilon'}$. 故对每个 $\lambda\in\mathbb{R}(\mathcal{TC})(\epsilon\mathcal{TC},\ \epsilon'\mathcal{TC})$, $\mathbf{G}(\lambda)$ 是一个确定的从 $H(\epsilon;-)$ 到 $H(\epsilon';-)$ 的自然变换.

为证 $\mathbf{G}$ 是函子, 考虑 $\lambda=\lambda(\epsilon,\gamma,\epsilon')$ 和 $\lambda'=\lambda(\epsilon',\gamma',\epsilon'')$ 使得乘积 $\lambda\lambda'$ 存在. 自然应有 $\lambda\lambda'=\lambda(\epsilon,\gamma'\cdot\gamma,\epsilon'')$. 由引理 10.2.5 有

$$\begin{aligned}\mathbf{G}(\lambda\lambda')&=\eta_\epsilon\mathcal{C}(\widetilde{\gamma'\cdot\gamma},-)\eta_{\epsilon''}^{-1}\\&=\eta_\epsilon\mathcal{C}(\widetilde{\gamma'}\widetilde{\gamma},-)\eta_{\epsilon''}^{-1}\\&=\eta_\epsilon\mathcal{C}(\widetilde{\gamma},-)\eta_{\epsilon'}^{-1}\eta_{\epsilon'}\mathcal{C}(\widetilde{\gamma'},-)\eta_{\epsilon''}^{-1}\\&=\mathbf{G}(\lambda)\mathbf{G}(\lambda').\end{aligned}$$

设 $\epsilon\mathcal{TC} \subseteq \epsilon'\mathcal{TC}$. 我们有 $\lambda = \lambda(\epsilon, \epsilon, \epsilon') = j_{\epsilon\mathcal{TC}}^{\epsilon'\mathcal{TC}}$. 再由公式 (10.3), 可知 $\widetilde{\epsilon} = \epsilon(c_{\epsilon'})j_{c_\epsilon}^{c_\epsilon} = \epsilon(c_{\epsilon'}) \in \mathcal{C}(c_{\epsilon'}, c_\epsilon)$ 是一个收缩, 因为 $j_{c_\epsilon}^{c_{\epsilon'}}\widetilde{\epsilon} = j_{c_\epsilon}^{c_{\epsilon'}}\epsilon(c_{\epsilon'}) = \epsilon(c_\epsilon) = 1_{c_\epsilon}$. 由 $\omega^r$ 的性质, 不妨令 $\epsilon\ \omega\ \epsilon'$, 从而 $\epsilon = \epsilon' \cdot \epsilon = \epsilon' \star \epsilon(c_{\epsilon'})$, 如此得到 $H(\epsilon; -) \subseteq H(\epsilon'; -)$. 容易得到 $[j_{H(\epsilon;-)}^{H(\epsilon';-)}\eta_{\epsilon'}]_{c_\epsilon} = j_{H(\epsilon;c_\epsilon)}^{H(\epsilon';c_\epsilon)}\eta_{\epsilon'}(c_\epsilon)$ 射 $\epsilon = \epsilon' \star \epsilon(c_{\epsilon'})$ 为 $\epsilon(c_{\epsilon'}) = \widetilde{\epsilon}$. 类似地, $[\eta_\epsilon\mathcal{C}(\widetilde{\epsilon}, -)]_{c_\epsilon} = \eta_\epsilon(c_\epsilon)\mathcal{C}(\widetilde{\epsilon}, c_\epsilon)$ 也射 $\epsilon = \epsilon \star 1_{c_\epsilon}$ 为 $\widetilde{\epsilon}$. 这就得到图 10.6 交换:

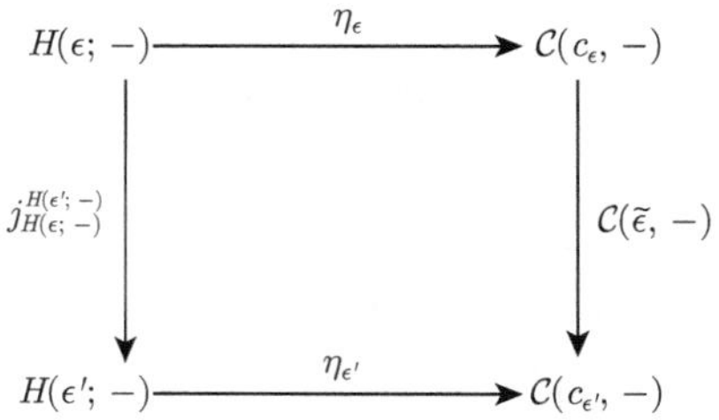


图 10.6

由 $\mathbf{G}(\lambda)$ 的定义, 我们得到 $\mathbf{G}(j_{\epsilon\mathcal{TC}}^{\epsilon'\mathcal{TC}}) = j_{H(\epsilon;-)}^{H(\epsilon';-)}$, 如此 $\mathbf{G}$ 是保持包含的. 特别地, $\mathbf{G}$ 保持恒等态射, 从而是保持包含的函子.

设 $\sigma \in \mathcal{B}^*\mathcal{C}(H(\epsilon; -), H(\epsilon'; -))$, 由引理 10.2.2, 存在唯一 $f \in \mathcal{C}(c_{\epsilon'}, c_\epsilon)$ 为该引理中的 $\hat{\sigma}$ 使其中的图交换. 由引理 2.5.2, 存在唯一 $\lambda(\epsilon, \gamma, \epsilon') : \epsilon\mathcal{TC} \longrightarrow \epsilon'\mathcal{TC}$ 使得 $\widetilde{\gamma} = f$. 故由本定理中的图 10.5 交换, 我们得到 $\mathbf{G}(\lambda(\epsilon, \gamma, \epsilon')) = \sigma$. 这证明了 $\mathbf{G}$ 是全的. 若 $\lambda = \lambda(\epsilon, \gamma, \epsilon')$ 和 $\lambda' = \lambda(\epsilon, \gamma', \epsilon')$ 是 $\mathbb{R}(\mathcal{TC})$ 中的态射, 满足 $\mathbf{G}(\lambda) = \mathbf{G}(\lambda')$, 则由图 10.5, 应有 $\mathcal{C}(\widetilde{\gamma}, -) = \mathcal{C}(\widetilde{\gamma'}, -)$, 但因为 Yoneda 嵌入 $H^\mathcal{C}$ 全忠实, 我们得到 $\widetilde{\gamma} = \widetilde{\gamma'}$. 故由引理 2.5.3, 有 $\lambda = \lambda'$. 这说明 $\mathbf{G}$ 是全忠实的. 由命题 10.1.2 可得, $v\mathbf{G}$ 是从 $\mathcal{TC}$ 的主右 $*$-理想 (在集合包含下的) 偏序集到函子偏序集 $(\{H(\epsilon; -)\ :\ \epsilon \in E(\mathcal{TC})\}, \subseteq)$ 上的序同构. 这就证明了 $\mathbf{G} : \mathbb{R}(\mathcal{TC}) \longrightarrow \mathcal{B}^*\mathcal{C}$ 是范畴同构. 其逆 $\mathbf{G}^{-1}$ 易验证是

$$\begin{aligned} v\mathbf{G}^{-1} &: H(\epsilon; -) \mapsto \epsilon\mathcal{TC}; \\ \mathbf{G}^{-1} &: \eta_\epsilon\mathcal{C}(f, -)\eta_{\epsilon'}^{-1} \mapsto \lambda(\epsilon, \epsilon' \star f^\circ, \epsilon'), \quad \forall f \in \mathcal{C}(c_{\epsilon'}, c_\epsilon). \end{aligned} \tag{10.5}$$

□

## 习题 10.2

验证: (10.5) 式确定了从 $\mathcal{B}^*\mathcal{C}$ 到 $\mathbb{R}(\mathcal{TC})$ 的范畴同构, 且是定理 10.2.6 中 $\mathbf{G}$ 的逆.

# 第 11 章 富足半群的连通

我们已知, 富足半群 $S$ 的主左 $*$-理想范畴 $\mathbb{L}(S)$ 和主右 $*$-理想范畴 $\mathbb{R}(S)$ 都是平衡范畴. 从本章开始, 我们在连续四章中探讨这个结论的逆, 即给定两个平衡范畴 $\mathcal{C}$ 和 $\mathcal{D}$, 在什么条件下可以断言: 存在富足半群 $S$ 使得 $\mathcal{C}$ 和 $\mathcal{D}$ 分别与 $S$ 的主左、主右 $*$-理想范畴 $\mathbb{L}(S)$, $\mathbb{R}(S)$ (作为有像范畴) 同构? 为此, 我们先引入有子对象范畴间的 "局部同构" 和平衡范畴的 "连通" 概念. 由它们最终推出的从 $\mathcal{D}$ 到 $\mathcal{B}^*\mathcal{C}$ 的所谓 "交连系" 即可得到满足要求的富足半群, 从而给出肯定的答案.

## 11.1 平衡范畴之间的局部同构

对任一有子对象的范畴 $\mathcal{C}$ 和 $c \in v\mathcal{C}$, 记 $(c)$ 是由 $c$ 生成的 $\mathcal{C}$ 的**主理想** (principal ideal), 它是以 $v(c) = \{c' \in v\mathcal{C} : c' \subseteq c\}$ 为对象集的全子范畴. $\mathcal{C}$ 的任一全子范畴 $\mathcal{C}'$ 称为 $\mathcal{C}$ 的一个**理想** (ideal), 若对所有 $c \in v\mathcal{C}'$, $(c) \subseteq \mathcal{C}'$.

**定义 11.1.1** 设 $\mathcal{C}$ 和 $\mathcal{D}$ 为有子对象的范畴. 函子 $F : \mathcal{C} \longrightarrow \mathcal{D}$ 称为一个*局部同构* (local isomorphism), 若 $F$ 保持包含, 全忠实且对每个 $c \in v\mathcal{C}$, $F$ 向主理想 $(c)$ 的限制 $F|_{(c)}$ 是从理想 $(c)$ 到理想 $(F(c))$ 上的范畴同构.

由定义知, 欲验证一给定的函子 $F : \mathcal{C} \longrightarrow \mathcal{D}$ 是否为局部同构, 只需验证 $F$ 是否具有如下三性质:

(1) $F$ 全忠实;

(2) $F$ 保持包含, 即 $vF$ 保序;

(3) $vF$ 在 $\mathcal{C}$ 的每个主理想 $(c)$ 上的限制为到 $(F(c))$ 上的双射.

当 $F$ 是一个局部同构时, 由 $F$ 保序知其在 $\mathcal{D}$ 中的像 $F(\mathcal{C})$ 是 $\mathcal{D}$ 的一个理想, 于是由定义 9.2.2, 这个像是 $\mathcal{D}$ 的一个有子对象的子范畴. 当 $\mathcal{C}$, $\mathcal{D}$ 是平衡范畴时, 由 $F$ 全忠实知它是 $\mathcal{D}$ 的一个平衡子范畴.

对任一富足半群 $S$, 利用定理 9.5.9 和定理 9.5.11 定义的同态 $\rho$ 和 $\lambda$, 我们可构作两个局部同构 $FS_\rho : \mathbb{R}(S) \longrightarrow \mathbb{R}(\mathcal{T}\mathbb{L}(S))$ 和 $FS_\lambda : \mathbb{L}(S) \longrightarrow \mathbb{R}(\mathcal{T}\mathbb{R}(S))$ 如下:

设 $S$ 为富足半群, 由定理 9.5.9, 存在同态 $\rho : S \longrightarrow \mathcal{T}\mathbb{L}(S)$, $a \mapsto \rho^a$, 满足 $\rho^a = \rho^b \Rightarrow (a,b) \in \mathscr{L}$. 定义$FS_\rho : \mathbb{R}(S) \longrightarrow \mathbb{R}(\mathcal{T}\mathbb{L}(S))$ 的对象和态射映射分别是

$$\begin{aligned} FS_\rho(eS) &= \rho^e(\mathcal{T}\mathbb{L}(S)), \\ FS_\rho(\lambda(e,u,f)) &= \lambda(\rho^e, \rho^u, \rho^f). \end{aligned} \tag{11.1}$$

对偶地, 由定理 9.5.11, 存在反同态 $\lambda : S \longrightarrow \mathcal{T}\mathbb{L}(S)$, $a \mapsto \lambda^a$, 满足 $\lambda^a = \lambda^b \Rightarrow (a,b) \in \mathscr{R}$. 定义$FS_\lambda : \mathbb{L}(S) \longrightarrow \mathbb{R}(\mathcal{T}\mathbb{R}(S))$ 如下:

$$\begin{aligned} FS_\lambda(Se) &= \lambda^e(\mathcal{T}\mathbb{R}(S)), \\ FS_\lambda(\rho(e,u,f)) &= \lambda(\lambda^e, \lambda^u, \lambda^f). \end{aligned} \tag{11.1*}$$

**命题 11.1.2** 对富足半群 $S$, $FS_\rho$ 是从 $\mathbb{R}(S)$ 到 $\mathbb{R}(\mathcal{T}\mathbb{L}(S))$ 的局部同构; $FS_\lambda$ 是从 $\mathbb{L}(S)$ 到 $\mathbb{R}(\mathcal{T}\mathbb{R}(S))$ 的局部同构.

**证明** 注意到 $\mathbb{R}(S) = \mathbb{L}(S^{op})$, 我们有 $FS_\rho = F(S^{op})_\lambda$, 可从对 $FS_\lambda$ 的论证之对偶得到关于 $FS_\rho$ 的相应论证. 故我们在此只证明 $FS_\lambda$ 是局部同构, 为记号简便我们记 $FS_\lambda$ 为 $F_\lambda$.

若 $Se = Sf$, 则 $e \mathscr{L} f$. 因为 $\lambda$ 是反同态, 有 $\lambda^e \mathscr{R} \lambda^f$, 由定理 9.5.11 有

$$\lambda^e(\mathcal{T}\mathbb{R}(S)) = \lambda^f(\mathcal{T}\mathbb{R}(S)).$$

这说明 $F_\lambda$ 对范畴 $\mathbb{L}(S)$ 的对象是有定义的. 若 $\rho(e,u,f)$ 是 $\mathbb{L}(S)$ 的任一态射, 则 $u \in eSf$, 故 $\lambda^u \in \lambda^f \mathcal{T}\mathbb{R}(S)\lambda^e$, 从而 $F_\lambda(\rho(e,u,f)) = \lambda(\lambda^e, \lambda^u, \lambda^f)$ 是 $\mathbb{R}(\mathcal{T}\mathbb{R}(S))$ 中唯一确定的态射. 假设 $\rho(e,u,f)$ 和 $\rho(e',u',f')$ 是 $\rho : Se \longrightarrow Sf$ 的同一个态射, 则 $e \mathscr{L} e'$, $f \mathscr{L} f'$ 且 $u' = e'u$. 而此时有 $\lambda^e \mathscr{R} \lambda^{e'}$, $\lambda^f \mathscr{R} \lambda^{f'}$ 且 $\lambda^{u'} = \lambda^{e'u} = \lambda^u \lambda^{e'}$, 这就得到 $\lambda(\lambda^e, \lambda^u, \lambda^f) = \lambda(\lambda^{e'}, \lambda^{u'}, \lambda^{f'})$. 这说明 $F_\lambda$ 对 $\mathbb{L}(S)$ 的对象和态射都有定义. 由 $\lambda$ 是反同态, 用 $\mathbb{R}(S) = \mathbb{L}(S^{op})$ 易知 $F_\lambda$ 保持函子合成, 是一个函子. 特别地, $e\, \omega^\ell f$ 蕴含 $\lambda^e\, \omega^r \lambda^f$, 故 $F_\lambda$ 保持包含.

现在证明 $F_\lambda$ 全忠实. 设 $\rho = \rho(e,u,f)$, $\rho' = \rho(e,v,f) \in \mathbb{L}(S)(Se, Sf)$ 使得 $F_\lambda(\rho) = F_\lambda(\rho')$. 则 $\lambda(\lambda^e, \lambda^u, \lambda^f) = \lambda(\lambda^e, \lambda^v, \lambda^f)$, 故 $\lambda^u = \lambda^v$, 这蕴含 $u \mathscr{R} v$, 从而 $u^+ \mathscr{R} v^+$. 由 $u, v \in eSf$ 可推知

$$u = uf = f\lambda(f,u,u^+) = f\lambda^u(fS) = f\lambda^v(fS) = f\lambda(f,v,v^+) = vf = v.$$

于是 $\rho = \rho'$. 这证明 $F_\lambda$ 忠实. 为证 $F_\lambda$ 全, 任选 $\mathbb{R}(\mathcal{T}\mathbb{R}(S))$ 中的态射 $\lambda : \lambda^e(\mathcal{T}\mathbb{R}(S)) \longrightarrow \lambda^f(\mathcal{T}\mathbb{R}(S))$, 即 $\lambda = \lambda(\lambda^e, \gamma, \lambda^f)$, 对某 $\gamma \in \lambda^f(\mathcal{T}\mathbb{R}(S))\lambda^e$. 那么 $\lambda^f \cdot \gamma = \gamma = \gamma \cdot \lambda^e$, 从而 $\gamma = \lambda^f \star (\gamma(fS))^\circ$ 且 $c_\gamma \subseteq c_e = eS$. 由此可得 $\gamma(fS) = (\lambda^f \star (\gamma(fS))^\circ)(fS) = (\gamma(fS))^\circ$, 这意味着 $\gamma(fS) : fS \longrightarrow hS = c_\gamma$ 是一个满态射. 由引理 9.2.8(1), 有 $\gamma(fS) = \lambda(f,u,h)$, 其中 $u \in hSf \subseteq eSf, h \in E(R_u^*) \cap \omega^r(e)$. 由 $\mathcal{T}\mathbb{R}(S)$ 中乘法的定义, 得

$$\lambda^u = \lambda^{uf} = \lambda^f \cdot \lambda^u = \lambda^f \star (\lambda^u(Sf))^\circ = \lambda^f \star \lambda(f,u,h) = \lambda^f \star \gamma(fS) = \lambda^f \cdot \gamma = \gamma.$$

这就得到 $F_\lambda(\rho(e,u,f)) = \lambda(\lambda^e, \lambda^u, \lambda^f) = \lambda$. 故得 $F_\lambda$ 是全忠实的.

为证 $F_\lambda$ 是局部同构, 剩下需证 $vF_\lambda$ 在 $\mathbb{L}(S)$ 的每个主理想的顶点集上诱导一个序同构. 为此设 $Se, Se' \subseteq Sf$ 满足 $F_\lambda(Se) = F_\lambda(Se')$. 那么

$$\lambda^e(\mathcal{T}\mathbb{R}(S)) = \lambda^{e'}(\mathcal{T}\mathbb{R}(S)),$$

从而 $\lambda^e \mathscr{R} \lambda^{e'}$. 由此可推知

$$e = ef = f\lambda^e(fS) = f(\lambda^{e'} \cdot \lambda^e)(fS) = f\lambda^{ee'}(fS) = (ee')f = e(e'f) = ee',$$
$$e' = e'f = f\lambda^{e'}(fS) = f(\lambda^e \cdot \lambda^{e'})(fS) = f\lambda^{e'e}(fS) = (e'e)f = e'(ef) = e'e.$$

这样 $e \mathscr{L} e'$, 即 $Se = Se'$. 这证明了 $F_\lambda$ 在 $v(Sf)$ 上是单映射. 为证它也是满映射, 考虑 $\epsilon \in E(\mathcal{T}\mathbb{R}(S))$ 满足 $\epsilon\mathcal{T}\mathbb{R}(S) \subseteq \lambda^f\mathcal{T}\mathbb{R}(S)$. 那么 $\epsilon\ \omega^r\ \lambda^f$, 从而 $\epsilon \mathscr{R} \epsilon\lambda^f\ \omega\ \lambda^f$. 若必要, 将 $\epsilon$ 代之以 $\epsilon\lambda^f$, 我们可假设 $\epsilon\ \omega\ \lambda^f$. 若 $c_\epsilon = gS$, 则 $gS \subseteq fS$, 即 $g\ \omega^r\ f$. 同样因为 $g \mathscr{R} gf\ \omega f$, 我们可假设 $g\ \omega\ f$. 由 $\lambda^f \cdot \epsilon = \epsilon$, 令 $\varrho = \epsilon(fS) = (\epsilon(fS))^\circ : fS \longrightarrow gS$, 则 $\varrho$ 是满态射, 使得 $\epsilon = \lambda^f \star \varrho$. 这样有

$$1_{gS} = \epsilon(gS) = \lambda^f(gS)\varrho = \lambda(g, g, f)\varrho,$$

从而 $\varrho$ 是一个收缩. 据定理 9.3.5(2), 存在 $g'\ \omega\ f$ 使得 $g' \mathscr{R} g$ 而 $\varrho = \lambda(f, g', g)$. 因为 $\lambda(f, g', g) = \lambda^{g'}(fS)$, 我们得到

$$\epsilon = \lambda^f \star \lambda(f, g', g) = \lambda^f \star \lambda^{g'}(fS) = \lambda^f \cdot \lambda^{g'} = \lambda^{g'f} = \lambda^{g'}.$$

故 $F_\lambda(Sg') = \epsilon\mathcal{T}\mathbb{R}(S)$ 有 $Sg' \subseteq Sf$, 从而 $F_\lambda$ 是 $v(Sf)$ 上满映射, 这也就证明了它在主理想 $v(Sf)$ 上的限制是同构, 因而是局部同构. □

下述定理说明: 一个富足半群 $S$ 的两个平衡范畴 $\mathbb{L}(S)$ 和 $\mathbb{R}(S)$, 每一个都与另一个的对偶范畴有局部同构相联系. 这是解答本章开头所提问题的核心启示.

**定理 11.1.3** 设 $S$ 是富足半群, 定义 $\mathbf{\Gamma}S : \mathbb{R}(S) \longrightarrow \mathcal{B}^*\mathbb{L}(S)$ 的对象映射与态射映射分别为

$$\begin{aligned} v\mathbf{\Gamma}S(fS) &= H(\rho^f; -), && \forall fS \in v\mathbb{R}(S); \\ \mathbf{\Gamma}S(\lambda(e, u, f)) &= \eta_{\rho^e}\mathbb{L}(S)(\rho(f, u, e), -)\eta_{\rho^f}^{-1}, && \forall \lambda(e, u, f) \in \mathbb{R}(S). \end{aligned} \tag{11.2}$$

则 $\mathbf{\Gamma}S$ 是从 $\mathbb{R}(S)$ 到 $\mathcal{B}^*\mathbb{L}(S)$ 的局部同构.

对偶地, 定义 $\mathbf{\Delta}S : \mathbb{L}(S) \longrightarrow \mathcal{B}^*\mathbb{R}(S)$ 的对象映射与态射映射分别是

$$\begin{aligned} v\mathbf{\Delta}S(Sf) &= H(\lambda^f; -), && \forall Sf \in v\mathbb{L}(S); \\ \mathbf{\Delta}S(\rho(e, u, f)) &= \eta_{\lambda^e}\mathbb{R}(S)(\lambda(f, u, e), -)\eta_{\lambda^f}^{-1}, && \forall \rho(e, u, f) \in \mathbb{L}(S). \end{aligned} \tag{11.2$^*$}$$

则 $\mathbf{\Delta}S$ 是从 $\mathbb{L}(S)$ 到 $\mathcal{B}^*\mathbb{R}(S)$ 的局部同构.

**证明**　对 $fS \in v\mathbb{R}(S)$ 和 $\lambda = \lambda(e,u,f) \in \mathbb{R}(S)$, 因为 $u \in fSe$, 由 $\rho^u$ 的定义和式 (10.4), 有

$$\widetilde{\rho^u} = \rho^u(Sf)j^{Se}_{Su^*} = \rho(f,fu,u^*)j^{Se}_{Su^*} = \rho(f,u,e),\ u^* \in E(L^*_u).$$

故从 $FS_\rho$ 和同构 $\mathbf{G} : \mathbb{R}(\mathcal{T}\mathbb{L}(S)) \cong \mathcal{B}^*\mathbb{L}(S)$ 的定义, 我们有以下交换图 (图 11.1):

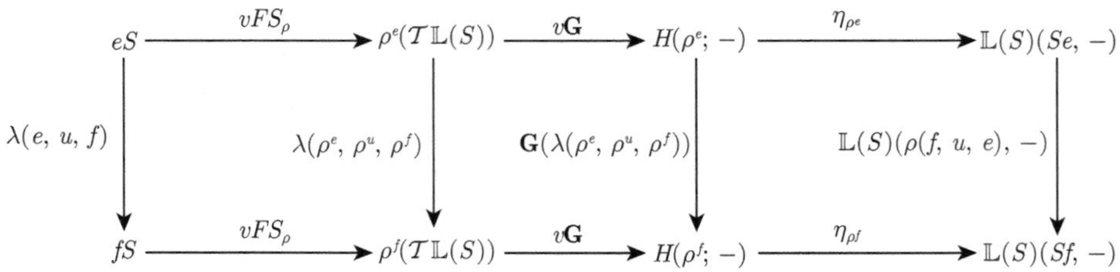


图 11.1

这说明 $\mathbf{\Gamma}S = FS_\rho \circ \mathbf{G}$, 故是从 $\mathbb{R}(S)$ 到 $\mathcal{B}^*\mathbb{L}(S)$ 的局部同构.

对偶地, 对 $Se \in v\mathbb{L}(S)$ 和 $\rho = \rho(e,u,f) \in \mathbb{L}(S)$, 因为 $u \in eSf$, 由 $\lambda^u$ 的定义和式 (10.4), 有

$$\widetilde{\lambda^u} = \lambda^u(fS)j^{eS}_{u^+S} = \lambda(f,uf,u^+)j^{eS}_{u^+S} = \lambda(f,u,e).$$

记 $\mathbf{G} : \mathbb{R}(\mathcal{T}\mathbb{R}(S)) \cong \mathcal{B}^*\mathbb{R}(S)$, 我们也有以下交换图 (图 11.2), 即有 $\mathbf{\Delta}S = FS_\lambda \circ \mathbf{G}$:

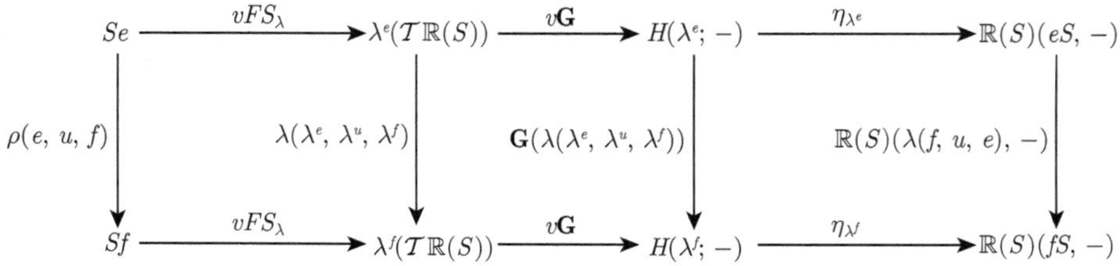


图 11.2

这就完成了证明. □

**定义 11.1.4**　对富足半群 $S$, 称等式组 (11.2) 定义的局部同构 $\mathbf{\Gamma}S : \mathbb{R}(S) \longrightarrow \mathcal{B}^*\mathbb{L}(S)$ 为平衡范畴 $\mathbb{R}(S)$ 关于平衡范畴 $\mathbb{L}(S)$ 的一个**连通** (connection), 也简称为 $S$ 的**连通** (the connection of $S$); 称等式组 (11.2)* 定义的局部同构 $\mathbf{\Delta}S : \mathbb{L}(S) \longrightarrow \mathcal{B}^*\mathbb{R}(S)$ 为 $S$ 的**对偶连通** (the dual connection of $S$).

由定义, 尽管局部同构 $F : \mathcal{C} \longrightarrow \mathcal{D}$ 在每个 hom-集 $\mathcal{C}(c, c')$ 上是保持运算的双射, 但它只在每个主理想 $(c)$ 上的限制是同构, 即其对象映射在每个 $v(c) =$

$\{c' \in v\mathcal{C} : c' \subseteq c\}$ 上是双射, 却不一定在整个 $v\mathcal{C}$ 上既单且满. 行文至此, 有一个自然问题出现, 即在什么条件下, 我们可以断言: 富足半群 $S$ 的连通或对偶连通是范畴的嵌入, 甚至同构? 即 $\mathbf{\Gamma}S$ ($\mathbf{\Delta}S$) 的对象映射是单射, 甚至双射? 为回答此问题, 我们需要一个新概念.

**定义 11.1.5** 称半群 $S$ 是正则地右 (左) 可约的 (regularly right (left) reductive), 若对 $a, b \in S$, 只要其中有一个是正则元, 则在 $S$ 的右 (左) 正则表示 $\bar{\rho}$ ($\bar{\lambda}$) 下, 有 $\bar{\rho}_a = \bar{\rho}_b$ ($\bar{\lambda}_a = \bar{\lambda}_b$) $\Rightarrow a = b$; 当 $S$ 既正则地右可约又正则地左可约时, 称 $S$ 正则地可约 (regularly reductive).

回顾一下半群的 "右、左正则表示": 半群 $S$ 的右正则表示 (right regular representation) 是从 $S$ 到变换半群 $\mathcal{T}_r(S)$ 的映射 $\overline{\rho}$ (这里, 下标 $r$ 表示映射是作用在元素的右侧), 定义为

$$\begin{array}{rccl} \overline{\rho}: & S & \longrightarrow & T_r(S) \\ & a & \mapsto & \overline{\rho}_a \qquad x\overline{\rho}_a = xa, \ \forall x \in S. \end{array}$$

易验证 $\overline{\rho}$ 是同态. 记其像为 $S\overline{\rho}$. 当 $\operatorname{Ker}\overline{\rho} = 1_S$ 时称 $S$ 是右可约的 (right reductive). 对富足半群 $S$ 有 $\operatorname{Ker}\overline{\rho} \subseteq \mathscr{L}$.

半群 $S$ 的左正则表示 (left regular representation) $\overline{\lambda}$ 和左可约 (left reductive) 半群可对偶定义, 其像记为 $\overline{\lambda}S$; 对富足半群 $S$, 自然有 $\operatorname{Ker}\overline{\lambda} \subseteq \mathscr{R}$.

既右又左正则可约的半群称为是可约的 (reductive). 显然, 右 (左) 可约半群必正则地右 (左) 可约. 特别地, 每个幺半群都是可约的.

下述定理 11.1.6 说明, 富足半群 $S$ 的右 (左) 正则表示像 $S\bar{\rho}$ ($\bar{\lambda}S$) 是锥半群 $\mathcal{T}\mathbb{L}(S)$ ($\mathcal{T}\mathbb{R}(S)$) 的子半群.

**定理 11.1.6** 对富足半群 $S$, 存在单同态 $\phi : S\overline{\rho} \longrightarrow \mathcal{T}\mathbb{L}(S)$ 使图 11.3 交换:

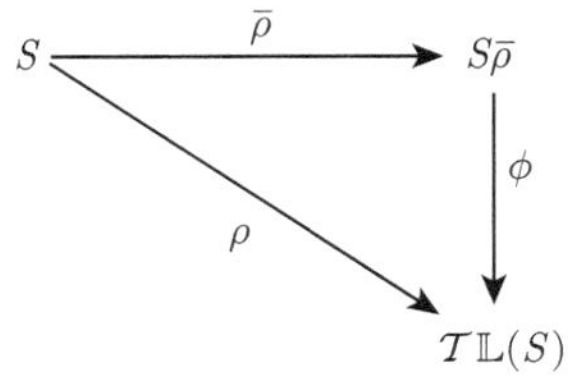


图 11.3

特别地, $S$ 同构于 $\mathcal{T}\mathbb{L}(S)$ 的一个子半群当且仅当 $S$ 右可约.

对偶的结论也成立, 不赘.

**证明** 只需对右正则表示像 $S\bar{\rho}$ 证明.

对每个 $\overline{\rho}_a \in S\overline{\rho}$ 定义 $\phi(\overline{\rho}_a) = \rho^a$. 若 $\overline{\rho}_a = \overline{\rho}_b$, 则有 $\forall x \in S$, $xa = x\overline{\rho}_a = x\overline{\rho}_b = xb$, 特别地, $a = a^+a = a^+b$, $b = b^+b = b^+a$, 故 $a \mathscr{L} b$. 这证明了

$E(L_a^*)=E(L_b^*)$, 我们可取 $a^*=b^*\in E(L_a^*)$ 使得 $\forall Se\in v\mathbb{L}(S)$,

$$\rho^a(Se)=\rho(e,ea,a^*)=\rho(e,eb,b^*)=\rho^b(Se),$$

即 $\rho^a=\rho^b$. 这说明 $\phi$ 是从 $S\overline{\rho}$ 到 $\mathcal{T}\mathbb{L}(S)$ 的映射.

另一方面, 若 $\rho^a=\rho^b$, 则 $\forall x\in S$ 有 $\rho(x^*,x^*a,a^*)=\rho^a(Sx^*)=\rho^b(Sx^*)=\rho(x^*,x^*b,b^*)$, 由引理 9.2.3(1) 得 $x^*a=x^*b$, 从而 $xa=xx^*a=xx^*b=xb$, 这就得到 $\overline{\rho}_a=\overline{\rho}_b$. 这说明 $\phi$ 是单射. 进而, 对任意 $a,b\in S$ 有

$$\phi(\overline{\rho}_a\overline{\rho}_b)=\phi(\overline{\rho}_{ab})=\rho^{ab}=\rho^a\cdot\rho^b=\phi(\overline{\rho}_a)\cdot\phi(\overline{\rho}_b).$$

这就证明了 $\phi$ 是单同态.

对任意 $a\in S$, 显然有 $\rho^a=\phi(\overline{\rho}_a)=(\phi\overline{\rho})(a)$, 此即上图交换且 $\rho$ 单当且仅当 $\overline{\rho}$ 单, 即 $S$ 右可约. □

**命题 11.1.7** 对富足半群 $S$, $\mathbf{\Gamma}S$ ($\mathbf{\Delta}S$) 是嵌入的充要条件是 $S$ 正则地右(左) 可约.

**证明** 我们只证明关于 $\mathbf{\Gamma}S$ 的结论, 对 $\mathbf{\Delta}S$ 的结论可对偶证明. 因为 $\mathbf{\Gamma}S=FS_\rho\circ\mathbf{G}$, $\mathbf{G}$ 是同构, $\mathbf{\Gamma}S$ 是嵌入当且仅当 $vFS_\rho$ 是单射.

设 $S$ 正则地右可约. 若 $FS_\rho(eS)=FS_\rho(e'S)$, 由等式组 (11.1) 可得 $\rho^e\ \mathscr{R}\ \rho^{e'}$, 这蕴含

$$\rho^{(e'e)^2}=(\rho^{e'}\cdot\rho^e)^2=(\rho^e)^2=\rho^e.$$

由定理 9.5.9, $\operatorname{Ker}\rho\subseteq\mathscr{L}$. 故有 $(e'e)^2\ \mathscr{L}\ e$, 从而 $(e'e)^2\in\operatorname{Reg}S$. 令 $v\in V((e'e)^2)$ 且 $e_1=(e'e)v(e'e)$, 易验证 $e_1\in E(S)\cap\omega^r(e')$ 以及

$$\begin{aligned}\rho^{e_1}&=\rho^{e'eve'e}=\rho^{e'e}\cdot\rho^v\cdot\rho^{e'e} && (\text{因 }\rho\text{ 是同态})\\&=\rho^{(e'e)^2}\cdot\rho^v\cdot\rho^{(e'e)^2} && (\text{因 }\rho^{e'e}=\rho^{e'}\cdot\rho^e=\rho^e\in E(\mathcal{T}\mathbb{L}(S)))\\&=\rho^{(e'e)^2v(e'e)^2}=\rho^{(e'e)^2} && (\text{因 }v\in V((e'e)^2))\\&=(\rho^{e'}\cdot\rho^e)^2=(\rho^e)^2 && (\text{因 }\rho^e\ \mathscr{R}\ \rho^{e'})\\&=\rho^e.\end{aligned}$$

这样有 $e_1e'\ \omega\ e'$ 且

$$\rho^{e_1e'}=\rho^{e_1}\cdot\rho^{e'}=\rho^e\cdot\rho^{e'}=\rho^{e'}.$$

再应用 $\operatorname{Ker}\rho\subseteq\mathscr{L}$, 可得 $e_1e'\in E(L_{e'})\cap\omega(e')$, 这直接蕴含 $e_1e'=e'$. 故我们得到 $e_1\ \mathscr{R}\ e'$ 且 $\rho^e=\rho^{e_1}$. 由此得 $\bar{\rho}_e=\bar{\rho}_{e_1}$. 由于 $S$ 正则地右可约, 有 $e_1=e$, 从而 $eS=e_1S=e'S$. 这证明了 $FS_\rho$ 是嵌入, 于是 $\mathbf{\Gamma}S$ 是嵌入.

反之, 设 $S$ 不是正则地右可约的, 那么存在正则元 $a$ 和 $b\in S$, $b\neq a$ 使得 $\bar{\rho}_a=\bar{\rho}_b$. 换言之, $\forall x\in S$ 有 $xa=xb$ 但 $a\neq b$. 由 $S$ 富足, 存在 $a^+\in E(R_a^*)$ 和

$b^+ \in E(R_b^*)$, 使得 $a = a^+a = a^+b$ 以及 $b = b^+b = b^+a$, 即有 $a \mathscr{L} b$. 注意到 $a \neq b$ 蕴含 $R_a^* \neq R_b^*$, 因若不然应有 $a^+ \mathscr{R}^* b$, 从而得到 $a = a^+a = a^+b = b$. 如此, 选择 $a' \in V(a)$, 并令 $e = aa'$, $e' = ba'$. 可得 $e'^2 = ba'ba' = ba'aa' = ba' = e'$ 且 $e \mathscr{L} e'$, 因为 $\mathscr{L}$ 是右同余. 进而我们还有 $\forall x \in S$, $xe = xaa' = xba' = xe'$, 即 $\bar{\rho}_e = \bar{\rho}_{e'}$, 据此, 由定理 11.1.6 可得 $\rho^e = \rho^{e'}$. 进而, 由 $b \mathscr{L} a \mathscr{L} a'a$, 我们还有

$$a = aa'a = ea, \quad b = ba'a = ba'b = e'b.$$

如此有 $R_e^* = R_a^* \neq R_b^* = R_{e'}^*$, 也就是说, 存在不同 $\mathscr{R}^*$-类但 $\mathscr{L}$-相关的幂等元 $e$ 和 $e'$ 使得 $\rho^e = \rho^{e'}$. 故我们得到 $eS \neq e'S$, 但有

$$FS_\rho(eS) = \rho^e(\mathcal{T}\mathbb{L}(S)) = \rho^{e'}(\mathcal{T}\mathbb{L}(S)) = FS_\rho(e'S),$$

这证明了 $vFS_\rho$ 不是单射, 从而 $\mathbf{\Gamma}S$ 不是嵌入. □

因为正则半群 $S$ 正则地右 (左) 可约就是右 (左) 可约, 而任何幺半群必可约, 故以下推论是显然的:

**推论 11.1.8** (1) 正则半群 $S$ 的连通 $\mathbf{\Gamma}S$ 是嵌入当且仅当 $S$ 右可约. 对偶连通 $\mathbf{\Delta}S$ 是嵌入当且仅当 $S$ 左可约 (见文献 [54] 中的推论 IV.3).

(2) 富足幺半群 $S$ 的连通 $\mathbf{\Gamma}S$ 和对偶连通 $\mathbf{\Delta}S$ 都是嵌入.

### 习题 11.1

1. 设 $\Gamma : \mathcal{C} \longrightarrow \mathcal{D}$ 是平衡范畴的局部同构. 证明: 像 $\Gamma(\mathcal{C})$ 是 $\mathcal{D}$ 的一个理想.
2. 验证推论 11.1.8.

## 11.2 自然同构 $\chi_S : \mathbf{\Gamma}S \cong \mathbf{\Delta}S$

由函子范畴的同构定理 (式 (9.4)), 有 $[\mathbb{R}(S), \mathcal{B}^*\mathbb{L}(S)] \cong (\mathbb{L}(S) \times \mathbb{R}(S))^*$. 因为 $\mathbf{\Gamma}S \in [\mathbb{R}(S), \mathcal{B}^*\mathbb{L}(S)]$, 故存在唯一双函子 $\mathbf{\Gamma}S(-,-) \in (\mathbb{L}(S) \times \mathbb{R}(S))^*$ 与 $\mathbf{\Gamma}S$ 对应. 按定义, 它在对象 $(Se, fS) \in v\mathbb{L}(S) \times v\mathbb{R}(S)$ 和态射 $(\rho, \lambda) : (Se, fS) \longrightarrow (Se', f'S)$, $\rho = \rho(e, u, e')$, $\lambda = \lambda(f, v, f')$ 上的定义是

$$\begin{aligned} \mathbf{\Gamma}S(Se, fS) &= \mathbf{\Gamma}S(fS)(Se) = H(\rho^f; Se) = \{\rho^f \star \rho(f, h, e)^\circ \ : \ h \in fSe\}; \\ \mathbf{\Gamma}S(\rho, \lambda) &= [\mathbf{\Gamma}S(\rho, fS)][\mathbf{\Gamma}S(Se', \lambda)] = [\mathbf{\Gamma}S(Se, \lambda)][\mathbf{\Gamma}S(\rho, f'S)]. \end{aligned} \tag{11.3}$$

类似地, 对应于局部同构 $\mathbf{\Delta}S : \mathbb{L}(S) \longrightarrow \mathcal{B}^*\mathbb{R}(S)$, 存在唯一双函子 $\mathbf{\Delta}S(-,-)$

$\in (\mathbb{L}(S)\times\mathbb{R}(S))^*$, 定义为

$$\mathbf{\Delta}S(Se,fS)=\mathbf{\Delta}S(Se)(fS)=H(\lambda^e;fS)=\{\lambda^e\star\lambda(e,k,f)^\circ\ :\ k\in fSe\};$$
$$\mathbf{\Delta}S(\rho,\lambda)=[\mathbf{\Delta}S(Se,\lambda)][\mathbf{\Delta}S(\rho,f'S)]=[\mathbf{\Delta}S(\rho,fS)][\mathbf{\Delta}S(Se',\lambda)]. \tag{11.3)*$$

可以对映射 $\mathbf{\Gamma}S(\rho,\lambda)$ 解释如下: 因为对 $\lambda(\rho^f,\rho^v,\rho^{f'})$, $v\in f'Sf$, 有

$$\widetilde{\rho^v}=\rho^v(Sf')j^{Sf}_{Sv^*}=\rho(f',f'v,v^*)j^{Sf}_{Sv^*}=\rho(f',v,f),\quad v^*\in E(L^*_v),$$

以及交换图 (图 11.4):

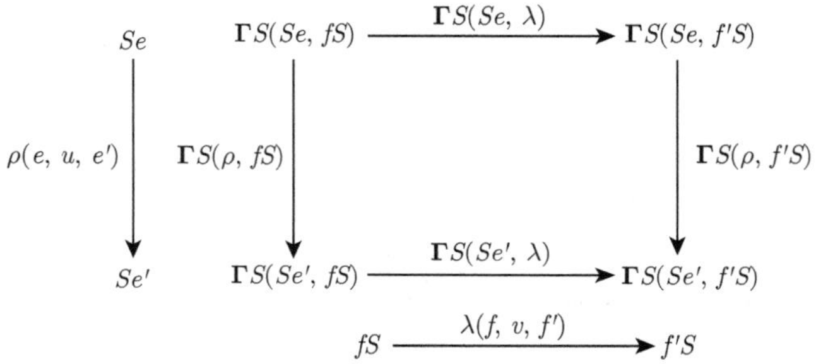


图 11.4

对每个 $\rho^f\star\rho(f,h,e)^\circ\in\mathbf{\Gamma}S(Se,fS), h\in fSe$, 有

$$\begin{aligned}\mathbf{\Gamma}S(\rho,\lambda)(\rho^f\star\rho(f,h,e)^\circ)&=\mathbf{\Gamma}S(Se',\lambda)[\mathbf{\Gamma}S(\rho,fS)(\rho^f\star\rho(f,h,e)^\circ)]\\&=[\eta_{\rho^f}\mathbb{L}(S)(\widetilde{\rho^v},-)\eta^{-1}_{\rho^{f'}}](\rho^f\star(\rho(f,h,e)\rho(e,u,e'))^\circ)\\&=\rho^{f'}\star(\rho(f',v,f)\rho(f,h,e)\rho(e,u,e'))^\circ\\&=\rho^{f'}\star\rho(f',vhu,e')^\circ.\end{aligned}$$

同样, 对映射 $\mathbf{\Delta}S(\rho,\lambda)$ 可解释如下:

$$\mathbf{\Delta}S(\rho,\lambda):\lambda^e\star\lambda(e,k,f)^\circ\longmapsto\lambda^{e'}\star\lambda(e',vku,f')^\circ,\quad k\in fSe.$$

**定理 11.2.1** 对富足半群 $S$, 存在自然同构$\chi_S:\mathbf{\Gamma}S(-,-)\cong\mathbf{\Delta}S(-,-)$, 其在每个对象 $(Se,fS)\in v\mathbb{L}(S)\times v\mathbb{R}(S)$ 上的成分是

$$\chi_S(Se,fS):\rho^f\star\rho(f,u,e)^\circ\mapsto\lambda^e\star\lambda(e,u,f)^\circ. \tag{11.4}$$

**证明** 首先证明: $\forall(Se,fS)\in v\mathbb{L}(S)\times v\mathbb{R}(S)$, 定理中定义的映射 $\chi_S(Se,fS)$ 是集合 $\mathbf{\Gamma}S(Se,fS)=H(\rho^f;Se)$ 到集合 $\mathbf{\Delta}S(Se,fS)=H(\lambda^e;fS)$ 上的双射.

从引理 10.1.1中的定义, 集合 $\mathbf{\Gamma}S(Se,fS)$ 中的每个元素是形为 $\rho^f\star\rho(f,h,e)^\circ$ 的平衡锥, 其中 $h\in fSe$. 对偶地, 集合 $\mathbf{\Delta}S(Se,fS)$ 中的每个元素都是形为 $\lambda^e\star\lambda(e,h,f)^\circ$ 的平衡锥, 其中 $h\in fSe$. 由引理 10.1.1, $\rho^f$ 是函子 $H(\rho^f;-)$ 的泛元素. 据 Yoneda 引理, $H(\rho^f;-)$ 到 $\mathbb{L}(S)(Sf,-)$ 的自然同构在 $Se$ 上的成分 $\eta_{\rho^f}(Se)$ 是映射:

$$\rho^f\star\rho(f,h,e)^\circ\mapsto\rho(f,h,e).$$

又由引理 9.2.3(1), 映射 $\rho(f,h,e)\mapsto h$ 是 $\mathbb{L}(S)(Sf,Se)$ 到 $fSe$ 上的双射. 类似可知, $\lambda^e\star\lambda(e,h,f)^\circ\mapsto h$ 是 $\mathbf{\Delta}S(Se,fS)$ 到 $fSe$ 上的双射. 因而, 由公式 (11.4) 定义的映射 $\chi_S(Se,fS)$ 是从 $\mathbf{\Gamma}S(Se,fS)$ 到 $\mathbf{\Delta}S(Se,fS)$ 上的双射.

为证 $\chi_S$ 是自然同构, 设对 $(\rho,\lambda)\in\mathbb{L}(S)\times\mathbb{R}(S)$ 有 $\rho\in\mathbb{L}(S)(Se,\ Se')$, $\lambda\in\mathbb{R}(S)(fS,f'S)$. 我们验证图 11.5 是交换的:

$$\begin{array}{ccccc}
\mathbf{\Gamma}(Se,\ fS) & \xrightarrow{\mathbf{\Gamma}(\rho,\ fS)} & \mathbf{\Gamma}(Se',\ fS) & \xrightarrow{\mathbf{\Gamma}(Se',\ \lambda)} & \mathbf{\Gamma}(Se',\ f'S)\\
\Big\downarrow{\scriptstyle \chi_S(Se,\ fS)} & & \Big\downarrow{\scriptstyle \chi_S(Se',\ fS)} & & \Big\downarrow{\scriptstyle \chi_S(Se',\ f'S)}\\
\mathbf{\Delta}(Se,\ fS) & \xrightarrow{\mathbf{\Delta}(\rho,\ fS)} & \mathbf{\Delta}(Se',\ fS) & \xrightarrow{\mathbf{\Delta}(Se',\ \lambda)} & \mathbf{\Delta}(Se',\ f'S)
\end{array}$$

图 11.5

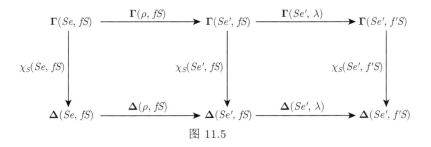

令 $\rho=\rho(e,u,e')$, 考虑 $\gamma=\rho^f\star\rho(f,h,e)^\circ\in\mathbf{\Gamma}(Se,fS)$. 由 $\chi_S(Se,fS)$ 和 $\mathbf{\Delta}(\rho,fS)$ 的定义, 有

$$\begin{aligned}
&[\chi_S(Se,fS)\mathbf{\Delta}(\rho,fS)](\gamma)\\
=&\mathbf{\Delta}(\rho,fS)[\chi_S(Se,fS)(\rho^f\star\rho(f,h,e)^\circ)]\\
=&[\eta_{\lambda^e}(fS)\mathbb{R}(S)(\lambda(e',u,e),fS)\eta^{-1}_{\lambda^{e'}}(fS)](\lambda^e\star\lambda(e,h,f)^\circ)\\
=&\eta^{-1}_{\lambda^{e'}}(fS)\{\mathbb{R}(S)(\lambda(e',u,e),fS)[\eta_{\lambda^e}(fS)(\lambda^e\star\lambda(e,h,f)^\circ)]\}\\
=&\eta^{-1}_{\lambda^{e'}}(fS)[\mathbb{R}(S)(\lambda(e',u,e),fS)(\lambda(e,h,f))]\\
=&\eta^{-1}_{\lambda^{e'}}(fS)[(\lambda(e',u,e)\lambda(e,h,f))]\\
=&\eta^{-1}_{\lambda^{e'}}(fS)[\lambda(e',hu,f)]\\
=&\lambda^{e'}\star\lambda(e',hu,f)^\circ.
\end{aligned}$$

另一方面, 对该 $\gamma \in \mathbf{\Gamma}(Se, fS)$, 由 $\mathbf{\Gamma}(\rho, fS)$ 和 $\chi_S(Se', fS)$ 的定义, 我们也有

$$\begin{aligned}[\mathbf{\Gamma}(\rho, fS)\chi_S(Se', fS)](\gamma) &= \chi_S(Se', fS)[H(\rho^f; \rho)(\gamma)] \\ &= \chi_S(Se', fS)(\rho^f \star (\rho(f, h, e)\rho(e, u, e'))^\circ) \\ &= \chi_S(Se', fS)(\rho^f \star \rho(f, hu, e')^\circ) \\ &= \lambda^{e'} \star \lambda(e', hu, f)^\circ.\end{aligned}$$

这就证明了左半图交换, 即 $\chi_S(Se, fS)\mathbf{\Delta}(\rho, fS) = \mathbf{\Gamma}(\rho, fS)\chi_S(Se', fS)$.

类似地, 若我们令 $\lambda = \lambda(f, v, f')$, 由 $\chi_S(Se', fS)$ 和 $\mathbf{\Delta}(Se', \lambda)$ 等的定义, 对每个 $\gamma' = \rho^f \star \rho(f, t, e') \in \mathbf{\Gamma}(Se', fS)$, 有

$$[\chi_S(Se', fS)\mathbf{\Delta}(Se', \lambda)](\gamma') = \lambda^{e'} \star \lambda(e', vt, f') = [\mathbf{\Gamma}(Se', \lambda)\chi_S(Se', f'S)](\gamma').$$

这证明了右半图也交换, 即 $\chi_S(Se', fS)\mathbf{\Delta}(Se', \lambda) = \mathbf{\Gamma}(Se', \lambda)\chi_S(Se', f'S)$.

现在对设 $(\rho, \lambda) \in \mathbb{L}(S) \times \mathbb{R}(S)$ 有 $\rho \in \mathbb{L}(S)(Se, Se')$ 和 $\lambda \in \mathbb{R}(S)(fS, f'S)$. 从方程组 (11.3)* 和 (11.3) 及上述二图交换, 有

$$\begin{aligned}\chi_S(Se, fS)\mathbf{\Delta}(\rho, \lambda) &= \chi_S(Se, fS)\mathbf{\Delta}(\rho, fS)\mathbf{\Delta}(Se', \lambda) \\ &= \mathbf{\Gamma}(\rho, fS)\chi_S(Se', fS)\mathbf{\Delta}(Se', \lambda) \\ &= \mathbf{\Gamma}(\rho, fS)\mathbf{\Gamma}(Se', \lambda)\chi_S(Se', f'S) \\ &= \mathbf{\Gamma}(\rho, \lambda)\chi_S(Se', f'S).\end{aligned}$$

这就证明了 $\chi_S$ 是自然同构. □

称自然同构 $\chi_S : \mathbf{\Gamma}S(-,-) \cong \mathbf{\Delta}S(-,-)$ 为富足半群 $S$ 的对偶性 (the duality of $S$).

## 11.3　锥半群 $\mathcal{TC}$ 的连通和对偶连通

设 $\mathcal{C}$ 为平衡范畴, 我们来研究富足半群 $\mathcal{TC}$ 的连通和对偶连通. 首先注意, 给定平衡范畴之间的同构 $F : \mathcal{C} \cong \mathcal{D}$, 在它们的锥半群之间及对偶范畴之间分别存在一个诱导同构 $F : \mathcal{TC} \cong \mathcal{TD}$ 和 $F_* : \mathcal{B}^*\mathcal{C} \cong \mathcal{B}^*\mathcal{D}$, 可以刻画如下:

**引理 11.3.1**　设$F : \mathcal{C} \longrightarrow \mathcal{D}$ 是平衡范畴的同构. 则 $F$ 诱导出 $\mathcal{TC}$ 到 $\mathcal{TD}$ 的半群同构和 $\mathcal{B}^*\mathcal{C}$ 到 $\mathcal{B}^*\mathcal{D}$ 的范畴同构如下:

(1) 对每个 $\gamma \in \mathcal{TC}$, 定义 $F(\gamma) : v\mathcal{D} \longrightarrow \mathcal{D}$ 为 $F(\gamma)(F(c)) = F(\gamma(c))$, $\forall c \in v\mathcal{C}$, 则 $F(\gamma) \in \mathcal{TD}$, 有 $c_{F(\gamma)} = F(c_\gamma)$ 且 $F : \gamma \mapsto F(\gamma)$ 为从 $\mathcal{TC}$ 到 $\mathcal{TD}$ 的同构,

满足: $\forall\gamma=\epsilon\star f^\circ$, 有

$$F(\epsilon\star f^\circ)=F(\epsilon)\star(F(f))^\circ.$$

(2) 在 $\mathcal{B}^*\mathcal{C}$ 的对象和态射上定义 $F_*$ 如下:

$$\begin{aligned}&F_*(H(\epsilon;-))=H(F(\epsilon);-),\quad \forall\epsilon\in E(\mathcal{TC});\\ &F_*(\sigma)=\eta_{F(\epsilon)}\mathcal{D}(F(\hat\sigma),-)\eta_{F(\epsilon')}^{-1},\quad \forall\sigma\in\mathcal{B}^*\mathcal{C}(H(\epsilon;-),H(\epsilon';-)),\end{aligned}\tag{11.5}$$

其中 $\sigma=\eta_\epsilon\mathcal{C}(\hat\sigma,-)\eta_{\epsilon'}^{-1}$ 和 $\hat\sigma\in\mathcal{C}(c_{\epsilon'},c_\epsilon)$ 是引理 10.2.2 中使得其交换图成立的 $\mathcal{B}^*\mathcal{C}$ 的态射和其对应的 $\mathcal{C}$ 中的态射, 那么, $F_*$ 是从 $\mathcal{B}^*\mathcal{C}$ 到 $\mathcal{B}^*\mathcal{D}$ 上的同构.

**证明** 因为 $F$ 是平衡范畴之间的同构, $vF:c\mapsto F(c)$ 是从 $v\mathcal{C}$ 到 $v\mathcal{D}$ 上的双射且保持包含. 进而, 对任意 $\gamma\in\mathcal{TC}$ 和每个 $c\in v\mathcal{C}$, $F(\gamma):F(c)\mapsto F(\gamma(c))$ 是从 $v\mathcal{D}$ 到 $\mathcal{D}$ 的映射. 因为 $F(c)\subseteq F(c')$ 当且仅当 $c\subseteq c'$, 有

$$F(\gamma)(F(c))=F(\gamma(c))=F(j_c^{c'}\gamma(c'))=F(j_c^{c'})F(\gamma(c'))=j_{F(c)}^{F(c')}F(\gamma)(F(c')).$$

这说明 $F(\gamma)$ 确为锥, 有 $c_{F(\gamma)}=F(c_\gamma)$. 由 $F$ 全忠实和 $\gamma$ 是 $\mathcal{TC}$ 的平衡锥易知 $M(F(\gamma))\neq\varnothing$, 即 $F(\gamma)$ 是 $\mathcal{TD}$ 的平衡锥. 由 $F$ 有逆易知 $\gamma\mapsto F(\gamma)$ 是从 $\mathcal{TC}$ 到 $\mathcal{TD}$ 的双射, 且有: $\forall\gamma_1,\gamma_2\in\mathcal{TC}$, 若记 $c_1=c_{\gamma_1}$, 则 $\forall c\in v\mathcal{C}$ 有

$$\begin{aligned}F(\gamma_1\cdot\gamma_2)(F(c))&=F((\gamma_1\star\gamma_2(c_1)^\circ)(c))=F(\gamma_1(c)\gamma_2(c_1)^\circ)\\&=F(\gamma_1(c))F(\gamma_2(c_1)^\circ)=F(\gamma_1)(F(c))F(\gamma_2(c_1))^\circ\\&=F(\gamma_1)(F(c))(F(\gamma_2)(F(c_{\gamma_1})))^\circ\\&=(F(\gamma_1)\star(F(\gamma_2)(c_{F(\gamma_1)}))^\circ)(F(c))\\&=(F(\gamma_1)\cdot F(\gamma_2))(F(c)).\end{aligned}$$

这证明了 $F(\gamma_1\cdot\gamma_2)=F(\gamma_1)\cdot F(\gamma_2)$, 故 $\gamma\mapsto F(\gamma)$ 是从 $\mathcal{TC}$ 到 $\mathcal{TD}$ 上的半群同构. 特别 $\epsilon\in E(\mathcal{TC})\Leftrightarrow F(\epsilon)\in E(\mathcal{TD})$.

进而, $\forall F(c)\in v\mathcal{D}$, 我们有

$$\begin{aligned}F(\epsilon\star f^\circ)(F(c))&=F((\epsilon\star f^\circ)(c))=F(\epsilon(c)f^\circ)\\&=F(\epsilon(c))F(f^\circ)=F(\epsilon(c))F(f)^\circ\\&=(F(\epsilon)(F(c)))F(f)^\circ=(F(\epsilon)\star F(f)^\circ)(F(c)).\end{aligned}$$

这证明了 $F(\epsilon\star f^\circ)=F(\epsilon)\star F(f)^\circ$.

于是对每个 $H(\epsilon;-) \in v\mathcal{B}^*\mathcal{C}$, $H(F(\epsilon);-)$ 是 $\mathcal{B}^*\mathcal{D}$ 中一个确定的对象. 据此易知, $H(\epsilon;-) \mapsto H(F(\epsilon);-)$ 是从 $v\mathcal{B}^*\mathcal{C}$ 到 $v\mathcal{B}^*\mathcal{D}$ 上的保序双射. 由引理 10.2.2, 对每个态射 (自然变换)$\sigma : H(\epsilon;-) \longrightarrow H(\epsilon';-) \in \mathcal{B}^*\mathcal{C}$, 存在唯一态射 $\hat{\sigma} : c_{\epsilon'} \longrightarrow c_\epsilon$ 使得引理 10.2.2 中的图交换, 从而 $\sigma = \eta_\epsilon \mathcal{C}(\hat{\sigma},-)\eta_{\epsilon'}^{-1}$. 容易证明, 映射 $\eta_\epsilon \mathcal{C}(\hat{\sigma},-)\eta_{\epsilon'}^{-1} \mapsto \eta_{F(\epsilon)}\mathcal{D}(F(\hat{\sigma}),-)\eta_{F(\epsilon')}^{-1}$ 定义了 $\mathcal{B}^*\mathcal{C}$ 到 $\mathcal{B}^*\mathcal{D}$ 上全忠实的态射映射, 即 $F_*$ 是从 $\mathcal{B}^*\mathcal{C}$ 到 $\mathcal{B}^*\mathcal{D}$ 的范畴同构. □

**例 11.3.2** 对定理 9.5.7 定义的范畴同构 $F : \mathcal{C} \cong \mathbb{L}(\mathcal{TC})$, 由引理 11.3.1, 我们有锥半群同构 $F : \mathcal{TC} \cong \mathcal{T}\mathbb{L}(\mathcal{TC})$ 和范畴同构 $F_* : \mathcal{B}^*\mathcal{C} \cong \mathcal{B}^*\mathbb{L}(\mathcal{TC})$ 如下:

对任意 $\gamma \in \mathcal{TC}$, 我们有 $F(\gamma) = \rho^\gamma \in \mathcal{T}\mathbb{L}(\mathcal{TC})$, 因为: 对每个 $\mathcal{TC}\epsilon' \in v\mathbb{L}(\mathcal{TC})$, 由定理 9.5.7 有

$$\begin{aligned} F(\gamma)(\mathcal{TC}\epsilon') &= F(\gamma)(F(c_{\epsilon'})) = F(\gamma(c_{\epsilon'})) \\ &= \rho(\epsilon', \epsilon' \star \gamma(c_{\epsilon'})^\circ, \gamma^*) \\ &= \rho(\epsilon', \epsilon' \cdot \gamma, \gamma^*) \\ &= \rho^\gamma(\mathcal{TC}\epsilon'), \qquad \gamma^* \in E(L_\gamma^*). \end{aligned}$$

而范畴同构 $F_*$ 的对象映射和态射映射分别是: $\forall \epsilon \in E(\mathcal{TC})$, $\forall f \in \mathcal{C}(c_{\epsilon'}, c_\epsilon)$,

$$\begin{aligned} F_*(H(\epsilon;-)) &= H(F(\epsilon);-) = H(\rho^\epsilon;-), \\ F_*(\eta_\epsilon \mathcal{C}(f,-)\eta_{\epsilon'}^{-1}) &= \eta_{F(\epsilon)}\mathbb{L}(\mathcal{TC})(\rho(\epsilon', \epsilon' \star f^\circ, \epsilon),-)\eta_{F(\epsilon')}^{-1}, \end{aligned} \tag{11.6}$$

其中最后一个等号来自 $F(f) = \epsilon' \star f^\circ$, $\forall f \in \mathcal{C}(c_{\epsilon'}, c_\epsilon)$.

**例 11.3.3** 对定理 10.2.6 定义的范畴同构 $\mathbf{G} : \mathbb{R}(\mathcal{TC}) \cong \mathcal{B}^*\mathcal{C}$, 由引理 11.3.1, 我们有锥半群同构 $\mathbf{G} : \mathcal{T}\mathbb{R}(\mathcal{TC}) \cong \mathcal{T}\mathcal{B}^*\mathcal{C}$ 和范畴同构 $\mathbf{G}_* : \mathcal{B}^*\mathbb{R}(\mathcal{TC}) \cong \mathcal{B}^*(\mathcal{B}^*\mathcal{C}) = \mathcal{B}^{**}\mathcal{C}$ 如下:

对每个 $\lambda^\epsilon \in E(\mathcal{T}\mathbb{R}(\mathcal{TC}))$, $\mathbf{G}(\lambda^\epsilon)$ 是 $\mathcal{T}\mathcal{B}^*\mathcal{C}$ 中的一个幂等锥: 对每个 $H(\epsilon';-) \in v\mathcal{B}^*\mathcal{C}$ 有 $\mathbf{G}(\lambda^\epsilon)(H(\epsilon';-))$ 是从 $H(\epsilon';-)$ 到 $H(\epsilon;-)$ 的自然变换如下:

$$\begin{aligned} \mathbf{G}(\lambda^\epsilon)(H(\epsilon';-)) &= \mathbf{G}(\lambda^\epsilon)(\mathbf{G}(\epsilon'\mathcal{TC})) = \mathbf{G}(\lambda^\epsilon(\epsilon'\mathcal{TC})) \\ &= \mathbf{G}(\lambda(\epsilon', \epsilon \cdot \epsilon', \epsilon)) = \eta_{\epsilon'}\mathcal{C}(\epsilon'(c_\epsilon),-)\eta_\epsilon^{-1}, \end{aligned}$$

其中最后一个等号来自 $\widetilde{\epsilon \cdot \epsilon'} = (\epsilon \cdot \epsilon')(c_\epsilon) j_{c_{\epsilon\cdot\epsilon'}}^{c_{\epsilon'}} = (\epsilon'(c_\epsilon))^\circ j_{c_{\epsilon\cdot\epsilon'}}^{c_{\epsilon'}} = \epsilon'(c_\epsilon)$.

$$\begin{gathered} \mathbf{G}_*(H(\lambda^\epsilon;-)) = H(\mathbf{G}(\lambda^\epsilon);-), \quad \forall \lambda^\epsilon \in E(\mathcal{T}\mathbb{R}(\mathcal{TC})); \\ \mathbf{G}_*(\sigma) = \eta_{\mathbf{G}(\lambda^\epsilon)}\mathcal{B}^*\mathcal{C}(\mathbf{G}(\hat{\sigma}),-)\eta_{\mathbf{G}(\lambda^{\epsilon'})}^{-1}, \quad \forall \sigma \in \mathcal{B}^*\mathbb{R}(\mathcal{TC})(H(\lambda^\epsilon;-), H(\lambda^{\epsilon'};-)). \end{gathered} \tag{11.7}$$

用以上两例的同构, 我们可以刻画平衡范畴 $\mathcal{C}$ 的锥半群 $\mathcal{TC}$ 的连通. 为记号简便, 我们记 $S=\mathcal{TC}$, 并分别记 $\mathbf{\Gamma}S$, $\mathbf{\Delta}S$ 为 $\mathbf{\Gamma}$, $\mathbf{\Delta}$. 首先可得

**定理 11.3.4** 对平衡范畴 $\mathcal{C}$, 我们有

$$\mathbf{\Gamma}=\mathbf{G}\circ F_*,$$

其中, $\mathbf{G}$ 是同构 $\mathbb{R}(\mathcal{TC})\cong\mathcal{B}^*\mathcal{C}$, $F$ 是同构 $\mathcal{C}\cong\mathbb{L}(\mathcal{TC})$. 因而 $\mathbf{\Gamma}=\mathbf{\Gamma}(\mathcal{TC})$ 是从 $\mathbb{R}(\mathcal{TC})$ 到 $\mathcal{B}^*\mathbb{L}(\mathcal{TC})$ 上的范畴同构.

**证明** 由 $\mathbf{G}$ 的定义和例 11.3.2 及例 11.3.3, 对任意 $\epsilon\in E(\mathcal{TC})$ 有

$$\mathbf{G}\circ F_*(\epsilon S)=F_*(\mathbf{G}(\epsilon S))=F_*(H(\epsilon;-))=H(F(\epsilon);-)=H(\rho^\epsilon;-)=\mathbf{\Gamma}(\epsilon S).$$

设 $\lambda:\epsilon\mathcal{TC}\longrightarrow\epsilon'\mathcal{TC}$ 为 $\mathbb{R}(\mathcal{TC})$ 的态射. 由引理 10.2.3, 存在唯一 $f:c_{\epsilon'}\longrightarrow c_\epsilon$ 使得 $\lambda=\lambda(\epsilon,\epsilon'\star f^\circ,\epsilon')$, 且有 $\widetilde{\epsilon'\star f^\circ}=f$. 从定理 9.5.7 得到 $\mathbf{G}(\lambda)=\eta_\epsilon\mathcal{C}(f,-)\eta_{\epsilon'}^{-1}$. 如此用 $F$ 的定义 (见定理 9.5.7) 及式 (11.6), 可推知

$$\begin{aligned}\mathbf{G}\circ F_*(\lambda)&=F_*(\mathbf{G}(\lambda))=F_*(\eta_\epsilon\mathcal{C}(f,-)\eta_{\epsilon'}^{-1})\\&=\eta_{F(\epsilon)}\mathbb{L}(\mathcal{TC})(F(f),-)\eta_{F(\epsilon')}^{-1}\\&=\eta_{\rho^\epsilon}\mathbb{L}(\mathcal{TC})(\rho(\epsilon',\epsilon'\star f^\circ,\epsilon),-)\eta_{\rho^{\epsilon'}}^{-1}\\&=\mathbf{\Gamma}(\lambda).\quad(\text{式 }(11.2))\end{aligned}$$

这就证明了所要的等式. □

比较对一般富足半群 $S$ 所得 $\mathbf{\Gamma}S=FS_\rho\circ\mathbf{G}$(定理 11.1.3) 和对 $\mathcal{TC}$ 所得 $\mathbf{\Gamma}=\mathbf{\Gamma}(\mathcal{TC})=\mathbf{G}\circ F_*$ 的公式, 其区别在于同构 $\mathbf{G}$ 是不一样的: 前一个是定理 10.2.6 中的 $\mathbf{G}$, 它直接针对平衡范畴 $\mathcal{C}$; 而通过局部同构 $F(\mathcal{TC})_\rho$ 得到的后一个 $\mathbf{G}$ 是针对平衡范畴 $\mathbb{L}(\mathcal{TC})$ 的, 如果把这两个不同的同构用下标标识出来, 则我们在定理 11.3.4 中得到了关于 $\mathbf{\Gamma}$ 的交换图 (图 11.6):

$$\begin{array}{ccc}\mathbb{R}(\mathcal{TC}) & \xrightarrow{\mathbf{G}_{\mathcal{C}}} & \mathcal{B}^*\mathcal{C}\\ {\scriptstyle F(\mathcal{TC})_\rho}\downarrow & \searrow^{\mathbf{\Gamma}} & \downarrow{\scriptstyle F_*}\\ \mathbb{R}(\mathcal{T}\mathbb{L}(\mathcal{TC})) & \xrightarrow{\mathbf{G}_{\mathbb{L}(\mathcal{TC})}} & \mathcal{B}^*\mathbb{L}(\mathcal{TC})\end{array}$$

图 11.6

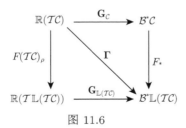

由此结论和命题 11.1.7 知, 对任意平衡范畴 $\mathcal{C}$, 平衡锥半群 $\mathcal{TC}$ 是正则地右可约的富足半群. 特别地, 当 $\mathcal{C}$ 为文献 [54] 的正规范畴时, 正规锥半群 $\mathcal{TC}$ 是右可约的正则半群.

现在我们讨论 $\mathcal{TC}$ 的对偶连通 $\mathbf{\Delta}$. 一般地, $\mathbf{\Delta}$ 不是同构. 不过, 我们可以通过它得到 $\mathcal{C}$ 到其双重对偶 $\mathcal{B}^{**}\mathcal{C} = \mathcal{B}^*\mathcal{B}^*\mathcal{C}$ 的经典局部同构, 即 $\theta_{\mathcal{C}} = F \circ \mathbf{\Delta} \circ \mathbf{G}_*$, 这里的 $\mathbf{G} = \mathbf{G}_{\mathcal{C}} : \mathbb{R}(\mathcal{TC}) \cong \mathcal{B}^*\mathcal{C}$, 如定理 10.2.6 所述. 也就是说, 我们有以下交换图 (图 11.7), 故 $\theta_{\mathcal{C}}$ 显然是局部同构.

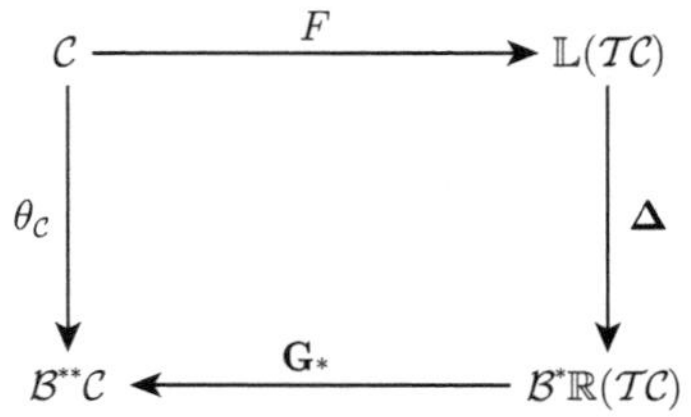


图 11.7

据函子范畴同构定理, 由 $[\mathcal{C}, \mathcal{B}^{**}\mathcal{C}] \cong (\mathcal{C} \times \mathcal{B}^*\mathcal{C})^*$ 可知, $\theta_{\mathcal{C}}$ 等同一个从 $\mathcal{C} \times \mathcal{B}^*\mathcal{C}$ 到 **Set** 的双函子, 记为 $\theta_{\mathcal{C}}(-,-)$. 这个双函子自然同构于赋值函子 $\mathbf{E}_{\mathcal{C}}$(见等式组 (9.10)), 我们通过四个引理来构造从 $\mathbf{E}_{\mathcal{C}}$ 到 $\theta_{\mathcal{C}}$ 的自然同构 $\varpi$.

我们首先来刻画 $\theta_{\mathcal{C}}$. 为简便记号, 我们用 $S$ 表示平衡范畴 $\mathcal{C}$ 的富足半群 $\mathcal{TC}$.

**引理 11.3.5**　设 $\mathcal{C}$ 为平衡范畴, $c \in v\mathcal{C}$, $g \in \mathcal{C}(c, c')$. 对任意 $\epsilon, \epsilon' \in E(S)$, 只要 $c_\epsilon = c$, $c_{\epsilon'} = c'$, 则有

$$\begin{aligned} \theta_{\mathcal{C}}(c) &= H(\mathbf{G}(\lambda^\epsilon); -); \\ \theta_{\mathcal{C}}(g) &= \eta_{\mathbf{G}(\lambda^\epsilon)}\mathcal{B}^*\mathcal{C}(\eta_{\epsilon'}\mathcal{C}(g,-)\eta_\epsilon^{-1}, -)\eta^{-1}_{\mathbf{G}(\lambda^{\epsilon'})}. \end{aligned} \tag{11.8}$$

**证明**　取定 $\epsilon \in E(S)$ 满足 $c_\epsilon = c$. 由 $\theta_{\mathcal{C}}$ 的定义有

$$\begin{aligned} \theta_{\mathcal{C}}(c) &= \mathbf{G}_*[\mathbf{\Delta}(F(c))] && (\text{由图 } 11.7) \\ &= \mathbf{G}_*(\mathbf{\Delta}(S\epsilon)) && (\text{由定理 } 11.2.1) \\ &= \mathbf{G}_*(H(\lambda^\epsilon; -)) && (\text{由式 } (11.2^*)) \\ &= H(\mathbf{G}(\lambda^\epsilon); -) && (\text{由式 } (11.7)). \end{aligned}$$

给定 $g \in \mathcal{C}(c, c')$ 并取定 $\epsilon'$ 满足 $c_{\epsilon'} = c'$, 由函子 $F$, $\mathbf{\Delta}$ 和 $\mathbf{G}_*$ 的定义, 可得

$$\begin{aligned} \theta_{\mathcal{C}}(g) &= \mathbf{G}_*[\mathbf{\Delta}(F(g))] \\ &= \mathbf{G}_*(\mathbf{\Delta}(\rho(\epsilon, \epsilon \star g^\circ, \epsilon'))) \\ &= \mathbf{G}_*[\eta_{\lambda^\epsilon}\mathbb{R}(S)(\lambda(\epsilon', \epsilon \star g^\circ, \epsilon), -)\eta^{-1}_{\lambda^{\epsilon'}}] \\ &= \eta_{\mathbf{G}(\lambda^\epsilon)}\mathcal{B}^*\mathcal{C}(\mathbf{G}(\lambda(\epsilon', \epsilon \star g^\circ, \epsilon)), -)\eta^{-1}_{\mathbf{G}(\lambda^{\epsilon'})} \end{aligned}$$

$$= \eta_{\mathbf{G}(\lambda^{\epsilon})}\mathcal{B}^*\mathcal{C}(\eta_{\epsilon'}\mathcal{C}(\widetilde{\epsilon \star g^{\circ}}, -)\eta_{\epsilon}^{-1}, -)\eta_{\mathbf{G}(\lambda^{\epsilon'})}^{-1}$$

$$= \eta_{\mathbf{G}(\lambda^{\epsilon})}\mathcal{B}^*\mathcal{C}(\eta_{\epsilon'}\mathcal{C}(g, -)\eta_{\epsilon}^{-1}, -)\eta_{\mathbf{G}(\lambda^{\epsilon'})}^{-1}.$$

其中最后一个等号来自如下推理: 因 $c_{\epsilon\star g^{\circ}} = \operatorname{im} g$ 且 $c_{\epsilon'} = c' = \operatorname{cod} g$, 由式 (10.4) 有

$$\widetilde{\epsilon \star g^{\circ}} = (\epsilon \star g^{\circ})(c_{\epsilon})j_{\operatorname{im} g}^{\operatorname{cod} g} = (\epsilon(c_{\epsilon})g^{\circ})j_{\operatorname{im} g}^{\operatorname{cod} g} = g^{\circ}j_{\operatorname{im} g}^{\operatorname{cod} g} = g.$$

这就完成了证明. □

**引理 11.3.6** 设 $\epsilon, \epsilon' \in E(S)$ 满足 $c_{\epsilon} = c_{\epsilon'}$, 即 $\epsilon \mathscr{L}^{\mathcal{TC}} \epsilon'$. 则有 $\mathbf{G}(\lambda(\epsilon, \epsilon', \epsilon')) = \eta_{\epsilon}\eta_{\epsilon'}^{-1}$, 从而

$$\mathbf{G}(\lambda^{\epsilon'}) = \mathbf{G}(\lambda^{\epsilon}) \star (\eta_{\epsilon}\eta_{\epsilon'}^{-1}). \tag{11.9}$$

特别地, $\epsilon \mathscr{L}^{\mathcal{TC}} \epsilon' \Rightarrow \lambda^{\epsilon} \mathscr{R}^{\mathcal{T}\mathbb{R}(\mathcal{TC})} \lambda^{\epsilon'} \Rightarrow \mathbf{G}(\lambda^{\epsilon}) \mathscr{R}^{\mathcal{T}(\mathcal{B}^*\mathcal{C})} \mathbf{G}(\lambda^{\epsilon'})$.

**证明** 因为 $c_{\epsilon} = c_{\epsilon'}$, 在 $S = \mathcal{TC}$ 中有 $\epsilon \mathscr{L} \epsilon'$, 而 $\lambda : S \longrightarrow \mathcal{T}\mathbb{R}(S)$ 是反同态, 故有 $\lambda^{\epsilon} \mathscr{R} \lambda^{\epsilon'}$, 如此易知 $M_n(\lambda^{\epsilon}) = M_n(\lambda^{\epsilon'})$. 由 $\lambda^{\epsilon}(\epsilon S) = 1_{\epsilon S}$ 得 $\lambda^{\epsilon'}(\epsilon S)$ 是一个同构. 由 $\rho : S \longrightarrow \mathcal{T}\mathbb{L}(S)$ 的对偶, $\lambda^{\epsilon'}(\epsilon S) = \lambda(\epsilon, \epsilon' \cdot \epsilon, \epsilon') = \lambda(\epsilon, \epsilon', \epsilon')$, 从而得到

$$\lambda^{\epsilon'} = \lambda^{\epsilon} \cdot \lambda^{\epsilon'} = \lambda^{\epsilon} \star (\lambda^{\epsilon'}(c_{\lambda^{\epsilon}}))^{\circ} = \lambda^{\epsilon} \star (\lambda^{\epsilon'}(\epsilon S))^{\circ} = \lambda^{\epsilon} \star \lambda(\epsilon, \epsilon', \epsilon').$$

现在 $\widetilde{\epsilon'} = \epsilon'(c_{\epsilon'})j_{c_{\epsilon'}}^{c_{\epsilon}} = 1_{c_{\epsilon'}}$, 由函子 $\mathbf{G} = \mathbf{G}_{\mathcal{C}}$ 的定义, 得到

$$\mathbf{G}(\lambda(\epsilon, \epsilon', \epsilon')) = \eta_{\epsilon}\mathcal{C}(\widetilde{\epsilon'}, -)\eta_{\epsilon'}^{-1} = \eta_{\epsilon}\mathcal{C}(1_{c_{\epsilon'}}, -)\eta_{\epsilon'}^{-1} = \eta_{\epsilon}\eta_{\epsilon'}^{-1}.$$

故由 $\mathbf{G} : \mathbb{R}(\mathcal{TC}) \cong \mathcal{B}^*\mathcal{C}$ 是同构, 据引理 11.3.1 得到

$$\mathbf{G}(\lambda^{\epsilon'}) = \mathbf{G}(\lambda^{\epsilon'}) \star \mathbf{G}(\lambda(\epsilon, \epsilon', \epsilon')) = \mathbf{G}(\lambda^{\epsilon'}) \star \eta_{\epsilon}\eta_{\epsilon'}^{-1}.$$

这就证明了 (11.9) 式成立. □

下述引理 11.3.7 刻画了从双函子 $\mathbf{E}_{\mathcal{C}}(-, -)$ 到 $\theta_{\mathcal{C}}(-, -)$ 的自然同构 $\varpi$ 在每个对象 $(c, H(\epsilon'; -))$ 上的成分:

**引理 11.3.7** 设 $c' \in v\mathcal{C}$, $\epsilon' \in E(\mathcal{TC})$ 满足 $c_{\epsilon'} = c'$. 对任意 $c \in v\mathcal{C}$, 映射

$$\begin{aligned} \varpi(c, H(\epsilon'; -)) : \quad & \epsilon' \star f^{\circ} \mapsto \mathbf{G}(\lambda^{\epsilon}) \star (\eta_{\epsilon}\mathcal{C}(f, -)\eta_{\epsilon'}^{-1})^{\circ}, \\ & \forall \epsilon' \star f^{\circ} \in H(\epsilon'; c), \ f \in \mathcal{C}(c', c) \end{aligned} \tag{11.10}$$

是从 $\mathbf{E}_{\mathcal{C}}(c, H(\epsilon'; -))$ 到 $\theta_{\mathcal{C}}(c, H(\epsilon'; -))$ 上的双射, 其中 $\epsilon \in E(\mathcal{TC})$ 是满足 $c_{\epsilon} = c$ 的任一幂等锥, 即, $\varpi$ 与 $\epsilon(c_{\epsilon} = c)$ 的选择无关.

**证明** 因 $\lambda^\epsilon$ 是 $\mathcal{T}(\mathbb{R}(S))$ 的一个锥, $\mathbf{G}(\lambda^\epsilon)$ 是 $\mathcal{T}(\mathcal{B}^*\mathcal{C})$ 的一个锥. 由引理 11.3.5, 有

$$\mathbf{G}(\lambda^\epsilon) \star (\eta_\epsilon \mathcal{C}(f,-)\eta_{\epsilon'}^{-1})^\circ \in H(\mathbf{G}(\lambda^\epsilon); H(\epsilon';-)) = \theta_{\mathcal{C}}(c, H(\epsilon';-)),$$

其中 $H(\mathbf{G}(\lambda^\epsilon);-)$ 是引理 10.1.1 定义的 $\mathcal{B}^*\mathcal{C}$ 的集值函子. 对给定的 $\epsilon(c_\epsilon = c)$, 等式 (11.10) 定义了从 $\mathbf{E}_{\mathcal{C}}(c, H(\epsilon';-)) = H(\epsilon';c)$ 到 $\theta_{\mathcal{C}}(c, H(\epsilon';-))$ 的一个映射. 显然,

$$\epsilon' \star f^\circ \mapsto f : H(\epsilon';c) \longrightarrow \mathcal{C}(c_{\epsilon'}, c)$$

是双射, 由引理 10.2.2, 映射 $f \mapsto \eta_\epsilon \mathcal{C}(f,-)\eta_{\epsilon'}^{-1}$ 是从 $\mathcal{C}(c_{\epsilon'}, c)$ 到

$$\mathcal{B}^*\mathcal{C}(H(\epsilon;-), H(\epsilon';-))$$

上的双射, 故 $\epsilon' \star f^\circ \mapsto \mathbf{G}(\lambda^\epsilon) \star (\eta_\epsilon \mathcal{C}(f,-)\eta_{\epsilon'}^{-1})^\circ$ 是双射. 由此得式 (11.10) 定义的 $\varpi$ 是双射.

为证 $\varpi$ 与 $\epsilon(c_\epsilon = c)$ 的选择无关, 令对 $\bar{\epsilon} \in E(S)$ 有 $c_{\bar{\epsilon}} = c = c_\epsilon$. 则由引理 11.3.6, 得 $\mathbf{G}(\lambda^{\bar{\epsilon}}) = \mathbf{G}(\lambda^\epsilon) \star (\eta_\epsilon \eta_{\bar{\epsilon}}^{-1})$, 由于 $\eta_\epsilon \eta_{\bar{\epsilon}}^{-1}$ 是同构, 有

$$\begin{aligned}
\mathbf{G}(\lambda^{\bar{\epsilon}}) \star (\eta_{\bar{\epsilon}} \mathcal{C}(f,-)\eta_{\epsilon'}^{-1})^\circ &= \mathbf{G}(\lambda^\epsilon) \star (\eta_\epsilon \eta_{\bar{\epsilon}}^{-1})(\eta_{\bar{\epsilon}} \mathcal{C}(f,-)\eta_{\epsilon'}^{-1})^\circ \\
&= \mathbf{G}(\lambda^\epsilon) \star (\eta_\epsilon \eta_{\bar{\epsilon}}^{-1} \eta_{\bar{\epsilon}} \mathcal{C}(f,-)\eta_{\epsilon'}^{-1})^\circ \\
&= \mathbf{G}(\lambda^\epsilon) \star (\eta_\epsilon \mathcal{C}(f,-)\eta_{\epsilon'}^{-1})^\circ.
\end{aligned}$$

这证明了 $\varpi(c, H(\epsilon';-))$ 与 $\epsilon(c_\epsilon = c)$ 的选择无关. □

**引理 11.3.8** *存在自然同构* $\varpi : \mathbf{E}_{\mathcal{C}} \cong \theta_{\mathcal{C}}$, *其在每个对象* $(c, H(\epsilon';-)) \in v\mathcal{C} \times v\mathcal{B}^*\mathcal{C}$ *上的成分* $\varpi(c, H(\epsilon';-))$ *恰为式* (11.10) *所定义*.

**证明** 为验证 $\varpi$ 是从 $\mathbf{E}_{\mathcal{C}}$ 到 $\theta_{\mathcal{C}}$ 的自然同构, 我们先分别对 $g \in \mathcal{C}$ 和 $\eta \in \mathcal{B}^*\mathcal{C}$ 验证它们满足相应的交换图, 再合并为 $\varpi$ 对 $(g, \eta) \in \mathcal{C} \times \mathcal{B}^*\mathcal{C}$ 的交换图.

令 $g \in \mathcal{C}(c, c'')$ 并固定 $\epsilon, \epsilon'' \in E(S)$ 满足 $c_\epsilon = c$, $c_{\epsilon''} = c''$. 我们首先验证对任意 $H(\epsilon';-) \in v\mathcal{B}^*\mathcal{C}$, 图 11.8 交换:

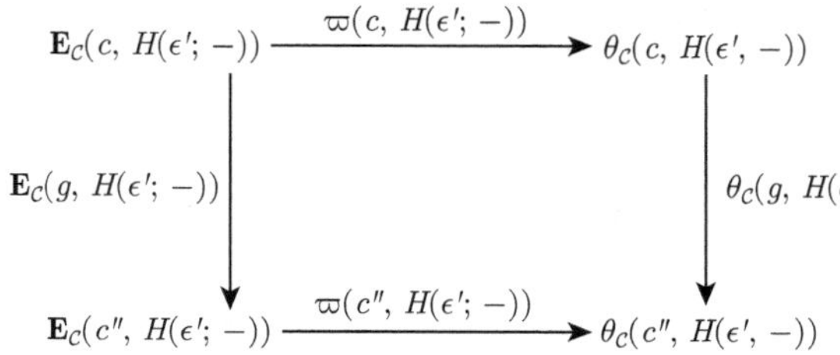


图 11.8

事实上, 对任一 $\epsilon' \star f^\circ \in \mathbf{E}_\mathcal{C}(c, H(\epsilon'; -)) = H(\epsilon'; c)$, 由 $\varpi$ 和 $\theta_\mathcal{C}$ 的定义有

$$\begin{aligned}
&[\varpi(c, H(\epsilon'; -))\theta_\mathcal{C}(g, H(\epsilon'; -))](\epsilon' \star f^\circ)\\
&= \theta_\mathcal{C}(g, H(\epsilon'; -))[\varpi(c, H(\epsilon'; -))(\epsilon' \star f^\circ)]\\
&= \theta_\mathcal{C}(g, H(\epsilon'; -))(\mathbf{G}(\lambda^\epsilon) \star (\eta_\epsilon \mathcal{C}(f, -)\eta_{\epsilon'}^{-1})^\circ)\\
&= [\eta_{\mathbf{G}(\lambda^\epsilon)}(H(\epsilon'; -))\mathcal{B}^*\mathcal{C}(\eta_{\epsilon''}\mathcal{C}(g, -)\eta_\epsilon^{-1}, H(\epsilon'; -))\eta^{-1}_{\mathbf{G}(\lambda^{\epsilon''})}(H(\epsilon'; -))]\\
&\quad \times (\mathbf{G}(\lambda^\epsilon) \star (\eta_\epsilon \mathcal{C}(f, -)\eta_{\epsilon'}^{-1})^\circ)\\
&= \eta^{-1}_{\mathbf{G}(\lambda^{\epsilon''})}(H(\epsilon'; -))[\mathcal{B}^*\mathcal{C}(\eta_{\epsilon''}\mathcal{C}(g, -)\eta_\epsilon^{-1}, H(\epsilon'; -))(\eta_\epsilon \mathcal{C}(f, -)\eta_{\epsilon'}^{-1})]\\
&= \eta^{-1}_{\mathbf{G}(\lambda^{\epsilon''})}(H(\epsilon'; -))(\eta_{\epsilon''}\mathcal{C}(g, -)\eta_\epsilon^{-1}\eta_\epsilon \mathcal{C}(f, -)\eta_{\epsilon'}^{-1})\\
&= \eta^{-1}_{\mathbf{G}(\lambda^{\epsilon''})}(H(\epsilon'; -))(\eta_{\epsilon''}\mathcal{C}(fg, -)\eta_{\epsilon'}^{-1})\\
&= \mathbf{G}(\lambda^{\epsilon''}) \star (\eta_{\epsilon''}\mathcal{C}(fg, -)\eta_{\epsilon'}^{-1})^\circ.
\end{aligned}$$

类似地, 由 $\mathbf{E}_\mathcal{C}$ 和 $\varpi$ 的定义有

$$\begin{aligned}
&[\mathbf{E}_\mathcal{C}(g, H(\epsilon'; -))\varpi(c'', H(\epsilon'; -))](\epsilon' \star f^\circ)\\
&= \varpi(c'', H(\epsilon'; -))[\mathbf{E}_\mathcal{C}(g, H(\epsilon'; -))(\epsilon' \star f^\circ)]\\
&= \varpi(c'', H(\epsilon'; -))[H(\epsilon'; g)(\epsilon' \star f^\circ)]\\
&= \varpi(c'', H(\epsilon'; -))(\epsilon' \star (fg)^\circ)\\
&= \mathbf{G}(\lambda^{\epsilon''}) \star (\eta_{\epsilon''}\mathcal{C}(fg, -)\eta_{\epsilon'}^{-1})^\circ.
\end{aligned}$$

这就得到图 11.8 交换.

设 $\eta : H(\epsilon'; -) \longrightarrow H(\epsilon''; -)$ 是 $\mathcal{B}^*\mathcal{C}$ 的一个态射. 由引理 10.2.2, 存在 $g \in \mathcal{C}(c_{\epsilon''}, c_{\epsilon'})$ 使得 $\eta = \eta_{\epsilon'}\mathcal{C}(g, -)\eta_{\epsilon''}^{-1}$. 对任意 $\epsilon \in E(S)$ 满足 $c_\epsilon = c$, 由引理 11.3.5 有

$$\theta_\mathcal{C}(c, \eta) = \theta(c)(\eta) = H(\mathbf{G}(\lambda^\epsilon); \eta),$$

且由 $H$-函子 $H(\gamma; -)$ 的定义 (见引理 10.1.1), 可得

$$H(\mathbf{G}(\lambda^\epsilon); \eta)(\mathbf{G}(\lambda^\epsilon) \star (\eta')^\circ) = \mathbf{G}(\lambda^\epsilon) \star (\eta'\eta)^\circ.$$

因而对任意 $\epsilon' \star f^\circ \in \mathbf{E}_\mathcal{C}(c, H(\epsilon'; -)) = H(\epsilon'; c)$, 从 $\varpi(c, H(\epsilon'; -))$ 的定义与上述等式, 我们得到

$$[\varpi(c, H(\epsilon'; -))\theta_\mathcal{C}(c, \eta)](\epsilon' \star f^\circ)$$

$$
\begin{aligned}
&= \theta_{\mathcal{C}}(c,\eta)[\varpi(c,H(\epsilon';-))(\epsilon'\star f^{\circ})]\\
&= H(\mathbf{G}(\lambda^{\epsilon});\eta)(\mathbf{G}(\lambda^{\epsilon})\star(\eta_{\epsilon}\mathcal{C}(f,-)\eta_{\epsilon'}^{-1})^{\circ})\\
&= \mathbf{G}(\lambda^{\epsilon})\star((\eta_{\epsilon}\mathcal{C}(f,-)\eta_{\epsilon'}^{-1})\eta)^{\circ}\\
&= \mathbf{G}(\lambda^{\epsilon})\star(\eta_{\epsilon}\mathcal{C}(f,-)\eta_{\epsilon'}^{-1}\eta_{\epsilon'}\mathcal{C}(g,-)\eta_{\epsilon''}^{-1})^{\circ}\\
&= \mathbf{G}(\lambda^{\epsilon})\star(\eta_{\epsilon}\mathcal{C}(gf,-)\eta_{\epsilon''}^{-1})^{\circ}.
\end{aligned}
$$

由 $\mathbf{E}_{\mathcal{C}}$ 的定义, 得 $\mathbf{E}_{\mathcal{C}}(c,\eta)=\eta(c)=\eta_{\epsilon'}(c)\mathcal{C}(g,c)\eta_{\epsilon''}^{-1}(c)$. 于是

$$
\begin{aligned}
&[\mathbf{E}_{\mathcal{C}}(c,\eta)\varpi(c,H(\epsilon'';-))](\epsilon'\star f^{\circ})\\
&= \varpi(c,H(\epsilon'';-))[\mathbf{E}_{\mathcal{C}}(c,\eta)(\epsilon'\star f^{\circ})]\\
&= \varpi(c,H(\epsilon'';-))[(\eta_{\epsilon'}(c)\mathcal{C}(g,c)\eta_{\epsilon''}^{-1}(c))(\epsilon'\star f^{\circ})]\\
&= \varpi(c,H(\epsilon'';-))\{\eta_{\epsilon''}^{-1}(c)\mathcal{C}(g,c)[\eta_{\epsilon'}(c)(\epsilon'\star f^{\circ})]\}\\
&= \varpi(c,H(\epsilon'';-))\{\eta_{\epsilon''}^{-1}(c)[\mathcal{C}(g,c)(f)]\}\\
&= \varpi(c,H(\epsilon'';-))[\eta_{\epsilon''}^{-1}(gf)]\\
&= \varpi(c,H(\epsilon'';-))(\epsilon''\star(gf)^{\circ})\\
&= \mathbf{G}(\lambda^{\epsilon})\star(\eta_{\epsilon}\mathcal{C}(gf,-)\eta_{\epsilon''}^{-1})^{\circ}.
\end{aligned}
$$

这证明了图 11.9 是交换的:

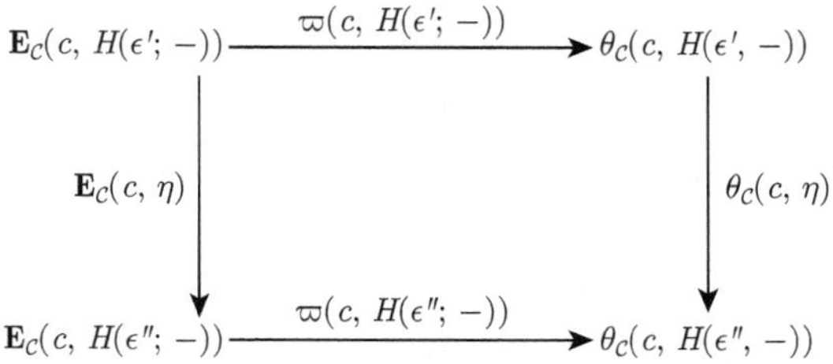


图 11.9

由双函子准则, 对每个态射有序组 $(g,\eta)\in\mathcal{C}\times\mathcal{B}^{*}\mathcal{C}$, 其中 $g\in\mathcal{C}(c,c'')$ 和 $\eta: H(\epsilon';-)\longrightarrow H(\epsilon'';-)$, $c_{\epsilon'}=c'$, $c_{\epsilon''}=c''$, 我们有

$$
\theta_{\mathcal{C}}(g,\eta)=\theta_{\mathcal{C}}(c,\eta)\theta_{\mathcal{C}}(g,H(\epsilon'',-)),\quad \mathbf{E}_{\mathcal{C}}(g,\eta)=\mathbf{E}_{\mathcal{C}}(c,\eta)\mathbf{E}_{\mathcal{C}}(g,H(\epsilon'',-)). \tag{11.11}
$$

这样, 我们推知

$$
\begin{aligned}
&\varpi(c,H(\epsilon';-))\theta_{\mathcal{C}}(g,\eta)\\
&=\varpi(c,H(\epsilon';-))\theta_{\mathcal{C}}(c,\eta)\theta_{\mathcal{C}}(g,H(\epsilon'';-)) &&\text{(由 (11.11) 的第一个等式)}\\
&=\mathbf{E}_{\mathcal{C}}(c,\eta)\varpi(c,H(\epsilon'';-))\theta_{\mathcal{C}}(g,H(\epsilon'';-)) &&\text{(由图 11.9)}\\
&=\mathbf{E}_{\mathcal{C}}(c,\eta)\mathbf{E}_{\mathcal{C}}(g,H(\epsilon'';-))\varpi(c'',H(\epsilon'';-)) &&\text{(由图 11.8)}\\
&=\mathbf{E}_{\mathcal{C}}(g,\eta)\varpi(c'',H(\epsilon'';-)) &&\text{(由 (11.11) 中的第二个等式).}
\end{aligned}
$$

换言之, 我们得到以下交换图 (图 11.10):

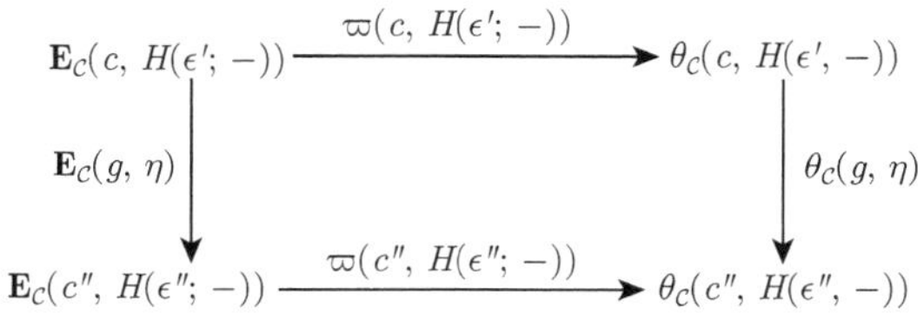


图 11.10

这就完成了 $\varpi$ 是所求自然同构的验证. □

我们也就完成了下述定理的证明:

**定理 11.3.9** 对任一平衡范畴 $\mathcal{C}$, 存在局部同构 $\theta_{\mathcal{C}}:\mathcal{C}\longrightarrow\mathcal{B}^{**}\mathcal{C}$, 满足: 与其对应的从 $\mathcal{C}\times\mathcal{B}^{*}\mathcal{C}$ 到 **Set** 的双函子 $\theta_{\mathcal{C}}(-,-)$ 自然同构于赋值函子 $\mathbf{E}_{\mathcal{C}}(-,-)$.

## 习题 11.3

1. 验证: 对平衡范畴同构 $F:\mathcal{C}\cong\mathcal{D}$, 式 (11.5) 定义了对偶范畴的同构 $F_{*}:\mathcal{B}^{*}\mathcal{C}\cong\mathcal{B}^{*}\mathcal{D}$.

2. 证明: 平衡范畴 $\mathcal{C}$ 的锥半群 $\mathcal{TC}$ 是正则地右可约的富足半群.

3. 证明: $\mathcal{TC}$ 的对偶连通 $\mathbf{\Delta}(\mathcal{TC})$ 是嵌入当且仅当 $\mathcal{TC}$ 正则地左可约.

4. $\theta_{\mathcal{C}}$ 是从 $\mathcal{C}$ 到 $\mathcal{B}^{**}\mathcal{C}$ 的嵌入当且仅当 $\mathbf{\Delta}\mathcal{TC}$ 是嵌入. 故 $\theta_{\mathcal{C}}$ 是嵌入的充要条件是 $\mathcal{TC}$ 正则地左可约.

# 第 12 章 交 连 系

我们在本章证明: 二平衡范畴 $\mathcal{C}$, $\mathcal{D}$ 的局部同构 $\Gamma : \mathcal{D} \longrightarrow \mathcal{B}^*\mathcal{C}$ 分别确定了 $\mathcal{C}$ 和 $\mathcal{B}^{**}\mathcal{C}$ 的理想 $\mathcal{C}_\Gamma$ 和 $\widetilde{g}(\mathcal{D})$, 通过它们, 利用上节构作的局部同构 $\theta_{\mathcal{C}} : \mathcal{C} \longrightarrow \mathcal{B}^{**}\mathcal{C}$, 可以构作局部同构 $\Gamma^* : \mathcal{C}_{\mathbf{\Gamma}} \longrightarrow \mathcal{B}^*\mathcal{D}$, 称其为 $\Gamma$ 的对偶. 对富足半群 $S$ 和 $\mathcal{C} = \mathbb{L}(S)$, 我们有 $\mathcal{C} = \mathcal{C}_{\mathbf{\Gamma}S}$. 这个性质给了我们重要提示: 一般地, 对满足 $\mathcal{C} = \mathcal{C}_\Gamma$ 的平衡范畴$\mathcal{C}$, $\mathcal{D}$ 及其局部同构 $\Gamma : \mathcal{D} \longrightarrow \mathcal{B}^*\mathcal{C}$, 因为其对偶 $\Gamma^*$ 恰是从 $\mathcal{C}$ 到 $\mathcal{B}^*\mathcal{D}$ 的局部同构, 我们称 $\Gamma$ 为 $\mathcal{D}$ 关于 $\mathcal{C}$ 的交连系, 这是本书第 9 章—第 16 章的核心概念: 以下各章节的内容都是围绕这个概念展开的. 需说明的是, 在 [47] 中, 作者将四元组 $(\mathcal{C}, \mathcal{D}; \Gamma, \Gamma^*)$ 称为“交连系”, 由于 $\Gamma^*$ 在自然同构意义下是由 $\Gamma$ 唯一确定的, 我们仍按 Nambooripad 的原始定义, 单独称 $\Gamma : \mathcal{D} \longrightarrow \mathcal{B}^*\mathcal{C}$ 为“$\mathcal{D}$ 关于 $\mathcal{C}$ 的交连系”.

## 12.1 平衡范畴的连通

对平衡范畴 $\mathcal{C}$, $\mathcal{D}$, 一个局部同构 $\Gamma : \mathcal{D} \longrightarrow \mathcal{B}^*\mathcal{C}$ 称为 $\mathcal{D}$ 关于 $\mathcal{C}$ 的连通 (a connection of $\mathcal{D}$ with $\mathcal{C}$). 我们在前一节对富足半群 $S$ 构作的局部同构 $\mathbf{\Gamma}S : \mathbb{R}(S) \longrightarrow \mathcal{B}^*\mathbb{L}(S)$ 就是这种意义的 $\mathbb{R}(S)$ 关于 $\mathbb{L}(S)$ 的连通.

我们将用 $M_nH(\epsilon; -)$ 表示 $M_n\epsilon = \{c \in v\mathcal{C} : \epsilon(c) \in \mathcal{C}(c, c_\epsilon)$ 是同构$\}$, 因为 $\epsilon$ 是幂等元, 这是个非空对象集. 由推论 10.1.3(1), 对平衡范畴 $\mathcal{C}$ 的幂等锥 $\epsilon$, $\epsilon' \in E(\mathcal{TC})$, 有

$$H(\epsilon; -) = H(\epsilon'; -) \Leftrightarrow \epsilon \mathscr{R} \epsilon' \Rightarrow M_n\epsilon = M_n\epsilon',$$

因此, $M_nH(\epsilon; -)$ 是由 $\mathcal{TC}$ 的正则 $\mathscr{R}$-类确定的非空对象子集, 与该类中幂等锥 $\epsilon$ 的选择无关.

**命题 12.1.1** 设 $\Gamma : \mathcal{D} \longrightarrow \mathcal{B}^*\mathcal{C}$ 是平衡范畴 $\mathcal{D}$ 关于平衡范畴 $\mathcal{C}$ 的连通.

(1) 记 $\mathcal{C}_\Gamma$ 是以 $\mathcal{C}$ 的下述对象子集合为对象集的全子范畴:

$$v\mathcal{C}_\Gamma = \{c \in v\mathcal{C} : \exists d \in v\mathcal{D},\ c \in M_n\Gamma(d)\}. \tag{12.1}$$

则 $\mathcal{C}_\Gamma$ 是 $\mathcal{C}$ 的一个理想.

(2) 记 $\widetilde{g}(\mathcal{D})$ 表示 $\mathcal{B}^{**}\mathcal{C}$ 中以下述对象子集为对象集的全子范畴:

$$v\widetilde{g}(\mathcal{D}) = \{H(\tau; -) : \tau \in T_\Gamma \subseteq E(\mathcal{TB}^*\mathcal{C})\},$$

其中, $T_\Gamma$ 是由 $\Gamma$ 确定的富足半群 $\mathcal{TB}^*\mathcal{C}$ 的以下幂等锥子集:

$$T_\Gamma = \{\tau \in E(\mathcal{TB}^*\mathcal{C}) : \exists d \in v\mathcal{D} \text{ 有 } c_\tau = \Gamma(d)\}, \tag{12.2}$$

则 $\widetilde{g}(\mathcal{D})$ 是 $\mathcal{B}^{**}\mathcal{C}$ 的一个理想.

**证明** (1) 只需证明: $\forall c \in v\mathcal{C}_\Gamma$ 和 $c' \subseteq c$, 有 $c' \in v\mathcal{C}_\Gamma$. 由 $v\mathcal{C}_\Gamma$ 的定义, 对某 $d \in v\mathcal{D}$, 存在 $\epsilon \in E(\mathcal{TC})$ 使得

$$c \in M_n\Gamma(d) = M_nH(\epsilon; -) = M_n\epsilon.$$

因为 $\epsilon(c)$ 是同构态射, 有 $\delta = \epsilon \star \epsilon(c)^{-1} \in E(R_\epsilon)$ 且 $c_\delta = c$. 由 $c' \subseteq c$, 有收缩 $h \in \mathcal{C}(c, c')$. 令 $\delta' = \delta \star h$, 易验证 $\delta' \in E(\mathcal{TC}) \cap \omega(\delta)$ 且 $c_{\delta'} = c' \in M_nH(\delta'; -)$. 据命题 10.1.2, 有 $H(\delta'; -) \subseteq H(\delta; -) = H(\epsilon; -) = \Gamma(d)$. 现在因 $\Gamma$ 是局部同构, 有唯一 $d' \in v\mathcal{D}$ 满足 $d' \subseteq d$ 且 $\Gamma(d') = H(\delta'; -)$. 故 $c' = c_{\delta'} \in M_n\Gamma(d')$, 从而 $c' \in v\mathcal{C}_\Gamma$.

(2) 设 $H(\tau; -) \in v\widetilde{g}(\mathcal{D})$ 和 $H(\tau'; -) \subseteq H(\tau; -)$. 因 $\mathcal{B}^*\mathcal{C}$ 是平衡范畴且 $\tau, \tau' \in E(\mathcal{T}(\mathcal{B}^*\mathcal{C}))$, 据命题 10.1.2(3) 知 $\tau' \ \omega^r \ \tau$, 这蕴含 $\tau'' = \tau'\tau \in E(R_{\tau'}) \cap \omega(\tau) \in E(\mathcal{T}(\mathcal{B}^*\mathcal{C}))$, 从而 $H(\tau''; -) = H(\tau'; -) \subseteq H(\tau; -)$. 这样, 由 $H(\tau; -) \in v\widetilde{g}(\mathcal{D})$ 有

$$c_{\tau''} = H(\tau''; -) \subseteq H(\tau; -) = c_\tau = \Gamma(d).$$

由于 $\Gamma$ 是局部同构, 存在唯一 $d' \subseteq d$ 使得 $\Gamma(d') = H(\tau''; -) = c_{\tau''}$. 这证明了 $\tau'' \in T_\Gamma$ 且由 $v\widetilde{g}(\mathcal{D})$ 的定义得到 $H(\tau'; -) = H(\tau''; -) \in v\widetilde{g}(\mathcal{D})$. 故 $\widetilde{g}(\mathcal{D})$ 是 $\mathcal{B}^{**}\mathcal{C}$ 的理想. □

不难知道, 平衡范畴的理想也是平衡范畴. 故 $\mathcal{C}_\Gamma$ 是 $\mathcal{C}$ 的平衡子范畴而 $\widetilde{g}(\mathcal{D})$ 是 $\mathcal{B}^{**}\mathcal{C}$ 的平衡子范畴.

### 习题 12.1

证明: 平衡范畴的理想也是平衡范畴 (提示: 关键是公理 (P7) 的验证).

## 12.2 连通的对偶

下面我们用命题 12.1.1 中引入的概念和记号来构作连通 $\Gamma : \mathcal{D} \longrightarrow \mathcal{B}^*\mathcal{C}$ 的对偶$\Gamma^* : \mathcal{C}_\Gamma \longrightarrow \mathcal{B}^*\mathcal{D}$. 我们需要先构作一个过渡的中间局部同构 $\widetilde{\Gamma}$, 为此证明一个预备结论:

**引理 12.2.1** 设 $\Gamma : \mathcal{D} \longrightarrow \mathcal{B}^*\mathcal{C}$ 是平衡范畴 $\mathcal{D}$ 关于 $\mathcal{C}$ 的连通, $T_\Gamma$ 为式 (12.2) 所定义的富足半群 $\mathcal{TB}^*\mathcal{C}$ 的幂等锥子集. 取定一个 $\tau \in T_\Gamma$, 则对每个满足 $c_\tau = \Gamma(d)$ 的对象 $d \in v\mathcal{D}$, 存在幂等锥 $\widetilde{\tau} \in \mathcal{TD}$ 有锥尖 $d$ 且对任何 $d' \in v\mathcal{D}$ 有

$$\Gamma(\widetilde{\tau}(d')) = \tau(\Gamma(d')). \tag{12.3}$$

**证明**　对 $\tau\in T_\Gamma$, 由等式 (12.2), 存在 $d\in v\mathcal{D}$ 使得 $c_\tau=\Gamma(d)$. 选择并固定一个这样的 $d$. 对每个 $d'\in v\mathcal{D}$, 因 $\tau(\Gamma(d'))$ 是 $\mathcal{B}^*\mathcal{C}(\Gamma(d'),\Gamma(d))$ 中的一个态射, 而 $\Gamma$ 全忠实, 存在唯一态射 $\widetilde{\tau}(d')\in\mathcal{D}(d',d)$ 使得 $\Gamma(\widetilde{\tau}(d'))=\tau(\Gamma(d'))$. 我们证明: 这样定义的 $\widetilde{\tau}:d'\mapsto\widetilde{\tau}(d')$ 是满足引理结论的 $\mathcal{D}$ 的幂等锥:

设 $d'\subseteq d''$, 则 $\Gamma(d')\subseteq\Gamma(d'')$. 由 $\widetilde{\tau}$ 的定义有

$$\Gamma(\widetilde{\tau}(d'))=\tau(\Gamma(d'))=j_{\Gamma(d')}^{\Gamma(d'')}\tau(\Gamma(d''))=\Gamma(j_{d'}^{d''})\Gamma(\widetilde{\tau}(d''))=\Gamma(j_{d'}^{d''}\widetilde{\tau}(d'')).$$

由 $\Gamma$ 忠实得 $\widetilde{\tau}(d')=j_{d'}^{d''}\widetilde{\tau}(d'')$, 即 $\widetilde{\tau}\in\mathcal{TD}$. 进而, 因为 $\tau\in E(\mathcal{TB}^*\mathcal{C})$ 且 $c_\tau=\Gamma(d)$, 有

$$\Gamma(\widetilde{\tau}(d))=\tau(\Gamma(d))=1_{\Gamma(d)}=\Gamma(1_d).$$

由此得 $\widetilde{\tau}(d)=1_d$, 即 $\widetilde{\tau}\in E(\mathcal{TD})$ 且有锥尖 $d$. □

用引理 12.2.1 对每个 $\tau\in T_\Gamma$ 和每个 $d\in v\mathcal{D}(\tau=\Gamma(d))$ 构作的 $\widetilde{\tau}\in E(\mathcal{TD})$ $(c_{\widetilde{\tau}}=d)$, 我们可以得到一个从 $\widetilde{g}(\mathcal{D})$ 到 $\mathcal{B}^*\mathcal{D}$ 的局部同构 $\widetilde{\Gamma}$.

**命题 12.2.2**　*对 $\widetilde{g}(\mathcal{D})$ 的对象和态射分别定义映射*

$$\forall H(\tau;-)\in v\widetilde{g}(\mathcal{D}),\ \ v\widetilde{\Gamma}(H(\tau;-))=H(\widetilde{\tau};-)\tag{12.4a}$$

*和*

$$\begin{aligned}&\forall\sigma=\eta_\tau\mathcal{B}^*\mathcal{C}(\hat{\sigma},-)\eta_{\tau'}^{-1}\in\widetilde{g}(\mathcal{D}),\ \ \widetilde{\Gamma}(\sigma)=\eta_{\widetilde{\tau}}\mathcal{D}(f,-)\eta_{\widetilde{\tau}'}^{-1},\\&\text{其中},c_\tau=\Gamma(d),\ c_{\tau'}=\Gamma(d'),\ f\in\mathcal{D}(d',d),\Gamma(f)=\hat{\sigma},\end{aligned}\tag{12.4b}$$

*则我们得到 $\widetilde{\Gamma}$ 是从 $\widetilde{g}(\mathcal{D})$ 到 $\mathcal{B}^*\mathcal{D}$ 的局部同构.*

**证明**　这是一个相当长的验证过程.

我们首先需要验证 $v\widetilde{\Gamma}$ 是映射. 因为等式 $c_\tau=\Gamma(d)$ 依赖于 $d\in v\mathcal{D}$ 的选择, 我们要证明 $H(\widetilde{\tau};-)$ 与 $d$ 的选择无关. 事实上, 若 $\Gamma(d)=c_\tau=\Gamma(d')$, 由 $\Gamma$ 全忠实, 易知存在唯一同构态射 $f\in\mathcal{D}(d,d')$ 使得 $\Gamma(f)=1_{\Gamma(d)}$. 假设 $\widetilde{\tau}:v\mathcal{D}\dot{\longrightarrow}d$, $\widetilde{\widetilde{\tau}}:v\mathcal{D}\dot{\longrightarrow}d'$ 是 $\mathcal{TD}$ 中按上述引理 12.2.1 方式构作的两个平衡锥, 则对所有 $d''\in v\mathcal{D}$ 有

$$\Gamma(\widetilde{\tau}(d'')f)=\Gamma(\widetilde{\tau}(d''))\Gamma(f)=\tau(\Gamma(d''))=\Gamma(\widetilde{\widetilde{\tau}}(d'')).$$

由 $\Gamma$ 全忠实, 必有 $\widetilde{\tau}(d'')f=\widetilde{\widetilde{\tau}}(d'')$ 对所有 $d''\in v\mathcal{D}$ 成立. 这样, 由运算 $\star$ 的定义, 有 $\widetilde{\tau}\star f=\widetilde{\widetilde{\tau}}$. 既然 $f$ 是同构, 由命题 10.1.2 立即得到 $H(\widetilde{\tau};-)=H(\widetilde{\widetilde{\tau}};-)$, 这就证明了 $v\widetilde{\Gamma}$ 是单值的, 即为映射.

其次我们验证 $v\widetilde{\Gamma}$ 是从 $(v\widetilde{g}(\mathcal{D}),\subseteq)$ 到 $(v\mathcal{B}^*\mathcal{D},\subseteq)$ 的保序映射. 设

$$H(\tau;-)\subseteq H(\tau';-)\in v\widetilde{g}(\mathcal{D}).$$

记 $c_\tau=\Gamma(d)$, $c_{\tau'}=\Gamma(d')$. 由命题 10.1.2, 存在唯一满态射 $\bar{h}\in\mathcal{B}^*\mathcal{C}(\Gamma(d'),\Gamma(d))$ 使得 $\tau=\tau'\star\bar{h}$. 因为 $\Gamma$ 全忠实, 存在唯一 $h\in\mathcal{D}(d',d)$ 使得 $\Gamma(h)=\bar{h}$. 易验证 $\widetilde{\tau}=\widetilde{\tau}'\star h$, 从而

$$\widetilde{\Gamma}(H(\tau;-))=H(\widetilde{\tau};-)\subseteq H(\widetilde{\tau}';-)=\widetilde{\Gamma}(H(\tau';-)).$$

特别地, $H(\tau;-)=H(\tau';-)$ 蕴含 $H(\widetilde{\tau};-)=H(\widetilde{\tau}';-)$. 故 $v\widetilde{\Gamma}$ 是保序映射.

下面验证 $v\widetilde{\Gamma}$ 限制在 $v\widetilde{g}(\mathcal{D})$ 的每个主 (序) 理想上是一个双射. 先证其单: 假设 $H(\tau_i;-),H(\tau;-)\in v\widetilde{g}(\mathcal{D})$ 分别有 $c_{\tau_i}=\Gamma(d_i)$, $c_\tau=\Gamma(d)(i=1,2)$ 满足 $H(\tau_i;-)\subseteq H(\tau;-)(i=1,2)$. 那么存在满态射 $h_i\in\mathcal{D}(d,d_i)$ 使得 $\tau_i=\tau\star\Gamma(h_i)$, 从而 $\widetilde{\tau}_i=\widetilde{\tau}\star h_i(i=1,2)$. 若 $H(\widetilde{\tau}_1;-)=H(\widetilde{\tau}_2;-)$, 由命题 10.1.2(1), 存在同构 $g\in\mathcal{D}(d_1,d_2)$ 使得 $\widetilde{\tau}_2=\widetilde{\tau}_1\star g$, 由此可知 $h_2=\widetilde{\tau}_2(d)=\widetilde{\tau}_1(d)g=h_1g$. 故有

$$\begin{aligned}\tau_2&=\tau\star\Gamma(h_2)=\tau\star\Gamma(h_1g)\\&=(\tau\star\Gamma(h_1))\star\Gamma(g)\\&=\tau_1\star\Gamma(g).\end{aligned}$$

因为 $\Gamma(g)$ 也是同构, 再由命题 10.1.2(1) 得 $H(\tau_1;-)=H(\tau_2;-)$.

为证 $v\widetilde{\Gamma}$ 在主理想上的限制是满射, 任取 $H(\sigma;-)\subseteq H(\widetilde{\tau};-)$, $\sigma\in E(\mathcal{TD})$, $c_\sigma=d'$, 则存在满态射 $h\in\mathcal{D}(d,d')$ 使得 $\sigma=\widetilde{\tau}\star h$, 其中 $d=c_{\widetilde{\tau}}$. 故 $1_{d'}=\sigma(d')=\widetilde{\tau}(d')h$, 从而得到 $1_{\Gamma(d')}=\tau(\Gamma(d'))\Gamma(h)$. 如此, $\tau'=\tau\star\Gamma(h)$ 是 $\mathcal{TB}^*\mathcal{C}$ 的幂等锥, 有锥尖 $\Gamma(d')$. 又, 对任意 $d''\in v\mathcal{D}$, 有

$$\begin{aligned}\Gamma(\sigma(d''))&=\Gamma(\widetilde{\tau}(d''))\Gamma(h)=\tau(\Gamma(d''))\Gamma(h)\\&=\tau'(\Gamma(d''))=\Gamma(\widetilde{\tau}'(d'')),\end{aligned}$$

$\Gamma$ 全忠实说明 $\sigma=\widetilde{\tau}'$, 故有 $v\widetilde{\Gamma}(H(\tau';-))=H(\widetilde{\tau}';-)=H(\sigma;-)$, 证明了 $v\widetilde{\Gamma}$ 在主理想上是满射. 因而 $v\widetilde{\Gamma}$ 在 $v\widetilde{g}(\mathcal{D})$ 的每个主理想上的限制是一个保序双射.

对于态射映射 $\widetilde{\Gamma}$, 我们首先也需证明它是映射, 即为单值的. 首先, 定义式 (12.4b) 是有意义的. 因为对任意 $\sigma\in\widetilde{g}(\mathcal{D})(H(\tau;-),H(\tau';-))$, 按 $T_\Gamma$ 的定义有 $c_\tau=\Gamma(d)$ 和 $c_{\tau'}=\Gamma(d')$. 由引理 10.2.2, 存在唯一态射 $\hat{\sigma}\in\mathcal{B}^*\mathcal{C}(\Gamma(d'),\Gamma(d))$ 使得 $\sigma=\eta_\tau\mathcal{B}^*\mathcal{C}(\hat{\sigma},-)\eta_{\tau'}^{-1}$, 因为 $\Gamma$ 全忠实, 存在唯一 $f\in\mathcal{D}(d',d)$ 满足 $\Gamma(f)=\hat{\sigma}$. 我们只需验证, $\eta_{\widetilde{\tau}}\mathcal{D}(f,-)\eta_{\widetilde{\tau}'}^{-1}$ 与 $\widetilde{\tau},\widetilde{\tau}'$ 的选择无关. 事实上, 若 $\widetilde{\tau}_1$, $\widetilde{\tau}_1'\in E(\mathcal{TD})$ 分别有锥尖 $d_1$, $d_1'$ 也是根据引理 12.2.1 由 $\tau$ 和 $\tau'$ 构作出来的, 那么如前之证, 存在唯一确定的二同构态射 $g\in\mathcal{D}(d,d_1)$, $h\in\mathcal{D}(d',d_1')$ 使得 $\widetilde{\tau}\star g=\widetilde{\tau}_1$ 且 $\widetilde{\tau}'\star h=\widetilde{\tau}_1'$ 成立. 由推论 10.1.3 得 $H(\widetilde{\tau};-)=H(\widetilde{\tau}_1;-)$, $H(\widetilde{\tau}';-)=H(\widetilde{\tau}_1';-)$. 令 $f_1=h^{-1}fg\in$

$\mathcal{D}(d_1', d_1)$, 任取 $d'' \in v\mathcal{D}$ 和 $k \in \mathcal{D}(d, d'')$, 对任意 $\widetilde{\tau} \star k \in H(\widetilde{\tau}; d'') = H(\widetilde{\tau}_1; d'')$, 我们有

$$\begin{aligned}
&[\eta_{\widetilde{\tau}}(d'')\mathcal{D}(f, d'')\eta_{\widetilde{\tau}'}^{-1}(d'')](\widetilde{\tau} \star k)\\
=&\ \widetilde{\tau}' \star fk\\
=&\ \widetilde{\tau}_1' \star h^{-1} f g g^{-1} k\\
=&\ \widetilde{\tau}_1' \star f_1 g^{-1} k\\
=&\ \eta_{\widetilde{\tau}_1'}^{-1}(d'')(f_1 g^{-1} k)\\
=&\ \eta_{\widetilde{\tau}_1'}^{-1}(d'')[\mathcal{D}(f_1, d'')(g^{-1} k)]\\
=&\ \eta_{\widetilde{\tau}_1'}^{-1}(d'')\{\mathcal{D}(f_1, d'')[\eta_{\widetilde{\tau}_1}(d'')(\widetilde{\tau}_1 \star g^{-1} k)]\}\\
=&\ [\eta_{\widetilde{\tau}_1}(d'')\mathcal{D}(f_1, d'')\eta_{\widetilde{\tau}_1'}^{-1}(d'')](\widetilde{\tau} \star k).
\end{aligned}$$

从 Yoneda 引理知, 这个 $f_1 \in \mathcal{D}(d_1', d_1)$ 由 $d_1', d_1 \in v\mathcal{D}$ 唯一确定, 与 $d'' \in v\mathcal{D}$ 的选择无关. 这证明了图 12.1 是交换的:

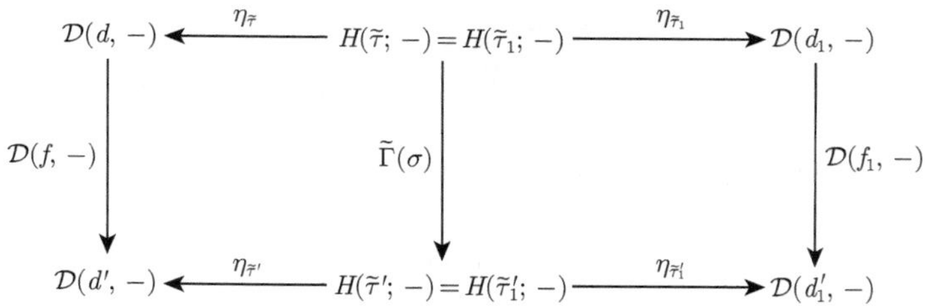


图 12.1

由此即得 $\eta_{\widetilde{\tau}}\mathcal{D}(f, -)\eta_{\widetilde{\tau}'}^{-1} = \eta_{\widetilde{\tau}_1}\mathcal{D}(f_1, -)\eta_{\widetilde{\tau}_1'}^{-1}$. 因此由式 (11.4b) 定义的 $\widetilde{\Gamma}$ 对态射的作用是单值的, 即是映射.

为证 $\widetilde{\Gamma}$ 是函子, 令 $\sigma = \eta_\tau \mathcal{B}^*\mathcal{C}(\Gamma(f), -)\eta_{\tau'}^{-1}$, $\sigma' = \eta_{\tau'}\mathcal{B}^*\mathcal{C}(\Gamma(g), -)\eta_{\tau''}^{-1} \in \widetilde{g}(\mathcal{D})$ 在 $\widetilde{g}(\mathcal{D})$ 中可合成. 显然有 $\sigma\sigma' = \eta_\tau \mathcal{B}^*\mathcal{C}(\Gamma(gf), -)\eta_{\tau''}^{-1}$, 从而

$$\begin{aligned}
\widetilde{\Gamma}(\sigma\sigma') &= \eta_{\widetilde{\tau}}\mathcal{D}(gf, -)\eta_{\widetilde{\tau}''}^{-1}\\
&= \eta_{\widetilde{\tau}}\mathcal{D}(f, -)\eta_{\widetilde{\tau}'}^{-1}\eta_{\widetilde{\tau}'}\mathcal{D}(g, -)\eta_{\widetilde{\tau}''}^{-1}\\
&= \widetilde{\Gamma}(\sigma)\widetilde{\Gamma}(\sigma').
\end{aligned}$$

易知 $\widetilde{\Gamma}$ 变 $\widetilde{g}(\mathcal{D})$ 的恒等函子为 $\mathcal{B}^*\mathcal{D}$ 的恒等函子, 因此是从 $\widetilde{g}(\mathcal{D})$ 到 $\mathcal{B}^*\mathcal{D}$ 的函子.

最后验证 $\widetilde{\Gamma}$ 全忠实. 由引理 10.2.2, 映射 $\sigma \mapsto \hat{\sigma}$ 是 $\widetilde{g}(\mathcal{D})(H(\tau;-),H(\tau';-))$ 到 $\mathcal{B}^*\mathcal{C}(\Gamma(d),\ \Gamma(d'))$ 的双射. $\Gamma$ 全忠实确保 $\hat{\sigma} \mapsto f,\ \hat{\sigma} = \Gamma(f)$ 是从 $\mathcal{B}^*\mathcal{C}(\Gamma(d),\ \Gamma(d'))$ 到 $\mathcal{D}(d',d)$ 的双射. 而 $f \mapsto \eta_{\widetilde{\tau}}\mathcal{D}(f,-)\eta_{\widetilde{\tau}'}^{-1}$ 是从 $\mathcal{D}(d',d)$ 到 $\mathcal{B}^*\mathcal{D}(H(\widetilde{\tau};-),\ H(\widetilde{\tau}';-))$ 的双射. 因此

$$\sigma \mapsto \eta_{\widetilde{\tau}}\mathcal{D}(f,-)\eta_{\widetilde{\tau}'}$$

是从 $\widetilde{g}(\mathcal{D})(H(\tau;-),H(\tau';-))$ 到 $\mathcal{B}^*\mathcal{D}(H(\widetilde{\tau};-),H(\widetilde{\tau}';-))$ 的双射, 这就证明了式 (12.4b) 定义的 $\widetilde{\Gamma}$ 是全忠实的.

由引理 10.2.2 附带知道, 若 $\sigma$ 是 $\widetilde{g}(\mathcal{D})$ 的包含, 则 $\widetilde{\Gamma}(\sigma)$ 是 $\mathcal{B}^*\mathcal{D}$ 中的包含. 这就完成了 $\widetilde{\Gamma}$ 是局部同构的证明. □

现在我们可以对给定的连通 $\Gamma : \mathcal{D} \longrightarrow \mathcal{B}^*\mathcal{C}$ 来构作一个从 $\mathcal{C}_\Gamma$ 到 $\mathcal{B}^*\mathcal{D}$ 的局部同构了. 这里的 $\mathcal{C}_\Gamma$ 是命题 12.1.1 中定义的 $\mathcal{C}$ 的理想.

**定理 12.2.3** 对平衡范畴 $\mathcal{D}$ 关于平衡范畴 $\mathcal{C}$ 的连通 $\Gamma : \mathcal{D} \longrightarrow \mathcal{B}^*\mathcal{C}$, 存在 $\mathcal{C}_\Gamma$ 关于 $\mathcal{D}$ 的连通 $\Gamma^* : \mathcal{C}_\Gamma \longrightarrow \mathcal{B}^*\mathcal{D}$, 满足: 对任意 $c \in v\mathcal{C}_\Gamma$ 和 $d \in v\mathcal{D}$, $c \in M_n\Gamma(d)$ 当且仅当 $d \in M_n\Gamma^*(c)$.

**证明** 设 $\theta = \theta_\mathcal{C}$ 是由图 11.7 或等式组 (11.8) 定义的从 $\mathcal{C}$ 到 $\mathcal{B}^{**}\mathcal{C}$ 的局部同构. 我们首先证明: $\theta|\mathcal{C}_\Gamma$ 是从 $\mathcal{C}_\Gamma$ 到 $\widetilde{g}(\mathcal{D})$ 的局部同构. 对 $c \in v\mathcal{C}_\Gamma$, 由命题 12.1.1(1), 存在对象 $d \in v\mathcal{D}$ 使得 $c \in M_n\Gamma(d)$, 即有 $\epsilon \in E(\mathcal{TC})$ 使得 $c_\epsilon = c$ 且 $\Gamma(d) = H(\epsilon;-)$. 由式 (11.8), $\theta(c) = H(\mathbf{G}(\lambda^\epsilon);-)$, 这里 $\mathbf{G}(\lambda^\epsilon)$ 是 $\mathcal{T}(\mathcal{B}^*\mathcal{C})$ 中的幂等锥, 其锥尖为 $H(\epsilon;-) = \Gamma(d)$. 由命题 12.1.1(2), $\theta(c) \in v\widetilde{g}(\mathcal{D})$. 因 $\widetilde{g}(\mathcal{D})$ 是 $\mathcal{B}^{**}\mathcal{C}$ 的全子范畴, 这就蕴含 $\theta|\mathcal{C}_\Gamma$ 是 $\mathcal{C}_\Gamma$ 到 $\widetilde{g}(\mathcal{D})$ 的局部同构. 这样

$$\Gamma^* = (\theta|\mathcal{C}_\Gamma) \circ \widetilde{\Gamma} \tag{12.5}$$

是从 $\mathcal{C}_\Gamma$ 到 $\mathcal{B}^*\mathcal{D}$ 的局部同构.

对任意 $c \in v\mathcal{C}_\Gamma$, 按定义有 $d \in v\mathcal{D}$ 使得 $c \in M_n\Gamma(d)$, 也即有 $\epsilon \in E(\mathcal{TC})$ 满足 $c_\epsilon = c$ 且 $\Gamma(d) = H(\epsilon;-)$. 那么 $\mathbf{G}(\lambda^\epsilon)$ 是 $\mathcal{T}(\mathcal{B}^*\mathcal{C})$ 中有锥尖 $\Gamma(d)$ 的幂等锥且由等式 (11.8), 有 $\theta(c) = H(\mathbf{G}(\lambda^\epsilon);-)$. 若 $\widetilde{\mathbf{G}(\lambda^\epsilon)}$ 表示按引理 12.2.1 构作的 $\mathcal{TD}$ 中的幂等锥, 则 $\widetilde{\mathbf{G}(\lambda^\epsilon)}$ 有锥尖 $d$. 由式 (12.4a) 和上述 $\Gamma^*$ 的定义, 有 $\Gamma^*(c) = H(\widetilde{\mathbf{G}(\lambda^\epsilon)};-)$. 故 $d \in M_n\Gamma^*(c)$.

反过来, 设 $d \in M_n\Gamma^*(c)$. 若 $\epsilon \in E(\mathcal{TC})$ 有 $c_\epsilon = c$, 则有 $\Gamma^*(c) = H(\widetilde{\mathbf{G}(\lambda^\epsilon)};-)$, 这里 $\widetilde{\mathbf{G}(\lambda^\epsilon)}$ 是按引理 12.2.1 构作的 $\mathcal{TD}$ 中的锥. 于是锥 $\widetilde{\mathbf{G}(\lambda^\epsilon)}$ 在 $d$ 上的成分是同构, 从而锥 $\mathbf{G}(\lambda^\epsilon) \in \mathcal{TB}^*\mathcal{C}$ 在 $\Gamma(d)$ 上的成分是由式 (12.3) 定义的同构. 故

$$\Gamma(d) \in M_n\mathbf{G}(\lambda^\epsilon).$$

因为 $\mathbf{G}:\mathbb{R}(\mathcal{TC})\longrightarrow\mathcal{B}^*\mathcal{C}$ 是同构, 存在唯一 $\epsilon''(\mathcal{TC})\in v\mathbb{R}(\mathcal{TC})$ 满足 $\epsilon''(\mathcal{TC})\in M_n\lambda^\epsilon$ 和 $\mathbf{G}(\epsilon''(\mathcal{TC}))=\Gamma(d)$. 据 [83] 中命题 3.1 的对偶, 可以假设 $\epsilon''\ \mathscr{L}\ \epsilon$, 从而 $c_{\epsilon''}=c_\epsilon=c$. 由定理 10.2.6, $\mathbf{G}(\epsilon''(\mathcal{TC}))=H(\epsilon'';-)$. 故 $c\in M_n\mathbf{G}(\epsilon''(\mathcal{TC}))=M_n\Gamma(d)$. □

**定义 12.2.4** 对平衡范畴 $\mathcal{D}$ 关于平衡范畴 $\mathcal{C}$ 的连通 $\Gamma:\mathcal{D}\longrightarrow\mathcal{B}^*\mathcal{C}$, 式 (4.5) 定义的局部同构

$$\Gamma^*=(\theta|\mathcal{C}_\Gamma)\circ\widetilde{\Gamma}:\mathcal{C}_\Gamma\longrightarrow\mathcal{B}^*\mathcal{D}$$

称为连通 $\Gamma$ 的对偶连通.

**注记 12.2.5** 对给定连通 $\Gamma:\mathcal{D}\longrightarrow\mathcal{B}^*\mathcal{C}$, 其对偶连通 $\Gamma^*:\mathcal{C}_\Gamma\longrightarrow\mathcal{B}^*\mathcal{D}$ 一般不唯一, 因为满足 $c_\tau=\Gamma(d)$ 的 $\widetilde{\tau}\in E(\mathcal{TD})$ 可从同一个 $\mathscr{L}$-类中不同的 $\mathscr{R}^*$-类里选择 (参看 [85] 中的例子). 不过, 由下一节的结论可知, $\Gamma$ 的任何两对偶连通是自然等价的, 即在自然等价意义下, 一个连通的对偶连通是唯一的.

## 12.3 连通与对偶连通的自然同构

函子范畴的同构定理确保连通 $\Gamma$ 与其对偶 $\Gamma^*$ 分别确定了从 $\mathcal{C}_\Gamma\times\mathcal{D}$ 到 **Set** 的两个双函子 $\Gamma(-,-)$ 和 $\Gamma^*(-,-)$. 我们来证明: 这两个双函子是自然同构的.

为了准确描述这个同构, 我们先构作一个中间双函子

$$\Theta(-,-):\mathcal{C}_\Gamma\times\mathcal{D}\longrightarrow\mathcal{B}^{**}\mathcal{C}\subseteq\mathbf{Set},$$

然后证明存在 (双函子的) 两个自然同构

$$\widetilde{\omega}:\Gamma(-,-)\cong\Theta(-,-),\quad \phi:\Theta(-,-)\cong\Gamma^*(-,-).$$

如此得到自然同构 $\chi_\Gamma=\widetilde{\omega}\circ\phi:\Gamma(-,-)\cong\Gamma^*(-,-)$.

对一给定的连通 $\Gamma:\mathcal{D}\longrightarrow\mathcal{B}^*\mathcal{C}$, 我们首先定义从 $\mathcal{C}_\Gamma\times\mathcal{D}$ 到 **Set** 的双函子 $\Theta(-,-)$ 如下:

$$\Theta(c,d)=\theta_\mathcal{C}(c,\Gamma(d)),\quad \Theta(f,g)=\theta_\mathcal{C}(f,\Gamma(g)).\tag{12.6}$$

显然, $\Theta=(1_{\mathcal{C}_\Gamma}\times\Gamma)\circ\theta_\mathcal{C}$, 故 $\Theta$ 是双函子. 对每个对子 $(c,d)\in v\mathcal{C}_\Gamma\times v\mathcal{D}$ 定义

$$\widetilde{\omega}(c,d)=\varpi(c,\Gamma(d)),$$

其中 $\varpi$ 是等式 (11.10) 定义的自然同构. 由引理 11.3.7, 对每个 $(c,d)\in v\mathcal{C}_\Gamma\times v\mathcal{D}$, $\widetilde{\omega}(c,d)$ 是从 $\mathbf{E}_\mathcal{C}(c,\Gamma(d))=\Gamma(d)(c)=\Gamma(c,d)$ 到 $\theta_\mathcal{C}(c,\Gamma(d))=\Theta(c,d)$ 的双射.

再由引理 11.3.8(见其证明中的三个交换图) 得, 映射 $(c,d)\mapsto\widetilde{\omega}(c,d)$ 是一个自然同构

$$\widetilde{\omega}:\Gamma(-,-)\cong\Theta(-,-).$$

其次, 设 $(c,d)\in v\mathcal{C}_\Gamma\times v\mathcal{D}$, 因 $c\in\mathcal{C}_\Gamma$, 存在 $d'\in v\mathcal{D}$ 使得 $\Gamma(d')=H(\epsilon';-)$ $(c_{\epsilon'}=c)$, 由等式 (11.10) 和 (12.6) 得

$$\Theta(c,d)=\left\{\mathbf{G}(\lambda^{\epsilon'})\star(\eta_{\epsilon'}\mathcal{C}(f,-)\eta_\epsilon^{-1})^\circ\ :\ \begin{array}{ll} c_{\epsilon'}=c, & H(\epsilon';-)=\Gamma(d'),\\ f\in\mathcal{C}(c_\epsilon,c), & H(\epsilon;-)=\Gamma(d)\end{array}\right\}.$$

因为 $\Gamma$ 是局部同构, 对每个 $\eta_{\epsilon'}\mathcal{C}(f,-)\eta_\epsilon^{-1}\in\mathcal{B}^*\mathcal{C}(\Gamma(d'),\Gamma(d))$, 存在唯一 $g\in\mathcal{D}(d',d)$ 使得 $\Gamma(g)=\eta_{\epsilon'}\mathcal{C}(f,-)\eta_\epsilon^{-1}$. 这样, 选择 $\epsilon,\epsilon'$ 和 $d'$ 如上, 我们可以把 $\Theta(c,d)$ 中的每个元素表示为形 $\mathbf{G}(\lambda^{\epsilon'})\star\Gamma(g)^\circ$, $g\in\mathcal{D}(d',d)$. 在这种情形, 若$\widetilde{\mathbf{G}(\lambda^{\epsilon'})}$ 是按引理 12.2.1 的方法对于锥 $\mathbf{G}(\lambda^{\epsilon'})$ 构作的 $\mathcal{TD}$ 中有锥尖 $d'$ 的锥, 则从 $\widetilde{\Gamma}$ 和 $\Gamma^*$ 的定义 (见等式 (12.4a) 和 (12.5)) 可知, 对所有 $g\in\mathcal{D}(d',d)$ 有 $\widetilde{\mathbf{G}(\lambda^{\epsilon'})}\star g^\circ\in\Gamma^*(c,d)$. 如此可以定义 $\phi:\Theta(-,-)\longrightarrow\Gamma^*(-,-)$ 为: $\forall(c,d)\in v\mathcal{C}_\Gamma\times v\mathcal{D}$,

$$\phi(c,d)(\mathbf{G}(\lambda^{\epsilon'})\star\Gamma(g)^\circ)=\widetilde{\mathbf{G}(\lambda^{\epsilon'})}\star g^\circ, \tag{12.7}$$

其中, 对 $\epsilon'\in E(\mathcal{TC})$ 有 $c_{\epsilon'}=c$, $\Gamma(d')=H(\epsilon';-)$ 对某 $d'\in v\mathcal{D}$ 和 $g\in\mathcal{D}(d',d)$. 为验证 $\phi(c,d)$ 有定义, 我们必须证明 $\phi(c,d)$ 与锥 $\mathbf{G}(\lambda^{\epsilon'})\star\Gamma(g)^\circ\in\Theta(c,d)$ 和 $\widetilde{\mathbf{G}(\lambda^{\epsilon'})}\star g^\circ\in\Gamma^*(c,d)$ 的不同表示的选择无关; 也就是说, 上述定义不依赖于 $\epsilon'$ 和 $d'$ 的选择. 为此, 假设对 $\epsilon'$, $\epsilon''\in E(\mathcal{TC})$ 有 $c_{\epsilon'}=c_{\epsilon''}=c$, 固定 $d',d''\in v\mathcal{D}$ 使得 $H(\epsilon';-)=\Gamma(d')$, $H(\epsilon'';-)=\Gamma(d'')$. 由引理 11.3.6 有 $\mathbf{G}(\lambda^{\epsilon'})=\mathbf{G}(\lambda^{\epsilon''})\star\eta_{\epsilon''}\eta_{\epsilon'}^{-1}$, 其中 $\eta_{\epsilon''}\eta_{\epsilon'}^{-1}$ 是 $\mathcal{B}^*\mathcal{C}(H(\epsilon'';-),H(\epsilon';-))$ 中的一个同构态射 (自然同构). 这样存在唯一同构态射 $k\in\mathcal{D}(d'',d')$ 使得 $\Gamma(k)=\eta_{\epsilon''}\eta_{\epsilon'}^{-1}$ 从而 $\widetilde{\mathbf{G}(\lambda^{\epsilon'})}=\widetilde{\mathbf{G}(\lambda^{\epsilon''})}\star k$. 故 $\widetilde{\mathbf{G}(\lambda^{\epsilon'})}\star g^\circ=\widetilde{\mathbf{G}(\lambda^{\epsilon''})}\star kg^\circ$ 且有

$$\begin{aligned}\mathbf{G}(\lambda^{\epsilon'})\star(\Gamma(g))^\circ&=\mathbf{G}(\lambda^{\epsilon''})\star\eta_{\epsilon''}\eta_{\epsilon'}^{-1}(\Gamma(g))^\circ\\&=\mathbf{G}(\lambda^{\epsilon''})\star(\Gamma(k)\Gamma(g))^\circ\\&=\mathbf{G}(\lambda^{\epsilon''})\star(\Gamma(kg))^\circ.\end{aligned}$$

这证明了 $\phi(c,d)$ 与 $\epsilon'$ 的选择无关. 最后, 假设 $d',d''\in v\mathcal{D}$ 满足 $\Gamma(d')=\Gamma(d'')=H(\epsilon';-)$. 设 $\widetilde{\mathbf{G}(\lambda^{\epsilon'})}$ 和 $\widetilde{\widetilde{\mathbf{G}(\lambda^{\epsilon'})}}$ 是对于 $\mathbf{G}(\lambda^{\epsilon'})$ 按引理 12.2.1 方法构作的分别有锥尖 $d'$ 和 $d''$ 的锥. 若 $t\in\mathcal{D}(d'',d')$ 是使得 $\Gamma(t)=1_{\Gamma(d')}$ 的同构态射, 则如命题

12.2.2 之证, 有 $\widetilde{\widetilde{\mathbf{G}(\lambda^{\epsilon'})}} \star t = \widetilde{\mathbf{G}(\lambda^{\epsilon'})}$. 这样我们得到 $\widetilde{\mathbf{G}(\lambda^{\epsilon'})} \star g^\circ = \widetilde{\widetilde{\mathbf{G}(\lambda^{\epsilon'})}} \star tg^\circ$ 和 $\Gamma(g) = \Gamma(tg)$. 这就证明了 $\phi(c, d)$ 是有定义的. 进而

$$\mathbf{G}(\lambda^{\epsilon'}) \star \Gamma(g)^\circ \longmapsto \Gamma(g), \quad \widetilde{\mathbf{G}(\lambda^{\epsilon'})} \star g^\circ \longmapsto g$$

分别是从 $\Theta(c, d)$ 到 $\mathcal{B}^*\mathcal{C}(\Gamma(d'), \Gamma(d))$ 和从 $\Gamma^*(c, d)$ 到 $\mathcal{D}(d', d)$ 上的双射, 因它们分别是自然同构 $\eta_{\mathbf{G}(\lambda^{\epsilon'})}$ 和 $\eta_{\widetilde{\mathbf{G}(\lambda^{\epsilon'})}}$ 的成分. 由于 $\Gamma$ 是局部同构, 映射 $g \mapsto \Gamma(g)$ 是从 $\mathcal{D}(d', d)$ 到 $\mathcal{B}^*\mathcal{C}(\Gamma(d'), \Gamma(d)) = \mathcal{B}^*\mathcal{C}(H(\epsilon'; -),\ H(\epsilon; -))$ 上的双射. 如此, 等式 (12.7) 定义的 $\phi(c, d)$ 是双射.

现在证明 $(c, d) \mapsto \phi(c, d)$ 是自然同构: $\phi : \Theta(-, -) \longrightarrow \Gamma^*(-, -)$. 设 $f \in \mathcal{C}(c, c')$. 固定 $\epsilon, \epsilon'$ 和 $\epsilon_1' \in E(\mathcal{TC})$ 满足 $H(\epsilon; -) = \Gamma(d)$, $c_{\epsilon'} = c$, $H(\epsilon'; -) = \Gamma(d'), c_{\epsilon_1'} = c'$ 和 $H(\epsilon_1'; -) = \Gamma(d'')$, 对某 $d', d'' \in v\mathcal{D}$. 因为 $\Gamma$ 是全忠实的, 存在唯一 $h \in \mathcal{D}(d'', d')$ 使得 $\Gamma(h) = \eta_{\epsilon_1'}\mathcal{C}(f, -)\eta_{\epsilon'}^{-1}$. 注意到由 $\Gamma$ 保持满态射, 有 $\Gamma(g)^\circ = \Gamma(g^\circ)$ 对所有态射 $g \in \mathcal{D}$. 由 $\Theta$ 的定义和等式 (11.8), 有

$$\Theta(f, -) = \eta_{\mathbf{G}(\lambda^{\epsilon'})}\mathcal{B}^*\mathcal{C}(\Gamma(h), -)\eta^{-1}_{\mathbf{G}(\lambda^{\epsilon_1'})},$$

从而对任意 $\mathbf{G}(\lambda^{\epsilon'}) \star \Gamma(g)^\circ \in \Theta(c, d)$, 由 $\mathcal{B}^{**}\mathcal{C}$ 中态射的定义得

$$\begin{aligned}\Theta(f, d)(\mathbf{G}(\lambda^{\epsilon'}) \star \Gamma(g)^\circ) &= \mathbf{G}(\lambda^{\epsilon_1'}) \star (\Gamma(h)\Gamma(g))^\circ \\ &= \mathbf{G}(\lambda^{\epsilon_1'}) \star (\Gamma(hg)^\circ).\end{aligned}$$

类似地, 由 $\Gamma^*$ 的定义 (见等式 (12.4b)), 可得

$$\Gamma^*(f, -) = \eta_{\widetilde{\mathbf{G}(\lambda^{\epsilon'})}}\mathcal{D}(h, -)\eta^{-1}_{\widetilde{\mathbf{G}(\lambda^{\epsilon_1'})}}.$$

这样, 再由引理 11.3.5,

$$\Gamma^*(f, d)(\widetilde{\mathbf{G}(\lambda^{\epsilon'})} \star g^\circ) = \widetilde{\mathbf{G}(\lambda^{\epsilon_1'})} \star (hg)^\circ.$$

因此由 $\phi$ 的定义得

$$\Theta(f, d)\phi(c', d) = \phi(c, d)\Gamma^*(f, d). \tag{12.8}$$

现在, 设 $h \in \mathcal{D}(d, d_1)$. 若 $\epsilon' \in E(\mathcal{TC})$ 有 $c_{\epsilon'} = c$ 且 $\Gamma(d') = H(\epsilon'; -)$, 则对任意 $g \in \mathcal{D}(d', d)$, 由等式 (11.9) 和 $\Theta$ 的定义可得

$$\Theta(c, \Gamma(h))(\mathbf{G}(\lambda^{\epsilon'}) \star \Gamma(g)^\circ) = H(\mathbf{G}(\lambda^{\epsilon'}); \Gamma(h))(\mathbf{G}(\lambda^{\epsilon'}) \star \Gamma(g)^\circ)$$

$$= \mathbf{G}(\lambda^{\epsilon'}) \star (\Gamma(g)\Gamma(h))^{\circ}$$
$$= \mathbf{G}(\lambda^{\epsilon'}) \star \Gamma((gh)^{\circ}).$$

如此

$$\begin{aligned}[\Theta(c,\Gamma(h))\phi(c,d_1)](\mathbf{G}(\lambda^{\epsilon'}) \star \Gamma(g)^{\circ}) &= \phi(c,d_1)[\Theta(c,\Gamma(h))(\mathbf{G}(\lambda^{\epsilon'}) \star \Gamma(g)^{\circ})] \\ &= \widetilde{\mathbf{G}(\lambda^{\epsilon'})} \star (gh)^{\circ}.\end{aligned}$$

同样地, 由 $\Gamma^*$ 和 $\phi$ 的定义, 我们有

$$\begin{aligned}\Gamma^*(c,h)(\phi(c,d)(\mathbf{G}(\lambda^{\epsilon'}) \star \Gamma(g)^{\circ})) &= \Gamma^*(c,h)(\widetilde{\mathbf{G}(\lambda^{\epsilon'})} \star g^{\circ}) \\ &= H(\widetilde{\mathbf{G}(\lambda^{\epsilon'})};h)(\widetilde{\mathbf{G}(\lambda^{\epsilon'})} \star g^{\circ}) \\ &= \widetilde{\mathbf{G}(\lambda^{\epsilon'})} \star (gh)^{\circ}.\end{aligned}$$

这证明了

$$\Theta(c,\Gamma(h))\phi(c,d_1) = \phi(c,d)\Gamma^*(c,h). \tag{12.9}$$

从等式 (12.8), (12.9) 及双函子准则得证 $\phi$ 自然同构. 上述讨论推出下面定理:

**定理 12.3.1** 对每个对子 $(c,d) \in v\mathcal{C}_\Gamma \times v\mathcal{D}$, 对所有 $\epsilon \star f^{\circ} \in \Gamma(c,d)$, 定义

$$\chi_\Gamma(c,d)(\epsilon \star f^{\circ}) = \widetilde{\mathbf{G}(\lambda^{\epsilon'})} \star g^{\circ}, \tag{12.10}$$

其中, 对 $\epsilon \in E(\mathcal{TC})$ 有 $H(\epsilon;-) = \Gamma(d)$, $\epsilon' \in E(\mathcal{TC})$, 而 $c_{\epsilon'} = c$ 和 $c_{\mathbf{G}(\lambda^{\epsilon'})} = H(\epsilon';-) = \Gamma(d')$ 对某 $d' \in v\mathcal{D}$ 和 $g \in \mathcal{D}(d',d)$ 满足 $\Gamma(g) = \eta_{\epsilon'}\mathcal{C}(f,-)\eta_{\epsilon}^{-1}$.

如果 $\chi_\Gamma$ 表示映射 $(c,d) \mapsto \chi_\Gamma(c,d)$, 则 $\chi_\Gamma : \Gamma(-,-) \longrightarrow \Gamma^*(-,-)$ 是自然同构.

**证明** 由等式 (12.7) 和 (12.9), 对所有 $(c,d) \in v\mathcal{C}_\Gamma \times v\mathcal{D}$ 有 $\chi_\Gamma(c,d) = \widetilde{\omega}(c,d) \circ \phi(c,d)$, 故 $\chi_\Gamma = \widetilde{\omega} \circ \phi$. 这证明了 $\chi_\Gamma$ 是所求的自然同构. □

**定义 12.3.2** 设 $\mathcal{C}$, $\mathcal{D}$ 是平衡范畴, 所谓 $\mathcal{D}$ 关于 $\mathcal{C}$ 的一个交连系 (cross-connections) 是 $\mathcal{D}$ 关于 $\mathcal{C}$ 的这样的局部同构 $\Gamma : \mathcal{D} \longrightarrow \mathcal{B}^*\mathcal{C}$, 满足: 对每个 $c \in v\mathcal{C}$ 存在 $d \in v\mathcal{D}$ 使得 $c \in M_n\Gamma(d)$, 换言之即 $\mathcal{C}_\Gamma = \mathcal{C}$.

**注记 12.3.3** 平衡范畴 $\mathcal{C}$ 的对偶范畴 $\mathcal{B}^*\mathcal{C}$ 的一个理想 $\mathcal{I}$ 称为是一个全理想 (total ideal), 若对所有 $c \in v\mathcal{C}$, 存在某 $\epsilon \in E(\mathcal{TC})$ 使得 $c \in M_nH(\epsilon;-)$, 或等价地, $c \in M_n\epsilon$. 因为任一局部同构的像是一个理想, 所以 $\mathcal{D}$ 关于 $\mathcal{C}$ 的任一局部同构 $\Gamma$ 的像都是 $\mathcal{B}^*\mathcal{C}$ 的一个理想. 因此, 局部同构 $\Gamma$ 是一个交连系当且仅当 $\Gamma$ 的像是 $\mathcal{B}^*\mathcal{C}$ 的全理想. 由命题 12.1.1(1), $\Gamma$ 的像是全理想等价于 $\mathcal{C}_\Gamma = \mathcal{C}$. 如此 $\Gamma$ 是

$\mathcal{D}$ 关于 $\mathcal{C}$ 的交连系自然蕴含 $\Gamma^*$ 是 $\mathcal{C}$ 关于 $\mathcal{D}$ 的一个交连系. 我们称 $\Gamma^*$ 是 $\Gamma$ 的对偶 (交连系). 显然, 关于交连系 $\Gamma$ 的任一结论都自然给出其对偶 $(\mathcal{C}, \mathcal{D};\ \Gamma^*)$ 的一个相应结论. 我们将其称为前者的对偶 (结论).

### 习题 12.3

试给出一例, 说明存在非交连系的连通 $\Gamma : \mathcal{D} \longrightarrow \mathcal{B}^*\mathcal{C}$.

## 12.4　富足半群的交连系

我们用以下定理结束本章. 该定理说明了交连系与富足半群有着天然的本质联系:

**定理 12.4.1**　*富足半群 $S$ 的连通 $\mathbf{\Gamma}S$ 是平衡范畴 $\mathbb{R}(S)$ 关于平衡范畴 $\mathbb{L}(S)$ 的交连系, 满足 $\mathbf{\Delta}S = \mathbf{\Gamma}S^*$ 和 $\chi_S = \chi_{\mathbf{\Gamma}S}$.*

**证明**　由 $\mathbf{\Gamma}S$ 的定义 (见式 (11.2)), 对任一 $Se \in v\mathbb{L}(S)$ 有 $\rho^e(Se) = \rho(e,e,e) = 1_{Se}$, 即 $Se \in M_n\rho^e = M_nH(\rho^e;-) = M_n\mathbf{\Gamma}S(eS)$, 由此, $\mathbf{\Gamma}S$ 的像是 $\mathcal{B}^*\mathbb{L}(S)$ 的全理想. 故 $\mathbf{\Gamma}(S) : \mathbb{R}(S) \longrightarrow \mathcal{B}^*\mathbb{L}(S)$ 是一个交连系.

既然 $\mathbb{L}(S)_{\mathbf{\Gamma}S} = \mathbb{L}(S)$, 故 $\mathbf{\Gamma}S^* = (\theta\,|\,\mathbb{L}(S)_{\mathbf{\Gamma}S}) \circ \widetilde{\mathbf{\Gamma}}$ 就是从 $\mathbb{L}(S)$ 到 $\mathcal{B}^*\mathbb{R}(S)$ 内的函子. 我们来验证 $\mathbf{\Delta}S = \mathbf{\Gamma}S^*$. 为方便, 记 $T = \mathcal{T}\mathbb{L}(S)$ 和 $\mathbf{\Gamma}S = \Gamma$. 记 $\mathbf{G}$ 为从 $\mathbb{R}(T)$ 到 $\mathcal{B}^*\mathbb{L}(S)$ 的范畴同构 (见定理 10.2.6). 我们首先验证 $v\mathbf{\Delta}S = v\Gamma^*$. 对每个 $Se \in v\mathbb{L}(S)$ 有

$$v\mathbf{\Delta}S(Se) = H(\lambda^e;-),$$

$$v\Gamma^*(Se) = \widetilde{\Gamma}[\theta(Se)] = \widetilde{\Gamma}[H(\mathbf{G}(\lambda^{\rho^e});-)] = H(\widetilde{\mathbf{G}(\lambda^{\rho^e})};-),$$

这样只需证明 $\widetilde{\mathbf{G}(\lambda^{\rho^e})} = \lambda^e$.

给定任一态射 $\lambda = \lambda(\rho^e, \rho^a, \rho^f) \in \mathbb{R}(T)(\rho^eT, \rho^fT)$, 这里 $a \in fSe, e, f \in E(S)$. 由等式 (10.4) 有 $\widetilde{\rho^a} = \rho^a(Sf)j^{Se}_{Sa^*} = \rho(f, fa, a^*)j^{Se}_{Sa^*} = \rho(f,a,e)$. 由 $\mathbf{G}(\lambda)$ 的定义得

$$\begin{aligned}\mathbf{G}(\lambda(\rho^e,\rho^a,\rho^f)) &= \eta_{\rho^e}\mathbb{L}(S)(\widetilde{\rho^a},-)\eta^{-1}_{\rho^f}\\ &= \eta_{\rho^e}\mathbb{L}(S)(\rho(f,a,e),-)\eta^{-1}_{\rho^f}\\ &= \Gamma(\lambda(e,a,f)) \qquad (\text{由等式}(11.2)).\end{aligned} \tag{12.11}$$

由 [83] 中命题 3.1, 对所有 $\rho^fT \in v\mathbb{R}(T)$ 有

$$\lambda^{\rho^e}(\rho^fT) = \lambda(\rho^f, \rho^e \cdot \rho^f, \rho^e) = \lambda(\rho^f, \rho^{ef}, \rho^e).$$

如此由锥 $\mathbf{G}(\lambda^{\rho^e})$ 的定义和上面等式 (12.11), 得

$$[\mathbf{G}(\lambda^{\rho^e})][\mathbf{G}(\rho^f T)] = \mathbf{G}[\lambda^{\rho^e}(\rho^f T)] = \mathbf{G}(\lambda(\rho^f, \rho^{ef}, \rho^e))$$
$$= \Gamma(\lambda(f, ef, e)) = \Gamma(\lambda^e(fS)),$$

从引理 12.2.1 得到 $\widetilde{\mathbf{G}(\lambda^{\rho^e})} = \lambda^e$.

其次, 设 $\rho(e,a,f)$ 是 $\mathbb{L}(S)$ 中任一态射. 由 $\mathbf{\Gamma}S = \Gamma$ 的定义,

$$\Gamma(\lambda(f,a,e)) = \eta_{\rho^f}\mathbb{L}(S)(\rho(e,a,f),-)\eta_{\rho^e}^{-1}.$$

再由引理 11.3.5 得

$$\theta_{\mathbb{L}(S)}(\rho(e,a,f)) = \eta_{\mathbf{G}(\lambda^{\rho^e})}\mathcal{B}^*\mathbb{L}(S)(\Gamma(\lambda(f,a,e)),-)\eta_{\mathbf{G}(\lambda^{\rho^f})}^{-1}.$$

因此由 $\Gamma^*$ 的定义 (见等式 (12.4$b$) 和 (12.5)) 得到

$$\begin{aligned}
&\Gamma^*(\rho(e,a,f))\\
&= \widetilde{\Gamma}[\theta_{\mathbb{L}(S)}(\rho(e,a,f))]\\
&= \eta_{\widetilde{\mathbf{G}(\lambda^{\rho^e})}}\mathbb{R}(S)(\lambda(f,a,e),-)\eta_{\widetilde{\mathbf{G}(\lambda^{\rho^f})}}^{-1}\\
&= \eta_{\lambda^e}\mathbb{R}(S)(\lambda(f,a,e),-)\eta_{\lambda^f}^{-1} \qquad (\text{由 } \widetilde{\mathbf{G}(\lambda^{\rho^e})} = \lambda^e \text{ 和 } \widetilde{\mathbf{G}(\lambda^{\rho^f})} = \lambda^f)\\
&= \mathbf{\Delta}S(\rho(e,a,f)).
\end{aligned}$$

这就证明了 $\mathbf{\Delta}S = \mathbf{\Gamma}S^*$.

注意到 $\chi_{\mathbf{\Gamma}S}$ 和 $\chi_S$ 都是从 $\mathbf{\Gamma}S(-,-)$ 到 $\mathbf{\Delta}S(-,-) = \mathbf{\Gamma}^*(-,-)$ 的自然同构. 对每个 $(Se, fS) \in v\mathbb{L}(S) \times v\mathbb{R}(S)$ 以及每个 $\rho^f \star \rho(f,u,e)^\circ \in H(\rho^f; Se) = \mathbf{\Gamma}(Se, fS)$, 有

$$\chi_\Gamma(Se, fS)(\rho^f \star \rho(f,u,e)^\circ) = \widetilde{\mathbf{G}(\lambda^{\rho^e})} \star g^\circ,$$

其中 $g \in \mathbb{R}(S)(eS, fS)$, 由等式 (12.10) 和 $\Gamma$ 的定义, 满足

$$\Gamma(g) = \eta_{\rho^e}\mathbb{L}(S)(\rho(f,u,e),-)\eta_{\rho^f}^{-1} = \Gamma(\lambda(e,u,f)).$$

因为 $\Gamma$ 是忠实的, 有 $g = \lambda(e,u,f)$. 故由 $\widetilde{\mathbf{G}(\lambda^{\rho^e})} = \lambda^e$ 和 $\chi_S$ 的定义 (见定理 11.1.6), 我们得到

$$\chi_\Gamma(Se, fS)(\rho^f \star \rho(f,u,e)^\circ) = \lambda^e \star \lambda(e,u,f)^\circ = \chi_S(Se, fS)(\rho^f \star \rho(f,u,e)^\circ).$$

这就证明了 $\chi_S = \chi_{\mathbf{\Gamma}S}$. □

# 第 13 章　态射的转置

贯穿本章, 我们仍假设 $\Gamma : \mathcal{D} \longrightarrow \mathcal{B}^*\mathcal{C}$ 只是平衡范畴 $\mathcal{D}$ 关于平衡范畴 $\mathcal{C}$ 的连通 (未必是交连系). 我们用 $E_\Gamma$ 记 $\Gamma$ 唯一确定的下述重要对象对之集:

$$E_\Gamma = \{(c, d) \in v\mathcal{C}_\Gamma \times v\mathcal{D} \mid c \in M_n\Gamma(d)\}. \tag{13.1}$$

由定理 12.2.3 知 $(c, d) \in E_\Gamma$ 当且仅当 $(d, c) \in E_{\Gamma^*}$, 这里

$$E_{\Gamma^*} = \{(d, c) \in v\mathcal{D} \times v\mathcal{C}_\Gamma \mid d \in M_n\Gamma^*(c)\}. \tag{13.1)$^*$}$$

就是说我们实际有 $E_{\Gamma^*} = E_\Gamma^{-1}$.

## 13.1　幂等锥 $\epsilon(c, d)$ 和 $\epsilon^*(c, d)$

假设 $(c, d) \in E_\Gamma$. 则有 $\epsilon \in E(\mathcal{TC})$ 使得 $\Gamma(d) = H(\epsilon; -)$ 和 $c \in M_n\epsilon$. 易知$\epsilon(c, d) = \epsilon \star \epsilon(c)^{-1} \in E(R_\epsilon)$, 从而 $H(\epsilon(c, d); -) = H(\epsilon; -) = \Gamma(d)$ 且 $c_{\epsilon(c,d)} = c$. 同样, 因 $(d, c) \in E_{\Gamma^*}$, 存在 $\delta \in E(\mathcal{TD})$ 使得 $\Gamma^*(c) = H(\delta; -)$ 且 $d \in M_n\delta$. 因而$\epsilon^*(c, d) = \delta \star \delta(d)^{-1} \in E(R_\delta)$ 有锥尖 $d$ 且 $H(\epsilon^*(c, d); -) = H(\delta; -) = \Gamma^*(c)$. 如此, 对每个 $(c, d) \in E_\Gamma$, 存在着唯一 $\epsilon(c, d) \in E(\mathcal{TC})$ 和唯一 $\epsilon^*(c, d) \in E(\mathcal{TD})$ 使得

$$c_{\epsilon(c,d)} = c \qquad 和 \qquad \Gamma(d) = H(\epsilon(c, d); -), \tag{13.2}$$

$$c_{\epsilon^*(c,d)} = d \qquad 和 \qquad \Gamma^*(c) = H(\epsilon^*(c, d); -). \tag{13.2)$^*$}$$

下述引理刻画了这两类幂等锥的相互关系:

**引理 13.1.1**　对每个 $(c, d) \in E_\Gamma$, 我们有

$$\epsilon^*(c, d) = \mathbf{G}(\widetilde{\lambda^{\epsilon(c,d)}}), \tag{13.3}$$

且对任一 $(c, d)$, $(c', d') \in E_\Gamma$, 图 13.1 交换:

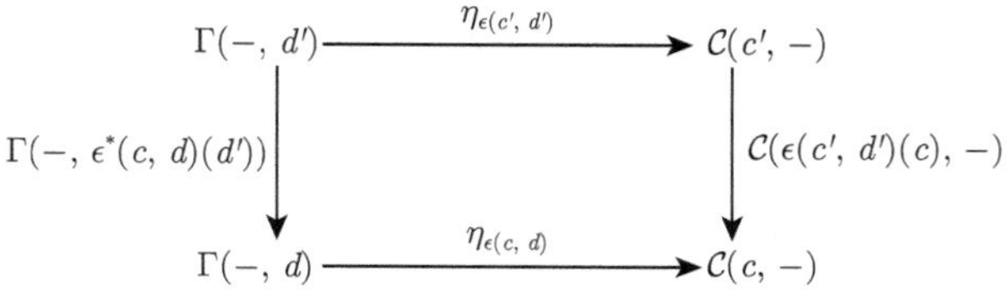


图 13.1

**证明** 因为 $\lambda^{\epsilon(c,d)} \in E(\mathcal{T}(\mathbb{R}(\mathcal{TC})))$ 且 $\mathbf{G}: \mathbb{R}(\mathcal{TC}) \cong \mathcal{B}^*\mathcal{C}$, 由引理 11.3.1 有 $\mathbf{G}(\lambda^{\epsilon(c,d)}) \in E(\mathcal{T}(\mathcal{B}^*\mathcal{C}))$. 从引理 12.2.1, 存在唯一幂等锥 $\mathbf{G}(\widetilde{\lambda^{\epsilon(c,d)}}) \in E(\mathcal{TD})$ 有锥尖 $d$. 因为 $\epsilon^*(c,d)$ 也有锥尖 $d$, 由定理 9.5.6(见同构式 (9.13)), 我们有 $\epsilon^*(c,d) \mathscr{L}^{\mathcal{TD}} \mathbf{G}(\widetilde{\lambda^{\epsilon(c,d)}})$. 由于 $\epsilon(c,d)$ 有锥尖 $c \in M_n\Gamma(d)$, 由 $\Gamma^*$ 的定义得

$$\Gamma^*(c) = H(\mathbf{G}(\widetilde{\lambda^{\epsilon(c,d)}}); -) = H(\epsilon^*(c,d); -),$$

由命题 10.1.2(3), 有 $\epsilon^*(c,d) \mathscr{R}^{\mathcal{TD}} \mathbf{G}(\widetilde{\lambda^{\epsilon(c,d)}})$. 故我们有 $\epsilon^*(c,d) = \mathbf{G}(\widetilde{\lambda^{\epsilon(c,d)}})$, 因为 $\mathbf{G}(\widetilde{\lambda^{\epsilon(c,d)}})$ 和 $\epsilon^*(c,d)$ 都是幂等锥.

现在我们推知

$$\begin{aligned}
&\Gamma(\epsilon^*(c,d)(d')) = \Gamma(\mathbf{G}(\widetilde{\lambda^{\epsilon(c,d)}})(d')) && (\text{因为}\epsilon^*(c,d) = \mathbf{G}(\widetilde{\lambda^{\epsilon(c,d)}}))\\
&= \mathbf{G}(\lambda^{\epsilon(c,d)})(\Gamma(d')) && (\text{由式 (12.3)})\\
&= \mathbf{G}(\lambda^{\epsilon(c,d)}(\epsilon(c',d')\mathcal{TC})) && (\text{由同构锥的定义})\\
&= \mathbf{G}(\lambda(\epsilon(c',d'),\ \epsilon(c,d)\cdot\epsilon(c',d'),\ \epsilon(c,d))) && (\text{由 [83] 中定理 2.4.1 的对偶})\\
&= \eta_{\epsilon(c',d')}\mathcal{C}(\epsilon(c,\widetilde{d)\cdot\epsilon(c'},d'),-)\eta^{-1}_{\epsilon(c,d)} && (\text{由 } \mathbf{G} \text{ 的定义})\\
&= \eta_{\epsilon(c',d')}\mathcal{C}(\epsilon(c',d')(c),-)\eta^{-1}_{\epsilon(c,d)} && (\text{因 } \epsilon(c,\widetilde{d)\cdot\epsilon(c'},d') = \epsilon(c',d')(c)).
\end{aligned}$$

这就证明了引理中的图是交换的. □

## 13.2 态射的转置

用上面引入的幂等锥, 方程 (12.10) 定义的自然同构 $\chi_\Gamma: \Gamma \longrightarrow \Gamma^*$ 可重新表述如下. 令 $(c',d) \in v\mathcal{C}_\Gamma \times v\mathcal{D}$. 选择 $c \in v\mathcal{C}_\Gamma$ 和 $d' \in v\mathcal{D}$ 使得 $(c,d),(c',d') \in E_\Gamma$. 那么集合 $\Gamma(c',d)$ 中的每个锥可表示为形 $\epsilon(c,d) \star f^\circ$, 此处 $f \in \mathcal{C}(c,c')$, 而每个 $\Gamma^*(c',d)$ 中的锥可写为形 $\epsilon^*(c',d') \star g^\circ$, 其中 $g \in \mathcal{D}(d',d)$. 于是, 对每个 $(c',d) \in v\mathcal{C}_\Gamma \times v\mathcal{D}$ 和每个 $\epsilon(c,d) \star f^\circ \in \Gamma(c',d)$ 有

$$\chi_\Gamma(c',d)(\epsilon(c,d) \star f^\circ) = \epsilon^*(c',d') \star g^\circ, \tag{13.4}$$

这里 $(c,d)$, $(c',d') \in E_\Gamma$, 而 $f \in \mathcal{C}(c,c')$, $g \in \mathcal{D}(d',d)$ 使得图 13.2 交换:

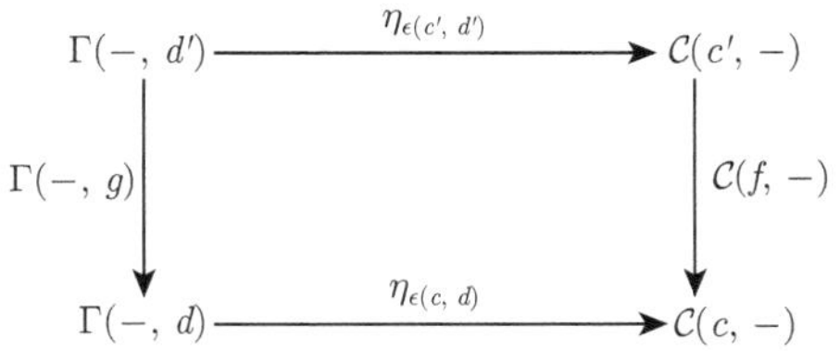


图 13.2

我们证明在这里的态射 $f \in \mathcal{C}(c, c')$ 和 $g \in \mathcal{D}(d', d)$ 之间有一种“对偶”关系，称之为“转置”. 我们先证明一个引理，用它可简化计算.

**引理 13.2.1** 设 $f \in \mathcal{C}(c, c')$ 而 $g \in \mathcal{D}(d', d)$, 有 $(c, d), (c', d') \in E_\Gamma$. 若方程 (13.4) 成立 (从而图 13.2 交换), 则有以下计算:

$$\Gamma(c', g)(\epsilon(c', d')) = \epsilon(c, d) \star f^\circ = \Gamma(f, d)(\epsilon(c, d)), \tag{13.5}$$

$$\Gamma^*(c', g)(\epsilon^*(c', d')) = \epsilon^*(c', d') \star g^\circ = \Gamma^*(f, d)(\epsilon^*(c, d)). \tag{13.5$^*$}$$

**证明** 由方程 (13.4), 我们有 $\eta_{\epsilon(c',d')}(c')\mathcal{C}(f, c') = \Gamma(c', g)\eta_{\epsilon(c,d)}(c')$. 于是可得

$$\mathcal{C}(f, c')[\eta_{\epsilon(c',d')}(c')(\epsilon(c', d'))] = \mathcal{C}(f, c')(1_{c'}) = f.$$

另一方面, 因 $\Gamma(c', g)(\epsilon(c', d')) \in \Gamma(c', d)$, 有 $k \in \mathcal{C}(c, c')$ 使得 $\Gamma(c', g)(\epsilon(c', d')) = \epsilon(c, d) \star k^\circ$. 这样由图 13.2 交换, 有

$$f = \eta_{\epsilon(c,d)}(c')[\Gamma(c', g)(\epsilon(c', d'))] = \eta_{\epsilon(c,d)}(\epsilon(c, d) \star k^\circ) = k.$$

由方程 (5.2), 有 $\Gamma(f, d) = H(\epsilon(c, d); f)$, 于是由函子 $H(\epsilon(c, d); -)$ 的定义, 有

$$\Gamma(f, d)(\epsilon(c, d)) = \epsilon(c, d) \star f^\circ$$

(见引理 10.1.1中的等式). 这证明了 (13.5) 式.

现在, $\chi_\Gamma(-, d) : \Gamma(-, d) \longrightarrow \Gamma^*(-, d)$ 而 $\eta_{\epsilon(c,d)} : \Gamma(-, d) \longrightarrow \mathcal{C}(c, -)$ 对每个 $(c, d) \in E_\Gamma$ 是自然同构, 故

$$\varphi = \eta_{\epsilon(c,d)}^{-1}\chi_\Gamma(-, d) : \mathcal{C}(c, -) \longrightarrow \Gamma^*(-, d) \tag{$*$}$$

是自然同构, 因而 $\varphi(c)\Gamma^*(f, d) = \mathcal{C}(c, f)\varphi(c')$. 又

$$\varphi(c)(1_c) = \chi_\Gamma(c, d)(\eta_{\epsilon(c,d)}^{-1}(1_c)) = \chi_\Gamma(c, d)(\epsilon(c, d)) = \epsilon^*(c, d).$$

故利用引理 10.1.1和方程 (13.2)$^*$ 得

$$\begin{aligned}
\Gamma^*(f, d)(\epsilon^*(c, d)) &= \Gamma^*(f, d)(\varphi(c)(1_c)) \\
&= \varphi(c')(\mathcal{C}(c, f)(1_c)) \\
&= \varphi(c')(f) \\
&= \chi_\Gamma(c', d)(\epsilon(c, d) \star f^\circ) \qquad (\text{由 } (*)) \\
&= \epsilon^*(c', d') \star g^\circ
\end{aligned}$$

$$= \Gamma^*(c', g)(\epsilon^*(c', d')),$$

这就证明了等式 (13.5)*. □

**定理 13.2.2** 设 $\Gamma : \mathcal{D} \longrightarrow \mathcal{B}^*\mathcal{C}$ 为平衡范畴的连通, $(c,d),(c',d') \in E_\Gamma, f \in \mathcal{C}(c,c')$ 而 $g \in \mathcal{D}(d',d)$. 则 $f$ 和 $g$ 使得图 13.2 交换的充要条件是它们使得图 13.2* 交换:

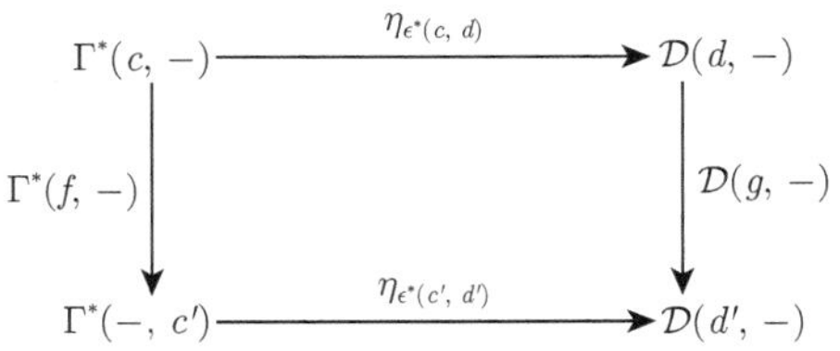


图 13.2*

进而, 存在从 $\mathcal{C}(c,c')$ 到 $\mathcal{D}(d',d)$ 的双射, 给每个 $f \in \mathcal{C}(c,c')$ 指定一个态射 $g \in \mathcal{D}(d',d)$ 使得图 13.2 和图 13.2* 交换.

**证明** 设 $f$ 和 $g$ 使图 13.2 交换. 由于 $\mathcal{D}(g,-)$ 和 $\psi = \eta^{-1}_{\epsilon^*(c,d)}\Gamma^*(f)\eta_{\epsilon^*(c',d')}$ 都是从 $\mathcal{D}(d,-)$ 到 $\mathcal{D}(d',-)$ 的自然变换, 且有

$$\begin{aligned}\psi(d)(1_d) &= \eta_{\epsilon^*(c',d')}(d)[\Gamma^*(f,d)(\epsilon^*(c,d))]\\ &= \eta_{\epsilon^*(c',d')}(d)(\epsilon^*(c',d') \star g^\circ) = g \qquad (\text{由式 } (10.2))\\ &= g = \mathcal{D}(g,d)(1_d),\end{aligned}$$

故由 Yoneda 引理有 $\psi = \mathcal{D}(g,-)$. 这证明了图 13.2* 交换.

反之, 假设图 13.2* 交换. 由 $\chi_\Gamma(c',d)$ 是从 $\Gamma(c',d)$ 到 $\Gamma^*(c',d)$ 上的双射, 存在 $\bar{g} \in \mathcal{D}(d',d)$ 使得

$$\chi_\Gamma(c',d)(\epsilon(c,d) \star f^\circ) = \epsilon^*(c',d') \star \bar{g}^\circ.$$

由方程 (13.4), $f$ 和 $\bar{g}$ 使得图 13.2 交换, 于是由上证图 13.2* 也交换. 这就得到 $\mathcal{D}(g,-) = \mathcal{D}(\bar{g},-)$, 由此可知 $g = \bar{g}$. 因而 $f$ 和 $g$ 使得图 13.2 交换. 由 $\chi_\Gamma$ 是自然同构立得: 映射 $f \mapsto g$ 是从 $\mathcal{C}(c,c')$ 到 $\mathcal{D}(d',d)$ 上的双射. □

给定 $f \in \mathcal{C}(c,c')$, 我们称上述 $g \in \mathcal{D}(d',d)$ 是 $f$(关于 $\Gamma$) 的从 $d'$ 到 $d$ 的转置, 而$f$ 则是 $g$ 的从 $c$ 到 $c'$ 的转置, 这里有 $(c,d)$, $(c',d') \in E_\Gamma$, 而 $f$ 与 $g$ 使图 13.2 及图 13.2* 交换. 我们用记号 $f^*(g^*)$ 表示 $f(g)$ 的 (在指定态射集中的) 转置. 注意, 转置是与选定的 $d \in M_n\Gamma^*(c)$ 和 $d' \in M_n\Gamma^*(c')$ 相关的, 即同一个态射 $f \in \mathcal{C}(c,c')$ 对每个选定的 $d \in M_n\Gamma^*(c)$ 和 $d' \in M_n\Gamma^*(c')$ 都有唯一确定的转置 $f^* \in \mathcal{D}(d',d)$. 自然, 对 $g \in \mathcal{D}(d',d)$ 有类似结论.

用转置的语言来叙述, 引理 13.1.1可表述为

$$(\epsilon(c,d)(c'))^* = \epsilon^*(c',d')(d) \tag{13.6}$$

对所有的 $(c,d)$, $(c',d') \in E_\Gamma$ 成立.

视转置为指定态射集间的双射, 不难得到下述推论:

**推论 13.2.3** 设 $f^* \in \mathcal{D}(d',d)$ 是 $f \in \mathcal{C}(c,c')$ 的转置且 $f^{**} \in \mathcal{C}(c,c')$ 是 $f^*$ 的转置, 则 $f^{**} = f$.

对两个给定的可合成态射 $f_1 \in \mathcal{C}(c,c')$, $f_2 \in \mathcal{C}(c',c'')$, 任意选定的它们的转置显然不一定能合成, 不过肯定有两个转置 $f_1^*$ 与 $f_2^*$ 是可合成的, 此时自然是 $f_2^* f_1^*$ 存在且有

**推论 13.2.4** 设 $f_1 \in \mathcal{C}(c,c')$ 和 $f_2 \in \mathcal{C}(c',c'')$. 对 $(c,d),(c',d'),(c'',d'') \in E_\Gamma$, 有 $f_1^* \in \mathcal{D}(d',d)$ 和 $f_2^* \in \mathcal{D}(d'',d')$ 分别为 $f_1$ 和 $f_2$ 的转置, 它们的合成满足

$$(f_1 f_2)^* = f_2^* f_1^*.$$

我们还有以下推论:

**推论 13.2.5** 态射 $f \in \mathcal{C}(c,c')$ 是单 (满) 态射当且仅当它的转置是满 (单) 态射. 特别地, 同构的转置也是同构.

**证明** 设 $f \in \mathcal{C}(c,c')$ 单, $f^* \in \mathcal{D}(d',d)$ 使得 $(c,d)$, $(c',d') \in E_\Gamma$. 若 $g_1, g_2 \in \mathcal{D}(d,d'')$ 使得 $f^* g_1 = f^* g_2$, 取 $c'' \in M_n\Gamma(d'')$, 则有转置 $g_1^*, g_2^* \in \mathcal{C}(c'',c)$ 使得

$$g_1^* f = g_1^* f^{**} = (f^* g_1)^* = (f^* g_2)^* = g_2^* f^{**} = g_2^* f.$$

由 $f$ 单得 $g_1^* = g_2^*$, 由此立得 $g_1 = g_1^{**} = (g_1^*)^* = (g_2^*)^* = g_2^{**} = g_2$. 故 $f^*$ 满. 类似可证 $f$ 满蕴含 $f^*$ 单.

若 $f$ 是同构, 即有 $f' \in \mathcal{C}(c',c)$ 使得 $ff' = 1_c$, $f'f = 1_{c'}$. 取 $d \in M_n\Gamma^*(c)$, $d' \in M_n\Gamma^*(c')$, 因为 $(c,d) \in E_\Gamma$, 易知 $1_c$ 有唯一转置在 $\mathcal{D}(d,d)$ 中, 由定义必为 $1_c^* = 1_d$, 从而 $1_d^* = 1_c$; 同理 $1_{c'}^* = 1_{d'}$, $1_{d'}^* = 1_{c'}$. 又有 $f^* \in \mathcal{D}(d',d)$, $f'^* \in \mathcal{D}(d,d')$, 满足

$$f'^* f^* = (ff')^* = 1_c^* = 1_d, \quad f^* f'^* = (f'f)^* = 1_{c'}^* = 1_{d'}.$$

这证明了同构的转置也是同构. □

特别地, 我们来考虑包含和收缩的转置.

**命题 13.2.6** 设 $c \subseteq c'$ 且 $d' \in M_n\Gamma^*(c')$. 我们有以下结论:

(1) 存在 $d \in M_n\Gamma^*(c)$ 满足 $d \subseteq d'$ 使得在 $\mathcal{D}(d',d)$ 中 $j_c^{c'}$ 的转置 $(j_c^{c'})^*$ 是一个收缩;

(2) 若 $\varrho \in \mathcal{C}(c',c)$ 是收缩, 则存在 $d \in M_n\Gamma^*(c)$ 满足 $d \subseteq d'$ 使得 $\varrho^* = j_d^{d'} \in \mathcal{D}(d,d')$.

**证明** (1) 因为 $\Gamma^*$ 是交连系, 由 $c \subseteq c'$ 得 $\Gamma^*(c) \subseteq \Gamma^*(c') = H(\epsilon^*(c',d');-)$. 设 $\epsilon^* \in E(\mathcal{TD})$ 使得 $\Gamma^*(c) = H(\epsilon^*;-)$, 由命题 10.1.2(3) 知 $\epsilon^* \ \omega^r \ \epsilon^*(c',d')$, 如此由半群双序的性质, 有 $\epsilon^* \cdot \epsilon^*(c',d') \in E(R_{\epsilon^*}) \cap \omega(\epsilon^*(c',d'))$. 记该幂等锥的锥尖为 $d \in v\mathcal{D}$, 则有 $(c,d) \in E_\Gamma$ 且由 $(13.2)^*$ 的唯一性得该幂等锥恰为 $\epsilon^*(c,d)$. 这样 $\epsilon^*(c,d) = \epsilon^*(c,d) \cdot \epsilon^*(c',d')$, 有 $(\epsilon^*(c',d')(d))^\circ = 1_d$, 这说明 $d = \operatorname{im}\epsilon^*(c',d')(d) \subseteq \operatorname{cod}\epsilon^*(c',d')(d) = d'$ 且有 $\epsilon^*(c',d')(d) = j_d^{d'}$. 如此由 $\epsilon^*(c,d) = \epsilon^*(c',d') \cdot \epsilon^*(c,d)$ 可得

$$1_d = \epsilon^*(c,d)(d) = \epsilon^*(c',d')(d)(\epsilon^*(c,d)(d'))^\circ = j_d^{d'}\epsilon^*(c,d)(d').$$

由等式 (13.6), 即得 $j_c^{c'}$ 在 $\mathcal{D}(d',d)$ 中有转置 $(j_c^{c'})^* = (\epsilon(c',d')(c))^* = \epsilon^*(c,d)(d')$ 为收缩.

(2) 因 $\varrho$ 是收缩, 由命题 10.1.2 $\epsilon = \epsilon(c',d') \star \varrho$ 是一个幂等锥, 满足 $H(\epsilon;-) \subseteq \Gamma(d') = H(\epsilon(c',d');-)$. 由 $\Gamma$ 为局部同构, 有 $d \subseteq d'$ 使得 $\Gamma(d) = H(\epsilon;-)$. 因 $c_\epsilon = \operatorname{cod}\varrho = c$ 得 $\epsilon = \epsilon(c,d)$, 故 $\varrho = \epsilon(c,d)(c')$. 如此由等式 (13.6) 得 $\varrho^* = \epsilon^*(c',d')(d) = j_d^{d'}$. □

如果一个态射有单位态射为其转置, 则称该态射是投射 (perspectivity). 以下命题刻画了 $\mathcal{C}$ 中投射满足的充要条件, 对 $\mathcal{D}$ 中投射自然也成立.

**命题 13.2.7** *态射 $f \in \mathcal{C}(c,c')$ 为投射的充要条件是: 存在 $d \in v\mathcal{D}$ 使得 $c, c' \in M_n\Gamma(d)$ 且 $f = \epsilon(c',d)(c)$.*

**证明** 若有 $c, c' \in M_n\Gamma(d)$ 而 $f = \epsilon(c',d)(c)$, 则由等式 (13.6) 得 $f$ 在 $\mathcal{D}(d,d)$ 中有转置 $f^* = \epsilon^*(c,d)(d)$, 既然 $\epsilon^*(c,d)$ 是 $\mathcal{TD}$ 中有锥尖 $d$ 的幂等锥, 自然得到 $f^* = \epsilon^*(c,d)(d) = 1_d$, 即 $f$ 是 $\mathcal{C}$ 中的一个投射.

反之, 若 $f^* = 1_d$, 则必有 $c, c' \in M_n\Gamma(d)$. 那么我们有

$$f = f^{**} = (f^*)^* = 1_d^* = (\epsilon^*(c,d)(d))^* = (\epsilon(c',d)(c))^{**} = \epsilon(c',d)(c).$$

这就完成了证明. □

**注记 13.2.8** 态射 $f \in \mathcal{C}(c',c)$(关于交连系 $\gamma : \mathcal{D} \longrightarrow \mathcal{B}^*\mathcal{C}$) 的转置不是唯一的, 这取决于满足 $(c,d),(c',d') \in E_\Gamma$ 的 $\mathcal{D}$ 中对象 $d, d'$ 的个数. 例如, 若 $c \in M_n\Gamma(d) \cap M_n\Gamma(d'), d \neq d' \in v\mathcal{D}$, 则 $1_c$ 在 4 个 hom-集合

$$\mathcal{D}(d,d), \mathcal{D}(d',d), \mathcal{D}(d,d') \text{ 和 } \mathcal{D}(d',d')$$

中分别有一个唯一确定的 $1_c$ 的转置, 除 $1_d$, $1_{d'}$ 外另外两个是非单位的投射.

## 13.3 对偶交连系的对偶性

13.2 节的结果说明, $\mathcal{C}$ 中态射 $f$ 与其在连通 $\Gamma$ 下的转置 $f^*$ 的相互关系是完全对偶的. 特别地, 我们可以用另一种方式, 由图 $13.2^*$(代替图 13.2) 交换, 定义

一个自然同构 $\chi_\Gamma$ 来阐述这个对偶关系如下:

**定理 13.3.1** 设 $\Gamma: \mathcal{D} \longrightarrow \mathcal{B}^*\mathcal{C}$ 是平衡范畴 $\mathcal{D}$ 对于平衡范畴 $\mathcal{C}$ 的交连系. 若 $\Gamma^{**}$ 记为 $\Gamma^*$ 的对偶, 则有 $\Gamma^{**} = \Gamma$ 且 $\chi_\Gamma^{-1} = \chi_{\Gamma^*}$.

**证明** 由定理 12.2.3, 有 $c \in M_n\Gamma(d)$ 当且仅当 $d \in M_n\Gamma^*(c)$, 同理, $d \in M_n\Gamma^*(c)$ 当且仅当 $c \in M_n\Gamma^{**}(d)$. 故得 $M_n\Gamma(d) = M_n\Gamma^{**}(d)$ 对所有 $d \in v\mathcal{D}$ 成立. 取定某 $c \in M_n\Gamma(d)$. 由等式 (13.2) 有 $\Gamma(d) = H(\epsilon(c,d);-)$, 从而可设 $\epsilon^{**}(c,d)$ 是使得 $\Gamma^{**}(d) = H(\epsilon^{**}(c,d);-)$ 的幂等锥. 对任意 $c' \in v\mathcal{C}$, 因 $\Gamma$ 是交连系, 存在 $d' \in v\mathcal{D}$ 使得 $(c',d') \in E_\Gamma$. 于是由引理 13.1.1、定理 13.2.2以及转置的定义可知

$$(\epsilon(c,d)(c'))^* = \epsilon^*(c',d')(d) = (\epsilon^{**}(c,d)(c'))^*.$$

由于 $\epsilon(c,d)(c'), \epsilon^{**}(c,d)(c') \in \mathcal{C}(c',c)$, 由同一 hom-集中转置的唯一性得 $\epsilon(c,d)(c') = \epsilon^{**}(c,d)(c')$. 因为 $c'$ 是任取的, 这就得到 $\epsilon(c,d) = \epsilon^{**}(c,d)$. 于是 $\Gamma(d) = \Gamma^{**}(d)$ 对所有 $d \in v\mathcal{D}$ 成立. 设 $g \in \mathcal{D}(d',d)$ 是 $\mathcal{D}$ 中任意态射, 且我们固定 $c \in M_n\Gamma(d)$ 和 $c' \in M_n\Gamma(d')$, 由图 13.2 得到

$$\Gamma(g) = \eta_{\epsilon(c',d')}\mathcal{C}(g^*,-)\eta_{\epsilon(c,d)}^{-1} = \Gamma^{**}(g).$$

故有 $\Gamma = \Gamma^{**}$. 如果 $(c',d) \in v\mathcal{C} \times v\mathcal{D}$, 则对任意 $\epsilon^*(c',d') \star g^\circ \in \Gamma^*(c',d)$. 由等式 (13.4) 有

$$\begin{aligned}\chi_{\Gamma^*}(c',d)(\epsilon^*(c',d') \star g^\circ) &= \epsilon(c,d) \star (g^*)^\circ \\ &= \chi_\Gamma^{-1}(c',d)(\epsilon^*(c',d') \star g^\circ).\end{aligned}$$

由此我们可得到 $\chi_{\Gamma^*} = \chi_\Gamma^{-1}$. □

我们已知, 对任一连通 $\Gamma: \mathcal{D} \longrightarrow \mathcal{B}^*\mathcal{C}$, 其对偶 $\Gamma^*: \mathcal{C}_\Gamma \longrightarrow \mathcal{B}^*\mathcal{D}$ 都是一交连系. 于是, 由定理 11.1.6 可得下述结论:

**推论 13.3.2** 若 $\Gamma: \mathcal{D} \longrightarrow \mathcal{B}^*\mathcal{C}$ 是任一连通, 则 $\Gamma^{***} = \Gamma^*$.

# 第 14 章　交连系半群

我们在注记 12.3.3 中已指出, 由关于交连系 $\Gamma : \mathcal{D} \longrightarrow \mathcal{B}^*\mathcal{C}$ 的每个结论可得到关于其对偶交连系 $\Gamma^* : \mathcal{C} \longrightarrow \mathcal{B}^*\mathcal{D}$ 的对应 (对偶) 结论, 可以不再给出后者的证明. 以下我们将使用这个基本原则.

在这一节中, 我们证明: 对任一交连系 $\Gamma$, 可得一个与之相关的富足半群 $\widetilde{\mathbf{S}}\Gamma$, 称之为 $\Gamma$ 的 "交连系半群". 我们还要证明: 每个富足半群 $S$ 都同构于它的交连系 $\mathbf{\Gamma}S$ 确定的交连系半群 $\widetilde{\mathbf{S}}\mathbf{\Gamma}S$.

## 14.1　半群 $U\Gamma$

设 $\Gamma$ 是平衡范畴 $\mathcal{D}$ 关于平衡范畴 $\mathcal{C}$ 的交连系. 定义

$$U\Gamma = \cup\{\Gamma(c,d) \ : \ (c,d) \in v\mathcal{C} \times v\mathcal{D}\}; \tag{14.1}$$

$$U\Gamma^* = \cup\{\Gamma^*(c,d) \ : \ (c,d) \in v\mathcal{C} \times v\mathcal{D}\}. \tag{14.1$^*$}$$

以下几个引理给出了 $U\Gamma$ 中平衡锥的若干性质, 它们对本节主要定理的证明很有用. 自然, 对偶的结论对 $U\Gamma^*$ 中的锥成立.

**引理 14.1.1**　设 $\gamma \in \mathcal{TC}$. 则 $\gamma \in U\Gamma$ 的充要条件是 $\gamma = \epsilon(c,d) \star f$, 对某 $(c,d) \in E_\Gamma$ 和某平衡态射 $f \in \mathcal{C}(c,c')$. 特别地, $\gamma \in \operatorname{Reg} \mathcal{TC} \cap U\Gamma$ 当且仅当 $f$ 是同构.

**证明**　若 $\gamma = \epsilon(c,d) \star f$, 其中 $(c,d) \in E_\Gamma$ 且 $f \in \mathcal{C}(c,c')$ 为平衡态射, 则 $\gamma \in H(\epsilon(c,d);c') = \Gamma(c',d)$, 故 $\gamma \in U\Gamma$. 进而, 由 $f$ 为平衡态射, 由定理 9.6.3 之证和推论 9.6.7, 有 $\gamma \mathscr{R}^* \epsilon(c,d)$ 在 $\mathcal{TC}$ 中成立. 特别地, 若 $f$ 是同构, 则由命题 10.1.2 有 $\gamma \mathscr{R} \epsilon(c,d)$ 在 $\mathcal{TC}$ 中成立, 故 $\gamma$ 为 $\mathcal{TC}$ 的正则元.

反之, 设 $\gamma \in U\Gamma$. 据 $U\Gamma$ 的定义, 有 $\gamma \in \Gamma(c,d)$ 对某 $(c,d) \in v\mathcal{C} \times v\mathcal{D}$. 由 $\Gamma(d) = H(\epsilon;-)$ 对某 $\epsilon \in E(\mathcal{TC})$, 有 $M_n\Gamma(d) = M_n\epsilon \neq \varnothing$. 取 $c' \in M_n\Gamma(d)$, 即 $(c',d) \in E_\Gamma$ 而 $\gamma \in \Gamma(c,d) = H(\epsilon;c) = H(\epsilon(c',d);c)$. 故 $\gamma = \epsilon(c',d) \star f^\circ$, 其中 $f \in \mathcal{C}(c',c)$. 因为 $\mathcal{C}$ 是平衡范畴, 每个态射有平衡因子分解. 即有 $f = \varrho uj$, 其中 $\varrho$ 为收缩、$u$ 为平衡态射而 $j$ 是包含, 那么 $\gamma = \epsilon(c',d) \star \varrho u$. 令 $\delta = \epsilon(c',d) \star \varrho$, 易知 $\delta \in \omega(\epsilon(c',d))$, 有锥尖 $c'' = \operatorname{im} \varrho = \operatorname{cod} \varrho \subseteq c'$. 因为 $H(\delta;-) \subseteq H(\epsilon(c',d);-) = \Gamma(d)$ 而 $\Gamma$ 是局部同构, 存在唯一 $d' \in v\mathcal{D}$ 满足 $d' \subseteq d$ 使得 $H(\delta;-) = \Gamma(d')$. 由

$c'' = c_\delta \in M_n\delta = M_n\Gamma(d')$, 有 $(c'', d') \in E_\Gamma$ 及 $H(\delta; -) = H(\epsilon(c'', d'); -)$. 由命题 10.1.2, $\delta = \epsilon(c'', d) \star v$, $v$ 为同构, 这就得到 $\gamma = \epsilon(c'', d') \star vu$, 其中 $vu$ 是平衡态射.

最后, $\gamma \in \text{Reg}\,\mathcal{TC} \cap U\Gamma$ 当且仅当 $\gamma \mathscr{R} \epsilon(c'', d')$, 此事成立当且仅当 $u$ 为同构. 这就完成了证明. □

**引理 14.1.2** *设 $\gamma = \epsilon(c, d) \star f^\circ \in U\Gamma$, 其中 $(c, d) \in E_\Gamma$ 且 $f \in \mathcal{C}(c, c')$. 若 $u \in \mathcal{C}(c_1, c_1')$ 是 $f$ 的某平衡因子分解中的平衡成分, 则存在某 $\epsilon(c_1, d_1) \in \omega(\epsilon(c, d))$ 使得*

$$\gamma = \epsilon(c_1, d_1) \star u \quad \text{且} \quad \chi_\Gamma(c', d)(\gamma) = \chi_\Gamma(c_1', d_1)(\gamma). \tag{14.2}$$

*反之, 若 $\epsilon(c_1, d_1) \in \omega(\epsilon(c, d))$ 且若 $u \in \mathcal{C}(c_1, c_1')$ 是使得上式成立的平衡态射, 则 $u$ 是 $f$ 的某平衡因子分解的平衡成分.*

**证明** 设 $f = \varrho u j_{c_1'}^{c'}$ 是 $f$ 的一个平衡因子分解. 如引理 14.1.1 中对 $\delta$ 的证明, 存在唯一 $d_1 \subseteq d$ 使得 $(c_1, d_1) \in E_\Gamma$ 且 $\epsilon(c_1, d_1) = \epsilon(c, d) \star \varrho \in \omega(\epsilon(c, d))$. 进而有 $\gamma = \epsilon(c, d) \star f^\circ = \epsilon(c, d) \star \varrho u = \epsilon(c_1, d_1) \star u$.

如此, 由 $c_{\epsilon(c,d)} = c$, 我们有 $\varrho = \epsilon(c_1, d_1)(c)$, 且据等式 (13.6), $\varrho$ 的从 $d_1$ 到 $d$ 的转置 $\epsilon^*(c, d)(d_1) = j_{d_1}^d$. 取 $d' \in M_n\Gamma^*(c')$ 和 $d_1' \in M_n\Gamma^*(c_1')$. 那么由命题 13.2.6, $j_{c_1'}^{c'}$ 的从 $d'$ 到 $d_1'$ 的转置 $\varrho'$ 是收缩. 因而, 若 $u^* \in \mathcal{D}(d_1', d_1)$ 是 $u$ 的转置, 则 $f$ 的从 $d'$ 到 $d$ 的转置是 $f^* = \varrho' u^* j_{d_1}^d$. 还有 $\epsilon^*(c', d') \star \varrho' = \epsilon^*(c_1', d_1')$. 故由等式 (13.4), 有

$$\begin{aligned}
\chi_\Gamma(c', d)(\gamma) &= \epsilon^*(c', d') \star (f^*)^\circ \\
&= \epsilon^*(c', d') \star \varrho' u^* \\
&= \epsilon^*(c_1', d_1') \star u^* \\
&= \chi_\Gamma(c_1', d_1)(\gamma).
\end{aligned}$$

反之, 设 $\gamma = \epsilon(c_1, d_1) \star u$, 其中 $\epsilon(c_1, d_1)\ \omega\ \epsilon(c, d)$ 而 $u \in \mathcal{C}(c_1, c_1')$ 是平衡态射, 使得等式 (14.2) 成立. 令 $\varrho = \epsilon(c_1, d_1)(c)$. 因 $c_1 \subseteq c$, 我们有

$$1_{c_1} = \epsilon(c_1, d_1)(c_1) = j_{c_1}^c \epsilon(c_1, d_1)(c) = j_{c_1}^c \varrho,$$

这进而蕴含 $\varrho = \epsilon(c_1, d_1)(c) \in \mathcal{C}(c, c_1)$ 是收缩. 由此可得

$$\begin{aligned}
f^\circ = 1_c f^\circ &= \epsilon(c, d)(c) f^\circ \\
&= (\epsilon(c, d) \star f^\circ)(c) = \gamma(c) \\
&= (\epsilon(c_1, d_1) \star u)(c) = \epsilon(c_1, d_1)(c) u
\end{aligned}$$

$$= \varrho u.$$

这证明了 $f = \varrho u j_{c_1'}^{c'}$ 是 $f$ 的平衡因子分解, 而 $u$ 是其平衡成分. □

**引理 14.1.3** 设 $\gamma_i \in \Gamma(c_i', d_i)$, $i = 1, 2$. 则 $\gamma_2 \cdot \gamma_1 \in \Gamma(c_1', d_2)$ 且

$$\chi_\Gamma(c_1', d_1)(\gamma_1) \cdot \chi_\Gamma(c_2', d_2)(\gamma_2) = \chi_\Gamma(c_1', d_2)(\gamma_2 \cdot \gamma_1). \tag{14.3}$$

**证明** 设 $\gamma_i = \epsilon(c_i, d_i) \star f_i^\circ$, 其中 $f_i \in \mathcal{C}(c_i, c_i')$ 且 $d_i \in M_n\Gamma^*(c_i)$, $i = 1, 2$. 由 $\mathcal{TC}$ 中乘法的定义有

$$\begin{aligned}\gamma_2 \cdot \gamma_1 &= \gamma_2 \star (\gamma_1(c_{\gamma_2}))^\circ \\ &= \epsilon(c_2, d_2) \star f_2^\circ(\epsilon(c_1, d_1)(c_{\gamma_2}) f_1^\circ)^\circ \\ &= \epsilon(c_2, d_2) \star f_2^\circ(\epsilon(c_1, d_1)(c_{\gamma_2}) f_1)^\circ.\end{aligned}$$

若 $\epsilon(c_1, d_1)(c_{\gamma_2}) f_1 = (\epsilon(c_1, d_1)(c_{\gamma_2}) f_1)^\circ j$, 由 $c_{\gamma_2} = \operatorname{im} f_2 \subseteq c_2'$ 可得

$$\begin{aligned}f_2^\circ(\epsilon(c_1, d_1)(c_{\gamma_2}) f_1)^\circ j &= f_2^\circ \epsilon(c_1, d_1)(c_{\gamma_2}) f_1 \\ &= f_2^\circ j_{c_{\gamma_2}}^{c_2'} \epsilon(c_1, d_1)(c_2') f_1 \\ &= f_2 \epsilon(c_1, d_1)(c_2') f_1.\end{aligned}$$

如此

$$\gamma_2 \cdot \gamma_1 = \epsilon(c_2, d_2) \star (f_2 \epsilon(c_1, d_1)(c_2') f_1)^\circ.$$

因为 $f_2\epsilon(c_1, d_1)(c_2') f_1 \in \mathcal{C}(c_2, c_1')$, 我们得到 $\gamma_2 \cdot \gamma_1 \in \Gamma(c_1', d_2)$. 现在设 $d_i' \in M_n\Gamma^*(c_i')$, 若 $\gamma_i^* = \chi_\Gamma(c_i', d_i)(\gamma_i)$, $i = 1, 2$, 由等式 (13.4) 有 $\gamma_i^* = \epsilon^*(c_i', d_i') \star (f_i^*)^\circ$, 从而得到

$$\gamma_1^* \cdot \gamma_2^* = \epsilon^*(c_1', d_1') \star (f_1^* \epsilon^*(c_2', d_2')(d_1) f_2^*)^\circ.$$

由推论 13.2.4 和等式 (13.6) 有

$$(f_2\epsilon(c_1, d_1)(c_2') f_1)^* = f_1^* \epsilon^*(c_2', d_2')(d_1) f_2^*.$$

应用等式 (13.4) 于 $\gamma_2 \cdot \gamma_1$ 的表示, 可得

$$\chi_\Gamma(c_1', d_2)(\gamma_2 \cdot \gamma_1) = \epsilon^*(c_1', d_1') \star (f_1^* \epsilon^*(c_2', d_2')(d_1) f_2^*)^\circ.$$

如此, 据 $\gamma_1^* \cdot \gamma_2^*$ 的上述表示, 可得所求结论. □

**命题 14.1.4** 设 $\Gamma : \mathcal{D} \longrightarrow \mathcal{B}^*\mathcal{C}$ 是平衡范畴 $\mathcal{D}$ 关于 $\mathcal{C}$ 的交连系. 则 $U\Gamma$ 是 $\mathcal{TC}$ 的一个富足子半群, 有幂等元集

$$E(U\Gamma)=\{\epsilon(c,d)\ :\ (c,d)\in E_\Gamma\},$$

它是 $E(\mathcal{TC})$ 的序理想; 进而 $U\Gamma$ 的 $*$-Green 关系满足

$$\begin{aligned}\mathscr{L}^{*U\Gamma}&=\mathscr{L}^{*\mathcal{TC}}\cap(U\Gamma\times U\Gamma),\\ \mathscr{R}^{*U\Gamma}&=\mathscr{R}^{*\mathcal{TC}}\cap(U\Gamma\times U\Gamma).\end{aligned}\tag{14.4}$$

这里, $\mathscr{L}^{*S}$ 和 $\mathscr{R}^{*S}$ 分别表示半群 $S$ 的 $\mathscr{L}^*$- 和 $\mathscr{R}^*$-关系.

进而, 令 $\hat{F}:\mathcal{C}\longrightarrow\mathbb{L}(U\Gamma)$ 定义为

$$\begin{aligned}&\hat{F}(c)=U\Gamma\epsilon(c,d);\\ &\hat{F}(f)=\rho(\epsilon(c,d),\epsilon(c,d)\star f^\circ,\epsilon(c',d'))|_{U\Gamma},\end{aligned}\tag{14.5}$$

对所有 $c\in v\mathcal{C}$, $f\in\mathcal{C}(c,c')$ 及 $(c,d),(c',d')\in E_\Gamma$. 那么 $\hat{F}$ 是范畴同构.

**证明** 首先我们来刻画 $E(U\Gamma)$. 对每个 $(c,d)\in E_\Gamma$, 显然有 $\epsilon(c,d)\in\Gamma(c,d)\subseteq U\Gamma$ 且 $\epsilon(c,d)\in E(\mathcal{TC})$ (见等式 (13.2)), 这告诉我们 $\epsilon(c,d)\in E(U\Gamma)$. 若 $\epsilon\in E(U\Gamma)$, 则 $\epsilon\in\Gamma(c,d)$, 对某 $c\in v\mathcal{C}$ 和 $d\in v\mathcal{D}$. 由引理 14.1.1, 存在 $(c',d)\in E_\Gamma$ 和同构 $f\in\mathcal{C}(c',c)$ 使得 $\epsilon=\epsilon(c',d)\star f$. 据命题 10.1.2, 有 $H(\epsilon;-)=H(\epsilon(c',d);-)=\Gamma(d)$, 这蕴含 $c=c_\epsilon\in M_n\Gamma(d)$. 也就是说, $(c,d)\in E_\Gamma$. 由于满足等式 (13.2) 的幂等元 $\epsilon(c,d)$ 是唯一的, 故 $\epsilon=\epsilon(c,d)$. 这证明了 $E(U\Gamma)=\{\epsilon(c,d)\ :\ (c,d)\in E_\Gamma\}$.

设 $\gamma=\epsilon(c,d)\star f^\circ\in\Gamma(c',d)$ 和 $\gamma'\in\mathcal{TC}$ 为任一平衡锥. 因为 $\gamma\cdot\gamma'=\epsilon(c,d)\star f^\circ(\gamma'(c_\gamma))^\circ\in\Gamma(c_{\gamma'},d)$, 自然得到 $U\Gamma$ 是 $\mathcal{TC}$ 的右理想, 从而是 $\mathcal{TC}$ 的一个子半群.

设 $\epsilon\in E(\mathcal{TC})$ 满足 $\epsilon\leqslant\epsilon(c,d)\in E(U\Gamma)$ 对某 $(c,d)\in E_\Gamma$. 因为

$$\epsilon=\epsilon(c,d)\cdot\epsilon=\epsilon(c,d)\star\epsilon(c)^\circ,$$

由引理 9.4.6 有 $c_\epsilon\subseteq c=c_{\epsilon(c,d)}$, 再由命题 10.1.2 有 $H(\epsilon;-)\subseteq H(\epsilon(c,d),-)=\Gamma(d)$. 因 $\Gamma$ 是局部同构, 存在唯一 $d'\in v\mathcal{D}$ 满足 $d'\subseteq d$ 和 $H(\epsilon;-)=\Gamma(d')$. 这蕴含 $(c_\epsilon,d')\in E_\Gamma$, 从而由 (13.2) 中幂等元的唯一性, 得 $\epsilon=\epsilon(c_\epsilon,d')\in E(U\Gamma)$. 这证明了 $E(U\Gamma)$ 是 $E(\mathcal{TC})$ 的理想.

任取 $\gamma\in U\Gamma$. 由引理 14.1.1, $\gamma=\epsilon(c,d)\star f$, $(c,d)\in E_\Gamma$ 而 $f\in\mathcal{C}(c,c')$ 是平衡态射. 据推论 9.6.7 有 $\gamma\ \mathscr{R}^{*\mathcal{TC}}\ \epsilon(c,d)$. 由于有 $\gamma,\epsilon(c,d)\in U\Gamma$, 立得 $\gamma\ \mathscr{R}^{*U\Gamma}\ \epsilon(c,d)$, 因为由 $*$-Green 关系的定义易知有 $\mathscr{R}^{*\mathcal{TC}}\cap(U\Gamma\times U\Gamma)\subseteq\mathscr{R}^{*U\Gamma}$. 由于 $\Gamma$ 是交连系, 对 $c_\gamma\in v\mathcal{C}$ 存在某 $d_1\in v\mathcal{D}$ 使得 $(c_\gamma,d_1)\in E_\Gamma$, 从而有幂等锥 $\epsilon(c_\gamma,d_1)\in E(U\Gamma)$ 有锥尖 $c_\gamma$. 故由推论 9.6.6 可得 $\gamma\ \mathscr{L}^{*\mathcal{TC}}\ \epsilon(c_\gamma,d_1)$, 如此由 $\mathscr{L}^{*\mathcal{TC}}\cap(U\Gamma\times U\Gamma)\subseteq\mathscr{L}^{*U\Gamma}$ 得 $\gamma\ \mathscr{L}^{*U\Gamma}\ \epsilon(c_\gamma,d_1)$. 这证明了 $U\Gamma$ 是富足半群.

为证等式组 (14.4), 我们以 $\mathscr{R}^*$-关系为例给出详细证明, 对 $\mathscr{L}^*$-关系的证明可对偶地得到.

对任一 $a \in U\Gamma$, 因 $U\Gamma$ 和 $\mathcal{TC}$ 都是富足半群, 存在 $e \in E(U\Gamma)$ 和 $g \in E(\mathcal{TC})$ 使得 $a \mathscr{R}^{*U\Gamma} e$ 和 $a \mathscr{R}^{*\mathcal{TC}} g$. 因 $ea = a = ga$, 可推知 $eg = g$. 故 $g \mathscr{R}^{\mathcal{TC}} ge \leqslant e$, 由 $E(U\Gamma)$ 是 $E(\mathcal{TC})$ 的序理想得知 $ge \in E(U\Gamma)$. 关系 $ge \mathscr{R}^{\mathcal{TC}} g \mathscr{R}^{*\mathcal{TC}} a$ 蕴含 $ge \mathscr{R}^{*U\Gamma} a \mathscr{R}^{*U\Gamma} e$, 即 $ge \mathscr{R}^{U\Gamma} e$. 因为有 $ge \leqslant e$, 这确保有 $e = ge \mathscr{R}^{\mathcal{TC}} g \mathscr{R}^{*\mathcal{TC}} a$, 即 $a \mathscr{R}^{*\mathcal{TC}} e$. 其次, 若对 $a, b \in U\Gamma$ 有 $a \mathscr{R}^{*U\Gamma} b$, 则有某 $e \in E(U\Gamma)$ 使得 $a \mathscr{R}^{*U\Gamma} e \mathscr{R}^{*U\Gamma} b$. 由以上论证我们可得 $a \mathscr{R}^{*\mathcal{TC}} e \mathscr{R}^{*\mathcal{TC}} b$. 于是, 等式 $\mathscr{R}^{*U\Gamma} = \mathscr{R}^{*\mathcal{TC}} \cap (U\Gamma \times U\Gamma)$ 可由事实 $\mathscr{R}^{*\mathcal{TC}} \cap (U\Gamma \times U\Gamma) \subseteq \mathscr{R}^{*U\Gamma}$ 得到.

因为 $\Gamma$ 是交连系, 每个 $c \in v\mathcal{C}$ 都有 $d \in M_n\Gamma^*(c)$, 故 $\mathcal{TC}$ 的每个 $\mathscr{L}^*$-类都至少含有一个形为 $\epsilon(c,d)$ 的幂等元, 故 $\mathcal{TC}\epsilon(c,d) \mapsto U\Gamma\epsilon(c,d)$ 是双射. 按定理 9.5.7 定义的 $F : \mathcal{C} \longrightarrow \mathbb{L}(\mathcal{TC})$ 是范畴同构, 这得到等式 (14.4) 定义的 $\hat{F}$ 是 $v$-双射. 此外, $\mathbb{L}(U\Gamma)$ 中每个从 $U\Gamma\epsilon(c,d)$ 到 $U\Gamma\epsilon(c',d')$ 的态射有形 $\rho|_{U\Gamma}$, 其中 $\rho$ 是 $\mathbb{L}(\mathcal{TC})$ 中相应的态射. 既然 $U\Gamma$ 是 $\mathcal{TC}$ 的右理想, 对所有 $\epsilon(c,d), \epsilon(c',d') \in E(U\Gamma)$, 我们有

$$\epsilon(c,d)\mathcal{TC}\epsilon(c',d') = \epsilon(c,d)U\Gamma\epsilon(c',d').$$

故 $\rho \mapsto \rho|_{U\Gamma}$ 是 $\mathbb{L}(\mathcal{TC})$ 的 hom-集与对应的 $\mathbb{L}(U\Gamma)$ 的 hom-集间的双射, 这个对应显然满足函子条件. 由 $F : \mathcal{C} \longrightarrow \mathbb{L}(\mathcal{TC})$ 是范畴同构 (定理 9.5.7), 得到 $\hat{F} : \mathcal{C} \longrightarrow \mathbb{L}(U\Gamma)$ 是范畴同构. □

由对偶性, $U\Gamma^*$ 是 $\mathcal{TD}$ 的富足子半群, 使得 $E(U\Gamma^*) = \{\epsilon^*(c,d) : (d,c) \in E_{\Gamma^*}\}$ 且是 $E(\mathcal{TD})$ 的序理想, 其 $*$-Green 关系为

$$\begin{aligned} \mathscr{L}^{*U\Gamma^*} &= \mathscr{L}^{*TD} \cap (U\Gamma^* \times U\Gamma^*), \\ \mathscr{R}^{*U\Gamma^*} &= \mathscr{R}^{*TD} \cap (U\Gamma^* \times U\Gamma^*). \end{aligned} \tag{14.4$^*$}$$

进而, 定义 $\bar{F} : \mathcal{D} \longrightarrow \mathbb{L}(U\Gamma^*)$:

$$\begin{aligned} \bar{F}(d) &= U\Gamma^*\epsilon^*(c,d); \\ \bar{F}(g) &= \rho(\epsilon^*(c,d), \epsilon^*(c,d) \star g^\circ, \epsilon^*(c',d'))|U\Gamma^*, \end{aligned} \tag{14.5$^*$}$$

对所有 $d \in v\mathcal{D}$ 和 $g \in \mathcal{D}(d,d')$, $(c,d),(c',d') \in E_\Gamma$, 则 $\bar{F}$ 是范畴同构.

## 14.2 关联锥和 CR-半群

给定一个平衡范畴 $\mathcal{D}$ 关于平衡范畴 $\mathcal{C}$ 的交连系 $\Gamma : \mathcal{D} \longrightarrow \mathcal{B}^*\mathcal{C}$, 我们称 $\gamma \in U\Gamma$ 与 $\gamma^* \in U\Gamma^*$ 是关联的 (linked), 或说 $(\gamma, \gamma^*)$ 是对于 $\Gamma$ 的关联对 (a linking pair), 若存在某 $(c,d)\in v\mathcal{C}\times v\mathcal{D}$ 使得

$$\gamma\in\Gamma(c,d)\qquad 而\qquad \gamma^*=\chi_\Gamma(c,d)(\gamma). \tag{14.6}$$

为简便, 我们约定略去名称中的"对于交连系 Γ", 只说 $\gamma$ 与 $\gamma^*$ 相关联, 只要 Γ 在上下文中是清楚的. 进而, 我们记

$$\widetilde{\mathbf{S}}\Gamma=\{(\gamma,\gamma^*)\in U\Gamma\times U\Gamma^*\ :\ (\gamma,\gamma^*)\ 是关联对\}. \tag{14.7}$$

由定理 13.3.1 知, $\gamma$ 与 $\gamma^*$ 对于 Γ 相关联, 当且仅当 $\gamma^*$ 与 $\gamma$ 对于 $\Gamma^*$ 相关联. 视 $\widetilde{\mathbf{S}}\Gamma$ 为从 $U\Gamma$ 到 $U\Gamma^*$ 的关系, 则 $\widetilde{\mathbf{S}}\Gamma$ 的逆关系就是 $\widetilde{\mathbf{S}}\Gamma^*$. 显然, 每个 $\gamma\in U\Gamma$ 都至少与一个 $\gamma^*\in U\Gamma^*$ 相关联. 类似地, 每个 $\gamma^*\in U\Gamma^*$ 也至少与某个 $\gamma\in U\Gamma$ 相关联. 这样, 两个投影映射 $\pi:\widetilde{\mathbf{S}}\Gamma\longrightarrow U\Gamma$ 和 $\pi^*:\widetilde{\mathbf{S}}\Gamma\longrightarrow U\Gamma^*$ 都是满射.

**定理 14.2.1** 设 $\Gamma:\mathcal{D}\longrightarrow\mathcal{B}^*\mathcal{C}$ 是平衡范畴 $\mathcal{D}$ 关于 $\mathcal{C}$ 的交连系. 则 $\widetilde{\mathbf{S}}\Gamma$ 在如下定义的二元运算下是一个富足半群:

$$(\gamma,\gamma^*)(\delta,\delta^*)=(\gamma\cdot\delta,\ \delta^*\cdot\gamma^*),\quad \forall(\gamma,\gamma^*),(\delta,\delta^*)\in\widetilde{\mathbf{S}}\Gamma, \tag{14.8}$$

其幂等元集合是

$$E(\widetilde{\mathbf{S}}\Gamma)=\{(\epsilon(c,d),\epsilon^*(c,d)):(c,d)\in E_\Gamma\}$$

且 $\alpha_\Gamma:(c,d)\mapsto(\epsilon(c,d),\epsilon^*(c,d))$ 是从 $E_\Gamma$ 到 $E(\widetilde{\mathbf{S}}\Gamma)$ 上的双射.

记 $T=\mathcal{TC}\times(\mathcal{TD})^{op}$, 则有

$$\mathscr{L}^{*\widetilde{\mathbf{S}}\Gamma}=\mathscr{L}^{*T}\cap(\widetilde{\mathbf{S}}\Gamma\times\widetilde{\mathbf{S}}\Gamma),\qquad \mathscr{R}^{*\widetilde{\mathbf{S}}\Gamma}=\mathscr{R}^{*T}\cap(\widetilde{\mathbf{S}}\Gamma\times\widetilde{\mathbf{S}}\Gamma). \tag{14.4$^{**}$}$$

进而, 投影 $\pi:(\gamma,\gamma^*)\mapsto\gamma$ 是从 $\widetilde{\mathbf{S}}\Gamma$ 到 $U\Gamma$ 上的同态, 而 $\pi^*:(\gamma,\gamma^*)\mapsto\gamma^*$ 是从 $\widetilde{\mathbf{S}}\Gamma$ 到 $U\Gamma^*$ 上的反同态, 因而, $\widetilde{\mathbf{S}}\Gamma$ 是 $U\Gamma$ 和 $(U\Gamma^*)^{op}$ 的次直积.

**证明** 设 $(\gamma,\gamma^*),(\delta,\delta^*)\in\widetilde{\mathbf{S}}\Gamma$. 由对子 $(\gamma,\gamma^*)$ 和 $(\delta,\delta^*)$ 是关联对, 有

$$\gamma^*=\chi_\Gamma(c,d)(\gamma)\quad 和\quad \delta^*=\chi(c',d')(\delta),$$

其中 $\gamma\in\Gamma(c,d)$ 而 $\delta\in\Gamma(c',d')$. 由引理 14.1.3, 有

$$\delta^*\cdot\gamma^*=\chi_\Gamma(c',d')(\delta)\cdot\chi_\Gamma(c,d)(\gamma)=\chi_\Gamma(c',d)(\gamma\cdot\delta).$$

这说明 $\gamma\cdot\delta$ 与 $\delta^*\cdot\gamma^*$ 是关联的, 故 (14.8) 式定义了 $\widetilde{\mathbf{S}}\Gamma$ 上一个二元运算, 它显然满足结合律. 进而, 由等式 (14.8) 知, 投影 $\pi$ 是满同态. 类似地, $\pi^*:\widetilde{\mathbf{S}}\Gamma\longrightarrow U\Gamma^*$ 是满的反同态. 故 $\widetilde{\mathbf{S}}\Gamma$ 是 $U\Gamma$ 与 $(U\Gamma^*)^{op}$ 的次直积.

因为 $E(U\Gamma)=\{\epsilon(c,d)\ :\ (c,d)\in E_\Gamma\}$ 且由等式 (13.4), $\chi_\Gamma(c,d)(\epsilon(c,d))=\epsilon^*(c,d)$, 易知

$$E(\widetilde{\mathbf{S}}\Gamma)=\{(\epsilon(c,d),\epsilon^*(c,d))\ :\ (c,d)\in E_\Gamma\},$$

故 $\alpha_\Gamma:(c,d)\mapsto(\epsilon(c,d),\epsilon^*(c,d))$ 是从 $E_\Gamma$ 到 $E(\widetilde{\mathbf{S}}\Gamma)$ 上的映射. 这是一个双射, 因为若 $\alpha_\Gamma(c,d)=\alpha_\Gamma(c',d')$, 则

$$c=c_{\pi(\alpha_\Gamma(c,d))}=c_{\pi(\alpha_\Gamma(c',d'))}=c' \quad \text{且} \quad d=c_{\pi^*(\alpha_\Gamma(c,d))}=c_{\pi^*(\alpha_\Gamma(c',d'))}=d'.$$

对 $(\gamma,\gamma^*)\in\widetilde{\mathbf{S}}\Gamma$, 由引理 14.1.1 可设 $\gamma=\epsilon(c,d)\star u\in\Gamma(c',d)$, 其中 $(c,d)\in E_\Gamma$ 而 $u\in\mathcal{C}(c,c')$ 是一个平衡态射. 则我们有

$$\gamma^*=\chi_\Gamma(c',d)(\epsilon(c,d)\star u)=\epsilon^*(c',d')\star u^*,$$

这里 $(c',d')\in E_\Gamma$ 且 $u^*\in\mathcal{D}(d',d)$ 是 $u$ 的从 $d'$ 到 $d$ 的转置, 据推论 13.2.5, $u^*$ 也是一个平衡态射. 既然 $u$ 与 $u^*$ 都是平衡态射, 且 $c'=c_\gamma=c_{\epsilon(c',d')}$ 而 $d=c_{\gamma^*}=c_{\epsilon^*(c,d)}$, 那么由推论 9.6.7, 可推知

$$\epsilon(c,d)\ \mathscr{R}^{*\mathcal{TC}}\ \gamma\ \mathscr{L}^{*\mathcal{TC}}\ \epsilon(c',d') \quad \text{且} \quad \epsilon^*(c,d)\ \mathscr{L}^{*\mathcal{TD}}\ \gamma^*\ \mathscr{R}^{*\mathcal{TD}}\ \epsilon^*(c',d').$$

据命题 14.1.4 及其对偶可得

$$\epsilon(c,d)\ \mathscr{R}^{*U\Gamma}\ \gamma\ \mathscr{L}^{*U\Gamma}\ \epsilon(c',d') \quad \text{且} \quad \epsilon^*(c,d)\ \mathscr{L}^{*U\Gamma^*}\ \gamma^*\ \mathscr{R}^{*U\Gamma^*}\ \epsilon^*(c',d').$$

由 $\widetilde{\mathbf{S}}\Gamma$ 是 $U\Gamma\times(U\Gamma^*)^{op}$ 的子半群, 我们有

$$(\epsilon(c,d),\epsilon^*(c,d))\ \mathscr{R}^{*\widetilde{\mathbf{S}}\Gamma}\ (\gamma,\gamma^*)\ \mathscr{L}^{*\widetilde{\mathbf{S}}\Gamma}\ (\epsilon(c',d'),\epsilon^*(c',d')). \tag{14.9}$$

这证明了 $\widetilde{\mathbf{S}}\Gamma$ 在 (6.8) 定义的二元运算下是一个富足半群.

对任意 $(\gamma_1,\gamma_1^*)\ \mathscr{L}^{*\widetilde{\mathbf{S}}\Gamma}\ (\gamma_2,\gamma_2^*)$, 显然有 $\gamma_1\ \mathscr{L}^{*U\Gamma}\ \gamma_2$ 且 $\gamma_1^*\ \mathscr{R}^{*U\Gamma^*}\ \gamma_2^*$. 从等式 (14.4), 我们有 $\gamma_1\ \mathscr{L}^{*\mathcal{TC}}\ \gamma_2$ 和 $\gamma_1^*\ \mathscr{R}^{*\mathcal{TD}}\ \gamma_2^*$, 这蕴含

$$(\gamma_1,\gamma_1^*)\ \mathscr{L}^{*T}\ (\gamma_2,\gamma_2^*).$$

这证明了等式组 (14.4)** 的第一个等式, 其中的反包含式是平凡成立的. 第二个等式可对偶证明. □

给定平衡范畴 $\mathcal{D}$ 关于 $\mathcal{C}$ 的交连系 $\Gamma:\mathcal{D}\longrightarrow\mathcal{B}^*\mathcal{C}$, 我们称上述定理中构作的半群 $\widetilde{\mathbf{S}}\Gamma$ 为由 $\Gamma$ 确定的*交连系半群* (Cross-connection semigroup). 简称为 CR-半群 (CR-semigroup). 为方便计, 今后我们常用记号 $\sigma,\sigma'$ 等表示 $\widetilde{\mathbf{S}}\Gamma$ 中的元素. 如此 $\sigma=(\gamma,\gamma^*)$, 其中 $\gamma\in\Gamma(c,d)$, $\gamma^*=\chi_\Gamma(c,d)(\gamma)$ 对某 $(c,d)\in v\mathcal{C}\times v\mathcal{D}$. 用投影 $\pi$ 和 $\pi^*$, 可直接将与 $\sigma$ 对应的关联对表示为 $(\pi\sigma,\pi^*\sigma)$.

## 14.3 CR-半群的右正则表示

在这一节中, 我们用 $\overline{\rho}(x)$ 表示 $\overline{\rho}_x$, 这里的 $\overline{\rho}$ 是半群的右正则表示.

**命题 14.3.1** 对平衡范畴 $\mathcal{D}$ 关于 $\mathcal{C}$ 的任一交连系 $\Gamma : \mathcal{D} \longrightarrow \mathcal{B}^*\mathcal{C}$, 存在同构 $\psi : (\widetilde{\mathbf{S}}\Gamma)\overline{\rho} \cong U\Gamma$ 使得图 14.1 交换:

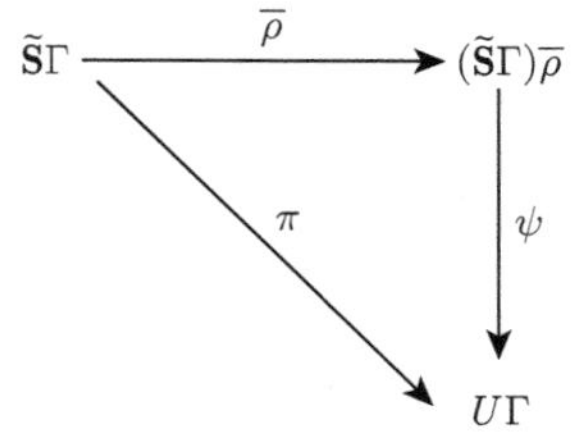


图 14.1

其中, $\overline{\rho}$ 是 $\widetilde{\mathbf{S}}\Gamma$ 的右正则表示.

**证明** 对每个 $\sigma \in \widetilde{\mathbf{S}}\Gamma$ 定义 $\psi(\overline{\rho}(\sigma)) = \pi\sigma$, 这显然是从 $\widetilde{\mathbf{S}}\Gamma$ 到 $U\Gamma$ 的映射. 设 $\sigma_1, \sigma_2 \in \widetilde{\mathbf{S}}\Gamma$, 因 $\overline{\rho}$ 和 $\pi$ 都是同态, 有

$$\begin{aligned}\psi(\overline{\rho}(\sigma_1)\overline{\rho}(\sigma_2)) &= \psi(\overline{\rho}(\sigma_1\sigma_2))\\ &= \pi(\sigma_1\sigma_2) = (\pi\sigma_1)(\pi\sigma_2)\\ &= \psi(\overline{\rho}(\sigma_1))\psi(\overline{\rho}(\sigma_2)).\end{aligned}$$

这证明了 $\psi$ 是同态. 由 $\pi$ 满, 知 $\psi$ 满. 只需证明 $\psi$ 单.

设 $\pi(\sigma_1) = \gamma = \pi(\sigma_2)$, 即 $\sigma_1 = (\gamma, \gamma_1^*)$ 且 $\sigma_2 = (\gamma, \gamma_2^*)$. 若 $c_\gamma = c$, 由等式 (14.6), 存在 $d_1, d_2 \in v\mathcal{D}$ 使得 $\gamma \in \Gamma(c, d_1) \cap \Gamma(c, d_2)$ 和 $\gamma_i^* = \chi_\Gamma(c, d_i)(\gamma)$, $i = 1, 2$. 对任一 $\sigma' = (\delta, \delta^*) \in \widetilde{\mathbf{S}}\Gamma$, 若 $\delta \in \Gamma(c', d')$, 则由引理 14.1.3 可得

$$\gamma_1^* \cdot \delta^* = \chi_\Gamma(c, d')(\delta \cdot \gamma) = \gamma_2^* \cdot \delta^*.$$

故由等式 (14.8) 得到

$$\begin{aligned}\sigma' \cdot \sigma_1 &= (\delta, \delta^*)(\gamma, \gamma_1^*)\\ &= (\delta \cdot \gamma, \gamma_1^* \cdot \delta^*)\\ &= (\delta \cdot \gamma, \gamma_2^* \cdot \delta^*)\\ &= (\delta, \delta^*)(\gamma, \gamma_2^*)\\ &= \sigma' \cdot \sigma_2.\end{aligned}$$

这个推理对所有 $\sigma' = (\delta, \delta^*) \in \widetilde{\mathbf{S}}\Gamma$ 都成立, 这证明了 $\overline{\rho}(\sigma_1) = \overline{\rho}(\sigma_2)$, 即 $\psi$ 是单射, 如所求. 于是 $\pi = \overline{\rho} \circ \psi$, 故上图交换. □

对偶地, 我们有下述结果:

**推论 14.3.2** 对平衡范畴 $\mathcal{D}$ 关于 $\mathcal{C}$ 的任一交连系 $\Gamma:\mathcal{D}\longrightarrow\mathcal{B}^*\mathcal{C}$, 存在同构 $\psi^*:\overline{\lambda}(\widetilde{\mathbf{S}}\Gamma^*)\cong U\Gamma^*$ 使得 $\pi^*=\overline{\lambda}\circ\psi^*$, 其中 $\overline{\lambda}$ 是 CR- 半群 $\widetilde{\mathbf{S}}\Gamma^*$ 的左正则表示.

## 14.4 CR-半群的主左、右 $*$-理想范畴

设 $\Gamma:\mathcal{D}\longrightarrow\mathcal{B}^*\mathcal{C}$ 是平衡范畴 $\mathcal{D}$ 关于 $\mathcal{C}$ 的交连系. 我们在本小节用命题 14.3.1 证明 CR-半群 $\widetilde{\mathbf{S}}\Gamma$ 的左、右 $*$-理想范畴分别与 $\mathcal{C}$ 和 $\mathcal{D}$ 同构. 这样就对第 11 章提出的问题给出了正面的回答. 为此我们先证以下引理:

**引理 14.4.1** 设 $S$ 为富足半群, 对任意 $Se\in v\mathbb{L}(S)$ 和 $\rho(e,u,f)\in\mathbb{L}(S)$ 定义

$$Se\mapsto(S\overline{\rho})\overline{\rho}(e),\qquad \rho(e,u,f)\mapsto\rho(\overline{\rho}(e),\overline{\rho}(u),\overline{\rho}(f)),\tag{14.10}$$

则得到从 $\mathbb{L}(S)$ 到 $\mathbb{L}(S\overline{\rho})$ 上的一个范畴同构, 其中 $\overline{\rho}$ 是 $S$ 的右正则表示.

**证明** 对富足半群 $S$, 易验证 $\mathrm{Ker}\,\overline{\rho}\subseteq\mathscr{L}$. 这保证等式 (14.10) 中第一式是从 $v\mathbb{L}(S)$ 到 $v\mathbb{L}(S\overline{\rho})$ 的单射. 不难知道它还是满的. 就是说, 若 $\overline{\rho}(a)=\overline{\rho}^2(a)=\overline{\rho}(a^2)$, 则有 $a=a^2$, 因为此时对任意 $x\in S^1$ 有 $xa=xa^2$, 从而 $a=a^+a=a^+a^2=a^2$. 最后, 因 $\overline{\rho}$ 是同态, 这样定义的映射是保持包含的.

等式组 (14.10) 的第二式显然对 $\mathbb{L}(S\overline{\rho})$ 的每个 hom-集定义了一个满射. 若 $\rho(e,u,f)$ 与 $\rho(e,v,f)$ 是 $\mathbb{L}(S)$ 中同一个 hom-集里的态射, 即对 $u,v\in eSf$, 则由 $\overline{\rho}(u),\overline{\rho}(v)\in\overline{\rho}(e)(S\overline{\rho})\overline{\rho}(f)$ 有 $\rho(\overline{\rho}(e),\overline{\rho}(u),\overline{\rho}(f))=\rho(\overline{\rho}(e),\overline{\rho}(v),\overline{\rho}(f))$, 因而 $\overline{\rho}(u)=\overline{\rho}(v)$. 如此得

$$u=eu=e\overline{\rho}(u)=e\overline{\rho}(v)=ev=v.$$

这证明了第二个式子定义了 hom-集间的双射. 此二映射显然满足函子定义, 故等式 (14.10) 定义了范畴同构. □

命题 14.3.1 给出了半群同构 $\psi^{-1}:U\Gamma\longrightarrow(\widetilde{\mathbf{S}}\Gamma)\overline{\rho}$, 它显然也就诱导出了平衡范畴 $\mathbb{L}(U\Gamma)$ 到 $\mathbb{L}((\widetilde{\mathbf{S}}\Gamma)\overline{\rho})$ 上的范畴同构. 于是由引理 14.4.1, 存在同构 $F_\pi:\mathbb{L}(U\Gamma)\cong\mathbb{L}(\widetilde{\mathbf{S}}\Gamma)$. 再由命题 14.1.4, 可得 $F_\Gamma=\hat{F}\circ F_\pi$ 是从 $\mathcal{C}$ 到 $\mathbb{L}(\widetilde{\mathbf{S}}\Gamma)$ 上的同构. 结合等式组 (14.4), (14.5) 和 (14.10), 我们得到 $F_\Gamma$ 在 $\mathcal{C}$ 的对象集和态射集上的定义如下:

$$\begin{aligned}&F_\Gamma(c)=\widetilde{\mathbf{S}}\Gamma\alpha_\Gamma(c,d),\quad \text{对某 } d\in M_n\Gamma^*(c);\\&F_\Gamma(f)=\rho(\alpha_\Gamma(c,d),\sigma,\alpha_\Gamma(c',d')),\end{aligned}\tag{14.11}$$

其中 $f\in\mathcal{C}(c,c')$, $d'\in M_n\Gamma^*(c')$ 而对 $\sigma\in\widetilde{\mathbf{S}}\Gamma$ 有 $\pi\sigma=\epsilon(c,d)\star f^\circ$, $\alpha_\Gamma$ 是从 $E_\Gamma=E_{\Gamma^*}^{-1}$ 到 $E(\widetilde{\mathbf{S}}\Gamma)$ 上的双序同构.

对偶地, 可类似定义同构 $F_{\Gamma^*}:\mathcal{D}\longrightarrow\mathbb{L}(\widetilde{\mathbf{S}}\Gamma^*)$. 由定理 14.2.1 及在其前面的讨论可知, 映射 $(\gamma^*,\gamma)\mapsto(\gamma,\gamma^*)$ 是从 $\widetilde{\mathbf{S}}\Gamma^*$ 到 $\widetilde{\mathbf{S}}\Gamma^{op}$ 上的半群同构, 从而可诱导出 $\mathbb{L}(\widetilde{\mathbf{S}}\Gamma^*)$ 到 $\mathbb{R}(\widetilde{\mathbf{S}}\Gamma)$ 上的同构. 如此可得从 $\mathcal{D}$ 到 $\mathbb{R}(\widetilde{\mathbf{S}}\Gamma)$ 上的同构 $G_\Gamma$ 对对象和态射的定义如下:

$$\begin{aligned}G_\Gamma(d)&=\alpha_\Gamma(c,d)\widetilde{\mathbf{S}}\Gamma,\quad \text{对某 } c\in M_n\Gamma(d);\\ G_\Gamma(g)&=\lambda(\alpha_\Gamma(c,d),\sigma,\alpha_\Gamma(c',d')),\end{aligned}\tag{14.12}$$

其中 $g\in\mathcal{D}(d',d)$, $c'\in M_n\Gamma(d')$ 而 $\sigma\in\widetilde{\mathbf{S}}\Gamma$ 满足 $\pi^*\sigma=\epsilon^*(c',d')\star g^\circ$, $\alpha_\Gamma$ 是从 $E_\Gamma=E_{\Gamma^*}^{-1}$ 到 $E(\widetilde{\mathbf{S}}\Gamma)$ 上的双序同构. 下述定理立即可得:

**定理 14.4.2** 对平衡范畴 $\mathcal{D}$ 关于 $\mathcal{C}$ 的任一交连系 $\Gamma:\mathcal{D}\longrightarrow\mathcal{B}^*\mathcal{C}$, 存在范畴同构 $F_\Gamma:\mathcal{C}\longrightarrow\mathbb{L}(\widetilde{\mathbf{S}}\Gamma)$ 和 $G_\Gamma:\mathcal{D}\longrightarrow\mathbb{R}(\widetilde{\mathbf{S}}\Gamma)$, 其定义分别是等式组 (14.11) 和 (14.12).

综合定理 14.4.2、定理 10.2.6和定理 12.4.1, 我们可对第 11 章开始时提出的问题给出答案如下:

**定理 14.4.3** 给定两个平衡范畴 $\mathcal{C}$ 和 $\mathcal{D}$, 存在富足半群 $S$ 使得 $\mathcal{C}$ 和 $\mathcal{D}$ 分别与 $\mathbb{L}(S)$ 和 $\mathbb{R}(S)$ 同构的充要条件是: 存在一个 $\mathcal{D}$ 关于 $\mathcal{C}$ 的交连系 $\Gamma:\mathcal{D}\longrightarrow\mathcal{B}^*\mathcal{C}$. 这个富足半群 $S$ 就是 CR-半群 $\widetilde{\mathbf{S}}\Gamma$.

由定理 14.4.2 可得 CR-半群 $\widetilde{\mathbf{S}}\Gamma$ 右可约的充要条件.

**推论 14.4.4** 设 $\Gamma:\mathcal{D}\longrightarrow\mathcal{B}^*\mathcal{C}$ 为平衡范畴 $\mathcal{D}$ 关于 $\mathcal{C}$ 的交连系, 那么 CR-半群 $\widetilde{\mathbf{S}}\Gamma$ 右可约的充要条件是投影 $\pi$ 为同构; 换言之, 当且仅当 $\Gamma$ 是范畴嵌入.

**证明** 由命题 14.3.1 有 $\overline{\rho}=\pi\circ\psi^{-1}$, 其中 $\psi:(\widetilde{\mathbf{S}}\Gamma)\overline{\rho}\longrightarrow U\Gamma$ 是同构. 这蕴含 $\widetilde{\mathbf{S}}\Gamma$ 右可约当且仅当 $\pi$ 是同构.

假设 $\pi$ 是同构. 若有 $d,d'\in v\mathcal{D}$ 使得 $\Gamma(d)=\Gamma(d')$, 则存在 $c\in M_n\Gamma(d)=M_n\Gamma(d')$ 满足 $H(\epsilon(c,d);-)=\Gamma(d)=\Gamma(d')=H(\epsilon(c,d');-)$, 即 $c=c_{\epsilon(c,d)}=c_{\epsilon(c,d')}$ 且 $\epsilon(c,d)=\epsilon(c,d')\star u$, 对某同构 $u\in\mathcal{C}(c,c)$. 由此可推知

$$u=1_cu=\epsilon(c,d')(c)u=(\epsilon(c,d')\star u)(c)=\epsilon(c,d)(c)=1_c.$$

因而事实上我们有 $\epsilon(c,d)=\epsilon(c,d')$. 从而 $\epsilon^*(c,d)=\epsilon^*(c,d')$, 因为

$$\pi(\epsilon(c,d),\epsilon^*(c,d))=\epsilon(c,d)=\epsilon(c,d')=\pi(\epsilon(c,d'),\epsilon^*(c,d'))$$

且 $\pi$ 是同构. 这进而蕴含 $d=c_{\epsilon^*(c,d)}=c_{\epsilon^*(c,d')}=d'$. 因此 $v\Gamma$ 是单射. 由 $\Gamma$ 为局部同构, 这证明了 $\Gamma$ 是嵌入.

反之, 假设 $\Gamma$ 是嵌入而有 $\overline{\rho}(\sigma)=\overline{\rho}(\sigma')$ 对某 $\sigma,\sigma'\in\widetilde{\mathbf{S}}\Gamma$. 这蕴含 $\pi\sigma=\pi\sigma'$, 因为 $\pi=\overline{\rho}\circ\psi$ 且 $\psi$ 是同构. 由引理 14.1.1, 存在某 $(c,d),(c',d')\in E_\Gamma$ 和平衡态射 $f\in\mathcal{C}(c,c_1)$, $f'\in\mathcal{C}(c',c_1')$ 使得 $\epsilon(c,d)\star f=\pi\sigma=\pi\sigma'=\epsilon(c',d')\star f'$.

这蕴含 $c_1 = c_1'$, 因为 $f, f'$ 都平衡, 我们可推知 $\epsilon(c,d) \mathscr{R} \epsilon(c',d')$, 这样 $\Gamma(d) = H(\epsilon(c,d);-) = H(\epsilon(c',d');-) = \Gamma(d')$. 这就给出 $d = d'$, 因为 $\Gamma$ 是嵌入. 于是我们有 $\pi\sigma = \pi\sigma' \in \Gamma(c_1, d)$, 这推出 $\pi^*\sigma = \chi(c_1,d)(\pi\sigma) = \chi(c_1,d)(\pi\sigma') = \pi^*\sigma'$. 故得到 $\sigma = (\pi\sigma, \pi^*\sigma) = (\pi\sigma', \pi^*\sigma') = \sigma'$, 这证明了 $\mathrm{Ker}\,\overline{\rho} = 1_{\widetilde{\mathbf{S}}\Gamma}$, 即 $\widetilde{\mathbf{S}}\Gamma$ 右可约. □

## 14.5 富足半群的 CR-半群表示

我们来着手证明: 每个富足半群都与一个 CR-半群同构. 由定理 12.4.1, 富足半群 $S$ 的连通 $\mathbf{\Gamma}S : \mathbb{R}(S) \longrightarrow \mathcal{B}^*\mathbb{L}(S)$ (其定义见等式组 (11.1)) 是一个交连系.

**命题 14.5.1** 设 $S$ 为富足半群, 则有

$$U\mathbf{\Gamma}S = \{\rho^a \ : \ a \in S\}, \tag{14.13}$$

$$U\mathbf{\Delta}S = \{\lambda^a \ : \ a \in S\}, \tag{14.13$^*$}$$

这里, $\rho^a$ 和 $\lambda^a$ 分别是 $\mathcal{T}\mathbb{L}(S)$ 和 $\mathcal{T}\mathbb{R}(S)$ 中的"主锥". 进而, 对任意 $a, b \in S$, 主锥 $\rho^a \in U\mathbf{\Gamma}S$ 与 $\lambda^b \in U\mathbf{\Delta}S$ 关联的充要条件是 $\lambda^b = \lambda^a$.

**证明** 为简便, 以下我们用 $\mathbf{\Gamma}$ 表示 $\mathbf{\Gamma}S$, 类似地, 用 $\mathbf{\Delta}$ 表示 $\mathbf{\Delta}S$. 我们首先证明: $U\mathbf{\Gamma}$ 中的幂等元必有形 $\rho^g$, $g \in E(S)$. 事实上, 由命题 14.1.4, $U\mathbf{\Gamma}$ 中每个幂等元有形 $\epsilon(Se, fS)$, 其中 $(Se, fS) \in E_{\mathbf{\Gamma}}$. 据等式 (13.1), $(Se, fS) \in E_{\mathbf{\Gamma}}$ 当且仅当 $Se \in M_n H(\rho^f;-)$, 这等价于 $\rho(e, ef, f) = \rho^f(Se)$ 是同构. 由定理 9.2.7(3), 此事成立当且仅当 $e \mathscr{R} ef \mathscr{L} f$. 于是由众所周知的 Clifford-Miller 定理, 当且仅当 $L_e \cap R_f$ 含有幂等元 (参看 [9]), 记为 $g$. 于是 $(Se, fS) \in E_{\mathbf{\Gamma}}$ 当且仅当 $Se = Sg$ 且 $fS = gS$ 对某 $g \in E(S)$. 由等式 (13.1) 和 (13.2), 我们有 $H(\epsilon(Sg, gS);-) = \mathbf{\Gamma}(gS) = H(\rho^g;-)$, 这就蕴含 $\epsilon(Sg, gS) \mathscr{R} \rho^g$. 因 $\epsilon(Sg, gS)$ 和 $\rho^g$ 的锥尖是同一个 $Sg$, 我们得到 $\epsilon(Sg, gS) \mathscr{L} \rho^g$, 这样 $\epsilon(Se, fS) = \epsilon(Sg, gS) = \rho^g$. 这就得到

$$E(U\mathbf{\Gamma}) = \{\rho^g \ : \ g \in E(S)\}.$$

显然, 对任意 $a \in S$, 我们有 $\rho^a = \rho^{a^+} \star \rho(a^+, a, a^*) = \epsilon(Sa^+, a^+S) \star \rho(a^+, a, a^*)$, 其中 $a^+ \in E(R_a^*)$ 而 $a^* \in E(L_a^*)$. 因为由定理 9.2.7(3), $\rho(a^+, a, a^*)$ 是 $\mathbb{L}(S)$ 中的平衡态射且 $\rho^{a^+} = \epsilon(Sa^+, a^+S)$, 据引理 14.1.1 有 $\rho^a \in U\mathbf{\Gamma}$.

另一方面, 对 $\gamma \in U\mathbf{\Gamma}$, 再据引理 14.1.1及以上论述, 有 $\gamma = \rho^e \star \rho$, 其中 $\rho$ 是 $\mathbb{L}(S)(Se, Sf)$ 中的平衡态射, 满足 $Sf = c_\gamma$. 故由定理 9.2.7(2), 有 $a \in R_e^* \cap L_f^*$, 若我们记 $a^+ = e$, $a^* = f$, 则得到

$$\gamma = \rho^e \star \rho(e, a, f) = \rho^{a^+} \star \rho(a^+, a, a^*) = \rho^a.$$

这证明了等式 (14.13) 成立. 由于 $\boldsymbol{\Delta} = \boldsymbol{\Gamma}^*$ 且 $\chi_{\boldsymbol{\Gamma}} = \chi_S$(定理 12.4.1), 由对偶性显然得到等式 $(14.13)^*$.

假设 $a \in S$, $a^+ \in E(R_a^*)$ 及 $a^* \in E(L_a^*)$. 由定理 9.2.7(2) 及其对偶, 我们有 $\rho(a^+, a, a^*) \in \mathbb{L}(S)$ 及 $\lambda(a^*, a, a^+) \in \mathbb{R}(S)$ 是平衡态射, 其中

$$\rho^a = \rho^{a^+} \star \rho(a^+, a, a^*) \quad \text{且} \quad \lambda^a = \lambda^{a^*} \star \lambda(a^*, a, a^+).$$

于是, 根据等式 $\chi_{\boldsymbol{\Gamma}} = \chi_S$, 定理 11.2.1 说明 $\rho^a$ 和 $\lambda^a$ 是相互关联的.

反之, 假设 $\rho^a$ 与 $\lambda^b$ 相关联, 则 $\lambda^b = \chi_S(Se, fS)(\rho^a)$, 这里 $\rho^a \in \boldsymbol{\Gamma}(Se, fS)$, 即 $\rho^a = \rho^f \star \rho(f, a, e)^\circ$. 由定理 9.3.4(3), 存在 $\rho(f, a, e)$ 的如下平衡因子分解

$$\rho(f, a, e) = \rho(f, a^+, a^+)\rho(a^+, a, a^*)\rho(a^*, a^*, e),$$

其中 $a^+ \in E(R_a^*) \cap \omega(f)$ 而 $a^* \in E(L_a^*) \cap \omega^\ell(e)$. 不难验证 $\rho^f \star \rho(f, a^+, a^+) = \rho^{a^+}$ 而 $\rho^a = \rho^{a^+} \star \rho(a^+, a, a^*)$, 从而 $\rho^a \in \boldsymbol{\Gamma}(Sa^*, a^+S)$. 由引理 14.1.2 和等式 (14.2), 我们得到

$$\begin{aligned}\lambda^b &= \chi_S(Se, fS)(\rho^a)\\ &= \chi_S(Sa^*, a^+S)(\rho^{a^+} \star \rho(a^+, a, a^*))\\ &= \lambda^{a^*} \star \lambda(a^*, a, a^+)\\ &= \lambda^a.\end{aligned}$$

这就完成了证明. □

如此, 结合定理 9.6.8, 我们得到每个富足半群都同构于 CR-半群的定理 14.5.2 如下.

**定理 14.5.2**　对任一富足半群 $S$, 有

$$\widetilde{\mathbf{S}}\boldsymbol{\Gamma} S = \{(\rho^a, \lambda^a) \ : \ a \in S\} \tag{14.14}$$

且有由下式

$$\varphi(S)(a) = (\rho^a, \lambda^a) \tag{14.15}$$

定义的映射 $\varphi(S) : S \longrightarrow \widetilde{\mathbf{S}}\boldsymbol{\Gamma} S$ 是 $S$ 到 CR-半群 $\widetilde{\mathbf{S}}\boldsymbol{\Gamma} S$ 上的同构.

**证明**　等式 (14.14) 是命题 14.5.1的直接推论. 而等式 (14.15) 即定理 9.6.8 所证. 为自我完备, 我们给出第二个结论的证明如下.

定义 $\varphi$: $S \longrightarrow \mathcal{T}\mathbb{L}(S) \times \mathcal{T}\mathbb{R}(S)$ 为: $\varphi(a) = (\rho^a, \ \lambda^a)$. 显然 $\varphi$ 是从 $S$ 到 $\widetilde{\mathbf{S}}\boldsymbol{\Gamma} S$ 上的满同态. 为证 $\varphi$ 单, 设 $\varphi(a) = \varphi(b)$, 即 $\rho^a = \rho^b$ 且 $\lambda^a = \lambda^b$. 由于 $\operatorname{Ker} \rho \subseteq \mathscr{L}$

且 $\operatorname{Ker}\lambda \subseteq \mathscr{R}$, 我们有 $a\ \mathscr{H}\ b$, 这保证 $E(R_a^*) = E(R_b^*)$ 且 $E(L_a^*) = E(L_b^*)$. 这样对任意 $a^+ \in E(R_a^*)$, 我们有 $a^+b = b$, 从而 $a, b \in a^+Sa^* = a^+Sb^*$ 对任意 $a^*, b^* \in E(L_a^*) = E(L_b^*)$. 因为

$$\begin{aligned}\rho(a^+, a, a^*) &= \rho(a^+, a^+a, a^*) = \rho^a(Sa^+)\\ &= \rho^b(Sa^+) = \rho(a^+, a^+b, b^*)\\ &= \rho(a^+, b, b^*),\end{aligned}$$

我们得到 $a = b$, 故$S \cong \widetilde{\mathbf{S}}\mathbf{\Gamma} S$. □

# 第 15 章 范畴等价

在第 11 章和第 12 章中, 我们已知怎样可以从一个富足半群得到一个交连系. 通过第 13 章的讨论, 我们在第 14 章中可以从一个抽象的交连系 $\Gamma : \mathcal{D} \longrightarrow \mathcal{B}^*\mathcal{C}$ 构作一个富足半群 $\widetilde{\mathbf{S}}\Gamma$($\Gamma$ 的 CR-半群). 在本章中, 我们将把这个对应关系扩充为富足半群和好同态所成范畴 $\mathbb{AS}$ 与平衡范畴的交连系和适当构造的交连系间的态射所成范畴 $\mathbb{CRB}$ 的范畴等价.

为此, 我们首先需要描述交连系范畴 ($\mathbb{CRB}$). 当然, $\mathbb{CRB}$ 的对象是所有的平衡范畴的交连系. 为了刻画其中的态射, 我们需要定义平衡范畴 $\mathcal{D}$ 关于平衡范畴 $\mathcal{C}$ 的交连系 $\Gamma : \mathcal{D} \longrightarrow \mathcal{B}^*\mathcal{C}$ 的双序集$E_\Gamma$.

我们知道, 双序集是满足定义 1.1.1 的 10 个公理 (B1)—(B4) 的部分代数; 任一部分代数 $E$ 是一个双序集的充要条件是它 (作为部分代数) 同构于半群 $F/\sigma^\sharp$ 的幂等元双序集 (见定理 4.2.3). 对于一个给定的交连系 $\Gamma$, 我们可以在集合 $E_\Gamma$ 上自然定义双序集如下:

**定理 15.0.1** 设 $\Gamma : \mathcal{D} \longrightarrow \mathcal{B}^*\mathcal{C}$ 是平衡范畴 $\mathcal{D}$ 关于平衡范畴 $\mathcal{C}$ 的一个交连系. 对任意 $(c, d), (c', d') \in E_\Gamma$, 我们定义两个二元关系 $\omega^\ell$ 和 $\omega^r$ 如下:

$$(c', d')\ \omega^\ell\ (c, d) \Leftrightarrow c' \subseteq c, \quad (c', d')\ \omega^r\ (c, d) \Leftrightarrow d' \subseteq d, \tag{15.1}$$

进而定义 $E_\Gamma$ 中的基本积为

$$(c, d)(c', d') = \begin{cases} (c, d), & \text{若 } c \subseteq c', \\ (c', im\, \epsilon^*(c, d)(d')), & \text{若 } c' \subseteq c, \\ (c', d'), & \text{若 } d' \subseteq d, \\ (im\, \epsilon(c', d')(c), d), & \text{若 } d \subseteq d'. \end{cases} \tag{15.2}$$

那么, $(E_\Gamma, \omega^\ell, \omega^r)$ 成为一个双序集, 双射

$$\alpha_\Gamma : E_\Gamma \longrightarrow E(\widetilde{\mathbf{S}}\Gamma), \quad (c, d) \mapsto (\epsilon(c, d), \epsilon^*(c, d))$$

是从富足半群 $\widetilde{\mathbf{S}}\Gamma$ 的幂等元双序集到 $E_\Gamma$ 上的双序同构.

**证明** 因为 CR-半群的幂等元集合 $E(\widetilde{\mathbf{S}}\Gamma)$ 是一个双序集, 我们只需证明 $\alpha_\Gamma$ 是按式 (15.1), (15.2) 定义的部分代数 $E_\Gamma$ 到 $E(\widetilde{\mathbf{S}}\Gamma)$ 上的部分代数同构即可.

由定理 14.4.2 及此定理之前的一段论述, 我们知道: $\alpha_\Gamma(c',d')\ \omega^\ell\alpha_\Gamma(c,d)$ 当且仅当 $c'\subseteq c$. 由等式 (15.1) 可知, $(c',d')\ \omega^\ell\ (c,d)$ 当且仅当 $\alpha_\Gamma(c',d')\ \omega^\ell\alpha_\Gamma(c,d)$ 在 $E(\widetilde{\mathbf{S}}\Gamma)$ 中成立. 不但如此, 在这时还有

$$\alpha_\Gamma((c',d')(c,d))=\alpha_\Gamma(c',d')=\alpha_\Gamma(c',d')\alpha_\Gamma(c,d).$$

因而由等式 (14.7) 可得

$$\begin{aligned}\alpha_\Gamma(c,d)\alpha_\Gamma(c',d')&=(\epsilon(c,d),\epsilon^*(c,d))(\epsilon(c',d'),\epsilon^*(c',d'))\\&=(\epsilon(c,d)\cdot\epsilon(c',d'),\epsilon^*(c',d')\cdot\epsilon^*(c,d))\\&=(\epsilon(c,d)\star\epsilon(c',d')(c)^\circ,\epsilon^*(c',d')\star\epsilon^*(c,d)(d')^\circ).\end{aligned}$$

由 $c'\subseteq c$ 可知, $\epsilon(c',d')(c)\in\mathcal{C}(c,c')$ 是一个收缩. 这蕴含 $\epsilon(c,d)\star\epsilon(c',d')(c)^\circ$ 的锥尖是 $c'$. 记 $d''=\operatorname{im}\epsilon^*(c,d)(d')\subseteq d$, 它是 $\epsilon^*(c',d')\star\epsilon^*(c,d)(d')^\circ$ 的锥尖. 由于 $\alpha_\Gamma(c,d)\alpha_\Gamma(c',d')$ 是 $\widetilde{\mathbf{S}}\Gamma$ 的幂等元, 可知 $\epsilon^*(c',d')\star\epsilon^*(c,d)(d')^\circ$ 是 $U\Gamma^*$ 中有锥尖 $d''$ 的幂等元. 这样我们可推知

$$1_{d''}=(\epsilon^*(c',d')\star\epsilon^*(c,d)(d')^\circ)(d'')=(\epsilon^*(c',d')(d''))(\epsilon^*(c,d)(d')^\circ).$$

进而, 由等式 (13.6) 有 $(\epsilon(c',d')(c))^*=\epsilon^*(c,d)(d')$, 故由推论 13.2.5, $\epsilon^*(c,d)(d')$ 是单态射. 这就推出其左因子 $\epsilon^*(c,d)(d')^\circ$ 是左可裂的单态射, 从而 $\epsilon^*(c,d)(d')$ 和 $\epsilon^*(c',d')(d'')$ 是互逆的同构. 如此, $d''\in M_n(\epsilon^*(c',d'))=M_n\Gamma^*(c')$, 这又蕴含 $(c',d'')\in E_{\Gamma^*}^{-1}=E_\Gamma$, 因为等式 (13.2) 中幂等元是唯一的, 有

$$\alpha_\Gamma(c,d)\alpha_\Gamma(c',d')=\alpha_\Gamma(c',d'')=\alpha_\Gamma((c,d)(c',d')),$$

最后一个等号来自 $E_\Gamma$ 中基本积的定义.

对偶可证: $(c',d')\ \omega^r\ (c,d)$ 当且仅当 $\alpha_\Gamma(c',d')\ \omega^r\ \alpha_\Gamma(c,d)$, 当且仅当 $d'\subseteq d$, 且在此时有

$$\alpha_\Gamma(c,d)\alpha_\gamma(c',d')=\alpha_\Gamma(c',d')=\alpha_\Gamma((c,d)(c',d')),$$

以及

$$\alpha_\Gamma(c',d')\alpha(c,d)=\alpha((c',d')(c,d)).$$

这证明了 $\alpha_\Gamma$ 保持双序 (二拟序)$(\omega^\ell,\omega^r)$ 且保持 $E_\Gamma$ 的基本积, 它既然是双射, 当然是部分代数的同构, 也即 $\alpha_\Gamma$ 是双序同构. □

## 15.1 交连系态射

设 $\Gamma:\mathcal{D}\longrightarrow\mathcal{B}^*\mathcal{C}$ 和 $\Gamma':\mathcal{D}'\longrightarrow\mathcal{B}^*\mathcal{C}'$ 分别是平衡范畴 $\mathcal{D}$ 关于 $\mathcal{C}$ 和 $\mathcal{D}'$ 关于 $\mathcal{C}'$ 的两个交连系. 我们来定义从 $\Gamma$ 到 $\Gamma'$ 的态射, 它是一个特别类型的从乘积范畴 $\mathcal{C}\times\mathcal{D}$ 到乘积范畴 $\mathcal{C}'\times\mathcal{D}'$ 的函子, 满足一定的公理. 为此, 我们需要下述引理.

**引理 15.1.1** 设 $\Gamma:\mathcal{D}\longrightarrow\mathcal{B}^*\mathcal{C}$ 和 $\Gamma':\mathcal{D}'\longrightarrow\mathcal{B}^*\mathcal{C}'$ 是平衡范畴的两个交连系. 考虑两个保持包含的函子 $F:\mathcal{C}\longrightarrow\mathcal{C}'$ 和 $G:\mathcal{D}\longrightarrow\mathcal{D}'$, 则关于下述 4 个公理:

(M1) $(c,d)\in E_\Gamma\Rightarrow(F(c),G(d))\in E_{\Gamma'}$, 且 $\forall c'\in v\mathcal{C}, F(\epsilon(c,d)(c'))$
$= \epsilon(F(c),G(d))(F(c'))$.

(M2) $(c,d),(c',d')\in E_\Gamma, f\in\mathcal{C}(c,c'), f^*\in\mathcal{D}(d',d)\Rightarrow G(f^*)=F(f)^*$.

(M1)* $(c,d)\in E_\Gamma\Rightarrow(F(c),G(d))\in E_{\Gamma'}$, 且 $\forall d'\in v\mathcal{D}, G(\epsilon^*(c,d)(d'))$
$=\epsilon^*(F(c),G(d))(G(d'))$.

(M2)* $(c,d),(c',d')\in E_\Gamma, g\in\mathcal{D}(d',d), g^*\in\mathcal{C}(c,c') \Rightarrow F(g^*)=G(g)^*$,

$F$ 与 $G$ 满足公理 (M1) 和 (M2) 的充要条件是它们满足公理 (M1)* 和 (M2)*.

**证明** 设 $F$ 与 $G$ 满足公理 (M1) 和 (M2). 令 $(c,d),(c',d')\in E_\Gamma$. 对任一给定的 $g\in\mathcal{D}(d',d)$, 若 $g$ 的转置 $g^*\in\mathcal{C}(c,c')$, 则由公理 (M2) 和推论 13.2.3, 我们有

$$G(g)^*=G(g^{**})^*=F(g^*)^{**}=F(g^*).$$

故公理 (M2)* 成立. 为证 (M1)*, 设 $d'\in v\mathcal{D}$, 若 $c'\in M_n\Gamma(d')$ 则由 (M1) 有 $(F(c'),G(d'))\in E_{\Gamma'}$. 进而,

$$\begin{aligned}\epsilon^*(F(c),G(d))(G(d'))&=(\epsilon(F(c'),G(d'))(F(c)))^* &&(\text{由等式 (13.6)})\\&=F(\epsilon(c',d')(c))^* &&(\text{由 (M1)})\\&=G(\epsilon^*(c,d)(d')) &&(\text{由 (M2) 和等式 (13.6)}).\end{aligned}$$

因而 (M1)* 也成立. 类似地, 可从公理 (M1)* 与 (M2)* 推论得 (M1) 与 (M2). □

**定义 15.1.2** 设 $\Gamma:\mathcal{D}\longrightarrow\mathcal{B}^*\mathcal{C}$ 和 $\Gamma':\mathcal{D}'\longrightarrow\mathcal{B}^*\mathcal{C}'$ 是平衡范畴的两个交连系. 一个交连系态射 (CR-morphism), 记为 $m:\Gamma\longrightarrow\Gamma'$ 是这样的对子 $m=(F_m,G_m)$, 其中 $F_m:\mathcal{C}\longrightarrow\mathcal{C}'$ 与 $G_m:\mathcal{D}\longrightarrow\mathcal{D}'$ 是两个保持包含的函子, 满足公理 (M0), (M1) 和 (M2), 这里, (M0) 是

$$(\text{M0}):\ \text{函子 } F_m,\ G_m \text{ 保持平衡态射}.$$

进而, 若 $m:\Gamma\longrightarrow\Gamma'$ 和 $n:\Gamma'\longrightarrow\Gamma''$ 是两个交连系态射, 则其合成 $mn:\Gamma\longrightarrow\Gamma''$ 是按分量方式定义的, 即

$$F_{mn}=F_m\circ F_n, \quad \text{且} \quad G_{mn}=G_m\circ G_n. \tag{15.3}$$

我们在引理 15.1.1 中已证：交连系态射的性质是自对偶的．特别地，引理 15.1.1 中的公理 (M1), (M2), $(\mathrm{M1})^*$ 及 $(\mathrm{M2})^*$ 对每个交连系态射中的函子对都是成立的.

易知，合成 $mn$ 的函子对也满足公理 (M0), (M1) 和 (M2), 因而 $mn$ 也是交连系态射. 不但如此，这样定义的态射的合成还满足结合律，且 $(1_{\mathcal{C}}, 1_{\mathcal{D}}) : \Gamma \longrightarrow \Gamma$ 也是交连系 (到自身) 的态射. 这样我们有一个范畴 $\mathbb{CRB}$, 其对象是交连系而态射为以上定义的函子对. 我们将称$\mathbb{CRB}$ 为 平衡范畴的交连系范畴 (the category of cross-connections for balanced categories).

以下引理说明，交连系 $\Gamma$ 到 $\Gamma'$ 的态射 $m = (F, G)$ 自然诱导出双序集 $E_\Gamma$ 到 $E_{\Gamma'}$ 的一个双序态射 $\theta$:

**引理 15.1.3** 设 $\Gamma : \mathcal{D} \longrightarrow \mathcal{B}^*\mathcal{C}$ 和 $\Gamma' : \mathcal{D}' \longrightarrow \mathcal{B}^*\mathcal{C}'$ 为平衡范畴的交连系且 $m = (F, G)$ 为 $\Gamma$ 到 $\Gamma'$ 的一个态射. 对每个 $(c, d) \in E_\Gamma$, 定义

$$\theta(c, d) = (F(c), G(d)). \tag{15.4}$$

则 $\theta$ 是从 $E_\Gamma$ 到 $E_{\Gamma'}$ 的一个双序态射.

**证明** 首先注意，平衡范畴的函子 $F$ 和 $G$ 是保包含的. 进而它们也保持收缩和同构，因为这两类态射是由方程定义的，而函子保持合成即保持方程. 由公理 (M0), 函子 $F$ 和 $G$ 也保持平衡因子分解和正规因子分解. 特别地，它们保持态射的像和余像集合. 也就是说，对任意 $f \in \mathcal{C}(c, c'), g \in \mathcal{D}(d', d)$ 有

$$\begin{aligned} F(\operatorname{im} f) &= \operatorname{im} F(f) \quad \text{且} \quad F(\operatorname{coim} f) \subseteq \operatorname{coim} F(f), \\ G(\operatorname{im} g) &= \operatorname{im} G(g) \quad \text{且} \quad G(\operatorname{coim} g) \subseteq \operatorname{coim} G(g). \end{aligned} \tag{15.5}$$

因态射 $m$ 的函子对 $(F, G)$ 满足公理 (M1) 和 $(\mathrm{M1})^*$, 可直接验证 $\theta$ 是从 $E_\Gamma$ 到 $E_{\Gamma'}$ 的映射. 设 $(c, d)\, \omega^\ell\, (c', d')$ 在 $E_\Gamma$ 中成立，即 $c \subseteq c'$. 因 $F$ 保包含，有 $F(c) \subseteq F(c')$, 故由式 (15.1), 得

$$\theta(c, d) = (F(c), G(d))\, \omega^\ell\, (F(c'), G(d')) = \theta(c', d').$$

进而，由式 (15.2), 我们有

$$\theta(c', d')\theta(c, d) = (F(c'), G(d'))(F(c), G(d)) = (F(c), \operatorname{im} \epsilon^*(F(c'), G(d'))(G(d))).$$

不难验算得

$$\begin{aligned} \operatorname{im} \epsilon^*(F(c'), G(d'))(G(d)) &= \operatorname{im} G(\epsilon^*(c', d')(d)) \quad (\text{由 } (\mathrm{M1})^*) \\ &= G(\operatorname{im} \epsilon^*(c', d')(d)) \quad (\text{由 } (15.5)). \end{aligned}$$

记 $d'' = \operatorname{im} \epsilon^*(c', d')(d)$. 由等式 (15.2) 可得 $(c', d')(c, d) = (c, d'')$, 故

$$\theta(c', d')\theta(c, d) = (F(c), G(d'')) = \theta(c, d'') = \theta((c', d')(c, d)).$$

这证明了 $\theta$ 保持拟序 $\omega^\ell$ 及相应的基本积. 类似可证 $\theta$ 保持 $\omega^r$ 和对应的基本积. 故 $\theta$ 是双序态射. □

为简便, 我们将用记号 $e$, $f$ 等来记双序集 $E_\Gamma$ 中的元素. 若 $e=(c,d)\in E_\Gamma$, 则由定理 15.0.1 可得, $c$ 代表 $e$ 所在的双序集 $E_\Gamma$ 中的 $\mathscr{L}$-类, 而 $d$ 代表其所在的 $\mathscr{R}$-类. 我们将用记号 $c^e$ 表示元素 $c\in v\mathcal{C}$, 它是 $e$ 的第一个坐标, 而 $d^e\in v\mathcal{D}$ 是 $e$ 的第二个坐标. 这样, 对每个 $e\in E_\Gamma$ 我们可以写 $e=(c^e,d^e)$. 此外, 对 $e$, $e'\in E_\Gamma$, 我们有 $e\mathscr{L}e'$ 当且仅当 $c^e=c^{e'}$ 及 $e\mathscr{R}e'$ 当且仅当 $d^e=d^{e'}$. 我们还用 $\Gamma$ 和 $\Gamma'$ 表示相应平衡范畴的交连系, 这样可避免过于累赘的符号表达.

以下我们还要给出交连系态射的其他几个形式的公理刻画.

**定理 15.1.4**　设 $m=(F,G):\Gamma\longrightarrow\Gamma'$ 为交连系态射. 则它满足以下公理:

(M2)$'$ 存在自然变换 $\zeta_m:\Gamma(-,-)\longrightarrow(F\times G)\circ\Gamma'(-,-)$ 满足

$$\forall e=(c,d)\in E_\Gamma,\quad \zeta_m(c,d)(\epsilon(c,d))=\epsilon(F(c),G(d))=\epsilon(\theta(e)).$$

(M2)$'^*$ 存在自然变换 $\zeta_m^*:\Gamma^*(-,-)\longrightarrow(F\times G)\circ\Gamma'^*(-,-)$ 满足

$$\forall e=(c,d)\in E_\Gamma=E_{\Gamma^*}^{-1},$$

$$\zeta_m^*(c,d)(\epsilon^*(c,d))=\epsilon^*(F(c),G(d))=\epsilon^*(\theta(e)).$$

反之, 若 $m=(F,G)$ 满足公理 (M0), (M1), (M1)$^*$ 加上 (M2)$'$ 或者 (M2)$'^*$, 则 $m$ 是交连系态射.

**证明**　设 $m=(F,G)$ 是交连系态射. 对每个 $(c,d)\in v\mathcal{C}\times v\mathcal{D}$, 对应映射 $\zeta_m(c,d)$ 如下: 对任一 $\gamma=\epsilon(e)\star f^\circ\in\Gamma(c,d)$, 其中 $e\in E_\Gamma$ 有 $d^e=d$ 和 $f\in\mathcal{C}(c^e,c)$. 令

$$\zeta_m(c,d)(\gamma)=\zeta_m(c,d)(\epsilon(e)\star f^\circ)=\epsilon(\theta(e))\star F(f)^\circ,\tag{15.6}$$

其中 $\theta$ 由式 (15.3) 定义. 显然, 对 $e=(c,d)\in E_\Gamma$, 我们有 $\zeta_m(c,d)(\epsilon(e))=\epsilon(\theta(e))$ 且式 (15.6) 的右边表示 $\Gamma'(F(c),G(d))$ 中的一个元素. 我们来证明这个定义与上述 $\gamma$ 的表达方式无关. 假设 $\gamma=\epsilon(e')\star f'^\circ$ 是 $\gamma$ 的另一个表示, 则有 $d^{e'}=d=d^e$, 从而 $e\mathscr{R}e'$ 在 $E_\Gamma$ 中成立. 比较 $\gamma$ 在 $c^{e'}$ 上的两个成分, 我们看到 $f'=\epsilon(e)(c^{e'})f$. 因为由 $e\mathscr{R}e'$, 得 $\epsilon(e)(c^{e'})\in\mathcal{C}(c^{e'},c^e)$ 是同构, $F(\epsilon(e)(c^{e'}))$ 也是同构, 从而有

$$\begin{aligned}
\epsilon(\theta(e'))\star F(f')^\circ &= \epsilon(\theta(e'))\star F(\epsilon(e)(c^{e'}))F(f)^\circ\\
&= \epsilon(\theta(e'))\star\epsilon(\theta(e))(F(c^{e'}))F(f)^\circ &&(\text{由 (M1)})\\
&= \epsilon(\theta(e'))\star\epsilon(\theta(e))(c^{\theta(e')})F(f)^\circ &&(\text{由式 (15.4)})\\
&= \epsilon(\theta(e))\star F(f)^\circ &&(\text{因为 }\theta(e)\mathscr{R}\theta(e')).
\end{aligned}$$

这证明了 $\zeta(c,d)=\zeta_m(c,d)$ 确是从 $\Gamma(c,d)$ 到 $\Gamma'(F(c),G(d))$ 的单值映射.

为证映射 $\zeta:(c,d)\mapsto\zeta(c,d)$ 是自然变换, 首先考虑 $f\in\mathcal{C}(c',c'')$. 若 $\gamma=\epsilon(e)\star\gamma(c)\in\Gamma(c',d)$(从而 $e=(c,d)\in E_\Gamma$ 且 $\gamma(c)$ 是满态射), 由式 (13.5), 有 $\gamma=\Gamma(\gamma(c),d)(\epsilon(e))$. 故可得

$$\begin{aligned}\Gamma(f,d)(\gamma)&=\Gamma(f,d)(\Gamma(\gamma(c),d)(\epsilon(e)))\\&=\Gamma(\gamma(c)f,d)(\epsilon(e))\\&=\epsilon(e)\star(\gamma(c)f)^\circ.\end{aligned}$$

于是由 $\zeta$ 的定义, 对任一 $\gamma=\epsilon(e)\star\gamma(c)\in\Gamma(c',d)$ 得到

$$\begin{aligned}(\Gamma(f,d)\zeta(c'',d))(\gamma)&=\zeta(c'',d)(\Gamma(f,d)(\epsilon(e)\star\gamma(c)))\\&=\zeta(c'',d)(\epsilon(e)\star(\gamma(c)f)^\circ)\\&=\epsilon(\theta(e))\star(F(\gamma(c)f))^\circ\end{aligned}$$

和

$$\begin{aligned}(\zeta(c',d)\Gamma'(F(f),G(d)))(\gamma)&=\Gamma'(F(f),G(d))(\epsilon(\theta(e))\star F(\gamma(c)))\\&=\epsilon(\theta(e))\star F(\gamma(c))(F(f))^\circ.\end{aligned}$$

因为 $\gamma(c)$ 是满态射, $F(\gamma(c))$ 也满, 故有 $(F(\gamma(c)f))^\circ=F(\gamma(c))(F(f))^\circ$. 因此

$$\Gamma(f,d)\zeta(c'',d)=\zeta(c',d)\Gamma'(F(f),G(d)).$$

设 $g\in\mathcal{D}(d,d')$ 并记 $g^*\in\mathcal{C}(c',c)$ 为 $g$ 的转置, 满足 $e=(c,d)$, $e'=(c',d')\in E_\Gamma$. 对任意 $\gamma=\epsilon(e)\star\gamma(c)\in\Gamma(c'',d)$, 由式 (13.5) 有 $\gamma=\Gamma(\gamma(c),d)(\epsilon(e))$. 因为 $\gamma(c)\in\mathcal{C}(c,c'')$ 是满态射而 $\Gamma$ 和 $(F\times G)\circ\Gamma'$ 是双函子, 由双函子准则得图 15.1 和图 15.2 是交换的:

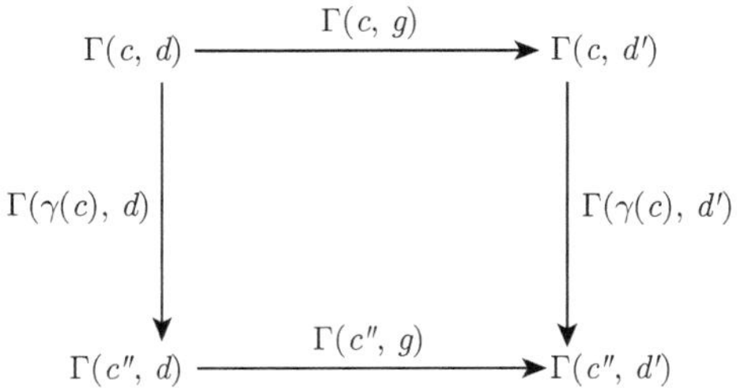


图 15.1

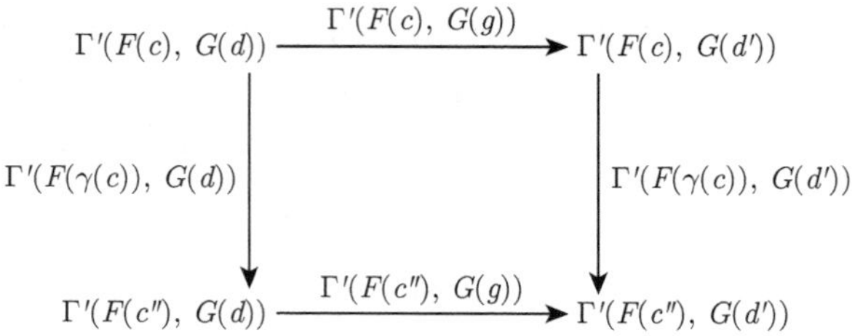


图 15.2

因此我们有

$$\begin{aligned}\Gamma(c'',g)(\gamma) &= (\Gamma(\gamma(c),d)\Gamma(c'',g))(\epsilon(e))\\ &= (\Gamma(c,g)\Gamma(\gamma(c),d'))(\epsilon(e)) \quad (\text{由图 } 15.1)\\ &= \Gamma(\gamma(c),d')(\Gamma(c,g)(\epsilon(e)))\\ &= \Gamma(\gamma(c),d')(\epsilon(e')\star(g^*)^\circ) \quad (\text{由式 } (13.5))\\ &= \epsilon(e')\star(g^*\gamma(c))^\circ.\end{aligned}$$

于是, 按 $\zeta$ 的定义, 我们得到

$$\begin{aligned}(\Gamma(c'',g)\zeta(c'',d'))(\gamma) &= \zeta(c'',d')(\Gamma(c'',g)(\epsilon(e)\star\gamma(c)))\\ &= \zeta(c'',d')(\epsilon(e')\star(g^*\gamma(c))^\circ)\\ &= \epsilon(\theta(e'))\star(F(g^*\gamma(c)))^\circ.\end{aligned}$$

类似地, 因为 $\epsilon(\theta(e))\star F(\gamma(c))^\circ = \Gamma'(F(\gamma(c),G(d)))(\epsilon(\theta(e)))$ 和图 15.2 交换, 我们得到

$$\begin{aligned}&[\zeta(c'',d)\Gamma'(F(c''),G(g))](\gamma)\\ =\ &\Gamma'(F(c''),G(g))[\zeta(c'',d)(\epsilon(e)\star\gamma(c))]\\ =\ &\Gamma'(F(c''),G(g))[\epsilon(\theta(e))\star F(\gamma(c))^\circ]\\ =\ &\Gamma'(F(c''),G(g))[\Gamma'(F(\gamma(c),G(d)))(\epsilon(\theta(e)))]\\ =\ &[\Gamma'(F(\gamma(c),G(d)))\Gamma'(F(c''),G(g))](\epsilon(\theta(e)))\\ =\ &[\Gamma'(F(c),G(g))\Gamma'(F(\gamma(c)),G(d'))](\epsilon(\theta(e))) \quad (\text{由图}15.2)\\ =\ &\Gamma'(F(\gamma(c)),G(d'))[\Gamma'(F(c),G(g))(\epsilon(\theta(e)))]\\ =\ &\Gamma'(F(\gamma(c)),G(d'))[\Gamma'(G(g)^*,G(d'))(\epsilon(\theta(e')))] \quad (\text{由 } (13.5))\\ =\ &\Gamma'(F(g^*)F(\gamma(c)),G(d'))(\epsilon(\theta(e'))) \quad (\text{由 } (\text{M2})^*)\\ =\ &\epsilon(\theta(e'))\star(F(g^*\gamma(c)))^\circ.\end{aligned}$$

如此有 $\Gamma(c'',g)\zeta(c'',d') = \zeta(c'',d)\Gamma'(F(c''),G(g))$. 由双函子准则得 $\zeta$ 是一个自然变换.

关于对偶论述, 对每个 $\epsilon^*(e)\star g^\circ\in\Gamma^*(c,d)$ 有 $e\in E_\Gamma$, 我们定义

$$\zeta_m^*(c,d)(\epsilon^*(e)\star g^\circ)=\epsilon^*(\theta(e))\star G(g)^\circ. \tag{15.6$^*$}$$

不难验证, 映射 $(c,d)\mapsto\zeta_m^*(c,d)$ 定义了从 $\Gamma^*$ 到 $(F\times G)\circ\Gamma'^*$ 的自然变换 $\zeta_m^*$, 满足 (M2)$'^*$ 且对每个 $e=(c,d)\in E_\Gamma$, 可得 $\zeta_m^*(c,d)(\epsilon^*(e))=\epsilon^*(\theta(e))$.

反过来, 假设 $m=(F,G)$ 满足公理 (M0), (M1), (M1)$^*$ 和 (M2$'$). 我们来验证 $m$ 也满足 (M2). 对任一 $\gamma=\epsilon(e)\star f^\circ\in\Gamma(c,d)$, 其中 $e\in E_\Gamma, d^e=d$ 且 $f\in\mathcal{C}(c^e,c)$, 因为由 (M2)$'$, $\zeta=\zeta_m$ 是自然变换, 我们有

$$\begin{aligned}\zeta(c,d)(\gamma)&=\zeta(c,d)(\Gamma(f,d)(\epsilon(e))) && (\text{由式 } (13.5))\\&=\Gamma'(F(f),G(d))(\zeta(c^e,d)(\epsilon(e))) && (\zeta:\Gamma\dot{\longrightarrow}(F\times G)\circ\Gamma')\\&=\Gamma'(F(f),G(d))(\epsilon(\theta(e)))\\&=\epsilon(\theta(e))\star F(f)^\circ.\end{aligned}$$

因而, 对每个 $(c,d)\in v\mathcal{C}\times v\mathcal{D}$, 由式 (15.6) 可得, $\zeta(c,d)$ 有定义. 为证 $m$ 满足 (M2), 考虑 $f\in\mathcal{C}(c,c')$ 并令 $f^*\in\mathcal{D}(d',d)$ 为 $f$ 的转置, 从而 $e=(c,d)$ 且 $e'=(c',d')\in E_\Gamma$. 那么, 由式 (13.5), 我们可推知

$$\Gamma(c',f^*)(\epsilon(e'))=\epsilon(e)\star f^\circ=\Gamma(f,d)(\epsilon(e)).$$

于是, 利用 $\zeta$ 满足式 (15.6) 的事实, 我们得到

$$\zeta(c',d)(\Gamma(c',f^*)(\epsilon(e')))=\zeta(c',d)(\epsilon(e)\star f^\circ)=\epsilon(\theta(e))\star F(f)^\circ. \tag{15.7}$$

进而从 (M2)$'$, 我们得到

$$\begin{aligned}\Gamma'(F(c'),G(f^*))(\zeta(c',d')(\epsilon(e')))&=\Gamma'(F(c'),G(f^*))(\epsilon(\theta(e')))\\&=\Gamma'(G(f^*)^*,G(d))(\epsilon(\theta(e))) \quad (\text{由 } (13.5))\\&=\epsilon(\theta(e))\star(G(f^*)^*)^\circ.\end{aligned} \tag{15.8}$$

因为 $\zeta$ 是自然变换, 图 15.3 交换:

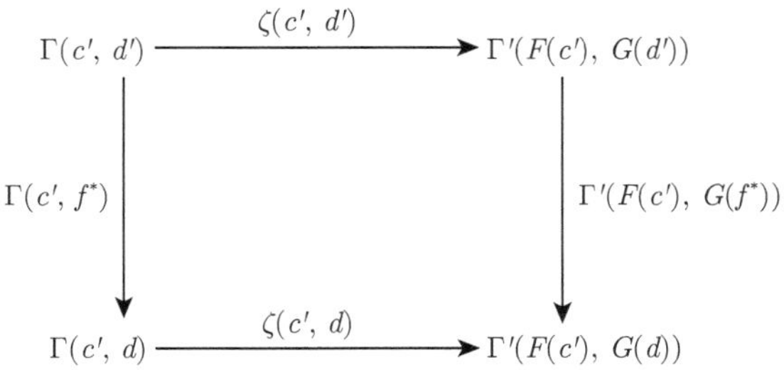


图 15.3

我们有

$$\zeta(c',d)(\Gamma(c',f^*)(\epsilon(e'))) = \Gamma'(F(c'),G(f^*))(\zeta(c',d')(\epsilon(e'))).$$

比较式 (15.7) 和 (15.8) 的等号右边, 我们得到 $F(f) = G(f^*)^*$. 即是说 $F(f)^* = G(f^*)$. 故 $m = (F,G)$ 满足公理 (M2), 这就直接推出 $m$ 是一个交连系态射.

对偶可证, 若 (M2)$'^*$ 成立, 则 $m = (F,G)$ 满足 (M2)$^*$ 从而由引理 15.1.1 得 $m$ 是一个交连系态射. □

作为定理 15.1.4 的推论, 我们有下述结论.

**命题 15.1.5** 设 $(F,G):\Gamma \longrightarrow \Gamma'$ 为交连系态射, 则以下关于函子和自然变换的图 15.4 交换:

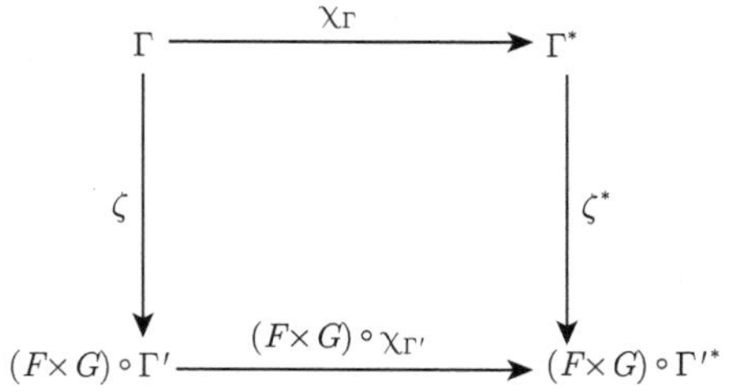


图 15.4

其中 $(F\times G)\circ\chi_{\Gamma'}$ 表示自然变换 $(c,d)\mapsto \chi_{\Gamma'}(F(c),G(d))$.

**证明** 设 $(c,d)\in v\mathcal{C}\times v\mathcal{D}$ 而 $\gamma = \epsilon(e)\star f^\circ \in \Gamma(c,d)$, 即有 $e\in E_\Gamma$ 满足 $d^e = d$ 且 $f\in\mathcal{C}(c^e,c)$. 令 $e'\in E_\Gamma$ 有 $c^{e'} = c$. 则由等式 (13.4) 和 (15.6)$^*$ 可得

$$\begin{aligned}((\chi_\Gamma\circ\zeta^*)(c,d))(\gamma) &= \zeta^*(c,d)(\chi_\Gamma(c,d)(\epsilon(e)\star f^\circ))\\ &= \zeta^*(c,d)(\epsilon^*(e')\star (f^*)^\circ)\\ &= \epsilon^*(\theta(e'))\star G(f^*)^\circ,\end{aligned}$$

其中 $f^*\in\mathcal{D}(d^{e'},d)$ 是 $f$ 的转置, 而 $\theta = \theta_{(F,G)}$ 定义如式 (15.4).

类似地, 由式 (15.6) 和 (13.4), 我们有

$$\begin{aligned}((\zeta\circ(F\times G)\circ\chi_{\Gamma'})(c,d))(\gamma) &= \chi_{\Gamma'}(F(c),G(d))(\zeta(c,d)(\epsilon(e)\star f^\circ))\\ &= \chi_{\Gamma'}(F(c),G(d))(\epsilon(\theta(e))\star F(f)^\circ)\\ &= \epsilon^*(\theta(e'))\star(F(f)^*)^\circ.\end{aligned}$$

由 (M2) 有 $F(f)^* = G(f^*)$, 我们可推知, 对所有 $(c,d)\in v\mathcal{C}\times v\mathcal{D}$ 和 $\gamma\in\Gamma(c,d)$ 有

$$((\chi_\Gamma\circ\zeta^*)(c,d))(\gamma) = ((\zeta\circ(F\times G)\circ\chi_{\Gamma'})(c,d))(\gamma).$$

这就证明了图 15.4 交换, □

## 15.2 CR-半群的同态

我们已知, 平衡范畴 $\mathcal{D}$ 关于平衡范畴 $\mathcal{C}$ 的每个交连系 $\Gamma : \mathcal{D} \longrightarrow \mathcal{B}^*\mathcal{C}$ 确定唯一富足半群 $\widetilde{\mathbf{S}}\Gamma$. 我们在本节将这个机制扩充到态射.

我们先来刻画 CR-半群 $\widetilde{\mathbf{S}}\Gamma$ 的 $\mathscr{H}^*$-类. 由 $\widetilde{\mathbf{S}}\Gamma$ 富足, 其每个 $\mathscr{L}^*$-类都含有唯一正则 $\mathscr{L}$-类. 进而, 对每个 $c \in v\mathcal{C}$, 若记 $L_c^* = L_{\alpha_\Gamma(e)}^*$, 其中 $c^e = c$, 则由定理 14.4.2 有从 $v\mathcal{C}$ 到 $\widetilde{\mathbf{S}}\Gamma$ 的 $\mathscr{L}^*$-类集合上的双射 $c \mapsto L_c^*$. 类似地, 若记 $R_d^* = R_{\alpha_\Gamma(e)}^*$, 其中 $d^e = d$, 则有从 $v\mathcal{D}$ 到 $\widetilde{\mathbf{S}}\Gamma/\mathscr{R}^*$ 上的双射: $d \mapsto R_d^*$. 因此, $\widetilde{\mathbf{S}}\Gamma$ 的每个 $\mathscr{H}^*$-类对应着唯一对子 $(c, d) \in v\mathcal{C} \times v\mathcal{D}$. 我们今后将用 $H_{c,d}^*$ 表示 $\mathscr{H}^*$-类 $L_c^* \cap R_d^*$, 若这个子集合不空, 不然 $H_{c,d}^*$ 就表示空集. 另外, 我们用记号 $f : c \simeq c'$ 表示 $f$ 是从 $c$ 到 $c'$ 的一个平衡态射, 若只写 $c \simeq c'$, 则表示 hom-集 $\mathcal{C}(c, c')$ 中存在平衡态射.

**引理 15.2.1** 对每个 $(c, d) \in v\mathcal{C} \times v\mathcal{D}$, $H_{c,d}^* \neq \varnothing$ 的充要条件是存在某 $c' \in M_n\Gamma(d)$ 使得 $c' \simeq c$. 在此情形, 有

$$H_{c,d}^* = \{(\rho, \lambda) \ : \ \rho \in H^*\Gamma(c, d), \ \lambda = \chi_\Gamma(c, d)(\rho)\}, \tag{15.9}$$

其中

$$H^*\Gamma(c, d) = \{\epsilon(e) \star f \ : \ d^e = d \text{ 且 } f : c^e \simeq c\}. \tag{15.10}$$

进而, 存在 $\mathscr{H}^*$-类 $H_{c,d}^*$ 与 $\mathcal{C}(c^e, c)$ 中平衡态射集的双射, 这里 $e \in E_\Gamma$ 满足 $d^e = d$.

**证明** 给定 $e \in E_\Gamma$ 满足 $d^e = d$ 和 $f : c^e \simeq c$, 从 $H^*\Gamma(c, d)$ 的定义我们有 $\rho = \epsilon(e) \star f \in H^*\Gamma(c, d)$. 从而 $\sigma = (\rho, \lambda)$ 属于式 (15.9) 右边的集合, 其中 $\lambda = \chi_\Gamma(c, d)(\rho) \in \Gamma^*(c, d)$. 由于 $c_\rho = c$, 由定理 14.4.2 可得 $\sigma \mathscr{L}^* \alpha_\Gamma(e')$, 对任一 $e' \in E_\Gamma$, $c^{e'} = c$ 成立. 故 $\sigma \in L_{\alpha_\Gamma(e')}^* = L_c^*$ (见等式组 (14.11)). 对偶地, 由等式组 (14.12) 有 $\sigma \in R_d^*$, 从而 $\sigma \in H_{c,d}^*$.

反之假设 $\sigma = (\rho, \lambda) \in H_{c,d}^*$. 对任一 $e \in E_\Gamma$, $d^e = d$, 由等式组 (14.12) 有 $\sigma \in R_d^* = R_{\alpha_\Gamma(e)}^*$. 据命题 14.3.1, 投影 $\pi : \widetilde{\mathbf{S}}\Gamma \longrightarrow U\Gamma$ 等价于右正则表示, 从而 $\rho \mathscr{R}^* \epsilon(e)$. 再由推论 9.6.7, 存在平衡态射 $f \in \mathcal{C}(c^e, c)$ 使得 $\rho = \epsilon(e) \star f \in \Gamma(c, d)$. 类似地, $\lambda = \epsilon^*(e') \star g \in \Gamma^*(c, d)$, 其中 $c^{e'} = c$ 而 $g \in \mathcal{D}(d^{e'}, d)$ (即 $d^{e'} \in M_n\Gamma^*(c)$) 也是平衡态射. 因 $\lambda$ 与 $\rho$ 相关联, 这就得到 $\lambda = \chi_\Gamma(c, d)(\rho) = \epsilon^*(e') \star f^*$. 故 $g = f^*$, 从而 $\sigma$ 属于式 (15.9) 右边的集合.

由以上证明易知, 每个平衡态射 $f : c^e \simeq c$ 唯一确定 $H_{c,d}^*$ 中一个元素. 若 $f_1$ 和 $f_2$ 确定同一元素, 则必有 $\epsilon(e) \star f_1 = \epsilon(e) \star f_2$, 由此式显然推知 $f_1 = f_2$. □

**引理 15.2.2**　设 $m=(F,G):\Gamma\longrightarrow\Gamma'$ 为交连系态射, 且 $\sigma=(\rho,\lambda)\in\widetilde{\mathbf{S}}\Gamma$. 令 $\rho\in\Gamma(c,d)$ 且 $\lambda=\chi(c,d)(\rho)$. 又记 $c_1=c_\rho$ 和 $d_1=c_\lambda$. 则我们有以下结论:

(1) $\sigma\in H^*_{c_1,d_1}$;

(2) 若 $\rho'=\zeta_m(c,d)(\rho)$ 而 $\lambda'=\zeta^*_m(c,d)(\lambda)$, 则 $\sigma'=(\rho',\lambda')\in\widetilde{\mathbf{S}}\Gamma'$;

(3) $\rho'=\zeta_m(c_1,d_1)(\rho)$ 且 $\lambda'=\zeta^*_m(c_1,d_1)(\lambda)$.

特别地, $\sigma'\in H^*_{F(c_1),G(d_1)}\subseteq\widetilde{\mathbf{S}}\Gamma'$.

**证明**　(1) 取定 $e\in E_\Gamma$ 满足 $d^e=d$. 因 $\rho\in\Gamma(c,d)$, 存在 $f\in\mathcal{C}(c^e,c)$ 使得 $\rho=\epsilon(e)\star f^\circ$. 于是 $c_\rho=\operatorname{im}f=c_1\subseteq c$. 令 $f=\varrho uj$ 为 $f$ 的平衡因子分解, 则 $f^\circ=\varrho u$. 故 $\rho=\epsilon(e)\star\varrho u$. 现在 $\epsilon(e)\star\varrho$ 是幂等元, 满足 $\epsilon(e)\star\varrho\ \omega\ \epsilon(e)$. 由 $\Gamma$ 为局部同构, 存在唯一 $d_1\subseteq d$ 使得 $\Gamma(d_1)=H(\epsilon(e)\star\varrho;-)\subseteq H(\epsilon(e);-)$. 那么 $e_1=(\operatorname{im}\varrho,d_1)\in E_\Gamma$ 且 $\Gamma(d_1)=H(\epsilon(e_1);-)$. 于是我们有 $\epsilon(e_1)=\epsilon(e)\star\varrho$, 从而 $\rho=\epsilon(e_1)\star u\in H^*\Gamma(\operatorname{im}\varrho,d_1)$. 由引理 14.1.2 知 $\lambda=\chi_\Gamma(c,d)(\rho)=\chi_\Gamma(c_1,d_1)(\rho)$. 故由引理 15.2.1, 得 $\sigma=(\rho,\lambda)\in H^*_{c_1,d_1}$. 因为 $\chi_\Gamma(c_1,d_1)(\epsilon(e_1)\star u)=\epsilon^*(e_1')\star u^*$ 对任一满足 $c^{e_1'}=c_1$ 和 $u$ 的相应转置 $u^*:d^{e_1'}\simeq d_1$ 的 $e_1'\in E_\Gamma$ 都成立, 故得到 $c_\lambda=d_1$. 这证明了 (1).

(2) 由命题 15.1.5, 我们有

$$
\begin{aligned}
\lambda'=\zeta^*_m(c,d)(\lambda)&=\zeta^*_m(c,d)(\chi_\Gamma(c,d)(\rho))\\
&=\chi_{\Gamma'}(F(c),G(d))(\zeta_m(c,d)(\rho))\\
&=\chi_{\Gamma'}(F(c),G(d))(\rho'),
\end{aligned}
$$

这证明了 $\sigma'=(\rho',\lambda')$ 是关联对, 故属于 $\widetilde{\mathbf{S}}\Gamma'$, 即 (2) 成立.

(3) 如 (1) 的证明所示, 我们有 $\rho=\epsilon(e)\star f^\circ=\epsilon(e_1)\star u$, 其中 $d^{e_1}=d_1$ 而 $u:c^{e_1}\simeq c_1$. 由于 $F$ 保持平衡态射和包含态射, 我们有 $F(f)=F(\varrho)F(u)F(j)$ 是 $F(f)$ 的平衡因子分解, 由等式 (15.6) 有

$$
\rho'=\epsilon(\theta(e))\star F(f)^\circ=(\epsilon(\theta(e))\star F(\varrho))\star F(u),
$$

其中 $\theta$ 定义如式 (15.4). 因为 $\theta$ 是双态射, 且 $e_1\ \omega\ e$ 有 $\theta(e_1)\ \omega\ \theta(e)$, 故 $\epsilon(\theta(e_1))\,\omega\,\epsilon(\theta(e))$. 于是有

$$
\begin{aligned}
\epsilon(\theta(e_1))&=\epsilon(\theta(e))\cdot\epsilon(\theta(e_1))\\
&=\epsilon(\theta(e))\star\epsilon(\theta(e_1))(F(c))\\
&=\epsilon(\theta(e))\star F(\epsilon(e_1)(c))\quad(\text{由 (M1)})\\
&=\epsilon(\theta(e))\star F(\varrho).
\end{aligned}
$$

由式 (15.6) 得到

$$\zeta_m(c,d)(\rho)=\rho'=\epsilon(\theta(e_1))\star F(u)=\zeta_m(c_1,d_1)(\rho),$$

且由引理 14.1.2 有

$$\chi_{\Gamma'}(F(c),G(d))(\rho')=\chi_{\Gamma'}(F(c_1),G(d_1))(\rho').$$

因而我们得到

$$\begin{aligned}\zeta_m^*(c_1,d_1)(\lambda)&=\zeta_m^*(c_1,d_1)(\chi_\Gamma(c_1,d_1)(\rho))\\&=\chi_{\Gamma'}(F(c_1),G(d_1))(\zeta_m(c_1,d_1)(\rho))\quad&&(\text{由命题 15.1.5})\\&=\chi_{\Gamma'}(F(c),G(d))(\zeta_m(c,d)(\rho))&&(\text{由上})\\&=\zeta_m^*(c,d)(\chi_\Gamma(c,d)(\rho))&&(\text{由命题 15.1.5})\\&=\zeta_m^*(c,d)(\lambda)=\lambda'.\end{aligned}$$

这证明了 (3).

最后, 由于 $d^{e_1}=d_1$, 我们有 $d^{\theta(e_1)}=G(d_1)$. 故等式 $\rho'=\epsilon(\theta(e_1))\star F(u)$ 蕴含 $\rho'\in H^*\Gamma'(F(c_1),G(d_1))$. 进而由 (3) 和命题 15.1.5 得到

$$\begin{aligned}\chi_{\Gamma'}(F(c_1),G(d_1))(\rho')&=\chi_{\Gamma'}(F(c_1),G(d_1))(\zeta_m(c_1,d_1)(\rho))\\&=\zeta_m^*(c_1,d_1)(\chi_\Gamma(c_1,d_1)(\rho))\\&=\zeta_m^*(c_1,d_1)(\lambda)=\lambda'.\end{aligned}$$

再从引理 15.2.1 得到 $\sigma'=(\rho',\lambda')\in H_{F(c_1),G(d_1)}$. 这就完成了证明. □

**定理 15.2.3** 设$m=(F,G):\Gamma\longrightarrow\Gamma'$ 为交连系态射. 对每个 $\sigma=(\rho,\lambda)\in\widetilde{\mathbf{S}}\Gamma$, 定义

$$\widetilde{\mathbf{S}}m(\sigma)=(\zeta_m(c,d)(\rho),\zeta_m^*(c,d)(\lambda)),\tag{15.11}$$

其中 $\rho\in\Gamma(c,d)$ 而 $\lambda=\chi_\Gamma(c,d)(\rho)$. 那么 $\widetilde{\mathbf{S}}m:\widetilde{\mathbf{S}}\Gamma\longrightarrow\widetilde{\mathbf{S}}\Gamma'$ 是一个好同态.

**证明** 由引理 15.2.2 知 $\widetilde{\mathbf{S}}m$ 是从 $\widetilde{\mathbf{S}}\Gamma$ 到 $\widetilde{\mathbf{S}}\Gamma'$ 的映射. 为证 $\widetilde{\mathbf{S}}m$ 是同态, 考虑 $\sigma_i=(\rho_i,\lambda_i)\in\widetilde{\mathbf{S}}\Gamma$, $i=1,2$. 设 $\sigma_i\in H^*_{c_i,d_i}$ 从而 $\rho_i\in H^*\Gamma(c_i,d_i)$ 而 $\lambda_i=\chi_\Gamma(c_i,d_i)(\rho_i)$ (引理 15.2.1). 若对 $e_i,e_i'\in E_\Gamma$ 有 $d^{e_i}=d_i$ 且 $c^{e_i'}=c_i$, 则 $\sigma_i$ 有以下唯一平衡表示

$$\sigma_i=(\epsilon(e_i)\star u_i,\ \epsilon^*(e_i')\star u_i^*),$$

其中 $u_i:c^{e_i}\simeq c_i$ 且 $u_i^*:c^{e_i'}\simeq d_i$ 是 $u_i$ 的转置, $i=1,2$. 用 $\zeta_m$ 的定义 (见式 (15.6)), 我们有

$$\zeta_m(c_1,d_1)(\rho_1)\cdot\zeta_m(c_2,d_2)(\rho_2)=(\epsilon(\theta(e_1))\star F(u_1))\cdot(\epsilon(\theta(e_2))\star F(u_2))$$

$$= \epsilon(\theta(e_1)) \star (F(u_1)(\epsilon(\theta(e_2))(F(c_1)))F(u_2))^\circ$$

$$= \epsilon(\theta(e_1)) \star (F(u_1)F(\epsilon(e_2)(c_1))F(u_2))^\circ \quad (\text{由 (M1)})$$

$$= \epsilon(\theta(e_1)) \star F(u_1\epsilon(e_2)(c_1)u_2)^\circ.$$

因为 $\rho_1 \cdot \rho_2 = \epsilon(e_1) \star (u_1\epsilon(e_2)(c_1)u_2)^\circ \in \Gamma(c_2, d_1)$, 由式 (15.6) 有

$$\zeta_m(c_2, d_1)(\rho_1 \cdot \rho_2) = \epsilon(\theta(e_1)) \star F(u_1\epsilon(e_2)(c_1)u_2)^\circ.$$

由此

$$\rho_1' \cdot \rho_2' = \zeta_m(c_2, d_1)(\rho_1 \cdot \rho_2),$$

其中 $\rho_i' = \zeta_m(c_i, d_i)(\rho_i)$, $i = 1, 2$. 利用命题 15.1.5 和引理 14.1.3 我们得到

$$\begin{aligned}\zeta_m^*(c_2, d_2)(\lambda_2) \cdot \zeta_m^*(c_1, d_1)(\lambda_1) &= \chi_{\Gamma'}(F(c_2), G(d_2))(\rho_2') \cdot \chi_{\Gamma'}(F(c_1), G(d_1))(\rho_1') \\ &= \chi_{\Gamma'}(F(c_2), G(d_1))(\rho_1' \cdot \rho_2') \\ &= \chi_{\Gamma'}(F(c_2), G(d_1))(\zeta_m(c_2, d_1)(\rho_1 \cdot \rho_2)) \\ &= \zeta_m^*(c_2, d_1)(\chi_\Gamma(c_2, d_1)(\rho_1 \cdot \rho_2)) \\ &= \zeta_m^*(c_2, d_1)(\lambda_2 \cdot \lambda_1).\end{aligned}$$

于是由定理 14.2.1(见等式 (14.8)) 得到

$$\begin{aligned}\widetilde{\mathbf{S}}m(\sigma_1)\widetilde{\mathbf{S}}m(\sigma_2) &= (\zeta_m(c_1, d_1)(\rho_1) \cdot \zeta_m(c_2, d_2)(\rho_2),\ \zeta_m^*(c_2, d_2)(\lambda_2) \cdot \zeta_m^*(c_1, d_1)(\lambda_1)) \\ &= (\zeta_m(c_2, d_1)(\rho_1 \cdot \rho_2),\ \zeta_m^*(c_2, d_1)(\lambda_2 \cdot \lambda_1)) \\ &= \widetilde{\mathbf{S}}m(\sigma_1\sigma_2).\end{aligned}$$

这证明了 $\widetilde{\mathbf{S}}m : \widetilde{\mathbf{S}}\Gamma \longrightarrow \widetilde{\mathbf{S}}\Gamma'$ 是同态.

对任意 $\sigma = (\rho, \lambda) \in \widetilde{\mathbf{S}}\Gamma$, 若我们记 $c = c_\rho$ 和 $d' = c_\lambda$, 则由引理 15.2.2 有 $\sigma \in H^*_{c,d'}$, 从而存在某 $c' \in v\mathcal{C}$ 和 $d \in v\mathcal{D}$ 使得 $e' = (c', d'), e = (c, d) \in E_\Gamma$ 及 $\rho = \epsilon(e') \star u \in \Gamma(c, d')$ 满足 $u : c' \simeq c$, 因而 $\lambda = \chi_\Gamma(c, d')(\rho) = \epsilon^*(e) \star u^*$, 其中 $u^*$ 是 $u$ 的从 $d$ 到 $d'$ 的转置. 因为 $c^e = c = c_\rho$ 而 $c^{e'} = d' = c_\lambda$, 若我们记

$$\sigma^+ = \alpha_\Gamma(c', d') = (\epsilon(e'), \epsilon^*(e')) \quad \text{和} \quad \sigma^* = \alpha_\Gamma(c, d) = (\epsilon(e), \epsilon^*(e)),$$

则 $\sigma^+$ 和 $\sigma^*$ 是 $\widetilde{\mathbf{S}}\Gamma$ 的幂等元, 且由定理 14.2.1 的证明 (见式 (14.9)), 我们有

$$\sigma^+ \mathscr{R}^* \sigma \mathscr{L}^* \sigma^*.$$

如此, 从 $\widetilde{\mathbf{S}}m$ 的定义 (见式 (15.6), (15.6)* 和 (15.11)), 我们有

$$\widetilde{\mathbf{S}}m(\sigma) = (\epsilon(\theta(e')) \star F(u),\ \epsilon^*(\theta(e)) \star G(u^*)).$$

因为函子 $F$ 和 $G$ 保持平衡态射, 从式 (14.9), (15.6), (15.6)* 和 (15.11), 可以得到

$$\widetilde{\mathbf{S}}m(\sigma^+) = (\epsilon(\theta(e')), \epsilon^*(\theta(e')))\ \mathscr{R}^*\ \widetilde{\mathbf{S}}m(\sigma)\ \mathscr{L}^*\ (\epsilon(\theta(e)), \epsilon^*(\theta(e))) = \widetilde{\mathbf{S}}m(\sigma^*).$$

注意到 $\theta(e') = (F(c'), G(d'))$ 和 $\theta(e) = (F(c), G(d))$, 由引理 15.2.2 可得

$$L^*_\sigma = \bigcup_{d'' \in v\mathcal{D}} H^*_{c,d''},\ \text{且}\ L^*_{\widetilde{\mathbf{S}}m(\sigma)} = \bigcup_{d'' \in v\mathcal{D}} H^*_{F(c),G(d'')}.$$

以上论证事实上证明了 $\widetilde{\mathbf{S}}m(L^*_\sigma) \subseteq L^*_{\widetilde{\mathbf{S}}m(\sigma)}$. 换言之, 我们证明了 $\widetilde{\mathbf{S}}m$ 是保持 $*$-Green 关系 $\mathscr{L}^*$ 的. 类似可证 $\widetilde{\mathbf{S}}m$ 也是保持 $*$-Green 关系 $\mathscr{R}^*$ 的. 故 $\widetilde{\mathbf{S}}m$ 是好同态. □

## 15.3 范畴 $\mathbb{AS}$ 和 $\mathbb{CRB}$ 的等价

我们已看到, 每个交连系 $\Gamma$ 对应着一个富足半群 $\widetilde{\mathbf{S}}\Gamma$(定理 14.2.1) 且每个交连系态射 $m : \Gamma \longrightarrow \Gamma'$ 对应着一个好同态 $\widetilde{\mathbf{S}}m : \widetilde{\mathbf{S}}\Gamma \longrightarrow \widetilde{\mathbf{S}}\Gamma'$ (定理 15.2.3). 我们在本节来证明, 这两个对应在一起就可以成为一个函子 $\widetilde{\mathbf{S}}$, 它是从交连系范畴 $\mathbb{CRB}$ 到富足半群范畴 $\mathbb{AS}$ 的一个等价, 这是通过准确构作 $\widetilde{\mathbf{S}}$ 的一个伴随逆 (函子)$\mathbf{\Gamma}$ 证明的.

**定理 15.3.1** 映射对

$$\Gamma \mapsto \widetilde{\mathbf{S}}\Gamma\ \ \text{和}\ \ m \mapsto \widetilde{\mathbf{S}}m$$

定义了一个函子$\widetilde{\mathbf{S}} : \mathbb{CRB} \longrightarrow \mathbb{AS}$.

**证明** 设 $m = (F, G) : \Gamma \longrightarrow \Gamma'$ 和 $m' = (F', G') : \Gamma' \longrightarrow \Gamma''$ 是两个交连系态射. 由式 (15.3) 和 (15.4) 我们有 $mm' = (FF', GG')$ 以及 $\theta_{mm'} = \theta_m\theta_{m'}$. 由等式 (15.6) 和 (15.6*), 对每个 $(c, d) \in v\mathcal{C} \times v\mathcal{D}$ 有

$$\zeta_m(c,d)\zeta_{m'}(F(c), G(d)) = \zeta_{mm'}(c,d),$$

$$\zeta^*_m(c,d)\zeta^*_{m'}(F(c), G(d)) = \zeta^*_{mm'}(c,d).$$

于是从式 (15.11) 可得 $\widetilde{\mathbf{S}}m\widetilde{\mathbf{S}}m' = \widetilde{\mathbf{S}}mm'$. 显然, $\widetilde{\mathbf{S}}1_\Gamma = 1_{\widetilde{\mathbf{S}}\Gamma}$. 故 $\widetilde{\mathbf{S}} : \mathbb{CRB} \longrightarrow \mathbb{AS}$ 是函子. □

定理 11.1.3 对每个富足半群 $S$ 构作了交连系 $\mathbf{\Gamma}S : \mathbb{R}(S) \longrightarrow \mathcal{B}^*\mathbb{L}(S)$. 以下我们证明: 这个构作可以扩充为一个函子 $\mathbf{\Gamma} : \mathbb{AS} \longrightarrow \mathbb{CRB}$. 准确地说, 我们将证明 $\mathbf{\Gamma}$ 是函子 $\widetilde{\mathbf{S}}$ 的伴随逆.

**定理 15.3.2** 设 $h : S \longrightarrow S'$ 是富足半群的好同态. 对每个 $Sx \in v\mathbb{L}(S)$ 和每个态射 $\rho(e, u, f) : Se \longrightarrow Sf$, 定义

$$F_h(Sx) = S'(hx) \text{ 和 } F_h(\rho(e,u,f)) = \rho(he, hu, hf), \tag{15.12}$$

其中 $he$, $hf$ 和 $hu$ 分别表示 $e, f \in E(S)$ 和 $u \in eSf$ 在该同态下的像. 那么, $F_h : \mathbb{L}(S) \longrightarrow \mathbb{L}(S')$ 是一个保持包含的函子. 对偶地, 对每个 $xS \in v\mathbb{R}(S)$ 和 $\lambda(e, u, f) : eS \longrightarrow fS$, 定义

$$G_h(xS) = (hx)S' \text{ 和 } G_h(\lambda(e,u,f)) = \lambda(he, hu, hf), \tag{15.12)*}$$

则 $G_h : \mathbb{R}(S) \longrightarrow \mathbb{R}(S')$ 是一个函子. 进而,

$$\mathbf{\Gamma}h = (F_h, G_h) : \mathbf{\Gamma}S \longrightarrow \mathbf{\Gamma}S'$$

是一个交连系态射. 最后, 映射对

$$S \mapsto \mathbf{\Gamma}S \text{ 和 } h \mapsto \mathbf{\Gamma}h$$

定义了一个函子$\mathbf{\Gamma} : \mathbb{AS} \longrightarrow \mathbb{CRB}$.

**证明**　因为任一好同态保持 $\mathscr{L}^*$-关系, 等式 (15.12) 定义的对象映射和态射映射有定义且对象映射还是保持包含序关系的. 由命题 9.2.9 之 (4) 与 (5) 得 $F_h$ 是一个函子且 $F_h$ 保持包含. 对偶可得 $G_h$ 也是保持包含的函子.

从定理 14.5.2 直接可得 $e \mapsto (\rho^e, \lambda^e)$ 是从 $E(S)$ 到 $E(\widetilde{\mathbf{S}}\mathbf{\Gamma}S)$ 上的双序同构 (见等式 (14.15)). 由命题 14.5.1 之证明, $(Se, fS) \in E_{\mathbf{\Gamma}S}$ 当且仅当存在 $g \in E(S)$ 使得 $Se = Sg$ 和 $fS = gS$. 由定理 15.0.1 立知

$$\alpha_{\mathbf{\Gamma}S} : (Sg, gS) \mapsto (\epsilon(Sg, gS), \epsilon^*(Sg, gS)) = (\rho^g, \lambda^g)$$

是从 $E_{\mathbf{\Gamma}S}$ 到 $E(\widetilde{\mathbf{S}}\mathbf{\Gamma}S)$ 上的双序同构. 故公理 (M1) 的第一个条件成立. 再由 $F_h$ 的定义可得

$$\begin{aligned} F_h(\epsilon(Se, eS)(Sf)) &= F_h(\rho^e(Sf)) \\ &= F_h(\rho(f, fe, e)) \\ &= \rho(hf, (hf)(he), he) \end{aligned}$$

$$
\begin{aligned}
&= \rho^{he}(S'hf) \\
&= \epsilon(S'he, heS')(S'hf) \\
&= \epsilon(F_h(Se), G_h(eS))(F_h(Sf)).
\end{aligned}
$$

这证明了定义 15.1.2 中的公理 (M1) 为真.

为证公理 (M2), 由等式 (13.4) 我们有 $\rho(e,u,f)^* = \lambda(f,u,e)$. 故可得

$$
\begin{aligned}
G_h(\rho(e,u,f)^*) &= G_h(\lambda(f,u,e)) \\
&= \lambda(hf, hu, he) \\
&= \rho(he, hu, hf)^* \\
&= F_h(\rho(e,u,f))^*.
\end{aligned}
$$

由于 $\rho(e,u,f)$ $(\lambda(e,v,f))$ 平衡当且仅当 $e\ \mathscr{R}^*\ u\ \mathscr{L}^*\ f$ $(e\ \mathscr{L}^*\ v\ \mathscr{R}^*\ f)$ 且 $h$ 是好同态, 易知 $F_h$, $G_h$ 满足公理 (M0). 如此, $\mathbf{\Gamma} h = (F_h, G_h)$ 是一个交连系态射. 既然好同态的合成也是好同态, 由 $\mathbf{\Gamma} h$ 的定义立得

$$
\mathbf{\Gamma}(hh') = (\mathbf{\Gamma} h)(\mathbf{\Gamma} h'),
$$

从而 $\mathbf{\Gamma} : \mathbb{AS} \longrightarrow \mathbb{CRB}$ 是函子. □

下一定理说明: 在自然等价之下, $\mathbf{\Gamma}$ 是 $\widetilde{\mathbf{S}}$ 的一个左逆, 即, $\mathbf{\Gamma}\widetilde{\mathbf{S}}$ 自然等价于 $I_{\mathbb{AS}}$.

**定理 15.3.3** 对每个富足半群 $S$, 设 $\varphi(S) \in \mathbb{AS}(S, \widetilde{\mathbf{S}}(\mathbf{\Gamma} S))$ 表示等式 (14.15) 定义的同构, 并记 $\varphi$ 为从 $v\mathbb{AS}$ 到 $\mathbb{AS}$ 的映射, $\varphi$ 将每个 $S \in v\mathbb{AS}$ 映为 $\varphi(S)$. 则 $\varphi : I_{\mathbb{AS}} \longrightarrow \mathbf{\Gamma}\widetilde{\mathbf{S}}$ 是自然同构.

**证明** 设 $h : S \longrightarrow S'$ 为富足半群的好同态, 我们必须证明图 15.5 交换:

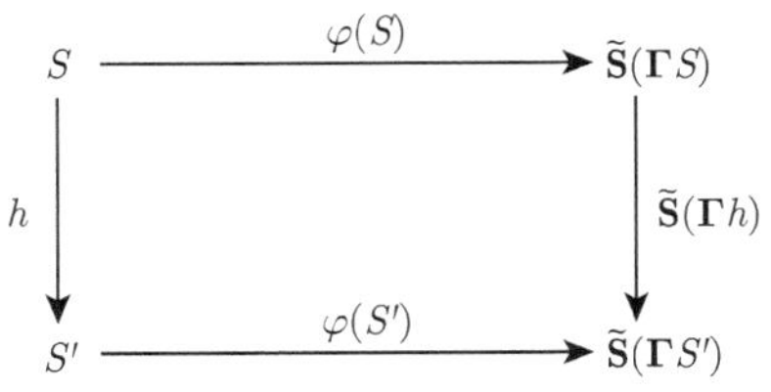


图 15.5

对任一 $x \in S$, 由等式 (14.15), (15.11) 及 $\mathbf{\Gamma} h$ 的定义 (见定理 15.3.2), 我们有

$$
\widetilde{\mathbf{S}}(\mathbf{\Gamma} h(\varphi(S)(x))) = \widetilde{\mathbf{S}}(\mathbf{\Gamma} h((\rho^x, \lambda^x))) = (\zeta(\rho^x),\ \zeta^*(\lambda^x)),
$$

以及 $\varphi(S')(hx) = (\rho^{hx}, \lambda^{hx})$, 这里我们记 $\zeta = \zeta_{\mathbf{\Gamma}h}$ 和 $\zeta^* = \zeta^*_{\mathbf{\Gamma}h}$. 如此, 若 $e, f \in E(S)$ 满足 $e \mathscr{R}^* x \mathscr{L}^* f$, 从而 $\rho(e,x,f)$ 是一个平衡态射, 则我们有

$$\rho^x = \rho^e \star \rho(e,x,f) = \epsilon(Se, eS) \star \rho(e,x,f).$$

因而, 由 $h$ 为好同态, 据等式 (15.6) 得到

$$\zeta(\rho^x) = \epsilon(S'he, heS') \star F_h(\rho(e,x,f)) = \rho^{he} \star \rho(he, hx, hf) = \rho^{hx}.$$

如此, $\rho^x \in \mathbf{\Gamma}S(Sf, eS)$ 且从定理 14.4.3 和定理 12.4.1 得

$$\lambda^x = \chi_S(Sf, eS)(\rho^x) = \chi_{\mathbf{\Gamma}S}(Sf, eS)(\rho^x).$$

由命题 15.1.5 及 $\chi_{\mathbf{\Gamma}S'}$ 的定义 (见定理 12.4.1之证), 我们有

$$\begin{aligned}
\zeta^*(\lambda^x) &= \zeta^*(\chi_{\mathbf{\Gamma}S}(Sf, eS)(\rho^x)) \\
&= \chi_{\mathbf{\Gamma}S'}(S'hf, heS')(\zeta(\rho^x)) \\
&= \chi_{\mathbf{\Gamma}S'}(S'hf, heS')(\rho^{hx}) \\
&= \chi_{\mathbf{\Gamma}S'}(S'hf, heS')(\rho^{he} \star \rho(he, hx, hf)) \\
&= \lambda^{hf} \star \lambda(hf, hx, he) \\
&= \lambda^{hx}.
\end{aligned}$$

最后一个等号来自这样事实: 因 $h$ 是好同态, 有 $hf \mathscr{L}^* hx \mathscr{R}^* he$. 这证明了图 15.5 交换, 从而 $\varphi$ 是自然变换. 既然 $\varphi$ 在每个富足半群 $S$ 上的成分都是同构 (见定理 14.4.3), 这就证明了 $\varphi$ 是自然同构. □

为完成 $\mathbf{\Gamma}$ 是 $\widetilde{\mathbf{S}}$ 的伴随逆之证, 我们还必须证明 $I_{\mathbb{CRB}}$ 自然等价于 $\widetilde{\mathbf{S}}\mathbf{\Gamma}$. 回顾一下, 对每个交连系 $\Gamma : \mathcal{D} \longrightarrow \mathcal{B}^*\mathcal{C}$, 存在同构 $F_\Gamma : \mathcal{C} \longrightarrow \mathbb{L}(\widetilde{\mathbf{S}}\Gamma)$ 和 $G_\Gamma : \mathcal{D} \longrightarrow \mathbb{R}(\widetilde{\mathbf{S}}\Gamma)$(见等式 (14.11) 和 (14.12)).

**定理 15.3.4**　对平衡范畴 $\mathcal{D}$ 关于平衡范畴 $\mathcal{C}$ 的每个交连系 $\Gamma : \mathcal{D} \longrightarrow \mathcal{B}^*\mathcal{C}$, 令

$$\psi(\Gamma) = (F_\Gamma, G_\Gamma), \tag{15.13}$$

其中 $F_\Gamma : \mathcal{C} \longrightarrow \mathbb{L}(\widetilde{\mathbf{S}}\Gamma)$ 和 $G_\Gamma : \mathcal{D} \longrightarrow \mathbb{R}(\widetilde{\mathbf{S}}\Gamma)$ 是定理 14.4.2 定义的同构. 则 $\psi(\Gamma)$ 是一个交连系同构, 使得映射

$$\Gamma \mapsto \psi(\Gamma)$$

是自然同构: $\psi : I_{\mathbb{CRB}} \longrightarrow \widetilde{\mathbf{S}}\mathbf{\Gamma}$.

**证明**　我们首先证明, 对每个 $\Gamma : \mathcal{D} \longrightarrow \mathcal{B}^*\mathcal{C}$, 有 $\psi(\Gamma)$ 是 $\Gamma$ 到 $\mathbf{\Gamma}(\widetilde{\mathbf{S}}\Gamma)$ 的交连系态射. 为方便, 记 $S = \widetilde{\mathbf{S}}\Gamma$, 记定理 15.0.1 的双序同构为 $\alpha = \alpha_\Gamma : E_\Gamma \longrightarrow E(S)$.

令 $e=(c,d)\in E_\Gamma$, 由等式 (14.11) 和 (14.12), 有

$$F_\Gamma(c)=S\alpha(e) \text{ 及 } G_\Gamma(d)=\alpha(e)S.$$

因而 $(F_\Gamma(c),G_\Gamma(d))=(S\alpha(e),\alpha(e)S)\in E_{\Gamma S}$. 此外, 由等式 (14.11) 还可得

$$F_\Gamma(\epsilon(e)(c'))=\rho(\epsilon(e'),\sigma,\epsilon(e)),$$

其中 $e'=(c',d')\in E_\Gamma$, $\epsilon(e)(c')\in\mathcal{C}(c',c)$, 且有

$$\begin{gathered}\pi\sigma=\epsilon(e')\star\epsilon(e)(c')^\circ\in\Gamma(c,d'),\quad(\epsilon(e)(c'))^*=\epsilon^*(e')(d)\in\mathcal{D}(d,d'),\\ \pi^*\sigma=\chi_\Gamma(c,d')(\epsilon(e')\star\epsilon(e)(c')^\circ)=\epsilon^*(e)\star\epsilon^*(e')(d)^\circ.\end{gathered}$$

这样

$$\begin{aligned}\sigma&=(\epsilon(e')\star\epsilon(e)(c')^\circ,\ \epsilon^*(e)\star\epsilon^*(e')(d)^\circ)\\&=(\epsilon(e')\cdot\epsilon(e),\ \epsilon^*(e)\cdot\epsilon^*(e'))\\&=(\epsilon(e'),\ \epsilon^*(e'))(\epsilon(e),\ \epsilon^*(e))\\&=\alpha(e')\alpha(e).\end{aligned}$$

故得

$$\begin{aligned}F_\Gamma(\epsilon(e)(c'))&=\rho(\epsilon(e'),\alpha(e')\alpha(e),\epsilon(e))\\&=\rho^{\alpha(e)}(S\alpha(e'))\\&=\epsilon(S\alpha(e),\alpha(e)S)(S\alpha(e'))\\&=\epsilon(F_\Gamma(c),G_\Gamma(d))(F_\Gamma(c')).\end{aligned}$$

这证明了 $\psi$ 满足公理 (M1). 现在设 $e,e'\in E_\Gamma$ 而 $f:c=c^e\longrightarrow c^{e'}=c'$. 若 $\sigma=(\epsilon(e)\star f^\circ,\ \epsilon^*(e')\star(f^*)^\circ)$, 则由等式 (14.11) 和 (14.12), 我们有

$$\begin{aligned}F_\Gamma(f)^*&=\rho(\alpha(e),\sigma,\alpha(e'))^*\\&=\lambda(\alpha(e'),\sigma,\alpha(e))\\&=G_\Gamma(f^*).\end{aligned}$$

这证明了公理 (M2) 也成立. 由于 $F_\Gamma$ 和 $G_\Gamma$ 是同构, 公理 (M0) 自然为真. 于是得到 $\psi(\Gamma)$ 不仅是交连系态射, 而且还是同构.

为证 $\psi : \Gamma \longrightarrow \psi(\Gamma)$ 是从函子 $I_{\mathbb{CRB}}$ 到函子 $\widetilde{\mathbf{S}}\boldsymbol{\Gamma}$ 的自然变换, 设 $\Gamma$ 和 $\Gamma'$ 是两个交连系且 $m = (F, G)$ 是从 $\Gamma$ 到 $\Gamma'$ 的交连系态射. 我们来验证图 15.6 交换:

$$\begin{array}{ccc}
\Gamma & \xrightarrow{\psi(\Gamma)=(F_\Gamma,\ G_\Gamma)} & \boldsymbol{\Gamma}(\widetilde{\mathbf{S}}\Gamma) \\
{\scriptstyle m=(F,\ G)}\downarrow & & \downarrow{\scriptstyle \boldsymbol{\Gamma}(\widetilde{\mathbf{S}}m)=(F_h,\ G_h)} \\
\Gamma' & \xrightarrow{\psi(\Gamma')=(F_{\Gamma'},\ G_{\Gamma'})} & \boldsymbol{\Gamma}(\widetilde{\mathbf{S}}\Gamma')
\end{array}$$

图 15.6

为记号简便, 记

$$S = \widetilde{\mathbf{S}}\Gamma, \quad S' = \widetilde{\mathbf{S}}\Gamma', \quad \alpha = \alpha_\Gamma : E_\Gamma \longrightarrow E(S), \quad \alpha' = \alpha_{\Gamma'} : E_{\Gamma'} \longrightarrow E(S'),$$

其中 $\alpha$ 和 $\alpha'$ 是定理 15.0.1 中的双序同构. 又记 $h = \widetilde{\mathbf{S}}m : S \longrightarrow S'$ 是定理 15.2.3 定义的同态. 我们来验证 $\psi(\Gamma)\boldsymbol{\Gamma}h = m\psi(\Gamma')$.

按交连系态射的合成定义 (见式 (15.3)), 这等价于证明

$$F_\Gamma F_h = F F_{\Gamma'} \quad 和 \quad G_\Gamma G_h = G G_{\Gamma'}. \tag{15.14}$$

对任意 $c \in v\mathcal{C}$, 由等式 (14.11) 和 (15.12), 我们有

$$F_\Gamma F_h(c) = F_h(F_\Gamma(c)) = F_h(S\alpha(e)) = S'h\alpha(e),$$

其中 $c^e = c$. 利用 $\alpha = \alpha_\Gamma$, $\alpha' = \alpha_{\Gamma'}$ 的定义和等式 (15.11), 我们得到

$$\begin{aligned}
h\alpha(e) &= \widetilde{\mathbf{S}}m(\epsilon(e), \epsilon^*(e)) \\
&= (\zeta_m(c, d^e)(\epsilon(e)),\ \zeta_m^*(c, d^e)(\epsilon^*(e))) \\
&= (\epsilon(\theta(e)),\ \epsilon^*(\theta(e))) \\
&= \alpha'(\theta(e)),
\end{aligned}$$

其中 $\theta = \theta_m$. 由 $F_{\Gamma'}(F(c)) = F_{\Gamma'}(S\alpha(e)) = S'\alpha'(\theta(e))$, 可得 $F_\Gamma F_h(c) = FF_{\Gamma'}(c)$ 对所有 $c \in v\mathcal{C}$. 令 $f \in \mathcal{C}(c, c')$ 并选择 $e = (c, d)$ 和 $e' = (c', d') \in E_\Gamma$, 由等式 (14.11), 显然可得

$$F_\Gamma(f) = \rho(\alpha(e),\ (\gamma,\ \lambda),\ \alpha(e')),$$

其中 $\gamma = \epsilon(e) \star f^\circ$ 且 $\lambda = \chi_\Gamma(c', d)(\gamma) = \epsilon^*(e') \star (f^*)^\circ$ (见 $\chi_\Gamma$ 的定义, 等式 (13.4)). 记 $\theta = \theta_m$ 同前, 则由等式 (15.11) 得到

$$F_h(F_\Gamma(f)) = \rho(\alpha(\theta(e)),\ h(\gamma, \lambda),\ \alpha(\theta(e')))$$

$$= \rho(\alpha(\theta(e)), (\zeta_m(c', d)(\gamma), \zeta_m^*(c', d)(\lambda)), \alpha(\theta(e'))).$$

这样, 从等式 (15.6), (15.6)* 和 (13.4), 有

$$\begin{aligned} \zeta_m(c', d)(\gamma) &= \epsilon(\theta(e)) \star F(f)^\circ, \\ \zeta_m^*(c', d)(\lambda) &= \epsilon^*(\theta(e')) \star G(f^*)^\circ \\ &= \epsilon^*(\theta(e')) \star (F(f)^*)^\circ \\ &= \chi_{\Gamma'}(F(c'), G(d))(\zeta_m(c', d)(\gamma)). \end{aligned}$$

从等式 (14.11) 得 $F_h(F_\Gamma(f)) = F_{\Gamma'}(F(f))$ 对所有 $f \in \mathcal{C}$ 成立. 这完成了式 (15.14) 中第一个等式的证明. 对第二个等式可用类似方法证明. 故 $\psi$ 是自然变换, 因对每个交连系 $\Gamma$, $\psi(\Gamma)$ 都是同构, 这证明了 $\psi : I_{\mathbb{CRB}} \longrightarrow \widetilde{\mathbf{S}}\mathbf{\Gamma}$ 是自然同构. □

至此, 我们可以证明下述定理:

**定理 15.3.5** 函子 $\widetilde{\mathbf{S}} : \mathbb{CRB} \longrightarrow \mathbb{AS}$ 是平衡范畴的交连系范畴 $\mathbb{CRB}$(其态射由定义 15.1.2 定义) 到富足半群与好同态的范畴 $\mathbb{AS}$ 的伴随等价. 函子

$$\mathbf{\Gamma} : \mathbb{AS} \longrightarrow \mathbb{CRB}, \quad S \mapsto \mathbf{\Gamma}S, \ \ h \mapsto \mathbf{\Gamma}h$$

是 $\widetilde{\mathbf{S}}$ 的伴随逆.

**证明** 由定理 15.3.1 和定理 15.3.2, $\widetilde{\mathbf{S}} : \mathbb{CRB} \longrightarrow \mathbb{AS}$ 和 $\mathbf{\Gamma} : \mathbb{AS} \longrightarrow \mathbb{CRB}$ 是函子. 由定理 15.3.3 和定理 15.3.4, $\varphi : I_{\mathbb{AS}} \longrightarrow \mathbf{\Gamma}\widetilde{\mathbf{S}}$ 和 $\psi : I_{\mathbb{CRB}} \longrightarrow \widetilde{\mathbf{S}}\mathbf{\Gamma}$ 是自然同构. 从范畴的伴随等价及其伴随逆的定义 (见 p265 或 [37, IV.4]), 得到我们的定理. □

# 第 16 章　一致半群和一致范畴

这是本书的最后一章. 在本章中, 我们将应用关于富足半群交连系结构的整个理论 (第 9—15 章) 对一致半群和相应的范畴及其交连系给出有别于 [47] 和 [70] 的另一种刻画. 我们的结果将完善、简化、加细并丰富由 Azeef Muhammed, Romeo 和 Nambooripad 在以上两文献中得到的理论.

## 16.1　一致范畴和连贯范畴

由定义 6.1.10 已知, 一致半群 $S$ 是其正则元集 $\operatorname{Reg} S$ 为子半群且幂等元连通的半群. 易知, $\operatorname{Reg} S$ 为子半群等价于任二幂等元乘积正则. 所谓 "幂等元连通" 是群论中共轭同构关系的一种推广, 最初推广到正则半群, 后进一步推广到富足半群 (见 [1, 21, 47, 70]). 我们用 [21] 中的说法叙述这个概念. 称富足半群 $S$ 是*幂等元连通的*, 若对每个 $a \in S$ 和某 (等价地, 所有 (见 [1]))$a^+ \in E(R_a^*)$ 及 $a^* \in E(L_a^*)$, 存在双射 $\alpha : \omega(a^+) \longrightarrow \omega(a^*)$, 满足: $xa = a(x\alpha)$, $\forall x \in \omega(a^+)$. 易知, $\alpha$ 其实是从 $\omega(a^+)$ 生成的子半群到 $\omega(a^*)$ 生成的子半群上的半群同构, 我们称之为*连通同构*. 这个 $\alpha$ 对给定的对子 $(a^+, a^*) \in E(R_a^*) \times E(L_a^*)$ 是唯一的 (见 [1] 中引理 3.2). 我们在第 6 章中已经用元素语言讨论过 "幂等元连通性"(见 6.1 节). 这里我们要用范畴论语言重新描述这个性质, 并用一类特殊的平衡范畴, 所谓*一致范畴*刻画一致半群的结构.

在 [47] 中, 作者们用*连贯范畴* (consistent category)(在 [70] 中用*平衡范畴*) 刻画了一致半群的交连系理论. 用我们的术语, 所谓 "连贯范畴" 的概念可定义如下 (见 [47] 中定义 3.1):

**定义 16.1.1**　范畴 $\mathcal{C}$ 称为是一个连贯范畴, 若以下 6 公理成立:

(CC1) $\mathcal{C}$ 是有子对象的范畴;

(CC2) $\mathcal{C}$ 中每个包含都右可裂;

(CC3) $\mathcal{C}$ 中每个态射有平衡因子分解;

(CC4) $\mathcal{C}$ 中每个平衡态射都是*连贯的* (consistent)( [70] 中称为*真的* (proper), 见下述定义 16.1.3);

(CC5) 形为 $f = jq$ 的态射有正规因子分解, 其中 $j$ 是包含, $q$ 是收缩;

(CC6) 对每个 $c \in v\mathcal{C}$, 存在态射 $\epsilon \in \mathcal{TC}$ 满足 $\epsilon(c) = 1_c$.

下面这个命题是 [47] 中定理 3.8、定理 3.9 和推论 3.10 的综合.

**命题 16.1.2** 设 $\mathcal{C}$ 是连贯范畴, 则有以下结论成立:

(1) $\mathcal{C}$ 的锥半群 $\mathcal{TC}$ 是一致半群, 且定理 9.5.7中定义的 $F:\mathcal{C}\longrightarrow\mathbb{L}(\mathcal{TC})$ 是同构;

(2) 范畴 $\mathcal{C}$ 是连贯范畴当且仅当它与某一致半群 $S$ 的主左 $*$-理想范畴 $\mathbb{L}(S)$ 同构.

为准确描述态射的 "连贯性 (真性)", 我们需要 [47] 的作者引入的几个概念和记号. 设 $\mathcal{C}$ 为有子对象关系 $\subseteq$ 的范畴, $c\in v\mathcal{C}$. 记号$\langle c\rangle$ 表示 $\mathcal{C}$ 的这样的子范畴: 其对象是 $c$ 的所有子对象, 而态射是这些子对象之间的包含和收缩及它们的合成 (乘积). 我们称之为由 $c\in v\mathcal{C}$ 生成的限制主理想 (the restricted principal ideal generated by $c\in v\mathcal{C}$).

**定义 16.1.3** 设 $\mathcal{C}$ 是一个有子对象关系 $\subseteq$ 的范畴. 称态射 $u\in\mathcal{C}(c,d)$ 是连贯的或真的[70], 若存在从 $\langle c\rangle$ 到 $\langle d\rangle$ 的范畴同构 $T^u:\langle c\rangle\longrightarrow\langle d\rangle$ 使得 $\tau^u:c'\mapsto(j^c_{c'}u)^\circ$ $(c'\subseteq c)$ 是从包含函子 $j:\langle c\rangle\longrightarrow\mathcal{C}$(见式 (9.1)) 到函子 $T^u:\langle c\rangle\longrightarrow\langle d\rangle\subseteq\mathcal{C}$ 的自然变换.

**注记 16.1.4** 条件 "$\tau^u:c'\mapsto(j^c_{c'}u)^\circ$ $(c'\subseteq c)$ 是自然变换" 确保 $T^u$ 的对象映射 $vT^u$ 必然是 $T^u(c')=im\,(j^c_{c'}u)$ $(c'\subseteq c)$. 故我们关于 "连贯性 (真性)" 的这个定义与 [47] 和 [70] 中原来定义是完全吻合的, 但我们的表述更为简洁. 应说明的是, $\tau^u$ 一般并不是自然同构 (见 [70]), 因为满态射 $(j^c_{c'}u)^\circ$ 一般不能保证是同构.

现在给出我们的新概念如下:

**定义 16.1.5** 范畴 $\mathcal{C}$ 称为是一致范畴 (a concordant category), 若 $\mathcal{C}$ 是平衡范畴 (即 $\mathcal{C}$ 满足第 9 章的 7 个公理 (P1)—(P7)), 且 $\mathcal{C}$ 还满足以下两个公理:

(P8) $\mathcal{C}$ 中每个态射是连贯的;

(P9) 若 $\epsilon\in\mathcal{TC}$ 是幂等锥, 则对所有 $c'\in v\mathcal{C}$, 态射 $\epsilon(c')$ 都有正规因子分解.

**注记 16.1.6** 应当指出: 定义 16.1.1(即 [47] 中定义 3.1) 没有公理 (P7) 的内容, 但我们发现, 这个公理对 [47] 的 "连贯范畴" 和 [70] 的 "平衡范畴" 都必须成立. 因为, 这个公理对于保证锥半群 $\mathcal{TC}$ 右富足既是必要的, 也是充分的. 如果我们仔细分析文 [47] 第 12 页上从第 12 行到第 21 行的论述和文 [70] 中第 956 页从第 12 行到第 14 行的证明, 不去追究这些论述中的笔误或逻辑疏忽, 就必然会得到这个结论. 因此, 在以下讨论中, 我们假定公理 (P7) 在定义 16.1.1 中蕴含成立.

我们从下述定理开始:

**定理 16.1.7** 对每个一致范畴 $\mathcal{C}$, 其锥半群 $\mathcal{TC}$ 是一致半群, 且定理 9.5.7 中定义的 $F:\mathcal{C}\longrightarrow\mathbb{L}(\mathcal{TC})$ 是范畴同构.

**证明** 设 $\mathcal{C}$ 是满足定义 16.1.5 的一致范畴. 首先, 因为 $\mathcal{C}$ 是平衡范畴, 由定理 9.6.3, 锥半群 $\mathcal{TC}$ 是富足的且 $F:\mathcal{C}\longrightarrow\mathbb{L}(\mathcal{TC})$(定义如定理 9.5.7) 是范畴同构.

进而, 对任二幂等锥 $\epsilon_1, \epsilon_2 \in E(\mathcal{TC})$, 我们有 $\epsilon_1 \cdot \epsilon_2 = \epsilon_1 \star (\epsilon_2(c_{\epsilon_1}))^\circ$. 由公理 (P9), 态射 $\epsilon_2(c_{\epsilon_1})$ 有一个正规因子分解 $\epsilon_2(c_{\epsilon_1}) = euj$, 其中 $e$ 是收缩, $u$ 是同构而 $j$ 是包含. 如此可得 $\epsilon_1 \cdot \epsilon_2 = \epsilon_1 \star eu = \epsilon \star u$, 这里 $\epsilon = \epsilon_1 \star e \in E(\mathcal{TC})$, 这保证 $\epsilon_1 \cdot \epsilon_2 \mathscr{R} \epsilon$, 因为 $u$ 是同构. 这证明了 $\mathcal{TC}$ 中任二幂等元之积正则, 从而 $E(\mathcal{TC})$ 生成的子半群正则.

对任一平衡锥 $\gamma \in \mathcal{TC}$, 有 $\epsilon \in E(R^*_\gamma)$ 和 $\delta \in E(L^*_\gamma)$ 以及平衡态射 $u \in \mathcal{C}(c_\epsilon, c_\delta)$ 使得 $\gamma = \epsilon \star u$, 从而有 $c_\gamma = c_\delta$. 由于 $u$ 是连贯的态射 (公理 (P8)), 存在范畴同构 $T^u : \langle c_\epsilon \rangle \longrightarrow \langle c_\delta \rangle$ 如定义 16.1.3 所给出. 我们来证明存在一个双射 $\alpha : \omega(\epsilon) \longrightarrow \omega(\delta)$, 使得 $\zeta \cdot \gamma = \gamma \cdot \alpha(\zeta)$, 对每个 $\zeta \in \omega(\epsilon)$ 成立. 为此, 定义 $\alpha : \zeta \mapsto \delta \star T^u(\zeta(c_\epsilon))$, 这里的 $\zeta(c_\epsilon)$ 是由 $\zeta \leqslant \epsilon$ 确定的那个收缩. 因为 $T^u$ 全忠实, $T^u$ 限制在 $\langle c_\epsilon \rangle(c_\epsilon, c_\zeta)$ 中所有收缩态射之子集合上是到 $\langle c_\delta \rangle(T^u(c_\epsilon), T^u(c_\zeta))$ 中所有收缩态射之子集合上的双射. 这就蕴含 $\alpha$ 是从 $\omega(\epsilon)$ 到 $\omega(\delta)$ 上的双射, 因为一个幂等锥 $\zeta$ ($\zeta'$) 在理想 $\omega(c_\epsilon)$ ($\omega(c_\delta)$) 中当且仅当它有形 $\zeta = \epsilon \star \varrho$ ($\zeta' = \delta \star \varrho'$), 对某唯一确定的收缩 $\varrho$ ($\varrho'$). 进而, 由于 $\tau^u : c_\zeta \mapsto (j^{c_\epsilon}_{c_\zeta} u)^\circ$ 是从包含函子 $j$ 到函子 $T^u$ 的自然变换, 我们可得 $T^u(c_\zeta) = im\,(j^{c_\epsilon}_{c_\zeta} u)$, 特别地, 这里有 $T^u(c_\epsilon) = \mathrm{im}\,(j^{c_\epsilon}_{c_\epsilon} u) = \mathrm{im}\, u = c_\delta$. 如此, 图 16.1 是交换的:

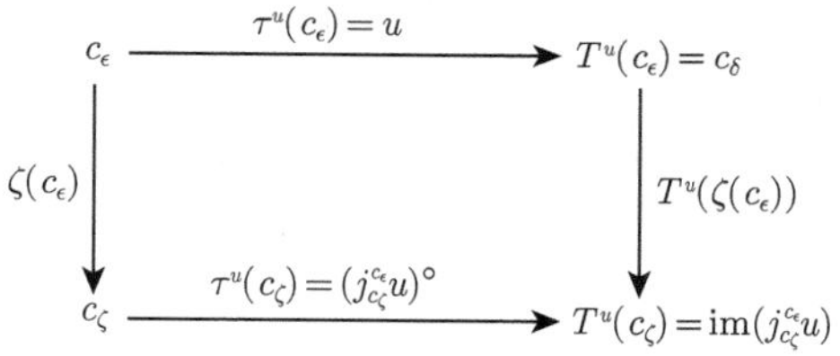


图 16.1

对每个 $\zeta \in \omega(\epsilon)$, 我们得到

$$
\begin{aligned}
\zeta \cdot \gamma &= \zeta \star \gamma(c_\zeta)^\circ && (\text{由 “·” 的定义}) \\
&= \zeta \star (\epsilon(c_\zeta) u)^\circ && (\text{因 } \gamma = \epsilon \star u) \\
&= \zeta \star (j^{c_\epsilon}_{c_\zeta} u)^\circ && (\text{因 } \epsilon(c_\zeta) = j^{c_\epsilon}_{c_\zeta} (\zeta \in \omega(\epsilon))) \\
&= (\epsilon \cdot \zeta) \star (j^{c_\epsilon}_{c_\zeta} u)^\circ && (\text{因 } \zeta = \epsilon \cdot \zeta) \\
&= \epsilon \star (\zeta(c_\epsilon)(j^{c_\epsilon}_{c_\zeta} u)^\circ) && (\text{因 } \zeta(c_\epsilon) \text{ 是收缩}) \\
&= \epsilon \star (u T^u(\zeta(c_\epsilon))) && (\text{图 16.1 交换}) \\
&= (\epsilon \star u) \star T^u(\zeta(c_\epsilon)) && (\text{因 } u \text{ 和 } T^u(\zeta(c_\epsilon)) \text{ 是满态射}) \\
&= \gamma \star T^u(\zeta(c_\epsilon)) && (\text{因 } \gamma = \epsilon \star u)
\end{aligned}
$$

$$
\begin{aligned}
&= (\gamma\cdot\delta)\star T^u(\zeta(c_\epsilon)) && (\text{因 } \gamma\ \mathscr{L}^*\ \delta)\\
&= \gamma\star(\delta(c_\gamma)T^u(\zeta(c_\epsilon))) && (\text{因 } \delta(c_\gamma)=1_{c_\gamma} \text{ 是满态射})\\
&= \gamma\star(\delta\star T^u(\zeta(c_\epsilon)))(c_\gamma) && (\text{由 “}\star\text{” 的定义})\\
&= \gamma\cdot(\delta\star T^u(\zeta(c_\epsilon))) && (\text{由 “}\cdot\text{” 的定义})\\
&= \gamma\cdot\alpha(\zeta) && (\text{由 } \alpha(\zeta) \text{ 的定义}).
\end{aligned}
$$

这证明了 $\mathcal{TC}$ 是幂等元连通的, 故 $\mathcal{TC}$ 是一致半群. □

我们证明, 定义 16.1.1 和定义 16.1.5 事实上是等价的.

**定理 16.1.8** *范畴 $\mathcal{C}$ 是一致的当且仅当 $\mathcal{C}$ 是连贯的.*

**证明** 比较定义 16.1.1 和定义 16.1.5, 同时考虑注 16.1.6 可知, 我们只需证明一致范畴满足公理 (CC5), 而连贯范畴满足公理 (P9).

设 $\mathcal{C}$ 是一致范畴. 对任一包含 $j^c_{c'}$, $c'\subseteq c$ 和收缩 $\varrho\in\mathcal{C}(c,c'')$, $c''\subseteq c$. 由公理 (P5), 存在幂等锥 $\epsilon$ 有锥尖 $c$. 显然我们有 $\epsilon(c')=j^c_{c'}$. 令 $\epsilon''=\epsilon\star\varrho$, 则 $\epsilon''\in E(\mathcal{TC})$ 使得 $j^c_{c'}\varrho=\epsilon(c')\varrho=\epsilon''(c')$. 由公理 (P9), 态射 $\epsilon''(c')$ 有正规因子分解, 也即乘积态射 $j^c_{c'}\varrho$ 有正规因子分解. 这证明 $\mathcal{C}$ 满足公理 (CC5).

设 $\mathcal{C}$ 是连贯范畴, $\epsilon\in E(\mathcal{TC})$, $c_\epsilon=c$, 我们来证明: 对每个 $c'\in v\mathcal{C}$, 态射 $\epsilon(c')$ 有正规因子分解. 由公理 (CC6), 存在幂等锥 $\epsilon'$, 满足 $c'=c_{\epsilon'}$. 由命题 16.1.2, 锥半群 $\mathcal{TC}$ 是一致半群, 由 $E(\mathcal{TC})$ 生成的子半群是正则半群, 故夹心集 $S(\epsilon',\epsilon)\neq\varnothing$. 任选 $\delta\in S(\epsilon',\epsilon)$, 则 $\delta_1=\epsilon'\cdot\delta$, $\delta_2=\delta\cdot\epsilon$ 是幂等元, 满足

$$
\delta_1\ \mathscr{L}\ \delta\ \mathscr{R}\ \delta_2 \quad \text{且} \quad \delta_1\ \mathscr{R}\ \epsilon'\cdot\epsilon=\epsilon'\cdot\delta\cdot\epsilon=\delta_1\cdot\delta_2\ \mathscr{L}\ \delta_2.
$$

若记 $c_1=c_{\delta_1}=c_\delta$ 和 $c_2=c_{\delta_2}=c_{\epsilon'\cdot\epsilon}$, 则有 $c_1\subseteq c'$ 和 $c_2\subseteq c$. 这样可得 $1_{c_1}=\delta_1(c_1)=(\epsilon'\cdot\delta)(c_1)=j^{c'}_{c_1}\delta(c')$, 这蕴含 $\varrho=\delta(c')$ 是收缩. 由于 $\delta_2=\delta\star(\epsilon(c_1))^\circ\ \mathscr{R}\ \delta$, 有 $u=(\epsilon(c_1))^\circ$ 是同构. 其次, 我们可以推知

$$
\begin{aligned}
(\epsilon(c'))^\circ &= (\epsilon'\cdot\epsilon)(c')\\
&= (\delta_1\cdot\delta_2)(c')\\
&= \delta_1(c')(\delta_2(c_1))^\circ\\
&= ((\epsilon'\cdot\delta)(c'))((\delta\cdot\epsilon)(c_1))^\circ\\
&= \delta(c')(\epsilon(c_1))^\circ\\
&= \varrho u.
\end{aligned}
$$

故得 $\epsilon(c')=\varrho u j^c_{c_2}$, 因为 $u=(\epsilon(c_1))^\circ$ 是同构, 这是 $\epsilon(c')$ 的一个正规因子分解. 这就完成了定理之证. □

**定理 16.1.9** *一致半群 $S$ 的主左 $*$-理想范畴 $\mathbb{L}(S)$ 是一致范畴.*

**证明** 由 $S$ 为一致半群, 据命题 16.1.2 知 $\mathbb{L}(S)$ 是连贯范畴. 从定理 16.1.8 立得 $\mathbb{L}(S)$ 是一致范畴.

下面我们不用命题 16.1.2, 直接证明 $\mathbb{L}(S)$ 满足公理 (P8), 且证明其主幂等锥满足公理 (P9).

设 $\rho = \rho(e, u, f) \in \mathbb{L}(S)$ 是 $\mathbb{L}(S)$ 的一个平衡态射. 由定理 9.2.10(3), 有 $e \mathscr{R}^* u \mathscr{L}^* f$. 因为 $S$ 幂等元连通, 存在一个从 $\omega(e)$ 生成的子半群到 $\omega(f)$ 生成的子半群的连通同构 $\alpha$. 我们知道, 范畴 $\mathbb{L}(S)$ 的包含和收缩分别有形 $j_{Sg}^{Sh} = \rho(g, g, h)$ 和 $\rho(h, g, g)$, 其中 $g \leqslant h$. 对任意 $g \leqslant h \leqslant e$, 我们定义 $T^\rho : \langle Se \rangle \longrightarrow \langle Sf \rangle$ 为

$$T^\rho(Sg) = S\alpha(g),$$

$$T^\rho(\rho(g, g, h)) = \rho(\alpha(g), \alpha(g), \alpha(h)), \text{ 以及}$$

$$T^\rho(\rho(h, g, g)) = \rho(\alpha(h), \alpha(g), \alpha(g)).$$

由 $\alpha$ 是连通同构, 易知 $T^\rho$ 是从子范畴 $\langle Se \rangle$ 到子范畴 $\langle Sf \rangle$ 上的同构. 我们来验证 $\tau^\rho : Sg \mapsto (j_{Sg}^{Se}\rho)^\circ$, $g \,\omega\, e$ 是从 $j : \langle Se \rangle \longrightarrow \mathbb{L}(S)$ 到 $T^\rho : \langle Se \rangle \longrightarrow \langle Sf \rangle \subseteq \mathbb{L}(S)$ 的自然变换.

首先我们证明 $im\,(j_{Sg}^{Se}\rho) = \alpha(g)$. 由于有

$$\begin{aligned}\tau^\rho(Sg) &= (j_{Sg}^{Se}\rho)^\circ \\ &= (\rho(g, g, e)\rho(e, u, f))^\circ \\ &= \rho(g, gu, f)^\circ,\end{aligned}$$

我们只需证明 $gu \mathscr{L}^* \alpha(g)$. 事实上, 我们显然有 $gu\alpha(g) = g^2u = gu$, 且对任意 $x, y \in S^1$ 以下推理成立:

$$\begin{aligned} gux = guy &\Leftrightarrow u\alpha(g)x = u\alpha(g)y \quad (\text{由 } \alpha \text{ 是连通同构}) \\ &\Leftrightarrow f\alpha(g)x = f\alpha(g)y \quad (\text{因 } u \mathscr{L}^* f) \\ &\Leftrightarrow \alpha(g)x = \alpha(g)y \qquad (\text{因 } \alpha(g) \in \omega(f)). \end{aligned}$$

故得 $gu \mathscr{L}^* \alpha(g)$, 从而 $T^\rho(Sg) = \mathrm{im}\,(j_{Sg}^{Se}\rho) = \alpha(g)$ 且有

$$(j_{Sg}^{Se}\rho)^\circ = \rho(g, gu, \alpha(g)), \quad \forall Sg \subseteq Se(\text{或 } \forall g \in \omega(e)).$$

进而, 对任意 $g \leqslant h \leqslant e$, 我们还有

$$\begin{aligned} j_{Sg}^{Sh}(j_{Sh}^{Se}\rho)^{\circ} &= \rho(g,g,h)\rho(h,hu,\alpha(h)) \\ &= \rho(g,g(hu),\alpha(h)) \\ &= \rho(g,gu,\alpha(h)), \end{aligned}$$

以及

$$\begin{aligned} (j_{Sg}^{Se}\rho)^{\circ}T^{\rho}(j_{Sg}^{Sh}) &= \rho(g,gu,\alpha(g))\rho(\alpha(g),\alpha(g),\alpha(h)) \\ &= \rho(g,gu\alpha(g),\alpha(h)) \\ &= \rho(g,gu,\alpha(h)). \end{aligned}$$

如此我们证明了 $j_{Sg}^{Sh}(j_{Sh}^{Se}\rho)^{\circ} = (j_{Sg}^{Se}\rho)^{\circ}T^{\rho}(j_{Sg}^{Sh})$, 即图 16.2 交换:

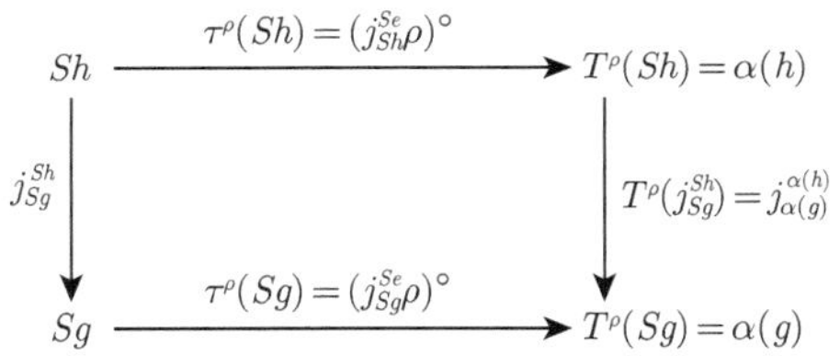


图 16.2

这证明了 $\tau^{\rho}$ 是从包含函子 $j : \langle Se\rangle \longrightarrow \mathbb{L}(S)$ 到函子 $T^{\rho} : \langle Se\rangle \longrightarrow \langle Sf\rangle \subseteq \mathbb{L}(S)$ 的自然变换. 这里的 $T^{\rho}$ 对 $e\ \mathscr{R}^*\ u\ \mathscr{L}^*f$ 必然唯一, 因为定义它的 $\alpha$ 对给定的 $u \in eSf$ 是唯一的.

我们还可对每个主幂等锥 $\rho^e \in \mathcal{T}\mathbb{L}(S)$, $e \in E(S)$ 验证公理 (P9) 成立. 事实上, 因为由 $E(S)$ 生成的子半群正则, 对所有 $e, f \in E(S)$, 夹心集 $S(f,e) \neq \varnothing$. 取 $h \in S(f,e)$, 则有 $h\ \mathscr{L}\ fh\ \leqslant f$, $h\ \mathscr{R}\ he\ \leqslant e$ 及 $fe = fhe = (fh)(fe)(he)$. 故可得

$$\begin{aligned} \rho^{e}(Sf) &= \rho(f,fe,e) \\ &= \rho(f,fh,fh)\rho(fh,fe,he)\rho(he,he,e). \end{aligned}$$

在这个因子分解式中, 因为 $fh\ \omega\ f$, $he\ \omega\ e$, 而 $fh\ \mathscr{R}\ fe\ \mathscr{L}\ he$, 我们有: $\rho(f,fh,fh)$ 是收缩, $\rho(he,he,e)$ 是包含而 $\rho(fh,fe,he)$ 是同构, 故它是一个正规因子分解.

这就完成了证明. □

## 16.2　一致范畴的 CR-半群

易知, 一致范畴 ( [47] 中的连贯范畴或 [70] 中的平衡范畴) 是我们第 12—15 章讨论的平衡范畴的特殊情形. 故每个一致半群都有这四章得到的交连系结构. 此处, 我们用三个定理 (定理 16.2.1—定理 16.2.3) 列出相关结论, 显然其证明可以略去.

**定理 16.2.1**　设 $\mathcal{C}$ 为一致范畴而 $\mathcal{B}^*\mathcal{C}$ 是定义 10.2.1 定义的 $\mathcal{C}$ 的对偶范畴, 则定理 10.2.6 定义的 $\mathbf{G}:\mathbb{R}(\mathcal{TC})\longrightarrow\mathcal{B}^*\mathcal{C}$ 是范畴同构, 因而 $\mathcal{B}^*\mathcal{C}$ 也是一致范畴.

**定理 16.2.2**　每个一致半群 $S$ 的主左和主右 $*$-理想范畴 $\mathbb{L}(S)$, $\mathbb{R}(S)$ 是一致范畴, 满足以下性质:

(1) 定理 10.2.6 定义的 $\mathbf{G}$ 是从 $\mathbb{R}(\mathcal{T}\mathbb{L}(S))$ 到 $\mathcal{B}^*(\mathbb{L}(S))$ 上的同构.

(2) 定理 11.1.3 定义的 $\mathbf{\Gamma}S:\mathbb{R}(S)\longrightarrow\mathcal{B}^*\mathbb{L}(S)$ 和 $\mathbf{\Delta}S:\mathbb{L}(S)\longrightarrow\mathcal{B}^*\mathbb{R}(S)$ 是 $S$ 的彼此对偶的交连系, 且存在自然同构 $\chi_S:\mathbf{\Gamma}S\cong\mathbf{\Delta}S$ 定义如下:

$$\chi_S(Se,fS):\rho^f\star\rho(f,u,e)^\circ\mapsto\lambda^e\star\lambda(e,u,f)^\circ,\ \forall(Se,fS)\in v\mathbb{L}(S)\times v\mathbb{R}(S)$$

(见式 (11.2), (11.2*) 和 (11.4)).

(3) 定理 14.5.2 定义的 $\varphi(S):a\mapsto(\rho^a,\lambda^a)$ 是 $S$ 到 CR-半群 $\widetilde{\mathbf{S}}\mathbf{\Gamma}S$ 上的同构.

(4) 对一致范畴 $\mathcal{C}$, 连通 $\mathbf{\Gamma}(\mathcal{TC})=\mathbf{G}\circ F_*$ 是从 $\mathbb{R}(\mathcal{TC})$ 到 $\mathcal{B}^*\mathbb{L}(\mathcal{TC})$ 上的范畴同构; 而 $\theta_{\mathcal{C}}=F\circ\mathbf{\Delta}(\mathcal{TC})\circ\mathbf{G}_*$ 是从 $\mathcal{C}$ 到 $\mathcal{B}^{**}\mathcal{C}$ 的局部同构, 其中 $F$ 是从 $\mathcal{C}$ 到 $\mathbb{L}(\mathcal{TC})$ 上的范畴同构 (见定理 9.5.7).

**定理 16.2.3**　设 $\mathcal{C}$ 和 $\mathcal{D}$ 为两个一致范畴. 对任一连通 (局部同构)$\Gamma:\mathcal{D}\longrightarrow\mathcal{B}^*\mathcal{C}$, 存在对偶连通 $\Gamma^*:\mathcal{C}_\Gamma\longrightarrow\mathcal{B}^*\mathcal{D}$, 满足: 对任何 $c\in\mathcal{C}_\Gamma$ 和 $d\in v\mathcal{D}$, $c\in M_n\Gamma(d)$ 当且仅当 $d\in M_n\Gamma^*(c)$, 其中 $\mathcal{C}_\Gamma$ 定义如命题 12.1.1.

此外, 由式 (12.10) 定义的 $\chi_\Gamma$ 是从双函子 $\Gamma(-,-)$ 到双函子 $\Gamma^*(-,-)$ 的自然同构.

现在讨论一致范畴的交连系和交连系半群 (CR-半群). 回顾一下, 对平衡范畴 $\mathcal{C}$ 和 $\mathcal{D}$, 一个局部同构 $\Gamma:\mathcal{D}\longrightarrow\mathcal{B}^*\mathcal{C}$ 称为是一个交连系, 若 $\mathcal{C}_\Gamma=\mathcal{C}$, 此时, $\Gamma^*:\mathcal{C}\longrightarrow\mathcal{B}^*\mathcal{D}$ 也是一个交连系.

**定理 16.2.4**　设 $\Gamma:\mathcal{D}\longrightarrow\mathcal{B}^*\mathcal{C}$ 是一致范畴 $\mathcal{D}$ 关于一致范畴 $\mathcal{C}$ 的交连系. 则我们有以下结论:

(1) 等式 (14.1) 定义的 $\mathcal{TC}$ 的子半群 $U\Gamma$ 和等式 (14.1)* 定义的 $\mathcal{TD}$ 的子半群 $U\Gamma^*$ 是一致半群, 它们的幂等元集合分别是

$$\begin{aligned}&E(U\Gamma)=\{\epsilon(c,d)\ :\ (c,d)\in E_\Gamma\},\ 和\\&E(U\Gamma^*)=\{\epsilon^*(c,d)\ :\ (c,d)\in E_\Gamma=E_{\Gamma^*}^{-1}\}.\end{aligned}\tag{16.1}$$

(2) 等式 (14.5) 和 (14.6*) 定义的函子 $\hat{F}$ 和 $\bar{F}$ 分别是从 $\mathcal{C}$ 到 $\mathbb{L}(U\Gamma)$ 和从 $\mathcal{D}$ 到 $\mathbb{L}(U\Gamma^*)$ 上的同构.

**证明** 从命题 14.1.4 可程序性地验证结论 (1) 的等式 (16.1) 成立. 结论 (2) 也是命题 14.1.4 与其对偶的直接推论. 我们只需验证 $U\Gamma$ 是一致半群. 关于 $U\Gamma^*$ 的结论可对偶地证明.

首先, 我们证明由 $E(U\Gamma)$ 生成的子半群是 $U\Gamma$ 的正则子半群. 这只需证明: 对任二幂等元 $\epsilon_1$ 和 $\epsilon_2$, 其夹心集 $S(\epsilon_1,\epsilon_2)$ 中含有 $\delta\in E(U\Gamma)$, 因为 $\mathcal{TC}$ 是一致半群, $\epsilon_1\cdot\epsilon_2\in\operatorname{Reg}\mathcal{TC}$, 如果此结论成立, 则 $\delta$ 就是乘积 $\epsilon_1\cdot\epsilon_2$ 在 $U\Gamma$ 中的逆.

由命题 14.1.4, 有某 $(c,d),(c',d')\in E_\Gamma$ 使得 $\epsilon_1=\epsilon(c,d)$, $\epsilon_2=\epsilon(c',d')$, 于是 $\epsilon_1\cdot\epsilon_2=\epsilon_1\star(\epsilon(c',d')(c))^\circ$. 由公理 (P9), 态射 $\epsilon(c',d')(c)$ 有正规因子分解, 比如 $\epsilon(c',d')(c)=\varrho uj_{c_2}^{c'}$, 其中 $\varrho\in\mathcal{C}(c,c_1),c_1\subseteq c$ 是收缩, $u\in\mathcal{C}(c_1,c_2),c_2\subseteq c'$ 是同构而 $j_{c_2}^{c'}$ 是包含. 由 $c_1\subseteq c$, 我们有

$$\epsilon(c',d')(c_1)=j_{c_1}^{c}\epsilon(c',d')(c)=uj_{c_2}^{c'}. \tag{16.2}$$

因 $\epsilon(c,d)\star\varrho\in\omega(\epsilon(c,d))$ 是有锥尖 $c_1\subseteq c$ 的幂等元, 我们有 $H(\epsilon(c,d)\star\varrho;-)\subseteq H(\epsilon(c,d);-)=\Gamma(d)$. 故由 $\Gamma$ 是局部同构, 存在唯一 $d_1\in v\mathcal{D}$, $d_1\subseteq d$ 使得 $(c_1,d_1)\in E_\Gamma$ 且 $\epsilon(c_1,d_1)=\epsilon(c,d)\star\varrho$. 进而, 从 $c_2\subseteq c'$, 由 $\Gamma$ 为交连系, 存在 $d_2\in v\mathcal{D}$, $d_2\subseteq d'$ 满足 $(c_2,d_2)\in E_\Gamma$ 且 $\epsilon(c_2,d_2)\ \omega\ \epsilon(c',d')$. 这样由 $\epsilon(c_2,d_2)(c')=\varrho'\in\mathcal{C}(c',c_2)$ 是收缩, 利用等式 (16.2) 得到

$$\begin{aligned}\epsilon(c_2,d_2)(c_1)&=(\epsilon(c',d')\cdot\epsilon(c_2,d_2))(c_1)\\&=\epsilon(c',d')(c_1)(\epsilon(c_2,d_2)(c'))^\circ\\&=uj_{c_2}^{c'}\varrho'\\&=u.\end{aligned}$$

因 $u$ 是同构, 得 $(c_1,d_2)\in E_\Gamma$, 这就蕴含存在幂等元 $\delta=\epsilon(c_1,d_2)\in E(U\Gamma)$ 有锥尖 $c_1$. 再由 $d_2\subseteq d'$, 得

$$H(\epsilon(c_1,d_2);-)=\Gamma(d_2)\subseteq\Gamma(d')=H(\epsilon(c',d');-).$$

这就蕴含 $\epsilon(c_1,d_2)=\epsilon(c',d')\star f$ 对某态射 $f\in\mathcal{C}(c',c_1)$(命题 10.1.2). 这样我们得到收缩

$$\varrho_1=\epsilon(c_1,d_2)(c)=\epsilon(c',d')(c)f=\varrho uj_{c_2}^{c'}f,$$

从而推知

$$1_{c_1}=j_{c_1}^{c}\varrho_1=j_{c_1}^{c}\varrho uj_{c_2}^{c'}f=uj_{c_2}^{c'}f,$$

故 $\epsilon(c_1,d_2)(c)=\varrho_1=\varrho$.

因 $c_1\subseteq c$ 且 $d_2\subseteq d'$, 有 $\delta=\epsilon(c_1,d_2)\in M(\epsilon(c,d),\,\epsilon(c',d'))$ 以及

$$
\begin{aligned}
(\delta\cdot\epsilon(c',d'))(c) &= \epsilon(c_1,d_2)(c)(\epsilon(c',d')(c_1))^\circ && (\text{由 “}\cdot\text{” 的定义})\\
&= \varrho(uj_{c_2}^{c'})^\circ && (\text{由 } c_1\subseteq c \text{ 和等式 (16.2)})\\
&= \varrho u && (\text{由满-包含因子分解})\\
&= (\varrho uj_{c_2}^{c'})^\circ && (\text{由满-包含因子分解})\\
&= (\epsilon(c',d')(c))^\circ && (\text{由 } \epsilon(c',d')(c)=\varrho uj_{c_2}^{c'})\\
&= (\epsilon(c,d)\cdot\epsilon(c',d'))(c) && (\text{由 “}\cdot\text{” 的定义}).
\end{aligned}
$$

这证明了 $\epsilon(c,d)\cdot\delta\cdot\epsilon(c',d')=\epsilon(c,d)\cdot\epsilon(c',d')$, 因而 $\delta\in S(\epsilon_1,\epsilon_2)\cap E(U\Gamma)$.

为证 $U\Gamma$ 幂等元连通, 注意到 $E(U\Gamma)$ 是 $E(\mathcal{TC})$ 的序理想以及对任意 $\epsilon=\epsilon(c,d)\in E(U\Gamma)$, $E(\mathcal{TC})$ 的主序理想 $\omega(\epsilon)$ 包含在 $E(U\Gamma)$ 中. 对任一 $\gamma\in U\Gamma$, 由引理 14.1.1, 可得 $\gamma=\epsilon(c,d)\star u$, 对某 $(c,d)\in E_\Gamma$ 和某平衡态射 $u\in\mathcal{C}(c,c')$. 因为 $\Gamma$ 是交连系, 存在 $d'\in v\mathcal{D}$ 使得 $(c',d')\in E_\Gamma$, 故有 $\epsilon(c',d')\in E(U\Gamma)$, 其锥尖为 $c'=c_\gamma$. 如此我们得到

$$\epsilon(c,d)\ \mathscr{R}^{*\mathcal{TC}}\ \gamma\ \mathscr{L}^{*\mathcal{TC}}\ \epsilon(c',d').$$

由等式 (14.4), 这又蕴含

$$\epsilon(c,d)\ \mathscr{R}^{*U\Gamma}\ \gamma\ \mathscr{L}^{*U\Gamma}\ \epsilon(c',d').$$

于是由公理 (P8) 和定义 16.1.3, 存在唯一范畴同构 $T^u:\langle c\rangle\longrightarrow\langle c'\rangle$ 使得映射

$$\tau^u: c_1\mapsto (j_{c_1}^c u)^\circ\ (c_1\subseteq c)$$

是从包含函子 $j$ 到 $T^u$ 的自然变换. 由于 $\omega(\epsilon(c,d)),\omega(\epsilon(c',d'))\subseteq E(U\Gamma)$, 仿照定理 16.1.8之证, 我们有双射 $\alpha:\omega(\epsilon(c,d))\longrightarrow\omega(\epsilon(c',d'))$ 满足 $\zeta\cdot\gamma=\gamma\cdot\alpha(\zeta),\forall\zeta\in\omega(\epsilon(c,d))$. 这就得到了 $U\Gamma$ 的幂等元连通性. □

回顾平衡范畴 $\mathcal{C}$ 中态射 $f$ 的余像概念: 若 $f=\varrho uj$ 是 $f\in\mathcal{C}$ 的一个平衡因子分解, 则 $\operatorname{cod}\varrho=\operatorname{dom}u$ 称为 $f$ 的一个余像. 现在我们补充定义, 若 $u$ 是一个同构态射, 则此余像称为 $f$ 的正规余像 (normal coimage). 一个态射的余像往往不唯一, 类似地, 正规余像存在时也可以不是唯一的. 我们将用 $\operatorname{ncoim}f$ 记 $f$ 的所有正规余像之集. 这里我们证明, 用态射的正规余像集可以计算出一致范畴的交连系 $\Gamma$ 的双序集 $E_\Gamma$ 中任二幂等元的夹心集.

**定理 16.2.5** 设 $\Gamma:\mathcal{D}\longrightarrow\mathcal{B}^*\mathcal{C}$ 是一致范畴 $\mathcal{D}$ 关于一致范畴 $\mathcal{C}$ 的一个交连系. 则 $\Gamma$ 的 CR-半群

$$\widetilde{\mathbf{S}}\Gamma=\{(\gamma,\gamma^*)\ :\ \exists(c,d)\in v\mathcal{C}\times v\mathcal{D},\gamma\in\Gamma(c,d)\ \text{且}\ \gamma^*=\chi_\Gamma(c,d)(\gamma)\}$$

是一致半群, 具有以下性质:

(1) 集合 $E_\Gamma = \{(c,d) \in v\mathcal{C} \times v\mathcal{D} : c \in M_n\Gamma(d)\}$ 在定理 15.0.1 定义的拟序 $\omega^\ell, \omega^r$ 和基本积下是一个正则双序集. 对任意 $(c,d') \in v\mathcal{C} \times v\mathcal{D}$, 夹心集$S(c,d') \neq \varnothing$ 可刻画如下:

$$S(c,d') = \left\{ (c_1, d_2') \ : \ \begin{array}{ll} c_1 \in \operatorname{ncoim} \epsilon(c',d')(c), & (c',d') \in E_\Gamma, \\ d_2' \in \operatorname{ncoim} \epsilon^*(c,d)(d'), & (c,d) \in E_\Gamma \end{array} \right\}. \tag{16.3}$$

自然, $\alpha_\Gamma : (c,d) \mapsto (\epsilon(c,d),\, \epsilon^*(c,d))$ 是从 $E_\Gamma$ 到

$$E(\widetilde{\mathbf{S}}\Gamma) = \{(\epsilon(c,d), \epsilon^*(c,d)) \ : \ (c,d) \in E_\Gamma\}$$

上的双序同构.

(2) 式 (14.11),(14.12) 定义的函子 $F_\Gamma$ 和 $G_\Gamma$ 分别是从 $\mathcal{C}$ 到 $\mathbb{L}(\widetilde{\mathbf{S}}\Gamma)$ 上和从 $\mathcal{D}$ 到 $\mathbb{R}(\widetilde{\mathbf{S}}\Gamma)$ 上的范畴同构.

**证明** 显然, 本定理中所有结论, 我们只需证明 $\widetilde{\mathbf{S}}\Gamma$ 是一致半群并验证关于夹心集的等式 (16.3), 其余都是定理 14.2.1 和定理 14.4.2 的直接推论.

我们先证明 $\widetilde{\mathbf{S}}\Gamma$ 是一致半群. 对任意 $e, e' \in E(\widetilde{\mathbf{S}}\Gamma)$, 我们有 $(c,d),(c',d') \in E_\Gamma$ 使得 $e = (\epsilon(c,d), \epsilon^*(c,d))$ 和 $e' = (\epsilon(c',d'), \epsilon^*(c',d'))$, 且有

$$e \cdot e' = (\epsilon(c,d) \cdot \epsilon(c',d'), \epsilon^*(c',d') \cdot \epsilon^*(c,d)).$$

由公理 (P9), $\epsilon(c',d')(c)$ 有正规因子分解 $\epsilon(c',d')(c) = \varrho u j$, 其中

$$c_1 = cod\, \varrho \in \operatorname{ncoim} \epsilon(c',d')(c), \ \ u \in \mathcal{C}(c_1, c_2) \text{ 是同构}, \ \ j = j_{c_2}^{c'}.$$

据定理 16.2.4之证, 在 $U\Gamma$ 中有幂等元 $\delta = \epsilon(c_1, d_2) \in V(\epsilon(c,d) \cdot \epsilon(c',d'))$. 此正规因子分解可写为

$$\epsilon(c',d')(c) = \varrho u j = \epsilon(c_1,d_1)(c)\epsilon(c_2,d_2)(c_1)\epsilon(c',d')(c_2). \tag{16.4}$$

用推论 13.2.4 和等式 (13.6), 从上述结果可得

$$\begin{aligned} \epsilon^*(c,d)(d') &= (\epsilon(c',d')(c))^* \\ &= \epsilon^*(c_2,d_2)(d')\epsilon^*(c_1,d_1)(d_2)\epsilon^*(c,d)(d_1) \\ &= \varrho' u^* j', \end{aligned} \tag{16.4$^*$}$$

其中由命题 13.2.6(1), 有 $\varrho' = \epsilon^*(c_2,d_2)(d') = (\epsilon(c',d')(c_2))^* = (j_{c_2}^{c'})^* \in \mathcal{D}(d', d_2)$ 是一个收缩, $u^* = \epsilon^*(c_1,d_1)(d_2)$ 是 $u = \epsilon(c_2,d_2)(c_1)$ 的从 $d_2$ 到 $d_1$ 的转置 (由推论

13.2.5 也是同构). 因为 $j' = \epsilon^*(c,d)(d_1) = j^d_{d_1}$ 是包含, 等式 $(16.4)^*$ 是 $\epsilon^*(c,d)(d')$ 的一个正规因子分解. 特别地, 有 $d_2 \in \operatorname{ncoim}\epsilon^*(c,d)(d')$.

从 $c_1 \subseteq c$ 和 $d_2 \subseteq d'$ 我们得到 $\delta^* = \epsilon^*(c_1,d_2) \in M(\epsilon^*(c',d'), \epsilon^*(c,d))$ 和

$$\begin{aligned}(\delta^* \cdot \epsilon^*(c,d))(d') &= \epsilon^*(c_1,d_2)(d')(\epsilon^*(c,d)(d_2))^\circ && (\text{由 “·” 的定义})\\ &= \varrho'(j^{d'}_{d_2}\epsilon^*(c,d)(d'))^\circ && (\text{由 } d_2 \subseteq d')\\ &= \varrho'(j^{d'}_{d_2}\varrho' u^* j^d_{d_1})^\circ && (\text{由等式 } (16.4^*))\\ &= \varrho' u^* && (\text{因 } j^{d'}_{d_2}\varrho' = 1_{d_2})\\ &= (\varrho' u^* j')^\circ && \\ &= (\epsilon^*(c,d)(d'))^\circ && (\text{由等式 } (16.4^*))\\ &= (\epsilon^*(c',d') \cdot \epsilon^*(c,d))(d'). && (\text{由 “·” 的定义})\end{aligned}$$

这证明了 $\epsilon^*(c',d') \cdot \delta^* \cdot \epsilon^*(c,d) = \epsilon^*(c',d') \cdot \epsilon^*(c,d)$, 从而 $\delta^* \in S(\epsilon^*(c',d'), \epsilon^*(c,d))$ 是乘积态射 $\epsilon^*(c',d') \cdot \epsilon^*(c,d)$ 在 $U\Gamma^*$ 中的一个逆.

这样我们证明了 $(\delta, \delta^*)$ 是 $e \cdot e'$ 在 $\widetilde{\mathbf{S}}\Gamma$ 中的逆, 故 $E(\widetilde{\mathbf{S}}\Gamma)$ 生成的子半群正则.

为证 $\widetilde{\mathbf{S}}\Gamma$ 幂等元连通, 注意到, 由 $E(U\Gamma)$ 是 $E(\mathcal{TC})$ 的序理想, 对

$$e = (\epsilon(c,d), \epsilon^*(c,d)) \in E(\widetilde{\mathbf{S}}\Gamma),$$

我们有

$$\omega(e) = \{(\zeta, \zeta^*) \ : \ \zeta \in \omega(\epsilon(c,d)),\ (c,d) \in E_\Gamma\}.$$

对任意 $(\gamma, \gamma^*) \in \widetilde{\mathbf{S}}\Gamma$, 有 $\gamma = \epsilon(c,d) \star u$ 对某 $(c,d) \in E_\Gamma$ 和某 (唯一确定的) 平衡态射 $u \in \mathcal{C}(c,c')$. 此时, 有唯一 $d' \in M_n\Gamma^*(c')$ 使得 $\gamma^* = \epsilon^*(c',d') \star u^*$, 其中 $u^* \in \mathcal{D}(d',d)$ 是 $u$ 的转置 (也是平衡态射). 显然, 从 $u$ 和 $u^*$ 是平衡态射和 $c_\gamma = c' = c_{\epsilon(c',d')}$, $c_{\gamma^*} = d = c_{\epsilon^*(c,d)}$, 可得

$$\epsilon(c,d)\ \mathscr{R}^{*U\Gamma}\ \gamma\ \mathscr{L}^{*U\Gamma}\ \epsilon(c',d'), \quad \epsilon^*(c',d')\ \mathscr{R}^{*U\Gamma^*}\ \gamma^*\ \mathscr{L}^{*U\Gamma^*}\ \epsilon^*(c,d).$$

由于 $U\Gamma$ 和 $U\Gamma^*$ 幂等元连通, 存在两个双射

$$\alpha : \omega(\epsilon(c,d)) \longrightarrow \omega(\epsilon(c',d')) \quad \text{和} \quad \alpha^{*-1} : \omega(\epsilon^*(c,d)) \longrightarrow \omega(\epsilon^*(c',d'))$$

满足 $\zeta \cdot \gamma = \gamma \cdot \alpha(\zeta)$ 及 $\alpha^{*-1}(\zeta^*) \cdot \gamma^* = \gamma^* \cdot \zeta^*$, 对所有 $\zeta \in \omega(\epsilon(c,d))$. 这样, 如果我们记 $e = (\epsilon(c,d), \epsilon^*(c,d))$ 和 $e' = (\epsilon(c',d'), \epsilon^*(c',d'))$, 有 $e\ \mathscr{R}^{*\widetilde{\mathbf{S}}\Gamma}\ (\gamma,\gamma^*)\ \mathscr{L}^{*\widetilde{\mathbf{S}}\Gamma}\ e'$. 进而, 若定义 $\beta = (\alpha, \alpha^{*-1})$, 则 $\beta$ 是从 $\omega(e)$ 到 $\omega(e')$ 上的双射, 满足, 对每个 $\delta = (\zeta, \zeta^*) \in \omega(e)$ 有

$$\delta \cdot (\gamma, \gamma^*) = (\zeta \cdot \gamma, \gamma^* \cdot \zeta^*)$$

$$= (\gamma \cdot \alpha(\zeta), \alpha^{*-1}(\zeta^*) \cdot \gamma^*)$$

$$= (\gamma, \gamma^*) \cdot (\alpha(\zeta),\ \alpha^{*-1}(\zeta^*))$$

$$= (\gamma, \gamma^*) \cdot \beta(\delta).$$

这证明了 $\widetilde{\mathbf{S}}\Gamma$ 是幂等元连通的, 故 $\widetilde{\mathbf{S}}\Gamma$ 是一致半群.

现在我们来验证等式 (16.3) 成立. 首先, 固定 $(c,d), (c',d') \in E_\Gamma$. 设双序集 $E_\Gamma$ 中有

$$(c_1, d_2') \in S(c, d') = S((c,d), (c',d')).$$

那么 $(c_1, d_2') \in M((c,d), (c',d'))$, 从而有 $c_1 \subseteq c$ 和 $d_2' \subseteq d'$. 应用定理 14.2.1, 映射

$$\alpha_\Gamma \circ E(\pi) : (\bar{c}, \bar{d}) \in E_\Gamma \mapsto \epsilon(\bar{c}, \bar{d})$$

是 $E_\Gamma$ 到 $E(U\Gamma)$ 上的双序态射, 映射

$$\alpha_\Gamma \circ E(\pi^*) : (\bar{c}, \bar{d}) \in E_\Gamma \mapsto \epsilon^*(\bar{c}, \bar{d})$$

是 $E_\Gamma$ 到 $E((U\Gamma^*)^{op})$ 上的双序态射. 故有

$$\epsilon(c_1, d_2') \in S(\epsilon(c,d), \epsilon(c',d')) \quad \text{和} \quad \epsilon^*(c_1, d_2') \in S(\epsilon^*(c',d'), \epsilon^*(c,d)).$$

因而 $\epsilon(c,d) \cdot \epsilon(c_1, d_2') \cdot \epsilon(c',d') = \epsilon(c,d) \cdot \epsilon(c',d')$. 这就得到

$$(\epsilon(c',d')(c))^\circ = (\epsilon(c_1,d_2')(c)(\epsilon(c',d')(c_1))^\circ)^\circ = (\epsilon(c_1,d_2')(c)\epsilon(c',d')(c_1))^\circ,$$

从而由平衡范畴中态射的"满-包含因子分解"唯一, 得

$$\epsilon(c',d')(c) = \epsilon(c_1,d_2')(c)\epsilon(c',d')(c_1). \tag{$*$}$$

由 $c_1 \subseteq c$, 有 $\varrho = \epsilon(c_1,d_2')(c) \in \mathcal{C}(c,c_1)$ 是收缩. 类似地, 因 $d_2' \subseteq d'$, $\epsilon^*(c_1,d_2')(d')$ 也是收缩. 从等式 (13.6) 可得 $\epsilon^*(c_1,d_2')(d') = (\epsilon(c',d')(c_1))^*$. 由推论 13.2.5 可推知 $\epsilon(c',d')(c_1)$ 是单态射. 由公理 (P9), 态射 $\epsilon(c',d')(c)$ 有正规因子分解, 比如 $\varrho' u j$, 其中 $\varrho' \in \mathcal{C}(c, c_1')$ 是收缩 $(c_1' \subseteq c)$, $u \in \mathcal{C}(c_1', c_2')$ 是同构而 $j = j_{c_2'}^{c'}$ 是包含. 这样, 上述等式 $(*)$ 成为

$$\varrho' u j = \epsilon(c',d')(c) = \varrho\epsilon(c',d')(c_1). \tag{$**$}$$

设 $k = j_{c_1}^c \varrho' \in \mathcal{C}(c_1, c_1')$ 和 $k' = j_{c_1'}^c \varrho \in \mathcal{C}(c_1', c_1)$. 由 $j_{c_1}^c \varrho = 1_{c_1}$ 和 $j_{c_1'}^c \varrho' = 1_{c_1'}$, 用等式 $(**)$ 可推得

$$\varrho' u j = \varrho j_{c_1}^c \varrho \epsilon(c',d')(c_1) = \varrho j_{c_1}^c \varrho' u j = \varrho k u j \ \text{且}$$

$$uj = j^c_{c_1'}\varrho' uj = j^c_{c_1'}\varrho j^c_{c_1}\varrho\epsilon(c',d')(c_1) = j^c_{c_1'}\varrho j^c_{c_1}\varrho' uj = k'kuj.$$

因为 $uj \in \mathcal{C}(c_1', c')$ 是单态射, 右可消, 我们得到 $\varrho' = \varrho k$ 和 $1_{c_1'} = k'k$. 类似地, 因 $\epsilon(c',d')(c_1)$ 是单态射, 我们可推知 $\varrho = \varrho' k'$ 和 $kk' = 1_{c_1}$. 如此得到 $\varrho\epsilon(c',d')(c_1) = \epsilon(c',d')(c) = \varrho' uj = \varrho kuj$, 从而 $\epsilon(c',d')(c_1) = kuj$, 因 $\varrho$ 是满态射. 这就得到 $c_1 \in \operatorname{ncoim}\epsilon(c',d')(c)$, 因 $ku$ 是同构. 类似地, 由

$$\epsilon^*(c_1, d_2') \in S(\epsilon^*(c',d'),\ \epsilon^*(c,d))$$

得到 $d_2' \in \operatorname{ncoim}\epsilon^*(c,d)(d')$. 这样我们证明了等式 (16.3) 左边的集合包含在其右边的集合中.

为证反包含关系也成立, 假设 $(c_1, d_2') \in v\mathcal{C} \times v\mathcal{D}$ 满足

$$c_1 \in \operatorname{ncoim}\epsilon(c',d')(c) \ \text{ 且 } \ d_2' \in \operatorname{ncoim}\epsilon^*(c,d)(d')$$

其中 $(c,d),(c',d') \in E_\Gamma$. 由正规余像的定义, 态射 $\epsilon(c',d')(c)$ 有一个正规因子分解 $\epsilon(c',d')(c) = \varrho uj$, 其中 $\varrho \in \mathcal{C}(c,c_1)$ 是收缩, $u \in \mathcal{C}(c_1,c_2)$ 是同构而 $j = j^{c'}_{c_2}$. 利用条件 $c_1 \subseteq c$ 和 $c_2 \subseteq c'$, 按定理 16.2.4 中类似的证明, 可知存在 $d_1 \subseteq d$ 和 $d_2 \subseteq d'$ 满足

$$(c_1,d_1),(c_2,d_2),(c_1,d_2) \in E_\Gamma$$

使得等式 (16.2), (16.4) 和 (16.4*) 都成立, 且有

$$\delta = \epsilon(c_1,d_2) \in S(\epsilon(c,d),\epsilon(c',d')).$$

进而, $(\delta,\delta^*) \in S(e,e')$, 对 $e = (\epsilon(c,d),\epsilon^*(c,d))$ 和 $e' = (\epsilon(c',d'),\epsilon^*(c',d'))$ 如前面的证明.

如此, 由于 $d_2' \in \operatorname{ncoim}\epsilon^*(c,d)(d')$, 态射 $\epsilon^*(c,d)(d')$ 有一个正规因子分解 $\epsilon^*(c,d)(d') = \varrho'' vj''$, 满足 $\varrho'' \in \mathcal{D}(d',d_2')$ 是收缩, $v \in \mathcal{D}(d_2',d_1')$ 是同构而 $j'' = j^d_{d_1'}$ 是包含. 我们记 $\varrho' = \epsilon^*(c_2,d_2)(d') \in \mathcal{D}(d',d_2)$ 和 $j' = j^d_{d_1}$. 那么, 由等式 (16.2), (16.4) 和 (16.4*), 我们可得

$$\begin{aligned}\varrho'' vj'' &= \epsilon^*(c,d)(d') = (\epsilon(c',d')(c))^* \\ &= \epsilon^*(c_2,d_2)(d')\epsilon^*(c_1,d_1)(d_2)\epsilon^*(c,d)(d_1) \\ &= \varrho' u^* j'.\end{aligned}$$

设 $k' = j^{d'}_{d_2'}\varrho'$ 和 $k'' = j^{d'}_{d_2}\varrho''$. 记住 $vj''$ 和 $u^*j'$ 是右可裂的, 从这几个等式不难验证 $k' \in \mathcal{D}(d_2',d_2)$ 和 $k'' \in \mathcal{D}(d_2,d_2')$ 是互逆的同构而 $\varrho' = \epsilon^*(c_2,d_2)(d') = \varrho'' k'$. 故我们得到

$$\delta^*(d_2') = \epsilon^*(c_1,d_2)(d_2') = j^{d'}_{d_2'}\epsilon^*(c_1,d_2)(d')$$

$$= j_{d_2'}^{d'}(\epsilon(c', d')(c_1))^* = j_{d_2'}^{d'}(uj_{c_2}^{c'})^*$$
$$= j_{d_2'}^{d'}(u\epsilon(c', d')(c_2))^* = j_{d_2'}^{d'}\epsilon^*(c_2, d_2)(d')u^*$$
$$= j_{d_2'}^{d'}\varrho' u^* = j_{d_2'}^{d'}\varrho'' k' u^* = k' u^*.$$

因 $k'$ 与 $u^*$ 均为同构 (见推论 13.2.5), 这就意味着 $d_2' \in M_n\Gamma^*(c_1)$, 也就是说, $(c_1, d_2') \in E_\Gamma$. 易知 $\epsilon(c_1, d_2') \in M(\epsilon(c, d), \epsilon(c', d'))$ 而 $\epsilon^*(c_1, d_2') \in M(\epsilon^*(c', d'), \epsilon^*(c, d))$. 用于确认和证明以下结论

$$\delta \in S(\epsilon(c, d), \epsilon(c', d')) \text{ 和 } \delta^* \in S(\epsilon^*(c', d'), \epsilon^*(c, d))$$

类似的计算, 我们可以证明: $\epsilon(c_1, d_2') \in S(\epsilon(c, d), \epsilon(c', d'))$ 且 $\epsilon^*(c_1, d_2') \in S(\epsilon^*(c', d'), \epsilon^*(c, d))$. 这里我们对后者给出准确证明如下:

$$\begin{aligned}
(\epsilon^*(c_1, d_2') \cdot \epsilon^*(c, d))(d') &= \epsilon^*(c_1, d_2')(d')(\epsilon^*(c, d)(d_2'))^\circ && (\text{由 “·” 的定义}) \\
&= \varrho''(j_{d_2'}^{d'}\epsilon^*(c, d)(d'))^\circ && (\text{由 } \varrho'' : d' \longrightarrow d_2' \text{ 是收缩}) \\
&= \varrho''(j_{d_2'}^{d'}\varrho' u^* j')^\circ && (\text{由等式 (16.4}^*)) \\
&= \varrho''(j''\varrho'' k' u^* j')^\circ && (\text{由 } \varrho' = \varrho'' k) \\
&= \varrho'' k' u^* && (\text{由 } j''\varrho'' = 1_{d_2'}) \\
&= \varrho' u^* && (\text{因 } \varrho'' k = \varrho') \\
&= (\varrho' u^* j')^\circ && \\
&= (\epsilon^*(c, d)(d'))^\circ && (\text{由等式 (16.4}^*)) \\
&= (\epsilon^*(c', d') \cdot \epsilon^*(c, d))(d') && (\text{由 “·” 的定义}),
\end{aligned}$$

如此, 我们得到 $\epsilon^*(c', d') \cdot \epsilon^*(c_1, d_2') \cdot \epsilon^*(c, d) = \epsilon^*(c', d') \cdot \epsilon^*(c, d)$, 从而

$$(\epsilon(c_1, d_2'), \epsilon^*(c_1, d_2')) \in S(e, e'),$$

这里

$$e = (\epsilon(c, d), \epsilon^*(c, d)) \quad \text{且} \quad e' = (\epsilon(c', d'), \epsilon^*(c', d')).$$

由双序同构 $\alpha_\Gamma$, 我们得到等式 (16.3) 的右边也包含在其左边. 这就完成了证明. □

## 习题 16.2

1. 验证定理 16.2.1—定理 16.2.3.

2. 设 $\Gamma : \mathcal{D} \longrightarrow \mathcal{B}^*\mathcal{C}$ 是平衡范畴 $\mathcal{D}$ 关于平衡范畴 $\mathcal{C}$ 的交连系. 证明: 其双序集 $E_\Gamma$ 的夹心集 $S(c, d')$ 也可以用式 (16.3) 刻画, 因此, $E_\Gamma$ 是正则双序集的充要条件是: 每个幂等锥 $\epsilon(c, d)$ 和 $\epsilon^*(c, d)$, $(c, d) \in E_\Gamma$ 对所有对象的态射值有正规因子分解. 即公理 (P9) 成立.

## 16.3 范 畴 等 价

我们在本节集中考虑一致范畴的交连系范畴 $\mathbb{CRC}$, 其对象是一致范畴的交连系, 其态射则如 15.1 节所定义. 显然, $\mathbb{CRC}$ 是平衡范畴的交连系范畴 $\mathbb{CRB}$ 的子范畴. 我们同时还考虑所有一致半群和其间好同态所成范畴 $\mathbb{CS}$, 当然, 它是富足半群与好同态范畴 $\mathbb{AS}$ 的子范畴. 前面的定理 16.1.7—定理 16.2.5以及第 15 章中所有结论说明, 存在着范畴 $\mathbb{CRC}$ 与 $\mathbb{CS}$ 的范畴等价. 在此, 我们列出某些重要的结论, 因为它们都是本章前面所得结果的直接推论, 我们不再给出其证明.

**定理 16.3.1**　设 $\Gamma : \mathcal{D} \longrightarrow \mathcal{B}^*\mathcal{C}$ 和 $\Gamma' : \mathcal{D}' \longrightarrow \mathcal{B}^*\mathcal{C}'$ 是一致范畴的两个交连系, $m = (F, G) : \Gamma \longrightarrow \Gamma'$ 为定义 15.1.2 所定义的交连系态射. 则我们有以下结论:

(1) 映射 $\theta : (c, d) \mapsto (F(c), G(d))$ 是从 $E_\Gamma$ 的 $E_{\Gamma'}$ 的双序态射;

(2) 对所有 $e = (c, d) \in E_\Gamma, \zeta_m(c, d) : \epsilon(c, d) \mapsto \epsilon(\theta(e))$ 和 $\zeta^*_m(c, d) : \epsilon^*(c, d) \mapsto \epsilon^*(\theta(e))$ 分别对应着两个自然变换: $\zeta_m : \Gamma(-, -) \longrightarrow (F \times G) \circ \Gamma'(-, -)$ 和 $\zeta^*_m : \Gamma^*(-, -) \longrightarrow (F \times G) \circ \Gamma'^*(-, -)$;

(3) 映射 $\widetilde{\mathbf{S}}m : (\rho, \lambda) \mapsto (\zeta_m(c, d)(\rho), \zeta^*_m(c, d)(\lambda))$ 是从 $\widetilde{\mathbf{S}}\Gamma$ 到 $\widetilde{\mathbf{S}}\Gamma'$ 的好同态;

(4) 映射 $\Gamma \mapsto \widetilde{\mathbf{S}}\Gamma$ 和 $m \mapsto \widetilde{\mathbf{S}}m$ 定义了函子 $\widetilde{\mathbf{S}} : \mathbb{CRC} \longrightarrow \mathbb{CS}$.

**定理 16.3.2**　对每个一致半群 $S$, 记 $\varphi(S) \in \mathbb{CS}(S, \widetilde{\mathbf{S}}(\mathbf{\Gamma}S))$ 为等式 (14.15) 定义的同构, 而记 $\varphi$ 为从 $v\mathbb{CS}$ 到 $\mathbb{CS}$ 的映射, 它将每个 $S \in v\mathbb{CS}$ 映射为 $\varphi(S)$. 则 $\varphi : 1_{\mathbb{CS}} \longrightarrow \mathbf{\Gamma}\widetilde{\mathbf{S}}$ 是自然同构.

**定理 16.3.3**　对每个一致范畴交连系 $\Gamma : \mathcal{D} \longrightarrow \mathcal{B}^*\mathcal{C}$, 设 $\psi(\Gamma) = (F_\Gamma, G_\Gamma)$, 其中 $F_\Gamma : \mathcal{C} \longrightarrow \mathbb{L}(\widetilde{\mathbf{S}}\Gamma)$ 和 $G_\Gamma : \mathcal{D} \longrightarrow \mathbb{R}(\widetilde{\mathbf{S}}\Gamma)$ 为定理 14.4.2 定义的同构. 则 $\psi(\Gamma)$ 是交连系的同构而映射 $\psi : \Gamma \mapsto \psi(\Gamma)$ 是自然同构 $\psi : 1_{\mathbb{CRC}} \longrightarrow \widetilde{\mathbf{S}}\mathbf{\Gamma}$.

**定理 16.3.4**　函子 $\widetilde{\mathbf{S}} : \mathbb{CRC} \longrightarrow \mathbb{CS}$ 是一致范畴交连系范畴 $\mathbb{CRC}$ 到一致半群与好同态范畴 $\mathbb{CS}$ 的伴随等价, 而函子 $\mathbf{\Gamma} : \mathbb{CS} \longrightarrow \mathbb{CRC}$ 是 $\widetilde{\mathbf{S}}$ 的伴随逆.

## 16.4 完全 $\mathscr{J}^*$-单半群和本原一致范畴

作为本章 (也是本书) 的结束, 我们来讨论完全 $\mathscr{J}^*$-单半群, 它们形成一致半群范畴 $\mathbb{CS}$ 的一个子范畴.

**定义 16.4.1**　半群 $S$ 称为是完全 $\mathscr{J}^*$-单的, 若 $S$ 超富足 (即每个 $\mathscr{H}^*$-类都含有幂等元) 且 $\mathscr{J}^* = S \times S$(即 $S$ 自身是其唯一双边 $*$-理想).

下述命题列出了这类半群的一些基本性质:

**命题 16.4.2** (见 [23,69])　设 $S$ 是完全 $\mathscr{J}^*$-单半群. 则以下结论成立:

(1) $S$ 中每个幂等元都本原, 即对每个 $e \in E(S)$, $\omega(e) = \{e\}$.

(2) 对每个 $a \in S$, 含 $a$ 的 $\mathscr{L}^*$-类 $L_a^*$(含 $a$ 的 $\mathscr{R}^*$- 类 $R_a^*$) 是 $S$ 的极小左(右)$*$-理想.

(3) 对任意 $a, b \in S$, $ab \in R_a^* \cap L_b^*$, 从而 $\mathscr{J}^* = \mathscr{D}^* = \mathscr{L}^* \circ \mathscr{R}^* = \mathscr{R}^* \circ \mathscr{L}^*$.

(4) $\mathscr{L}^*$ ($\mathscr{R}^*$) 是 (好) 同余使得 $\Lambda = S/\mathscr{L}^*$, ($I = S/\mathscr{R}^*$) 是右 (左) 零半群且 $S/\mathscr{H}^*$ 是一个矩形带.

(5) $S$ 的任二 $\mathscr{H}^*$-类是彼此同构的可消幺半群; 若我们记这些 $\mathscr{H}^*$-类共同的同构像为 $T$, 则 $S$ 同构于所谓 "Rees 矩阵半群"$\mathcal{M}(T; I, \Lambda; P) = I \times T \times \Lambda$, 其乘法定义为

$$(j, a, \mu)(i, b, \nu) = (j, ap_{\mu i}b, \nu),$$

其中的所谓 "夹心阵"$P : (\mu, i) \mapsto p_{\mu i}$ 是从 $\Lambda \times I$ 到 $T$ 的单位群 $U(T)$ 的映射.

**推论 16.4.3** 完全 $\mathscr{J}^*$-单半群与其间的好同态构成一致半群范畴 $\mathbb{CS}$ 的一个子范畴, 记为 $\mathbb{CJS}$.

**证明** 设 $S$ 是完全 $\mathscr{J}^*$-单半群. 对任意 $e, f \in E(S)$, 由命题 16.4.2(3) 有 $fe \in R_f^* \cap L_e^* = H_{fe}^*$. 因 $S$ 超富足, 在该 $\mathscr{H}^*$-类 $H_{fe}^*$ 中有幂等元 $h$, 这蕴含 $e \mathscr{L} h \mathscr{R} f$. 由众所周知的 Clifford-Miller 定理, 有 $e \mathscr{R} ef \mathscr{L} f$, 故 $ef \in \operatorname{Reg} S$. 这说明 $E(S)$ 生成 $S$ 的正则子半群. 现在, 既然每个幂等元都本原, 即 $E(S)$ 的每个主理想是一元集, $S$ 显然是平凡地幂等元连通的. 故 $S$ 是一致半群. 因从 $S$ 到 $S'$ 的满同态 $f$ 是好同态, 它保持 $\mathscr{L}^*$-和 $\mathscr{R}^*$-关系, 再由命题 16.4.2(3), 易知同态像 $S' = f(S)$ 必然也是完全 $\mathscr{J}^*$-单的. □

现在我们来考虑和完全 $\mathscr{J}^*$-单半群对应的一致范畴. 易知, 完全 $\mathscr{J}^*$-单半群 $S$ 的主左 $*$-理想范畴 $\mathbb{L}(S)$ 必然是只有平凡子对象关系的一致范畴, 因为 $S$ 的每个幂等元是本原的. 我们可以把 $\mathbb{L}(S)$ 刻画为下述本原一致范畴 (primitively concordant categories), 简称为 PC 范畴 (PC categories).

**定义 16.4.4** 一致范畴 $\mathcal{C}$ 称为是本原一致的 (primitively concordant), 简称为 PC 范畴, 若 $\mathcal{C}$ 只有平凡子对象关系.

由定义易知, 若记 $\mathcal{P}$ 为 PC 范畴 $\mathcal{C}$ 的子对象 (严格前序) 子范畴, 则对任意 $c, c' \in v\mathcal{C} = v\mathcal{P}$ 有 $\mathcal{P}(c, c') \neq \varnothing$ 当且仅当 $c = c'$, 从而 $\mathcal{P} = \{1_c : c \in v\mathcal{C}\}$. 以下命题描述了 PC 范畴的重要性质.

**命题 16.4.5** 设 $\mathcal{C}$ 是一个 PC 范畴. 则 $\mathcal{C}$ 中每个态射都是平衡态射, 进而 $\mathcal{C}$ 的每个幂等锥 $\epsilon \in \mathcal{TC}$ 满足: 对所有 $c' \in v\mathcal{C}$, $\epsilon(c')$ 都是同构.

**证明** 由 $\mathcal{C}$ 的子对象关系平凡, $\mathcal{C}$ 中包含和收缩全为单位态射 $1_c$, $c \in v\mathcal{C}$. 由定义 16.1.5, PC 范畴 $\mathcal{C}$ 满足公理 (P6) 和 (P9), 每个态射有平衡因子分解且每个幂等锥 $\epsilon \in \mathcal{TC}$ 在所有对象 $c' \in v\mathcal{C}$ 上的像 $\epsilon(c')$ 有正规因子分解. 这就蕴含 $\mathcal{C}$ 的每个态射本身就是平衡态射, 而 $\epsilon(c')$ 本身就是一个同构. □

下面定理说明, PC 范畴恰好来自完全 $\mathscr{J}^*$-单半群.

**定理 16.4.6** 每个完全 $\mathscr{J}^*$-单半群 $S$ 的主左 $*$-理想范畴 $\mathbb{L}(S)$ 是 PC 范畴. 反之, 任一 PC 范畴 $\mathcal{C}$ 的锥半群 $\mathcal{TC}$ 是完全 $\mathscr{J}^*$-单半群.

**证明** 由定理 16.1.7 知, 完全 $\mathscr{J}^*$-单半群 $S$ 的主左 $*$-理想范畴 $\mathbb{L}(S)$ 是一致范畴. 由命题 16.4.2(2), $S$ 的每个 $\mathscr{L}^*$-类都是一个极小左 $*$-理想. 故由

$$(S/\mathscr{L}^*, \subseteq) = (v\mathbb{L}(S), \subseteq) = (v\mathbb{L}(S), 1_{v\mathbb{L}(S)})$$

知道 $\mathbb{L}(S)$ 必为 PC 范畴.

假设 $\mathcal{C}$ 是一个 PC 范畴. 由定理 16.1.7, 锥半群 $\mathcal{TC}$ 是一致半群, 故对每个 $\gamma \in \mathcal{TC}$, 存在幂等元 $\gamma^* \in E(L^*_\gamma)$ 和 $\gamma^+ \in E(R^*_\gamma)$. 又由 $E(\mathcal{TC})$ 生成 $\mathcal{TC}$ 的正则子半群, 夹心集 $S(\gamma^*, \gamma^+)$ 不空. 由 $\mathcal{C}$ 的子对象关系平凡立得 $\omega^\ell = \mathscr{L}$ 和 $\omega^r = \mathscr{R}$. 这进一步推出 $S(\gamma^*, \gamma^+)$ 是一元集 $\{\delta \in E(\mathcal{TC}) : \gamma^* \mathrel{\mathscr{L}} \delta \mathrel{\mathscr{R}} \gamma^+\}$, 由此得到 $\gamma \mathrel{\mathscr{L}^*} \gamma^* \mathrel{\mathscr{L}} \delta$ 和 $\gamma \mathrel{\mathscr{R}^*} \gamma^+ \mathrel{\mathscr{R}} \delta$. 此即 $\gamma \in H^*_\delta$, 故 $\mathcal{TC}$ 是超富足半群.

进而, 对任意 $\gamma_i \in \mathcal{TC}$, $i = 1, 2$, 有 $\epsilon_i \in E(R^*_{\gamma_i})$ 使得 $\gamma_i = \epsilon_i \star \gamma_i(c_i)$, 这里 $c_i = c_{\epsilon_i}$, $i = 1, 2$. 如此 $\gamma_1 \cdot \gamma_2 = \epsilon_1 \star h$, 其中 $h = \gamma_1(c_1)\epsilon_2(c_{\gamma_1})\gamma_2(c_2)$, 由命题 16.4.5, 这是一个平衡态射, 故 $\gamma_1 \cdot \gamma_2$ 的锥尖是 $c_{\gamma_2}$. 再由推论 9.6.7, 立得

$$\gamma_1 \mathrel{\mathscr{R}^*} \epsilon_1 \mathrel{\mathscr{R}^*} \gamma_1 \cdot \gamma_2 \mathrel{\mathscr{L}^*} \gamma_2.$$

这证明了

$$\mathcal{TC} \times \mathcal{TC} \subseteq \mathscr{R}^* \circ \mathscr{L}^* \subseteq \mathscr{D}^* \subseteq \mathscr{J}^* \subseteq \mathcal{TC} \times \mathcal{TC},$$

故 $\mathcal{TC}$ 是 $\mathscr{J}^*$-单半群, 从而是完全 $\mathscr{J}^*$-单半群. □

因为完全单半群 $S$ 恰是正则完全 $\mathscr{J}^*$-单半群, 而一个平衡范畴 $\mathcal{C}$ 正规当且仅当 $\mathcal{C}$ 的所有平衡态射都是同构 (参看注 9.6.4), 可直接得到以下推论:

**推论 16.4.7** 完全单半群 $S$ 的主左理想范畴 $\mathbb{L}(S)$ 是 PC 正规范畴. 反之, 每个 PC 正规范畴 $\mathcal{C}$ 的锥半群 $\mathcal{TC}$ 都是完全单半群.

显然, 半群 $S$ 完全 $\mathscr{J}^*$-单当且仅当 $S^{op}$ 完全 $\mathscr{J}^*$-单. 当 $\mathcal{C}$ 是 PC 范畴时, 锥半群 $\mathcal{TC}$ 是完全 $\mathscr{J}^*$-单半群, 由定理 10.2.6, 我们知道 $\mathcal{B}^*\mathcal{C} \cong \mathbb{R}(\mathcal{TC}) = \mathbb{L}(\mathcal{TC}^{op})$, 故我们也有以下结论:

**定理 16.4.8** 完全 $\mathscr{J}^*$-单半群 $S$ 的主右 $*$-理想范畴 $\mathbb{R}(S)$ 是 PC 范畴. 特别地, 任一 PC 范畴 $\mathcal{C}$ 的对偶 $\mathcal{B}^*\mathcal{C}$ 也是 PC 范畴.

作为 PC 范畴的特例, 我们来讨论 $\mathscr{L}^*$-单富足半群 $S$ 的主左和主右 $*$-理想范畴, 即满足 $\mathscr{L}^* = S \times S$ 的富足半群. 易知, 若 $S$ 是 $\mathscr{L}^*$-单富足半群, 则 $\mathbb{L}(S)$ 是只有唯一对象的平衡范畴. 易知, 这类平衡范畴自动满足 PC 范畴的所有公理. 我们可以如下描述这类范畴的锥半群和它们的对偶范畴.

**命题 16.4.9** 设 $\mathcal{C}$ 是只有唯一对象的平衡范畴. 那么, $\mathcal{C}$ 的锥半群 $\mathcal{TC}$ 是可消幺半群, 与其所有态射所成幺半群同构; $\mathcal{C}$ 的对偶范畴 $\mathcal{B}^*\mathcal{C}$ 也是只有唯一对象的平衡范畴, 其态射所成可消幺半群是与 $\mathcal{C}$ 反同构的幺半群.

**证明** 众所周知, 任一范畴 $\mathcal{C}$ 只有唯一对象的充要条件是 $\mathcal{C}$ 在态射合成下构成一幺半群. 进而这样的范畴 $\mathcal{C}$ 平衡的充要条件是其每个态射皆左右可消, 从而 $\mathcal{C}$ 自身在其态射合成下是一个可消幺半群.

考虑其锥半群 $\mathcal{TC}$. 由于它只有一个对象 $c$, 从而 $\mathcal{C}$ 只有一个单位态射 $1_c$, 易知锥半群 $\mathcal{TC}$ 中只有一个幂等锥 $\epsilon$, 它由等式 $\epsilon(c) = 1_c$ 完全定义. 同样, $\mathcal{TC}$ 中每个锥 $\gamma$ 由态射 $\gamma(c) \in \mathcal{C}$ 完全定义, 从而必有 $\gamma = \epsilon \star u$, 其中 $u = \gamma(c)$, 这是它唯一的 (平衡) 表示. 容易验证, 映射 $\gamma \mapsto u = \gamma(c)$ 是从 $\mathcal{TC}$ 到 $\mathcal{C}$ 上作为幺半群的同构.

至于对偶范畴 $\mathcal{B}^*\mathcal{C}$, 因为锥半群 $\mathcal{TC}$ 中只有一个幂等元 $\epsilon$, 可知 $\mathcal{B}^*\mathcal{C}$ 也是只有一个对象 $H(\epsilon;-)$ 的平衡范畴. 也就是说, $\mathcal{B}^*\mathcal{C}$ 在其态射运算下也是一个可消幺半群. 注意到每个态射 $\sigma \in \mathcal{B}^*\mathcal{C}$ 有唯一表示 $\sigma = \eta_\epsilon \mathcal{C}(u,-)\eta_\epsilon^{-1}$, 其中 $u \in \mathcal{C}$(Yoneda 引理), 映射 $\sigma \mapsto u$ 显然是从 $\mathcal{B}^*\mathcal{C}$ 到 $\mathcal{C}$ 上的双射. 进而, 对任意 $\sigma_i = \eta_\epsilon \mathcal{C}(u_i,-)\eta_\epsilon^{-1}$, $u_i \in \mathcal{C}$, $i = 1, 2$, 我们有 $\sigma_1\sigma_2 = \eta_\epsilon \mathcal{C}(u_1,-)\eta_\epsilon^{-1}\eta_\epsilon \mathcal{C}(u_2,-)\eta_\epsilon^{-1} = \eta_\epsilon \mathcal{C}(u_2u_1,-)\eta_\epsilon^{-1}$. 这证明了 $\mathcal{B}^*\mathcal{C}$ 是与 $\mathcal{C}$ 反同构的幺半群. □

回到 $\mathscr{L}^*$-单富足半群 $S$. 易知 $S \cong D \times M$, 其中 $D$ 是左零半群, $M$ 是可消幺半群. 因 $\mathbb{L}(S)$ 是只有一个对象的平衡范畴, 即一个可消幺半群, 由命题 16.4.9, 其锥半群 $\mathcal{T}(\mathbb{L}(S))$ 也是只有一个对象的可消幺半群. 这个锥半群一般不与 $S$ 自身同构, 除非 $|D| = 1$. 此时, 我们可以描述其主右 $*$-理想范畴 $\mathbb{R}(S)$ 如下. 为符号方便, 不妨设 $S = D \times M$, 其中 $D$ 是一个左零半群, 而 $M$ 是一个可消幺半群. 下面命题的证明是完全程序化的, 我们将其省略.

**命题 16.4.10** 设 $D$ 是左零半群, $M$ 为可消幺半群, 则 $S = D \times M$ 是一个 $\mathscr{L}^*$-单富足半群, 有 $E(S) = \{e_d = (d, 1_M) : d \in D\}$, 满足 $dd' = d$, $\forall d, d' \in D$. 范畴 $\mathbb{R}(S)$ 的对象集、态射集和部分运算可刻画如下:

$$v\mathbb{R}(S) = \{e_dS = d \times M = H_d^* : d \in D\};$$

$$\mathbb{R}(S)(H_d^*, H_{d'}^*) = \{\lambda(e_d, x, e_{d'})\};$$

$$\lambda(e_d, x, e_{d'})\lambda(e_{d'}, y, e_{d''}) = \lambda(e_d, yx, e_{d''}).$$

我们来描述 PC 范畴的交连系半群 (CR-半群). 首先我们给出 PC 范畴 $\mathcal{D}$ 关于 PC 范畴 $\mathcal{C}$ 的交连系 $\Gamma : \mathcal{D} \longrightarrow \mathcal{B}^*\mathcal{C}$ 的双序集 $E_\Gamma$ 如下:

**命题 16.4.11** 设 $\Gamma : \mathcal{D} \longrightarrow \mathcal{B}^*\mathcal{C}$ 是 PC 范畴 $\mathcal{D}$ 关于 PC 范畴 $\mathcal{C}$ 的交连系. 则 $\Gamma$ 的双序集是 $E_\Gamma = v\mathcal{C} \times v\mathcal{D}$, 其二拟序恰是相应的Green 等价关系:

$(\omega^\ell,\ \omega^r) = (\mathscr{L},\ \mathscr{R})$. 进而, 对任意 $(c,d)$, $(c',d') \in E_\Gamma$, 其夹心集为一元集: $S((c,d),\ (c',d')) = \{(c,d')\}$.

**证明**　由交连系的定义, 对每个 $d \in v\mathcal{D}$, 存在幂等锥 $\varepsilon_d \in E(\mathcal{TC})$ 使得 $\Gamma(d) = H(\varepsilon_d; -)$. 因为 $\mathcal{C}$ 是本原一致 (PC) 的, 由公理 (P9), 对所有 $c \in v\mathcal{C}$, 态射 $\varepsilon_d(c)$ 都是同构, 故 $v\mathcal{C} = M_n(\varepsilon_d) = M_n H(\varepsilon_d; -)$. 这证明了

$$v\mathcal{C} = M_n\Gamma(d), \quad \forall d \in v\mathcal{D}.$$

类似地, 因为 $\Gamma^* : \mathcal{C} \longrightarrow \mathcal{B}^*\mathcal{D}$ 是交连系且 $\mathcal{D}$ 是本原一致的 (PC), 我们也有

$$v\mathcal{D} = M_n\Gamma^*(c), \quad \forall c \in v\mathcal{C}.$$

这证明了 $E_\Gamma = E_{\Gamma^*}^{-1} = v\mathcal{C} \times v\mathcal{D}$. 本命题的第二个结论是以上结论和定理 16.2.5(1) 的共同推论. □

由双序同构 $\alpha_\Gamma$, 我们可得

$$E(\widetilde{\mathbf{S}}\Gamma) = \{(\epsilon(c,d),\ \epsilon^*(c,d))\ :\ (c,d) \in v\mathcal{C} \times v\mathcal{D}\}.$$

据引理 15.2.1 中的等式 (15.9), 可知 $\widetilde{\mathbf{S}}\Gamma$ 的每个 $\mathscr{H}^*$-类 $H^*_{c,d}$, $(c,d) \in v\mathcal{C} \times v\mathcal{D}$ 均含有幂等元 $(\epsilon(c,d),\ \epsilon^*(c,d))$. 这样 CR-半群 $\widetilde{\mathbf{S}}\Gamma$ 是超富足且本原 $\mathscr{J}^*$-单的, 即完全 $\mathscr{J}^*$-单的. 如此, 其中的每个元素 $\sigma \in \widetilde{\mathbf{S}}\Gamma$ 有唯一 (平衡) 表示, 形为

$$\sigma = (\epsilon(c,d) \star u,\ \epsilon^*(c,d) \star u^*),$$

其中 $u \in \mathcal{C}(c,c)$ 而 $u^* \in \mathcal{D}(d,d)$ 是 $u$ 的从 $d$ 到 $d$ 的唯一转置.

为描述 CR-半群 $\widetilde{\mathbf{S}}\Gamma$ 中的乘法, 我们先考虑 $E(\widetilde{\mathbf{S}}\Gamma)$ 生成的子半群, 它显然是一个完全单半群. 这样, 对任意 $e = (\epsilon(c,d), \epsilon^*(c,d))$ 和 $e' = (\epsilon(c',d'), \epsilon^*(c',d')) \in E(\widetilde{\mathbf{S}}\Gamma)$, 由夹心集为如下一元集

$$S(e,e') = \{(\epsilon(c,d'),\ \epsilon^*(c,d'))\},$$

以及 $e \cdot e' \in H^*_{c'.d}$, 存在唯一同构 $g = g(e,e') \in \mathcal{C}(c',c')$ 及其唯一转置 $g^* = g^*(e,e') \in \mathcal{D}(d,d)$, 使得

$$e \cdot e' = (\epsilon(c',d) \star g,\ \epsilon^*(c',d) \star g^*).$$

这样, CR-半群 $\widetilde{\mathbf{S}}\Gamma$ 中的乘法可描述如下: 对任意

$$\sigma = (\epsilon(c,d) \star u,\ \epsilon^*(c,d) \star u^*), \quad \sigma' = (\epsilon(c',d') \star v,\ \epsilon^*(c',d') \star v^*) \in \widetilde{\mathbf{S}}\Gamma,$$

我们有

$$\begin{aligned}\sigma\sigma' &= ((\epsilon(c,d)\star u)\cdot(\epsilon(c',d')\star v),\ (\epsilon^*(c',d')\star v^*)\cdot(\epsilon^*(c,d)\star u^*))\\ &= (\epsilon(c,d)\star u\epsilon(c',d')(c)v,\ \epsilon^*(c',d')\star v^*\epsilon^*(c,d)(d')u^*)\\ &= (\epsilon(c',d)\star gu^{\epsilon(c',d')(c)}v,\ \epsilon^*(c',d)\star g^*v^{*\epsilon^*(c,d)(d')}u^*),\end{aligned}$$

这里, 对平衡态射 $x\in\mathcal{C}(c,c)$ (或 $\mathcal{D}(d',d')$), $x^t=t^{-1}xt$, 其中 $t\in\mathcal{C}(c,c')$ (或 $\mathcal{D}(d',d)$) 是同构态射. 注意, 以上推理中的最后一个等式是如下推出来的:

$$\begin{aligned}&\epsilon(c,d)\star u\epsilon(c',d')(c)v\\ =\ &\epsilon(c,d)\star\epsilon(c',d')(c)(\epsilon(c',d')(c))^{-1}u\epsilon(c',d')(c)v\\ =\ &(\epsilon(c,d)\cdot\epsilon(c',d'))\star(\epsilon(c',d')(c))^{-1}u\epsilon(c',d')(c)v\\ =\ &\epsilon(c',d)\star g(e,e')(\epsilon(c',d')(c))^{-1}u\epsilon(c',d')(c)v;\end{aligned}$$

类似地,

$$\begin{aligned}&\epsilon^*(c',d')\star v^*\epsilon^*(c,d)(d')u^*\\ =\ &\epsilon^*(c,d)\star\epsilon^*(c,d)(d')(\epsilon^*(c,d)(d'))^{-1}v^*\epsilon^*(c,d)(d')u^*\\ =\ &(\epsilon^*(c',d')\cdot\epsilon^*(c,d))\star(\epsilon^*(c,d)(d'))^{-1}v^*\epsilon^*(c,d)(d')u^*\\ =\ &\epsilon^*(c',d)\star g^*(e,e')(\epsilon^*(c,d)(d'))^{-1}v^*\epsilon^*(c,d)(d')u^*.\end{aligned}$$

下一个定理描述了 PC 范畴 $\mathcal{D}$ 关于 PC 范畴 $\mathcal{C}$ 的交连系 $\Gamma:\mathcal{D}\longrightarrow\mathcal{B}^*\mathcal{C}$ 的 CR-半群 $\widetilde{\mathbf{S}}\Gamma$ 的结构. 该定理以及其后的推论, 是我们上述讨论和命题 16.4.2 的总结.

**定理 16.4.12** 设 $\Gamma:\mathcal{D}\longrightarrow\mathcal{B}^*\mathcal{C}$ 是 PC 范畴 $\mathcal{D}$ 关于 PC 范畴 $\mathcal{C}$ 的交连系. 则以下结论成立:

(1) $\Gamma$ 的双序集是 $E_\Gamma=v\mathcal{C}\times v\mathcal{D}$, 从而

$$E(\widetilde{\mathbf{S}}\Gamma)=\{e=(\epsilon(c,d),\ \epsilon^*(c,d))\ :\ c\in v\mathcal{C},\ d\in v\mathcal{D}\}.$$

进而, 对任意 $e=(\epsilon(c,d),\ \epsilon^*(c,d))$, $e'=(\epsilon(c',d'),\ \epsilon^*(c',d'))$, 其夹心集是一元集:

$$S(e,e')=\{h=(\epsilon(c,d'),\ \epsilon^*(c,d'))\}.$$

(2) 对每一个 $(c,d)\in v\mathcal{C}\times v\mathcal{D}$, 存在唯一 $\mathscr{H}^*$-类

$$H^*_{c,d}=\{\sigma=(\epsilon(c,d)\star u,\ \epsilon^*(c,d)\star u^*)\ :\ u\in\mathcal{C}(c,c),\ 而\ u^*\in\mathcal{D}(d,d)\},$$

且

$$\widetilde{\mathbf{S}}\Gamma = \bigcup_{(c,d)\in v\mathcal{C}\times v\mathcal{D}} H^*_{c,d}.$$

(3) $E(\widetilde{\mathbf{S}}\Gamma)$ 生成的子半群是完全单半群, 满足: 对任意 $e=(\epsilon(c,d),\ \epsilon^*(c,d))$, $e'=(\epsilon(c',d'),\ \epsilon^*(c',d'))$, 存在唯一同构 $g=g(e,e')\in\mathcal{C}(c',c')$ 使得 $e\cdot e'=(\epsilon(c',d)\star g,\ \epsilon^*(c',d)\star g^*)$, 其中 $g^*\in\mathcal{D}(d,d)$ 是 $g$ 的转置.

(4) 对任意

$$\sigma=(\epsilon(c,d)\star u,\ \epsilon^*(c,d)\star u^*), \sigma'=(\epsilon(c',d')\star v,\ \epsilon^*(c',d')\star v^*)\in\widetilde{\mathbf{S}}\Gamma,$$

它们的乘积是

$$\sigma\cdot\sigma'=(\epsilon(c',d)\star gu^{\epsilon(c',d')(c)}v,\ \epsilon^*(c',d)\star g^*v^{*\epsilon^*(c,d)(d')}u^*),$$

其中

$$u^{\epsilon(c',d')(c)}=(\epsilon(c',d')(c))^{-1}u\epsilon(c',d')(c),$$

$$v^{*\epsilon^*(c,d)(d')}=(\epsilon^*(c,d)(d'))^{-1}v^*\epsilon^*(c,d)(d').$$

由于任一完全 $\mathscr{J}^*$-单半群的所有 $\mathscr{H}^*$-类是同构的可消幺半群, 我们可以描述一个 PC 范畴 $\mathcal{C}$ 的 hom-集如下:

**推论 16.4.13** 设 $\mathcal{C}$ 是一个 PC 范畴. 则对任意 $c,c'\in v\mathcal{C}$, hom-集 $\mathcal{C}(c,c)$ 与 $\mathcal{C}(c',c')$ 是同构的可消幺半群, 且 hom-集合 $\mathcal{C}(c,c')$ 中必有同构态射.

## 习题 16.4

以下练习 1—4 摘自 [86], 练习 5—8 摘自 [65]:

1. 富足半群 $S$ 称为是本原 $\mathscr{J}^*$-单的 (primitively $\mathscr{J}^*$-simple), 若其每个幂等元均本原且 $\mathscr{J}^*=S\times S$. 证明: 完全 $\mathscr{J}^*$-单半群是本原单富足半群, 但以下两个半群 $S_1$, $S_2$ 是本原单富足半群却不是完全 $\mathscr{J}^*$-单半群:

$$S_1=\langle e,f\mid e^2=e,\ f^2=f\rangle,$$
$$S_2=\langle e,f,h\mid e^2=eh=e,\ f^2=hf=f,\ h^2=he=fh=h\rangle.$$

2. 称平衡范畴 $\mathcal{C}$ 是离散的 (discrete), 若其对象集上的偏序是恒等关系. 证明: 离散平衡范畴 $\mathcal{C}$ 的锥半群 $\mathcal{TC}$ 是本原 $\mathscr{J}^*$-单半群; 反之, 任一本原 $\mathscr{J}^*$-单富足半群 $S$ 的左右 $*$-理想范畴 $\mathbb{L}(S)$, $\mathbb{R}(S)$ 是离散平衡范畴.

3. 设 $\mathcal{C}$ 是只有一个对象 $a$ 的平衡范畴. 证明:

(i) 任一可消幺半群就是一个只有一个对象的平衡范畴; 反之, 只有一个对象的平衡范畴的态射集就是一个可消幺半群. 特别地, 范畴 $\mathcal{C}$ 是只有一个对象的正规范畴的充要条件是其态射集是一个群.

(ii) 锥半群 $\mathcal{TC}$ 是与 $\mathcal{C}$ 同构的可消幺半群. $\mathcal{B}^*\mathcal{C}$ 和 $\mathcal{TB}^*\mathcal{C}$ 都是与 $\mathcal{C}$ 反同构的幺半群.

4. 设 $\mathcal{D}$ 是平衡范畴, $\mathcal{C}$ 是只有一个对象 $a$ 的平衡范畴, 存在交连系 $\Gamma : \mathcal{D} \longrightarrow \mathcal{B}^*\mathcal{C}$. 证明:

(i) $\mathcal{D}$ 和 $\mathcal{B}^*\mathcal{D}$ 都是离散平衡范畴.

(ii) 锥半群 $\mathcal{TD}$ 中至少有一个 $\mathscr{R}^*$-类, 其中每个 $\mathscr{H}^*$-类都含有幂等锥, 从而所有这样的 $\mathscr{R}^*$-类之并是 $\mathcal{TD}$ 的一个 (极大) 完全 $\mathscr{J}^*$-单子半群.

5. 设 $\mathcal{C}$ 是有最大对象 $m$ 的正规范畴. 证明:

(i) 对任意 $\gamma, \gamma' \in \mathcal{TC}$, $\gamma = \gamma' \Leftrightarrow \gamma(m) = \gamma'(m)$;

(ii) 对任一 $\gamma \in \mathcal{TC}$, $\gamma(m)$ 必是满态射 (即左可消).

6. 设 $S$ 是正则幺半群, $U$ 是其单位子群. 称 $S$ 是单位正则的 (unit regular), 若对每个 $x \in S$, 存在 $u \in U$ 使得 $x = xux$; 单位正则半群 $S$ 称为是 $\mathscr{L}(\mathscr{R})$-强单位正则的 ($\mathscr{L}(\mathscr{R})$-strongly unit regular), 若对任意 $e, f \in E(S)$, 只要 $e \mathscr{L}(\mathscr{R}) f$, 则存在 $u \in U$ 使得 $f = ue\,(f = eu)$.

设 $\mathcal{C}$ 是有最大对象 $m \in v\mathcal{C}$ 的正规范畴, 称 $\mathcal{C}$ 是弱 $UR$ 的, 若对每个同构 $u \in \mathcal{C}(a, b)$ 和每个收缩 $q \in \mathcal{C}(m, a)$, 存在同构 $\alpha \in \mathcal{C}(m, m)$ 和收缩 $q' \in \mathcal{C}(m, b)$ 使得 $qu = \alpha q'$; 称 $\mathcal{C}$ 是$UR$ 的, 若对每个同构 $u \in \mathcal{C}(a, b)$, 存在同构 $\alpha \in \mathcal{C}(m, m)$ 使得 $j_a^m \alpha = u j_b^m$.

证明: (i) $UR$ 范畴是弱 $UR$ 的;

(ii) 单位正则半群 $S$ 的主左理想范畴 $\mathbb{L}(S)$ 是弱 $UR$ 范畴; 弱 $UR$ 范畴 $\mathcal{C}$ 的锥半群 $\mathcal{TC}$ 是单位正则半群.

(iii) $\mathscr{R}$ 强单位正则半群 $S$ 的主左理想范畴 $\mathbb{L}(S)$ 是 $UR$ 范畴; $UR$ 范畴 $\mathcal{C}$ 的锥半群 $\mathcal{TC}$ 是 $\mathscr{R}$-强单位正则半群.

7. 称弱 $UR$ 范畴 $\mathcal{C}$ 有连通收缩, 若 $q, q' \in \mathcal{C}(m, c)$ 是二收缩, 则存在同构 $\alpha \in \mathcal{C}(m, m)$ 使得 $q' = \alpha q$.

证明: 若 $S$ 是 $\mathscr{L}$-强单位正则半群, 则 $\mathbb{L}(S)$ 是有连通收缩的弱 $UR$ 范畴; 有连通收缩的弱 $UR$ 范畴的锥半群 $\mathcal{TC}$ 是 $\mathscr{L}$-强单位正则半群.

8. 单位正则半群 $S$ 称为是强单位正则的 (strongly unit regular), 若对任二 $\mathscr{D}$-相关的幂等元 $e, f$, 存在 $u \in U$ 使得 $f = u^{-1}eu$.

设 $\mathcal{C}$ 是弱 $UR$ 范畴, 两个收缩 $q \in \mathcal{C}(m, a)$, $q' \in \mathcal{C}(m, b)$ 称为是共轭的 (conjugate), 若存在同构 $\alpha \in \mathcal{C}(m, m)$ 使得 $q' = \alpha^{-1} q (j_a^m \alpha)^\circ$; 如果以 $m$ 为 domain, 任二同构的对象为 codomain 的二收缩都共轭, 就称 $\mathcal{C}$ 是强连通的 (strongly connected).

证明: 弱 $UR$ 范畴 $\mathcal{C}$ 的锥半群 $\mathcal{TC}$ 是强单位正则的, 当且仅当 $\mathcal{C}$ 是强连通的.

# 参考文献


[1] Armstrong S. Structure of concordant semigroups. J. Algebra, 1988, 118: 205-260.

[2] Auinger K, Hall T E. Concepts of congruence, morphic image and substructure for biordered sets. Communications in Algebra, 1996, 24-12: 3933-3968.

[3] Auinger K, Hall T E. Representations of semigroups by transformations and the congruence lattice of an eventually regular semigroup. Inter. J. Algebra and Computation, 1996, 6(6): 655-685.

[4] Baird G R. On semigroups and uniform partial bands. Semigroup Forum, 1972, 4: 185-188.

[5] Benzaken C, Mayr H C. Notion de demi-bande demi-bandes de type deux. Semigroup Forum 10, 1975, 2: 115-128.

[6] Broeksteeg R. A concept of variety for regular biordered sets. Semigroup Forum, 1994, 49: 335-348.

[7] Byleen K, Meakin J, Pastijn F. The fundamental four-spiral semigroup. J. Algebra, 1978, 54: 6-26.

[8] Byleen K, Meakin J, Pastijn F. Building bisimple idempotent-generated semigroups. J. Algebra, 1980, 65: 60-83.

[9] Clifford A H, Preston G B. The Algebraic Theory of Semigroups. Vol. I. Providence, Rhode Island: Amer. Math. Soc., 1961, II: 1967.

[10] Clifford A H. The fundamental representation of a regular semigroup. Semigroup Forum, 1975, 10(1): 84-92.

[11] Clifford A H. The partial groupoid of idempotents of a regular semigroup. Dept of Semigroup Forum,1975, 10(1): 262-268.

[12] Du L, Guo Y Q, Shum K P. Some remarks on (L)-Green's relations and strongly Rpp semigroups. Acta Mathematica Scientia, 2011, 31(4): 1591-1599.

[13] Easdown D. Biordered sets come from semigroups. J. Algebra, 1985, 96: 581-591.

[14] Easdown D. Biordered sets of eventually regular semigroups. J. London Math. Soc., 1984, 49(3): 483-503.

[15] Easdown D. Biordered sets of some interesting classes of semigroups. Proceedings International Symposium on Regular Semigroups and Applications, University of Kerala, 1986: 1-21.

[16] Easdown D. Biordered sets of bands. Semigroup Forum, 1984, 29: 241-246.

[17] Easdown D. A new proof that regular biordered sets come from regular semigroups. Proc. Roy. Soc. Edinburgh, 1984, 96A: 109-116.

[18] Easdown D, Hall T E. Reconstructing some idempotent-generated semigroups from their biordered sets. Semigroup Forum, 1984, 29: 207-216.

[19] Easdown D, Jordan P, Roberts B. Biordered sets and fundamental semigroups. Semigroup Forum, 2010, 81: 85-101.

[20] Edwards P M. Eventually regular semigroups. Bull. Austral. Math. Soc., 1983, 28: 23-38.

[21] El-Qallali A, Fountain J B. Idempotent-connected abundant semigroups. Proc. Royal Soc. of Edinburgh, 1981, 91A: 79-90.

[22] Fitz-Gerald D G. On inverses of products of idempotents in regular semigroups. J. Austral. Math. Soc., 1972, 13: 335-337.

[23] Fountain J B. Abundant semigroups. Proc. London Math. Soc., 1982, 44(3): 103-129.

[24] Galbiati J L, Veronesi M L. On quasi completely regular semigroups. Semigroup Forum, 1984, 29: 271-275.

[25] Grätzer G. Universal Algebra. New York: Springer, 1979.

[26] Green J A. On the structure of semigroups. Annals of Math., 1951, 54: 163-172.

[27] Grillet P A. Structure of regular semigroups, I: A representation; II. Cross-connections; III. The reduced case. Semigroup Forum, 1974, 8: 177-183; 254-259; 260-265.

[28] Grillet P A. Left coset extensions. Semigroup Forum, 1974, 7: 200-263.

[29] Hall T E. On regular semigroups. J. Algebra, 1973, 24: 1-24.

[30] Higgins P M. A class of eventually regular semigroups determined by pseudo-random sets. J. London Math. Soc., 1993, 48(2): 87-102.

[31] Howie J M. Fundamentals of Semigroup Theory. Oxford: Clarendon Press, 1995.

[32] Shum K P, Du L, Guo Y Q. Green's Relations and their generalizations on semigroups. Discussion Mathematicae-General Algebra and Applications, 2010, 30: 77-89.

[33] Lallement G. Structure theorems for regular semigroups. Semigroup Forum, 1972, 4: 95-123.

[34] Lawson M V. Rees matrix semigroups. Proc. Edinburgh Math. Soc., 1990, 33: 23-37.

[35] Lawson M V. Semigroups and ordered categories. I. The reduced case. J. Algebra, 1991, 141(2): 422-462.

[36] Leech J. $\mathscr{H}$-coextension of monoids. Mem. Amer. Math. Soc., 1975, 157: 1-66.

[37] Mac Lane S. Categories for the Working Mathematician. New York: Springer-Verlag, 1971.

[38] Meakin J. The structure mappings on a regular semigroup. Proc. Edinburgh Math. Sot., 1978, 21(2): 135-142.

[39] Meakin J. Idempotent-equivalent congruences on orthodox semigroups. J. Australi. Math. Soc., 1970, 11: 221-241.

[40] Meakin J, Nambooripad K S S. Coextensions of regular semigroups by rectangular bands. Trans. Amer. Math. Soc., 1982, 269(1): 197-224.

[41] Miller W D, Clifford A H. Regular $\mathscr{D}$-classes in semigroups. Trans. Amer. Math. Soc., 1956, 82: 270-280.

[42] Azeef Muhammed P A. Normal Categories from Completely Simple Semigroups. Algebra and Its Applications. Singapore: Springer, 2016: 387-396.

[43] Azeef Muhammed P A, Rajan A R. Cross-connections of completely simple semigroups. Asian-European J. Math., 2016, 9(3): 1650053.

[44] Azeef Muhammed P A, Rajan A R. Cross-connections of the singular transformation semigroup. J. Algebra Appl., 2018, 17(3): 1850047.

[45] Azeef Muhammed P A, Volkov M V. Inductive groupoids and cross-connections of regular semigroups. Acta Math. Hungar., 2019, 157(1): 80-120.

[46] Azeef Muhammed P A, Volkov M V. The tale of two categories: Inductive groupoids and cross-connections. 2019, arXiv:1901.05731v2.

[47] Azeef Muhammed P A, Romeo P G, Nambooripad K S S. Cross-connection structure of concordant semigroups. International Journal of Algebra and Computation, 2020, 30(1): 181-216.

[48] Munn W D. Fundamental inverse semigroups. Quart. J. Math. Oxford, 1970, 21(2): 157-170.

[49] Nambooripad K S S. Structure of regular semigroups I. Memoirs of the Amer. Math. Soc., 1979, 224(22): 254-259.

[50] Nambooripad K S S. Pseudo-semillatices and biordered sets I. Simon Stevin, 1981, 55: 103-110.

[51] Nambooripad K S S. Pseudo-semillatices and biordered sets II. Pseudo-inverse semigroups. Simon Stevin, 1982, 56: 143-159.

[52] Nambooripad K S S. Pseudo-semillatices and biordered sets III. Regular locally testable semigroups. Simon Stevin, 1982, 56: 239-256.

[53] Nambooripad K S S. Structure of regular semigroups II: Cross connections. Pub. No. 15, Centre for Mathematical Sciences, Trivandrum, India, 1989.

[54] Nambooripad K S S. Theory of Cross-connections. Publication No.28, Centre for Mathematical Sciences, Trivandrum, India, 1994.

[55] Pastijn F. A representation of a semigroup by a semigroup of matrices over a group with zero. Semigroup Forum, 1975, 10: 238-249.

[56] Pastijn F. The biorder on the partial groupoid of idempotents of a semigroup. J. Algebra, 1980, 65: 147-187.

[57] Pastijn F. Rectangular bands of inverse semigroups. Simon Stevin, 1982, 56(1-2): 3-95.

[58] Petrich M A. A construction and a classification of bands. Math. Nachr., 1971, 48: 263-274.

[59] Petrich M A. Lectures in Semigroups. Berlin: Akademic-Verlag, 1977.

[60] Preenu C S, Rajan A R, Zeenath K S. Category of principal left ideals of normal bands//Romeo P G, Volkov M V, Rajan A R. Semigroups, Categories and Partial Algebras: ICSAA 2019, Kochi, India, December 9-12. New York: Springer, 2019: 59-71.

[61] Premchand S. Independence of axioms for biordered sets. Semigroup Forum, 1984, 28: 249-263.

[62] Rajan A R. Normal categories of inverse semigroups. East-West J. of Mathematics, 2015, 16(2): 122-130.

[63] Rajan A R. Certain categories derived from normal categories//Romeo P G, Meakin J C, Rajan A R. The Proceedings of Algebra and Operator Theory. Kochi, India, February 2014, New Delhi, New York: Springer-Verlag, 2015: 57-66.

[64] Rajan A R, Mathew N S, Yu B J. Normal categories of strongly unit regular semigroups. Southeast Asian Bulletin of Mathematics, 2023, 47: 1-17.

[65] Rajan A R, Mathew N S, Yu B J. Isomorphism extension properties in normal categories and normal duals. Southeast Asian Bulletin of Mathematics, 2024, 48(6): 843-864.

[66] Rajendran D, Nambooripad K S S. Cross-connections of bilinear form semigroups. Semigroup Forum, 2000, 61: 249-262.

[67] Rajendran D, Nambooripad K S S. Bilinear forms and a semigroup of linear transformation. Southeast Asian Bulletin of Mathematics, 2000, 24: 609-616.

[68] Reilly N R, Scheiblich H E. Congruences on regular semigroups. Pacific J. Math., 1967, 23: 349-360.

[69] Ren X M. Genaralized Regular Semigroups (in Chinese). Beijing: Science Press, 2017.

[70] Romeo P G. Concordant semigroups and balanced categories. Southeast Asian Bulletin of Mathematics, 2007, 31: 949-961.

[71] Schein B M. Pseudo-semillatices and pseudo-lattices. Izv. Vyss. Ucebn. Zav. Mat., 1972, 2(117): 349-360.

[72] Suschkewitsch A K. über die endlichen Gruppen ohne das Gesetz der eindeutigen Umkehrbarkeit. Math. Ann., 1928, 99: 30-50.

[73] Szendrei M B. Structure theory of regular semigroups. Semigroup Forum, 2020, 100: 119-140.

[74] Wang Y H. Beyond regular semigroups. PhD Thesis. York: University of York, 2012.

[75] Yamada M, Sen M K. $\mathcal{P}$-regular semigroups. Semigroup Forum, 1989, 39: 157-158.

[76] Yu B J. The biorder and sandwich sets on a semigroup with idempotents. Bull. Calcutta Math. Soc., 1994, 86(5): 453-462.

[77] Yu B J, Xu M. A biordered set representation of regular semigroups. Acta Mathematica Sinica, English Series, 2005, 21(2): 289-302.

[78] Yu B J, Li Y. A construction of weakly inverse semigroups. Acta Mathematica Sinica, English Series, 2009, 25(5): 759-784.

[79] 喻秉钧. $\mathcal{P}$-正则半群的双序集. 数学学报, 1996, 39(6): 777-782.

[80] 喻秉钧. 拟正则双序集用矩形双序集的余扩张. 数学学报, 1999, 42(4): 671-682.

[81] Yu B J. Coextensions of eventually regular biordered sets by rectangular biordered sets. Southeast Asian Bulletin of Mathematics, 1998, 22: 481-496.

[82] 喻秉钧. 平衡范畴与半群的双序. 数学学报 (中文版), 2012, 55(2): 321-340.

[83] Yu B J, Wang Z P, Shum K P. Balanced categories and the biorder in semigroups//Romeo P G, Volkov M V, Rajan A R: Semigroups, Categories and Partial Algebras: ICSAA 2019, Kochi, India, December 9-12. New York: Springer, 2019: 33-58.

[84] 喻秉钧. 范畴与半群. 四川师范大学学报 (自然科学版), 2022, 45(2): 143-159.

[85] Yu B J, Shum K P. Categories and semigroups. Asian-European Journal of Mathematics, 2023, 2350051, World Scientific Publishing Company, DOI: 10.1142/S1793557123500511.

[86] Yu B J. Discrete balanced categories and their cross connections. Southeast Asian Bulletin of Mathmatics, 2024, 48(6): 843-864.

# 名词索引 (中英对照)

所有名词按“先章节、后拼音”的顺序列出, 数字为首次出现的页码

第 1 章

第 2 章



第 3 章

第 10 章

# 专用符号 (中英对照)

# 《半群的双序集理论》后记

1980 年秋, 我在西南师范学院准备研究生论文时, 导师陈重穆教授在一次学术报告中介绍了罗里波、王世强 1957 年关于满足 Lagrange 性质的奇数阶有限半群必为群的论文, 并给我提出了确定偶数阶此种半群的结构问题. 陈重穆先生指出, 这类半群中, 每个元素生成的子半群必为群, 其幂等元集合对整个半群的结构有决定性的影响. 这是我进入半群研究领域的开始. 1984 年春, 陈先生推荐我去兰州大学参加了郭聿琦教授组织的"半群和语言代数研讨班". 在那儿, 我读到了 J.M. Howie 的 *An Introduction to Semigroup Theory* (此书是国外使用最广泛的研究生半群教材). Howie 在该书中贯穿的一条主线便是依据幂等元集的性质对正则半群进行分类. 这一年的夏天, 我偶然在中国科学院成都分院图书馆见到了 K.S.S. Nambooripad 的 *Structure of Regular Semigroups I* (Mem. Amer. Math. Soc., No.224, 1979). 相当艰苦地啃读之后, 我惊异地发现: "双序集" 很好地体现了用幂等元在半群中的影响来研究整个半群结构的思想. 1986 年, 当我被郭聿琦教授招收为他的第一届博士研究生时, 我便决定以双序集作为研究主题. 这个思想一直持续至今.

本书是我十多年来学习和研究半群代数理论的一个汇总. 前五章手稿 1992 年写完时, 正好得到去印度访学一年的机会. 我到了 Nambooripad 所在的 Kerala 大学数学系. 那时候, 他正在做双序集和 Grillet 的 "cross-connection" 相互关系的研究工作, 并对双序集和语言代数的关系产生了兴趣. 在和 Nambooripad 的交谈和合作研究中, 我对双序集思想的来源和作用有了更进一步的了解和认识. 1996 年春, 我在澳大利亚做高访期间得到了 K. Auinger 和 T.E. Hall 合作的关于双序集的同余、态射像及子结构论文的初稿, 这使我了解到还有许多关于双序集的基础研究工作有待开展. 1997 年夏, 当科学出版社的吕虹女士建议我把 1992 年的初稿扩充到 20 万字规模时, 我欣然同意并立即着手材料的汇集和整理. 五年来, 除了将现在呈现在读者面前的后三章内容收集、分析、整理, 使之系统化外, 我花了很大的功夫用 LaTex 软件把全书八章重新录入计算机. 这项艰辛的劳动使我获益匪浅: 掌握了 LaTex 这个数学工作者的必备工具, 纠正了 1992 年手稿中的许多错讹, 还使得我的书稿更加整齐美观, 方便出版.

在本书即将付梓之际, 我无比怀念我的导师陈重穆教授. 是他引导我走上了做学问的道路, 并且以他的言传身教让我学到了很多做人的道理. 我非常感谢我的博士导师郭聿琦教授，是他进一步教给了我许多从事研究的思路和方法. 本书的完成也离不开我的多位研究生的合作，他们是本书初稿的学习者，也对初稿提出过许多有益的建议；特别是西南交通大学的徐芒女士，对许多章节都提出过宝贵的修改意见. 本书的正式出版得到科学出版社数理学科主任吕虹女士的大力支持. 在此，我要对他们表示衷心的谢意.

更应提及的是我的妻子：成都理工大学副教授李丽女士. 她从事画法几何和工程制图的教学与研究，虽然不是纯粹数学的本行，但她自始至终为本书的写作给予了最大的帮助，本书所有的图都是她绘制或是在她的帮助指导下绘制的. 在我整个学术生涯中，她作出了一个妻子所能做的最大牺牲和奉献，始终如一地支持我、鼓励我. 我只有以更加努力的工作对她表示我的感谢.

是为记.

喻秉钧

2002 年 10 月 6 日于四川师大桂苑

# 本 书 后 记

本书前八章的内容是 2003 年 9 月科学出版社出版的《半群的双序集理论》的重新整理, 改正了若干错漏, 增加了部分证明细节和习题 (其中部分是作者和学生的工作成果), 以便于读者更容易理解, 也能更好地把握双序集和与之密切相关的正则半群的归纳群胚结构理论及其应用的实质和意义.

本书后八章关于富足半群交连系结构的工作最早可追溯到 1992 年. 那时, Nambooripad 教授正在完成他关于正则半群的正规范畴交连系结构的工作[53, 54], 同时指导他的学生 P. G. Romeo 在其博士学位论文 (参看 [70]) 中应用交连系理论探讨一致半群 (正则元构成子半群且每元有"幂等元连通性"的富足半群) 的结构. 由于在范畴论概念和论述上的高度抽象和复杂, 这个工作持续了许久: P. G. Romeo 的部分成果 2007 年方才发表[70]; 直到去世前不久, Nambooripad 还在和学生 P. A. Azeef Muhammed, P. G. Romeo 不断改进其中的若干细节 (参看 [47]). 进入 21 世纪以来, 已有多种关于特殊类型正则半群的交连系结构论文相继发表 (参看 [42-46] 以及 [60,62,63,66] 等), 但关于富足半群交连系结构的工作却一直停留在一致半群上.

本人 1992—1993 年在 Nambooripad 教授处访学期间, 初步了解了他们的工作内容和其中的难度. 回国后, Nambooripad 教授将他的新专著 *Theory of Cross-connections*[54] 初稿亲自打印并邮寄给我. 自此我便有心开展这个方向的研究. 1996—2006 十年期间, 四川师范大学尚无博士点, 我带领 10 多位硕士研究生开展"半群和语言代数"的学习和研究, 在双序集、某些正则和广义正则半群的结构方面做了不少工作, 准备向这个方向发展. 但到 2007 年四川师范大学数学科学学院开始招收博士研究生时, 我已年届退休, 只有自己在郭聿琦老师的自然科学基金课题中做相关工作. 2012 年, 关于平衡范畴与任意富足半群关系的论文《平衡范畴与半群的双序》[82] 在《数学学报 (中文版)》发表以后, 由于导师郭聿琦教授的自然科学基金面上项目结题, 他从西南大学重回兰州大学工作, 加之我退休后把精力几乎全放在四川师范大学和相关二级学院的督导、教学和管理方面, 有七年没在科研上取得新的进展.

2019 年 10 月 31 日郭聿琦老师去世, 岑嘉评先生那时身体已不是很好, 却忘却自身病痛, 在国内外利用他所有关系计划在西南大学组织一次纪念郭聿琦教授的国际学术会议. 当时, 印度 K. S. S. Nambooripad 教授也处于病痛之

中 (后于 2020 年 5 月去世), 他的学生 P. G. Romeo 和 A. R. Rajan 联合俄罗斯数学家 M. V. Volkov 在印度克拉拉邦海岸城市科钦组织了一次纪念 Nambooripad 的国际学术会议 "ICSAA-2019", 向全球征集论文. 岑嘉评先生通过西南大学王正攀教授找到我, 要我为这个会议递交一篇论文. 因为我可能是中国半群界唯一去克拉拉大学访问过的学者, 也熟悉 Nambooripad 教授的工作. 这促使我不得不重新回到研究中. 我将 [82] 的英文版重新改写, 增添了部分重要结果, 王正攀教授帮助我熟悉了新版 LaTex 的应用程序, 岑嘉评先生帮我修改了若干英文表达, 以我们三人署名的论文 *Balanced Categories and the Biorder in Semigroups*[83] 得以在印度此次会议的论文集 *Semigroups, Categories and Partial Algebras* (Springer Proceedings in Mathematics and Statistics) 上正式发表.

众所周知的新冠疫情全球暴发使岑先生召开国际会议的计划一而再再而三被推迟. 2020 年 10 月, 岑嘉评先生发现召开国际会议基本不可能, 遂决定在 "东南亚数学会刊"(*Southeast Asian Bulletin of Mathmatics*) 上以两期篇幅出版纪念郭聿琦教授专辑, 并邀请我担任 "客座编辑", 帮助征集稿件并处理相关事项. 此项工作展开不久, 即获得国内外半群界和代数学界的积极响应, 包括 M. Petrich(2021 年 9 月 15 日不幸去世), P. R. Jones, V. Gould, T. S. Blyth 和 M. K. Sen 等多位国际知名专家和国内从事半群、群论和理论物理研究的专家均寄来他们的高质量研究论文. 最后, 每一期都以突破该刊平均的文章数量和篇幅于 2021 年下半年正式出版. 完成了岑先生的心愿.

在岑先生的提议下, 我们在文献 [83] 最后一段公开提出了能否用交连系刻画任意富足半群结构的问题. 这正是我一直心向往之的研究目标. 尽管困难重重, 也许因为已经有了多年断断续续的思考, 也许因为疫情期间在家更能集中精力思考问题, 从 2020 年 2 月到 10 月, 我重新努力消化 Nambooripad 的 *Theory of Cross-connections* 原著, 参考了大量相关文章, 在 [83] 已成功用 "每态射存在平衡因子分解" 和 "锥具有右富足蕴含条件"(见第 9 章公理 (P6), (P7)) 刻画富足半群和平衡范畴之间相互确定的基础上, 克服了一般富足半群存在非正则元、夹心集可以是空集等困难, 成功地引入了平衡范畴的对偶、平衡范畴的局部同构, 刻画了平衡范畴的交连系及其对偶; 对每个富足半群 $S$ 构作了交连系 $\mathbf{\Gamma}S$ 和对偶 $\mathbf{\Delta}S$; 完整地定义了与局部同构密切相关的 "态射的转置" 和交连系半群 $\widetilde{\mathbf{S}}\Gamma$; 精确描述了高度抽象的 "交连系态射", 从而构造成功了 "平衡范畴的交连系范畴" 这个新概念, 并最终证明了富足半群范畴与该范畴的等价, 将 Nambooripad 关于正则半群结构的正规范畴及其交连系理论完整地推广到了任意富足半群. 这就是本书第 10—15 章的内容. 我们的新理论用于一致半群, 改进了 [47, 70] 中的关键概念和公理系统, 不仅以更完整, 也更简洁的术语和逻辑推理准确刻画了该类半群的交连系结构, 而且揭示了夹心集不空的本质是幂等锥对每个对象的态射值有正规因子分解,因而也是一个范畴论的性质. 如果说“每态射有正规因子分解”的正规范畴比“每态射都是同构”的归纳群胚明显更为普遍和自然, 那么,“态射有平衡因子分解”和“锥有右富足蕴含条件”的平衡范畴不但推广了“每个态射都平衡”的归纳可消范畴[1], 而且也自然地推广了正规范畴[54]. 附带地, 因为“完全 $\mathscr{J}^*$-单半群”组成更特殊的一致半群范畴的子范畴, 交连系理论用于刻画它们及其左右 $*$- 理想范畴的结构有十分整齐漂亮的结果, 我们顺便给出了它们的相应结论, 这就是本书第 16 章的由来. 除此之外, 最近一年, 我和岑嘉评先生在更一般意义上考究范畴与半群的关系 (参看 [85]), 把平衡范畴推广为更加一般的“有像范畴”(categories with images) 和“幂富范畴”(idempotent abundant categories), 将富足半群的部分结果推广到“左 (右) 富足半群”, 这便是本书第 9 章的内容.

2023 年 6 月 9 日, 写完本书最后一节第二天, 在“郭老师学生群”看到李方教授转发的岑嘉评先生的儿子 Cheuk Shum 在网上公布岑先生于 2023 年 6 月 8 日逝世的信息, 无比悲痛！我这一生在学术道路上的四位导师: 陈重穆教授、郭聿琦教授、K. S. S. Nambooripad 教授和岑嘉评教授就这样先后离开了. 我与岑先生最近两年完成的长篇论文 *Cross-connection Structure of Abundant Semigroups* 还未来得及正式发表. 当天, 我将文章的中英文稿在群中公布, 作为对岑先生的悼念. 现在, 科学出版社协助我在本书中将这部分内容的中文版与改进版的《半群的双序集理论》作为一个整体共同发表, 是我对四位导师最虔诚的纪念.

喻秉钧<br>2023 年 9 月 2 日